高级电工（技师）实用手册

主编　周希章
编著　周希章　周　全　周　勇

版社

内 容 提 要

本手册主要内容包括：常用资料、电路与磁路、磁性材料、变压器、电动机选择与应用、低压电器的选用与计算、电力电子技术基础、电气自动控制、变频器和软起动器、可编程序控制器及应用、架空电力线路、电力电缆与地埋电力线路、电力电容器与无功补偿、照明计算、电阻的热计算、接地和防雷计算等。

本手册实用性强，资料丰富，覆盖了电工技术领域的主要内容，对新技术、新设备、新工艺、新材料、新标准都进行了详细的介绍。是高级电工、技师、高级技师必备的工具书。

图书在版编目(CIP)数据

高级电工(技师)实用手册/周希章主编. —北京：金盾出版社，2008.12

ISBN 978-7-5082-5274-2

Ⅰ. 高…　Ⅱ. 周…　Ⅲ. 电工—技术手册　Ⅳ. TM-62

中国版本图书馆 CIP 数据核字(2008)第 130077 号

金盾出版社出版、总发行

北京太平路 5 号(地铁万寿路站往南)

邮政编码：100036　电话：68214039　83219215

传真：68276683　网址：www.jdcbs.cn

封面印刷：北京金盾印刷厂

正文印刷：北京金盾印刷厂

装订：万龙印装有限公司

各地新华书店经销

开本：850×1168 1/32　印张：28.25

2008 年 12 月第 1 版第 1

印数：1～10 000 册　定

前　言

为了满足高级电工、技师、高级技师全面提高电工基础知识、专业知识、电工技能等方面的需要，补充扩大知识面，了解电工技术领域中的新技术、新设备、新工艺、新材料、新标准，并为他们在技术革新、技术改造、节能降耗、小发明、小设计时提供参考资料和计算方法，根据最新国家标准，本着简明扼要、通俗易懂的原则，编写了本手册。

在总体结构上，本手册较全面地覆盖了电工技术领域中的主要内容，全书包括常用资料、电路与磁路、磁性材料、变压器、电动机选择与应用、低压电器的选用及计算、电力电子技术基础、电气自动控制、变频器和软起动器、可编程序控制器及应用、架空电力线路、电力电缆与地埋电力线路、电力电容器与无功补偿、照明计算、电阻的热计算、接地和防雷计算等共 15 章。

在编写过程中，承蒙西安西普电力电子有限公司、北京开拓创想机电设备有限公司等单位提供了不少资料。同时，编者还参考了大量的书刊和产品说明书，并从中引用了一些图表和数据，在书末仅列出主要参考文献，难以一一列举。在此向这些书刊的作者和资料的提供者表示诚挚的谢意。

由于编者水平所限，虽然做了很大努力，手册中仍难免有错漏之处，恳请读者批评指正。

编著者

目　录

第一章 常用资料

第一节 标准代号

一、中国标准代号

中国部分标准代号见表1-1。

表1-1 中国部分标准代号

代号	含义
GB	国家标准
GBn	国家标准(内部)
GBJ	国家工程建设标准
GJB	国家军用标准
CB	中国船舶工业总公司标准
DL	电力行业标准
DZ	地质矿产行业标准
FZ	纺织行业标准
GY	广播电影电视行业标准
HG	化工行业标准
JB	机电、仪表行业标准
JC	建筑材料行业标准
JG	建筑工程行业标准
JT	交通行业标准
MH	民用航空行业标准
MT	煤炭行业标准
NJ	农机行业标准
QB	轻工行业标准
QC	汽车行业标准
SD	水电行业标准
SJ	电子工业行业标准
SY	石油天然气行业标准
TB	铁路运输行业标准
YB	冶金行业标准
YD	邮电行业标准
YS	有色金属行业标准
YY	医药行业标准

二、国际标准代号和国外标准代号

(一)国际标准代号

见表 1-2。

表 1-2 国际标准代号

代号	含 义
ISO	国际标准化组织发布的国际标准
IEC	国际电工委员会发布的国际标准
ISO/IEC	国际标准化组织与国际电工委员会联合发布的国际标准
ISO/TR	国际标准化组织登记公布的国际标准技术报告

(二)国外标准代号

国外部分国家标准代号见表 1-3;国外部分协会、学会、机构发布的标准代号见表 1-4。

表 1-3 国外部分国家标准代号

代号	含 义
ANSI	美国国家标准
AS	澳大利亚国家标准
BS	英国国家标准
ГОСТ	前苏联国家标准
CSA	加拿大国家标准
DIN	德国国家标准
DS	丹麦国家标准
JIS	日本工业标准
NF	法国国家标准
UNI	意大利国家标准

表 1-4 国外部分协会、学会、机构发布的标准代号

代号	含 义
ACM	美国计算机协会标准
ASME	美国机械工程师学会标准
BEAMA	英国电气制造商协会标准
CEE	(欧洲共同体)国际电气设备质量鉴定规程委员会标准
CEI	意大利电工委员会标准
DEMKO	丹麦电气材料检验所标准
EIA	美国电子工业协会标准
IAEA	国际原子能机构标准
IEEE	美国电气与电子工程师学会标准

续表 1-4

代号	含　义
JEAC	日本电气协会规程
JEC	日本电气学会标准
JEM	日本电机工业协会标准
NEC	美国全国电气规程
NEMA	美国全国电气制造商协会标准
NEMKO	挪威电气材料检验所标准
SAE	美国汽车工程师学会标准
SEMKO	瑞典电气材料检验所标准
SEV	瑞士电工协会标准
UTE	法国电工联合会标准
VDE	德国电气工程师学会标准
VDI	德国工程师学会规范
VDMA	德国机械制造业标准

第二节　常用电工标准

一、常用电工标准目录

常用电工标准名称、代号见表 1-5。

表 1-5　常用电工标准名称、代号

标准号	标　准　名　称
GB 156—2003	标准电压
GB 755—2000	旋转电机　定额和性能
GB/T 755.2—2003	旋转电机(牵引电机除外)确定损耗和效率的试验方法
GB/T 762—2002	标准电流等级
GB/T 997—2004	旋转电机结构及安装方式(IM 代号)
GB/T 1029—1993	三相同步电机试验方法
GB/T 1032—2004	三相异步电动机试验方法
GB/T 1311—1989	直流电机试验方法
GB 1971—2004	旋转电机线端标志与旋转方向
GB/T 1980—2005	标准频率
GB/T 1993—1993	旋转电机冷却方法
GB/T 2681—1981	电工成套装置中的导线颜色
GB/T 2682—1981	电工成套装置中的指示灯和按钮的颜色
GB/T 2900.1—1992	电工术语　基本术语

续表 1-5

标准号	标 准 名 称
GB/T 2900.10—2001	电工术语　电缆
GB/T 2900.12—1989	电工名词术语　避雷器
GB/T 2900.16—1996	电工术语　电力电容器
GB/T 2900.18—1992	电工术语　低压电器
GB/T 2900.20—1994	电工术语　高压开关设备
GB/T 2900.22—1985	电工术语　电焊机
GB/T 2900.23—1995	电工术语　工业电热设备
GB/T 2900.25—1994	电工术语　旋转电机
GB/T 2900.26—1994	电工术语　控制电机
GB/T 2900.27—1995	电工术语　小功率电动机
GB/T 2900.28—1994	电工术语　电动工具
GB/T 2900.29—1984	电工名词术语　日用电器
GB/T 2900.32—1994	电工术语　电力半导体器件
GB/T 2900.33—2004	电工术语　电力电子技术
GB/T 2900.34—1983	电工名词术语　电气传动及其自动控制
GB/T 2900.35—1998	电工术语　爆炸性环境用电气设备
GB/T 2900.39—1994	电工术语　电机、变压器专用设备
GB/T 2900.40—1985	电工名词术语　电线电缆专用设备
GB/T 2900.49—2004	电工术语　电力系统保护
GB/T 2900.50—1998	电工术语　发电、输电及配电通用术语
GB/T 2900.53—2001	电工术语　风力发电机组
GB/T 2900.56—2002	电工术语　自动控制
GB/T 2900.57—2002	电工术语　发电、输电及配电　运行
GB/T 2900.58—2002	电工术语　发电、输电及配电　电力系统规划和管理
GB/T 2900.59—2002	电工术语　发电、输电及配电　变电站
GB/T 2900.60—2002	电工术语　电磁学
GB/T 2900.66—2004	电工术语　半导体器件和集成电路
GB/T 3100—1993	国际单位制及其应用
GB 3102—1993	量和单位
GB/T 3859.1—1993	半导体变流器基本要求的规定
GB/T 3907—1983	工业无线电干扰基本测量方法
GB/T 3926—1983	中频设备额定电压
GB/T 4728.1—1985	电气图用图形符号　总则
GB/T 4728.2—1998	电气简图用图形符号　第 2 部分:符号要素、限定符号和其他常用符号
GB/T 4728.3—1998	电气简图用图形符号　第 3 部分:导体和连接件

续表 1-5

标准号	标　准　名　称
GB/T 4728.4—1999	电气简图用图形符号　第 4 部分:基本无源元件
GB/T 4728.5—2000	电气简图用图形符号　第 5 部分:半导体管和电子管
GB/T 4728.6—2000	电气简图用图形符号　第 6 部分:电能的发生和转换
GB/T 4728.7—2000	电气简图用图形符号　第 7 部分:开关、控制和保护器件
GB/T 4728.8—2000	电气简图用图形符号　第 8 部分:测量仪表、灯和信号器件
GB/T 4728.9—1999	电气简图用图形符号　第 9 部分:电信:交换和外围设备
GB/T 4728.10—1999	电气简图用图形符号　第 10 部分:电信:传输
GB/T 4728.11—2000	电气简图用图形符号　第 11 部分:建筑安装平面布置图
GB/T 4728.12—1996	电气简图用图形符号　第 12 部分:二进制逻辑元件
GB/T 4728.13—1996	电气简图用图形符号　第 13 部分:模拟元件
GB/T 4772—1999	旋转电机尺寸和输出功率等级
GB/T 4942.1—2001	旋转电机外壳防护分级(IP 代码)
GB/T 4942.2—1993	低压电器外壳防护等级
GB/T 4997—1993	永磁式低速直流测速发电机通用技术条件
GB/T 5171—2002	小功率电动机通用技术条件
GB/T 5465.1—1996	电气设备用图形符号绘制原则
GB/T 5465.2—1996	电气设备用图形符号
GB/T 6656—1986	铁氧体永磁直流电动机
GB/T 6988.1—1997	电气技术用文件的编制　第 1 部分:一般要求
GB/T 6988.2—1997	电气技术用文件的编制　第 2 部分:功能性简图
GB/T 6988.3—1997	电气技术用文件的编制　第 3 部分:接线图和接线表
GB/T 6988.4—2002	电气技术用文件的编制　第 4 部分:位置文件与安装文件
GB/T 6988.6—1993	控制系统功能表图的绘制
GB/T 7060—1994	船用旋转电机基本技术要求
GB/T 7159—1987	电气技术中的文字符号制订通则
GB/T 7356—1987	电气系统说明书用简图的编制
GB/T 7409.1—1997	同步电机励磁系统定义
GB/T 7409.3—1997	同步电机励磁系统大、中型同步发电机励磁系统技术要求
GB/T 7894—2001	水轮发电机基本技术条件
GB/T 8128—1987	单相串励电动机试验方法
GB/T 8365—1987	工频汽油发电机通用技术条件
GB/T 8445—1987	有关电路和磁路的规定
GB/T 9651—1988	单相异步电动机试验方法

续表 1-5

标准号	标 准 名 称
GB 10068—2000	轴中心高为 56mm 及以上电机的机械振动 振动的测量、评定及限值
GB/T 10069.1—2004	旋转电机噪声测定方法及限值 噪声测定方法
GB/T 10069.2—2004	旋转电机噪声测定方法及限值 噪声限值
GB/T 10401—1989	永磁式直流力矩电动机 通用技术条件
GB/T 10585—1989	中小型同步电机励磁系统 基本技术要求
GB/T 10962—1989	机床电器可靠性通则
GB 11499—2001	半导体分立器件文字符号
GB 12158—1990	防止静电事故通用导则
GB/T 12325—2003	电能质量 供电电压允许偏差
GB 12326—2000	电能质量 电压波动和闪变
GB/T 12350—2000	小功率电动机的安全要求
GB 12497—1995	三相异步电动机经济运行
GB/T 12974—1991	交流电梯电动机通用技术条件
GB/T 13139—1991	磁滞同步电动机通用技术条件
GB/T 13394—1992	电工技术用字母符号 旋转电机量的符号
GB/T 13500—1992	封闭式制冷压缩机用三相异步电动机 通用技术条件
GB/T 13534—1992	电气颜色标志的代号
GB/T 13633—1992	永磁式直流测速发电机通用技术条件
GB/T 13870.1—1992	电流通过人体的效应 第一部分:常用部分
GB/T 13958—1992	无直流励磁绕组同步电动机试验方法
GB/T 14481—1993	单相同步电机试验方法
GB/T 14711—2004	中小型旋转电机安全通用要求
GB/T 14816—1993	井用潜油三相异步电动机 通用技术条件
GB/T 15543—1995	电能质量 三相电压允许不平衡度
GB/T 15549—1993	电能质量 公用电网谐波
GB/T 15703—1995	隔爆型电机基本技术要求
GB/T 15945—1995	电能质量 电力系统频率允许偏差
GB/T 16318—1996	旋转牵引电机基本试验方法
GB/T 16439—1996	交流伺服系统 通用技术条件
GB/T 16499—1996	编制电气安全标准的导则
GB/T 17761—1999	电动自行车通用技术条件
GB 18211—2000	微电机安全通用要求
GB 50034—2004	建筑照明设计标准
GB 50057—1994	建筑物防雷设计规范
GB 50058—1992	爆炸和火灾危险环境电力装置设计规范
GB 50150—1991	电气装置安装工程电气设备交接试验标准

二、标准电压(GB 156—2003)

(一)适用范围

该标准适用于：

1. 标称电压高于100V、标准频率为50Hz的交流发电、输电、配电及用电系统及其设备。

2. 交流和直流牵引系统。

3. 标称电压交流低于120V或直流低于750V的设备。交流电压意指采用50Hz(但不排它)的频率。这样的设备包括电池(原电池或蓄电池)、其他的交流或直流电源装置、电气设备(包括工业的和通信的)和仪表。

该标准不适用于：

1. 表示信号、传输信号和测量值的电压。

2. 用于电气装置内部的元件、部件或设备零件的标准电压。

(二)标准电压值

1. 220～1000V之间的交流系统及相关设备的标称电压。见表1-6。

表1-6　220～1000V之间的交流系统及相关设备的标称电压

三相四线或三相三线系统的及相关设备标称电压(V)
220/380
380/660
1000(1140)

注：1140V仅限于煤矿井下使用。

表1-6中的三相四线或三相三线交流系统及相关设备，包括连接到这些系统的单相电路。

表1-6中同一组数据中较低的数值是相对中性导体的电压，较高的数值是相对相电压；只有一个数值者是指三相三线系统的相对相电压。

2. 交流和直流牵引系统的标称电压。见表1-7。

表1-7　交流和直流牵引系统的标称电压

系　统	系统最低电压(V)	标称系统电压(V)	系统最高电压(V)
直　流	(400)	(600)	(720)
	500	750	900
	1000	1500	1800
	2000	3000	3600
交流单相	19000	25000	27500

注：圆括号中给出的是非优选数值，建议在新建系统中不采用这些数值。

3. 1kV 以上至 35kV 的交流三相系统及相关设备的标称电压。见表 1-8。

表 1-8 1kV 以上至 35kV 的交流三相系统及相关设备的标称电压

设备最高电压(kV)	标称系统电压(kV)
3.6	3
7.2	6
12	10
(24)	(20)
40.5	35

注：1. 圆括号中的数值为用户有要求时使用。
2. 表中前两组数值不得用于公共配电系统。
3. 通常情况下前四组数据适用于三相三线系统，最后一组数据适用于三相四线系统。

4. 35kV 以上至 220kV 的交流三相系统及相关设备的标称电压。见表 1-9。

表 1-9 35kV 以上至 220kV 的交流三相系统及相关设备的标称电压

设备最高电压(kV)	标称系统电压(kV)
72.5	66
126	110
252	220

5. 245kV 以上的交流三相系统及相关设备的标称电压。见表1-10。

表 1-10 245kV 以上的交流三相系统及相关设备的标称电压

设备最高电压(kV)	标称系统电压(kV)
362	330
550	500
800	750
1200	—

6. 交流低于 120V 或直流低于 750V 的设备额定电压。见表 1-11。

表 1-11 交流低于 120V 或直流低于 750V 的设备额定电压

额定电压(D.C)(V)		额定电压(A.C)(V)	
优选值	增补值	优选值	增补值
	2.4		

续表 1-11

额定电压(D.C)(V)		额定电压(A.C)(V)	
优选值	增补值	优选值	增补值
	3		
	4		
	4.5		
	5		5
6		6	
	7.5		
	9		
12		12	
	15		
24		24	
	30		
36			36
	40		42
48			
60			60
72			
	80		
96			100
110		110	
	125		
220			
	250		
440			
	600		

注:因为原电池和蓄电池的电压都低于 2.4V,而且按用途选择电池类型的依据是特性而不是电压,故这些电压未包括在表中,对于特殊用途的电池的类型和额定电压由相关的技术委员会规定。

7. 发电机的额定电压。见表 1-12。

表 1-12 发电机的额定电压

交流发电机额定电压(V)	直流发电机额定电压(V)
115	115
230	230
400	460
690	—
3150	—

续表 1-12

交流发电机额定电压(V)	直流发电机额定电压(V)
6300	—
10500	—
13800	—
15750	—
18000	—
20000	—
22000	—
24000	—
26000	—

注:与发电机出线端配套的电气设备额定电压可采用发电机的额定电压,并应在产品标准中加以具体规定。

三、标准电流等级(GB/T 762—2002)

(一)适用范围

该标准规定了电气设备(包括电气器件、仪器、仪表等设备)的电流等级,适用于用电系统或设备的设计及运行的特性。适用于电气设备内部的零部件的电流等级。

(二)电流等级

1. 选择的值符合 GB/T 321 中规定的 R10 系列。

2. 对于任何电气设备,电流额定值应从表 1-13 中选取。

表 1-13 电气设备标准电流等级 (A)

1	1.25	1.6	2	2.5	3.15	4	5	6.3	8
10	12.5	16	20	25	31.5	40	50	63	80
100	125	160	200	250	315	400	500	630	800
1000	1250	1600	2000	2500	3150	4000	5000	6300	8000
10000	12500	16000	20000	25000	31500	40000	50000	63000	80000
100000	125000	160000	200000	—	—	—	—	—	—

3. 电流分级因具体设备的用途或性能不同而有些差异。选用数列时应具体考虑这一点。例如,有时认为,选择数列 1.5—3—6—7.5 比 1.6—3.15—6.3—8[包括这些数值的 10^n 倍(n 取正整数)]可能更合理。

4. 1A 以下的标准电流等级。见表 1-14。

表 1-14 1A 以下的标准电流等级 (A)

0.00001	—	—	—	—	—	—	0.00005	—	—
0.0001	—	—	0.0002	—	0.000315	0.0004	0.0005	0.00063	0.0008
0.001	0.00125	0.0016	0.002	0.0025	0.00315	0.004	0.005	0.0063	0.008
0.01	0.0125	0.016	0.02	0.025	0.0315	0.04	0.05	0.063	0.08
0.1	0.125	0.16	0.2	0.25	0.315	0.4	0.5	0.63	0.8

四、标准频率(GB/T 1980—2005)

(一)说明

考虑到我国的实际，该标准采用了 IEC 60196:1965 中的 50Hz 系列频率等级，同时保留了我国船舶等专用设备或装置中使用的 60Hz 这一标准频率值。与 IEC 60196:1965 相比，该标准规定的标准频率等级，没有按船舶、牵引、机床、纺织、航空用系统或设备加以分类。

该标准与 GB/T 1980—1996 的主要差异是以资料性附录的方式给出了 IEC 的标准频率，以满足国际贸易和技术交流的需要。

(二)适用范围

1. 该标准规定了 50～10000Hz 的标准频率值。

2. 该标准适用于单相和三相交流系统、船舶装置、交流牵引系统、机床、纺织工业和航空器、电信及其他系统或装置用电工电子设备所采用的频率。

3. 该标准不适用于一个机床或机床组中特定的独立控制回路部分。

(三)标准频率值

见表 1-15。

表 1-15 标准频率值 (Hz)

50(60)	100	150	200	250	300	400	500	600	750
1000	1200	1500	2000	2400	3000	4000	8000	10000	

注：1. 具有下划线的标准频率值作为优先推荐值。

2. 加括号的标准频率数值仅限于专用(例如船舶用)系统或装置。

3. 当频率由感应电动机驱动的旋转装置产生时，其实际频率会比上述值略低。

4. IEC 标准频率。见表 1-16。

表 1-16　IEC 标准频率　　　　(Hz)

船舶系统和装置	牵引	机床(见注 3) 系列 1 50Hz	机床(见注 3) 系列 2 60Hz	纺织工业 系列 1 50Hz	纺织工业 系列 2 60Hz	航空器
50	$16\frac{2}{3}$	50	60			
60	50	100		100	120	
	60	150	180			
		200				
		250				
		300				
		400	400			400
		500				
			540			
		600	720			
		750				
		1000	1000			
		1200	1440			
		1500				
		2000				
			2160			
		2400	2880			
		3000				
			3420			
		4000				
		8000				
		10000				

注：1. 当频率由感应电动机驱动的旋转装置产生时，其实际频率会比上述值略低。

2. 在机床系列 1(50Hz)中，具有下划线的数值作为优先推荐值。

3. 本标准不适用于一个机床或机床组中特定的独立控制回路部分。

五、电能质量国家标准

(一)电能质量国家标准(摘要)

见表 1-17。

表 1-17 电能质量国家标准(摘要)

<table>
<tr><th>标准编号</th><th>标准名称</th><th colspan="12">电能质量指标允许限值</th><th>最低的运行合格率(%)</th></tr>
<tr><td>GB 12325—1990</td><td>供电电压允许偏差</td><td colspan="12">10kV 及以下三相供电电压允许偏差为额定电压的±7%
220V 单相供电电压允许偏差为额定电压的+7%、−10%
33kV 及以上供电电压正、负偏差的绝对值之和不超过额定电压的 10%</td><td>≥10kV 时:98;
<10kV 时:95</td></tr>
<tr><td rowspan="7">GB/T 14549—1993</td><td rowspan="7">公用电网谐波</td><td colspan="12">公用电网谐波电压相电压限值</td><td rowspan="7">98</td></tr>
<tr><td colspan="3" rowspan="2">电网标称电压(kV)</td><td colspan="3" rowspan="2">电压总谐波畸变率(%)</td><td colspan="6">各次谐波电压含有率(%)</td></tr>
<tr><td colspan="3">奇次</td><td colspan="3">偶次</td></tr>
<tr><td colspan="3">0.38</td><td colspan="3">5.0</td><td colspan="3">4.0</td><td colspan="3">2.0</td></tr>
<tr><td colspan="3">6、10</td><td colspan="3">4.0</td><td colspan="3">3.2</td><td colspan="3">1.6</td></tr>
<tr><td colspan="3">35、66</td><td colspan="3">3.0</td><td colspan="3">2.4</td><td colspan="3">1.2</td></tr>
<tr><td colspan="3">110</td><td colspan="3">2.0</td><td colspan="3">1.6</td><td colspan="3">0.8</td></tr>
<tr><td>GB/T 15543—1995</td><td>三相电压允许不平衡度</td><td colspan="12">长期:2%
短期:4%</td><td>98</td></tr>
<tr><td>GB/T 15945—1995</td><td>电力系统频率允许偏差</td><td colspan="12">正常:±0.2Hz
系统容量较小时:±0.5Hz</td><td>99.5</td></tr>
<tr><td rowspan="8">GB 12326—2000</td><td rowspan="8">电压波动和闪变</td><td colspan="12">电压变动限值</td><td rowspan="8">99</td></tr>
<tr><td colspan="2" rowspan="2">变动频率 $r(h^{-1})$</td><td colspan="4">电压变动(%)</td><td colspan="2" rowspan="2">变动频率 $r(h^{-1})$</td><td colspan="4">电压变动(%)</td></tr>
<tr><td colspan="2">低压、中压</td><td colspan="2">高压</td><td colspan="2">低压、中压</td><td colspan="2">高压</td></tr>
<tr><td colspan="2">$r \leqslant 1$</td><td colspan="2">4</td><td colspan="2">3</td><td colspan="2">$10 \lt r \leqslant 100$</td><td colspan="2">2</td><td colspan="2">1.5</td></tr>
<tr><td colspan="2">$1 \lt r \leqslant 10$</td><td colspan="2">3</td><td colspan="2">2.5</td><td colspan="2">$100 \lt r \leqslant 1000$</td><td colspan="2">1.25</td><td colspan="2">1</td></tr>
<tr><td colspan="12">各级电压下的闪变限值</td></tr>
<tr><td colspan="3">系统电压等级</td><td colspan="3">低压</td><td colspan="3">中压</td><td colspan="3">高压</td></tr>
<tr><td colspan="3">短时间闪变值 P_{st}</td><td colspan="3">1.0</td><td colspan="3">0.9(1.0)</td><td colspan="3">0.8</td></tr>
<tr><td></td><td></td><td colspan="3">长时间闪变值 P_{lt}</td><td colspan="3">0.8</td><td colspan="3">0.7(0.8)</td><td colspan="3">0.6</td><td></td></tr>
</table>

(二)注入公共连接点(PCC)的谐波电流允许值

见表1-18。

表1-18　注入PCC的谐波电流允许值

标准电压(kV)	基准短路容量(MV·A)	谐波次数及谐波电流允许值(A)																							
		2	3	4	5	6	7	8	9	10	11	12	13	14	15	16	17	18	19	20	21	22	23	24	25
0.38	10	78	62	39	62	26	44	19	21	16	28	13	24	11	12	9.7	18	8.6	16	7.8	8.9	7.1	14	6.5	12
6	100	43	34	21	34	14	24	11	11	8.5	16	7.1	13	6.1	6.8	5.3	10	4.7	9.0	4.3	4.9	3.9	7.4	3.6	6.8
10	100	26	20	13	20	8.5	15	6.4	6.8	5.1	9.3	4.3	7.9	3.7	4.1	3.2	6.0	2.8	5.4	2.6	2.9	2.3	4.5	2.1	4.1
35	250	15	12	7.7	12	5.1	8.8	3.8	4.1	3.1	5.6	2.6	4.7	2.2	2.5	1.9	3.6	1.7	3.2	1.5	1.8	1.4	2.7	1.3	2.5
66	500	16	13	8.1	13	5.4	9.3	4.1	4.3	3.3	5.9	2.7	5.0	2.3	2.6	2.0	3.8	1.8	3.4	1.6	1.9	1.5	2.8	1.4	2.6
110	750	12	9.6	6.0	9.6	4.0	6.8	3.0	3.2	2.4	4.3	2.0	3.7	1.7	1.9	1.5	2.8	1.3	2.5	1.2	1.4	1.1	2.1	1.0	1.9

注：220kV基准短路容量取2000MV·A。

六、各国电工产品安全认证标志

CB体系(电工产品按安全标准测试结果认可体系)由IEC-EE(国际电工委员会电工产品安全认证组织)管理委员会领导，具体工作由CCB(认证机构委员会)管理。CB体系部分成员国的认证机构及其标志见表1-19。

表1-19　CB体系部分成员国的认证机构及其标志

国家名称及其代号		认证机构	标志	国家名称及其代号		认证机构	标志
国家名称	代号			国家名称	代号		
奥地利	AT	OVE	OVE	丹麦	DK	DKMKO	D
澳大利亚	AU	Standards Australia Standards House		西班牙	ES	AEE	UNE
比利时	BE	CEBEC	CEBEC	芬兰	FI	Electrical Inspecto rate	FI
瑞士	CE	SEV	+∼	法国	FR	UTE	
中国	CN	CCEE		英国	GB	British Electrotechnical Committee British standards Institution	
捷克	CS	Electrotechnicky Zkusebni ustav					
德国	DE	VDE	VDE	希腊	GR	ELOT	

续表 1-19

国家名称	代号	认证机构	标志
匈牙利	HU	MEEI	MEIE
爱尔兰	IE	NSAI	
以色列	IL	S. I. I	
意大利	IT	IMQ	
日本	JP	IECEE Council of Japan C/O JMI Institute	(甲) (乙)
韩国	KR	Korea Institute of Machinery and Metals	K
荷兰	NL	N. V. KEMA	K EVA EUR
挪威	NO	NEMKO	N
波兰	PL	CBJW Central office for Quality of Products	B
瑞典	SE	SEMKO	S
前苏联	SU	GOSSTANDART	CCCP

第三节　常用物理量、单位及单位换算

一、用于构成十进倍数和分数单位的词头

见表 1-20。

表 1-20　用于构成十进倍数和分数单位的词头

所表示的因数	词头名称	词头符号
10^{24}	尧[它]	Y
10^{21}	泽[它]	Z
10^{18}	艾[可萨]	E
10^{15}	拍[它]	P
10^{12}	太[拉]	T
10^{9}	吉[咖]	G
10^{6}	兆	M
10^{3}	千	k
10^{2}	百	h
10^{1}	十	da
10^{-1}	分	d

续表 1-20

所表示的因数	词头名称	词头符号
10^{-2}	厘	c
10^{-3}	毫	m
10^{-6}	微	μ
10^{-9}	纳[诺]	n
10^{-12}	皮[可]	p
10^{-15}	飞[母托]	f
10^{-18}	阿[托]	a
10^{-21}	仄[普托]	z
10^{-24}	幺[科托]	y

注：10^4 称为万，10^8 称为亿，10^{12}称为万亿，这类数词的使用不受词头名称的影响，但不应与词头混淆。

二、常用空间、时间和周期的量和单位

常用空间、时间和周期的量和单位见表 1-21，选自 GB 3102—1993《量和单位》。

表 1-21　常用空间、时间和周期的量和单位

量的名称	量的符号	单位名称	单位符号
[平面]角	$\alpha,\beta,\gamma,\theta,\varphi$	弧度	rad
		度	(°)
		[角]分	(′)
		[角]秒	(″)
长度	l,L	米	m
宽度	b		
高度	h		
厚度	d,δ		
半径	r,R		
直径	d,D		
程长	s		
距离	d,r		
面积	$A,(S)$	平方米，公顷	m^2，hm^2
体积	V	立方米	m^3
		升	L，(l)
时间，时间间隔，持续时间	t	秒	s
		分	min
		[小]时	h
		日(天)	d

续表 1-21

量的名称	量的符号	单位名称	单位符号
角速度	ω	弧度每秒	rad/s
速度	v, c	米每秒	m/s
加速度	a	米每二次方秒	m/s^2
周期	T	秒	s
频率	f, ν	赫[兹]	Hz
旋转频率，转速	n	每秒	s^{-1}
		负一次方秒	s^{-1}
		转每分	r/min
角频率，圆频率	ω	弧度每秒	rad/s
		每秒（负一次方秒）	s^{-1}

注：1. [　]内的字，是在不致混淆的情况下可以省略的字，下同。

2. (　)内的字为前者的同义词，下同。

3. 角度单位度、分、秒的符号在不处于数字后时需加括号。

4. 升的符号中，小写字母 l 为备用符号。

5. r 为"转"的符号。

6. 公顷的国际通用符号为 ha。

三、常用力学的量和单位

常用力学的量和单位见表 1-22，选自 GB 3102—1993《量和单位》。

表 1-22　常用力学的量和单位

量的名称	量的符号	单位名称	单位符号
质量	m	千克(公斤)	kg
		吨	t
体积质量，[质量]密度	ρ	千克每立方米	kg/m^3
		吨每立方米	t/m^3
		千克每升	kg/L
质量体积，比体积	v	立方米每千克	m^3/kg
力	F	牛[顿]	N
重量	$W, (P, G)$		
力矩	M	牛[顿]米	N·m
力偶矩	M		
转矩	M, T		

续表 1-22

量的名称	量的符号	单位名称	单位符号
压力,压强	p	帕[斯卡]	Pa
正应力	σ		
切应力	τ		
[动力]粘度	η,(μ)	帕[斯卡]秒	Pa·s
运动粘度	γ	二次方米每秒	m^2/s
能[量]	E	焦[耳]	J
功	W,(A)		
势能,位能	E_p,(V)		
动能	E_k,(T)		
功率	P	瓦[特]	W
质量流量	q_m	千克每秒	kg/s
体积流量	q_V	立方米每秒	m^3/s

注:人民生活和贸易中,质量习惯称为重量。

四、常用热学的量和单位

常用热学的量和单位见表 1-23,选自 GB 3102—1993《量和单位》。

表 1-23　常用热学的量和单位

量的名称	量的符号	单位名称	单位符号
热力学温度	T,(Θ)	开[尔文]	K
摄氏温度	t,θ	摄氏度	℃
热,热量	Q	焦[耳]	J
热流量	Φ	瓦[特]	W
热导率(导热系数)	λ,(κ)	瓦[特]每米开[尔文]	W/(m·K)
传热系数	K,(k)	瓦[特]每平方米开[尔文]	$W/(m^2·K)$
表面传热系数	h,(α)		
热绝缘系数	M	平方米开[尔文]每瓦[特]	$m^2·K/W$
比热容 定压比热容 定容比热容	C C_p C_V	焦[耳]每千克开[尔文]	J/(kg·K)

续表 1-23

量的名称	量的符号	单位名称	单位符号
热阻	R	开[尔文]每瓦[特]	K/W
熵	S	焦[耳]每开[尔文]	J/K
热力学能	U	焦[耳]	J

五、常用电学和磁学的量和单位

常用电学和磁学的量和单位见表 1-24，选自 GB 3102—1993《量和单位》。

表 1-24 常用电学和磁学的量和单位

量的名称	量的符号	单位名称	单位符号
电流	I	安[培]	A
电荷[量]	$Q,(q)$	库[仑]	C
体积电荷，电荷[体]密度	$\rho,(\eta)$	库[仑]每立方米	C/m^3
面积电荷，电荷面密度	σ	库[仑]每平方米	C/m^2
电场强度	E	伏[特]每米	V/m
电位，(电势)	V,φ	伏[特]	V
电位差，(电势差)电压	$U,(V)$		
电动势	E		
电通[量]密度	D	库[仑]每平方米	C/m^2
电通[量]	Ψ	库[仑]	C
电容	C	法[拉]	F
介电常数，(电容率)	ε	法[拉]每米	F/m
真空介电常数，(真空电容率)	ε_0		
相对介电常数，(相对电容率)	ε_r	—	—
面积电流，电流密度	$J,(S)$	安[培]每平方米	A/m^2
线电流，电流线密度	$A,(\alpha)$	安[培]每米	A/m
磁场强度	H	安[培]每米	A/m

续表 1-24

量的名称	量的符号	单位名称	单位符号
磁位差,(磁势差)	U_m	安[培]	A
磁通势,磁动势	F,F_m		
磁通[量]密度,磁感应强度	B	特[斯拉]	T
磁通[量]	Φ	韦[伯]	Wb
自感 互感	L M,L_{12}	亨[利]	H
磁导率 真空磁导率	μ μ_0	亨[利]每米	H/m
相对磁导率	μ_r	—	—
[直流]电阻	R	欧[姆]	Ω
[直流]电导	G	西[门子]	S
电阻率	ρ	欧[姆]米	Ω·m
电导率	γ,σ	西[门子]每米	S/m
磁阻	R_m	每亨[利],负一次方亨[利]	H^{-1}
磁导	$\Lambda,(P)$	亨[利]	H
绕组的匝数	N	—	—
频率	f,γ	赫[兹]	Hz
旋转频率	n	每秒,每一次方秒	s^{-1}
角频率	ω	弧度每秒 每秒,负一次方秒	rad/s s^{-1}
相[位]差,相[位]移	φ	弧度	rad
阻抗,(复[数]阻抗)	Z	欧[姆]	Ω
阻抗模,(阻抗)	$\|Z\|$		
[交流]电阻	R		
电抗	X		
导纳,(复[数]导纳)	Y	西[门子]	S
导纳模,(导纳)	$\|Y\|$		
电纳	B		
[交流]电导	G		
品质因素	Q	—	—
[有功]功率	P	瓦[特]	W
无功功率	Q,P_Q	乏	var
视在功率,(表观功率)	S,P_S	伏[特]安[培]	V·A
功率因数	λ	—	—
[有功]电能[量]	W	焦[耳],瓦[特][小]时	J,W·h

六、常用光及有关电磁辐射的量和单位

常用光及有关电磁辐射的量和单位见表 1-25，选自 GB 3102—1993《量和单位》。

表 1-25　常用光及有关电磁辐射的量和单位

量的名称	量的符号	单位名称	单位符号
发光强度	$I,(I_v)$	坎[德拉]	cd
光通量	$\Phi,(\Phi_v)$	流[明]	lm
光量	$Q,(Q_v)$	流[明]秒	lm·s
		流[明]小时	lm·h
[光]亮度	$L,(L_v)$	坎[德拉]每平方米	cd/m^2
光出射度	$M,(M_v)$	流[明]每平方米	lm/m^2
[光]照度	$E,(E_v)$	勒[克斯]	lx
曝光量	H	勒[克斯]秒	lx·s
		勒[克斯]小时	lx·h
光视效能	K	流[明]每瓦[特]	lm/W
光视效率	V	—	—
折射率	n	—	—

七、常用声学的量和单位

常用声学的量和单位见表 1-26，选自 GB 3102—1993《量和单位》。

表 1-26　常用声学的量和单位

量的名称	量的符号	单位名称	单位符号
声速，(相速)	c	米每秒	m/s
声能密度	$w,(e),(D)$	焦[耳]每立方米	J/m^3
声功率	W,P	瓦[特]	W
声强[度]	I,J	瓦[特]每平方米	W/m^2
声阻抗	Z_a	帕[斯卡]秒每三次方米	$Pa\cdot s/m^3$
声阻	R_a		
声抗	X_a		
声质量	M_a	千克每四次方米	kg/m^4
声导纳	Y_a	三次方米每帕[斯卡]秒	$m^3/Pa\cdot s$
声导	G_a		
声纳	B_a		
声阻抗率	Z_s	帕[斯卡]秒每米	Pa·s/m
声压级	L_p	分贝	dB
声强级	L_I		
声功率级	L_W		

续表 1-26

量的名称	量的符号	单位名称	单位符号
损耗因数,(损耗系数)	δ,ψ	—	—
反射因数,(反射系数)	$\gamma,(\rho)$	—	—
透射因数,(透射系数)	τ	—	—
吸声因数,(吸声系数)	α	—	—
隔声量	R	分贝	dB
吸声量	A	平方米	m^2
响度级	L_N	—	—

八、电工常用法定计量单位及其换算

电工常用法定计量单位及其换算见表 1-27。

表 1-27 电工常用法定计量单位及其换算

物理量名称	法定计量单位		非法定计量单位		单位换算
	单位名称	单位符号	单位名称	单位符号	
长度	米	m			1 费密=1fm=10^{-15}m
	海里	n mile	费密	fm	1Å=0.1nm=10^{-10}m
			埃	Å	1ft=0.3048m
			英尺	ft	1in=0.0254m
			英寸	in	1mile=16009.344m
			英里	mile	1mil=25.4×10^{-6}m
			密耳	mil	
面积	平方米	m^2	公亩	a	1a=10^2m^2
	公顷	ha			1ha=$10^4m^2=10^2$a
			平方英尺	ft^2	1ft^2=0.092903 0m^2
			平方英寸	in^2	1in^2=6.4516×$10^{-4}m^2$
			平方英里	$mile^2$	1$mile^2$=2.58999×10^6m^2
体积	立方米	m^3	立方英尺	ft^3	1ft^3=0.0283168m^3
	升	L,(l)	立方英寸	in^3	1in^3=1.63871×$10^{-5}m^3$
			英加仑	UKgal	1UKgal=4.54609dm^3
			美加仑	USgal	1USgal=3.78541dm^3
质量	千克(公斤)	kg	磅	lb	1lb=0.45359237kg
	吨	t	英担	cwt	1cwt=50.8023kg
	原子质量单位	u	英吨	ton	1ton=1016.05kg
			短吨	sh ton	1st ton=907.185kg
			盎司	oz	1oz=28.3495g
			格令	gr,gn	1gr=0.06479891g
			夸特	qr,qtr	1qr=12.7006kg
			[米制]克拉		1[米制]克拉=2×10^{-4}kg

续表 1-27

物理量名称	法定计量单位		非法定计量单位		单位换算
	单位名称	单位符号	单位名称	单位符号	
转速	每秒,转每分	s^{-1},r/min		rpm	$1rpm=1r/min=(r/60)s^{-1}$
力,重力	牛[顿]	N	达因	dyn	$1dyn=10^{-5}N$
			千克力	kgf	1kgf=9.80665N
			磅力	lbf	1lbf=4.44822N
			吨力	tf	$1tf=9.80665\times10^3N$
压力,压强,应力	帕[斯卡]	Pa	巴	bar	$1bar=10^5Pa$
			千克力每平方厘米	kgf/cm^2	$1kgf/cm^2=0.0980665MPa$
			毫米水柱	mmH_2O	$1mmH_2O=9.80665Pa$
			毫米汞柱	mmHg	1mmHg=133.322Pa
			托	Torr	1Torr=133.322Pa
			工程大气压	at	1at=98066.5Pa=98.0665kPa
			标准大气压	atm	1atm=101325Pa=101.325kPa
			磅力每平方英尺	lbf/ft^2	$1lbf/ft^2=47.8803Pa$
			磅力每平方英寸	lbf/in^2	$1lbf/in^2=6894.76Pa$ =6.89476kPa
能[量],功,热	焦[耳]	J	尔格	erg	$1erg=10^{-7}J$
	电子伏	eV	千克力米	kgf·m	1kgf·m=9.80665J
			英马力[小]时	hp·h	1hp·h=2.68452MJ
			卡	cal	1cal=4.1868J
			热化学卡	cal_{th}	$1cal_{th}=4.1840J$
			马力[小]时		1马力[小]时=2.64779MJ
			电工马力[小]时		1电工马力[小]时=2.68560MJ
			英热单位	Btu	1Btu=1055.06J=1.05506kJ
	瓦[特]小时	W·h			1kW·h=3.6MJ

续表 1-27

物理量名称	法定计量单位		非法定计量单位		单位换算
	单位名称	单位符号	单位名称	单位符号	
热力学温度 摄氏温度	开[尔文] 摄氏度	K ℃	华氏度 兰氏度	°F °R	表示温度差和温度间隔时： 1℃=1K 表示温度数值时： ℃=K−273.15 表示温度差和温度间隔时： $1°F=\frac{5}{9}℃$ 表示温度数值时： $K=\frac{5}{9}(°F+459.67)$ $℃=\frac{5}{9}(°F-32)$ 表示温度差和温度间隔时： $1°R=\frac{5}{9}K$ 表示温度数值时： $K=\frac{5}{9}°R$ $℃=\frac{5}{9}(°R-491.67)$
功率	瓦[特]	W	千克力米每秒 马力，[米制]马力 英马力 电工马力	kgf·m/s 法 ch,CV;德 PS hp	1kgf·m/s=9.80665W 1 马力=735.499W 1hp=745.700W 1 电工马力=746W
电导	西[门子]	S	欧姆	℧	1℧=1S
磁通[量]	韦[伯]	Wb	麦克斯韦	Mx	$1Mx=10^{-8}Wb$
磁通[量]密度，磁感应强度	特[斯拉]	T	高斯	Gs,G	$1Gs=10^{-4}T$
转动惯量	千克二次方米	$kg\cdot m^2$	磅二次方英尺 磅二次方英寸	$lb\cdot ft^2$ $lb\cdot in^2$	$1lb\cdot ft^2=0.0421401kg\cdot m^2$ $1lb\cdot in^2=2.92640\times10^{-4}kg\cdot m^2$
力矩，转矩	牛[顿]米	N·m	千克力米 磅力英尺 磅力英寸	kgf·m lbf·ft lbf·in	1kgf·m=9.80665N·m 1lbf·ft=1.35582N·m 1lbf·in=0.112985N·m

续表 1-27

物理量名称	法定计量单位		非法定计量单位		单位换算
	单位名称	单位符号	单位名称	单位符号	
传热系数	瓦[特]每平方米开[尔文]	W/(m^2·K)	卡每平方厘米秒开[尔文]	cal/(cm^2·s·K)	1cal/(cm^2·s·K)=41868W/(m^2·K)
			千卡每平方米[小]时开[尔文]	kcal/(m^2·h·K)	1kcal/(m^2·h·K)=1.163W/(m^2·K)
			英热单位每平方英尺[小]时华氏度	Btu/(ft^2·f·°F)	1Btu/(ft^2·h·°F)=5.67826W/(m^2·K)
热导率	瓦[特]每米开[尔文]	W/(m·K)	卡每厘米秒开[尔文]	cal/(cm·s·K)	1cal/(cm·s·K)=418.68W/(m·K)
			千卡每米[小]时开[尔文]	kcal/(m·h·K)	1kcal/(m·h·K)=1.163W/(m·K)
			英热单位每英尺[小]时华氏度	Btu/(FT·H·°F)	1Btu/(ft·h·°F)=1.73073W/(m·K)
热容熵	焦[耳]每开[尔文]	J/K	克劳	Cl	1Cl=4.1868J/K
质量热容 比热容 比熵	焦[耳]每千克开[尔文]	J/(kg·K)	千卡每千克开[尔文]	kcal/(kg·K)	1kcal/(kg·K)=4184J/(kg·K)
			热化学千卡每千克开[尔文]	$kcal_{th}$/(kg·K)	1$kcal_{th}$/(kg·K)=4184J/(kg·K)
			英热单位每磅华氏度	Btu/(lb·°F)	1Btu/(lb·°F)=4186.8J/(kg·K)
			英热单位每磅兰氏度	Btu/(lb·°R)	1Btu/(lb·°R)=4186.8J/(kg·K)
			尔格每克开[尔文]	erg/(g·K)	1erg/(g·K)=10^{-4}J/(kg·K)
质量能 比能 质量焓 比焓	焦[耳]每千克	J/kg	千卡每千克	kcal/kg	1kcal/kg=4186.8J/kg
			热化学千卡每千克	$kcal_{th}$/kg	1$kcal_{th}$/kg=4184J/kg
			英热单位每磅	Btu/lb	1Btu/lb=2326J/kg
			尔格每克	erg/g	1erg/g=10^{-4}J/kg

续表 1-27

物理量名称	法定计量单位		非法定计量单位		单位换算
	单位名称	单位符号	单位名称	单位符号	
[光]亮度	坎[德拉]每平方米	cd/m^2	尼特	nt	$1nt=1cd/m^2$
[光]照度	勒[克斯]	lx	辐透 英尺烛光	ph fc	$1ph=10^4lx$ 1fc=10.764lx

第四节 电气文字符号和图形符号

一、电气文字符号

新国家标准 GB 7159—1987《电气技术中的文字符号制订通则》于 1987 年 10 月 1 日实施。文字符号分为基本文字符号和辅助文字符号两类，基本文字符号又分为单字母符号和双字母符号两种。

1. 单字母符号。按拉丁字母将各种电气设备、装置和元器件划分为 23 大类，每大类用一个专用单字母符号表示，见表 1-28。如“C”表示电容器类，“R”表示电阻器类等。单字母符号应优先采用。

表 1-28 表示电气设备、装置和元器件种类的单字母符号

种类	符号	种类	符号
组件、部件	A	测量设备、试验设备	P
非电量到电量变换器或电量到非电量变换器	B	电力电路的开关器件	Q
		电阻器	R
电容器	C	控制、记忆、信号电路的开关器件选择器	S
二进制元件、延迟器件、存储器件	D		
其他元器件	E	变压器	T
保护器件	F	调制器、变换器	U
发生器、发电机、电源	G	电子管、晶体管	V
信号器件	H	传输通道、波导、天线	W
继电器、接触器	K	端子、插头、插座	X
电感器、电抗器	L	电气操作的机械器件	Y
电动机	M	终端设备、混合变压器、滤波器、均衡器、限幅器	Z
模拟元件	N		

2. 双字母符号。由一个表示种类的单字母符号与另一字母组成，

其组合形式应以单字母符号在前，另一字母在后的次序列出。如“GB”表示蓄电池，其中“G”为电源的单字母符号。只有当用单字母符号不能满足要求，需要将大类进一步划分时，才采用双字母符号，以便较详细和更具体地表述电气设备、装置和元器件等。

3. 辅助文字符号。它是用来表示电气设备、装置和元器件以及线路的功能、状态和特性的。如“SYN”表示同步，“ON”表示闭合，“RD”表示红色等。辅助文字符号也可放在表示种类的单字母符号后边组成双字母符号，如“KT”表示时间继电器。为简化文字符号起见，若辅助文字符号由两个以上字母组成时，允许只采用其第一位字母进行组合，如“MS”表示同步电动机。辅助文字符号还可以单独使用，如“OFF”表示断开，“DC”表示直流等。

4. 补充文字符号的原则。如果 GB 7159—1987《电气技术中的文字符号制订通则》中所列的基本文字符号和辅助文字符号不敷使用，可按下述原则予以补充：

(1)在不违背文字符号编制原则的条件下，可采用国际标准中规定的电气技术文字符号。

(2)在优先采用标准中规定的单字母符号、双字母符号和辅助文字符号前提下，可补充标准未列出的双字母符号和辅助文字符号。

(3)文字符号应按有关电气名词术语国家标准或专业标准中规定的英文术语缩写而成。同一设备若有几种名称时，应选用其中一个名称。当设备名称、功能、状态或特征为一个英文单词时，一般采用该单词的第一位字母构成文字符号，需要时也可用前两位字母，或采用常用缩略语或约定俗成的习惯法构成；当设备、功能、状态或特征为两个或三个英文单词时，一般采用该两个或三个单词的第一位字母，或采用常用缩略语或约定俗成的习惯法构成文字符号。对基本文字符号不得超过两位字母，对辅助文字符号一般不能超过三位字母。

(4)因拉丁字母“I”、“O”易同阿拉伯数字“1”和“0”混淆，因此，不允许单独作为文字符号使用。

5. 常用电气技术文字符号。常用基本文字符号见表 1-29；常用辅助文字符号见表 1-30；导线敷设方式的文字符号见表 1-31；导线敷设部位的文字符号见表 1-32；灯具安装方式的文字符号见表 1-33。

表 1-29 常用基本文字符号

名称	新符号		旧符号	名称	新符号		旧符号
	单字母	双字母			单字母	双字母	
调节器	A	—	T	直流发电机	G	GD	ZF
放大器	A	—	FD	交流发电机	G	GA	JF
电桥	A	AB	—	同步发电机	G	GS	TF
晶体管放大器	A	AD	BF	异步发电机	G	GA	YF
集成电路放大器	A	AJ	—	永磁发电机	G	GM	YCF
磁放大器	A	AM	CF	水轮发电机	G	GH	SLF
电子管放大器	A	AV	GF	汽轮发电机	G	GT	QLF
印制电路板	A	AP	—	励磁机	G	GE	L
抽屉柜	A	AT	—	变频机	G	GF	BP
支架盘	A	AR	—	蓄电池	G	GB	XDC
变换器	B	—	BH	声响指示器	H	HA	DL、FM
自整角机	B	BS	—	光指示器	H	HL	—
电流变换器	B	BC	LB	指示灯	H	HL	ZSD
电压变换器	B	BU	YB	继电器	K	—	J
速度变换器	B	BV	SB	电压继电器	K	KV	YJ
压力变换器	B	BP	YB	电流继电器	K	KA	LJ
位置变换器	B	BQ	WZB	时间继电器	K	KT	SJ
温度变换器	B	BT	WDB	频率继电器	K	KF	PJ
旋转变换器	B	BR	—	压力继电器	K	KP	YLJ
测速发电机	B	BR	CSF	控制继电器	K	KC	KJ
送话器	B	—	S	制动继电器	K	KB	ZDJ
受话器	B	—	SH	信号继电器	K	KS	XJ
拾音器	B	—	SS	接地继电器	K	KE	JDJ
扬声器	B	—	Y	极化继电器	K	KP	JJ
耳机	B	—	EJ	簧片继电器	K	KR	—
电容器	C	—	C	气体继电器	K	KG	WSJ
与门	D	DA	YM	功率继电器	K	KP	GJ
或门	D	DO	HM	差动继电器	K	KD	CJ
与非门	D	DN	YF	中间继电器	K	KA	ZJ
非门、反相器	D	DN	F	同步继电器	K	KS	TJ
照明灯	E	EL	ZD	接触器	K	KM	C
发热器件	E	EH	—	电感器	L	—	L
空气调节器	E	EV	—	电抗器	L	—	DK
熔断器	F	FU	RD	起动电抗器	L	LS	QK
避雷器	F	—	BL	感应线圈	L	—	GQ
发电机	G	—	F	电动机	M	—	D

续表 1-29

名称	新符号		旧符号	名称	新符号		旧符号
	单字母	双字母			单字母	双字母	
直流电动机	M	MD	ZD	放电电阻器	R	RD	FDR
交流电动机	M	MA	JD	调速电阻器	R	RA	TSR
同步电动机	M	MS	TD	励磁变阻器	R	RE	—
异步电动机	M	MA	YD	分流器	R	RS	FL
笼型电动机	M	MC	LD	分压器	R	RV	FY
力矩电动机	M	MT	LJD	控制开关	S	SA	KK
混合模拟/数字器件	N	—	—	行程开关	S	ST	CK
运算放大器	N	—	—	限位开关、终端开关	S	SQ	XK、ZDK
指示器件	P	—	G	接近开关	S	SP	JK
记录器件	P	—	—	微动开关	S	SM	WK
积算测量器件	P	—	—	水银开关	S	SM	YK
信号发生器	P	PS	—	脚踏开关	S	SF	TK
电流表	P	PA	A	灭磁开关	S	SD	MK
(脉冲)计数器	P	PC	JS	按钮开关(按钮)	S	SB	AN
电能表	P	PJ	W	液体标高传感器	S	SL	—
记录仪器	P	PS	—	压力传感器	S	SP	—
时钟、操作时间表	P	PT	—	位置传感器	S	SQ	—
				转速传感器	S	SR	—
电压表	P	PV	—	温度传感器	S	ST	—
频率表	P	PF	—	变压器	T	—	B
同步表	P	PS	—	电力变压器	T	TM	LB
断路器	Q	QF	DZ、ZK	控制变压器	T	TC	KB
隔离开关	Q	QS	GK	升压变压器	T	TU	SB
接地开关	Q	QG	DK	降压变压器	T	TD	JB
转换开关	Q	QC	HK	自耦变压器	T	TA	OB
刀开关	Q	QK	DK	整流变压器	T	TR	ZB
电阻器	R	—	R	电炉变压器	T	TF	LB
变阻器	R	RH	R	稳压器	T	TS	WY
电位器	R	RP	W	互感器	T	—	H
起动电阻器	R	RS	QR	电流互感器	T	TA	LH
制动电阻器	R	RB	ZDR	电压互感器	T	TV	YH
频敏电阻器	R	RF	PR	照明变压器	T	TL	ZB
附加电阻器	R	RA	FR	脉冲变压器	T	TP	MB
热敏电阻器	R	RT	—	逆变变压器	T	TI	—
压敏电阻器	R	RV	—	整流器	U	UR	ZL

续表 1-29

名称	新符号 单字母	新符号 双字母	旧符号	名称	新符号 单字母	新符号 双字母	旧符号
变流器	U	—	BL	控制绕组	W	WC	KQ
逆变器	U	UI	NB	电线	W	—	DX
变频器	U	—	BP	电缆	W	—	DL
二极管	V	VD	D、Z、ZP	母线	W	—	M
晶体管	V	VT	BG、Tr	接线柱	X	—	JX
晶闸管	V	VT	SCR、KP	连接片	X	XB	LP
稳压管	V	VS	WY、DW	插头	X	XP	CT
单结晶体管	V	VU	BT、UJT	插座	X	XS	CZ
控制电路用电源整流器	V	VC	—	测试插孔	X	XJ	CK
				端子板	X	XT	JX
				气阀	Y	—	—
场效应晶体管	V	VF	FET	电磁铁	Y	YA	DT
发光二极管	V	VL	—	电磁制动器	Y	YB	—
天线	W	—	TX	电磁离合器	Y	YC	CLH
绕组	W	—	Q	电磁吸盘	Y	YH	DX
电枢绕组	W	WA	SQ	电磁阀	Y	YV	DCF
定子绕组	W	WS	DQ	电动阀	Y	YM	—
转子绕组	W	WR	ZQ	滤波器	Z	—	—
励磁绕组	W	WE	LQ	终端设备	Z	—	—

表 1-30　常用辅助文字符号

名　称	新符号	旧符号	名　称	新符号	旧符号
电流	A	L	向后	BW	—
模拟	A	—	控制	C	K
交流	AC	JL	顺时针	CW	—
自动	A AUT	Z	逆时针	CCW	—
			延时(延迟)	D	—
加速	ACC	—	差动	D	—
附加	ADD	F	数字	D	—
可调	ADJ	—	降	D	J
辅助	AUX	F	直流	DC	ZL
异步	ASY	Y	减	DEC	—
制动	B BRK	—	接地	E	—
			紧急	EM	—
黑	BK	—	快速	F	—
蓝	BL	A	反馈	FB	—

续表 1-30

名　称	新符号	旧符号	名　称	新符号	旧符号
正,向前	FW	Z	记录	R	—
绿	GN	L	右	R	—
高	H	G	反	R	—
输入	IN	A	红	RD	—
增	INC	—	复位	R RST	—
感应	IND	SC	备用	RES	B
左	L	—	运转	RUN	—
限制	L	—	信号	S	X
低	L	D	起动	ST	Q
闭锁	LA	—	置位、定位	S SET	—
主	M	Z	饱和	SAT	—
中	M	Z	步进	STE	—
中间线	M	—	停止	STP	T
手动	M MAN	S	同步	SYN	T
中性线	N	—	温度	T	—
断开	OFF	DK	时间	T	S
闭合	ON	BH	无噪声(防干扰)接地	TE	—
输出	OUT	Sr	真空	V	—
压力	P	—	速度	V	—
保护	P	X	电压	V	Y
保护接地	PE	—	白	WH	B
保护接地与中性线共用	PEN	—	黄	YE	U
不接地保护	PU	—			

表 1-31　导线敷设方式的文字符号

敷设方式	文字符号	
	拉丁字母(新符号)	汉语拼音(旧符号)
用瓷瓶或瓷柱敷设	K	CP
用塑料线槽敷设	PR	XC
用金属线槽敷设	MR	XC,VJ
穿水煤气管敷设	RC	G
穿焊接钢管敷设	SC	HG
穿电线管敷设	TC	DG
穿聚氯乙烯硬质管敷设	PC	VG
穿聚氯乙烯半硬质管敷设	FPC	ZVG
穿聚氯乙烯波纹管敷设	KPC	BVG
用电缆桥架敷设	CT	QJ
用瓷夹敷设	PL	CJ
用塑料夹敷设	PCL	VJ
穿金属软管敷设	F	—

表 1-32 导线敷设部位的文字符号

敷设部位	文字符号	
	拉丁字母(新符号)	汉语拼音(旧符号)
沿钢索敷设	M,S	S
沿屋架或跨屋架敷设	BE	LM
沿柱或跨柱敷设	CE	ZM
沿墙面敷设	WE	QM
沿顶棚面或顶板面敷设	CEE	PM
在人能进入的吊顶内敷设	ACE	PNM
暗敷设在梁内	BC	LA
暗敷设在柱内	CC	ZA
暗敷设在墙内	WC	QA
暗敷设在地面内	FC	DA
暗敷设在顶板内或顶棚内	CEC	PA
暗敷设在人不能进入的吊顶内	ACC	PNA

表 1-33 灯具安装方式的文字符号

安装方式	文字符号	
	拉丁字母(新符号)	汉语拼音(旧符号)
吸顶安装	C	
壁式安装	W	B
吊线式安装	SW	X
吊链式安装	CS	L
管吊式安装	DS	G
柱上安装	CL	
支架安装	S	
嵌入式安装	R	T

二、电气图形符号

我国于1984、1985年采用IEC 617—1983，发布了GB 4728—1984～1985《电气图用图形符号》系列标准，并于1987年发出《在全国电气领域推行电气图用图形符号国家标准的通知》。为了满足不断发展的科学技术的需要，国际电工委员会于1996年又修订并出版了IEC 617的新标准。我国于1998～2000年又采用IEC 617—1996，并修订发布了GB/T 4728—1998～2000《电气简图用图形符号》的系列标准，标准的电气简图用图形符号已完全与发达国家一致。

我国及国际电工委员会(IEC)常用电气图形符号对照见表1-34。

表 1-34 我国及国际电工委员会(IEC)常用电气图形符号对照

名 称	中 国		国际电工委员会
	新符号 GB/T 4728	旧符号 GB 312—1964	IEC 617—1983
直流	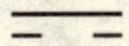		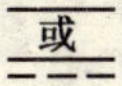
低频(工频或亚音频)	～	～	～
中频(音频)	≈	≈	≈
中线(中性线)	N	N	N
正极	+	+	+
负极	−	−	−
接地			
接机壳	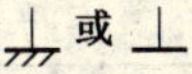		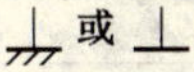
变换器			
导线、电缆和母线的一般符号	——	——	——
导线的多线连接	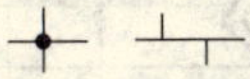	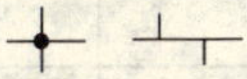	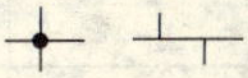
导线的不连接			
端子	○ ●	○ ●	○
插头和插座		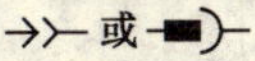	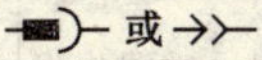
连接片	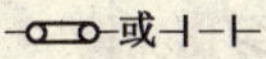		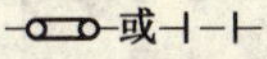
电阻器一般符号			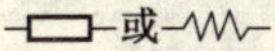
可变电阻器 可调电阻器			
两个固定抽头的电阻器			
电容器一般符号			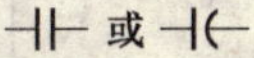
极性电容器			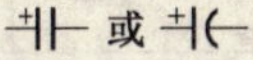

续表 1-34

名　称	中　国 新符号 GB/T 4728	中　国 旧符号 GB 312—1964	国际电工委员会 IEC 617—1983
电感器			
有两个抽头的电感器	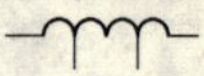	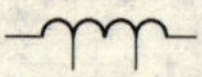	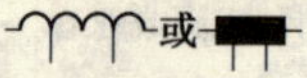
半导体二极管一般符号			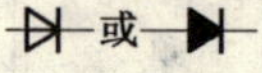
三极晶体闸流管			
NPN 型半导体管			
PNP 型半导体管			
串励直流电动机			
并励直流发电机			
三相永磁同步发电机			
三相笼型异步电动机			
三相绕线转子异步电动机			

续表 1-34

名 称	中 国 新符号 GB/T 4728	中 国 旧符号 GB 312—1964	国际电工委员会 IEC 617—1983
双绕组变压器			
三绕组变压器	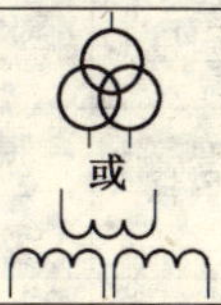	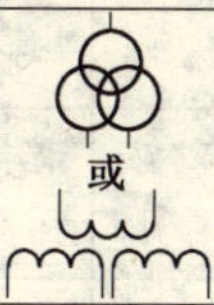	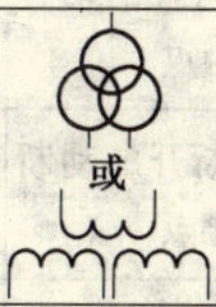
自耦变压器			
电抗器	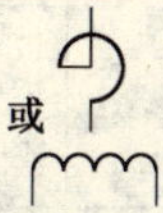		
电流互感器	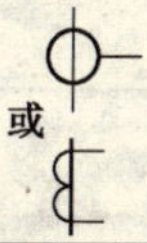	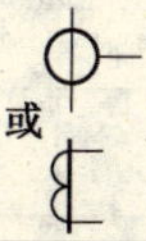	
电压互感器			
动合(常开)触点	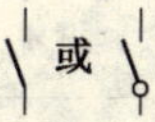	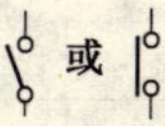	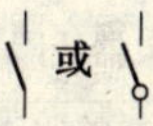
动断(常闭)触点	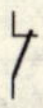	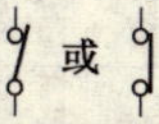	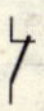
先断后合的转换触点	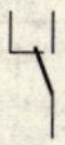		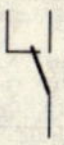

续表 1-34

名　称	中国 新符号 GB/T 4728	中国 旧符号 GB 312—1964	国际电工委员会 IEC 617—1983
先合后断的转换触点	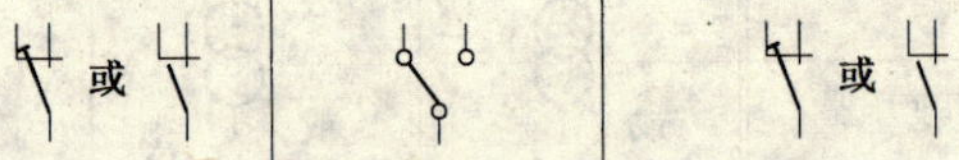		
延时闭合的动合(常开)触点	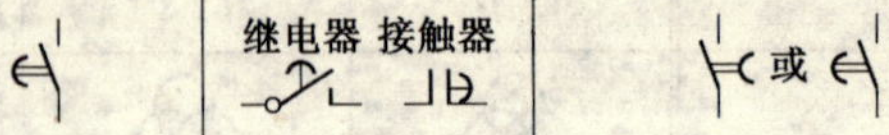		
延时断开的动断(常闭)触点	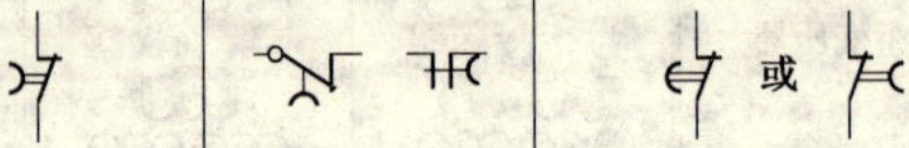		
延时断开的动合(常开)触点	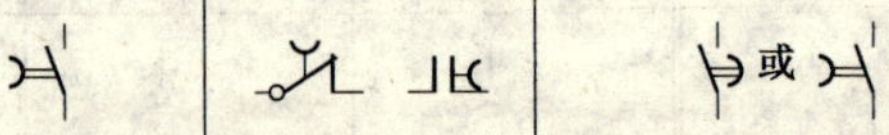		
延时闭合的动断(常闭)触点	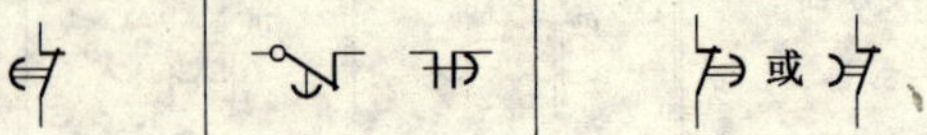		
三极熔断器式隔离开关	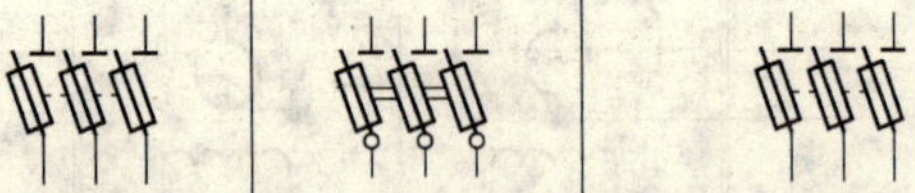		
动合(常开)按钮	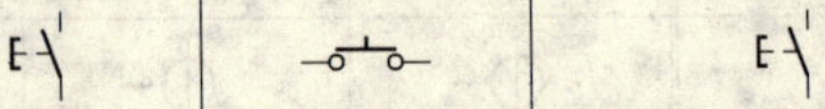		
动断(常闭)按钮	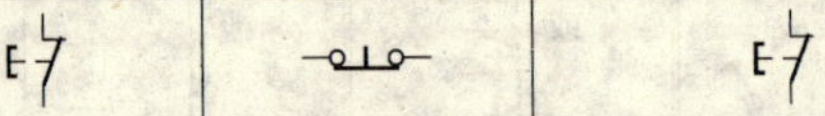		
液位开关			
继电器线圈一般符号	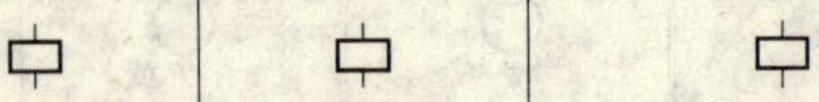		
缓放继电器线圈	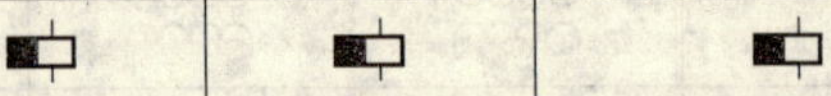		
缓吸继电器线圈	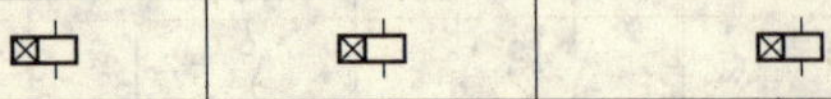		
热继电器的驱动器件	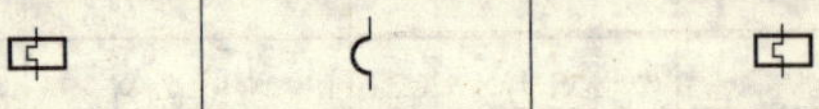		
过流继电器	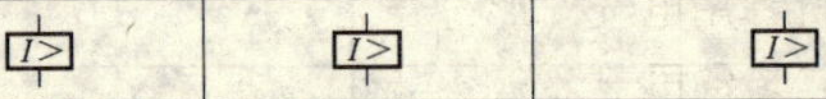		
欠压继电器	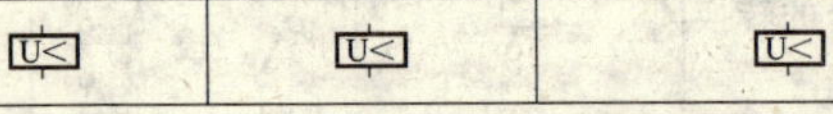		

续表 1-34

名　称	中　国		国际电工委员会 IEC 617—1983
	新符号 GB/T 4728	旧符号 GB 312—1964	
熔断器			
火花间隙			
避雷器			
电流表			
电压表			
电能表			
放大器	 或 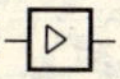		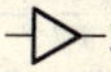 或 
桥式全波整流器	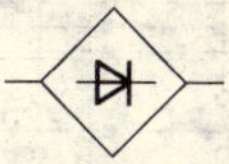	—	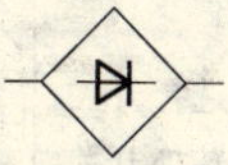
电喇叭		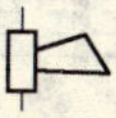	
电铃			
蜂鸣器			
信号灯			
白炽灯			

起重机专用电气图形符号见表 1-35，该表中的图形符号，系根据原机电部第二装备司于 1990 年 5 月发布，从 1991 年 1 月 1 日在全行业中实施的 JB/ZQ 2007—1990《起重机电气制图》标准中摘录的。

表 1-35　起重机专用电气图形符号

序号	名　称	JB/ZQ 2007—1990	GB 312—1964(或沿用画法)	备　注
1	滑动连接器	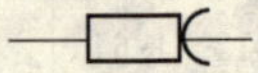	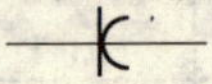	用于大、小车导电
2	滚动连接器			电缆卷线器
3	柔软电缆	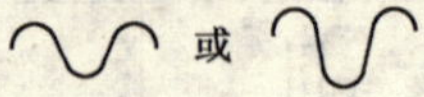	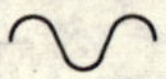	仅在有必要指明为柔软电缆时用
4	动力控制器手动、非自动复位	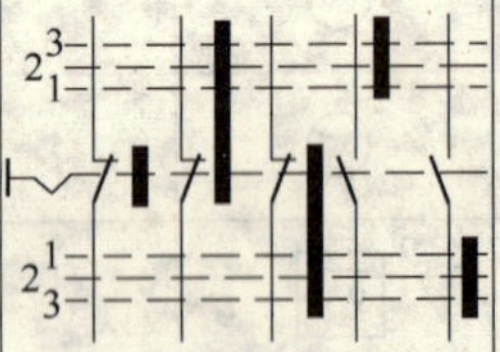	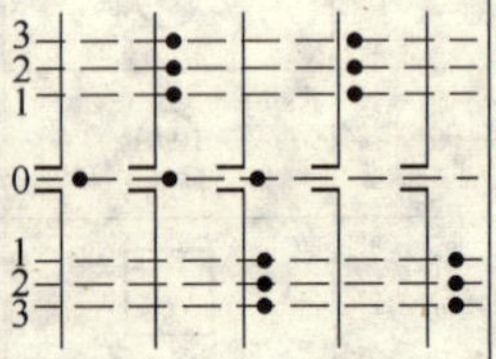	触头数挡位数按实际情况绘制，触头可以集中或分散表示
5	主令控制器 选择开关 转换开关 手动、非自动复位	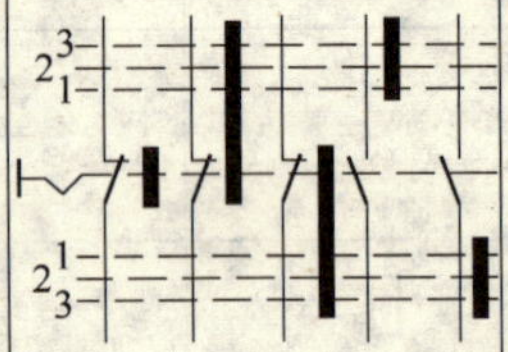	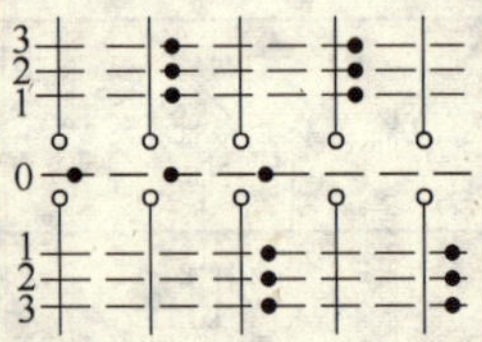	触头数挡位数按实际情况绘制，触头可以集中或分散表示
6	搭接触头(过渡挡)	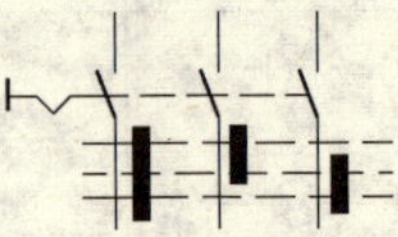	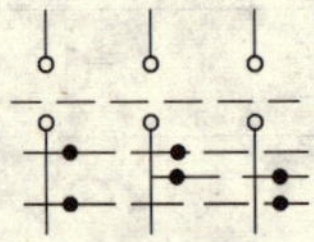	中间和右边触头为搭接触头，仅示出一个方向
7	机械式限位开关机械操作、非自动复位	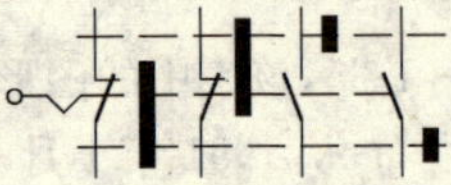	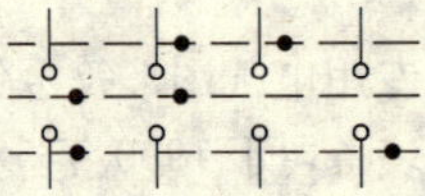	触头数按实际情况绘制，可以集中或分散表示

续表 1-35

序号	名　称	JB/ZQ 2007—1990	GB 312—1964(或沿用画法)	备　注
8	机械式限位开关机械操作、自动复位	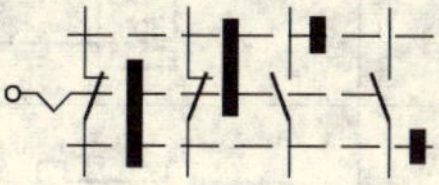	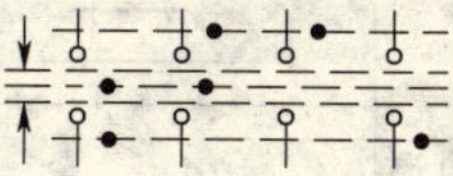	触头数按实际情况绘制，可以集中或分散表示
9	机械式限位开关机械平移操作、自动复位	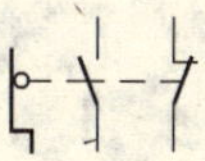	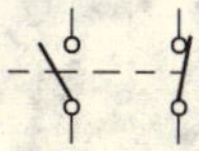	—
10	旋转开关自动复位	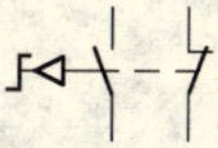	—	三角为指向返回方向，没有三角为非自动复位
11	脚踏开关	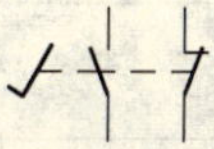	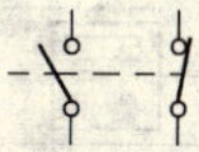	—
12	电动液压推动器制动器			若非液压中间环节，方框内加适当字母
13	三相交流电磁铁制动器	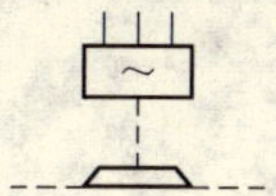	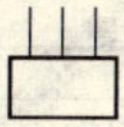	电源线为两根为单相交流电磁铁制动器
14	交流供电的液压电磁制动器	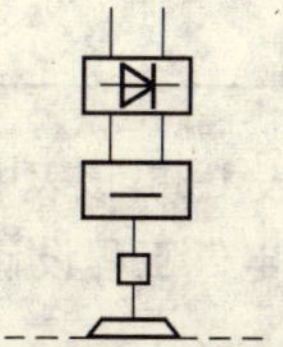	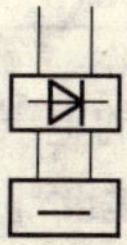	—

续表 1-35

序号	名　称	JB/ZQ 2007—1990	GB 312—1964(或沿用画法)	备　注
15	涡流制动器	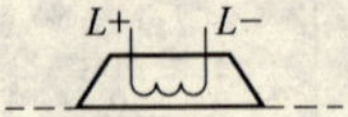	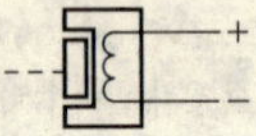	—
16	起重电磁铁	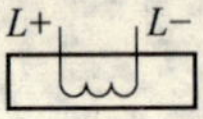	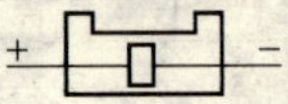	—
17	载荷保护器的传感器	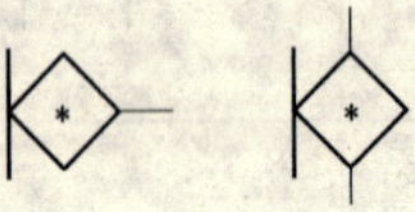	—	* 为如下字母 R: 电阻应变型 L: 压磁应变型 C: 电容应变型 Q: 压电石英应变型
18	载荷保护控制器		—	—
19	载荷保护显示器	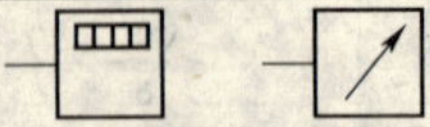	—	—
20	电热器	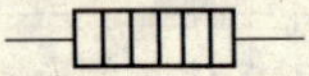	—	—
21	带开关的空调器	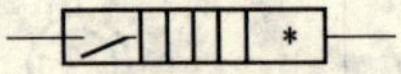	—	—
22	冷风机	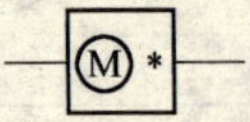	—	—
23	(平面布置图用符号)接线箱、盒	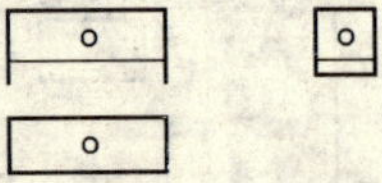	—	据实际最大外形尺寸按比例画,随主图取某视图符号。其他设备类同

照明装置常用的电气图形符号见表 1-36,该表中的图形符号系根据 2001 年 1 月 15 日建设部批准的《建筑电气工程设计常用图形和文字符号》图集中摘录的。

表 1-36　照明装置常用电气图形符号

图　例	名　称
	弯灯
	广照型灯(配照型灯)
	深照型灯
	局部照明灯
	矿山灯
	乳白玻璃球型灯
	防水防尘灯
	花灯
	壁灯
	防爆灯
	安全灯
	天棚灯
	荧光灯
	三管荧光灯
	瓷质座式灯头
	各种灯具的一般符号
	单相插座
	暗装插座
	密闭(防水)插座
	防爆插座
	带接地插孔的单相插座
	暗装
	密闭(防水)

图　例	名　称	
	防爆	
	带接地插孔的三相插座	
	带熔断器的插座	
10/6	断路器 $\frac{\text{断路器额定电流}}{\text{脱扣器额定电流}}$	
15/10	熔断器 $\frac{\text{熔断器额定电流}}{\text{熔体额定电流}}$	
	双极刀闸开关	多线表示
	双极刀闸开关	单线表示
	三极刀闸开关	多线表示
	三极刀闸开关	单线表示
	单极拉线开关	
	单极双控拉线开关	
	单极开关	
	单极暗装开关	
	单极密闭(防水)开关	
	单极防爆开关	
	双极开关	
	双极暗装开关	
	双极密闭(防水)开关	
	双极防爆开关	
	单极延时开关	
	双控开关(单极三线)	
	交流线路 500V 以下 除注明者外,铝线为 2.5mm² 截面;铜线为 1.0mm² 截面	2 根
		3 根
		4 根
		5 根

续表 1-36

图例	名称	图例	名称
	36V 以下交流线路		管线由上引来并引下，管线由下引来并引上
	直流线路应急照明线		照明配电箱（屏）
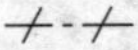	接地或接零线路		室内分线盒
	导线相交或分支		室外分线盒
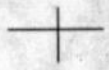	不相交的导线		自动开关箱
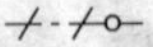	接地装置		刀开关箱
	进户线	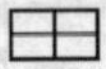	组合开关箱
	管线由上引来，管线引上		电流互感器
	管线由下引来，管线引下	㉚	设计照度 30lx

三、电气设备用图形符号

（一）适应范围

GB/T 5465—1996《电气设备用图形符号》是通过书写、绘制、印刷或其他方法产生的可视图形，将其直接书写、绘制、印刷在各种类型的电气设备或设备部件上，帮助操作人员了解该设备的特性、用途和操作方法；有时也用在安装或移动设备的场合，以指出诸如禁止、警告、规定或限制等注意事项。例如：一台电控设备面板上标示如图 1-1a 所示图形符号，分别表示起动、快速起动、暂停、停止和快速停止。操作者只要熟悉这些图形符号，操作起来就十分方便；又如，在有电击危险的地方，标示出如图 1-1b 所示的图形符号，提醒人们远离危险电压。

电气设备用图形符号还可以用在平面图、设计图、地形图、图表及类似图中，以补充它们所包含的内容。

GB/T 5465—1996《电气设备用图形符号》绘制原则不适用于 GB/T 4728—1998～2000《电气图用图形符号》，这是两套针对不同使用场合和构图原则的电气符号，不能混淆，但在某些特殊情况下并不妨碍它们互相借用。

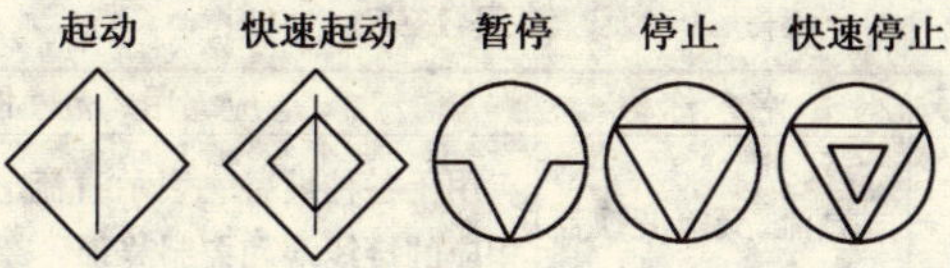

(a)

(b)

图 1-1　电气设备用图形符号举例

(a)操作符号　(b)危险电压符号

(二)常用图形符号

电气设备常用图形符号见表 1-37。

表 1-37　电气设备常用图形符号(摘自 GB/T 5465—1996)

序号	图形符号	名　称	应　用　范　围
1	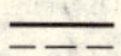	直流电	用于各种设备。标志在只适用于直流电的设备的铭牌上;以及用以表示通直流电的端子
2		交流电	用于各种设备。标志在只适用于交流电的设备的铭牌上;以及用以表示通交流电的端子
3	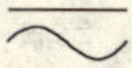	交直流通用	用于各种设备。标志在交、直流两用的设备的铭牌上;以及用以表示相应的端子
4		正号;正极	用于各种设备。表示使用或产生直流电的设备的正端 注:本图形符号的含义随其位置而定。此符号不能用于可旋转的控制装置上
5		负号;负极	用于各种设备。表示使用或产生直流电的设备的负端 注:同序号 4 的注
6		交流/直流变换器; 整流器; 电源代用器	用于各种设备。表示交流/直流变换器本身。在有插接装置的情况下表示有关插座

续表 1-37

序号	图形符号	名 称	应 用 范 围
7		直流/交流变换器	用于各种设备。表示直流/交流变换器及其相应的接线端和控制装置
8		整流器的一般符号	用于各种设备。标识整流设备及其相关的接线端子和控制器
9		变压器	用于各种设备。表示电气设备可通过变压器与电力线连接的开关、控制器、连接器或端子。同样可用于变压器的包封或外壳上(例如插接装置)
10		熔断器	用于各种设备。表示熔断器盒及其位置
11		测试电压	用于各种电气和电子设备。表示该设备能承受 500V 的测试电压 注:测试电压的其他数值可以按照有关标准在符号中用一个数字表示
12		危险电压	用于各种设备。表示危险电压引起的危险 注:本符号可与 GB 2893—1982《安全色》、GB 2894—1982《安全标志》所规定的警戒符号的颜色结合使用
13		接地	用于各种设备。一般用以表示接地端子
14		保护接地	用于各种设备。表示在发生故障时防止电击的与外保护导体相连接的端子或与保护接地电极相连接的端子
15		接机壳、接机架	用于各种设备。表示连接机壳、机架的端子
16		信号低端	用于各种设备。标识最接近地电位或机壳电位的信号端电压
17		等电位	用于各种设备。表示那些相互连接后使设备或系统的各部分达到相同电位的端子,但这并不是一定是接地电位。例如:局部互连线 注:电位值可标在标号旁边

续表 1-37

序号	图形符号	名　称	应　用　范　围
18	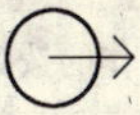	输出	用于各种设备。在需要区别输入和输出的场合表示输出端
19	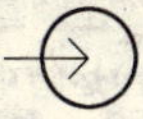	输入	用于各种设备。在需要区别输入和输出的场合表示输入端
20		过压保护装置	用于设备。标识一种具有过压保护的设备，例如：雷电过电压
21		天线	用于无线电接收及发射设备。表示连接天线的端子。除专门说明天线类型之外，一般使用此符号
22		通(电源)	用于各种设备。表示已接通电源，必须标在电源开关或开关的位置，以及与安全有关的地方 注：同序号 4 的注
23		断(电源)	用于各种设备。表示已断开电源，必须标在电源开关或开关的位置，以及与安全有关的地方
24		等待	用于各种设备。指明设备的一部分已接通(合闸)，而使设备处于准备使用状态的开关或开关位置
25		通/断(按—按)	用于各种设备。表示与电源接通或断开，必须标在电源开关或开关的位置，以及与安全有关的地方。“接通”或“断开”都是稳定位置
26		通/断(按钮开关)	用于各种设备。表示与电源接通，必须标在电源开关或开关的位置，以及与安全有关的地方。“断开”是稳定位置，只有当按下按钮时，才保持在”接通”位置
27		起动、开始(动作)	用于各种设备。表示起动按钮

续表 1-37

序号	图形符号	名　称	应 用 范 围
28		停机（动作的停止）	用于各种设备。表示停止动作的按钮
29		暂停、中断	用于各种设备。表示与正在连续运转的驱动机械脱离连接，使（例如磁带）运转中断的按钮
30		脚踏开关	用于各种设备。表示与脚踏开关相连接的输入端子
31		手持开关	用于各种设备。表示手持开关有关的控制或连接点
32		快速起动	用于各种设备。表示诸如加工、程序控制、磁带等起动，不需要很多时间就可以达到工作速率的控制 注：特别适合于与序号 27 的符号用在同一设备上
33		快速停止	用于各种设备。表示诸如加工、程序控制、磁带等短时间立即停止的控制 注：特别适合于与序号 28 的符号用在同一设备上
34		调到最小	用于各种设备。表示将量值调到最小值的控制，如"零"控制或电桥平衡、消除无用信号、仪表、指示器等的最小偏差等
35	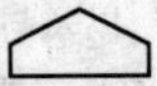	调到最大	用于各种设备。表示将量值调到最大值的控制，如仪表、指示器等的调谐和最大偏差等
36	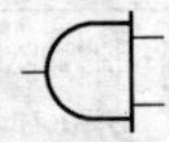	电源插头	用于各种设备。标识电源（总线）的连接件（如插头或软线）或标识连接件的存放位置
37		单向运动	用于各种设备。表示控制动作或被控制物，沿着所指的方向运动 注：由于表示旋转运动箭头的半径随有关控制器的直径而定，所以只给出表示直线运动的图形

续表 1-37

序号	图形符号	名　称	应　用　范　围
38		双向运动	用于各种设备。表示控制动作或被控制物，可按标出的方向做双向运动 注：同序号 37 的注
39	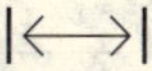	双向局限运动	用于各种设备。表示某个控制动作或被控制物可按标出的方向在一定限度内运动 注：同序号 37 的注
40		小心，烫伤	用于各种设备。指示所标出的部分可能是烫的，不要随意触摸
41		不得用于住宅区	用于电子设备。表示标注有本符号的电子产品(如工作时产生无线电干扰的设备)不宜用在住宅区
42		铃	用于控制铃的开关(按钮)，如门铃
43		精致易碎的物品	用于各种洗碗机。表示选择开关的有关位置
44	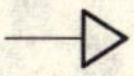	常速运转	用于各种设备(除盒式磁带录音机外)。标识按所指方向以正常速度运转的起动按钮或开关
45		快速运转	用于各种设备(除盒式磁带录音机外)。标识在所指方向运转速度比正常速度快的开关或开关位置
46		灯、照明、照明设备	用于各种设备。表示控制照明光源的开关。例如室内的照明、电影机、幻灯机或设备表盘的照明灯等
47		暗室照明	用于设备。当需要与符号 46 相区别时，用本符号表示暗室照明的控制，如暗室用具
48		间接照明	用于设备。当需要与符号 46 相区别时，用本符号表示间接照明的控制
49		信号灯	用于各种设备。表示接通或断开信号灯的开关

续表 1-37

序号	图形符号	名 称	应 用 范 围
50		喇叭(报警用)	用于控制喇叭的开关。例如厂用喇叭、音响报警信号
51	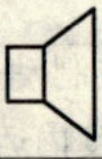	扬声器	用于各种设备。表示连接扬声器的插座、接线端或开关
52		耳机	用于各种设备。表示连接耳机的插座、接线端或开关
53		通风机(鼓风机、风扇等)	用于各种设备。表示操纵通风机的开关或控制装置。例如电影机或幻灯机上的风扇、室内风扇 注:本符号正在考虑修订

第二章　电路与磁路

第一节　线性直流电路

一、电路的基本物理量

1. 电流。电荷的定向移动就形成了电流。电流的实际方向习惯上指正电荷运动的方向。对于直流，单位时间 t 内通过导体横截面的电荷[量]Q 是恒定不变的，即

$$I=\frac{Q}{t} \tag{2-1}$$

电流的单位是安[培](A)。1A 电流指 1 秒(s)内通过导体横截面的电荷[量]为 1 库[仑](C)。电流有时也用千安(kA)、毫安(mA)或微安(μA)作单位，其关系为

$$1\text{kA}=1000\text{A}=10^3\text{A}$$

$$1\text{A}=1000\text{mA}=10^3\text{mA}$$

$$1\text{mA}=1000\mu\text{A}=10^3\mu\text{A}$$

电流方向的判断：①选定参考方向；②当电流实际方向与参考方向一致时，电流为正值($I>0$)，如图 2-1a 所示；③当电流实际方向与参考方向相反时，电流为负值($I<0$)，如图 2-1b 所示。

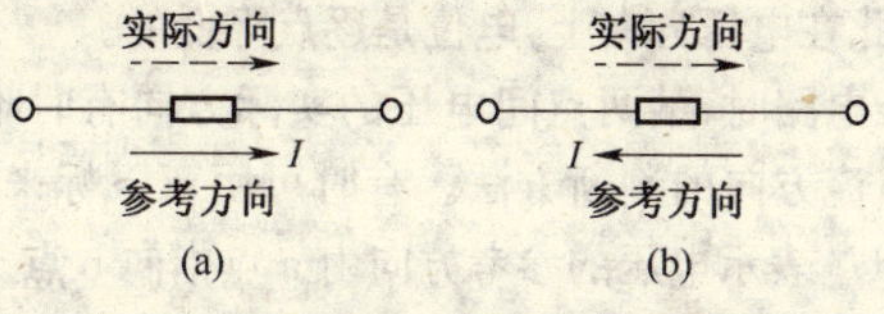

图 2-1　电流参考方向与实际方向的关系

(a)实际方向与参考方向一致　(b)实际方向与参考方向相反

2. 电位。图 2-2 所示电路中，把 b 点作为参考点，则正电荷在 a 点所具有的电位能就等于电场力把正电荷从 a 点经负载 R_L 移到 b 点所做

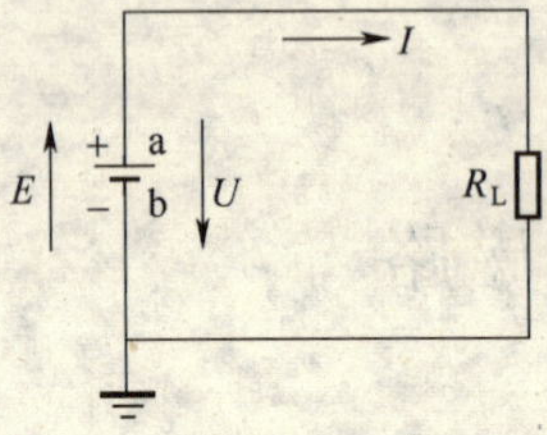

图 2-2　b 点为参考点的电路

的功。正电荷受电场力作用，顺着电场的方向移动，正电荷的电位能逐渐减小，正电荷失去能量，把电能转换为其他形式的能量。

正电荷在 a 点所具有的电位能 W_a 与正电荷所带电荷[量]Q 的比值，称为电路中 a 点的电位，用 V_a 表示，即

$$V_a=\frac{W_a}{Q} \tag{2-2}$$

由式(2-2)可知，电路中某点相对于参考点电位的大小，在数值上等于单位正电荷在该点所具有的电位能。

电位高低的判断：①选定参考点，并将参考点电位设为零(零电位点)；②在电路中比参考点电位高的电位为正值，用"＋"表示；③在电路中比参考点电位低的电位为负值，用"－"表示。

3. 电压。电路中任意两点间的电位差，称为这两点间的电压，用字母 U 表示。例如 a、b 两点间的电压为

$$U_{ab}=V_a-V_b \tag{2-3}$$

电压的单位也是伏[特]。如果电场力把 1 库[仑](C)电量从 a 点移到 b 点所做的功是 1 焦[耳](J)，则 a 与 b 两点间的电压就是 1 伏[特](V)。电压有时也用千伏(kV)、毫伏(mV)作单位，其关系为

$$1\text{kV}=1000\text{V}=10^3\text{V}$$

$$1\text{mV}=0.001\text{V}=10^{-3}\text{V}$$

电压的实际方向规定为从高电位点指向低电位点，即由"＋"极性指向"－"极性，因此在电压方向上，电位是逐点降低的。

在分析复杂电路时，某两点间电压的实际方向有时难于事先确定，其判断方法同电流方向的判断方法。有时可用双下标来表示电压的参考方向，如电压 U_{ab} 表示电压的参考方向由 a 点指向 b 点。

4. 电动势。由于非静电力而使电源两端具有的电位差叫电动势，并规定电动势的实际方向是由低电位端指向高电位端。把电位高的一端叫正极，电位低的一端叫负极，则电动势的实际方向规定为在电源内部从负极到正极，因此，在电动势的方向上电位是逐点升高的。

电动势的单位也用伏[特]表示。

应当注意，对一个电源来说，电动势的实际方向正好和它两端电压的实际方向相反，但二者的实际极性却是完全相同的。也就是说，电动势和电压在物理意义上虽然是不同的，但在电路图上它们所表现的效果却是相同的，即它们都呈现为对外部两端点之间有电位差。

5. 电能和电功率。在任何有电流通过的闭合电路里，都要发生能量的转换。把电能转换成其他形式的能，叫做电流做功，简称电功，亦称电能，用字母 W 表示，电功的单位为焦[耳](J)。

在直流情况下

$$P=\frac{W}{t}=UI \tag{2-4}$$

电功率的单位是瓦[特](W)。

由式(2-4)知电能 W 为

$$W=Pt=UIt \tag{2-5}$$

$$1\mathrm{J}=1\mathrm{V}\times1\mathrm{A}\times1\mathrm{s}$$

这就是说，若电路两端电压为 1V，通过的电流为 1A，在 1s 内所做的功就是 1J。

电能的单位也常用千瓦小时表示，一个千瓦小时相当于电功率为一千瓦的用电设备，工作一小时所吸收的电能。

$$1\mathrm{kW}\times1\mathrm{h}=1\mathrm{kW}\cdot\mathrm{h}=1000\mathrm{W}\times3600\mathrm{s}$$
$$=3600000\mathrm{J}=3.6\times10^{6}\mathrm{J}$$

平时，我们说用了多少度电，就是指消耗了多少千瓦小时的电能。

6. 元件性质的判断。见表 2-1。

表 2-1 元件性质的判断

电流电压参考方向	电流电压实际方向	功率	元件性质
一致	—	$P=UI$	吸收功率，负载
不一致	—	$P=-UI$	放出功率，电源
—	一致	$P=UI$	吸收功率，负载
—	不一致	$P=-UI$	放出功率，电源

注意：在功率计算公式中有两套正负符号。其一是公式本身的符号；其二是在参考方向选定之后，电流和电压有正值和负值。

二、欧姆定律

欧姆定律是计算线性电路的最基本定律，在应用时常分以下三种形式。

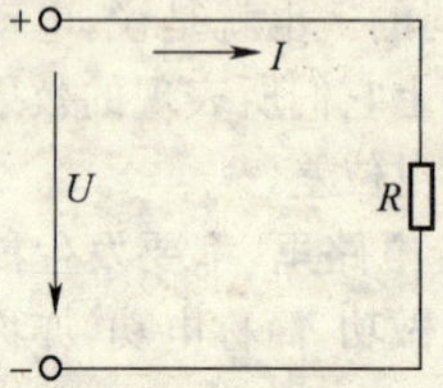

图 2-3　不包含电源的一段电路

1. 一段无源支路的欧姆定律。图 2-3 所示是闭合回路中的一段支路，在这一段支路中仅有电阻，故又叫一段电阻电路的欧姆定律。当导体的温度不变时，通过一段无源支路的电流与支路两端电压成正比，与电阻成反比。当电流与电压的参考方向一致时，欧姆定律的表达式为

$$I=\frac{U}{R} \tag{2-6}$$

式中　I——支路电流(A)；

U——支路两端电压(V)；

R——电阻(Ω)。

式(2-6)也可表示成

$$U=IR \tag{2-7}$$

或

$$R=\frac{U}{I} \tag{2-8}$$

2. 一段含源支路的欧姆定律。图 2-4 所示是一段包含电源的电路，当导体的温度不变时，通过一段含源支路的电流不仅与支路的端电压有关，还与支路的电动势有关。含源支路欧姆定律表达式的形式还取决于电动势 E、电压 U 与电流 I 参考方向的选择，见表 2-2。

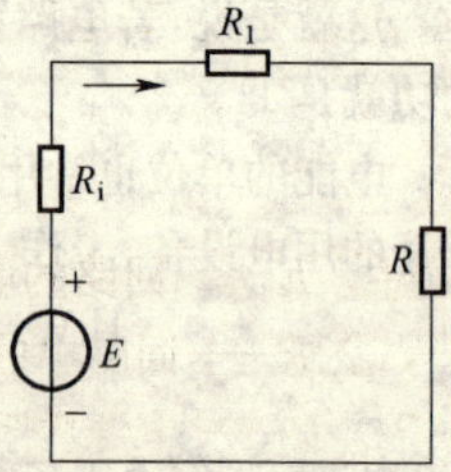

图 2-4　一段包含电源的电路

表 2-2　一段含源支路的欧姆定律

电　路	欧姆定律表达形式	说　明
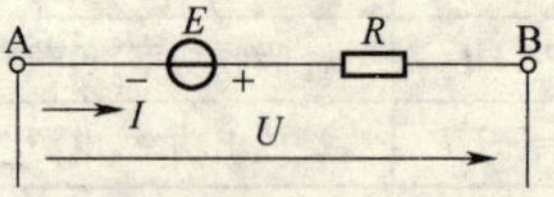	$I=\frac{E+U}{R}$	E、U 的方向与 I 的方向一致
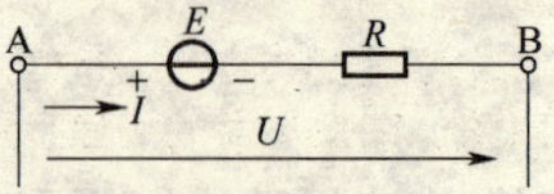	$I=\frac{-E+U}{R}$	E 与 I 的方向相反，U 与 I 的方向一致

续表 2-2

电　路	欧姆定律表达形式	说　明
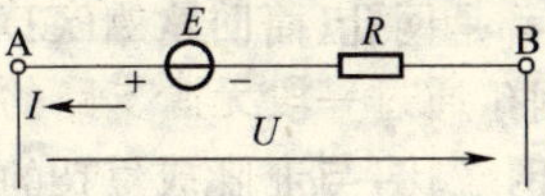	$I=\frac{E-U}{R}$	E 与 I 的方向一致，U 与 I 的方向相反
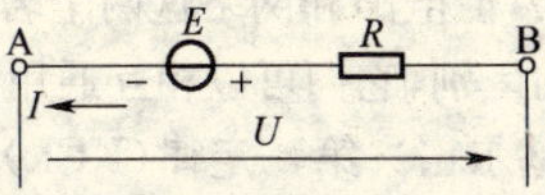	$I=\frac{-E-U}{R}$	E、U 的方向与 I 的方向相反

3. 全电路的欧姆定律。全电路的欧姆定律，也叫回路的欧姆定律，图 2-4 所示是最简单的闭合回路，通过该闭合回路的电流与回路的电动势成正比，而与回路的全部电阻值成反比。当回路电动势与回路电流的方向一致时，它们的关系如下：

$$I=\frac{E}{\sum R} \tag{2-9}$$

$$\sum R=R_i+R_1+R \tag{2-10}$$

式中　E——回路的电动势(V)；

$\sum R$——回路中的总电阻(Ω)；

R_i——电源内阻(Ω)；

R——负载电阻(Ω)；

R_1——回路中连线的电阻(Ω)。

综上所述，欧姆定律既可用于一段电路，也可用于全电路。

三、基尔霍夫定律

1. 名词。为了解基尔霍夫定律，先就图 2-5 解释几个名词。

(1)支路。电路中两点之间通过同一电流的不分叉的一段电路叫支路。图 2-5 中的 AF、BH、CD 都是支路。支路 AF、BH 中有电源，称为有源支路；支路 CD 中没有电源，称为无源支路。

(2)节点。电路中 3 条或 3 条以上支路的连接点叫节点。图 2-5 中的 B 点、H 点都是节点。

(3)回路。电路中任一闭合路径称为回路。图 2-5 中的 ABCDHFA、ABHFA、BCDHB 都是回路。

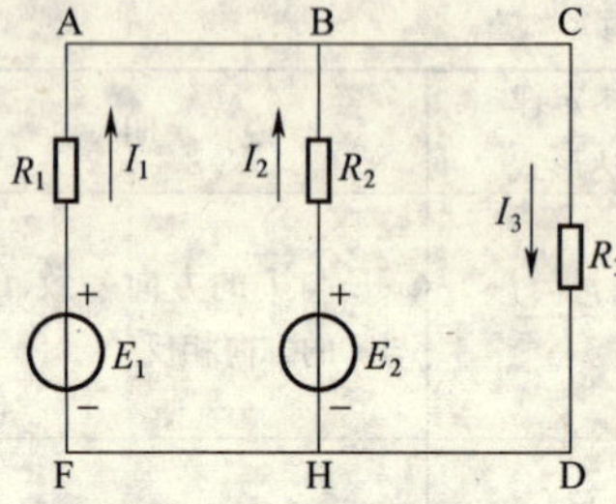

图 2-5　支路与节点

(4)网孔。在回路内部不含有任何支路的回路叫网孔，因为它像渔网中的小孔一样。图 2-5 中回路 ABHFA、BCDHB 都是网孔；而回路 ABCDHFA 则不是网孔。

(5)网络。一般把比较复杂的电路叫做网络，但电路和网络这两个名词并无明显的区别，它们可以相互通用。

2. 基尔霍夫第一定律(KCL)。该定律也叫基尔霍夫电流定律，这个定律指出，在电路中流入任意一个节点的电流$\sum I_{in}$必定等于流出该节点的电流$\sum I_{ex}$，即

$$\sum I_{in}=\sum I_{ex} \tag{2-11}$$

也可以这样说，在一个节点上电流的代数和恒等于零，即

$$\sum I=0 \tag{2-12}$$

关于电流方向问题，可预先假定，如求得的电流是正值，表示电流的实际方向与标定方向相同；如求得的电流是负值，表示电流的实际方向与标定方向相反。在图 2-6 中，假定了电流方向后，根据基尔霍夫第一定律可列出

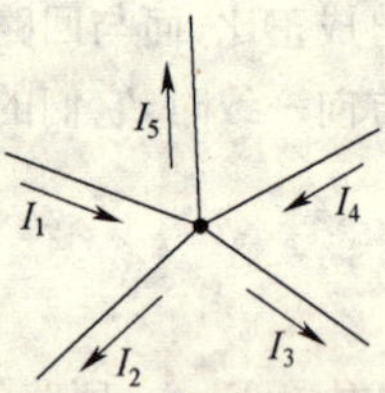

图 2-6　基尔霍夫第一定律示例

$$I_1+I_4=I_2+I_3+I_5$$

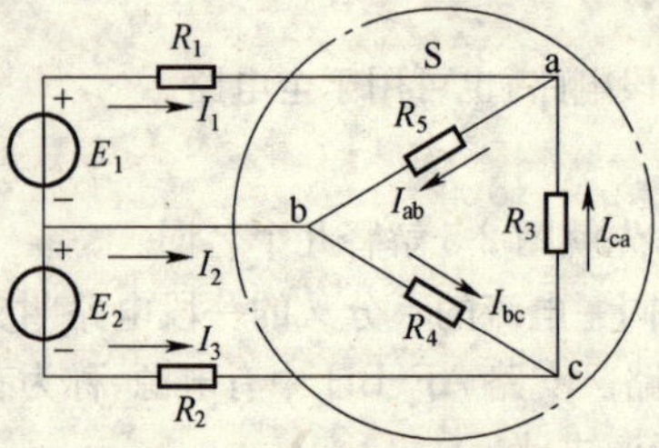

图 2-7　电路的广义节点

基尔霍夫第一定律一般应用于节点，但也可以推广应用于任意假定的封闭面。图 2-7 中 S 将 R_3、R_4、R_5 所构成的三角形 abc 全部包围起来，流进 S 面电流应等于流出 S 面电流。

因　$I_1=I_{ab}-I_{ca}$

$I_2=I_{bc}-I_{ab}$

$I_3=I_{ca}-I_{bc}$

所以　$I_1+I_2+I_3=I_{ab}-I_{ca}+I_{bc}-I_{ab}+I_{ca}-I_{bc}=0$

这就是说对封闭面 S 也存在一个方程式

$$I_1+I_2+I_3=0$$

即

$$\sum I=0$$

对晶体三极管来说，也可以假定一个封闭面S把晶体三极管包围起来，如图2-8所示。根据基尔霍夫第一定律可得

$$i_e=i_b+i_c$$

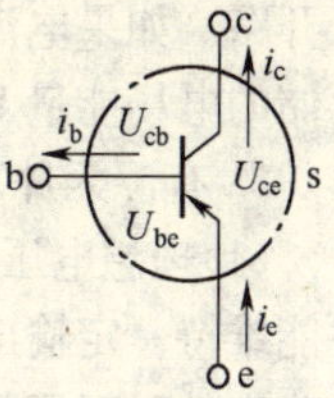

图 2-8　晶体三极管

基尔霍夫第一定律是集总参数电路中连接到任一节点的各支路电流必须服从的约束，而与各支路元件的性质无关。因此，不论是线性电路还是非线性电路，它都是普遍适用的。

3. 基尔霍夫第二定律（KVL）。该定律也叫基尔霍夫电压定律。这个定律指出，电路中任一回路内各段电压的代数和为零，即

$$\sum U=0 \tag{2-13}$$

也可以说回路中各电位升$\sum U_b$之和必定等于各电位降$\sum U_d$之和，即

$$\sum U_b=\sum U_d \tag{2-14}$$

如果各支路是由电阻和电动势所构成，基尔霍夫第二定律可以这样说：任一回路内，电阻上电压降的代数和等于电动势的代数和，即

$$\sum E=\sum IR \tag{2-15}$$

对晶体三极管来说，三个极之间的电压关系，也符合基尔霍夫第二定律。在图2-8中有

$$U_{ce}=U_{cb}+U_{be}$$

基尔霍夫第二定律是集总参数电路中任一闭合回路内各支路电压必须服从的约束，而与各支路元件的性质无关。因此，不论是线性电路还是非线性电路，它都是普遍适用的。

四、电路元件的伏安关系

1. 无源元件。常用的无源元件有电阻、电感和电容。

（1）电阻。电阻元件的伏安关系由欧姆定律确定。当电流和电压参考方向一致时，$u=Ri$；电流和电压参考方向不一致时，$u=-Ri$。电阻的功率 $P=ui=Ri^2=u^2/R$。

（2）电感。电感的伏安关系为 $u=L\mathrm{d}i/\mathrm{d}t$，因此，电感对于直流相当于短路。如果电流和电压参考方向不一致时，则 $u=-L\mathrm{d}i/\mathrm{d}t$。电感中

存储的磁场能量 $W_L=Li^2/2$。

(3)电容。电容的伏安关系为 $i=C\mathrm{d}u/\mathrm{d}t$,因此,电容对于直流相当于开路。如果电流和电压参考方向不一致时,则 $i=-C\mathrm{d}u/\mathrm{d}t$。电容中存储的电场能量 $W_C=Cu^2/2$。

2. 有源元件。有源元件有理想电压源和理想电流源。

(1)理想电压源。符号和伏安特性如图 2-9 所示。它是一种能产生并能维持一定输出电压的理想电源元件,又称恒压源。恒压源的电压 u_s 为确定的时间函数,与流过的电流无关。直流恒压源的电压是定值 U_s。恒压源中的电流可为任意值,其值由外电路决定。注意:恒压源不能短路,否则流过的电流为无限大。

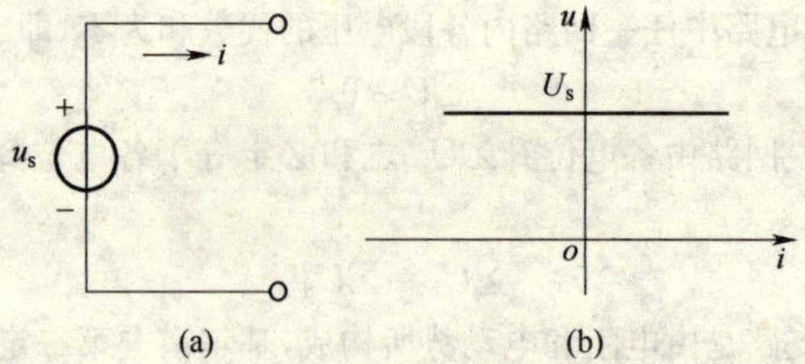

图 2-9 恒压源及其伏安特性

(a)符号 (b)伏安特性

(2)理想电流源。符号和伏安特性如图 2-10 所示。它是一种能产生并能维持一定输出电流的理想电源元件,又称恒流源。恒流源的电流 i_s 为确定的时间函数,与两端的电压无关。直流恒流源的电流是定值

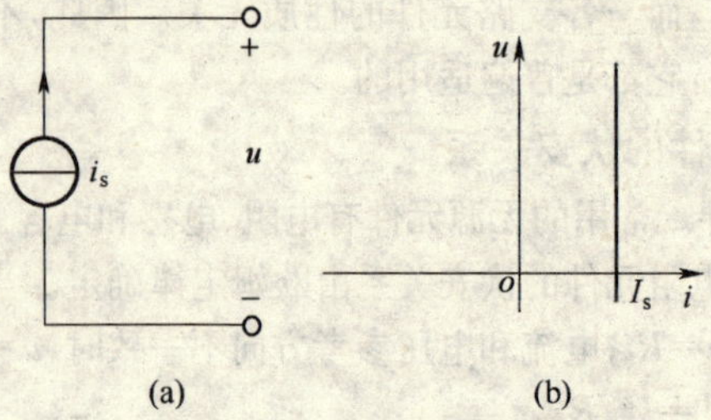

图 2-10 恒流源及其伏安特性

(a)符号 (b)伏安特性

I_s。恒流源两端的电压可为任意值，其值由外电路决定。注意：恒流源不能开路，否则其两端的电压为无限大。

3. 实际电源的两种模型。实际电源有电压源和电流源两种模型，其符号如图 2-11 中点划线框内的电路所示。

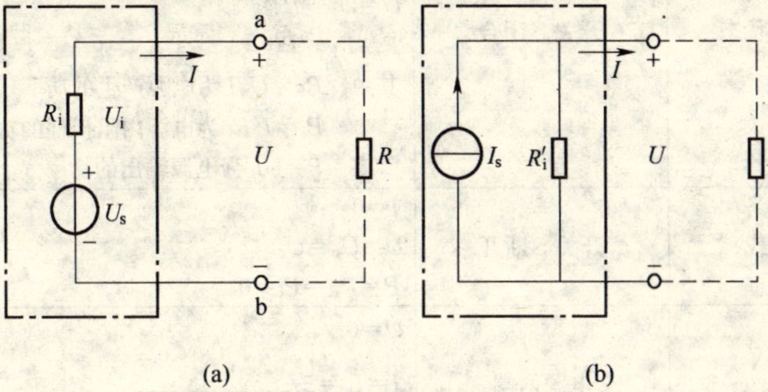

图 2-11　实际电源的两种电路模型

(a)电压源模型　(b)电流源模型

(1)电压源。实际电压源可用一个恒压源 U_s 和内电阻 R_i 相串联的电路模型来表示，伏安关系为

$$U_s=U+IR_i \tag{2-16}$$

由于电压源的内阻 R_i 一般很小，所以电压源不允许短路，否则短路电流 $I_k=U_s/R_i$ 很大，内阻的功耗很大，会烧毁电源。

(2)电流源。实际电流源可用一个恒流源 I_s 和内电阻 R_i' 相并联的电路模型来表示，伏安关系为

$$I_s=I+\frac{U'}{R_i'} \tag{2-17}$$

由于电流源的内阻 R_i' 一般很大，所以电流源不允许开路，否则开路电压 $U_o=I_sR_i'$ 很高，内阻的功耗很大，会烧毁电源。

五、电路的工作状态

典型电路如图 2-12 所示。

电路的三种工作状态见表 2-3。

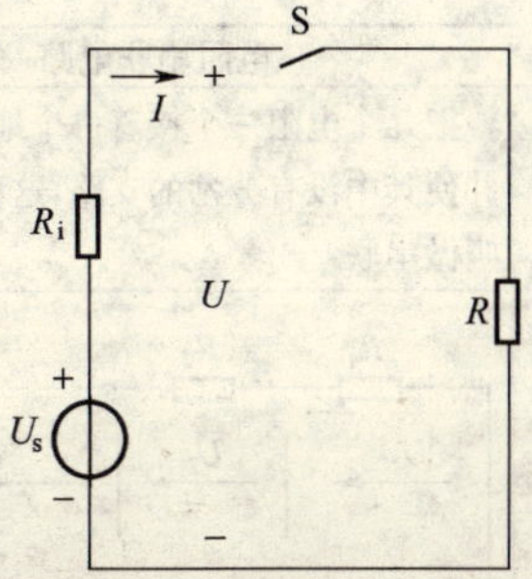

图 2-12　电路的工作状态

表 2-3 电路的三种工作状态

工作状态	电路情况	电路主要特征
负载状态	开关S闭合	$I=\frac{U_s}{R_i+R}$ $U=IR$ $U=U_s-IR_i$ $P=P_E-P_i$ 其中 $P_E=U_sI$ 为电源产生的功率 $P_i=I^2R_i$ 为电源内阻损耗的功率 $P=UI$ 为电源输出的功率
开路（空载）状态	开关S断开	$I=0$ $U=U_o=U_s$ $P=P_E=P_i=0$
短路状态	电源两端直接接通	$U=0$ $I=I_k=\frac{U_s}{R_i}$ $P=0$ $P_E=P_o=0$

第二节 电路的基本分析方法

一、简单电阻电路分析

电阻串联电路和电阻并联电路是最简单的电阻电路，其分析方法见表 2-4。

表 2-4 电阻串联电路与电阻并联电路

	电阻串联电路	电阻并联电路
基本概念	把几个电阻一个接着一个地连接起来，并使其中没有分岔的支路，这种连接方式叫做串联	把几个电阻的一端连在一起，而把它们的另一端连在另一点，这种连接方式叫做并联
电路模型	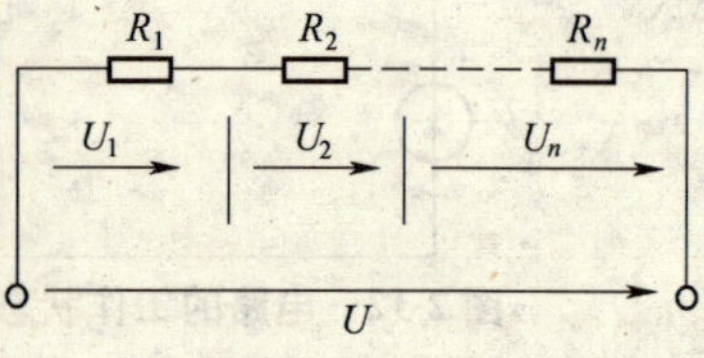	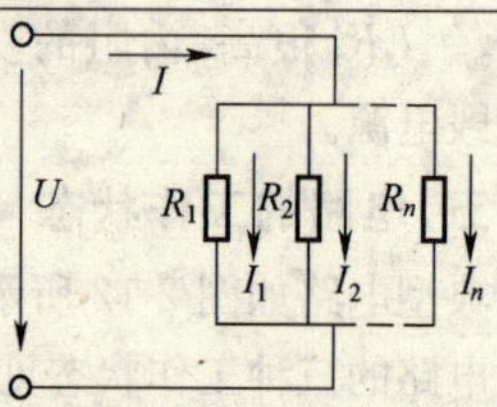

续表 2-4

	电阻串联电路	电阻并联电路
电流	电流处处相等，即流过 $R_1, R_2, \cdots, R_n$ 的电流为同一电流	总电流等于各分支电路的电流的代数和，即 $I=I_1+I_2+\cdots+I_n$
电压	总电压等于各个电阻上电压的代数和，即 $U=U_1+U_2+\cdots+U_n$ 其中 $U_1=IR_1; U_2=IR_2; \cdots; U_n=IR_n$	加在各并联支路两端电压相等 即 $U=U_1=U_2=\cdots=U_n$
电阻	总电阻等于各个电阻之和，即 $R=R_1+R_2+\cdots+R_n$	总电阻的倒数等于各支路电阻的倒数之和，即 $\frac{1}{R}=\frac{1}{R_1}+\frac{1}{R_2}+\cdots+\frac{1}{R_n}$

二、复杂电阻电路分析

1. 电阻的星形联结和三角形联结的等效互换。见表 2-5。

表 2-5 电阻星形联结与三角形联结的等效互换

	交换公式	电路图
电阻三角形联结转换成星形联结	$R_A=\frac{R_{AB}R_{CA}}{R_{AB}+R_{BC}+R_{CA}}$ $R_B=\frac{R_{BC}R_{AB}}{R_{AB}+R_{BC}+R_{CA}}$ $R_C=\frac{R_{CA}R_{BC}}{R_{AB}+R_{BC}+R_{CA}}$ 如 $R_{AB}=R_{BC}=R_{CA}=R_d$ 则 $R_A=R_B=R_C=R_d/3$	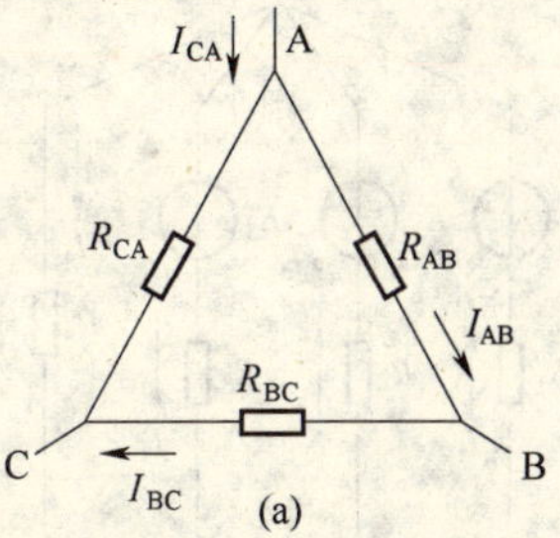 (a)
电阻的星形联结转换成三角形联结	$R_{AB}=R_A+R_B+\frac{R_A \cdot R_B}{R_C}$ $R_{BC}=R_B+R_C+\frac{R_B \cdot R_C}{R_A}$ $R_{CA}=R_C+R_A+\frac{R_C \cdot R_A}{R_B}$ 如 $R_A=R_B=R_C=R_S$ 则 $R_{AB}=R_{BC}=R_{CA}=3R_S$	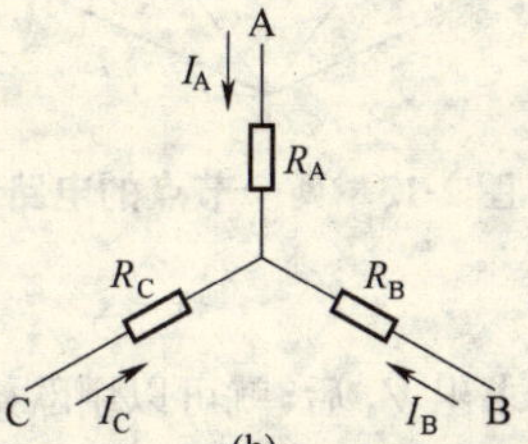 (b)
等效互换的条件	①互换前后网络的外特性不变，即在两种网络的任意两个端点间加上相同的电压时，从各对应端点流出、流入的电流相等 ②这种互换只适用于不包含电源的网络（无源网络）	

2. 支路电流法。以支路电流为未知量，用基尔霍夫定律对节点和回路列出所需要的方程组，而后解出各未知支路电流，这种方法称为支路电流法。它是分析计算复杂电路最基本的方法。

对于一个复杂电路，如果有 m 条支路，就有 m 个未知电流。对 n 个节点用基尔霍夫第一定律可列出 $n-1$ 个独立的电流方程；再根据基尔霍夫第二定律可列出 $m-(n-1)$ 个独立的电压方程。这样总共可以得到 $(n-1)+m-(n-1)=m$ 个方程式，用 m 个方程式可求解 m 条支路电流。

3. 节点电位法。节点电位是指在电路中任选一个节点作为参考节点，设这个节点的电位为零，其他节点对此参考点的电压的简称。

一个具有 n 个节点，m 条支路的电路，当选定任一节点为参考节点后，以其余 $n-1$ 个节点电位为未知量，按基尔霍夫电流定律可列出独立的 $n-1$ 个电流方程，求出各节点电位，再用基尔霍夫电压定律或欧姆定律求出各支路电流，这就是节点电位法。

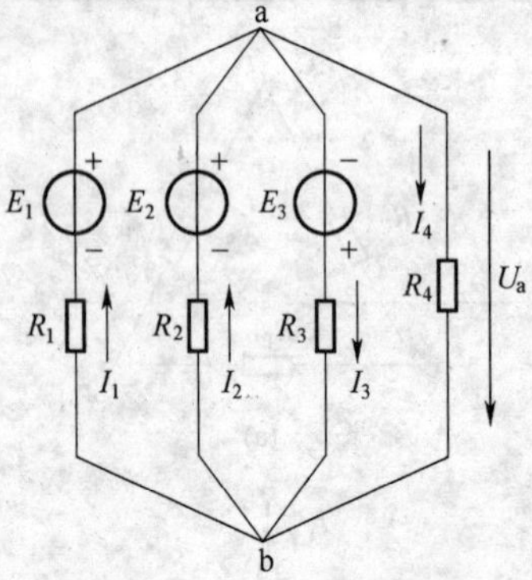

图 2-13 两个节点的电路

(1)两个节点电路。图 2-13 所示为两个节点的电路，选定 b 为参考点，即有 $V_b=0$，则节点电位 V_a 可用下式表示

$$V_a=\frac{\sum\frac{E}{R}}{\sum\frac{1}{R}}=\frac{\frac{E_1}{R_1}+\frac{E_2}{R_2}-\frac{E_3}{R_3}}{\frac{1}{R_1}+\frac{1}{R_2}+\frac{1}{R_3}} \tag{2-18}$$

在式(2-18)的分子中，当电动势的方向同节点电位的方向(由节点指向参考点)相反时取“+”；相同时取“—”。

求出 V_a 后，就可以用欧姆定律计算各支路电流。

$$I_1=\frac{E_1-V_a}{R_1}$$

$$I_2=\frac{E_2-V_a}{R_2}$$

$$I_3=\frac{E_3+V_a}{R_3}$$

$$I_4=\frac{V_a}{R_4}$$

(2)三个及三个以上节点电路。用节点电位法解题步骤如下：

①指定参考节点，节点电位参考方向均指向参考节点。

②连到本节点的电流源，其电流流向节点时，取电流为"+"，反之取"−"。如果有电压源，将电压源换成电流源。

③以节点电位为未知的待求量，列节点电位方程。如电路中一共具有 n 个独立节点，则其节点电位方程为

$$\left.\begin{aligned}G_{11}V_1+G_{12}V_2+\cdots+G_{1n}V_n&=I_{s11}\\G_{21}V_1+G_{22}V_2+\cdots+G_{2n}V_n&=I_{s22}\\&\vdots\\G_{n1}V_1+G_{n2}V_2+\cdots+G_{nn}V_n&=I_{snn}\end{aligned}\right\}\quad(2\text{-}19)$$

式中　G_{11}、G_{22}…——各节点的自电导，它们总是正的(S)；

G_{12}、G_{13}、…——各节点的互电导，它们总是负的(S)；

I_{s11}、I_{s22}、…——流入各节点的理想电流源的电流的代数和，流入为"+"(A)，流出为"−"(A)；

V_1、V_2、…——各节点的电位(V)。

④解出节点电压，并用欧姆定律求出各支路电流。

4. 回路电流法。一个具有 n 个节点，m 条支路的电路，它的独立回路数是 $l=m-n+1$。可以选择 l 个独立回路电流作为未知量，根据基尔霍夫电压定律列出独立的 l 个电压方程进行求解，这种方法称为回路电流法。

回路电流方程的普遍形式为

$$\left.\begin{aligned}R_{11}I_1+R_{12}I_2+\cdots+R_{1l}I_l&=E_{11}\\R_{21}I_1+R_{22}I_2+\cdots+R_{2l}I_l&=E_{22}\\&\vdots\\R_{l1}I_1+R_{l2}I_2+\cdots+R_{ll}I_l&=E_{ll}\end{aligned}\right\}\quad(2\text{-}20)$$

式中　R_{11}、R_{22}、…——各回路的自电阻，它们总是正的(Ω)；

R_{12}、R_{13}、…——各回路的互电阻，相邻两回路电流通过公共支路时，参考方向相同时取"+"(Ω)；相反时取"−"

(Ω)；

I_1、I_2、…——选取的回路电流(A)；

E_{11}、E_{22}、…——各回路的回路电动势，它们等于回路中各电源电动势的代数和，凡是回路绕行方向是从电源电动势的参考“－”极走向“＋”极，这个电动势就是正的(V)，反之则是负的(V)。

对于平面电路，可以选取网孔作为独立回路。

解出回路电流之后，按支路电流与回路电流的关系，可求出支路电流。各支路电流为通过该支路的回路电流的代数和，如果回路电流方向与支路电流参考方向一致，取“＋”，相反时取“－”。

三、电路定理

1. 叠加原理和替代原理。

(1)叠加原理。在电路中具有两个或两个以上电源作用时，电路内任一支路中的电流和电压，等于电路中各个电源单独作用所产生的电流和电压的代数和，这就是叠加原理。

使用叠加原理时应注意：

①只能用来计算线性电路的电流和电压，对非线性电路，叠加原理不适用。

②在考虑某一电源单独作用时，应将其他电源去掉，对电压源应短接其电动势，但保留其内阻；对电流源应断开其恒流源，并保留其内阻。

③各电源单独作用产生的电流和电压的方向，与电路中电流和电压参考方向相同为正，反之为负。

④在线性电路中，对于功率也不能用叠加原理来计算，因为不能把功率写成各电动势或恒定电流的一次函数。

(2)替代原理。不论是线性电路，还是非线性电路，都可以用替代原理进行计算。

①对于电路中的任何一条支路，如已知它的端电压，可以把这条支路去掉，以一个理想电压源替代，这个理想电压源的电动势的大小和极性，应和原支路的端电压相同。这样替代后不会影响电路中其他部分的电流和电压。

②电路中的任何一条支路，也可以根据其已知的电流，用一个理想电流源来代替，这个理想电流源的恒定电流的大小和方向，应和原支路

中的电流相同。这样替代后也不会影响电路中其他部分的电流和电压。

2. 有源二端网络的等效电源定理。

(1)在保持输出电压和输出电流不变的条件下，电压源和电流源相互之间可以等效变换，如图 2-14 所示。

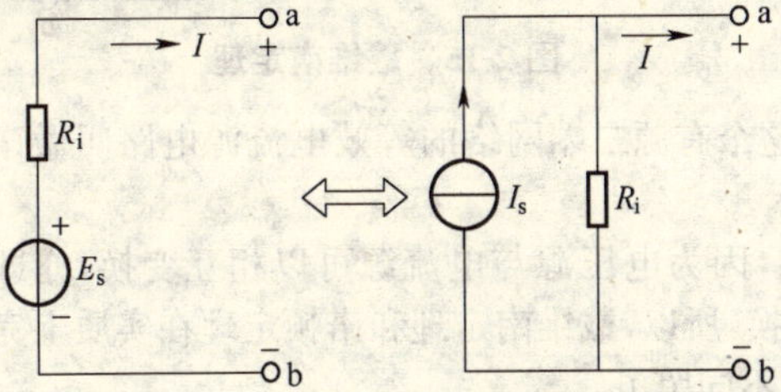

图 2-14　电压源与电流源的等效变换

等效变换的公式是

$$I_s = \frac{E_s}{R_i} \tag{2-21}$$

或

$$E_s = I_s R_i \tag{2-22}$$

需要注意的是：变换时，I_s 和 E_s 的方向应该是一致的，内阻 R_i 仅改变接法，其数值是不变的。恒压源和恒流源之间没有等效关系，这是因为对恒压源($R_i=0$)讲，其短路电流 I_s 为∞；对恒流源($R_i=\infty$)讲，其空载电压 U_o(即欲等效的 E_s)为∞。

(2)戴维南定理。戴维南定理也叫有源二端网络的等效电压源定理：任何一个线性有源二端网络总可以简化成一个等效的电压源。电压源的恒定电动势 E_s 等于原来有源二端网络的开路电压 U_o，内电阻 R_i 等于该网络中电源均为零时，在其端口处所得到的等效电阻。

通常，把这个有源二端网络的等效电压源电路叫做戴维南等效电路，如图 2-15 所示。对于图中的 ab 支路，应用戴维南定理，支路中的电流为

$$I = \frac{E_s}{R_i + R} \tag{2-23}$$

(3)诺顿定理。诺顿定理也叫有源二端网络的等效电流源定理：任何一个线性有源二端网络总可以简化成一个等效的电流源。电流源的 I_s 等于原来有源二端网络的短路电流 I_k，内电阻 R_i 等于该网络中电源均为零时，在其端口处所得到的等效电阻。

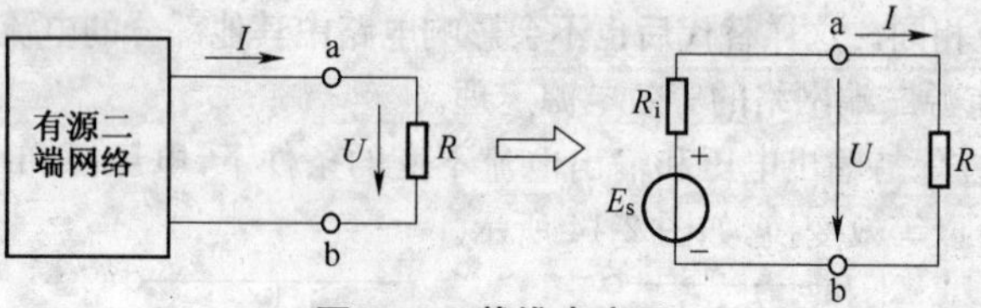

图 2-15　戴维南定理

通常，把这个有源二端网络的等效电流源电路叫做诺顿等效电路，如图 2-16 所示。

应该指出，因为电压源与电流源可以相互变换，亦即图 2-15 和图 2-16可相互变换，所以，戴维南定理和诺顿定理在实质上完全一样，只不过是表现形式不同罢了。

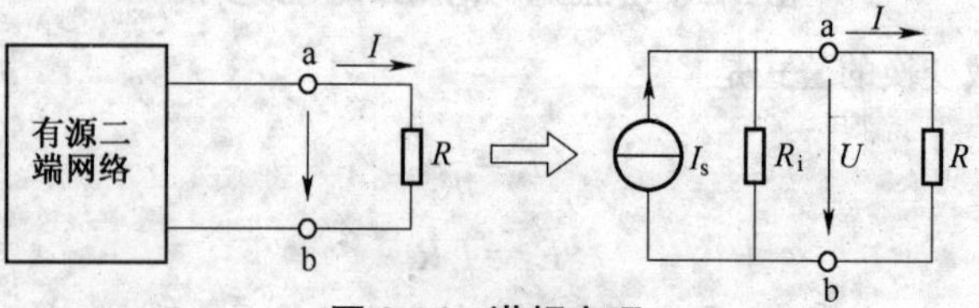

图 2-16　诺顿定理

第三节　正弦交流电路分析

一、基本概念

正弦交流电路基本概念及向量表示法见表 2-6。

表 2-6　正弦交流电路概念及表示方法

名称	含义和表示符号	计算方法	正弦交流电的表示方法
瞬时值	正弦量在任一瞬间的值称为瞬时值。小写字母 i、u、e 分别表示电流、电压、电动势的瞬时值	$i=I_m\sin(\omega t+\psi_i)$ $u=U_m\sin(\omega t+\psi_u)$ $e=E_m\sin(\omega t+\psi_e)$	①三角函数表示法 $i=I_m\sin(\omega t+\psi_i)$ $u=U_m\sin(\omega t+\psi_u)$ $e=E_m\sin(\omega t+\psi_e)$
最大值	瞬时值中最大的值称为最大值或幅值。用带下标 m 的大写字母 I_m、U_m、E_m 分别表示电流、电压、电动势的最大值	$I_m=\sqrt{2}I=1.414I$ $U_m=\sqrt{2}U=1.414U$ $E_m=\sqrt{2}E=1.414E$	②正弦波形图表示法 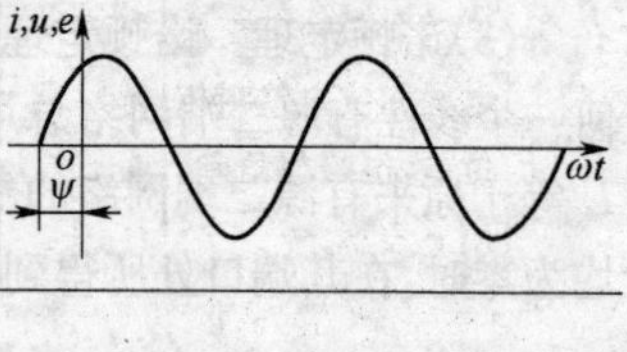

续表 2-6

名称	含义和表示符号	计算方法	正弦交流电的表示方法
有效值	有效值又叫方均根值，将交流电流 i 和直流电流 I 分别通过电阻值相同的两个电阻，如果在一个周期内，它们在各自电阻上产生的热量相等，则此直流电流叫做交流电流的有效值。用大写字母 I、U、E 分别表示电流、电压、电动势的有效值	$I=\frac{I_m}{\sqrt{2}}=0.707I_m$ $U=\frac{U_m}{\sqrt{2}}=0.707U_m$ $E=\frac{E_m}{\sqrt{2}}=0.707E_m$	
平均值	正弦交流电的波形，正负半波所包含的面积是相同的。故平均值一般是指正弦交流电在一个周期内绝对值的平均值，也就是正半周的平均值。用 I_{av}、U_{av}、E_{av} 分别表示电流、电压、电动势的平均值	$I_{av}=\frac{2}{\pi}I_m=0.637I_m$ $U_{av}=\frac{2}{\pi}U_m=0.637U_m$ $E_{av}=\frac{2}{\pi}E_m=0.637E_m$	③相量表示法 如 $\dot{I}=I\angle\psi_i$ ④相量图表示法 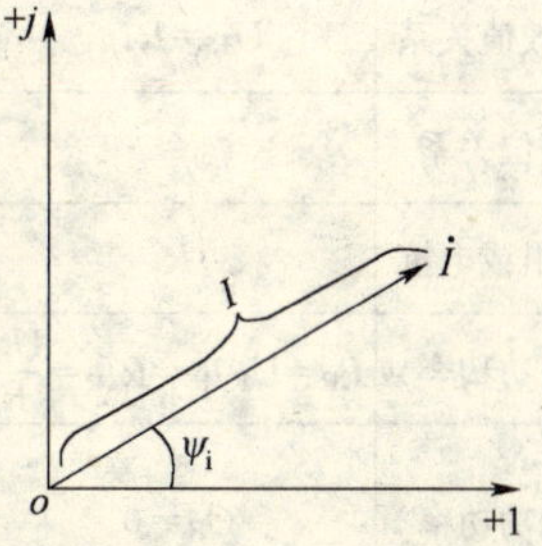
相位角	正弦交流电流（电压、电动势）瞬时值表达式中的电角度，称为正弦电的相位角，简称相位，即式中的 $\omega t+\psi$		
初相位	$t=0$ 时的相位 ψ，称为初相位，简称初相	$t=0$ 代入 $\omega t+\psi$	
相位差	两个同频率交流电的相位之差叫相位差，也叫相角差，用 φ 表示	当 $e_1=E_m\sin(\omega t+\psi_1)$，$e_2=E_m\sin(\omega t+\psi_2)$时，$\varphi=(\omega t+\psi_1)-(\omega t+\psi_2)=\psi_1-\psi_2$	

二、基尔霍夫定律及元件伏安关系的相量形式

1. 基尔霍夫定律的相量形式。

(1)基尔霍夫第一定律的相量形式

$$\sum \dot{I}=0 \tag{2-24}$$

(2)基尔霍夫第二定律的相量形式

$$\sum \dot{U}=0 \tag{2-25}$$

2. 元件伏安关系的相量形式。见表 2-7。

表 2-7 元件伏安关系的相量形式及其性质比较

元件	电阻	电感	电容
电路图	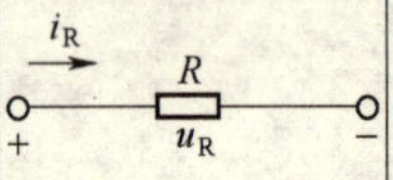	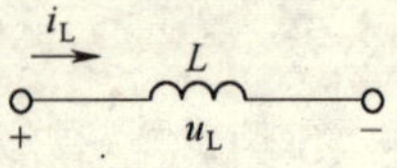	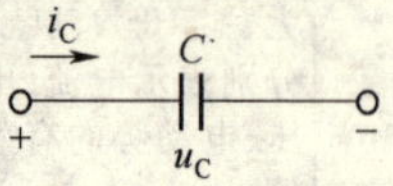
瞬时关系	$u_R=Ri_R$	$u_L=L\dfrac{di_L}{dt}$	$i_C=C\dfrac{du_c}{dt}$
相量关系	$\dot{U}_R=R\dot{I}_R$	$\dot{U}_L=jX_L\dot{I}_L$	$\dot{U}_C=-jX_C\dot{I}_C$
有效值关系	$U_R=RI_R$	$U_L=X_LI_L$	$U_C=X_CI_C$
相位关系	$\psi_u=\psi_i$	$\psi_u=\psi_i+90°$	$\psi_i=\psi_u+90°$
电阻或电抗	R	$X_L=\omega L$	$X_C=\dfrac{1}{\omega C}$
有功功率	$P_R=U_RI_R=RI_R^2=\dfrac{U_R^2}{R}$	$P_L=0$	$P_C=0$
无功功率	$Q_R=0$	$Q_L=U_LI_L=X_LI_L^2=\dfrac{U_L^2}{X_L}$	$Q_C=-U_CI_C$ $=-X_CI_C^2=-\dfrac{U_C^2}{X_C}$
相量图	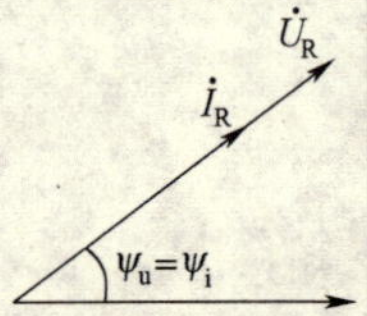	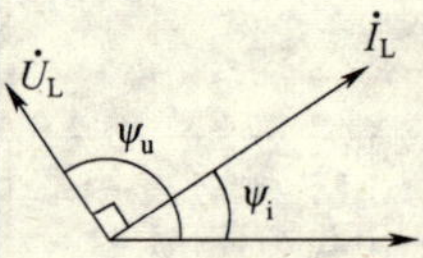	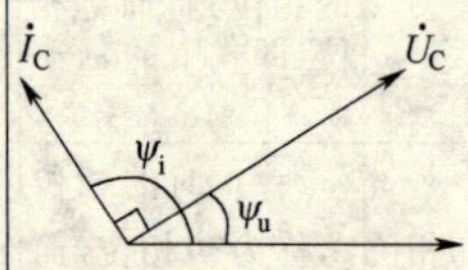

三、简单正弦电路分析

1. 无源二端网络(阻抗)的性质。

(1)$X>0$,则 $\varphi>0$,电压超前电流,网络呈感性,等效成电阻与电感串联。

(2)$X<0$,则 $\varphi<0$,电压滞后电流,网络呈容性,等效成电阻与电容串联。

(3)$X=0$,则 $\varphi=0$,电压与电流同相,网络呈纯电阻性,等效成电阻。

2. RLC 串联电路与 RLC 并联电路。RLC 串联电路与 RLC 并联电路比较见表 2-8。

表 2-8　RLC 串联电路与 RLC 并联电路比较

	RLC 串联电路	RLC 并联电路
电路图	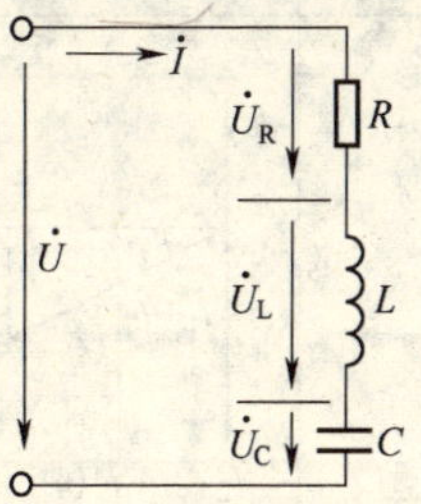	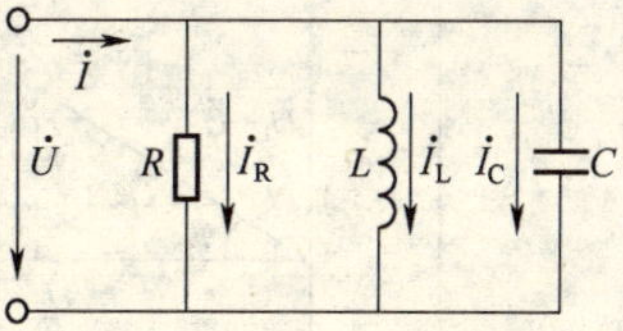
电流电压关系	电压关系: ①瞬时关系 $u=u_R+u_L+u_C$ ②相量关系 $\dot{U}=\dot{U}_R+\dot{U}_L+\dot{U}_C$ ③有效值关系 $U=\sqrt{U_R^2+(U_L-U_C)^2}$	电流关系: ①瞬时关系 $i=i_R+i_L+i_C$ ②相量关系 $\dot{I}=\dot{I}_R+\dot{I}_L+\dot{I}_C$ ③有效值关系 $I=\sqrt{\left(\frac{1}{R}\right)^2+\left(\frac{1}{\omega L}-\omega C\right)^2}U$ $=\sqrt{G^2+(B_L-B_C)^2}U=\|Y\|U$
阻抗关系或导纳关系	①复阻抗 $Z=\frac{\dot{U}}{\dot{I}}=Z_R+Z_L+Z_C$ $=R+j(X_L-X_C)$ ②复阻抗的模 $\|Z\|=\frac{U}{I}=\sqrt{R^2+(X_L-X_C)^2}$ ③阻抗角 $\varphi=\arctan\frac{U_L-U_C}{U_R}=\arctan\frac{X_L-X_C}{R}$	①电导 $G=\frac{1}{R}$ ②感纳 $B_L=\frac{1}{X_L}=\frac{1}{\omega L}$ ③容纳 $B_C=\frac{1}{X_C}=\omega C$ ④电纳 $B=B_L-B_C=\frac{1}{\omega L}-\omega C$ ⑤导纳(复导纳的模) $\|Y\|=\sqrt{G^2+(B_L-B_C)^2}$ $=\sqrt{G^2+B^2}$ ⑥导纳角 $\varphi=\arctan\frac{B}{G}$

续表 2-8

	RLC 串联电路	RLC 并联电路
电路性质	①$X_L>X_C$ 时，$\varphi>0$，电流滞后于电压，电路呈感性，见相量图 a ②$X_L<X_C$ 时，$\varphi<0$，电流超前于电压，电路呈容性，见相量图 b ③$X_L=X_C$ 时，$\varphi=0$，电压与电流同相，电路呈纯电阻性，见相量图 c	①$B_L>B_C$ 时，$\dot{I}$ 滞后于 $\dot{U}$，电路呈感性，见相量图 d ②$B_L<B_C$ 时，$\dot{I}$ 超前于 $\dot{U}$，电路呈容性，见相量图 e ③$B_L=B_C$ 时，$\dot{I}$ 与 $\dot{U}$ 同相，电路呈纯电阻性，见相量图 f
相量图	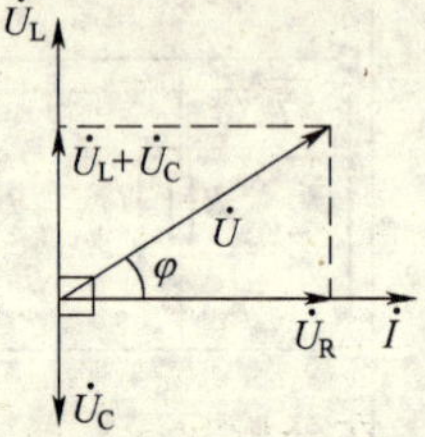 (a) 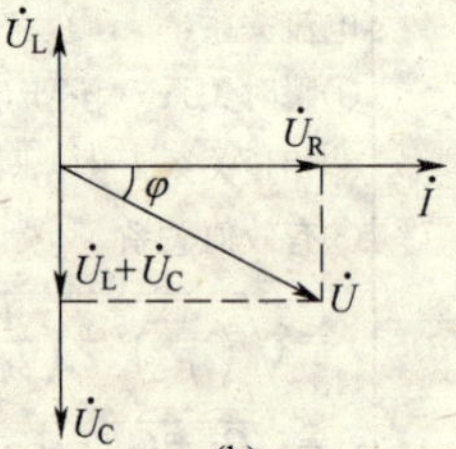 (b) 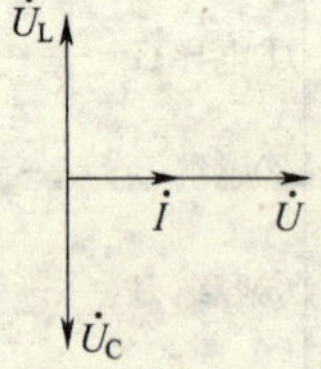 (c)	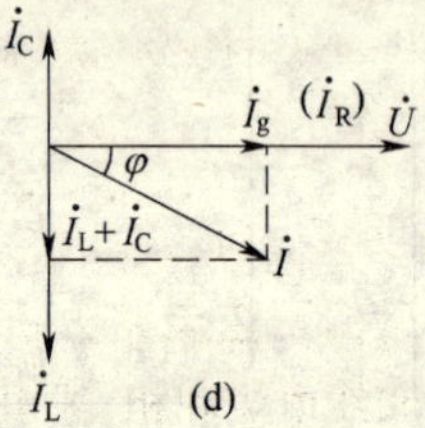 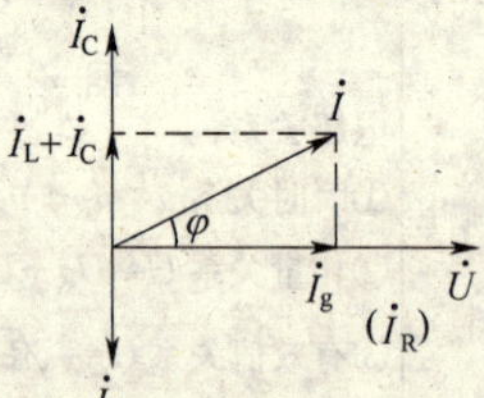 (e) 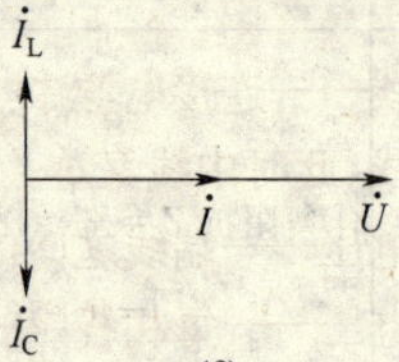 (f)

3．正弦电路的功率。

(1)瞬时功率。交流电路中任一瞬间的功率称为瞬时功率，用 p 表示，单位为 W。如某部分电路，其端电压的瞬时值为 u，电流的瞬时值为 i，则该部分电路的瞬时功率为 $p=ui$。

(2)有功功率。交流电路的瞬时功率在一个周期内的平均值称为平均功率，又叫有功功率，以 P 表示，单位为 W。$P=UI\cos\varphi$。

(3)视在功率。有功功率 $P=UI\cos\varphi$ 式中的 UI 乘积虽也有功率的量纲，但它不是电路实际消耗的功率，称为视在功率，以 S 表示，单位为 V·A。视在功率也叫表观功率，$S=UI$。

(4)无功功率。为了计算上的需要(如电力系统的设计)，引入了无功功率的概念，以 Q 表示，单位为 var。$Q=UI\sin\varphi$。

(5)功率因数。有功功率表达式中的 $\cos\varphi$ 称为功率因数，用 λ 表示。视在功率只有乘以功率因数之后才是电路的有功功率。$\lambda=\cos\varphi=\frac{P}{S}=\frac{P}{UI}$。$\cos\varphi$ 中的 φ 角称为功率因数角。φ 角有正有负，φ 角的正负不影响 $\cos\varphi$ 的值，但说明了电路阻抗的性质是容性还是感性，所以功率因数常需注明滞后($\varphi>0$)或超前($\varphi<0$)。

四、三相正弦电路分析

1. 相、线电流和相、线电压的概念。在分析和计算由三相电源、三相负载(也可能有单相负载)以及连接这些电源和负载的导线所组成的三相电路中，经常要用到相、线电压和相、线电流的概念，现分述如下：

为了解其概念，先介绍几个常用术语

相线(俗称火线)——连接电源和负载各相端点的导线，称为相线。

中点(中性点)——三相电源中三个绕组末端(也可以是三个绕组首端)的连接点，称为三相电源中点或中性点，三相负载星形联结点，称为负载的中点或中性点。

中线——连接电源中点和负载中点的导线，称为中线(有时以大地作为中线，此时中线又称为地线)。

线电压——端线之间的电压称为线电压。

相电压——每相绕组或每相负载上的电压，称为相电压。

线电流——流过端线的电流称为线电流。

相电流——流过各相绕组或各相负载的电流称为相电流。

下面讨论电源和负载的两种连接方式，即星形联结和三角形联结时的相、线电压和相、线电流之间的关系。

(1)星形联结(Y 联结)。星形联结如图 2-17 所示。图中 $\dot{U}_{AB}$、$\dot{U}_{BC}$、$\dot{U}_{CA}$ 为线电压；$\dot{U}_{AN}$、$\dot{U}_{BN}$、$\dot{U}_{CN}$ 为相电压；N 为电源中性点；N′为负载中性点；NN′连线称为中线。

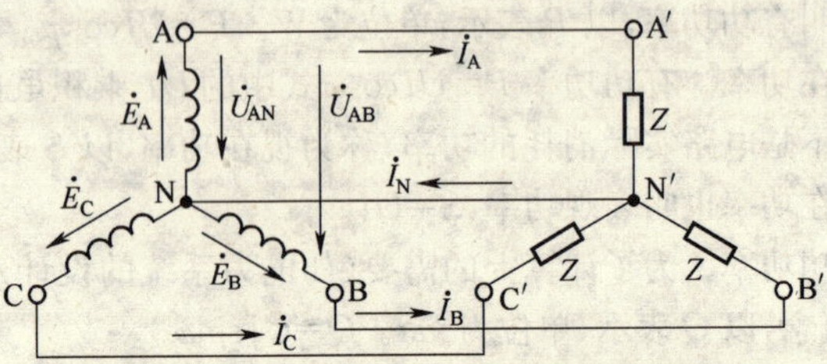

图 2-17 三相电源和三相负载的星形联结

星形联结时，电源的线电压与相电压的相量图如图 2-18 所示。

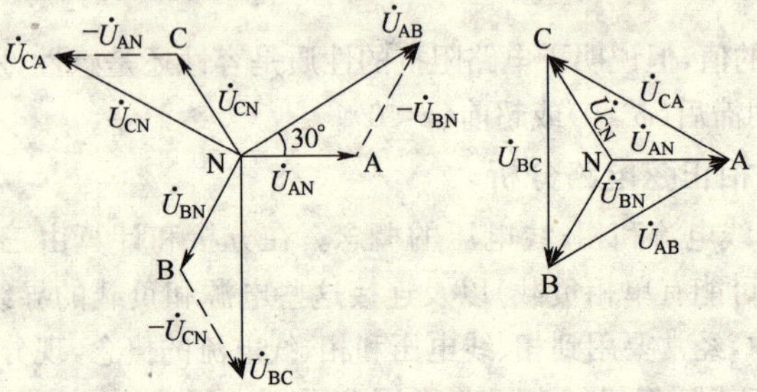

图 2-18 星形电源的线电压与相电压的相量图

从相量图上可看出，线电压超前相电压 30°电角度，即 U_{AB} 超前 U_{AN}30°，U_{BC} 超前 U_{BN}30°，U_{CA} 超前 U_{CN}30°。

当星形电源各相电动势对称时，线电压也是对称的，彼此间相位差为 120°。从数量关系来看，线电压有效值是相电压有效值的$\sqrt{3}$倍。即

$$U_{AB}=\sqrt{3}U_{AN}$$
$$U_{BC}=\sqrt{3}U_{BN}$$
$$U_{CA}=\sqrt{3}U_{CN} \tag{2-26}$$

对星形负载来说，如果相电压 $U_{A'N'}$、$U_{B'N'}$、$U_{C'N'}$ 是对称的，那么线电压 $U_{A'B'}$、$U_{B'C'}$、$U_{C'A'}$ 也是对称的，它们的有效值也是相电压的$\sqrt{3}$倍，彼此间相位差也是 120°。$U_{A'B'}$ 超前 $U_{A'N'}$ 30°。$U_{B'C'}$ 超前 $U_{B'N'}$ 30°，$U_{C'A'}$ 超前 $U_{C'N'}$ 30°。

星形联结时，线电流等于相电流。

(2)三角形联结(△联结)。三角形联结如图 2-19 所示。

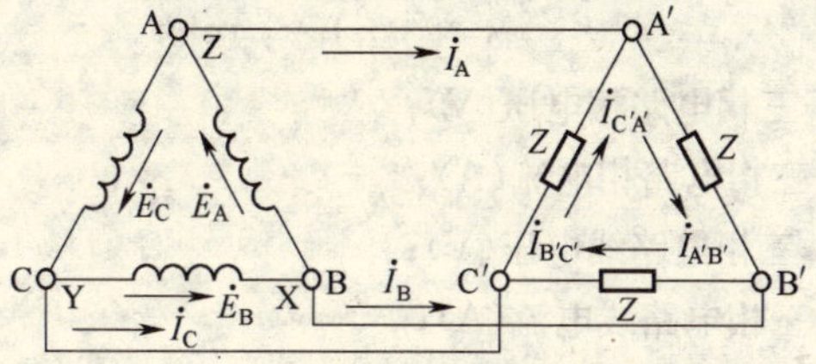

图 2-19　三相电源和三相负载的三角形联结

三角形联结时，相电压等于线电压。线电流滞后相电流 30°，即 $\dot{I}_A$ 滞后 $\dot{I}_{A'B'}$ 30°；$\dot{I}_B$ 滞后 $\dot{I}_{B'C'}$ 30°；$\dot{I}_C$ 滞后 $\dot{I}_{C'A'}$ 30°。相量关系如图 2-20 所示。

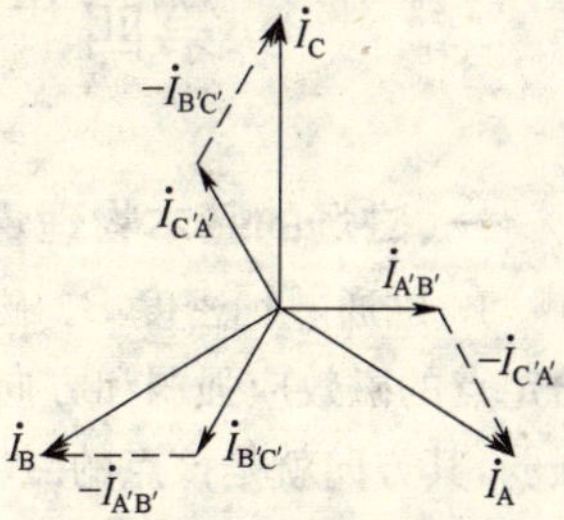

图 2-20　三角形联结时各电流的相量图

从数量关系看，线电流有效值等于相电流有效值的$\sqrt{3}$倍，即

$$\left.\begin{aligned}I_A&=\sqrt{3}I_{A'B'}\\I_B&=\sqrt{3}I_{B'C'}\\I_C&=\sqrt{3}I_{C'A'}\end{aligned}\right\}\qquad(2\text{-}27)$$

2. 对称三相电路计算。

(1)计算方法。在对称星形联结的三相电路中，由于电源和负载的对称性，各相的电压和电流都是对称的，只要算出一相的电压和电流，其他两相的电压和电流就可以直接写出。而且因为电源中点和负载中点的电位相等，故各相的电流仅由各相的电压和阻抗所决定，因而各相的计算具有独立性。于是可以取出其中一相进行计算，这是计算对称三相电路的特点。对于其他连接方式的对称三相电路，总可以把它变换成对称的星形联结，然后进行计算。

(2)三相电路的功率计算。在三相对称电路中，不论哪种连接方式都是

$$P=3U_pI_p\cos\varphi\qquad(2\text{-}28)$$

或

$$P=\sqrt{3}U_lI_l\cos\varphi\qquad(2\text{-}29)$$

$$Q=3U_pI_p\sin\varphi\qquad(2\text{-}30)$$

或

$$Q=\sqrt{3}U_lI_l\sin\varphi\qquad(2\text{-}31)$$

$$S=3U_pI_p\qquad(2\text{-}32)$$

或
$$S=\sqrt{3}U_1 I_1 \tag{2-33}$$

式中 U_p ——三相电路相电压(V);

I_p ——三相电路相电流(A);

U_1 ——三相电路线电压(V);

I_1 ——三相电路线电流(A);

φ——相位角。

第四节 磁场与磁路定律

一、磁场的基本物理量

1. 磁通[量]密度 B。磁通密度又叫磁感应强度,它是表征磁场中某给定点的磁效应强弱和方向的一个物理量。其数值表示该点磁效应的强弱,其方向就是该点的磁场方向。B 的单位是特[斯拉],简称特(T)。

2. 磁导率 μ。它是衡量磁场媒质导磁性能的一个物理量,单位为亨[利]每米(H/m)。真空的磁导率 $\mu_0=4\pi\times10^{-7}$ H/m。

3. 相对磁导率 μ_r。物质的磁导率 μ 与真空的磁导率 μ_0 之比,称为该物质的相对磁导率 μ_r,即

$$\mu_r=\frac{\mu}{\mu_0} \tag{2-34}$$

4. 磁场强度 H。它是表征磁场中某点励磁作用强弱和方向的物理量,单位为安[培]每米(A/m)。磁场强度的大小在数值上等于磁通密度与磁导率之比,即

$$H=\frac{B}{\mu} \tag{2-35}$$

5. 磁通[量]Φ。通过一给定曲面的总磁力线数,称为通过该曲面的磁通,单位为韦[伯](Wb)。在均匀磁场中通过垂直于磁场的面积 A 的磁通是

$$\Phi=BA \tag{2-36}$$

式中 Φ——磁通(Wb);

B——磁通密度(T);

A——垂直于磁场的面积(m^2)。

二、磁场的基本定律

1. 全电流定律。在磁场中，磁场强度沿任何闭合曲线的线积分，等于穿过该闭合曲线的电流代数和，即

$$\oint Hdl = \sum I \tag{2-37}$$

式中，凡积分路径的方向和电流的方向符合右手螺旋定则时，电流取正；反之取负。H 的分布与电流的分布、媒质的分布有关。

2. 右手螺旋定则。电流通过导线，导线周围就产生磁场。应用螺旋定则，可确定磁场方向与电流方向之间的关系，如图 2-21 所示。

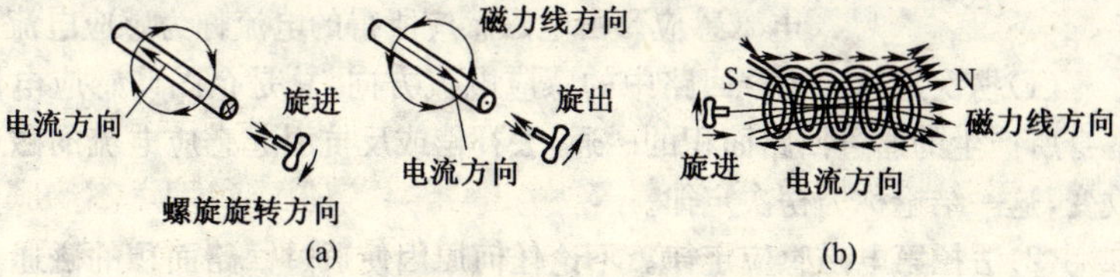

图 2-21　决定导线磁场方向的螺旋定则

(a)直线形导线　(b)螺旋形导线

(1)对于直线形导线，可以右手拇指代表导线中的电流方向，弯曲的其余四指则表示磁场方向。或以螺旋旋进、旋出的方向，代表导线中的电流方向，螺旋柄旋转的方向，就代表磁场的方向。

(2)对于螺旋形导线，可用弯曲的四指方向表示导线中的电流方向，拇指所指的方向则表示磁场方向。或以螺旋柄旋转的方向，代表导线中的电流方向，螺旋旋进、旋出的方向，就代表磁场的方向。

3. 安培定律及左手定则。该定律及定则描述载流导线在磁场中受力的大小和方向，与磁场、电流的大小和方向之间的关系。如果磁场是均匀的，且导线电流方向与磁力线方向相互垂直，其受力的大小可由安培定律确定。电磁力 F 为

$$F = BlI \tag{2-38}$$

式中　F——电磁力(N)；

B——磁通密度(T)；

l——导线在磁场中的有效长度(m)；

I——导线中的电流(A)。

若导线电流方向与磁力线方向不垂直，具有夹角 θ，则受力的大小为

$$F=BlI\sin\theta \tag{2-39}$$

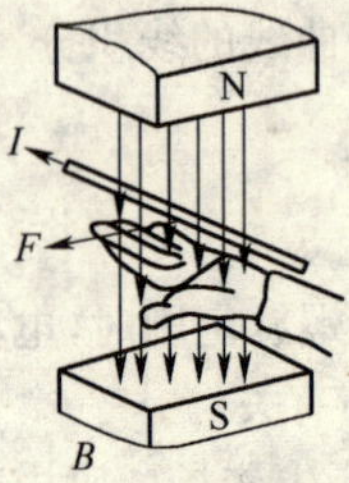

图 2-22　左手定则

电磁力的方向可用左手定则确定，伸左手于磁场内，使手心面向 N 极，以四指与拇指互成直角，如四指表示导体中的电流方向，则拇指所指即为导体运动方向，如图 2-22 所示。左手定则也称为电动机定则。

4. 电磁感应基本定律和右手定则。当导体(线)在磁场中运动或磁场在导体周围运动，均能使导体切割磁力线而感应产生电动势，这种现象称为电磁感应。由电磁感应所得的电流称为感应电流。

(1)楞次定律。闭合回路中的感应电流方向，总是企图使感应电流本身所产生的通过回路面积的磁通，去补偿或反抗引起感应电流的磁通改变，这一结论称为楞次定律。

(2)法拉第电磁感应定律。不论任何原因使通过回路面积的磁通发生变化时，回路中产生的感应电动势与磁通对时间的变化率成正比，即

$$e=-\frac{d\Phi}{dt} \tag{2-40}$$

式中　e——感应电动势(V)；

Φ——磁通(Wb)；

t——时间(s)。

式(2-40)中的负号，表明了感应电动势的方向，是楞次定律的数学表示。使用上式时，要在回路上先任意规定一个绕行方向作为回路的正方向，再用右手螺旋定则确定这回路的正法线 n 的方向，如图 2-23 所示。则通过回路面积的磁通 Φ 与正法线 n 方向相同者规定为正值，相反者为负值。于是，e 的正、负完全由 $d\Phi/dt$ 决定；如 $d\Phi/dt>0$，则 $e<0$，表示感应电动势的方向与回路上所规定的绕行正方向相反；如 $d\Phi/dt<0$，则 $e>0$，表示感应电动势的方向与选定的绕行方向相同。图 2-23 中对线圈中磁通变化的四种情况，分别画出了感应电动势的方向。

应该指出，式(2-40)讨论的是单匝回路的感应电动势。如果感应回路不止 1 匝，而是 N 匝串联，且每匝中通过的磁通是相同的，按法拉第电磁感应定律，N 匝线圈中的总电动势应为

$$e=-N\frac{d\Phi}{dt}=-\frac{d(N\Phi)}{dt}=-\frac{d\psi}{dt} \tag{2-41}$$

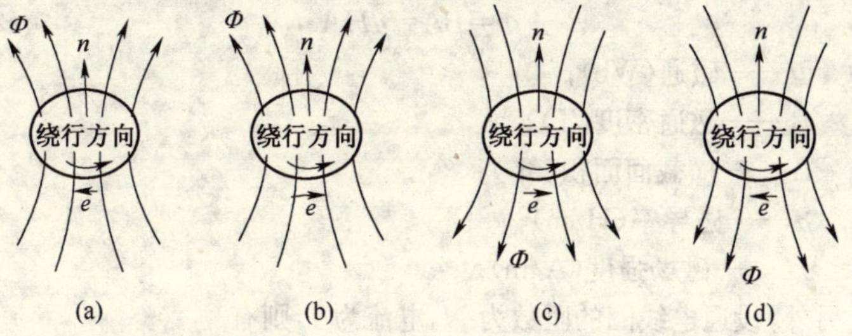

图 2-23　使用公式 $e=-\frac{d\Phi}{dt}$ 确定感应电动势方向的说明

(a) $\Phi>0, \frac{d\Phi}{dt}>0, e<0$　(b) $\Phi>0, \frac{d\Phi}{dt}<0, e>0$

(c) $\Phi<0, \frac{d\Phi}{dt}<0, e>0$　(d) $\Phi<0, \frac{d\Phi}{dt}>0, e<0$

$$\psi=N\Phi \tag{2-42}$$

习惯上，常把 ψ 称为线圈的磁通匝数或磁通链数，简称磁链。

(3)直导线中的感应电动势。在均匀磁场中，当导线运动方向、磁场方向及导线三者互相垂直时，导线中的感应电动势为

$$e=Blv \tag{2-43}$$

式中　e——感应电动势(V)；

B——磁通密度(T)；

l——导线在磁场中的有效长度(m)；

v——导线运动速度(m/s)。

感应电动势的方向，可用右手定则来决定，伸右手于磁场内，使手心面向 N 极，以四指与拇指互成直角，如拇指表示导体运动方向，则四指所指即为感应电动势方向，如图 2-24 所示。右手定则也称发电机定则。

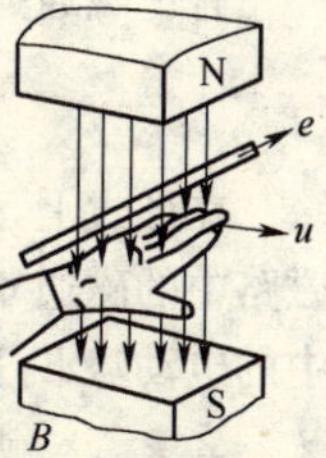

图 2-24　右手定则

三、磁路定律

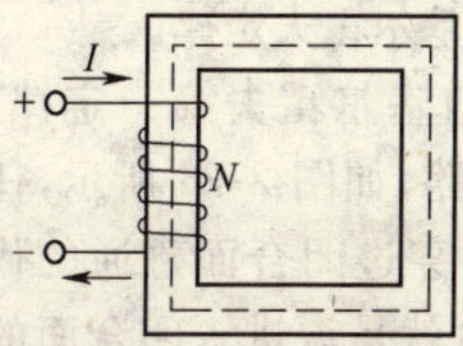

图 2-25　无分支磁路

1. 磁路的欧姆定律。图 2-25 所示为一简单的无分支磁路，设无分支磁路由某种铁磁物质构成，其横截面面积为 A，平均长度为 l。若平均长度远比横截面的线性尺寸大得多，可近似地认为磁通在横截面上的分布是均匀的，则有

$$\Phi=BA=\mu HA \tag{2-44}$$

式中　Φ——磁通(Wb)；

B——磁通密度(T)；

A——横截面面积(m^2)；

μ——磁导率(H/m)；

H——磁场强度(A/m)。

另外，设通电线圈的匝数为 N，电流为 I，则有

$$NI=Hl \tag{2-45}$$

由式(2-44)、(式 2-45)可以得出

$$\Phi=\frac{NI}{\frac{l}{\mu A}} \tag{2-46}$$

$$F=NI \tag{2-47}$$

$$R_m=\frac{l}{\mu A} \tag{2-48}$$

式中　F——磁路中产生磁通的磁化力，称为磁通势(A)；

R_m——磁阻(H^{-1})。

有了磁通势 F、磁阻 R_m 的概念，可得到

$$\Phi=\frac{F}{R_m} \tag{2-49}$$

在形式上，式(2-49)与电路的欧姆定律相似，称为磁路欧姆定律。磁路中的磁通 Φ 对应于电路中的电流 I；磁路中的磁通势 F 对应于电路中的电动势 E；磁路中的磁阻 R_m 对应于电路中的电阻 R。

若令 $\Lambda=\frac{1}{R_m}$，则式(2-49)又可写成

$$\Phi=\Lambda F \tag{2-50}$$

式中　Λ——磁导(H)。

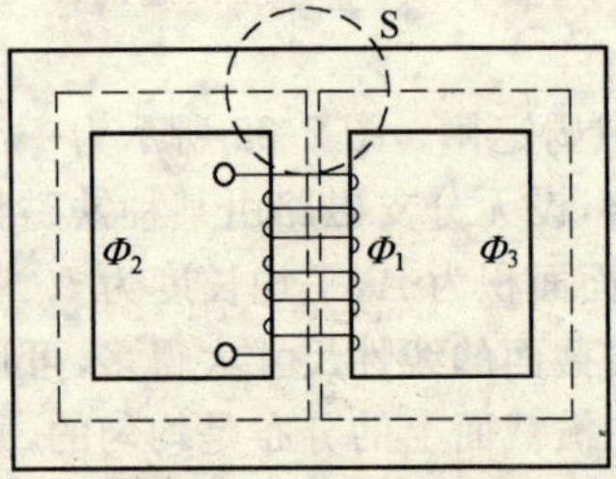

图 2-26　有分支磁路

2. 磁路的基尔霍夫定律。

(1)磁路的基尔霍夫第一定律。对于有分支磁路，如图 2-26 所示，任取一闭合面 S，穿过闭合面磁通的代数和必为零，也就是说进入闭合面的磁通，等于离开闭合面的磁通。这就

是磁路基尔霍夫第一定律，可用下式表示

$$\Phi_1=\Phi_2+\Phi_3$$

或 $$-\Phi_1+\Phi_2+\Phi_3=0$$

即 $$\sum\Phi=0 \quad (2\text{-}51)$$

式中，如果把穿出闭合面 S 的磁通前面取正号，则穿进闭合面的磁通前面取负号。

应用磁路基尔霍夫第一定律时，应包括穿出该节点的漏磁通。

(2)磁路的基尔霍夫第二定律。在磁路的闭合回路中，磁通势的代数和等于该回路中磁压降的代数和，即

$$\sum F=\sum IN=\sum\Phi R_m=\sum Hl \quad (2\text{-}52)$$

关于磁通势和磁压降的正负，均取决于绕组中电流 I 产生的磁通 Φ 的方向，I 和 Φ 的方向按右手螺旋定则确定。如 Φ 的方向与所选定的回路绕行方向相同，IN、Hl 取正号；否则取负号。

第三章　磁性材料

第一节　磁性材料的磁性能

一、磁化曲线和磁饱和性

磁化曲线是表征磁性材料在反复磁化情况下，磁通密度 B 随磁场强度 H 变化的关系线，即 B-H 曲线。从磁化曲线可以看出，磁通密度 B 不会随磁场强度 H 的增强而无限增大。当磁场强度增大到一定值时，磁通密度 B 不能继续增大，B 达到饱和值，如图 3-1 所示中 b 点到 c 点的范围。B_s 为饱和磁通密度，其相应的磁场强度为 H_s。通常要求磁性材料有高的 B_s 值。

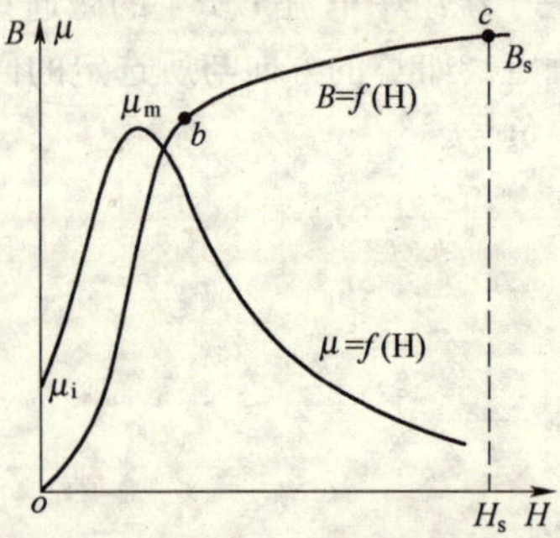

图 3-1　磁性材料的磁通密度 B、磁导率 μ 与磁场强度 H 的关系

各种磁性材料的磁化曲线可通过实验得出。部分材料的磁化曲线见表 3-1～表 3-8 和图 3-2～图 3-4 所示。

表 3-1　0.5mm 厚热轧硅钢片 50Hz 典型磁化曲线表　(A/cm)

(1) B_{25}＝1.48T　磁化曲线表

B/T	0	0.01	0.02	0.03	0.04	0.05	0.06	0.07	0.08	0.09
0.4	1.40	1.43	1.46	1.49	1.52	1.55	1.58	1.61	1.64	1.67
0.5	1.71	1.75	1.79	1.83	1.87	1.91	1.95	1.99	2.03	2.07
0.6	2.12	2.17	2.22	2.27	2.32	2.37	2.42	2.48	2.54	2.60
0.7	2.67	2.74	2.81	2.88	2.95	3.02	3.09	3.16	3.24	3.32
0.8	3.40	3.48	3.56	3.64	3.72	3.80	3.89	3.98	4.07	4.16
0.9	4.25	4.35	4.45	4.55	4.65	4.76	4.88	5.00	5.12	5.24
1.0	5.36	5.49	5.62	5.75	5.88	6.02	6.16	6.30	6.45	6.60

续表 3-1

(1)B_{25}=1.48T　磁化曲线表

1.1	6.75	6.91	7.08	7.26	7.45	7.65	7.86	8.08	8.31	8.55
1.2	8.80	9.06	9.33	9.61	9.90	10.2	10.5	10.9	11.2	11.6
1.3	12.0	12.5	13.0	13.5	14.0	14.5	15.0	15.6	16.2	16.8
1.4	17.4	18.2	18.9	19.8	20.6	21.6	22.6	23.8	25.0	26.4
1.5	28.0	29.7	31.5	33.7	36.0	38.5	41.3	44.0	47.0	50
1.6	52.9	55.9	59.0	62.1	65.3	69.2	72.8	76.6	80.4	84.2
1.7	88.0	92.0	95.6	100	105	110	115	120	126	132
1.8	138	145	152	159	166	173	181	189	197	205

(2)B_{25}=1.54T　磁化曲线表

B/*T*	0	0.01	0.02	0.03	0.04	0.05	0.06	0.07	0.08	0.09
0.4	1.38	1.40	1.42	1.44	1.46	1.48	1.50	1.52	1.54	1.56
0.5	1.58	1.60	1.62	1.64	1.66	1.69	1.71	1.74	1.76	1.78
0.6	1.81	1.84	1.86	1.89	1.91	1.94	1.97	2.00	2.03	2.06
0.7	2.10	2.13	2.16	2.20	2.24	2.28	2.32	2.36	2.40	2.45
0.8	2.50	2.55	2.60	2.65	2.70	2.76	2.81	2.87	2.93	2.99
0.9	3.06	3.13	3.19	3.26	3.33	3.41	3.49	3.57	3.65	3.74
1.0	3.83	3.92	4.01	4.11	4.22	4.33	4.44	4.56	4.67	4.80
1.1	4.93	5.07	5.21	5.36	5.52	5.68	5.84	6.00	6.16	6.33
1.2	6.52	6.72	6.94	7.16	7.38	7.62	7.86	8.10	8.36	8.62
1.3	8.90	9.20	9.50	9.80	10.1	10.5	10.9	11.3	11.7	12.1
1.4	12.6	13.1	13.6	14.2	14.8	15.5	16.3	17.1	18.1	19.1
1.5	20.1	21.2	22.4	23.7	25.0	26.7	28.5	30.4	32.6	35.1
1.6	37.8	40.7	43.7	46.8	50.0	53.4	56.8	60.4	64.0	67.8
1.7	72.0	76.4	80.8	85.4	90.2	95.0	100	105	110	116
1.8	122	128	134	140	146	152	158	165	172	180

(3)B_{25}=1.57T　磁化曲线表

B/*T*	0	0.01	0.02	0.03	0.04	0.05	0.06	0.07	0.08	0.09
0.4	1.37	1.38	1.40	1.42	1.44	1.46	1.48	1.50	1.52	1.54
0.5	1.56	1.58	1.60	1.62	1.64	1.66	1.68	1.70	1.72	1.75
0.6	1.77	1.79	1.81	1.84	1.87	1.89	1.92	1.94	1.97	2.00
0.7	2.03	2.06	2.09	2.12	2.16	2.20	2.23	2.27	2.31	2.35

续表 3-1

(3)B_{25}=1.57T 磁化曲线表										
0.8	2.39	2.43	2.48	2.52	2.57	2.62	2.67	2.73	2.79	2.85
0.9	2.91	2.97	3.03	3.10	3.17	3.24	3.31	3.39	3.47	3.55
1.0	3.63	3.71	3.79	3.88	3.97	4.06	4.16	4.26	4.37	4.48
1.1	4.60	4.72	4.86	5.00	5.14	5.29	5.44	5.60	5.76	5.92
1.2	6.10	6.28	6.46	6.65	6.85	7.05	7.25	7.46	7.68	7.90
1.3	8.14	8.40	8.68	8.96	9.26	9.58	9.86	10.2	10.6	11.0
1.4	11.4	11.8	12.3	12.8	13.3	13.8	14.4	15.0	15.7	16.4
1.5	17.2	18.0	18.9	19.9	20.9	22.1	23.5	25.0	26.8	28.6
1.6	30.7	33.0	35.6	38.2	41.1	44.0	47.0	50.0	53.5	57.5
1.7	61.5	66.0	70.5	75.0	79.7	84.5	89.5	94.7	100	105
1.8	110	116	122	128	134	141	148	155	162	170

注:B_{25}表示当磁场强度为25A/cm时产生的磁通密度B的数值。

表 3-2 DW540-50 冷轧硅钢片典型磁化曲线表 (A/m)

B/T	0	0.01	0.02	0.03	0.04	0.05	0.06	0.07	0.08	0.09
0.1	35.03	36.15	37.74	39.01	40.61	42.20	42.99	44.27	45.38	46.18
0.2	46.97	47.77	49.36	50.16	50.96	52.55	52.95	54.14	54.94	55.73
0.3	57.32	58.12	58.92	59.71	60.51	62.10	62.90	63.96	64.49	65.29
0.4	66.08	66.88	67.68	68.47	69.27	70.06	70.86	71.66	72.45	73.25
0.5	74.04	74.84	75.64	96.13	77.23	78.03	78.82	79.62	80.41	81.21
0.6	82.01	82.80	84.39	85.99	86.78	87.58	88.38	89.17	89.97	90.76
0.7	91.56	92.37	93.15	93.95	95.54	97.13	98.73	100.32	101.91	102.71
0.8	103.50	104.30	105.89	108.28	109.87	110.67	111.46	113.06	116.24	117.04
0.9	117.83	118.63	121.02	122.61	124.20	125.80	126.59	128.98	132.17	135.35
1.0	156.15	136.94	139.33	141.72	144.90	148.09	151.27	152.87	156.05	159.24
1.1	160.83	162.42	167.20	171.18	173.57	179.14	185.51	187.90	191.08	199.04
1.2	203.03	207.01	214.97	222.93	230.89	238.85	248.41	257.96	267.52	277.07
1.3	286.62	294.95	302.55	318.47	334.39	350.32	366.24	398.09	414.01	429.94
1.4	461.78	477.71	517.52	549.36	589.17	636.94	700.64	748.41	796.18	875.80
1.5	955.41	1035.03	1114.65	1194.27	1433.12	1512.74	1671.97	1910.83	2070.06	2308.92
1.6	2547.77	2866.24	3025.48	3264.33	3503.18	3821.66	4140.13	4458.60	4617.83	5095.54
1.7	5254.78	5573.25	5891.72	6050.96	6369.43	6847.13	7165.61	7484.08	7802.55	—

表 3-3　DW465-50 冷轧硅钢片典型磁化曲线表　(A/m)

B/T	0	0.01	0.02	0.03	0.04	0.05	0.06	0.07	0.08	0.09
0.1	31.85	33.44	35.03	36.62	38.06	39.01	39.81	41.40	42.20	43.79
0.2	45.38	46.18	46.97	47.77	48.57	50.16	50.96	52.55	54.14	54.94
0.3	55.73	56.53	57.32	58.12	58.92	59.71	60.51	62.10	62.90	63.69
0.4	64.49	65.29	66.08	66.88	67.68	68.47	69.27	70.06	70.86	71.66
0.5	72.45	73.25	73.65	74.04	74.44	74.84	75.24	75.64	76.04	76.43
0.6	76.83	77.23	77.63	78.03	78.42	78.82	78.98	79.14	79.30	79.46
0.7	79.62	80.41	81.21	82.01	82.80	83.60	84.39	85.19	85.99	86.78
0.8	87.58	89.17	90.76	92.36	93.95	93.34	97.93	99.52	101.11	102.71
0.9	104.30	105.89	107.48	109.08	110.67	112.26	113.85	115.45	117.04	118.63
1.0	121.02	123.41	125.80	129.78	131.37	133.76	135.35	136.94	140.13	141.72
1.1	143.31	146.50	149.68	152.87	160.83	167.20	171.97	176.75	181.53	184.71
1.2	189.49	195.86	202.23	208.60	213.38	222.93	230.89	238.85	246.82	254.78
1.3	262.74	272.29	286.62	302.55	310.51	318.47	334.39	362.26	382.17	398.09
1.4	429.94	445.86	477.71	525.48	581.21	668.79	740.45	764.33	835.99	915.61
1.5	955.22	1114.65	1273.89	1353.50	1512.74	1592.30	1831.21	1990.45	2149.68	2308.92
1.6	2547.77	2866.24	3025.48	3184.71	3503.18	3742.04	3901.27	4219.75	4458.60	4777.07
1.7	5095.54	5414.01	5891.72	6210.19	6369.43	6687.90	7006.37	7165.61	7643.31	—

表 3-4　DW360-50 冷轧硅钢片典型磁化曲线表　(A/m)

B/T	0	0.01	0.02	0.03	0.04	0.05	0.06	0.07	0.08	0.09
0.1	28.66	31.85	33.44	35.03	36.62	38.22	39.01	39.81	41.40	42.99
0.2	44.59	46.18	46.97	47.77	48.17	48.57	49.36	50.96	52.55	54.14
0.3	54.94	55.73	56.53	57.17	58.12	58.92	59.71	60.51	62.90	63.69
0.4	64.49	64.89	65.29	65.68	66.08	66.48	66.89	67.28	67.68	68.47
0.5	69.27	69.67	70.06	70.46	70.86	71.66	72.05	72.45	73.25	73.65
0.6	74.04	74.84	75.64	76.43	77.23	78.03	78.62	78.82	79.22	79.64
0.7	82.01	82.80	83.60	84.39	85.19	85.99	87.58	91.56	92.36	93.95
0.8	95.54	98.73	100.32	101.91	102.71	103.50	105.10	106.69	108.28	109.87
0.9	111.46	113.06	114.65	116.24	117.83	119.43	121.02	122.61	124.20	125.80
1.0	127.39	130.57	133.76	136.84	140.13	143.31	146.49	149.68	152.87	156.05
1.1	159.25	165.61	171.97	178.34	184.71	191.08	197.45	203.82	212.19	216.51

续表 3-4

B/T	0	0.01	0.02	0.03	0.04	0.05	0.06	0.07	0.08	0.09
1.2	218.95	221.34	223.73	224.52	225.32	254.78	262.74	278.66	286.62	302.55
1.3	314.49	326.34	342.36	366.24	382.17	406.05	437.90	453.82	493.63	525.48
1.4	557.32	605.10	636.00	716.56	796.18	835.99	915.61	995.22	1114.65	1194.27
1.5	1353.50	1512.74	1671.97	1910.83	2070.06	2308.92	2547.78	2866.24	3025.48	3343.95
1.6	3642.42	3901.27	4140.13	4458.59	4777.07	5254.78	5652.87	6130.57	6369.43	6847.13
1.7	7165.61	7802.55	—	—	—	—	—	—	—	—

表 3-5 DW315-50 冷轧硅钢片典型磁化曲线表 (A/m)

B/T	0	0.01	0.02	0.03	0.04	0.05	0.06	0.07	0.08	0.09
0.1	23.89	24.68	26.12	27.07	27.87	28.66	30.10	31.69	31.85	32.48
0.2	33.44	34.08	35.03	35.83	36.62	38.21	38.62	39.41	39.81	41.80
0.3	42.20	42.83	42.99	44.59	45.38	46.02	46.42	47.29	47.61	47.77
0.4	49.20	49.36	49.76	50.16	50.96	51.75	52.55	52.79	53.11	53.34
0.5	55.33	55.57	55.73	56.13	56.37	57.33	57.22	58.12	58.52	58.92
0.6	60.51	61.31	62.10	62.90	63.54	64.49	65.29	66.08	66.88	67.68
0.7	68.47	69.27	70.06	70.86	71.66	73.25	74.05	74.84	75.64	78.03
0.8	78.82	79.62	81.21	82.80	83.60	84.40	85.99	87.58	90.76	92.37
0.9	94.75	95.54	98.73	99.52	100.32	102.71	103.50	106.69	108.28	111.47
1.0	114.73	114.81	115.05	119.43	121.02	124.20	127.39	131.37	134.55	139.33
1.1	141.72	144.90	149.68	150.48	155.26	163.22	165.61	171.98	179.14	185.66
1.2	192.68	199.05	207.01	214.97	222.93	234.87	243.63	246.82	270.70	285.03
1.3	298.57	310.51	326.43	342.36	366.24	390.13	398.09	429.14	460.19	485.67
1.4	517.52	557.33	597.13	636.94	740.45	796.18	859.87	955.41	1035.03	1114.65
1.5	1233.80	1354.50	1472.93	1592.36	1791.40	1990.45	2149.68	2388.54	2627.39	2866.24
1.6	3025.48	3184.71	3503.19	3821.66	4060.51	4299.36	4617.83	4936.35	5414.01	5625.87
1.7	6050.96	6369.43	6608.28	7006.37	7563.69	7961.78	—	—	—	—

表 3-6 厚度 1～1.75mm 的钢板磁化曲线表 (A/m)

B/T	0	0.01	0.02	0.03	0.04	0.05	0.06	0.07	0.08	0.09
0.3	1.8	—	—	—	—	—	—	—	—	—
0.4	2.1	—	—	—	—	—	—	—	—	—
0.5	2.5	2.55	2.60	2.65	2.7	2.75	2.79	2.83	2.87	2.91

续表 3-6

B/T	0	0.01	0.02	0.03	0.04	0.05	0.06	0.07	0.08	0.09
0.6	2.95	3.0	3.05	3.1	3.15	3.2	3.25	3.3	3.35	3.4
0.7	3.45	3.51	3.57	3.63	3.69	3.75	3.81	3.87	3.93	3.99
0.8	4.05	4.12	4.19	4.26	4.33	4.4	4.48	4.56	4.64	4.72
0.9	4.8	4.9	4.95	5.05	5.1	5.2	5.3	5.4	5.5	5.6
1.0	5.7	5.82	5.95	6.07	6.15	6.3	6.42	6.55	6.65	6.8
1.1	6.9	7.03	7.2	7.31	7.48	7.6	7.75	7.9	8.08	8.25
1.2	8.45	8.6	8.8	9.0	9.2	9.4	9.6	9.92	10.15	10.45
1.3	10.8	11.12	11.45	11.75	12.2	12.6	13.0	13.5	13.95	14.5
1.4	14.9	15.3	15.95	16.45	17.0	17.5	18.35	19.2	20.1	21.1
1.5	22.7	24.5	25.6	27.1	28.8	30.5	32.0	34.0	36.5	37.5
1.6	40.0	42.5	45.0	47.5	50.0	52.5	55.8	59.5	62.3	66.0
1.7	70.5	75.3	79.5	84.0	88.5	93.2	98.0	103	108	114
1.8	119	124	130	135	141	148	156	162	170	178
1.9	188	197	207	215	226	235	245	256	265	275
2.0	290	302	315	328	342	361	380	—	—	—

表 3-7 铸钢或厚钢板磁化曲线表 (A/m)

B/T	0	0.01	0.02	0.03	0.04	0.05	0.06	0.07	0.08	0.09
0	0	0.08	0.16	0.24	0.32	0.4	0.48	0.56	0.64	0.72
0.1	0.8	0.88	0.96	1.04	1.12	1.2	1.28	1.36	1.44	1.52
0.2	1.6	1.68	1.76	1.84	1.92	2.00	2.08	2.16	2.24	2.32
0.3	2.4	2.48	2.5	2.64	2.72	2.8	2.88	2.96	3.04	3.12
0.4	3.2	3.28	3.36	3.44	3.52	3.6	3.68	3.76	3.84	3.92
0.5	4.0	4.04	4.17	4.26	4.34	4.43	4.52	4.61	4.7	4.79
0.6	4.88	4.97	5.06	5.16	5.25	5.35	5.44	5.54	5.64	5.74
0.7	5.84	5.93	6.03	6.13	6.23	6.32	6.42	6.52	6.62	6.72
0.8	6.82	6.93	7.03	7.24	7.34	7.45	7.55	7.66	7.76	7.87
0.9	7.98	8.10	8.23	8.35	8.48	8.5	8.73	8.85	8.98	9.11
1.0	9.24	9.38	9.53	9.69	9.86	10.04	10.22	10.39	10.56	10.73
1.1	10.9	11.08	11.27	11.47	11.67	11.87	12.07	12.27	12.48	12.69
1.2	12.9	13.15	13.4	13.7	14.0	14.3	14.6	14.9	15.2	15.55

续表 3-7

B/T	0	0.01	0.02	0.03	0.04	0.05	0.06	0.07	0.08	0.09
1.3	15.9	16.3	16.7	17.2	17.6	18.1	18.6	19.2	19.7	20.3
1.4	20.9	21.6	22.3	23.0	23.6	24.4	25.3	26.2	27.1	28.0
1.5	28.9	29.9	31.0	32.1	33.2	34.3	35.6	37.0	38.3	39.6
1.6	41.0	42.5	44.0	45.5	47.0	48.7	50.0	51.5	53.0	55.0

表 3-8 10 号钢磁化曲线表 (A/m)

B/T	0	0.01	0.02	0.03	0.04	0.05	0.06	0.07	0.08	0.09
0	0	0.3	0.5	0.7	0.85	1.0	1.05	1.15	1.2	1.25
0.1	1.3	1.35	1.4	1.45	1.5	1.55	1.6	1.62	1.65	1.68
0.2	1.7	1.75	1.77	1.8	1.82	1.85	1.88	1.9	1.92	1.95
0.3	1.97	1.99	2.0	2.02	2.04	2.06	2.08	2.1	2.13	2.15
0.4	2.18	2.2	2.22	2.28	2.3	2.35	2.37	2.4	2.45	2.48
0.5	2.5	2.55	2.58	2.6	2.65	2.7	2.74	2.77	2.82	2.85
0.6	2.9	2.95	3.0	3.05	3.08	3.12	3.18	3.22	3.25	3.35
0.7	3.38	3.45	3.48	3.55	3.6	3.65	3.73	3.8	3.85	3.9
0.8	4.0	4.05	4.13	4.2	4.27	4.35	4.42	4.5	4.58	4.65
0.9	4.72	4.8	4.9	5.0	5.1	5.2	5.3	5.4	5.5	5.6
1.0	5.7	5.8	5.9	6.0	6.1	6.2	6.3	6.45	6.6	6.7
1.1	6.82	6.95	7.05	7.2	7.35	7.5	7.65	7.75	7.85	8.0
1.2	8.1	8.25	8.42	8.55	8.7	8.85	9.0	9.2	9.35	9.55
1.3	9.75	9.9	10.0	10.8	11.4	12.0	12.7	13.6	14.4	15.2
1.4	16.0	16.6	17.6	18.4	19.2	20	21.2	22	23.2	24.2
1.5	25.2	26.2	27.4	28.4	29.2	30.2	31.0	32.7	33.2	34.0
1.6	35.2	36.0	37.2	38.4	39.4	40.4	41.4	42.8	44.8	46
1.7	47.6	58	60	62	64	66	69	72	76	80
1.8	83	85	90	93	97	100	103	108	110	114
1.9	120	124	130	133	137	140	145	152	158	165
2.0	170	177	183	188	194	200	205	212	220	225
2.1	230	240	250	257	264	273	282	290	300	308
2.2	320	328	338	350	362	370	382	392	405	415
2.3	425	435	445	458	470	482	500	522	—	—

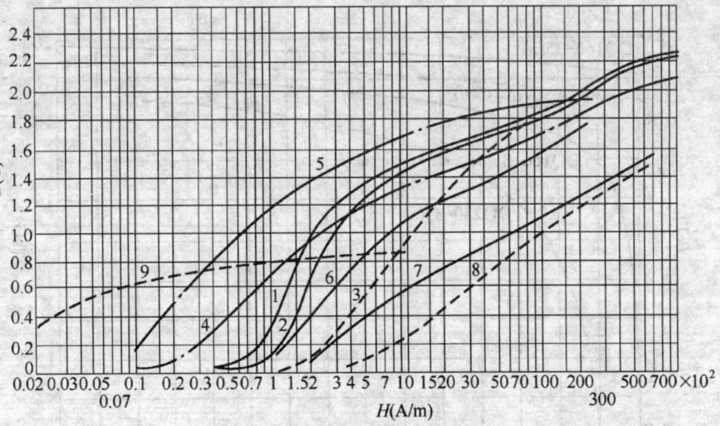

图 3-2　部分材料的磁化曲线

1. 普通电磁纯铁,已退火　2. 10 优质碳素钢,已退火　3. 20 优质碳素钢,已退火
4. D4 硅钢板　5. D330 冷轧硅钢板　6. 可锻铸铁　7. HT100 灰铸铁,已退火
8. HT100 灰铸铁,未退火　9. 1J79 铁镍合金

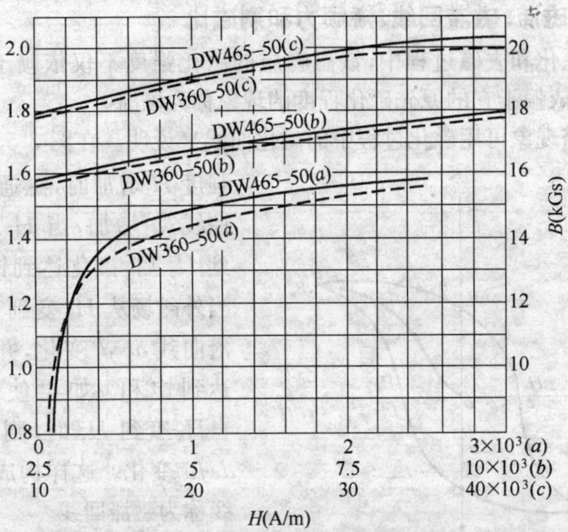

图 3-3　典型的 0.50mm 厚冷轧无取向硅钢片的直流磁化曲线(任意取样,剪断后经 800℃ 退火)

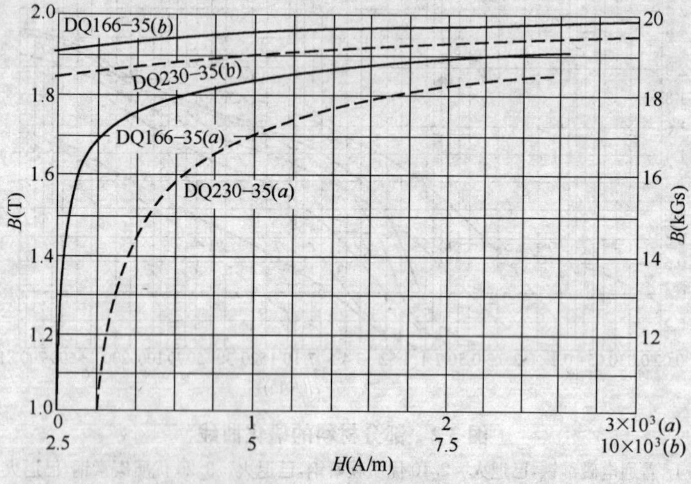

图 3-4　典型的 0.35mm 厚冷轧单取向硅钢片的直流磁化曲线(沿轧向取样,剪断后经 800℃ 退火)

二、磁滞、磁滞回线、矫顽力和剩磁比

在磁化和去磁过程中,铁磁物质的磁化强度不仅依赖于外磁场强度,而且依赖于它的原先磁化程度的现象称为磁滞。

磁滞现象可用磁化过程中的磁化曲线来说明。在图 3-5 中,当磁场强度 H 增加时,磁通密度 B 沿曲线 oa 增加,当 H 足够强,达到 H_s 后,磁化达到饱和值 B_s。当外磁场从 H_s 变到 $-H_s$ 时,B 沿曲线 $abcd$ 变化,并在反方向达到饱和。如再使外磁场由 $-H_s$ 变到 H_s 时,则 B 沿曲线 $defa$ 变化。这样构成的闭合曲线称为磁滞回线。

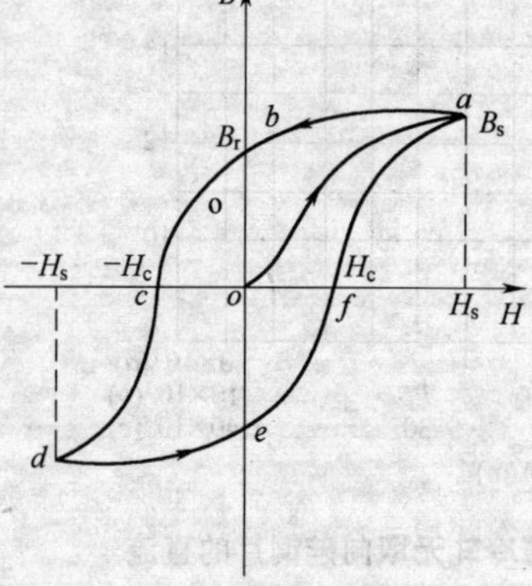

图 3-5　磁滞回线

线段 ob 或 oe 的长度表示当磁场强度 H 等于零时的磁通密度 B_r,B_r 就是剩磁。

线段 oc 或 of 表示要使磁通密度 B 为零时必须加的磁场强度 H_c，H_c 称为矫顽力。

剩磁 B_r 与饱和磁通密度 B_s 之比称为剩磁比。

三、磁性材料的损耗

磁性材料的损耗与磁滞回线的面积有关。单位重量的磁性材料在交变磁场作用下所消耗的功率称为铁损耗，它包括磁滞损耗和涡流损耗。磁性材料的铁损耗特性见表3-9～表 3-12。

表 3-9　DW540-50 冷轧硅钢片铁损耗特性表(50Hz)　(W/kg)

B/T	0	0.01	0.02	0.03	0.04	0.05	0.06	0.07	0.08	0.09
0.50	0.560	0.580	0.600	0.620	0.640	0.660	0.690	0.715	7.400	7.550
0.60	0.770	0.800	0.825	0.850	0.875	0.900	0.918	0.933	0.950	0.980
0.70	1.00	1.030	1.060	1.100	1.130	1.170	1.200	1.220	1.250	1.280
0.80	1.300	1.330	1.350	1.370	1.385	1.400	1.430	1.450	1.480	1.510
0.90	1.550	1.580	1.610	1.630	1.660	1.700	1.730	1.760	1.800	1.850
1.00	1.900	1.930	1.950	1.980	2.010	2.050	2.100	2.150	2.180	2.250
1.10	2.300	2.330	2.360	2.400	2.450	2.500	2.530	2.570	2.600	2.630
1.20	2.650	2.720	2.790	2.850	2.870	2.900	2.960	3.020	3.080	3.110
1.30	3.150	3.200	3.250	3.300	3.350	3.400	3.460	3.530	3.600	3.680
1.40	3.750	3.800	3.850	3.900	3.950	4.000	4.070	4.140	4.200	4.280
1.50	4.350	4.430	4.500	4.600	4.650	4.700	4.800	4.900	5.000	5.050
1.60	5.100	5.160	5.230	5.300	5.370	5.440	5.510	5.580	5.650	5.720
1.70	5.800	—	—	—	—	—	—	—	—	—

注：密度为 7.75g/cm³。

表 3-10　DW465-50 冷轧硅钢片铁损耗特性表(50Hz)　(W/kg)

B/T	0	0.01	0.02	0.03	0.04	0.05	0.06	0.07	0.08	0.09
0.50	0.560	0.580	0.600	0.620	0.640	0.660	0.680	0.710	0.740	0.760
0.60	0.780	0.800	0.825	0.850	0.875	0.900	0.925	0.950	0.970	1.000
0.70	1.030	1.050	1.070	1.100	1.130	1.150	1.180	1.200	1.220	1.260
0.80	1.300	1.320	1.340	1.350	1.380	1.400	1.430	1.460	1.500	1.520
0.90	1.540	1.560	1.580	1.600	1.630	1.650	1.700	1.750	1.800	1.820
1.00	1.840	1.850	1.860	1.880	1.920	1.970	2.000	2.050	2.100	2.140
1.10	2.180	2.200	2.220	2.250	2.280	2.300	2.360	2.420	2.500	2.530
1.20	2.550	2.580	2.620	2.650	2.700	2.750	2.800	2.850	2.900	2.950
1.30	3.000	3.050	3.100	3.150	3.200	3.250	3.300	3.350	3.400	3.450
1.40	3.500	3.550	3.600	3.650	3.700	3.750	3.800	3.850	3.900	3.950
1.50	4.000	4.050	4.100	4.150	4.180	4.200	4.230	3.270	4.300	4.400

续表 3-10

B/T	0	0.01	0.02	0.03	0.04	0.05	0.06	0.07	0.08	0.09
1.60	4.500	4.570	4.640	4.700	4.750	4.800	4.850	4.900	4.950	4.980
1.70	5.000	5.050	5.100	5.200	5.250	5.300	5.400	5.500	5.600	5.700

注：密度为 7.70g/cm³。

表 3-11 DW360-50 冷轧硅钢片铁损耗特性表(50Hz) (W/kg)

B/T	0	0.01	0.02	0.03	0.04	0.05	0.06	0.07	0.08	0.09
0.50	0.420	0.433	0.448	0.460	0.470	0.480	0.495	0.505	0.520	0.540
0.60	0.560	0.570	0.580	0.590	0.610	0.630	0.645	0.660	0.680	0.690
0.70	0.700	0.715	0.735	0.750	0.780	0.800	0.815	0.830	0.840	0.860
0.80	0.880	0.900	0.920	0.940	0.955	0.970	0.990	1.020	1.040	1.060
0.90	1.090	1.120	1.150	1.170	1.200	1.240	1.260	1.280	1.300	1.320
1.00	1.340	1.360	1.380	1.400	1.425	1.450	1.470	1.500	1.540	1.560
1.10	1.580	1.600	1.620	1.640	1.680	1.700	1.730	1.750	1.780	1.820
1.20	1.850	1.880	1.910	1.930	1.950	1.980	2.000	2.350	2.135	2.180
1.30	2.150	2.200	2.240	2.270	2.310	2.350	2.400	2.450	2.500	2.550
1.40	2.600	2.630	2.650	2.680	2.740	2.800	2.830	2.860	2.900	2.950
1.50	3.000	3.020	3.045	3.070	3.100	3.200	3.260	3.320	3.400	3.450
1.60	3.500	3.550	3.600	3.650	3.700	3.750	3.820	3.880	3.950	3.980
1.70	4.000	4.030	4.060	4.100	4.200	4.300	4.350	4.400	4.450	4.500

注：密度为 7.65g/cm³。

表 3-12 DW315-50 冷轧硅钢片铁损耗特性表(50Hz) (W/kg)

B/T	0	0.01	0.02	0.03	0.04	0.05	0.06	0.07	0.08	0.09
0.50	0.410	0.420	0.430	0.440	0.450	0.460	0.470	0.480	0.490	0.500
0.60	0.515	0.530	0.545	0.560	0.570	0.580	0.590	0.610	0.620	0.635
0.70	0.650	0.665	0.680	0.700	0.715	0.730	0.748	0.761	0.780	0.795
0.80	0.820	0.840	0.860	0.880	0.900	0.920	0.940	0.960	0.980	0.990
0.90	1.000	1.030	1.060	1.080	1.100	1.120	1.130	1.150	1.180	1.200
1.00	1.220	1.250	1.285	1.300	1.330	1.350	1.375	1.395	1.420	1.440
1.10	1.450	1.470	1.500	1.520	1.550	1.580	1.600	1.630	1.650	1.680
1.20	1.700	1.750	1.800	1.830	1.850	1.870	1.900	1.920	1.950	1.970
1.30	1.980	2.000	2.040	2.080	2.120	2.150	2.170	2.190	2.200	2.250

续表 3-12

B/T	0	0.01	0.02	0.03	0.04	0.05	0.06	0.07	0.08	0.09
1.40	2.300	2.350	2.400	2.440	2.470	2.500	2.550	2.600	2.650	2.720
1.50	2.800	2.830	2.860	2.880	2.910	2.950	2.980	3.040	3.100	3.150
1.60	3.200	3.250	3.300	3.350	3.400	3.450	3.500	3.550	3.600	3.700
1.70	3.770	3.810	3.850	3.900	3.950	4.000	4.100	4.200	4.300	4.400

注：密度为 7.60g/cm^3。

四、退磁曲线

永磁材料工作在深度磁饱和充磁以后的磁滞回线的第二象限，这段曲线称为退磁曲线，如图 3-6 所示。

当永久磁铁磁路中具有气隙时，如图 3-7 所示。

永磁材料的应用具有静态与动态两种。静态时，气隙磁场不变，在退磁曲线上的工作点 P 是不变的。动态时，加有变化的外磁场或是有变化的工作气隙，例如，永磁材料的磁状态处于退磁曲线任意点 m 时，如受到一个与原磁化方向相同的正向外磁场 H_m 的作用，磁状态的改变不是沿退磁曲线上升，而是沿 mpr 曲线回升，如图 3-6 所示。当 H_m 消失

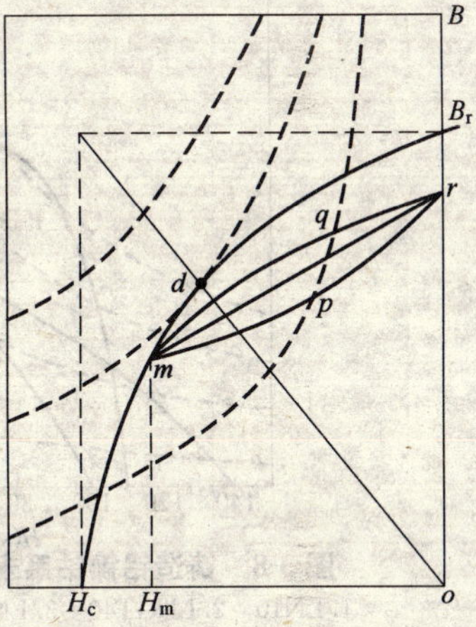

图 3-6　永磁材料的特性曲线

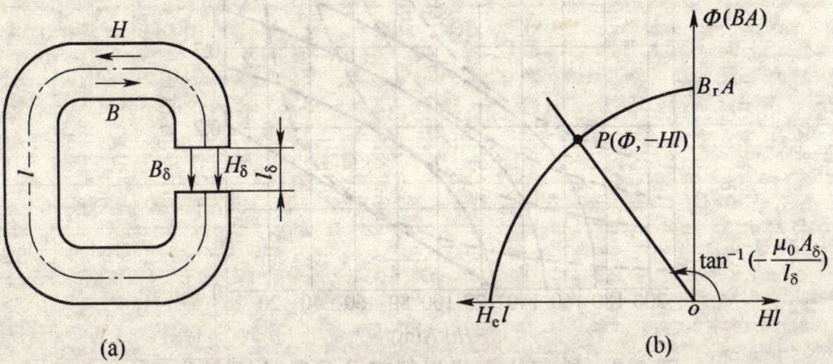

图 3-7　永久磁铁

(a)磁路　(b)工作点 P 的确定

时，是沿 rqm 曲线回到 m 点，形成 $mprqm$ 回线，称为回复曲线，由于回复曲线两分支非常接近，可近似地用直线 mr 代替 $mprqm$ 回线，mr 称为回复线，它的斜率称为回复磁导率 μ_{rec}。当材料受到一个变化磁场 H_m 作用时，它的工作点将在回复线上变动，一般 μ_{rec} 小，则永磁材料的动态特性好。

部分永磁材料的退磁曲线如图 3-8～图 3-10 所示。

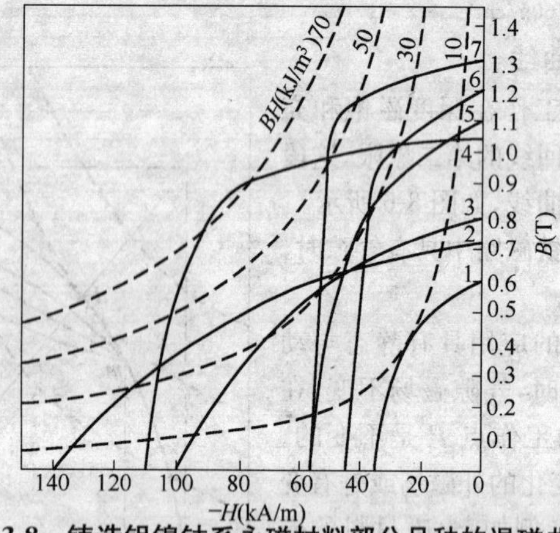

图 3-8 铸造铝镍钴系永磁材料部分品种的退磁曲线

1. LN10 2. LNGT40 3. LNGT32 4. LNGT72 5. LNG32H 6. LNG32 7. LNG52

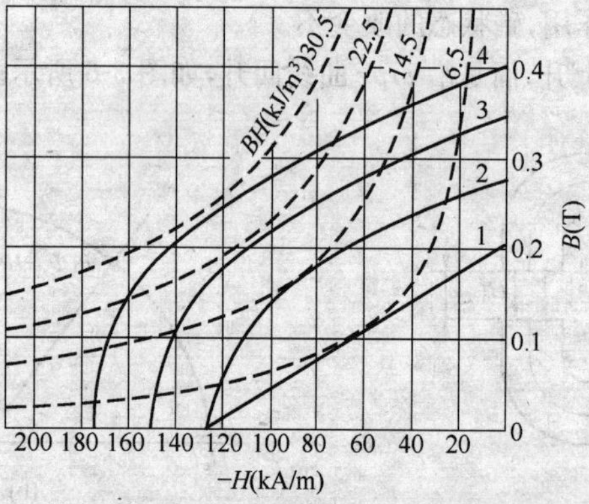

图 3-9 铁氧体永磁材料部分品种的退磁曲线

1. Y10T 2. Y15 3. Y25 4. Y30

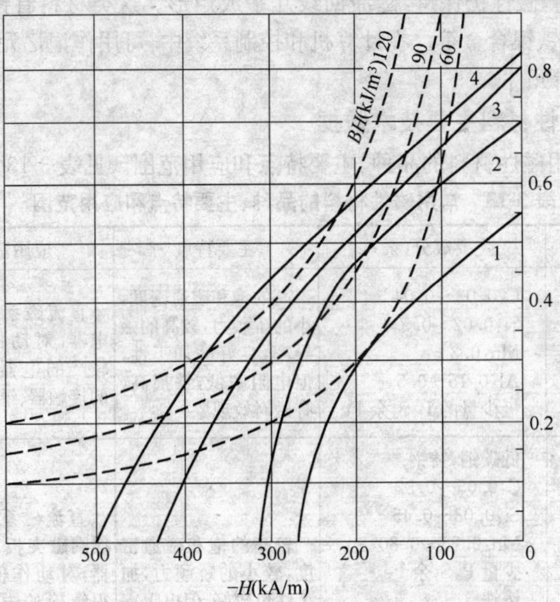

图 3-10 稀土钴永磁材料部分品种的退磁曲线

1. 铈钴铜 60 2. 混合稀土钴 95

3. 混合稀土钴 110 4. 钐钴 125

第二节 磁性材料的分类和主要技术数据

一、磁性材料的分类

根据磁性材料的磁性能，磁性材料可以分成软磁材料、硬磁材料和矩磁材料 3 种类型。

1. 软磁材料。特点是磁导率高，磁滞特性不明显，矫顽力和剩磁都小，磁滞回线较窄，磁滞损耗小。这类材料有纯铁、铸铁、硅钢、坡莫合金、铁氧体等。常用来做成电机、变压器的铁心，也可做计算机的磁心、磁鼓，以及录音机的磁带、磁头。

2. 硬磁材料。特点是剩磁和矫顽力均较大，磁滞回线较宽。这类材料有碳钢、钨钢、钴钢、铁镍合金等。适宜做永久磁铁。

3. 矩磁材料。特点是只要受较小的外磁场作用就能磁化饱和，当外磁场去掉，磁性仍保持，磁滞回线几乎成矩形。这类材料有镁锰铁氧体、1J51型铁镍合金等。在计算机和控制系统中，可用作记忆元件、开关元件和逻辑元件。

二、磁性材料主要技术数据

1. 常用磁性材料的品种、主要特点和应用范围。见表3-13。

表3-13 常用磁性材料的品种、主要特点和应用范围

类别	名称	主要成分(%)	主要特点	应用范围
软磁材料	电工纯铁	C:0.03～0.04 Si:0.02～0.5 Mn:0.3 Al:0.15～0.5 极少量的P、S，余Fe	高的饱和磁通密度，小的矫顽力，较高的磁导率，良好的加工性，但电阻率低，铁损高，有磁时效现象	直流磁系统。小型电器，对动作值要求较严的电器，小规格的接触器、继电器等
	低碳钢、铸钢、铸铁	低碳钢，铸钢 C:0.05～0.32 Si:0.03～0.45 Mn:0.25～0.80 少量P、S，余Fe 铸铁 C:1.7～3.5 Si:0.9～3.25 Mn:0.3～0.9 少量P、S，余Fe	较高的饱和磁通密度，较小的矫顽力，加工性也较好，但电阻率不高，铁损较大	直流磁系统，吹弧线圈磁夹板。大型电器，对动作值要求不很精确的电器，如制动电磁铁、起重电磁铁等
	硅钢板带(片)	C≤0.07 Si:0.8～0.45 Mn:0.1～0.3 极少量的P、S，余Fe	高的饱和磁通密度，小的矫顽力，较高的磁导率。电阻率高，铁损小，基本无磁时效现象。热导系数稍低，硬度高，脆性大	交流磁系统。接触器，继电器，电磁铁，变压器扼流圈等
	铁镍合金(坡莫合金)	C≤0.03 Mo≤5.2 Ni:49～81 Si<1.5 余Fe	在弱磁场下具有很高的磁通密度和磁导率，很低的矫顽力，但对应力很敏感	弱磁场下的小型高灵敏度的继电器，变压器，零序电流互感器等
	磁温度补偿合金	Ni:29.3～38.5 Al<2.0 Cr<1.5 余Fe	居里温度低，磁性能随温度不同而有很大变化	过电流保护继电器，温度控制继电器等

续表 3-13

类别	名称	主要成分(%)	主要特点	应用范围
软磁材料	整体铁心用硅钢	C:0.05 Mn:0.15～0.4 Si:0.9～4.25 少量P,余Fe	高的磁导率和饱和磁通密度,矫顽力低,整块结构,可切削加工,但不能焊接	需用整块铁心的交流、直流磁系统构件
	粉末冶金铁粉材料	C:0.015～0.06 Si<0.2 Mn<0.37 余Fe	因有孔隙和夹杂物存在,故同电磁纯铁相比,矫顽力大而磁通密度小	形状比较复杂的直流磁路零件
永磁材料	铸造铝镍钴系永磁材料	Al:7～13 Ni:14～25.5 Co≤38 Cu≤6 Ti≤8 余Fe	剩余磁通密度大,居里温度高,磁感应温度系数小,脆性大,硬度高,成型后不易加工,材料利用率低	永磁电机,锁机继电器,剩磁继电器,主令电器,磁电式仪表等
	粉末烧结铝镍钴系永磁材料	Al:7～13 Ni:14～16 Co≤34 Cu≤4 Ti≤5,余Fe	磁性能比铸造铝镍钴系永磁材料低,但制件尺寸较精确,不需机械加工,成品率较高,金属粉末成本较昂贵	
	铁氧体永磁材料	$BaO \cdot 6Fe_2O_3$ $SrO \cdot 6Fe_2O_3$	电阻率高,矫顽力较大,居里温度低,磁感应温度系数大,磁能积不很高	
	稀土钴永磁材料	Ce,Sm,Co, Cu,MM①,Fe	磁性能优异,最大磁能积很高,剩余磁通密度也很大,但居里温度稍低,价格较贵	
	金属塑料永磁材料	铁氧体或稀土钴永磁材料粉末,树脂或橡胶等	磁能积、矫顽力、剩余磁通密度小,但成型容易,可制复杂零件,强度高,有一定弹性	

注:①MM为混合稀土符号。

2. 几种软磁材料的主要技术数据。见表3-14。

表 3-14 几种软磁材料的主要技术数据

材料名称		牌号	矫顽力 H_c A/m	剩余磁通密度 B_r T	饱和磁通密度 B_s T	起始相对磁导率 μ_{sa}	最大相对磁导率 $\mu_{m}\times 1000$	μ_m时的磁通密度 T	饱和时的磁滞损耗(mJ/cm^3)(一循环)	电阻率 ρ ($\times 10^{-3}$ $\Omega\cdot m$)	密度 (g/cm^3)
优质碳素钢	已退火	05	64～120	0.9～1.2	2.13	—	3～4	0.85	—	11～12	7.85
		08F	80～136	0.9～1.3	2.13	—	2～3	0.85	0.35～0.55	11～14	
		10	88～168	—	2.13	—	2～3	—	—	11～16	
		15	128～210	—	2.11	—	1.5～1.8	—	—	14～20	
	未退火	10	128～280	0.6	—	—	0.8～1.5	0.70	0.5～1.1	—	7.85
可锻铸铁	已退火		104～280	0.65	2.0	—	1.7	0.57	0.6	30～38	—
灰口铸铁	退火		320～480	0.53	1.67	180	0.62	0.32	1.2	80～120	7.3
	未退火		800～1200	0.54	1.64	70	0.24	—	—	—	—
热轧硅钢板		D11	40～64	0.1～0.2	2.10	150	5～6	0.6～0.8	0.15～0.25	20～30	7.75
		D21	36～48	0.8～1.2	2.06	170	5～6	0.6	—	25～52	7.70
		D31	32～40	0.8～1.2	2.00	250	6～7	—	0.1～0.15	40～60	7.65
		D41	28～36	0.5～0.8	1.94	300～400	7.5～9	0.6～0.8	0.1～0.15	55～72	7.55
冷轧硅钢板		D330	12～31	—	2.00	500～800	16～33	0.75	0.04～0.08	45～55	7.7
电工纯铁板	普级	—	见表 3-15	1.0～1.4	2.14	200	7	0.9	0.22～0.40	10～11	7.85
	高级			1.0～1.3	2.14	—	9	0.9	—	10～11	
	特级			—	2.15	—	12	0.9	—	10～11	

3. 电工纯铁的牌号和主要技术数据。见表 3-15。

表 3-15　电工纯铁的牌号和主要技术数据

牌　号	等级	试样状态	最大磁导率 μ_m (H/m)×10^{-3} 不小于	矫顽力 H_c (A/m) 不大于	不同场强下的磁通密度(T)				
					B_5	B_{10}	B_{25}	B_{50}	B_{100}
DT1、DT2 DT3、DT4 DT5、DT6	普级	不退火	7.5	96	1.4	1.5	1.62	1.71	1.80
DT3A、DT4A DT5A、DT6A	高级		10.00	72					
DT4E DT6E	特级		12.50	48					
DT4C DT6C	超级		18.75	32					
DT1、DT2 DT3、DT4 DT5、DT6	普级	退火	7.5	96	1.45	1.55	1.65	1.75	1.85
DT3A、DT4A DT5A、DT6A	高级		8.75	80					
DT4E DT6E	特级		11.25	56					
DT4C DT6C	超级		15.00	32					

注：表中 B_5、B_{10}、B_{25}、B_{50}、B_{100} 分别表示磁场强度为 5A/cm、10A/cm、25A/cm、50A/cm、100A/cm 时的磁通密度，下同。

4. 电工用热轧硅钢板的牌号。见表 3-16。

表 3-16　电工用热轧硅钢薄板的牌号

分　类	检验条件	牌　号	原牌号	钢板厚度(mm)
低硅钢	强磁场	DR530-50	D22	0.50
		DR510-50	D23	0.50
		DR490-50	D24	0.50
		DR450-50	—	0.50
		DR420-50	—	0.50
		DR400-50	—	0.50

续表 3-16

分　类	检验条件	牌　号	原牌号	钢板厚度(mm)
高硅钢	强磁场	DR440-50	D31	0.50
		DR405-50	D32	0.50
		DR360-50	D41	0.50
		DR315-50	D42	0.50
		DR290-50	D43	0.50
		DR265-50	D44	0.50
		DR360-35	D31	0.35
		DR325-35	D32	0.35
		DR320-35	D41	0.35
		DR280-35	D42	0.35
		DR255-35	D43	0.35
		DR225-35	D44	0.35
	高频率	DR1750G-35	DG41	0.35
		DR1250G-20	DG41	0.20
		DR1100G-10	DG41	0.10

注：牌号 DR530-50 执行到 1988 年废止。

5. 电工用热轧硅钢薄板的主要技术数据。见表 3-17。

表 3-17　电工用热轧硅钢薄板的主要技术数据

牌　号	厚度(mm)	最小磁通密度(T)			最大铁损(W/kg)		最低弯曲次数不小于	理论密度(g/cm^3)	
		B_{25}	B_{50}	B_{100}	$P_{10/50}$	$P_{15/50}$		酸洗钢板	未酸洗钢板
DR530-50	0.50	1.51	1.61	1.74	2.20	5.30	—	7.75	7.70
DR510-50	0.50	1.54	1.64	1.76	2.10	5.10			
DR490-50	0.50	1.56	1.66	1.77	2.00	4.90			
DR450-50	0.50	1.54	1.64	1.76	1.85	4.50			
DR420-50	0.50	1.54	1.64	1.76	1.80	4.20			
DR400-50	0.50	1.54	1.64	1.76	1.65	4.00			
DR440-50	0.50	1.46	1.57	1.71	2.00	4.40	4	7.65	—
DR405-50	0.50	1.50	1.61	1.74	1.80	4.05			
DR360-50	0.50	1.45	1.56	1.68	1.60	3.60	1.0	7.55	—
DR315-50	0.50	1.45	1.56	1.68	1.35	3.15			

续表 3-17

牌号	厚度(mm)	最小磁通密度(T)			最大铁损(W/kg)		最低弯曲次数不小于	理论密度(g/cm^3)	
		B_{25}	B_{50}	B_{100}	$P_{10/50}$	$P_{15/50}$		酸洗钢板	未酸洗钢板
DR290-50	0.50	1.44	1.55	1.67	1.20	2.90	1.0	7.55	—
DR265-50	0.50	1.44	1.55	1.67	1.10	2.65			
DR360-35	0.35	1.46	1.57	1.71	1.60	3.60	5.0	7.65	—
DR325-35	0.35	1.50	1.61	1.74	1.40	3.25			
DR320-35	0.35	1.45	1.56	1.68	1.35	3.20	1.0	7.55	—
DR280-35	0.35	1.45	1.56	1.68	1.15	2.80			
DR255-35	0.35	1.44	1.54	1.66	1.05	2.55			
DR225-35	0.35	1.44	1.54	1.66	0.90	2.25			

注：$P_{10/50}$、$P_{15/50}$表示当用 50Hz 的交流磁场反复磁化，磁通密度最大值为 1.0、1.5T 时的总单位铁损(W/kg)。

6. 冷轧电工钢带牌号的主要技术数据。见表 3-18。

表 3-18 冷轧电工钢带牌号的主要技术数据

	公称厚度(mm)	牌号	最大铁损 $P_{15/50}$(W/kg)	最小磁通密度 B_{50}(T)	理论密度(g/cm^3)
无取向钢带(片)	0.35	DW270-35	2.70	1.58	7.60
		DW310-35	3.10	1.60	7.65
		DW360-35	3.60	1.61	7.65
		DW435-35	4.30	1.65	7.70
		DW500-35	5.00	1.65	7.75
		DW550-35	5.50	1.66	7.75
	0.50	DW315-50	3.15	1.58	7.60
		DW360-50	3.60	1.60	7.65
		DW400-50	4.00	1.61	7.65
		DW465-50	4.65	1.65	7.70
		DW540-50	5.40	1.65	7.75
		DW620-50	6.20	1.66	7.75
		DW800-50	8.00	1.69	7.80
		DW1050-50	10.50	1.69	7.85
		DW1300-50	13.00	1.69	7.85
		DW1550-50	15.50	1.69	7.85

续表 3-18

	公称厚度(mm)	牌　号	最大铁损 $P_{17/50}$ (W/kg)	最小磁通密度 B_{10}(T)	理论密度 (g/cm³)
取向钢带(片)	0.30	DQ122G-30	1.22	1.88	7.65
		DQ133G-30	1.33	1.88	
		DQ133-30	1.33	1.79	
		DQ147-30	1.47	1.77	
		DQ162-30	1.62	1.74	
		DQ179-30	1.79	1.71	
		DQ196-30	1.96	1.68	
	0.35	DQ126G-35	1.26	1.88	7.65
		DQ137G-35	1.37	1.88	
		DQ151-35	1.51	1.77	
		DQ166-35	1.66	1.74	
		DQ183-35	1.83	1.71	
		DQ200-35	2.00	1.68	
		DQ230-35	2.30	1.63	

注 1. $P_{15/50}$、$P_{17/50}$表示当用 50Hz 的交流磁场反复磁化，磁通密度最大值为 1.5、1.7T 时的总单位铁损(W/kg)。

2. B_{10}、B_{50}表示当磁场强度为 1000A/m、5000A/m 时的磁通密度。

7. 铁镍和铁铝合金的规格、特点及用途见表 3-19。

表 3-19 铁镍和铁铝合金的规格、特点及用途

名称	牌号	含镍(或铝)量(%)	厚度(mm)	特　点	用　途
铁镍合金	1J34	33～35	0.005～0.20	饱和磁通密度高，磁导率较低和矫顽力较大	中小功率变压器、扼流圈和控制微特电机的铁心
	1J46	45～47	0.02～0.50		
	1J50	49～51	0.20～0.50		
	1J51	49～51	0.005～0.10	磁滞回线呈矩形，其余同 1J50	高灵敏磁放大器、中小功率脉冲变压器的铁心，微机记忆元件
	1J67	66～68	0.02～0.50	低磁场下最大磁导率很高，矫顽力很低，饱和磁通密度不高	低磁场下高灵敏小功率变压器、磁放大器、继电器、扼流圈等
	1J79	78～80	0.01～2.5		

续表 3-19

名称	牌号	含镍(或铝)量(%)	厚度(mm)	特　点	用　途
铁镍合金	1J85	79～81	0.005～0.34	起始磁导率最高,矫顽力极低和最大磁导率很高,对弱信号反应灵敏,电阻率较高	仪表和电信工业中的扼流圈、音频变压器、快速磁放大器和精密电桥的定动片、精密电桥变压器
	1J86	79～81	0.005～0.50		
铁铝合金	1J6	5.5～6.0	0.2～1.0	同类中饱和磁通密度最大,抗腐蚀性好	做控制微特电机、电磁阀铁心
	1J12	11.6～12.4	0.2～1.0	磁导率和饱和磁通密度适中,电阻率大	做音频变压器、继电器铁心
	1J16	15.5～16.3	0.2～1.0	在同类中磁导率最大,矫顽力最小,饱和磁通密度最小	弱磁场中小型变压器、磁放大器、互感器的铁心,做磁屏蔽

8. 常用铁镍合金直流磁性能。见表 3-20。

表 3-20　常用铁镍合金直流磁性能

牌号	级别	厚度(mm)	μ_i (mH/m) 不小于	μ_m (mH/m) 不小于	H_c (A/m) 不大于	B_s (T) 不小于	H_r80A/m 时 B_r/B_m 不小于
1J46	—	0.02～0.04	2.5	22.6	32.0	1.5	—
		0.05～0.09	2.9	27.6	24.0	1.5	
		0.10～0.19	3.5	31.3	20.0	1.5	
		0.20～0.34	4.0	37.6	16.0	1.5	
		0.35～2.50	4.5	45.1	12.0	1.5	
1J50	—	0.02～0.04	2.7	25.0	24.0	1.5	—
		0.05～0.09	3.5	35.1	20.0	1.5	
		0.10～0.19	4.0	40.1	14.4	1.5	
		0.20～0.34	4.5	50.1	11.2	1.5	
		0.35～1.00	5.6	62.7	9.6	1.5	
1J54	—	0.02～0.04	2.0	20.0	20.0	1.0	—
		0.05～0.09	2.5	25.1	16.0	1.0	
		0.10～0.19	3.1	31.3	12.0	1.0	
		0.20～0.34	3.8	37.6	9.6	1.0	
		0.35～1.00	4.0	40.1	8.0	1.0	

续表 3-20

牌号	级别	厚度(mm)	μ_i (mH/m) 不小于	μ_m (mH/m) 不小于	H_c (A/m) 不大于	B_s (T) 不小于	H_r80A/m 时 B_r/B_m 不小于
1J34	—	0.005～0.01	—	62.5	20	1.50	0.90
		0.02～0.04		75	16	1.50	0.90
		0.05～0.08		112.5	9.8	1.50	0.90
		0.10～0.20		137.5	8	1.50	0.87
1J51	Ⅰ	0.005	—	19	40	1.50	0.80
		0.01		25	32	1.50	0.83
		0.02～0.09		50	20	1.50	0.85
		0.10		50	18	1.50	0.85
	Ⅱ	0.10		44	20	1.50	0.87
		0.02～0.04		75	15	1.50	0.92
		0.05～0.08		75	15	1.50	0.92
		0.10		75	15	1.50	0.90
	Ⅲ	0.01		75	15	1.52	0.91
		0.02～0.04		95	13	1.52	0.94
		0.05		100	11	1.52	0.91
1J52	—	0.02～0.04	—	62.5	20	1.40	0.90
		0.05～0.10		87.5	16	1.40	0.90
1J65	—	0.005～0.01	—	100	8.0	1.30	0.90
		0.02～0.04		125	6.4	1.30	0.90
		0.05～0.09		187.5	4.8	1.30	0.90
		0.10～0.50		275	3.2	1.30	0.90
1J67	—	0.005～0.04	—	200	6.4	1.20	0.90
		0.05～0.09		250	4.8	1.20	0.90
		0.10～0.19		312.5	4.0	1.20	0.90
		0.20～0.50		437.5	3.2	1.20	0.90
1J76	—	0.02～0.04	18.8	75.2	4.8	0.75	—
		0.05～0.09	22.6	125.3	3.2	0.75	
		0.10～0.19	25.1	175.5	2.8	0.75	
		0.20～0.50	31.3	225.6	1.44	0.75	
1J79	—	0.01	15.0	87.7	4.8	0.75	—
		0.02～0.04	18.8	112.8	4.0	0.75	
		0.05～0.09	22.6	137.9	4.0	0.75	
		0.10～0.19	25.1	188.0	1.6	0.75	

续表 3-20

牌号	级别	厚度(mm)	μ_i (mH/m) 不小于	μ_m (mH/m) 不小于	H_c (A/m) 不大于	B_s (T) 不小于	H_r80A/m 时 B_r/B_m 不小于
1J80	—	0.005～0.01	17.5	75.2	4.8	0.65	—
		0.02～0.04	22.6	94.0	4.0	0.65	
		0.05～0.09	25.1	112.8	3.2	0.65	
		0.10～0.19	27.6	150.4	2.4	0.65	
1J83	—	0.01	5.0	62.7	5.6	0.82	0.80
		0.02～0.04	8.8	125.3	4.0	0.82	0.80
		0.05～0.09	8.8	188.0	2.4	0.82	0.80
		0.10	20.1	225.6	1.6	0.82	0.80
1J85	—	0.005～0.01	20.1	87.7	4.80	0.70	—
		0.02～0.04	22.6	100.3	3.60	0.70	
		0.05～0.09	35.1	137.9	2.40	0.70	
		0.10～0.19	37.6	188.0	1.60	0.70	
		0.20～0.34	50.1	225.6	1.20	0.70	
		0.35～1.00	62.7	313.3	0.80	0.70	
		1.10～2.50	50.1	188.0	1.20	0.70	
		2.51～3.00	43.9	150.4	1.44	0.70	
1J86	—	0.005～0.01	12.5	100.3	4.00	0.6	—
		0.02～0.04	37.6	137.9	2.40		
		0.05～0.09	50.1	188.0	1.44		
		0.10～0.19	62.7	225.6	1.20		
		0.20～0.34	75.2	275.7	0.72		
		0.35～1.00	62.7	250.7	1.20		
1J77	—	0.05～0.09	37.6	175.5	2.00	0.60	—
		0.10～0.19	50.1	225.6	1.20		
		0.20～0.34	62.7	275.7	0.96		
		0.35～0.50	75.2	313.3	0.80		
1J403	Ⅰ	0.02	—	500	3.2	1.38	0.97
		0.05		625	2.4	1.38	0.97
	Ⅱ	0.02	—	375	4.0	1.38	0.95
		0.05		500	3.2	1.38	0.95
		0.10		625	2.4	1.38	0.94

注：μ_i 为起始磁导率；μ_m 为最大磁导率；H_c 为矫顽力；B_s 为饱和磁密；B_r 为剩磁；B_m 为最大磁密。

9. 常用铁镍合金在不同频率下的交流磁性能。见表 3-21。

10. 软磁铁氧体的部分牌号和主要技术数据。见表 3-22。

表 3-21 常用铁镍合金在不同频率下的交流磁性能

牌号	频率 (Hz)	厚度 (mm)	初始磁导率 μ_i (H/m)	最大磁导率 μ_m (H/m)	磁场强度为 80A/m 时			铁损(W/kg)		
					矫顽力 (A/m)	磁通密度(T)	剩磁比	P_{10}	P_{12}	P_{14}
1J50	50	0. 35	0. 0052～0. 0156	0. 0394～0. 0563	16. 0～25. 6	0. 975～1. 250	0. 815～0. 935	—	—	—
		0. 10	0. 0041～0. 0106	0. 0510～0. 0818	10. 4～17. 6	1. 08～1. 20	0. 83～0. 92	0. 20～0. 36	0. 31～0. 68	0. 61～1. 85
	400	0. 10	0. 0041～0. 0104	0. 0318～0. 0533	18. 4～31. 2	1. 08～1. 20	0. 87～0. 92	3. 10～5. 50	4. 95～9. 20	9. 35～14. 00
	800	0. 10	0. 004～0. 0104	0. 0229～0. 0402	24. 8～41. 6	1. 08～1. 20	0. 90～0. 92	8. 55～15. 50	13. 00～23. 50	22. 5～38. 5
	2000	0. 10	0. 0033～0. 0079	0. 0316～0. 0245	40. 8～67. 2	0. 94～1. 15	0. 92～0. 97	30. 50～63. 00	51. 00～105. 00	78. 5～147. 0
1J51	400	0. 05	—	—	19. 2～29. 6	1. 25～1. 47	0. 93～0. 99	2. 13～4. 21	2. 54～5. 37	2. 98～10. 50
	800	0. 05	—	—	22. 0～31. 6	1. 25～1. 47	0. 93～0. 99	4. 25～9. 25	5. 10～11. 90	5. 95～23. 20
	2000	0. 05	—	—	29. 6～39. 6	1. 25～1. 44	0. 94～0. 99	21. 40～25. 60	28. 10～35. 80	36. 10～50. 80
1J79	50	0. 35	0. 0212～0. 0563	0. 0833～0. 1140	10. 4～15. 6	0. 71～0. 80	0. 79～0. 84	—	—	—
		0. 10	0. 0225～0. 0500	0. 1430～0. 2360	1. 6～6. 6	0. 71～0. 78	0. 68～0. 85	—	—	—
	400	0. 10	0. 0200～0. 0400	0. 0588～0. 1230	4. 8～14. 4	0. 71～0. 78	0. 75～0. 85	—	—	—
	800	0. 10	0. 0188～0. 0338	0. 0364～0. 0818	8. 0～24. 0	0. 70～0. 78	0. 78～0. 87	—	—	—
	2000	0. 10	0. 0125～0. 0223	0. 0119～0. 0457	19. 0～48. 0	0. 70～0. 77	0. 85～0. 89	—	—	—

表 3-22　软磁铁氧体的部分牌号和主要技术数据

材料牌号	初始磁导率 μ_i(H/m)	矫顽力 H_c(A/m)	饱和磁通密度 B_s(T)	磁导率比温度系数 (+20℃～+55℃) $\alpha_{\mu t}/\mu_0$	居里点 T_c(℃)	使用频率 f (MHz)
NXD-5	$(5\pm1)\times10^{-6}$	—	—	$\leqslant8\times10^{-5}$	⩾350	⩽150
NX-10	$(10\pm2)\times10^{-6}$	—	—	—	⩾350	⩽100
NXD-10	$(10\pm2)\times10^{-6}$	—	—	$\leqslant3\times10^{-5}$	⩾350	⩽100
NXD-20	$(20\pm4)\times10^{-6}$	—	—	$\leqslant2.5\times10^{-5}$	⩾350	⩽80
NXD-40	$(40\pm8)\times10^{-6}$	—	—	$\leqslant1\times10^{-5}$	⩾350	2～30
NX-40	$\left(40\,{}^{+10}_{-15}\right)\times10^{-6}$	—	—	$\leqslant6\times10^{-5}$	⩾350	2～30
NX-60	$\left(60\,{}^{+15}_{-20}\right)\times10^{-6}$	—	—	$\leqslant7.5\times10^{-5}$	⩾350	2～20
NXD-60	$(60\pm10)\times10^{-6}$	—	—	$\leqslant5\times10^{-6}$	⩾350	2～20
NXD-100	$(100\pm20)\times10^{-6}$	—	—	$\leqslant7\times10^{-6}$	⩾300	⩽10
NXD-200	$(200\pm40)\times10^{-6}$	—	—	$\leqslant4\times10^{-6}$	⩾300	⩽5

续表 3-22

材料牌号	初始磁导率 μ_i(H/m)	矫顽力 H_c(A/m)	饱和磁通密度 B_s(T)	磁导率比温度系数(+20℃～+55℃) $\alpha_{\mu t}/\mu_0$	居里点 T_c(℃)	使用频率 f (MHz)
NX-300	$(300\pm50)\times10^{-6}$	—	—	$\leqslant8\times10^{-6}$	⩾300	⩽3
MX-400	$(0.4\pm0.1)\times10^{-3}$	<120	⩾0.24	$\leqslant8\times10^{-6}$	⩾180	⩽2
MXD-400	$(0.40\pm0.04)\times10^{-3}$	—	—	$\leqslant4\times10^{-6}$	⩾180	⩽2
MX-800	$(0.8\pm0.1)\times10^{-3}$	<40	⩾0.32	$\leqslant5\times10^{-6}$	⩾150	⩽1
MX-1000	$(1.0\pm0.2)\times10^{-3}$	<40	⩾0.30	$\leqslant5\times10^{-6}$	⩾120	⩽0.5
MX-2000	$(2.0\pm0.4)\times10^{-3}$	<32	⩾0.32	$\leqslant2.5\times10^{-6}$	⩾120	⩽0.5
MXD-2000	$(2.0\pm0.4)\times10^{-3}$	<24	⩾0.35	$\leqslant1.0\times10^{-6}$	⩾150	⩽1
MX-4000	$(4.0\pm0.8)\times10^{-3}$	<32	⩾0.32	$\leqslant2\times10^{-6}$	⩾120	⩽0.4
MX-6000	$(6.0\pm1.2)\times10^{-3}$	<16	0.32	$\leqslant2\times10^{-6}$	⩾120	⩽0.2
MX-10000	$(10\pm2)\times10^{-3}$	<8	0.36	$\leqslant1.2\times10^{-6}$	⩾120	⩽0.1

注：1. NX—代表镍锌铁氧体。

2. MX—代表锰锌铁氧体。

3. D—代表低温度系数。

11. 铝镍钴永磁材料牌号及其主要技术数据。见表 3-23。

表 3-23 铝镍钴永磁材料牌号及其主要技术数据

牌号	剩余磁通密度 B_r		磁感应矫顽力 H_c		最大磁能积 $(BH)_{max}$		B_r 温度系数 α_{Br}	回复磁导率
	T	(kG)	kA/m	(kOe)	kJ/m³	(MG·Oe)	%K⁻¹	μ_{rec}
LN10	0.60	6.0	36	0.45	10	1.25	−0.022	6.0～7.0
LNG13	0.68	6.8	48	0.60	13	1.6	—	6.0～6.7
LNG32	1.20	12.0	44	0.55	32	4.0	−0.016	3.5～4.8
LNG32H	1.10	11.0	56	0.70	32	4.0	—	3.2～4.5
LNGT32	0.80	8.0	100	1.25	32	4.0	−0.020	2.4～3.6
LNGT40	0.72	7.2	140	1.76	40	5.0	—	
LNG52	1.30	13.0	56	0.70	52	6.5	−0.016	2.4～3.6
LNG60	1.35	13.5	60	0.75	60	7.5	—	2.4～3.6
LNGT56	0.95	9.5	104	1.30	56	7.0	−0.02～0.025	2.4～3.6
LNGT70	0.90	9.0	145	1.82	70	8.8	—	
LNGT72	1.05	10.5	111	1.40	72	9.0	−0.02～0.025	2.0～3.2
LNGT85	1.08	10.8	120	1.50	85	10.7	—	2.0～3.0
LNS9	0.5	5.0	35	0.44	9	1.1	—	6.0～6.7
LNGS25	1.05	10.5	46	0.58	25	3.1	—	3.2～4.3
LNGTS28	0.7	7.0	95	1.20	28	3.5	—	

注：1. L 代表铝，N 代表镍，G 代表钴，T 代表钛，S 代表烧结。

2. 括号内单位为非法定单位。

12. 铝镍钴永磁部分牌号的物理和力学性能。见表 3-24。

表 3-24 铝镍钴永磁部分牌号的物理和力学性能

牌号	密度	电阻率	线膨胀系数	硬度	抗拉强度
	g/cm³	μΩ·cm	×10⁻⁶K⁻¹	HRC	N/mm²
LN10	7.0	60～65	13.0	45～47	—
LNG13	7.2	65	12.4	52	2
LNG32	7.3	47	11.2	50	4

续表 3-24

牌号	密度	电阻率	线膨胀系数	硬度	抗拉强度
	g/cm^3	$\mu\Omega\cdot cm$	$\times10^{-6}K^{-1}$	HRC	N/mm^2
LNG52	7.3	50	11.2	50	—
LNGT32	7.4	62	11.0	58～59	21
LNGT72	7.4	—	11.0	58～59	—
LNS9	6.7～6.8	—	13.0	43	—
LNGS25	7.0	50	11.3	45	—

13. 铁铬钴永磁的主要磁性能。见表 3-25。

表 3-25 铁铬钴永磁的主要磁性能

牌号	类别	剩余磁通密度 B_r	矫顽力 H_c	最大磁能积 $(BH)_{max}$
		T	kA/m	kJ/m^3
2J83	各向异性	1.05	48	24～32
2J84	各向异性	1.20	52	32～40
2J85	各向异性	1.30	44	40～48

14. 铁氧体永磁材料牌号及其主要磁性能。见表 3-26。

表 3-26 铁氧体永磁材料牌号及其主要磁性能

牌号	剩余磁通密度 B_r		磁感应矫顽力 H_{cB}		最大磁能积 $(BH)_{max}$	
	T	(kG)	kA/m	(kOe)	kJ/m^3	(MG·Oe)
Y10T	≥0.2	≥2	128～160	1.6～2.0	6.4～9.6	0.8～1.2
Y15	0.28～0.36	2.8～3.6	128～192	1.6～2.4	14.3～17.5	1.8～2.2
Y20	0.32～0.38	3.2～3.8	128～192	1.6～2.4	18.3～21.5	2.3～2.7
Y25	0.35～0.39	3.5～3.9	152～208	1.9～2.6	22.3～25.5	2.8～3.2
Y30	0.38～0.42	3.8～4.2	160～216	2.0～2.7	26.3～29.5	3.3～3.7
Y35	0.40～0.44	4.0～4.4	176～224	2.2～2.8	30.3～33.4	3.8～4.2
Y15H	≥0.31	≥3.1	232～248	2.9～3.1	≥17.5	≥2.2
Y20H	≥0.34	≥3.4	248～264	3.1～3.3	≥21.5	≥2.7
Y25BH	0.36～0.39	3.6～3.9	176～216	2.2～2.7	23.9～27.1	3.0～3.4
Y30BH	0.38～0.40	3.8～4.0	224～240	2.8～3.0	27.1～30.3	3.4～3.8
Y33BH	≥0.395	≥3.93	≥248	≥3.1	≥29.4	≥3.7

续表 3-26

牌号	剩余磁通密度 B_r		磁感应矫顽力 H_{cB}		最大磁能积 $(BH)_{max}$	
	T	(kG)	kA/m	(kOe)	kJ/m^3	(MG・Oe)
Y35BH	≥0.41	≥4.1	≥255	≥3.2	≥33.6	≥4.2

注:1. Y代表永磁,T代表各向同性。

2. 括号内单位为非法定单位。

15. 稀土钴永磁材料部分牌号及其主要技术数据。见表 3-27。

表 3-27　稀土钴永磁材料部分牌号及其主要技术数据

牌号	剩余磁通密度 B_r		磁感应矫顽力 H_c		最大磁能积 $(BH)_{max}$		B_r 温度系数 α_{Br} 20℃～100℃	回复磁导率 μ_{rec}	密度
	T	(kG)	kA/m	(kOe)	kJ/m^3	(MG・Oe)	$\%K^{-1}$	—	g/cm^3
XGS-80	0.60～0.70	6.0～7.0	320～384	4.0～4.8	72～76	9.0～9.5	−0.09	1.05～1.10	8.2～8.3
XGS-144	0.80～0.90	8.0～9.0	520～640	6.5～8.0	120～152	15～19	−0.05	1.05～1.10	8.2～8.3
XGS-160	0.90～1.00	9.0～10.0	640～720	8.0～9.0	152～176	19～22	−0.05	1.05～1.10	8.2～8.3
XGS-184	0.95～1.05	9.5～10.5	560～640	7.0～8.0	160～192	20～24	−0.03	1.05～1.10	8.1～8.3
XGS-200	1.00～1.10	10.0～11.0	640～720	8.0～9.0	192～208	24～26	−0.03	1.05～1.10	8.1～8.3

注:1. X代表稀土,G代表钴。

2. 括号内单位为非法定单位。

16. 粘结永磁材料部分牌号及其主要技术数据。见表 3-28。

表 3-28　粘结永磁材料部分牌号及其主要技术数据

牌号	剩余磁通密度 B_r		磁感应矫顽力 H_c		最大磁能积 $(BH)_{max}$		B_r 温度系数 α_{Br}	回复磁导率 μ_{rec}	密度
	T	(kG)	kA/m	(kOe)	kJ/m^3	(MG・Oe)	$\%K^{-1}$	—	g/cm^3
NJY-5	0.15～0.17	1.5～1.7	110～135	1.38～1.69	4.0～5.5	0.5～0.6	—	—	3.4

续表 3-28

牌号	剩余磁通密度 B_r		磁感应矫顽力 H_c		最大磁能积 $(BH)_{max}$		B_r 温度系数 α_{Br}	回复磁导率 μ_{rec}	密度
	T	(kG)	kA/m	(kOe)	kJ/m³	(MG·Oe)	%K⁻¹	—	g/cm³
NJY-15	0.28～0.30	2.8～3.0	180～210	2.26～2.64	15.0～16.5	1.88～2.07	—	—	3.7
NJXG-35	0.40～0.45	4.0～4.5	280～300	3.52～3.77	35～40	4.4～5.0	−0.05	1.15	6.6
NJXG-40	≥0.4	≥4.0	≥280	≥3.52	35～50	4.0～6.3	−0.05	1.15	5.5
NJXG-55	≥0.5	≥5.0	≥320	≥4.0	50～65	6.3～8.2	−0.04	1.15	6.0
NJXG-70	≥0.6	≥6.0	≥360	≥4.5	65～80	8.2～10	−0.04	1.15	6.0
NJXG-90	≥0.7	≥7.0	≥400	≥5.0	80～95	10～11.9	−0.04	1.15	6.0
NJXG-90L	≥0.7	≥7.0	≥320	≥4.0	80～95	10～11.9	−0.04	1.15	6.0
NJNT-48	0.55～0.60	5.5～6.0	380～400	4.75～5.00	48～63	6.0～7.9	−0.126	1.15	6.0
NJNT-55	0.6～0.65	6.0～6.5	380～400	4.75～5.0	55～79	6.9～9.9	−0.10	1.15	6.0
NJNT-64	0.6～0.8	6.0～8.0	480～560	6.0～7.0	64～80	8.0～10	−0.07	1.15	6.3

注：1. NJ 代表粘结。

2. 括号内单位为非法定单位。

17. 钕铁硼永磁材料部分牌号及其主要技术数据。见表 3-29。

18. 常用软磁锰锌铁氧体主要技术数据。见表 3-30。

表 3-29　钕铁硼永磁材料部分牌号及其主要技术数据

牌号	剩磁 B_r		磁感矫顽力 H_c		内禀矫顽力 H_{ci}		最大磁能积 $(BH)_{max}$		温度系数 (20℃～T_w)		密度 ρ	居里温度 T_c
									α_{Br}	α_{Hci}		
	T	(kG)	kA/m	(kOe)	kA/m	(kOe)	kJ/m³	(MG·Oe)	%K⁻¹	%K⁻¹	g/cm³	℃
NTP-216	1.02～1.06	10.2～10.6	740～780	9.3～9.8	≥955	≥12	199～215	25～27	0.12	0.6	7.3～7.5	310
NTP-240	1.08～1.12	10.8～11.2	780～836	9.8～10.5	≥955	≥12	223～239	28～30	0.12	0.6	7.3～7.5	310
NTP-264	1.14～1.17	11.4～11.7	836～876	10.5～11.0	≥955	≥12	247～263	31～33	0.12	0.6	7.3～7.5	310
NTP-288	1.19～1.22	11.9～12.2	876～907	11.0～11.4	≥955	≥12	271～287	34～36	0.12	0.6	7.3～7.5	310
NTP-304	1.24～1.26	12.4～12.6	907～915	11.4～11.5	≥955	≥12	295～303	37～38	0.12	0.6	7.3～7.5	310
NTP-320	1.27～1.29	12.7～12.9	915～923	11.5～11.6	≥955	≥12	310～318	39～40	0.12	0.6	7.3～7.5	310
NTP-336	1.30～1.32	13.0～13.2	907～923	11.4～11.6	≥955	≥12	326～334	41～42	0.12	0.6	7.3～7.5	310
NTP-216M	1.02～1.06	10.2～10.6	764～804	9.6～10.1	≥1194	≥15	199～215	25～27	0.11	0.6	7.3～7.5	320
NTP-240M	1.08～1.12	10.8～11.2	804～844	10.1～10.6	≥1194	≥15	223～239	28～30	0.11	0.6	7.3～7.5	320
NTP-264M	1.14～1.17	11.4～11.7	844～884	10.6～11.1	≥1194	≥15	247～263	31～33	0.11	0.6	7.3～7.5	320
NTP-288M	1.19～1.22	11.9～12.2	884～923	11.1～11.6	≥1194	≥15	271～287	34～36	0.11	0.6	7.3～7.5	320
NTP-216H	1.02～1.06	10.2～10.6	764～804	9.6～10.1	≥1353	≥17	199～215	25～27	0.11	0.6	7.3～7.5	320～340
NTP-240H	1.08～1.12	10.8～11.2	804～844	10.1～10.6	≥1353	≥17	223～239	28～30	0.11	0.6	7.3～7.5	320～340
NTP-264H	1.14～1.17	11.4～11.7	844～884	10.6～11.1	≥1353	≥17	247～263	31～33	0.11	0.6	7.3～7.5	320～340

续表 3-29

牌号	剩磁 B_r		磁感矫顽力 H_c		内禀矫顽力 H_{ci}		最大磁能积 $(BH)_{max}$		温度系数 (20℃～T_w)		密度 ρ	居里温度 T_c
									α_{Br}	α_{Hci}		
	T	(kG)	kA/m	(kOe)	kA/m	(kOe)	kJ/m³	(MG·Oe)	%K⁻¹	%K⁻¹	g/cm³	℃
NTP-288H	1.19～1.22	11.9～12.2	884～923	11.1～11.6	≥1353	≥17	271～287	34～36	0.11	0.6	7.3～7.5	320～340
NTP-216SH	1.02～1.06	10.2～10.6	764～804	9.6～10.1	≥1592	≥20	199～215	25～27	0.10	0.6	7.3～7.5	340～400
NTP-240SH	1.08～1.12	10.8～11.2	804～844	10.1～10.6	≥1592	≥20	223～239	28～30	0.10	0.6	7.3～7.5	340～400
NTP-264SH	1.14～1.17	11.4～11.7	844～884	10.6～11.1	≥1592	≥20	247～263	31～33	0.10	0.6	7.3～7.5	340～400
NTP-200UH	0.98～1.02	9.8～10.2	732～764	9.2～9.6	≥1990	≥25	183～199	23～25	0.10	0.6	7.3～7.5	340～400
NTP-224UH	1.0～1.08	10.4～10.8	780～812	9.8～10.2	≥1990	≥25	207～223	26～28	0.10	0.6	7.3～7.5	340～400
NTP-128L	0.77～0.82	7.7～8.2	573～613	7.2～7.7	≥1353	≥17	111～127	14～16	0.02	0.6	7.3～7.5	—

注：1. N 代表钕，T 代表铁，P 代表硼。

2. H 代表高内禀矫顽力，H_{ci}≥1353kA/m(17kOe)；SH 代表特高内禀矫顽力，H_{ci}≥1592kA/m(20kOe)；UH 表示超高内禀矫顽力，H_{ci}≥1990kA/m(25kOe)；L 代表低温度系数。

3. 括号内单位为非法定单位。

4. NTP216M～NTP128L 为目前国内常用的非标准牌号。

5. T_w 为永磁材料的最高工作温度。

表 3-30　常用软磁锰锌铁氧体主要技术数据

牌号（旧牌号）	初磁导率 μ_i/μ_0（±20%）	比温度系数（×10⁻⁶）20℃～55℃	比损耗系数		饱和磁通密度 B_s（T）	矫顽力 H_c（A/m）	居里点（℃）	密度（g/cm³）	适用频率（MHz）	制品型式
			$tg\delta/\mu_i$（$\times10^{-6}$）	f（MHz）						
R1K（MX1000）	1000	4	≤40	0.1	0.34	32	120	4.7	0.5	G,E U,H
R1.5KB	1500	1.5	≤13	0.1	0.41	20	180	4.8	0.5	E,U
R2K（MX2000）	2000	2	≤30	0.1	0.34	32	120	4.8	0.5	E,H
R2KX（MXD2000）	2000	1	≤7.5	0.1	0.35	20	180	4.8	0.5	G,H
R2.5KB	2500	—	—	—	0.45	16	230	4.8	—	E,U
R4K（MX4000）	4000	1	≤15	0.1	0.34	24	120	4.85	0.2	G,E,H
R6K（MX6000）	6000	1	≤10	0.01	0.32	20	120	4.9	0.2	E,H
R10K（MX10000）	10000	0.5	≤7	0.01	0.32	12	110	4.9	0.1	H

19. 电工用锰锌铁氧体制品。在一般情况下，加工成双罐形（G型）、双E形（E型，分为EF和EY两种，EF中柱为方形，EY中柱为圆形，常用EF型）、双U形（U型）和环形（H型）等标准化的磁心形式使用。它们的外形尺寸见表3-31～表3-34。

表3-31　G型磁心外形尺寸　（mm）

型号	外径	线圈最大外径	线圈最小外径	中心安装孔径	每副磁心高度	线圈最大高度	出线槽宽
G9	$9.6_{-0.6}^{0}$	$7.5_{0}^{+0.5}$	$3.9_{-0.3}^{0}$	2～2.2	$6.6_{-0.6}^{0}$	$3.6_{0}^{+0.6}$	1.6
G11	$11.5_{-0.6}^{0}$	$9.0_{0}^{+0.5}$	$4.7_{-0.3}^{0}$	2～2.2	$7.0_{-0.6}^{0}$	$4.4_{0}^{+0.6}$	1.6
G14	$14.5_{-0.6}^{0}$	$11.5_{0}^{+0.7}$	$6.1_{-0.3}^{0}$	2.9～3.2	$9.0_{-0.6}^{0}$	$5.6_{0}^{+0.8}$	2.0
G18	$18.6_{-1.0}^{0}$	$14.8_{0}^{+0.8}$	$7.7_{-0.5}^{0}$	2.9～3.2	$11.2_{-0.6}^{0}$	$7.2_{0}^{+0.8}$	3.0
G22	$22.0_{-1.0}^{0}$	$17.8_{0}^{+1.0}$	$9.4_{-0.5}^{0}$	4.3～4.7	$14.0_{-0.6}^{0}$	$9.2_{0}^{+0.8}$	3.0
G26	$26.2_{-1.2}^{0}$	$21.2_{0}^{+1.0}$	$11.6_{-0.7}^{0}$	5.3～5.7	$16.6_{-0.6}^{0}$	$11_{0}^{+1.0}$	3.0
G30	$30.7_{-1.2}^{0}$	$24.9_{0}^{+1.2}$	$13.6_{-0.7}^{0}$	5.3～5.7	$19.4_{-0.8}^{0}$	$13_{0}^{+1.0}$	3.5
G36	$36.5_{-1.5}^{0}$	$29.8_{0}^{+1.5}$	$16.2_{-0.8}^{0}$	5.3～5.7	$22.2_{-0.8}^{0}$	$14.6_{0}^{+1.2}$	3.5
G42	$43.4_{-1.7}^{0}$	$38.5_{0}^{+1.7}$	$17.7_{-0.8}^{0}$	5.3～5.7	$27.0_{-0.8}^{0}$	$17.4_{0}^{+1.2}$	3.5
G48	$48.3_{-1.7}^{0}$	$40.0_{0}^{+1.7}$	$20.0_{-0.8}^{0}$	5.3～5.7	$30.4_{-0.8}^{0}$	$20.4_{0}^{+1.2}$	4.0

表3-32　EF型磁心外形尺寸　（mm）

型号	中柱宽×磁心厚	磁心宽	每副高	窗口宽×高
EF3A	$3_{-0.5}^{0}\times3_{-0.5}^{0}$	$12_{-1.2}^{0}$	$12_{-1.8}^{0}$	$2.5_{0}^{+0.65}\times8_{0}^{+1}$
EF3B	$3_{-0.5}^{0}\times4_{-0.5}^{0}$			
EF4A	$4_{-0.5}^{0}\times4_{-0.5}^{0}$	$16_{-1.2}^{0}$	$16_{-1.8}^{0}$	$3.0_{0}^{+0.7}\times10_{0}^{+1}$
EF4B	$4_{-0.5}^{0}\times5.7_{-0.6}^{0}$			
EF5A	$5_{-0.6}^{0}\times5_{-0.6}^{0}$	$20_{-1.5}^{0}$	$21_{-1.8}^{0}$	$4.0_{0}^{+0.85}\times13_{0}^{+1.2}$
EF5B	$5_{-0.6}^{0}\times6.7_{-0.8}^{0}$			
EF6A	$6_{-0.8}^{0}\times6_{-0.8}^{0}$	$24_{-1.5}^{0}$	$24_{-2.6}^{0}$	$5.0_{0}^{+1}\times16_{0}^{+1.2}$
EF6B	$6_{-0.8}^{0}\times8_{-0.8}^{0}$			
EF7A	$7_{-0.8}^{0}\times7_{-0.8}^{0}$	$30_{-1.8}^{0}$	$30_{-2.6}^{0}$	$5.5_{0}^{+1.1}\times18_{0}^{+1.2}$
EF7B	$7_{-0.8}^{0}\times9.3_{-0.8}^{0}$			
EF9A	$9_{-0.8}^{0}\times9_{-0.8}^{0}$	$36_{-2.2}^{0}$	$36_{-2.6}^{0}$	$7.0_{0}^{+1.2}\times22_{0}^{+1.6}$
EF9B	$9_{-0.8}^{0}\times12_{-1}^{0}$			

续表 3-32

型号	中柱宽×磁心厚	磁心宽	每副高	窗口 宽×高
EF12A	$12_{-1}^{0}\times 12_{-1}^{0}$	$43_{-2.4}^{0}$	$43_{-3.2}^{0}$	$8.0_{0}^{+1.4}\times 28_{0}^{+1.6}$
EF12B	$12_{-1}^{0}\times 16_{-1.2}^{0}$			
EF17A	$17_{-1.2}^{0}\times 17_{-1.2}^{0}$	$55_{-2.8}^{0}$	$55_{-3.6}^{0}$	$10_{0}^{+1.6}\times 36_{0}^{+1.6}$
EF17B	$17_{-1.2}^{0}\times 22.7_{-1.4}^{0}$			
EF20A	$20_{-1.4}^{0}\times 20_{-1.4}^{0}$	$65_{-3.1}^{0}$	$65_{-4.4}^{0}$	$11.5_{0}^{+1.85}\times 43_{0}^{+2}$
EF20B	$20_{-1.4}^{0}\times 26.7_{-1.8}^{0}$			
EF28A	$28_{-1.8}^{0}\times 28_{-1.8}^{0}$	85_{-4}^{0}	$84_{-4.8}^{0}$	$13.5_{0}^{+2.15}\times 58_{0}^{+2.6}$
EF36A	$36_{-2}^{0}\times 36_{-2}^{0}$	$110_{-4.6}^{0}$	$110_{-5.6}^{0}$	$18_{0}^{+7.5}\times 74_{0}^{+3.8}$

表 3-33　U 型磁心外形尺寸　(mm)

型　号	边　柱	每副磁心高	窗口 高×宽
UY10	ϕ10	49.2	32×13.6
UY12-1	ϕ12	63	43×17.2
UY12-2	ϕ12	46	26×22
UY12	ϕ12	46	26×24
UY13	ϕ13	62	42×15.5
UY13D	ϕ13	46	26×15.5
UY14	14×14	67	38×31
UY16-1	ϕ16	56	32×26
UY16	ϕ16	60	30×30

表 3-34　H 型磁心外形尺寸　(mm)

型　号	外　径	内　径	环　厚
H5×2×2	5±0.4	2±0.3	2±0.3
H7×4×3	7±0.5	4±0.3	3±0.3
H8.5×4.5×3	8.5±0.5	4.5±0.3	3±0.3
H10×6×5	10±0.5	6±0.4	5±0.4
H12.5×5×5	12.5±0.6	5±0.4	5±0.4
H16×8×4	16±0.6	8±0.5	4±0.3

续表 3-34

型　号	外　径	内　径	环　厚
H18×8×5	18±0.6	8±0.5	5±0.4
H20×10×5	20±0.8	10±0.5	5±0.4
H22×11×5	22±0.8	11±0.5	5±0.4
H26×16×5	26±0.8	16±0.5	5±0.4
H31×18×7	31±1.0	18±0.6	7±0.5
H58×37×20	58±1.2	37±0.9	20±0.7
H68×38×20	68±1.5	38±0.9	20±0.7
H80×42×20	80±1.7	42±1.0	20±0.7
H100×45×20	100±2.1	45±1.0	20±0.7
H120×60×20	120±2.4	60±1.3	20±0.7

第四章　变 压 器

第一节　变压器的基本参数

一、变压器的铭牌

根据国家标准，变压器铭牌上应标出名称、型号、产品代号、标准代号、制造厂名（包括国名）、出厂序号、制造年月、相数、额定容量、额定频率、各绕组的额定电压、各绕组的额定电流、联结组标号和绕组连接示意图（6300kV·A以下的变压器可不画连接示意图）、额定电流下的阻抗电压、冷却方式、使用条件、总重量、绝缘油重量等。某些情况下需给出绝缘的温度等级、温升、运输重、器身吊重、空载电流、空载损耗、负载损耗、有关分接的详细说明等补充项目。

（一）变压器的型号

变压器的型号是由字母和数字组成的。

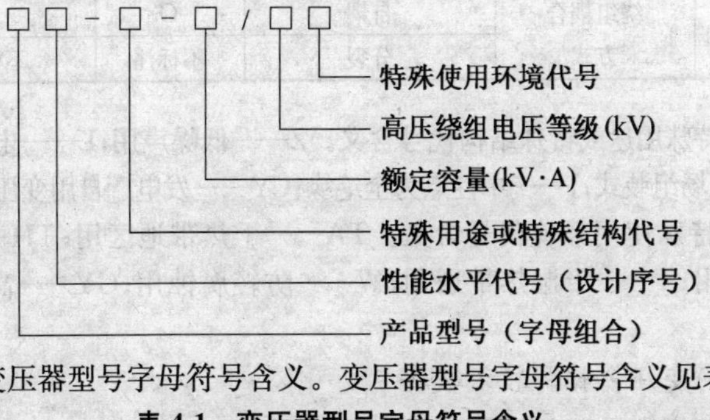

1. 变压器型号字母符号含义。变压器型号字母符号含义见表4-1。

表4-1　变压器型号字母符号含义

序　号	分　类	类　别	代表符号	
			新型号	旧型号
1	相数	单相	D	D
		三相	S	S

续表 4-1

序号	分类	类别	代表符号	
			新型号	旧型号
2	绕组外绝缘介质	变压器油	不标注	不标注
		空气	K	G
		成型固体	C	C
3	冷却方式	油浸自冷式	不标注	J
		空气自冷式	不标注	不标注
		风冷式	F	F
		水冷式	W	S
4	油循环方式	自然循环	N	不标注
		强迫导向循环	D	不标注
		强迫循环	P	P
5	绕组数	双绕组	不标注	不标注
		三绕组	S	S
6	调压方式	无励磁调压	不标注	不标注
		有载调压	Z	Z
7	绕组导线材料	铜	不标注	不标注
		铝	不标注	L
8	绕组耦合方式	自耦	O	O
		分裂	不标注	不标注

2. 特殊用途或特殊结构代号含义。Z——低噪声用；L——电缆引出；X——现场组装式；J——中性点为全绝缘；CY——发电厂自用变压器。

3. 特殊使用环境代号含义。TA——干热带地区用；TH——湿热带地区用；T——干湿热带通用；W——防轻腐蚀用；GY——高原地区用。

(二)变压器铭牌技术数据

1. 额定容量。变压器在额定(即在额定电压、额定频率、额定使用条件下)工作状态下，输出的视在功率的保证值，称为变压器的额定容量，以 kV·A 或 MV·A 表示。

2. 额定频率。即我国规定的标准工业频率 50Hz。

3. 额定电压。一次额定电压是指接到变压器一次绕组端点的额定电压值。二次额定电压是指当一次绕组所接的电压为额定值，分接开关放在额定分接头位置上，变压器空载时二次绕组的电压，单位为 V 或 kV。三相变压器的额定电压指的是线电压。

变压器额定电压比，指空载状态，一次侧额定电压与二次侧额定电压之比。

4. 额定电流。变压器一、二次额定电流是指在额定电压和额定环境温度下，使各部分不超温的一、二次绕组长期允许通过的线电流，单位为 A 或 kA。额定电流由额定容量除以该绕组的额定电压及相应的相系数（表 4-2）计算而出的流经绕组线路端子的电流。

表 4-2　相系数

相　数	相系数	相　数	相系数
1	1	3	$\sqrt{3}$

5. 阻抗电压。阻抗电压也称短路电压。对双绕组变压器，当一侧绕组的端子短路，以额定频率的电压施加于多相变压器另一侧绕组的线路端子上，或单相变压器另一侧绕组的端子上，并使其中流过额定电流时所施加的电压。对多绕组变压器，以任意一对绕组组合为准，当该对绕组组合中的一侧绕组短路，以额定频率的电压施加于多相变压器该对中另一侧绕组的线路端子上或单相变压器同一对中另一侧绕组的端子上，并使其中流过相当于该对中最小功率的额定电流时所施加的电压。

6. 空载电流。空载电流指变压器空载运行时的电流值，即当变压器的一个绕组施加额定频率的额定电压时，其余各绕组开路，流经该绕组线路端子的电流。

7. 空载损耗。空载损耗指当以额定频率的额定电压施加于一个绕组的端子上，其余各绕组开路时所吸收的有功功率，变压器在空载状态下的损耗主要是铁心中的磁滞损耗的涡流损耗（此时导线引起的铜损很小，常可忽略），因此空载损耗也叫铁损，单位为 W 或 kW。

8. 负载损耗。负载损耗也叫短路损耗，对双绕组变压器，负载损耗指当额定电流流经一个绕组的线路端子，而另一个绕组端子短接时，在额定频率下吸收的有功功率。

9. 联结组标号。指出变压器高压、中压（如果有）和低压绕组的连接方法和以时钟序号数表示的相对的相位移的通用标号。联结组标号亦称为联结组别。联结组种类很多，为便于生产和应用，国家标准规定Yyn0、Yd11、YNd11、Yy0及YNy0 5种为标准联结组，实际网络中，最常用的是前3种联结组。详细分析见本节三。

10. 冷却方式。表示绕组及箱壳内外的冷却介质和循环方式。如油浸风冷，表示绕组的冷却介质是矿物油，箱壳外的散热器上装有风扇，进行吹风冷却。

变压器的各种冷却方式的字母代号，见表4-3；代号的次序见表4-4。不同冷却方式的代号组由斜线分开。

表4-3　冷却方式的字母代号

项目		代号
冷却介质的种类	矿物油或相当的可燃性合成液体	O
	不燃性合成绝缘液体	L
	气体	G
	水	W
	空气	A
循环种类	自然循环	N
	强迫循环（油非导向）	F
	强迫导向油循环	D

表4-4　冷却方式字母代号的次序

第1个字母	第2个字母	第3个字母	第4个字母
表示与线圈接触的冷却介质		表示与外部冷却系统接触的冷却介质	
冷却介质的种类	循环种类	冷却介质的种类	循环种类

实例　一台强迫导向油循环、风冷的油浸式变压器的标志为ODAF。

实例　一台油浸式变压器，在自冷与风冷交替使用的情况下，其标志为ONAN/ONAF。

实例　一台油浸式变压器，在自冷与强迫油循环冷却（非导向）交替使用的情况下，其标志为ONAN/OFAF。

11. 温升。对于空气冷却的变压器，温升系指所考虑的那部分温度与冷却空气温度之差。对于水冷却的变压器，温升系指所考虑的那部分温度与冷却器入口处的水的温度之差。

油浸式变压器的温升限值见表 4-5。

表 4-5　油浸式变压器的温升限值　(K)

部　　分	温 升 限 值
线圈:绝缘的耐热等级为 A(用电阻法测量的平均温升)	65①
顶层油(用温度计测量的温升)	55②
铁心本体 油箱及结构件表面	应是使相邻绝缘材料不致损伤的温度 80

注:①线圈的温升限值(用电阻法测量的)是这样选定的,使之对于不同循环种类都能得到同样的最热点温升。通常,线圈的最热点温升不能直接测量。对于强迫导向油循环的变压器,其线圈最热点温升与其平均温升之差比自然循环或强迫循环非导向的变压器为小。因此,强迫导向油循环的变压器线圈的冷却效果确经验证时,其温升限值(用电阻法测量时)可较其他变压器高 5K。验证方法需经制造厂与使用部门协商确定。

②6300kV·A 及以下的密封式变压器的顶层油温升限值允许为 60K。

当温升不是标准规定值时,在铭牌上应予标出。

12. 使用条件。制造厂规定变压器安装和使用环境条件,如户内、户外、海拔高度、温热带等(海拔 1000m 以上称为高海拔地区,需加强绝缘)。

二、变压器的基本参数公式、损耗及效率

1. 变压器等效电阻。变压器等效电阻的计算公式为

$$R_{12}=\frac{P_K}{3I_{1N}^2}\times10^3=\frac{P_KU_{1N}^2}{S_N^2}\times10^3 \tag{4-1}$$

$$R_{21}=\frac{P_K}{3I_{2N}^2}\times10^3=\frac{P_KU_{2N}^2}{S_N^2}\times10^3 \tag{4-2}$$

式中　R_{12}——变压器每相等效电阻,折算到一次侧的值(Ω);

R_{21}——变压器每相等效电阻,折算到二次侧的值(Ω);

P_K——变压器负载损耗(kW);

I_{1N}——变压器一次额定电流(A);

I_{2N}——变压器二次额定电流(A);

U_{1N}——变压器一次额定线电压(kV);

U_{2N}——变压器二次额定线电压(kV);

S_N——变压器额定电容量(kV·A)。

2. 变压器等效漏电抗。变压器等效漏电抗的计算公式为

$$X_D = U_K\%\frac{10S_N}{3I_N^2} = U_K\%\frac{10U_N}{\sqrt{3}I_N} = U_K\%\frac{10U_N^2}{S_N} \tag{4-3}$$

式中 X_D——变压器每相等效漏抗，可以折算到一次侧值（X_{D12}），也可以折算到二次侧值（X_{D21}）（Ω）；当折算到一次侧时，U_N、I_N 分别用 U_{1N} 和 I_{1N}；当折算到二次侧时，U_N、I_N 分别用 U_{2N} 和 I_{2N}；

$U_K\%$——变压器阻抗电压百分数。

S9 系列变压器等效电阻和等效漏抗见表 4-6。

表 4-6 S9 系列变压器的等效电阻和等效漏抗

容量（kV·A）	变压比（kV/kV）	联结组	R_{12}（Ω）	R_{21}（Ω）	X_{D12}（Ω）	X_{D21}（Ω）
30	10/0.4	Yyn0	66.667	0.10667	113.33	0.2133
50			34.8	0.05568	80	0.16
63			26.2	0.04192	63.49	0.1016
80			19.531	0.03125	50	0.08
100			12.5	0.02	40	0.064
125			11.52	0.01843	32	0.0512
160			8.594	0.01375	25	0.04
200			6.5	0.0104	20	0.032
250			4.88	0.00781	16	0.0256
315			3.679	0.00589	12.69	0.0203
400			2.688	0.0043	10	0.016
500			2.04	0.00326	8	0.0078
630			1.562	0.0025	7.14	0.0114
800			1.172	0.00188	5.63	0.009
1000			1.03	0.00165	4.5	0.0072
1250			0.768	0.00123	3.6	0.0058
1600			0.566	0.00091	2.81	0.0045

3. 变压器效率。变压器效率为变压器输出功率与输入功率之比，

即

$$\eta=\frac{P_2}{P_1}\times 100\% \tag{4-4}$$

当略去变压器中阻抗电压的影响时，三相变压器的效率为

$$\begin{aligned}\eta &= \frac{P_2}{P_2+P_0+\beta^2 P_K}\times 100\% \\ &= \frac{\beta S_N\cos\varphi_2}{\beta S_N\cos\varphi_2+P_0+\beta^2 P_K}\times 100\% \\ &= \frac{\sqrt{3}U_2 I_2\cos\varphi_2}{\sqrt{3}U_2 I_2\cos\varphi_2+P_0+\beta^2 P_K}\times 100\%\end{aligned} \tag{4-5}$$

式中　P_2——变压器输出有功功率(kW)；

P_1——变压器输入有功功率(kW)；

P_0——变压器空载损耗(kW)；

P_K——变压器负载损耗(kW)；

U_2——变压器二次电压(kV)；

I_2——变压器二次电流(A)；

$\cos\varphi_2$——负载功率因数。

通常，中小型变压器的效率为95%～98%，大型变压器的效率一般在99%以上。

4．变压器的负载率。变压器负载率(又称负载系数)β是指变压器实际负载与其额定容量之比，亦是指实际负载电流与二次额定电流之比，即负载率β为

$$\beta=\frac{S}{S_N}=\frac{I_2}{I_{2N}}=\frac{P_2}{S_N\cos\varphi_2} \tag{4-6}$$

式中　S——变压器视在功率(kV·A)；

S_N——变压器额定容量(kV·A)；

P_2——变压器负载功率(kW)；

I_2——变压器负载电流(A)；

I_{2N}——变压器二次额定电流(A)；

$\cos\varphi_2$——负载功率因数。

5．变压器的损耗。变压器的损耗包括有功损耗和无功损耗两部分。

(1)变压器的有功损耗。变压器在某一负载下的有功损耗为

$$\Delta P = P_0 + \beta^2 P_K \tag{4-7}$$

(2)变压器的无功损耗。变压器在某一负载下的无功损耗为

$$\Delta Q = Q_0 + \beta^2 Q_K \tag{4-8}$$

式中 Q_0——变压器空载无功损耗(励磁无功损耗)(kvar);

$$Q_0 = \sqrt{3} U_{1N} I_0 \sin\varphi = \sqrt{S_0^2 - P_0^2} \approx S_0$$

$$= \sqrt{3} U_{1N} I_0 = \sqrt{3} U_{1N} \frac{S_N}{\sqrt{3} U_{1N} I_N} = I_0 \% S_N \times 10^{-2}$$

Q_K——变压器短路无功损耗(漏磁无功损耗)(kvar);

$$Q_K = \sqrt{S_K^2 - P_K^2} \approx S_K = \sqrt{3} U_K I_{1N} = U_K \% S_N \times 10^{-2}$$

$I_0\%$——空载电流百分数,$I_0\% = I_0 / I_{1N} \times 100$。

因此

$$\Delta Q = I_0 \% S_N \times 10^{-2} + \beta^2 U_K \% S_N \times 10^{-2} \tag{4-9}$$

对于中小型变压器的空载电流一般为2%～8%,大型变压器则往往小于1%。

(3)变压器综合损耗。变压器在某一负载下的综合损耗为

$$\Delta P_2 = \Delta P + K_Q \Delta Q = P_0 + \beta^2 P_K + K_Q (Q_0 + \beta^2 Q_K) \tag{4-10}$$

式中 K_Q——无功功率经济当量,表示电力系统中每减少1kvar的无功功率,相当于电力系统所减少的有功功率损耗kW数。

对工厂变配电所来说,无功功率经济当量 $K_Q = 0.02 \sim 0.15$(平均取 $K_Q = 0.1$);对由发电机电压直配的工厂,可取 $K_Q = 0.02 \sim 0.04$;对经两级变压的工厂,可取 $K_Q = 0.05 \sim 0.08$;对经三级及以上变压的工厂,可取 $K_Q = 0.1 \sim 0.15$。

三、三相双绕组变压器联结组

(一)简述

三相变压器的联结组一般指三相变压器的正相序联结组。形成不同联结组的因素有3点:

1. 连接方式组合。三相变压器的绕组有Y、D、Z三种连接方式,而且D和Z又有右行与左行之分,所以进行组合时,可得出25种组合方式:

Yy 1种、Yd 2种、Yz 2种;

Dy 2种、Dd 4种、Dz 4种;

Zy 2种、Zd 4种、Zz 4种。

2. 极性。一相的高、低压绕组的极性有相同和相反之分，因此上述每1种组合就有2种极性关系。

3. 相别。因为高、低压侧的相别是可以不对应的，即高压每一相(如A相)均可以对应低压a、b、c三相中任一相，所以1种极性下又有3种相位关系。

这样，三相变压器1种连接方式组合的相位关系共有2×3=6种。

现有25种连接方式组合，则联结组共有25×6=150种。

但是我国生产的变压器的中、高压绕组不用Z联结，所以连接方式组合只有15种，故联结组实际上有15×6=90种。

一般来说，高压绕组只对应同一相的低压绕组，所以电压相位关系只有2种，而且D或Z联结通常只采用右行连接，于是三相变压器在生产中可能采用的联结组有6×2=12种。

为了便于生产管理和简化运行，又在这12种联结组中选取5种作为标准联结组，即Yyn0、Yd11、YNd11、Yy0及YNy0。

它们分别适用于下列场合：

(1)Yyn0用于二次电压为400/230V的配电变压器，采用三相四线制方式供低压动力与照明混合负载，最大容量通常不超过1800kV·A。

(2)Yd11用于二次电压高于400V的情况，常用于降压变压器。

(3)YNd11用于高压侧要求接地的高压(110kV以上)输电系统中。

(4)Yy0供给三相动力负载。

(5)YNy0用于一次侧中性点需要接地的场合。

实际网络中，最常用的是前3种联结组。

(二)确定联结组别的方式

1. 以线电压法确定联结组别。长期以来，确定绕组的联结组别，一直采用线电压法(由于是某一同相线端重合，也可称线电压线端重合法)。

以线电压法确定联结组别的步骤如下：

(1)根据已知条件画出绕组连接图，标出端子标记、相电压正方向和极性符号。

(2)根据连接方式、相序和三相相电压相位移120°，以同铁心柱相电压为基准画出高压和低压相量图。

(3)在高压相量图上，把低压绕组和高压绕组某一同相线端重合。

为了确定方便，被重合的线端最好是 B、b(A、a 和 C、c 也可)。然后根据同铁心柱相电压极性关系画出低压相电压 $\dot{U}_b$。

(4)在高压相电压相量图上，画出整个低压相量图。

(5)画出高、低压某一对应线电压，一般是 $\dot{U}_{AB}$ 和 $\dot{U}_{ab}$。认为高压线电压指向 12 点，则低压线电压所指的小时数，就是变压器的相位移组别。

现以一种标准联结组为例，说明确定联结组别的步骤。

已知有一联结组为 Yyn 的变压器，高、低压绕组极性相同，对应相也相同(即高、低压线端标为 A、B、C、和 a、b、c)，则确定其联结组别步骤如下：

因为是 Y 和 yn 联结，所以把末端 X、Y、Z 和 x、y、z 分别接在一起，画高、低压绕组的连接图；因极性相同，且相别又一致，所以端子标记对应相同；极性符号均在首端，相电压正方向均指向首端，如图 4-1a 所示。

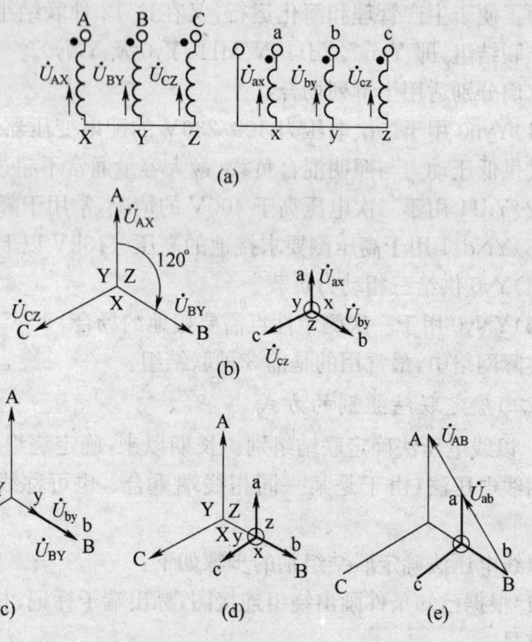

图 4-1 确定 Yyn0 联结组的步骤

(a)绕组连接图 (b)分别画出高压和低压相量图 (c)$\dot{U}_{by}$落在 $\dot{U}_{BY}$上的相量图

(d)以 $\dot{U}_{by}$为基准在高压相量图上画出低压相量图 (e)Yyn0 联结组的相量图

A点相电压$\dot{U}_{AX}$垂直向上画出，将Y、Z和X聚于一点，顺时针（正相序）互成120°画出相电压$\dot{U}_{BY}$和$\dot{U}_{CZ}$，得出高压相量图，如图4-1b细实线所示。同理画出低压相量图，如图4-1b粗实线所示。

在高压相量图上，把低压线端b置于B点上，画出$\dot{U}_{by}=\frac{1}{k}\dot{U}_{BY}$（$k$应是变压比，这里只是示意，$k>1$即可）。由于$\dot{U}_{by}$（by）和$\dot{U}_{BY}$（BY）同铁心柱且极性相同，所以by落在BY上，如图4-1c所示。

以$\dot{U}_{by}$为基准在高压相量图上画出低压相量图。x、z点就是y点，ax与AX同方向画出，cz与CZ同方向画出，如图4-1d所示。

画出一对对应的线电压$\dot{U}_{AB}$和$\dot{U}_{ab}$，$\dot{U}_{AB}$认为指向12点，$\dot{U}_{ab}$和$\dot{U}_{AB}$重合，也指向12点。相位移0°，时钟时序数为0，连接组为Yyn0。

上述所叙述的步骤可以简化，图4-1b～图4-1d这三个步骤可以略去，直接由绕组连接图画出相量图。

2. 以线电压重心重合法确定联结组别。确定绕组联结组别，国际电工委员会(IEC)推荐了一种新的方法，即线电压三角形重心重合法，简称线电压重心重合法。这种方式与传统的线电压法相比，既简单，又直观。

将高、低压绕组线电压三角形的重心重合在一起，由该重心分别向高、低压的一个对应线端接线（该线段是三角形中线的2/3），并用其中较长的线段（高压的）表示时钟的分针，而用较短的线段（低压的）表示时钟的时针，那么这时的时针所显示的小时数即为联结组别。

确定联结组别的步骤如下：

（1）根据已知条件，画出绕组连接图，标出端子标记、相电压正方向和极性符号。

（2）根据连接方式、相序和三相相电压相位移120°，以同铁心柱相电压为基准画出高压和低压相量图，并把相量的三条线端连接起来（D联结的已接好），构成线电压三角形。

（3）把低压线电压三角形平行移到高压线电压三角形中，并使它们的重心重合。

（4）将重心与高、低压一对对应线端分别连接起来，把重心到高压线端的相量当做时钟的分针，而把重心到低压线端的相量当做时针，那么后者所显示的小时数就是组别。

为了明显起见，画高压线电压三角形时，最好使重心到A相线端的相量垂直向上。这时相量 $\dot{U}_{AX}$（图 4-2）所在的位置，恰与时针一致，所以读数更为方便。

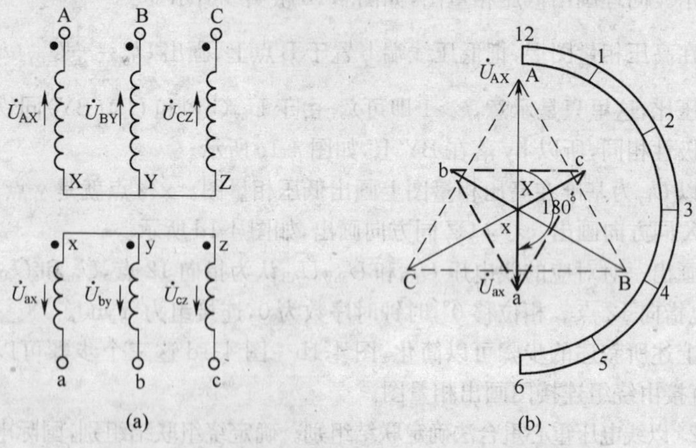

图 4-2 以线电压重心重合法确定 Yy6 联结组

(a)绕组连接图 (b)电压相量图

此外，上述步骤也可简化，只要能够定出相量 $\dot{U}_{AX}$ 和 $\dot{U}_{ax}$ 的位置，一切不必要的连线和标记均可省去。

现以二例说明以线电压重心重合法确定联结组别的步骤。

例 1 已知有一 Yy 联结组合的变压器，高、低压相别相同而端子标记相反，极性也相反，它的联结组别确定如下：

绕组连接图的画法与线电压法一样，如图 4-2a 所示。

画高压相量图，并使 $\dot{U}_{AX}$ 垂直向上指 12 点，如图 4-2b 细线所示。因是 Y 联结，所以相量的交点，就是线电压三角形的重心；三相线端的连线形成线电压三角形，如图 4-2b 细虚线所示，但可不必画出。

以高压线电压三角形的重心作为低压线电压三角形的重心，直接把反极性的低压相线电压的相量图画在高压相量图上，如图 4-2b 粗实线、虚线所示。

相量 $\dot{U}_{ax}$ 与 $\dot{U}_{AX}$ 的相位移是 180°，$\dot{U}_{AX}$ 指向 12 点，$\dot{U}_{ax}$ 指向 6 点，组别为 6，联结组别为 Yy6。

例 2 已知有一 Dy 联结组合的变压器，相别相同而端子标记和极性相反，求其联结组别。

画出绕组连接图如图 4-3a 所示。

画出高压相电压相量图，因为是 D 联结，所以也是线电压三角形，如图 4-3b 细实线所示。因是 Dy 联结组合，没有特别指明时 D 联结是右行连接。

以高压线电压三角形重心作为低压线电压三角形重心，把低压相量图画到高压的上面(线电压相量省略)。

重心到 a 和 A 的相量间的相位移是 210°，在时钟上的标号是 7，组别为 7，联结组为 Dy7。

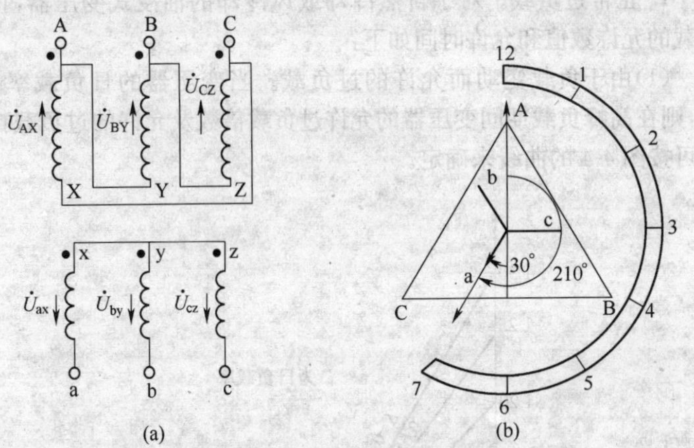

图 4-3　以线电压重心重合法确定 Dy7 联结组

(a)绕组连接图　(b)电压相量图

第二节　电力变压器的运行

一、电力变压器的允许运行方式

(一)额定运行方式

电力变压器在规定的环境温度、允许温升、额定电压、额定频率、使用寿命等额定条件下，全年可按额定容量运行。当额定条件不满足时，变压器的输出容量和使用寿命都会受到影响。

1. 电力变压器的运行温度直接影响到变压器的输出容量和使用寿命。变压器的使用年限减少一般可按“八度规则”计算，即温度每升高

8℃,使用年限将减少 1/2。

2. 电力变压器的电源电压一般不得超过额定电压的±5%,不论电压分接头在任何位置,如果电源电压不超过额定电压的±5%,则变压器二次绕组可带额定负载。

(二)电力变压器允许的过负载运行方式

正常运行时,变压器负载一般不应超过其额定容量。但特殊情况下,它也可以在规定的范围内过负载运行。过负载运行包括正常过负载和事故过负载两种。

1. 正常过负载。对于自然冷却或风冷却的油浸式变压器,正常过负载的允许数值和允许时间如下:

(1)由于负载变动而允许的过负载。当变压器的日负载率 $K<1$ 时,则在高峰负载期间变压器的允许过负载倍数及允许的过负载持续时间可按图 4-4 的曲线来确定。

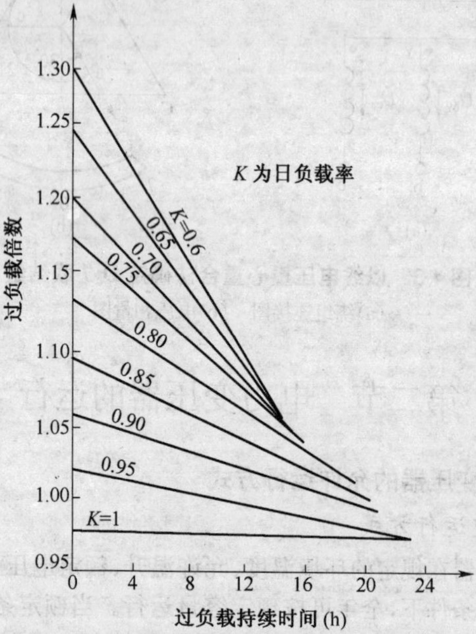

图 4-4 变压器的允许过负载曲线

(在日负载率低于 1 时)

过负载倍数是指一昼夜内最大负载(P_{max})与变压器额定负载(P_N)的比值。

如果缺乏日负载率资料，也可根据过负载前的上层油温升，参照表4-7中规定的数值，确定允许过负载倍数及允许的过负载持续时间。

表4-7　自然冷却或风冷却油浸式变压器的过负载倍数及允许的过负载持续时间　(min)

过负载倍数	过负载前上层油的温升(K)					
	18	24	30	36	42	48
1.05	350	325	290	240	180	90
1.10	230	205	170	130	85	10
1.15	170	145	110	80	35	—
1.20	125	100	75	45	—	—
1.25	95	75	50	25	—	—
1.30	70	50	30	—	—	—
1.35	55	35	15	—	—	—
1.40	40	25	—	—	—	—
1.45	25	10	—	—	—	—
1.50	15	—	—	—	—	—

(2)由于年负载变动(夏季低负载)而允许的过负载持续时间。根据变压器的典型年负载曲线，如果在夏季(6、7、8)3个月，最高负载低于变压器额定容量，则夏季负载要降低1%。在冬季(11、12、1、2)4个月可过负载1%，但以15%为最高限额。过负载百分数的计算方法为

$$过负载百分数=\frac{负载电流-变压器额定电流}{变压器额定电流}\times100\% \quad (4\text{-}11)$$

(3)上述两种情况允许的过负载值可叠加使用，但过负载总值，对室外变压器不得超过允许负载的30%，室内变压器不得超过允许负载的20%。

2. 事故过负载。所谓变压器的事故过负载，并非指变压器发生事故情况下的过负载运行，而是指当两台变压器并列运行时，其中有一台变压器发生故障，而又不能停电时，由未发生故障的一台变压器来承担

两台变压器所供的负载，这种过负载称为事故过负载。

变压器的允许事故过负载倍数和时间应按制造厂的规定执行。如制造厂无规定时，对于油浸式及干式变压器可参照表4-8和表4-9。

表4-8 油浸式变压器允许事故过负载的倍数和时间

过负载倍数	1.30	1.45	1.60	1.75	2.00
允许持续时间(min)	120	80	45	20	10

表4-9 干式变压器允许事故过负载的倍数和时间

过负载倍数	1.20	1.30	1.40	1.50	1.60
允许持续时间(min)	60	45	32	18	5

如冷却系统发生故障时，变压器的允许负载和持续时间应按制造厂的规定执行，若制造厂无规定时，对于在额定冷却空气温度下，连续运行的变压器，其负载不能超过额定容量的70%。油浸式风冷变压器当风扇停止运行时，允许的过负载倍数和时间可参照表4-10。

表4-10 油浸式变压器当风扇停止运行时，允许负载持续时间

(min)

过负载倍数	上层油的温升(K)						
	18	24	30	36	42	48	54
0.75	740	700	655	600	520	420	240
0.80	460	420	380	325	260	180	50
0.85	330	300	260	215	160	90	—
0.90	260	230	195	155	105	45	—
0.95	205	175	145	105	68	15	—
1.00	165	140	110	80	40	—	—
1.05	135	110	85	55	20	—	—
1.10	110	85	60	35	6	—	—
1.15	90	70	45	20	—	—	—
1.20	70	50	35	8	—	—	—

续表 4-10

过负载倍数	上层油的温升(K)						
	18	24	30	36	42	48	54
1.25	50	35	15	—	—	—	—
1.30	35	20	—	—	—	—	—

二、电力变压器的经济运行

经济运行是指能使电力系统的有功损耗最小、经济效益最佳的一种运行方式。

(一)变压器的经济负载率

变压器最大效率时的负载率,称为经济负载率,可按下式计算:

$$\beta_m=\sqrt{\frac{P_0+K_Q Q_0}{P_K+K_Q Q_K}}=\sqrt{\frac{P_0+K_Q(I_0\%S_N\times10^{-2})}{P_K+K_Q(U_K\%S_N\times10^{-2})}} \tag{4-12}$$

从而可得出变压器最佳的经济负载为

$$S_{ec}=\beta_m S_N \tag{4-13}$$

如果只计及变压器有功功率损耗时,变压器经济负载率可写成

$$\beta_m=\sqrt{\frac{P_0}{P_K}} \tag{4-14}$$

对于国产油浸式电力变压器 β_m 一般为 0.4～0.6;干式变压器一般为 0.55～0.62。

对应的变压器最高效率为

$$\eta_{max}=\left(1-\frac{2P_0}{\sqrt{\frac{P_0}{P_K}}S_N\cos\varphi_2+2P_0}\right)\times100\% \tag{4-15}$$

(二)两台变压器经济运行的临界负载计算

假设变电所有两台同型号同规格的变压器,每台额定容量为 S_N。

一台变压器单独运行时担负着总负载 S,由式(4-10)可知其综合损耗为

$$\Delta P_{\text{I}}=P_0+K_Q Q_0+(P_K+K_Q Q_K)\left(\frac{S}{S_N}\right)^2$$

两台变压器并列运行时,每台承担 $S/2$,由式(4-10)可知两台变压器的综合损耗为

$$\Delta P_{\text{Ⅱ}}=2(P_0+K_QQ_0)+2(P_K+K_QQ_K)\left(\frac{S}{S_N}\right)^2$$

将以上两式 ΔP 与 S 的函数关系绘成如图 4-5 所示的两条曲线，这两条曲线相交于 a 点，a 点所对应的变压器负载，就是此两台变压器经济运行的临界负载，用 S_{cr} 表示。

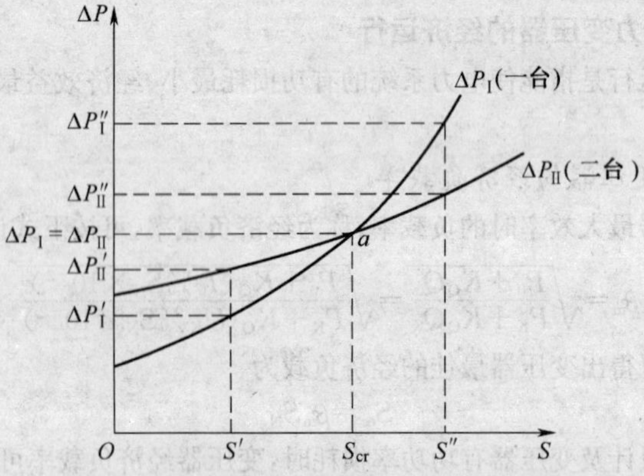

图 4-5 两台变压器经济运行的临界负载

当 $S<S_{cr}$ 时，因 $\Delta P'_{\text{Ⅰ}}<\Delta P'_{\text{Ⅱ}}$，宜于一台运行；

当 $S>S_{cr}$ 时，因 $\Delta P''_{\text{Ⅰ}}>\Delta P''_{\text{Ⅱ}}$，宜于两台运行。

当 $S=S_{cr}$ 时，则 $\Delta P_{\text{Ⅰ}}=\Delta P_{\text{Ⅱ}}$，两台变压器经济运行的临界负载为

$$S_{cr}=S_N\sqrt{2\times\frac{P_0+K_QQ_0}{P_K+K_QQ_K}}$$

$$=S_N\sqrt{2\times\frac{P_0+K_Q(I_0\%S_N\times10^{-2})}{P_K+K_Q(U_K\%S_N\times10^{-2})}}\quad(4\text{-}16)$$

如果是 n 台同型号同规格的变压器，则判别 n 台与 $n-1$ 台经济运行的临界负载为

$$S_{cr}=S_N\sqrt{n(n-1)\frac{P_0+K_QQ_0}{P_K+K_QQ_K}}$$

$$=S_N\sqrt{n(n-1)\frac{P_0+K_Q(I_0\%S_N\times10^{-2})}{P_K+K_Q(U_K\%S_N\times10^{-2})}}\quad(4\text{-}17)$$

（三）按负载性质选择不同损耗比的变压器

对于不同的负载率，相同的变压器容量，选择不同的损耗比变压器，其总损耗不同，因此选择得当，可以节电。

已知损耗比 $K_{CN}=P_K/P_0$，又知经济负载率 $\beta_m=\sqrt{P_0/P_K}=1/\sqrt{K_{CN}}$，显然，负载大时，选择损耗比小的变压器有利；经常处于轻载运行的变压器，选择损耗比大的变压器有利。

（四）变压器经济运行综合措施

1. 优先选用低能耗的变压器，淘汰或改造老系列高能耗变压器。

2. 推广使用有载调压变压器，在不停电情况下调整电压以节约时间和电能。

3. 对于季节性强、负载变化大的用户，可选用变容量低耗变压器。

4. 改善功率因数以提高变压器的运行效率，尽可能补偿无功，使功率因数接近 1。

5. 对于季节性负载，应停止变压器的空载运行。农村非排灌季节，变压器处于空载运行，应及时停运，特别是损耗比较小的变压器，空载损耗较大，更应停运，可备一台小容量变压器供零散的小负载使用。

6. 尽量减少变压器降压级数。减少中间电压降，可以减少中间变压器台数。对于历史遗留下来的多降压级数问题，应考虑进行改造，使电量经多级变换供电系统改成少级变换供电系统，以提高经济效益。

7. 削峰填谷，均衡用电，有利于变压器运行在最佳负载率上。负载不平衡的变压器损耗要比均衡用电的变压器大得多。

8. 对于一用一备的变压器，应尽量使用损耗低的变压器，把损耗高的变压器作为备用。

9. 多台小容量变压器群可考虑采用几台大容量变压器代用，从而使变压器运行效率提高；反之，一台大容量变压器改为多台小容量变压器时会使效率降低。

10. 变压器分接头位置应选择适当，以保证电压不过高或过低，当电压超过额定值 5%时，空载损耗要增加 20%。

11. 要考虑采用变压器并联运行，因为各台变压器承担总负载比单独变压器承担总负载时的负载损耗要小。

三、电力变压器的并列运行

(一)并列运行的特点

电力变压器的并列运行,也叫并联运行。采用并列运行方式,具有下列特点:

1. 提高供电可靠性。并列运行中的某一台变压器发生故障时,可从电网切除并进行检修,负载由其余各台变压器分担,不用中断供电,必要时仅需对某些用户限电。采用并列运行,也可有计划地安排轮流检修。

2. 提高运行经济性。根据负载大小可随时调整投入并列运行的变压器台数,保证变压器有较高的负载系数,从而可减少空载损耗、提高效率、改善电网的功率因数。

3. 减少一次性投资。变压器并列运行,可以减少总备用容量,并能随用电负载的增加而分批安装新变压器,即分期投资。

4. 合理选用并联台数。由于大容量变压器成本低、效率高,所以要合理考虑并联台数。

(二)并列运行的条件

1. 变压器绕组的联结组别必须相同。在变压器并列运行的条件中,最重要的一条就是要求并列的变压器的联结组别相同。如果联结组别不同的变压器并列后,即使电压的有效值相等,同样在两台变压器同相的二次侧,也会出现很大的电压差(电位差)。由于变压器二次阻抗很大,将会产生很大的循环电流,使变压器严重发热以致烧毁,因此联结组别不同的变压器是不允许并列运行的。

2. 各变压器一、二次侧的额定电压分别相等(电压比相同)。并列运行的变压器如果电压比不同,二次侧电压不相等,相差大于允许值,会在绕组内产生较大循环电流,降低变压器的输出容量,严重时还会烧毁变压器。

3. 变压器的短路电压百分比(又称阻抗电压百分比)应相等。变压器并列运行时,负载分配与短路电压的数值大小成反比,即短路电压大的变压器分配的负载电流小;而短路电压小的变压器分配的负载电流大。如果并列运行的变压器短路电压百分比不相等时,不能按变压器容量成比例地分配负载,会造成短路电压百分比小的变压器过负载,短路电压百分比大的不能满负载。

4. 变压器容量比不超过 3∶1。这一点是从变压器经济运行考虑的，因为容量相差过多时容易使负载分配不合理，造成一台变压器过负载，另一台变压器不能满负载。

5. 特殊情况。变压器在特殊情况下，不能完全满足上述条件时，要求：

(1)每台变压器承担的负载不应超过本身额定容量的 5%，如额定容量为 100kV·A 变压器，负载不可超过 105kV·A。

(2)任何一台变压器在空载时，二次绕组产生的循环电流不应超过任何一台变压器额定电流的 10%。

(3)并列运行的变压器承担的总负载不能长时间超过本身额定容量的 110%。

(4)并列运行变压器的短路电压差值应不超过其中一台变压器短路电压值的 10%。

(5)并列运行变压器的电压比间允许相差不超过±0.5%(电压比>3时)或±1%(电压比≤3 时)。

(三)并列运行注意事项

变压器并列运行，除应满足并列运行条件外，还应该注意安全操作，一般应考虑以下几方面：

1. 新投入运行和检修后的变压器，并列运行前应进行核相，并在空载状态时试验并列运行无问题后，方可正式并列运行带负载。

2. 变压器的并列运行，必须考虑并列运行的经济性，不经济的变压器不允许并列运行。同时还应注意，不宜频繁操作。

3. 进行变压器并列或解列操作时，不允许使用隔离开关和跌开式熔断器。要保证操作正确，不允许通过变压器倒送电。

4. 需要并列运行的变压器，在并列运行前应根据实际情况，预计变压器负载电流的分配，在并列后立即检查两台变压器的运行电流分配是否合理。在需解列变压器或停用一台变压器时，应根据实际负载情况，预计是否有可能造成一台变压器过负载。而且也应检查实际负载电流，在有可能造成变压器过负载的情况下，不准进行解列操作。

四、电力变压器的异常运行和故障分析

电力变压器的异常运行和故障分析见表 4-11。

表 4-11　电力变压器异常运行和故障分析

异常运行情况	可能原因	处理方法
变压器温升过高	由于涡流，使铁心长期过热，引起硅钢片间的绝缘破坏，铁损增大，造成温升过高	需停电吊心检修
	穿心螺杆绝缘破坏，造成穿心螺杆与硅钢片短接，有很大的电流流过穿心螺杆使变压器发热，温度升高	需停电吊心检修
	绕组层间或匝间有短路点，造成温升过高，气体继电器动作	需停电吊心检修
	分接开关接触不良，使得接触电阻过大，甚至造成局部放电或过热，导致变压器温升过高	需停电吊心，检修分接开关
	超负载运行	需减轻负载
	三相负载严重不平衡，使低压中线内的电流超过额定相电流的 25%，使温升过高	需调整三相负载
	温度测量系统失控误动作	需检修
	变压器冷却条件破坏，如风扇或其他冷却系统发生故障，变压器室通风道阻塞，使环境温度升高等	需检修冷却装置
变压器运行声音异常（大幅度的负载变动，如有大设备起动，电弧炉炼钢，晶闸管整流器等负载时，由于高次谐波分量很大，也会有异常响声，这属正常现象，无需处理）	外接电源电压很高	需设法降低电压，将分接开关调到相应电压的位置上
	过负载运行，会使变压器发生很高而且较重的“嗡嗡”声	需适当降低负载
	在系统短路或接地时，变压器承受很大的短路电流，会使变压器发出很大噪声	对短路点停电检修处理
	变压器内部紧固件松动、错位，因而发出强烈而不均匀的噪声	急需停电吊心检修
	变压器内部接触不良，或绝缘有击穿，发出放电的“劈啪”声	需停电吊心检修
	系统发生铁磁谐振时，使变压器发出粗细不均的噪声	可采用调换变压器的办法，或调整负载性质

续表 4-11

异常运行情况	可能原因	处理方法
油位不正常，油质变坏	漏油	应查出漏油部位，如瓷套管破裂；封口耐油橡胶老化；散热管有砂眼等，做相应修复加油
	油中有气体溶解	应取样做化验检查，发现有问题时，应做净化处理
防爆薄膜破裂	变压器内部发生严重故障，油及绝缘物分解产生大量气体，容器内部压力增大，压破防爆管上的薄膜，严重时将油喷出	需停电吊心检修，并更换合适的薄膜
分接开关故障（运行中的变压器如分接开关发生故障，油箱上会有“吱吱”的放电声，电流随响声而摆动，气体继电器可能动作，油的闪点降低）	分接开关触头弹簧压力不足，触头滚轮压力不匀，使有效接触面积减少，以及因镀银层的机械强度不够而严重磨损等会引起分接开关烧毁	需吊心检修开关
	分接开关接触不良，经受不起短路电流冲击而发生故障	
	倒分接开关时，由于分接头位置切换错误，引起开关烧毁	
	相间绝缘距离不够，或绝缘材料性能降低，在过电压下短路	
绝缘瓷套闪络和爆炸	套管内的电容心子制造不良，内部游离放电	需更换新套管
	套管积尘太多，有裂纹或机械损伤	需更换新套管
	套管密封不严，漏水，使绝缘受潮	需检修封严
运行时熔断器熔体熔断	高压侧一相熔体熔断的主要原因是外力、机械损伤造成；此外当高压侧（中性点不接地系统）发生一相弧光接地或系统中有铁磁谐振过电压出现，也可能造成高压一相熔体熔断	停电检查，如未发现异常，可将熔体更换，在变压器空载状态下试送电，经监视变压器运行正常，可带负载

续表 4-11

异常运行情况	可能原因	处理方法
运行时熔断器熔体熔断	高压侧两相熔体熔断的主要原因是变压器内部或外部短路故障	停电检查高压引线及瓷绝缘有无闪络放电痕迹，注意观察变压器有无过热、变形、喷油等异常现象，通过测量绝缘电阻、取油样进行化验、测量绕组直流电阻等手段来确定故障性质，通过检查、鉴定、修复处理故障后，方可更换熔体
	低压侧熔体熔断主要是低压母线、断路器、熔断器等设备发生短路故障	重点检查负载侧的设备，发现故障经处理后，消除了故障点，方可更换熔体恢复供电
三相电压不平衡	三相负载不平衡，引起中性点位移，使三相电压不平衡	调整负载使三相平衡
	系统发生铁磁谐振，使三相电压不平衡	调整负载性质
	绕组局部发生匝间或层间短路，造成三相电压不平衡	检修变压器绕组
气体继电器动作	变压器换油、加油时随滤油机打入变压器空气	需及时放出气体，经运行 24h 无问题后，方可将气体继电器接入掉闸位置
	系统不严，将气体随油泵打入变压器中	需检修冷却装置
	保护装置的二次线路发生短路故障	需检修二次线路
	变压器内部发生故障，局部产生电弧或发热严重，使油分解产生气体，使气体继电器动作	需吊心检修

第三节　电力变压器的继电保护

一、电力变压器的继电保护装置配置

根据变压器的故障种类及异常运行状态，变压器应装设下列保护装置。

1. 高压侧为6～10kV的车间变电所主变压器，通常装带时限的过电流保护；如过电流保护动作时间大于0.5～0.7s时，还应装设电流速断保护。400kV·A以上车间内油浸式变压器和800kV·A及以上的油浸式变压器应装设瓦斯保护（气体继电器保护）。400kV·A及以上的变压器，当数台并列运行或单台运行并作为其他负载的备用电源时，应根据可能过负载的情况装设过负载保护。过负载保护及轻瓦斯保护动作于信号，而其他保护一般均动作于跳闸。

2. 高压侧为35kV及以上的工厂总降压变电所主变压器，应装设过电流保护、电流速断保护和瓦斯保护；在有可能过负载时，也需装设过负载保护。如果单台运行的变压器容量在10000kV·A及以上和并列运行的变压器每台容量在6300kV·A及以上时，要求装设纵联差动保护来取代电流速断保护；6300kV·A及以下单独运行的重要变压器，也可装设纵联差动保护。当电流速断保护灵敏系数不符合要求时，也宜装设纵联差动保护。

二、电力变压器过电流保护的接线方式

1. 两相两继电器式接线。如图4-6所示。这种接线适于作相间短路保护和过负载保护。关于保护灵敏度，对Yyn0联结的变压器，无论低压侧发生何种相间短路，保护灵敏度都是相同的。而对Dyn11联结的变压器，在低压侧发生某些两相短路时，保护灵敏度有差别，但不影响保护装置的可靠动作。当低压侧发生单相短路时，对Yyn0联结的变压器来说，保护灵敏度只有相间短路保护的1/3，显得过低，不满足要求。

2. 两相一继电器式接线。如图4-7所示。这种接线可作相间短路保护，而且少用一只继电器，但不同的相间短路，保护灵敏度不同。这种接线对图中所示单相短路，保护装置根本不动作。

三、电力变压器低压侧的单相短路保护

对变压器低压侧的单相短路，可采取下列措施之一：

1. 在变压器低压侧装设三相都带过流脱扣器的低压断路器。这一

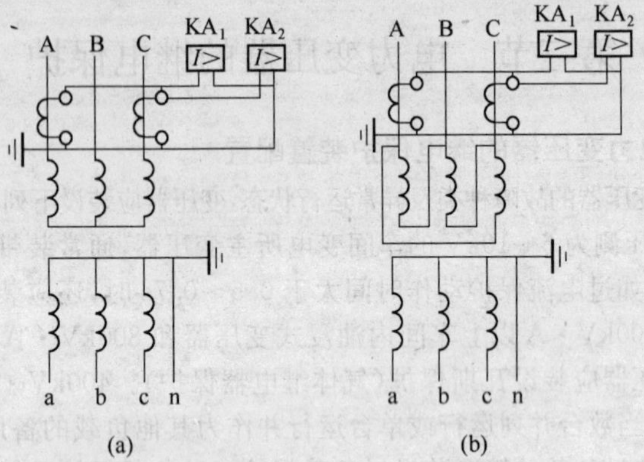

图 4-6　高压侧采用两相两继电器式接线

(a) Yyn0 变压器　(b) Dyn11 变压器

低压断路器，既作低压主开关，操作方便，且便于实现自动化，又可用来保护低压侧的相间短路和单相短路。

2. 在变压器低压侧装设熔断器。这同样可用来保护低压侧的相间短路和单相短路，但熔断器不能作控制开关使用，而且它熔断后需更换熔体才能恢复供电，因此只适用于不重要负载的变压器。

3. 在变压器低压侧中性点引出线上装设零序电流保护。如图 4-8

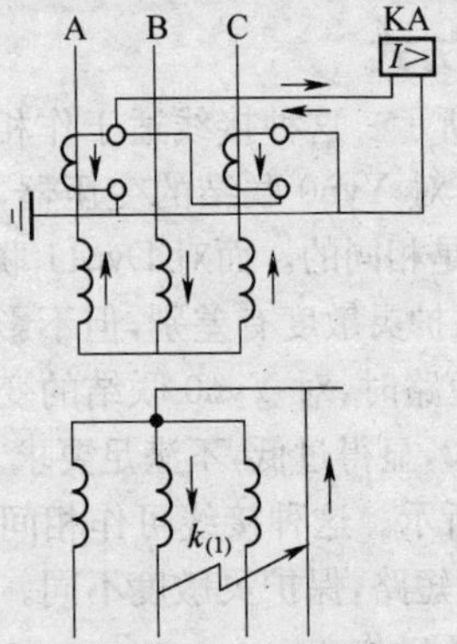

图 4-7　高压侧采用两相一继电器式接线（Yyn0 变压器低压侧单相短路时）

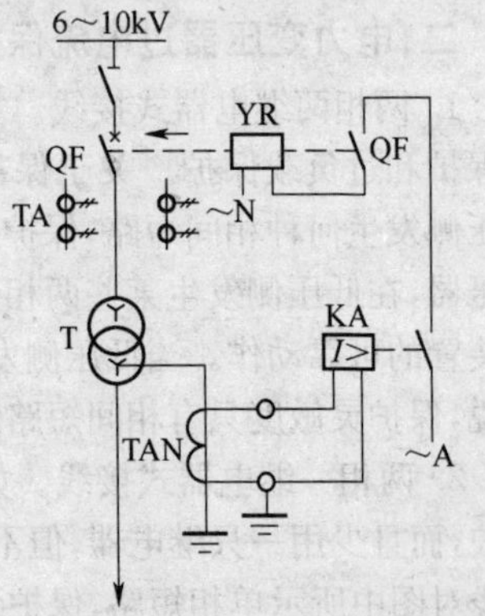

图 4-8　变压器的零序电流保护

QF—高压断路器　TAN—零序电流互感器　KA—电流继电器（GL 型）　YR—跳闸线圈

所示。这种零序电流保护的动作电流 I_{act} 按躲过变压器低压侧最大不平衡电流来整定，其整定计算公式为

$$I_{act}=\frac{K_{rel}K_{unb}}{K_i}I_{2N} \tag{4-18}$$

式中 I_{act}——零序电流保护的动作电流(A)；

K_{rel}——可靠系数，对 DL 型继电器取 1.2，对 GL 型继电器取 1.3；

K_{unb}——不平衡系数，一般取 0.25；

K_i——零序电流互感器的变流比；

I_{2N}——变压器二次额定电流(A)。

零序电流保护的动作时间一般取 0.5～0.7s。其保护灵敏度，按低压干线末端发生单相短路来检验。对架空线，$K_{sen}\geqslant 1.5$；对电缆线 $K_{sen}\geqslant 1.25$。采用此种保护，灵敏度较高，但投资较多。

4. 采用两相三继电器接线或三相三继电器接线的过电流保护，如图 4-9 所示。这种保护使低压侧发生单相短路时的保护灵敏度大大提高。

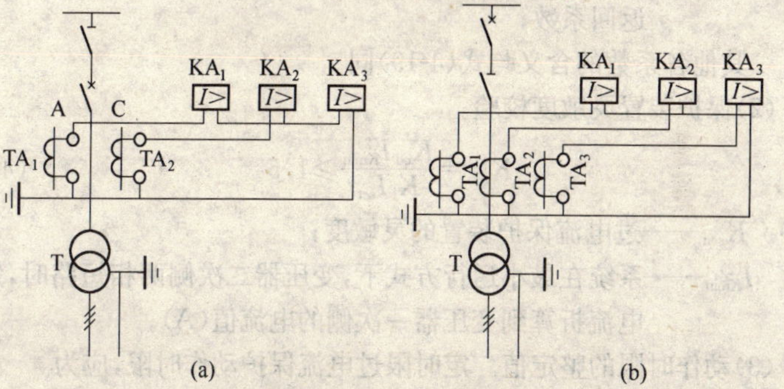

图 4-9 适于变压器低压侧单相短路保护的两种接线方式

(a)两相三继电器式 (b)三相三继电器式

以上 4 项措施中，以第 1 项措施应用最广，既满足了低压侧单相短路保护要求，又操作方便，适于实现自动化的要求。

四、电力变压器的过电流保护、电流速断保护和过负载保护

1. 变压器的过电流保护。

(1)继电器动作电流整定值计算。

$$I_{act}=K_{rel}K_{co}\frac{K_{oL}I_{1N}}{K_rK_i} \tag{4-19}$$

式中　I_{act}——电流继电器动作电流(A)；

K_{rel}——可靠系数，对 DL 型继电器取 1.2，GL 型继电器取 1.3；

K_{co}——接线系数，对两相两继电器接线(相电流接线)为 1；对两相一继电器接线(两相电流差接线)为$\sqrt{3}$；

K_{oL}——过负载系数，一般取 1.5～3；

I_{1N}——变压器一次额定电流(A)；

K_r——继电器返回系数，对 DL 型继电器取 0.9，对 GL 型继电器取 0.85；

K_i——电流互感器的电流比。

如果用断路器手动操作机构中的过流脱扣器 YR(可视为直动式继电器)作过电流保护，则脱扣器的动作电流(即脱扣电流)应按下式整定：

$$I_{act}=K_{rel}K_{co}\frac{K_{oL}L_{1N}}{K_i} \tag{4-20}$$

式中　K_{rel}——脱扣器的可靠系数，可取 2～2.5，这里已计入脱扣器的返回系数；

其他各系数的含义与式(4-19)同。

(2)保护装置灵敏度校验。

$$K_{sen}=\frac{K_{co}I_{Kmin}^{(2)}}{K_iI_{act}}\geqslant 1.5 \tag{4-21}$$

式中　K_{sen}——过电流保护装置的灵敏度；

$I_{Kmin}^{(2)}$——系统在最小运行方式下，变压器二次侧两相短路时，短路电流折算到变压器一次侧的电流值(A)。

(3)动作时限的整定值。定时限过电流保护动作时限，应为

$$t_2=t_1-\Delta t \tag{4-22}$$

式中　t_2——本保护动作时限的整定值(s)；

t_1——上级保护动作时限(s)；

Δt——时限级差，取 0.5～0.7s。

2. 变压器的电流速断保护。电流继电器的动作电流，应躲过变压器二次侧短路时，流过继电器的最大短路电流。

(1)继电器动作电流整定值计算。

$$I_{act}=K_{rel}K_{co}\frac{I_{Kmax}^{(3)}}{K_i} \tag{4-23}$$

式中　I_{act}——电流继电器动作电流(A)；

K_{rel}——可靠系数，对 DL 型继电器，取 1.2～1.3；对 GL 型继电器，取 1.4～1.5；对过流脱扣器，取 1.8～2；

K_{co}——接线系数，继电器接于相电流时为 1；接于两相电流差时为$\sqrt{3}$；

$I_{K\max}^{(3)}$——系统在最大运行方式下，变压器二次侧三相短路时，短路电流折算到变压器一次侧的电流值。

(2)保护装置灵敏度校验。

$$K_{sen}=\frac{K_{co}I_{K\min}^{(2)}}{K_i I_{act}}\geqslant 2 \tag{4-24}$$

3. 变压器的过负载保护。动作电流的整定值为

$$I_{act}=\frac{1.2\sim1.3}{K_i}I_{1N} \tag{4-25}$$

动作时间一般取 10～15s。

图 4-10 所示为变压器的定时限过电流保护、电流速断保护和过负载保护的综合电路图。

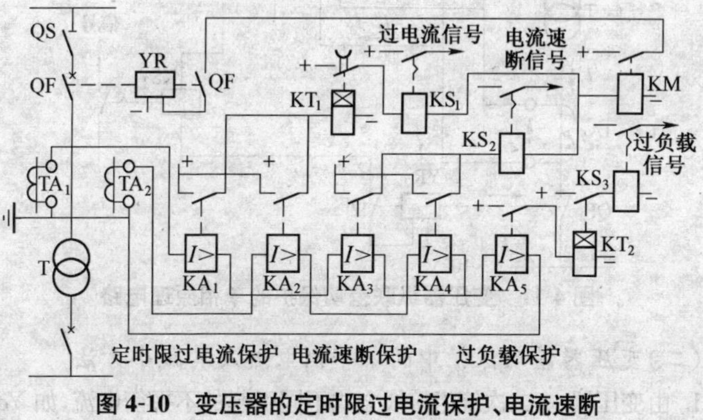

图 4-10　变压器的定时限过电流保护、电流速断保护和过负载保护的综合电路

五、电力变压器的差动保护

差动保护分纵联差动和横联差动两种形式，纵联差动保护用于单回路，横联差动保护用于双回路。这里讲的变压器差动保护是纵联差动保护。差动保护利用故障时产生的不平衡电流来动作，保护灵敏度很高，而且动作迅速。

(一)变压器差动保护的基本原理

图 4-11 所示是变压器差动保护的单相原理电路图。在变压器正常运行或差动保护的保护区外 k-1 点发生短路时,如果 TA_1 的二次电流 I'_1 与 TA_2 的二次电流 I'_2 相等(或相差极小),则流入继电器 KA(或差动继电器 KD)的电流 $I_{dp}=I'_1-I'_2=0$(或差流值极小),继电器 KA(或 KD)不动作。而在差动保护的保护区内 k-2 点发生短路时,对于单端供电的变压器来说,$I'_2=0$,所以 $I_{dp}=I'_1$,超过继电器 KA(或 KD)所整定的动作电流 I_{act},使 KA(或 KD)瞬时动作,然后通过出口继电器 KM 使断路器 QF 跳闸,切除短路故障,同时由信号继电器 KS 发出信号。

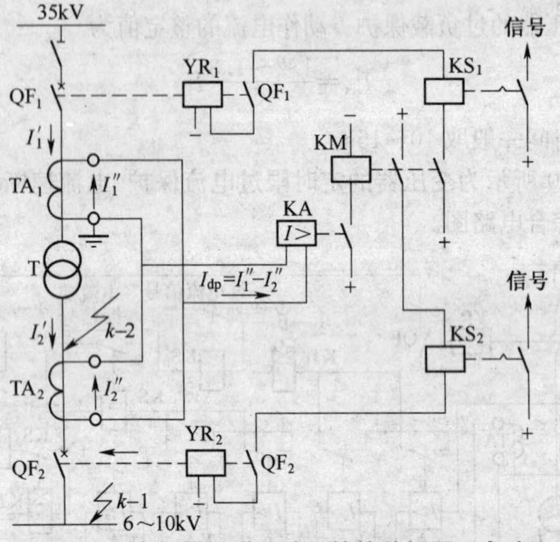

图 4-11 变压器纵联差动保护的单相原理电路

(二)变压器差动保护中的不平衡电流及其减小方法

1. 由变压器一、二次绕组接线方式不同引起的不平衡电流,如 Yd11 联结组的主变压器,其两侧线电流间存在 30°的相位差,这样即使恰当选择变压器两侧电流互感器的变流比,使电流互感器二次电流相等,在差动回路中也存在相当大的不平衡电流。为了消除这一不平衡电流,一般将变压器一次侧的电流互感器连接成三角形,而把变压器二次侧的电流互感器连接成星形,如图 4-12a 所示。由图 4-12b 所示的相量图可知,这样即可消除差动回路中因变压器两侧电流相位不同而引起的不平衡电流。在这样的接线方式下,变压器一、二次侧电流互感器的变流比选择满足下式:

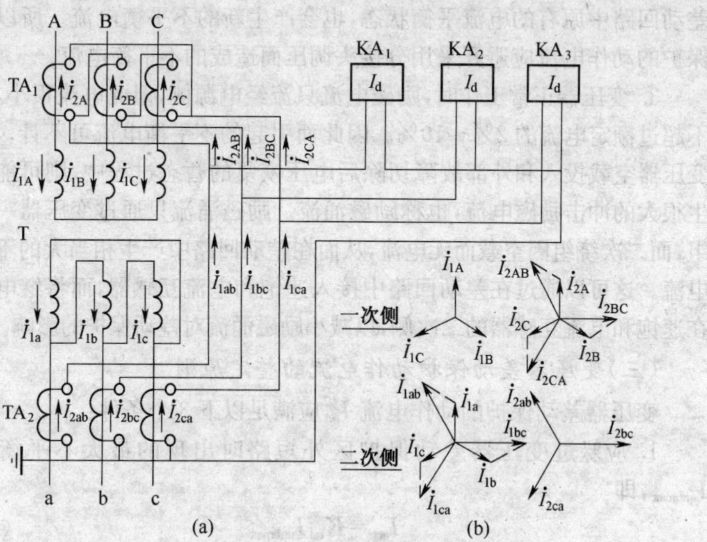

图 4-12　Yd11 联结变压器的纵联差动保护接线

(a)两侧电流互感器的接线

(b)电流相量分析(设变压器和互感器的匝数比均为 1)

$$\frac{I_{1NT}}{K_{i\Delta}}\times\sqrt{3}=\frac{I_{2NT}}{K_{iY}} \tag{4-26}$$

式中　I_{1NT}——变压器一次侧的额定电流(A)；

I_{2NT}——变压器二次侧的额定电流(A)；

$K_{i\Delta}$——变压器一次侧的电流互感器的变流比；

K_{iY}——变压器二次侧的电流互感器的变流比。

如果变压器两侧电流互感器所选的变流比与计算结果完全相同，则不平衡电流为零。但由于变压器的电压比和电流互感器的变流比都有规格等级，因此不可能使之完全配合恰当，从而不可能使差动保护两边的电流完全相等，这就必然在差动回路中产生不平衡电流。为消除这一不平衡电流，可以在互感器二次回路接入自耦电流互感器来进行平衡，或利用速饱和电流互感器中的或专门的差动继电器中的平衡线圈来实现平衡，消除不平衡电流。

2. 变压器运行时常采用改变分接头来调整电压，实际上是改变了变压器的电压比，而电流互感器的电流比不可能相应改变，从而破坏了差动回路中原有的电流平衡状态，也会产生新的不平衡电流。所以差动保护的动作电流应避开采用分接头调压而造成的不平衡电流。

3. 变压器正常工作时，励磁电流只流经电源侧，但此电流很小，一般不超过额定电流的2%～10%。因此而引起的不平衡电流可不计。但在变压器空载投入和外部故障切除后电压恢复的暂态过程中，则可能会产生很大的冲击励磁电流，也称励磁涌流。励磁涌流只通过变压器一次绕组，而二次绕组因空载而无电流，从而在差动回路中产生相当大的不平衡电流。这可以通过在差动回路中接入速饱和电流互感器，而将继电器接在速饱和电流互感器的二次侧，以减小励磁涌流对差动保护的影响。

（三）变压器差动保护动作电流的整定原则

变压器差动保护的动作电流 I_{act} 应满足以下3个条件：

1. 应躲过变压器差动保护区外短路时出现的最大不平衡电流 I_{unbmax}，即

$$I_{act}=K_{rel}I_{unbmax} \tag{4-27}$$

式中 K_{rel}——可靠系数，可取1.3。

2. 应躲过变压器励磁涌流，即

$$I_{act}=K_{rel}I_{1NT} \tag{4-28}$$

式中 K_{rel}——可靠系数，可取1.3～1.5；

I_{1NT}——变压器一次额定电流(A)。

3. 在电流互感器二次回路断线且变压器处于最大负载时，差动保护不应误动作，因此

$$I_{act}=K_{rel}I_{Lmax} \tag{4-29}$$

式中 K_{rel}——可靠系数，可取1.3；

I_{Lmax}——最大负载电流。确定该值有困难时，可取(1.2～1.3)I_{1NT}。

第四节 新型电力变压器简介和主要技术数据

一、S9系列电力变压器

S9系列电力变压器是按照IEC标准开发的，比SL7系列空载损耗平均降低8%，负载损耗降低约24%，油重降低约17%，总重降低约20%，是目前国内比较先进的产品。

S9系列低损耗变压器的结构特点如下：

1. 铁心材料采用优质冷轧晶粒取向硅钢片，由于单位损耗小，从而使空载电流和铁心损耗均减少；铁心叠片采用阶梯形三级接缝；硅钢片不上漆，采用45°全斜接缝；铁心不冲孔，采用粘带绑扎。从而改进了铁心结构和工艺条件，有效地降低了变压器的铁损。

2. 绕组层间及高低压绕组间采用瓦楞纸板绝缘代替油道撑条，缩小了绝缘尺寸，又由于铁心尺寸减小，绕组直径随之减小，使变压器的负载损耗减小。

3. 变压器油箱上采用片式散热器代替管式散热器，提高了散热系数。

采用S9系列变压器的节电效果。若按全年总投入运行8600h，带负载运行分别为2200h（容量100kV·A及以下，负载率0.256）和2500h（容量125～1600kV·A，负载率0.291）计算，S9系列变压器比1973标准的高能耗变压器与SL7型变压器的全年节电效果见表4-12。

表4-12　应用S9型变压器的全年节电量　(kW·h)

额定容量(kV·A)	比JB 1300—1973标准变压器			比SL7型变压器		
	空载	负载	年总节电	空载	负载	年总节电
30	946	462	1408	172	440	612
50	1548	726	2274	172	616	788
63	1634	836	2470	172	792	964
80	1692	990	2682	172	880	1052
100	2150	1320	3470	258	1100	1358
125	2560	1875	4435	172	1750	1922
160	3010	2230	5240	344	1875	2219
200	3440	2750	6190	344	2250	2594
250	4043	3375	7418	430	2625	3055
315	4616	4250	8866	516	3250	3766
400	5676	5250	10926	688	4000	4688
500	6708	6750	13458	688	4750	5438
630	7998	8000	15998	602	5250	5852
800	10750	10000	20750	774	6750	7524
1000	13158	9250	22408	688	4000	4688
1250	15480	11000	26480	1720	5000	6720
1600	18490	12500	30990	1720	6250	7970

S9系列6～10kV级铜绕组低损耗电力变压器的主要技术数据和外形尺寸见表4-13和图4-13。

表 4-13 S9 系列 6～10kV 级铜绕组低损耗电力变压器的主要技术数据和外形尺寸

额定容量(kV·A)	额定电压(kV)		联结组标号	损耗(W)		阻抗电压(%)	空载电流(%)	外形尺寸(mm)								质量(kg)	
	一次	二次		空载	负载			L	W	H	H_1	E	M	N	吊高	油质量	总质量
30	11,10.5,10 6.3,6	0.4	Yyn0	130	600	4	2.1	960	630	1086	960	400	200	100	2500	90	340
50	11,10.5,10 6.3,6	0.4	Yyn0	175	870	4	2.0	1050	680	1135	990	400	200	100	2600	100	455
			Dyn11	175	870	4	4.5	—	—	—	—	—	—	—	—	—	—
63	11,10.5,10 6.3,6	0.4	Yyn0	200	1040	4	1.9	1070	710	1160	1030	550	200	100	2600	115	505
			Dyn11	210	1030	4	4.5	—	—	—	—	—	—	—	—	—	—
80	11,10.5,10 6.3,6	0.4	Yyn0	240	1250	4	1.8	1150	700	1310	1060	550	200	100	2600	130	590
			Dyn11	250	1240	4	4.5	—	—	—	—	—	—	—	—	—	—
100	11,10.5,10 6.3,6	0.4	Yyn0	290	1500	4	1.6	1185	808	1338	1080	550	200	100	2700	140	650
			Dyn11	300	1470	4	4	1200	810	1470	1215	550	160	120	2300	185	735
125	14,10.5,10 6.3,6	0.4	Yyn0	340	1800	4	1.5	1240	840	1360	1090	550	200	100	2700	175	790
			Dyn11	360	1720	4	4	1250	745	1545	1270	550	200	120	2400	205	855
160	11,10.5,10 6.3,6	0.4	Yyn0	400	2200	4	1.4	1270	850	1390	1140	550	200	100	2900	195	930
			Dyn11	430	2100	4	3.5	1290	830	1580	1315	550	200	120	2450	235	990

续表 4-13

额定容量(kV·A)	额定电压(kV) 一次	额定电压(kV) 二次	联结组标号	损耗(W) 空载	损耗(W) 负载	阻抗电压(%)	空载电流(%)	外形尺寸(mm) L	W	H	H_1	E	M	N	吊高	质量(kg) 油质量	总质量
200	11,10.5,10 6.3,6	0.4	Yyn0	480	2600	4	1.3	1300	950	1420	1170	550	200	100	2900	215	1045
			Dyn11	500	2500	4	3.5	—	—	—	—	—	—	—	—	—	—
250	11,10.5,10 6.3,6	0.4	Yyn0	560	3050	4	1.2	1350	930	1490	1230	660	250	120	3000	255	1245
			Dyn11	600	2900	4	3	—	—	—	—	—	—	—	—	—	—
315	11,10.5,10 6.3,6	0.4	Yyn0	670	3650	4	1.1	1390	940	1520	1260	660	250	120	3000	280	1430
			Dyn11	720	3450	4	3	1420	995	1690	1420	550	200	120	3000	330	1525
400	11,10.5,10 6.3,6	0.4	Yyn0	800	4300	4	1.0	1475	1100	1570	1320	660	250	120	3200	320	1645
			Dyn11	870	4200	4	3	1450	1035	1720	1455	660	200	120	3000	350	1725
	11,10.5,10	6.3	Yd11	870	4200	4.5	1.5	1650	1220	1815	1420	660	200	200	3000	435	2065
500	11,10.5,10 6.3,6	0.4	Yyn0	960	5100	4	1.0	1520	1160	1620	1360	660	250	120	3200	360	1890
			Dyn11	1030	4950	4	3	1560	1320	1950	1555	660	200	145	3100	480	2330
	11,10.5,10	6.3	Yd11	1030	4950	4.5	1.5	—	—	—	—	—	—	—	—	560	2360
630	11,10.5,10 6.3,6	0.4	Yyn0	1200	6200	4.5	0.9	1965	1458	1975	1600	820	250	160	3700	605	2825
			Dyn11	1300	5800	5	1	1775	1250	2070	1600	820	200	120	4350	790	2755
	11,10.5,10	6.3	Yd11	1200	6200	4.5	1.5	1793	1210	1972	—	—	—	—	—	660	2770

续表 4-13

额定容量(kV·A)	额定电压(kV)		联结组标号	损耗(W)		阻抗电压(%)	空载电流(%)	外形尺寸(mm)								质量(kg)	
	一次	二次		空载	负载			L	W	H	H_1	E	M	N	吊高	油质量	总质量
800	11,10.5,10 6.3,6	0.4	Yyn0	1400	7500	4.5	0.8	2335	1370	2370	1690	820	300	160	3850	680	3215
			Dyn11	1400	7500	5	2.5	2160	1860	2520	1825	820	300	170	4600	710	3520
	11,10.5,10	6.3	Yd11	1400	7500	5.5	1.4	2140	1240	2345	—	—	—	—	—	714	3165
1000	11,10.5,10 6.3,6	0.4	Yyn0	1700	10300	4.5	0.7	2410	1375	2525	1840	820	300	180	4200	870	3495
			Dyn11	1700	9200	5	1.7	2260	1860	2655	1950	820	240	170	4400	1305	5100
	11,10.5,10	6.3	Yd11	1700	9200	5.5	1.4	2205	1995	2395	1696	820	240	240	4000	825	3675
1250	11,10.5,10 6.3,6	0.4	Yyn0	1950	12000	4.5	0.6	2440	1740	2680	2000	1070	300	180	4600	980	4645
			Dyn11	2000	11000	5	2.5	2450	1860	2740	2040	820	240	170	4500	1050	4950
	11,10.5,10	6.3	Yd11	1950	12000	5.5	1.3	2270	1930	2450	—	—	—	—	—	937	4190
1600	11,10.5,10 6.3,6	0.4	Yyn0	2400	14500	4.5	0.6	2370	1892	2719	—	—	—	—	—	1115	5205
	11,10.5,10	6.3	Yd11	2400	14500	5.5	1.3	1950	2360	2630	—	—	—	—	—	1137	4910
2000	11,10.5,10	6.3	Yd11	3000	18000	5.5	1.2	2600	1950	2555	—	—	—	—	—	1100	5190
2500	11,10.5,10	6.3	Yd11	3500	19000	5.5	1.2	2630	1984	2755	—	—	—	—	—	1310	6320
3150	11,10.5,10	6.3	Yd11	4100	23000	5.5	1.0	2638	2018	2910	—	—	—	—	—	1566	7690
4000	11,10.5,10	6.3	Yd11	5000	26000	5.5	1.0	3290	2300	2940	—	—	—	—	—	2050	8520
5000	11,10.5,10	6.3	Yd11	6000	30000	5.5	0.9	3850	2200	3122	—	—	—	—	—	2085	10735
6300	11,10.5,10	6.3	Yd11	7000	35000	5.5	0.9	3880	3190	3370	—	—	—	—	—	2428	13100

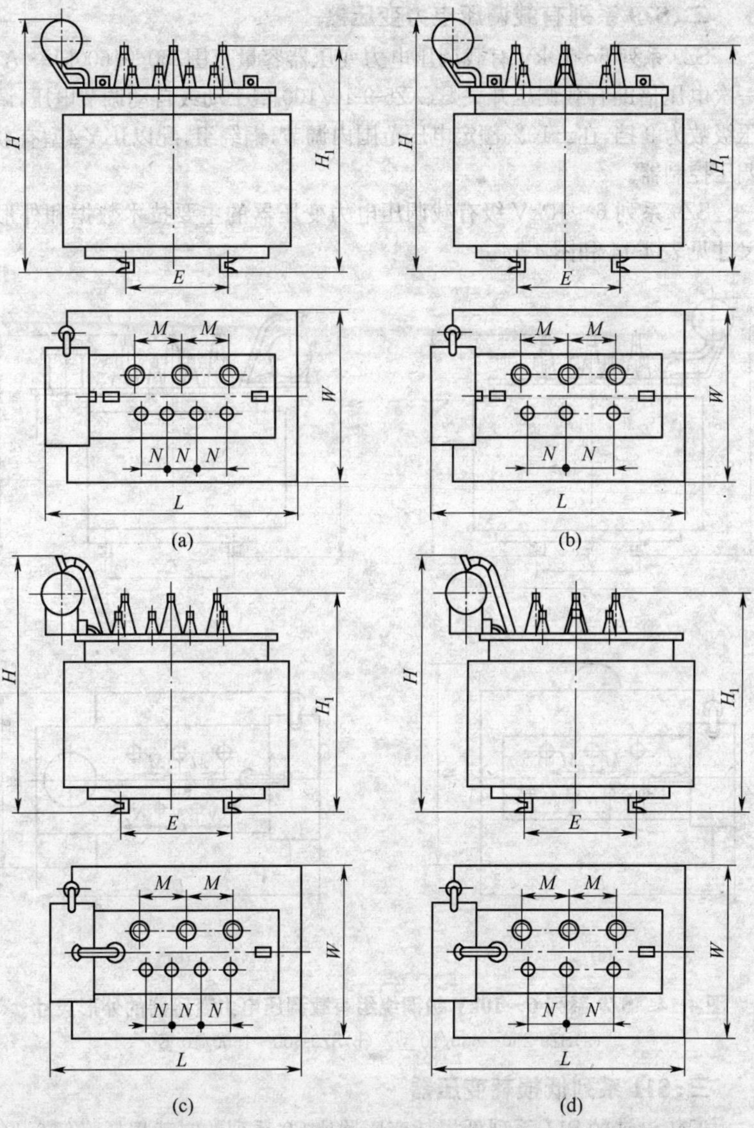

图 4-13　S9 系列 6～10kV 级铜绕组低损耗电力变压器的外形尺寸图

(a)S9-30～630、6～10/0.4kV　(b)S9-630、6～10/3.15～6.3kV

(c)S9-800～1600、6～10/0.4kV　(d)S9-800～6300、6～10/3.15～6.3kV

二、SZ9系列有载调压电力变压器

SZ9系列6～10kV有载调压电力变压器容量范围250～1600kV·A，一次电压借助有载调压开关SYXZ5-9-10/100型手动或自动调节电压，调压级数为9挡，在±10%额定电压范围内调节，铜绕组，配以JKY-4型有载调压控制器。

SZ9系列6～10kV级有载调压电力变压器的主要技术数据和外形尺寸见表4-14和图4-14。

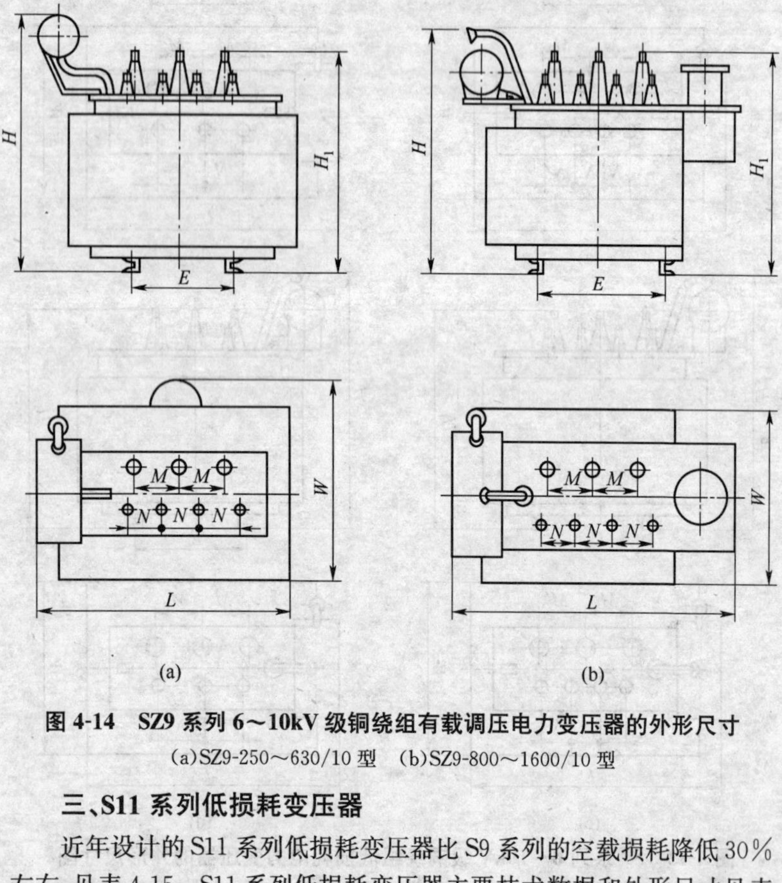

图4-14 SZ9系列6～10kV级铜绕组有载调压电力变压器的外形尺寸

(a)SZ9-250～630/10型 (b)SZ9-800～1600/10型

三、S11系列低损耗变压器

近年设计的S11系列低损耗变压器比S9系列的空载损耗降低30%左右，见表4-15。S11系列低损耗变压器主要技术数据和外形尺寸见表4-16和图4-15。

表 4-14　SZ9 系列 6～10kV 级铜绕组有载调压电力变压器的主要技术数据和外形尺寸

额定容量(kV·A)	额定电压(kV)		联结组标号	损耗(W)		阻抗电压(%)	空载电流(%)	外形尺寸(mm)								质量(kg)	
	一次	二次		空载	负载			L	W	H	H_1	E	M	N	吊高	油质量	总质量
250	11,10.5,10,6.3,6	0.4	Yyn0	800	2900	4	3	1530	1200	1760	1380	550	300	120	3250	345	1600
315				720	3450	4	3	1420	1130	1690	1420	660	300	120	3000	375	1630
400				870	4200	4	3	1625	1210	1850	1460	660	300	120	3500	505	2025
500				1030	4950	4	3	1485	1205	1740	1390	660	200	170	3450	418	2105
630				1250	5800	4	3	1645	1355	1960	1570	660	200	170	3150	525	2670
800				1400	7500	5	2.5	2300	1600	2735	2050	820	200	170	5100	1122	4240
1000				1700	9200	4.5	2.5	2630	1700	2700	2000	820	300	170	5000	1050	4490
1250				2000	11200	4.5	0.68	2660	1820	2720	2020	820	300	170	5100	1280	5145
1600				2400	14000	4.5	0.8	2765	1680	2970	—	1070	300	170	5500	1800	6553

表 4-15 S11 与 S9 系列变压器性能指标对比

参数 / 容量(kV·A)	S9 空载电流(%)	S9 空载损耗(W)	S11 空载电流(%)	S11 空载损耗(W)	S11 比 S9 下降(%) 空载电流	S11 比 S9 下降(%) 空载损耗
30	2.1	130	0.75	100	64.3	23.1
50	2.0	170	0.75	130	62.5	23.5
63	1.9	200	0.75	150	60.5	25
80	1.8	240	0.7	180	61.1	25
100	1.6	290	0.7	200	56.3	31
125	1.5	340	0.65	240	56.7	29.4
160	1.4	400	0.65	270	53.6	32.5
200	1.3	480	0.60	330	53.8	31.3
250	1.2	560	0.50	400	58.3	28.6
315	1.1	670	0.4	480	63.6	28.4
400	1.0	800	0.35	570	65	28.8
500	1.0	960	0.30	680	70	29.2
630	0.9	1200	0.3	810	66.7	32.5
800	0.8	1400	0.25	980	68.8	30
1000	0.7	1700	0.25	1160	64.3	31.8
1250	0.6	1950	0.2	1370	66.7	29.7
1600	0.6	2400	0.2	1650	66.7	31.3

表 4-16 S11 系列低损耗变压器主要技术数据及外形尺寸

额定容量(kV·A)	额定电压 高压(kV)	额定电压 低压(kV)	联结组别	损耗(W) 空载损耗	损耗(W) 负载损耗	阻抗电压 %	质量(kg) 器身吊质量	质量(kg) 油质量	质量(kg) 总质量	外形尺寸(mm) 长 L	外形尺寸(mm) 宽 W	外形尺寸(mm) 高 H	轨距 M (mm)
30	6, 6.3, 10, ±5%	0.4	Yyn0 或 Dyn11	100	600	4.0	205	75	320	1080	720	1170	400
50				130	870		270	90	420	1120	750	1250	400
63				150	1040		310	105	485	1150	670	1270	400
80				180	1250		365	120	560	1150	790	1360	400
100				200	1500		400	135	620	1225	900	1415	400
125				240	1800		490	150	720	1310	1100	1420	400
160				270	2200		560	170	850	1345	810	1500	550
200				330	2600		670	190	1005	1385	930	1530	550

续表 4-16

额定容量(kV·A)	额定电压		联结组别	损耗(W)		阻抗电压%	质量(kg)			外形尺寸(mm)			轨距 M (mm)
	高压(kV)	低压(kV)		空载损耗	负载损耗		器身吊质量	油质量	总质量	长 L	宽 W	高 H	
250	6，6.3，10，±5%	0.4	Yyn0 或 Dyn11	400	3050		785	230	1200	1430	1165	1560	550
315				480	3650		900	250	1355	1250	970	1600	550
400				570	4300	4.0	1090	320	1670	1560	1385	1685	550
500				680	5100		1260	350	1900	1610	1390	1740	660
630				810	6200		1580	470	2390	1975	1220	1970	660
800				980	7500		1850	520	2800	2000	1250	2055	660
1000				1160	10300	4.5	2210	630	3460	2020	1460	2130	820
1250				1370	12000		2350	700	3850	2085	1675	2245	820
1600				1650	14500		2780	840	4480	2140	1910	2395	820

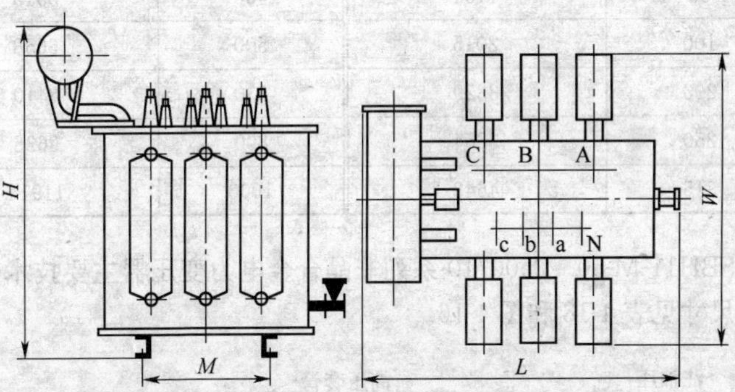

图 4-15 S11 系列变压器外形尺寸

四、非晶合金铁心变压器

当前我国已研制生产出非晶态合金铁心密封式油浸配电变压器，其特点如下：

线圈采用矩形结构和不浸漆工艺，变压器采用真空注油，完全清除了变压器器身中的气泡，可长期确保变压器绝缘性能稳定。

用非晶合金带材卷制铁心，采用四框卷铁心结构，空载损耗仅为 S9 型变压器的 20%左右，空载电流约为 S9 型变压器的 50%。

采用 Dyn11 联结组别，有利于减少电网谐波影响，改善供电质量。

变压器油箱采用密封式结构，运行时变压器油不与大气接触，可有效防止和减缓变压器油的污染和老化，运行可靠，免维修。

每台 10kV 级非晶变压器出厂前都通过 95kV 雷电冲击试验，保证变压器的绝缘质量和安全运行。

配有压力释放阀等附件保证运行安全。

非晶合金铁心电力变压器的空载损耗较 S7 系列下降 80%，负载损耗下降 50%左右。比 S9 系列空载损耗下降 70%，负载损耗下降 36%左右。

SBH11-M 型非晶合金配电变压器与 S9 系列节能效果比较，见表 4-17。

表 4-17　SBH11-M 型非晶合金铁心电力变压器与 S9 型硅钢铁心电力变压器空载损耗节能效果比较

变压器容量（kV·A）	非晶配变每年每台可节约电能（kW·h）	变压器容量（kV·A）	非晶配变每年每台可节约电能（kW·h）
50	1191	400	5519
100	2015	500	6658
200	3329	630	8410
250	3854	800	9636
315	4643	1000	11914

SBH11-M-50～2500/10 系列非晶合金电力变压器主要技术数据和安装尺寸见表 4-18 和图 4-16。

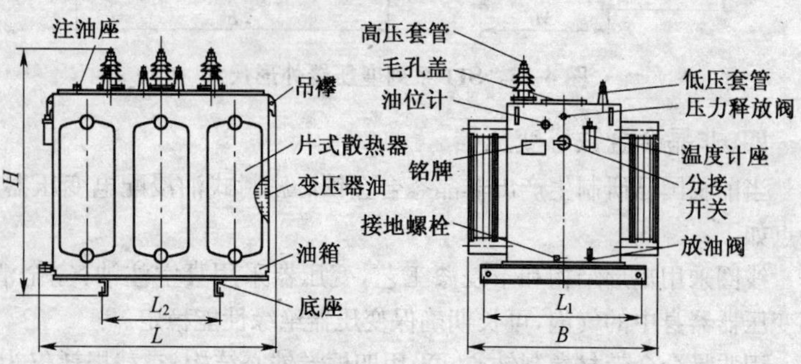

图 4-16　非晶合金电力变压器结构示意图

表 4-18　SBH11-M-50～2500/10 型非晶合金铁心电力变压器主要技术数据和安装尺寸

型号	电压组合			联结组标号	空载损耗（W）	负载损耗（W）	空载电流（%）	阻抗电压（%）	L（mm）	H（mm）	B（mm）	安装底座中心 $L_2 \times L_1/4-\phi D$（mm）	油质量（kg）	总质量（kg）
	高压（kV）	高压分接范围（%）	低压（kV）											
SBH11-M-50/10	6，6.3*，10，10.5，11，(20)*	±2×25% 或 $^{+3}_{-1}$×25%	0.4	Dyn11	34	870	1.5	4	945	1040	620	400×550/4—ϕ14	160	680
SBH11-M-100/10					60	1500	1.1	4	1055	1070	775	400×660/4—ϕ14	190	920
SBH11-M-160/10					80	2200	0.9	4	1055	1150	930	400×870/4—ϕ19	250	1190
SBH11-M-200/10					100	2600	0.9	4	1110	1170	930	550×870/4—ϕ19	270	1300
SBH11-M-250/10					120	3050	0.8	4	1180	1180	1010	550×870/4—ϕ19	300	1460
SBH11-M-315/10					140	3650	0.8	4	1160	1190	1080	660×1020/4—ϕ19	330	1690
SBH11-M-400/10					170	4300	0.7	4	1240	1230	1090	660×1070/4—ϕ19	360	1880
SBH11-M-500/10					200	5100	0.6	4	1270	1330	1160	660×1070/4—ϕ19	410	2150
SBH11-M-630/10					240	6200	0.6	4.5	1450	1330	1240	820×1070/4—ϕ19	480	2450
SBH11-M-800/10					300	7500	0.5	4.5	1460	1450	1340	820×1070/4—ϕ19	520	2900
SBH11-M-1000/10					340	10300	0.5	4.5	1540	1500	1490	820×1070/4—ϕ19	600	3220

注：*　特殊电压等级及规格按合同协议商定。

五、干式变压器

(一)干式变压器的特点及应用范围

干式变压器是铁心和绕组不浸在绝缘液体中的变压器。它具有体积小、重量轻、防火、难燃、自熄、损耗低、效率高、噪声小、不爆炸、耐潮湿、不污染环境、机械强度高、短时过载能力大、维护检修少等优点,适用于高层建筑、医院、实验室、学校、剧院、海上钻井平台、船舶、石油化工厂、地下铁道、火车站、飞机场、隧道、电厂等人群密集的场合,以及要求极度安全的用电部门。

近十年来,干式变压器在我国发展很快,几乎占配电变压器的20%以上,户内干式变压器将逐步取代油浸电力变压器。在户外箱式变电站中,已有80%以上应用了干式变压器。

(二)浸渍绝缘型干式变压器

虽然开发最早,但由于制造工艺简单,制造历史长,经验较丰富,可以制造成绝缘耐热等级的任何一种型式。

1. 小容量浸渍型干式变压器的绕组采用传统的圆筒式绕组,耐热等级多为A级和B级。适用于容量较小、电压较低、电流不大的产品,多用于控制电源或特殊动力电源。

2. 大容量浸渍型干式变压器的高压绕组多用连续式绕组,低压绕组多用螺旋式绕组,有的工厂也用箔式绕组。耐热等级多为B级和H级。适用于较大容量和高压为10kV或以下、电流较大,低压为400V或以下、电流大于500A的产品。多用于有防火要求的防潮湿、无灰尘的重要场合的动力电源上。为保证供电质量,有时也做成有载调压变压器。

3. 浸渍绝缘型干式变压器主要技术数据见表4-19和表4-20。

表 4-19 DG3、DG4 系列单相干式电力变压器主要技术数据

型号	额定容量(kV·A)	额定电压(kV)		阻抗电压(%)	空载电流(%)	损耗(W)		质量(kg)
		高压	低压			空载	负载	
DG3-10/1	10	0.38 0.22	0.22	4	8.0	80	310	108
DG3-20/1	20		0.127			150	540	135
DG3-30/1	30		0.11			190	720	186

续表 4-19

型号	额定容量(kV·A)	额定电压(kV)		阻抗电压(%)	空载电流(%)	损耗(W)		质量(kg)
		高压	低压			空载	负载	
DG3-40/1	40	0.38 0.22	0.22 0.127 0.11	4	5.0	230	920	198
DG3-50/1	50					260	1030	220
DG3-63/1	63					320	1290	263
DG3-80/1	80				4.0	370	1600	319
DG3-100/1	100					450	1830	385
DG3-125/1	125					560	2200	468
DG3-160/1	160					690	2430	283
DG3-200/1	200				3.0	830	2750	773
DG3-250/1	250					970	3280	938
DG3-315/1	315					1110	4020	1146
DG4-10/1	10		4.8,16	3.5	8.0	80	305	108
DG4-20/1	20		6,12,24			145	535	135
DG4-30/1	30		7,14,28			180	770	186
DG4-40/1	40		8,16,32		5.0	220	915	198
DG4-50/1	50		9,18,36			250	1030	220
DG4-63/1	63		10,20,40		4.5	300	1290	263
DG4-80/1	80		11,22,44		4.0	355	1600	319
DG4-100/1	100		12,24,48			430	1830	385
DG4-125/1	125		14,28,56			540	2240	468
DG4-160/1	160		16,32,64			670	2430	583
DG4-200/1	200		20,40,80		3.0	810	2750	773
DG4-250/1	250		21,42,84			940	3280	938
DG4-315/1	315		24,48,96			1080	4030	1146

表 4-20 SG3 系列三相干式电力变压器主要技术数据

额定容量(kV·A)	额定电压(kV) 高压	额定电压(kV) 低压	联结组	阻抗电压(%)	空载电流(%)	损耗(W) 空载	损耗(W) 负载	质量(kg)
B级绝缘								
30	6,10	0.4	Yyn0	4	1.5	257	648	307
40						320	913	400
50						383	1177	490
63						429	1136	523
80						499	1570	580
100						563	1944	690
125						663	2354	730
160						759	2677	980
200						940	3002	1240
250						1063	3526	1400
315						1286	4223	1530
400						1440	4536	1950
500						1688	5098	2200
630				6		1846	6990	3400
800				6(8)		2296	8296	3710
1000						2750	9778	4000
1250						2850	12096	4742
1600						4249	11843	5950
2000						5288	15746	6514
2500						6380	19325	7512
H级绝缘								
250	6,10	0.4	Yyn0	4	1.5	1297	3200	1275
315						1562	5130	1433
400						1741	5966	1733
500						1873	6740	2058
630				6		2081	9612	2568
800				6(8)		2395	9470	3026
1000						2900	11323	3405
1250						3007	12426	4062
1600						4461	13151	4880
2000						5552	17178	5840
2500						6699	19518	6925

（三）环氧树脂浇注型干式变压器

1. 分类。环氧树脂浇注型干式变压器分类见表 4-21。

表 4-21 环氧树脂浇注型干式变压器分类

序号	类别	特点
1	按绕组结构型式	(1)全箔式绕组 (2)全导线绕组 (3)混合式绕组(高压为导线,低压为箔式)
2	按导体材料	(1)铝箔 (2)铜箔 (3)铜导线 (4)铝导线
3	按绝缘耐热等级	(1)全 B 级 (2)全 F 级 (3)B 级 F 级混合 (4)H 级 (5)C 级
4	按填充材料	(1)有石英粉填充材料 (2)无填料
5	按加强筋材料	(1)不加或绕制玻璃丝带 (2)填充玻璃丝毡 (3)线圈衬玻璃丝网

2. 有填料厚绝缘环氧树脂浇注型干式变压器。它是目前世界上最畅销、产量最大的干式变压器,最大容量为 15000kV·A,最高电压为 36kV。结构特点如下：

(1)铁心。采用 DQ151-34 晶粒取向冷轧电工钢片制成的 45°全斜接缝的结构,铁心表面涂防腐漆,耐腐蚀,不生锈。

(2)绕组。高压绕组采用薄铝箔,其层间绝缘用聚酯薄膜绕制而成。低压绕组采用厚铝板绕制而成,两端用环氧树脂混合料固封,在大气烘干炉中固化。

(3)相间封线板。相间连线在真空状态下,被固封在环氧树脂混合料中,加温固化成一体。结构简单,安全可靠。

有填料厚绝缘环氧树脂浇注型干式变压器的优点是：损耗小、体积小、质量轻；难燃、防爆、无污染，可紧靠用电设备安装；无局部放电现象，或局部放电量极小，抗短路及耐雷电冲击的能力强；过载能力强。

3. 无填料环氧树脂浇注型干式变压器。结构特点如下：

(1)铁心。和有填料厚绝缘环氧树脂浇注型干式变压器相同，但采用无冲孔结构，使空载损耗下降，铁心表面用耐高温涂料涂覆，防潮防腐蚀。

(2)绕组。有全部高低压绕组皆为H级铜导线制成的全导线结构式与导线与铜箔混合式两种结构。

该产品优点是：除具有有填料厚绝缘环氧树脂浇注型干式变压器的优点外，由于内外包了玻璃纤维，可燃性物质少，阻燃性更好。同时，绕组在高真空下浇注环氧树脂，排气彻底，无气泡，玻璃纤维方格布使环氧树脂包封层的机械强度增强，减少了开裂的机会。

4. 有填料薄绝缘环氧树脂浇注型干式变压器。它结合了上述两种环氧树脂浇注型干式变压器的优点，采用了多段式箔式绕组绕线机，实现了机械化操作，提高了工作效率。在高压绕组内外层，增加了玻璃丝网，使绕组外环氧树脂绝缘厚度从6mm减到4～4.5mm，提高了绕组被覆盖环氧树脂层的机械强度，减少了温度变化时产生的内应力引起的开裂，同时，也降低了成本。所以此型产品是目前最好的类型。

5. 国产SC9系列环氧树脂浇注干式电力变压器主要技术数据见表4-22。

表4-22 SC9系列环氧树脂浇注干式电力变压器主要技术数据

型号	额定容量(kV·A)	额定电压(kV)		联结组标号	损耗(W)		空载电流(%)	阻抗电压(%)
		高压	低压		空载	负载		
SC9-30/10	30	11，10.5，10，6.6，6.3，6	0.4	Yyn0 Dyn11	200	560	2.8	4
SC9-50/10	50				260	860	2.4	
SC9-80/10	80				340	1140	2	
SC9-100/10	100				360	1440	2	
SC9-125/10	125				420	1580	1.6	
SC9-160/10	160				500	1980	1.6	
SC9-200/10	200				560	2240	1.6	

续表 4-22

<table>
<tr><th rowspan="2">型　号</th><th rowspan="2">额定容量(kV·A)</th><th colspan="2">额定电压(kV)</th><th rowspan="2">联结组标号</th><th colspan="2">损耗(W)</th><th rowspan="2">空载电流(%)</th><th rowspan="2">阻抗电压(%)</th></tr>
<tr><th>高压</th><th>低压</th><th>空载</th><th>负载</th></tr>
<tr><td>SC9-250/10</td><td>250</td><td rowspan="12">11,
10.5,
10,
6.6,
6.3,
6</td><td rowspan="12">0.4</td><td rowspan="12">Yyn0
Dyn11</td><td>650</td><td>2410</td><td>1.6</td><td rowspan="5">4</td></tr>
<tr><td>SC9-315/10</td><td>315</td><td>820</td><td>3100</td><td>1.4</td></tr>
<tr><td>SC9-400/10</td><td>400</td><td>900</td><td>3600</td><td>1.4</td></tr>
<tr><td>SC9-500/10</td><td>500</td><td>1100</td><td>4300</td><td>1.4</td></tr>
<tr><td rowspan="2">SC9-630/10</td><td rowspan="2">630</td><td>1200</td><td>5400</td><td>1.2</td></tr>
<tr><td>1100</td><td>5600</td><td>1.2</td><td rowspan="7">6</td></tr>
<tr><td>SC9-800/10</td><td>800</td><td>1350</td><td>6600</td><td>1.2</td></tr>
<tr><td>SC9-1000/10</td><td>1000</td><td>1550</td><td>7600</td><td>1</td></tr>
<tr><td>SC9-1250/10</td><td>1250</td><td>2000</td><td>9100</td><td>1</td></tr>
<tr><td>SC9-1600/10</td><td>1600</td><td>2300</td><td>11000</td><td>1</td></tr>
<tr><td>SC9-2000/10</td><td>2000</td><td>2700</td><td>13300</td><td>0.8</td></tr>
<tr><td>SC9-2500/10</td><td>2500</td><td>3200</td><td>15800</td><td>0.8</td></tr>
</table>

第五节　特种变压器

一、仪用互感器

(一)仪用互感器的分类

仪用互感器是一种特殊的变压器,广泛应用于电力系统中,是供测量和继电保护用的重要电气设备。根据用途的不同分为电压互感器和电流互感器两大类。

1. 电流互感器。电流互感器(简称 TA,过去也称 CT)又称仪用变流器。分为干式和油浸式两大类,干式电流互感器又分为普通型、环氧树脂浇注型和特种冷却方式电流互感器;油浸式的一般为高压、超高压的电压等级。

电流互感器的额定电压等级分为 0.5、10、15、20、35、60、110、220、330、500kV 10 级;一次额定电流等级最低为 5A,最高为 25000A,共分 30 级;二次额定电流一般为 5A,晶闸管电路用的电流互感器二次额定电流有 0.1、0.5、1、5A 等几种。

2. 电压互感器。电压互感器(简称 TV,过去也称 PT)又称仪用变压器。从冷却方式分也有干式和油浸式两大类,干式电压互感器又分单相双绕组电压互感器(如 JDG 系列)、船用电压互感器(如 JDG2 系列)、环氧树脂浇注型电压互感器(如 JDZ 系列)等;油浸式又分单相双绕组、三相双绕组、三相三绕组电压互感器等。从电压等级上分为低压和高压两类电压互感器。

(二)仪用互感器的用途

在电力系统高压配电装置中,仪表互感器的用途主要是:

1. 用来使仪表、继电器等二次设备与主电路绝缘。这既可避免主电路的高压电直接引入仪表、继电器等二次设备,又可防止仪表、继电器等二次设备的故障影响主电路,提高一、二次电路的安全性和可靠性,且有利于人身安全。

2. 用来扩大仪表、继电器等二次设备的应用范围。例如用一只 5A 的电流表,通过不同变流比的电流互感器就可测量任意大的电流。同样,用一只 100V 的电压表,通过不同变压比的电压互感器就可测量任意高的电压。而且,由于采用互感器,可使二次仪表、继电器等设备的规格统一,有利于这些设备的批量生产。

(三)仪用互感器的工作原理和结构特点

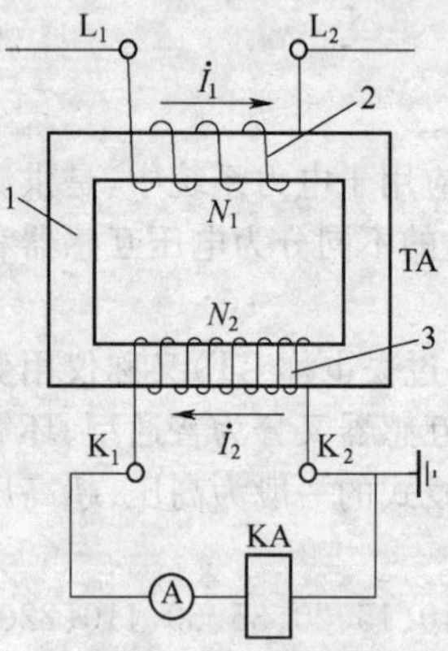

图 4-17 电流互感器

1. 铁心 2. 一次绕组 3. 二次绕组

1. 电流互感器。电流互感器的结构与普通变压器相似,其基本结构原理如图 4-17 所示。它主要由铁心、一次绕组、二次绕组等几个主要部分组成。一次绕组匝数很少,有的还没有一次绕组,利用穿过其铁心的一次电路作为一次绕组(相当于匝数为 1),且一次绕组导体相当粗;而二次绕组匝数很多,导体较细。工作时,一次绕组串接在一次电路中,而二次绕组则与仪表、继电器等的电流线圈相串联,形成一个闭合回路。由于这些电流线圈的阻抗很小,因此电流互感器工作时二次回路接近于短路状态。

电流互感器的一次电流 I_1 与其二次电流 I_2 之间有下列关系:

$$I_1 \approx \frac{N_2}{N_1} I_2 \approx K_i I_2 \tag{4-30}$$

$$K_i = \frac{I_{1N}}{I_{2N}} \tag{4-31}$$

式中 N_2——电流互感器二次绕组匝数；

N_1——电流互感器一次绕组匝数；

K_i——电流互感器的变流比；

I_{1N}——电流互感器一次额定电流(A)；

I_{2N}——电流互感器二次额定电流(A)。

下面介绍几种电流互感器的结构特点：

(1)晶闸管电路用电流互感器。北京整流器厂生产的新型LZB1-0.6、LBZ1-1.2系列电流互感器是专门为晶闸管电路用的串级电流互感器，其特点有：

①准确度高。不仅要满足测量用电流互感器0.5级要求，又能达到保护用电流互感器的10%倍数的要求。

②绝缘等级高。一次回路绝缘电压等级为600V和1200V。

③铁心为连续环形结构，二次绕组为均匀分布，一次绕组导体位于中心，结构对称合理。

④该系列电流互感器品种规格多，LZB1-0.6型一次额定电流为50～800A，共21个等级，二次额定电流为0.1、0.5、1A，最高运行电压为660V；LZB1-1.2型一次额定电流为5～5000A共14个等级，二次额定电流分为0.1、0.5、1、5A，最高运行电压为1200V。

(2)LB6-35型油浸电流互感器。该型电流互感器是一种新型油浸结构，结构特点如下：

①油箱采用先进的瓷套油箱密封结构，油箱和瓷套的结合是用法兰、压板及螺杆紧固。

②外形细而长，最大直径处为ϕ410mm，长度(或高度)达1475mm。

③器身中一次绕组较长，约1200mm，且一次绕组下部无固定位置，所以包扎绝缘过程中可能出现绕组变形，同时，因下部无固定，运行中易造成绕组偏移。这是其结构上的不足之处。

(3)LBWB-10/4000型瓷绝缘干式大电流互感器。由一次导电杆、二次绕组、瓷件、支座、接线盒等组成。其特点如下：

①瓷件结构独特，它的直杆部分类似母线穿墙套管的半截；圆盘部分像线路悬式绝缘子的盘形，这两部分是用电瓷材料经整体成形后烧结而成，没有接口，表面上釉、光滑，适用于户外安装使用。

②瓷件用高标号水泥胶装在支座上，支座是采用非导磁材料的铝合金铸造而成，散热性好。

③支座下部是接线盒，内部有接线端子，二次绕组由接线盒引出。两个二次绕组套装在支座腔内，并用环氧树脂浇注固定，外面装上盖板，以防进水和日晒。二次绕组用环氧玻璃包铜导线绕制，是均匀绕在环形铁心上的。

④铁心为环状结构，选用冷轧取向电工硅钢带卷制而成，并经退火处理。

⑤互感器一次为铜导杆，从瓷件中心穿过，两端用垫片、端盖及螺母密封紧密，将铜导杆固定在瓷件中央位置，使其具有较好的散热性和热稳定性。

⑥体积小、造型美观、安装方便灵活，不仅可立式安装，用于户外，还可以将盘面朝户内作穿墙式安装。

2. 电压互感器。电压互感器实质上是一种降压变压器，一次匝数很多，二次匝数很少。工作时，一次绕组并联在一次电路中，二次绕组并联仪表、继电器的电压线圈。由于这些电压线圈的阻抗很大，所以电压互感器工作时二次绕组接近于空载状态。二次绕组的额定电压一般为100V。

电压互感器的一次电压 U_1 与其二次电压 U_2 之间有下列关系：

$$U_1 \approx \frac{N_1}{N_2} U_2 \approx K_u U_2 \tag{4-32}$$

$$K_u = \frac{U_{1N}}{U_{2N}} \tag{4-33}$$

式中 N_1——电压互感器一次绕组匝数；

N_2——电压互感器二次绕组匝数；

K_u——电压互感器的变压比；

U_{1N}——电压互感器一次额定电压(V)；

U_{2N}——电压互感器二次额定电压(V)。

(1)油浸式电压互感器。容量较大，电压等级也高。油箱形状为圆柱筒式，高压套管裙边层数多，一般在互感器顶部安装金属膨胀器，其膨胀器分波纹式和盒式两种。高压互感器一般为瓷箱式结构，且有防爆结构，有压力释放阀型、碳素防爆膜型、金属防爆膜型等多种型式。

高压电压互感器外形细而长，220kV 级及以上的高压电压互感器总体高度一般在 4m 以上，所以它的重心较高。

油浸式电压互感器内充有绝缘油，所以这类电压互感器（包括油浸式电流互感器）同油浸式电力变压器一样，外部附件多，油易受潮和出现渗漏油现象，也易产生着火事故。

（2）干式电压互感器。下面介绍 SF_6 气体电压互感器的结构特点：

①铁心为叠片式，用冷轧电工硅钢片加工而成，用非金属带包扎铁轭，铁心柱用支架固定。

②二次绕组为分层式结构，采用扁铜线绕制而成；它由基本绕组和辅助绕组构成。一次绕组为多层圆筒体，采用较细的圆铜导体绕制而成。

③箱体结构由外壳、绝缘盒（SF_6 气体盒）及屏蔽罩构成椭圆形封盖的圆柱体，其外壳为可拆卸的。

（四）仪用互感器的型号

1. 电流互感器的型号。电流互感器全型号的表示和含义如下：

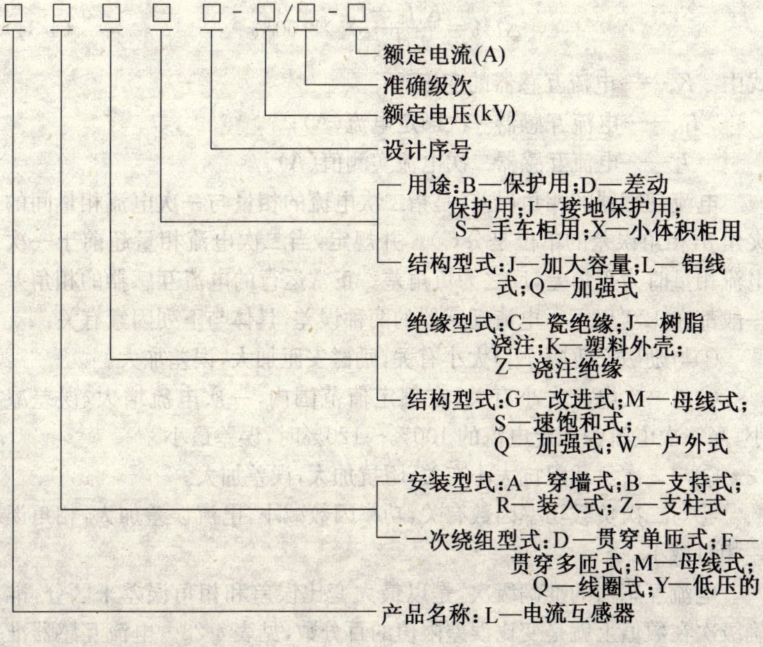

2. 电压互感器的型号。电压互感器全型号的表示和含义如下：

□ □ □ □ □ - □

- 额定电压(kV)
- 设计序号
- 结构型式：B—带补偿绕组；J—接地保护；W—五柱三绕组
- 绝缘型式：C—瓷箱式；G—干式；J—油浸式；Z—树脂浇注式
- 相数：D—单相；S—三相
- 产品名称：J—电压互感器

(五)仪用互感器的技术数据

1. 电流互感器的额定技术数据。主要有：

(1)变流比。电流互感器的变流比，是指一次绕组的额定电流与二次绕组额定电流之比。

(2)误差和准确级次。电流互感器的测量误差分为变比误差(简称比差)和相角误差(简称角差)两种。

变比误差百分数($\Delta I\%$)由下式决定：

$$\Delta I\%=\frac{K_i I_2-I_{1N}}{I_{1N}}\times 100\% \tag{4-34}$$

式中 K_i——电流互感器的变流比；

I_{1N}——电流互感器一次额定电流(A)；

I_2——电流互感器二次电流实测值(A)。

电流互感器的相角误差，是指二次电流的相量与一次电流相量间的夹角 δ，相角误差的单位是分($'$)。并规定，当二次电流相量超前于一次电流相量时为正角差，反之为负角差。正常运行的电流互感器的相角差一般都在 $120'$以下。电流互感器的两种误差，具体与下列因素有关：

①与励磁安匝(I_0N_1)大小有关，励磁安匝加大，误差加大。

②与一次电流大小有关，在额定值范围内，一次电流增大，误差减小，当一次电流为额定电流的 100%～120%时，误差最小。

③与二次负载阻抗大小有关，阻抗加大，误差加大。

④与二次负载功率因数有关，功率因数减小，电流误差加大，相角误差相对减小。

电流互感器的准确级次，是以最大变比误差和相角误差来区分，准确级次在数值上就是变比误差限值的百分数，见表 4-23。电流互感器准确级次有 0.2、0.5、1、3、10、D 级几种。0.2 级属精密测量用，工程中电流互感器准确级次的选用，应根据负载性质来确定，如电能计量一般选用 0.5 级；电流表计选用 1 级；继电保护选用 3 级；差动保护选用 D 级。用于继电保护的电流互感器，为满足继电器灵敏度和选择性的要求，应按照电流互感器的 10%倍数曲线进行校验。

表 4-23 电流互感器的准确级次和误差限值

准确级次	一次电流为额定电流的百分数%	误差限值② 比差±(%)	误差限值② 角差±(′)	二次负载变化范围
0.2	10	0.5	20	$(0.25\sim1)S_N$
	20	0.35	15	
	100～120	0.2	10	
0.5	10	1	60	$(0.25\sim1)S_N$
	20	0.75	45	
	100～120	0.5	30	
1	10	1	120	$(0.25\sim1)S_N$
	20	1.5	90	
	100～120	1	60	
3	50～120	3.0	不规定	$(0.5\sim1)S_N$
10	50～120	10	不规定	
D	100	3	不规定	S_N
	100n①	−10		

注：①n 为额定 10%倍数；

②误差限值是以额定负载为基准的。

(3)电流互感器的容量。指它允许接入的二次负载功率 S_N(V·A)。

$$S_N = I_{2N}^2 Z_L \tag{4-35}$$

式中 I_{2N}——二次绕组额定电流(A)；

Z_L——二次负载阻抗(Ω)。

(4)保护用电流互感器的 10%倍数。对保护用的电流互感器提出一个最大允许误差值的要求，即允许变比误差最大不超过 10%，角差最大不超过 7°。所谓 10%倍数，就是指一次电流倍数增加到 n 倍(一般规定 6～15 倍)时，电流误差达到 10%，此时的一次电流倍数 n 称为 10%倍数，10%倍数越大表示此互感器的过电流性能越好。

影响电流互感器误差的另一个主要因素是二次负载阻抗。二次阻抗增大，使二次电流减小，去磁安匝减少，同样使励磁电流加大和误差加大。为了使一次电流和二次阻抗这两个影响误差的主要因素互相制约，保证误差在10%范围以内。各种电流互感器产品规范给出了10%误差曲线。所谓电流互感器的10%误差曲线，就是电流误差为10%的条件下，一次电流对额定电流的倍数和二次阻抗的关系曲线（图4-18给出LQJC-10型电流互感器10%倍数曲线）。利用10%误差曲线，可以求出与保护计算用一次电流倍数相适应的最大允许二次负载阻抗。

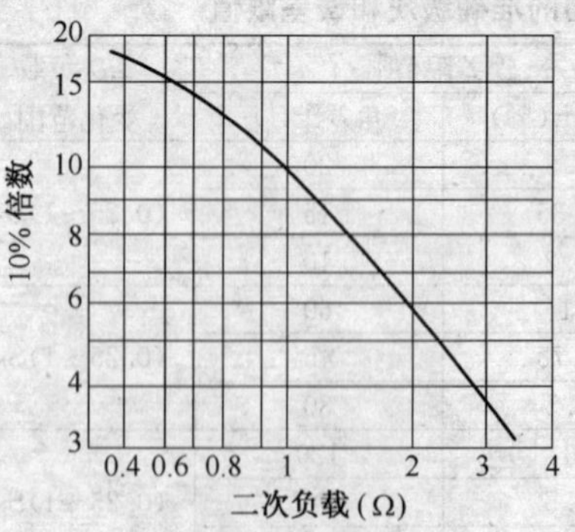

图4-18 LQJC-10型电流互感器10%倍数曲线

(5)热稳定及动稳定倍数。电流互感器的热稳定及动稳定倍数，是表示互感器承受短路电流热作用和机械力作用的能力。

热稳定电流，是指互感器在1s内承受短路电流的热作用而无损伤的一次电流有效值。所谓热稳定倍数，就是热稳定电流与电流互感器额定电流之比值。

动稳定电流。是指一次线路发生短路时，互感器所能承受的无机械损伤的最大一次电流峰值。动稳定电流，一般为热稳定电流的2.55倍。所谓动稳定倍数，就是动稳定电流与电流互感器额定电流的比值。

2. 电压互感器的额定技术数据。主要有：

(1)变压比。电压互感器的变压比是指一次绕组与二次绕组额定电压之比。

(2)误差和准确级次。电压互感器的测量误差亦分为变比误差（电压比误差）和相角误差两种。

变比误差百分数（$\Delta U\%$）由下式决定：

$$\Delta U\% = \frac{K_u U_2 - U_{1N}}{U_{1N}} \times 100\% \tag{4-36}$$

式中 K_u——电压互感器的变压比；

U_{1N}——电压互感器一次额定电压(V)；

U_2——电压互感器二次电压实测值(V)。

电压互感器的相角误差是指二次电压的相量与一次电压相量间的夹角δ，相角误差的单位是分($'$)。当二次电压相量超前于一次电压相量时，规定为正角差，反之为负角差。正常运行的电压互感器角误差是很小的，最大不超过240′，一般都在60′以下。电压互感器的两种误差与下列因素有关：

①与电压互感器励磁电流有关，励磁电流增大时，误差也增大。

②与电压互感器绕组的电阻、感抗、漏抗有关，阻抗和漏抗加大使误差加大。

③与电压互感器二次负载大小有关，二次负载加大时，误差加大。

④与二次负载功率因数有关，功率因数减小时，相角误差将明显增大。

⑤与一次电压波动有关，只有当一次电压在额定电压的±10%的范围内波动时，才能保证不超过准确度规定的允许值。

电压互感器的准确级次，是以最大变比误差和相角误差来区分的，见表4-24。准确级次在数值上就是变比误差等级的百分限值，通常电力工程上常把电压互感器的误差分为0.5、1、3级三种，另外，在精密测量中尚有一种0.2级试验用电压互感器。准确级次的具体选用，应根据二次负载性质来确定，例如电能计量专用电压互感器，应选用0.5级；测量仪表用的电压互感器，应选用1级或0.5级；继电保护用的电压互感器应不低于3级。

表4-24 电压互感器准确级次和误差限值

准确级次	误差限值		一次电压变化范围	二次负载变化范围
	比差±(%)	角差±(′)		
0.5	0.5	20	$0.85\sim1.15U_{1N}$①	$0.25\sim1S_{2N}$②
1	1.0	40		
3	3.0	不规定		

注：①U_{1N}为电压互感器一次额定电压。

②S_{2N}为电压互感器相应准确级次下的额定二次负载。

由于电压互感器的误差与二次负载的大小有关，所以同一电压互感器对应于不同的二次负载容量，在铭牌上标注几种不同的准确级次。电压互感器铭牌上所标定的最高的准确级次，称之为标准准确级次。

(3)容量。电压互感器的容量，是指二次绕组允许接入的负载功率，分为额定容量和最大容量两种，以V·A表示。铭牌上每一个给定容量是和一定的准确级次相对应的，通常所说的额定容量，是指对应于最高准确级次的容量。

最大容量是允许发热条件规定的极限容量，除特殊情况及瞬时负载需用外，一般正常运行情况下，二次负载不应达到这个容量。

(4)接线组别。电压互感器的接线组别，是指一次绕组线电压与二次绕组线电压间的相位关系。

(六)仪用互感器的接线方式

1. 电流互感器的接线方式。电流互感器在三相电路中有如图 4-19 所示的 4 种常见的接线方式。

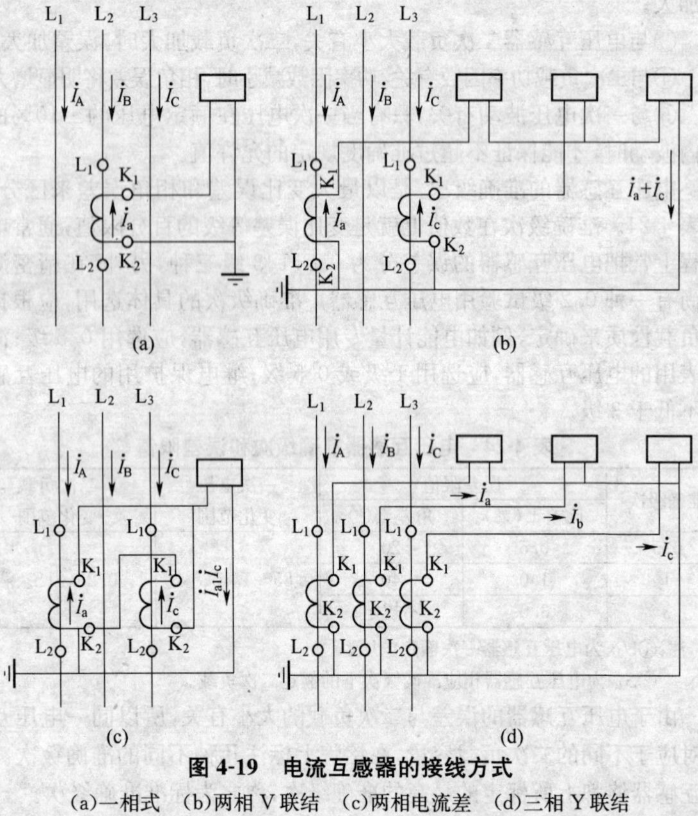

图 4-19 电流互感器的接线方式

(a)一相式 (b)两相 V 联结 (c)两相电流差 (d)三相 Y 联结

(1)一相式接线。如图 4-19a 所示。电流线圈通过的电流，反映一次电路相应相的电流，通常用于负载平衡的三相电路如低压动力线路中，供测量电流或接过负载保护装置之用。

(2)两相 V 联结。如图 4-19b 所示。这种接线也称为两相不完全星形联结，在继电保护装置中，这种接线称为两相三继电器接线或两相的相电流接线。在中性点不接地的三相三线制电路中（如 6～10kV 高压电路中），广泛用于测量三相电流、电能及作过电流继电保护之用。由图 4-20 所示的相量图可知，两相 V 联结的公共线上电流为 $\dot{I}_a+\dot{I}_c=-\dot{I}_b$ 反映的是未接电流互感器那一相的相电流。

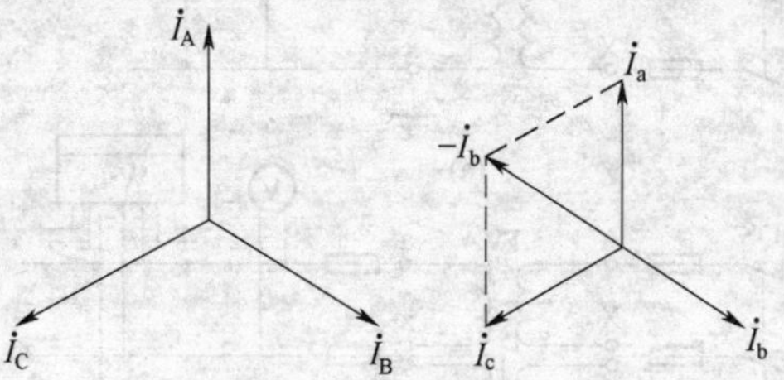

图 4-20　两相 V 形接线电流互感器的一、二次电流相量图

(3)两相电流差接线。如图 4-19c 所示。这种接线也称为两相交叉接线，由图 4-21 的相量图可知，二次侧公共线上电流为 $\dot{I}_a-\dot{I}_c$，其量值为相电流的$\sqrt{3}$倍。这种接线适用于中性点不接地的三相三线制电路中（如 6～10kV 高压电路中）供作过电流继电保护之用，也称为两相一继电器接线。

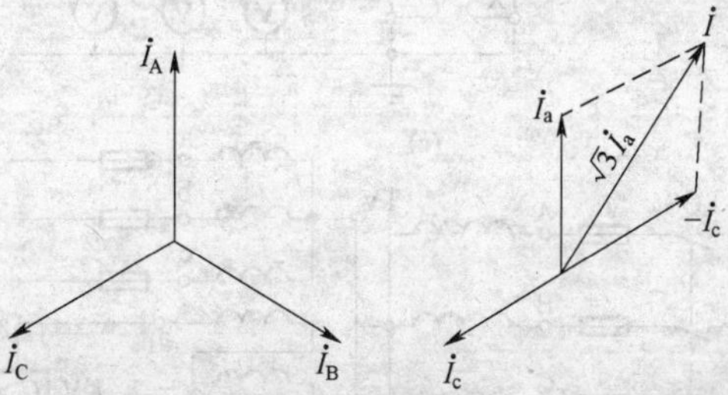

图 4-21　两相电流差接线电流互感器的一、二次电流相量图

(4)三相 Y 联结。如图 4-19d 所示。这种接线中的三个电流线圈，正好反映各相的电流，广泛用在负载一般不平衡的三相四线制系统如 TN 系统中，也用在负载可能不平衡的三相三线制系统中，作三相电流、电能测量及过电流继电保护之用。

2. 电压互感器的接线方式。电压互感器在三相电路中有如图 4-22 所示的 4 种常见的接线方式。

(1)一台单相电压互感器的接线。如图 4-22a 所示。这种接线在三相电路中，只能测量某两相之间的线电压，用于连接电压表、频率表、电压继电器等。为了安全，二次线组有一端（通常取 x 端）接地。

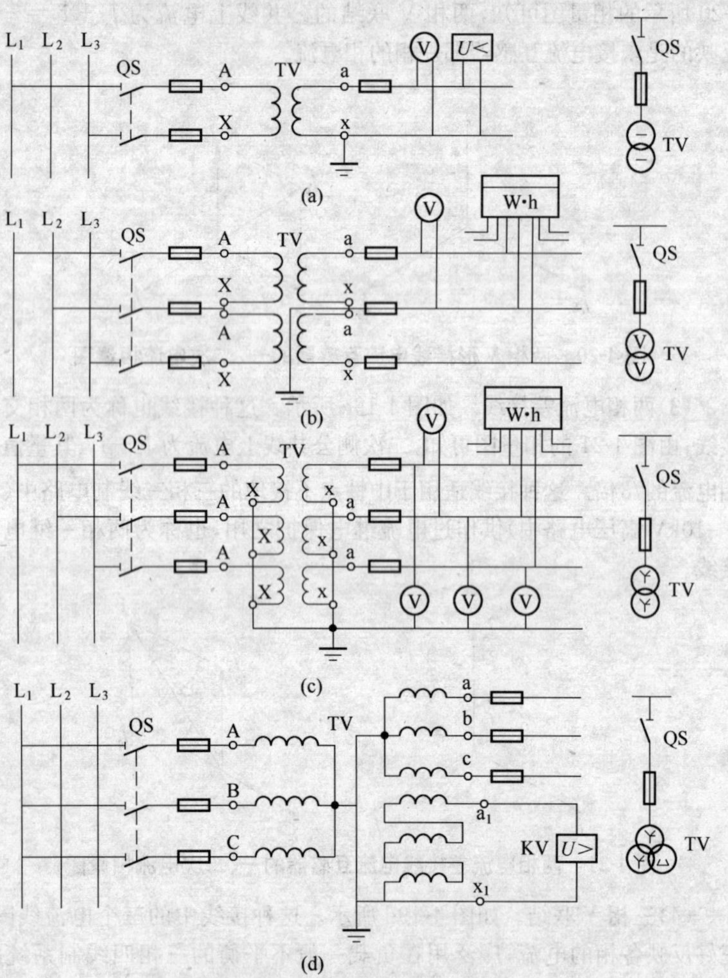

图 4-22　电压互感器的接线方式

(a)一台单相电压互感器　(b)两台单相电压互感器 V/V 联结　(c)三台单相电压互感器 YNyn 联结　(d)三台单相三绕组电压互感器或一台三相五心柱电压互感器接线

(2)两台单相电压互感器 V/V 联结。如图 4-22b 所示。V/V 联结又称不完全三角形联结，广泛应用于中性点不接地系统或经消弧电抗器接地的系统，可以用来测量各个线电压，用于连接电压表、三相电能表、电力表、电压继电器等。它的优点是接线简单、经济，由于一次绕组没有接地点，减少系统中的对地励磁电流，避免产生内部过电压。但由于这种接线只能得到线电压或相对于系统中性点的相电压，因此，使用有局限性，它不能测量相对地电压，不能起绝缘监察作用和做接地保护用。

为了安全，通常将二次绕组 V 相接地。

(3)三台单相电压互感器 YNyn 联结。如图 4-22c 所示。这种接线方式能满足仪表和继电保护装置取用相电压的要求。在一次绕组中点接地情况下，也可装用绝缘监察电压表。

(4)三相五柱式电压互感器或三台单相三绕组电压互感器接线方式。如图 4-22d 所示。这种接线方式，在 10kV 中性点不接地系统中应用广泛，它既能测量线电压、相电压并能组成绝缘监察装置和供单相接地保护用。为实现绝缘监察，高压侧中性点应接地。两套二次绕组中，yn 联结的二次绕组称作基本二次绕组，用来接仪表、继电器及绝缘监察电压表；开口三角形联结的二次绕组，称作辅助二次绕组，用来连接监察绝缘用的过电压继电器。在系统正常运行时，开口三角形两端的电压接近于零(通常不超过 10V)，当系统发生一相接地时，开口三角形两端出现零序电压，使过电压继电器吸合，发出接地预告信号。

当系统发生金属性接地故障时，开口三角形绕组两端出现的零序电压约为 100V；如果是非金属性接地故障，开口三角形绕组两端的零序电压小于 100V。为保证在系统发生接地故障时，电压继电器可靠灵敏地发出信号，通常电压继电器整定动作电压为 25～40V。

(七)电流互感器的使用方法及注意事项

1. 电流互感器的分类。电流互感器分低压和高压；安装式和便携式；单变比和多变比；精密级和普通级等多种分类方式。

2. 电流互感器的选择方法。

(1)用于监视用的安装式电流表或某些被测电流只在一个较小范围内变化的场合时，应选用单变比的电流互感器。互感器一次侧标定电流值应在被测电流最大值的 1.1～1.3 倍之内。与监视用的安装式电流表配套时，其精度可较低些，一般为 1.0 级及以下。

(2)当使用直读式电流表时(安装式电流表一般为直读式)所选用的电流互感器应与电流表配套。例如，电流表规定用 100/5 的互感器(在表盘上标出)，则应选用一次电流为 100A，二次电流为 5A 的互感器与之配套使用。此时电流表显示的读数即是被测量的实际数值。

(3)用于被测电流变化范围较大的场合时，应选用多变比电流互感器。互感器的一次电流最大标定值(包括附加穿芯一次线圈后的标定值)应为被测电流最大值的 1.2 倍左右。

3. 电流互感器二次负载阻抗的匹配要求。电流互感器二次负载阻抗 Z_L 为

$$Z_L=\frac{S_N}{I_{2N}^2} \tag{4-37}$$

4. 电流互感器的极性。电流互感器一次绕组的头尾出线端分别用 L_1 和 L_2 标志；二次绕组的头尾出线端分别用 K_1 和 K_2 标志。L_1 和 K_1 为同极性；L_2 和 K_2 为同极性。

5. 电流互感器的正确接线。

(1)电流互感器的一次应串联在被测电路中，其标有 L_1 的端子应与电源相接，标有 L_2 的端子应与负载(用电器)相接。

对穿心式互感器，电源线应由标有 L_1 的一端穿入，穿过后去接负载，电源线穿过互感器中心孔几次，即为几匝，如图 4-23 所示。

(2)电流表或功率表的电流回路与电流互感器的二次 K_1、K_2 相接。与功率表的电流回路相接时，其 K_1 端应接功率表标有“ * ”的一端(该端被称为“发电机端”)。

(3)K_2 端子和铁心均应可靠接地。

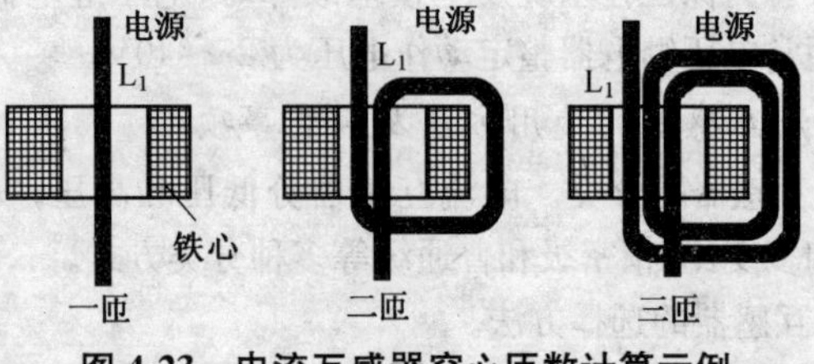

图 4-23　电流互感器穿心匝数计算示例

6. 电流互感器使用注意事项。

(1)为了防止一、二次绕组间绝缘击穿时，一次的高电压窜入二次，危及人身和设备的安全。电流互感器的铁心和二次绕组 K_2 端必须可靠接地。

(2)在通电使用中，电流互感器的二次回路绝对不许开路。

为此，在实用线路中，通常采取如下措施：

①电流互感器的二次电路中不应安装熔断器。

②用一个开关和电流表并联相接，使用电流表读数时开关打开，在有必要时将开关闭合。对于交流电动机试验，设置这一开关还有另一个更大的用途，就是在电动机通电起动时，将该开关闭合，让较大的起动电流的绝大部分从开关上通过，从而避免电流表通过较大的过载电流而损坏，这就是所谓的"封表"，这种开关也被称为"封表开关"或"封互感器二次开关(简称封二次开关)"。

③对于多变比互感器，在通电试验测量中需更换变比时，应按首先合上预更换的变比开关，再断开原用变比开关的原则进行操作，即为"先合后断"原则。

(八)电压互感器的使用方法及注意事项

1. 电压互感器的分类。电压互感器分高压和低压；单变比和多变比；精密级和一般级等多种分类方法。

2. 电压互感器的测量接线及使用注意事项。

(1)电压互感器一次绕组线端分别用 A 和 X 标志；二次的两端分别用 a 和 x 标志，其极性对应关系是：A 与 a 同极性；X 与 x 同极性。

(2)与电路连接时，电压互感器一次绕组的两端应与被测电路并联，二次绕组与电压表连接。一、二次回路中都要加入适当容量的熔断器(一般为 2A 左右)，以防电路短路。

(3)电压互感器在使用中，其二次回路严禁短路，否则将可能对互感器造成较大的损坏。

(4)当用于采用两功率表法测量功率的线路时，电压互感器一次绕组的首端(A 端)应与功率表电流测量相的一次电源线相接，尾端(X 端)接中相；二次绕组的首端(a 端)应与功率表带"*"的电压端钮相接。

(5)为保证安全，二次绕组和铁心都应可靠接地。

二、自耦变压器和调压器

(一)自耦变压器

具有两级电压的自耦变压器又叫单线圈变压器。这种变压器仅有一个绕组，但也有一、二次之分。该绕组内有一部分为一、二次所公用，它仍是基于电磁感应原理而工作，只是其部分能量的传递为其自身耦合进行，如图 4-24 所示。

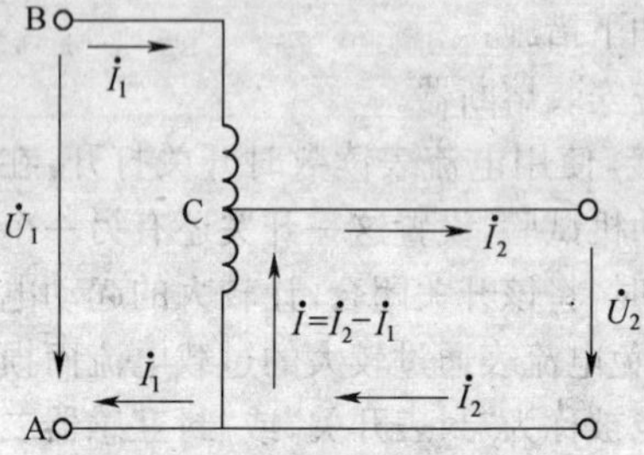

图 4-24 自耦变压器原理图

图中在绕组 A、B 端加一次电压 $U_1=U_{AB}$，绕组内 AC 部分为一、二次公用，它既是二次绕组的全部，又是一次绕组的一部分。在无负载($I_2=0$)情况下，它与普通双绕组变压器空载情况相同。此时二次电压为

$$U_{AC}=\frac{U_{AB}}{N_{AB}}N_{AC} \tag{4-38}$$

令

$$K_A=\frac{N_{AB}}{N_{AC}} \tag{4-39}$$

则

$$U_{AC}=\frac{U_{AB}}{K_A} \tag{4-40}$$

式中 N_{AB}——AB 绕组的匝数；

N_{AC}——AC 绕组的匝数；

K_A——自耦变压器电压比。

K_A 的数值在 1 与 2 之间。当 $K_A=1$ 时变压器即失去意义，完全变成沿导线送电；K_A 超过 2 时自耦变压器失去其经济性，高压与低压相差很多，电气上又连在一起，低压侧的一切设备都要按高压侧要求来考虑(绝缘)，这样既不方便，也不安全。一般情况下，$K_A=1.2\sim2.0$。

因为自耦变压器的一、二次绕组的电路直接连接，不能用于要求一、二次绕组互相绝缘的场所，不能作安全变压器用。

自耦变压器和相同容量的普通变压器相比，消耗材料少，因而成本低、体积小、重量轻，便于运输和安装，损耗小，工作效率较高。自耦变压器广泛地用于三相笼型异步电动机减压起动用的补偿起动器。

(二)调压器

调压器是实验室和电气试验的常用设备。

1. 分类。调压器类别大致有下列几类：

(1)从相数上分为单相及三相两类。

(2)从冷却方式上分为空气自冷(干式)及油浸式两类。

(3)从结构上分为接触式、感应式及移圈式三类。

2. 结构特点。

(1)接触式调压器。是干式调压器类的一种。主要由铁心、绕组、外

壳及调节装置等组成。铁心为环形铁心，老产品采用热轧硅钢带加工而成，新型产品如 TDGC2、TSGC2 等系列产品，采用优质冷轧硅钢带加工而成。

接触式调压器是用圆形高强度漆包线缠绕成多层圆环形集中绕组，套装在环形铁心外面。绕组最外一层线圈约 1/3 圆弧面上漆皮通过专门弧面磨漆皮机或专用工具被清除掉，使该部分呈裸铜面，以便和电刷有良好的接触而实现调节输出电压的目的。对于 TDGC2、TSGC2 产品，绕组采用 QZZ 聚酯高强度漆包圆铜导线绕制，电刷选用铜石墨复合电刷。

该类调压器结构简单，最大容量为 30kV·A。运行中易出现电刷与外层裸铜线接触不良情况。

(2)感应式调压器。外形和结构与三相绕线转子异步电动机相似，有定子部分及转子部分，在运行中调压器的转子是处于制动状态下工作，其工作原理同变压器。在感应调压器定子外壳上还有蜗轮传动机构，当调节蜗轮转动时，即达到调节转子和定子相对位置，两者间产生角位移而调节了输出电压。

该类调压器结构型式分为单相及三相两类；从一、二次绕组所用导线又分为铜导体绕组和铝导体绕组两种。

(3)移圈式调压器。一般为大容量油浸式的单相、三相结构。其外形同普通单相、三相油浸式电力变压器。

移圈式调压器的铁心采用壳式结构，由硅钢带经剪切成叠片再叠成壳式结构。其绕组通常为圆筒式绕组，绕组导线直接缠绕在胶木圆筒上。

移圈式调压器绕组分为三组。其中两套为主绕组，两套绕组采用同线规、同匝数绕制外形相同的绕组，但这两套绕组必须绕向相反，或两者相反连接，分别套在铁心中柱上、下部分；另一套为短路绕组，它套在两主绕组之外且可上下移动，构成所谓移圈式调压器。

三、试验变压器

1. 应用范围。试验变压器是电机、变压器、电器产品制造修理中不可少的一种耐压试验用电气设备。一般为升压变压器，对运行的变压器现场试验，一般用轻型试验变压器；对 6kV、10kV 级变压器等电力设备的耐压试验，用 50kV 级升压试验变压器；对 35kV 级变压器等电力设备的耐压试验，用 200kV 级升压试验变压器；对 35kV 以上电压等级的高压、超高压变压器等电力设备的耐压试验，用大于被试设备一次额定电压5倍以上的超高压试验变压器，如选用500kV、700kV、800kV级和一定容量级的升压试验变压器。

2. 分类。

(1)从结构上分。有铁壳式和绝缘外壳式试验变压器两种。

(2)从电源频率上分。有工频、倍频、中频、高频等几种频率级试验变压器。

(3)从电压等级上分。有低压、高压、超高压等试验变压器。

(4)从使用形式上分。有轻型移动式、固定式、单台使用、两台或多台串级使用试验变压器等。

3. 结构特点。试验变压器一般为单相、户内装置，均为油浸自冷式结构。其电压高、电流小，绕组绝缘层较厚，高压绕组一端接地。试验变压器的结构型式主要分为单套管式、双套管式、绝缘筒式三种。

(1)单套管式试验变压器。该类试验变压器的铁心为单相单柱旁轭式，用热轧或冷轧硅钢片加工而成。绕组有高压绕组、低压绕组及串级励磁绕组。高压绕组为分段式及圆筒式结构；低压绕组为圆筒式，二次绕组一端用高压套管引出，一端接地用低压套管引出。通常低压绕组放在里面，高压绕组放在外面。

有励磁绕组的单套管式试验变压器的励磁绕组，因放置靠在高压绕组旁，它的高压端与高压绕组的高压端从同一套管中引出。

(2)双套管式试验变压器。该类试验变压器的铁心为单相双柱式，采用热轧或冷轧电工硅钢片加工而成。绕组有高压绕组、低压绕组、平衡绕组及串级励磁绕组。该4种绕组在左、右铁心柱上放置位置不一样，在左铁心柱上绕组放置位置，由内向外依次为：平衡绕组、高压绕组，低压绕组；在右铁心柱上绕组放置位置是：平衡绕组、高压绕组及串级励磁绕组(有的没有)。两铁心柱上的高压绕组互相串联，连接点为中点和铁心连接；左、右铁心柱上的平衡绕组以同极性互相并联，其一个连接点也接铁心。

高、低压绕组一般为圆筒式结构。通常高压绕组绕成下大上小的宝塔形状，这样每节绕组同铁心不等电位，其与铁心间电位差越大的部位，对铁轭的绝缘距离也越大。

(3)绝缘筒式试验变压器。它的油箱和套管均由环氧玻璃布板或酚醛布板做成绝缘式的圆筒，既当油箱又绝缘。铁心柱不是左右排列的立式，而是上下排列的横向放置结构，也是用热轧或冷轧电工硅钢片加工而成。

四、整流变压器

1. 分类。整流变压器的种类很多。从相数上分为单相、三相及多相(如6相、12相等)；从冷却方式上分为干式及油浸式；从用途上分为电力拖动用整流变压器、牵引整流变压器、电炉用整流变压器、电解电镀用整流变压器等；从调压方式上分为不调压、无载调压及有载调压3种整流变压器。

2. 结构特点。不论是干式还是油浸式整流变压器，其基本结构与普通电力变压器相同。但整流变压器另有其特殊结构特点，即

(1)整流变压器一、二次视在功率不相等，而且二次视在功率大于一次视在功率。

(2)整流变压器阻抗比普通电力变压器的大，所以其外形较短粗，绕组和铁心的机械强度比电力变压器高。

(3)整流变压器漏抗压降大，输出外特性较软，所以它有特殊的绕组联结组及补偿装置。

(4)整流变压器的绝缘强度及绝缘厚度比同电压级、同容量电力变压器大。

(5)整流变压器绕组的一次和二次的连接方式，对于三相整流变压器，通常一次只有星形联结和三角形联结两种；而二次为了输出不同相数的电压，连接法有简单式和复杂式两大类，每类又有多种连接型式。

五、炼钢电弧炉变压器

(一)电弧炉变压器的特点

由于炼钢工艺的需要，电弧炉变压器具有如下特点：

1. 变压器二次低电压大电流。为调节输入炉内的功率，二次的电压需要经常变换，其二次最高电压与最低电压之比往往达到2∶1和3∶1，为了缩短作业时间，这种调换必须在负载条件下进行。大电流线圈及其引出线的结构，比电力变压器要复杂得多。

2. 能够适应经常发生的工作短路，其短路电流大约可达额定电流的2～3倍，同时应具有相当时间的20%的过载能力。要求变压器必须具备足够的机械强度和耐热能力，以及防止操作过电压的绝缘结构。

3. 大多数电弧炉变压器都采用强迫油水冷却装置。

(二)电弧炉变压器的结构

1. 要求具有特殊加固的二次大电流绕组。二次大电流绕组多采用数根并联导线组成。为防止杂散损耗,这些并联导线必须进行换位或采用多个饼式绕组并联。在大型高功率三线圈的变压器中,主变压器和串联变压器的绕组是连续绕制,构成8字形线圈。

为防止由频繁的短路电流导致因反复电动应力作用使绝缘收缩变化而造成线圈的匝间绝缘破坏,电弧炉变压器绕组线圈必须具有特殊的加固手段,这种线圈的夹紧强度应力为同等容量电力变压器的两倍以上,这就要求在检修时,应采用收缩力小的层压纸板作绝缘,应用特制的框架和油压千斤顶夹紧线圈,使它不产生空隙。由成型绝缘件与线圈组成一体,保证其弯曲强度合乎标准,制出坚固的线圈,为使线圈达到最大的夹紧力,在线圈夹紧前应进行充分的干燥处理。

2. 多数情况采用交叠式的绕组。电弧炉变压器的绕组多数情况采用交叠式。这种绕组的特点是高压绕组和低压绕组的尺寸一样,把它们沿着铁心高度方向顺序交替配置起来。采用交叠式绕组的主要原因是变压器二次电压较低,绕组匝数不多,由于电流较大,需要较多的并联支路,这些支路还必须与高压绕组相交叠,这样对焊接和二次大电流引线都较方便。另外,由于交叠式绕组短路时产生的电动力主要是轴向,为加强绕组的机械强度,采取的措施较方便,例如采取开口的环形钢板再加上锁紧螺母压紧等结构型式。

对一次电压在35kV以上或带有调压线圈的大型电弧炉变压器,其绕组采用同心式结构。此时,一次绕组和调压线圈放在里面靠近铁心,而低压绕组放在外边。同心式绕组短路时产生的电动力主要是径向力。因此,对绕组的压紧措施不如交叠式方便,特别是在高压侧引出线端易发生事故。

两种绕组中的电动力如图4-25和图4-26所示。

3. 大电流引线和大电流出线端子。在变压器内部,为降低大电流引线的电抗和损耗,要求大电流引线电流方向相反的导体必须靠近布置。

中小型电弧炉变压器出线端子大都是顶出线,即自冷平板式端子。它通过绝缘板从顶部,并接开口三角形联结引出。高功率大型电弧炉多采用侧出线并采用水冷端子。水冷端子是采用厚壁铜管弯成U形,由

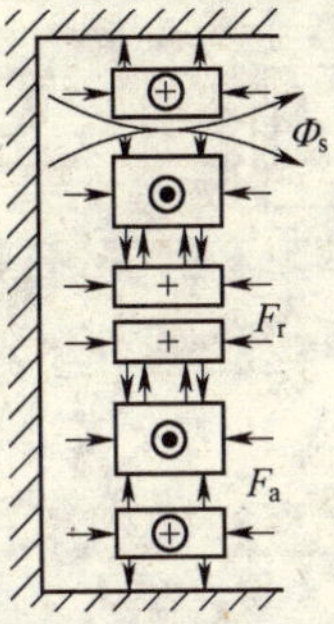

图 4-25 交叠式绕组中径向力和轴向力方向示意图

Φ_s. 漏磁通 F_r. 径向力 F_a. 轴向力

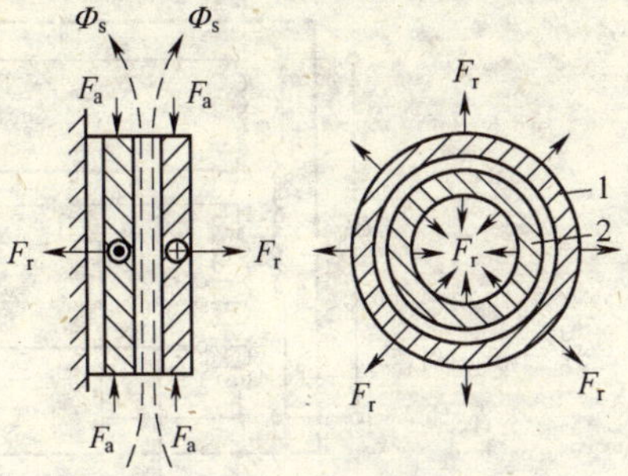

图 4-26 同心式线组中径向力和轴向力方向示意图

1. 低压绕组 2. 高压绕组 Φ_s. 漏磁通 F_r. 径向力 F_a. 轴向力

绝缘板和密封圈压紧引出并通水冷却。

为了防止大电流磁场造成的变压器油箱局部过热和漏油，不论顶部或侧面出线，均要采用性能良好的绝缘板、非磁性钢体及耐热的密封垫圈，组合成经久耐用的二次出线。

4. 变压比大，经常在较大范围调节。对中小型电弧炉变压器调整二次电压多采用 D—Y 变换或改变一次绕组匝数来调节。

对高电压大容量的高(超)功率电弧炉的变压器，由于一次电压很高(110～220kV)，调节范围较大，多采用串联变压器的调压方法，这种大型变压器实际上是两台变压器共用一个油箱。其中主变压器绕组 1 与电源相连接，主变压器的低压绕组 2 与串联变压器的二次绕组 5 相连，主变压器带抽头的第三绕组 3 与串联变压器的一次绕组 4 相连。通过绕组 3 的分接头变换，使绕组 4 和 5 的端电压以及输出电压 U_2 得到调节。绕组连接如图 4-27 所示。

这种调压方式的特点是：输出电压 U_2 成等差级数变化；第三绕组以及有载分接开关的电压(电流)值可以人为地选择；第三绕组中的电流与负载电流大小成正比，可以此监视和控制负载电流；第三绕组端还可外接补偿装置。

有载调压开关是电弧炉变压器安全运行重要环节，因为输入炉内的功率的大小是靠调节二次电压来实现的。国内生产的有载调压开关实

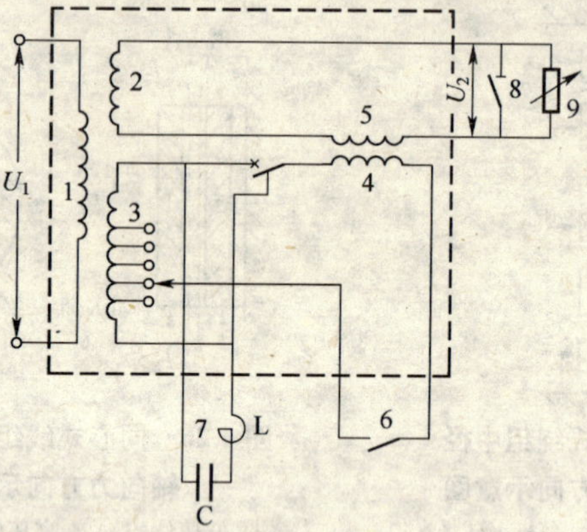

图 4-27 串联变压器调压接线原理图

1. 主变压器一次绕组 2. 主变压器二次绕组
3. 调压绕组 4. 串联变压器一次绕组 5. 串联变压器二次绕组
6. 控制开关 7. 外接补偿装置 8. 安全接地开关 9. 电弧负载

际上均在无载下使用，而且常因传动机构和触头不同步发生事故。国外应用带有真空管式的有载分接开关，使可靠性大大提高。

5. 采用强迫油循环水冷装置。小型电弧炉变压器采用油浸空气自然冷却。但由于熔化期变压器过载运行，温升较高，为保持变压器绕组和铁心不至过热，近年来，几乎所有电炉变压器都配备了强迫油循环水冷装置。中型或大型炉均由生产厂成套供应水冷装置。强迫油循环水冷方式装置占地面积小，可安装在炉用变压器室内。为了保证冷却水不致因油管质量不佳而渗入管内，要求油压必须大于水压，并配套相应的流量和水压（油压）保护继电器的信号保护装置。

（三）电弧炉变压器的性能数据和技术要求

带串联电抗器和不带串联电抗器的无励磁调压电弧炉变压器的性能见表 4-25 和表 4-26。

35kV 级和 110kV 级有载调压电弧炉变压器的性能见表 4-27 和表 4-28。

串联电抗器的总损耗应符合表 4-29 的规定。

技术要求的额定性能数据允许偏差见表 4-30。

串联电抗器的额定性能数据允许偏差见表 4-31。

表 4-25　带串联电抗器的无励磁调压电弧炉变压器的性能

一次电压(kV)	6;6.3;10;10.5;11											
额定容量(kV·A)	630	800	1000	1250	1600	2000	2500	3150	4000	5000	6300	8000
空载损耗(kW)	2.4	2.7	3.1	3.6	4.1	4.6	5.2	6.0	7.6	9.4	11.8	15.0
负载损耗(kW)	8.6	11.0	14.0	17.5	22.0	27.0	32.0	39.0	46.0	54.0	63.0	74.0
空载电流(%)	3.0	2.9	2.8	2.6	2.5	2.4	2.3	2.2	2.1	2.0	1.9	1.8

注:1. 表中所列数据均指在最高二次电压下的数值。

2. 表中损耗值不包括串联电抗器的损耗。

表 4-26　不带串联电抗器的无励磁调压电弧炉变压器的性能

一次电压(kV)	6;6.3;10;10.5;11							
额定容量(kV·A)	630	800	1000	1250	1600	2000	2500	3150
空载损耗(kW)	2.2	2.7	3.1	3.7	4.6	5.6	6.7	8.0
负载损耗(kW)	11.0	13.5	16.0	18.5	24.0	28.0	34.5	41.5
空载电流(%)	3.0	2.9	2.8	2.6	2.5	2.4	2.3	2.2

注:表中所列数据均指在最高二次电压下大阻抗时的数值。

表 4-27　35kV 级有载调压电弧炉变压器的性能

一次电压(kV)	35;38.5									
额定容量(kV·A)	10000	12500	16000	20000	25000	31500	40000	50000	63000	80000
空载损耗(kW)	20	23	28	32	39	45	52	61	68	80
负载损耗(kW)	130	150	180	210	240	290	350	410	480	580
空载电流(%)	1.4	1.3	1.1	1.0	0.9	0.8	0.7	0.7	0.6	0.6

注:表中所列的空载损耗和空载电流是指在最高二次电压下的数值,负载损耗是指在恒功率输出时最低二次电压下的数值。

表 4-28　110kV 级有载调压电弧炉变压器的性能

一次电压(kV)	110;121						
额定容量(kV·A)	20000	25000	31500	40000	50000	63000	80000
空载损耗(kW)	34	42	47	54	63	71	85
负载损耗(kW)	220	250	300	360	420	490	590
空载电流(%)	1.0	0.9	0.8	0.8	0.7	0.7	0.6

注:表中所列的空载损耗和空载电流是指在最高二次电压下的数值,负载损耗是指在恒功率输出时最低二次电压下的数值。

表 4-29 串联电抗器的总损耗规定

额定容量 (kV·A)	120	150	190	200	260	280	320	340	350	360	430	460
总损耗 (kW)	2.3	2.5	3.0	3.1	3.8	4.2	4.9	5.0	5.1	5.2	6.2	6.7

表 4-30 电弧炉变压器的额定性能数据允许偏差

项目	空载损耗	负载损耗	总损耗	空载电流	阻抗电压	电压比	
						主分接	其他分接
允许偏差	+15%	+15%	+10%	+30%	±15%	±1%	±2%

表 4-31 串联电抗器的额定性能数据允许偏差

项目	电抗值	总损耗
允许偏差	±10%	±20%

(四)电弧炉变压器专业标准典型的连接图

1. 额定容量为 630～5000kV·A,带串联电抗器无励磁调压电弧炉变压器的连接如图 4-28 所示。

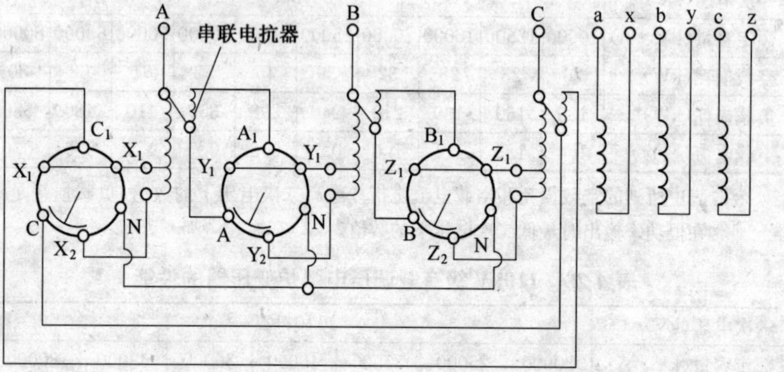

图 4-28 额定容量为 630～5000kV·A,带串联电抗器无励磁调压电弧炉变压器的连接图

2. 额定容量为 630～3150kV·A 不带串联电抗器无励磁调压电弧炉变压器的连接如图 4-29 所示。

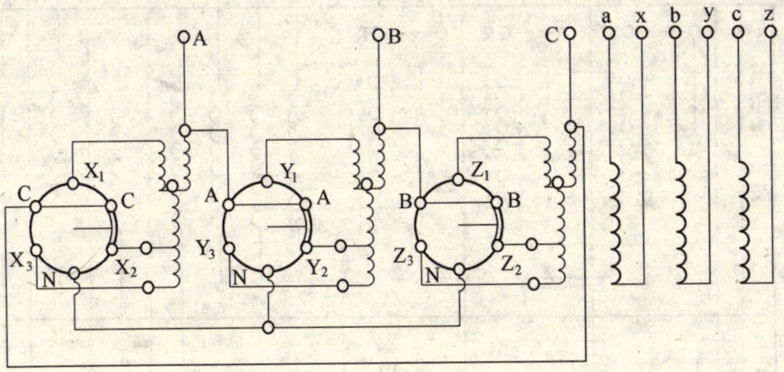

图 4-29　额定容量为 630～3150kV·A，不带串联电抗器无励磁调压电弧炉变压器的连接图

3. 额定容量为 630～8000kV·A，带电抗器无励磁调压电弧炉变压器的连接如图 4-30 所示。

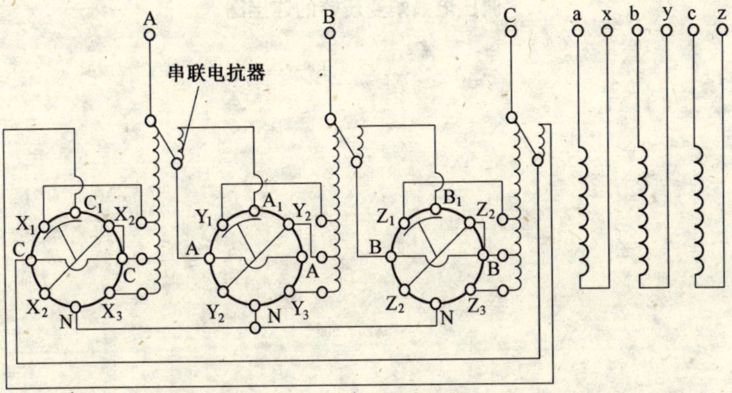

图 4-30　额定容量为 630～8000kV·A，带串联电抗器无励磁调压电弧炉变压器的连接图

4. 额定容量为 10000kV·A 及以上有载调压电弧炉变压器的连接如图 4-31 所示。

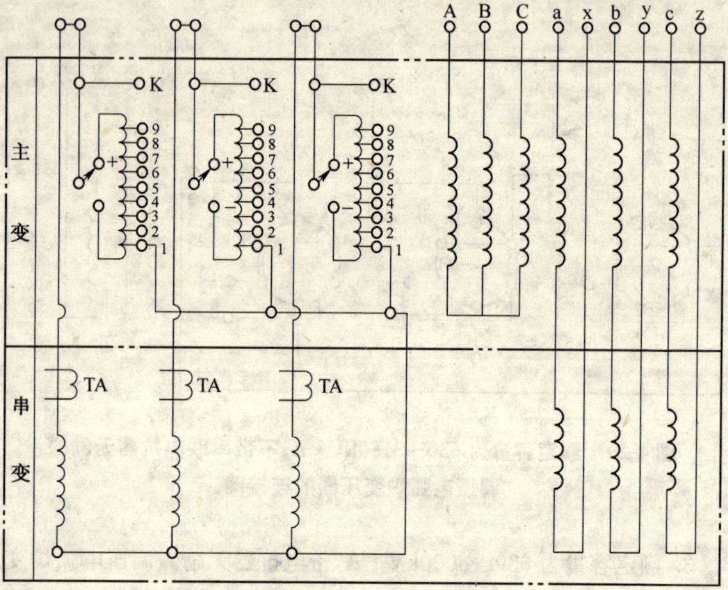

图 4-31 额定容量为 10000kV·A 及以上有载调压电弧炉变压器的连接图

第五章　电动机选择与应用

第一节　电动机基本公式与运行特性

一、三相异步电动机基本计算公式

三相异步电动机基本计算公式见表 5-1。

表 5-1　三相异步电动机基本计算公式

名称	公　式	说　明
同步转速	$n_1=\frac{60f}{p}$	n_1—同步转速(r/min)； f—电源频率(Hz)； p—磁极对数； s—转差率； n_2—转子转速(r/min)
转差率	$s=\frac{n_1-n_2}{n_1}$	
转子转速	$n_2=n_1(1-s)=\frac{60f}{p}(1-s)$	
额定功率	$P_N=\sqrt{3}U_N I_N\cos\varphi\eta\times10^{-3}$	P_N—额定功率(kW)； U_N—额定电压(V)； I_N—额定电流(A)； $\cos\varphi$—功率因数； η—效率
额定转矩	$T_N=9555\frac{P_N}{n_N}$	T_N—额定转矩(N·m)； P_N—额定功率(kW)； n_N—额定转速(r/min)
定子绕组中产生的感应电动势	$E_1=4.44f_1N_1\Phi_mK_{W1}$	E_1—定子绕组中产生的感应电动势(V)； f_1—定子电源频率(Hz)； N_1—定子每相绕组匝数； Φ_m—旋转磁场每极磁通，即穿过定子绕组交变磁通最大值(Wb)； K_{W1}—定子绕组因数

续表 5-1

名称	公　　式	说　　明
转子绕组中产生的感应电动势	$E_2=sE_{20}=4.44sf_1N_2\Phi_mK_{W2}$ $E_{20}=4.44f_1N_2\Phi_mK_{W2}$	E_2—转子绕组中产生的感应电动势(V)； s—转差率； E_{20}—电动机刚接通电源转子未转动时，转子绕组中产生的感应电动势(V)； N_2—转子每相绕组匝数； f_1—定子电源频率(Hz)； Φ_m—旋转磁场每极磁通，即穿过定子绕组交变磁通最大值(Wb)； K_{W2}—转子绕组因数
过载能力(过载系数)	$\lambda_m=\dfrac{T_m}{T_N}$	λ_m—过载能力； T_m—最大转矩(N·m)； T_N—额定转矩(N·m)； λ_S—起动能力； T_S—起动转矩(N·m)
起动能力	$\lambda_S=\dfrac{T_S}{T_N}$	

二、直流电动机基本计算公式

直流电动机基本计算公式见表 5-2。

表 5-2　直流电动机计算公式

名称	公　　式	说　　明
电动势方程式	$E=C_en\Phi$ $C_e=\dfrac{pN}{60a}$	E—感应电动势(V)； n—电机转速(r/min)； Φ—每个磁极气隙磁通(Wb)； p—磁极对数； N—电枢绕组有效导体数； a—电枢绕组中的支路对数； C_e—电动势常数，也叫结构常数，对已制造好的电机来说，C_e 为定值

续表 5-2

名称	公式	说明
转矩方程式	$T=C_t\Phi I_a$ $C_t=\frac{pN}{2\pi a}$	T—电磁转矩(N·m)； Φ—每个磁极气隙磁通(Wb)； I_a—电枢电流(A)； C_t—转矩常数，与电机结构有关； p—磁极对数； N—电枢绕组有效导体数； a—电枢绕组中的支路对数
直流发电机电动势平衡方程式	$U=E-R_aI_a$ 或 $I_a=\frac{E-U}{R_a}$	U—电枢端电压(V)； R_a—电枢内阻(Ω)； E—感应电动势(V)； I_a—电枢电流(A)
直流电动机电动势平衡方程式	$U=E+R_aI_a$ 或 $I_a=\frac{U-E}{R_a}$	U—电枢端电压(V)； E—感应电动势(V)； R_a—电枢内阻(Ω)； I_a—电枢电流(A)
直流电动机的转速特性	$n=\frac{E}{C_e\Phi}=\frac{U-I_a(R_a+R_s)}{C_e\Phi}$	n—转速(r/min) n_0—理想空载转速(r/min)； E—感应电动势(V)； U—电源电压(V)； I_a—电枢电流(A)； C_e—电动势常数； C_t—转矩常数； Φ—每个磁极气隙磁通(Wb)； R_a—电枢内阻(Ω)； R_s—电枢电路串联电阻(Ω)； T—电磁转矩(N·m)； β—机械特性斜率
直流电动机的机械特性	$n=\frac{U}{C_e\Phi}-\frac{R_a+R_s}{C_tC_e\Phi^2}T$ $=n_0-\beta T$ $n_0=\frac{U}{C_e\Phi}$ $\beta=\frac{R_a+R_s}{C_tC_e\Phi^2}$	
直流发电机电压调整率	$\Delta U\%=\frac{U_0-U_N}{U_N}\times100\%$	$\Delta U\%$—电压调整率； U_0—空载电压(V)； U_N—额定电压(V)

续表 5-2

名称	公式	说明
直流电动机功率	$P_1=P_M+\sum\Delta P_a$ $=P_0+\sum\Delta P_a+P_2$ $P_2=P_M-P_0$ $P_1=UI_a\times10^{-3}$ $P_M=E_aI_a\times10^{-3}$	P_1—电动机输入功率(kW)； P_M—电磁功率(kW)； $\sum\Delta P_a$—电枢回路总损耗(kW)； P_0—空载损耗(kW)； P_2—电动机输出功率(kW)
直流电动机效率	$\eta=\frac{P_2}{P_1}=1-\frac{\sum\Delta P}{P_1}$ $=1-\frac{\sum\Delta P}{P_2+\sum\Delta P}$	η—电动机效率； $\sum\Delta P$—电动机总损耗(kW)； P_1—电动机输入功率(kW)； P_2—电动机输出功率(kW)

三、直流发电机的运行特性

直流发电机的运行特性主要是说明发电机运行时，电路中的端电压U、励磁电流I_e和电枢电流I_a三个基本物理量之间的关系。它们是：空载特性$U_0=f(I_e)$，其中$I_a=0$；负载特性$U=f(I_e)$，其中I_a=常数；外特性$U=f(I)$，其中I_e=常数；调整特性$I_e=f(I)$，其中U=常数。在分析运行特性时，认为发电机转速恒定不变和电机的电刷位于几何中性线上。

(一)他励发电机的特性

在直流发电机中，产生主磁场磁通势的励磁绕组由单独的直流电源供电，叫做他励发电机。

1. 空载特性。空载特性是指发电机保持转速不变，空载时($I_a=0$)，端电压U_0与励磁电流I_e之间的关系，即$U_0=f(I_e)$，如图 5-1 所示。空载特性的起始部分，因励磁电流较小，磁路没有饱和，磁通Φ接近正比于励磁电流I_e，即端电压U_0与励磁电流I_e成正比关系，这一段曲线近似直线。随着励磁电流的增加，磁路便逐渐饱和，磁通增加的速度比励磁电流I_e增加的速度越来越慢，特性曲线逐渐弯曲。当励磁电流接着增加时，端电压增加很少，成为特性曲线的平坦部分。

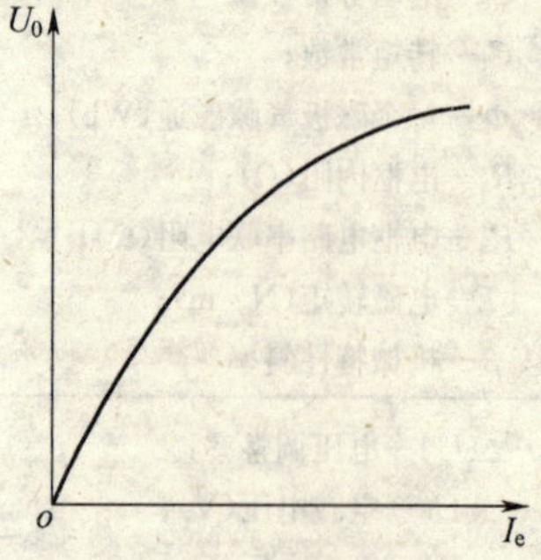

图 5-1 他励发电机的空载特性

直流发电机在额定工作状态下工

作时,电枢电动势通常处于空载特性的弯曲部分。因为在直线部分运行,即使磁通势只有很小的变化,也容易产生端电压的波动。如运行于过度饱和的部分,虽然电压稳定,但需要很大的励磁安匝,使得电机用铜增加,成本提高、损耗增加、效率降低,显然也是不合适的。

2. 负载特性。直流发电机的负载特性,是指发电机保持转速和负载不变,端电压 U 与励磁电流 I_e 之间的关系。负载特性曲线如图 5-2 所示。图中同时画上空载特性曲线,由图可知,在负载为某一常数值时,负载特性与空载特性大致相似,但低于空载特性。也就是说,在达到相同的端电压时,发电机所需的励磁电流值远大于空载时的励磁电流值。负载电流越大,所需的励磁电流也越大,这是因为电枢反应和电枢电阻压降的缘故。

3. 外特性。直流发电机的外特性是指发电机保持转速及励磁电流不变,端电压 U 与负载电流 I 之间的关系,即 $U=f(I)$,如图 5-3 所示。因电枢反应及电枢电阻压降的缘故,发电机的端电压随着负载的增加而下降,特性曲线下弯。

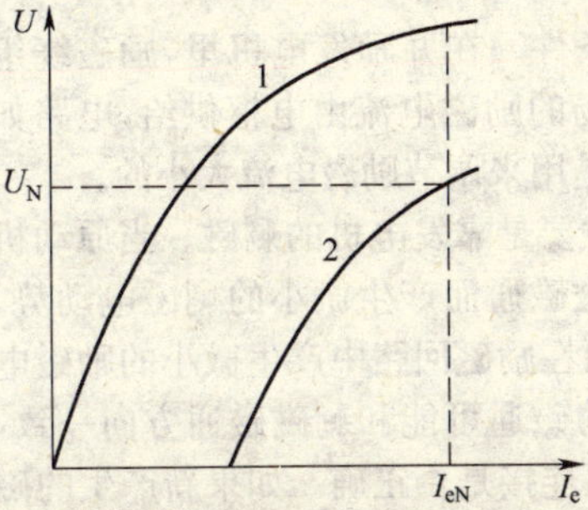

图 5-2　他励发电机的负载特性

1. 空载特性曲线　2. 负载特性曲线

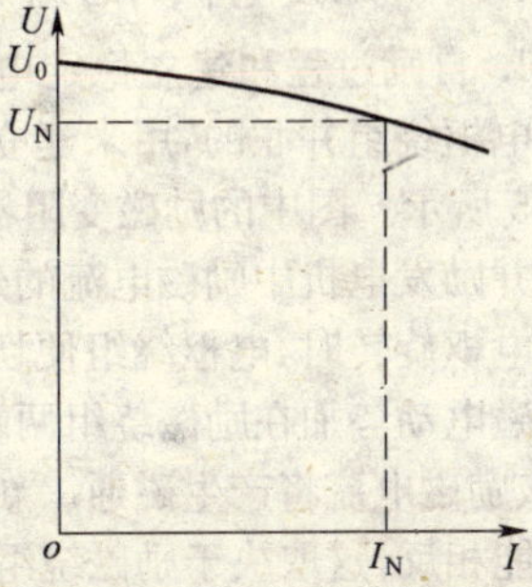

图 5-3　他励发电机的外特性曲线

发电机的端电压随负载变化的程度,可用电压变化率来衡量。额定电压变化率是指 $n=n_N$,$I_e=I_{eN}$,发电机从额定负载过渡到空载时,端电压变化的数值与额定电压的比值的百分数,即

$$\Delta U_N=\frac{U_0-U_N}{U_N}\times 100\% \tag{5-1}$$

式中　ΔU_N——额定电压变化率;

U_0——空载电压(V);

U_N——额定电压(V)。

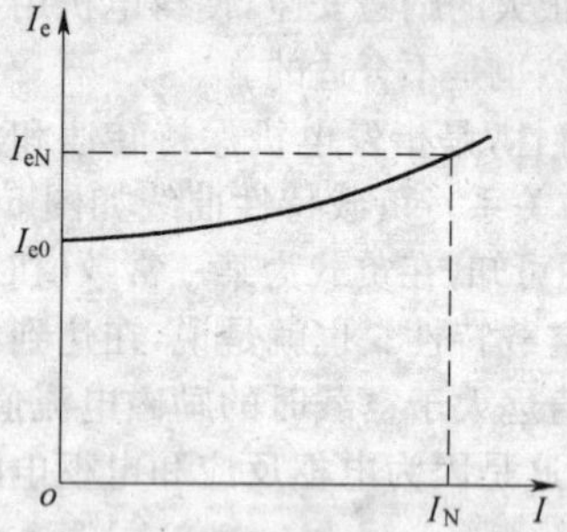

图 5-4 他励发电机的调整特性曲线

通常,他励发电机的 ΔU_N 为 5%~10%,端电压变化不大,可认为是恒压电源。

4. 调整特性。直流发电机的调整特性是指发电机保持转速及端电压不变时,励磁电流 I_e 与负载电流 I 之间的关系,即 $I_e=f(I)$。调整特性是一条上升的曲线,如图 5-4 所示。

从外特性可知,在发电机负载增加时,端电压会降低。为了保持端电压不变,必须相应增加励磁电流,以补偿去磁的电枢反应和电机内部的电阻压降。

(二)并励发电机的自励过程和特性

1. 自励过程和建立稳定电压的条件。在并励发电机里,励磁绕组是和电枢绕组并联的,用来建立主磁场的励磁电流由电枢供给,电路如图 5-5 所示。图中的励磁变阻器 RE 是用来调节励磁电流大小的。

并励发电机中励磁电流的建立,主要是靠发电机的剩磁。当原动机拖动电枢旋转时,电枢绕组便切割剩磁磁通而产生微小的剩磁电动势。此剩磁电动势加在励磁绕组两端,因而在励磁回路中产生微小的励磁电流,该励磁电流将产生磁通。新产生的磁通可能和剩磁磁通方向一致,也可能相反,这取决于励磁绕组和电枢连接是否正确。如果新产生的磁通与剩磁磁通方向相反,则互相抵消,削弱了剩磁,发电机电压便不能建立;如果方向相同,则加强了原来的剩磁场,于是电枢绕组便产生一个较大的电动势,励磁回路中产生一较大的励磁电流,又将产生较大的磁通,磁场继续加强,感应电动势增大。依此类推,直至建立稳定的电枢电压。

另外,励磁回路中总电阻的大小,对并励发电机能否自励而建立稳定电压有很大的影响。在图 5-6 中,如 R_e 为励磁回路总电阻,则 $U=I_eR_e$ 为代表这一关系的电阻线,如图 5-6 中直线 1 所示。图中 $E_a=f(I_e)$是空载特性曲线,是并励发电机在他励情况下作出的。因为并励发电机在略去电枢回路的电阻压降及电枢反应时,在空载情况下与他励发电机相同。由于并励发电机的励磁电流较电机的额定电流小得多,故这种省略不会带来性质的变化。磁场电阻线与空载特性曲线交于 a 点，这就是稳定工作点。如果调节励磁变阻器 RE 的电阻，使励磁回路的总电阻增大，此时电阻线将变陡，如图中的直线 2 和 3 所示。直线 3 和空载特性曲线的直线部分重合（或称相切），这时便没有固定的交点，发电机不能建立稳定工作点，此时励磁回路的总电阻值 R_C 称为临界电阻值。

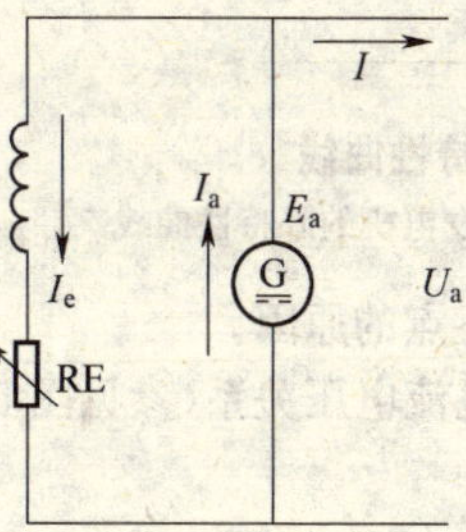

图 5-5 并励发电机的电路图

RE 励磁变阻器

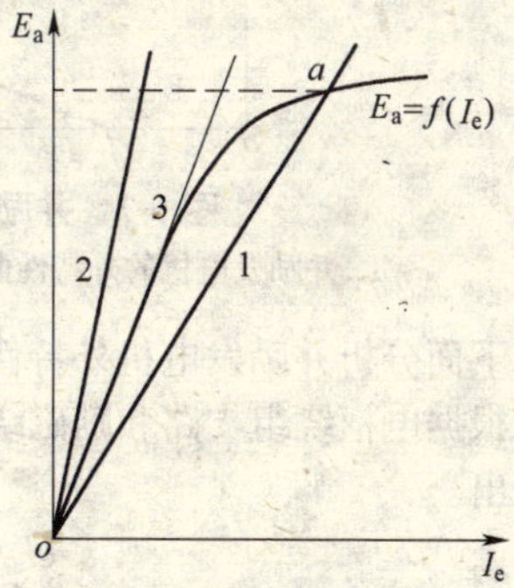

图 5-6 励磁回路电阻值对自励过程的影响

1. $U=I_eR_e$ 2. $U=I_eR'_e$

3. $U=I_eR_C$ $R_e<R_C<R'_e$

综合以上所述，并励发电机自励建立稳定电压的三个条件是：

(1)电机磁路必须具有剩磁，如果剩磁消失，可以用其他直流电源励磁一次，重新获得剩磁。

(2)励磁绕组与电枢绕组并联的极性要正确，即要使励磁电流产生的磁场与剩磁的方向一致，如果接法不正确，只要对换一下励磁绕组的两个线头即可。

(3)励磁回路的电阻值必须大于它的临界值 R_C，一般在电机设计时就给予保证了；在建立电动势的过程中，应将励磁变阻器 RE 放在较小值，电动势建立后，再调节电阻把电压调到所需要的数值。

2. 外特性。并励发电机的外特性是指发电机向负载供电时，保持转速和励磁回路电阻不变，端电压 U_a 与负载电流 I 之间的关系，即 $U_a=f(I)$，如图 5-7 所示。图中的曲线 2 为他励发电机的外特性，曲线 1 为并励发电机的外特性。从曲线 1 可知：随着负载电流的增加，发电机端电压下降；外特性上有“拐点”，和这点相对的电流称为临界电流 I_C，通常不超过额定电流 I_N 的 2～2.5 倍；发电机电枢被短路时（即 $U_a=0$），短

路电流 I_k 不大。

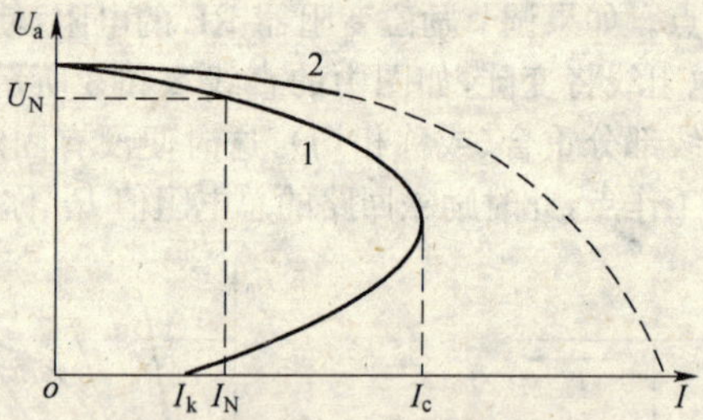

图 5-7 并励发电机的外特性曲线

1. 并励发电机的外特性曲线 2. 他励发电机的外特性曲线

下面分析并励发电机外特性具有上述特点的原因。

根据电枢绕组支路和励磁绕组支路的电流电压关系(参见图 5-5)可以写出

$$U_a = E_a - I_a R_a \tag{5-2}$$

$$U_a = I_e R_e \tag{5-3}$$

式中 U_a——发电机电枢端电压(V);

E_a——发电机电枢电动势(V);

I_a——发电机电枢电流(A);

R_a——发电机电枢电阻(Ω);

I_e——发电机励磁绕组电流(A);

R_e——发电机励磁绕组回路总电阻(Ω)。

由式可知随着负载电流 I 的加大,影响发电机端电压 U_a 下降的原因是:

(1)电枢回路电阻压降 I_aR_a 随负载电流增加而增加。

(2)负载电流增加时,电枢反应的去磁作用也会增强,使得电机主磁通减弱,电枢电动势 E_a 减小。

(3)并励发电机的励磁电流 I_e 是由发电机本身自给的,当电枢端电压降低时,由于励磁回路电阻 R_e 不变,励磁电流就要减小,电机主磁通随之被削弱,这又会促使端电压 U_a 下降。

由于上述三方面的原因,并励发电机的外特性曲线是随负载电流的增加而下降的,这就是图 5-7 中曲线 1 的上半部分。

当负载电流达到临界电流之后,再进一步减小负载电阻,就会使端电压 U_a 和励磁电流 I_e 继续下降。这时电机磁路已处于不饱和状态,励磁电流稍微减小一点，主磁通就会大大减小，致使电动势 E_a、端电压 U_a 下降的幅度大于负载电阻减小的幅度。于是，再减小负载电阻，负载电流不仅不会增加，反而减小。所以，外特性曲线的下面这一部分主要是励磁电流的下降所引起的。

当负载电阻为零，即电枢被短接时，端电压 $U_a=0$，励磁电流也随着消失，电枢绕组中流过的短路电流 I_k，仅仅是由剩磁电动势产生的，所以数值不大。但是应注意，这个结论并不适合于发生突然短路瞬间的情况。因为在突然短路瞬间，励磁绕组中的电流不能突然减小，电机的磁通不能突然减小。此时，发电机必然具有相当数值的感应电动势，而外电路已经短路，故在突然短路时发电机的电流就会达到危险的数值，有时能达到额定电流 I_N 的 8～12 倍。

3. 负载特性及调整特性。在并励发电机中，因为励磁电流很小，其影响可以忽略不计。这样，并励发电机的负载特性曲线及调整特性曲线与他励发电机相同。

（三）复励发电机的外特性

复励发电机具有并励和串励两种励磁绕组，均安装在主极上。并励绕组并联在电枢两端，并励电流只占电枢电流的 5%左右，故导线细、匝数多；串励绕组与电枢串联，其励磁电流等于电枢电流，导线粗、匝数少。串励绕组和并励绕组的磁通势方向相同者，称为积复励；方向相反者，称为差复励。

复励发电机的外特性如图 5-8 所示。在积复励发电机中并励绕组起主要作用，使空载时能产生额定电压；串励绕组的作用是用来补偿负载时电枢回路的电阻压降和电枢反应的去磁作用，使发电机能在一定的负载范围内，基本上保持端电压恒定。这样就克服了他励和并励发电机端电压随负载增加而下降的缺点。

根据串励绕组的补偿程度，积复励发电机又分为平复励、过复励和欠复励。若发电机带上额定负载（$I=I_N$）时，端电压恰好等于空载电压，如图 5-8 中的曲线 2 所示，称为平复励。

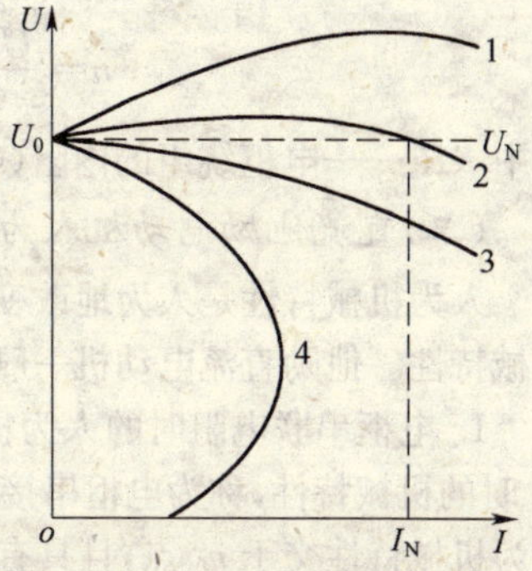

图 5-8　复励发电机的外特性

1. 过复励　2. 平复励　3. 欠复励　4. 差复励

在平复励电机中串励磁通势恰好达到补偿电枢反应的去磁作用和电枢回路的电阻压降的程度。若补偿有余就是过复励，如图 5-8 中的曲线 1 所示；若补偿不足就是欠复励，如图 5-8 中的曲线 3 所示。

差复励发电机，因串励绕组的磁场与并励绕组的磁场极性相反，负载增加时，它的磁场大大削弱，因而端电压急剧下降，如图 5-8 中的曲线 4 所示。差复励发电机通常作为直流电焊发电机。

四、直流他励电动机的机械特性

(一)机械特性方程式

直流他励电动机机械特性方程式为

$$n=\frac{U}{C_e\Phi}-\frac{R}{C_eC_t\Phi^2}T=n_0-\beta T \tag{5-4}$$

$$n_0=\frac{U}{C_e\Phi} \tag{5-5}$$

$$\beta=\frac{R}{C_eC_t\Phi^2} \tag{5-6}$$

式中　n_0——理想空载转速(r/min)；

β——机械特性曲线的斜率；

R——电枢回路总电阻(Ω)。

当直流他励电动机电枢端电压 $U=U_N$，磁通 $\Phi=\Phi_N$，电枢串联电阻 $R_s=0$ 时的机械特性，称为固有机械特性，亦称自然机械特性，其方程式为

$$n=\frac{U_N}{C_e\Phi_N}-\frac{R_a}{C_eC_t\Phi_N^2}T \tag{5-7}$$

式中　R_a——电枢绕组的内阻(Ω)。

(二)直流他励电动机人为机械特性

人为机械特性是人为地改变电动机参数或电枢电压的值而得到的机械特性。他励直流电动机一般有下列三种人为机械特性：

1. 电枢串联电阻时的人为机械特性。当 $U=U_N$、$\Phi=\Phi_N$、$R=R_a+R_s$ 时的机械特性，称为电枢串接电阻时的人为机械特性，如图 5-9 所示。人为机械特性交于 n_0 点，且具有不同的斜率，其特性方程式为

$$n=\frac{U_N}{C_e\Phi_N}-\frac{R_a+R_s}{C_eC_t\Phi_N^2}T \tag{5-8}$$

2. 改变电枢电压时的人为机械特性。当电枢不串联电阻($R_s=0$)，

且 $\Phi=\Phi_N$ 时，改变电枢电压后的人为机械特性方程式为

$$n=\frac{U}{C_e\Phi_N}-\frac{R_a}{C_eC_t\Phi_N^2}T \tag{5-9}$$

一般直流他励电动机的额定电压是电动机工作电压的上限，因此，电枢电压只能减小。当下调工作电压时，n_0 将随电压的降低而降低，特性曲线的斜率 β 不变。改变电压的人为机械特性如图 5-10 所示。它们是低于固有机械特性曲线，与固有机械特性曲线相平行的一组曲线，转速降 Δn 不变化。

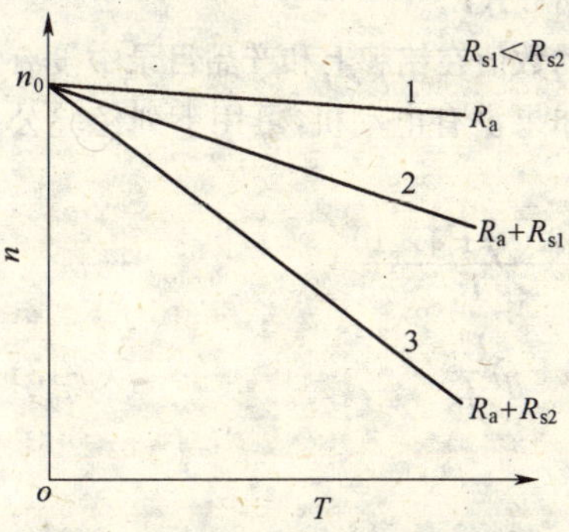

图 5-9　直流他励电动机固有机械特性及电枢串联电阻时的人为机械特性

1. 固有机械特性　2、3. 人为机械特性

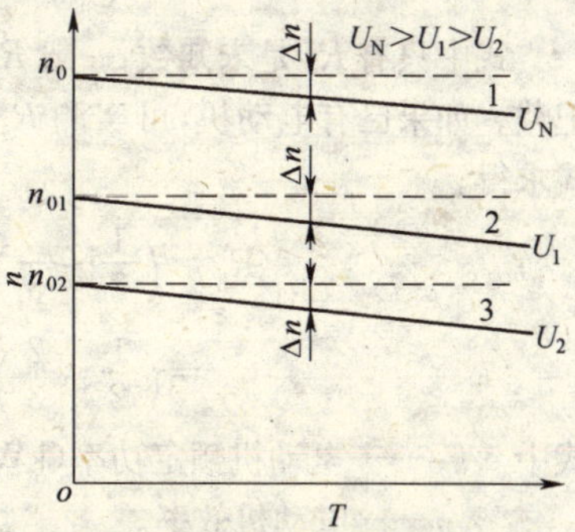

图 5-10　直流他励电动机电枢电压不同时的人为机械特性

1. 固有机械特性　2、3. 降压的人为机械特性

3. 减弱电动机磁通时的人为机械特性。当 $U=U_N$，$R_s=0$ 时，减弱磁通时的人为机械特性方程式为

$$n=\frac{U}{C_e\Phi}-\frac{R_a}{C_eC_t\Phi^2}T \tag{5-10}$$

由上式可知，当 Φ 减小时，理想空载转速 n_0 增加，特性曲线的斜率 β 增大。Φ 为不同值时的人为机械特性 $n=f(T)$ 曲线如图 5-11 所示。

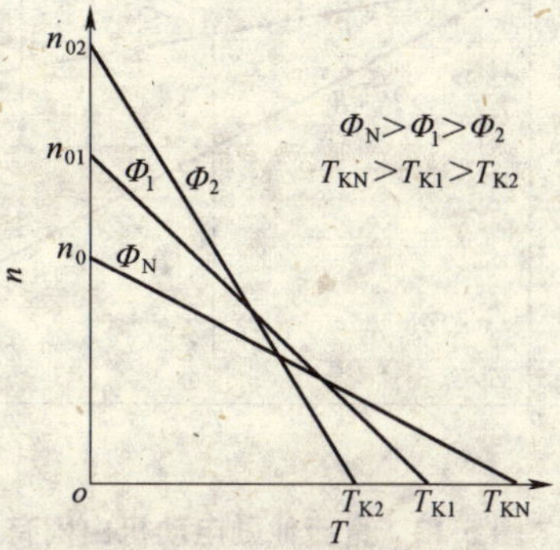

图 5-11　直流他励电动机减弱磁通的人为机械特性

（三）直流他励电动机机械特性的绘制方法

因为直流他励电动机的机械特性是一条直线，所以只要知道特性曲线上的两个点就可绘制了。其中，一点为额定点，即对应于额定转矩 T_N 和额定转速 n_N；另一点为理想空载点，即 $T=0$，$n=n_0$。这些均可根据电动机铭牌上数据 P_N、U_N、I_N 和 n_N 求得。

$$C_e\Phi_N=\frac{E}{n_N}=\frac{U_N-I_NR_a}{n_N} \tag{5-11}$$

$$n_0=\frac{U_N}{C_e\Phi_N}=\frac{U_N}{U_N-I_NR_a}n_N \tag{5-12}$$

式中只有 R_a 是未知数，一般 R_a 的数值在铭牌上和产品目录中没有记载。如果已有电动机，可实测 R_a；如果没有电动机，可用下列经验公式求得。

$$\begin{aligned}R_a&=\left(\frac{1}{2}\sim\frac{2}{3}\right)\frac{U_NI_N-P_N\times10^3}{I_N^2}\\&=\left(\frac{1}{2}\sim\frac{2}{3}\right)(1-\eta)\frac{U_N}{I_N}\end{aligned} \tag{5-13}$$

式中　P_N——电动机额定功率（kW）；

η——电动机效率。

已知固有机械特性曲线，可以绘制电枢外接电阻 R_s 时的人为机械特性曲线。n_0 未变，在同一转矩下，转速降 $\Delta n'$ 和未加 R_s 时的转速降 Δn 有下列关系：

$$\Delta n'=\Delta n\frac{R_a+R_s}{R_s} \tag{5-14}$$

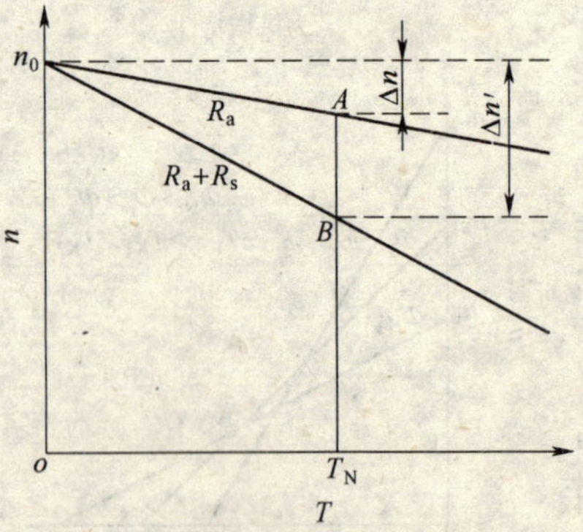

图 5-12　直流他励电动机由固有机械特性绘制串联电阻 R_s 后的人为机械特性曲线的方法

图 5-12 中，连接 n_0 和 B 两点，即可绘制一直线，得到串联电阻 R_s 后的人为机械特性曲线。

已知固有机械特性曲线，也可绘制不同于额定磁通下的人为机械特性曲线。减弱磁通后的人为机械特性曲线的理想空载转速 $n_0'=U_N/C_e\Phi_1$，它和固有机械特性曲线

n_0 之间的关系为

$$n'_0=n_0\frac{C_e\Phi_N}{C_e\Phi_1}=n_0\frac{\Phi_N}{\Phi_1} \tag{5-15}$$

对于同一转矩，在人为机械特性曲线上的转速降是

$$\Delta n'=\Delta n\frac{C_eC_t\Phi_N^2}{C_eC_t\Phi_1^2}=\Delta n\left(\frac{\Phi_N}{\Phi_1}\right)^2 \tag{5-16}$$

在图 5-13 中，连接 n'_0 和 B 两点，即可绘制一直线，得到减弱磁通后的人为机械特性曲线。

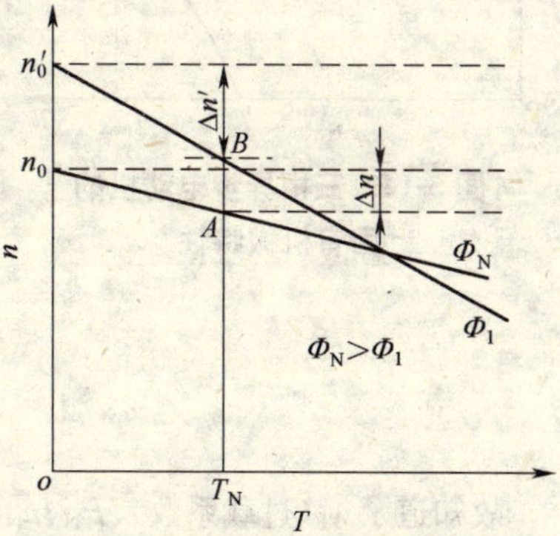

图 5-13 直流他励电动机由固有机械特性绘制减弱磁通后的人为机械特性曲线的方法

五、三相异步电动机的机械特性

三相异步电动机的机械特性和直流电动机一样，也是指电动机的转速与电磁转矩之间的关系，即 $n=f(T)$，它有物理表达式、参数表达式、实用表达式三种数字形式。下面介绍异步电动机机械特性的实用表达式。

$$T=\frac{2T_{max}}{\dfrac{s}{s_{cr}}+\dfrac{s_{cr}}{s}} \tag{5-17}$$

式中 T——电动机的电磁转矩(N・m)；

T_{max}——电动机的最大电磁转矩(N・m)；

s——对应于 T 的转差率；

s_{cr}——对应于 T_{max} 的临界转差率。

三相异步电动机的固有机械特性如图 5-14 所示；各种人为机械特性如图 5-15 所示。

式 5-17 中的 T_{max}(最大转矩)及 s_{cr}(临界转差率)可从电机产品目录所给的数据求得。

因

$$\lambda_T=\frac{T_{max}}{T_N} \tag{5-18}$$

$$T_N=9550\frac{P_N}{n_N} \tag{5-19}$$

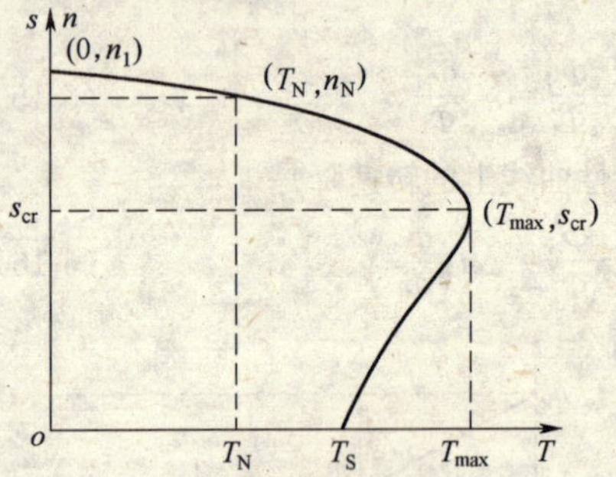

图 5-14 三相异步电动机的固有机械特性

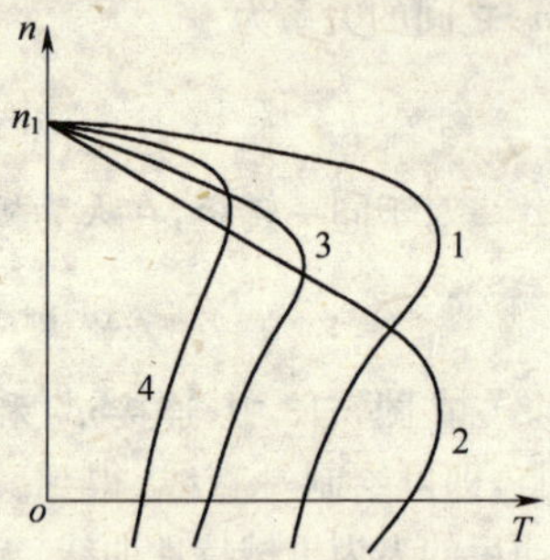

图 5-15 三相异步电动机的各种人为机械特性

1. 固有特性 2. 改变转子电阻后的机械特性 3. 降低定子电压后的机械特性 4. 增大定子绕组电阻或电抗后的机械特性

故知道了 λ_T(过载系数)、P_N、n_N(这三个参数都可由产品目录中查出),便可求得 T_{max}。

取 $s=s_N$,有 $T=T_N$,则有

$$\frac{T_N}{T_{max}}=\frac{2}{\frac{s_{cr}}{s_N}+\frac{s_N}{s_{cr}}}=\frac{1}{\lambda_T}$$

即

$$\frac{s_{cr}}{s_N}+\frac{s_N}{s_{cr}}=2\lambda_T$$

将上式展开,可得

$$s_{cr}^2-2\lambda_T s_{cr} s_N+s_N^2=0$$

解方程式,可得

$$s_{cr}=s_N(\lambda_T\pm\sqrt{\lambda_T^2-1}) \tag{5-20}$$

在计算 s_{cr} 式中,只有正号有实际意义。如果取负号,s_{cr} 恒小于 s_N,这显然是不合理的。

将求出的 s_{cr} 和 T_{max} 值代入实用表达式中,这样就只剩下 s 和 T 两个未知数了,只要给出一系列的 s 值,就可求得相应的 T 值,从而可逐点描绘,获得异步电动机的机械特性。

六、异步电动机的转差率和转子各量的关系

转差率是一个重要参数,它的变化将引起异步电动机内部许多物理

量的变化，现分述如下：

1. 转子电流频率 f_2。异步电动机中转子与定子是相对运动的，所以转子电流频率 f_2 随转子转速不同而改变。旋转磁场以 $n=n_1-n_2$ 的相对转速切割转子绕组，故转子绕组产生感应电流的频率为

$$f_2=\frac{p\Delta n}{60}=\frac{p(n_1-n_2)}{60}=\frac{n_1-n_2}{n_1}\times\frac{pn_1}{60}=sf_1 \tag{5-21}$$

由上式可知，转子电流频率 f_2 与转差率 s 成正比，与转速 n_2 有关。

2. 转子每相绕组中的漏感抗。和定子电流一样，转子电流除产生主磁通外，还要产生漏磁通 Φ_{s2}，它在转子每相绕组中产生漏磁电动势的有效值为

$$E_{s2}=I_2X_{s2} \tag{5-22}$$

$$X_{s2}=\omega_2L_{s2}=2\pi f_2L_{s2}=2\pi sf_1L_{s2} \tag{5-23}$$

式中　X_{s2}——转子漏磁感抗，它与转子频率 f_2 有关(Ω)。

如果用 X_{20} 表示转子不动时的漏感抗，则

$$X_{20}=2\pi f_1L_{s2} \tag{5-24}$$

此时 $f_2=f_1$，转子感抗最大，X_{s2} 又可写成

$$X_{s2}=sX_{20} \tag{5-25}$$

可见，转子绕组的漏感抗也与转差率有关，即转子旋转得越快，转子绕组中的漏感抗越小。

3. 转子导体中的电流 I_2 和转子功率因数 $\cos\varphi_2$。转子绕组中除了有漏感抗 X_{s2} 外，还有电阻 R_2，因此，转子每相绕组内的阻抗 Z_2 为

$$Z_2=\sqrt{R_2^2+X_{s2}^2}=\sqrt{R_2^2+(sX_{20})^2} \tag{5-26}$$

转子每相绕组的电流 I_2 为

$$I_2=\frac{E_2}{Z_2}=\frac{sE_{20}}{\sqrt{R_2^2+(sX_{20})^2}} \tag{5-27}$$

$$\cos\varphi_2=\frac{R_2}{\sqrt{R_2^2+(sX_{20})^2}} \tag{5-28}$$

由此可见，转子电流 I_2 和功率因数 $\cos\varphi_2$ 都与转差率 s 有关。当 s 增大时，I_2 增大，而 $\cos\varphi_2$ 减小。它们之间的关系如图 5-16 曲线所示。

由 I_2、$\cos\varphi_2$ 随 s 变化的规律可见，当 $s=0$ 时，$I_2=0$，当 s 值很小时，$R_2\gg sX_{20}$，式(5-27)简化成 $I_2\approx sE_{20}/R_2$。转子电流 I_2 与转差率近似成正比；当 s 接近 1 时，$sX_{20}\gg R_2$，$I_2\approx E_{20}/X_{20}$，近似为一个常数。

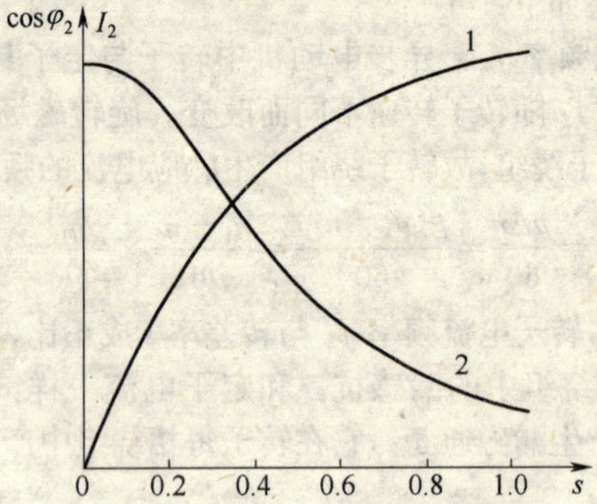

图 5-16　I_2、$\cos\varphi_2$ 与 s 的关系曲线

1. $I_2=f(s)$　2. $\cos\varphi_2=f(s)$

当 s 很小时，$\cos\varphi_2\approx1$；当 s 接近 1 时，$\cos\varphi_2\approx R_2/(sX_{20})$，$\cos\varphi_2$ 与 s 之间接近成反比的关系。

七、电动机的效率曲线和功率因数曲线

（一）电动机的效率曲线

电动机的效率是指电动机的有功输出功率与有功输入功率之比，通常用百分数表示，即

$$\eta=\frac{P_2}{P_1}\times100\% \tag{5-29}$$

式中　η——电动机的效率；

P_2——电动机的有功输出功率(kW)；

P_1——电动机的有功输入功率(kW)。

实际应用中，电动机的效率有额定效率、运行效率、最高效率之分。额定效率 η_N 是指输出功率为额定值时的效率；运行效率 η 是指电动机拖动某负载运行时的工作效率；最高效率 η_m 是指电动机可能达到的最高运行效率，即电动机效率曲线最高点的数值。

电动机的有功功率损耗可用下式计算：

$$\sum P=P_0+\beta^2\left[\left(\frac{1}{\eta_N}-1\right)P_N-P_0\right] \tag{5-30}$$

$$\beta=\frac{P_2}{P_N}\times100\% \tag{5-31}$$

式中　$\sum P$——电动机的有功功率损耗(kW)；

P_0——电动机的空载损耗(kW)；

β——电动机负载率；

P_N——电动机的额定功率(kW)；

P_2——电动机的输出功率(kW)。

电动机的输入功率为

$$P_1=P_2+\sum P \tag{5-32}$$

这样，可将效率计算公式改写成

$$\begin{aligned}\eta&=\frac{P_2}{P_1}\times100\%\\&=\frac{\beta P_N}{\beta P_N+\sum P}\times100\%\\&=\frac{\beta P_N}{\beta P_N+P_0+\beta^2\left[\left(\frac{1}{\eta_N}-1\right)P_N-P_0\right]}\times100\%\end{aligned} \tag{5-33}$$

从上式可知，电动机运行效率与电动机的 η_N、P_0 及 β 有关。对一台电动机而言，η_N、P_0 是固定值，因此，电动机效率的高低取决于电动机的负载率 β。电动机效率随负载率 β 而变化的曲线称之为电动机效率曲线，如图 5-17 所示。

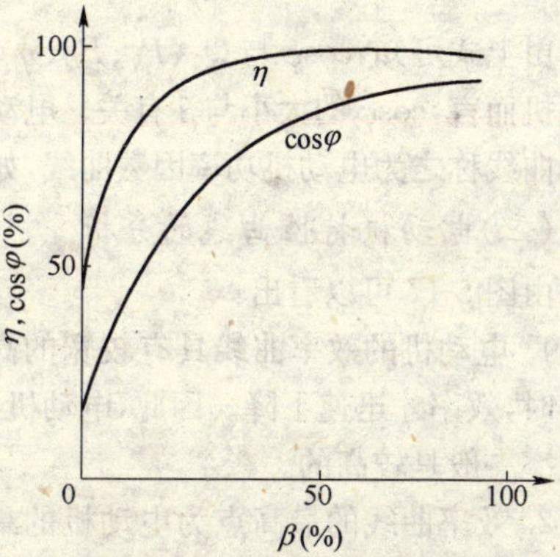

图 5-17　电动机的特性曲线

η. 效率曲线　cosφ. 功率因数曲线

（二）电动机的功率因数曲线

电动机的功率因数是指电动机输入端的有功功率与视在功率之比，即

$$\cos\varphi=\frac{P_1}{S} \tag{5-34}$$

$$S=\sqrt{3}U_1I_1=\sqrt{P_1^2+Q^2} \tag{5-35}$$

$$Q=Q_0+\beta^2\left(\frac{P_N}{\eta_N}\tan\varphi_N-Q_0\right) \tag{5-36}$$

式中 $\cos\varphi$ ——电动机的功率因数；

S——电动机的视在功率(kV·A)；

U_1——电动机输入端线电压(kV)；

I_1——电动机输入端线电流(A)；

Q——电动机的无功功率(kvar)；

Q_0——电动机空载时的无功功率(kvar)。

$\tan\varphi_N$ ——额定功率时功率因数角 φ_N 的正切值。

由式(5-32)、式(5-34)、式(5-35)和式(5-36)可得

$$\cos\varphi=\frac{\beta P_N+P_0+\beta^2\left[\left(\frac{1}{\eta_N}-1\right)P_N-P_0\right]}{\sqrt{\left\{\beta P_N+P_0+\beta^2\left[\left(\frac{1}{\eta_N}-1\right)P_N-P_0\right]\right\}^2+\left\{Q_0+\beta^2\left(\frac{P_N}{\eta_N}\tan\varphi_N-Q_0\right)\right\}^2}} \tag{5-37}$$

由上式可知，$\cos\varphi$ 与 Q_0、P_0、P_N、η_N、$\tan\varphi_N$ 及 β 有关。对一台特定电动机而言，$\cos\varphi$ 的大小与 β 有关。电动机的功率因数随负载率 β 而变化的曲线称之为电动机功率因数曲线，如图 5-17 所示。

(三)电动机特性曲线的分析

由图 5-17 可以看出：

1. 电动机的效率曲线具有较宽的高效率区域，只有当负载率低于40％时，效率才迅速下降。因此，电动机运行时只要负载率不太低，电动机效率一般是较高的。

2. 效率曲线的最高点为电动机的最高运行效率，其对应的负载率为有功经济负载率，用 β_e 表示，从曲线可见，β_e 一般在 60％～80％。

3. 电动机空载时功率因数很低，在 10％～20％，随着负载率增加，功率因数也增大，当 β 为 80％以上，功率因数达到最佳。因此，实际使用中，应尽量避免电动机在轻载状态下运行。

另外，不同系列、不同类型的电动机效率、功率因数均不相同。一般情况下，对同容量的电动机，笼型电动机的效率、功率因数比绕线转子电动机高；转速高的电动机，其效率、功率因数比转速低的电动机高；对同一类型电动机，容量大的电动机，其效率、功率因数比容量小的电动机高。

对于同一台电动机，其效率曲线也不是一成不变的，使用时间过长、维护保养不良都会导致各种损耗增加，使效率曲线下降。

八、电动机性能参数计算实例

例 1 有一台 Z2 型直流并励电动机，$P_N=7.5kW$，$U_N=110V$，$\eta=83\%$，$n_N=1000r/min$，励磁回路电阻 $R_e=41.5\Omega$，电枢回路总电阻(包括电刷接触电阻)$R=0.1504\Omega$，在额定负载时，在电枢回路内串入电阻 $R_s=0.5246\Omega$。试求

(1)电枢回路串入电阻前的电磁转矩 T。

(2)电枢回路串入电阻后，若负载转矩不因转速变化而改变，则到达稳定状态后的转速为多少？

解 (1)输入功率 P_1 为

$$P_1=\frac{P_N}{\eta}=\frac{7.5\times10^3}{0.83}W=9036W$$

输入电流 I 为

$$I=\frac{P_1}{U_N}=\frac{9036}{110}A=82.15A$$

励磁电流 I_e 为

$$I_e=\frac{U_N}{R_e}=\frac{110}{41.5}A=2.65A$$

电枢电流 I_a 为

$$I_a=I-I_e=82.15A-2.65A=79.5A$$

电枢回路功率损失 ΔP_a 为

$$\Delta P_a=I_a^2R=79.5^2\times0.1504W=950.6W$$

励磁回路功率损失 ΔP_e 为

$$\Delta P_e=I_e^2R_e=2.65^2\times41.5W=291.4W$$

电磁功率 P 为

$$\begin{aligned}P&=P_1-(\Delta P_a+\Delta P_e)\\&=9036W-(950.6+291.4)W\\&=7794W\end{aligned}$$

电磁转矩 T 为

$$T=9550\frac{P}{n_N}=9550\times\frac{7.794}{1000}N\cdot m=74.4N\cdot m$$

(2)电枢回路串入电阻前

因
$$n_N=\frac{U_N-I_aR}{C_e\Phi}$$

所以
$$C_e\Phi=\frac{U_N-I_aR}{n_N}=\frac{110-79.5\times0.1504}{1000}$$
$$=0.098$$

电枢回路串入电阻 R_s 后
$$n=\frac{U_N-I_a(R+R_a)}{C_e\Phi}$$
$$=\frac{110-79.5(0.1504+0.5246)}{0.098}\text{r/min}$$
$$=575\text{r/min}$$

例 2 一台直流他励电动机的额定数据为：$P_N=15\text{kW}$，$U_N=220\text{V}$，$n_N=1640\text{r/min}$，$I_N=83\text{A}$，试求

(1)电动机轴上额定转矩与额定电磁转矩。

(2)电动机实际空载转速与理想空载转速。

(3)电动机的固有特性方程式。

(4)电枢回路外加电阻为额定电阻的 1/5 时的特性方程式。

(5)励磁磁通为额定值一半时的特性方程式。

解 (1)根据电动机电枢电阻 R_a 的经验公式可得
$$R_a=0.5\times\frac{U_NI_N-P_N}{I_N^2}=0.5\times\frac{220\times83-15000}{83^2}\Omega$$
$$=0.237\Omega$$

电动机感应电动势系数 $C_e\Phi_N$ 为
$$C_e\Phi_N=\frac{U_N-I_NR_a}{n_N}=\frac{220-83\times0.237}{1640}$$
$$=0.122$$

电动机转矩系数 $C_t\Phi_N$ 为
$$C_e\Phi_N=\frac{C_e\Phi_N}{0.105}=\frac{0.122}{0.105}=1.162$$

电动机的额定电磁转矩 T 为
$$T=C_t\Phi_NI_N=1.162\times83\text{N}\cdot\text{m}=96.45\text{N}\cdot\text{m}$$

电动机轴上的额定转矩 T_N 为
$$T_N=9550\times\frac{P_N}{n_N}=\frac{9550\times15}{1640}\text{N}\cdot\text{m}=87.35\text{N}\cdot\text{m}$$

电动机的空载损耗转矩 T_0 为

$$T_0 = T - T_N = 96.45\text{N}\cdot\text{m} - 87.35\text{N}\cdot\text{m}$$
$$= 9.1\text{N}\cdot\text{m}$$

(2)电动机的理想空载转速 n_0 为

$$n_0 = \frac{U_N}{C_e\Phi_N} = \frac{220}{0.122}\text{r/min} = 1803\text{r/min}$$
$$\approx 1800\text{r/min}$$

(3)电动机的固有特性方程式为

$$n = n_0 - \frac{R_a}{C_eC_t\Phi_N^2}T = 1800 - \frac{0.237}{0.122\times1.162}T$$
$$\approx 1800 - 1.67T$$

(4)电动机的实际空载转速 n'_0 为

$$n'_0 = 1800 - 1.67T_0 = (1800 - 1.67\times9.1)\text{r/min}$$
$$= 1785\text{r/min}$$

(5)当电枢外接电阻 $R_s = 0.2R_N$ 时，其特性方程式为

$$n = n_0 - \frac{R_a + 0.2R_N}{C_eC_t\Phi_N^2}T$$

电动机额定电阻 R_N 为

$$R_N = \frac{U_N}{I_N} = \frac{220}{83}\Omega = 2.65\Omega$$

故

$$n = 1800 - \frac{0.237 + 0.2\times2.65}{0.122\times1.162}T$$
$$= 1800 - 5.41T$$

(6)当 $\Phi = \Phi_N/2$ 时，其特性方程式为

$$n = n'_0 - \frac{R_a}{C_eC_t\left(\frac{\Phi_N}{2}\right)^2}T$$

因

$$n'_0 = n_0\frac{\Phi_N}{\frac{\Phi_N}{2}} = 2n_0$$

故

$$n = 2n_0 - \frac{R_a}{C_eC_t\left(\frac{\Phi_N}{2}\right)^2}T$$
$$= 2\times1800 - \frac{4\times0.237}{0.122\times1.162}T$$

$$=3600-6.69T$$

例 3　一台三相异步电动机，铭牌数据为 $P_N=15\text{kW}$，$n_N=1460\ \text{r/min}$，$\lambda_T=T_{max}/T_N=2.3$，求临界转差率 s_{cr} 和机械特性方程式。

解　此台电动机的同步转速为 $n_1=\frac{60f_1}{p}=\frac{60\times 50}{2}\ \text{r/min}=1500\ \text{r/min}$（4 极），额定转差率 s_N 为

$$s_N=\frac{n_1-n_2}{n_1}=\frac{1500-1460}{1500}$$
$$=0.027（n_2 \text{ 取额定转速 } n_N）$$

电动机额定转矩 T_N 为

$$T_N=9550\frac{P_N}{n_N}=9550\frac{15}{1460}\text{N}\cdot\text{m}=98.1\text{N}\cdot\text{m}$$

电动机最大转矩 T_{max} 为

$$T_{max}=\lambda_T T_N=2.3\times 98.1\text{N}\cdot\text{m}=225.63\text{N}\cdot\text{m}$$

电动机的临界转差率 s_{cr} 为

$$s_{cr}=s_N(\lambda_T+\sqrt{\lambda_T^2-1})=0.027(2.3+\sqrt{2.3^2-1})$$
$$=0.118$$

因此，电动机的机械特性方程式为

$$T=\frac{2T_{max}}{\frac{s}{s_{cr}}+\frac{s_{cr}}{s}}=\frac{2\times 225.63}{\frac{s}{0.118}+\frac{0.118}{s}}\text{N}\cdot\text{m}$$
$$=\frac{451.26}{\frac{s}{0.118}+\frac{0.118}{s}}\text{N}\cdot\text{m}$$

将不同的 s 值代入上式，求出对应的 T 值，列于表 5-3 中，根据表中数值绘出机械特性曲线，如图 5-18 所示。

表 5-3　s 与 T 的对应值表

s	1.0	0.9	0.8	0.7	0.6	0.5	0.4	0.3
T(N·m)	52.5	58.2	65.1	74.0	85.4	100.9	122.5	153.8

s	0.2	0.15	0.1	0.075	0.05	0.027	0.01
T(N·m)	197.5	219.3	222.6	204.3	162.1	98.1	38.0

从图 5-18 中看出，异步电动机的机械特性是由两部分组成：当 $s<s_{cr}$ 时，机械特性近似为直线，通常这一部分称为“稳定”区域，或称为

工作部分；当 $s>s_{cr}$ 时，机械特性是曲线，这一段称为“不稳定区域”，或称为非工作部分。

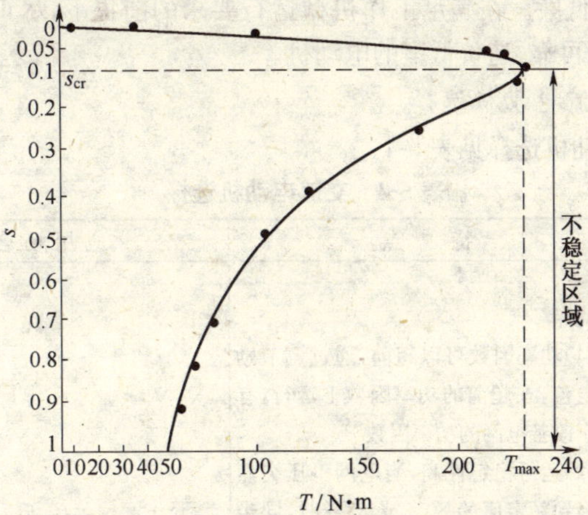

图 5-18 例中异步电动机的机械特性曲线

第二节 选用电动机的原则和方法

一、电动机类型选择

(一)电动机类型选择要求

电动机类型选择要从负载的要求出发，考虑工作条件、负载性质、生产工艺、供电情况等，尽量满足下述各方面的要求：

1. 机械特性。由电动机类型决定的电动机的机械特性与工作机械特性配合要适当，机组稳定工作；电动机的起动转矩、最大转矩、牵入转矩等性能均能满足工作机械的要求。

2. 转速。电动机的转速满足工作机械要求，其最高转速、转速变化率、稳速、调整、变速等性能均能适应工作机械运行要求。

3. 运行经济性。从降低整个电动机驱动系统的能耗及电动机的综合成本来考虑选择电动机类型，针对使用情况选择不同效率水平的电动机类型；对一些使用时间很短、年使用时数也不高的机械，电动机效率低些也不会使总能耗产生较大的变化，所以并不注重电动机的效率；但另一类年利用小时较高的机械，如空调设备、循环泵、冰箱压缩机等，就需要选用效率高的电动机以降低总能耗。

4. 价格低廉。在满足工作机械运行要求的前提下，尽可能选用结构简单、运行可靠、造价低廉的电动机。

(二)交流电动机选择

交流电动机选择见表5-4。

表5-4　交流电动机选择

类型	特　点	应用场合
普通励磁同步电动机	优点 (1)功率因数可以超前，通过调节励磁电流，在超前的功率因数下运行，有利于改善电网的功率因数 (2)运行稳定性高，当电网电压突然下降到额定值的80%或85%时，同步电动机的励磁系统一般都能自动调节实行强行励磁，保证电动机的运行稳定性 (3)在功率因数超前运行下的同步电动机，其过载能力比相应的异步电动机大 (4)同步电动机运行效率高，尤其是低速同步电动机这一优点更加突出 (5)同步电动机的转速不随负载的大小而改变 (6)同步电动机的气隙比异步电动机大，大容量电动机容易制造 缺点 (1)需附加励磁装置。有刷励磁同步电动机，由于励磁装置的电刷和集电环的存在，增加了维修工作量，并限制了电动机在恶劣环境下的使用 (2)变频调速系统比异步电动机复杂	(1)主要用于传动恒速运行的大型机械，如鼓风机、水泵、球磨机、压缩机及轧钢机等，功率在250kW以上，转速为100～1500r/min，额定电压为6kV或10kV，额定功率因数0.9～0.8(超前) (2)600r/min以下大功率交-交变频同步机传动装置用于轧机主传动、水泥球磨机、矿井提升机、船舶驱动等 (3)无刷励磁同步电动机，由于没有集电环和电刷，故维护简单，可用于防爆等特殊场合。我国引进的化工设备中，同步电动机均采用无刷励磁

续表 5-4

类型	特点	应用场合
永磁同步电动机	(1)和电励磁同步电动机相比，省去了励磁功率，提高了效率，简化了结构，实现了无刷化。特别是 100～1000kW 电动机可省去励磁柜。以 110kW 8 极电动机为例，效率高达 95% (2)永磁同步电动机在 25%～120% 额定负载范围内均可保持较高的效率和功率因数，使轻载运行时节能效果更为显著 (3)德国制成 6 相变频电源供电的 1095kW、230r/min 稀土永磁同步电动机，用于船舶的推进。与过去使用的直流电动机相比，体积减少 60%左右，总损耗降低 20%左右	(1)主要应用于纺织化纤工业、陶瓷玻璃工业和年运行时间长的风机、水泵等 (2)变频器供电的永磁同步电动机加上转子位置闭环控制系统，构成自同步永磁电动机，既具有电励磁直流电动机的优异调整性能，又实现了无刷化，这在要求高控制精度和高可靠性的场合，如航空、航天、数控机床、加工中心、机器人、电动汽车、计算机外围设备和家用电器等方面都获得了广泛应用
异步电动机	(1)笼型电动机结构简单、容易制造、价格低廉 (2)绕线转子电动机可以通过在转子回路中串电阻、频敏变阻器或通过双馈改变电动机特性，改善起动性能 (3)功率因数及效率比同步电动机低 (4)调速控制系统比同步电动机简单	广泛应用于工农业和国民经济各部门，作为机床、风机、水泵、压缩机、起重运输机械、建筑机械、食品机械、农业机械、冶金机械、化工机械等的动力。在各类电动机中，异步电动机应用最广 异步电动机的详细应用情况见表 5-5

(三)直流电动机选择

直流电动机的最大优点是运行转速可在宽广的范围内任意控制，无级变速，由直流电动机组成的调速系统和交流调速系统相比，直流调速系统控制方便，调速性能好，变流装置结构简单，长期以来在调速传动中占统治地位。虽然交流调速技术迅速发展，但直流调速在近一个时期不可能被淘汰，尤其在我国，高性能的交流调速定型产品尚少，直流调速理论根深蒂固，并在发展中不断充实，交流调速技术替代直流调速需要经历一个较长的历程。因此在比较复杂的拖动系统中，仍有很多场合要用直流电动机。目前，直流电动机仍然广泛应用于冶金、矿山、交通、运输、纺织印染、造纸印刷、制糖、化工和机床等工业中需要调速的设备上。

直流电动机结构特征和用途见表 5-6。

(四)小功率电动机的选择

1. 小功率电动机的分类。

表 5-5 异步电动机结构特征和用途

产品名称	产品代号		代号汉字意义	结构型式及特性	用途
	新	老			
小型三相异步电动机	Y	J、J2、J3	异	防护式、铸铁外壳，铸铝转子，防护等级为IP23，卧式、机座带底脚，端盖无凸缘，Y 系列中心高 160～315mm	用于不含易燃易爆或腐蚀性气体和较为清洁的场所，驱动各种无特殊要求的机械设备，如机床、泵、风机、压缩机、运输机械等
小型三相异步电动机	Y Y2	JO、JO2、JO3、JO4	异	封闭式，铸铁外壳，壳上有散热筋，铸铝转子，Y 系列防护等级为 IP44，中心高 80～315mm。Y2 系列防护等级为 IP54，中心高 80～355mm	用于灰尘较多、水土飞溅的场所，驱动无特殊要求的机械设备
三相异步电动机	Y	JS、JS2、JK、JK2、JSQ	异	中心高在 355mm 以上，基本型式为防护式，机座带底脚，电机为径向通风，电压等级有 380V，3000V 和 6000V	用于驱动通风机、压缩机、水泵、破碎机、磨煤机、切削机床、运输机械及其他设备等
小型绕线转子三相异步电动机	YR	JR、JR2、JR3	异线	防护式，铸铁外壳，绕线转子，防护等级为IP23，卧式，机座带底脚，端盖无凸缘，YR 系列中心高 160～315mm	用于不含易燃易爆或腐蚀性气体和较为清洁的场所；用于配电容量不足，笼型电动机不能顺利起动的场所；起动时间较长和起动比较频繁的场所；需要小范围调速的场合；连成“电轴”以作同步传动之用。如：压缩机、榨糖机、纺织机、拉丝机、传输机、印刷机等
		JRO、JRO2	异绕	封闭式绕线转子，铸铁外壳，壳上有散热筋，防护等级为 IP44，YR 系列中心高 132～280mm	同 JR、JRO2，用于多粉尘环境中

续表 5-5

产品名称	产品代号		代号汉字意义	结构型式及特性	用途
	新	老			
高滑差率异步电动机	YH	JH	异滑	防护式,结构同 Y(IP23)型电动机,转子用合金铝浇铸	使用在拖动较大飞轮惯量和不均匀冲击负载的金属加工机械,如剪切机、冲压机、锤击机、压延机等
		JHO、JHO2、JHO3	异滑	封闭式,结构同 Y(IP44)型电动机,转子用合金铝浇铸	同 JH,用于灰尘较多、水土飞溅的场所
变极多速异步电动机	YD	JD	异多	防护式,结构同 Y(IP23)型电动机,电机转速可逐级调节,调节简单,有双速、三速、四速三种,定子一套绕组,通过改变接线方法,达到变速,电机引出线为 9～12 根	应用于要求 2～4 种速度的拖动系统,如机床、矿山、冶金、纺织、印染、化工、农机等工业部门
		JDO、JDO2、JDO3	异多	封闭式,结构同 Y(IP44)型电动机,其他同 JD	同 JD,用于灰尘较多,水土飞溅的场所
低振动低噪声三相异步电动机	YZC	JJO、JJO2、JJ、JJD	异振噪	结构同 Y(IP44)系列电动机,具有振动小、噪声低的特点	适用于各种精密机械设备。如振动等级为 S 级的电动机,适用于在电动机轴伸端上直接带刀具的设备(高精度的平面磨床之类)和通过带传动主轴的高精度机床,如丝锥磨床、坐标镗床及坐标机床主体上辅助传动用。振动等级为 R 级的电动机,一般适用于安装在精密升降设备等

续表 5-5

产品名称	产品代号		代号汉字意义	结构型式及特性	用途
	新	老			
高效率三相异步电动机	YX	—	异效	同 Y 系列(IP44)电动机，与 Y 系列对应规格相比，效率平均提高 3%，功率因数平均提高 0.04，总损耗平均下降 28.8%，可大幅度地节约电能	适用于不含易燃易爆或腐蚀性气体的一般场所和特殊要求的年运行时间长，负载率高的机械设备配套，如风机、泵、化工及纺织机械等
低转速电磁调速异步电动机	YCTJ	—	异磁调减	YCT 电机的派生产品，由 YCT 系列电磁调速电动机及减速装置组成。防护等级 IP21，安装型式 B3	适用于轻纺、化纤、化工、锅炉、食品、电子秤等行业作低转速、大转矩的交流无级调速
换向器式(整流子)调速异步电动机	YHT YHT2	JZS、JZS2 JZS2G	异换调	由反装异步机的多相定子、单枢变流机的转子和特殊的移刷机构组成，防护式，铸铁外壳，机座带底脚，端盖上无凸缘的卧式结构，效率和功率因数较高	用于印染、造纸、水泥、制糖、纺织、造船等部门要求变速的机械上
电磁调速三相异步电动机	YCT YCT2 YCTF	JZT、JZT2、 JZTT、 JZTY、 JZT3	异磁调	由笼型电动机、电磁转差离合器、测速发电机组成。JZT、JZT2 采用组合式结构；JZTT 采用整体式结构。测速发电机与调速电动机输出轴共轴	广泛应用于恒转矩无级调速的各种机器设备，例如纺织、化工、印染、电影制片、化纤、冶金、造纸、水泥、橡胶、制糖、塑料和发电厂等工业设备，更适用于拖动递减转矩的离心式水泵和风机负载，用调节转速代替开闭阀门来控制流量和压力，从而获得显著的节能效果，YCTF 系列为风机泵专用

续表 5-5

产品名称	产品代号 新	产品代号 老	代号汉字意义	结构型式及特性	用途
换极式电磁调速电动机	YDCT	—	异磁调	由 YD 系列 4/6 极双速三相异步机作为拖动电机，配用专用控制器，在转速为 700～800r/min 以上或以下时，自动将拖动电机切换成 4 极或 6 极方式运行，从而提高了中低速运行时的效率，节约了电能，并可降低速度下限，扩大调速范围	同上
增安型电磁调速电动机 隔爆型电磁调速电动机	YACT YBCT	JZTA JZTB	异安磁调 异爆磁调	隔爆型或增安型三相异步电动机、全封闭水冷式涡流离合器、内藏式测速发电机组成。防护等级：离合器 IP33；接线盒 IP54	适用于煤矿井下等需要调速的固定设备
低电阻电枢电磁调速电动机	YCTD	—	异磁调低	电枢上采用了低电阻端环技术，与 YCT、JZTY 系列相比，相同功率的电机要缩小 1～2 个机座号，额定最高转速提高 4.2%～10%，具有高效、小型、重量轻等优点	特别适用于离心式风机和水泵的速度调节，以控制流量，有明显的节能效果，也可用于恒转矩负载的无级调速
力矩三相异步电动机	YLJ	JLJ、AJ	异力矩	用电阻率较高的导电材料(如黄铜等)作为转子导条及端环。采用开启式结构，转子具有轴向通风孔，并外加鼓风机散热。小容量电动机亦有采用封闭式结构	用于纺织、印染、造纸、电线电缆、橡胶、冶金等具有恒转矩负载特性或要求一定范围内变速的机械设备

续表 5-5

产品名称	产品代号 新	产品代号 老	代号汉字意义	结构型式及特性	用途
制动三相异步电动机(傍磁式)	YEP	JZD、JPZ2、JP	异(制)傍	转子非轴伸端装有分磁块及制动装置，与电动机组成一体。功率等级与安装尺寸同Y(IP44)。断续工作制 S3，负载持续率25%	使用于一切要求频繁起动及快速准确停车的机械中，如机床、橡胶化工、木工、食品、皮革、包装等机械，以及各种自动生产线上
制动三相异步电动机(附加制动器式)	YEJ	JZD2、JZD3	异(制)加	由 Y 系列电动机和附加圆盘型直流电磁制动器组成。保持了 Y 系列电动机效率高、堵转转矩大的特点，又能快速停车和准确定位。轴向长度比 Y 系列电动机约加长20%。电动机部分防护等级为 IP44，制动器部分为 IP23。电机的安装型式为 B3，也可制成 B5、B35 安装型式	应用于要求快速停车、准确定位的场合，如：起重运输、食品、轻工、包装、印刷、水泥、建筑、木工、化工、机床等机械，以及各种自动生产线上
制动三相异步电动机(锥形转子)	YFZ	JZZ、ZD、ZDY	异(制)锥	封闭式，定子内表面和转子外表面呈圆锥形，它能在断电后 0.5～1s 内迅速制动	用于电葫芦、卷扬机、电动阀门、机床等设备
立式深井泵用三相异步电动机	YLB	JLB2、DM、JTB、JTB2、JD	异立泵	中心高 132mm，在 Y(IP44)系列电动机上派生，其余机座号均在 Y(IP23)系列电动机上派生。机座不带底脚，安装型式为 V6(立式)，下端盖上有凸缘(配)泵体，无轴伸	供驱动立式深井水泵用，适用于工矿企业、农村等吸取地下水的动力设备

续表 5-5

产品名称	产品代号 新	产品代号 老	代号汉字意义	结构型式及特性	用途
增安型三相异步电动机	YA	JAO、JAO2、AJO	异安	外形尺寸较 Y(IP44)系列电动机有所增长，定子绕组温升，单层绕组 80K，双层绕组 70K，接线盒的外壳防护等级为 IP54，基本结构型式为 B3、B5、B35 型	适用于石油、化工、化纤、化肥、制药、轻纺等工业中具有二类爆炸场所的水泵、油泵、鼓风机等设备
浅水排灌潜水异步电动机	YQB	JQB、JN	异潜泵	由水泵、电动机及整体密封盒三大部分组成。具有重量轻、可移动、安装简单、开车前不要引水等优点	广泛使用在国防、城市建设、消防、工农业排灌等方面
电梯用三相异步电动机	YTD YTD2	JTD	异梯电	YTD 为开启式，双速；YTD2 为防护式，三速。短时工作制，电动机轴承采用滑动轴承，运行平稳，噪声低，起动转矩较高，起动电流较小	适用于交流客货电梯及其他各类升降机作驱动动力用
冶金起重用三相异步电动机	YZR YZR2 YZ	JZR、JZR2、JZRH2、JZ、JZ2、JZH2、JZB、JZRB	异重 绕异重	封闭式，铸铁外壳有散热筋。YZR 转子是绕线型，起动性能较好，YZ 转子为笼型。电动机外壳防护等级为 IP44，冶金环境为 IP54，绝缘等级为 F、H 两种，有较大的过载能力和较高的机械强度，基准工作制为 S3=40%	适用于短时或断续运行，频繁起动、制动以及有时过负载和有振动冲击的设备，如各种起重运输机械，冶金辅助设备的电力传动等

续表 5-5

产品名称	产品代号		代号汉字意义	结构型式及特性	用途
	新	老			
电动阀门用三相异步电动机	YDF YDF-WF	—	异电阀 异电阀（户外防腐型）	结构同 Y(IP44)型电动机，转子采用高铝合金，没有出线盒，有三根引出线从电动机前端盖引出，电动机只一种转速（1500r/min），短时工作制，具有起动转矩大、转动惯量小等特点	用于电站中的高温、粉尘、潮湿的场所，作为电站自动化的执行装置——阀门电动装置的动力
齿轮减速三相异步电动机	YCJ	JTC、AJC	异齿减	由封闭式电动机和减速器组成。外壳防护等级为 IP44，绝缘等级为 B。减速箱为封闭式的圆柱齿轮减速器，并根据减速比大小分Ⅰ级、Ⅱ级、Ⅲ级或多级传动。电动机结构型式有 B3、B5、B6、B7、B8、V1、V5 七种。具有体积小，重量轻、噪声低、振动小、效率高等特点	用于冶金、矿山、轻工、化工、钢铁、水泥、印刷、制糖、食品、橡胶、医药、建筑、起重运输、农机等行业的低速和高转矩机械设备
调压调速三相异步电动机	YYT	—	异压调	由软机械特性的三相交流力矩电动机、调压调速控制装置和测速发电机组成。在额定调速范围内能恒转矩无级调速，防护等级 IP21	用于要求恒转矩无级调速的各种机械设备，如纺织、化工、印染、冶金、造纸、水泥等行业，更适用于离心式水泵和风机负载
涡流制动冶金及起重用异步电动机	YZRW	—	异重绕涡	同 YZR 电动机，由 YZR 电动机和涡流制动器组成。绝缘等级为 F、H（冶金），防护等级为 IP44、IP54（冶金），涡流制动器的防护等级为 IP00	应用于各种型式的起重机械中的电力传动的调速，特别适用于那些短时或断续运转，频繁起动、制动，有时过负载及有显著的振动与冲击的设备

续表 5-5

产品名称	产品代号		代号汉字意义	结构型式及特性	用　途
	新	老			
隔爆型三相异步电动机	YB	BJO2、BJO3、JB3、JBO、JBS、BAO、JB	异爆	功率等级和安装尺寸对应关系同 Y(IP44)，仅结构特征和外形尺寸略有差异，接线盒为 IP54，位于顶部	用于设备周围充满可燃性气体或蒸汽与空气形成的爆炸性混合物的场所
户外型、防腐蚀型和户外防腐蚀型电动机	Y-W Y-F Y-WF	JO2-W、JQ-F、JO2-F、JO2-WF	异外 异腐 异外腐	在 Y(IP44)型电动机基础上，采用加强结构材料，密封及工艺防腐蚀措施派生的，电动机外壳防护等级为 IP44 或 IP54	Y-F 型电动机适用于经常或不定期地在一种或一种以上的化学腐蚀性介质环境中的各种机械，如石油、化工、化肥和制药等企业中的水泵、油泵、鼓风机等 Y-W、Y-WF 型电动机用于化工、石油、采矿、农机和国防等部门户外用水泵、油泵、矿山机械设备等
木工用三相异步电动机	YM	JM、JM2、JM3、JDM2	异木	封闭式，铝壳机座，电动机轴较长，同一规格可有几种不同长度的轴伸结构，方便用户安装刀具、带轮和联轴器等，均为 2 极电动机，防护等级 IP44	驱动木工机床，如木工刨床、铣床、钻床、圆锯机等

续表 5-5

产品名称	产品代号		代号汉字意义	结构型式及特性	用途
	新	老			
大型三相异步电动机	YR	JRZ	异绕	卧式，带两个座式轴承，一般为开启式自然通风和管道通风两种，部分电动机是长轴可移式，转子为绕线型	可用于冶金、煤矿、造纸及机械制造等工业部门，驱动轧钢机、卷扬机、水泵、风机、碾煤机、电动发电机组及其他通用机械。本系列电动机不能在运行中反接电源，但可在停转后逆转运行
大型三相异步电动机	Y	JSZ	异	卧式，带两个座式轴承，通风方式为开启式自然通风、管道通风及半管道通风三种	适用于拖动风机、球磨机、破碎机、水泵、压缩机等机械设备
大型三相高速笼型异步电动机	YK	JK、JK1	异(快)	卧式，带底板及座式轴承，冷却方式为管道通风式、封闭自循环(带冷却器)及防护式	可供电力、冶金、炼焦、化工及煤矿等工业部门用于驱动鼓风机、水泵、油泵等机械
大型三相立式笼型异步电动机	YL	JSL、JRL	异立	立式结构，设有推力轴承，通风方式一般为开启式和管道式，也可制成防护式及半管道抽风式	用于驱动立式水泵及其他立式机械

表 5-6　直流电动机结构特征和用途

产品名称	产品代号		代号汉字意义	结构型式及特性	用　途
	新	老			
大型直流电动机	—	ZD	直电	卧式结构，封闭强迫通风，采用座式轴承带底架	适用于过载力矩较大、调速范围较宽的动力机械，如大型轧机等
大中型直流电动机	Z	ZJD	直	一般为卧式，座式轴承，可制成单枢、双枢或三枢，有管道通风、封闭强制通风、两路通风及开启式自然通风 4 种通风方式	适用于驱动调速范围较宽的机械，例如大型轧钢机、卷扬机等
大中型直流电动机	ZJZ	ZKG	直静整	防护式，17 号机座为滑动轴承带底板，15 号及以下为滚动轴承，机座带底脚，可制成单、双圆柱形轴伸，通风方式为管道通风或自带鼓风机	适用于晶闸管整流电源供电，用于拖动轧钢机辅机、卷扬机、造纸机等调速范围较宽的机械
小型直流电动机	Z4	—	直	采用多角形结构，定子磁轭为叠片式，适用整流器供电，能承受脉动电流与电流急剧变化之工况，强迫外通风冷却方式，外壳基本防护等级为 IP21S，一般不带串励绕组，适用于正反转的自动控制中。中心高 100～280mm 的是无补偿绕组的电动机，中心高 315mm 和 355mm 的是有补偿绕组的电动机	适用于静止整流电源供电，广泛用于冶金、机床、造纸、染织、水泥、铁道等工业部门需要平滑调速、效率高、自动稳速、反应灵敏的控制系统

续表 5-6

产品名称	产品代号		代号汉字意义	结构型式及特性	用途
	新	老			
小型直流电动机	—	Z2	直	采用与沿直线成 45°防滴角的防护式，有自通风式（自带风扇轴向通风式）和外通风式（自带鼓风机）仅 7～11 号机座的电动机使用，根据用户要求可不带鼓风机，作为管道通风式	(1)电动机可使用于恒速或转速调节范围不大的电力拖动系统中，恒速运行用于风扇、泵、自动加煤机、小型木工工具机床等。调速运行应用于压缩机、往复机、离心机、混凝土搅拌机、锻床、车床、镗床等。电动机转速调节可削弱磁场向上调速或降低电枢电压向下调速（仅他励电动机使用） (2)发电机可作照明、动力电源或作其他恒压供电之用 (3)调压发电机可作蓄电池组充电及供电缓冲之用
小型直流电动机	—	Z3	直	和 Z2 系列相比，有转动惯量（GD^2）小，调速范围广，体积小，重量轻等优点	电动机使用于恒速或调速范围不大的电力拖动系统中，广泛应用于金属切削机床、造纸、水泥、染织等工业部门 发电机可作为照明动力电源或其他恒压供电之用
广调速直流电动机	ZT	ZT2	直调	与 Z2 系列直流电机相同	适用于一般正常工作环境，以调节励磁电流的方法变速，供转速调节范围为 3∶1 及 4∶1 的电力拖动使用

续表 5-6

产品名称	产品代号		代号汉字意义	结构型式及特性	用　途
	新	老			
轧机辅传动直流电动机	ZZJ-800	ZZJO、ZZJ、ZZ、ZZK	直重金	按 IEC 国际标准设计，F 级绝缘，换向片为整体式，电枢线圈与换向片采用 TIG 焊接，基本结构有全封闭和管道通风两种冷却方式，机座采用圆形整体钢板结构	可以与国外进口 800 系列电机互换，也可以更新取代 ZZJO、ZZJ、ZZ、ZZK 等系列起重冶金用直流电动机，用于轧机的卷取、压下、机架辊和辊道等机械传动
起重冶金用直流电动机	ZZJ	ZZY、ZZ ZZK	直重金	封闭自扇冷卧式安装，机座带有底脚，并有单轴伸和双轴伸两种形式，采用硅有机绝缘和钢结构	高速用于各种起重机如起货机、行车等；低速用于冶金辅助设备中，如轧钢、炼铁、炼钢等车间的辅助传动机构等
精密机床用直流电动机	ZJ	ZJ-02 ZJY-6	直精	ZJ-02 型结构型式无底脚、无凸缘，用于高精度万能磨床上，用特殊摩擦片卡住机壳，固定于机座上 ZJY-6 型为装入式，转子直接套装在导轨磨床的磨头主轴上，定子则用止口定位，用螺钉固定于磨头架上	ZJ-02 型专用于高精度外圆磨床；ZJY-6 型专用于高精度导轨磨床，均作拖动磨头用
龙门刨床用直流电机组	ZU ZFU	ZBD ZBF	直(刨) 直发 (刨)	卧式安装，机座带底脚。ZBD 型直流电动机为自带鼓风机的他扇冷网罩式，在非换向器端有一个圆柱形轴伸，出线盒从轴伸端视之在机座右侧。本电机可在频繁的正反转情况下长期运行。ZBF 型直流发电机为自扇冷网罩式，该机组由直流发电机、交流电动机和励磁机同轴安装而成，旋转方向从换向器端视之为逆时针方向，出线盒从换向器端视之在机座左侧	ZBD-93，ZBF-92J 机组供 B1010A、B1012A、B1016A、B2010A、B2012A、B2016A、BM2015、B2151、B2152 等龙门刨床用。当直流电源用三相桥式晶闸管整流装置供电时，可选用 ZBD-93，60kW，400V 直流电动机。ZBF-111J，140kW 直流发电机可供两台 ZBD -93 直流电动机的 B2020、B2025、B2031、BQ2030 等大型龙门刨床用

续表 5-6

产品名称	产品代号 新	产品代号 老	代号汉字意义	结构型式及特性	用　途
小型高速（快速）直流电动机	ZK	ZD	直(快)	立式，无底脚，轴向上，外风冷却，连续工作制	用于医用高速离心机的动力源，以及其他高速运行的设备上
大型高速直流电动机	ZK	ZKD	直(快)	强迫风冷，绝缘等级 B 级，如需要也可提供 F 级，电动机出线位置从非换向器端看为"右出线"，具有两个相同直径的圆柱形轴伸	用作各种高速机械动平衡、超速及负载试验时的拖动电动机
电梯用直流电机组	ZTD ZFTD	ZTD ZTF	直梯电 直发梯电	电动机为开启、自冷、卧式、机座带底脚。发电机为防滴型，与拖动电动机系同机座的结构，整个发电机组没有轴伸	作载客用升降机(电梯)的动力设备
无槽直流电动机	ZW	ZWC	直无	ZW-130 为永磁全封闭，其余为外鼓风，并可装测速发电机	是一种低转动惯量电动机，具有时间常数小、起动力矩大、调速范围广、过载能力强、反应速度快、控制性能好的特点，适用于各种机床工业、纺织工业在自动控制系统中作执行元件
辊道用直流电动机	ZG	ZG	直辊	全封闭自冷式，防护等级为 IP54，安装方式为卧式	用于各种起重机械和冶金辅助设备中，如起货机，吊车，轧钢，炼铁，炼钢等车间的辅助传动机械和各种辊道，尤其适用于精轧后的输出辊道。适用于频繁起动及调速，能承受经常过载及冲击负载，适用于空间狭窄、高温多尘潮湿的恶劣环境

(1)按产品工作原理及结构分类。根据电动机的工作原理和结构来区分,小功率电动机的主要类型如下:

①小功率异步电动机。包括三相异步电动机,单相电阻起动异步电动机,单相电容起动异步电动机,单相电容运转异步电动机,单相双值电容异步电动机,罩极异步电动机等。

②小功率同步电动机。包括永磁同步电动机,磁阻同步电动机,磁滞同步电动机等。

③小功率直流电动机。包括励磁式直流电动机,永磁直流电动机等。

④小功率交流换向器电动机。包括单相串励电动机、交直流两用电动机,排斥电动机等。

(2)按产品用途分类。按电动机用途来区分,分为一般用途电动机、规定用途电动机和特殊用途电动机等。

①一般用途电动机。指按标准额定值进行设计和制造的电动机,其运行特性和机械结构适用于一般的工作条件,而不限于某一特定用途或某一类型的用途。例如一般用途小功率三相异步电动机、单相电容起动异步电动机、三相磁阻同步电动机等。

②规定用途电动机。指按标准额定值设计和制造,但其运行特性和机械结构适宜于某一特定类型用途的电动机。由于这类电动机专为某一规定用途而设计制造,产品的功能和经济性都具有较优的指标。

常见的规定用途小功率电动机有:风扇电动机,洗衣机电动机,音像设备用电动机,真空吸尘器用电动机,密封式制冷压缩机用电动机,电动工具用单相串励电动机,家用缝纫机电动机,电动玩具用电动机,电吹风机用电动机,电动剃须刀用电动机,纺织用电动机,医用牙钻电动机,液压推动器用异步电动机,断路器用交直流两用电动机等。

③特殊用途电动机。指为某一特殊用途而设计的具有特殊运行特性或特殊结构,或两者兼备的电动机。这种特殊性应包括转矩、外壳、轴承、低噪声、带有制动或离合器等。

常用的特殊用途小功率电动机有:无刷直流电动机,齿轮减速电动机,离合器电动机,电动式测功机,机床冷却用电泵,单相潜水电泵,微型电泵,调压调速单相异步电动机,三相盘式异步电动机,井下仪用小功率电动机等。

2. 小功率电动机的性能特点及典型应用。主要类型的小功率电动机性能特点及典型应用见表5-7。

表 5-7 主要类型的小功率电动机性能特点及典型应用

分类	产品名称	性能特点				功率范围(W)	转速[1](r/min)	典型应用
		起动转矩倍数	力能指标	转速特点	其他			
异步电动机	小功率三相异步电动机	大 $M_{st0}^{②}>2.2$	高	变化不大	可逆转	10～3700	3000 1500 1000	有三相电源的场合，如小型机床、泵、电钻、风机等
	单相电阻起动异步电动机	中等 $M_{st0}=1.1\sim1.6$	不高	变化不大	可逆转，起动电流大	60～370	3000 1500	低惯量、不常起动、转速基本不变的场合，如小车床、鼓风机、医疗器械等
	单相电容起动异步电动机	大 $M_{st0}=2.5\sim2.8$	不高	变化不大	可逆转，起动电流中等	120～3700	3000 1500	驱动空压机、泵、制冷压缩机等要求重载起动的机械
	单相电容运转异步电动机	小 $M_{st0}=0.35\sim0.6$	高	变化不大	噪声低不宜轻载运行	6～2200	3000 1500	对起动转矩要求不高、工作时间较长，并要求低噪声的场合，如风扇、电影放影机、清水泵、医疗器械等
	单相双值电容异步电动机	较大 $M_{st0}>1.7$	高	变化不大	噪声低	180～3000	3000 1500	带负载起动及要求噪声低的场合，如泵、机床、食品机械、木工机械、农业机械、医疗器械等
	罩极异步电动机	小 $M_{st0}<0.5$	低	变化不大	不能逆转	0.4～60	3000 1500	对起动转矩要求不高、工作时间较短的场合，如仪用风扇、电动模型、家用电动器具、搅拌器等

续表 5-7

分类	产品名称	性能特点				功率范围(W)	转速①(r/min)	典型应用
		起动转矩倍数	力能指标	转速特点	其他			
同步电动机	三相磁阻同步电动机	大 $M_{st0}>2.2$	不高	恒定	可逆转	90～550	1500	用于功率较大的恒转速驱动，如摄影机、大型复印机、通信设备、纺织机械、医疗器械等
	单相磁阻同步电动机	大 $M_{st0}>1.8$	不高	恒定	可逆转	60～250	1500	用于单相电源的恒速驱动，如复印机、传真机等
	三相磁滞同步电动机	较大	较低	恒定	牵入同步性能好	6～80	3000 1500	自动记录装置、音响设备，陀螺仪表等驱动
	单相磁滞同步电动机	较大	较低	恒定	牵入同步性能好	0.6～60	3000 1500	录音机、自动记录装置、音响设备、陀螺仪表等驱动
	三相异步起动永磁同步电动机	不大	高	恒定	稳定性好	250～4000	3000 1500	恒速连续工作机械的驱动，如化纤、纺织机械等
	单相异步起动永磁同步电动机	不大	较高	恒定	稳定性好	0.15～6	250 375	恒速连续工作机械的驱动，如化纤、纺织机械等
	单相爪极式永磁同步电动机	小	低	恒定	低速	<3	50 375 500	低速及恒速的驱动，如转页式风扇、自动记录仪表定时器等

续表 5-7

分类	产品名称	性能特点				功率范围（W）	转速①（r/min）	典型应用
		起动转矩倍数	力能指标	转速特点	其他			
交流换向器电动机	单相串励电动机	大	高	转速高，调速易	机械特性软，应避免空载运行	8～1100	4000～12000	转速随负载大小变化或高速驱动，如电动工具、吸尘器、搅拌器等
	交直流两用电动机	大		转速高，可调速	在交直流两种电源下运行的性能基本接近，对电压波动适应范围大	80～700	190～13200	小功率电力传动及要求调速的设备使用，也可在要求不高的自动控制装置中作伺服电动机用
直流电动机	永磁直流电动机	较大	高	可调速	机械特性硬	0.15～226	1500～3000 3000～12000 4000～40000	铝镍钴永磁直流电动机主要作工业仪器仪表、医疗设备、军用器械等精密小功率直流驱动。铁氧体永磁直流电动机广泛用于家用电器、汽车电器、医疗器械、工农业生产的小型器械驱动
	无刷直流电动机	较大	高	调速范围宽	无火花，噪声小，抗干扰性强	0.5～60	3000～6000	要求低噪声、无火花的场合，如宇航设备、低噪声摄影机、精密仪器仪表等

续表 5-7

分类	产品名称	性能特点：起动转矩倍数	性能特点：力能指标	性能特点：转速特点	性能特点：其他	功率范围（W）	转速①（r/min）	典型应用
直流电动机	并（他）励直流电动机	较大	高	易调速，转速变化率为5%～15%	机械特性硬	25～400	2000～4000	用于驱动在不同负载下要求转速变化不大和调速的机械，如泵、风机、小型机床、印刷机械等
	复励直流电动机	较大，与串励程度有关，常可达额定转矩的4倍	高	易调速，转速变化率与串励程度有关，可达25%～30%	短时过载转矩大，约为额定转矩的3.5倍	100	3000	用于驱动要求起动转矩较大而转速变化不大或冲击性的机械，如压缩机、冶金辅助传动机械等
	串励直流电动机	很大，常可达额定转矩的5倍以上	高	转速变化率很大，空载转速高，调速范围宽	不许空载运行	850	1620～2800	用于驱动要求起动转矩很大，经常起动，转速允许有很大变化的机械，如蓄电池供电车、电车、起货机等

注：1. 异步电动机转速指同步转速。

2. M_{st0}为最初起动转矩。

(五)特殊环境下电动机的选择

1. 户外型、化工防腐蚀型、户外化工防腐蚀型三相异步电动机的选择

(1)概述。在化工、石油、酸碱制造、塑料合成、造纸、印染等行业或其他一些场所,电动机是在户外或含有包括气体、雾、液体或粉尘的化学腐蚀的环境条件下工作。对在户外工作的电动机要求具有防潮湿、霉菌、盐雾、雨水、雪、日辐射、风沙、严寒等能力,能在一般户外的环境下(防轻腐蚀、不防爆)工作;对化工腐蚀环境及户外化工腐蚀环境,还要求电动机具有防中等腐蚀或强腐蚀(不防爆)的能力。

根据电动机使用环境腐蚀介质的严酷程度不同,区分为下列 3 种类型:

①户外型电动机。如 Y-W(替代 JO2-W)系列户外型三相异步电动机,属轻腐蚀型。

②化工防腐蚀型。如 Y-F(替代 JO2-F)系列化工防腐蚀型三相异步电动机,又分为中等腐蚀型(Y-F1 系列)和强腐蚀型(Y-F2 系列)。

③户外化工防腐蚀型。如 Y-WF(替代 JO2-WF)系列户外化工防腐蚀型三相异步电动机,属中等腐蚀型。

(2)结构特征。户外、化工防腐及户外化工防腐电动机结构特征及防护措施见表 5-8;表面防护工艺方法见表 5-9。

(3)使用环境条件分级、户外、化工防腐及户外化工防腐电动机使用环境条件分级见表 5-10。

表 5-8　户外、化工防腐及户外化工防腐电动机结构特征及防护措施

结构部位	环境分级		
	轻腐蚀	中等腐蚀	强腐蚀
	Y-W	Y-F1、Y-WF1	Y-F2
机壳	外壳防护等级为 IP54 或 IP55,喷涂底、面漆 6 次	防护等级 IP54,表面防腐漆处理,端盖止口等结合面涂防锈油脂或半干性密封胶油,表面喷涂底、面漆 7 次	防护等级 IP54,表面防腐漆处理,端盖止口等结合面涂防锈油脂或半干性密封胶油,表面喷涂底、面漆 7 次

续表 5-8

结构部位	环境分级 轻腐蚀 Y-W	环境分级 中等腐蚀 Y-F1、Y-WF1	环境分级 强腐蚀 Y-F2
接线盒	进线口采用橡胶泥密封结构，盒内有较大空间，便于接线，出线口有锁紧装置		
轴承室结构	增加防水良好的甩水环，并采用油脂密封，密封性好	轴承室结构采用曲路环，并采用油脂密封，密封性好	
螺栓	与 Y 系列相同，加强表面防护处理	外裸件用不锈钢材料	
绕组绝缘	与 Y 系列相同	采用 DMD+M，B 级	
铭牌	黄铜板	铜镀镍、铬	铜镀镍、铬，用粉末树脂涂敷
机座、端盖、风罩等外表面	耐腐蚀、耐太阳辐射的油漆涂料，工艺方法见表 5-9	耐腐蚀的环氧粉末涂敷或油漆涂料，相应的工艺方法见表 5-9	

表 5-9　户外、化工防腐及户外化工防腐电动机表面防护工艺方法

零件部位	材料名称	牌号	干燥 温度/℃	干燥 时间/h	溶剂	涂敷层次 Y-W Y-WF1	涂敷层次 Y-F1 Y-F2
铸件表面底漆	磷化底漆	X06-1	≥18	2	磷化液、无水乙醇、丁醇、甲苯	1	1
	铁红环氧底漆	H06-1	≥18	24		1	1
	过氯乙烯黄漆	G52-1	—	—	—	—	1
风罩、风扇表面	磷化底漆	X06-1	25	2	无水乙醇、丁醇、二甲苯、甲苯	1	—
	铁红环氧酯底漆	H06-2	25	24		2	—
	铁红过氯乙烯底漆	G06-4	25	6		1	—
	过氯乙烯防腐漆	G52-1	25	6		2	—
	除锈磷化液	—	—	—	汽油、甲苯	—	浸 2 次
	环氧粉末涂敷	—	160	1	—	—	1
定子、转子铁心	磷化底漆	X06-1	≥18	2～3	磷化液、无水乙醇、丁醇、甲苯	1	1
	环氧气干清漆和 环氧铁红底漆混合	H313-3 H06-2	≥18 120	24 1		1	1

续表 5-9

零件部位	材料名称	牌号	干燥		溶剂	涂敷层次	
			温度/℃	时间/h		Y-W Y-WF1	Y-F1 Y-F2
铭牌	透明环氧粉末	—	160	0.5	—	—	2
电动机表面涂漆	磷化底漆	X06-1	25	3	无水乙醇、丁醇	1	1
	环氧铁红底漆	H06-2	25 120	24 1	二甲苯	1	1
	铁红过氯乙烯漆	G06-4	25 60～65	24 2	X-3 过氯乙烯稀释剂	1	2
	过氯乙烯防腐漆	G52-1	25 60～65	6 2	X-3 稀释剂	1	2
	过氯乙烯防腐清漆	G52-2	25 60～65	26 2	X-3 稀释剂	1	2
	铁红聚氨酯底漆	7511	25	12	二甲苯、醋酸	1	—
	聚氨酯磁漆	7511	25	12		1	—
轴伸表面涂封	聚苯乙烯树脂	—			纯苯、四氯化碳、二甲苯的混合剂	均匀涂刷	
	邻苯二甲酸二辛酯	—					

表 5-10 户外、化工防腐及户外化工防腐电动机使用环境条件分级

环境参数		严酷程度分级			
		轻腐蚀	中等腐蚀		强腐蚀
		Y-W	Y-F1	Y-WF1	Y-F2
环境温度(℃)	最高	+40	+40		+40
	最低	−25	—	−25	—
空气相对湿度(+25℃)		≤90%	≤90%		95%
最大降雨强度(mm/10min)		50	—	50	—
太阳辐射最大强度(J/cm²·min)		5.86	—	5.86	—
沙尘		有	—	有	—
冰、雪、霜、露		有	有凝露	有	有凝露
化学气体浓度(mg/m³)	氯气	<0.1	0.1～1.0		>1～3
	氯化氢	<0.1	0.1～1.0		>1～5

续表 5-10

环境参数		严酷程度分级			
		轻腐蚀	中等腐蚀		强腐蚀
		Y-W	Y-F1	Y-WF1	Y-F2
化学气体浓度 (mg/m^3)	二氧化硫	<0.1	0.1~10		>10~40
	氮的氧化物	<0.1	0.1~10		>10~30
	硫化氢	<0.01	0.01~10		>10~70
	氟化氢及氢氟酸盐	<0.003	0.003~2		>2~10
	氨氢	<0.3	0.3~35		>35~175
雾	酸(硫酸、盐酸、硝酸)、碱(氢氧化钠)	—	有时存在		经常存在
液体	酸(硫酸、盐酸、硝酸)、碱(氢氧化钠)	—	偶而滴落		有时滴落
	食盐水、氨水	偶尔滴落	有时滴落		经常滴落
粉尘	腐蚀性粉尘	微量	少量		有

注：1. Y-W、Y-WF 户外型电动机最低温度要求 −40℃时，可按订货要求加工。
2. 表中气体浓度是从防腐要求考虑的，未考虑防爆。
3. 化学腐蚀介质(包括气体、雾、液体或粉尘)是指有一种或一种以上经常或不定期存在。

2. 爆炸性环境工作电动机的选择。

(1)概述。在石油、化工、冶金、制药、印刷等一些含有爆炸性混合物的环境，或者诸如煤气站、油库之类的环境以及煤矿井下包括采矿进风道、总回风道、主要回风巷道、采区回风道、工作面和工作面进风道，所有煤气和沼气突出的矿井和沼气喷出的区域等处都会有爆炸性混合物，为了安全，在这种环境下工作的电动机必须是防爆型的。爆炸性混合物是在大气条件下，由气体、蒸汽、薄雾、粉尘或纤维状的易燃物质与空气混合，这些混合物一旦被点燃后，燃烧即在整个范围内迅速传播乃至形成爆炸。防爆型电动机按规定条件设计制造，在爆炸性环境中使用时，不会因电动机内部的故障而引起周围爆炸性混合物爆炸。

(2)防爆电动机的类型。目前国内使用的防爆电动机有隔爆型、增安型、正压型、无火花型等 4 种类型。这 4 种防爆电动机，在型号中分别加 B、A、P、W 即表示各自的防爆类型。如 YB、YA 分别表示在 Y 系列上派生的隔爆型、增安型防爆电动机。

①YB 系列低压隔爆型三相异步电动机。中心高 80~315mm，功率 0.55~160kW，防护等级主体采用 IP44，接线盒采用 IP54，额定电压为

220V、380V、660V、220/380V、380/660V 等 5 种，频率为 50Hz。电动机外壳、端盖、接线盒座等零件组成外部防爆外壳，选用高强度铸铁制造，对于煤矿井下固定式设备用的电动机采用 HT250 牌号铸铁，工厂中的电动机用 HT200 牌号铸铁。电动机各零部件的隔爆面长度、间隔均符合隔爆要求。

YB 系列电动机的接线盒具有良好的防爆性能，空腔较大，便于接线。隔爆空腔有二：一是由机座、前后端盖和轴组成的隔爆主空腔；另一为由出线盒座、盖、接线座、接线螺栓、橡胶密封圈、出线斗等组成的接线盒防爆空腔。接线盒内接线端子之间以及端子与外壳之间，均有足够的电气间隙和爬电距离，以防止产生电弧和爬电。

电源引出线都装有密封圈，材料为橡胶 XH-50，肖氏硬度为 45～55。

②YA 系列低压增安型三相异步电动机。因防护等级和适用场所的要求以及接线盒防爆结构的特点，YA 系列电动机外形尺寸较 Y 系列(IP44)电动机有所增大，接线盒外壳防护等级为 IP54。中心高 80～280mm，功率 0.55～90kW。

为保证产品的安全可靠，YA 系列电动机的绝缘结构，如出槽口绝缘、槽底绝缘等薄弱环节在 B 级绝缘的基础上予以加强，其定子绕组温升，单层绕组为 80K，双层绕组为 70K。

除上述低压防爆电动机外，我国于 20 世纪 80 年代以来生产的高压防爆电动机有 YB 系列隔爆型及 YA 系列增安型。功率范围 160～710kW，电压 6kV，F 级绝缘，有 400、450、500 三个机座号。20 世纪 80 年代末还研制了 TAQW 系列增安型同步防爆电动机。

(3)按照危险场所的等级选择防爆电动机的类型。

①Ⅰ类危险场所选用的防爆电动机。见表 5-11。

表 5-11 Ⅰ类危险场所选用的防爆电动机

使用场所	煤(岩)与沼气突出和沼气喷出区域	沼气矿井				
		井底车场、总进风道或主要进风道		翻罐笼硐室	采区进风道	总回风道、主要回风道、采区回风道、工作面和工作面进风、回风道
		低沼气矿井	高沼气矿井			
选用的防爆电动机	矿用防爆型	矿用一般型	矿用一般型	矿用防爆型	矿用防爆型	矿用防爆型

注：矿用一般型指适用于井下，但不防爆的电动机；矿用防爆型指适用于井下的各种类型的防爆电动机。

②Ⅱ类危险场所选用的防爆电动机。见表5-12。

表5-12 Ⅱ类危险场所选用的防爆电动机

Ⅱ类危险场所的等级	可以选用的防爆电动机
0区	对于防爆电动机，不推荐在“0”区中使用，国内也无先例，一是“0”区场所很少；二是一旦需要可以采取特殊措施，如采用其他拖动方式
1区	正压型、隔爆型、增安型
2区	正压型、隔爆型、增安型、无火花型

注：1. 0区—在正常情况下，爆炸性气体（含蒸汽和薄雾）混合物连续地、短时间频繁地出现或长时间存在的场所。

2. 1区—在正常情况下，爆炸性气体（含蒸汽和薄雾）混合物有可能出现的场所。

3. 2区—在正常情况下，爆炸性气体混合物不能出现，仅在不正常情况下，偶尔短时间出现的场所。

③粉尘危险场所选用的防爆电动机。见表5-13。

表5-13 粉尘危险场所选用的防爆电动机

<table>
<tr><th colspan="2" rowspan="2">粉 尘 种 类</th><th colspan="2">粉尘危险场所的等级</th></tr>
<tr><th>10级区域</th><th>11级区域</th></tr>
<tr><td colspan="2">爆炸性粉尘</td><td rowspan="3">具有尘密型外壳防爆电动机</td><td rowspan="2">具有尘密型外壳防爆电动机</td></tr>
<tr><td rowspan="2">可燃性粉尘</td><td>导电粉尘</td></tr>
<tr><td>非导电粉尘</td><td>具有防尘型外壳防爆电动机</td></tr>
</table>

注：1. 10级区域指正常运行时连续或长时间或短时间频繁出现爆炸性粉尘、纤维的区域。

2. 11级区域指正常运行时不出现，仅在不正常运行时短时间偶然出现爆炸性粉尘、纤维的区域。

3. 尘密型外壳指6级防尘的外壳；防尘型外壳指5级防尘的外壳，在标记中分别用“DT”、“DP”代表。

（六）根据负载性质选择电动机

1. 选择要点。

（1）恒转矩和通风机负载特性的机械，应选用机械特性为硬特性的电动机。

（2）恒功率负载特性的机械，选用可调节励磁的直流电动机或带有机械变速的异步电动机较合适。

(3)无调速要求的机械,包括长期、短时、断续等运行状态的机械,可选用笼型异步电动机,如容量较大,应尽可能选用同步电动机。

(4)带周期性变动负载的机械,如带飞轮的或起动条件沉重的机械,对于大中功率机械应选用绕线转子异步电动机;对于小功率机械,经过对过载能力及起动条件的校验,可选用高转差率电动机;而单纯因起动条件沉重的机械,经起动条件校验,可选用双笼型或深槽型电动机,若起动时电网电压压降过大,应选用绕线转子异步电动机。

(5)在某些断续运行的机械,虽然无调速要求,但选用交流电动机无论在发热、起动或制动等方面特性不能满足要求,而技术经济指标又过低,可选用直流电动机。

(6)对于需要调速的机械,可根据调速范围及连续平滑程度选择电动机。例如:只有几种转速的有级变速小功率机械,可选用变极笼型异步电动机;负载起制动转矩较大,调速平滑程度要求不高,且调速范围不大时,宜选用绕线转子异步电动机;调速范围较大,且需连续稳定平滑调速的机械宜选用直流电动机;对于要求起动转矩较大的机械,如电车和牵引机车宜选用直流串励电动机;在某些特殊场所,如要求防爆,又要求平滑调速时,可选用变频电源供电(有防爆能力)的防爆笼型电动机;对于要求调速范围不大的大功率机械,如风机、水泵以及无频繁起动要求或无冲击性负载的机械,可选用带有串级调速装置的绕线转子异步电动机。

2. 各类电动机适用的负载特性。各类电动机适用的负载特性见表5-14。

表 5-14　各类电动机适用的负载特性

电动机类型		适用的负载特性	负载机械举例
笼型异步电动机	普通型	(1)不需要调速 (2)采用变频、调压、转差离合器等调速方式不仅可得到较好的调速性能,而且可获得较好的节能效果	泵、风机、阀门、各种普通机床、运输机、起重机等
	深槽型 双笼型	起动时静负载转矩或飞轮矩大,要求有较高的起动转矩	压缩机、粉碎机、球磨机、电梯、升降机等
	高转差型	周期性波动负载长期工作制,要求利用飞轮的储能作用	锤击机、剪断机、冲压机、轧机、活塞压缩机、绞车等

续表 5-14

<table>
<tr><th colspan="2">电动机类型</th><th>适用的负载特性</th><th>负载机械举例</th></tr>
<tr><td>笼型异步电动机</td><td>变极</td><td>(1)只需要几种转速，而不需要连续调速，节能效果好
(2)配上转差离合器，可实现在大范围内采取有级变同步转速，小范围内得到平滑调速</td><td>纺织机械、印染机、风机、木工机床、高频发电机组等</td></tr>
<tr><td colspan="2">绕线转子异步电动机</td><td>(1)负载起制动频繁、起动转矩较大，用笼型电动机不能满足要求
(2)调速范围不大，可以利用变转差率调速的场合</td><td>运输机、压缩机、风机、泵、起重机、轧机、提升机、带飞轮的机组等</td></tr>
<tr><td colspan="2">同步电动机</td><td>(1)需要稳定的转速
(2)需要补偿电网功率因数的场合
(3)某些大功率、低转速和特殊环境条件下要求调速的场合</td><td>轧机、风机、泵、压缩机、电动机-发电机组，水泥球磨机、矿井提升机等</td></tr>
<tr><td rowspan="3">直流电动机</td><td>他励</td><td>要求有宽调速范围以及对起制动有较高要求时</td><td>轧机、造纸机、卷扬机、电梯、重型机床、机床的进给机构、纺织机械等</td></tr>
<tr><td>复励</td><td>负载变化范围较大又需要宽调速</td><td>提升机、电梯等</td></tr>
<tr><td>串励</td><td>起制动频繁，要求有较大的起动转矩，具有冲击性负载的机械</td><td>电车、牵引机车、起重机等</td></tr>
</table>

二、电动机外部结构型式的选择

(一)电动机的外部结构型式

电动机的外部结构型式即电动机的外壳防护型式、通风方式及冷却方式。

1. 外壳防护型式分类。电动机按外壳防护型式，可分为以下几类：

(1)开启式。电动机除必要的支承结构外，对转动及带电部分没有专门的防护，通风散热条件较好，适用于干燥、无灰尘的场所。

(2)防护式。电动机机壳内部的转动部分及带电部分有必要的机械保护，以防止意外的接触，且能防止水滴、尘土、铁屑或其他物体从上方落入电机内部。它适用于灰尘不多、比较干燥的地方，但不能用于有腐蚀和爆炸性气体的场所。防护式电机按其通风口防护结构不同，又分为下列 3 种：

①网罩式。电动机的通风口用穿孔的遮盖物遮盖起来，使电动机的转动及带电部分不能与外物相接触。

②防溅式。电动机通风口的结构可以防止与铅垂线成 100°角范围内任何方向的液体或固体直接进入电动机内部。

③防滴式。电动机通风口的结构可以防止垂直下落的液体或固体直接进入电动机内部。

(3)封闭式。外壳完全封闭(但不是密封)，所以散热条件较差，其冷却方式是靠自身风扇或外部风扇冷却，并在外壳带有散热片，适合于多灰尘、潮湿、水土飞溅及有腐蚀性气体的场所。

(4)防水式。电动机机壳的结构能够阻止具有一定压力的水进入电动机内部。

(5)水密式。当电动机浸没在水中时，电动机机壳的结构能阻止水进入电动机内部。

(6)潜水式。电动机在规定的水压下，能长期在水中运行。

(7)隔爆式。电动机机壳的结构是以阻止电动机内部的气体爆炸传递到电动机外部而引起电动机外部的燃烧性气体的爆炸。

2. 电动机外壳防护等级的标志方法。电动机产品外壳防护等级的标志，采用国际通用的标志系统，由字母“IP”(International Protection 国际防护)及两个阿拉伯数字组成。第一位数字代表第一种防护(防触及和固体进入)等级，第二位数字代表第二种防护(防水)等级。如只单独标志一种防护型式的等级时，则略去数字的位置以 X 补充，例如 IPX3 或 IP5X 等。对有些电动机产品，在数字后面加有附加字母，如：

R——管道通风式电动机；

W——气候防护式电动机；

S——在静止状态下进行第二种防护型式试验的电动机；

M——在运转状态下进行第二种防护型式的电动机。

其中字母 R 和 W 标于 IP 和两个数字之间，而字母 S 和 M 标在两个数字之后，如没有标志字母 S 和 M 的，则表示该电动机是在静止和运行状态下都要进行试验的电动机。

标志方法举例如下：

IP 2 3

- 3 —— 第二位数字（防淋水）
- 2 —— 第一位数字（防护大于12mm的固体）
- IP —— 外壳防护标志字母

这样的标志方法，表明电动机能防止大于 12mm 的固体进入内部，并能防淋水。

IP 5 4

- 4 —— 第二位数字（防溅）
- 5 —— 第一位数字（防尘）
- IP —— 外壳防护标志字母

这样的标志方法，表明电动机能防尘，并能防溅。

IP W 4 4 S

- S —— 附加字母（静止状态下进行第二种试验）
- 4 —— 第二位数字（防溅）
- 4 —— 第一位数字（防护大于 1mm 的固体）
- W —— 附加字母（气候防护式电动机）
- IP —— 外壳防护标志字母

这样的标志方法，表明电动机是既能防护大于 1mm 的固体，又能防溅，并在静止状态下进行第二种防护型式的气候防护式电动机。

防护等级标志，一般都标在每台产品的铭牌上，或外壳的明显位置上，是表征产品性能的一项重要标志。

3. 防护等级的分级和定义。防护等级的分级和定义见表 5-15 和表 5-16。

表 5-15　电动机防护等级(第一位数字)的分级和定义

防护等级(第一位数字)	简称	定　义
0	无防护	没有专门的防护
1	防护大于50mm的固体	能防止直径大于50mm的固体异物进入壳内。能防止人体的某一大面积部分(如手)偶然或意外地触及壳内带电或运动部分,但不能防止有意识地接近这些部分
2	防护大于12mm的固体	能防止直径大于12mm的固体异物进入壳内。能防止手指触及壳内带电或运动部分①
3	防护大于2.5mm的固体	能防止直径大于2.5mm的固体异物进入壳内。能防止厚度或直径大于2.5mm的工具、金属线等触及壳内带电或运动部分①②
4	防护大于1mm的固体	能防止直径大于1mm的固体异物进入壳内。能防止直径或厚度大于1mm的导线或片条触及壳内带电或运动部分①②
5	防尘	能防止灰尘进入达到影响产品正常运行的程度,完全防止触及壳内带电或运动部分①
6	尘密	能完全防止灰尘进入壳内,完全防止触及壳内带电或运动部分①

注:1. 对用同轴外风扇冷却的电动机,风扇的防护应能防止其风叶或轮辐被手触及,在出风口,手插入时,其直径为50mm的护板不能通过。

2. 不包括泄水孔,泄水孔应不低于2级的规定。

表 5-16　电动机防护等级(第二位数字)的分级和定义

防护等级(第二位数字)	简称	定　义
0	无防护	没有专门的防护
1	防滴	垂直的滴水应不能直接进入电动机内部
2	15°防滴	与铅垂线成15°角范围内的滴水,应不能直接进入电动机内部
3	防淋水	与铅垂线成60°角范围内的淋水,应不能直接进入电动机内部
4	防溅	任何方向的溅水对电机应无有害的影响
5	防喷水	任何方向的喷水对电机应无有害的影响

续表 5-16

防护等级（第二位数字）	简称	定　义
6	防海浪或强力喷水	猛烈的海浪或强力的喷水对电动机应无有害的影响
7	浸水	电动机在规定的压力和时间下浸在水中，其进水量应无有害影响
8	潜水	电动机在规定的压力下长时间浸在水中，其进水量应无有害影响

电动机最常用的防护等级有 IP11、IP21、IP22、IP23、IP44、IP54、IP55 等。

4. 异步电动机通风冷却方式分类。异步电动机通风冷却方式有以下几种：

(1)空气冷却。

①自冷式。电动机仅依靠表面的辐射和空气的自然流动获得冷却。

②自扇冷式。电动机由本身驱动的风扇，供给冷却空气，以冷却电动机表面或其内部。

③他扇冷式。供给冷却空气的风扇不是由电动机本身驱动，而是独立驱动的。

④管道通风式。冷却空气不是直接由电动机外部进入电动机，也不是直接由电动机内部排出电动机，而是经过管道引入或排出电动机，管道通风的电动机可以是自扇冷式或他扇冷式。

(2)液体冷却。电动机用液体冷却。

(3)闭路循环气体冷却。冷却电动机的介质在电动机和冷却器的封闭回路里循环，冷却介质经过电动机时吸收热量，经过冷却器时放出热量。

(4)表面冷却和内部冷却。

①冷却介质不通过电动机导体内部者，称为表面冷却。

②冷却介质通过电动机导体内部者，称为内部冷却。

液体冷却和闭路循环气体冷却，均可分为表面和内部冷却两种。

5. 直流电动机通风冷却方式分类。

(1)常用种类。直流电动机常有自冷式、自扇冷式、管道直通冷却、循环冷却、他扇冷式防滴型等冷却方式。

自冷式又分开启型和封闭型两种;自扇冷式又分防滴型和封闭型两种;管道直通冷却又分开启式和封闭式两种;循环冷却又分开启式、密闭式和换向器独立通风方式三种。

(2)通风冷却方式适用范围。①自冷式开启型适用于周期工作定额的低速直流电动机,使用环境较清洁,如电梯用直流电动机。

②自冷式封闭型适用于20kW以下小型直流电动机及起重冶金用电动机,有连续和周期工作定额两种,电动机也可用于多粉尘的工作环境。

③自扇冷式防滴型广泛用于中小型普通直流电动机,适用于一般场所。

④自扇冷式封闭型用于小型直流电动机,适用于一般环境较差的场所。

⑤他扇冷式防滴型用于调速范围较广的中小型直流电动机,如金属切削机床、挖土机、造纸机和煤矿卷扬机用的直流电动机。

⑥管道直通冷却开启式常用于粉尘较多的工作环境,如钢铁冶炼及轧制的辅助设备用的中小型直流电动机。

⑦管道直通冷却封闭式一般用于冷却水源不足和缺乏如低温水源地区的中大型直流电动机。

⑧换向器独立通风式常用于大型轧钢电动机。

6. 电动机冷却方法的表示方法。按GB/T 1993—1993《旋转电动机冷却方法》中规定,冷却方法最多用6部分进行表述。

(1)第1部分为IC两个字母,是国际通用的冷却方法代码,称为标志字母或IC代码。

(2)第2部分为一个数字,是冷却回路的布置代号。表示方法见表5-17。

(3)第3部分为一个字母,是初级冷却介质的代号。表示方法见表5-18。

(4)第4部分为一个数字,是初级冷却介质运动推动方式的代号。表示方法见表5-19。

表 5-17　冷却介质的回路布置

特征数字	简要说明	定　义
0①	自由循环	冷却介质从周围介质直接地自由吸入，然后直接返回到周围介质(开路)
1①	进口管或进口通道循环	冷却介质通过进口管或进口通道从电动机的远方介质中吸入电动机，经过电动机后，直接返回到周围介质(开路)
2①	出口管或出口通道循环	冷却介质直接从周围介质吸入，经过电动机后，通过出口管或通道回到远离电动机的远方介质(开路)
3①	进出管或进出通道循环	冷却介质通过进口管或通道从远方介质吸入，流经电动机后，通过出口管或通道回到远方介质(开路)
4	机壳表面冷却	初级冷却介质在电动机内的闭合回路内循环。并通过机壳表面把热量(包括经定子铁心和其他热传导部件传递到机壳表面的热量)，传递到最终冷却介质，即周围环境介质。机壳外部表面可以是光滑的或带肋的，也可以带外罩以改善热传递效果
5②	内装式冷却器(用周围环境介质)	初级冷却介质在闭合回路内循环，并通过与电动机成为一体的内装式冷却器把热量传给最终冷却介质，后者为周围环境介质
6②	外装式冷却器(用周围环境介质)	初级冷却介质在闭合回路内循环，并通过直接安装在电动机上的外装式冷却器把热量传递给最终冷却介质，后者为周围环境介质
7②	内装式冷却器(用远方介质)	初级冷却介质在闭合回路内循环，并通过与电动机成为一体的内装式冷却器把热量传递给次级冷却介质，后者为远方介质
8②	外装式冷却器(用远方介质)	初级冷却介质在闭合回路内循环，并通过安装在电动机上面的外装式冷却器把热量传递给次级冷却介质，后者为远方介质
9②③	分装式冷却器(用周围环境介质或远方介质)	初级冷却介质在闭合回路内循环，并通过与电动机分开独立安装的冷却器把热量传递给次级冷却介质，后者为周围环境介质或远方介质

注：①为除尘和消声，机壳或通道内可设置过滤器或迷宫。特征数字 0～3 也适用于装有冷却器的电动机，通过冷却器使进入电动机的冷却介质温度低于周围介质温度或者是降低排出冷却介质的温度，以保持较低的环境温度。

②冷却器性质无规定(光管或是有冷却片的管子)。

③分装式冷却器可以安装在电动机旁或远离电动机处，而气态的次级冷却介质可以是周围介质或远方介质。

表 5-18　冷却介质代号

冷却介质	空气	氢气	氮气	二氧化碳	氟利昂	水	油
代号	A	H	N	C	F	W	U

表 5-19　冷却介质的推动方法

特征数字	简要说明	定　义
0	自由对流	依靠温度差促使冷却介质运动，转子的网扇作用可忽略不计
1	自循环	冷却介质运动与电动机转速有关，或因转子本身的作用，或为此目的专门设计并安装在转子上的部件使介质运动，也可以是由转子拖动的整体风扇或泵的作用促使介质运动
2、3、4		备用
5①	内装式独立部件	由整体部件驱动介质运动，该部件所需动力与主机转速无关，例如自带驱动电动机的风扇或泵
6①	外装式独立部件	由安装在电动机上的独立部件驱动介质运动，该部件所需动力与主机转速无关，例如自带驱动电动机的风扇或泵
7①	分装式独立部件或冷却介质系统压力	与电动机分开安装的独立的电气或机械部件驱动冷却介质运动，或者是依靠冷却介质循环系统中的压力驱动冷却介质运动。例如，有压力的给水系统或供气系统
8①	相对运动	冷却介质运动起因于它与电动机之间有相对运动，或者是电动机在介质中运动，或者是周围介质流过电动机（液体或气体）
9	其他部件	冷却介质由上述方法以外的其他方法驱动，应予以详细说明

注：①独立部件作为推动冷却介质运动的主要驱动源，并不排除主电动机转子或转子上安装的风扇的作用。

(5)第 5 部分为一个字母，是次级冷却介质的代号。表示方法同第 3 部分。

(6)第 6 部分为一个数字，是次级冷却介质运动推动方式的代号。表示方法同第 4 部分。

对于常用的中小型电动机，一般没有次级冷却介质，所以只有前 4 部分。另外，若冷却介质是空气（用字母 A 表示），其介质代号 A 可省略。省略若干代号后的标记称为简化标记。应优先使用简化标记。

7. 常见电动机外部结构型式。

(1)异步电动机。

①异步电动机的外壳防护结构型式有 IP22、IP23、IP44、IP54 及 IP55 等几种，其中中型异步电动机也可制成 IPN23 和 IPW24 等型式。

②异步电动机的冷却方式有 IC0141、IC01、IC0、IC1、IC2、IC3、ICW37A81、IC40、IC17 等几种。其中小型异步电动机主要有 IC0141 和 IC01 两种，IC0141 为全封闭式电动机，机壳有或无冷却筋，有内风扇或轴上装有外风扇；IC01 为自冷防护式电动机。

(2)直流电动机。外壳防护型式有 IP21、IP21S、IP23、IP44 等；冷却方式有 IC01、IC06、IC17、IC37、IC40、IC411 等。

(二)外部结构型式的选择方法

1. 选择注意事项。选择电动机外部结构型式时，应注意以下几点：

(1)在正常介质的室内，应优先选用防护式电动机，如优先选用 Y(IP23)、Z2、Z3、Z4 电动机。以 Y(IP23)电动机为例，Y(IP23)电动机中心高 160～315mm，功率 11～250kW(4 极)，与中心高相同的Y(IP44)电动机相比体积大大缩小，而且造价较低，只有 Y(IP44)电动机造价的 70%左右，故在干燥和洁净的场所应优先选用防护式电动机。Y(IP23)和 Y(IP44)的比较见表 5-20。

表 5-20　Y(IP23)、Y(IP44)同机座号额定功率比较

机座号	2极	4极	6极	8极
	Y(IP23)/Y(IP44)	Y(IP23)/Y(IP44)	Y(IP23)/Y(IP44)	Y(IP23)/Y(IP44)
160M	15/11(M1)、15(M2)	11/11	7.5/7.5	5.5/4(M1)、5.5(M2)
160L	18.5(L1)、22(L2)/18.5	15(L1)、18.5(L2)/15	11/11	7.5/7.5
180M	30/22	22/18.5	15/—	11/—
180L	37/—	30/22	18.5/15	15/11
200L	50/30(L1)、37(L2)	45/30	30/18.5(L1)、22(L2)	22/15
225M	75/45	55/45	37/30	20/22
250S	90/—	75/—	45/—	37/—
250M	110/55	90/55	55/—	45/30

续表 5-20

机座号	2 极	4 极	6 极	8 极
	Y(IP23)/Y(IP44)	Y(IP23)/Y(IP44)	Y(IP23)/Y(IP44)	Y(IP23)/Y(IP44)
280S	—/75	110/75	75/45	55/37
280M	132/90	132/90	90/55	75/45
315S	160(SA)、185(SB)/110	160/110	110/75	90/55
315M1	200(M1A)、220(M1B)/132	185(M1A)、200(M1B)/132	132/90	110/75
315M2	250/160	220(M2A)、250(M2B)/160	160/110	132/90

从上表可以看出，Y(IP23)比 Y(IP44)电动机高 1～2 级功率等级(同中心高)，显然选用 Y(IP23)电动机比较经济。但是在需要效率高的场所，应综合考虑固定费用和运行费用。因 Y(IP23)电动机除 2 极电动机效率与 Y(IP44)接近外，4、6、8 极的效率均低于 Y(IP44)电动机，这时可选用 Y(IP44)或 YX 高效率电动机。

(2)在湿热带地区。应优先选用湿热带电动机，湿热带电动机在型号后面加“TH”标记。如果选用普通型电动机，应在运行场所采取适当的防潮湿措施，方可使用。

(3)在有水滴落和飞溅的场所，应优先选用防滴式、防溅式电动机或者选用封闭式电动机。

(4)对于空气中经常存在腐蚀性气体和游离物的场所，应优先选用化工防腐蚀电动机或管道通风式电动机，如 Y-F、Y-WF、YDF-WF 电动机。如果加强对场所的通风和对电动机的维护，此时也可选用封闭式电动机。

(5)在有爆炸、火灾危险场所以及煤矿井下，应按有关规范选用隔爆型电动机，并应考虑燃烧度组别及爆炸类别，一般可以下列顺序进行选择防爆电动机，即优先选用防爆安全型电动机(YA)、隔爆型电动机(YB)、防爆通风充气型电动机。

2. 按不同的使用场所特点选择适当的防护型式。表 5-21 列出了根据使用场所及特点可选用的电动机供参考。

表 5-21　电动机外部结构型式的选择

适用场所及特点	可选用的电动机
电厂中的汽机房、配电装置室、控制室、压缩机室、试验室及机修间等场所，该场所具有干燥、洁净等特点	可选用防滴式或网罩式电动机及封闭式电动机，应优先选用防滴式电动机，因在功率相同情况下，体积比封闭式大大缩小，而且价格便宜
锅炉房、出灰间等场所，其特点是粉尘特别多	可选用封闭式(自冷式或扇冷式)、防护式及管道通风式电动机，并应加强外壳的清扫，以免粉尘堆积
锅炉房的运转层及引风机室等，其特点是灰尘又多又特别热	可选用封闭式、防护式及管道通风式电动机
蓄电池室、制氢室、重油泵房、单独的制粉间、煤矿井下固定设备、石油及化工厂等	可选用隔爆型及增安型电动机，如 YA(2 类爆炸危险场所)、YB(KB 类)、YB(B2d、B3d 类)等电动机
户外设备，有腐蚀性化学介质场所，经常受风雨侵蚀	可选用 Y-W(IP54 或 IP55)电动机
户外，有腐蚀性气体场所	可选用 Y-WF1(IP54 或 IP55)电动机和 YDF-WF 阀门电动机
有中等和强腐蚀性化学介质的场所	可选用 Y-F1(中等腐蚀性环境)、Y-F2(强腐蚀性环境)电动机
水中	可选用潜水电动机，如 YQY(井用潜油电泵电动机)、YTZ(钻探用潜水电泵电动机)、YQSH(井用充水式潜水电动机)、YLB(节能型深井泵用三相异步电动机)等

三、电动机转速的选择

(一)电动机主要尺寸和额定功率及转速间的关系

从电动机学的基本理论可知：

交流电动机的计算功率

$$S_c = m_1 E_1 I_1 \times 10^{-3} \tag{5-38}$$

式中　S_c——计算视在功率(kV·A)；

m_1——定子相数；

E_1——定子每相电动势(V)；

I_1——定子每相电流(A)。

定子绕组每相电动势

$$E_1 = 4K_{fW} f N_1 K_W \Phi \tag{5-39}$$

式中 K_{fW}——磁场波形系数，对于正弦波分布，$K_{fW}=1.11$；

f——电源频率(Hz)；

N_1——定子绕组的每相串联匝数；

K_W——定子绕组因数；

Φ——每极磁通(Wb)。

电源频率

$$f = \frac{pn}{60} \tag{5-40}$$

式中 p——极对数；

n——同步转速(r/min)。

每极磁通

$$\Phi = B_g \alpha_p \tau l_c \tag{5-41}$$

式中 B_g——气隙磁通密度幅值(T)；

α_p——计算极弧系数；

τ——极距(m)；

l_c——铁心的计算长度(m)。

电动机极距

$$\tau = \frac{\pi D_{si}}{2p} \tag{5-42}$$

式中 D_{si}——定子铁心内径(m)。

通常将定子内圆周上单位长度的总电流称为线负载A(A/m)，即

$$A = \frac{2m_1 N_1 I_1}{\pi D_{si}} \tag{5-43}$$

将式(5-39)代入式(5-38)，并考虑上述各关系式后可得

$$\frac{D_{si}^2 l_c n}{S_c} = \frac{6.1\times10^3}{\alpha_p K_{fW} K_W A B_g} \tag{5-44}$$

对于直流电动机，计算功率

$$S_c = E_a I_a \times 10^{-3} \tag{5-45}$$

式中 S_c——计算功率(kV·A)；

E_a——电枢绕组的电动势(V)；

I_a——电枢绕组的电流(A)。

电枢绕组电动势

$$E_a = \frac{pn}{60}\frac{N_a}{a}\Phi \tag{5-46}$$

式中 N_a——电枢绕组总导体数；

a——电枢绕组的并联支路对数。

因线负载

$$A = \frac{I_a N_a}{2a\pi D_a}$$

故

$$I_a = \frac{2a\pi D_a A}{N_a} \tag{5-47}$$

式中 D_a——电枢直径(m)。

将式(5-46)、式(5-47)代入式(5-45)，并考虑式(5-41)、式(5-42)后可得直流电动机主要尺寸关系式为

$$\frac{D_a^2 l_c n}{S_c} = \frac{6.1\times10^3}{\alpha_p A B_g} \tag{5-48}$$

将式(5-48)和式(5-44)比较后可知，对于交流电动机和直流电动机，其主要尺寸和计算功率、转速、线负载之间的关系是相似的，都可用式(5-44)表示，只是对于直流电动机，$K_{fW}K_W=1$。今将式(5-44)重写如下，并令其等于 C_A，即

$$\frac{D^2 l_c n}{S_c} = \frac{6.1\times10^3}{\alpha_p K_{fW} K_W A B_g} = C_A \tag{5-49}$$

式中 D——电枢直径，对于直流电动机，电枢直径是指转子外径，对于一般结构的交流电动机，则是指定子内径；

C_A——电动机常数。

电动机常数 C_A 的倒数为

$$K_A = \frac{1}{C_A} = \frac{S_c}{D^2 l_c n} \tag{5-50}$$

故

$$S_c = K_A D^2 l_c n \tag{5-51}$$

式中 K_A——利用系数，它的大小反映了电动机有效材料的利用程度。

由式(5-51)可知，在相同功率下，转速愈高，电动机尺寸愈小，所用材料减少，价格降低，所以一般电动机设计成高额定转速，但生产机械的工作速度低，需要用电气调速或机械减速装置降低转速，因此必须合理确定转速比和电动机的额定转速。

(二)从技术和经济指标综合考虑来选择电动机的转速

1. 对于连续工作很少起动、制动的电力拖动系统，主要从设备投资、占地面积、维护检修等几个方面进行技术经济比较，最后确定合适的转速比和电动机的额定转速。

2. 对于经常起动、制动和反转的电力拖动系统、过渡过程将影响加工机械的生产率，如龙门刨床、轧钢机等。应根据最小过渡过程时间，最少能量损耗等条件来选择转速比及电动机的额定转速。如果过渡过程的持续时间对生产率影响不大(如高炉的装料机械)，此时主要根据过渡过程能量损耗为最小的条件来选择转速比及电动机的额定转速。

3. 一般的高、中转速机械，如泵、压缩机、鼓风机等，宜选用相应转速的电动机，直接与机械连接。

一般说来，泵类主要选用 4 极异步电动机；压缩机在带连接时，宜选用 4 极或 6 极的电动机，直接连接一般选用 6 极或 8 极电动机；风扇、鼓风机一般选用 2 极或 4 极电动机；轧机、粉碎机多数选用 6 极、8 极及 10 极电动机；在农村如没有严格的要求，一般可选用 4 极电动机，因为这种转速(1500r/min)的电动机适应性较强，且功率因数和效率也较高；对不需要调速的大型风机、水泵、空压机等应选用大功率的异步电动机，如 Y(6000V)型或大型同步电动机，如 T、TK 型等。

4. 不调速的低转速机械，如球磨机、水泥旋窑、轧机等，宜选用适当转速的电动机通过减速机传动。但对大型机械，电动机的转速不能太高，要考虑大型减速机(尤其是大减速比)加工困难及维修不便等因素。

5. 某些低速断续周期工作制机械，宜采用无减速机直接传动。这对提高生产率和传动系统的动态性能、减少投资和维修等均较有利。

6. 自扇冷式电动机，散热效能随电动机转速而变，不宜长期在低速下运行。如果由于调速的需要，长期低速运行而又超过电动机允许的条件时，应增设外通风措施，以免损坏电动机。

(三)有调速要求时电动机的选择

对于需要调速的机械，如大型风机、水泵，一般可采用串级调速方法，这种方法可将转差功率返回电网并加以利用，因而效率较高，可平滑无级调速；而对于调速范围较大，调速精度较高的机械，选用的电动机的最高转速应与生产机械相适应，一般可选用可调速的直流电动机，也可选用电磁调速异步电动机和异步电动机变频调速。选择电动机的调速方法和基速的确定都应从充分合理利用功率来考虑。

四、电动机功率的选择

(一)电动机功率选择的步骤

首先应知道生产机械在生产过程中负载对时间的变化关系，即 $M_L=\varphi(t)$，或 $P_L=\varphi(t)$，按此关系绘制的曲线称为生产机械的负载图，然后根据负载图或经验数据，预选一台容量适当的电动机，再用此电动机的数据和生产机械的负载图求出电动机的负载图，即电动机在生产过程中的转矩、功率或电流对时间的关系曲线 $M=f_1(t)$、$P=f_2(t)$或 $I=f_3(t)$。最后按照电动机的负载图对预选的电动机进行发热校验，同时进行过载能力和起动能力的校验。如果校验和检查不合格，就再选一台电动机重新计算，直到合格为止。

电动机的负载图和运转情况是多种多样的。在不同的运转情况下，电动机的发热情况也各不相同。根据发热情况的特征，可以把电动机的运转，或者说把电动机的负载图分为 3 类：

1. 连续工作制(或长期工作制)。电动机运转时间长，可使其温升达到相应于负载的稳定值。如通风机、泵等机械的拖动运转即属此类。

2. 短期工作制。电动机的工作时间较短，在运转期间温度来不及升到稳定值，而在停止期间，温度则可能降到周围环境温度值。例如：吊桥、水闸、机床的夹紧装置等的拖动运转即属于此类。

3. 周期性断续工作制。电动机的起动与制动周期的进行，在任一个周期的工作期间内，温度均来不及升到稳定值，而在停止期间也来不及冷却到周围温度值，很多起重运输设备以及某些金属切削机床的拖动运转即属此类。

电动机功率的具体选择计算方法，将在第三节中分别介绍。

(二)发热校验

根据生产机械的工作制及负载图，按等效法或平均损耗法进行计算。有些生产机械负载图不易确定，可通过试验、实测或对比(与实际运行的类似机械相比较)等方法来校验。从生产的发展、负载的性质、电网电压的波动、计算误差等因素，应留有适当裕度，一般 10%左右，同步电动机如考虑补偿功率因数，可以更大一些。

1. 等效法。包括等效电流法、等效转矩法和等效功率法 3 种，其基本原理是相同的，只是应用的条件有所不同，其中，等效转矩法用得较普遍。

(1)等效电流法。以一个不变的等效电流 I_{eq} 来代替真正的变动的电流，而在同一周期内，前者在电动机里产生的热流量 Φ_{eq} 和后者相等

$$\Phi_{eq}t_c = \sum_{i=1}^{n} \Phi_i t_i \tag{5-52}$$

或

$$\Delta p_{eq}t_c = \sum_{i=1}^{n} \Delta p_i t_i \tag{5-53}$$

式中 t_c——一个周期的时间。

电动机在第 i 段的损耗为 $\Delta p_i = p_0 + p_{cui}$，其中 p_0 为不变损耗，它不随负载变化，p_{cui} 为可变损耗。其大小与电流的平方成正比，$p_{cui} = cI_i^2$，如主电路电阻不变时，c 为常数，于是有

$$\Delta p_i = p_0 + cI_i^2 \tag{5-54}$$

由式(5-53)得

$$\Delta p_{eq} = \frac{\sum_{i=1}^{n} \Delta p_i t_i}{t_c} = \frac{\sum_{i=1}^{n} \Delta p_i t_i}{\sum_{i=1}^{n} t_i} \tag{5-55}$$

一个周期内的等效损耗中的可变损耗所对应的电流称为等效电流 I_{eq}，则有

$$\Delta p_{eq} = p_0 + cI_{eq}^2 \tag{5-56}$$

将式(5-54)、式(5-56)代入式(5-55)，得

$$p_0 + cI_{eq}^2 = \frac{\sum_{i=1}^{n}(p_0 + cI_i^2)t_i}{\sum_{i=1}^{n} t_i} = p_0 + \frac{c\sum_{i=1}^{n} I_i^2 t_i}{\sum_{i=1}^{n} t_i} \tag{5-57}$$

经整理化简后，得等效电流为

$$I_{eq} = \sqrt{\frac{\sum_{i=1}^{n} I_i^2 t_i}{\sum_{i=1}^{n} t_i}} \tag{5-58}$$

以 I_{eq} 与所选电动机的额定电流 I_N 相比较，应满足 $I_{eq} \leqslant I_N$ 的要求。过载检查，可以利用转矩过载系数，也可用电流过载系数 λ_I

$$I_{max} \leqslant \lambda_I I_N \tag{5-59}$$

等效电流法的实质是不考虑不变损耗的变化，而认为只要平均铜损等于或小于额定电流的铜损，电动机即不致过热。等效电流法的准确程

度仅次于平均损耗法，除了必须考虑不变损耗的变化外，它差不多可用于所有的场合。但是对于电动机在工作过程中内电阻发生变化的情形，例如双笼型和深槽型电动机在起动和制动时转子电阻变化很大，不宜用此法。

(2)等效转矩法。在选择电动机容量时，计算者所掌握的资料，可能是以转矩表示的负载图。在这种情况下，若转矩与电流成正比关系，可用等效转矩 M_{eq} 代替等效电流 I_{eq}，则式(5-58)可写成

$$M_{eq}=\sqrt{\frac{M_1^2t_1+M_2^2t_2+\cdots+M_i^2t_i}{t_c}}=\sqrt{\frac{\sum_{i=1}^{n}M_i^2t_i}{\sum_{i=1}^{n}t_i}} \tag{5-60}$$

按发热条件校验时，必须满足 $M_{eq}\leqslant M_N$ 的要求，应用等效转矩法时，同样要校验电动机的过载能力。

等效转矩法适用于直流电动机在运转时磁通不变，或交流电动机在磁通与功率因数变化不大的场合。若磁通 Φ 及功率因数 $\cos\varphi$ 发生变化时，式(5-60)需作修正。

(3)等效功率法。如果我们所掌握的是以功率表示的负载图，则在功率与转矩成直线关系的情况下，可用等效功率法，此时式(5-60)可写成功率形式

$$P_{eq}=\sqrt{\frac{p_1^2t_1+p_2^2t_2+\cdots+p_i^2t_i}{t_c}}=\sqrt{\frac{\sum_{i=1}^{n}p_i^2t_i}{\sum_{i=1}^{n}t_i}} \tag{5-61}$$

等效功率法应用于电动机工作速度或变化很小的场合。在电动机工作中包含有起动和制动时，不能应用此法。因为在起动和制动期间，当起动和制动转矩一定时，功率与转速成正比例的变化，如图5-19中虚线所示。此时功率负载曲线不能反映能量损失的真实情况。当转速变化时，应用等效

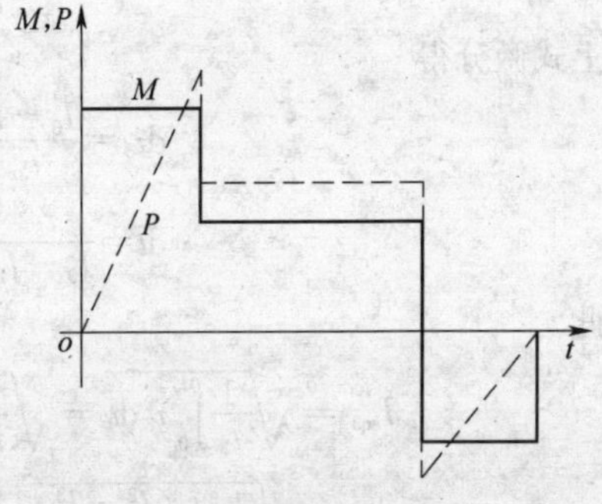

图5-19　起动和制动时转矩与功率曲线

功率法，公式(5-58)需作某些修正。

(4)等效法在不规则负载下的应用。当负载曲线变化不规则时，如图 5-20 实线所示，此时需要用积分法来求等效值。

$$I_{eq}=\sqrt{\frac{1}{t_c}\int_0^{t_c} i^2\,dt} \tag{5-62}$$

但在一般情况下，可粗略地计算，把曲线分成若干段而以折线代替，如图 5-20 虚线所示。

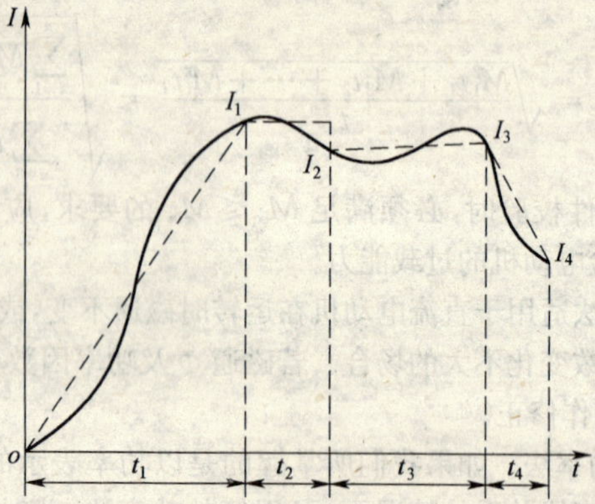

图 5-20 负载图的分段

对于梯形的负载段，如图中的第 3 段和第 4 段，可用下面导出的公式求 I_{eq}，若以第 3 段开始时的时间坐标为零点，则第 3 段电流曲线方程式为

$$i_3=I_2+\frac{I_3-I_2}{t_3}t$$

将上式微分得

$$di_3=\frac{I_3-I_2}{t_3}dt$$

或

$$dt=\frac{t_3}{I_3-I_2}di_3$$

因此

$$I_{eq3}=\sqrt{\frac{1}{t_3}\int_0^{t_3} i_3^2\,dt}=\sqrt{\frac{1}{t_3}\int_{I_2}^{I_3}\frac{t_3}{I_3-I_2}i_3^2\,di_3}$$

$$=\sqrt{\frac{1}{t_3}\ \frac{t_3(I_3^3-I_2^3)}{3(I_3-I_2)}}=\sqrt{\frac{I_3^2+I_3I_2+I_2^2}{3}} \tag{5-63}$$

对于三角形负载段，如图中第 1 段，可看作梯形负载图在起始电流 $I_{st}=0$ 时的特殊情况，所以

$$I_{eq1}=\sqrt{\frac{I_1^2}{3}} \tag{5-64}$$

$$I_{eq}=\sqrt{\frac{I_{eq1}^2 t_1+I_{eq2}^2 t_2+I_{eq3}^2 t_3+I_{eq4}^2 t_4}{t_1+t_2+t_3+t_4}} \tag{5-65}$$

(5)通风恶化时对等效值的修正。有时候在电动机工作周期中，包含着起动、制动和停止等阶段，但按规定不属于周期性短期运转，故仍要按照长期运转来计算功率。在这种情况下，如果采用的是自通风电动机，由于它的散热情况决定于它的转速，在停止和低速运转时，通风不好，散热情况变坏，因而负载能力降低，在计算等效值时，要进行修正。

设有某一负载，每个周期由起动、稳定运转、制动和静止 4 个阶段所构成，有关各量分别加脚注 st、s、b 和 0 区别，如图 5-21 所示。

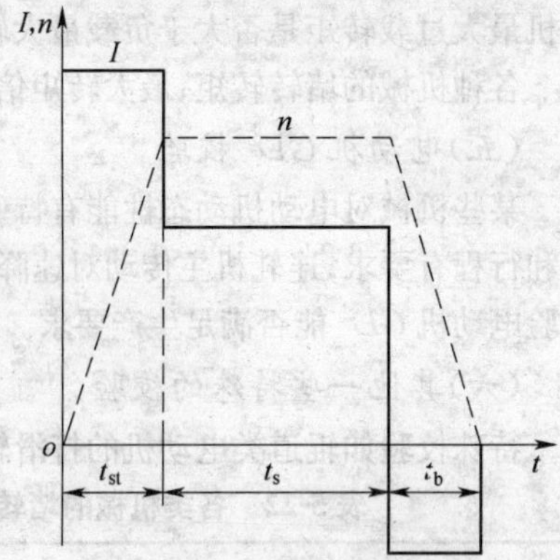

图 5-21 电动机的负载图

如果按下式求电动机的等效电流

$$I_{eq}=\sqrt{\frac{I_{st}^2 t_{st}+I_s^2 t_s+I_b^2 t_b}{t_{st}+t_s+t_b+t_0}}$$

显然所得的结果比实际需要的小，因为有的工作段散热条件变坏。此时实际温升相当于通风不恶化时较大的电流所造成的温升。因此应该适当地增大等效电流，以便计入这一情况。为此引入小于 1 的修正系数 α 和 β 到上式中去，得等效电流为

$$I_{eq}=\sqrt{\frac{I_{st}^2 t_{st}+I_s^2 t_s+I_b^2 t_b}{\alpha(t_{st}+t_b)+t_s+\beta I_0}} \tag{5-66}$$

对于开启式直流电动机，$\alpha=0.75$、$\beta=0.5$；对于交流电动机，$\alpha=0.5$、$\beta=0.25$。

2. 平均损耗法。是以每一工作周期中的平均总损耗表征电动机温

升来进行发热校验。它是一种较为准确的计算方法，适用于所有类型电动机在各种工作制下的发热校验。因其计算方法相当复杂，故较少使用。

(三)起动校验

考虑到起动时电源电压的降低，校验起动过程中的最小转矩是否大于负载转矩，以保证电动机顺利起动。

(四)过载能力校验

对于短时工作制、重复短时工作制和长期工作制，电动机需校验电动机最大过载转矩是否大于负载最大转矩。

各种机械的堵转转矩、最大转矩倍数见表 5-22。

(五)电动机 GD^2 校验

某些机械对电动机动态性能有特殊要求，例如飞剪对电动机起动时间和行程有要求；连轧机主传动对速降及速度响应时间有要求。这时需校验电动机 GD^2 能否满足生产要求。

(六)其他一些特殊的校验

特殊校验如辊道类电动机的打滑转矩校验等。

表 5-22　各类机械的堵转转矩、最大转矩倍数

类型	负载机械	$\frac{堵转转矩}{额定转矩}$	$\frac{最大转矩}{额定转矩}$
轧机	初轧机	0.40	2.5
	三辊式方坯、板坯轧机	0.35	3.0
	小型轧机	0.60	2.5
	成组传动的连续式轧机	0.50	2.5
	钢轨初轧机	0.35	3.0
	厚板轧机	0.35	3.0
	薄板和铁皮热轧机	1.25	4.0
	轧管机	0.40	3.0
	线材轧机	1.0	2.2
	薄板和铁皮冷轧机	2.0	2.5
	黄铜及铜加工轧机	1.50	2.2
鼓风机	各种鼓风机	0.30～0.40	1.5
空气压缩机	各种空气压缩机	0.30～0.60	1.0～1.5

续表 5-22

类型	负载机械	堵转转矩/额定转矩	最大转矩/额定转矩
泵类	离心泵	0.40～0.50	1.5
	螺旋泵	0.40	1.5
	真空泵	0.60	2.0
	无分流的三筒式往复泵	1.50	1.5
纸浆造纸机械	搅拌器、粉碎机、连续型液压浆料机	1.25	1.4
	粉碎机(空载起动)、碾磨机(单独驱动)	1.75	1.5
	碾磨机和排气风扇(共用电动机)	1.05	1.6
	舂纸机(空载起动)	0.60	2.2
	其他造纸机械	0.40～0.50	1.4
水泥机械	破碎机	1.0	2.5
	锤式粉碎机	1.20	1.5
	滚筒式粉碎机	1.0	2.5
	滚筒式辗磨机	2.0	2.5
各种粉碎机(碎铁机除外)	谷物碾磨机	1.0	1.6
	球磨机(煤、岩石、矿石)	1.40～1.50	1.6
	带式碾磨机	0.40	2.2
	球磨机(碎煤、空载起动)	0.90	1.4
	碾磨机和排气风扇(共用电动机)	0.90	1.4
	碾磨机(单独驱动)	0.40	2.2
	碎矿机(空载起动)	1.0	2.2
	圆锥式破碎机(空载起动)	1.0	2.2
	回转破碎机(空载起动)	1.0	2.2
	爪式破碎机(空载起动)	1.5	2.2
	滚筒式破碎机(空载起动)	1.5	2.2
	锤碎机(空载起动)	1.0	2.2
	地面破碎机	1.75	1.3
	棒磨机(矿石)	1.6	1.6
木工机械	各类木工机械	0.40～0.60	2.2
煤矿机械	采煤机	1.80～2.50	2.0～2.7
	装载机	2.0～2.80	2.8
	运输机	1.60～2.0	1.8～2.2

第三节　电动机功率的计算

一、金属切削机床选择电动机功率的统计法

统计法是以对大量的拖动系统用电动机功率的统计为基础，进行分析，找出电动机功率与生产机械主要参数之间的关系而得出的实用公式。

(一)车床

$$P=36.5D^{1.54} \tag{5-67}$$

式中　P——电动机功率(kW)；

D——工件最大直径(m)。

(二)立式车床

$$P=20D^{0.88} \tag{5-68}$$

式中　P——电动机功率(kW)；

D——工件最大直径(m)。

(三)摇臂钻床

$$P=0.064D^{1.19} \tag{5-69}$$

式中　P——电动机功率(kW)；

D——最大钻孔直径(m)。

(四)卧式镗床

$$P=0.04D^{1.17} \tag{5-70}$$

式中　P——电动机功率(kW)；

D——镗杆直径(mm)。

(五)外圆磨床

$$P=0.1Kd \tag{5-71}$$

式中　P——电动机功率(kW)；

d——砂轮厚度(mm)；

K——考虑砂轮主轴采用不同轴承时的系数。当用滚动轴承时，$K=0.8\sim1.1$；用滑动轴承时，$K=1.0\sim1.3$。

(六)龙门铣床

$$P=\frac{1}{166}b^{1.15} \tag{5-72}$$

式中 P——电动机功率(kW);

b——工作台宽度(mm)。

二、风机类配用电动机的功率计算

(一)离心式风机

电动机功率按下式计算

$$P_N \geqslant \frac{K q_w p \times 10^{-3}}{\eta_w \eta_d} \quad (5\text{-}73)$$

式中 P_N——电动机功率(kW);

K——余量系数,见表5-23;

q_w——风量(m^3/s);

p——空气压力(Pa);

η_w——风机效率,因叶轮参数而异:叶片前倾式为0.6～0.88;叶片径向式为0.7～0.88;叶片后倾式为0.75～0.92;

η_d——传动效率,见表5-24,与电动机直连时为1.0。

表5-23 余量系数 *K*

机械类型	功率(kW)					
	<1	1～2	2～5	5～50	50～100	>100
离心式风机	2	1.5	1.25	1.15～1.1	1.08～1.05	1.05
离心式水泵	1.7	1.7	1.5～1.3	1.15～1.1	1.08～1.05	1.05
齿轮泵螺杆泵	1.5～1.2					
旋片式真空泵	1.5～1.2					
滑阀式真空泵	2.5～1.5					
压缩机	1.15～1.05					

表5-24 机械传动效率(平均值)

传动元件	效率 η
1. 带传动	
(1)普通V带、窄V带、难燃V带、齿形V带、多楔V带、微型V带、活络V带、双面V带	0.92～0.94
(2)宽型V带(无级变速带)、半宽V带	0.85～0.92
(3)橡胶传动带、普通环形传动带、皮革带、高速环形传动带	0.94～0.96
(4)圆带	0.92～0.94
(5)同步带、特种同步带	0.96～0.98

续表 5-24

传动元件	效率 η
2. 链条传动	
(1)滚柱链条	0.96～0.97
(2)齿轮链条	0.97～0.98
3. 圆柱形齿轮传动	
(1)磨削过的直齿轮	0.99
(2)车削加工的直齿轮	0.98
(3)未加工的直齿轮	0.96
(4)人字齿轮	0.985
4. 锥齿轮减速器	0.97～0.98
5. 蜗杆传动	
(1)蜗杆头数为 1	0.70～0.75
(2)蜗杆头数为 2	0.75～0.82
(3)蜗杆头数为 3	0.82～0.87
(4)蜗杆头数为 4	0.87～0.92
6. 支座轴承	
(1)滚动轴承	0.99
(2)滑动轴承	0.97
(3)滑动轴承,但润滑不良	0.94
(4)带油环润滑	0.98
7. 螺旋传动	
(1)滑动螺旋	0.30～0.60
(2)滚动螺旋	0.90～0.95
(3)静压螺旋	0.99
8. 行星减速器	
(1)渐开线圆柱齿轮减速器、行星齿轮减速器	0.97～0.99
(2)摆线针轮减速器	0.90
(3)谐波传动减速器	0.60～0.90
9. 摩擦传动	0.70～0.80
10. 钢索传动	0.90
11. 曲柄机械	0.90

(二)轴流式风机

除风机效率视情况而定外,其余均同离心式风机。

三、泵类配用电动机的功率计算

(一)离心式泵、轴流泵、旋涡泵

电动机功率按下式计算

$$P_N \geqslant \frac{K\rho q_p(h+\Delta h)}{102\eta_p\eta_d} \tag{5-74}$$

式中　P_N——电动机功率(kW);

K——余量系数,见表5-23;

ρ——液体的密度(kg/m^3);

q_p——泵的流量(排水量)(m^3/s);

h——水头、扬程(m);

Δh——总管损失水头(m);

η_p——泵的效率,因泵的型式及结构参数而不同,一般为0.6~0.84;

η_d——传动效率,见表5-24,与电动机直连时为1.0。

(二)齿轮泵、螺杆泵

电动机功率按下式计算

$$P_N \geqslant \frac{Kq_p p\times 10^{-3}}{62.4\eta_v\eta_m} \tag{5-75}$$

$$p=p_2-p_1 \tag{5-76}$$

式中　P_N——电动机功率(kW);

K——余量系数,见表5-23;

q_p——泵的流量(L/min);

p——进出口压力差(Pa);

p_2——排出压力(Pa);

p_1——吸入压力(Pa);

η_v——容积效率,一般为0.75~0.95;

η_m——机械效率,一般为0.65~0.95。

(三)旋片式真空泵

电动机功率按下式计算

$$P_N \geqslant \frac{Kp_2 v_g\times 10^{-3}}{\eta_m\eta_d m^{\frac{1}{m-1}}} \tag{5-77}$$

式中 P_N——电动机功率(kW);

K——余量系数,见表 5-23;

p_2——泵排气口的排气压力(Pa);

v_g——几何抽速(L/s);

η_m——泵的最大机械效率,单级泵 $\eta_m=0.45\sim0.50$,双级泵 $\eta_m=0.40\sim0.45$;

η_d——传动效率,见表 5-24;

m——多变指数,对空气 $1<m<1.4$。

(四)滑阀式真空泵

电动机功率按下式计算

$$P_N \geqslant K(p_{2max}-p_1)v_g\times10^{-3} \tag{5-78}$$

式中 P_N——电动机功率(kW);

K——余量系数,见表 5-23;

p_{2max}——泵在正常工作时最大排气压力(Pa);

p_1——泵在 p_{2max} 下吸气口压力(Pa);

v_g——几何抽速(L/s)。

四、压缩机类配用电动机的功率计算

(一)离心式压缩机

电动机功率按下式计算

$$P_N \geqslant \frac{Kq(A_d+A_r)\times10^{-3}}{2\eta} \tag{5-79}$$

式中 P_N——电动机功率(kW);

K——余量系数,见表 5-23;

q——压缩机生产率(m^3/s);

A_d——压缩 $1m^3$ 空气量至绝对压力 p_1 的等温功(N·m);

A_r——压缩 $1m^3$ 空气量至绝对压力 p_1 的绝热功(N·m);

η——压缩机的总效率,为 0.62~0.8。

A_d、A_r 值与绝对压力的关系见表 5-25。

表 5-25 A_d、A_r 值与绝对压力 p_1 的关系

p_1(大气压)	1.5	2.0	3.0	4.0	5.0
A_d(N·m)	39717	67666	107873	136312	157887
A_r(N·m)	42169	75511	126506	167694	201036

续表 5-25

p_1(大气压)	6.0	7.0	8.0	9.0	10.0
A_d(N·m)	175539	191230	203978	215746	225553
A_r(N·m)	230456	255954	280470	301064	320677

(二)活塞式、螺杆式、片式压缩机

电动机功率按下式计算

$$P_N \geqslant \frac{KP_c}{\eta_c \eta_d} \tag{5-80}$$

式中　P_N——电动机功率(kW)；

K——余量系数，见表 5-23；

P_c——压缩机功率(kW)；

η_c——压缩机效率，活塞式 0.80～0.95，螺杆式 0.95～0.98，片式 0.7～0.75；

η_d——传动效率，见表 5-24。

五、起重机电动机功率的计算

(一)起升机构电动机功率的计算

起升机构电动机的运行特点是，起动时惯性载荷较小，所需的加速转矩很小，只有满载稳定运行转矩的 10%～20%，而电动机的平均起动转矩通常为电动机额定转矩的 1.6～1.8 倍，使得起动时间短，为 1～2s。因此起升机构电动机在运行中可忽略起动过程，认为电动机处于断续周期工作制——S3 工作制运行。

1. 初选电动机。在起升机构中，电动机所需转矩等于满载起升的稳定转矩。电动机的功率可按起升静功率计算

$$P_{QS} = \frac{G_Q v_Q \times 10^{-3}}{60\eta_Q} \tag{5-81}$$

式中　P_{QS}——起升静功率(kW)；

G_Q——起升载荷重力(包括吊具或取物装置自重，吊具自重见表 5-26)；

v_Q——额定起升速度，单位为 m/min，常用起重机的工作速度见表 5-27～表 5-31；

η_Q——起升机构总效率，采用闭式圆柱齿轮传动作为初步计算，取 η_Q=0.8～0.85。

表 5-26 吊具自重与起重量的关系

起重量G_C(t)	吊具质量(t)
3～8	2%G_C
12.5～20	2.5%G_C
32～50	3%G_C
80～125	3.5%G_C
160～250	4%G_C

表 5-27 吊钩式通用桥式起重机的工作速度 (m/min)

起重量G_C(t)	类别	工作级别	主钩起升速度	副钩起升速度	小车运行速度	起重机运行速度
≤50	高速	M_6	6.3～16	10～20	40～63	80～125
	中速	M_4、M_5	5～12.5	8～16	32～50	63～100
	低速	M_1～M_3	1.6～5	6.3～12.5	10～25	20～50
63～125	高速	M_6	5～10	8～16	32～40	63～100
	中速	M_4、M_5	2.5～5	6.3～12.5	25～32	50～80
	低速	M_1～M_3	1～2	5～10	10～20	20～40
160	高速	M_6	3.2～4	6.3～8	32～40	50～80
160～250	中速	M_4、M_5	1.6～2.5	5～8	20～25	40～63
	低速	M_1～M_3	0.63～1	4～6.3	10～16	20～32

表 5-28 抓斗及电磁式通用桥式起重机的工作速度 (m/min)

抓斗起升速度	电磁吸盘起升速度	小车运行速度	起重机运行速度
25～5	16～32	40～50	80～125

表 5-29 吊钩式通用门式起重机的工作速度 (m/min)

起重量G_C(t)	类别	工作级别	主钩起升速度	副钩起升速度	小车运行速度	起重机运行速度
≤50	高速	M_6	6.3～16	10～20	40～63	50～63
	中速	M_4、M_5	5～12.5	8～16	32～50	32～50
	低速	M_2～M_3	1.6～5	6.3～12.5	10～25	10～20
63～125	高速	M_6	5～10	8～16	32～40	32～50
	中速	M_5、M_5	2.5～5	6.3～12.5	25～32	16～25
	低速	M_2～M_3	1～2	5～10	10～16	10～16

续表 5-29

起重量 G_C(t)	类别	工作级别	主钩起升速度	副钩起升速度	小车运行速度	起重机运行速度
160～250	中速	M_4、M_5	1.6～2.5	5～8	20～25	10～20
	低速	M_2～M_3	0.63～1	4.0～6.3	10～16	6～21

表 5-30　抓斗及电磁式通用门式载重机的工作速度　(m/min)

抓斗起升速度	电磁吸盘起升速度	小车运行速度	起重机运行速度
25～50	16～32	40～50	32～50

表 5-31　几种起重机的工作速度范围

起重机类型	起升速度(m/min)		运行速度(m/min)		变幅速度(m/min)	回转速度(r/min)
	主起升	副起升	小车	起重机		
电动单梁起重机	3～12①	—	20～32	30～75	—	—
电动葫芦双梁起重机	3～12①	3～12①	30	45～75	—	—
电动悬挂起重机	3～12①	—	20～32	8～32	—	—
电动葫芦门式起重机	3～12①	—	10～40	20～63	—	—
加料起重机	4～5	7.3～12	39.5～42	77～90	—	4.7～5
锻造起重机	2～12	5～19	28～46	60～87	—	—
脱模起重机	16～20	—	43～55	77～103	—	—
钳式起重机	18～22	4.5～9	56～106	80～120	—	—
板坯搬运起重机	9.5～13.2	—	35～44	70～120	—	3.7～4.5
铸造起重机	3～10	4～12.5	30～38	50～77	—	—
淬火起重机	20～26/40～62②	10	30～50	45～120	—	—
林用门式起重机	6～15	—	25～45	25～45	—	—
电站门式起重机	1.5～4.2③	7.5～10	4～20③	18～26③	—	—

续表 5-31

起重机类型	起升速度(m/min)		运行速度(m/min)		变幅速度	回转速度
	主起升	副起升	小车	起重机	(m/min)	(r/min)
造船门式起重机	4.5	22	15～30	25～45	—	—
轮胎式集装箱起重机	13～30	—	70	130	—	—
轨道式集装箱起重机	25～40	—	80～120	35～50	—	—
抓斗装卸桥	60～70	—	100～350	15～40	—	—
集装箱装卸桥	25～40③	—	80～120	35～50	—	—
港口门座起重机	40～80	—	—	20～30	40～90	1.5～2
造船门座起重机	3～20	20～30	—	15～30	8～35	0.2～0.6
电站施工门座起重机	15～20	20～50	—	20～30	8～35	0.5～1
自升式建筑塔式起重机	25～50	—	—	18～20	20～23	0.5～0.8
整体拖运式塔式起重机	3.3～40	—	—	6.3～25	15～30	0.3～1
拆装运输式塔式起重机	2.7～30	—	—	17～25	—	0.1～0.8
大型安装用塔式起重机	5.6/9②	11.7/19②	—	2～4	1.5	0.1～0.2
装卸用浮式起重机	40～70	—	—	—	40～60	1.5～2.5
安装用浮式起重机	3～15	15～20	—	—	3～15	0.2～0.5
汽车、轮胎式起重机	8～30	—	—	12～80 (km/h)	2～15	0.5～3
甲板起重机	30/60～65/130	—	—	—	10～20	1～2

注:①随所配用的电动葫芦决定。

②分子数值为起升用,分母数值为淬火下降用。

③有微速装置时,微速速度一般是 0.1～0.5m/min。

根据计算的静功率和电动机的负载持续率 JC 值，可在电动机样本中选择与静功率相接近的电动机。

对于双绳抓斗的提升机构和开闭机构，一般采用两套相同的驱动机构。在抓斗闭合完毕后起升的瞬间，全部载荷由闭合电动机承受。支持(起升)电动机由于卸载而转速稍高，最后赶上闭合电动机并共同承载。因此两台同样大小的电动机的单机额定功率要大于所需总功率的一半，闭合电动机有短时间的过载能力。《起重机设计规范》规定，每一机构电动机静功率取为总功率的 0.66 倍，就是考虑起升瞬间的载荷不均匀程度。

2. 电动机功率校验。包括过载校验和发热校验。起升机构电动机按满载静功率选择，对于一般用途的桥门式起重机可不必进行发热校验。对于工作级别较高、工作较为频繁、载荷状态较重的抓斗起重机和冶金起重机有必要进行发热校验。

(1)起升机构电动机的过载校验。电动机的最大转矩或堵转转矩应保证机构起动的需要，这就是说，电动机的额定转矩应大于一定的数值，才能保证在任何情况下机构均能起动。因转矩与功率成一定的比例，故在校验计算中，常以功率来表示。即所选电动机的额定功率应大于一定的数值，这个数值因机构而异，各种机构因负载情况的不同而不同。

起升机构电动机的校验公式如下：

$$P_N \geqslant \frac{H}{m\lambda_M} \frac{G_Q v_Q \times 10^{-3}}{60\eta_Q} \tag{5-82}$$

式中　P_N——基准负载持续率时，电动机额定功率(kW)；

H——系数，按电压有损失(交流电动机为 15%，直流电动机不考虑)、最大转矩或堵转转矩有允差(绕线转子异步电动机为 10%，笼型异步电动机为 15%，直流电动机不考虑)、起升 1.25 倍额定载荷等条件，确定绕线转子异步电动机取 $H=2.1$；笼型异步电动机取 $H=2.2$；直流电动机取 $H=1.4$；

m——电动机个数；

λ_M——基准负载持续率时，电动机转矩允许过载倍数(技术条件规定值或实际达到值)；

G_Q——起升载荷重力(N)，双绳抓斗电动机过载校验时，应考虑负载不均匀程度；

v_Q——额定起升速度(m/min)；

η_Q——起升机构总效率。

(2)起升机构电动机的发热校验。

①为进行起重用电动机的发热校验，首先应了解稳态负载平均系数和稳态平均功率的含义。

由于起重机并不总是在满载状态下工作，各种起重机载荷情况又各不相同，因此选择起重机起升机构电动机功率时，对工作级别较低的机构，有时选择电动机 S3 时额定输出功率略小于满载提升所需功率。实践证明，这样选择是正确的。如果是在 S4、S5 工作方式，S4、S5 时额定输出功率比 S3 时额定输出功率低，为了使工作级别较低的起升机构电动机功率不致选得太大，引入稳态负载平均系数($G_1 \sim G_4$)

$$G=\frac{1}{P_{\max}}\sqrt{\frac{P_1^2 t_1+P_2^2 t_2+\cdots+P_n^2 t_n}{t_1+t_2+\cdots+t_n}} \tag{5-83}$$

式中 G——稳态负载平均系数；

P_1、P_2、…、P_n——工作循环中，稳态各个分段负载功率值(kW)；

$P_{\max}$——$P_1 \sim P_n$ 中的最大值(kW)；

t_1、t_2、…、t_n——工作循环中，稳态各个分段持续时间(min)。

起升机构电动机稳态平均功率为

$$P_S=G\frac{G_Q v_Q\times10^{-3}}{60m\eta_Q} \tag{5-84}$$

式中 P_S——稳态平均功率(kW)；

G——稳态负载平均系数，一般取表 5-32 所列值。

其余符号含义同式(5-82)。

表 5-32 起升机构稳态负载平均系数

G_1	0.7	G_3	0.9
G_2	0.8	G_4	1.0

注：桥式起重机、门式起重机、门座起重机起升机构的 G 的分级见表 5-33。

②CZ 值。

a. 折合的全起动次数

$$Z=d_c+gd_i+rf \tag{5-85}$$

式中 Z——折合的每小时全起动次数；

d_c——每小时全起动次数；

d_i——每小时点动或不完全起动次数；

f——每小时电气制动次数；

g——折合系数，绕线转子异步电动机取 0.25；

r——折合系数，绕线转子异步电动机取 0.8。

按 Z 值划分起动等级，一般为每小时 150、300、600 次。

b. 惯量增加率

$$C=\frac{GD_M^2+GD_e^2}{GD_M^2} \tag{5-86}$$

式中 C——惯量增加率；

GD_M^2——电动机飞轮矩（$N \cdot m^2$）；

GD_e^2——电动机以外，移动质量与转动质量折算到电动机轴上的飞轮矩（$N \cdot m^2$）。

c. CZ 值。惯量增加率 C 与折合的每小时全起动次数的乘积 CZ 值是起、制动影响电动机发热的重要参数。

CZ 值的常用数值是 150、300、450、600 和 1000。

③发热校验。如下式成立，电动机发热校验合格。

$$P \geqslant P_S \tag{5-87}$$

式中 P——在工作的负载持续率 JC 和工作的 CZ 值时电动机的允许输出功率（kW）；

P_S——工作循环中，负载的稳态平均功率（kW）。

3. 起重用电动机功率选择计算中的 JC、CZ 和 G 值。各种起重机的每一机构的负载持续率 JC 值、CZ 值和稳态负载平均系数 G，应根据实际载荷情况计算。如无法获得载荷情况的详细资料，可参考表 5-33 选取。

表 5-33 JC、CZ 和 G 值

起重机型式		用途	主起升机构			副起升机构		
			JC(%)	CZ	G	JC(%)	CZ	G
桥式起重机	吊钩式	电站安装及检修用	15	50	G_1	15	150	G_1
		车间及仓库用	25	150	G_2	25	150	G_2

续表 5-33

起重机型式		用途	主起升机构			副起升机构		
			JC(%)	CZ	G	JC(%)	CZ	G
桥式起重机	吊钩式	繁重的工作车间、仓库用	40	300	G_2	25	150	G_2
	抓斗式	间断装卸用	40	450	G_2	—	—	—
门式起重机	吊钩式	一般用途	25	150	G_2	25	150	G_2
门座起重机	吊钩式	安装用	25	150	G_2	25	150	G_2
	吊钩式	装卸用	40	300	G_2	—	—	—
	抓斗式		60	450	G_3	—	—	—

起重机型式		小车运行机构			起重机运行机构			回转机构			变幅结构		
		JC(%)	CZ	G	JC(%)	CZ	G	JC(%)	CZ	G	JC(%)	CZ	G
桥式起重机	吊钩式	15	300	G_1	15	600	G_1	—	—	—	—	—	—
		25	300	G_2	25	600	G_2	—	—	—	—	—	—
		25	600	G_2	40	1000	G_2	—	—	—	—	—	—
	抓斗式	40	800	G_2	40	1500	G_2	—	—	—	—	—	—
门式起重机	吊钩式	25	300	G_2	25	450	G_2	—	—	—	—	—	—
门座起重机	吊钩式	—	—	—	25	150	G_2	25	300	G_2	25	150	G_2
	吊钩式	—	—	—	15	150	G_2	25	1000	G_2	25	600	G_2
	抓斗式	—	—	—	15	150	G_2	25	1000	G_2	25	600	G_3

(二)运行机构电动机功率的计算

在运行机构中，运行阻力引起的满载稳定运行静阻力矩比电动机的额定转矩小得多。起动时必须克服移动质量和旋转质量所引起的惯性载荷，所需的加速转矩较大。运行机构的起动时间比起升机构起动时间要长，通常为 3～8s。电动机的运行属于包括起动的断续周期工作制 S4。

运行机构电动机功率选择，除了考虑稳定运行的静功率外，还必须考虑克服惯性载荷所需的加速功率。在通常情况下，加速功率对电动机的选择有极大影响。

1. 运行静阻力。起重机(或小车)运行静阻力为

$$F_{tS}=F_{fS}+F_g+F_W \tag{5-88}$$

$$F_{fS}=G_{m\Sigma}\omega$$

$$F_W=Cq(A_c+A_a)$$

式中　F_{tS}——起重机(或小车)运行静阻力(N)；

F_{fS}——起重机(或小车)运行摩擦阻力(N)；

F_g——坡度阻力(N)，当轨道坡度不超过0.5%时，可不计入，否则按实际坡度计算坡度阻力；

F_W——室外风阻力(N)，室内取 $F_W=0$；

$G_{m\Sigma}$——运行部分所有质量的重力(N)；

ω——运行摩擦阻力系数，见表5-34；

C——风载体型系数，见表5-35；

q——工作状态时的标准风压(Pa)，计算电动机功率时取 q_{I} 值，见表5-36。

A_c——运行部分的挡风面积(m^2)；

A_a——物品的挡风面积(m^2)，见表5-37。

表5-34　运行摩擦阻力系数 ω 的推荐值

车轮直径(mm)		200	250	315	400	500	630	710	800	1000
滑动轴承		0.032	0.028	0.026	0.024	0.022	0.020	0.019	0.019	0.019
滚动轴承	轮缘导向	0.0105	0.0095	0.0085	0.008	0.0075	0.007	0.007	0.0065	0.0065
滚动轴承	水平轮导向	0.0075	0.0065	0.0055	0.005	0.0045	0.004	0.004	0.0035	0.0035

表5-35　风载体型系数 C 值

结构物形式		C值
由型钢组成的桁架，有凸出翼缘或筋板的梁		1.4
表面光滑的箱形梁、司机室、平衡重、钢丝绳、物品等		1.2
由管子组成的结构，C值根据 q(风压值)、d^2(管子外径)值确定，qd^2 的单位为N	≤9.8	1.2
	10.78	1.1
	11.76	1.0
	12.74	0.9
	13.72	0.8
	≥14.7	0.7

表5-36　标准风压 q 值　(Pa)

地区	q_{I}	q_{II}	q_{III}
内地	98	147	588

续表 5-36

地区	$q_{Ⅰ}$	$q_{Ⅱ}$	$q_{Ⅲ}$
沿海	147	245	784
台湾、南海诸岛	147	245	1176

注：1. 沿海地区一般指离海岸线小于100km的陆地。

2. 对海上航行的起重机取 $q_{Ⅲ}=1470$Pa。

3. 如用户对 $q_{Ⅱ}$ 值有特殊要求，可不受表列数值限制，此时 $q_{Ⅰ}$ 值可近似地取为 $0.6q_{Ⅱ}$。

表 5-37　物品挡风面积估计值

物品重力(t)	1	2	3	5 6.3	8	10	12.5	15 16	20	25	30 32	40
挡风面积(m^2)	1	2	3	5	6	7	8	10	12	15	18	22
物品重力(t)	50	63	75 80	100	125	150 160	200	250	280	300 320	400	
挡风面积(m^2)	25	28	30	35	40	45	55	65	70	75	80	

2. 电动机的静功率。满载稳定运行时电动机的静功率

$$P_{tS}=\frac{F_{tS}v_S\times10^{-3}}{60\eta_S} \tag{5-89}$$

式中　P_{tS}——起重机(或小车)满载运行静功率(kW)；

F_{tS}——起重机(或小车)运行静阻力(N)；

v_S——起重机(或小车)运行速度(m/min)，见表 5-27～表 5-30；

η_S——运行机构总效率，起重机(大车)采用卧式齿轮减速器时，取 0.95；小车采用立式齿轮减速器时，取 0.90。

3. 电动机起动过程中的加速功率。加速运行时电动机的动态功率

$$P_d=\frac{\sum GD^2n^2\times10^{-3}}{365t_{st}} \tag{5-90}$$

式中　P_d——电动机的动态功率(kW)；

$\sum GD^2$——机构总飞轮矩，即平移质量折算到电动机轴上的飞轮矩与电动机轴上旋转质量的飞轮矩之和(N·m^2)；

n——电动机的额定转速(r/min)；

t_{st}——机构起动时间(s)。

$$\sum GD^2=365\frac{G_{m\Sigma}v_S^2}{9.8n^2}+1.1m(GD_M^2+GD_C^2) \tag{5-91}$$

式中 $G_{m\Sigma}$——运行部分所有质量的重力(N)；

v_S——起重机(或小车)运行速度(m/s)；

m——电动机个数；

GD_M^2——电动机的飞轮矩(N·m²)；

GD_C^2——电动机轴上联轴器的飞轮矩(N·m²)。

将式(5-91)代入式(5-90)中得

$$P_d=\frac{G_{m\Sigma}v_S^2}{9800t_{st}}+\frac{1.1m(GD_M^2+GD_C^2)n^2}{365000t_{st}} \tag{5-92}$$

上式中第1项由直线运动质量引起的加速功率，在运行机构中可达很大的数值，且为主要部分。第2项由旋转质量引起的加速功率，仅占第1项的10%～15%。因此该式可简化为

$$P_d=\frac{1.15G_{m\Sigma}v_S^2}{9800t_{st}} \tag{5-93}$$

$$t_{st}=\frac{v_S}{a}$$

起动时间 t_{st} 可根据运行速度 v_S 选取，a 为加速度，通常：

对低速运行的起重机

$$a=0.05\sim0.15\text{m/s}^2$$

对普通桥式起重机

$$a=0.1\sim0.3\text{m/s}^2$$

对高速运行钢厂用起重机和抓斗小车

$$a=0.3\sim0.5\text{m/s}^2$$

在逆风起动时，建议取下限，因为在这种极少情况下的起动过程可以适当延长一些。

运行机构的加速度 a 和起动时间亦可以参照表5-38推荐值选取。

表5-38 运行机构加(减)速度 a 及相应的加(减)速时间 t 的推荐值

运行速度(m/s)	行程很长的低速与中速的起重设备		通常使用的中速与高速的起重设备		采用大加速度的高速起重设备	
	加(减)速时间(s)	加(减)速度(m/s²)	加(减)速时间(s)	加(减)速度(m/s²)	加(减)速时间(s)	加(减)速度(m/s²)
4.00	—	—	8.0	0.50	6.0	0.67

续表 5-38

运行速度 (m/s)	行程很长的低速与中速的起重设备		通常使用的中速与高速的起重设备		采用大加速度的高速起重设备	
	加(减)速时间(s)	加(减)速度(m/s^2)	加(减)速时间(s)	加(减)速度(m/s^2)	加(减)速时间(s)	加(减)速度(m/s^2)
3.15	—	—	7.1	0.44	5.4	0.58
2.50	—	—	6.3	0.39	4.8	0.52
2.00	9.1	0.22	5.6	0.35	4.2	0.47
1.60	8.3	0.19	5.0	0.32	3.7	0.43
1.00	6.6	0.15	4.0	0.25	3.0	0.33
0.63	5.2	0.12	3.2	0.19	—	—
0.40	4.1	0.098	2.5	0.16	—	—
0.25	3.1	0.078	—	—	—	—
0.16	2.5	0.064	—	—	—	—

4. 初选电动机。对于运行机构的电动机功率，初选时应考虑电动机在起动过程的功率消耗，但同时电动机在起动阶段有短期过载能力，因此可用下式来初选电动机：

$$P_N \geqslant \frac{1}{m\lambda_{ar}}(P_{ts}+P_d) \tag{5-94}$$

式中 P_N——基准负载持续率时，电动机的额定功率(kW)；

m——电动机个数；

λ_{ar}——平均起动转矩倍数(相对于基准负载持续率时的额定转矩)，对绕线转子异步电动机取 1.7，采用频敏变阻器时取 1，笼型异步电动机取 $0.9\lambda_M$，串励直流电动机取 1.9，复励直流电动机取 1.8，对他励直流电动机取 1.7，采用电流自动调整的系统，允许适当提高 λ_{ar} 值。

5. 电动机功率的校验。

(1)电动机的过载校验。这是验算电动机克服机构在短时间内可能出现的较大工作负载的能力，而运行机构较大的工作负载往往出现在逆风起动过程，初选电动机时已考虑了起动时的加速功率，一般情况下可以不必进行过载校验。如需要进行过载校验，校验公式如下：

$$P_N \geqslant \frac{1}{m\lambda_{ar}}\left\{[G_{m\Sigma}(\omega+m_c)+F_W]\frac{v_S\times10^{-3}}{60\eta_S}+\frac{\sum GD^2n^2\times10^{-3}}{365t_{st}}\right\} \tag{5-95}$$

式中　$G_{m\Sigma}$——起重机(或小车)运行部分所有质量的重力(N);

ω——摩擦阻力系数,对滑动轴承取 0.013～0.028,对滚动轴承取 0.006～0.02;

m_c——坡度阻力系数,对钢筋混凝土基础和金属梁上的轨道为 0.001,在碎石基础和枕木上的轨道为 0.002,对起重机桥架上的小车轨道为 0.002;

F_W——风阻力(N),在室内取 $F_W=0$;

v_S——起重机(或小车)的运行速度(m/min);

η_S——运行机构总效率,见式(5-89);

$\sum GD^2$——机构总飞轮矩(N・m²);

n——电动机的额定转速(r/min);

t_{st}——机构起动时间(s)。

其余符号含义同式(5-94)。

(2)电动机的发热校验。和起升电动机一样,亦按稳态负载平均功率进行校验,如 $P_N\geqslant P_S$,电动机校验合格。P_S 按下式计算:

$$P_S=G[G_{m\Sigma}(\omega+m_c)+F_W]\frac{v_S\times10^{-3}}{60m\eta_S} \tag{5-96}$$

式中　P_S——工作循环中,稳态平均功率(kW);

G——稳态负载平均系数,一般取表 5-39 所列值;

m——电动机个数。

其余符号含义同式(5-95)。

表 5-39　运行机构稳态负载平均系数

运行机构	室内起重机		室外起重机
	小车	起重机	
G_1	0.7	0.85	0.75
G_2	0.8	0.90	0.80
G_3	0.9	0.95	0.85
G_4	1.0	1.0	0.90

六、计算实例

例 1 C660 重型车床，其工件最大直径为 1250mm，按统计法计算主拖动电动机功率。

解 $P=36.5D^{1.54}=36.5\times1.25^{1.54}\text{kW}=51.5\text{kW}$

实际选用 60kW 直流电动机，与计算结果相近。

例 2 对于 C534 型立式车床，可切削工件的最大直径为 3400mm，按统计法计算主拖动电动机功率。

解 $P=20D^{0.88}=20\times34^{0.88}\text{kW}=58.7\text{kW}$

实际选用 55kW 绕线转子异步电动机，与计算结果相近。

例 3 C5263 立式车床，其工件最大直径为 6300mm，按统计法计算主拖动电动机功率。

解 $P=20D^{0.88}=20\times6.3^{0.88}\text{kW}=101\text{kW}$

实际选用 100kW 直流电动机，与计算结果相近。

例 4 T68 型卧式镗床，其镗杆直径为 80mm，按统计法计算主拖动电动机功率。

解 $P=0.04D^{1.17}=0.04\times80^{1.17}\text{kW}=6.74\text{kW}$

实际选用 5.5/7.5kW 双速笼型异步电动机，与计算结果相近。

例 5 T612 型卧式镗床，其镗杆直径为 120mm，按统计法计算主拖动电动机功率。

解 $P=0.04D^{1.17}=0.04\times120^{1.17}\text{kW}=10.83\text{kW}$

实际选用 10kW 高起动转矩笼型异步电动机，与计算结果相近。

例 6 某离心式风机，风机风量 $q_w=21469\text{m}^3/\text{h}$，风机静压 $p=520\text{Pa}$，风机效率 $\eta_w=0.72$，传动效率 $\eta_d=0.98$，采用 6 极异步电动机驱动，求电动机功率。

解 驱动功率

$$P_m=\frac{q_w p\times10^{-3}}{\eta_w\eta_d}=\frac{21469\times520\times10^{-3}}{3600\times0.72\times0.98}\text{kW}=4.39\text{kW}$$

由表 5-23 选余量系数 $K=1.25$，则电动机功率为

$$P_N\geqslant KP_m=1.25\times4.39\text{kW}=5.49\text{kW}$$

故可选 Y2-132M2-6，IP54，5.5kW 三相异步电动机。

例 7 某离心式风机，风机风量 q_w 为 $89745\text{m}^3/\text{h}$，风机静压 p 为

2629Pa，风机效率 η_w 为 0.7，传动效率 η_d 为 0.98，采用 4 极异步电动机驱动，求电动机功率。

解 驱动功率

$$P_m=\frac{q_w p\times10^{-3}}{\eta_w\eta_d}=\frac{89745\times2629\times10^{-3}}{3600\times0.70\times0.98}\text{kW}=95.54\text{kW}$$

由表 5-23 选余量系数 $K=1.08$，则电动机功率为

$$P_N\geqslant KP_m=1.08\times95.54\text{kW}=103.2\text{kW}$$

故可选 Y2-315S-4 三相笼型异步电动机，$P_N=110$kW。

例 8 求离心式水泵的配套电动机功率，水泵流量 $q_p=100\text{m}^3/\text{h}$，总扬程 $h=50$m，转速 $n=2900$r/min，水泵效率 $\eta_p=0.8$，由电动机直接传动。

解 驱动功率

$$P_m=\frac{\rho q_p(h+\Delta h)}{102\eta_p\eta_d}$$

水的密度 $\rho=1000\text{kg/m}^3$，$\Delta h=0$，$\eta_d=1$

故
$$P_m=\frac{1000\times100\times50}{102\times3600\times0.8}\text{kW}=17.02\text{kW}$$

由表 5-23 选余量系数 $K=1.15$，则电动机功率为

$$P_N\geqslant KP_m=1.15\times17.02\text{kW}=19.57\text{kW}$$

可选 Y2-180M-2 三相笼型异步电动机，$P_N=22$kW，$n_N=2940$r/min。

例 9 一台矿井用的离心水泵，总扬程高度为 165m，总管损失水头 3m，排水量为 $270\text{m}^3/\text{h}$，水泵的效率为 0.82。求配用电动机功率。

解 驱动功率

$$P_m=\frac{\rho q_p(h+\Delta h)}{102\eta_p\eta_d}=\frac{1000\times270(165+3)}{102\times3600\times0.82\times1}\text{kW}$$
$$=150.64\text{kW}$$

由表 5-23 选余量系数 $K=1.05$，则电动机功率为

$$P_N\geqslant KP_m=1.05\times150.64\text{kW}=158.17\text{kW}$$

可选 YB 系列 160kW 隔爆型异步电动机。

例 10 一台单级、往复风冷移动的活塞式压缩机，轴功率为 3.4kW，转速为 780r/min，压缩机系由 V 带传动，应选用多大功率的电

动机？

解　电动机功率为

$$P_N \geqslant \frac{KP_c}{\eta_c \eta_d}$$

压缩机效率 η_c 取 0.95；查表 5-24，V 带传动 η_d 取 0.92；查表 5-23，取 $K=1.05$，则有

$$P_N \geqslant \frac{1.05\times 3.4}{0.95\times 0.92}\text{kW}=4.08\text{kW}$$

查 Y2 系列产品样本，有两挡功率可供选择，即 4kW 和 5.5kW。如选 5.5kW，势必是“大马拉小车”，电动机体积大，而且又不经济。如选 4kW，则略低于计算功率，但是 Y2 系列电动机在 75%～100%负载范围内有较高的出力，故可选用 4kW 电动机。因压缩机的转速为 780r/min，用 V 带传动，可选用 4 极电动机。经综合考虑，选用 Y2-112M-4 型，4kW 电动机比较合适，电动机额定转速 $n_N=1440\text{r/min}$。

例 11　一台锅炉离心式引风机，引风机流量 $q_w=3000/8500\text{m}^3/\text{h}$，空气压力 $p=2450/2205\text{Pa}$，风机效率 $\eta_w=0.8$，直接传动，主轴轴速 $n=1450\text{r/min}$，求配用电动机功率。

解　驱动功率

高挡 $q_w=8500\text{m}^3/\text{h}$，$p=2205\text{Pa}$ 时

$$P_{m1}=\frac{q_w p\times 10^{-3}}{\eta_w \eta_d}=\frac{8500\times 2205\times 10^{-3}}{3600\times 0.8\times 1}\text{kW}=6.5\text{kW}$$

低挡 $q_w=3000\text{m}^3/\text{h}$，$p=2450\text{Pa}$ 时

$$P_{m2}=\frac{q_m p\times 10^{-3}}{\eta_w \eta_d}=\frac{3000\times 2450\times 10^{-3}}{3600\times 0.8\times 1}\text{kW}=2.55\text{kW}$$

电动机功率，查表 5-23，高挡取 $K_1=1.15$；低挡取 $K_2=1.25$，则有

$$P_{N1}\geqslant K_1 P_{m1}=1.15\times 6.5\text{kW}=7.48\text{kW}$$

$$P_{N2}\geqslant K_2 P_{m2}=1.25\times 2.55\text{kW}=3.19\text{kW}$$

因离心式风机的流量与转速近似成正比，故在 $q_w=3000\text{m}^3/\text{h}$ 时应选用低速电动机。综上所述应选用双速电动机。以高速时为基准，查阅 YD 系列样本，可选用 YD160M-8/4 双速电动机，高速为 7.5kW、1450r/min；低速为 5kW、730r/min，完全可以满足需要功率高挡 7.48/低挡 3.19kW 的要求。

例 12　一般车间及仓库使用的吊钩桥式起重机，已知主要参数和有关原始数据如下：

起重量　$G_c = 16\text{t}$

跨度　$S = 19.5\text{m}$

起重机工作级别：A_5

机构工作级别：起升 M_5，小车运行 M_5，起重机（大车）运行 M_5

起升速度　$v_Q = 9.5\text{m/min}$

小车运行速度　$v_{SS} = 44.2\text{m/min}$

起重机运行速度　$v_{CS} = 74\text{m/min}$

起重机自重（不包括小车自重）　$G_c = 248195\text{N}$

小车自重　$G_S = 71800\text{N}$

吊钩自重　$G_h = 3920\text{N}$

机构总飞轮矩　小车：$\sum GD^2 = 6.8\text{N}\cdot\text{m}^2$；

起重机：$\sum GD^2 = 32.94\text{N}\cdot\text{m}^2$

试选择起升、小车和起重机运行电动机。

解　计算步骤如下：

1. 起升机构。

(1)起升电动机初选。当机构工作级别低、JC 值小、CZ 值小时，起升电动机功率由过载能力决定；反之，取决于发热校验。

由于电动机发热校验公式较为简明，初选电动机可从求稳态平均功率入手。根据表 5-33 车间及仓库用吊钩式桥式起重机起升机构 $JC = 25\%$，$CZ = 150$，稳态负载平均系数 $G = G_2$，从表 5-32 知，$G_2 = 0.8$。当起升机构采用闭式圆柱齿轮箱传动，机构传动总效率 η_Q 取 0.85。根据式(5-84)得

$$P_S = G\frac{G_Q v_Q \times 10^{-3}}{60m\eta_Q} = G\frac{(G_c + G_h)v_Q \times 10^{-3}}{60m\eta_Q}$$

$$= 0.8\frac{(16000\times 9.8 + 3920)\times 9.5\times 10^{-3}}{60\times 1\times 0.85}\text{kW}$$

$$= 23.95\text{kW}$$

当前在起升机机构设计中，驱动电动机趋向于选用高速电动机，这是因为其输出功率相同，而售价较低；但电动机的选择要影响其他零部件的选择（如减速器等），故需综合比较后，选定电动机极数。现假定已

优选 8 极电动机，经查阅参考文献[8]中 YZR 系列电动机 $P=f(JC\%、CZ)$ 功率数据表，初选 YZR225M-8 型电动机，该电动机在 $JC=25\%$，$CZ=150$ 时，输出功率 $P=24.096\text{kW}$，$P>P_S$，故满足要求。该电动机基准工作制 S3—40%时，额定输出功率 $P_N=22\text{kW}$。

(2)起升电动机过载校验。查电动机产品样本，知 YZR225M-8 型电动机，在基准工作制 S3—40%时，最大转矩对额定转矩之比 $\lambda_M=2.9$，根据式(5-82)可得

$$\frac{H}{m\lambda_M}\frac{G_Q v_Q\times10^{-3}}{60\eta_Q}=\frac{2.1}{1\times2.9}\times\frac{(16000\times9.8+3920)\times9.5\times10^{-3}}{60\times0.85}\text{kW}=21.68\text{kW}$$

$$P_N=22\text{kW}>21.68\text{kW}$$

故该电动机通过过载校验，至此起升电动机选择完毕。

2. 小车运行机构。

(1)小车电动机初选。当机构工作级别低、JC 值小、CZ 值小、$\sum GD^2$ 大、n 值大、t_{st}值小，小车电动机功率由过载能力决定；反之，取决于发热校验。一般车间及仓库用吊钩式桥式电动机，运行机构电动机功率大多数由过载能力决定。

初选电动机亦可从稳态平均功率入手，稳定平均功率 P_s 按式(5-96)计算：

$$P_S=G[G_{m\Sigma}(\omega+m_c)+F_W]\frac{v_{SS}\times10^{-3}}{60m\eta_S}$$

根据表 5-33，小车运行机构 $JC=25\%$，$CZ=300$，$G=G_2$，从表 5-32 知 $G_2=0.8$。对于室内起重机 $F_W=0$，集中驱动 $m=1$，机构总效率 $\eta_S=0.9$，$\omega+m_c=0.017+0.002=0.019$ 代入上式得

$$P_S=0.8[(16000\times9.8+71800)\times0.019+0]\frac{44.2\times10^{-3}}{60\times0.9}\text{kW}=2.844\text{kW}$$

运行机构多选用 6 极电动机，经查阅参考文献[8]中 YZR 系列电动机 $P=f(JC\%、CZ)$ 功率数据表，初选 YZR132M2-6 电动机。该电动机

在 $JC25\%$、$CZ=300$ 时，$P=3.598\text{kW}$。

$P>P_S$，符合要求。

该电动机基准工作制 S3—40%时，额定输出功率 $P_N=3.7\text{kW}$，$n=908\text{r/min}$，$GD^2=2548\text{N}\cdot\text{m}^2$。

(2)小车电动机过载校验。已知小车运行速度 $v_{SS}=44.2\text{m/min}$，即 $v_{SS}=0.737\text{m/s}$，查表 5-38 取 $t_{st}=6.6\text{s}$。平均起动转矩倍数 $\lambda_{ar}=1.7$。由式(5-95)可得

$$\frac{1}{m\lambda_{ar}}\left\{[G_{m\Sigma}(\omega+m_c)+F_W]\frac{v_{SS}\times10^{-3}}{60\eta_s}+\frac{\sum GD^2n^2\times10^{-3}}{365t_{st}}\right\}$$

$$=\frac{1}{1\times1.7}\left\{[(16000\times9.8+71800)\times0.019+0]\right.$$

$$\left.\frac{44.2\times10^{-3}}{60\times0.9}+\frac{6.8\times908^2\times10^{-3}}{365\times6.6}\right\}\text{kW}=3.46\text{kW}$$

$P_N=3.7\text{kW}>3.46\text{kW}$，故过载校验合格，选用 YZR132M2-6 电动机合适。

3. 起重机运行机构。

(1)起重机(大车)电动机初选。根据表 5-33 起重机运行机构 $JC=25\%$，$CZ=600$，$G=G_2$，从表 5-39 知 $G_2=0.90$。对于室内起重机，$F_W=0$，分别驱动方案，电动机个数 $m=2$，机构总效率 $\eta_S=0.95$，$\omega+m_c=0.012$，代入式(5-96)得

$$P_S=0.9[(16000\times9.8+248195+71800)\times0.012+0]$$

$$\times\frac{74\times10^{-3}}{60\times2\times0.95}\text{kW}=3.343\text{kW}$$

运行机构多选 6 极电动机，经查阅参考文献[5]中 *YZR* 系列电动机 $P=f(JC\%、CZ)$ 功率数据表，初选 YZR160M1-6 电动机。该电动机在 JC25%、CZ=600 时，$P=4.629\text{kW}$。

$P>P_S$，符合要求。

该电动机基准工作制 S3—40%时，额定输出功率 $P_N=5.5\text{kW}$，$n=930\text{r/min}$，$GD^2=4.018\text{N}\cdot\text{m}^2$。

(2)起重机(大车)电动机过载校验。已知起重机运行速度 $v_{CS}=74\text{m/min}$，即 $v_{CS}=1.233\text{m/s}$，查表 5-38，取 $t_{st}=8.3\text{s}$。平均起动转矩倍数 $\lambda_{ar}=1.7$。由式(5-95)可得

$$
\frac{1}{m\lambda_{ar}}\left\{\left[G_{m\Sigma}(\omega+m_c)+F_W\right]\frac{v_{CS}\times10^{-3}}{60\eta_S}+\frac{\sum GD^2n^2\times10^{-3}}{365t_{st}}\right\}
$$

$$
=\frac{1}{2\times1.7}\left\{[(16000\times9.8+248195+71800)\times0.012+0]\right.
$$

$$
\left.\frac{74\times10^{-3}}{60\times0.95}+\frac{32.94\times930^2\times10^{-3}}{365\times8.3}\right\}\text{kW}=4.95\text{kW}
$$

$P_N=5.5\text{kW}>4.95\text{kW}$，故电动机校验合格，选用 2 台 YZR160M1-6 电动机合适。

第六章　低压电器的选用及计算

第一节　熔断器的选用及计算

一、熔断器类型及用途

熔断器类型及用途见表 6-1。

表 6-1　熔断器类型及用途

类型	名称	型号	结构特征	用　途
无填料熔断器	瓷插式熔断器	RC1A	结构简单、外形尺寸小、带电更换方便。主要由瓷盖、瓷座、动静触头及熔体组成。60A 以上大电流等级在灭弧室中还垫有可帮助熄灭电弧的石棉编织物。随额定电流的增大，熔体可选用相应尺寸的铜丝或专用变截面紫铜冲片	广泛用于交流 50Hz，额定电压 380V 及以下线路末端，供配电系统做电缆、导线及电气设备的短路保护用
	无填料封闭管式熔断器	RM7 RM10	可拆卸式，结构简单，更换熔体方便。由熔断管、熔体及触座组成	适用于交流 50Hz、额定电压 500V 或直流额定电压 440V 及以下各电压等级的动力网络、成套配电设备中，用做短路保护或防止连续过负载
有填料熔断器	有填料封闭管式熔断器	RT0	主要由熔断管、指示器、石英砂和熔体等组成。熔断管采用高频电瓷制成，具有耐热性强、机械强度高等优点。指示器是一个机械信号装置，指示器内有与熔体并联的康铜丝，在熔体熔断后立即烧断，弹出红色指示件，表示熔断信号。熔体采用网状紫铜薄片，有提高分断能力的变截面和增加时限的锡桥，从而获得良好的短路保护和过载保护特性。熔断管内充满石英砂，用以冷却电弧，使电弧迅速熄灭。熔断器的绝缘操作手柄可在带电情况下调换熔体，手柄具有联锁机构，操作方便，熔断器分板前接线和板后接线两种形式	适用于交流 50Hz、额定电压 1140V、660V、380V 或直流额定电压 440V 及以下的电力网络、配电装置中，用于电缆、导线及电气设备的短路保护和电缆、导线的过负载保护。尤其适用于供电线路或断流能力要求高、短路电流大的场所。如电厂、变电所的主电路及靠近电力变压器出线端的供电线路等

续表 6-1

类型	名称	型号	结构特征	用　途
有填料熔断器	有填料封闭管式熔断器	RT10	由熔断管、熔体、填料、连接板和指示器等组成。熔断管采用高频电瓷制成，具有耐热性强、机械强度高等优点。熔体分为两种，20A 及以下为线状，用银或铜制成；25A 及以上为条形，用银片制成，有冶金效应和变截面效应。用石英砂作填料，以冷却电弧，使电弧迅速熄灭。熔断管中间位置有一小孔，孔内装有一粒红色玻璃小珠作指示器用，当熔体熔断时，小红珠弹出，显示熔断信号	适用于交流 50Hz(60Hz)，额定电压 500V，直流电压 500V 及以下，额定电流 100A 及以下的大短路电流的电力网络和配电装置中，作为电缆、导线及电气设备的短路保护和电缆、导线的过负载保护用
	高分断能力熔断器	RT11	由熔断管、熔体、石英砂填料及指示装置等组成。和 RT10 熔断器的结构大致相同。熔断器的接触形式为中间触刀片的母线式，其指示装置为 45°侧面式	适用于交流 50Hz(60Hz)，额定电压 500V 及以下，额定电流 100A 及以下的大短路电流的电力网络和配电装置中，作为电缆、导线及电气设备的短路保护和电缆、导线的过负载保护用
	螺栓连接熔断器	RT12	螺栓连接，可直接连在母线排上，带有熔断指示，适合开关熔断器组选用	适用于交流 50Hz，额定电压至 415V，额定电流至 100A 的配电装置中作过载和短路保护用
	有填料封闭管式圆筒形帽熔断器	RT14	瓷质圆筒结构，由高分断能力熔断体和熔断器支持件组成，两端有帽盖。熔断器分为带撞击器和不带撞击器两种。带有撞击器的熔体熔断时，撞击器弹出，既可作为熔断信号指示，也可触动微动开关以控制接触器线圈，进行电动机断相保护	适用于交流 50Hz，额定电压为 500V，额定电流至 63A 的配电装置中作过载和保护之用

续表 6-1

类型	名称	型号	结构特征	用　途
有填料熔断器	有填料封闭管式螺栓连接熔断器	RT15	螺栓连接式，熔断指示器位置分为正面、侧面和背面三种形式	适用于交流 50Hz(60Hz)，额定电压至 415V，额定电流至 400A 的电路中，作为工厂企业及电厂等低压配电系统中线路的过载和系统的短路保护之用
	有填料封闭管式熔断器	RT16 RT17	由具有刀形触头的熔管和楔形结构头的底座两部分组成	适用于交流电压不大于 660V 的配电系统中作过载和短路保护用
	有填料封闭管式熔断器	RT18	分导轨安装和螺栓安装两种形式。其中 X 型产品带有断相自动显示报警功能	适用于交流 50Hz，额定电压 380V，额定电流至 63A 的各种机床、机械设备及配电网络作为线路的过载和短路保护用
	有填料封闭管式圆筒形帽熔断器	RT19	由熔断体和熔断器支持件(底座)组成。熔断体由熔管、熔体、填料组成；由纯铜片(或铜丝)制成的变截面熔体封装于高强度熔管内，熔管内充满高纯度石英砂作为灭弧介质；熔体两端采用点焊与端帽牢固连接；熔断体可带有撞击器，熔断时撞击器动作发出信号。支持件由底座、载熔件、插座组成，底座及载熔件由塑料压制而成	适用于交流 50Hz，额定电压 500V 及以下，额定电流至 100A 的配电系统中，作过载保护和断路保护用。带撞击器的熔断器，与熔断式隔离器配合使用时，可作为电动机的缺相保护
	有填料封闭管式熔断器	RT20	由熔管、镀银触刀和底座组成。有熔断指示器。底座有两类：000 型的有单极整体瓷底座和三极并列塑料底座两种；1～3 型的为单极瓷块-钢板组合结构	适用于交流 50Hz(60Hz)，额定电压不大于 500V 的配电系统中，作过载和短路保护用

续表 6-1

类型	名称	型号	结构特征	用　途
	低压高分断能力熔断器	NT	刀形结构，具有功耗小、分断能力高、限流性能好、体积小、性能稳定等优点，并具有明显的熔断指示	适用于交流 50Hz，额定电压至 660V，额定电流至 630A 的低压电器装置的配电系统及其类似工作条件下的短路或过载保护用
有填料熔断器	螺旋式熔断器	RL1 RL5 RL6 RL7 RL8	由底座、瓷帽和熔断管三部分组成。熔断管内装有一组熔丝和石英砂。熔断管上盖中有一个熔断指示器，当熔体熔断时，指示器跳出，显示熔断器熔断，并可通过瓷帽观察到。该熔断器为板前接线式。熔断器在空载带电时，可直接更换熔体	RL1 适用于交流 50Hz (60Hz)，额定电压 600V，直流电压 400V 及以下，额定电流 200A 及以下的电路中，作为电气设备的过载和短路保护用 RL5 适用于交流 50Hz，电压至 1140V，额定电流至 16A 的矿用电气设备控制电路中，主要作短路保护用 RL6 适用于交流 50Hz，电压至 500V，额定电流至 200A 的配电电路中，作输配电设备的过载和短路保护 RL7 适用于交流 50Hz，电压至 600V，额定电流至 100A 的电路中，主要作输配电设备电缆、导线过载或短路保护用 RL8 适用于交流 50Hz，额定电压至 380V，额定电流至 63A 的电路中，主要用于工厂企业低压配电系统中电缆、导线及电气设备的过载和短路保护用

续表 6-1

类型	名称	型号	结构特征	用途
有填料熔断器	半导体器件保护熔断器	RS0 RS3 RS4	由盖板、衬垫、熔断管、熔体、指示器、填料及与外部连接的接线端头等组成。 (1)熔断管。采用机械强度高、耐弧、耐热性强的电瓷制成。外表洁白美观,并具有和其他封闭管式普通熔断器通用的特点 (2)熔体。采用银带冲制而成,保证熔断器在长期工作情况下,不致因老化而产生误动作。熔体制成"V"形狭窄截面的网状形式,使其具有快速熔断性 (3)指示器。通常为红色醒目的机械信号装置,以便于识别熔断器的动作情况 (4)填料。采用石英砂作原料,用来冷却电弧,以便使电弧迅速熄灭 (5)接线端头。做成汇流排式,可以直接用螺钉紧固在母线排上。表面有镀银层,具有安装体积小,接触可靠等优点	RS0 适用于交流 50Hz,额定电压 750V 及以下,额定电流 700A 及以下的电路中,作半导体元件、整流元件和由该元件组成的成套装置的短路保护及某种不允许过电流装置的过负载保护用 RS3 适用于交流 50Hz,额定电压 1000V,额定电流 700A 的电路中,作晶闸管整流元件及其成套装置的短路保护,或某些不允许过电流器件或装置的过负载保护用 RS4 适用于交流 50Hz,额定电压至 1000V,额定电流至 4600A 的电路中,主要用于大功率整流电源装置及其半导体整流元件中,作短路或过载保护用。也广泛用于交流调压、调功、中频、逆变电源等装置中
	螺旋式半导体器件保护熔断器	RLS1 RLS2	是 RL 系列螺旋式熔断器的派生产品,除熔体材料(采用变截面银片)和结构不同外,其基本结构和外形和 RL 系列没有多大区别	RLS1 适用于交流 50Hz 或直流,额定电压 380V 及以下,额定电流 100A 及以下的电路中,作硅整流元件或由该元件组成的成套装置的短路保护或过负载保护用 RLS2 适用于交流 50Hz,额定电压至 500V,额定电流至 100A 的电路中,作硅整流元件和晶闸管保护用

续表 6-1

类型	名称	型号	结构特征	用途
有填料熔断器	高分断能力快速熔断器	NGT	具有功率损耗小、性能稳定、分断能力高、周期性负载特性稳定等优点。本身不带熔断指示装置，若在使用中需要熔断指示装置或自动报警，可在熔断器上并联带微动开关的 RX1-1000 信号熔断器	电压等级交流 380～1000V，电流规格齐全，可替代 RS0、RS3 系列熔断器使用

注：NT、NGT 系列熔断器是引进德国 AGE 公司制造技术生产的。

二、常用熔体和熔丝

(一)常用熔体材料和特点

常用熔体材料有低熔点材料和高熔点材料两大类。

1. 低熔点材料。低熔点材料包括铅、锡、锌、铅锡合金、低熔点合金等，主要用于开启式负荷开关、插入式熔断器、无填料封闭式熔断器等。

低熔点材料熔点低，熔化时所需热量较少，有利于过载保护。但是，其电阻率大，在一定的电阻值下熔体截面积较大。因此，熔断时产生的金属蒸气较多，不利于熄弧，所以分断能力较低。

2. 高熔点材料。高熔点材料多采用银、铜、铝等熔点较高、电阻率较小的金属制成。其优点是，由于材料的电阻率降低，制成的熔体截面积较小，因此熔断时产生的金属蒸气少，有利于熄弧，所以分断能力较高。

快速熔断器的熔体材料一般采用银或铝。其中，银的电阻率较小，工作性能稳定、限流能力强；铝的电阻率略高，熔点较铜和银低，在空气中铝表面还易生成质密的氧化铝保护膜，可耐进一步氧化，对其内部金属有良好的保护作用，性能也比较稳定。而且，铝的价格便宜，资源丰富，是熔体材料的理想产品，但其焊接比较困难。因此，铝要想得到更广泛的应用，还需要进一步研究。

目前，熔断器一般用铜作为熔体材料。针对铜在高温下易氧化，会使熔体截面积减小、影响熔断性能稳定的不利因素，通常采用表面镀银的方法解决。

(二)熔体材料的冶金效应

冶金效应是指在采用高熔点金属材料的基础上，局部引入低熔点材料。例如，在铜熔体上焊以锡球或锡块，如图 6-1 所示。其中，图 6-1a 为丝状熔体上焊以低熔点金属球；图 6-1b 为片状熔体上焊以低熔点合金属块。其工作原理是，当通以过载电流后，熔体温度上升到低熔点金属锡的熔点时，锡首先熔化渗入铜中，使铜熔体局部成为合金，因而熔点下降。由于合金的熔点比高熔点材料的熔点低，电阻率较大，使局部发热剧增，缩短了熔化时间，因而铜熔体熔断时的温度比其本身熔点低得多，改善了保护特性，如图 6-2 所示。但应注意，当通过短路电流时，由于熔体熔化时间极短，冶金效应不起作用。

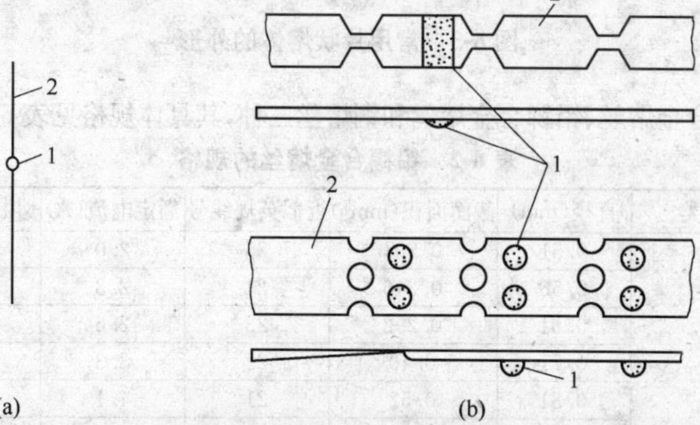

图 6-1　具有冶金效应的熔体

(a)丝状熔体　(b)片状熔体

1. 低熔点金属球或块　2. 高熔点熔体

（三）常用熔体的形状

常用熔体的形状一般分为丝状和片状两种。其中，丝状熔体多用于小电流的场合；片状熔体一般用薄金属片冲压制成，而且常带有宽窄不等的变截面，或在条形薄片上冲成一些小孔，不同形状可以改变熔断器的保护特性，常用片状熔体的外形如图 6-3所示。

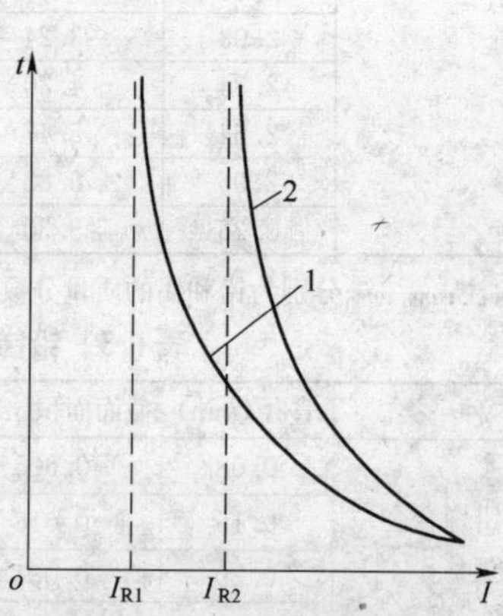

图 6-2　铜熔体的保护特性

1. 有冶金效应　2. 无冶金效应

（四）常用熔丝

常用低压熔丝的种类很多，主要

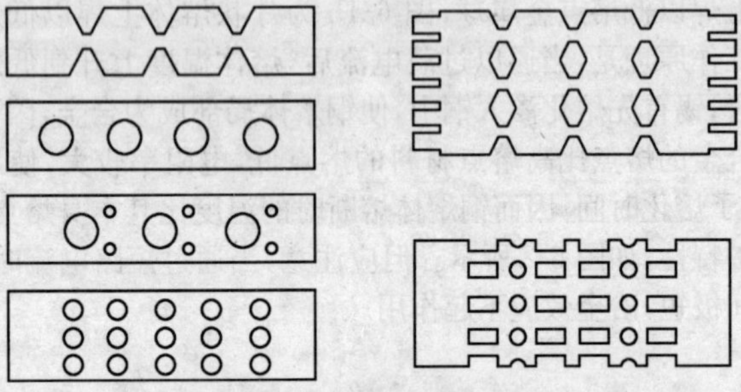

图 6-3　常用片状熔体的外形

有铅锡合金熔丝、铅锑合金熔丝和铜熔丝三种，其具体规格见表 6-2～6-4。

表 6-2　铅锡合金熔丝的规格

种　类	直径(mm)	截面面积(mm^2)	近似英规线号	额定电流(A)	熔断电流(A)
铅锡合金(ω_{Pb}为75%，ω_{Sn}为25%)	0.51	0.204	25	2.0	3.0
	0.56	0.246	24	2.3	3.5
	0.61	0.292	23	2.6	4.0
	0.71	0.40	22	3.3	5.0
	0.81	0.52	21	4.1	6.0
	0.92	0.66	20	4.8	7.0
	1.22	1.17	18	7.0	10
	1.63	2.09	16	11.0	16
	1.83	2.63	15	13.0	19
	2.03	3.24	14	15.0	22.0
	2.34	4.30	13	18.0	27.0
	2.64	5.47	12	22.0	32.0
	2.95	6.83	11	26.0	37.0
	3.25	8.30	10	30.0	44

注：ω_{Pb}、ω_{Sn}分别为铅和锡的质量分数。

表 6-3　铅锑合金熔丝的规格

种　类	直径(mm)	截面面积(mm^2)	近似英规线号	额定电流(A)	熔断电流(A)
铅锑合金(ω_{Pb}>98%，ω_{Sb}为0.3%～1.5%)	0.08	0.005	44	0.25	0.5
	0.15	0.018	38	0.5	1.0
	0.20	0.031	36	0.75	1.5
	0.22	0.038	35	0.8	1.6
	0.25	0.049	33	0.9	1.8

续表 6-3

种　类	直径(mm)	截面面积(mm^2)	近似英规线号	额定电流(A)	熔断电流(A)
铅锑合金(ω_{Pb}>98%，ω_{Sb}为0.3%～1.5%)	0.28	0.062	32	1.0	2
	0.29	0.066	31	1.05	2.1
	0.32	0.080	30	1.1	2.2
	0.35	0.096	29	1.25	2.5
	0.36	0.102	28	1.35	2.7
	0.40	0.126	27	1.5	3.0
	0.46	0.166	26	1.85	3.7
	0.52	0.212	25	2.0	4
	0.54	0.229	24	2.25	4.5
	0.60	0.283	23	2.5	5
	0.71	0.40	22	3.0	6
	0.81	0.52	21	3.75	7.5
	0.98	0.75	20	5	10
	1.02	0.82	19	6	12
	1.25	1.32	18	7.5	15
	1.51	1.79	17	10	20
	1.67	2.19	16	11	22
	1.75	2.41	15	12	24
	1.98	3.08	14	15	30
	2.40	4.52	13	20	40
	2.78	6.07	12	25	50
	2.95	6.84	11	27.5	55
	3.14	7.74	10	30	60
	3.81	11.40	9	40	80
	4.12	13.33	8	45	90
	4.44	15.48	7	50	100
	4.91	18.93	6	60	120
	5.24	21.57	4	70	140

注：ω_{Pb}，ω_{Sb}分别为铅和锑的质量分数。

表 6-4　铜熔丝的规格

种　类	直径(mm)	截面面积(mm^2)	近似英规线号	额定电流(A)	熔断电流(A)
铜丝	0.234	0.043	34	4.7	9.4
	0.254	0.051	33	5	10
	0.274	0.059	32	5.5	11
	0.295	0.068	31	6.1	12.2
	0.315	0.078	30	6.9	13.8

续表 6-4

种　类	直径(mm)	截面面积(mm^2)	近似英规线号	额定电流(A)	熔断电流(A)
铜丝	0.345	0.093	29	8	16
	0.376	0.111	28	9.2	18.4
	0.417	0.137	27	11	22
	0.457	0.164	26	12.5	25
	0.508	0.203	25	15	29.5
	0.559	0.245	24	17	34
	0.60	0.283	23	20	39
	0.70	0.385	22	25	50
	0.80	0.5	21	29	58
	0.90	0.6	20	37	74
	1.00	0.8	19	44	88
	1.13	1.0	18	52	104
	1.37	1.5	17	63	125
	1.60	2	16	80	160
	1.76	2.5	15	95	190
	2.00	3	14	120	240
	2.24	4	13	140	280
	2.50	5	12	170	340
	2.73	6	11	200	400

三、一般工业用熔断器的选用

(一)熔断器类型的选择

选择熔断器类型时，主要依据负载的保护特性、短路电流的大小和使用场所。例如，作电网配电用，应考虑采用一般工业用熔断器；保护硅元件，则应选择保护半导体器件熔断器；一般住宅照明电路，则应考虑螺旋式或半封闭插入式熔断器。

(二)一般工业用熔断器的选用方法

1. 按电网电压选用相应电压等级的熔断器。

2. 按配电系统中可能出现的最大短路电流，选择有相应分断能力的熔断器。

3. 根据被保护负载的性质和容量，选择熔体的额定电流。

(1)电动机直接起动时，熔体电流按下式选择

$$I_{fN}=\frac{I_s}{K} \tag{6-1}$$

式中　I_{fN}——熔断器熔体的额定电流(A)；

I_s——电动机的起动电流(A)；

K——系数，决定于电动机的起动情况和熔断器特性，见表 6-5。除按表 6-5 中的规定选择 K 值外，还可根据起动时间来确定 K 值大小，见表 6-6。

表 6-5　根据熔断器特性和电动机起动情况选择 *K* 值

熔断器型号	熔体材料	熔体电流(A)	K	
			电动机轻载起动	电动机重载起动
RT0	铜	50 及以下	2.5	2
		60～200	3.5	3
		200 以上	4	3
RM10	锌	60 及以下	2.5	2
		80～200	3	2.5
		200 以上	3.5	3
RM1	锌	10～350	2.5	2
RL1	铜、银	60 及以下	2.5	2
		80～100	3	2.5
RC1A	铅、铜	10～200	3	2.5

表 6-6　按起动时间确定 *K* 值

起动时间(s)	K	起动时间(s)	K
3 以下	4～2.8	8 以上	2～1.7
3～8	2.8～2	起动频繁	2～1.7

选择熔体电流时，注意不能选得太小。如果选得过小，易造成某一相熔断而发生电动机单相运转。

(2)多台笼型异步电动机共用一组熔断器时，熔体额定电流

$$I_{fN}\geqslant K_L\left[I_{sM}+I_{N(n-1)}\right] \tag{6-2}$$

式中　K_L——考虑负载情况的系数，一般情况取 $K_L=0.4$；

I_{sM}——被保护电路中最大一台电动机(或同时起动的电动机组)的起动电流(A)；

$I_{N(n-1)}$——被保护电路中，除最大一台电动机(或同时起动的电动机组)以外的其他电动机额定电流之和(A)。

(3)控制线路的短路保护。在交流控制线路中，熔断器接在控制变

压器的二次侧，熔体的额定电流 I_{fN} 按下式选取

$$I_{fN} \geqslant \frac{S_N + 0.1S_s}{U_s} \tag{6-3}$$

式中 S_N——控制变压器的额定容量(V·A)；

S_s——线路中最大电器的吸引线圈起动容量，或几个电器的吸引线圈同时起动容量之和(V·A)；

U_s——控制变压器二次电压(V)。

不同控制变压器时，控制线路的熔体额定电流 I_{fN} 按下式选取

$$I_{fN} \geqslant 0.4\left[I_s + I_{N(n-1)}\right] \tag{6-4}$$

式中 I_s——线路中最大电器(或几个电器同时起动)的吸引线圈起动电流(A)；

$I_{N(n-1)}$——线路中最大电器(或同时起动的几个电器)以外的其他电器吸引线圈的额定电流之和(A)。

负载比较平稳的控制线路，如照明线路，熔体额定电流 I_{fN} 可按下式选取

$$I_{fN} > I_{LN} \tag{6-5}$$

式中 I_{LN}——负载额定电流(A)。

4. 根据熔体的额定电流，确定熔管的额定电流。通常，熔管的额定电流宜大于，至少也得等于熔体的额定电流。

5. 在配电系统中，各级熔断器应互相配合，以实现保护的选择性。

四、保护半导体器件熔断器的选用

(一)不可控整流电路

不可控整流电路中，当熔断器接在交流侧时，其熔体额定电流 I_{fN} 按下式选取

$$I_{fN} \geqslant K_1 I_{dm} \tag{6-6}$$

式中 K_1——与整流电路形式有关的系数，见表 6-7；

I_{dm}——可能使用的最大整流电流(A)。

如果熔断器与整流器件串联，则按整流器件的额定电流选择。考虑到整流元件的电流是以平均值计算，而且它同有效值之比约为1∶1.5，因此，取熔体的额定电流 I_{fN} 为

表 6-7 系数 K_1 在不同整流电路时的数值

整流电路形式	单相半波	单相全波	单相桥式	三相半波	三相桥式	双星形六相
K_1 值	1.57	0.785	1.11	0.575	0.816	0.29

$$I_{fN} \geqslant 1.5 I_F \tag{6-7}$$

式中　I_F——整流器件的额定电流(平均值)。

(二)可控整流电路

可控整流电路中,系统 K_1 的数值除与线路形式有关外,还与晶闸管的导通角有关,见表 6-8。

表 6-8　系数 K_1 在不同整流电路及不同导通角时的数值

电路形式	K_1 值					
	导通角					
	180°	150°	120°	90°	60°	30°
单相半波	1.57	1.66	1.88	2.22	2.78	3.99
单相桥式	1.11	1.17	1.33	1.57	1.97	2.82
三相桥式	0.816	0.828	0.865	1.03	1.29	1.88

如果保护半导体器件,熔断器是同晶闸管串联,则其选择方法仍同不可控整流电路一样。

(三)额定电压的选择

当熔断器接在交流侧时,其额定电压 U_{fN} 应大于线路正常工作时的电压有效值,考虑电源电压的上波动(一般+10%),还应留有适当的余量,即

$$U_{fN} \geqslant 1.1 U_{v1} \tag{6-8}$$

式中　U_{v1}——整流变压器二次线电压有效值(V)。

保护半导体器件的熔断器接在直流侧时,其额定电压应是所在线路直流电压的 1.4～2 倍,才能安全可靠地使用。

第二节　断路器的选用及计算

一、断路器的类型及用途

断路器用于不频繁地接通和分断电路。当电路中发生短路、过负载及欠电压等故障时,能自动分断电路。它是低压配电系统中重要的保护电器之一。

断路器可按以下几种方法分类:

1. 按灭弧介质分类。可分为油浸断路器、空气断路器、真空断路器三大类。油浸断路器已被淘汰,目前应用最广的是空气断路器。

2. 按操作方式分类。可分为人力操作(手动)和无人力操作(电动、

储能)两类。

3. 按极数分类。可分为单极、两极、三极和四极式。

4. 按安装方式分类。可分为固定式、插入式和抽屉式。

5. 按采用的灭弧技术分类。可分为零点灭弧式和限流式两类。零点灭弧式可使电弧在交流电流自然过零时熄灭；限流式可把峰值预期短路电流限制到一个较小的截断电流。

6. 按用途分类。见表 6-9。

表 6-9 低压断路器按用途分类

<table>
<tr><th>名称</th><th>电流种类和范围①</th><th colspan="3">保护特性</th><th>主要用途</th></tr>
<tr><td rowspan="6">配电用断路器</td><td rowspan="4">交流 200～400A</td><td rowspan="2">选择型 B类</td><td colspan="2">二段保护：瞬时；短延时</td><td rowspan="2">电源总开关和支路近电源端开关</td></tr>
<tr><td colspan="2">三段保护：瞬时；短延时；长延时</td></tr>
<tr><td rowspan="2">非选择型 A类</td><td>限流型</td><td rowspan="2">长延时；瞬时</td><td rowspan="2">支路末端开关</td></tr>
<tr><td>一般型</td></tr>
<tr><td rowspan="2">直流 600～6000A</td><td>快速型</td><td colspan="2">有极性；无极性</td><td>保护硅整流设备</td></tr>
<tr><td>一般型</td><td colspan="2">长延时；瞬时</td><td>保护一般直流设备</td></tr>
<tr><td rowspan="3">电动机保护用断路器</td><td rowspan="3">交流 60～630A</td><td rowspan="2">直接起动</td><td>一般型</td><td>过电流瞬时动作倍数(8～15)I_N②</td><td>保护笼型电动机</td></tr>
<tr><td>限流型</td><td>过电流瞬时动作倍数 $12I_N$</td><td>保护笼型电动机，但可装在近电源端</td></tr>
<tr><td>间接起动</td><td colspan="2">过电流瞬时动作倍数(3～8)I_N</td><td>保护笼型和绕线转子电动机</td></tr>
<tr><td>导线保护用断路器</td><td>交流 6～125A 常用 6～63A</td><td colspan="3">过载长延时；短路瞬时</td><td>用于生活建筑内电气设备和信号二次电路</td></tr>
<tr><td rowspan="2">漏电保护断路器</td><td rowspan="2">交流 20～200A</td><td>电磁式</td><td colspan="2" rowspan="2">漏电动作灵敏度按使用目的不同分挡，如：15、30、50、75、100mA，0.1s</td><td rowspan="2">确保人身安全，防止因漏电而引起火灾</td></tr>
<tr><td>集成电路式</td></tr>
<tr><td>灭磁断路器</td><td>直流 200～2500A</td><td colspan="3">瞬时动作，与发电机组配套</td><td>当发电机发生内、外部故障时切断励磁回路</td></tr>
</table>

注：①电流范围根据需要可以超出。

②I_N 为电动机额定电流。

二、选用断路器的一般原则

选择断路器的一般原则是：

1. 类型的选择。应根据电路的额定电流、保护要求和断路器的结构特点来选择断路器的类型。

表 6-10 列出了塑料外壳式断路器与万能式断路器的技术经济指标，选用时可先进行综合比较，再决定采用哪种类型的断路器。

表 6-10　塑料外壳式断路器与万能式断路器的比较

比较项目	塑料外壳式断路器	万能式断路器
选择性	大多无短延时，不能满足保护要求	有短延时，甚至可调，可满足保护要求
脱扣器种类	多数只有过电流脱扣器，由于体积限制，失压脱扣器和分励脱扣器只能装设二者之一	可装设各种型式的脱扣器
短路通断能力	较低	较高
额定电压	较低，在 660V 以下	较高，至 1140V
额定电流	多在 600A 以下	一般为 200～4000A，尚有 5000～12500A 产品
使用范围	宜做支路开关	宜做主开关
操作方式	变化少，多为手柄操作，少数带电动机传动机构	变化多，有手柄操作、杠杆操作、电磁铁操作、电动机操作
价格	较便宜	较贵
维修	不方便，多数不可维修	较方便
接触防护	好	差
安装方式	可单独安装，也可装于开关柜内	宜装于开关柜内，有抽屉式结构
外形尺寸	较小	较大
飞弧距离	较小	较大
短时耐受电流	小	较大

2. 电气参数的确定。断路器的结构选定后，接着需选择断路器的电气参数。主要是指除断路器的额定电压、额定电流和通断能力外，一个重要的问题就是怎样选择断路器过电流脱扣器的整定电流和保护特性以及配合等，以便达到比较理想的协调动作。

(1)断路器的额定工作电压大于或等于线路额定电压,即

$$U_{bN} \geqslant U_{lN} \tag{6-9}$$

式中 U_{bN}——断路器的额定工作电压(V);

U_{lN}——线路的额定电压(V)。

(2)断路器的额定电流大于或等于线路计算负载电流,即

$$I_{bN} \geqslant I_{cl} \tag{6-10}$$

式中 U_{bN}——断路器的额定电流(A);

I_{cl}——线路计算负载电流(A)。

(3)断路器的额定短路通断能力大于或等于线路中可能出现的最大短路电流,一般按有效值计算。

如果选用的断路器额定电流与要求相符,但额定短路通断能力小于断路器安装点的线路最大短路电流,必须提高选用断路器的额定电流,而按线路计算负载电流选择过电流脱扣器的额定电流。如果这样还不能满足要求,则可考虑下述三种方案解决:

①采用级联保护(或称串级保护)方式,利用上一级断路器和断路器一起动作来提高短路分断能力。采用这种方案时,需将上一级断路器的脱扣器瞬动电流整定在下级断路器额定短路通断能力的80%左右。

②采用限流断路器。

③采用断路器加后备熔断器。

(4)线路末端单相对地短路电流大于或等于1.25倍断路器瞬时或短延时脱扣器整定电流。

(5)断路器欠电压脱扣器额定电压等于线路额定电压,即

$$U_{uV} = U_{lN} \tag{6-11}$$

式中 U_{uV}——断路器欠电压脱扣器的额定电压(V)。

(6)具有短延时的断路器,若带欠电压脱扣器,则欠电压脱扣器必须是延时的,其延时时间应大于或等于短路延时时间。

(7)断路器的分励脱扣器额定电压等于控制电源电压,即

$$U_{sr} = U_C \tag{6-12}$$

式中 U_{sr}——断路器的分励脱扣器的额定电压(V);

U_C——控制电源电压(V)。

(8)电动传动机构的额定工作电压等于控制电源电压。

三、配电用断路器的选用及计算

配电用断路器的选用和计算,除考虑上述一般选用原则外,还需考

虑把系统的故障限制在最小范围内，防止发生故障时扩大停电区域，为此，需增加下列原则：

1. 断路器的长延时动作电流整定值小于或等于导线容许载流量。对于采用电线电缆的情况，可取电线电缆容许载流量的80%。

2. 3倍长延时动作电流整定值的可返回时间大于或等于线路中最大起动电流的电动机的起动时间。

3. 短延时动作电流整定值按下式选用

$$I_{sb} \geqslant 1.1(I_{C1} + 1.35 K_s I_N) \tag{6-13}$$

式中　I_{sb}——短延时动作电流(A)；

I_{C1}——线路计算负载电流(A)；

K_s——电动机的起动电流倍数；

I_N——电动机额定电流(A)。

4. 瞬时电流整定值按下式选用

$$I_{in} \geqslant 1.1(I_{C1} + K_P K_s I_{Nm}) \tag{6-14}$$

式中　I_{in}——瞬时电流(A)；

K_P——电动机起动电流的冲击系数，一般取 $K_P = 1.7 \sim 2$；

I_{Nm}——最大的一台电动机的额定电流(A)。

5. 短延时的时间阶梯，按配电系统的分段而定。一般时间阶梯为2～3级。每级之间的短延时时差为0.1～0.2s，其可返回时间应保证各级的选择性动作。选定短延时阶梯后，最好按被保护对象的热稳定性加以校核。

四、电动机保护用断路器的选用及计算

选择断路器保护电动机时，应注意到电动机的两个特点，一是它具有一定的过载能力；二是它的起动电流很大。因此，电动机保护用断路器分为两类：一类只作保护而不担负正常操作；另一类兼作保护和不频繁操作用。后一类情况需考虑操作条件和电寿命。电动机保护用断路器的选用原则为

1.
$$I_{sl} = I_N \tag{6-15}$$

式中　I_{sl}——长延时电流整定值(A)；

I_N——电动机额定电流(A)。

2. 瞬时整定电流 I_{in}

①保护笼型异步电动机时

$$I_{in}=(8\sim15)I_N \tag{6-16}$$

②保护绕线转子异步电动机时

$$I_{in}=(3\sim6)I_N \tag{6-17}$$

3. $$t_{6s}\geqslant t_s \tag{6-18}$$

式中 t_{6s}——6 倍长延时电流整定值的可返回时间(s)。按起动时负载的轻重,可选用可返回时间为 1s、3s、5s、15s 中的某 1 挡。

五、导线保护断路器的选用及计算

照明、生活用导线保护断路器,是指在生活建筑中用来保护配电系统的断路器。由于被保护的线路容量一般都不大,故多采用塑料外壳式断路器。其选用原则为

1. $$I_{sl}\leqslant I_{cl} \tag{6-19}$$

式中 I_{sl}——长延时整定电流值(A);

I_{cl}——线路计算负载电流(A)。

2. $$I_{in}=(6\sim20)I_{cl} \tag{6-20}$$

式中 I_{in}——瞬时整定电流值(A)。

六、直流断路器的选择方法

在选用直流断路器时,首先应考虑应用场所的要求。对动作速度要求不高的场所,应优先考虑选用一般的直流断路器,如交流断路器派生的产品。在电动机-发电机组、蓄电池电源情况下,可采用一般的直流断路器。在汞弧整流器、可控整流器作电源的情况下,通常由于这些装置的过载能力极低,必须采用快速断路器。

选择直流断路器电气参数的一般原则是:

1. 额定工作电压>直流电路的电压。考虑到反接制动和逆变条件,应大于 2 倍电路电压。

2. 额定电流≥直流电路的负载电流。对于短时周期负载,可按其等效发热电流考虑。

3. 过电流动作整定值≥电路正常工作电流最大值。用于起动直流电动机的直流断路器,其电流动作整定值应大于电动机的起动电流。

4. 逆流动作整定值<被保护对象允许的逆流数值。

5. 额定短路通断能力>电路可能出现的最大短路电流。对于快速断路器,其初始电流上升陡度(初始 di/dt)>电路可能出现的最大短路

电流的初始上升陡度。

七、断路器与上下级电器保护特性配合要求

选择断路器时，除需选好自身参数外，还要考虑与配电系统中相关电气设备性能的匹配关系，以便在系统发生故障时，分别发挥保护功能，将故障限定在尽可能小的范围内。为此，应做到：

1. 断路器的长延时特性应低于被保护对象的允许过载特性。

2. 低压侧主开关短延时脱扣器与高压侧过电流保护继电器的配合级差为 0.4～0.7s，具体级差应视高压侧保护继电器的型式而定。

3. 低压侧主开关过电流脱扣器保护特性低于高压侧熔断器的熔化特性。

4. 上级断路器短延时电流整定值大于或等于 1.2 倍下级断路器短延时或瞬时(若下级无短延时)电流整定值。

5. 上级断路器的保护特性和下级断路器的保护特性一般不能交叉，只有在采取级联保护方式时可以交叉，但上级断路器的交点短路电流应为下级断路器的 80%。

6. 断路器与熔断器配合时，一般熔断器做后备保护。熔断器应选择交接电流 I_B 小于断路器额定短路通断能力的 80%，当短路电流大于 I_B 时，应由熔断器动作。

7. 在具有短延时和瞬时动作的情况下，上级断路器瞬时整定电流小于或等于断路器的延时通断能力，大于或等于 1.1 倍下级断路器进线处的短路电流。

第三节　接触器的选用及计算

一、接触器类型及用途

接触器具有动作快、控制容量大、使用安全方便、能频繁操作和远距离操作等优点，主要用于控制交直流电动机，也可控制小型发电机、电热装置、电焊机和电容器组等设置，是电力拖动自动控制电路中使用最广泛的一种低压电器元件。

接触器有交流接触器和直流接触器两大类。交流接触器的分类和主要用途见表 6-11；直流接触器的分类和主要用途见表 6-12。

表 6-11 交流接触器的分类和主要用途

序号	分类原则	分类名称	主要用途
1	按主触头所控制的电路种类分	交流	用于远距离频繁地接通与分断交流电路用
		交直流	用于远距离频繁地接通与分断交流或直流电路用
2	按主触头的位置分(当励磁线圈无电时)	常开	广泛用于控制电动机及电阻负载
		常闭	用于能耗制动或备用电源的接通
		一部分常开,另一部分常闭	用于发电机励磁电路的灭磁或备用电源的接通
3	按主触头极数分	单极	(1)用于控制单相负载,如照明、点焊机等 (2)能耗制动
		双极	(1)交流电动机的动力制动 (2)在绕线转子电动机的转子电路中,做短接各级起动电阻用
		三极	控制交流电动机,应用最为广泛
		四极	(1)控制三相四线制的照明电路 (2)控制双回路电动机负载
		五极	(1)组成自耦补偿起动器 (2)控制双速笼型电动机,变换绕组连接
4	按灭弧介质分	空气式	用于一般用途的接触器
		真空式	用于煤矿、石油化工企业及电压在 660~1140V 的场所
5	按有无触头分	有触头式	本表序号 1~4 均为有触头式交流接触器,用途不再重述
		无触头式	通常由晶闸管作为电路的通断元件,适用于频繁操作和有无噪声要求的特殊场所,如冶金和化工等行业

表 6-12 直流接触器的分类和主要用途

序号	分类原则	分类名称	主要用途
1	按使用场所分	一般工业用	用于冶金、机床等电气设备中,主要用于控制各类直流电动机
		牵引用	用于电力机车、蓄电池运输车辆的电气设备中
		高电感电路用	用于直流电磁铁、电磁操作机构的控制电路中

续表 6-12

序号	分类原则	分类名称	主要用途
2	按操作线圈控制电源分	交流	用于晶闸管控制电路中
		直流	用于直流控制电路中
3	按主触头极数分	单极	用于一般直流电路中
		双极	用于要求分断后完全隔离的电路中和控制电动机正反转电路中
4	按主触头的位置分（当励磁线圈无电时）	常开	用于电动机和电阻负载电路中
		常闭	用于放电电阻负载电路中
5	按有无灭弧室分	有灭弧室	用于额定电压较高的直流电路中
		无灭弧室	用于低电压直流电路，如叉车、铲车电控设备中
6	按吹弧方式分	串联磁吹弧	用于一般用途接触器
		永磁吹弧	用于对小电流也要求可靠熄灭的直流电路中

二、接触器的选用原则

（一）按使用类别选用

选择接触器时，首先要根据接触器所控制负载的工作是属轻任务、一般任务还是重任务等，选择相应使用类别的接触器。接触器的接通和分断能力分类见表 6-13。

（二）确定容量等级

接触器的容量一般是按产品使用说明书提供的数据来选择，应注意以下几点：

1. 工作制及操作频率的影响。选用接触器时，应注意控制对象是工作在长期工作制，还是重复短时工作制。用于长期工作制时应尽量选用银、银合金或镶银触头的接触器（如 CJ10）。如选用铜触头的接触器（CJ12），则应将其容量降至间断长期工作制额定容量的 50％以下使用。用于重复短时工作制时，接触器的额定电流应按等效发热（方均根）电流来计算。此外，在操作频率很高时，还必须考虑电弧能量的影响，按等效发热电流留取适当裕量来选择接触器的容量等级。

表 6-13 接触器的接通和分断能力分类

电流种类	用途分类代号	用途分类	额定工作电流值(A)	通断条件① I/I_N	通断条件① U/U_N	通断条件① 功率因数或时间常数	接通条件② I/I_N	接通条件② U/U_N	接通条件② 功率因数或时间常数
交流	AC-0	无感或微感负载，电阻炉	全部值	1.5	1.1	0.95±0.05	—	—	—
	AC-1	起动和运转中断开绕线转子电动机		4		0.65±0.05	4	1.1	0.65±0.05ms
	AC-2	起动、反接制动、反向与密接通断绕线转子电动机							
	AC-3	起动和运转中断开笼型电动机	$I_N \leqslant 16$	8		0.55±0.05	10		0.55±0.05ms
			$16 < I_N \leqslant 100$			0.35±0.05			0.35±0.05ms
			$I_N > 100$	6③			8④		
	AC-4	起动、反接制动、反向与密接通断笼型电动机	$I_N \leqslant 16$	10		0.55±0.05	12		0.55±0.05ms
			$16 < I_N \leqslant 100$			0.35±0.05			0.35±0.05ms
			$I_N > 100$	8④			10⑤		
直流	DC-1	起动和运转中断开并励直流电动机	全部值	4	1.1	2.5±15%ms	—	—	—
	DC-2	起动、反接制动、反向与密接通断并励直流电动机							
	DC-3	起动和运转中断开串励直流电动机				25±15%ms			
	DC-4	起动、反接制动、反向与密接通断串励直流电动机							

注：①AC-0 类用途接触器通断次数为 20 次，其余各类为 25 次，每次通电时间 60～200ms，试验间隔时间为 5～10s。对其中带电动机保护装置，有 5 次应由该保护装置使电器断开，且试验间隔时间由保护装置复位时间决定。对能耗制动用直流常闭触头，时间常数规定为 7.5ms。

②接通试验规定做 100 次，其通电时间和间隔时间同①。

③I 的最小值为 800A。

④I 的最小值为 1000A。

⑤I 的最小值为 1200A。

2. 工作电压与容量的关系。接触器在不同电压下工作时，其工作电流一般可按功率相等原则来换算，但要考虑以下两种情况：

(1)在较低电压下工作时，工作电流不应超过同一接触器的额定发热电流。

(2)最高工作电压不能超过接触器的额定绝缘电压。一般在产品资料中列有不同的工作电压下的控制功率，可作为选用依据。

3. 环境条件的影响。当接触器安装于密闭的箱中或当环境温度高于规定的条件时，应适当降容使用。用于特殊环境条件的接触器应选用派生型产品(如湿热带型—TH或符合防爆、防尘、防滴等使用要求的产品)。

(三)决定线圈电压

接触器线圈的额定电压需视控制回路的情况而定。同一系列、同一容量等级的接触器，其线圈的额定电压有多种规格，选用时必须指明线圈的额定电压。

三、直流接触器的选用

选用直流接触器时，除考虑上述的共性问题外，还应注意以下几个方面：

1. 按控制性质选用。直流接触器按控制性质的选用原则见表6-14。

表6-14　直流接触器按控制性质的选用原则

回路类别	负载性质	选用产品类别	产品容量
主回路	DC-1, DC-3	具有二常开或二常闭主触头产品	按产品额定工作电流选用
	DC-5		按产品额定工作电流的30%～50%选用
能耗回路	DC-3, DC-5	具有一常闭主触头产品	按产品额定工作电流选用
起动回路	DC-3, DC-5	具有一常开主触头产品	按产品额定工作电流选用
动力制动回路	AC-2, AC-4	具有二常开主触头产品	按产品额定工作电流选用
高电感回路	电磁铁	具有二常开主触头产品	选用比回路电流大一级电流等级的产品

2. 降容问题。采用磁吹串联线圈灭弧的直流接触器，若要降容使用时，其实际回路的工作电流应不小于直流接触器的工作电流的30%。采用永久磁铁灭弧的直流接触器不受此规定限制。

3. 几种特殊应用场合。

(1)对于某些用整流装置,特别是用晶闸管整流装置,对直流电动机进行控制的场合,选用控制电源电压为交流操作的 CZ21-16 或 CZ22-63 直流接触器来取代传统的直流操作的直流接触器,可以简化控制线路和节省直流控制电源。

(2)控制直流电磁铁时,应根据额定电压、额定电流、通电持续率和时间常数等主要技术参数,选用合适的直流接触器。由于直流电磁铁中的起重电磁铁负载属于高电感性,时间常数特别大,为保证可靠使用,往往在电磁铁线圈两端并联一电阻,电阻值一般不大于线圈电阻值的 6 倍。

(3)对于采用 CD2、CD10 等型号和 CD5、CD6 等型号直流电磁操作机构的高压油断路器,应分别选用适合于控制这些型号电磁操作机构的 CZ0-40C 和 CZ0-100C 直流接触器。

四、交流接触器的选用和计算

(一)电动机负载时的选用

交流接触器吸引线圈电压由控制电路电压而定。主触头额定电流由下面经验公式计算确定,即

$$I_{mc}=\frac{P_N\times10^3}{KU_N} \tag{6-21}$$

式中 I_{mc}——主触头额定电流(A);

P_N——被控制的电动机额定功率(kW);

K——常数,一般取 1~1.4;

U_N——电动机的额定电压(V)。

实际选择时,接触器的主触头额定电流大于上式计算值。

(二)非电动机负载时的选用

1. 电热设备。电流波动最大值不超过 $1.4I_N$,可按下式选用,即

$$I_{tc}\geqslant1.2I_N \tag{6-22}$$

式中 I_{tc}——接触器额定发热电流(A);

I_N——被控电热设备额定电流(A)。

如接触器铭牌上未注明 I_{tc} 值,可按工作电流相等原则选用。

2. 电容器。用接触器控制电容器时,应考虑电容器的合闸电流、持续电流和负载下的电寿命,现推荐采用表 6-15 中给出的数据,对于更大

电容量的电容器，为减少接触器的接通电流，还可在接触器的进线端串入限流电抗器或电阻器。

表 6-15　电容器选配接触器参考数据

交流接触器的额定工作电流(A)	电容器额定工作电流 I_C(A)	电容器标称电容量 Q_C(kvar)	
		电容器额定工作电压 $U_C=220V$	$U_C=380V$
10	7.5	3	5
20	12	5	8
40	30	12.5	20
60	53	25	40
100	80	30	60
150	105	40	75
250	130	50	100

CJ16 和 CJ19 系列切换电容器专用接触器，在电容器接入过程中短暂地串入限流电阻，有效地将电流峰值限制在额定电流的 20 倍以下，选用时应确保 CJ16 和 CJ19 系列接触器的额定控制电容器千乏值应不低于被控制电容器的相应值。

3. 电焊变压器。表 6-16 为电焊变压器选配接触器参考数据。经验表明，焊接时的分断电流平均比接通电流大 2～4 倍，而且为单相负载，因此，所用接触器的 3 极可以并联使用。

表 6-16　电焊变压器选配接触器参考数据

交流接触器的额定工作电流(A)	I_N(A)	S_N(kV·A)		I_K(A)	
		$U_N=220V$	$U_N=380V$	$U_N=220V$	$U_N=380V$
60	30	11	20	300	300
100	53	20	30	450	450
150	66	25	40	600	600
250	105	40	70	1050	1050
250	130	50	90	1800	1800

注：U_N、I_N、S_N、I_K 分别表示变压器的额定电压、额定电流、额定容量、短路时一次侧最大短路电流。

4. 照明装置。由于电压增加使得工作电流增加，故选用时不得超过接触器持续电流的 90%。今将常用的照明装置种类、起动电流和选用电器时的原则列表 6-17 供参考。

表 6-17　照明装置选用参考数据

种　类	功率因数补偿装置	起动电流	功率因数	起动时间(s)	选数根据
钨丝灯	—	$16I_N$	0.9	—	工作电流和起动电流
荧光灯	无 有	I_N $20I_N$	0.5 0.9	—	长期工作电流 起动电流
荧光高压汞灯	无 有	$1.6I_N$ $2I_N$	0.4～0.6 0.95	<5 <5	长期工作电流 起动电流
钠灯	无 有	$1.6I_N$ $20I_N$	0.4～0.6 0.95	5～8 5～8	70%长期工作电流 70%长期工作电流和起动电流
金属卤化物灯(高压)	无 有	$1.4I_N$ $20I_N$	0.5 0.95	5～12 5～12 (在 $1.6I_N$)	70%长期工作电流
金属卤化物灯(低压)	无 有	I_N $2I_N$	0.3 0.95	5～12 5～12 (在 $1.6I_N$)	70%长期工作电流

注：I_N 为照明灯具的额定电流。

第四节　热继电器的选用及计算

一、热继电器用途及分类

热继电器是热过载继电器的简称，它是一种利用电流的热效应来切断电路的一种保护电器，常与接触器配合使用。热继电器具有结构简单、体积小、价格低和保护性能好等优点，主要用于电动机的过载保护、断相及电流不平衡运行的保护及其他电气设备发热状态的控制。

热继电器有许多种，常用的有：

1. 双金属片式。利用两种膨胀系数不同的金属片(通常为锰镍、铜板轧制成)受热弯曲去推动杠杆而使触头动作。双金属片热继电器结构如图 6-4 所示。

这种热继电器用得最多。它可按下述方法分类：

(1)按极数分。热继电器有单极、双极和三极3类。其中三极的又分为带断相保护装置的和不带断相保护装置的。

(2)按复位方式分。热继电器有自动复位(触头断开后能自动返回到原来位置)和手动复位两类。

(3)按电流调节方式分。热继电器分为有电流调节和无电流调节(借更换热元件来改变整定电流)两类。

(4)按温度补偿分。热继电器分为有温度补偿和无温度补偿两类。

(5)按控制触头分。热继电器分为带常闭触头与带常闭和常开触头两类。触头的结构类型有:转移型、桥式双断型等。

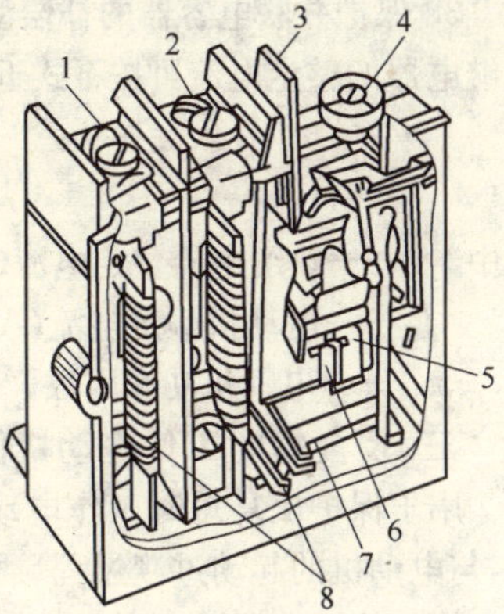

图6-4　双金属片热继电器结构

1、2. 电源相线接线柱　3. 复位按钮　4. 电流范围调节装置　5. 自动或手动复位调整螺钉　6. 常闭触头　7. 动作推动杆　8. 主发热元件

2. 热敏电阻式。利用电阻值随温度变化的特性制成的热继电器。

3. 易熔合金式。利用过载电流发热使易熔合金达到某一温度值时,合金熔化而使继电器动作。

二、长期工作或间断长期工作电动机保护用热继电器选用及计算

保护长期工作或间断长期工作的电动机时,热继电器的选用计算方法是:

1. 一般情况下,按电动机的额定电流选取,使热继电器的整定值为

$$I_t=(0.95\sim1.05)I_N \tag{6-23}$$

式中　I_t——热继电器额定电流(A);

I_N——电动机额定电流(A)。

或选取整定电流范围的中值等于电动机的额定电流。

2. 保护Y-△起动电动机,当热继电器的3个热元件分别串接在△联结的各相绕组内,热继电器的整定电流应按电动机$1/\sqrt{3}$的额定电流整定。

3. 保护并联电容器的补偿型电动机，只有有功电流流经热继电器，热继电器的整定电流可按下式近似进行整定。

$$I_t=\frac{I_N\cos\varphi}{0.9} \tag{6-24}$$

式中　I_t——热继电器整定电流(A)；

I_N——电动机额定电流(A)；

$\cos\varphi$——电动机功率因数。

三、反复短时工作电动机保护用热继电器选用及计算

用于保护反复短时工作电动机的热继电器，每小时允许的操作次数，与电动机的起动过渡过程、通电持续率及负载电流等因素有关。复合加热的热继电器，在反复短时工作下每小时允许的操作次数，可按图6-5所示的速查曲线选用。间接加热的热继电器每小时允许的操作次数，比按图6-5速查曲线选用的次数稍高。当电动机每小时的操作次数较高时，可选用带速饱和电流互感器的热继电器。

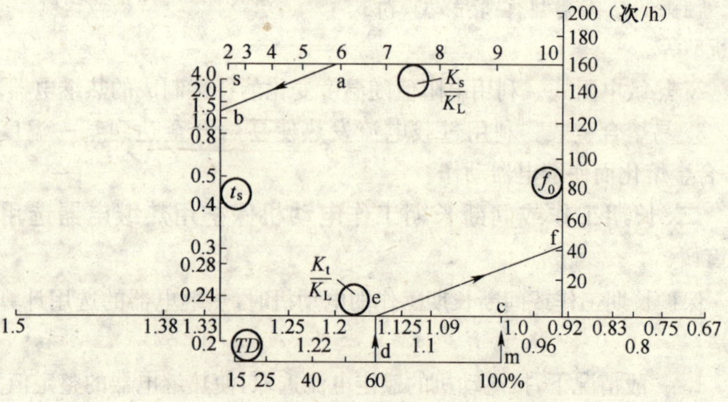

图6-5　热继电器允许操作频率估算图

图6-5及其应用方法是根据下列公式绘制和确定的。反复短时工作允许操作频率为

$$f_0=K_c\frac{3600}{t_s\left(\frac{K_s^2}{K_L^2}-1\right)}\left[\left(\frac{1.1K_t}{K_L}\right)^2-\frac{TD}{100}\right] \tag{6-25}$$

式中　f_0——允许操作频率(次/h)；

K_c——计算系数 $K_c=0.8\sim0.9$；

t_s——电动机起动时间(s)；

K_s——电动机起动电流倍数(即其起动电流与其额定电流之比)；

K_L——电动机负载电流倍数(即其负载电流与其额定电流之比)；

K_t——热继电器额定整定电流与电动机额定电流之比；

TD——通电持续率。

第五节　起动器的选用

一、起动器的类型及用途

起动器是一种控制电动机起动与停止用的电器，除少数手动起动器外，大多由通用的接触器、热继电器、按钮等元件按一定方式组合而成，并具有过载、失压保护性能。各种起动器中，以电磁起动器应用最广。

起动器的类型及主要用途见表 6-18。

表 6-18　起动器的类型及主要用途

类别	型号	额定电压(V)	额定电流(A)	可控制电动机的最大功率(kW)	主要用途	备　注
电磁起动器	QC0	380(交)	20～40	10～20	用于远距离直接控制三相笼型电动机起动、停止及反向运转，可具有失压和过载保护作用	—
	QC8		10～40	4～20		
	QC10	380(交) 220(直)	5～150	22～75		
	QC12		20～150	2.2～75		
	QC20	380(交)	16～80	7.5～40		引进德国 BBC 公司产品
	MSJB		—	—		
	MSBB	—				
	SRB					
	SEB					
手动起动器	QS6	380(交)	4	1.5	用于三相笼型电动机不频繁手动直接起动及停止	—
		220(交)	6	0.75		
	QS□	380(交)	20	—		新产品，取代 QS6
	M611	660(交) 440(直)	16	7.5		引进德国 BBC 公司产品

续表 6-18

类别	型号	额定电压(V)	额定电流(A)	可控制电动机的最大功率(kW)	主要用途	备注
自耦减压起动器	QJ3	220(交)	29～145	8～40	用于三相笼型电动机不频繁起动及停止	1985年淘汰
		380(交)	22～145	10～75		
		440(交)	19～125	10～75		
	QJ10	380(交)	20～142	10～75		—
	QJ10D		24.6～142	11～75		
	XJ01	380(交)	28～530	14～300		1990年淘汰
	JJ1B	380(交)	22～579	11～315		新产品，取代XJ01
	JJ1K	660(交)	167～579	90～315		
	JJ3B	380(交)	22～579	11～315		新产品，补偿式
	JJ3K	660(交)	167～579	90～315		
星三角起动器	QX1	380(交)	10～40	4.5～30	用于三相笼型电动机星三角起动及停止	—
	QX3		16～35	13～30		
	QX4		26～142	13～75		
	QX10		32～150	13～75		
	LC3-D	660(交)		11～75		引进法国TE公司产品
综合起动器	QZ610	380(交)	10～40	1.1～17	用于三相笼型电动机直接起动及停止	QZ610系列为农用型
	QZ73		20～40	3.2～10		
无触点减压起动器	QJW6	380(交)	80	笼型电动机 22 绕线转子电动机 40 电阻负载 50	用于笼型电动机用减压起动及停止，也可用于绕线转子电动机起动、停止及调速，还可作为三相交流功率调节器使用，用于电阻负载的温度控制以及照明调光等	—

续表 6-18

类别	型号	额定电压(V)	额定电流(A)	可控制电动机的最大功率(kW)	主要用途	备　注
软起动器	JLC	380(交)	23～578	11～315	用来控制笼型异步电动机的新设备，是集电机软起动、软停车、轻载节能和多种保护功能于一体的新颖电机控制装置，国外称为 Soft Starter，适用于几千瓦到几百千瓦的电动机	上海集电电力电子技术有限公司产品
	WJR	380(交)	—	22～315		齐齐哈尔电力半导体器件厂产品
	STR	380(交) 660(交)		8～500		西普电力电子有限公司产品
	KTR	380(交)		22～320		保定整流器厂产品
	QB4	380(交)		8～500		长沙奥托自动化技术有限公司和国防科技大学自动化研究所产品

二、选用起动器的原则

1. 进行综合比较。笼型异步电动机选用起动器时，应根据起动器的特点进行综合分析比较。各种起动器的起动转矩曲线如图 6-6 所示；各种起动器的起动电流特性如图 6-7 所示。注意这些特性曲线都是按加在异步电动机定子绕组上的电压为 65％额定电压(电阻、电抗减压起动以及 65％抽头自耦减压起动)、80％额定电压(80％抽头自耦减压起动)以及 100％额定电压计算出来的，在实际运行中这个电压完全可能是别的数值。

各种起动器起动特性及优缺点对比见表 6-19。

选取起动器时，可先确定起动器的型号，然后根据被控电动机的功率决定起动器的容量等级，并按电动机的额定电流选择热元件，还应考虑起动器的操作频率。

选用延边三角形起动器时，被控电动机必须有 9 个接线端头。

2. 考虑起动器与短路保护电器(简称 SCPD)的协调配合。通常选用熔断器作为 SCPD，熔断器应安装于起动器的电源侧(综合起动器除外，

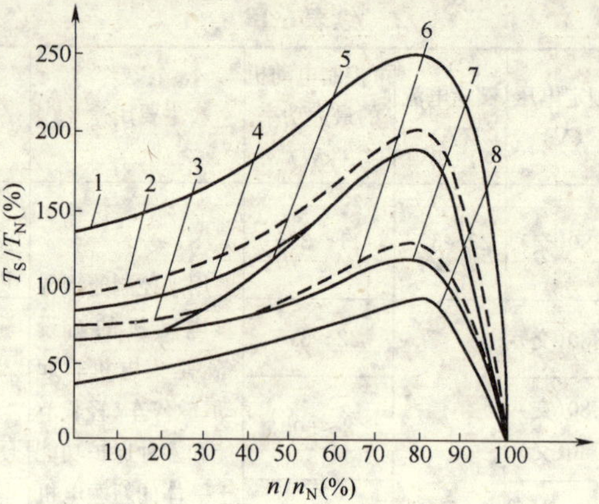

图 6-6　各种起动器的起动转矩曲线

1. 全压直接起动　2. 自耦减压起动(80%U_N)　3. 单电抗减压起动(65%U_N)　4. 延边三角形起动　5. 三电抗减压起动(65%U_N)　6. 电阻减压起动(65%U_N)　7. 自耦减压起动(65%U_N)　8. 星三角减压起动

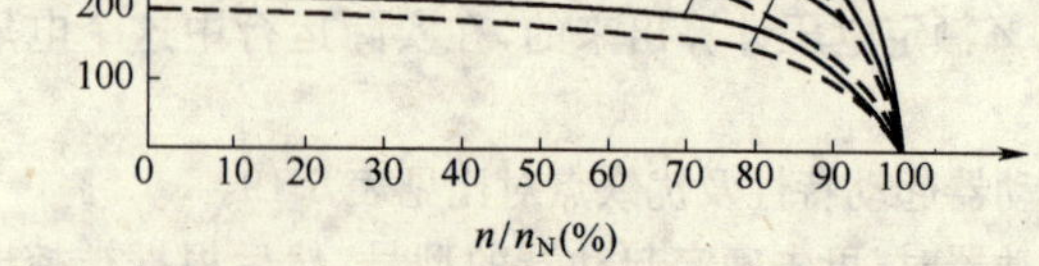

图 6-7　各种起动器的起动电流特性

1、3. 全压直接起动及单电抗减压起动(65%U_N)　2. 自耦减压起动(80%U_N)　4. 延边三角形起动　5. 三电抗减压起动(65%U_N)　6. 电阻减压起动(65%U_N)　7. 自耦减压起动(65%U_N)　8. 星三角减压起动

表 6-19 各种起动器起动特性及优缺点对比

项目	直接起动	减压起动	
		星-三角起动（Y-△）	延边三角形起动（⩓）
起动时电动机端电压（相电压）	U_p	$0.58U_p$	$(0.7\sim0.8)U_p$
起动时电动机电流	I_s	$0.3I_s$	取$\approx0.7I_s$
起动时线路电流	I_1	$0.33I_1$	$\approx0.7I_1$
起动转矩	T_s	$0.33T_s$	$\approx0.49T_s$
起动电流/线路电流	≈100%	100%	≈70%
起动过程中电动机端电压	恒定	恒定	恒定
起动电流	最大	小	中等
起动转矩	最大	小	较小
起动时对电源电压的影响	最大	小	较小
起动时对机械的冲击	最大	小	较小
起动过程中力矩变化情况	加速力矩大	力矩增加不大	力矩有增加
最大转矩	大	较小	一般
起动时间	最短	较长	较短
线路复杂性	最简单	简单	复杂
价格	最便宜	便宜	一般
适用对象	一般	无载或轻载起动	要求限制起动电流而起动力矩又不能太小的场合

项目	减压起动								
	电抗减压起动			电阻减压起动			自耦减压起动		
	抽头			抽头			抽头		
	50%	65%	80%	50%	65%	80%	50%	65%	80%
起动时电动机端电压（相电压）	$0.5U_p$	$0.65U_p$	$0.8U_p$	$0.5U_p$	$0.65U_p$	$0.8U_p$	$0.5U_p$	$0.65U_p$	$0.8U_p$

续表 6-19

项　目	减压起动								
	电抗减压起动			电阻减压起动			自耦减压起动		
	抽　头			抽　头			抽　头		
	50%	65%	80%	50%	65%	80%	50%	65%	80%
起动时电动机电流	$0.5I_s$	$0.65I_s$	$0.8I_s$	$0.5I_s$	$0.65I_s$	$0.85I_s$	$0.5I_s$	$0.65I_s$	$0.8I_s$
起动时线路电流	$0.5I_1$	$0.65I_1$	$0.8I_1$	$0.5I_1$	$0.65I_1$	$0.8I_1$	$0.25I_1$	—	—
起动转矩	$0.25T_s$	$0.42T_s$	$0.64T_s$	$0.25T_s$	$0.42T_s$	$0.64T_s$	$0.25T_s$	$0.42T_s$	$0.64T_s$
起动电流/线路电流	50%	65%	80%	50%	65%	80%	100%	100%	100%
起动过程中电动机端电压	随速度上升而加大较快			随转速上升而略增加			不变		
起动电流	起动电流降低得越小,起动转矩相应将更小			中等			起动电流较小时,也能获得较大的起动转矩		
起动转矩				较小					
起动时对电源电压的影响	一般			一般			较小		
起动时对机械的冲击	较小			较小			较小		
起动过程中力矩变化情况	力矩增加较快			随转速上升而略加大			力矩有所增加		
最大转矩	较大			较小			一般		
起动时间	较短			较长			较短		
线路复杂性	较复杂			较复杂			较复杂		
价格	较贵			较贵			较贵		
适用对象	Y-△不能起动的场合及起动时要求对机械冲击较小的场合			Y-△不能起动的场合及起动时要求对机械冲击较小的场合			要求限制起动电流而起动力矩又不能太小的场合		

其内部已装有熔断器)。熔断器不应代替起动器分断正常工作时最大过载电流及以下的所有电流(包括电动机的堵转电流),但应能分断安装点的短路电流。

在综合起动器中,一般按起动器额定电流的 2.5 倍选择熔断器,以保证电动机起动时不发生误动作。此外,熔断器和热继电器的保护特性的交点应选择适当，以便充分利用接触器的分断能力，又不致因分断故障电流而烧坏接触器。图 6-8 所示为保护特性的协调。

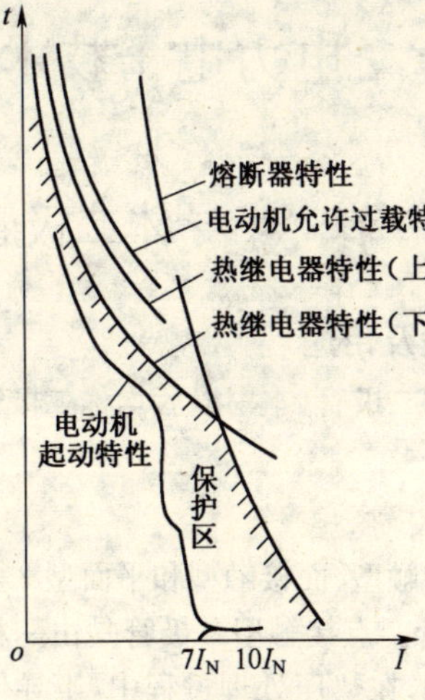

图 6-8 保护特性的协调

第七章　电力电子技术基础

第一节　半导体二极管

一、二极管的种类及用途

半导体二极管简称二极管(本书以后均称二极管),二极管的种类很多,现简述如下:

(一)按结构分类

二极管可分为点接触型、面接触型和平面型3类。

1. 点接触型二极管。点接触型二极管是由一根很细的金属丝热压在半导体薄片上制成的,在热压处理过程中,半导体薄片与金属丝的接触面上形成了一个PN结,金属丝为正极,半导体薄片为负极。

点接触型二极管的金属丝和半导体的接触面很小,虽难以通过较大的电流,但因其结电容较小,可以在较高的频率下工作。可用于检波、变频、开关等电路及小电流的整流电路中。

2. 面接触型二极管。面接触型二极管是利用扩散、多用合金及外延等掺杂质方法,实现P型半导体和N型半导体直接接触而形成PN结的。

面接触型二极管PN结的接触面积大,可以通过较大的电流,适用于大电流整流电路或在脉冲数字电路中做开关管。因其结电容相对较大,故只能在较低的频率下工作。

3. 平面型二极管。平面型二极管是先在N型硅片的氧化膜上,用光刻的方法刻出一个窗口,然后进行高浓度的硼扩散,获得P型硅。这样,在N型硅和P型硅之间就形成了PN结。表面的一层SiO_2薄膜,起着保护层的作用。这种类型的管子可用作大功率整流管和数字电路中的开关管。

(二)按用途分类

常用的有:

1. 普通二极管。这类二极管型号的第二个字母一般为"P",表示小信号管的意思。它适用于高频检波、鉴频限幅、小电流整流等。

2. 整流二极管。这类二极管型号的第二个字母一般为“Z”，表示整流管的意思。可实现不同功率的整流。

3. 开关二极管。这类二极管型号的第二个字母为“K”，表示开关管的意思。它适用于电子计算机、脉冲控制和开关电路中。

4. 稳压管。是一种大面积结构的二极管，它工作于反向状态，当反向电压足够时，由于齐纳和雪崩击穿使通过稳压管的反向电流在很大范围内变化，但稳压管两端的电压变化很小。利用这一特性，稳压管在电路中能起稳压作用。

5. 光电二极管。结构和一般二极管相似，只是它的外壳是透明的玻璃。光电二极管在电路中一般是处于反向工作，在没有光照时，其反向电阻很大，管子中只有很小的电流；当有光照射，其反向电阻大大减小，反向电流也随之增加，显然电流的大小和光照强度有关，光照越强，电流也越大。它适用于光电继电器、触发器及光电转换的自动测控系统中。

二、二极管常用参数符号及其含义

整流二极管、稳压二极管、开关二极管常用参数符号及其含义，见表7-1～表7-3。

表7-1 整流二极管常用参数符号及其含义

参数符号	名 称	含 义
I_F	正向直流电流	二极管长期运行时，允许通过的最大正向平均电流(直流分量)
U_F	正向直流电压	二极管通过额定正向直流电流(I_F)时，在管子两极间产生的电压降(平均值)
I_R	反向直流电流	二极管两端施加规定的反向直流电压(U_R)时，通过管子的反向漏电流
U_{RM}	反向工作峰值电压	允许长期加在二极管两极间的反向恒定电压值。反向工作峰值电压也叫最高反向工作电压，该值一般是反向击穿电压的1/2或1/3
U_{BR}	反向击穿电压	发生反向击穿时的电压值
I_{FSM}	正向(不重复)浪涌电流	一种由于电路异常情况(如故障)引起的、并使结温超过额定结温的不重复性最大正向过载电流
I_{RM}	反向峰值电流	二极管加反向工作峰值电压时的反向电流。反向峰值电流大，说明二极管单向导电性能差，受温度的影响大

表 7-2 稳压二极管常用参数符号及其含义

参数符号	名称	含义
U_Z	稳定电压	在稳压范围内，通过管子的反向电流为规定值时，在管子两极间产生的电压降
I_Z	稳定电流	工作电压等于稳定电压时的工作电流，即为管子的正常工作电流
I_{ZM}	最大稳定电流	在最大耗散功率下，稳压管允许通过的反向电流
T_Z	动态电阻	在稳定状态下，稳压管两端电压变量与稳压管中电流变量的比值
C_{TV}	电压温度系数	稳压管在稳定电流时，环境温度变化 1℃引起两端电压的相对变化量
P_{ZM}	最大耗散功率	稳压参数变化不超过允许值时，能够耗散的最大功率。它近似等于稳定电压与最大稳定电流的乘积

表 7-3 开关二极管常用参数符号及其含义

参数符号	名称	含义
I_M	最大正向电流	在额定功率下，允许通过开关二极管的最大正向脉冲电流
I_F	额定正向电流	在额定功率下，允许通过开关二极管的最大正向直流电流
U_F	正向电压降	开关二极管通过正向电流时，在两极间产生的压降
U_{BR}	击穿电压	开关二极管反向伏安特性曲线急剧弯曲点的电压值
U_{RM}	最高反向工作电压	当通过开关二极管的反向漏电流为 I_R 时，在两极间产生的压降
I_R	反向漏电流	在开关二极管两端加反向工作电压 U_R 时，通过二极管的电流
P_M	额定功率	开关二极管结温不高于 150℃时所能承受的最大功率
C_0	二极管零偏压电容	在零偏压下，开关二极管两极间的电容
t_{rr}	反向恢复时间	开关二极管由正向导通转换到截止的时间。二极管从截止到导通的时间，叫做开通时间。由于开通时间比反向恢复时间要小得多，因此手册上只给出反向恢复时间

三、二极管的选用

(一)整流二极管的选用

选用整流二极管时,主要考虑最大整流电流、二极管承受的最高反向工作电压。开关稳压电源的整流电路中使用的整流二极管,应选用工作频率较高、反向恢复时间较短的高频整流二极管。

(二)稳压二极管的选用

稳压二极管主要在稳压电源中作为基准电压源,或在过电压保护电路中用作保护二极管。选用的稳压二极管的稳定电压值应与应用电路的基准电压值相同,最大稳定电流应高于应用电路的最大负载电流50%左右。

(三)开关二极管的选用

中速开关电路和检波电路,可以选用2AK系列普通开关二极管。高速开关电路可以选用国产高速开关2CK系列或进口IN系列、IS系列、ISS系列和RLS系列。要根据应用电路的正向电流、最高反向工作电压,反向恢复时间等主要技术参数来选择开关二极管的具体型号。

四、二极管常用型号及技术数据

国产常用整流二极管主要技术数据见表7-4;国产2AK、2CK系列开关二极管主要技术数据见表7-5;常用国产高频整流二极管主要技术数据见表7-6;常用进口低频整流二极管主要技术数据见表7-7;常用进口高频整流二极管主要技术数据见表7-8;常用进口快速恢复二极管主要技术数据见表7-9;部分进口IN系列、国产2CW、2DW系列稳压二极管主要技术数据见表7-10;常用进口MTZ、MTZJ系列稳压二极管主要技术数据见表7-11;常用进口RLZ、RLZJ系列稳压二极管(贴片封装)主要技术数据见表7-12;常用进口RD、HZ、05Z系列稳压二极管主要技术数据见表7-13;部分国产2CU系列硅光敏二极管主要技术数据见表7-14;部分国产2EF系列发光二极管主要技术数据见表7-15。

表7-4　国产常用整流二极管主要技术数据

额定电流(A)	反向电压(V)										
	50	100	200	300	400	500	600	800	1000	1200	1400
0.1	2CP11	2CP12	2CP14	2CP17	2CP18	2CP19	2CP20	2CP20A	—	—	—

续表 7-4

额定电流(A)	反向电压(V)										
	50	100	200	300	400	500	600	800	1000	1200	1400
0.3	—	—	2CZ21A	—	2CZ21B	—	2CZ21C	2CZ21D	2CZ21E	2CZ21F	—
	—	—	2DP3A	—	2DP3B	—	2DP3C	2DP3D	2DP3E	2DP3F	2DP3G
0.5	2CP1A	2CP1	2CP2	2CP3	2CP4	2CP5	2CP1E	2CP1G	—	—	—
	—	—	2DP4A	—	2DP4B	—	2DP4C	2DP4D	2DP4E	2DP4F	2DP4G
1	2CZ11K	2CZ11A	2CZ11B	2CZ11C	2CZ11D	2CZ11E	2CZ11F	2CZ11H	—	—	—
	—	—	2CZ20A	—	2CZ20B	—	2CZ20C	2CZ20D	2CZ20E	2CZ20F	—
	—	—	2DP5A	—	2DP5B	—	2DP5C	2DP5D	2DP5E	2DP5F	2DP5G
3	2CZ12	2CZ12A	2CZ12B	2CZ12C	2CZ12D	2CZ12E	2CZ12F	2CZ12H	—	—	—
5	2CZ13	2CZ13A	2CZ13B	2CZ13C	2CZ13D	2CZ13E	2CZ13F	2CZ13H	—	—	—

表 7-5　国产 2AK、2CK 系列开关二极管主要技术数据

型　　号	最高反向工作电压 U_{RM}(V)	正向重复峰值电流 I_{FRM}(mA)	正向压降 U_F(V)	额定功率 P_M(mW)	反向恢复时间 t_{rr}(ns)
2AK1	10	150	≤1	—	≤200
2AK2	20				
2AK3	30		≤0.9		≤150
2AK5	40				
2AK6	50				
2CK74(A～E)	A≥30 B≥45 C≥60 D≥75 E≥90	100 — 150 200 250	≤1	100	≤5
2CK75(A～E)				150	
2CK76(A～E)				200	≤10
2CK77(A～E)				250	

表 7-6　常用国产高频整流二极管主要技术数据

型　　号	正向平均整流电流(A)	正向压降(V)	最高反向工作电压(V)	反向电流(μA)	反向恢复时间(μs)
2CGA/2CGB/2CGC/2CGD/2CGE/2CGF	0.025	≤1	≥200/400/600/800/1000/1200	≤5	≤2

续表 7-6

型　号	正向平均整流电流（A）	正向压降（V）	最高反向工作电压（V）	反向电流（μA）	反向恢复时间（μs）
2DGE/2DGF/2DGG/2DGH/2DGI/2DGJ/2DGK	0.01	≤2	≥200/400/600/800/1000/1200/1500/1800/2000	≤4	≤1.25
2DG05C/D/E/F/G/H/I/J/K	0.5	≤2	—	≤10	≤1
2CZG80/2CZG84/2CZG85	0.3/0.5/0.5	≤1	200～1600	≤10	≤1
2CZ21A/B/C/D/E/F	0.3	≤1	200/400/600/800/1000/1200	≤10	—
2CZ20A/B/C/D/E/F	1	≤1	200/400/600/800/1000/1200	≤10	—
2CP6A/B/C/D/E/F	0.1	≤1	100/200/300/400/600/800	≤20	—
2CP10/11/12/13/14/15/16/17/18/19/20/20A	0.1	≤1.5	25/50/100/150/200/250/300/350/400/500/600/800	≤5	—

表 7-7　常用进口低频整流二极管主要技术数据

型　号	最高反向工作电压（V）	额定整流电流（A）	最大正向压降（V）	反向电流（μA）	代用型号
1N4001/A	50	1	≤1	≤10	2CZ11K
1N4002/A	100	1	≤1	≤10	2CZ11A
1N4003/A	200	1	≤1	≤10	2CZ11B
1N4004/A	400	1	≤1	≤10	2CZ11D
1N4005	600	1	≤1	≤10	2CZ11F
1N4006	800	1	≤1	≤10	2CZ11H
1N4007	1000	1	≤1	≤10	2CZ11I
1N5391	50	1.5	≤1	≤10	2CZ86B
1N5392	100	1.5	≤1	≤10	2CZ86C
1N5393	200	1.5	≤1	≤10	2CZ86D
1N5394	300	1.5	≤1	≤10	2CZ86E
1N5395	400	1.5	≤1	≤10	2CZ86F

续表 7-7

型　号	最高反向工作电压 (V)	额定整流电流 (A)	最大正向压降 (V)	反向电流(μA)	代用型号
1N5396	500	1.5	≤1	≤10	2CZ86G
1N5397	600	1.5	≤1	≤10	2CZ86H
1N5398	800	1.5	≤1	≤10	2CZ86J
1N5399	1000	1.5	≤1	≤10	2CZ86K
1N5400	50	3	≤1.2	≤10	2CZ12、2CZ56B
1N5401	100	3	≤1.2	≤10	2CZ12A、2CZ56C
1N5402	200	3	≤1.2	≤10	2CZ12C、2CZ56D
1N5403	300	3	≤1.2	≤10	2CZ12D、2CZ56E
1N5404	400	3	≤1.2	≤10	2CZ12E、2CZ56F
1N5405	500	3	≤1.2	≤10	2CZ12F、2CZ56G
1N5406	600	3	≤1.2	≤10	2CZ12G、2CZ56H
1N5407	800	3	≤1.2	≤10	2CZ12H、2CZ56J
1N5408	1000	3	≤1.2	≤10	2CZ12I、2CZ56K
1S1553	70	0.1	≤1.4	≤5	2CZ82C
1S555	35	0.1	≤1.4	≤5	2CZ82B
1S1886	200	1	≤1.2	≤10	1N4003～1N4007
1S1886A	200	0.2	≤1	≤10	2CZ83D
1S1887	400	1	≤1.2	≤10	1N4005～1N4007
1SR35-100A	100	1	≤1.1	≤10	1N4002～1N4007
1SR35-200A	200	1	≤1.1	≤10	1N4003～1N4007
1SR35-400A	400	1	≤1.1	≤10	1N4004～1N4007
1SR139-100	100	1	≤1.1	≤10	1N4002～1N4007
1SR139-200	200	1	≤1.1	≤10	1N4003～1N4007
1SR139-600	600	1	≤1.1	≤10	1N4005～1N4007
RM1	400	1	≤0.95	≤5	CDR10-04、1S1887
RM1Z	200	1	≤0.95	≤5	EM1Z、CDR10-02A、SM1A-04
RM11	800	1.2	≤0.93	≤10	CDR12-10
RM11C	1000	1.2	≤0.92	≤10	CDR12-10C
M1-15RC	1000	2	≤0.91	≤10	CB20-10R、DH-15RC

续表 7-7

型 号	最高反向工作电压(V)	额定整流电流(A)	最大正向压降(V)	反向电流(μA)	代用型号
M1-15SC	1000	2	≤0.91	≤10	CB20-10S、DH-15SC
EM01	200	1	≤1.2	≤10	2CZ85E
ERA15-06	600	1	≤1.1	≤10	2CZ85H、CZ10G、CDR10-06
EH1Z	200	0.6	≤1.1	≤10	CDR10-02
SM1A-0.4	400	1	≤1	≤10	CDR10-04
TVR2	200	0.5	≤1	≤10	2CZ313、PR1003

表 7-8 常用进口高频整流二极管主要技术数据

型 号	最高反向工作电压(V)	额定正向工作电流(A)	浪涌电流(A)	正向压降(V)	反向电流(μA)	反向恢复时间(μs)	代用型号
RU2	600	1	20	1.5	10	0.4	CFR10-06
RU3	800	1.5	20	1.5	10	0.4	CFR15-06
RU4B	800	3	50	1.6	10	0.4	BA159、GG30KB、CFR30-08
RC2	2000	1	20	2	10	2	CFR02-20
RG2	400	1.2	50	1.8	0.5	0.1	CFR15-04、SG05E、CG12E
RH-1Z	800	0.7	35	2.5	10	1.5	2CZ40、PR1003、2CZ321C
RH-1S	800	0.7	35	2.5	10	1.5	2CZ36、2CZ321Z、CFR08-08
EU1	400	0.35	15	2.5	10	0.4	CF03-04、2CZ34H
EU01A	600	0.35	15	2.5	10	0.4	CF03-06
EU2	400	1	15	1.4	10	0.3	CFR10-04G、PR1004
EU2Z	200	1	15	1.4	10	0.3	CFR10-02
EU3A	600	1.5	20	1.5	10	0.4	CFR15-06、TG14
ES1A	400	0.75	30	2.5	10	1.5	CFR08-06、TG15、CG08G
V06C	200	0.76	30	1.6	15	0.4	EH1Z、2CZ201、HV06、SV06
V09	400	0.8	35	1.6	10	0.4	2CZ305、CFR08-04
V09C	200	0.8	35	1.6	10	0.4	CFR08-02
V19E	400	1	30	1.2	10	0.2	CFR10-04A、2CZ308
TVR4	600	1.2	100	1.2	10	—	2CZ322、CZ12N
TVR06	400	0.6	25	1.4	10	0.3	CFR06-04
1S1835	600	1	60	1.5	10	0.4	CFR10-06、3JH61

续表 7-8

型　号	最高反向工作电压(V)	额定正向工作电流(A)	浪涌电流(A)	正向压降(V)	反向电流(μA)	反向恢复时间(μs)	代用型号
1SR124-100A	100	1	30	1.3	10	0.4	RU2Z
1SR124-200A	200	1	30	1.3	10	0.4	RU2Z
1SR124-400A	400	1	30	1.3	10	0.4	RU2
1SR153-100	100	0.8	30	1.3	10	0.4	V09C
1SR153-200	200	0.8	30	1.3	10	0.4	V09C
1SR153-400	400	0.8	30	1.3	10	0.4	V09

表 7-9　常用进口快速恢复二极管主要技术数据

型号	反向峰值电压 U_{RM}(V)	额定正向整流电流 I_F(A)	正向不重复浪涌电流 I_{FSM}(A)	反向恢复时间 t_{rr}(μs)
1N4933	50	1.0	30	0.2
1N4934	100			
1N4935	200			
1N4936	400			
1N4937	600			
MR910	50	3.0	100	0.75
MR911	100			
MR912	200			
MR914	400			
MR916	600			
MR917	800			
MR918	1000			
MR820	50	5.0	300	0.2
MR821	100			
MR822	200			
MR824	400			
MR826	600			
MUR805	50	8.0	100	0.06
MUR810	100			
MUR815	150			
MUR820	200			
MUR840	400			
MUR850	500			
MUR860	600			

表 7-10　部分进口 1N 系列、国产 2CW、2DW 系列稳压二极管主要技术数据

型　号	稳定电压 U_Z(V)	动态电阻 R_Z(Ω)	温度系数 C_{TV}(10^{-4}/℃)	工作电流 I_Z(mA)	最大电流 I_{ZM}(mA)	额定功耗 P_Z(W)
1N748	3.8～4.0	100	—			
1N752	5.2～5.7	35	—			
1N753	5.88～6.12	8	—			
1N754	6.3～7.3	15	—	20		
1N755	7.07～7.25	6	—			
1N757	8.9～9.3	20	—		—	0.5
1N962	9.5～11.9	25	—			
1N963	11.9～12.4	35	—	10		
1N964	13.5～14.0	35	—			
1N969	20.8～23.3	35	—	5.5		
2CW50	1.0～2.8	50	≥－9		83	
2CW51	2.5～3.5	60	≥－9		71	
2CW52	3.2～4.5	70	≥－8		55	
2CW53	4.0～5.8	50	－6～4	10	41	0.25
2CW54	5.5～6.5	30	－3～5		38	
2CW55	6.2～7.5	15	≤6		33	
2CW56	7.0～8.8	15	≤7		27	
2CW57	8.5～9.5	20	≤8		26	
2CW58	9.2～10.5	25	≤8	5	23	
2CW59	10～11.8	30	≤9		20	
2CW60	11.5～12.5	40	≤9		19	
2CW61	12.4～14	50	≤9.5		16	
2CW62	13.5～17	60	≤9.5		14	
2CW63	16～19	70	≤9.5		13	
2CW64	18～21	75	≤10		11	0.25
2CW65	20～24	80	≤10		10	
2CW66	23～26	85	≤10	3	9	
2CW67	25～28	90	≤10		9	
2CW68	27～30	95	≤10		8	
2CW69	29～33	95	≤10		7	
2CW70	32～36	100	≤10		7	
2CW71	35～40	100	≤10		6	
2DW230 (2DW7A)	5.8～6.6	≤25	≤|0.05|	10	30	0.2
2DW231 (2DW7B)		≤15				

续表 7-10

型 号	稳定电压 U_Z(V)	动态电阻 R_Z(Ω)	温度系数 C_{TV}(10^{-4}/℃)	工作电流 I_Z(mA)	最大电流 I_{ZM}(mA)	额定功耗 P_Z(W)
2DW232 (2DW7C)	6. 0～6. 5	≤10	≤|0. 05|	10	30	0. 2

注:最大电流可根据公式 $I_{ZM}=P_Z/U_Z$ 计算得出。工作电流一般取最大电流的 1/5～1/2,稳压效果较好。

表 7-11 常用进口 MTZ/MTZJ 系列稳压二极管主要技术数据

型 号	稳 压 范 围 (V)	标称稳定电压 (V)	稳定电流 (mA)	动态电阻 (Ω)	耗散功率 (W)
MTZ2. 0/A/B	1. 88～2. 2/1. 9～2. 1/2. 02～2. 2	2	20	140	0. 5
MTZ2. 2/A/B	2. 09～2. 4/2. 1～2. 3/2. 2～2. 4	2. 2	20	120	0. 5
MTZ2. 4/A/B	2. 3～2. 6/2. 3～2. 5/2. 4～2. 6	2. 4	20	100	0. 5
MTZ2. 7/A/B	2. 5～2. 9/2. 54～2. 75/2. 69～2. 91	2. 7	20	100	0. 5
MTZ3. 0/A/B	2. 8～3. 2/2. 85～3. 07/3. 01～3. 22	3	20	80	0. 5
MTZ3. 3/A/B	3. 1～3. 5/3. 16～3. 38/3. 32～3. 53	3. 3	20	70	0. 5
MTZ3. 6/A/B	3. 4～3. 8/3. 46～3. 7/3. 6～3. 8	3. 6	20	60	0. 5
MTZ3. 9/A/B	3. 7～4. 1/3. 7～4/3. 89～4. 16	3. 9	20	50	0. 5
MTZ4. 3/A/B/C	4～4. 5/4. 04～4. 3/4. 17～4. 43/4. 3～4. 57	4. 3	20	40	0. 5
MTZ4. 7/A/B/C	4. 4～4. 9/4. 5～4. 7/4. 55～4. 8/4. 68～4. 93	4. 7	20	25	0. 5
MTZ5. 1/A/B/C	4. 8～5. 4/4. 81～5. 07/4. 94～5. 2/5. 09～5. 37	5. 1	20	20	0. 5
MTZ5. 6/A/B/C	5. 3～6/5. 28～5. 55/5. 45～5. 73/5. 6～5. 91	5. 6	20	13	0. 5
MTZ6. 2/A/B/C	5. 8～6. 6/5. 78～6. 09/5. 96～6. 27/6. 12～6. 44	6. 2	20	10	0. 5
MTZ6. 8/A/B/C	6. 4～7. 2/6. 29～6. 63/6. 49～6. 83/6. 66～7. 01	6. 8	20	8	0. 5
MTZ7. 5/A/B/C	7～7. 9/6. 85～7. 22/7. 07～7. 45/7. 29～7. 67	7. 5	20	8	0. 5
MTZ8. 2/A/B/C	7. 7～8. 7/7. 53～7. 92/7. 78～8. 19/8. 03～8. 45	8. 2	20	8	0. 5
MTZ9. 1/A/B/C	8. 5～9. 6/8. 29～8. 73/8. 57～9. 01/8. 83～9. 3	9. 1	20	8	0. 5
MTZ10/A/B/C/D	9. 4～10. 6/9. 12～9. 59/9. 4～9. 9/9. 7～10. 2/9. 49～10	10	20	8	0. 5

续表 7-11

型 号	稳 压 范 围（V）	标称稳定电压（V）	稳定电流（mA）	动态电阻（Ω）	耗散功率（W）
MTZ11/A/B/C	10.4～11.6/10.18～10.7/10.5～11.1/10.8～11.4	11	10	10	0.5
MTZ12/A/B/C	11.4～12.6/11.1～11.75/11.15～12.2/11.75～12.35	12	10	12	0.5
MTZ13/A/B/C	12.4～14.1/12.1～12.75/12.55～13.2/12.99～13.66	13	10	14	0.5
MTZ15/A/B/C	13.8～15.6/13.45～14.13/13.89～14.62/14.25～15.09	15	10	16	0.5
MTZ16/A/B/C	15.3～17/14.8～15.6/15.25～16.1/15.7～16.5	16	10	18	0.5
MTZ18/A/B/C	16.8～19/16.2～17/16.8～17.7/17.4～18.5	18	10	23	0.5
MTZ20/A/B/C/D	18.8～21.2/18～20/19.23～20.22/19.72～20.75	20	10	28	0.5
MTZJ2.0/A/B	1.88～2.2/1.88～2.1/2.02～2.2	2	5	100	0.5
MTZJ2.2/A/B	2.12～2.41/2.12～2.3/2.22～2.41	2.2	5	100	0.5
MTZJ2.4/A/B	2.33～2.63/2.33～2.52/2.43～2.63	2.4	5	100	0.5
MTZJ2.7/A/B	2.54～2.91/2.54～2.75/2.69～2.91	2.7	5	110	0.5
MTZJ3.0/A/B	2.85～3.22/2.85～3.07/3.01～3.22	3	5	120	0.5
MTZJ3.3/A/B	3.16～3.53/3.16～3.38/3.32～3.53	3.3	5	120	0.5
MTZJ3.6/A/B	3.46～3.85/3.46～3.7/3.6～3.85	3.6	5	100	0.5
MTZJ3.9/A/B	3.74～4.16/3.74～4.01/3.89～4.16	3.9	5	100	0.5
MTZJ4.3/A/B/C	4.04～4.57/4.04～4.29/4.17～4.43/4.3～4.57	4.3	5	100	0.5
MTZJ4.7/A/B/C	4.4～4.9/4.4～4.7/4.6～4.8/4.68～4.9	4.7	5	80	0.5
MTZJ5.1/A/B/C	4.8～5.4/4.8～5.1/4.9～5.2/5.09～5.4	5.1	5	80	0.5
MTZJ5.6/A/B/C	5.28～5.9/5.28～5.6/5.45～5.75/5.6～5.9	5.6	5	60	0.5
MTZJ6.2/A/B/C	5.78～6.5/5.78～6.1/5.95～6.3/6.12～6.5	6.2	5	60	0.5
MTZJ6.8/A/B/C	6.29～7.01/6.29～6.63/6.49～6.38/6.65～7.01	6.8	5	20	0.5
MTZJ7.5/A/B/C	6.85～7.67/6.85～7.22/7.07～7.45/7.29～7.67	7.5	5	20	0.5
MTZJ8.2/A/B/C	7.53～8.45/7.53～7.92/7.78～8.19/8.03～8.45	8.2	5	20	0.5

续表 7-11

型 号	稳压范围(V)	标称稳定电压(V)	稳定电流(mA)	动态电阻(Ω)	耗散功率(W)
MTZJ9.1/A/B/C	8.29～9.3/8.29～8.73/8.57～9.01/8.83～9.3	9.1	5	25	0.5
MTZJ10/A/B/C	9.12～10.5/9.12～9.59/9.41～9.9/9.7～10.2	10	5	30	0.5
MTZJ11/A/B/C	10.18～11.38/10.18～10.71/10.5～11.05/10.82～11.38	11	5	30	0.5
MTZJ12/A/B/C	11.13～12.35/11.13～11.71/11.44～12.03/11.74～12.35	12	5	30	0.5
MTZJ13/A/B/C	12.11～13.66/12.11～12.75/12.55～13.21/12.99～13.66	13	5	35	0.5
MTZJ15/A/B/C	13.44～15.09/13.44～14.2/13.9～14.65/14.35～15.09	15	5	40	0.5
MTZJ16/A/B/C	14.8～16.5/14.8～15.57/15.25～16.04/15.69～16.5	16	5	40	0.5
MTZJ18/A/B/C	16.2～18.3/16.2～17.06/16.8～17.7/17.42～18.3	18	5	45	0.5
MTZJ20/A/B/C/D	18.02～20.72/18.02～18.96/18.63～19.59/19.2～20.2/19.72～20.72	20	5	55	0.5
MTZJ22/A/B/C/D	20.15～22.63/20.15～21.2/20.64～21.7/21.08～22.17/21.52～22.63	22	5	30	0.5
MTZJ24/A/B/C/D	22.05～24.85/22.05～23.18/22.61～23.77/23.12～24.31/23.63～24.85	24	5	35	0.5
MTZJ27/A/B/C/D	24.26～27.64/24.26～25.52/24.97～26.26/25.63～26.95/26.29～27.65	27	5	45	0.5
MTZJ30/A/B/C/D	27～30.5/27～28.5/27.7～29/28.5～29.8/29～30.5	30	5	55	0.5
MTZJ33/A/B/C/D	29.7～33/29.7～32/30.3～32/30.9～32.5/31.5～33	33	5	65	0.5
MTZJ36/A/B/C/D	32.2～35.8/32.14～33.8/32.8～35/33.5～35.2/34～36	36	5	75	0.5
MTZJ39/A/B/C/D/E/F/G	34.68～38.52/34.68～36.47/35.36～37.19/36～37.85/36.63～38.52/37.36～39.29/38.14～40.11/38.94～40.8	39	5	85	0.5

续表 7-11

型　号	稳压范围（V）	标称稳定电压（V）	稳定电流（mA）	动态电阻（Ω）	耗散功率（W）
MTZJ43/A/B/C/D/E/F/G	40～45	43	5	85	0.5
MTZJ47/A/B/C/D/E/F/G	44～49	47	5	85	0.5
MTZJ51/A/B/C/D/E/F/G	48～54	51	5	90	0.5
MTZJ56/A/B/C/D/E/F/G	53～60	56	5	110	0.5

表 7-12　常用进口 RLZ、RLZJ 系列稳压二极管(贴片封装)主要技术数据

型　号	稳压范围（V）	标称稳定电压（V）	稳定电流（mA）	动态电阻（Ω）	耗散功率（W）
RLZ2.0/A/B	1.88～2.2/1.88～2.1/2.02～2.2	2	20(5)	140	0.4
RLZ2.2/A/B	2.09～2.41/2.12～2.3/2.22～2.41	2.2	20(5)	120	0.4
RLZ2.4/A/B	2.3～2.64/2.33～2.52/2.43～2.63	2.4	20(5)	100	0.4
RLZ2.7/A/B	2.5～2.9/2.54～2.75/2.69～2.91	2.7	20(5)	100	0.4
RLZ3.0/A/B	2.8～3.2/2.85～3.07/3.01～3.22	3	20(5)	80	0.4
RLZ3.3/A/B	3.1～3.5/3.16～3.38/3.32～3.53	3.3	20(5)	70	0.4
RLZ3.6/A/B (RLZJ3.6/A/B)	3.4～3.8/3.46～3.7/3.6～3.85	3.6	20(5)	60	0.4
RLZ3.9/A/B (RLZJ3.9/A/B)	3.7～4.1/3.7～3.97/3.87～4.15	3.9	20(5)	50	0.4
RLZ4.3/A/B/C (RLZJ4.3/A/B/C)	4～4.5/4～4.23/4.13～4.35/4.3～4.57	4.3	20(5)	40	0.4
RLZ4.7/A/B/C (RLZJ4.7/A/B/C)	4.4～4.9/4.44～4.68/4.55～4.8/4.68～4.93	4.7	20(5)	25	0.4
RLZ5.1/A/B/C (RLZJ5.1/A/B/C)	4.8～5.4/4.8～5.07/4.94～5.2/5.09～5.37	5.1	20(5)	20	0.4
RLZ5.6/A/B/C (RLZJ5.6/A/B/C)	5.3～6/5.28～5.55/5.45～5.73/5.6～5.9	5.6	20(5)	13	0.4
RLZ6.2/A/B/C (RLZJ6.2/A/B/C)	5.8～6.6/5.78～6.09/5.96～6.27/6.12～6.44	6.2	20(5)	8	0.4

续表 7-12

型 号	稳压范围(V)	标称稳定电压(V)	稳定电流(mA)	动态电阻(Ω)	耗散功率(W)
RLZ6.8/A/B/C (RLZJ6.8/A/B/C)	6.4～7.2/6.29～6.63/6.49～6.83/6.66～7.01	6.8	20(5)	8	0.4
RLZ7.5/A/B/C (RLZJ7.5/A/B/C)	7～7.9/6.85～7.22/7.07～7.45/7.29～7.67	7.5	20(5)	8	0.4
RLZ8.2/A/B/C (RLZJ8.2/A/B/C)	7.7～8.7/7.53～7.92/7.78～8.19/8.03～8.45	8.2	20(5)	8	0.4
RLZ9.1/A/B/C (RLZJ9.1/A/B/C)	8.5～9.6/8.29～8.73/8.57～9.01/8.83～9.3	9.1	20(5)	8	0.4
RLZ10/A/B/C (RLZJ10/A/B/C)	9.4～10.6/9.12～9.59/9.4～9.9/9.7～10.2	10	20(5)	8	0.4
RLZ11/A/B/C (RLZJ11/A/B/C)	10.4～11.6/10.18～10.7/10.5～11.05/10.8～11.4	11	10(5)	10	0.4
RLZ12/A/B/C (RLZJ12/A/B/C)	11.4～12.6/11.13～11.7/11.44～12.3/11.74～12.35	12	10(5)	12	0.4
RLZ13/A/B/C (RLZJ13/A/B/C)	12.4～14.1/12.4～13.08/12.88～13.57/13.37～14.1	13	10(5)	14	0.4
RLZ15/A/B/C (RLZJ15/A/B/C)	13.8～15.6/13.8～14.6/14.3～15.1/14.8～15.6	15	10(5)	16	0.4
RLZ16/A/B/C (RLZJ16/A/B/C)	15.3～17.1/15.3～16.1/15.8～16.6/16.3～17.1	16	10(5)	18	0.4
RLZ18/A/B/C (RLZJ18/A/B/C)	16.8～19.1/16.8～17.76/17.46～18.43/18.13～19.1	18	10(5)	23	0.4
RLZ20/A/B/C (RLZJ20/A/B/C)	18.8～21.2/18.8～19.78/19.48～20.46/20.16～21.2	20	10(5)	28	0.4
RLZ22/A/B/C (RLZJ22/A/B/C)	20.8～23.3/20.8～21.88/21.48～22.56/22.16～23.3	22	5	30	0.4
RLZ24/A/B/C (RLZJ24/A/B/C)	22.8～25.6/22.8～24.1/23.6～24.9/24.4～25.6	24	5	35	0.4
RLZ27/A/B/C (RLZJ27/A/B/C)	25.1～28.9/24.26～25.52/24.9～26.26/25.63～26.95	27	5	45	0.4
RLZ30/A/B/C (RLZJ30/A/B/C)	28～32/26.99～28.39/27.7～29.13/28.36～29.8	30	5	55	0.4
RLZ33/A/B/C (RLZJ33/A/B/C)	31～35/29.68～31.22/30.32～31.88/30.9～32.5	33	5	65	0.4

续表 7-12

型　号	稳压范围（V）	标称稳定电压（V）	稳定电流（mA）	动态电阻（Ω）	耗散功率（W）
RLZ36/A/B/C (RLZJ36/A/B/C)	34～38/32.14～33.79/32.79～34.49/34.4～35.13	36	5	75	0.4
RLZ39/A/B/C (RLZJ39/A/B/C)	37～41/34.68～36.47/35.36～37.19/36～37.85	39	5	85	0.4
RLZ43	40～45	43	5	90	0.4
RLZ47	44～49	47	5	90	0.4
RLZ51	48～54	51	5	110	0.4
RLZ56	53～60	56	5	110	0.4

表 7-13　常用进口 RD、HZ、05Z 系列稳压二极管主要技术数据

型　号	稳压范围（V）	标称稳定电压（V）	稳定电流（mA）	动态电阻（Ω）	耗散功率（W）
RD2.0E(B)	1.88～2.12	2	20	140	0.4
RD2.7E	2.5～2.93	2.7	20	100	0.4
RD3.9EL1	3.74～4.1	3.9	1	50	0.5
RD5.6E/EN3/EL2	5.46～5.7/5.6～5.9/5.45～5.73	5.6	5	25	0.4/0.5
RD6.2E	5.88～6.6	6.2	20	10	0.4
RD7.5E	7～7.9	7.5	20	6	0.4
RD10EN3	9.7～10.2	10	5	10	0.5
RD11E	10.1～11.8	11	10	10	0.4
RD12E/F	11.74～12.35/11.19～11.77	12	10	20	0.4/0.5
RD13EN1	12.1～12.75	13	5	25	0.5
RD15EL2	13.89～14.62	15	1	30	0.5
RD24E	22.05～24.85	24	5	35	0.4
RD27E	24.26～27.64	27	5	45	0.4
RD36EL1	32.14～33.79	36	1	200	0.5
RD51Z	48～54	51	1	120	0.5
HZ-4/B2/C1	3.8～4/4～4.2	3.9	5	100	0.5
HZ-6/A/C3	5.2～5.7	5.6	5	35	0.5
HZ-7/A/B	6.3～6.9/6.7～7.2	6.8	5	15	0.5
HZ-9A/CTA	8.9～9.7	9.1	5	20	0.5
HZ-11	9.5～11.9	11	5	25	0.5
HZ-12B/B2	11.6～14.3/12.6～13.1	12	5	35	0.5

续表 7-13

型　号	稳 压 范 围（V）	标称稳定电压（V）	稳定电流（mA）	动态电阻（Ω）	耗散功率（W）
HZ20-1	19.06～19.44	20	1	50	0.5
HZ27-04	27.2～28.6	27	1	80	0.5
05Z5.1Y	4.94～5.2	5.1	1	20	0.5
05Z5.6Y	5.61～5.9	5.6	5	13	0.5
05Z7.5Y	7.07～7.45	7.5	34	8	0.5
05Z12	11.13～12.35/12.55～13.2	12	21	12	0.5
05Z13X/Y	12.11～12.75	13	19	14	0.5
05Z15Y	13.89～14.62	15	17	16	0.5
05Z6.2Y	5.96～6.27	6.2	5	17	0.5

表 7-14　部分国产 2CU 型硅光敏二极管主要技术数据

型号	最高反向工作电压 U_{RM}(V)	暗电流 I_D(μA)	光电流 I_L(μA)	峰值波长 λ_P(nm)	响应时间 t_r(ns)
2CU1A	10	≤0.2	≥80	880	≤5
2CU1B	20				
2CU1C	30				
2CU1D	40				
2CU1E	50				
2CU2A	10	≤0.1	≥30		
2CU2B	20				
2CU2C	30				
2CU2D	40				
2CU2E	50				
测试条件	$I_R=I_D$	无光照 $U=U_{RM}$	有光照 $E=1000lx$ $U=U_{RM}$	—	$R_L=50\Omega$ $U=10V$ $f=300Hz$

表 7-15　部分国产 2EF 系列发光二极管主要技术数据

型号	工作电流 I_F(mA)	正向电压 U_F(V)	发光强度 I(cd)	最大工作电流 I_{FM}(mA)	反向耐压 U_{BR}(V)	发光颜色
2EF401 2EF402	10	1.7	0.6	50	≥7	红
2EF411	10	1.7	0.5	30	≥7	红
2EF412			0.8			

续表 7-15

型号	工作电流 I_F(mA)	正向电压 U_F(V)	发光强度 I(cd)	最大工作电流 I_{FM}(mA)	反向耐压 U_{BR}(V)	发光颜色
2EF441	10	1.7	0.2	40	≥7	红
2EF501 2EF502	10	1.7	0.2	40	≥7	红
2EF551	10	2	1.0	50	≥7	黄绿
2EF601 2EF602	10	2	0.2	40	≥7	黄绿
2EF641	10	2	1.5	50	≥7	红
2EF811 2EF812	10	2	0.4	40	≥7	红
2EF841	10	2	0.8	30	≥7	黄

第二节 晶 体 管

一、晶体管的用途和种类

(一)晶体管的用途

晶体管又称半导体三极管,亦称双极型晶体管。由于它具有电流放大和开关这两个功能,所以它的应用几乎遍及每一个电子领域,广泛用于电信号的放大、振荡、脉冲技术和数字技术中。

(二)晶体管的种类

晶体管可按以下几种方法分类:

1. 按结构类型分为 NPN 型晶体管和 PNP 型晶体管。

2. 按电性能分为高频晶体管、低频晶体管;大功率晶体管、中功率晶体管、小功率晶体管;开关晶体管; 高反压晶体管;低噪声晶体管等。

3. 按工艺方法和管芯结构分为合金晶体管(均匀基区晶体管);合金扩散晶体管;台面晶体管;平面晶体管、外延平面晶体管;漂移型晶体管等。

二、晶体管的主要参数

晶体管主要参数说明见表 7-16。

表 7-16 晶体管主要参数说明表

<table>
<tr><th>参数名称</th><th>符号</th><th>含 义</th><th>范 围</th><th>简要说明</th></tr>
<tr><td>共基极小信号短路电流放大系数</td><td>$h_{fb}(\alpha)$</td><td>在共基极电路中，集电极电流（即输出电流）和发射极电流（即输入电流）的变化量之比值 $\Delta I_c/\Delta I_e$</td><td>0.9～0.995</td><td rowspan="3">(1) α 与 β 一般是在 1kHz 时测量的数值，故只表示低频时的放大能力。当频率很高时，α 与 β 之值要变小
(2) 当 β 太高时，虽然管子的放大能力强，但放大的稳定性下降。故不要盲目地追求高 β 值，$\beta=30$～80 为宜
(3) $\beta\approx\alpha/(1-\alpha)$ 或 $\alpha\approx\beta/(1+\beta)$</td></tr>
<tr><td>共发射极小信号短路电流放大系数</td><td>$h_{fe}(\beta)$</td><td>在共发射极电路中，集电极电流（即输出电流）和基极电流（即输入电流）的变化量之比值，$\Delta I_c/\Delta I_b$</td><td>10～250</td></tr>
<tr><td>共发射极直流电流放大系数</td><td>h_{FE}</td><td>在共发射极电路中，当集电极电压和电流为规定值时，集电极电流与基极电流之比值，I_c/I_b</td><td>10～250</td></tr>
<tr><td>集电极-基极反向截止电流</td><td>I_{cbo}</td><td>发射极断开（$I_e=0$），基极与集电极之间加以规定的反向电压时的集电极电流</td><td>锗管为几十毫安到几百毫安，硅管 1mA 以下</td><td rowspan="2">(1) I_{cbo} 之值是在室温 25℃ 时测得的，若温度升高，I_{cbo} 将急剧增大，锗管每升高 12℃ 约增大一倍，硅管每升高 8℃ 约增大一倍
(2) 该参数表示管子随温度变化的稳定性，I_{cbo} 及 I_{ceo} 越小越好
(3) $I_{ceo}=I_{cbo}(1+\beta)$</td></tr>
<tr><td>集电极-发射极反向截止电流</td><td>I_{ceo}</td><td>基极断开（$I_b=0$），集电极与发射极之间加以规定的反向电压时的集电极电流</td><td>—</td></tr>
</table>

续表 7-16

参数名称	符号	含 义	范 围	简要说明
集电极-基极反向击穿电压	$U_{(BR)cbo}$	发射极断开，集电结的最大允许反向电压	十几伏到几百伏	(1)左边的数据是在室温 25℃时测得的，当管子升到最高允许温度时，这些电压将降低 1/2 (2)当基极断开时，由于 $U_{(BR)ceo}<U_{(BR)ceR}$ 即耐压降低，同时管子截止，c 极 e 极之间电压等于电源电压，容易击穿，因此断开电源时不要先断开基极
集电极-发射极反向击穿电压	$U_{(BR)ceo}$	基极断开，集电极和发射极之间的最大允许电压	几伏到几百伏	
发射极-基极反向击穿电压	$U_{(BR)ebo}$	集电极断开，发射极与基极之间允许的最大反向电压	—	
基极-发射极间并联电阻时的集电极-发射极反向击穿电压	$U_{(BR)ceR}$	当基极-发射极间并联电阻 R_{be} 时，集电极与发射极之间最大允许电压	当 $\infty \geqslant R_{be} \geqslant 0$ 时，$U_{(BR)cbo} \geqslant U_{(BR)ceR} \geqslant U_{(BR)ceo}$	
最高允许结温	T_{JM}	保证管子正常工作的 PN 结最高温度	锗管：75～100℃ 硅管：150～180℃	如果环境温度＝T_{JM}，允许耗散功率 $P_{CM}\approx 0$，表示管子不能再工作
集电极最大允许电流	I_{CM}	当管子参数变化不超过规定允许值时，集电极允许通过的最大电流	锗管：低频小功率 10～500mA，低频大功率＞1.5A 硅管：低频小功率＜100mA，低频大功率＞0.3A	当集电极电流等于 I_{CM} 值时，α 值将降到原来数值的 1/2～2/3，所以管子的实际工作电流并不一定要小于 I_{CM} 值，可以大于 I_{CM}。但要以牺牲 α 值为代价，当集电极电流大于 I_{CM} 时，一定要使 P_c（c 极的耗散功率）＜P_{CM}（c 极的最大耗散功率）

续表 7-16

参数名称	符号	含义	范围	简要说明
集电极最大允许耗散功率	P_{CM}	如果晶体管的集电极耗散功率＞P_{CM}值，那么晶体管的各种参数将得不到保证，甚至烧坏管子	小功率管＜1W，大功率管≥1W	(1)集电极的耗散功率 $P_c=U_{ce}I_c$ (2)若管子工作在开关状态或非甲类放大条件下，P_c 按集电极平均耗散功率计算 (3)正常工作时，P_c 必须小于 P_{CM} 值
电流放大系数截止频率	$f_\alpha(f_\beta)$	当电流放大系数 α(或 β)下降到低频(1kHz)值的 $1/\sqrt{2}$ 时的频率	低频管 f_α＜3MHz，高频管 f_α＞3MHz	(1) $f_\beta\approx(1-\alpha)f_\alpha$ (2)当输入的信号频率大于 f_α 或 f_β 时，电流放大系数 α 或 β 将大大降低
特征频率	f_T	当 β 值下降到 1 时的频率	高频管的 f_T 一般大于 10MHz，高的可达几百兆赫以上	(1)在特征频率时，管子已无放大能力 (2) f_T 表示管子的高频性能，同样 β 值下，f_T 越高，高频放大性能越好
噪声系数	N_F	输出端点的噪声功率与原输入噪声功率之比	锗低频小功率管一般为 15～33dB；有一些低噪声管，N_F 在 6～12dB 之间	(1) N_F 越大越坏，$N_F=1$ 说明管子本身不产生噪声 (2)多级放大器的第一级管子应采用 N_F 低的管子

三、晶体管的电流放大作用

晶体管在满足发射结加正向电压(称正向偏置)，集电结加反向电压(称反向偏置)时，具有电流放大作用。晶体管的电流放大能力的大小，可用电流放大系数来表征。

在共射极电路中，直流电流放大系数 h_{FE} 定义为

$$h_{FE}=\frac{I_c-I_{ceo}}{I_b} \tag{7-1}$$

如 $I_c \gg I_{ceo}$，则可认为

$$h_{FE}\approx\frac{I_c}{I_b} \tag{7-2}$$

在共射极电路中，交流电流放大系数 β 定义为

$$\beta=\frac{\Delta I_c}{\Delta I_b} \tag{7-3}$$

在晶体管的输出特性间距基本相等并忽略不计 I_{ceo} 的情况下，则 h_{FE} 和 β 是相等的。在一般工程估算中，可利用参数测试仪测出 β，也可在特性曲线的线性范围内取一个 ΔI_b 及相应的 ΔI_c 来估算 β。一般在工作电流不十分大的情况下，可以认为 $\beta=h_{FE}$，故两者常混用。

在共基极电路中，也有直流放大系数 h_{FE} 和交流放大系数 α 的区别。其定义与共射极电路相似。即

$$h_{FE}=\frac{I_c}{I_e} \tag{7-4}$$

$$\alpha=\frac{\Delta I_c}{\Delta I_e} \tag{7-5}$$

$$h_{FE}\approx\alpha \tag{7-6}$$

共基与共射电流放大系数的关系为

$$\alpha=\frac{\beta}{1+\beta} \tag{7-7}$$

$$\beta=\frac{\alpha}{1-\alpha} \tag{7-8}$$

四、晶体管的特性曲线

（一）输入特性曲线

当集-射极电压 U_{ce} 为常数时，输入电路中基极电流 I_b 与基-射极电压 U_{be} 之间的关系曲线。图 7-1 所示为 3DG6 型晶体管的输入特性曲线。

当 $U_{ce}\geqslant 1V$ 时，即使 U_{ce} 改变，晶体管的输入特性曲线基本上重合，则在 $U_{ce}\geqslant 1V$ 时只画一条输入特性曲线。

由图 7-1 可见，晶体管的输入特性和二极管的伏安特性相似，也有一段死区。只有当在发射结外加电压大于死区电压时，晶体管才会产生基极电流 I_b。死区电压和二极管的基本相同，硅管为 0.5V 左右，锗管为 0.2V 左右。

(二)输出特性曲线

当基极电流 I_b 为常数时，输出回路中集电极电流 I_c 与集-射极电压 U_{ce}之间的关系曲线。在不同的 I_b 下，可得到不同的曲线，所以晶体管的输出特性曲线是一组曲线。图 7-2 所示为 3DG6 型晶体管的输出特性曲线；图 7-3 所示为 3AD6 型晶体管的输出特性曲线。根据晶体管工作状态不同，可把输出特性曲线分为 3 个区。

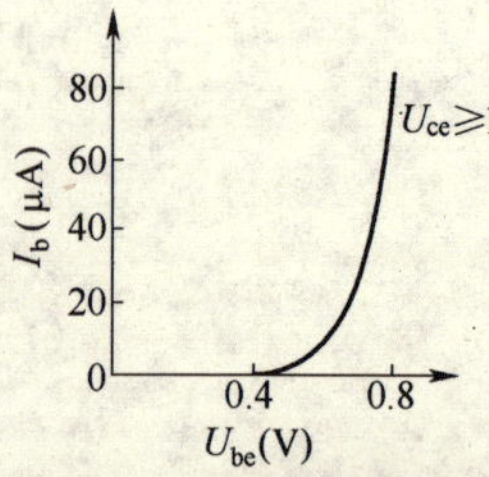

图 7-1　3DG6 型晶体管的输入特性曲线

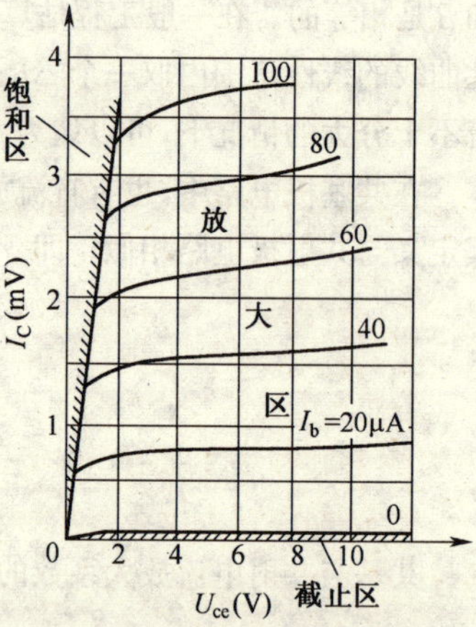

图 7-2　3DG6 型晶体管的输出特性曲线

1. 截止区。$I_b=0$ 曲线以下的区域称为截止区，要使晶体管可靠截止，其发射结和集电结都应处于反向偏置。晶体管工作于截止区时，失去了电流放大作用，集电极与发射极之间相当于开关的断开状态。

2. 饱和区。当 $U_{ce}<U_{be}$时，集电结处于正向偏置，晶体管工作于饱和状态，即在输出特性曲线上 $U_{ce}<U_{be}$ 以左和纵轴之间的部分，称为饱和区。在饱和区，I_b 和 I_c 不成比例，晶体管无电流放大作用，集电结和发射结之间的电压称为饱和压降。不同类型的晶体三极管饱和压降的值也不同，硅管约为 0.3V，锗管约为 0.1V。饱和时晶体管的集电极和

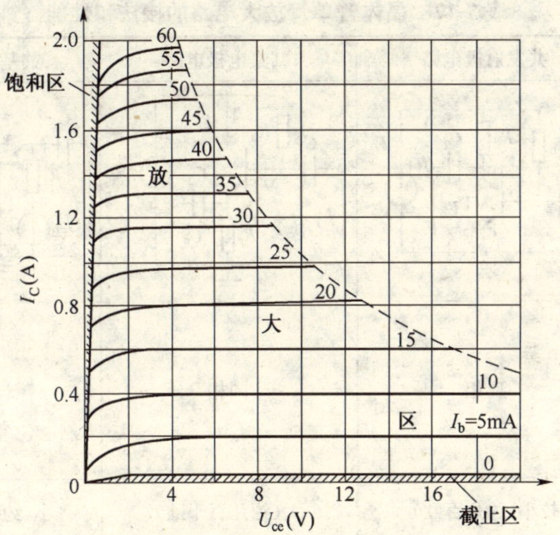

图 7-3 3AD6 型晶体管的输出特性曲线

发射极之间相当于开关的闭合状态。

3. 放大区。输出特性曲线较为平坦的那个区域称为放大区。当晶体管工作在放大区时有 $I_c=\beta I_b$ 即 I_c 受 I_b 的控制。要使晶体管工作于放大区,必须满足发射结正向偏置、集电结反向偏置的条件。

总之,晶体管工作在放大区时,具有电流放大作用;工作在截止区和饱和区时,具有开关作用。

晶体管 3 种工作状态和参数关系见表 7-17。

五、晶体管的选用和代换

(一)晶体管的选用

选用晶体管时,最主要考虑的参数有 f_T、β、P_{CM}、$U_{(BR)ceo}$、I_{ceo} 等。

1. 实际工作频率 f 应小于晶体管的特征频率 f_T,即 $f_T \geqslant f$。特征频率 f_T,是指当共射极电流放大系数 β 下降到 1 时的频率值。

2. $\beta=30\sim80$。β 太小电流放大作用差,太大易引起晶体管工作不稳定。

3. 输出功率 P_o 应小于集电极最大允许功率损耗 P_{CM},即 $P_{CM} \geqslant P_o$。对于甲类功放,$P_{CM} \geqslant 3P_o$;对于甲乙类功放,$P_{CM} \geqslant (1/3\sim1/5)P_o$。

表 7-17　晶体管单管放大电路的接法和性能

名称	共发射极电路	共集电极电路	共基极电路
电路图	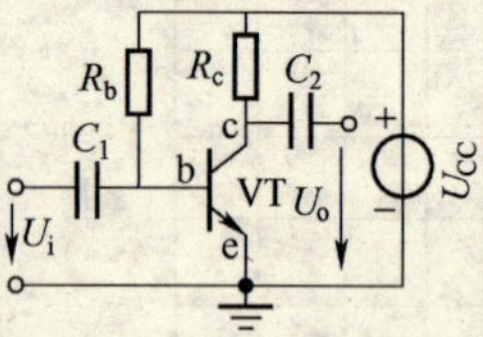	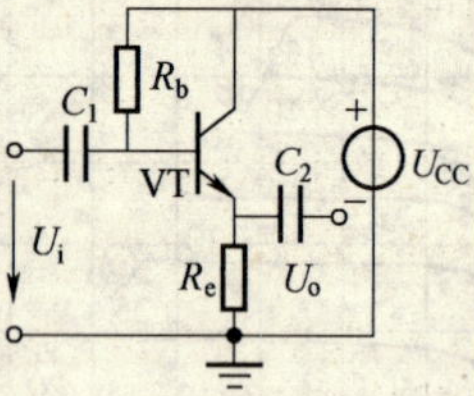	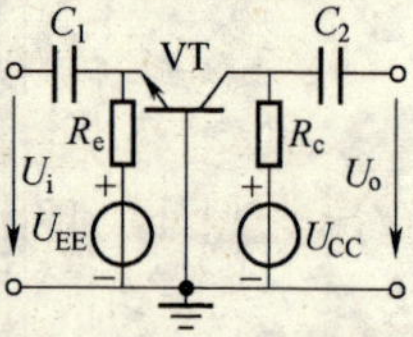
输出与输入电压的相位	反相	同相	同相
输入电阻	较小(约几百欧)	大(约几百千欧)	小(约几十欧)
输出电阻	较大(约几十千欧)	小(约几十欧)	大(约几百千欧)
电压放大倍数	大(几百到千倍)	<1	较大(几百倍)
电流放大倍数	大(几十到两百倍)	大(几十到两百倍)	<1
功率放大倍数	大(几千倍)	小(几十倍)	较大(几百倍)
频率特性	较差	好	好
稳定性	差	较好	较好
失真情况	较大	较小	较小
对电源要求	采用偏置电路,只需一个电源	采用偏置电路,只需一个电源	需要两个独立电源
应用	多级放大器的中间级、低频功率及电压放大中用得最多	输入级或输出级或作阻抗匹配用	高频、宽频带放大器、恒流源和振荡电路

注:PNP 型三种接法的电源极性与 NPN 型的相反。

4. 反向击穿电压 $U_{(BR)ceo}$ 应大于供电电压 U_{CC}，即 $U_{(BR)ceo} \geqslant U_{CC}$。对感性负载，$U_{(BR)ceo} \geqslant 2U_{CC}$。

5. I_{ceo}。其值越小越好。

(二)晶体管的代换

晶体管代换的基本原则有 3 条，即用于代换的晶体管应与原晶体管保持类型相同、特性相近、外形相似。

1. 类型相同。即锗管代换锗管，硅管代换硅管；NPN 型管代换 NPN 型管，PNP 型管代换 PNP 型管；一般晶体管代换一般晶体管，场效应晶体管代换场效应晶体管等。

2. 特性相近。代换的晶体管应与原晶体管的主要参数或主要特性曲线相近似。这些主要参数有：

(1)集电极最大允许功率损耗 P_{CM}。满足 P_{CM} 要求符合两个条件：一个是代换管的 P_{CM} 应大于或等于原管的 P_{CM}；另一个是代换管 P_{CM} 大于原管在整机电路中实际的直流耗散功率 P_C(通过测量和计算可以求出 P_C)

(2)集电极最大允许电流 I_{CM}。满足 I_{CM} 要求同样符合要求两个条件：一个是代换管的 I_{CM} 大于或等于原管的 I_{CM}(通过查晶体管产品手册)；另一个是代换管的 I_{CM} 大于原管在整机电路中的实际的直流电流 I_C(通过测量和计算可以求出 I_C)。但要注意，参数 I_{CM} 的确定往往因国家甚至因厂家而异，常见的方法有：

①把集电极引线能够安全长期通过直流电流的最大允许值规定为 I_{CM}，这种方法确定的 I_{CM} 值往往较大(与同值集电极最大允许功率损耗 P_{CM} 的管子相比较)。

②根据集电极最大功率损耗 P_{CM} 和集电极与发射极之间的电压 U_{ce} 来规定 I_{CM}，即 $I_{CM}=P_{CM}/U_{ce}$。与 I_{CM} 相同的管子相比较，这种方法确定出来的 I_{CM} 往往较小(开关管除外)。

③根据随集电极电流 I_C 变化的相关参数(如直流放大系数 h_{FE} 和饱和压降 U_{ces})允许变化极限值来规定 I_{CM}。例如，h_{FE} 随 I_C 的增加而下降，将 h_{FE} 降低到某一值时所对应的 I_C 规定为 I_{CM}。

在代换时应区别以上 3 种情况来选择能满足 I_{CM} 要求的代换管。

(3)最高耐压。用于代换的晶体管必须能够在整机中安全地承受最高工作电压，主要考虑 $U_{(BR)ceo}$ 和 $U_{(BR)cbo}$，对于开关管还应考虑 $U_{(BR)ebo}$。一般来说，同一晶体管 $U_{(BR)cbo} > U_{(BR)ceo}$，通常要求用于代换的晶体管的

$U_{(BR)cbo}$、$U_{(BR)ceo}$和$U_{(BR)ebo}$应分别大于或等于原晶体管。

(4)频率特性。主要考虑特征频率 f_T 和共基极截止频率 f_{ab}。代换的晶体管的 f_T(或 f_{ab})应分别大于或等于原管的 f_T(或 f_{ab})。

3. 外形相似。对于小功率晶体管,一般外形均相似,只要各个电极引出线标志明确,且引线排列顺序与待换管一致,即可进行代换。

对于大功率晶体管,外形的差异较大,在代换时应选用外形相似、安装尺寸相同的管子,以便于安装和保持正常的散热条件。

六、晶体管常用型号及技术数据

(一)普通晶体管

常用低频中、小功率(锗 PNP、NPN)晶体管部分型号和主要技术数据见表 7-18;常用低频中、小功率(硅 NPN、PNP)晶体管部分型号和主要技术数据见表 7-19;常用高频中、小功率晶体管部分型号和主要技术数据见表 7-20;常用低频大功率晶体管部分型号和主要技术数据见表 7-21;常用开关管部分型号和主要技术数据见表 7-22。

表 7-18 常用低频中、小功率(锗 PNP、NPN)晶体管部分型号和主要技术数据

<table>
<tr><th colspan="2" rowspan="2">型号</th><th colspan="2">极限参数</th><th colspan="5">直流参数</th><th colspan="2">交流参数</th></tr>
<tr><th rowspan="2">集电极最大耗散功率 P_{CM} (mW)</th><th rowspan="2">集电极最大允许电流 I_{CM} (mA)</th><th rowspan="2">集基极反向击穿电压 $U_{(BR)cbo}$ (V)</th><th rowspan="2">集射极反向击穿电压 $U_{(BR)ceo}$ (V)</th><th rowspan="2">集基极反向截止电流 I_{cbo} (μA)</th><th rowspan="2">集射极反向截止电流 I_{ceo} (μA)</th><th rowspan="2">共射极直流放大系数 h_{FE}</th><th rowspan="2">共射极交流放大系数 h_{fe}</th><th rowspan="2">α 截止频率 f_α (kHz)</th></tr>
<tr><th>新</th><th>旧</th></tr>
<tr><td>3AX51A</td><td>3AX42A~E</td><td rowspan="2">100</td><td rowspan="2">100</td><td rowspan="4">−30</td><td>≥12</td><td rowspan="2">≤12</td><td rowspan="2">≤500</td><td rowspan="2">40~150</td><td rowspan="2">—</td><td rowspan="2">≥500</td></tr>
<tr><td>3AX51B</td><td>3AX43A,B
3AX29</td><td>−12</td></tr>
<tr><td>3AX51C</td><td>3AX27</td><td rowspan="2">100</td><td rowspan="2">100</td><td>−18</td><td rowspan="2">≤12</td><td rowspan="2">≤300</td><td>30~100</td><td rowspan="2">—</td><td rowspan="2">≥500</td></tr>
<tr><td>3AX51D</td><td>3AX28</td><td>−24</td><td>25~70</td></tr>
<tr><td>3AX52A</td><td>3AX14</td><td rowspan="3">150</td><td rowspan="3">150</td><td rowspan="3">−30</td><td>−12</td><td rowspan="3">≤12</td><td rowspan="2">≤500</td><td rowspan="2">40~150</td><td rowspan="3">—</td><td rowspan="3">≥500</td></tr>
<tr><td>3AX52B</td><td>3AX22~24</td><td>−12</td></tr>
<tr><td>3AX52C</td><td>3AX18~20
3AX34A,B</td><td>−18</td><td>≤300</td><td>—</td></tr>
</table>

续表 7-18

型号		极限参数		直流参数					交流参数	
新	旧	集电极最大耗散功率 P_{CM} (mW)	集电极最大允许电流 I_{CM} (mA)	集基极反向击穿电压 $U_{(BR)cbo}$ (V)	集射极反向击穿电压 $U_{(BR)ceo}$ (V)	集基极反向截止电流 I_{cbo} (μA)	集射极反向截止电流 I_{ceo} (μA)	共射极直流放大系数 h_{FE}	共射极交流放大系数 h_{fe}	α截止频率 f_α (kHz)
3AX1	3AX21 3AX21A 3AX34C~F 3AX34H~K	150	30	≥30	≥10	≤15	≤500	—	≥10	≥100
3AX2					≥15	≤10	≤400		10~150	≥465
3AX3							≤300		20~150	
3AX4						≤15	≤500		40~150	≥1000
3AX5	—	60	30	30	≥15	≤15	≤350	—	30~150	≥465
3AX6	—	150	50	≥20	≥12	≤12	≤500	—	20~150	≥465
3AX7									30~150	
3AX8						≤8			25~150	
3AX9	3AX30					≤12	≤325			≥1000
3AX10	3AX34G				≥20					≥1600
3AX55A	3AX61	500	500	−50	−20	≤80	≤1200	30~150	—	≥200
3AX55B	3AX41				−30					
3AX55C	3AX61,62				−40					
3AX31A	3AX31A,71A	125	125	−20	−12	≤20	≤800	40~180	—	f_β≥8
3AX31B	3AX31B,71B			−30	−18	≤12	≤600			
3AX31C	3AX31C,71C			−40	−24	≤6	≤400			
3AX31D	3AX31D,71D			−20	−12	≤12	≤600	—	40~180	
3AX31E	3AX31E,71E									
3AX81A	3AX45A,45C	200	200	−20	−10	≤30	≤1000	40~270	—	f_β≥6
3AX81B	3AX45B			−30	−15	≤15	≤700			f_β≥8
—	2Z800A	500	500	40	18	≤80	≤2	40~150	—	f_β≥5
	2Z800B			50	25	≤60	≤1.5			
	2Z800C			80	30	≤60	≤1.3			
	2Z800D			90	45	≤40	≤0.8			

续表 7-18

型号 新	型号 旧	极限参数 集电极最大耗散功率 P_{CM} (mW)	极限参数 集电极最大允许电流 I_{CM} (mA)	直流参数 集基极反向击穿电压 $U_{(BR)cbo}$ (V)	直流参数 集射极反向击穿电压 $U_{(BR)ceo}$ (V)	直流参数 集基极反向截止电流 I_{cbo} (μA)	直流参数 集射极反向截止电流 I_{ceo} (μA)	直流参数 共射极直流放大系数 h_{FE}	交流参数 共射极交流放大系数 h_{fe}	交流参数 α截止频率 f_α (kHz)
3BX31A				—20	—12	≤20	≤800			≥8①
3BX31B	3BX71	125	125	—30	—18	≤12	≤600	40～180	—	≥465
3BX31C				—40	—24	≤6	≤400			
3BX55A	3BX8A～C				20					
3BX55B	3BX61,62,63	500	500	50	30	≤80	≤1200	≥30	—	≥6①
3BX55C	—				45					
3BX81A	3BX2A			20	10	≤30	≤1000			≥6①
3BX81B	3BX2B～D	200	200					40～270	—	
—	3BX81 3BX81C			30	15	≤15	≤700			≥8①

注：①指 f_β。

表 7-19 常用低频中、小功率(硅 NPN、PNP)晶体管部分型号和主要技术数据

型号	极限参数 集电极最大耗散功率 P_{CM} (mW)	极限参数 集电极最大允许电流 I_{CM} (mA)	直流参数 集基极反向击穿电压 $U_{(BR)cbo}$ (V)	直流参数 集射极反向击穿电压 $U_{(BR)ceo}$ (V)	直流参数 集基极反向截止电流 I_{cbo} (μA)	直流参数 集射极反向截止电流 I_{ceo} (μA)	直流参数 共射极直流放大系数 h_{FE}	交流参数 α截止频率 f_α (kHz)	交流参数 特征频率 f_T (kHz)
3DX1				≥10	≤50				
3DX1A				≥20	—		≥9		≥200
3DX1B				≥10			≥41		≥465
3DX1C	250	40	—	≥10	≤30	—	≤9	—	≥1000
3DX1D							≥15		
3DX1E				≥30	—		≥20		≥500
3DX1F							≥30		

续表 7-19

型号	极限参数		直流参数					交流参数	
	集电极最大耗散功率 P_{CM} (mW)	集电极最大允许电流 I_{CM} (mA)	集基极反向击穿电压 $U_{(BR)cbo}$ (V)	集射极反向击穿电压 $U_{(BR)ceo}$ (V)	集基极反向截止电流 I_{cbo} (μA)	集射极反向截止电流 I_{ceo} (μA)	共射极直流放大系数 h_{FE}	α截止频率 f_α (kHz)	特征频率 f_T (kHz)
3DX2A	500	100	⩾30	⩾15	⩽5	⩽25	⩾10	—	⩾200
3DX2B			⩾40	⩾30					
3DX2C			⩾30	⩾15			⩾20		
3DX2D			⩾40	⩾30					
3DX2E			⩾30	⩾15			⩾30		
3DX2F			⩾40	⩾30					
3DX200 3DX200 3DX201 3DX201 3DX202 3DX202	300	300	A挡：⩾12① B挡：⩾18①	⩾4	⩽1 3CX ⩽0.5	⩽2 3CX ⩽1	55～400	—	—
3DX203 3DX203 3DX204 3DX204	700	700	A挡：⩾15① B挡：⩾25①	⩾4	⩽5	⩽20	55～400	—	—

注：①指 $U_{(BR)ceo}$。

表 7-20 常用高频中、小功率晶体管部分型号和主要技术数据

型号 新	型号 旧	极限参数		直流参数						特征频率 f_T (MHz)
		集电极最大耗散功率 P_{CM} (mW)	集电极最大允许电流 I_{CM} (mA)	集基极反向击穿电压 $U_{(BR)cbo}$ (V)	集射极反向击穿电压 $U_{(BR)ceo}$ (V)	射基极反向击穿电压 $U_{(BR)ebo}$ (V)	集基极反向截止电流 I_{cbo} (μA)	集射极反向截止电流 I_{ceo} (μA)	共射极直流放大系数 h_{FE}	
3DG100A，102A	3DG6A，13A	100	200	⩾30	20	⩾4	⩽0.1	⩽0.1	⩾30	⩾150
3DG100B，102B	3DG6B，13B			⩾40	⩾30					

续表 7-20

型号		极限参数		直流参数						特征频率 f_T (MHz)
新	旧	集电极最大耗散功率 P_{CM} (mW)	集电极最大允许电流 I_{CM} (mA)	集基极反向击穿电压 $U_{(BR)cbo}$ (V)	集射极反向击穿电压 $U_{(BR)ceo}$ (V)	射基极反向击穿电压 $U_{(BR)ebo}$ (V)	集基极反向截止电流 I_{cbo} (μA)	集射极反向截止电流 I_{ceo} (μA)	共射极直流放大系数 h_{FE}	
3DG100C，102C	3DG6C，13C	100	20	≥30	≥20	≥4	≤0.1	≤0.1	≥30	≥300
3DG100D，102D	3DG6D，13D			≥40	≥30					
3DG103A	3DG11A～C 3DG14A,B	100	20	≥20	≥15	≥4	≤0.1	≤0.1	≥30	≥500
3DG103B				≥40	≥30					
3DG103C				≥20	≥15					≥700
3DG103D				≥40	≥30					
3DG110A，111A	3DG1A～C 3DG8A	300	50	≥20	≥15	≥4	≤0.1	≤0.1	≥30	≥150
3DG110B，111B	3DG5A,B 3DG8B			≥40	≥30					
3DG110C，111C	3DG5C～E 3DG8D			≥60	≥45					
3DG110D，111D	3DG37B～C 3DG9C～F			≥20	≥15					≥300
3DG110E，111E	3DG4 3DG46C			≥40	≥30					
3DG110F，111F	3DG62C，63C			≥60	≥15					
3DG130A	3DG12A	700	300	≥40	≥30	≥4	≤0.5	≤1	≥30	≥150
3DG130B	3DG12B			≥60	≥45					
3DG130C	3DG12C			≥40	≥30					≥300
3DG130D	3DG12D			≥65	≥45					
3DG141A	3DG33A～D 3DG30A,B	100	15	≥15	≥10	≥4	≤0.1	≤0.1	≥20	≥600
3DG141B	3DG30C 2G910A～C									
3DG141C	3DG164C									

续表 7-20

型号 新	型号 旧	极限参数 集电极最大耗散功率 P_{CM} (mW)	极限参数 集电极最大允许电流 I_{CM} (mA)	直流参数 集基极反向击穿电压 $U_{(BR)cbo}$ (V)	直流参数 集射极反向击穿电压 $U_{(BR)ceo}$ (V)	直流参数 射基极反向击穿电压 $U_{(BR)ebo}$ (V)	直流参数 集基极反向截止电流 I_{cbo} (μA)	直流参数 集射极反向截止电流 I_{ceo} (μA)	直流参数 共射极直流放大系数 h_{FE}	特征频率 f_T (MHz)
3DG142A	2G911A									
3DG142B	2G911B	100	15	≥15	≥10	≥4	≤0.1	≤0.1	≥20	≥800
3DG142C	2G911C~E									
3DG150A	3DG27B				≥100					
3DG150B	3DG27C	700	50	—	≥150	≥5	≤2	≤10	≥30	≥50
3DG150C	3DG27D				≥200					
3DG150D					≥250					
3DG200A										
3DG201A	—	100	20	—	≥15	≥4	≤0.1	≤0.5	25~270	≥100
3DG202A										
3DG200B,C					B挡：≥25					
3DG201B,C	—	100	20	—		≥4	≤0.05	≤0.1	25~270	≥100
3DG202B,C					C挡：≥20					
3DG18A	2G710A									≥600
3DG18B	2G710B	100	10	≥18	≥12	≥4	≤0.1	≤0.5	≥20	≥800
3DG18C	2G710C									≥1000
3DG56A	2G210A	100	15	20	20	4	≤0.1	≤0.1	≥20	500
3DG56B	2G210B									
3DG80A	2G211A	100	20	20	20	4	≤0.1	≤0.1	≥40	≥600
3DG80B	2G211B									
3DA150A	3DA87A			≥100	≥100					≥50
3DA150B	3DA87B			≥150	≥150					
3DA150C	3DA87C	1000	100	≥200	≥200	≥5	≤1	≤5	≤40	≥80
3DA150D	3DA87D			≥250	≥250					≥50
3DA150E	3DA87E			≥300	≥300					

续表 7-20

型号 新	型号 旧	极限参数 集电极最大耗散功率 P_{CM} (mW)	极限参数 集电极最大允许电流 I_{CM} (mA)	直流参数 集基极反向击穿电压 $U_{(BR)cbo}$ (V)	直流参数 集射极反向击穿电压 $U_{(BR)ceo}$ (V)	直流参数 射基极反向击穿电压 $U_{(BR)ebo}$ (V)	直流参数 集基极反向截止电流 I_{cbo} (μA)	直流参数 集射极反向截止电流 I_{ceo} (μA)	直流参数 共射极直流放大系数 h_{FE}	特征频率 f_T (MHz)
3CG100	3CG1,2, 3CG6	100	30	—	A挡:≥15 B挡≥25 C挡:≥35	≥4	≤0.1	≤0.1	≥25	≥100
3CG101	3CG12, 14,15 3CG31									
3CG110	3CG1A~4A	300	50	—	A挡:≥15 B挡:≥30 C挡:≥45	≥4	≤0.1	≤0.1	≥25	≥200
3CG111	3CG1B~4B 3CD1D~E									
3CG112	3CG2D~E ,									
—	3CG21									

表 7-21　常用低频大功率硅晶体管部分型号和主要技术数据

型号 新	型号 旧	极限参数 集电极最大耗散功率 P_{CM} (W)	极限参数 集电极最大允许电流 I_{CM} (A)	直流参数 集基极反向击穿电压 $U_{(BR)cbo}$ (V)	直流参数 集射极反向击穿电压 $U_{(BR)ceo}$ (V)	直流参数 射基极反向击穿电压 $U_{(BR)ebo}$ (V)	直流参数 集基极反向截止电流 I_{cbo} (mA)	直流参数 集射极反向截止电流 I_{ceo} (mA)	共射极直流放大系数 h_{FE}	特征频率 f_T (MHz)
3DD50 3DD51	3DD1	1	1	—	A挡:≥30 B挡:≥50 C挡:≥80 D挡:≥110	≥3	—	≤0.4	≥10	—
3DD53	3DD2	5	2			≥3		0.5	≥10	
3DD54	3DD3		2			≥3				
3DD55			1			≥5				
3DD56	3DD4	10	3			≥3		≤1		
3DD57			3			≥3				
3DD58			1.5			≥5				

续表 7-21

型号 新	型号 旧	极限参数 集电极最大耗散功率 P_{CM} (W)	极限参数 集电极最大允许电流 I_{CM} (A)	直流参数 集基极反向击穿电压 $U_{(BR)cbo}$ (V)	直流参数 集射极反向击穿电压 $U_{(BR)ceo}$ (V)	直流参数 射基极反向击穿电压 $U_{(BR)ebo}$ (V)	直流参数 集基极反向截止电流 I_{cbo} (mA)	直流参数 集射极反向截止电流 I_{ceo} (mA)	共射极直流放大系数 h_{FE}	特征频率 f_T (MHz)
3DD59	3DD5	25	5	—	A挡：≥30 B挡：≥50 C挡：≥80 D挡：≥110	≥3	—	≤1.5	≥10	—
3DD60			5			≥3		≤1.5		
3DD61			2.5			≥5		≤2		
3DD62 3DD63	3DD6	50	7.5			≥3		≤2		
3DD64			5			≥5		≤3		
3DD65	3DD7	75	10	—	E挡：≥150	≥3	—	≥3	≥10	—
3DD66			10			≥3		≥3		
3DD67			7			≥5		≥4		
3DD68	3DD8	100	15			≤3		≥3	≥1	
3DD69			15			≤3		≤3		
3DD70			9			≥5		≥4		
3DD100	3DD01	20	1.5	A挡：≥150 B挡：≥200 C挡：≥250 D挡：≥300 E挡：≥350	A挡：≥100 B挡：≥150 C挡：≥200 D挡：≥250 E挡：≥300	≥4	≤0.2	≤0.5	≥20	3
3DD16（塑封） 3DD101 3DD102	3DD15 3DD12 3DD73-50C	50	5			≥4	≤1	≤2	≥20	≥1
3DD19（塑） 3DD207 3DD207A	DD03A	30	3	—	30	6	—	≤0.1	≥40 ≥100	1

续表 7-21

型号 新	型号 旧	极限参数 集电极最大耗散功率 P_{CM} (W)	极限参数 集电极最大允许电流 I_{CM} (A)	直流参数 集基极反向击穿电压 $U_{(BR)cbo}$ (V)	直流参数 集射极反向击穿电压 $U_{(BR)ceo}$ (V)	直流参数 射基极反向击穿电压 $U_{(BR)ebo}$ (V)	直流参数 集基极反向截止电流 I_{cbo} (mA)	直流参数 集射极反向截止电流 I_{ceo} (mA)	共射极直流放大系数 h_{FE}	特征频率 f_T (MHz)
3DD18(塑) 3DD204	DD03B	30	3	100	60	6	—	≤0.5	≥50	1
3DD17(塑) 3DD200	DD03C	30	3	250	100	6	≤0.5	—	≥30	1
3DD201	3DD102C	50	8	400	200	6	≤0.5		≥40	1
3DD202A	DF104C	50	3	1200	600	8	≤0.3	—	7～30	1
3DD202B	DF104D	50	3	1500	800	8	≤0.3	—	7～30	1
3DD203	DD01A	1.5	1.5	100	60	5	≤0.1	≤0.5	≥40	1
3DD203A	DD01B	1.5	1.5	150	100	5	≤0.1	≤0.5	≥40	1
3DD205A	DD01C	1.5	1.5	250	150	5	≤0.1	≤0.5	≥40	1
3DD205B	DD01D	1.5	1.5	350	200	5	≤0.1	≤0.5	≥40	1
3DD20 (塑)DD03M	—	30	3	60	60	6		≤0.1	≥30	—
3DD22A (塑)DD09A	—	15	2	40	20	5	≤0.1	≤0.5	≥40	—
3DD22B (塑)DD09B	—	15	2	60	40	5	≤0.1	≤0.5	≥40	—

表 7-22　常用开关管部分型号和主要技术数据

型号 新	型号 旧	极限参数 集电极最大耗散功率 P_{CM} (mW)	极限参数 集电极最大允许电流 I_{CM} (mA)	直流参数 集基极反向击穿电压 $U_{(BR)cbo}$ (V)	直流参数 集射极反向击穿电压 $U_{(BR)ceo}$ (V)	直流参数 射基极反向击穿电压 $U_{(BR)ebo}$ (V)	直流参数 集基极反向截止电流 I_{cbo} (μA)	直流参数 集射极反向截止电流 I_{ceo} (μA)	共射极直流放大系数 h_{FE}	特征频率 f_T (MHz)
3AK801A	3AKA～C	50	20	≥30	≥12	≥3	≤30	≤50	30～150	≥100
3AK801B	3AKA～C	50	20	≥30	≥51	≥3	≤30	≤50	30～150	≥150
3AK801C	3AKA～C	50	20	≥30	≥51	≥3	≤30	≤50	30～150	≥200
3AK801D	3AKA～C	50	20	≥30	≥51	≥3	≤30	≤50	30～150	≥150

续表 7-22

型号 新	型号 旧	极限参数 集电极最大耗散功率 P_{CM} (mW)	极限参数 集电极最大允许电流 I_{CM} (mA)	直流参数 集基极反向击穿电压 $U_{(BR)cbo}$ (V)	直流参数 集射极反向击穿电压 $U_{(BR)ceo}$ (V)	直流参数 射基极反向击穿电压 $U_{(BR)ebo}$ (V)	直流参数 集基极反向截止电流 I_{cbo} (μA)	直流参数 集射极反向截止电流 I_{ceo} (μA)	共射极直流放大系数 h_{FE}	特征频率 f_T (MHz)
3AK802A	3AK7～10	50	35	≥30	≥15	≥4	≤12	≤80	30～200	≥50
3AK802B					≥20			≤50		
3AK802C										≥100
3AK802D					≥15					≥150
3AK802E			30							≥200
3AK803A	3AK21～27 3AK30～33	100	30	≥30	≥12	≥3	≤30	≤100	30～150	≥100
3AK803B					≥15			≤50		≥150
3AK803C										≥200
3AK803D										≥150
3AK804A	3AK12～15	100	60	≥30	≥15	≥4	≤12	≤80	30～200	≥50
3AK804B					≥20			≤50		≥100
3AK804C										≥150
3AK804D					≥15					≥200
3AK804E										
3DK2A	3DK13A	200	30	≥30	≥20	≥4	≤0.1	≤0.1	≥20	≥150
3DK2B	3DK13B			≥30	≥20					≥200
3DK2C	3DK13C			≥20	≥15					≥150
3DK3A	3DK6A,6C 3DK6B	100	30	≥10	≥6	≥4	≤0.1	≤0.1	≥10	≥200
3DK3B	3DK17 A～F			≥15	≥9				≥20	≥300
3DK4A	3DK4 2DK26	700	800	40	30	≥4	≤1	≤10	≥20	≥100
3DK4B	3DK64B			60	45	4				
3DK4C	3DK64C 3DK64D			40	30					

续表 7-22

型号		极限参数		直流参数						
新	旧	集电极最大耗散功率 P_{CM} (mW)	集电极最大允许电流 I_{CM} (mA)	集基极反向击穿电压 $U_{(BR)cbo}$ (V)	集射极反向击穿电压 $U_{(BR)ceo}$ (V)	射基极反向击穿电压 $U_{(BR)ebo}$ (V)	集基极反向截止电流 I_{cbo} (μA)	集射极反向截止电流 I_{ceo} (μA)	共射极直流放大系数 h_{FE}	特征频率 f_T (MHz)
3DK5A	—	75	30	≥30	≥20	≥4	≤0.5	≤0.5	≥10	≥150
3DK5B										≥200
3DK5C				≥20	≥15				≥20	≥150
3DK5D							≤1	≤1		≥200
3DK7A	3DK1A 3DKA1 ~A3	300	50	≥25	≥15	≥5	≤0.1	≤0.1	20~200	≥120
3DK7B	3DK1B 3DKB1 ~B3									
3DK7C	3DK1C 3DK1D 3DK1E									
3DK8A	3DK90A1 ~9F	500	600	≥15	≥10	≥5	≤5	≥10	20~200	≥150
3DK8B	3DK2A1 ~2A3			≥25	≥20					≥300
3DK8C	3DK3C 3DK23B 3DK23C									≥150
3DK9A	3DK24B 3DK24P	700	800	≥25	≥20	≥5	≤5	≤50	30~200	≥100
3DK9B				≥50	≥35					≥120
3DK9C				≥75	≥60					
3DK9D				≥100	≥80					

(二)达林顿管

达林顿管也称复合晶体管,具有较大的电流放大系数及较高的输入阻抗。部分国产大功率达林顿管型号和主要技术数据见表 7-23;部分进口大功率达林顿管型号和主要技术数据见表 7-24。

表 7-23 部分国产大功率达林顿管型号和主要技术数据

型号	耗散功率 P_{CM}(W)	最大集电极电流 I_{CM}(A)	最高反向电压 $U_{(BR)cbo}$(V)	特征频率 f_T (MHz)	电流放大系数 h_{FE}
3DD30LA～3DD30LE(DL30)	30	5	100～600	1	500～10000
3DD50LA～3DD50LE(DL50)	50	10	100～600	1	500～10000
3DD75LA～3DD75LE(DL75)	75	12.5	100～600	1	500～10000
3DD100LA～3DD100LE(DL100)	100	15	100～600	1	500～10000
3DD200LA～3DD200LE(DL200)	200	20	100～600	1	500～10000
3DD300LA～3DD300LE(DL300)	300	30	100～600	1	500～10000

表 7-24 部分进口大功率达林顿管型号和主要技术数据

型号	耗散功率 P_{CM}(W)	最大集电极电流 I_{CM}(A)	最高反向电压 $U_{(BR)cbo}$(V)	特征频率 f_T(MHz)	电流放大系数 h_{FE}
TIP122、TIP127	65	5	100	>1	1000
TIP132、TIP137	70	8	100	>1	500
TIP142、TIP147	125	10	100	>1	—
TIP142T、TIP147T	80	10	100	>1	500
2SD628、2SB638	80	10	100	—	>500
2SD670、2SB650	100	15	100	—	>500
2SD1193、2SB883	70	15	70	20	>500
2SD1210、2SB897	80	10	100	—	>500
2SD1435、2SB1301	100	15	100	—	>500
2SD1436、2SB1302	80	10	120	—	>500
2SD1559、2SB1079	100	20	100	—	>500
2SD2256、2SB1494	125	25	160	—	>500
MJ11015、MJ11016	200	30	120	—	>500
MJ11017、MJ11018	150	20	400	—	>500
MJ11032、MJ11033	300	50	120	—	>500
MJ15024、MJ15025	250	16	400	—	>500

(三)带阻晶体管

带阻晶体管是将一只或两只电阻器与晶体管连接后封装在一起构

成的,作反相器或倒相器,广泛应用于电视机、影碟机、录像机等家电产品中。常用的进口带阻晶体管有DTA系列、DTB系列、DTC系列、DTD系列、MRN系列、RN系列、UN系列、KSR系列、FA系列、FN系列、GN系列、GA系列、HC系列、HD系列、HQ系列、HR系列等多种。常用的国产带阻晶体管有GR系列等。

常用带阻晶体管内部电阻器的电阻值见表7-25。

表7-25　常用带阻晶体管内部电阻器的电阻值

极性	R_1 (kΩ)	R_2 (kΩ)	晶体管型号
PNP	2.2	2.2	DTA123EA/EK/ES/EEA/EUA/ECA/EKA、DTB123EC/EK、HQ1F3M、HR1L2Q
NPN	2.2	2.2	DTC123EA/EK/ES/EEA/EUA/ECA/EKA、DTD123EC/EK、HC1F3M
PNP	4.7	4.7	DTA143EA/EK/ES/EEA/EUA/ECA/EKA、DTB143EC/EK、FN2L3K、GN1L3M、GR1101、GR2101、GR3101、GR4101
NPN	4.7	4.7	DTC143EA/EK/ES/EEA/EUA/ECA/EKA、DTB143EC/EK、FA2L3M、GR1201、GR2201、GR3201、GR4201
PNP	10	10	AN1A4M、2SA1423、BN1A4M、2SA1348、DTA114EA/EK/ES/EEA/EUA/ECA/EKA、DTB114EC/EK、GA1A4M、GR1102、GR2102、GR3102、GR4102、UN2111、UN1111、RN2002、RN2201、HR1A4M、FN2A4M
NPN	10	10	DTC114EA/EK/ES/EEA/EUA/ECA/EKA、DTD114EC/EK、BA1A4M、2SC3402、AA1A4M、GN1A4M、2SC3656、UN1211、UN2211、RN1202、RN1002、RN2211、GR1202、GR2202、GR3202、GR4202
PNP	1	1	DTB113EC/EK/EP、HR1A3M、HQ1A3M、HR1A4M、BN1A3Q、UN4119
NPN	1	1	DTD113EC/EK/EP、HC1A3M、BA1A3Q、UN4219
PNP	22	22	DTA124EA/EK/ES/EEA/EUA/ECA/EKA、UN4112、UN2112、GN1F4M、FN2F4M、GR1103、GR2103、GR3103、GR4103、KSR2103、MRN2403、RT1P214S、2SA1346、FN2F4M、BN1F4M
NPN	22	22	DTC124EA/EK/ES/EEA/EUA/ECA/EKA、UN1212、UN2212、FA2F4M、MRN1403、2SC3400、GA1F4M、BA1F4M、RT1N241S、RN2212、RN1212、GR1203、GR2203、GR3203、GR4203

续表 7-25

极性	R_1 (kΩ)	R_2 (kΩ)	晶体管型号
PNP	47	47	DTA144EA/EK/ES/EEA/EUA/ECA/EKA、UN2113、UN1113、MRN2404、FN2204、BN1L4M、FN2L4M、2SA1345、GR4104、R4104、GR1104
NPN	47	47	DTC144EA/EK/ES/EEA/EUA/ECA/EKA、UN2313、UN1213、MRN1404、BA1L4M、KSR1004、2SC3399、GR4204、GR3204、GR2204、GR1204、GA1L4M、FA2L4M、KN1204
PNP	100	100	DTA115EA/EK/ES/EEA/EUA/ECA/EKA
NPN	100	100	DTC115EA/EK/ES/EEA/EUA/ECA/EKA
PNP	1	10	DTA113ZEA/ZUA/ZCA/ZKA、DTB113ZC/ZK、UN2119、AN1A3Q
NPN	1	10	DTC113ZEA/ZUA/ZCA/ZKA、DTD113ZC/ZK、AA1A3Q
PNP	2.2	10	DTA123YEA/YUA/YCA/YKA、DTB123YC/YK、HQ1F3P、HR1F3P
NPN	2.2	10	DTC123YEA/YUA/YCA/YKA、DTD123YC/YK、HD1F3P
PNP	4.7	22	DTA143YEA/YUA/YCA/YKA
NPN	4.7	22	DTC143YEA/YUA/YCA/YKA
PNP	2.2	4.7	DTA123JEA/JUA/JCA/JKA
NPN	2.2	4.7	DTC123JEA/JUA/JCA/JKA
PNP	4.7	10	DTA143XEA/XUA/XCA/XKA、AN1L3N、2SA1653、FN2L3N、HR1L3N、BN1L3N、UN411F
NPN	4.7	10	DTC143XEA/XUA/XCA/XKA、FA2L3N、BA1L3N、UN421F、AA1L3N、2SC4360
PNP	4.7	4.7	DTA143ZEA/ZUA/ZCA/ZKA
NPN	4.7	4.7	DTC143ZEA/ZUA/ZCA/ZKA
PNP	10	4.7	DTA114WEA/WUA/WCA/WKA
NPN	10	4.7	DTC114WEA/WUA/WCA/WKA
PNP	10	47	DTA114YEA/YUA/YCA/YKA、RN2207、2SA1564、UN4114、FN4A4P、BN1A4P、DTA114YS、RT1P144S
NPN	10	47	DTC114YEA/YUA/YCA/YKA、UN4214、BA1F4N、RN2214、FA2A4P、RT1N144S、2SC4048、RN1207
PNP	22	47	DTA114XEA/XUA/XCA/XKA、FA2F4P、FA2F4N、BA1F4N、RN2208
NPN	22	47	DTC144XEA/XUA/XCA/XKA、FA2F4N、BA1F4N、RN1208
PNP	100	10	DTA115UEA/UUA/UCA/UKA

续表 7-25

极性	R_1 (kΩ)	R_2 (kΩ)	晶体管型号
NPN	100	10	DTC115UEA/UUA/UCA/UKA
PNP	47	10	DTA144VEA/VUA/VCA/VKA
NPN	47	10	DTC144VEA/VUA/VCA/VKA
PNP	47	22	DTA144WEA/WUA/WCA/WKA、FN2L4L
NPN	47	22	DTC144WEA/WUA/WCA/WKA、FA2L4L
PNP	2.7	1	DTA1D3REA/RUA/RCA/RKA
NPN	2.7	1	DTC1D3REA/RUA/RCA/RKA
PNP	3.3	10	DTD133HC/HK
NPN	3.3	10	DTD133HC/HK
PNP	0.22	4.7	DTB122JC/JK
NPN	0.22	4.7	DTD122JC/JK
PNP	0.22	2.2	HQ1F2Q、HR1F2Q
NPN	0.22	2.2	HC1F2Q
PNP	0.47	4.7	HR1L2Q、HQ1L2Q
PNP	0.47	1	HC1L2N
NPN	0.47	1	HC1L2N
PNP	1	10	FN2A3Q
NPN	1	47	UN1231
NPN	6.8	6.8	2SD1676、DTC363EC/EK
PNP	4.7	—	DTA143TEA/TUA/TCA/TKA、UN1116、F1V2L3Z、GN1L3Z、DTB143TC/TK、RN2310
NPN	4.7	—	DTC143TEA/TUA/TCA/TKA、DTD143TC/TK、RN1310、UN2210、FA2L3Z、GA1L3Z
PNP	10	—	DTA114TEA/TUA/TCA/TKA、DTB114TC/TK、FN2A4Z、RN1311、GN1A4Z
NPN	10	—	DTC114TEA/TUA/TCA/TKA、DTD114TC/TK、GA1A4Z、UN2215、FA2A4Z、RN2311
PNP	22	—	DTA124TEA/TUA/TCA/TKA、GN1F4Z、FN2F4Z、FN1F4Z

续表 7-25

极性	R_1 (kΩ)	R_2 (kΩ)	晶体管型号
NPN	22	—	DTC124TEA/TUA/TCA/TKA、FA2F4Z、FA1F4Z、GA1F4Z
PNP	47	—	DTA144TEA/TUA/TCA/TKA、FN2L4Z、FN1L4Z、GN1L4Z
NPN	47	—	DTC144TEA/TUA/TCA/TKA、FA2L4Z、FA1L4Z、GA1L4Z
PNP	100	—	DTA115TEA/TUA/TCA/TKA
NPN	100	—	DTC115TEA/TUA/TCA/TKA
PNP	200	—	DTA125TEA/TUA/TCA/TKA
NPN	200	—	DTC125TEA/TUA/TCA/TKA
PNP	1	—	DTA113TEA/TUA/TCA/TKA
PNP	—	10	DTA114GEA/GUA/GCA/GKA、DTB114GC/GK
NPN	—	10	DTC114GEA/GUA/GCA/GKA、DTD114GC/GK
PNP	—	22	DTA124GEA/GUA/GCA/GKA
NPN	—	22	DTC124GEA/GUA/GCA/GKA
PNP	—	47	DTA144GEA/GUA/GCA/GKA
NPN	—	47	DTC144GEA/GUA/GCA/GKA
PNP	—	100	DTA115GEA/GUA/GCA/GKA
NPN	—	100	DTC115GEA/GUA/GCA/GKA
PNP	2.2	—	DTB123TC/TK
NPN	2.2	—	DTD123TC/TK
PNP	6.8	—	DTB163TC/TK
NPN	6.8	—	DTD163TC/TK

注：1. R_1 为基极电阻。

2. R_2 为并联在射基极间电阻。

第三节 场效应晶体管

一、场效应晶体管的用途和种类

（一）场效应晶体管的特点和用途

场效应晶体管是电压控制器件，其特点是：输入阻抗高（$10^9 \sim 10^{14}$ Ω），在线路上便于直接耦合；结构简单，便于设计，容易实现大规模集成；温度稳定性好，不存在电流集中问题，避免了二次击穿发生；开关速度快，截止频率高，噪声系数低，抗干扰能力强。因此，场效应管广泛用于开关、阻抗匹配、微波放大、大规模集成等领域。可用于交流放大器、直流放大器、有源滤波器、电压控制器、源极跟随器、斩波器、定时电路等。

(二)场效应晶体管的种类

场效应晶体管可按以下几种方法分类：

1. 按结构的不同分类。场效应晶体管根据其结构的不同，可分为结型场效应晶体管和绝缘栅型场效应晶体管(金属氧化物半导体型)两种类型。

2. 按导电沟道材料的不同分类。结型场效应晶体管和绝缘栅型场效应晶体管根据其导电沟道材料的不同，又可分别分为N沟道结型场效应晶体管、P沟道结型场效应晶体管和N沟道绝缘栅型场效应晶体管、P沟道绝缘栅型场效应晶体管。

3. 按绝缘层材料的不同分类。根据栅极与半导体材料之间所用绝缘层材料的不同，绝缘栅型场效应晶体管又可分为MOS场效应晶体管、MNS场效应晶体管和MALS场效应晶体管等多种。

MOS场效应晶体管是以二氧化硅为绝缘层，MNS场效应晶体管是以氮化硅为绝缘层，MALS场效应晶体管是以氧化铝为绝缘层。

4. 按工作方式的不同分类。根据场效应晶体管工作方式的不同，又可分为N沟道耗尽型结型场效应晶体管、P沟道耗尽型结型场效应晶体管、N沟道耗尽型绝缘栅型场效应晶体管、N沟道增强型绝缘栅型场效应晶体管、P沟道耗尽型绝缘栅型场效应晶体管和P沟道增强型绝缘栅型场效应晶体管等多种。

5. 其他方式分类。场效应晶体管除了按以上各方式分类外，还可分为高压型场效应晶体管、开关场效应晶体管、双栅场效应晶体管、功率MOS场效应晶体管、高频场效应晶体管及低噪声场效应晶体管等多种类型。

二、场效应晶体管的主要参数

场效应晶体管的主要参数如下：

1. 夹断电压U_p。对于耗尽型器件，当漏源电压U_{DS}为某一固定值(例如10V)，使漏源电流I_D等于一个微小电流(如1μA、10μA)时，栅源之间所加的电压称为夹断电压。夹断电压也称截止栅压。

2. 开启电压 U_T。对于增强型器件，在漏源电压 U_{DS} 作用下开始导电时的栅源电压 U_{GS} 称为开启电压。

3. 饱和漏源电流 I_{DSS}。在栅源电压 $U_{GS}=0$ 的情况下，当 $U_{DS}>|U_p|$ 时的漏极电流称为饱和漏电流。通常令 $U_{DS}=10V$、$U_{GS}=0V$ 时测出的 I_D 就是 I_{DSS}。

4. 低频互导(跨导)g_m。在 U_{DS} = 常数时，漏极电流的微变量和引起这个变化的栅源电压微变量之比称为互导(也称跨导)，即 $g_m=\Delta I_D/\Delta U_{GS}$，单位为 mA/V(mS)或 μA/V(μS)。g_m 一般在十分之几至几 mA/V的范围内。

5. 最大漏源电压 $U_{(BR)DS}$。指漏源极间所能承受的最高电压。即当发生雪崩击穿时，漏极电流 I_D 开始急剧上升瞬间的 U_{DS} 值。

6. 最大栅源电压 $U_{(BR)GS}$。指栅源极间所能承受的最高电压。即输入 PN 结的反向电流开始急剧增加时的栅源电压 U_{GS} 值。

7. 直流输入电阻 r_{GS}。在漏源极间短路的条件下，栅源极间加一定电压时的栅源直流电阻。绝缘栅型场效应晶体管的 r_{GS} 比结型场效应晶体管的大。

8。最大耗散功率 P_{DM}。场效应晶体管的耗散功率等于漏源电压 U_{DS} 和漏极电流 I_D 的乘积。最大耗散功率是指为了限制管子的温升，以保护管子不被损坏，耗散功率不能超过的最大数值。

三、场效应晶体管的特性曲线

1. 结型 N 沟道场效应晶体管输出特性曲线如图 7-4 所示。

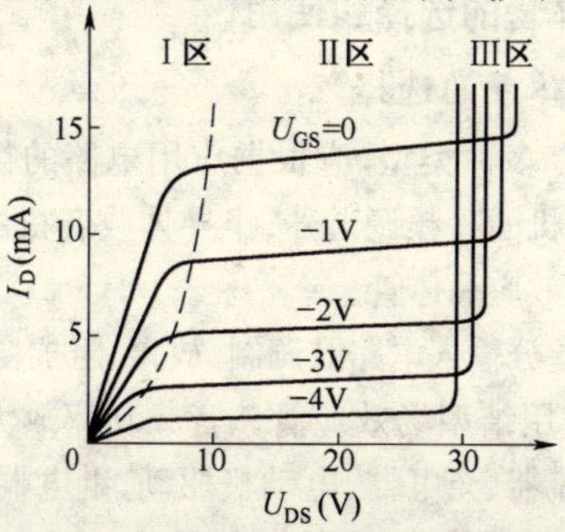

图 7-4　N 沟道场效应管输出特性曲线

Ⅰ区．可变电阻区　Ⅱ区．饱和区　Ⅲ区．击穿区

2. MOS 型场效应晶体管特性曲线见表 7-26。

表 7-26 MOS 型场效应晶体管特性曲线

类　型	转移特性	输出特性
N 沟道耗尽型	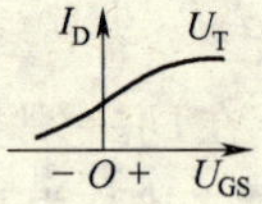	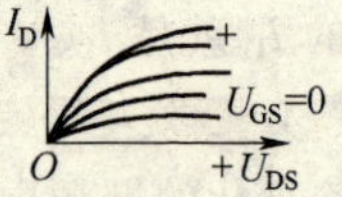
N 沟道增强型	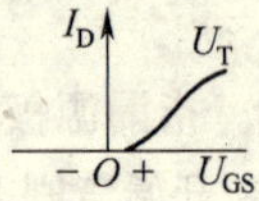	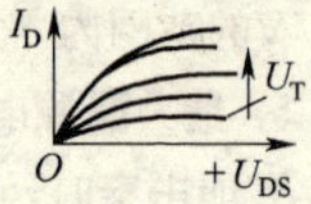
P 沟道耗尽型	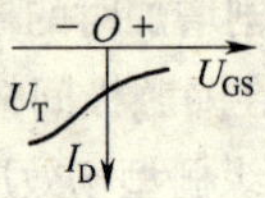	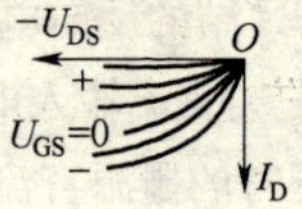
P 沟道增强型	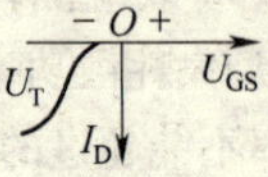	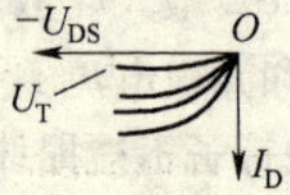

四、场效应晶体管的选择和使用

(一)场效应晶体管的选择

场效应晶体管有多种类型,应根据应用电路的需要选择合适的管型。例如,彩色电视机的高频调谐器、半导体收音机的变频器等高频电路,应使用双栅型场效应晶体管。

音频放大器的差分输入电路及调制、放大、阻抗变换、稳流、限流、自动保护等电路,可选用结型场效应管。音频功率放大、开关电源、逆变器、电源转换器、镇流器、充电器、电动机驱动、继电器驱动等电路,可选用功率 MOS 场效应晶体管。

所选场效应晶体管的主要参数应符合应用电路的具体要求。小功率场效应晶体管应注意输入阻抗、低频跨导、夹断电压(或开启电压)、击穿电压等参数。大功率场效应晶体管应注意击穿电压、耗散功率、漏极电流等参数。

选用音频功率放大器推挽输出用 VMOS 大功率场效应晶体管时，要求两管的各项参数一致(配对)，要有一定的功率余量。所选大功率管的最大耗散功率应为放大器输出功率的 0.5～1 倍，漏源击穿电压应为功放工作电压的 2 倍以上。

(二)场效应晶体管的使用

使用场效应晶体管应注意以下几点：

1. 结型场效应晶体管的栅源电压 U_{DS} 不能接反，但可以在开路状态下保存。由于绝缘栅型场效应晶体管的输入电阻非常高，不使用时须将各电极短路，以免外电场作用使管子损坏。

2. 焊接场效应晶体管时，电烙铁必须有外接地线，以屏蔽交流电场，防止损坏管子。特别是焊接绝缘栅型场效应晶体管时，最好断电后再焊接。

3. 结型场效应晶体管可用万用表通过检查各 PN 结的正反向电阻值及漏源之间的电阻值，定性地检查管子的质量。但绝缘栅型场效应晶体管不能用万用表检查，必须用测试仪检查，而且要在接入测试仪后才能去掉各极短路线。测试完毕，则应先接好各极短路线再取下，其核心是避免栅极悬空。

4. 测试场效应晶体管的仪器仪表均需有良好的接大地装置，以防栅极击穿。

5. 使用在要求输入电阻较大条件下的场效应晶体管，必须采取防潮措施，以免湿气使场效应晶体管的输入电阻降低。

6. 某些陶瓷封装的场效应管有光敏特性，注意避光使用。

五、场效应晶体管常用型号及技术数据

N 沟道结型场效应晶体管的型号和主要技术数据见表 7-27；常用 N 沟道耗尽型 MOS 场效应晶体管的型号和主要技术数据见表 7-28；P 沟道结型场效应晶体管的型号和主要技术数据见表 7-29；P 沟道增强型 MOS 场效应晶体管部分型号和主要技术数据见表 7-30。

表 7-27 N 沟道结型场效应晶体管的型号和主要技术数据

型号		饱和漏源电流 I_{DSS} (mA)	夹断电压 U_P (V)	栅源绝缘电阻 R_{GS} (Ω)	共源信号低频互导 g_m (μS)	最高振荡频率 f_M (MHz)	最大漏源电压 $U_{(BR)DS}$ (V)	最大栅源电压 $U_{(BR)GS}$ (V)	最大漏极电流 I_{DM} (mA)	最大耗散功率 P_{DM} (mW)	主要用途
	D	<0.35									
	E	0.3~1.2	<|-4|								
3DJ2	F	1~3.5		>10^7							100MHz放大
	G	3~6.5	<|-9|								
	H	6~10			>2000	≥300					
	D	<0.35									
	E	0.3~1.2	<|-3|								低频低噪声放大
3DJ4	F	1~3.5									
	G	3~6.5	<|-6|								
	H	6~10									
	D	<0.35					>20	>20	15	100	
	E	0.3~1.2	<|-4|								
3DJ6	F	1~3.5		>10^8	>1000	≥30					
	G	3~6.5	<|-9|								
	H	6~10									
	D	<0.35									30MHz放大
	E	<1.2	<|-4|								
	F	1~3.5									
3DJ7	G	3~11			>3000	≥90					
	H	10~18									
	I	17~25	<|-9|								
	J	24~35									

续表 7-27

型号		饱和漏源电流 I_{DSS} (mA)	夹断电压 U_P (V)	栅源绝缘电阻 R_{GS} (Ω)	共源信号低频互导 g_m (μS)	最高振荡频率 f_M (MHz)	最大漏源电压 $U_{(BR)DS}$ (V)	最大栅源电压 $U_{(BR)GS}$ (V)	最大漏极电流 I_{DM} (mA)	最大耗散功率 P_{DM} (mW)	主要用途
3DJ8	F	1～3.5	<|−9|	≥10^7	≥6000	≥90	>20	>20	15	100	30MHz 高跨导
	G	3～11									
	H	10～18									
	I	17～25									
	J	24～35									
	K	35～70									
3DJ9	F	1～3.5	<|−7|		≥4000	≥800					400MHz 放大
	G	3～6.5									
	H	6～11									
	J	10～18									
3DJ3	A	—	<|−9|	≥10^5	≥4000	—			30	100	<50Ω 低阻开关
	B				≥7000						
	C				≥12000				40		
3DJ5	E	<1.2	<|−5|	—	≥2000				—	100×2	对管
	F	1～3.5									
	G	3～6.5									
	H	6～10	<|−7|								
3DJ15	F	1～3.5	<|−5.5|	—	≥3000	—			10	100	88～108MHz 调频段放大
	G	3～7									
	H	6～11			800						
	I	10～18									
	J	16～30									
3DJ17	F	1～3.5			≥3000				20	200	100MHz 放大
	G	3～11									
	H	10～18			6000						
	I	17～25									
	J	24～65									

表 7-28 常用 N 沟道耗尽型 MOS 场效应晶体管的型号和主要技术数据

型号		饱和漏源电流 I_{DSS} (mA)	夹断电压 U_P (V)	栅源绝缘电阻 R_{GS} (Ω)	共源信号低频互导 g_m (μS)	最高振荡频率 f_M (MHz)	最大漏源电压 $U_{(BR)DS}$ (V)	最大栅源电压 $U_{(BR)GS}$ (V)	最大耗散功率 P_{DM} (mW)	最大漏极电流 I (mA)	相近型号	主要用途
3DO1	D	≤0.35	≤|−9|	≥10^9	≥1000	≥90	≥20	>40	100	15	3DO7 3DO7H 3DO12 3DO13	30 MHz 放大
	E	0.3~1.2										
	F	1~35										
	G	3~6.5										
	H	6~10										
3DO2	D	<0.35			≥4000	≥800	≥20	>25	25		3DO9 3DO9H 3DO16 3DO17	400 MHz 放大
	E	<1.2				≥1000	≥12		100			
	F	1~3.5										
	G	3~11										
	H	10~25										
3DO4	D	≤0.35			≥2000	≥300					3DO8 3DO8H 3DO14 3DO15	100 MHz 放大
	E	0.3~1.2					≥20					
	F	1~3.5										
	G	3~6.5										
	H	6~10.5										
	I	10~15										

表 7-29 P 沟道结型场效应晶体管的型号和主要技术数据

型号		饱和漏源电流 I_{DSS}(mA)	夹断电压 U_P(V)	共源信号低频互导 g_m(μS)	最大栅源电压 $U_{(BR)GS}$(V)	最大耗散功率 P_{DM}(mW)	主要用途
3CJ1	D	<0.35	<|−4|	>300	25	100	30MHz 放大
	E	0.3~1.2		>500			
	F	1~3.5		>1000			
	G	3~6.5	<|−9|	>1500			
	H	10~20		>2000			

表 7-30 P 沟道增强型 MOS 场效应晶体管部分型号和主要技术数据

<table>
<tr><th>型号</th><th>开启电压 U_T (V)</th><th>漏源电流 I_{DSS} (A)</th><th>栅源绝缘电阻 R_{GS} (Ω)</th><th>共源信号低频互导 g_m (μS)</th><th>导通电阻 R_{on} (kΩ)</th><th>低频噪声 N_{FL} (dB)</th><th>最大漏源电压 $U_{(BR)DS}$ (V)</th><th>最大栅源电压 $U_{(BR)GS}$ (V)</th><th>最大耗散功率 P_{DM} (mW)</th><th>最大漏极电流 I_{DM} (mA)</th></tr>
<tr><td>3CO1</td><td>|−2|～|−8|</td><td rowspan="3">≤1000</td><td rowspan="3">≥10^9</td><td>>500</td><td>≤6</td><td>—</td><td rowspan="3">≥15</td><td rowspan="3">20</td><td rowspan="3">100</td><td rowspan="3">15</td></tr>
<tr><td>3CO1A</td><td>|−2|～|−4|</td><td rowspan="2">≥1000</td><td>≤3</td><td rowspan="2">≤5</td></tr>
<tr><td>3CO1B</td><td>|−4|～|−8|</td><td>≤6</td></tr>
</table>

第四节 电力电子器件

一、晶闸管

(一)用途和种类

1. 用途。晶闸管是一种大功率的半导体器件，具有体积小、质量小、效率高、使用和维护方便等优点。它既具有单向导电的整流作用，又具有以弱电控制强电的开关作用。也就是说，晶闸管的出现，使半导体器件的应用进入了强电领域。主要应用于整流、逆变、调压和开关等方面，应用最多的是整流。

2. 种类。晶闸管的种类很多，其分类方法如下：

①按关断、导通及控制方式可分为普通晶闸管、双向晶闸管、逆导晶闸管、可关断晶闸管(GTO)、集成门极换流晶闸管(IGCT)、光控晶闸管(LTT)、温控晶闸管等。

②按封装形式可分为金属封装晶闸管、塑封晶闸管和陶瓷封装晶闸管 3 种类型。

其中，金属封装晶闸管又分为螺旋形、平板形、圆壳形等多种。塑封晶闸管又分为带散热片型和不带散热片型两种。

③按电流容量可分为大功率晶闸管、中功率晶闸管和小功率晶闸管 3 种。

(二)普通晶闸管

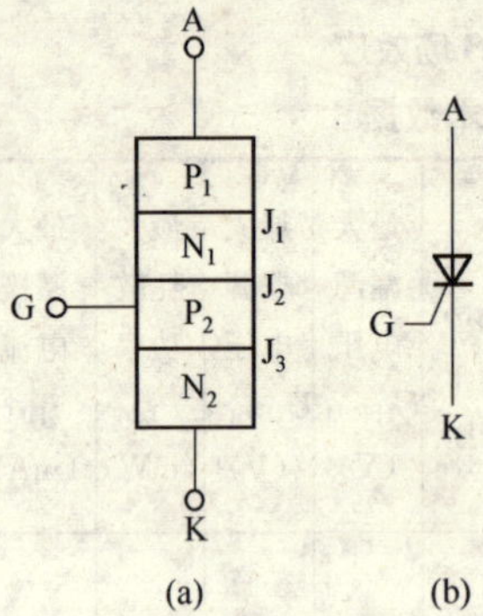

图 7-5　晶闸管管芯结构及其图形符号
(a)管芯结构　(b)图形符号

1. 晶闸管的结构。晶闸管的内部都有一个用硅半导体材料做成的管芯，管芯由 4 层掺杂半导体(PNPN)、3 个 PN 结(J_1、J_2、J_3)、3 个引出端(A、K、G)构成，由最外层的 P_1 层和 N_2 层分别引出阳极 A 和阴极 K，由中间层的 P_2 层引出控制极(门极)G，如图 7-5 所示。

2. 晶闸管的工作原理。晶闸管既具有二极管的单向导电性，又具有晶体管基极的控制作用。不同的是：与二极管相比，晶闸管的正向导通受控制极 G 电流的控制；与晶体管相比，晶闸管的控制极 G 电流仅起控制导通(触发导通)的作用，没有放大作用。晶闸管可视为一个可控的单向导通开关。

3. 晶闸管的伏安特性。晶闸管的导通和截止，是由阳极电压 U、阳极电流 I 及控制电流 I_G 等共同决定的。在实际应用中常用实验曲线来表示它们之间的关系，这就是晶闸管的伏安特性曲线，如图 7-6 所示。从该特性曲线可以看出，当晶闸管的阳极和阴极间加有正向电压时，不同的控制极电流(I_G)对应着不同的转折电压，I_G 越小，对应的转折电压越大，$I_G=0$ 时的转折电压最大(称为断态不重复峰值电压 U_{DSM}，又叫正向转折电压)。当晶闸管的阳极和阴极间加有反向电压时，控制极始终处于断态，当反向电压达到 U_{RSM} 时，晶闸管将被击穿而毁坏。

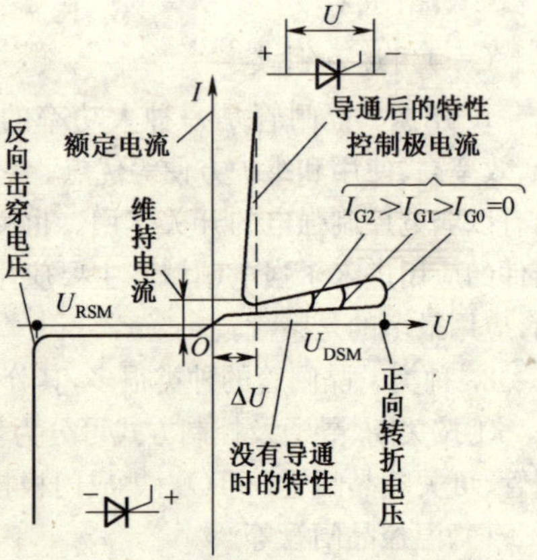

图 7-6　晶闸管的伏安特性曲线

4. 晶闸管的常用参数。晶闸管的常用参数及其含义见表 7-31。

表 7-31 晶闸管常用参数及其含义

参数名称	符号	含义
通态平均电流	I_T	在环境温度不大于 40℃和标准散热及导通的条件下，晶闸管可以连续通过工频正弦电流在一个周期内的平均值，也叫正向平均电流。通常所说多少安的晶闸管，就是指这个电流
正向转折电压	U_{BO}	在额定结温为 100℃且控制极(G)开路的条件下，在其阳极(A)与阴极(K)之间加正弦半波正向电压，使其由关断状态转变为导通状态时所对应的峰值电压
断态重复峰值电压	U_{DRM}	晶闸管在正向阻断时，允许加在 A、K(或双向晶闸管的 T_1、T_2)极间最大的峰值电压，也叫正向重复峰值电压。此电压约为正向转折电压减去 100V 后的电压值
反向击穿电压	U_{BR}	在额定结温下，晶闸管阳极与阴极之间施加正弦半波反向电压，当其反向漏电电流急剧增加时所对应的峰值电压
反向重复峰值电压	U_{RRM}	晶闸管在控制极 G 断路时，允许加在 A、K 极间的最大反向峰值电压。此电压约为反向击穿电压减去 100V 后的峰值电压
正向平均电压降	U_F	在规定环境温度和标准散热条件下，当通过晶闸管的电流为额定电流时，其阳极 A 与阴极 K 之间电压降的平均值，通常为 0.4～1.2V。也称通态平均电压或通态电压降 U_T
控制极触发电压	U_{GT}	在规定的环境温度和晶闸管阳极与阴极之间为一定值正向电压的条件下，使晶闸管从阻断状态转变为导通状态所需要的最小控制极直流电压，一般为 1.5V 左右
控制极触发电流	I_{GT}	在规定的环境温度和晶闸管阳极与阴极之间为一定值正向电压的条件下，使晶闸管从阻断状态转变为导通状态所需的最小控制极直流电流
维持电流	I_H	维持晶闸管导通的最小电流，当正向电流小于维持电流时，导通的晶闸管会自动关断

(三)晶闸管的型号表示方法

国产晶闸管的型号及其含义如下：

K □ □ — □ □ □

- 表示双向型换向电流临界下降率级数（见表7-35）
- 不同类型的含义（见表7-34）
- 重复峰值电压级别（见表7-33）
- 额定通态电流系列数（见表7-32）
- 字母：P—普通反向阻断型，K—快速反向阻断型，S—双向型
- 表示闸流特性

表 7-32　额定通态电流系列数

额定通态电流(A)	1	5	10	50	100	200	300	400	500	1000

表 7-33　重复峰值电压(额定电压)级别

级数	1	2	3	4	5	6	7	8	9	10	12
重复峰值电压(V)	100	200	300	400	500	600	700	800	900	1000	1200
级数	14	16	18	20	22	24	25	26	28	30	
重复峰值电压(V)	1400	1600	1800	2000	2200	2400	2500	2600	2800	3000	

表 7-34　型号的第 5 列表示的不同类型的含义

KP 型	通态平均电压级别	A	B	C	D	E	F	G	H	I
	通态平均电压(V)	≤0.4	0.4～0.5	0.5～0.6	0.6～0.7	0.7～0.8	0.8～0.9	0.9～1	1～1.1	1.1～1.2
KK 型	换向关断时间级数	0.5	1	2	3	4	5	6		
	换向关断时间(μS)	≤5	5～10	10～20	20～30	30～40	40～50	50～60		
KS 型	断态电压临界上升率级数	0.2	0.5	2	5					
	du/dt (V/μs)	20～50	50～2200	2200～2500	≥2500					

表 7-35　KS 型换向电流临界下降率级数

级数	0.2	0.5	1
di/dt(A/μs)	0.2%～0.5%	0.5%～1%	≥1%

（四）晶闸管主要技术数据

国产 KP、KK 型晶闸管主要技术数据见表 7-36；常用进口 3CT、

表 7-36 国产 KP、KK 型晶闸管主要技术数据

型 号	通态平均电流 $I_{T(av)}$ (A)	断态重复峰值电压 U_{DRM}，反向重复峰值电压 U_{RRM}(V)	断态不重复平均电流 I_{DS}，反向不重复平均电流 I_{RS}(mA)	断态重复平均电流 I_{DR}，反向重复平均电流 I_{RR}(mA)	触发电流 I_{GT} (mA)	触发电压 U_{GT} (V)	通态浪涌电流 I_{GT} (mA)	通态平均电压 $U_{T(av)}$ (V)	维持电流 I_H (mA)	断态电压临界上升率 du/dt (V/μs)	通态电流临界上升率 di/dt (A/μs)	控制极控制开通时间 t_{gt} (μs)	电路换向关断时间 t_g (μs)	额定结温 T_{JM} (℃)	额定结温升 ΔT_{JM} (K)
KP1	1	100～300	—	—	3～30	≤2.5	20	各厂根据合格的型式试验而定	实测值	30	—	—	—	100	60
KP5	5	100～300	≤1	<1	5～70	≤3.5	90			30	—	—			
KP10	10	100～300	≤1	<1	5～100	≤3.5	190			30	—	—			
KP20	20	100～300	≤1	<1	—	≤3.5	380			30	—	—			
KP30	30	100～300	≤2	<2	8～150	≤3.5	560			30	—	—			
KP50	50	100～300					940			100	—	—			
KP100	100	100～300	≤4	<4	10～250	≤4	1880			100	—	—	—	115	75
KP200	200						3770			100	—	—			
KP300	300	100～300	≤8	<8	20～300	≤5	5550			100	—	—			
KP400	400						7540			100	—	—			
KP500	500						9420			100	—	—			
KP600	600	100～300	≤9	<9	30～350	≤5	11160			100	—	—			

续表 7-36

型号	通态平均电流 $I_{T(av)}$ (A)	断态重复峰值电压 U_{DRM},反向重复峰值电压 U_{RRM}(V)	断态不重复平均电流 I_{DS},反向不重复平均电流 I_{RS}(mA)	断态重复平均电流 I_{DR},反向重复平均电流 I_{RR}(mA)	触发电流 I_{GT} (mA)	触发电压 U_{GT} (V)	通态浪涌电流 I_{GT} (mA)	通态平均电压 $U_{T(av)}$ (V)	维持电流 I_H (mA)	断态电压临界上升率 du/dt (V/μs)	通态电流临界上升率 di/dt (A/μs)	控制极控制开通时间 t_{gt} (μs)	电路换向关断时间 t_g (μs)	额定结温 T_{JM} (℃)	额定结温升 ΔT_{JM} (K)
KP800	800	100～300	≤9	<9	30～350	≤5	14920		实测值	100	—	—	—	115	75
KP1000	1000		≤10	<10	40～400	≤5	18600			100	—	—			
KK1	1	100～200	≤1	≤1	3～30	≤2.5	20	浪涌电流和结温的合格型式试验而定	实测值	≥100	—	—	≤5	风冷元件 115 水冷元件 100	风冷元件 75 水冷元件 60
KK5	5				5～70		90				—	≤3			
KK10	10		≤2	<2	5～100	≤3.5	110				≥50		≤10		
KK20	20						380					—			
KK50	50		≤3	<3	8～150		940					≤5	≤20		
KK100	100		≤5	<5	10～250	≤4	1900				≥100		≤30		
KK200	200						3800					≤6			
KK300	300		≤8	<8	20～300	≤5	5600						≤50		
KK400	400		≤10	<10			6300					≤8	≤60		
KK500	500						7900								

MCR、2N 系列晶闸管主要技术数据见表 7-37；国产 KS 型双向晶闸管主要技术数据见表 7-38；常用进口 3CTS、MAC、2N 系列双向晶闸管的主要技术数据见表 7-39。

表 7-37　常用进口 3CT、MCR、2N 系列晶闸管主要技术数据

<table>
<tr><th>型　号</th><th>重复峰值电压 U_{DRM}、U_{RRM}(V)</th><th>额定正向平均电流 $I_{T(av)}$ (A)</th><th>维持电流 I_H(mA)</th><th>通态平均电压 $U_{T(av)}$ (V)</th><th>控制触发极电压 U_{GT} (V)</th><th>控制触发极电流 I_{GT} (mA)</th></tr>
<tr><td>3CT021～3CT024</td><td rowspan="5">20～1000</td><td>0.1</td><td>0.4～20</td><td>≤1.5</td><td rowspan="3">≤1.5</td><td>0.01～10</td></tr>
<tr><td>3CT031～3CT034</td><td>0.2</td><td rowspan="2">0.4～30</td><td rowspan="4">≤1.2</td><td>0.01～15</td></tr>
<tr><td>3CT041～3CT044</td><td>0.3</td><td>0.01～20</td></tr>
<tr><td>3CT051～3CT054</td><td>0.5</td><td>0.5～30</td><td rowspan="2">≤2</td><td>0.05～20</td></tr>
<tr><td>3CT061～3CT064</td><td>1</td><td>0.8～30</td><td>0.01～30</td></tr>
<tr><td>3CT101</td><td rowspan="5">50～1400</td><td>1</td><td>—</td><td rowspan="5">≤1</td><td>≤2.5</td><td>3～30</td></tr>
<tr><td>3CT103</td><td>5</td><td><50</td><td rowspan="4">≤3.5</td><td>5～70</td></tr>
<tr><td>3CT104</td><td>10</td><td>—</td><td rowspan="2">—</td></tr>
<tr><td>3CT105</td><td>20</td><td><100</td></tr>
<tr><td>3CT107</td><td>50</td><td><200</td><td>8～150</td></tr>
<tr><td>MCR102</td><td>25</td><td rowspan="3">0.8</td><td rowspan="3">—</td><td rowspan="3">—</td><td rowspan="3">0.8</td><td rowspan="3">0.2</td></tr>
<tr><td>MCR103</td><td>50</td></tr>
<tr><td>MCR100-3～MCR100-8</td><td>100～800</td></tr>
<tr><td>2N1595</td><td>50</td><td rowspan="5">1.6</td><td rowspan="5">—</td><td rowspan="5">—</td><td rowspan="5">3.0</td><td rowspan="5">10</td></tr>
<tr><td>2N1596</td><td>100</td></tr>
<tr><td>2N1597</td><td>200</td></tr>
<tr><td>2N1598</td><td>300</td></tr>
<tr><td>2N1599</td><td>400</td></tr>
<tr><td>2N4441</td><td>50</td><td rowspan="4">8</td><td rowspan="4">—</td><td rowspan="4">—</td><td rowspan="4">1.5</td><td rowspan="4">30</td></tr>
<tr><td>2N4442</td><td>200</td></tr>
<tr><td>2N4443</td><td>400</td></tr>
<tr><td>2N4444</td><td>600</td></tr>
</table>

表 7-38 国产 KS 型双向晶闸管主要技术数据

型号	额定通态电流(有效值) I_{TRMS} (A)	断态重复峰值电流 I_{DRM} (V)	断态重复峰值电压 U_{DRM} (mA)	额定结温 T_{JM} (℃)	断态电压临界上升率 du/dt(V/μs)	换向电流临界上升率 di/dt(A/μs)	触发电流 I_{GT} (mA)	触发电压 U_{GT} (V)	维持电流 I_H (mA)	通态平均电压 $U_{T(av)}$ (V)
KS1	1	100～2000	<1	115	≥20	0.2%I_T	3～100	≤2	实测值	$\|U_{T1}-U_{T2}\|$≤2.5 浪涌电流和结温的合格型式试验而定
KS10	10	100～2000	<10	115	≥20	0.2%I_T	5～100	≤3		
KS20	20	100～2000	<10	115	≥20	0.2%I_T	5～100	≤3		
KS50	50	100～2000	<15	115	≥20	0.2%I_T	8～100	≤4		
KS100	100	100～2000	<20	115	≥50	0.2%I_T	10～100	≤4		
KS200	200	100～2000	<20	115	≥50	0.2%I_T	10～100	≤4		
KS400	400	100～2000	<25	115	≥50	0.2%I_T	20～100	≤4		
KS500	500	100～2000	<25	115	≥50	0.2%I_T	20～100	≤4		

表 7-39 常用进口 3CTS、MAC、2N 系列双向晶闸管的主要技术数据

型 号	重复峰值电压 U_{DRM}、U_{RRM} (V)	额定正向平均电流 $I_{T(av)}$ (A)	通态浪涌电流 I_{SM} (A)	通态平均电压 $U_{T(av)}$ (V)	触发电压 U_{GT} (V)	触发电流 I_{GT} (mA)
3CTS1	400～1000	1	≥10	≤2.2	≤3	≤50
3CTS2		2	≥20			
3CTS3		3	≥30			
3CTS4		4	≥33.6			
3CTS5		5	≥42			
MAC97-2	50	0.6	0.8	—	2～2.5	10
MAC97-3	100					
MAC97-4	200					
MAC97-5	300					
MAC97-6	400					
MAC97-7	500					
MAC97-8	600					
2N6069A	50	4.0	30	—	2.5	50～10
2N6070A	100					
2N6071A	200					
2N6072A	300					
2N6073A	400					
2N6074A	500					
2N6075A	600					
2N6342	200	8.0	100	—	2.0～2.5	50～75
2N6343	400					
2N6344	600					
2N6345	800					

(五)双向晶闸管

1. 用途。双向晶闸管普遍用于工业、交通、家用电器等领域，实现

交流调压、电动机调速、交流开关、路灯自动开启与关闭、温度调控、台灯调光、舞台调光等多种功能。

2. 结构和图形符号。双向晶闸管是目前比较理想的交流开关器件。其外形、结构与电路图形符号如图 7-7 所示。它属于 NPNPN 五层器件，3 个电极分别是 T_1、T_2、G。因该器件可以双向导通，故除控制极(门极)G 以外的两电极统称为主端子，用 T_1、T_2 表示，不再划分阳极或阴极。当 G 极和 T_2 极相对 T_1 的电压均为正时，T_2 是阳极，T_1 是阴极；当 G 极和 T_2 极相对 T_1 的电压均为负时，T_1 变成阳极，T_2 是阴极。

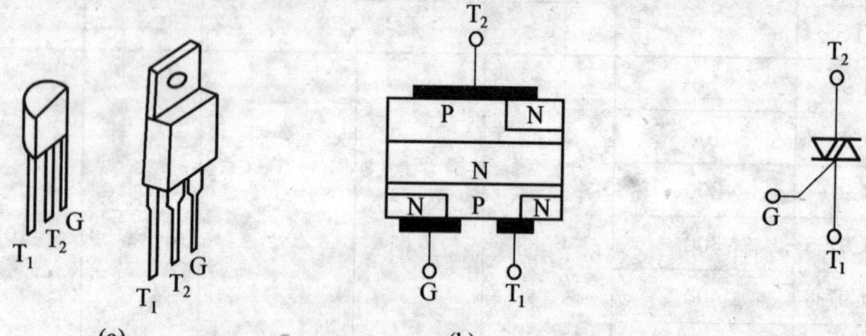

(a)　　(b)　　(c)

图 7-7　双向晶闸管结构及图形符号

(a)外形　(b)结构　(c)图形符号

3. 特性曲线和触发方式。双向晶闸管的伏安特性如图 7-8 所示。

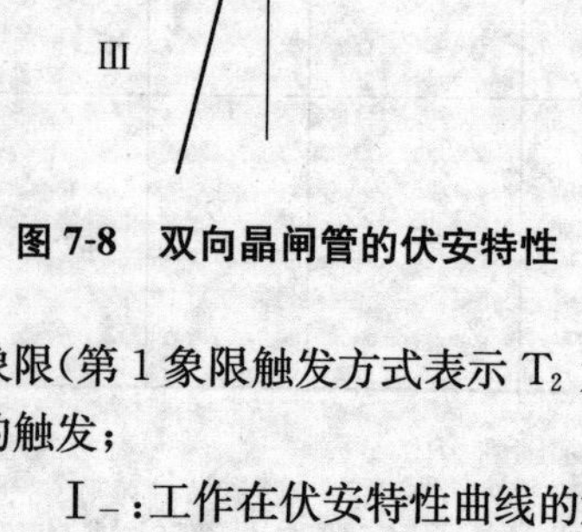

图 7-8　双向晶闸管的伏安特性

双向晶闸管两个方向均能控制导电，因为门极在正负脉冲作用下都可触发其导通。按门极和主极 T_1、T_2 极性的组合，它共有 4 种触发方式，即 I_{+}、I_{-}、III_{+}、III_{-}。实际上常用的是 I_{+}，I_{-}，III_{-} 3 种触发方式，如图 7-9所示。

I_{+}：工作在伏安特性曲线的第 1 象限(第 1 象限触发方式表示 T_2 为正极，T_1 为负极)，门极相对 T_1 为正的触发；

I_{-}：工作在伏安特性曲线的第 1 象限，门极相对 T_1 为负触发；

III_{-}：工作在伏安特性曲线的第 3 象限(第 3 象限触发方式表示 T_2

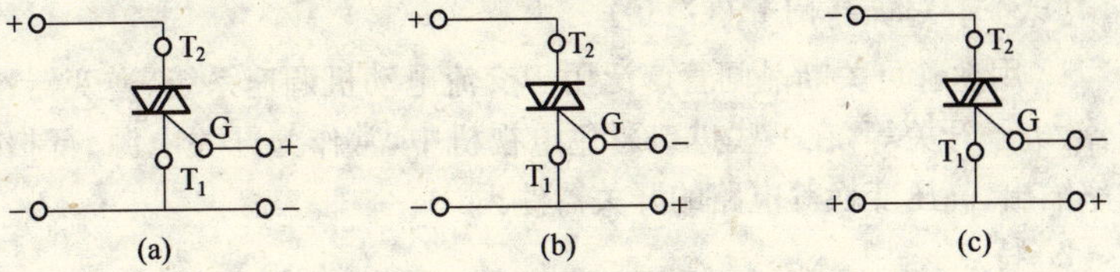

图 7-9 双向晶闸管的触发方式

(a) Ⅰ₊触发方式 (b) Ⅰ₋触发方式 (c) Ⅲ₋触发方式

为负极，T_1 为正极)，门极相对 T_1 为负的触发。

4. 使用双向晶闸管应注意的事项。

(1)双向晶闸管的额定电流是指有效值(普通晶闸管是指平均电流)。

(2)双向晶闸管门极有多种触发方式，但使用负信号触发比较可靠，故优先使用 $Ⅰ_-$ 及 $Ⅲ_-$ 方式。

5. 用万用表测量双向晶闸管的方法。

(1)判别极性。

①首先确定 T_2。控制极 G 与 T_1 极之间的距离较近，其正反向电阻都很小。用万用表 R×1 挡测量 G、T_1 任意两脚之间的电阻时仅几十欧，而 G～T_2、T_1～T_2 之间的反向电阻均为无穷大。这表明，如果测出某脚和其他两脚都不通，就能确定该脚为 T_2 极。有散热板的双向晶闸管 T_2 极往往与散热板相连通。

②确定 T_2 极之后，假设剩下两脚中某一脚为 T_1 极，另一脚为 G 极，把黑表笔接 T_1 极，红表笔接 T_2 极，并在红表笔不断开与 T_2 极连接的情况下，把 T_2 极与 G 极瞬时短接一下(给 G 极加上负触发信号)，电阻值如为 10Ω 左右，证明管子已经导通，导通方向为 $T_1 \rightarrow T_2$，上述假设的两极正确。如万用表没有指示，电阻值仍为无穷大，说明管子没有导通，假设错误，可改变两极连接表笔再测。

(2)判别质量好坏。在上述正确假设的基础上，再把红表笔接 T_1 极，黑表笔接 T_2 极，然后在不断开 T_1 与红表笔连接的情况下，使 T_2 极与 G 极瞬时短接一下(给 G 极加上正触发信号)，若电阻值仍为 10Ω 左右，证明管子再次导通，导通方向为 $T_2 \rightarrow T_1$。表明双向晶闸管具有双向触发能力。如果按上述方法两次测量，都不能使双向晶闸管触发导通，证明管子已损坏。

（六）可关断晶闸管（GTO）

1. 用途。可关断晶闸管广泛用于交流电动机调速系统、逆变器、斩波器、电子开关等，在一些进口彩色电视机中，常作为开关电源、行扫描功率输出、高压变换等电路的开关器件。

2. 特点。

（1）可关断晶闸管也属于4层3端器件，其结构与晶闸管相同，但两者关断原理及关断方法截然不同。晶闸管导通后处于深度饱和状态，而可关断晶闸管导通后只能达到临界饱和，所以给其控制极加上负向触发信号即可关断。利用这个特点把它用于直流电路中作为开关，能使电路大大简化。

（2）和普通晶闸管相比具有如下优点：

①用控制极负脉冲电流关断方式代替主电路换流，关断所需能量小。

②控制极关断晶闸管只需提供足够幅度、宽度的控制极关断信号，就能保证可靠的关断，因此线路可靠性高。

③有较高的开关速度，可关断晶闸管的工作频率可达35kHz。

（3）使可关断晶闸管关断所需要的控制极反向电流和电压值，与元件关断前流过的电流大小有关，并且比导通时所需要的控制极正向电流、电压要大得多。因此，控制极的损耗比较大，这是提高可关断晶闸管容量的一个困难课题。

3. 控制极伏安特性。如图7-10所示，图中曲线①表示阳极电流$I_A=0$时的特性，U_{GR}为控制极反向击穿电压。对于曲线②、③，$I_{A1}<I_{A2}$，现以曲线②为例加以说明。当负信号加在已导通GTO的控制极时，先要克服控制极-阴极PN结上的正向压降，而后控制极负电压逐渐增加，负电流不断增大，伏安特性曲线由第1象限进入第3象限。A点为临界导通状态，是由导通转化到关断的转折点。此后，控制极负压继续增加，控制极所加负压应小于控制极的反向击穿电压U_{GR}（$U_{GR}\approx10\sim15V$）。

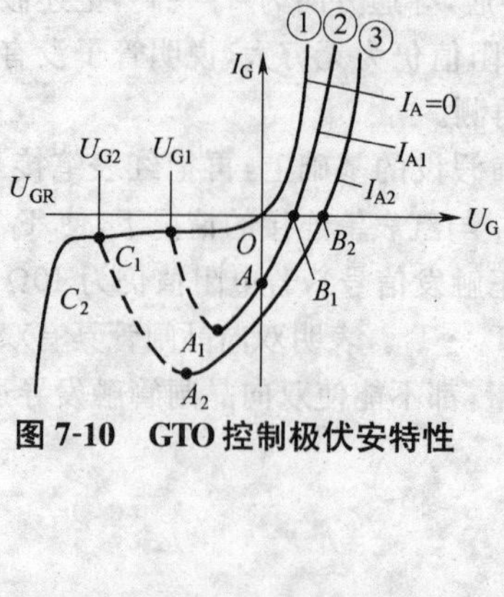

图7-10　GTO控制极伏安特性

4. 用万用表测量可关断晶闸管的方法。

(1)判别电极。将万用表拨至 R×1 挡，测量任意两极间的电阻。仅黑表笔接 G 极，红表笔接 K 极时，电阻呈低电阻值，其他情况下电阻值均为无穷大。由此可判定 G、K 两极，剩下的就是阳极 A。

(2)检查触发能力。万用表黑表笔接 A 极，红表笔接 K 极，电阻为无穷大；然后在不断开 A 极的同时用黑表笔尖接触 G 极(图 7-11a)，表针向右偏转到低电阻值，即表明可关断晶闸管已经导通；脱开 G 极，只要晶闸管维持导通，就证明被测管具有触发能力。

(3)检查关断能力。检查关断能力可用两只万用表同时进行，如图 7-11b 所示。首先用表Ⅰ按检查触发能力的方法，使晶闸管导通，然后将表Ⅱ拨在 R×10 挡，红表笔接 G 极，黑表笔接 K 极，施以负向触发信号。若表Ⅰ指针向左摆到无穷大，则证明晶闸管具有关断能力。

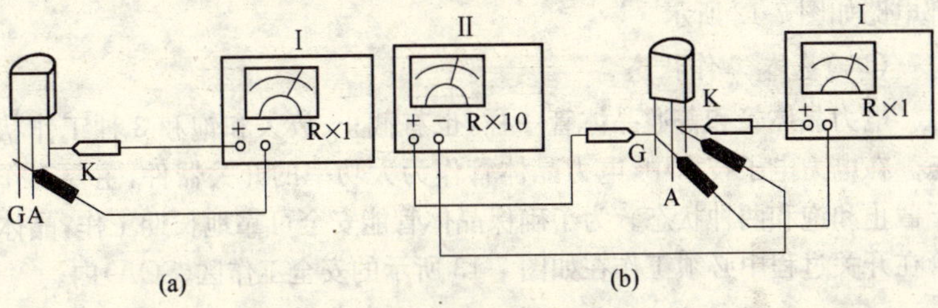

图 7-11　可关断晶闸管检测示意图

(a)检查触发能力　(b)检查关断能力

(4)估测关断增益 β_{OFF}。关断增益 β_{OFF} 是可关断晶闸管的一个重要参数，它等于阳极最大可关断电流 I_{ATM} 与控制极最大负向电流 I_{GM} 之比，即

$$\beta_{OFF}=\frac{I_{ATM}}{I_{GM}}$$

β_{OFF} 一般为几倍至几十倍。β_{OFF} 愈大，说明控制极电流对阳极电流的控制能力愈强。

估测 β_{OFF} 的方法是：首先按检查触发能力的方法使可关断晶闸管导通，并记下导通时表Ⅰ的偏转格数 n_1(满度偏转格数 $n_M=50$)；再接上表Ⅱ强迫可关断晶闸管关断，记下表Ⅱ的正向偏转格数 n_2(要求表Ⅰ、表Ⅱ为同型号万用表)，则关断增益为

$$\beta_{OFF}\approx\frac{10n_1}{n_2}$$

如实测一只可关断晶闸管时，$n_1=10$ 格，$n_2=15$ 格，代入上式，得到 $\beta_{OFF}\approx6.7$ 倍。

二、电力晶体管(GTR或BJT)

(一)特点和结构

电力晶体管也称为大功率晶体管(GTR)或电力双极型晶体管。电力晶体管具有控制方便、开关时间短、高频特性好和通态压降较低等优点，其主要缺点是存在局部过热引起的二次击穿现象。目前，电力晶体管的最大容量为1200V/400A，最佳工作频率为1～10kHz。

电力晶体管的基本结构和普通晶体管类似，实际上是由两个或多个晶体管复合而成的复合管(达林顿管)构成的，一般为模块化结构，其内部电路如图7-12所示。

(二)基本工作状态

电力晶体管和普通晶体管一样，也有截止、放大和饱和3种工作状态。在电力电子技术中，电力晶体管作为大功率的开关器件，主要工作于截止和饱和两种状态。为了确保晶体管能安全可靠地长期工作，晶体管在开关过程中必须工作在如图7-13所示的安全工作区(SOA)内。

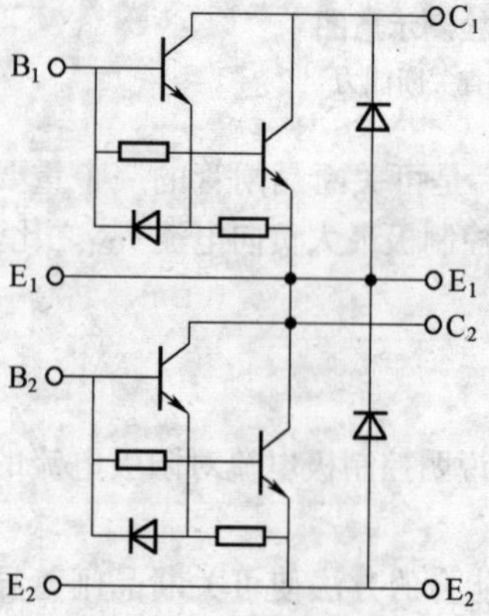

图7-12　电力晶体管双管模块电路

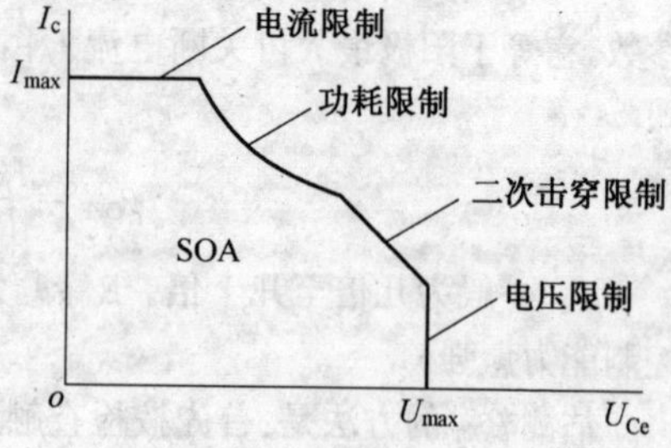

图7-13　电力晶体管的安全工作区

（三）电力晶体管的主要参数

1. 开路阻断电压。主要反映电力晶体管的耐压能力。

(1)$U_{(BR)cbo}$。发射极开路时，集电极-基极间的反向击穿电压。

(2)$U_{(BR)ceo}$。基极开路时，集电极-发射极间的反向击穿电压。

(3)$U_{(sus)ceo}$。基极开路时，集电极-发射极间能承受的持续电压一般为$U_{(sus)ceo}<U_{(BR)ceo}$。

2. 集电极最大持续电流 I_{CM}。当基极正向偏置时，集电极能流入的最大电流 I_{CM}。

3. 电流增益 h_{FE}。集电极电流与基极电流的比值称为电流增益，也叫电流放大倍数或电流传输比。$h_{FE}=I_c/I_b$。

4. 开通时间 t_{on}。当基极电流为正向阶跃信号 I_{b1} 时，经过时间 t_d 延迟后，基极-发射极电压 U_{be} 才上升到饱和值 U_{bes}，同时集电极-发射极电压 U_{ce} 从 100%下降到 90%。此后，U_{ce} 迅速下降到 10%，集电极电流 I_C 上升到 90%，所经过时间 t_r。开通时间 t_{on} 是延迟时间 t_d 与上升时间 t_r 之和，如图 7-14 所示。图 7-14 示出电力晶体管在电阻负载时的典型开关过程。

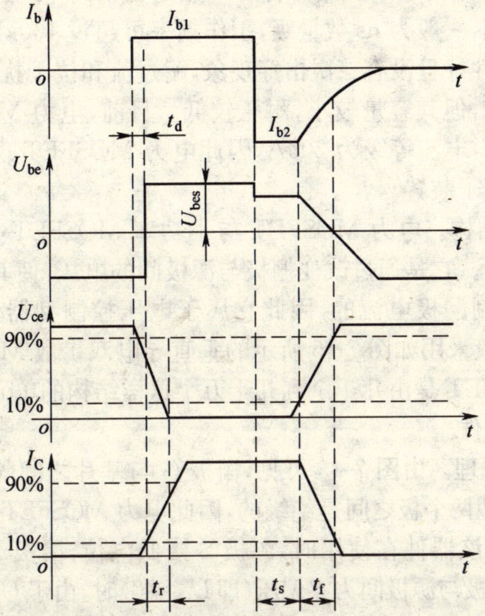

图 7-14 电力晶体管开关时间

5. 关断时间 t_{off}。从反向注入基极电流开始，到 U_{ce} 上升到 10%所经过的时间，为存储时间 t_s。此后，U_{ce} 继续上升到 90%，I_C 下降到 10%所经过的时间，为下降时间 t_f。关断时间 t_{off} 是存储时间 t_s 和下降时间 t_f 之和，如图 7-14 所示。

（四）变频器用电力晶体管的选择

1. 电压等级选择。考虑到电源干扰、电力晶体管的电压尖峰脉冲、过压保护等因素，通常可按输入变频器的交流电源线电压 U_L 峰值的 2 倍来选择 U_{ceo}，即

$$U_{ceo} \geqslant 2\sqrt{2}U_L \tag{7-9}$$

2. 电流等级选择。考虑到过载能力、电流安全系数，可按变频器额定输出电流 I_N 峰值的 2 倍来选择 I_{CM}，即

$$I_{CM} \geqslant 2\sqrt{2}I_N \tag{7-10}$$

三、电力场效应晶体管（MOSFET）

（一）特点和结构

1. 特点。电力场效应晶体管的特点是驱动简单，驱动功率小，而且开关时间很短，一般为 ns 数量级，工作频率可超过 100kHz，其控制较为方便，热稳定性好且没有二次击穿现象，耐过流和抗干扰能力强，安全工作区（SOA）宽，但其容量较小，耐压较低。目前，电力 MOSFET 的耐压等级为 1000V，电流等级为 200A，因此电力 MOSFET 现主要用于各种小容量电力电子装置。

2. 基本结构。电力 MOSFET 与小功率 MOSFET 一样，是绝缘栅场效应晶体管。它是通过改变栅极与源极间的电压，使其内部沟道反型及恢复，来控制漏极电流的，因此它属于电压控制型器件。目前，电力 MOSFET 一般采用如图 7-15 所示的垂直导电双扩散 MOS 结构。实际的电力 MOSFET 是由几千个到几十万个这样结构的单元并联组成的一种功率集成器件。

3. 工作原理。由图 7-15 可见，栅极 G 与基片之间隔着二氧化硅薄层，故它与其他两个极之间是绝缘的，因此电力 MOSFET 栅-源极之间的阻抗非常高。该器件在使用时，源极 S 接低电位，漏极 D 接高电位，即 $U_{DS}>0$。当栅极与源极间为零偏压（即 $U_{GS}=0$）时，由于 U_{DS} 使 PN 结承受反向电压，故漏极到源极之间无电流，整个器件处于阻断状态；当栅极-源极间的正偏压超过某一临界值（栅极阈值电压 $U_{(th)GS}$）时，即 $U_{GS}>U_{(th)GS}$

时，靠近二氧化硅附近的P区表面层形成与P型半导体导电性相反的一层，即N反型层，该反型层称为N沟道。N沟道将漏极与源极连接起来，成为导电的通道，使整个器件处于导通状态，电流 I_D 从漏极出发，经过N沟道，流入 N^+ 区，最后从源极流出。由于这种电力MOSFET靠N型沟道来导电，故称为N沟道MOSFET。此外，源极金属电极与 N^+ 型源区和P型沟道体连接在一起，P型沟道体区与漏区（N^-，N^+）形成的PN结就是并联在源极与漏极之间的寄生二极管。这个寄生二极管在逆变器中可作为反馈二极管用。

4. 特性及参数。电力MOSFET的输出特性如图7-16所示。由图可见，当 $U_{GS}<U_{(th)GS}$ 阈值电压时，漏源间没有电流流过，处于截止状态，直到 U_{DS} 上升到PN结雪崩击穿，进入雪崩区为止。当 $U_{GS}>U_{(th)GS}$ 时，沟道反型层开始出现，I_D 开始流过管子。I_D 的大小即该管的导电能力，取决于栅源电压 U_{GS}。在高于 $U_{(th)GS}$ 值的栅源电压下，其输出曲线从线性区转向有源区。进入有源区时，漏极电流 I_D 几乎保持不变。在正常情况下，不应使管子进入雪崩击穿区。

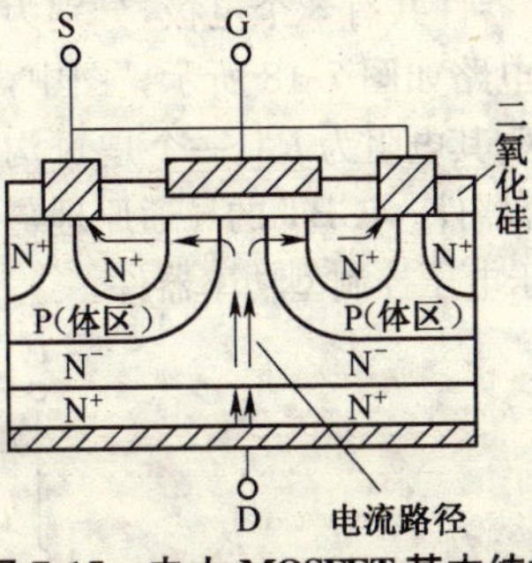

图7-15 电力MOSFET基本结构

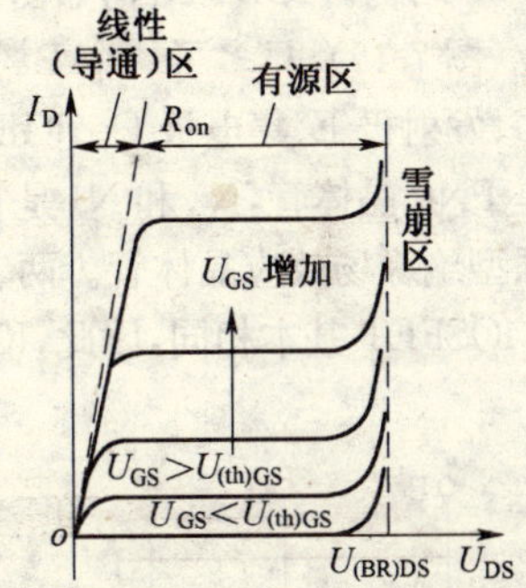

图7-16 电力MOSFET输出特性

电力MOSFET主要参数有：

(1)通态电阻 R_{on}。它决定了器件的通态损耗，是影响最大输出功率的重要参数。图7-16中线性区临界线的斜率即是通态电阻 R_{on} 的值。

(2)漏源击穿电压 $U_{(BR)DS}$。它决定了电力MOSFET的最高工作电压随着温度的升高而增大。

(3)栅源击穿电压 $U_{(BR)GS}$。是为了防止绝缘层因栅源电压过高发生介质击穿而设定的参数，极限值一般定为±20V。

(4)最大漏极电流 I_{DM}。它表示电力 MOSFET 的电流容量。

(5)阈值电压 $U_{(th)GS}$。沟道体区表面实现强反型所需要的最低栅源电压。实际使用时，所需栅源电压是阈值电压的 1.5～2.5 倍。目前，世界上各大公司生产的电力 MOSFET 器件的阈值电压值为 2～6V，所以，几乎所有的栅源驱动电压都设计为 15V。

四、绝缘栅双极晶体管(IGBT)

1. 特点。绝缘栅双极晶体管(IGBT)是由单极型 MOS 管和双极型 GTR 复合而成的新型功率器件。它既具有单极型 MOS 管的输入阻抗高、开关速度快的优点，关断时间可缩短到 40ns；又具有双极型电力晶体管的电流密度高、导通压降低的优点。目前，IGBT 的容量已经达到 GTR 的水平，系列化产品的电流容量为 10～400A，电压等级为 500～1400V，工作频率为 10～50kHz。由于 IGBT 集 MOSFET 和 GTR 的优点于一身，因此它广泛应用于各种电力电子装置，有取代电力 MOSFET 和 GTR 的趋势。

2. 结构。IGBT 结构如图 7-17 所示。它与电力 MOSFET 的结构相比(图 7-15)，只多了一个 P^+ 区。IGBT 器件共有 3 个电极，分别为栅极 G、发射极 E、集电极 C。IGBT 的等效电路如图 7-18 所示。图中，一个是 PNP 晶体管，N^+ 和 N^- 是它的厚基区，其电阻为 R_N；一个是 N 沟道增强型绝缘场效应晶体管。两者构成复合器件。IGBT 的导通原理与电力 MOSFET 基本相同，因此，IGBT 也属于电压控制型功率器件。

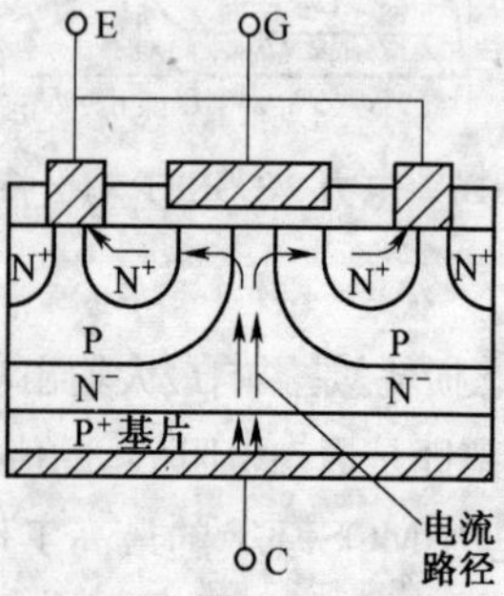

图 7-17　IGBT 基本结构

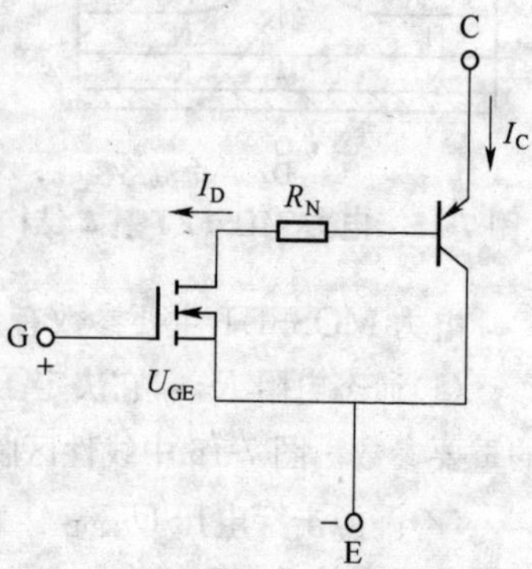

图 7-18　IGBT 等效电路

3. 主要参数。IGBT 的主要参数有：

(1)集电极-发射极额定电压U_{CES}。栅极-发射极短路时，IGBT的耐压值。

(2)栅极-发射极额定电压U_{GES}。IGBT是由栅极-发射极间电压信号U_{GE}控制其导通和关断的，而U_{GES}为该控制信号电压的额定值。IGBT工作时，其控制信号电压不能超过U_{GES}。目前IGBT的U_{GES}大多为±20V左右。

(3)额定集电极电流I_C。IGBT导通时，允许流过管子的最大持续电流。

(4)集电极-发射极饱和电压$U_{(sat)CE}$。IGBT正常饱和导通时，集电极-发射极之间的电压降。$U_{(sat)CE}$越小，管子的功率损耗越小。

(5)开关频率。IGBT的开关频率是由其导通时间t_{on}、下降时间t_f和关断时间t_{off}来决定的。IGBT的开关频率还与集电极电流I_C、运行温度和栅极电阻R_G有关。当R_G增大、运行温度升高时，开关时间增大，管子允许的开关频率有所降低。IGBT的实际工作频率比GTR高，一般可达30～40kHz。

4. IGBT的驱动。随着IGBT的广泛应用，针对IGBT的优点而开发出的各种专用驱动模块也应运而生，如日本富士公司的EXB841专用驱动模块，模块内部装有光耦合器，有过电流保护电路和过电流保护信号端子，还可以用单电源供电。各种高性能的专用驱动模块，为IGBT的广泛应用提供了极大的方便。

第五节 应用电路

一、整流电路

(一)整流电路的电量关系

单相整流电路电阻性负载时的电量关系见表7-40；三相半波和三相桥式整流电路电阻负载时的电量关系见表7-41。

表7-40 单相整流电路电阻性负载时的电量关系

电路名称	单相半波整流	单相全波整流	单相桥式整流
输出直流电压U_d	$0.45U_2$	$0.9U_2$	$0.9U_2$
器件所受反向电压峰值U_{vrm}	$3.14U_d$ ($=1.41U_2$)	$3.14U_d$ ($=2.83U_2$)	$1.57U_d$ ($1.41U_2$)

续表 7-40

电　路　名　称	单相半波整流	单相全波整流	单相桥式整流
流过器件的电流平均值 I_V	I_d	$0.5I_d$	$0.5I_d$
流过器件的电流最大值	$3.14I_d$	$1.57I_d$	$1.57I_d$
整流变压器二次电压有效值 U_2	$2.22U_d$	$1.11U_d$	$1.11U_d$
整流变压器二次电流有效值 I_2	$1.57I_d$	$0.79I_d$	$1.11I_d$
整流变压器二次容量 P_2	$3.49U_dI_d$	$1.74U_dI_d$	$1.23U_dI_d$
整流变压器一次容量 P_1	$2.69U_dI_d$	$1.23U_dI_d$	$1.23U_dI_d$
整流变压器平均计算容量 P_c	$3.09U_dI_d$	$1.49U_dI_d$	$1.23U_dI_d$
脉动系数 S	1.57	0.667	0.667
纹波系数 γ	1.21	0.48	0.48
输出电压脉动的最低频率	$1f$	$2f$	$2f$

注：$S=\dfrac{\text{交流分量的基波(或最低次谐波)的振幅值}}{\text{直流分量(即平均值)}}$；

$\gamma=\dfrac{\text{交流分量的有效值}}{\text{直流分量(即平均值)}}$；

f——交流电源频率(Hz)。

表 7-41　三相半波和三相桥式整流电路电阻负载时的电量关系

电路名称	三相半波整流	三相桥式整流
电路原理图	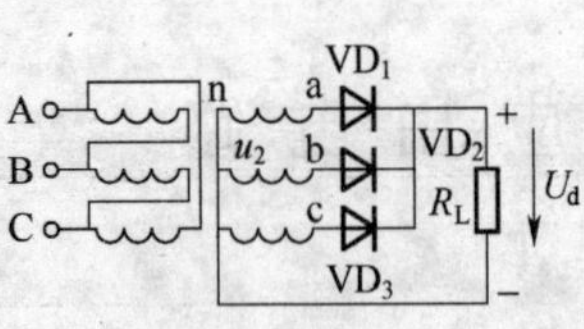	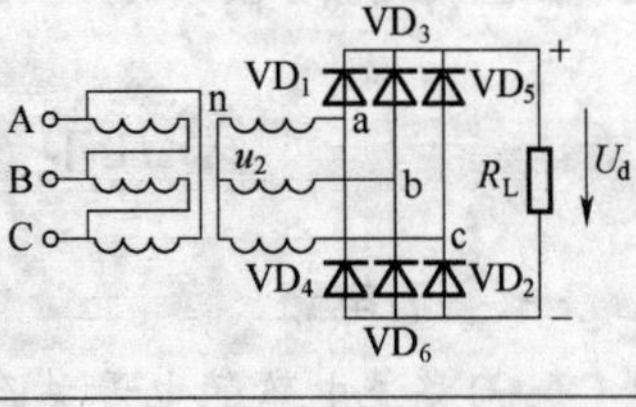
输出直流电压 U_d	$1.17U_2$	$2.34U_2$
器件所受反向电压峰值 U_{vrm}	$2.09U_d(=2.45U_2)$	$1.05U_d(=2.45U_2)$
流过器件的电流平均值 I_V	$I_d/3$	$I_d/3$

续表 7-41

电路名称	三相半波整流	三相桥式整流
流过器件的电流最大值	$1.21I_d$	$1.05I_d$
整流变压器二次电压有效值U_2	$0.855U_d$	$0.428U_d$
整流变压器二次电流有效值I_2	$0.58I_d$	$0.816I_d$
整流变压器二次容量P_2	$1.49U_dI_d$	$1.05U_dI_d$
整流变压器一次容量P_1	$1.21U_dI_d$	$1.05U_dI_d$
整流变压器平均计算容量P_c	$1.35U_dI_d$	$1.05U_dI_d$
脉动系数S	0.25	0.0571
纹波系数γ	0.183	0.0418
脉动频率	$3f$	$6f$

(二)常用单相整流电路及电压、电流波形

单相半波电阻负载整流电路原理图及波形如图 7-19 所示;单相全波电阻负载整流电路原理图及波形如图 7-20 所示;单相桥式全波电阻负载整流电路原理图及波形如图 7-21 所示。

二、滤波电路

1. 电路原理图。电容滤波电路如图 7-22 所示;Γ型(倒 L 型)滤波电路如图 7-23 所示;Π型(π型)滤波电路如图 7-24 所示。

2. 电量关系。电容滤波电路电量关系见表 7-42;Γ型滤波电路电量关系见表 7-43;π型滤波电路电量关系见表 7-44。

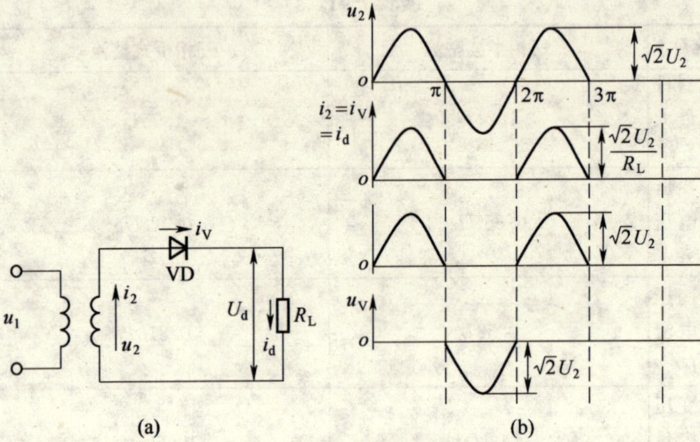

图 7-19　单相半波整流电路

(a)电路原理图　(b)波形图

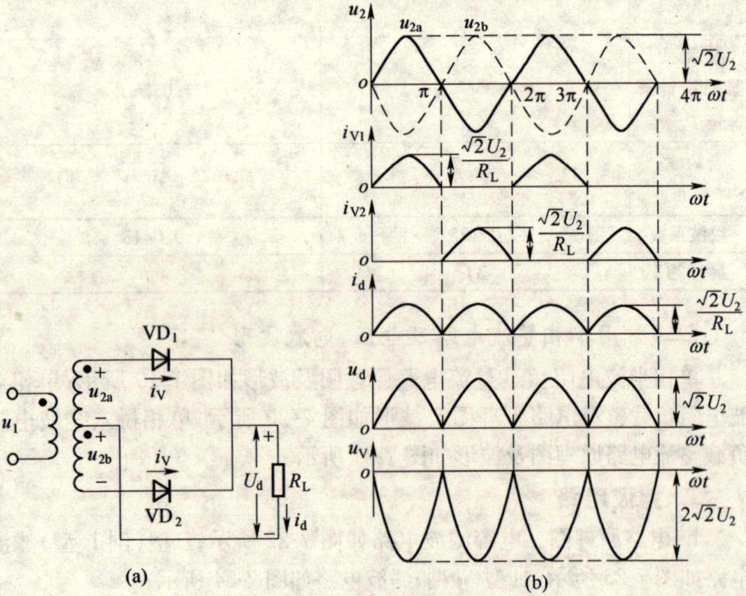

图 7-20　单相全波整流电路

(a)电路原理图　(b)波形图

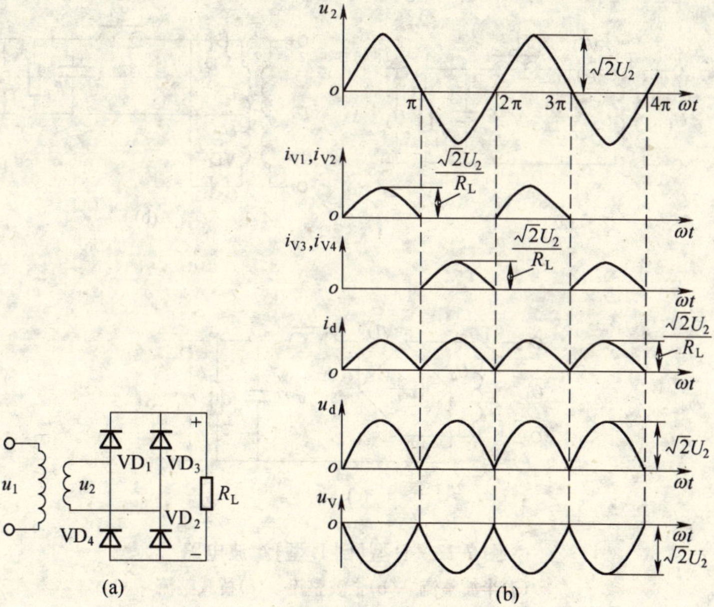

图 7-21　单相桥式全波整流电路

(a)电路原理图　(b)波形图

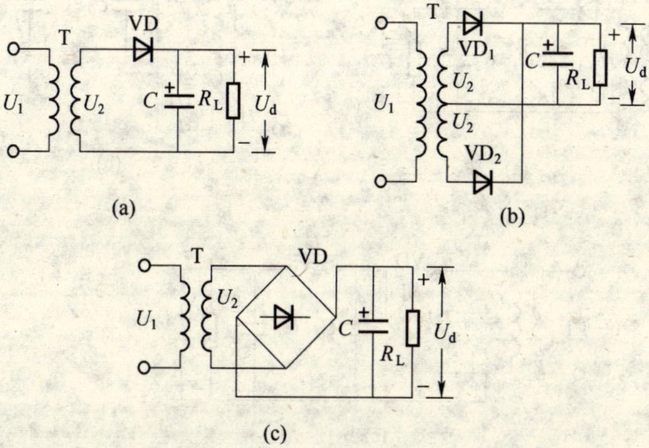

图 7-22　电容滤波电路

(a)半波整流　(b)全波整流　(c)桥式整流

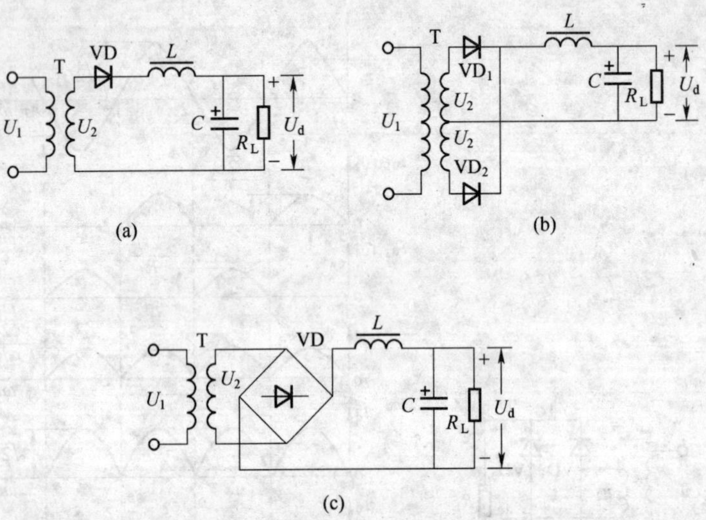

图 7-23　Γ型(倒 L 型)滤波电路

(a)半波整流　(b)全波整流　(c)桥式整流

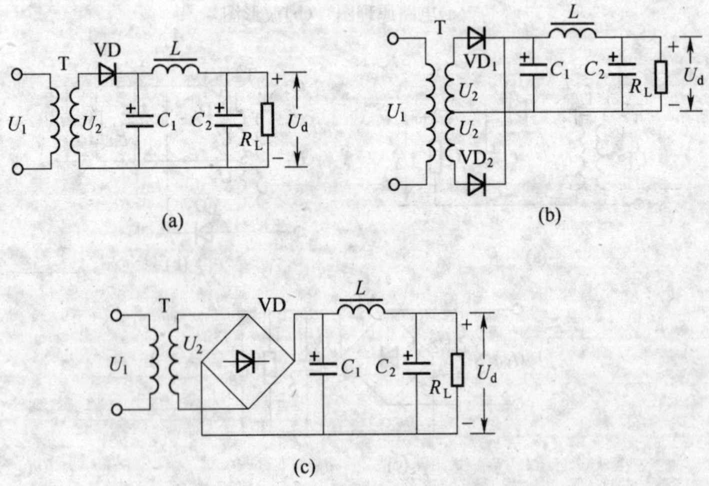

图 7-24　Π型(π型)滤波电路

(a)半波整流　(b)全波整流　(c)桥式整流

表 7-42 电容滤波电路电量关系

整流电路名称		半波整流电路	全波整流电路	桥式整流电路
输出直流电压 U_d	空载	$\sqrt{2}U_2$	$\sqrt{2}U_2$	$\sqrt{2}U_2$
	负载	$(1.0\sim1.2)U_2$	$(1.0\sim1.2)U_2$	$(1.0\sim1.2)U_2$
整流器件所受反向电压峰值 U_{vrm}		$2\sqrt{2}U_2$	$2\sqrt{2}U_2$	$2\sqrt{2}U_2$
流过器件的正向电流 I_V		I_d	$0.5I_d$	$0.5I_d$
滤波系数 q		$\frac{\pi}{2}fCR_L$	$\frac{8}{3}fCR_L$	$\frac{8}{3}fCR_L$

注：U_2——变压器二次电压有效值(V)；
I_d——输出直流电流(A)；
f——电源频率，通常为 50Hz；
C——滤波电容(F)；
R_L——负载电阻(Ω)。

表 7-43 Γ型滤波电路电量关系

整流电路名称	半波整流电路	全波整流电路	桥式整流电路
输出直流电压 U_d	$0.45U_2$	$0.9U_2$	$0.9U_2$
器件所受反向电压峰值 U_{vrm}	$(0.45+\sqrt{2})U_2$	$2\sqrt{2}U_2$	$2\sqrt{2}U_2$
流过器件的正向电流 I_v	I_d	$0.5I_d$	$0.5I_d$
滤波系数 q	$4\pi^2f^2LC$	$16\pi^2f^2LC$	$16\pi^2f^2LC$

注：L——滤波电感(H)。

表 7-44 π型滤波电路电量关系

整流电路名称		半波整流电路	全波整流电路	桥式整流电路
输出直流电压 U_d	空载	$\sqrt{2}U_2$	$\sqrt{2}U_2$	$\sqrt{2}U_2$
	负载	$(1.0\sim1.2)U_2$	$(1.0\sim1.2)U_2$	$(1.0\sim1.2)U_2$
器件所受反向电压峰值 U_{vrm}		$2\sqrt{2}U_2$	$2\sqrt{2}U_2$	$2\sqrt{2}U_2$
流过器件的正向电流 I_v		I_d	$0.5I_d$	$0.5I_d$
滤波系数 q		$2\pi^3f^3LC_1C_2R_L$	$\frac{128}{3}\pi^3f^3LC_1C_2R_L$	$\frac{128}{3}\pi^3f^3LC_1C_2R_L$

三、晶闸管可控整流电路

(一)可控整流电路的参数

可控整流电路的参数见表 7-45。

表 7-45　可控整流电路的参数

	名称	单相半波	单相全波	单相半控桥
整流主电路	电路图	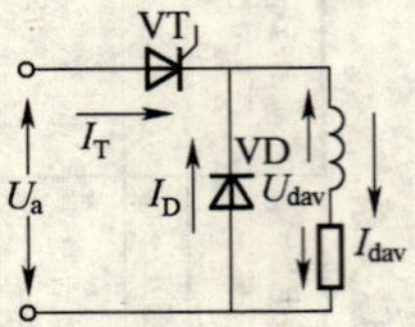	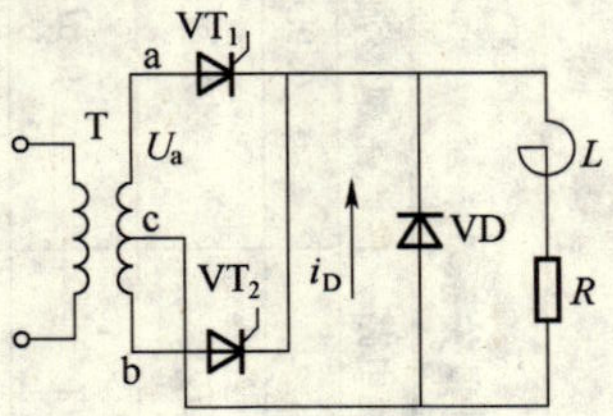	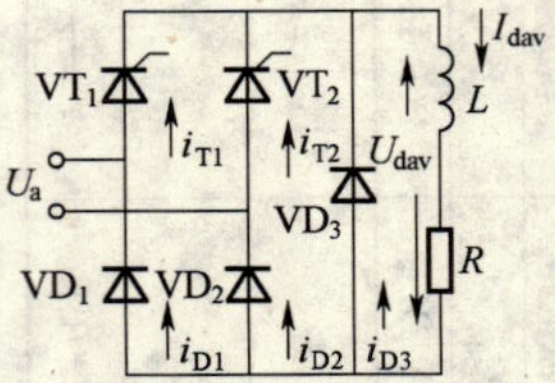
触发延迟角 $\alpha=0°$ 时，空载直流输出电压平均值 U_{do}		$0.45U_a$	$0.9U_a$	$0.9U_a$
触发延迟角 $\alpha\neq0$ 时空载直流输出电压平均值	电阻负载或电感负载有续流二极管的情况	$\frac{1+\cos\alpha}{2}U_{do}$	$\frac{1+\cos\alpha}{2}U_{do}$	$\frac{1+\cos\alpha}{2}U_{do}$
	电阻＋无限大电感的情况	—	$U_{do}\cos\alpha$	$\frac{1+\cos\alpha}{2}U_{do}$

续表 7-45

整流主电路		单相半波	单相全波	单相半控桥
名称		单相半波	单相全波	单相半控桥
	电路图	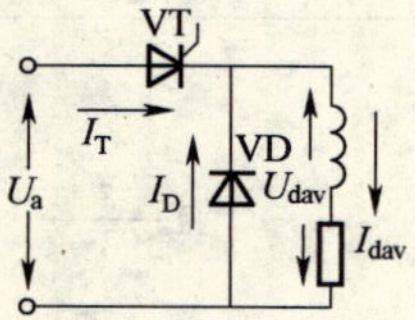	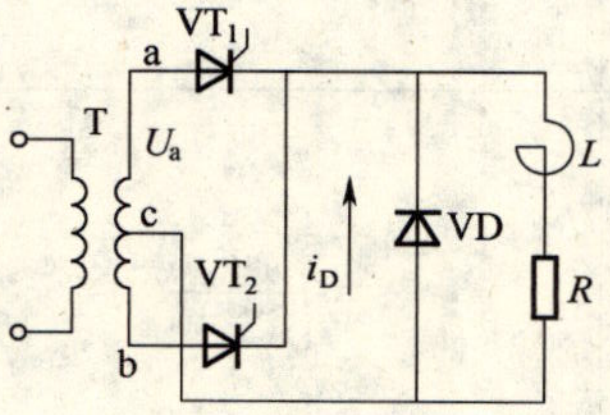	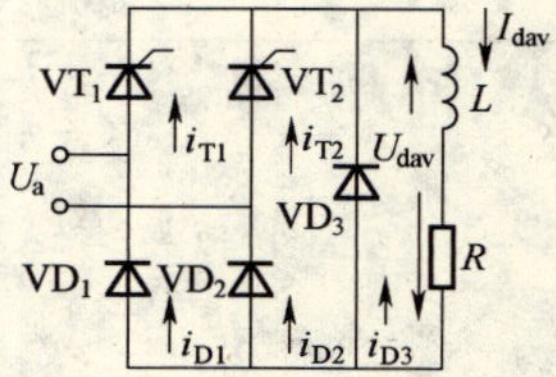
$\alpha=0°$时的脉动电压	最低脉动频率	f	$2f$	$2f$
	脉动系数	1.57	0.666	0.666
元件承受的最大正反向电压		$\sqrt{2}U_a$	$2\sqrt{2}U_a$	$2\sqrt{2}U_a$
移相范围	纯电阻负载或电感负载有续流二极管的情况	$0\sim\pi$	$0\sim\pi$	$0\sim\pi$
	电阻＋无限大电感的情况	—	$0\sim\frac{\pi}{2}$	$0\sim\pi$
最大导通角 θ_{max}		π	π	π

续表 7-45

	名称	单相全控桥	用一只晶闸管的单控整流桥	三相半波
整流主电路	电路图	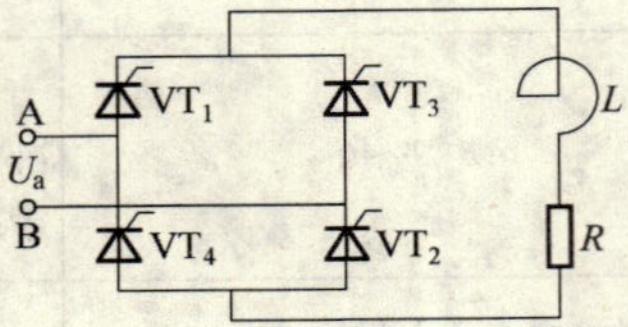	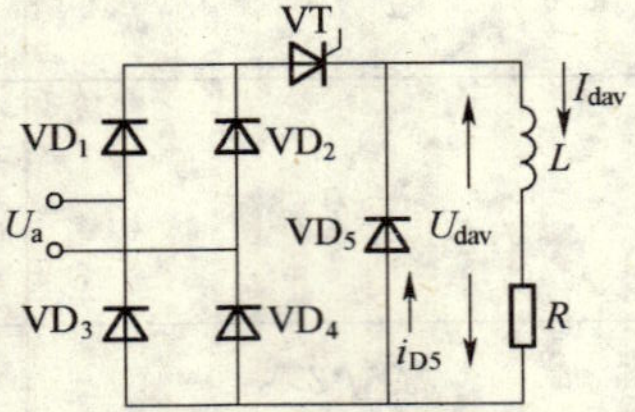	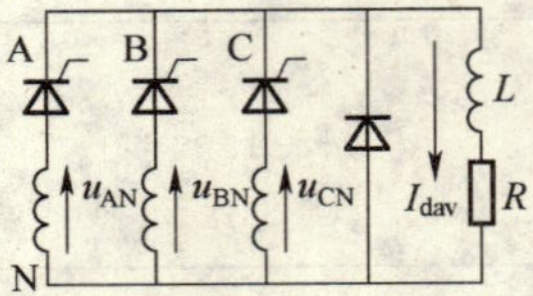
触发延迟角 $\alpha=0°$ 时，空载直流输出电压平均值 U_{do}		$0.9U_a$	$0.9U_a$	$1.17U_a$
触发延迟角 $\alpha\neq0$ 时空载直流输出电压平均值	电阻负载或电感负载有续流二极管的情况	$\frac{1+\cos\alpha}{2}U_{do}$	$\frac{1+\cos\alpha}{2}U_{do}$	当 $0\leqslant\alpha\leqslant\frac{\pi}{6}$ 时，$\cos\alpha U_{do}$ 当 $\frac{\pi}{6}<\alpha\leqslant\frac{5\pi}{6}$ 时，$0.577U_{do}[1+\cos(\alpha+\frac{\pi}{6})]$
	电阻＋无限大电感的情况	$U_{do}\cos\alpha$	—	$U_{do}\cos\alpha$

续表 7-45

整流主电路	名称	单相全控桥	用一只晶闸管的单控整流桥	三相半波
	电路图	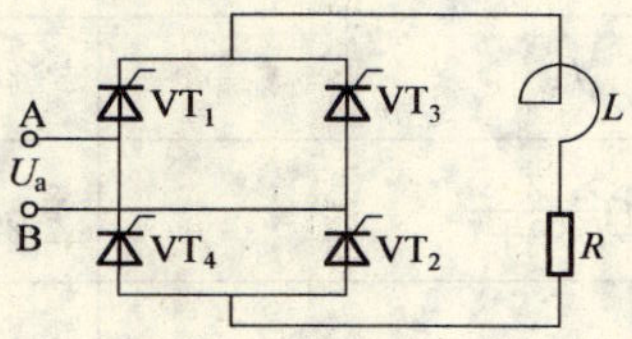	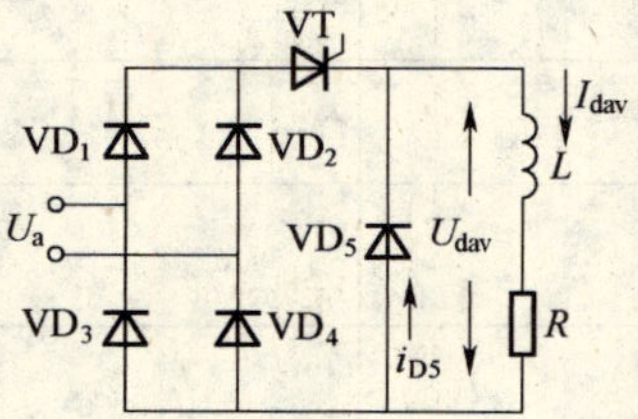	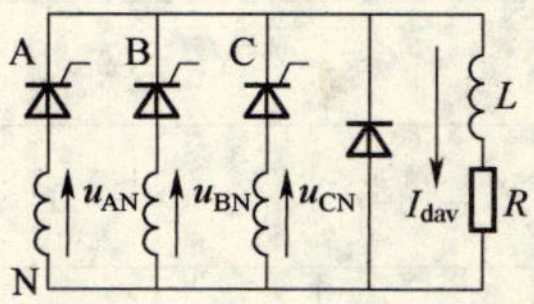
$\alpha=0°$时的脉动电压	最低脉动频率	$2f$	$2f$	$3f$
	脉动系数	0.666	0.666	0.25
元件承受的最大正反向电压		$\sqrt{2}U_a$	$\sqrt{2}U_a$	$\sqrt{6}U_a$
移相范围	纯电阻负载或电感负载有续流二极管的情况	$0\sim\pi$	$0\sim\pi$	$0\sim\frac{5\pi}{6}$
	电阻＋无限大电感的情况	$0\sim\frac{\pi}{2}$	—	$0\sim\frac{\pi}{2}$
最大导通角 θ_{max}		π	π	$\frac{2\pi}{3}$

续表 7-45

整流主电路	名称	三相半控桥	三相全控桥
整流主电路	电路图	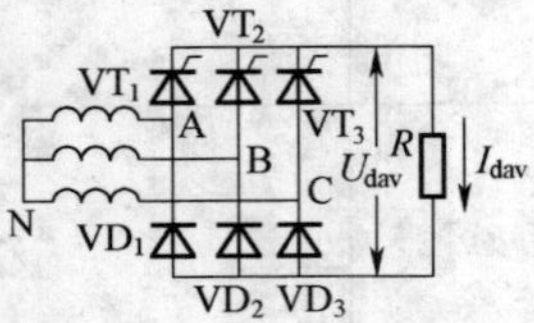	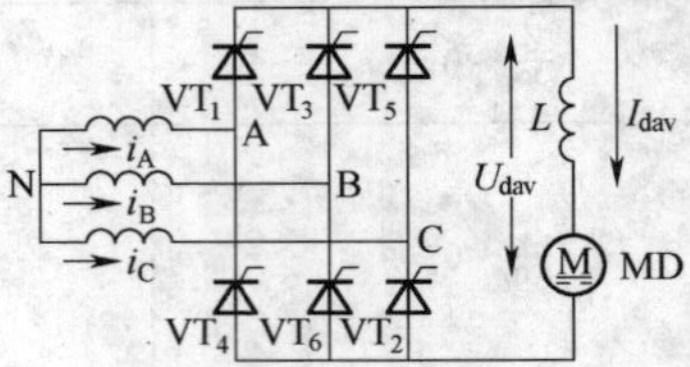
触发延迟角 $\alpha=0°$时，空载直流输出电压平均值 U_{do}		$2.34U_a$	$2.34U_a$
触发延迟角 $\alpha\neq0$ 时空载直流输出电压平均值	电阻负载或电感负载有续流二极管的情况	$\frac{1+\cos\alpha}{2}U_{do}$	当 $0\leqslant\alpha\leqslant\frac{\pi}{3}$ 时，$U_{do}\cos\alpha$ 当 $\frac{\pi}{3}<\alpha\leqslant\frac{2\pi}{3}$ 时 $U_{do}\left[1+\cos\left(\alpha+\frac{\pi}{3}\right)\right]$
	电阻＋无限大电感的情况	$\frac{1+\cos\alpha}{2}U_{do}$	$U_{do}\cos\alpha$
$\alpha=0°$ 时的脉动电压	最低脉动频率	$6f$	$6f$
	脉动系数	0.057	0.057
元件承受的最大正反向电压		$\sqrt{6}U_a$	$\sqrt{6}U_a$

续表 7-45

整流主电路	名称	三相半控桥	三相全控桥
	电路图	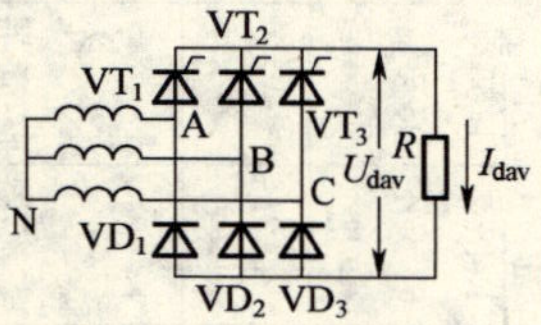	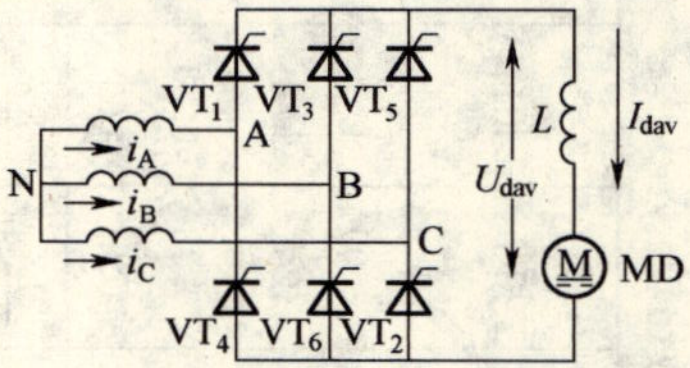
移相范围	纯电阻负载或电感负载有续流二极管的情况	$0\sim\pi$	$0\sim\frac{2\pi}{3}$
	电阻＋无限大电感的情况	$0\sim\pi$	$0\sim\frac{\pi}{2}$
最大导通角 θ_{mar}		$\frac{2\pi}{3}$	$\frac{2\pi}{3}$

注：U_a——交流输入相电压有效值。

α——触发延迟角，晶闸管承受正向电压起始点到触发脉冲的作用点之间的电角度。

θ——导通角，晶闸管在一周期时间内导通的电角度。

(二)可控整流电路的参数比较

可控整流电路的参数比较见表 7-46。

表 7-46 可控整流电路的参数比较

整流主电路	单相半波	单相全波	单相桥式	用一只晶闸管的半控整流桥	三相半波	三相桥式	双Y带平衡电抗器
器件上承受峰压 $\frac{U_{vm}}{U_{do}}$ 越小越好	3.14 最大	3.14 最大	1.57 一般	1.57 一般	2.09 较大	1.05 最小	2.09 较大
元件上的电流 $\frac{I_v}{I_d}$ 越小越好	1 最大	0.5 一般	0.5 一般	1 最大	0.33 较小	0.33 较小	0.167 最小
变压器一次利用率%越大越好	$\frac{1}{1.11}=$ 90%① 较大	$\frac{1}{1.11}=$ 90% 较大	$\frac{1}{1.11}=$ 90% 较大	$\frac{1}{1.11}=$ 90% 较大	$\frac{1}{1.21}=$ 82.7% 一般	$\frac{1}{1.05}=$ 95.5% 最大	$\frac{1}{1.05}=$ 95.5% 最大
功率因数越大越好	0.9 一般	0.9 一般	0.9 一般	0.9 一般	0.827 一般	0.955 最大	0.955 最大
变压器二次利用率%越大越好	$\frac{1}{1.57}=$ 63.7% 一般	$\frac{1}{1.57}=$ 63.7% 一般	$\frac{1}{1.11}=$ 90% 较大	$\frac{1}{1.11}=$ 90% 较大	$\frac{1}{1.48}=$ 67.5% 一般	$\frac{1}{1.05}=$ 95.5% 最大	$\frac{1}{1.48}=$ 67.5% 一般
波纹因数越小越好	1.21 最大	0.484 较大	0.484 较大	0.484 较大	0.187 一般	0.042 最小	0.042 最小
电路结构越简单越好	一个整流器件最简单	两个整流器件较简单	四个整流器件较简单	四个二极管一个晶闸管较简单	三个整流器件一般	六个整流器件一般	六个整流器件平衡电抗器较复杂
适用场合	对电压波形要求不高的低电压小电流负载	因缺点较多使用较少	各项指标较好适用小功率负载	适用于小功率负载,但电感性负载时需加续流二极管	指标一般,但因元件受峰压较大,较少采用	各项指标均较好,适用于较大功率高电压负载	适用于大电流低电压负载

注:①此项参数对应于电感性负载并接续流二极管的情况。

（三）三相半波可控整流电路分析

三相半波可控整流电阻性负载电路和波形如图 7-25；三相半波可控整流电感性负载电路和波形如图7-26 所示。

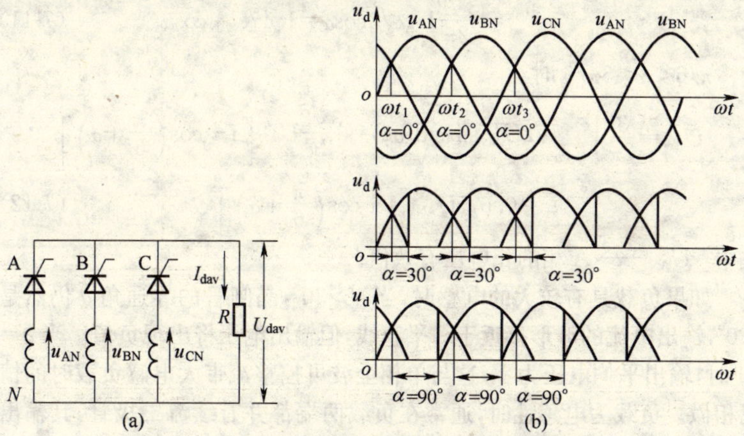

图 7-25　三相半波可控整流电阻性负载电路

(a)原理图　(b)波形图

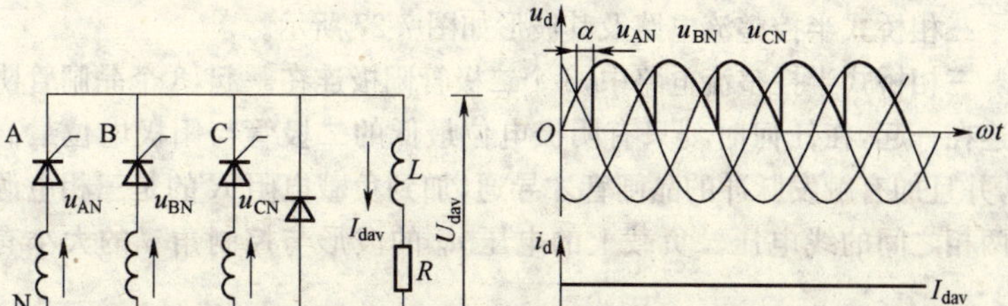

图 7-26　三相半波可控整流电感性负载电路

(a)原理图　(b)波形图

为了分析方便，三相半波（又叫三相零式）可控整流控制角 α 的起算点（即 $\alpha=0°$）定在三相交流电压的两相相交的正电位的交点处。α 可在 30°～150°。当负载是纯电阻性时，$\alpha=150°$，输出电压 $U_{dav}=0$。当 $\alpha>30°$时，输出电压 U_d 的波形是不连续的（参见图 7-25b）。其输出电压的平均值可用下式计算：

$0<\alpha<\pi/6$ 时

$$U_{\text{dav}}=\frac{3}{2\pi}\int_{\frac{\pi}{6}+\alpha}^{\frac{5\pi}{6}+\alpha}\sqrt{2}U_{\text{AN}}\sin\omega t\text{d}(\omega t)$$

$$=\frac{3\sqrt{2}}{2\pi}U_{\text{AN}}\sqrt{3}\cos\alpha=1.17U_{\text{AN}}\cos\alpha \quad (7\text{-}11)$$

$\pi/6<\alpha<5\pi/6$ 时

$$U_{\text{dav}}=\frac{3}{2\pi}\int_{\frac{\pi}{6}+\alpha}^{\pi}\sqrt{2}U_{\text{AN}}\sin\omega t\text{d}(\omega t)=\frac{3\sqrt{2}}{2\pi}U_{\text{AN}}\left[1+\cos\left(\frac{\pi}{6}+\alpha\right)\right]$$

$$=0.675U_{\text{AN}}\left[1+\cos\left(\frac{\pi}{6}+\alpha\right)\right] \quad (7\text{-}12)$$

式中 U_{AN}——A 相的相电压有效值。

如果负载具有较大的电感时，当 $\alpha>30°$，晶闸管的导通角 θ 仍然是 120°，输出电流的波形接近于一平直线，但输出电压将出现负值。当 $\alpha=90°$时，输出平均电压为零，这与单相全波可控整流带大电感负载时的情况相似。负载为电感性时，通常在负载两端都并有续流二极管，其输出电压波形就与电阻性负载的情况一样。实际上，当负载为电感性时，电流波形没有间断，不论 α 多大，每个晶闸管的导通角均为 120°。

(四)三相桥式半控整流电路分析

三相桥式半控整流电路及其波形如图 7-27 所示。

三相桥式半控整流电路中，3 个二极管阳极连在一起，3 个晶闸管阴极连在一起，在任何时刻只有阴极电位最低的二极管与阳极电位最高的，并且加有触发脉冲的晶闸管才导通，加到负载电阻 R 的是三相电源某两相之间的线电压。负载上的电压 u_{d} 的波形与控制角 α 的大小有关。

当 $\alpha=0$ 时，触发脉冲在自然换相点加入，晶闸管全导通，输出电压波形与不可控整流电路相同。在 $\omega t_1\sim\pi/2$ 时间内，u_{AN} 为正值，u_{BN} 为负值，u_{CN} 的值在 u_{AN} 与 u_{BN} 之间，即 A 点电位最高，B 点地位最低，当 VT_1 加触发脉冲后，VT_1 及 VD_2 导通，R 上得到线电压 u_{AB}；在 $\pi/2\sim\omega t_2$ 时间内，u_{CN} 的值最负，故 VT_1 及 VD_3 导通，VD_2 截止，R 上电压为 u_{AC}；到 ωt_2 时刻，$u_{\text{AN}}=u_{\text{BN}}$，$VT_2$ 触发导通，VT_1 处于零电压强行关断，故在 $\omega t_2\sim\pi$ 时间内，VT_2 及 VD_3 导通……在 $\alpha=0°$时，每一周期内，u_{d} 有 6 个均匀的波头，每个晶闸管导通角为 120°。

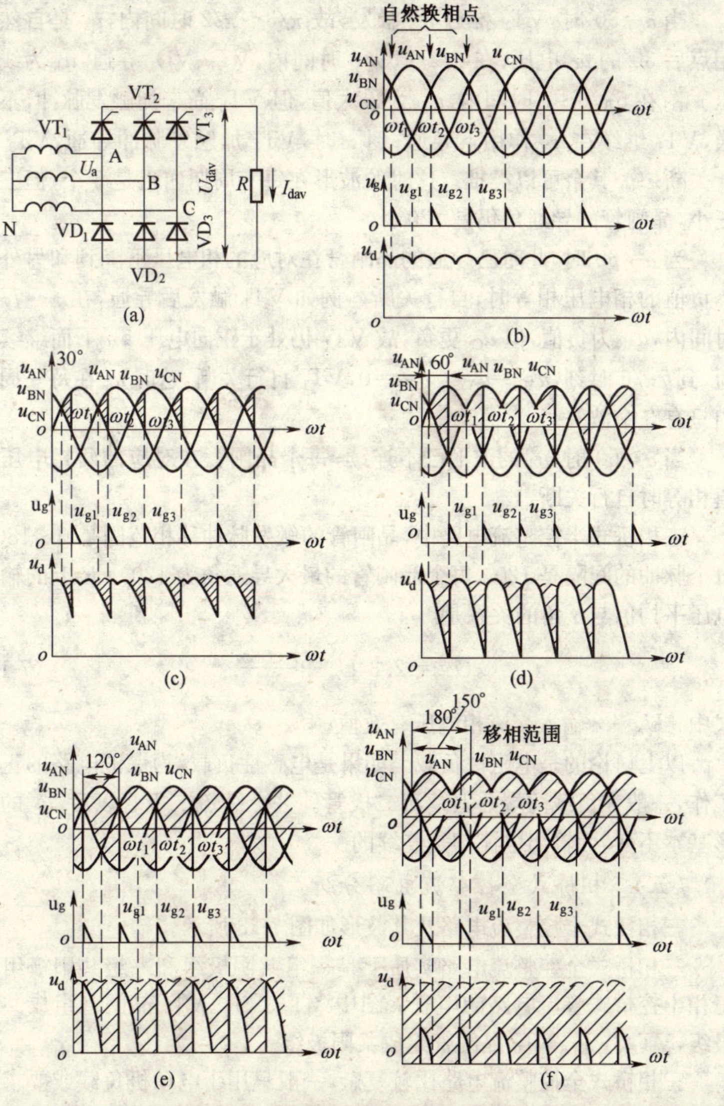

图 7-27　三相桥式半控整流电路

(a)原理图　(b)波形图，$\alpha=0$，与不控整流相同　(c)波形图 $\alpha=30°$，在导电管相电压为零处换相，每周变化仍为 6 次　(d)波形图，$\alpha=60°$，在输出电压到零处换相，每周变化 3 次　(e)波形图，$\alpha=120°$，有一半时间无输出电压　(f)波形图，$\alpha=150°$，波形幅值显著下降

当 $\alpha=30°$时，VT_1 推迟 30°触发，故 $\pi/3\sim\pi/2$ 时间内，u_2 是自然换相点后 30°的 u_C 电压；在 $\pi/2\sim5\pi/6$ 时间内，VT_1、VD_3 导通，u_d 为线电压 u_{AC}；在 $5\pi/6\sim\pi$ 时间内，u_{BN}为最大值，但 VT_2 尚未加触发脉冲，不导通，VT_1 继续在 u_{AC}作用下导通；到 π 时，VT_2 加触发脉冲导通，VT_1 强行关断……其余可以类推。这时的波形在每一周期内也是 6 个，但三大三小，晶闸管的导通角仍是 120°。

当 $\alpha=60°$时，此时已导通的晶闸管在对应的相电压下降到和另外一个负值的相电压相等时，自行关断。例如 VT_1 触发后导通，在 $\pi\sim7\pi/6$ 时间内，u_{AN}为负值，但 u_{CN}更负，故 VT_1 仍处于正向电压 u_{AC}下而继续导通，到 $7\pi/6$ 时刻，$u_{AC}=u_{AN}-u_{CN}=0$，VT_1 自行关断，这时 u_d 在每一周期内只有 3 个波头。

当 $\alpha>60°$时，u_d 的波形已不连续，每个晶闸管在对应的两相电压负值相等时自行关断。

三相桥式半控整流电路中，晶闸管的触发脉冲移相范围是 0～180°，每个脉冲的间隔是 120°，每个晶闸管的最大导通角为 120°。R 上的输出电压平均值与 α 角的关系是

$$U_{dav}=2.34U_a\frac{1+\cos\alpha}{2} \tag{7-13}$$

式中　U_a——输入交流相电压有效值。

以上讨论的是电阻性负载。如果是电感性负载，为保证电路的正常工作，一般在负载两端并上续流二极管。并上续流二极管以后，u_d 的波形基本不变，而输出电流却是连续的。

（五）三相桥式全控整流电路分析

三相桥式全控整流电路及其波形如图 7-28 所示。

三相桥式全控整流电路实质上是一组共阴极组和一组共阳极组的三相半控桥式整流电路的串联。图中 VT_1、VT_3、VT_5 晶闸管组成共阴极级，VT_2、VT_4、VT_6 晶闸管组成共阳极组。

三相桥式全控整流电路比较复杂，一般只用于电动机负载或要求能实现有源逆变的电路。为了改善电动机的换向和减小火花，一般与电动机总是串联一定的电感，以减小电流的脉动和保证电流连续，这时负载的性质可以看做电感性的。在电感性负载时，如果对共阴极组及共阳极组晶闸管是同时进行控制的，由于三相全控桥式整流电路就是两组三相

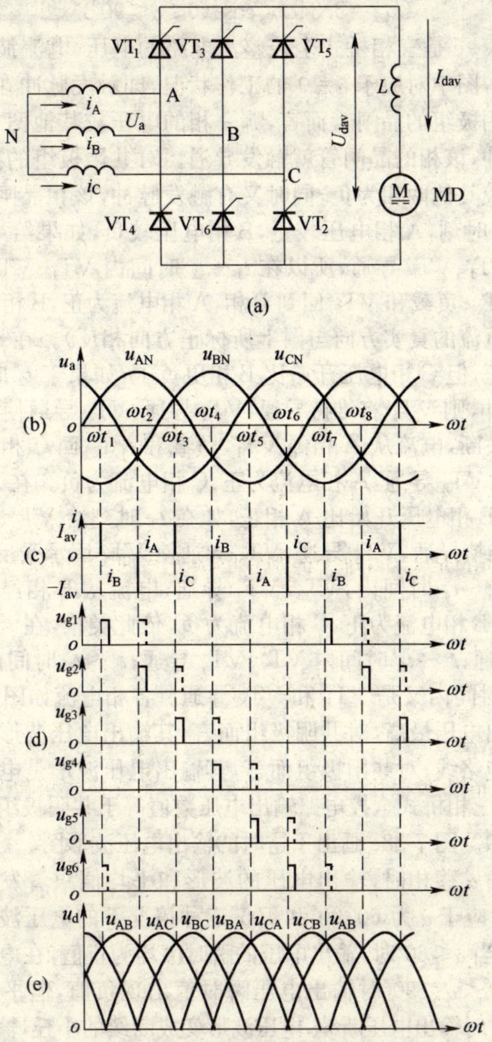

图 7-28　三相桥式全控整流电路

(a)原理图　(b)～(e)波形图

半波可控整流电路的串联，因此整流电压 U_{dav} 比式(7-11)大一倍，根据式(7-11)可得：

$$U_{dav}=2.34U_{AN}\cos\alpha(0\leqslant\alpha\leqslant90^{\circ}) \tag{7-14}$$

图 7-28b～e 是三相桥式全控整流电路的电压、电流波形以及触发脉冲顺序图。图中对应于 $\alpha=0^{\circ}$ 的工作状况，即触发脉冲在自然换相点发出。对共阴极组的晶闸管而言，哪一相的电压较其他两相为正，同时又有触发脉冲，该相的晶闸管就触发导通。对共阳极组的晶闸管而言，哪一相电压较其他两相为负，同时又有触发脉冲，该相晶闸管即触发导通，因此在 t_1 时刻，A 相电压较正，B 相电压较负，如果给 VT_1、VT_6 触发脉冲，则 VT_1、VT_6 导通，所以在 $t_1\sim t_2$ 时间内 VT_1、VT_6 导通，电流从 A 相经 VT_1、负载和 VT_6 回到 B 相，A 相电流为正，B 相电流为负（电流为负表示电流的真实方向与图上所标正方向相反）。在 t_2 时刻，A 相电压还是较正，但 C 相电压开始比 B 相更负了，如果于 t_2 时刻给 VT_1、VT_2 触发脉冲，则 VT_1 将维持导通，VT_2 导通，VT_2 导通使 VT_6 因承受反向电压而关断，电流从 A 相经 VT_1、负载和 VT_2 回 C 相，所以 $t_2\sim t_3$ 时间内，VT_1、VT_2 导通，A 相电流为正、C 相电流为负。在 t_3 时刻，C 相电压仍较负，B 相电压开始比 A 相正，如在 t_3 时刻给 VT_2、VT_3 触发脉冲，则 VT_2 维持导通，VT_3 导通，VT_3 导通使 VT_1 因承受反向电压而关断。所以在 $t_3\sim t_4$ 时间内，VT_2、VT_3 导通，电流从 B 相经 VT_3、负载、VT_2 回 C 相，B 相电流为正，C 相电流为负，依此类推，在 $t_4\sim t_5$ 时间内 VT_3、VT_4 导通；$t_5\sim t_6$ 时间内 VT_4、VT_5 导通；$t_6\sim t_7$ 时间内 VT_5、VT_6 导通；$t_7\sim t_8$ 时间内又是 VT_1 和 VT_8 导通。各相电流如图 7-28c 所示。这时整流输出电压最高，对共阴极组而言，其输出电压波形是电压波形的正半周的包络线；对共阳极组而言，其输出电压波形是电压波形负半周的包络线，三相桥式全控电路输出电压数值等于共阴极组与共阳极组输出电压之和。图 7-28e 画出了这时的输出电压波形图。

当控制角 α 移相时，输出电压的波形和平均值跟着发生变化。图 7-29画出了对应于 α 为 60、90°和 105°三种情况下的电压波形图。从图中可以看出，当 $\alpha\leqslant60^{\circ}$时，输出电压的瞬时值均为正值，在电感性负载的情况下，当 $60^{\circ}<\alpha<90^{\circ}$ 时输出电压瞬时值出现负值，但平均值仍为正值。当 $\alpha>90^{\circ}$时输出电压断续，电压波形变成断续的小丘，输出电压平均值接近于零，但对电动机负载，如果电动机两端有大小、极性合适的电动势能够维持电流连续，输出电压会出现负值，这时是有源逆变工作状态。

四、晶闸管保护

（一）过电流保护

常用的过电流保护方法有：

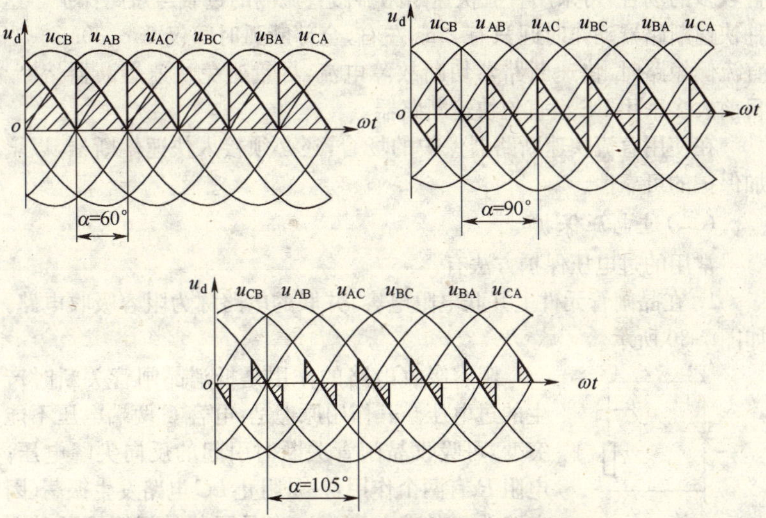

图 7-29 α 改变时三相全控桥输出电压波形

1. 限流控制保护。当电流超过某整定值时，限流控制起作用，自动调整整流装置触发角，使整流电压减小，把电流限制在某一数值，达到保护晶闸管的目的。

2. 控制极脉冲封锁。在整流及交流调压装置中，发生过流时，封锁触发脉冲，动作时间在 10ms 左右，这对过载或短路电流不大的情况是适用的。

3. 快速熔断器保护。选用快速熔断器保护时，建议按表 7-47 的设定值选用。

表 7-47 晶闸管元件快速熔断器选择

通态平均电流(A)	元件并联路数	快速熔断器电流(A)
50	1	80
100	1	150
200	1	300
500	1	600
500	2	500
500	3 路以上	400

4. 直流快速断路器保护。在大容量和中容量的设备中，在逆变运

行较多的场合，可采用直流快速断路器做直流侧的过载与短路保护。这种快速断路器动作时间只有 2ms 左右，全部断弧时间仅 25～30ms。当直流侧短路时，快速断路器切断故障电流，尽量避免快速熔断器熔断。目前大多采用 DS 型直流快速断路器。

在使用直流快速断路器保护的场合，还必须接入快速熔断器，以增加保护的可靠性。

(二)过电压保护

常用的过电压保护方法有：

1. 在晶闸管元件上并联电阻电容，并联的电路称为阻容吸收电路，如图 7-30 所示。

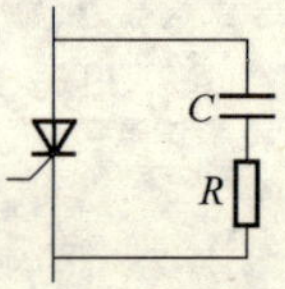

图 7-30　晶闸管阻容吸收电路

阻容吸收电路的作用是抵消晶闸管关断时产生的过电压。其作用原理是：电容 C 两端电压不能突变，可吸收晶闸管关断时引起的反向尖峰电压；电阻 R 有两个作用，一是阻止 LC 电路发生振荡(因电路总有电感 L 存在)，二是限制晶闸管导通时电容 C 放电电流的上升率。

阻容吸收电路的位置要尽量靠近晶闸管，引线要短，最好采用无感电阻，这样保护效果较好。

阻容电路各元件的参数较难计算，可按表 7-48 中所列经验数据选用。

表 7-48　阻容电路中电容器和电阻器选择

晶闸管通态平均电流(A)	1000	500	200	100	50	20	10
电容器标称容量(μF)	2	1	0.5	0.25	0.2	0.15	0.10
电阻器的标称阻值(Ω)	2	5	10	20	40	80	100

电容器的耐压值一般选晶闸管通态(峰值)电压的 1.1～1.5 倍。

电阻器的额定功率 P_R(W)为

$$P_R = fCU_{TM}^2 \times 10^{-6} \qquad (7\text{-}15)$$

式中　f——电源频率(Hz)；

U_{TM}——晶闸管通态(峰值)电压(V)；

C——电容器的标称容量(μF)。

2. 交流侧过电压保护。

(1)变压器二次侧加接阻容吸收电路。图 7-31 所示为单相与三相变压器二次侧阻容吸收电路几种接法。一般情况下，单相变压器采用图

7-31a 接法，三相变压器采用图 7-31b 和图 7-31c 接法。对于大容量的晶闸管装置，三相阻容吸收设备较庞大，可改用图 7-31d 的整流阻容吸收电路，电路中只用一只电容器，由于只承受直流电压，可用体积小得多的电解电容器，但要增加一套整流器。如采用硅整流器或雪崩二极管整流器，则整流器本身也能起过电压保护作用。

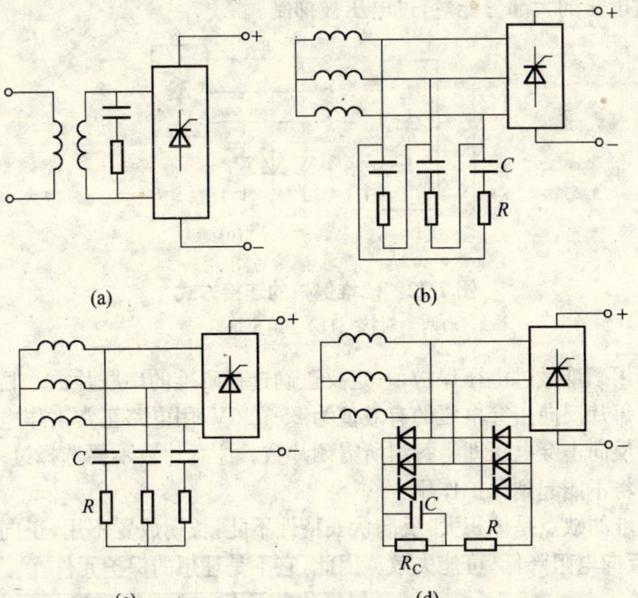

图 7-31　阻容吸收电路的几种接法

(a)单相电路接法　(b)三相电路三角形联结接法　(c)三相电路星形联结接法　(d)三相电路整流阻容吸收接法

(2)为了降低变流变压器合闸时的过电压，可以在变压器一、二次侧间加上隔离层(新设计变压器时)，隔离层与铁心相连，这样就可减小变压器一、二次绕组间的寄生分布电容，使过电压降低。隔离层可以是一层不闭环铜(或铝)箔，也可以用导线绕一层。在旧设备改造时，无法增加起屏蔽作用的隔离层，可在变压器二次绕组出口端子与铁心(或外壳)之间并联一只略小于 1μF 的电容器。

(3)非线性电阻吸收装置。目前应用较多的非线性电阻有硒堆与压敏电阻。非线性电阻接在变流变压器二次侧。若使用硒堆做吸收装置，单相时用两组对接，并接在变压器二次侧，如图 7-32a 所示；三相时可用三组接成星形，如图 7-32b 所示。在正常电压时，硒堆总有一组处于反向状态，漏电流很小。当过电压超过允许值时，工作在反向一组硒堆，反向电阻降低，漏电流剧增，以吸收一般的过电压。当出现异常的过电压时，造成硒片瞬时击穿，流过很大的电流，如同瞬时把电源短路，消耗掉引起过电压的大部分能量，过电压被抑制。

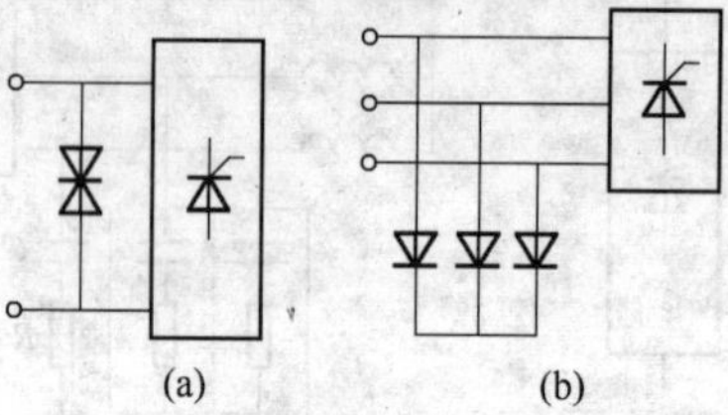

图 7-32　硒堆保护的连接方式

(a)两组对接　(b)三组星形联结

利用硒堆做过电压保护，一定要正确选择硒堆的串联片数。目前国产硒片每片反向击穿电压的有效值为 25～30V，用电路正常工作电压除以每片反向击穿电压即得每组所需硒片数。注意片数不要选择过多，选择过多将不能起到保护作用。

硒堆的缺点是体积大，反向伏安特性不陡，长期放置不用，正向电阻增大，反向电阻降低，可能失效。因此，它不是理想的保护元件。

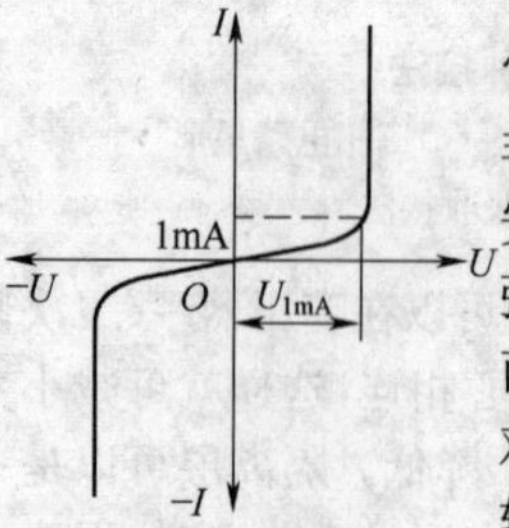

图 7-33　压敏电阻的伏安特性曲线

金属氧化物压敏电阻，也叫浪涌吸收器。它是一种氧化锌或氧化铋等烧结制成的半导体非线性电阻元件，具有很陡的稳压管特性，其伏安特性曲线如图 7-33 所示，它抑制过电压能力强。平时漏电流很小(微安级)，几乎没有损耗，而放电容量很大，可通过数千安培的冲击电流，对浪涌电压反应快，而本身体积又小，是一种比较好的过电压保护元件。压敏电阻的主要缺点是持续的平均功率太小(仅有几瓦)，如果正常的工作电压超过了它的额定电压(U_{1mA})，很快就会烧坏。

由于压敏电阻的正反特性是对称的，在单相交流电路中，只用一个就可以抑制正反两个方面的尖峰过电压。在三相电路中要用3个，接成星形或三角形。

选用压敏电阻时主要考虑额定电压U_{1mA}和通流容量。

额定电压（标称电压）是指压敏电阻流过1mA直流（或交流峰值）电流时两端的电压。通流容量是指在规定波形（浪涌冲击电流前沿8～10μs，波宽20μs，间隔时间2次/min，历时5min，冲击10次）下，U_{1mA}值下降不到10%的最大电流幅值。

压敏电阻选用步骤如下：

1）选择额定电压U_{1mA}。

$$U_{1mA}\geqslant 1.33\sqrt{2}U_{2L} \tag{7-16}$$

式中 U_{1mA}——压敏电阻额定电压（V）；

U_{2L}——变压器二次线电压有效值（V）。

2）计算压敏电阻泄放电流初值。

对于三相变压器

$$I_{di}=\sqrt{\frac{3}{2}K_e I_{021}} \tag{7-17}$$

对于单相变压器

$$I_{di}=\sqrt{2K_e I_{02}} \tag{7-18}$$

式中 I_{di}——泄放电流初值（A）；

I_{021}——三相变压器空载线电流有效值（A）；

I_{02}——单相变压器空载电流有效值（A）；

K_e——能量转换系数，与断路器类型有关，对空气断路器：$K_e=0.3\sim0.5$；对油断路器：$K_e=0.1\sim0.3$。

3）计算压敏电阻的最大电压（击穿电压）。

$$U_{max}=K_c\alpha\sqrt{I_{di}} \tag{7-19}$$

式中 U_{max}——压敏电阻最大电压（V）；

K_c——压敏电阻特性系数；

α——压敏电阻非线性系数。

一般α在20～25之间，当取$\alpha=20$时，$K_c=1.4U_{1mA}$。

4）计算过电压倍数K_{ov}。

$$K_{ov}=\frac{U_{max}}{\sqrt{2}U_{21}} \tag{7-20}$$

由上式所得K_{ov}的计算值应低于晶闸管的电压储备系数。

5)计算和校验压敏电阻的能耗。计算压敏电阻的标称能耗,取 $\alpha=20$ 可得

$$E=26.5U_{1mA}I_{pm}^{1.05}\times10^{-6} \tag{7-21}$$

式中 E——压敏电阻标称能量(J);

I_{pm}——压敏电阻的通流容量(A);

U_{1mA}——压敏电阻额定电压(V)。

压敏电阻实际能耗计算,应考虑在最不利条件下空载切除变流变压器的情况,即

对三相变压器

$$E_{re}=L_pI_{di} \tag{7-22}$$

对单相变压器

$$E_{re}=\frac{1}{2}L_pI_{di} \tag{7-23}$$

式中 E_{re}——压敏电阻实际能耗(J);

I_{di}——压敏电阻泄放电流初值(A);

L_p——变压器每相励磁电感(H)。

励磁电感按下式选取

$$L_p=\frac{1}{2\pi f}K_{TL}\frac{e}{100}\frac{U_{vp}}{I_{dN}} \tag{7-24}$$

式中 K_{TL}——变压器漏抗计算系数;

U_{vp}——变流变压器阀侧相电压(V);

I_{dN}——额定直流电流(A);

e——在采用交流电抗器进线时,e 为电抗器每相额定电压百分值。

校验能耗并应满足 $E_{re}\leqslant0.8E$。

若不能满足时,应放大压敏元件的通流容量 I_{pm},并重新计算 E 和 E_{re} 值。但在设计大容量变流装置时,通常选用的压敏电阻通流容量 I_{pm},为该系列同类元件的最大规格值(如 10kA),此时步骤 5)可省略。

(4)直流侧过电压保护。和交流侧一样,直流侧过电压保护也可以采用阻容吸收装置(注意电容应小,只能几微法,电阻应为无感电阻)、硒堆、压敏电阻或小功率晶闸管。当在直流侧装有快速断路器时,由于断路器断弧时会引起过电压,可在快速断路器触头两侧并联一只几百欧的电阻,以减小断路器断弧时直流侧过电压。

五、晶闸管交流调压电路

(一)基本构成和工作原理

把两只晶闸管反并联后串联在交流电路中,改变晶闸管的导通角就可以控制输出交流电压的大小,这就是晶闸管在交流回路中作调压的一种应用,如图 7-34a 所示。两只反并联的晶闸管也可用一只双向晶闸管来代替,如图 7-34b 所示,采用双向晶闸管可以使得交流调压主电路及控制电路都大为简化。

晶闸管交流调压电路常用以下两种控制方式。

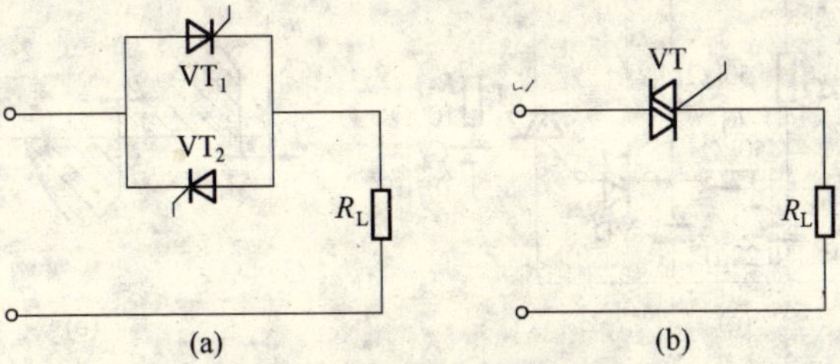

图 7-34 晶闸管交流调压电路

(a)用两只晶闸管反并联 (b)用一只双向晶闸管

1. 通断控制。所谓通断控制,是把晶闸管作为开关,在设定的周期内,将负载与交流电源接通几个周波,然后再断开几个周波,通过改变晶闸管在设定周期内通断时间的比值,来实现交流调压或调功率。在设定周期内晶闸管导通的周波数越多,输出电压有效值越大,反之则越小。

这种控制方式一般采用过零触发,即在交流电源电压为零时触发晶闸管导通,因此输出电压为间断的数个完整的正弦波,这种调压器也称为调功器或周波控制器。它突出的优点是克服了通常移相触发产生的谐波干扰,缺点是输出电压或功率调节不平滑,故适用于有较大时间常数的负载,如电热负载。但这种控制方式不适用于调光电路,调光时会出现闪烁现象;这种控制方式也不适用于电动机调速电路,调速时会使电动机上电压变化剧烈,致使转速脉动较大。

2. 相位控制。晶闸管在交流调压器中的相位控制,类似于在可控整流电路中的相位控制。在电源电压的每一个周期中(包括正、负半周),控制晶闸管的触发相位,实现交流调压或调功率。这种控制方式的优点是电路简单、使用方便,而且输出电压调节较为精确,用于电动机调压调速时调速精度较高,快速性好,低速时转速脉动小;其缺点是输出电压波形为缺角正弦波形，存在高次谐波，造成电源污染，易对其他电气设备产生干扰。

（二）单相交流调压器

实用交流调压器较多采用相位控制方式。图 7-35 所示为相位控制的双向晶闸管单相交流调压电路。图中，R_2、C_2 阻容电路，用来给 C_1 增加了一个充电电路，以保证在触发延迟角 α 较大时，双向触发二极管能被 C_1 上的充电电压击穿，使双向晶闸管可靠导通，从而增大调压范围。

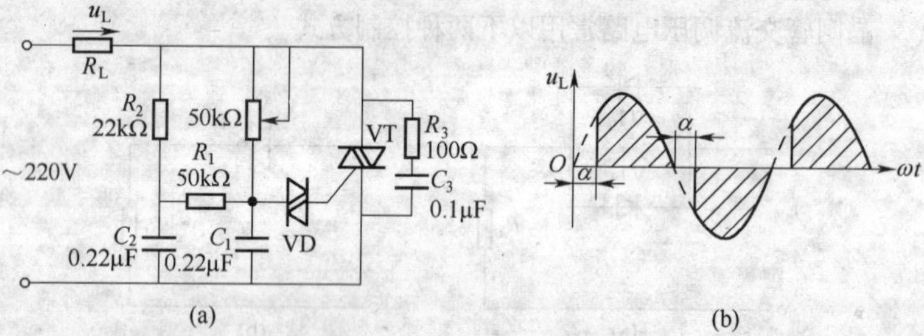

图 7-35　单相交流调压器

(a)电路　(b)负载电压 u_L 波形

当晶闸管交流调压器接电感负载或通过变压器接电阻负载时，必须防止由于调压器正、负半周工作不对称，造成输出交流电压中出现直流分量所引起的过电流，而损坏设备。在对电感负载进行交流调压时，当控制角 α 调小到等于负载功率因数角 φ 时，晶闸管就工作于全导通，若触发脉冲采用的是窄脉冲，当进一步减小 α 时，就会造成晶闸管工作不对称，这是必须避免的。因此，交流调压电路通常都采用宽脉冲触发。

（三）三相交流调压器

图 7-36 所示是几种常用的晶闸管交流调压电路及其每相负载上的输出电压波形。

1. 图 7-36a 所示为带零线的三相调压电路。要求触发移相 180°，三相对称，输出电流中存在奇次谐波，$\alpha=90°$时三次谐波电流最大，而且能通过中线，造成零序直流电流，不仅加大损耗，也会造成电网直流分量，较少使用。

2. 图 7-36b 所示为不带零线的三相调压电路。虽有三次谐波电动势，但无通路，故无三次谐波电流，需要宽触发脉冲或双脉冲，最大移相范围 150°。

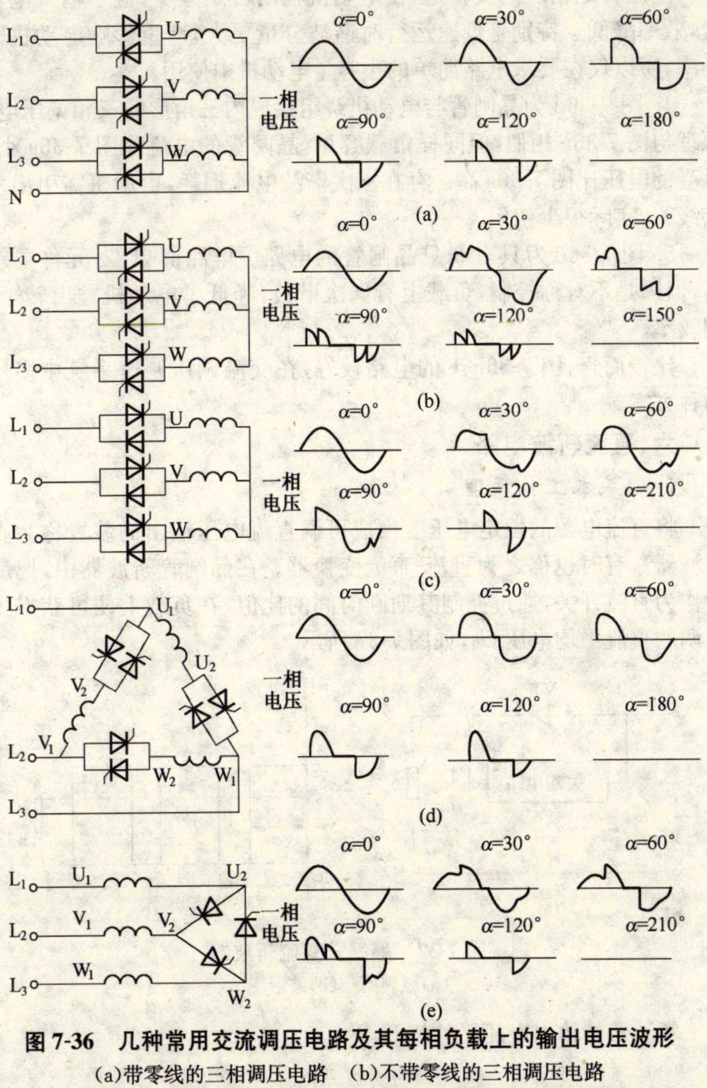

图 7-36　几种常用交流调压电路及其每相负载上的输出电压波形

(a)带零线的三相调压电路　(b)不带零线的三相调压电路

(c)半控调压电路　(d)晶闸管与负载接成内三角形的三相调压电路

(e)用三只晶闸管的三相不对称电路

3. 图 7-36c 所示为半控调压电路，每相只有一只晶闸管，设备简单，但正负半波电压电流不对称，高次谐波中有奇次，也有偶次谐波电流产生与基波转矩相反的负转矩，使电动机输出转矩减少，定子输入电流增大，效率降低。特别是低速运行时谐波分量更大，严重影响电动机输出功率，所以仅在要求电路简单的小容量电动机中使用。

4. 图 7-36d 为晶闸管与电动机绕组接成内三角形的三相调压电路，原理与图 7-36a 相似，但同样负载容量，晶闸管的电流比图 7-36a 小，而承受的电压比图 7-36a 高。存在三次谐波电流损耗，电动机需引出 6 个接线头，实际很少使用。

5. 图 7-36e 为只有 3 只晶闸管的电路。电路简单，对元件要求不高，但因是不对称控制，负载上有偶次谐波，降低了电动机输出转矩，影响效率。

比较而言，图 7-36b、e 的电路较好，在交流调压调速系统中多用此两种方案。

六、直流斩波电路

（一）基本工作原理

将直流电源的恒定电压变换成可调直流电压输出的装置称为直流斩波器。有时也称之为直流-直流变换器。在晶闸管斩波器中，把晶闸管作为直流开关，通过控制其通断时间的比值，在负载上便可获得大小可调的直流平均电压 U_d，如图 7-37 所示。

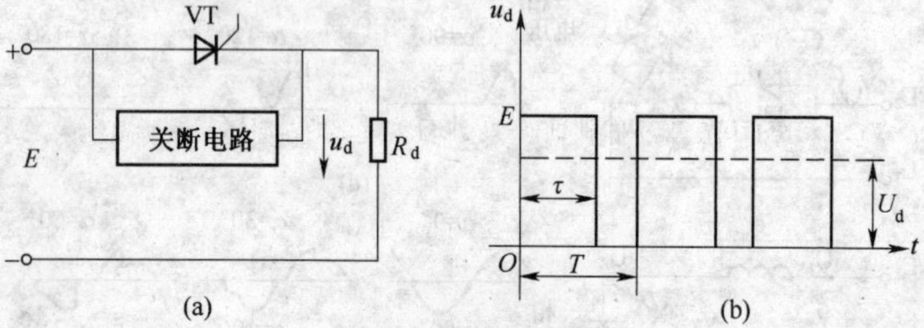

图 7-37　晶闸管直流斩波器

（a）原理图　（b）波形图

斩波器的输出电压平均值 U_d 为

$$U_d=\frac{\tau}{T}E \tag{7-25}$$

式中　E——直流电源电压；

T——斩波器的通断周期；

τ——斩波器的导通时间。

斩波器的工作方式有：

(1)定频调宽式。即保持斩波器通断周期 T 不变，改变周期 T 内的导通时间 τ(输出脉冲电压宽度)，来实现直流调压。

(2)定宽调频式。即保持输出脉冲电压宽度 τ 不变，改变通断周期 T，来实现直流调压。

(3)调频调宽式。即同时改变斩波器通断周期 T 和输出脉冲宽度 τ，来调节斩波器输出电压的平均值。

(二)用途和种类

1. 用途。晶闸管斩波器作为一种直流调压装置，常用于直流电动机的调压调速。目前，斩波器已广泛应用于电力牵引方面，如地铁、电力机车、城市电车、蓄电池电动车等。

2. 种类。有逆阻型斩波器和逆导型斩波器两种。普通晶闸管具有反向阻断的特性，故叫逆阻晶闸管。由逆阻晶闸管构成的斩波器叫做逆阻型斩波器。

逆导晶闸管可以看成是由一只普通晶闸管反向并联一只二极管，故它也具有正向可控导通特性，而且还具有反向导通(逆导)特性。由逆导晶闸管构成的斩波器叫做逆导型斩波器。

(三)逆阻型斩波器

图 7-38 所示为用于蓄电池电动车辆的逆阻型斩波器的主电路，它是由 VT_1 主晶闸管、VT_2 副晶闸管、VT_3 换流晶闸管、换流电容 C 和电感 L_1、L_2 组成。M 为串励式直流电动机，L_3 为电动机的串励绕组，VD

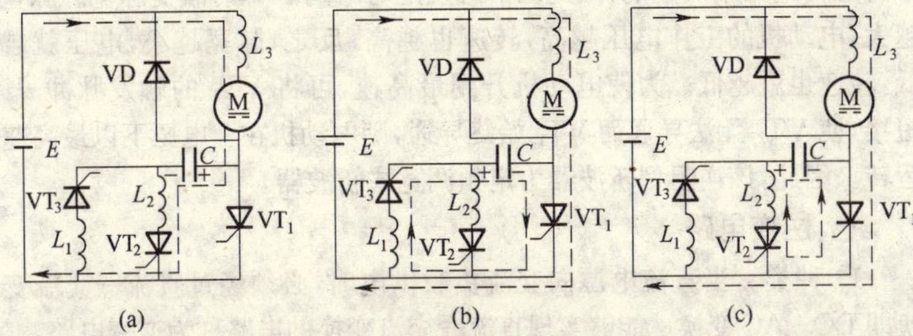

图 7-38　逆阻型斩波器及工作过程

(a)VT_2 导通　(b)VT_2 关断，VT_1、VT_3 导通　(c)VT_2 导通，VT_1、VT_3 关断

为续流二极管。

斩波器的工作过程如下：

1. 主电路接通蓄电池电源后，给副晶闸管 VT_2 加上触发脉冲 U_{g2}，使之导通，电源对换流电容 C 充电，U_C 逐渐上升，其极性如图 7-38a 所示。当 U_C 上升到接近电源电压 E，而充电电流小于 VT_2 的维持电流时，VT_2 便自行关断。

2. 由触发电路按一定的周期 T，同时输出 u_{g1}、u_{g3}，分别触发导通 VT_1、VT_3，并起动内部延时电路(其延时时间 τ 可调节)。VT_1、VT_3 导通后，电动机 M 得电，起动运转。同时，电容 C 通过导通的 VT_1、VT_3 与 L_1 组成振荡回路，电容 C 便通过此回路释放其储能，形成振荡电流。振荡电流使电容 C 在放电结束后又被反向充电。经过约半个振荡周期，此振荡电流趋于零时，VT_3 便自行关断，而 VT_1 依然继续导通。此时，电容 C 上电压 U_C 的极性如图 7-38b 所示。

3. 触发电路在输出 u_{g1}、u_{g3} 后，经过一段时间 τ 的延时，又输出 u_{g2}，使 VT_2 触发导通。电容上的电压 U_C，通过 VT_2 使 VT_1 承受反向电压而关断，如图 7-38c 所示。负载电流通过 VT 对电容 C 重新充电，充电完毕时，VT_2 又关断。VT_2 关断后，电动机 M 由二极管 VD 续流。此时，电容上电压 U_C 的极性又如图 7-38a 所示，为下一个工作周期做好了准备。然后，再重复上述 2、3 的过程。

由上述分析可知，VT_1 是按一定的周期 T 进行通断工作的，即斩波器输出电压的周期是固定的。而从 VT_1 触发导通到 VT_2 触发导通(VT_1 关断)这段时间，就是斩波器输出电压的脉宽 τ，它是由触发电路中的延时电路来决定的，因此调节触发延时时间 τ，即可改变脉宽。脉宽越大，电动机的工作电压越高，转速也越高；反之，脉宽越小，电压就越低，转速也就越低。为使电动机升到最高速，可将 VT_2 的触发脉冲 u_{g2} 短接，使 VT_2 无法导通而 VT_1 始终导通，则电动机在全电压下以最高速运转。因此，该逆阻型斩波器为定频调宽式斩波器。

七、逆变电路

1. 种类。当直流电源向交流负载供电时，必须经过直流—交流变换即 DC—AC 变换。能够实现直流—交流变换的电路称为逆变电路。

逆变电路分为有源逆变和无源逆变两种。

(1)有源逆变是将直流电通过逆变器变换成与交流电网同频率、同相位的交流电，并返送电网。其能量传递过程为：直流电→逆变器→交流电（频率与电网相同）→交流电网。

（2）无源逆变是将直流电通过逆变器变换成频率可调交流电源，供用电器使用。其能量传递过程为：直流电→逆变器→交流电（频率可调）→用电负载。

2. 实现有源逆变的条件。

（1）变流电路直流侧必须外接与直流电流 I_d 同方向的直流电源 E_d，其值要略大于 U_d，才能提供逆变能量。

（2）变流电路必须工作在触发超前角 $\beta<90°$（因 $\alpha+\beta=\pi$，故 $\alpha>90°$）区域，使 $U_d<0$，才能把直流功率逆变为交流功率。

上述两个条件，缺一不可。逆变电路需接平波电抗器。

3. 防止逆变颠覆。变流器在逆变运行时，晶闸管触发脉冲丢失或电源缺相，会造成换流失败。换流失败也称逆变颠覆（失败）。换流失败会出现极大的短路电流，烧毁元器件，因此必须采取有效的防范措施。

为了避免逆变颠覆，对触发电路的可靠性、电源供电可靠性、电路接线、熔断器选择等都应有更高要求，并且必须限制最小触发超前角 β_{min}（通常需整定为 30°～35°）。

4. 常用晶闸管逆变器的电路参数。见表 7-49。

表 7-49 常用晶闸管逆变器的电路参数

电路型式	主回路接线图	晶闸管上最大电压①	最大负载电压	晶闸管平均电流/电源电流	负载上直流分量	负载频率调节范围	输出电压波形
并联逆变器	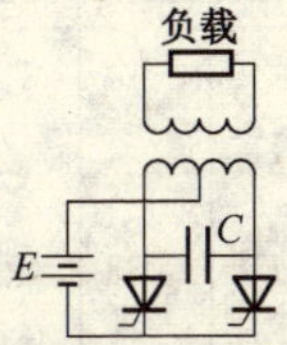	2.0E	E②	0.5	无	宽	与负载有关

续表 7-49

电路型式	主回路接线图	晶闸管上最大电压①	最大负载电压	晶闸管平均电流/电源电流	负载上直流分量	负载频率调节范围	输出电压波形
串联逆变器	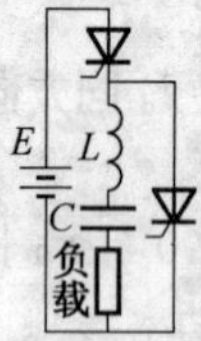	2.0E	E	1	无	宽	正弦波
串联电感式串联逆变器	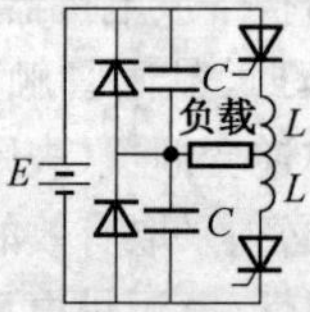	E	E	0.5	无	宽	方波
桥式并联逆变器	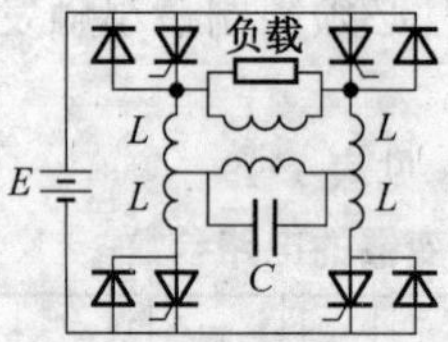	E	E	0.5	无	宽	方波
中心抽头串联逆变器	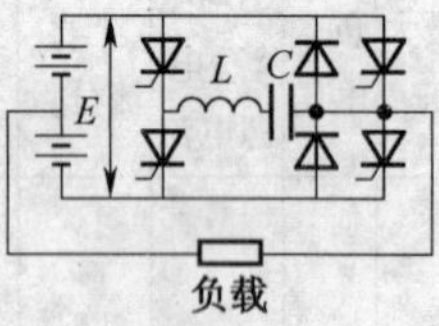	E	0.5E	0.5	无	宽	方波
三相串联逆变器	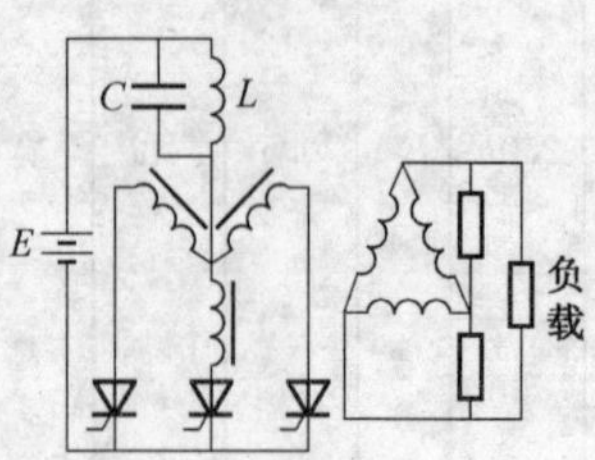	E	E③	0.33	无	宽	方波

续表 7-49

电路型式	主回路接线图	晶闸管上最大电压①	最大负载电压	晶闸管平均电流/电源电流	负载上直流分量	负载频率调节范围	输出电压波形
三相桥式串联逆变器	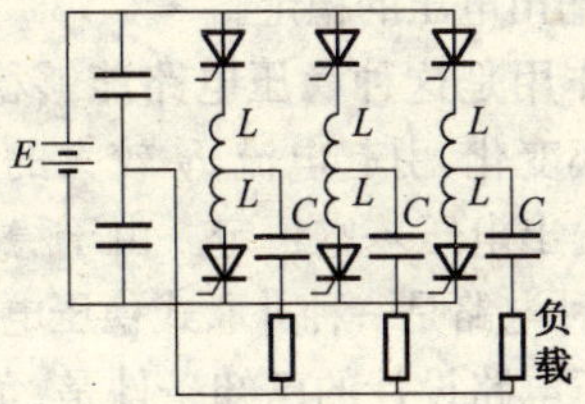	E	E④	0.33	无	宽	方波

注：①忽略由于换流产生的电压尖峰。

②采用 1∶1∶1 变压器。

③采用 1∶1 变压器。

④线电压。

八、稳压电路

（一）稳压二极管稳压电路

1. 稳压原理。用稳压管（齐纳二极管）可以组成简单的稳压电路，应用在稳压精度要求不高，负载电流变化不大的场合。电路如图 7-39 所示。

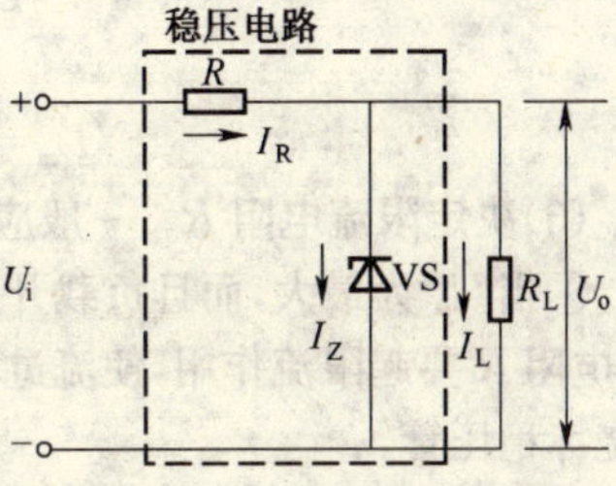

图 7-39　稳压管稳压电路

R. 稳压电阻（限流电阻）　VS. 稳压管

R_L. 负载电阻

图中 VS 是稳压管，它与负载电阻 R_L 并联，R 是限流电阻。由图可知，$U_o = U_i - I_R R = U_Z$，输出电压 U_o 就是稳压管两端的电压 U_Z，其稳压原理如下：

（1）当负载 R_L 不变，当输入电压 U_i 增大时，输出电压 U_o 将上升，使加于稳压管 VS 的反向电压略有增加。随之稳压管的电流 I_Z 大大增加，于是 $I_R = I_Z + I_L$ 增加很多，所以限流电阻 R 上的压降 $I_R R$ 增加，使得 U_i 的增量大部分降落在 R

上，从而使输出电压 U_o 基本上不变。反之，当 U_i 下降时，I_R 减小，R 上压降 I_RR 减小，故也能基本上维持输出电压不变。

(2)当输入电压 U_i 不变，如 R_L 减小，I_L 增大时，使总电流 I_R 增大，而造成输出电压下降。由于稳压管的端电压(即 U_o)略有下降，而流过稳压管的电流 I_Z 却大大减小，I_L 的增加部分几乎和 I_Z 的减小部分相等，使总电流几乎不变，因而保持了输出电压的稳定。

由此可见，稳压管的电流调节作用是这种稳压电路能够稳压的关键。即利用稳压管端电压 U_Z 的微小变化，引起电流 I_Z 较大的变化，通过电阻 R 起着电压调整作用，保持输出电压基本恒定。由于稳压管 VS 在电路中与负载电阻 R_L 并联，故这种电路是一种并联式稳压电路。

2. 参数计算。一般情况下，稳压电路设计的已知条件是：负载所要求的稳定电压 U_o，输出负载电流 I_L，负载电流的变化范围 ΔI_L，稳定度 S_u 等。

根据已知条件，按下列步骤进行计算。

(1)确定输入电压 U_i。一般可按下式

$$U_i=(2\sim3)U_o \tag{7-26}$$

(2)选择稳压管 VS。稳压管的稳定电压 U_Z 等于负载需要的稳定电压 U_o；稳定电流 I_z 约等于负载电流 I_L，或最大稳定电流 I_{Zm} 等于负载电流 I_L 的 2～3 倍，即

$$U_z=U_o \tag{7-27}$$

$$I_z=I_L \tag{7-28}$$

$$I_{Zm}=(2\sim3)I_L \tag{7-29}$$

(3)决定限流电阻 R。一般应考虑两种情况

①当 U_o 为最大，而且负载开路，即 $I_L=0$ 时，流过稳压管上电流最大，电阻 R 要起限流作用，使流过稳压管的电流小于最大允许电流 I_{Zm} 以免烧坏稳压管。

由欧姆定律可得

$$\frac{U_{im}-U_o}{R}>I_{zm}$$

即

$$R>\frac{U_{im}-U_o}{I_{Zm}} \tag{7-30}$$

②当 U_o 为最小，而且负载电流最大时，流过稳压管上电流最小，这个电流要大于稳压管的最小稳定电流 I_{Zmin}，使稳压管起稳压作用。由欧

姆定律可得

$$\frac{U_{\mathrm{imin}}-U_{\mathrm{o}}}{R}-I_{\mathrm{L}}>I_{\mathrm{Zmin}}$$

即

$$R<\frac{U_{\mathrm{imin}}-U_{\mathrm{o}}}{I_{\mathrm{zmin}}+I_{\mathrm{L}}} \tag{7-31}$$

(4)校验稳定度。稳定度也叫电压调整率，用 S_{u} 表示

$$S_{\mathrm{u}}=\left|\frac{\Delta U_{\mathrm{o}}}{U_{\mathrm{o}}}\right|\times 100\%$$

一般要求 $S_{\mathrm{u}}=0.1\%\sim1\%$范围内。

稳定度若不够，可适当加大 R 和 U_{i}，选用动态电阻小的稳压管，或改为两级硅稳压管来稳压，再按上述方法计算。

(二)晶体管串联式稳压电路

1. 稳压电路方框图。如图 7-40 所示。

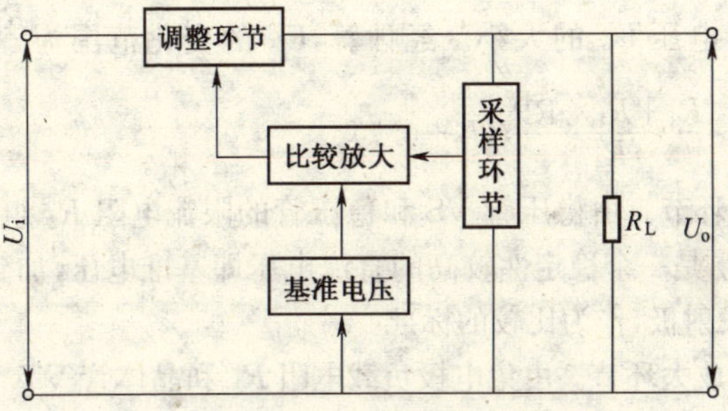

图 7-40 晶体管串联式稳压电路方框图

2. 工作原理。由采样环节将输出电压 U_{o} 取出一部分，送到比较放大器与基准电压进行比较，假若输出电压 U_{o} 由于某种原因(输入电压变化或负载电流变化)而发生变化时，比较放大器就把变化信号放大并送到调整环节，使调整环节产生相反的变化来抵消输出电压的变化。因该电路主回路是调整环节中的调整管与负载 R_{L} 相串联而构成的，故称为串联式稳压电路。

3. 电路介绍。

(1)晶体管串联式稳压电路的基本形式如图 7-41 所示。

图中二极管 $VD_1\sim VD_4$ 组成桥式整流电路；电容 C_1、C_2、C_3 组成电容滤波电路。稳压电路由以下 4 个环节组成。

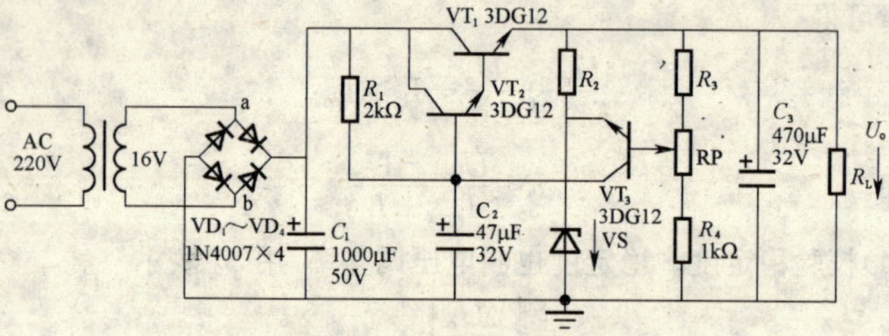

图 7-41　晶体管串联式稳压电路

①取样环节。R_3、R_4 和 RP 组成取样电路，它将输出电压 U_o 的一部分

$$U_f = U_Z + U_{be3} = U_Z + 0.7 \tag{7-32}$$

取出送到比较放大管 VT_3 的基极。调节电位器 RP，可调节稳压电源直流输出电压 U_o 的大小。经计算，U_o 的变化范围为 $\frac{R_3+R_4+RP}{R_4+RP}(U_Z+0.7) \sim \frac{R_3+R_4+RP}{R_4}(U_Z+0.7)$。

②基准环节。由稳压管 VS 和稳压管的限流电阻 R_2 组成，稳压管上的电压 U_Z 是一个稳定性较高的直流电压即基准电压，加到比较放大管 VT_3 的发射极，作为比较的标准。

③比较放大环节。由集电极负载电阻 R_1 和晶体管 VT_3 组成，取样电压 U_f 与基准电压 U_Z 在 VT_3 的发射结上比较后得到差值电压 U_{be3}，即 $U_{be3}=U_f-U_Z$。VT_3 将差值电压 U_{be3} 放大去控制复合调整管 VT_1、VT_2 的状态。

④调整环节。由偏置电阻 R_1 和工作于线性放大区的调整管 VT_1、VT_2 组成，调整管模拟一个可变电阻，其状态受放大管 VT_3 输出电压的控制，自动调整管压降 U_{ce1} 的大小，以保证输出电压稳定不变。因调整管与输出电压 U_o 串联，故称为串联型稳压电源。当输出电压 U_o 降低时，它的稳压过程为

$$U_o\downarrow \rightarrow U_f\downarrow \rightarrow U_{be3}\downarrow \rightarrow I_{b3}\downarrow \rightarrow I_{c3}\downarrow \rightarrow U_{ce3}\uparrow$$
$$\uparrow U_o \leftarrow \downarrow U_{ce1} \leftarrow \uparrow I_{c1、2} \leftarrow \uparrow I_{b2} \leftarrow \uparrow U_{be1、2}$$

当输出电压升高时，稳压过程相反。

(2)用运算放大器组成的串联式稳压电路如图 7-42 所示。该电路的稳压过程如下：

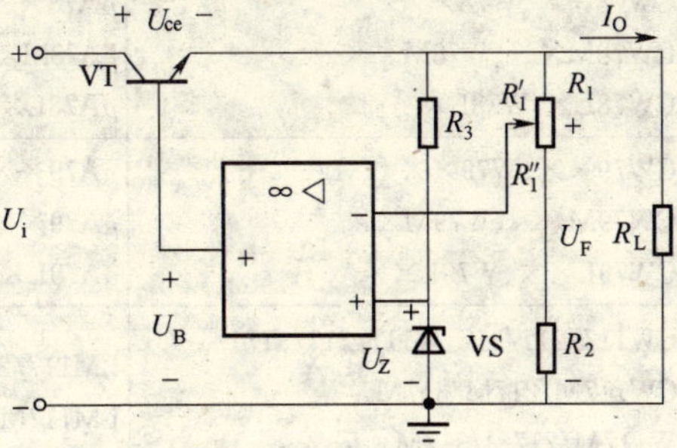

图 7-42　运算放大器组成的串联式稳压电路

由图 7-42 知

$$U_{-}=U_{F}=\frac{R_1''+R_2}{R_1+R_2}U_o \tag{7-33}$$

$$U_B=K_V(U_Z-U_F) \tag{7-34}$$

式中　K_V——运算放大器开环电压放大倍数。

当输出电压 U_o 增大时，U_F 也增大。由式(7-34)知 U_B 随着减小。它的稳压过程为

$$U_o\uparrow\rightarrow U_F\uparrow\rightarrow U_B\downarrow\rightarrow I_C\downarrow\rightarrow U_{ce}\uparrow \rightarrow U_o\downarrow$$

当输出电压减小时，其稳压过程相反。

(三)集成稳压电路

由集成稳压器组成的稳压电路。

1. 集成稳压器的特点。集成稳压器是通用模拟集成电路的一个分支，它是指输入电压或负载发生变化时，能使输出电压保持不变的集成电路。集成稳压器的电路形式和分立元件电路相似，大多采用串联稳压方式(稳压负载与调整管相串联)。它与分立元件电路相比，具有成本低、体积小、简便可靠、性能指标高等优点。

2. 集成稳压器的分类。见表 7-50。

表 7-50　集成稳压器的分类

分　类	产品型号	国外对应型号
三端固定正输出	CW78××、W78×× CW78M××、W78M×× CW78L×、W78L×	μA78××、LM78×× μA78M××、LM78M×× μA78L××、LM78L××
三端固定负输出	CW79××、W79×× CW79M××、W79M×× CW79L××、W79L××	μA79××、LM79×× μA79××、LM79M×× μA79L××、LM79L××
三端可调正输出	CW117/217/317、W117/217/317 CW117M/217M/317M、 W117M/217M/317M CW117L/217L/317L、W117L/217L/317L	LM117/217/317 LM117M/217M/317M LM117L/217L/317L
三端可调负输出	CW137/237/337、W137/237/337 CW137M/237M/337M、 W137M/237M、337M CW137L/237L/337L、W137L/237L/337L	LM137/237/337 LM137M/237M/337M LM137L/237L/337L
多端可调正输出	CW723/723C、W723/723C	μA723、LM723
	CW3085、W3085	CA3085
	CW105/205/305、W105/205/305	LM105/205/305、μPC141
	CW1569/1469、W1569/1469	MC1569/1469
多端可调负输出	CW104/204/304、W104/204/304	LM104/204/304、μPC142
	CW1511、W1511	SG1511
	CW1463/1563、W1463/1563	MC1463/1563
正、负对称输出	CW1468/1568、W1468/1568	WC1468/1568

注：国外型号：CA．美国无线电公司；LM．美国国家半导体公司；SG．美国硅通用公司；MC．美国摩托罗拉公司；μA．美国仙童公司；μPC．日本电气公司。

3．集成稳压器的常用参数及其意义。见表 7-51。

表 7-51　集成稳压器的常用参数及其意义

参数名称	符号	意　义
电压调整率	S_V	当输出电流和环境温度保持不变时，由于输入电压的变化所引起的输出电压的相对变化量。该值越小，说明集成稳压器性能越好

续表 7-51

参数名称	符号	意　义
电流调整率	S_I	当输入电压和环境温度保持不变时，由于输出电流的变化所引起的输出电压的相对变化量。该值越小，说明集成稳压器带负载能力越强
输出阻抗	Z_O	在规定的输入电压 V_I 和输出电流 I_O 的条件下，当输出端上所测得的交流电压 V 与交流电流 I 之比
纹波抑制比	S_{RIP}	当输入和输出条件保持不变时，输入的纹波电压峰-峰值与输出的纹波电压峰-峰值之比
最小输入输出电压差	$(V_i-V_O)_{min}$	使稳压器能正常工作的输入电压与输出电压之间的最小电压差值
输出电压	V_O	稳压器的参数符合规定指标时的输出电压。对于固定输出稳压器，它是常数；对于可调式输出稳压器，表示用户可通过选择取样电阻而获得的输出电压范围
最大输出电流	I_{OM}	稳压器尚能保持输出电压不变的最大输出电流，一般也认为它是稳压器的安全电流
最大功耗	P_M	由稳压器内部电路的静态功耗和调整元件上的功耗二部分组成，对于大功率稳压器，功耗主要决定调整管的功耗

4. 集成稳压器常用引出端功能。见表 7-52。

表 7-52　集成稳压器常用引出端功能

符号	功　能	符号	功　能
ADJ	调整端	IN	输入端
BOOST	输出电流扩展端	NF	噪声滤波端
BAL	平衡调整端	NC	空端
CL	电流限制端	OUT	输出端
CS	电流取样端	OUT_{DS}	直流移位输出端
COMP	频率补偿端	SD	开关控制端
DSS	直流移位取样端	V_I	电源电压输入端
FB	误差信号反馈输入端	V_O	电压输出端
GND	地端	V_{REF}	基准电压端
IN_+	同相输入端，基准输入端	V_N	齐纳输出端
IN_-	反相输入端，反馈端		

5. 集成稳压器的选用。一般分为两步：第 1 步根据电路要求选择合适的集成稳压器类型；第 2 步选择集成稳压器的具体参数。分述如下：

(1)根据电路要求选用集成稳压器的类型。集成稳压器的种类很多,应根据应用电路的要求选择合适的类型。

78系列、79系列、17系列、37系列集成稳压器,具有稳定性能好、输出电压波纹小、成本低等优点,是目前应用最多的通用型稳压器。对电源的精度要求不高的普通型稳压电源电路,可以选用78系列(正电压型)或79系列(负电压型)固定电压集成稳压器。若是可调式稳压电源电路,则可选用17系列(正电压型)或37(负电压型)系列可调电压集成稳压器。

对电源精度要求较高的电子产品(例如通信设备、航空设备、高档仪器仪表等)的稳压电源电路及使用电池供电的稳压电路,可选用HT10××系列、HT71××系列、SPT116××系列、LT10××系列、TL750L××系列、CW146××系列、CW145×系列等低压差、低功耗的集成稳压器。

对输出电压需要关断控制的稳压电源电路,应选用多端可控式集成稳压器,例如PQ05系列、PQ09系列、PQ12系列四端集成稳压器或L780S系列、SI3×××系列五端集成稳压器。

对需要同时产生+5V输出电压和复位电压的电源电路,可选用L78LR05、L78MR05等型号的集成稳压器。对需要多组不同输出电压的电源电路,可选用八端集成稳压器。

(2)选择集成稳压器的主要参数。确定集成稳压器的类型后,还应根据负载电路选择集成稳压器的主要参数,包括输入电压、输出电压、输出电流、压差、电压调整率、电流调整率等。

所选集成稳压器的输入电压应与整流滤波电路的输出电压(或电池的电压)相适应,其输出电压应与负载电路的工作电压值相同,其输出电流应大于负载电路的最大工作电流(要留有一定的功率余量)。

要根据应用电路的电压极性选择正确的输出电压,即集成稳压器的输出电压极性应与应用电路的电压极性相同。

6. 集成稳压器的代换。

(1)用同类型集成稳压器代换。集成稳压器损坏后,若无同型号集成稳压器更换,也可以选用与其参数相同的同类型集成稳压器代换。例如,LM78××系列集成稳压器可用W78××系列或μA78××系列、MC78××系列、LF78××系列、TA78××系列、μPC78××系列的集成稳压器直接代换使用。

(2)用输出电流略高的集成稳压器代换。集成稳压器损坏后,可以用与其输入电压、输出电压值相同而输出电流值略高的集成稳压器来代换。例如，78L05 损坏后，可以用 78M05 直接代换；78M05 损坏后，可用 78N05 或 7805 直接代换；7805 损坏后，可以用 78S05 或 78H05 直接代换；也可以用与其电压、电流相同或电压相同、电流略高的其他类型集成稳压器代换，但不能用高压差的集成稳压器代换低压差的集成稳压器。

7. 集成稳压器的检测。

(1)测量各引脚之间的电阻值。用万用表测量集成稳压器各引脚之间的电阻值，可以根据测量的结果粗略判断出被测集成稳压器的好坏。

表 7-53～表 7-55 分别是 78××系列、79××系列和 17/38 系列集成稳压器的电阻值(用万用表 R×1kΩ 挡测得)。

表 7-53　78××系列集成稳压器各引脚间电阻值

黑表笔所接引脚	红表笔所接引脚	正常电阻值(kΩ)
电压输入端(U_i)	电压输出端(U_o)	28～50
电压输出端(U_o)	电压输入端(U_i)	4.5～5.5
接地端(GND)	电压输出端(U_o)	2.3～6.9
接地端(GND)	电压输入端(U_i)	4～6.2
电压输出端(U_o)	接地端(GND)	2.5～15
电压输入端(U_i)	接地端(GND)	23～46

表 7-54　79××系列集成稳压器各引脚间电阻值

黑表笔所接引脚	红表笔所接引脚	正常电阻值(kΩ)
电压输入端(U_i)	电压输出端(U_o)	4～5.5
电压输出端(U_o)	电压输入端(U_i)	17～23
接地端(GND)	电压输出端(U_o)	2.5～4
接地端(GND)	电压输入端(U_i)	14～16.5
电压输出端(U_o)	接地端(GND)	2.5～4
电压输入端(U_i)	接地端(GND)	4～5.5

表 7-55　17/38 系列集成稳压器各引脚间电阻值

黑表笔所接引脚	红表笔所接引脚	正常电阻值(kΩ)	
		17 系列集成稳压器	38 系列集成稳压器
电压输入端(U_i)	电压输出端(U_o)	6.8～7.2	7～8.5
电压输出端(U_o)	电压输入端(U_i)	3.5～4.5	3.5～5
电压调节端(ADJ)	电压输出端(U_o)	480～550	500～1MΩ

续表 7-55

黑表笔所接引脚	红表笔所接引脚	正常电阻值(kΩ)	
		17 系列集成稳压器	38 系列集成稳压器
电压调节端(ADJ)	电压输入端(U_i)	20～25	24～30
电压输出端(U_o)	电压调节端(ADJ)	28～35	25～35
电压输入端(U_i)	电压调节端(ADJ)	100～150	120～180

由于集成稳压器的品牌及型号众多，其电参数具有一定的离散性。通过测量集成稳压器各引脚之间的电阻值，也只能估测出集成稳压器是否损坏。若测得某两脚之间的正、反向电阻值均很小或接近 0Ω，则可判断该集成稳压器内部已击穿损坏。若测得某两脚之间的正、反向电阻值均为无穷大，则说明该集成稳压器已开路损坏。若测得集成稳压器各引脚间的电阻值不稳定，随温度的变化而变化，则说明该集成稳压器的热稳定性能不良。

(2)测量稳压值。即使测量集成稳压器各引脚间的电阻值正常，也不能确定该稳压器就是完好的，还应进一步测量其稳压值是否正常。

测量时，可在被测集成稳压器的电压输入端与接地端之间加上一个直流电压(正极接输入端)。此电压应比被测集成稳压器的标称输出电压高 3V 以上(例如，被测集成稳压器是 7806，加的直流电压应为＋9V)，但不能超过其最大输入电压。图 7-43～图 7-45 分别为 78××系列、79××系列和 17/38 系列集成稳压器稳压值检测电路。

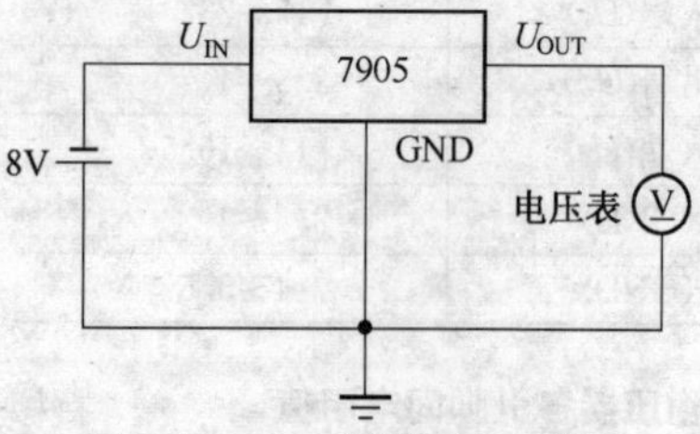

图 7-43　78 系列集成稳压器稳压值测量电路

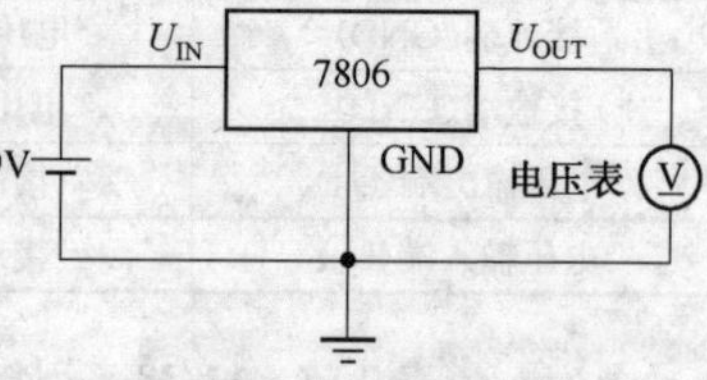

图 7-44　79 系列集成稳压器稳压值测量电路

若测得集成稳压器输出端与接地端之间的电压值输出稳定，且其误差在集成稳压器标称稳压值的±5%范围内，则说明该集成稳压器性能良好。

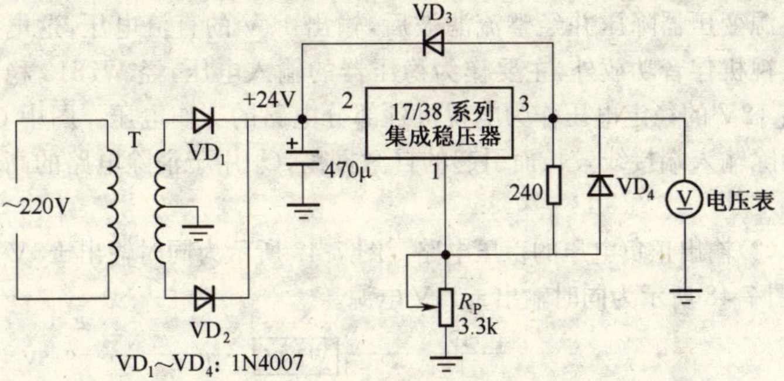

图 7-45　17/38 系列集成稳压器稳压值测量电路

8. 使用注意事项。

(1)集成稳压器电路品种很多，每类产品都有其自身的特点和适用范围，因此在选用时应考虑设计的需要以及其性能价格比，才能做到物尽其用。因三端稳压器优点比较明显，使用操作都比较方便，选用时可优先考虑。

(2)在装入电路前，一定要清楚各端子的作用，避免接错，安装焊接要牢固可靠，避免有大的接触电阻而造成压降和过热。

(3)如果有散热要求，必须加装符合尺寸要求的散热装置，严禁超负载使用。

(4)为确保输出电压的稳定性，应保证最小输入输出压差。为确保器件安全，又要注意最大输入输出压差范围不超过规定范围。

(5)为了扩大输出电流，三端集成稳压器允许并联使用。

9. 常用三端集成稳压器应用电路。

(1)输出固定电压的稳压电路。图 7-46 所示是由 W7812 组成的

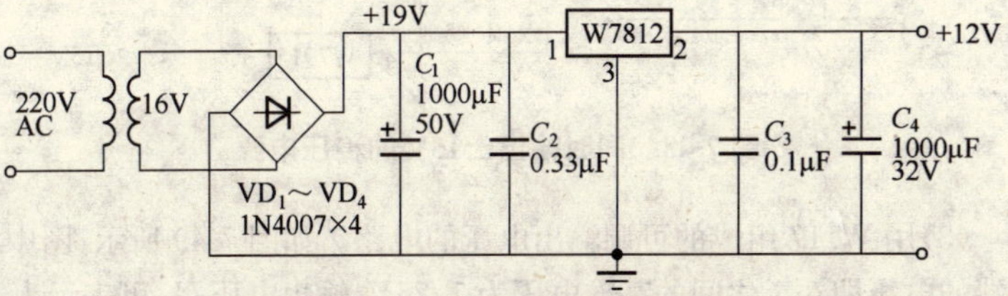

图 7-46　W7812 组成的稳压电源

12V 稳压电源，它可作为小屏幕黑白电视机的直流电源 220V 交流电压经电源变压器降压并经整流滤波后，输出 19V 的直流电压，这电压除供电视机伴音功放外，主要作为稳压器的输入电压，经 W7812 稳压后输出 12V 的稳定电压作为电视机各部分电路的工作电压。图中 C_2 用于消除输入端接线较长而引起的自激振荡，C_3 用于消除电路的高频噪声。

(2)输出正负电压的稳压电路。图 7-47 所示为同时输出±5V 的电源；图 7-48 所示为同时输出±15V 电源。

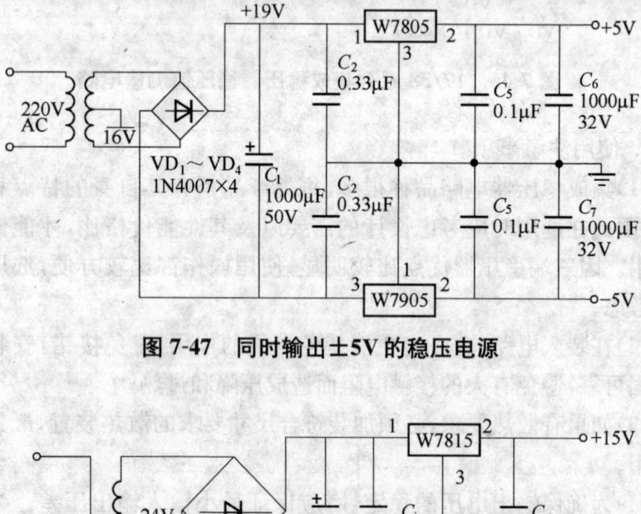

图 7-47　同时输出±5V 的稳压电源

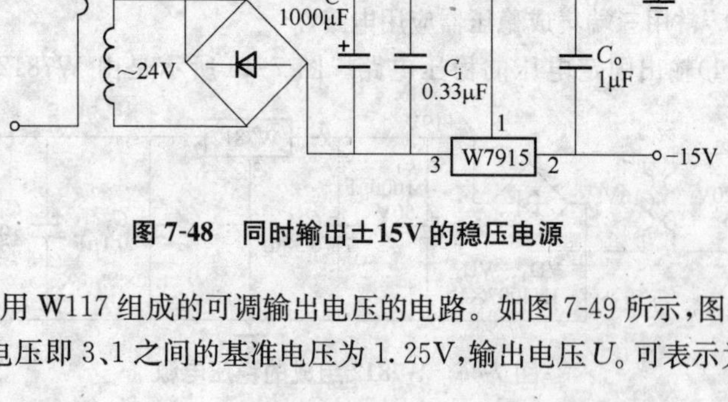

图 7-48　同时输出±15V 的稳压电源

(3)用 W117 组成的可调输出电压的电路。如图 7-49 所示，图中 R_1 两端的电压即 3、1 之间的基准电压为 1.25V，输出电压 U_o 可表示为

$$U_o=1.25\left(1+\frac{RP}{R_1}\right)$$

可见，调节电位器 RP 可改变输出电压 U_o 的大小，U_o 的变化范围为 1.25～37V 连续可调。

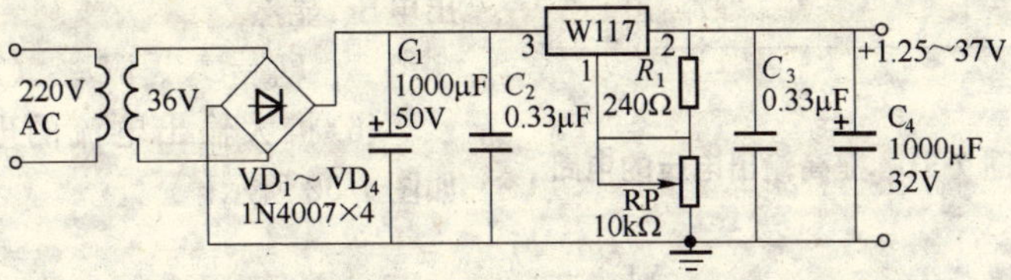

图 7-49　用 W117 组成的可调输出电压的电路

(4)用 W78××组成的可调输出电压的电路。在图 7-50 所示电路中，$U_- \approx U_+$，由基尔霍夫电压定律可得

$$\frac{R_3}{R_3+R_4}U_{\times\times}=\frac{R_1}{R_1+R_2}U_o$$

故
$$U_o=\left(1+\frac{R_2}{R_1}\right)\frac{R_3}{R_3+R_4}U_{\times\times} \tag{7-35}$$

可见用可调电阻来调整电阻 R_2 与 R_1 的比值，便可调节输出电压 U_o 的大小。

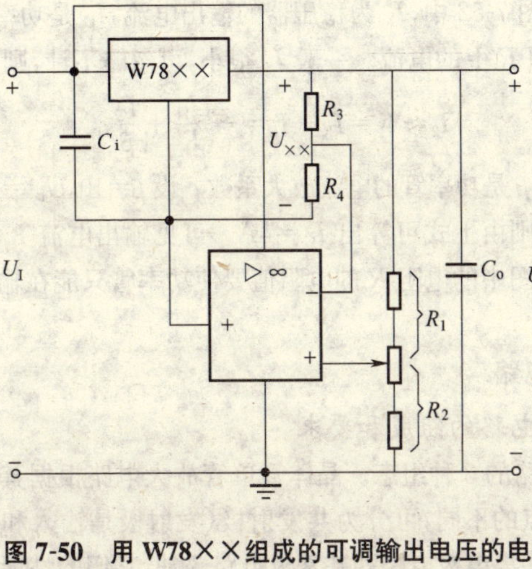

图 7-50　用 W78××组成的可调输出电压的电路

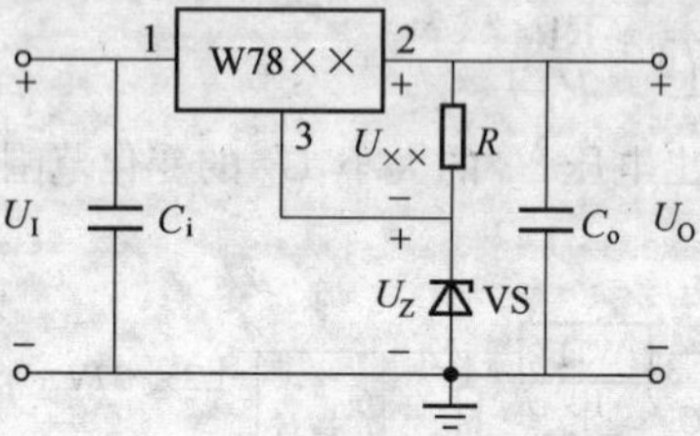

图 7-51　提高输出电压的电路

(5)提高输出电压的电路。图 7-51 所示的电路能使输出电压高于固定输出电压。图中，$U_{××}$为 W78××稳压器的固定输出电压，显然

$$U_o = U_{××} + U_z \quad (7\text{-}36)$$

(6)扩大输出电流的电路。如图 7-52 所示。

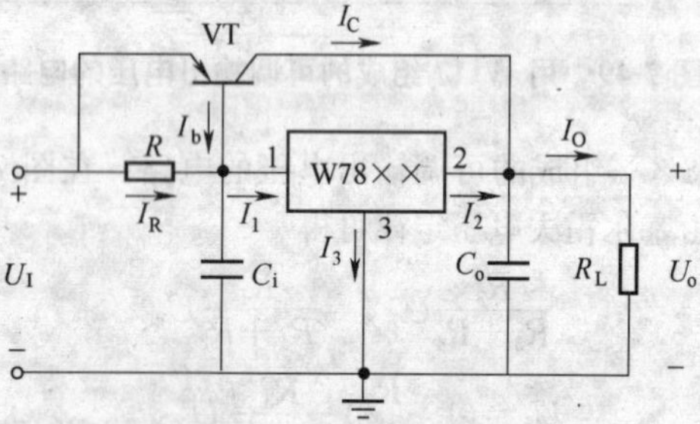

图 7-52　扩大输出电流的电路

当电路所需电流大于 1A 时，可采用外接功率管 VT 的方法来扩大输出电流。在图 7-52 中，I_2 为稳压器的输出电流，I_C 是功率管的集电极电流，I_R 是电阻 R 上的电流。一般 I_3 很小，可忽略不计，则可得出

$$I_2 \approx I_1 = I_R + I_b = -\frac{U_{be}}{R} + \frac{I_C}{\beta} \quad (7\text{-}37)$$

的关系式，式中 β 是功率管的电流放大系数。设 $\beta=10$，$U_{be}=-0.3V$，$R=0.5\Omega$，$I_2=1A$，则由上式可算出 $I_C=4A$。可见输出电流 $I_o=I_2+I_C$，它比 I_2 扩大了。图中的电阻 R 的电阻值要使功率管只能在输出电流较大时才导通。

九、放大电路

(一)放大电路的组成和要求

1. 放大电路的 3 种组态。晶体管单管放大电路根据其输入信号与输出信号公共点的不同，可分为共发射极(发射极是输入和输出信号的公用极)电路、共集电极电路和共基极电路 3 种，它们的性能及电路见本

章第二节表 7-17。

2. 组成放大电路的基本要求。组成放大电路的基本要求是：

(1)在晶体管各极接入电压的极性正确。在组成放大电路时，直流电源应保证晶体管发射结正偏、集电结反偏，晶体管处于放大状态。

(2)设置合适的静态工作点，通过合理选择电路中各元件的参数，保证在整个信号周期内晶体管导通，以减小非线性失真。

(3)放大电路的放大倍数要大。

(4)为了减小信号的传输损失，要考虑级间合理的耦合方式和阻抗匹配问题。

(二)放大电路的输入电阻、输出电阻和放大倍数

1. 输入电阻。放大电路的输入电阻就是从放大电路输入端看进去的等效电阻。因此，在求输入电阻时，必须从放大电路的交流等效电路入手。

图 7-53 所示的固定偏置电路，从输入端看进去的交流等效电路可以画成如图 7-54 所示的形式(电容和电源 U_{CC} 视为短路)。图中 r_{be} 为晶体管基极与发射极之间的等效交流电阻，称为晶体管的输入电阻。输入电阻可用下式进行估算：

$$r_{be}=r_b+(\beta+1)\frac{26}{I_e} \tag{7-38}$$

式中 r_b——晶体管的基区电阻(Ω)；

I_e——发射极的静态工作电流(mA)。

对于一般小功率晶体管，并运用在低频信号的条件下，它的电阻值大约为 300Ω，因此，上式可以改写成

$$r_{be}=300+(1+\beta)\frac{26}{I_e} \tag{7-39}$$

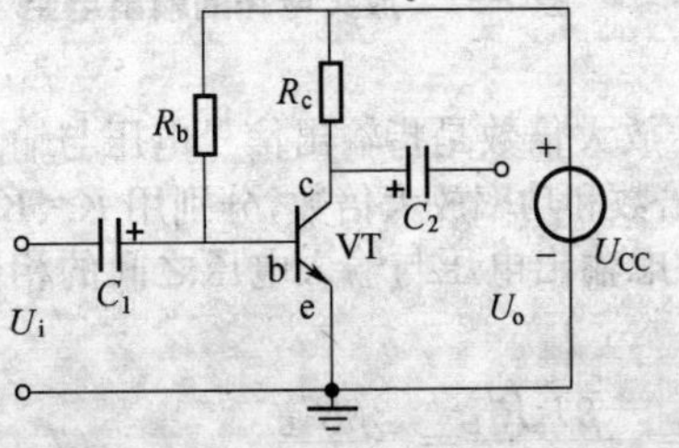

图 7-53 单电源交流放大电路

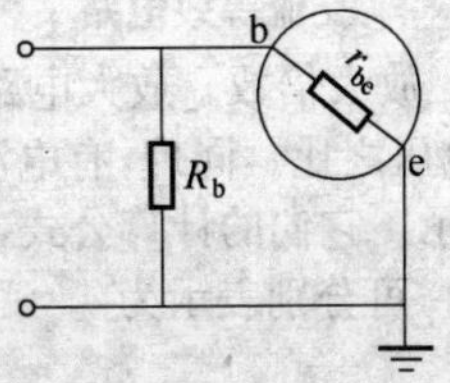

图 7-54 放大电路的输入电阻

从图 7-54 可看出，放大电路的输入电阻是 R_b 与 r_{be} 并联后的等效电阻，即

$$r_i=\frac{R_b r_{be}}{R_b+r_{be}} \tag{7-40}$$

图 7-55 所示的分压式电流负反馈偏置电路，从输入端看进去的交流等效电路，可以画成如图 7-56 所示的形式，图 7-55 中 R_e 被电容 C_e 短路，电源 U_{CC} 对交流也视为短路，所以 R_{b1} 和 R_{b2} 并联。设 R_{b1}、R_{b2} 的并联电阻值为 R_1，即

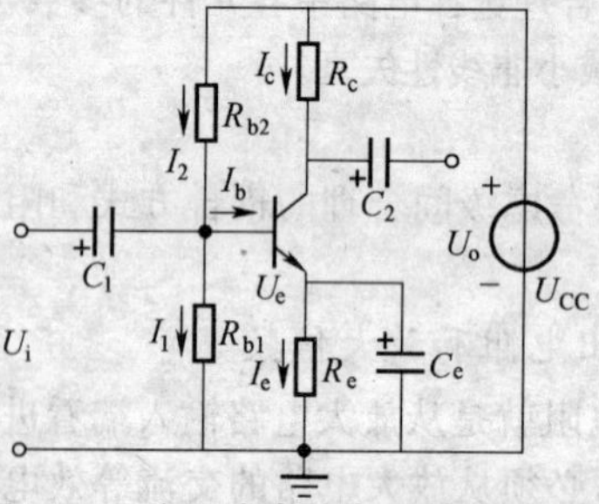

图 7-55 分压式电流负反馈偏置电路

$$R_1=\frac{R_{b1}R_{b2}}{R_{b1}+R_{b2}} \tag{7-41}$$

故

$$r_i=\frac{R_1 r_{be}}{R_1+r_{be}} \tag{7-42}$$

2. 输出电阻。放大电路输出电阻就是从放大电路的输出端看回去的等效交流电阻。求输出电阻，同样应从输出端的交流等效电路入手。对于图 7-53 所示的固定偏置电路输出端的交流通路如图 7-57 所示。因晶体管集电极与发射极间的电阻很大，故放大电路的输出电阻仍然是 R_C，即

$$r_o\approx R_C \tag{7-43}$$

对图 7-55 所示分压式电流负反馈偏置电路，输出端的等效交流通路如图 7-58 所示，因此，它的输出电阻也近似等于集极电阻 R_C。

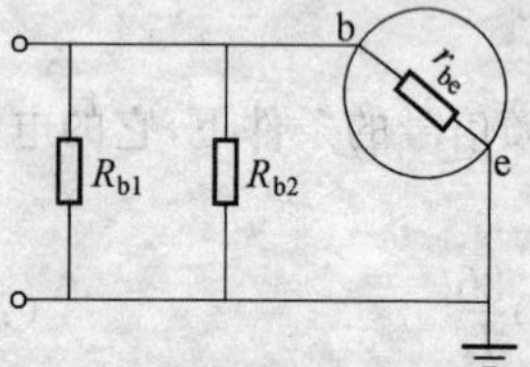

图 7-56 图 7-55 输入端的交流等效电路

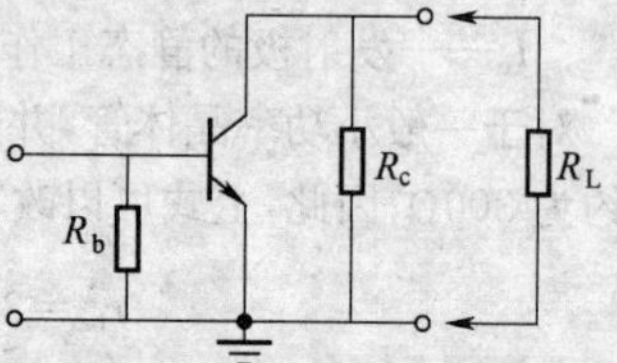

图 7-57 放大电路的输出电阻

3. 放大倍数。放大电路的电压放大倍数是指输出信号电压与输入信号电压之比。同理，有电流放大倍数和功率放大倍数，分别用 K_u、K_i、K_p 表示。它们的计算公式，在不考虑输出电压与输入电压之间的相位关系时，可分别表示为

$$K_u=\frac{\widetilde{U}_O}{\widetilde{U}_i}=\frac{-\widetilde{I}_c R'_L}{\widetilde{U}_i}=\frac{-\beta\widetilde{I}_b R'_L}{\widetilde{I}_b r_{be}}=-\frac{\beta R'_L}{r_{be}} \tag{7-44}$$

$$K_i=\frac{\widetilde{I}_o}{\widetilde{I}_i}=\frac{\widetilde{I}_c}{\widetilde{I}_b}=\frac{\beta\widetilde{I}_b}{\widetilde{I}_b}=\beta \tag{7-45}$$

$$K_p=\frac{\widetilde{U}_o\widetilde{I}_o}{\widetilde{U}_i\widetilde{I}_i}=K_uK_i \tag{7-46}$$

式中的负号表示放大电路中输出电压与输入电压反相。R'_L 为放大电路输出端的总负载电阻。

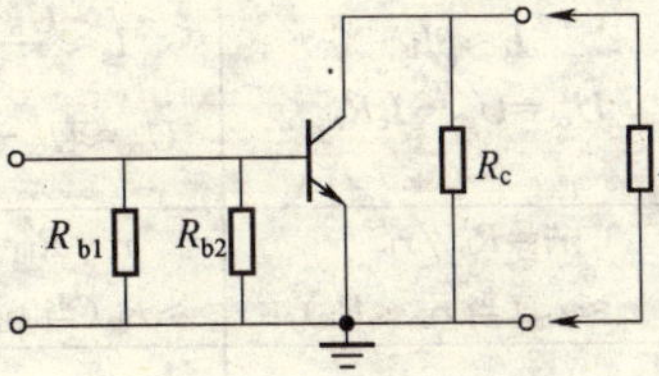

图 7-58 输出端的等效交流电路

（三）常用偏置电路和静态工作点的计算

放大电路没有信号输入的工作情况，称为静态。在电路参数确定后静态时晶体管的基极电流 I_b、集电极电流 I_c 和集电极电压 U_{ce} 都是一些固定的直流数值，称为静态值，因为它们反应到晶体管的特性曲线上是一点，所以又称为放大电路的静态工作点。

偏置电路的作用是使放大电路有合适的静态工作点，保证放大器能够正常工作。合理的偏置电路还应保证工作点的稳定性，以及考虑到管子参数的离散性可能造成的工作点位置不固定。前者决定了电路的温度稳定性，后者使得管子的更换不影响静态工作点。

偏置电路的设置极为重要。偏置电路及有关参数的计算公式见表 7-56。

表 7-56 偏置电路及计算公式

电路型式	共发射极放大电路		
	固定偏压	分压式电流负反馈偏置	具有部分未旁路射极电阻
电路图	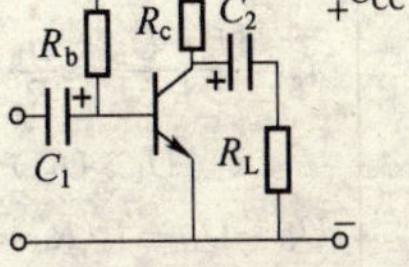	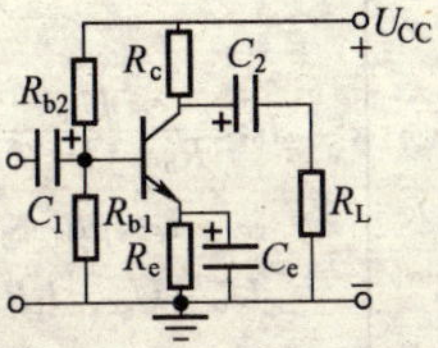	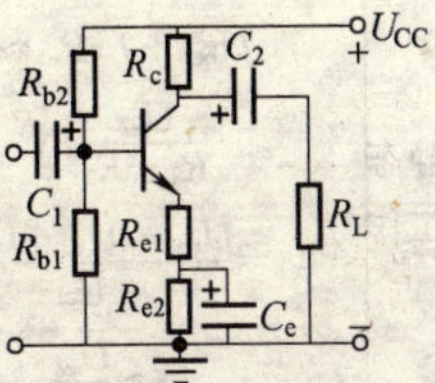

续表 7-56

电路型式	共发射极放大电路		
	固定偏压	分压式电流负反馈偏置	具有部分未旁路射极电阻
静态工作点	$I_b=\frac{U_{ce}-U_{be}}{R_b}\approx\frac{U_{cc}}{R_b}$ $I_c\approx\beta I_b$ $U_{ce}=U_{cc}-I_cR_c$	$U_b\approx\frac{U_{cc}}{R_{b1}+R_{b2}}R_{b1}$ $I_e\approx\frac{U_b-U_{be}}{R_e}\approx\frac{U_b}{R_e}$ $U_{ce}\approx U_{cc}-I_c(Re+R_c)$	$U_b\approx\frac{U_{cc}}{R_{b1}+R_{b2}}R_{b1}$ $I_e=\frac{U_b-U_{be}}{R_{e1}+R_{b2}}$ $U_{ce}\approx U_{cc}-I_c$ $(R_c+R_{e1}+R_{e2})$
输入电阻	$r_i=R_b/\!/r_{be}$ $r_i\approx r_{be}$(当 $r_{be}\ll R_b$)	$r_i=R_{b1}/\!/R_{b2}/\!/r_{be}$ $\approx r_{be}$(当 $r_{be}\ll R_{b1}/\!/R_{b2}$)	$r_i\approx R_{b1}/\!/R_{b2}/\!/$ $(\beta R_{e1}+r_{be})$
电压放大倍数	$K_u=-\beta\frac{R'_L}{r_{be}}$ $R'_L=R_L/\!/R_c$	$K_u=-\beta\frac{R'_L}{r_{be}}$ $R'_L=R_L/\!/R_c$	$K_u\approx-\beta\frac{R'_L}{r_{be}+(1+\beta)R_{el}}$ $\approx-\frac{R'_L}{R_{e1}}$(当 $\beta R_{e1}\gg r_{be}$) $R'_L=R_c/\!/R_L$
输出电阻	$r_o\approx R_c$	$r_o\approx R_c$	$r_o\approx R_c$
特点和应用	电路简单,放大倍数大,但工作点不稳定,只能用在温度变化小,技术要求不高的情况	放大倍数大,工作点稳定,应用较广泛	工作点十分稳定,放大倍数小,输入电阻大,应用广泛

电路型式	共发射极放大电路 直耦双管	共集电极放大电路 (发射极输出)	共基极放大电路
电路图	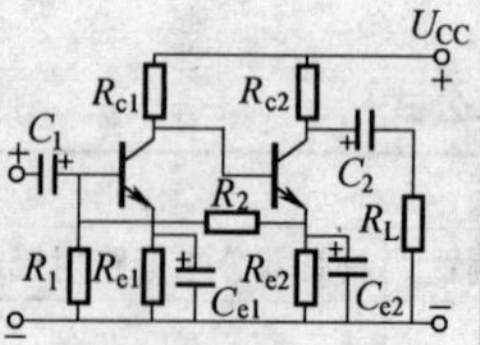	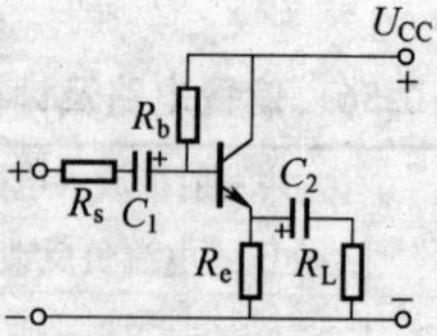	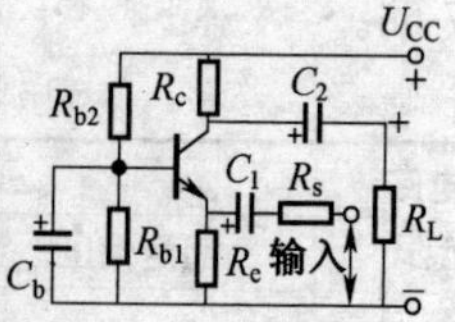
静态工作点	$U_{be1}+I_{c1}R_{e1}\approx$ $\frac{U_{e2}}{R_1+R_2}R_1$ $I_{c1}=\frac{U_{cc}-(U_{e2}+U_{be2})}{R_{c1}}$ $I_{c2}\approx\frac{U_{e2}}{R_{c2}}$	$I_b\approx\frac{U_{cc}}{R_b+(1+\beta)R_e}$ $I_e\approx\beta I_b$ $U_{ce}=U_{cc}-I_cR_e$	$U_b\approx\frac{U_{cc}}{R_{b1}+R_{b2}}R_{b1}$ $I_e=\frac{U_b-U_{be}}{R_e}\approx\frac{U_b}{R_e}\approx I_c$ (当 $U_b\gg U_{be}$) $U_{ce}\approx U_{cc}-I_c(R_c+R_e)$ $I_b=\frac{I_c}{\beta}$

续表 7-56

电路型式	共发射极放大电路 直耦双管	共集电极放大电路 （发射极输出）	共基极放大电路
输入电阻	$r_i=R_1//R_2//r_{be1}$ $r_i\approx r_{be1}$（当 $r_{be1}\ll R_1//R_2$）	$r_i\approx R_b//\beta R'_L$ $R'_L=R_e//R_L$	$r_i\approx(\frac{r_{be}}{1+\beta}//R_e)+R_s$ $\approx\frac{r_{be}}{1+\beta}+R_s$
电压放大倍数	$K_u\approx\beta_1\beta_2\frac{R'_L}{r_{be1}}$ $R'_L=R_L//R_{c2}$（当 $R_{c1}\gg r_{be2}$）	$K_u=\frac{(\beta+1)R'_L}{r_{be}(\beta+1)R'_L}$ $\approx\frac{\beta R'_L}{r_{be}+\beta R'_L}<1$	$K_u=\frac{\beta R'_L}{r_{be}}$ $R'_L=R_L//R_c$
输出电阻	$r_o\approx R_c$	$r_o\approx\frac{R'_b+r_{be}}{\beta},R'_b=\frac{R_bR_s}{R_b+R_s}$	$r_o=r_{cb}//R_c\approx R_c$
特点和应用	放大倍数大，工作点稳定，用于工作点要求稳定的放大电路，多用于多级放大器的中间级	输入电阻大，输出电阻小，有电流放大而无电压放大，多用在输入或输出级	输入电阻小，有电压放大而没有电流放大，高频特性好，多用在高频或宽频带电路及恒流源电路

注：1. 符号“//”表示并联。

2. r_{be} 为放大电路输入电阻。

（四）场效应晶体管放大电路

1. 结型场效应晶体管 3 种放大电路。接法和性能见表 7-57。

表 7-57　结型场效应晶体管 3 种放大电路的接法和性能

名　称	共　源	共　漏	共　栅
电路图	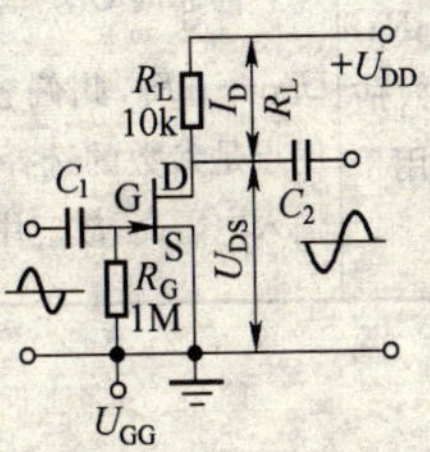	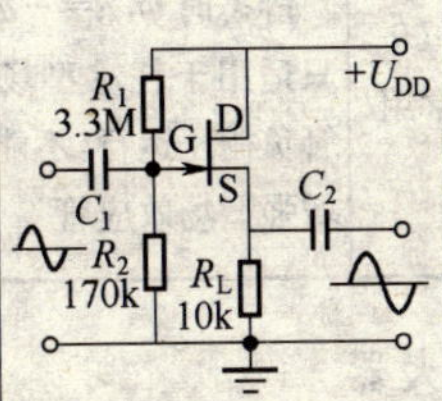	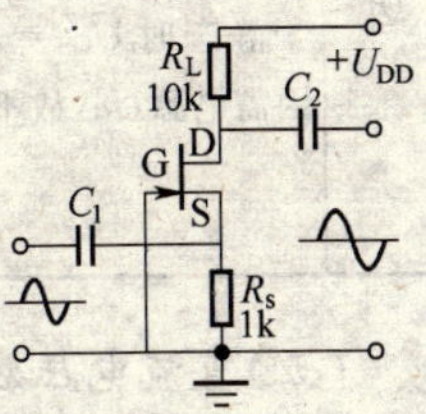
输入电阻 R_i	$R_G//R_{GS}\approx R_G$	$=R_1//R_2$	R_i 很低$\approx 1/g_m$
输出电阻 R_o	$R_L//R_{DS}\approx R_L$	$\approx R_L$	R_L

续表 7-57

名　称	共　源	共　漏	共　栅
电压放大倍数 K_u	$\approx -g_m R_L$	≈ 1	$\approx -g_m R_L$
特　点	输入阻抗高、电压增益大，应用最广，但高频特性差	输入阻抗高、输出阻抗低，适用于阻抗变换、如缓冲放大器，电压跟随器	输入阻抗低、输出阻抗较高，频率特性好，常用于高频放大

注：符号“//”表示并联。

2. 场效应管常用偏置电路。见表 7-58。

表 7-58　场效应管常用偏置电路

名　称	固定偏压电路	自偏压电路	分压器式自偏压电路
电路图	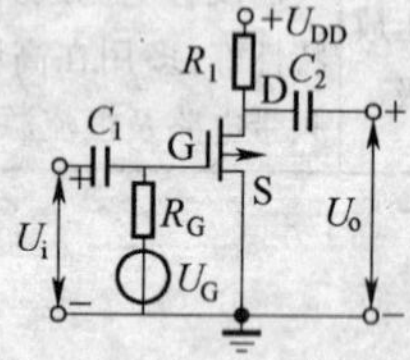	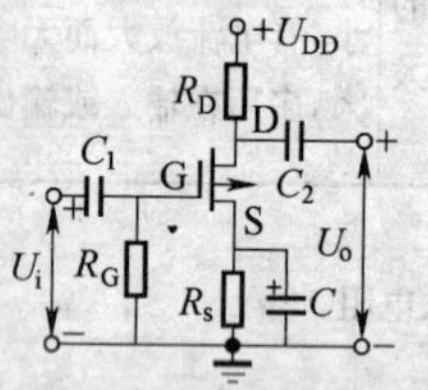	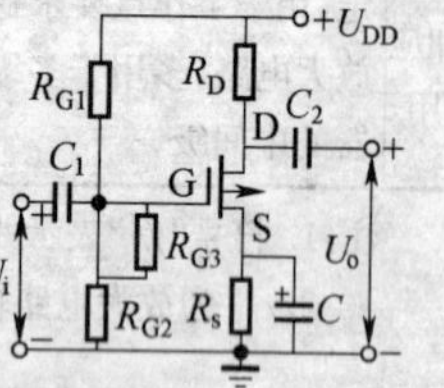
说　明	这种电路的栅偏压由固定的外电源供给，故称固定偏压电路。 静态时 $U_{GS}=-U_G$，因需电源 U_G，故不常用	这种栅偏压是由漏极电流流过源极电阻 R_S 产生的，故称自偏压电路。 静态时 $U_{GS}=-I_D R_S$，只适用于耗尽型场效应管负栅压运行，不能用于增强型场效应管	这种电路是在自偏压电路的基础上加接分压电阻后组成。 静态时 $U_{GS}=\frac{R_{G2}}{R_{G1}+R_{G2}}U_{DD}-I_D R_S$，此偏置电路的优点是参数的选择范围大，输入电阻高，故应用较广

（五）直流电压放大器

直流放大器大都采用直接耦合式电路，目的是将直流信号或变化缓慢的信号（如用热电偶来反映温度的电压信号）进行放大。直流放大器最主要的问题是要消除“零点漂移”现象。所谓零点漂移是指：当环境温度变化时，要引起晶体管本身参数的变化（如放大倍数随温度升高而变大），使直接耦合的放大器工作点也随之变化，假如第一级放大器的静态电位变化了，它将经逐级放大，即使这时输入端短路，输出端仍出现较大的输出电压(叫漂移电压)。减少零点漂移的办法目前主要采用差动电路，又叫差动放大器。

1. 差动放大电路工作原理。图 7-59 所示是最简单的差动式电路(又称差分式或分差式电路)。电路中的晶体管及各个电阻的参数都应尽量对称。当输入端加上输入信号 ΔU_i 时，由于分压电阻 R 的分压作用，VT_1 管的输入为 $\Delta U_i/2$，VT_2 管的输入为 $-\Delta U_i/2$。这种输入状态叫做差动输入。由于输入信号极性不同，当 ΔU_{i1} 减小时，ΔU_{i2} 变大，对应的输出信号为 $\Delta U_o=\Delta U_{o1}-\Delta U_{o2}$。由于电路两边对称，所以无论是温度变化还是电源电压波动，对两只管子的影响是一样的。而输出信号 ΔU_o 是 ΔU_{o1} 与 ΔU_{o2} 之差，所以这些影响在 ΔU_o 中被互相抵消了。即使 ΔU_{o1} 与 ΔU_{o2} 都因温度的影响而变化，但反应到输出 ΔU_o 中仍然为零。

如果把 ΔU_{o1} 和 ΔU_{o2} 的漂移电压折合到输入端，这相当于在 VT_1 和 VT_2 的输入端加上了大小相等、极性相同的信号，这种输入状态叫做“共模输入”。所以只要电路对称，管子参数对称，差动式电路可以消除因温度而引起的“零点漂移”现象，对共模信号的放大倍数总是零。图 7-59 电路的缺点是从每个管子输出端对地的电压来看、漂移依旧很大。如果负载不是接在两个集电极之间，而是接到一个管子的输出端与地之间(这叫单端输出)，那么零点漂移仍和单管放大电路一样，没有起到补偿作用。这个电路的电压放大倍数

$$K=K_1=\frac{\Delta U_o}{\triangle U_i}=\frac{-\beta R_c}{R_{b1}+r_{be}} \tag{7-47}$$

式中 K——整个差动放大电路的放大倍数；

K_1——单管放大倍数；

r_{be}——单个晶体管的输入电阻(从 b 极 e 极两端看晶体管时管子所呈现的电阻)。

2. 典型差动式放大电路及其共模抑制比(K_{CMR})。图 7-60 所示是一个典型的差动放大电路。与图 7-59 比较，它多了电位器 RP、发射极共用电阻 R_e、负电源 U_{EE}。RP 的作用是为了当 VT_1 和 VT_2 特性有差别时可以调整到 $I_{c1}=I_{c2}$。RP 的电阻值约几百欧以内。R_e 起对共模信号负反馈作用。加上 U_{EE} 是为了使 VT_1 和 VT_2 有适当的工作电压 U_{ce}，因为

在发射极接入 R_e 以后，在 R_e 上将有较大的电压降，使二个晶体管的 U_{ce} 值变小，影响管子正常工作。

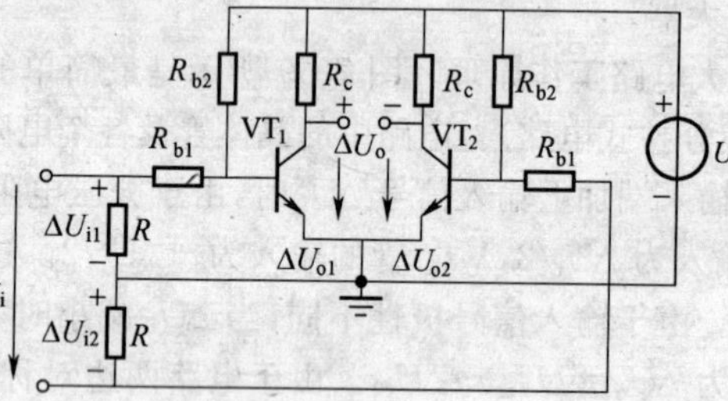

图 7-59　差动式放大电路的基本接法

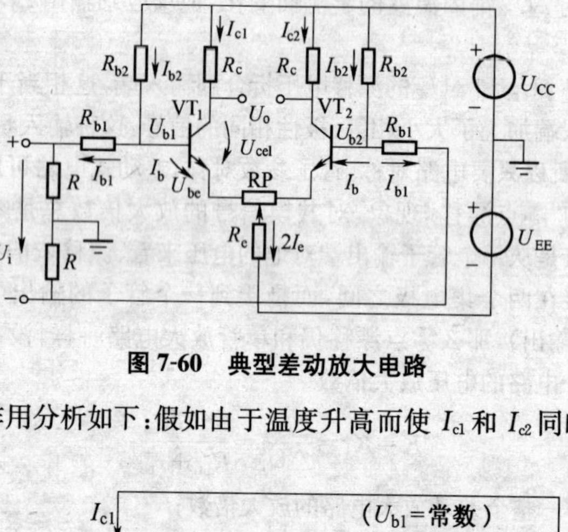

图 7-60　典型差动放大电路

R_e 的作用分析如下：假如由于温度升高而使 I_{c1} 和 I_{c2} 同时增加，那么

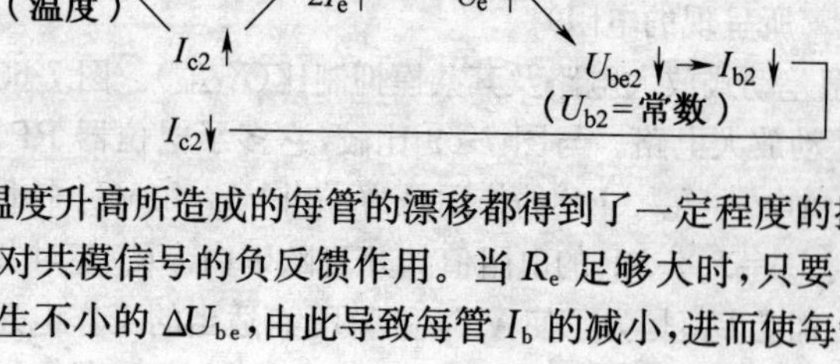

可见温度升高所造成的每管的漂移都得到了一定程度的抑制，这主要依靠 R_e 对共模信号的负反馈作用。当 R_e 足够大时，只要 I_e 稍有增加，就会产生不小的 ΔU_{be}，由此导致每管 I_b 的减小，进而使每管的 I_c 和

输出电压 U_o 都近似维持不变。换句话说，这时单端输出的零点漂移也可大大减小。R_e 对要被放大的差动信号毫无影响，因为把差动信号加到输入端时，一个管子的电流增加，另一个管子的电流却是减小的，在电路完全对称的条件下，增加量和减小量相等，所以 $2I_e$ 将维持不变，R_e 两端的电压也就不变，故 R_e 对差动信号无负反馈作用，所以不影响对差动信号的放大倍数。

图 7-61 是图 7-60 的对共模信号和对差动信号的等效电路图。

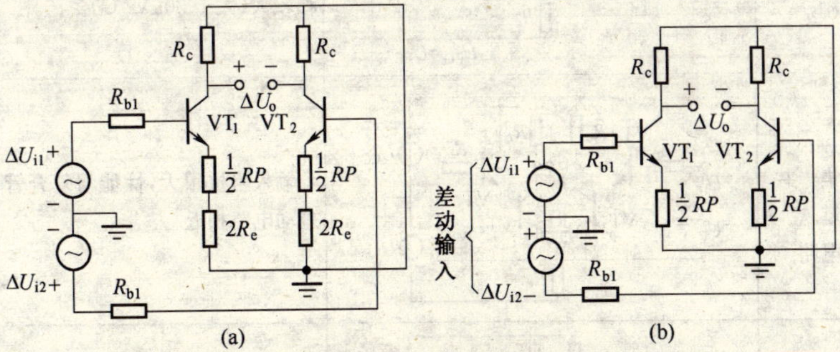

图 7-61 共模信号与差动信号的等效电路图

(a)共模等效电路 (b)差动等效电路

(共模输入：二个输入信号大小相等，极性相同地分别加在每个管子的输入端；

差动输入：二个输入信号大小相等，极性相反地分别加在每个管子的输入端)

对于共模信号的等效电路，由于流过发射极公共电阻 R_e 的电流是 $2I_c$，R_e 两端的电压降为 $2R_eI_e$，所以相当于每一个管子的发射极接了一个 $2R_e$ 的电阻。

在差动式电路中，常用共模抑制比(K_{CMR})来说明放大器对共模信号的抑制能力。

$$K_{CMR}=K_d/K_c \tag{7-48}$$

式中 K_d——放大器对差动信号的放大倍数；

K_c——放大器对共模信号的放大倍数。

图 7-59 及图 7-60 的双端输出的差动电路，若参数完全对称，则 $K_c=0$，$K_{CMR}=\infty$。在一般情况下，双端输出的差动电路的 K_{CMR} 值完全取决于电路参数的不对称程度，且 R_e 值越大，K_{CMR} 值也越大，但这时负电源 U_{cc} 的值也将提高才行(一般 $U_{cc}=U_{EE}$)。

3. 常见的差动放大电路。见表 7-59。

表 7-59 常见的差动放大电路

名称	电路图	特点
复合管差动电路	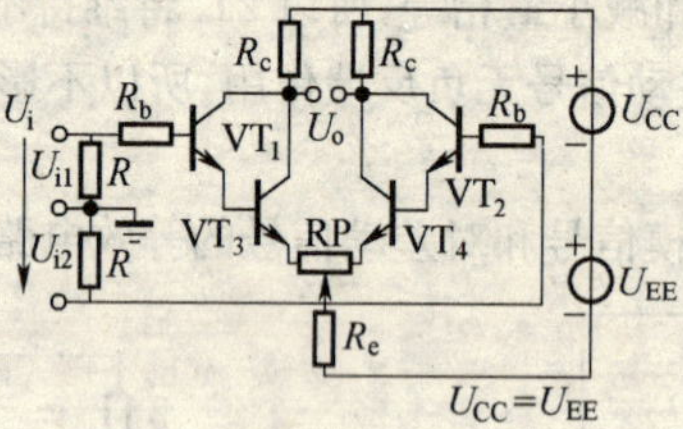	晶体管参数变化对放大倍数影响不大，有很高的输入阻抗，较低的偏置电流，但输入电压漂移较大（大于 30μV/℃）
共集—共基差动电路	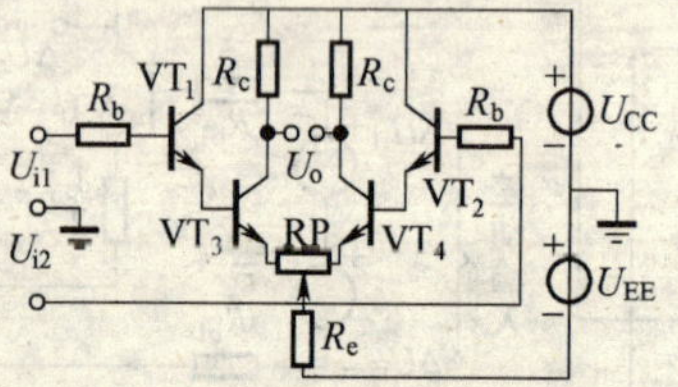	输入阻抗很大，性能与复合管差动电路相近
自举式差动电路	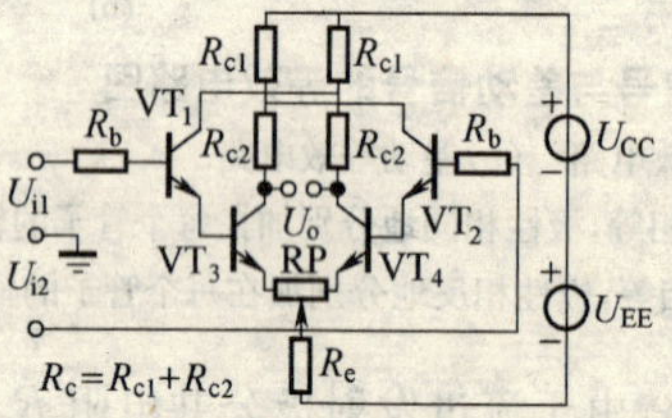	有电压串联负反馈，输入阻抗更大，可达数百兆欧，但电压放大倍数稍低
互补差动电路	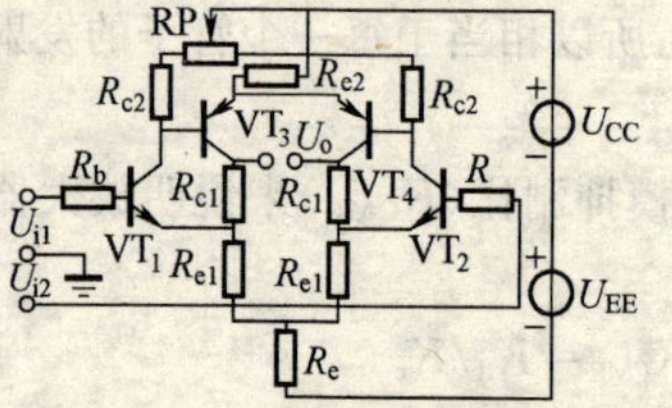	当 R_e 足够大时，放大倍数与晶体管参数基本无关，有深度的电流串联负反馈，输入阻抗高，放大倍数稳定
共射—共基差动电路	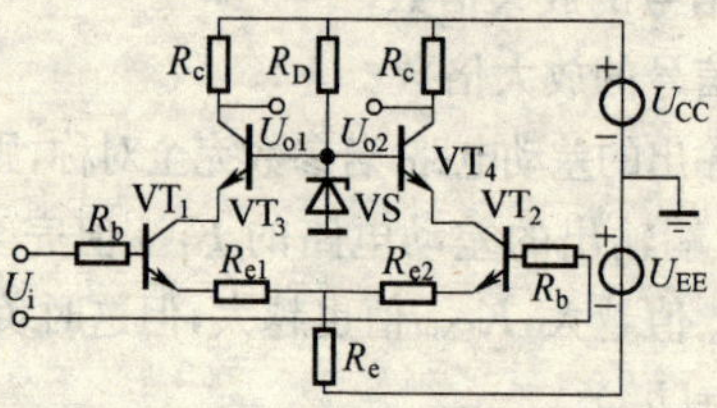	有优良的高频特性，输入阻抗高，在集成电路中常用作运算放大器的输入级

续表 7-59

名称	电路图	特点
有恒流源的差动电路	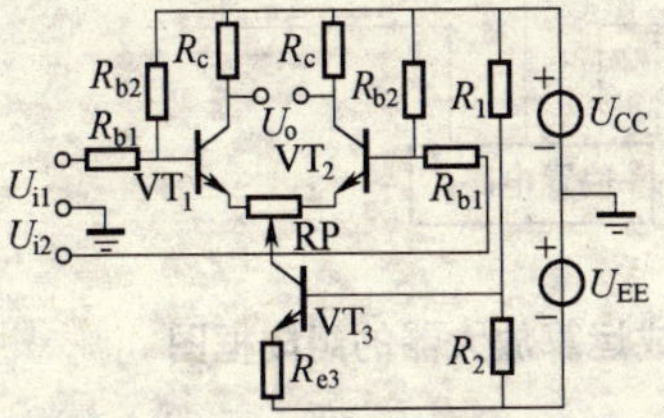	用晶体管 VT_3 代替了 R_e，其直流电阻小，电源利用率提高，动态阻抗大（大于几十千欧），K_{CMR} 大大提高，也降低了单端输出的零点漂移
共模负反馈差动电路	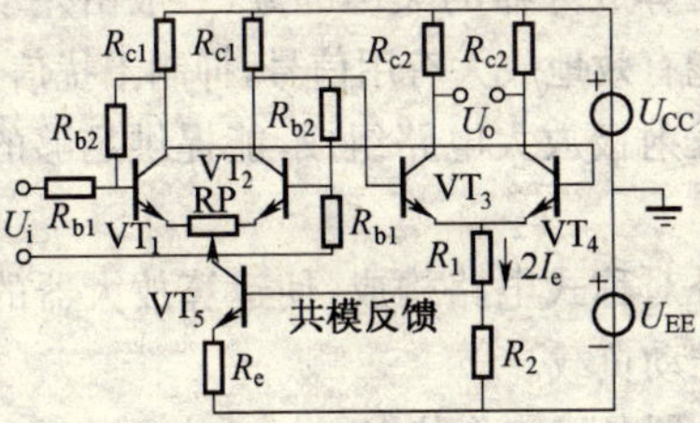	它是将输出端的共模信号再负反馈到前级加以抑制，使 K_{CMR} 值进一步提高，且减小了单端输出的零点漂移
增益可调差动电路	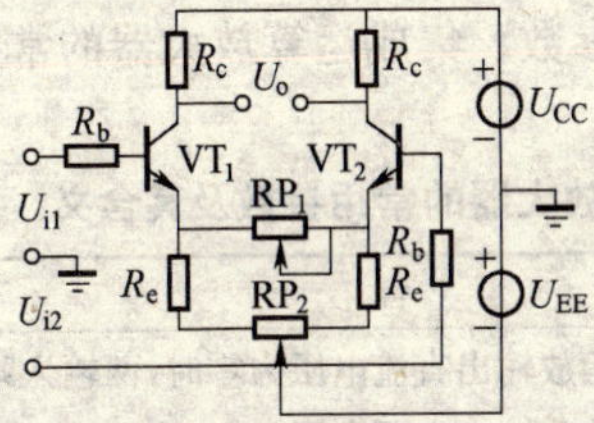	当 RP_1 值较大时，电压放大倍数与管子参数基本无关，仅与 RP_1 有关，有较高的输入阻抗。因有负反馈，电路的频率特性及稳定性都有改善

（六）集成运算放大器

1. 集成运算放大器的符号和组成。集成运算放大器是一种高放大倍数带深度负反馈的直接耦合放大器，简称运放。

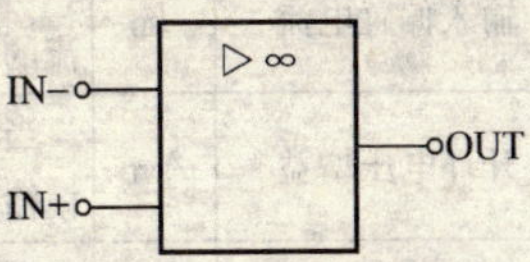

图 7-62　集成运算放大器图形符号

集成运算放大器的图形符号如图 7-62 所示。它有两个输入端 IN_-（反相输入端）IN_+（同相输入端）和一个输出端 OUT。

集成运算放大器的类型很多，电路也各不相同，但在结构上有相似之处。通常它是由输入级、中间级、输出级和偏置电路 4 部分组成，如图 7-63 所示。

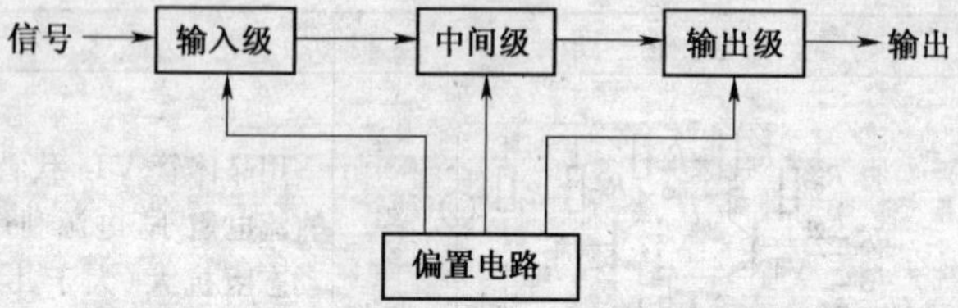

图 7-63　集成运算放大器的组成框图

(1)输入级。输入级是运算放大器的关键部分，一般由差动放大电路组成。它输入电阻很高，能有效地放大有用信号，抑制干扰信号。

(2)中间级。一般由共发射极放大电路组成，能提供足够的电压放大倍数。

(3)输出级。一般由互补对称式电路构成，使运算放大器的输出电阻很低，能输出较大的功率推动负载。

(4)偏置电路。确定放大器各级工作状态。

2. 集成运算放大器的常用参数。集成运算放大器的常用参数及其含义见表 7-60。

表 7-60　集成运算放大器的常用参数及其含义

参数名称	符号	含义
输入失调电压	U_{i0}	当集成运放输出直流电压为零时，两输入端之间所加的补偿电压称为输入失调电压
输入失调电流	I_{i0}	当集成运放的输出电压为零时，两输入端偏置电流的差值称为输入失调电流
输入偏置电流	I_{iB}	当集成运放的输出直流电压为零时，其两输入端偏置电流的平均值称为输入偏置电流
开环电压增益	A_{VD}	当集成运放工作于线性区时，其输出电压变化 ΔU_O 与差模输入电压变化 ΔU_i 的比值称为开环电压增益
共模抑制比	K_{CMR}	当集成运放工作于线性区时，其差模电压增益与共模电压增益的比值
电源电压抑制比	K_{SVR}	当集成运放工作于线性区时，输入失调电压随电压改变的变化率称为电源电压抑制比
输出峰-峰电压	O_{PP}	在特定的负载条件下，集成运放能输出的最大电压幅度

续表 7-60

参数名称	符号	含义
共模输入电压范围	U_{iCR}	当共模输入电压增大到使集成运放的共模抑制比下降到正常情况下的一半时所对应的共模电压值
最大差模输入电压	U_{iDM}	集成运放两输入端所允许加的最大电压差
最大共模输入电压	U_{iCM}	当集成运放的共模抑制特性显著变化时的共模输入电压
输出阻抗	Z_O	当集成运放工作于线性区时，在其输出端加信号电压，信号电压的变化量与对应的电流变化量之比称为输出阻抗
单位增益带宽	BG_G	当开环差模电压增益下降到 0dB 时集成运放所对应的频带宽度
静态功耗	P_D	在输入端无信号输入、输出端不接负载的情况下，集成运放所消耗的直流功率

3. 集成运算放大器的基本运算电路。见表 7-61。

表 7-61 基本运算电路表

运算关系	框图	运算函数关系
反相比例	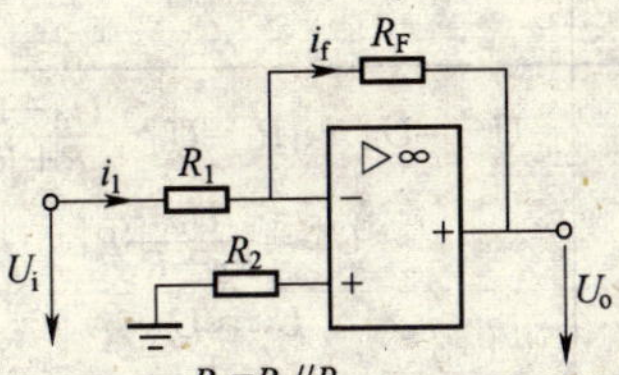 $R_2=R_1//R_F$	$i_1 \approx i_f$ $U_- \approx U_+ = 0$ $i_1 = \frac{U_i - U_-}{R_1} = \frac{U_i}{R_1}$ $i_f = \frac{U_- - U_o}{R_F} = \frac{-U_o}{R_F}$ 闭环电压放大倍数 $K_{VF} = \frac{U_o}{U_i} = \frac{-R_F}{R_1}$ 输出与输入的关系 $\frac{U_i}{R_1} = -\frac{U_o}{R_F}$（反相比例） 若 $R_F = R_1$，则 $U_i = -U_o$（叫反相器）

续表 7-61

运算关系	框　　图	运算函数关系
反相加法运算	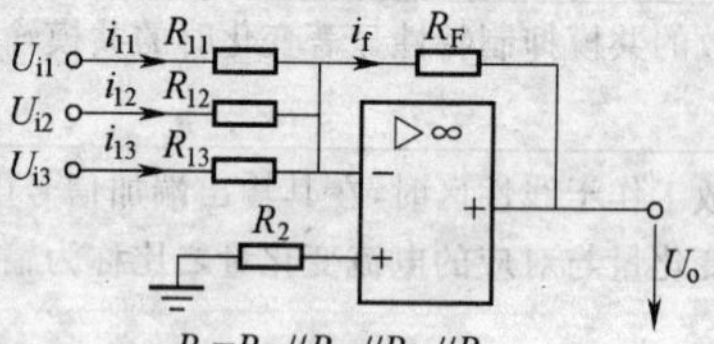 $R_2=R_{11}//R_{12}//R_{13}//R_f$	$i_{11}=U_{i1}/R_{11}\quad i_f=i_{11}+i_{12}+i_{13}$ $i_{12}=U_{i2}/R_{12}$ $U_o=-(\frac{R_F}{R_{11}}U_{i1}+\frac{R_F}{R_{12}}U_{i2}+\frac{R_F}{R_{13}}U_{i3})$ $i_{13}=U_{i3}/R_{13}\quad i_f=-U_o/R_F$ 当 $R_{11}=R_{12}=R_{13}=R_1$ 得 $U_o=-\frac{R_F}{R_1}(U_{i1}+U_{i2}+U_{i3})$ 当 $R_F=R_1$ 得 $U_o=-(U_{i1}+U_{i2}+U_{i3})$这是反相加法运算
同相运算	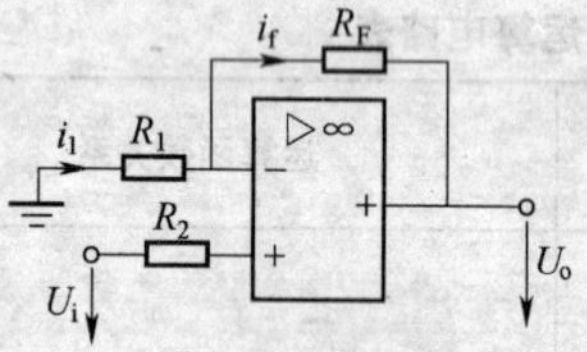	$U_-\approx U_+=U_i$ $i_1=\frac{-U_-}{R_1}=\frac{-U_i}{R_1}$ $i_f=\frac{U_- -U_o}{R_F}=\frac{U_i-U_o}{R_F}$ $i_1=i_f$ 闭环电压放大倍数 $K_{VF}=\frac{U_o}{U_i}=1+\frac{R_F}{R_1}$ 当 $R_1=\infty$(即开路)或 $R_F=R_2=0$ 时,则得 $K_{VF}=\frac{U_o}{U_i}=1$,这是同号器,又叫电压跟随器
差动运算(减法器)	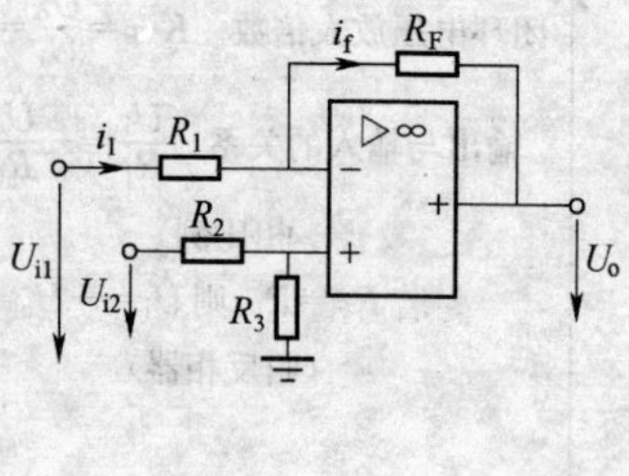	$U_-=U_{i1}-i_1R_1=U_{i1}-\frac{U_{i1}-U_o}{R+R_F}R_1$ $U_+=\frac{U_{i2}}{R_2+R_3}R_3$ $U_-\approx U_+$ $U_o=(1+\frac{R_F}{R_1})\frac{R_3}{R_2+R_3}U_{i2}-\frac{R_F}{R_1}U_{i1}$ 当 $R_1=R_2$ 和 $R_F=R_3$ 时,得 $U_o=\frac{R_F}{R_1}(U_{i2}-U_{i1})$,这是差动运算 当 $R_1=R_F=R_2=R_3$ 时,得 $U_o=U_{i2}-U_{i1}$,这是减法器

续表 7-61

运算关系	框　图	运算函数关系
积分运算	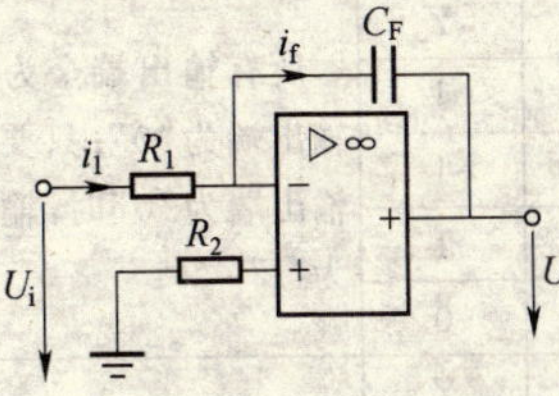	$U_- \approx 0$(虚地) $i_1 = i_f = U_i/R_1$ $U_o = -U_c = -\frac{1}{C_F}\int i_f dt$ $= -\frac{1}{R_1 C_F}\int U_i dt$ 即输出 U_o 与输入 U_i 成积分关系 当 $U_i = V_i$(直流)时，则 $U_o = \frac{-V_i}{R_1 C_F} t$ 即 U_o 是时间的线性函数
微分运算	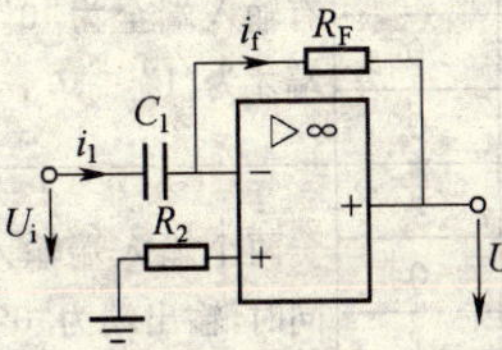	$U_- = 0$ $i_1 = C_1 \frac{dU_c}{dt} = C_1 \frac{dU_i}{dt}$ $U_o = -i_f R_F = -i_1 R_F$ $U_o = -R_F C_1 \frac{dU_i}{dt}$ 即输出与输入成微分关系

注：U_i 是输入信号电压；U_o 是输出信号电压。

十、门电路和组合逻辑电路

(一)基本逻辑门

基本逻辑门符号、表达式和功能。见表 7-62。

表 7-62　基本逻辑门符号、表达式和功能

类型	逻辑符号和表达式	功能表			逻辑功能说明
与门	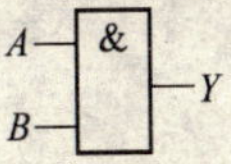Y=AB	A	B	Y	所有输入端全为“1”时，输出端才为“1”，输入端只要有一个为“0”时，输出端即为“0”
		0	0	0	
		0	1	0	
		1	0	0	
		1	1	1	
或门	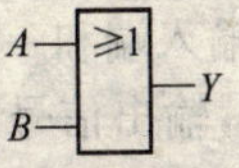Y=A+B	A	B	Y	输入端只要有一个为“1”时，输出端即为“1”，所有输入端全为“0”时，输出端才为“0”
		0	0	0	
		0	1	1	
		1	0	1	
		1	1	1	

续表 7-62

类型	逻辑符号和表达式	功能表 A	功能表 B	功能表 Y	逻辑功能说明
非门	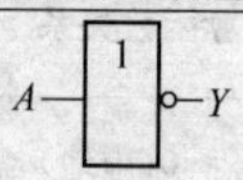 $Y=\overline{A}$	A		Y	输入端为“1”时，输出端为“0”；输入端为“0”时，输出端为“1”
		0		1	
		1		0	
与非门	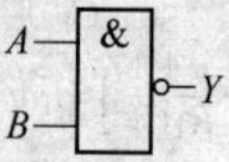 $Y=\overline{AB}$	A	B	Y	所有输出端全为“1”时，输出端为“0”；只要有一个输出端为“0”时，输出端即为“1”
		0	0	1	
		0	1	1	
		1	0	1	
		1	1	0	
或非门	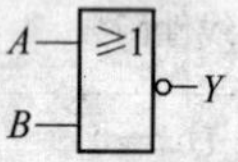 $Y=\overline{A+B}$	A	B	Y	输入端中只要有一个为“1”时，输出端即为“0”；所有输入端全为“0”时，输出端才为“1”
		0	0	1	
		0	1	0	
		1	0	0	
		1	1	0	
异或门	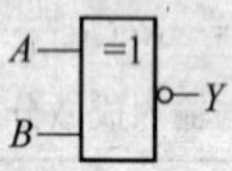 $Y=A\cdot\overline{B}+\overline{A}\cdot B=A\oplus B$	A	B	Y	两个输入端输入信号相同时，输出端为“0”；两个输入端输入信号相异时，输出端为“1”
		0	0	0	
		0	1	1	
		1	0	1	
		1	1	0	
异或非门	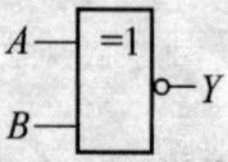 $Y=\overline{A\oplus B}$	A	B	Y	两个输入端输入信号相同时，输出端为“1”，两个输入端输入信号相异时，输出端为“0”
		0	0	1	
		0	1	0	
		1	0	0	
		1	1	1	

(二)二极管门电路

门电路又称为逻辑门，或称逻辑电路。

正逻辑输入信号将高电平记作“1”，低电平记作“0”。负逻辑则相反。

1. 二极管正与门。正与门电路是具有若干个输入端和一个输出端的电路，在输入信号均为高电位（表示“1”信号）时，输出信号才是高电位，只要有一个输入信号是低电位（表示“0”信号），输出信号便是低电位。图 7-64 所示为与门参考电路。

2. 二极管正或门。正或门电路是具有若干个输入端和一个输出端的电路，在输入信号中，只要有一个输入信号为高电位（表示“1”信号），输出信号便是高电位（表示“1”信号），当输入信号全是低电位（表示“0”信号），输出信号才是低电位（表示“0”信号）。图 7-65 所示为或门参考电路。

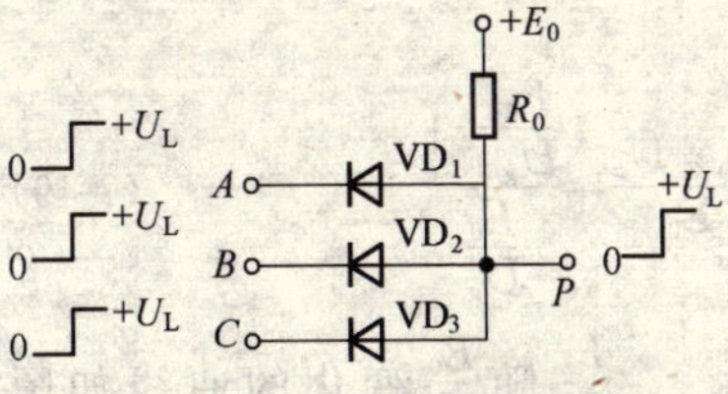

图 7-64　与门参考电路

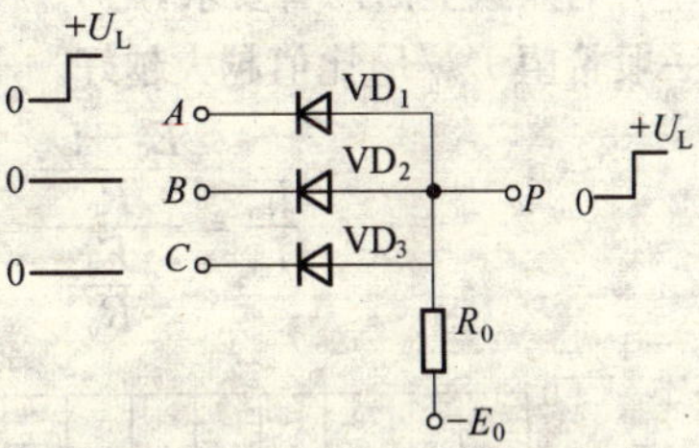

图 7-65　或门参考电路

3. 二极管与门中电源 E_0 和电阻 R_0 的选择。E_0 和 R_0 的选择，应能满足对二极管与门的要求，即输入端对前一级的影响要小，输出端带负载的能力要大，图 7-66 所示为带负载的二极管与门。

例　已知图 7-66 中的输入信号为＋3V（高电位）或为 0V（低电位），负载电流最大值 $I_{om}>2mA$，经过输入端流入前级的最大电流 $I_{im}<3.5mA$，试选择电源 E_0 和电阻 R_0 的数值。

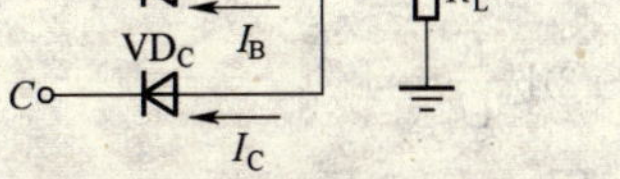

图 7-66　带负载的二极管与门

解　①先看对前一级的影响。当 $U_A=0V, U_B=U_C=+3V$ 时，U_P 被钳在 0V，$I_o\approx0$，VD_B、VD_C 截止，于是电流 I_{R0} 全部通过 VD_A 流入前一级。如果把经过输入端流入前级的最大电流叫 I_{im}，则 $I_{im}=E_0/R_0$，I_{im}越大，对前级影响越大，故 I_{im} 应该小些好，即要求 R_0 大些，E_0 小些好。

②再看后面负载的要求。当 $U_A=U_B=U_C=+3V$ 时，$U_P=+3V$，如果用符号 U_g 表示输出的高电位，输出电流 $I_o=U_o/R_L=U_g/R_L$。由图 7-66知 $I_{R0}=I_o+I_A+I_B+I_C$，$I_{R0}=\dfrac{E_0-U_g}{R_0}$，当 E_0、R_0、U_g 选定后，I_{R0}不变。

当 R_L 减小，I_o 增加时，I_{R0} 不变，I_A、I_B、I_C 必然减小。当 $I_o=I_{R0}$ 时，电流全部流入负载。如继续减小 R_L，二极管就会由导通转入截止状态，失去钳位作用，P 点电位就会下降，门电路输出就会发生偏差。故 I_o 是有限的，负载电流最大值 $I_{om}=I_{R0}=\frac{E_0-U_g}{R_0}$，如要求 I_{om} 大，就应该 E_0 大，R_0 小。

为兼顾上面两者要求，用 I_{om}/I_{im} 来衡量门的好坏，也称为门的效率，一般希望 I_{om}/I_{im} 比值越大越好。

$$\frac{I_{om}}{I_{im}}=\frac{\frac{E_0-U_g}{R_0}}{\frac{E_0}{R_0}}=\frac{E_0-U_g}{E_0}=\frac{\frac{E_0}{U_g}-1}{\frac{E_0}{U_g}} \tag{7-49}$$

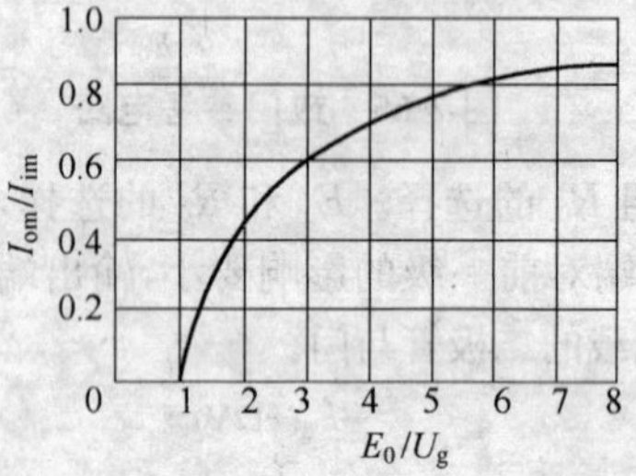

图 7-67　$\frac{I_{om}}{I_{im}}$随$\frac{E_0}{U_g}$变化的曲线

$\frac{I_{om}}{I_{im}}$ 随 $\frac{E_0}{U_g}$ 变化的曲线如图 7-67所示。

从图 7-67 中可看出，当$\frac{E_0}{U_g}>$ 4 后，再增加$\frac{E_0}{U_g}$时，比值$\frac{I_{om}}{I_{im}}$已经变化不大，另一方面$\frac{E_0}{U_g}$太大，势必要增加 E_0，使电源功率损耗变大，一般情况下，选$\frac{E_0}{U_g}$之比为 4～8。

③选$\frac{E_0}{U_g}=4$

因　$U_g=3\text{V}$

故　$E_0=4U_g=4\times3\text{V}=+12\text{V}$

④确定 R_0

由　$I_{im}=\frac{E_0}{R_0}<3.5\text{mA}$

得　$R_0>\frac{E_0}{3.5}=\frac{12}{3.5\times10^{-3}}\Omega=3429\Omega=3.429\text{k}\Omega$

由　$I_{om}=\frac{E_0-U_g}{R_0}>2\text{mA}$

得　$R_0 < \frac{E_0 - U_g}{2} = \frac{12-3}{2\times10^{-3}}\Omega = 4500\Omega = 4.5\text{k}\Omega$

故　$3.429\text{k}\Omega < R_0 < 4.5\text{k}\Omega$

取　$R_0 = 3.9\text{k}\Omega$

(三)非门电路(反相器)

非门电路，又称晶体管反相器，图 7-68 所示为非门参考电路，它是利用晶体管的开关作用做成的最基本的开关电路。它只有一个输入端和一个输出端。它的逻辑功能是，当输入为高电位时，输出为低电位；当输入为低电位时，输出为高电位。

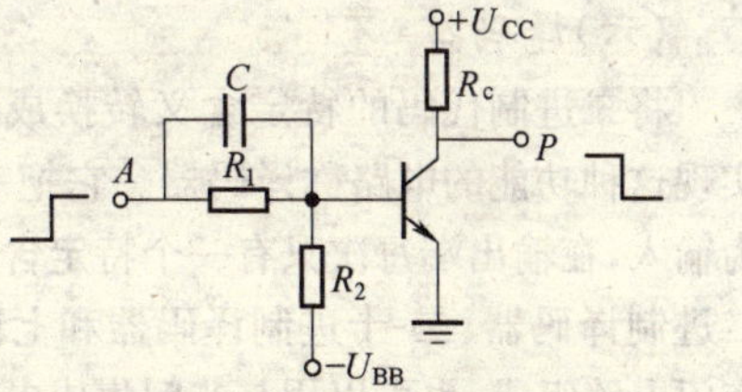

图 7-68　非门参考电路

图 7-68 中，当输入端为低电位 0V 时，$-U_{BB}$ 电源经 R_1 和 R_2 分压，使基极电位为负，发射结反向偏置，晶体管截止，如忽略 I_{ceo}，则 $I_c \approx 0$，集电极电位 $U_{ce} \approx +U_{cc}$，输出为高电位 $+U_{cc}$。当输入为高电位时，输入信号经 R_1 和 R_2 分压，使基极电位为正，发射结正向偏置，晶体管饱和导通，集电极电压 $U_{ce} \approx 0$，输出为低电位，因为该电路的输入端和输出端的电位是相反的，所以称为反相器。又因它逻辑上具有否定意义，故又称为非门电路。

图 7-68 中的 R_2 及 $-U_{BB}$ 是为了使晶体管可靠截止而采用的，电阻 R_1 上并联的电容 C 称为加速电容，它起着加速驱动，以缩短晶体管导通和截止时间的作用。

非门电路是利用晶体管的开关特性工作的，晶体管不是工作在饱和区，就是工作在截止区，故必须满足饱和、截止条件，这就要求对电路参数进行检验。检验的内容是：输入端 A 处于“0”时，晶体管是否截止；输入端 A 处于“1”时，晶体管是否饱和。

(四)组合逻辑电路

在任何时刻，输出信号只决定于同一时刻各输入信号的组合，而与信号作用前电路的状态无关的逻辑电路，称为组合逻辑电路。组合逻辑电路都是由基本的逻辑门电路构成的。常见的组合逻辑电路有编码器、译码器、数字分配器、数字选择器、半加器、全加器、数码比较器和奇偶校验器等。

（五）编码器

将若干个 0 和 1 按一定规律编排组合后，组成不同的二进制代码，用来表示各种信息或操作，这一过程称为编码。用门电路实现编码的电路称编码器。常用的有二进制编码器和二-十进制 8421BCD 码编码器，在数字电路中常采用集成电路来实现编码。

（六）译码器

将二进制代码的特定含义转换成相应输出状态的过程称为译码。实现这种功能的电路称译码器。它把一组有特定含义的二进制代码作为输入，在输出端每次只有一个特定含义的代码输出。常用的译码器有二进制译码器、二-十进制译码器和七段数码译码器。它可以用二极管与门电路组成，也可以用与非门集成电路组成。

十一、触发器和时序逻辑电路

（一）时序逻辑电路

在任何时刻的输出信号，不仅取决于该时刻的输入信号，而且还取决于电路原来的状态的逻辑电路，称为时序逻辑电路。触发器是组成时序逻辑电路的基本单元。典型的时序逻辑电路有计数器、寄存器和顺序脉冲分配器等。

（二）触发器的特点和分类

1. 触发器的特点。触发器在某时刻的输出不仅与该时该的输入状态有关，而且与触发器原来的输出状态有关，因此，具有记忆功能，再与门电路组合，可进行算术运算、逻辑判断。

2. 触发器的分类。触发器按其稳定工作状态可分为双稳态触发器、单稳态触发器、无稳态触发器（多谐振荡器）等。双稳态触发器按其逻辑功能可分为 RS 触发器、JK 触发器、D 触发器和 T 触发器等；按其结构可分为主从型触发器和维持阻塞型触发器等。

（三）基本 RS 触发器

（1）基本 RS 触发器由两个与非门电路 D_1 和 D_2 交叉连接而成，如图 7-69a 所示。Q 和 $\overline{Q}$ 是它的输出端，两者的逻辑状态应相反。因而这种触发器有两个稳定状态：一个是 $Q=0$，$\overline{Q}=1$，称为复位状态（0 态）；另一个是 $Q=1$，$\overline{Q}=0$，称为置位状态（1 态）。相应的输入端分别称为直接复位端或直接置 0 端($\overline{R}_D$)和直接置位端或直接置 1 端($\overline{S}_D$)。Q 的状态规定为触发器的状态。

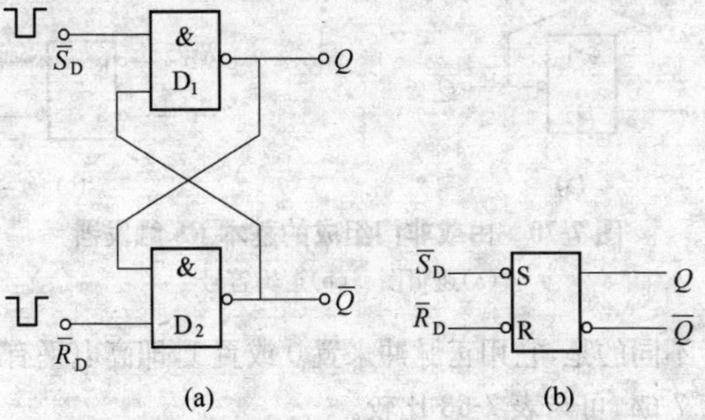

图 7-69　由与非门组成的基本 *RS* 触发器

(a)逻辑图　(b)逻辑符号

$\overline{R}_D$ 和 $\overline{S}_D$ 平时固定接高电位,处于 1 态;当加负脉冲后,由 1 态变为 0 态。

由与非门电路组成的基本 *RS* 触发器的逻辑状态表见表 7-63 表中 Q_n 为原来的状态,称为原态;Q_{n+1} 为加触发信号(正、负脉冲或时钟脉冲)后新的状态,称为新态或次态。

表 7-63　由与非门组成的基本 *RS* 触发器的逻辑状态表

$\overline{S}_D$	$\overline{R}_D$	Q_n	Q_{n+1}	功　能
1	1	0 1	0 1 } Q_n	保持
1	0	0 1	0 0 } 0	置 0
0	1	0 1	1 1 } 1	置 1
0	0	0 1	× × } ×	禁用

图 7-69b 是由与非门组成的基本 *RS* 触发器的逻辑符号,图中输入端引线上靠近方框的小圆圈表示触发器用负脉冲来置 0 或置 1,即低电平有效,故用 $\overline{S}_D$ 和 $\overline{R}_D$ 表示。

(2)基本 *RS* 触发器也可用或非门组成,如图 7-70a 所示。

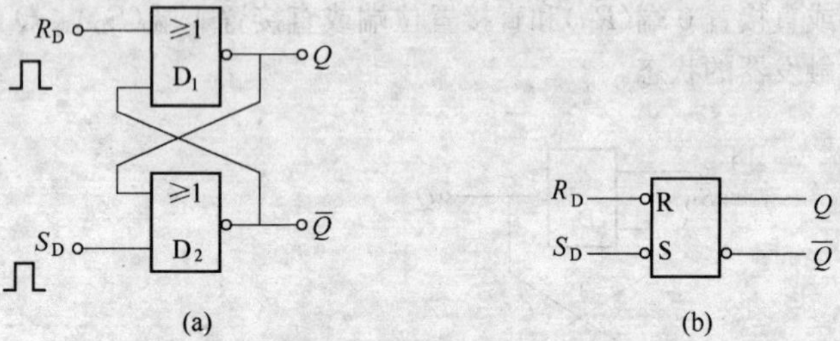

图 7-70 由或非门组成的基本 *RS* 触发器

(a)逻辑图 (b)逻辑符号

与前者不同的是，它用正脉冲来置 0 或置 1，即高电平有效。它的逻辑状态见表 7-64，可与表 7-63 比较。

表 7-64 由或非门组成的基本 *RS* 触发器的逻辑状态

S_D	R_D	Q_n	Q_{n+1}	功 能
0	0	0 1	0 1 } Q_n	保持
0	1	0 1	0 0 } 0	置 0
1	0	0 1	1 1 } 1	置 1
1	1	0 1	× × } ×	禁用

（四）可控 *RS* 触发器

图 7-71a 所示是可控 *RS* 触发器的逻辑图，其中，与非门电路 D_1 和

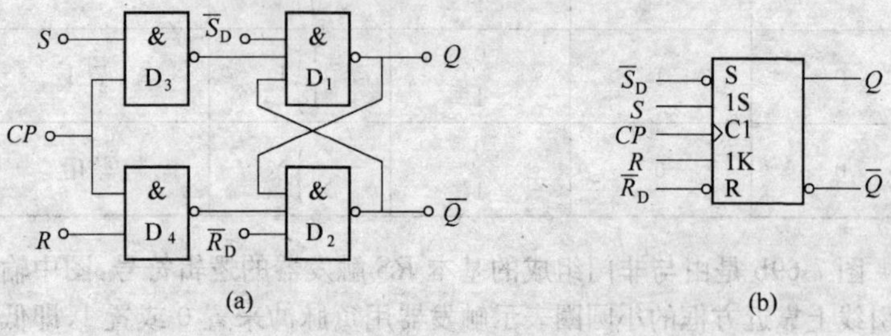

图 7-71 可控 *RS* 触发器

(a)逻辑图 (b)逻辑符号

D_2 组成基本的 RS 触发器，与非门电路 D_3 和 D_4 组成导引电路(或称控制电路)。R 和 S 是置 0 和置 1 信号输入端。

在数字电路中所使用的触发器，往往用一种正脉冲来控制触发器的翻转时刻，这种正脉冲就称为时钟脉冲 CP，它也就是一种控制命令。通过导引电路来实现时钟脉冲对输入端 R 和 S 的控制，故称为可控 RS 触发器。当时钟脉冲来到之前，即$CP=0$ 时，不论 R 和 S 端的电平如何变化，D_3 门和 D_4 门电路的输出均为 1，基本触发器保持原状态不变。只有当时钟脉冲来到之后，即 $CP=1$ 时，触发器才按 R、S 端的输入状态来决定其输出状态。时钟脉冲过去后，输出状态不变。

当 $CP=1$ 时，如果此时 $S=1,R=0$，则 D_3 门电路输出将变为 0，向 D_1 门电路送去一个置 1 负脉冲，触发器的输出端 Q 将处于 1 态(触发器原来是 0 态，将翻转为 1 态；原来是 1 态，仍将保持 1 态)。

如果此时 $S=0,R=1$，则 D_4 门电路将向 D_2 门电路送置 0 负脉冲，Q 将处于 0 态。如果此时 $S=R=0$，则 D_3 门和 D_4 门均保持 1 态，不向基本触发器送负脉冲；在这种情况下，时钟脉冲过去以后的新状态 Q_{n+1} 和时钟脉冲来到以前的状态 Q_n 一样。如果此时 $S=R=1$，由 D_3 门电路和 D_4 门电路都向基本触发器送负脉冲，使 D_1 门电路和 D_2 门电路输出端都为 1，这违背了 Q 与 $\overline{Q}$ 的逻辑状态应该相反的要求。当时钟脉冲过去以后，D_1 门电路和 D_2 门电路的输出端哪一个将处于 1 态是不定的，这种不正常情况应避免出现。

可控RS触发器的逻辑状态见表 7-65。

表 7-65 可控 RS 触发器的逻辑状态

S	R	Q_n	Q_{n+1}	功 能
0	0	0 1	0 1 } Q_n	保持
0	1	0 1	0 0 } 0	置 0
1	0	0 1	1 1 } 1	置 1
1	1	0 1	× × } ×	禁用

可控RS触发器的波形如图 7-72 所示。

$\overline{R}_D$ 和 $\overline{S}_D$ 是直接复位和直接置位端，就是不经过时钟脉冲 CP 的控

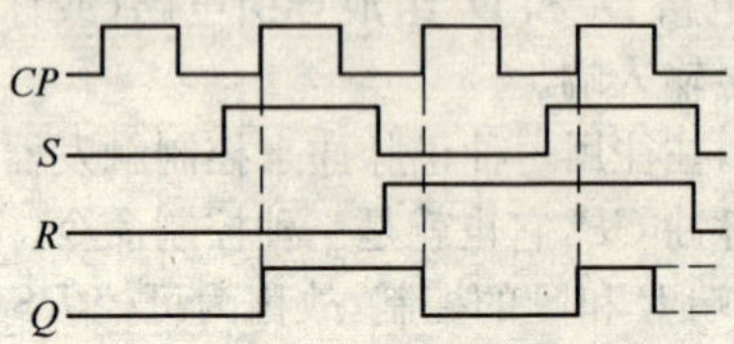

图 7-72 可控 *RS* 触发器的波形（初态 $Q=0$）

制可以对基本触发器置 0 或置 1。一般用在工作之初，预先使触发器处于某一给定状态，在工作过程中不用它们。不用时让它们处于 1 态（高电平）。

（五）JK 触发器

图 7-73a 所示是主从型 JK 触发器的逻辑图，它由两个可控 RS 触发器串联组成，分别称为主触发器和从触发器。时钟脉冲先使主触发器翻转，而后使从触发器翻转，这就是“主从型”的由来。此外，还有一个非门将两个触发器联系起来。J 和 K 是信号输入端，它们分别与 $\overline{Q}$ 和 Q 构成与逻辑关系，成为主触发器的 S 端和 R 端，即

$$S=J\overline{Q},R=KQ \tag{7-50}$$

从触发器的 S 和 R 端即为主触发器的输出端。

主从型触发器具有在 CP 从 1 下跳为 0 时翻转的特点，也就是具有在时钟脉冲下降沿触发的特点。下降沿触发的逻辑符号是在 CP 输入端靠近方框处用一小圆圈表示（见图 7-73b）。

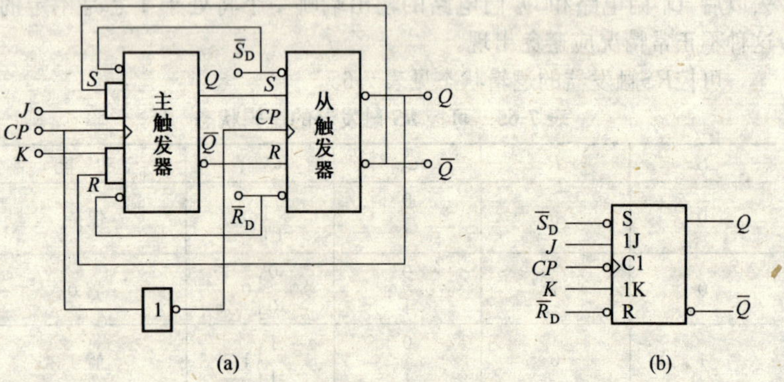

图 7-73 主从型 *JK* 触发器

(a)逻辑图 (b)逻辑符号

主从型 JK 触发器的逻辑状态见表 7-66，波形如图 7-74 所示。

表 7-66　主从型 JK 触发器的逻辑状态

J	K	Q_n	Q_{n+1}	功　能
0	0	0 1	0 1 } Q_n	保持
0	1	0 1	0 0 } 0	置 0
1	0	0 1	1 1 } 1	置 1
1	1	0 1	1 0 } $\overline{Q_n}$	计数

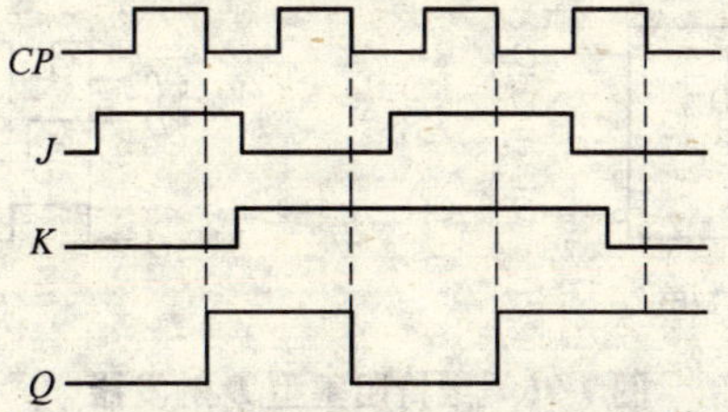

图 7-74　主从型 JK 触发器的波形

（六）维持阻塞型 D 触发器

图 7-75 所示是维持阻塞型 D 触发器的逻辑图、逻辑符号和波形。它由 6 个与非门组成，其中 D_1、D_2 组成基本触发器，D_3、D_4 组成时钟控制电路，D_5、D_6 组成数据输入电路。

维持阻塞型 D 触发器具有在时钟脉冲上升沿触发的特点，其逻辑功能为输出端 Q 的状态随着输入端 D 的状态变化而变化，但总比输入端状态的变化晚一步，即某个时刻脉冲来到之后 Q 的状态和该脉冲来到之前 D 的状态一样。于是可写成

$$Q_{n+1}=D \tag{7-51}$$

为了与下降沿触发相区别，在逻辑符号中时钟脉冲 CP 输入端靠近方框处不加小圆圈（图 7-75b）。

维持阻塞型 D 触发器逻辑状态见表 7-67。

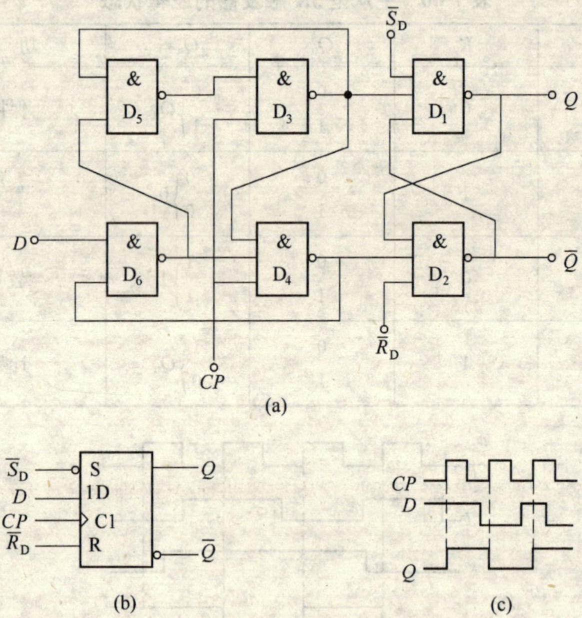

图 7-75　维持阻塞型 *D* 触发器

(a)逻辑图　(b)逻辑符号　(c)波形图

表 7-67　维持阻塞型 *D* 触发器逻辑状态

D	Q_n	Q_{n+1}	功　能
0	0 1	0 0 } 0	置 0
1	0 1	1 1 } 1	置 1

(七)单稳态触发器

单稳态触发器只有一个稳定状态，在加入触发信号前，触发器处于稳定状态，经信号触发后，触发器翻转，但新的状态只能暂时保持(暂稳状态)，经过一定时间(由电路参数决定)后自动翻转到原来的稳定状态。

(八)无稳压触发器

无稳压触发器没有稳定状态，同时无需外加触发脉冲，就能输出一定频率的方形或矩形脉冲(自激振荡)。因为方波和矩形波都含有多次谐波,故也称多谐振荡器。

(九)寄存器

寄存器是用来暂时存放参与运算的数据和运算结果的逻辑电路。因它具有时序逻辑的特征,故属于时序逻辑电路。

寄存器由触发器组成,一个触发器只能寄存一位二进制数,要存储多位二进制数,就得用多个触发器。常用的有四位、八位、十六位寄存器。

寄存器存放数码的方式有并行和串行两种。并行方式就是数码各位从各对应位输入端同时输入到寄存器中;串行方式就是数码从一个输入端逐位输入到寄存器中。

从寄存器取出数码的方式也有并行和串行两种。在并行方式中,被取出的数码各位在对应于各位的输出端上同时出现;而在串行方式中,被取出的数码在一个输出端逐位出现。

寄存器分为数码寄存器和移位寄存器两种,其区别在于有无移位功能。

1. 四位数码寄存器。电路如图 7-76 所示。

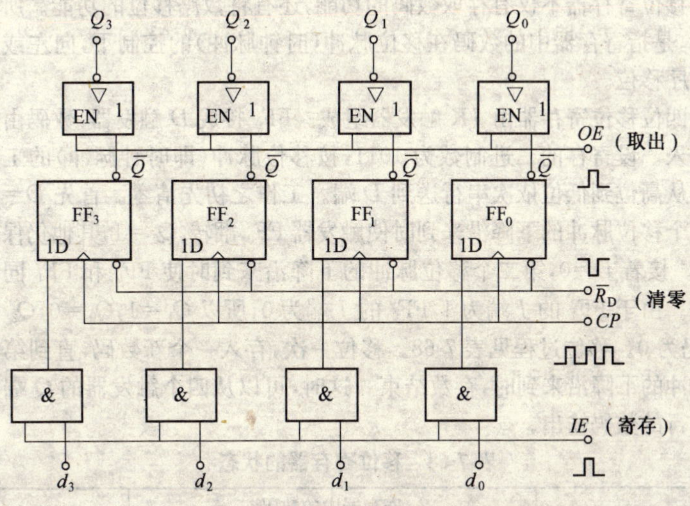

图 7-76　四位数码寄存器电路

这种寄存器只有寄存数码和清除原有数码的功能。输入端是 4 个与门，如果要输入四位二进制数 $d_3 \sim d_0$ 时，可使与门的输入控制信号 $IE=1$，把它们打开，$d_3 \sim d_0$ 便输入。当时钟脉冲 $CP=1$ 时，$d_3 \sim d_0$ 以反量形式寄存在 4 个 D 触发器 $FF_3 \sim FF_0$ 的 $\overline{Q}$ 端。输出端是 4 个三态非门，如果要取出，使三态非门的输出控制信号 $OE=1$，$d_3 \sim d_0$ 便可从三态非门的 $Q_3 \sim Q_0$ 端输出。

2. 四位移位寄存器。电路如图 7-77 所示。

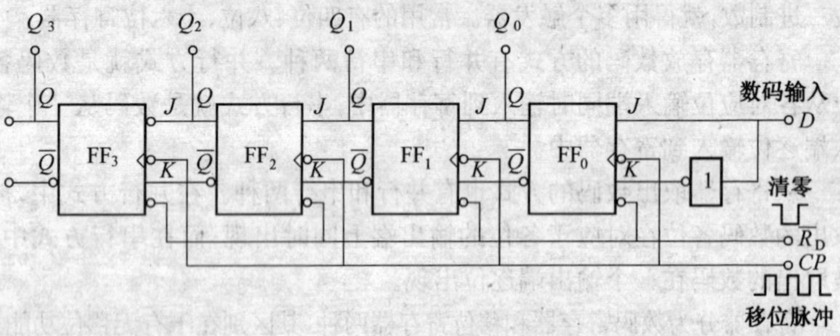

图 7-77　四位移位寄存器电路

移位寄存器不仅有存取数码的功能，还有将数码移位的功能。所谓移位，是指寄存器中的数码在移位脉冲（时钟脉冲）的控制下，向左或向右顺序移位。

四位移位寄存器由 JK 触发器组成。FF_0 接成 D 触发器，数码由 D 端输入。设寄存的二进制数为 1011，按移位脉冲（即时钟脉冲）的工作节拍从高位到低位依次串行送到 D 端。工作之初先清零。首先 $D=1$，每一个移位脉冲的下降沿来到时使触发器 FF_0 翻转，$Q_0=1$，其他仍保持 0 态。接着 $D=0$，第二个移位脉冲的下降沿来到时使 FF_0 和 FF_1 同时翻转。由于 FF_1 的 J 端为 1，FF_0 的 J 端为 0，所以 $Q_1=1$，$Q_0=0$，Q_2 和 Q_3 仍为 0。移位过程见表 7-68。移位一次，存入一个新数码，直到第四个脉冲的下降沿来到时，存数结束。这时，可以从四个触发器的 Q 端得到并行的数码输出。

表 7-68　移位寄存器的状态

移位脉冲数	寄存器中的数码				移位过程
	Q_3	Q_2	Q_1	Q_0	
0	0	0	0	0	清零
1	0	0	0	1	左移一位

续表 7-68

移位脉冲数	寄存器中的数码				移位过程
	Q_3	Q_2	Q_1	Q_0	
2	0	0	1	0	左移二位
3	0	1	0	1	左移三位
4	1	0	1	1	左移四位

(十)计数器

计算器是一种用于累计并寄存输入脉冲个数的时序逻辑电路。按照计数过程中数字增减来分,计数器可分为加法计数器、减法计数器和可逆(可加、可减)计数器;按照计数器中数字的进位制来分,计数器可分为二进制计数器、十进制(又称二-十进制)计数器和 N 进制(又称任意进制)计数器;按照各触发器状态转换来分,计数器可分为同步计数器和异步计数器。

第八章　电气自动控制

第一节　电动机控制线路参数计算

一、直流他励电动机起动电阻计算

直流他励电动机分级起动时,起动电阻一般可用下列两种方法计算。

(一)图解解析法

首先画出分级起动时电动机的机械特性图,作图的步骤如下:

1. 绘制固有机械特性。直流他励电动机的固有机械特性(如图 8-1b 中的直线 $n_0$ge 所示)是一条直线,只要求出线上两个点的数据,就可绘出这条直线。一般选择理想空载点($T=0,n=n_0$)及额定运行点($T=T_N,n=n_N$)较为方便。

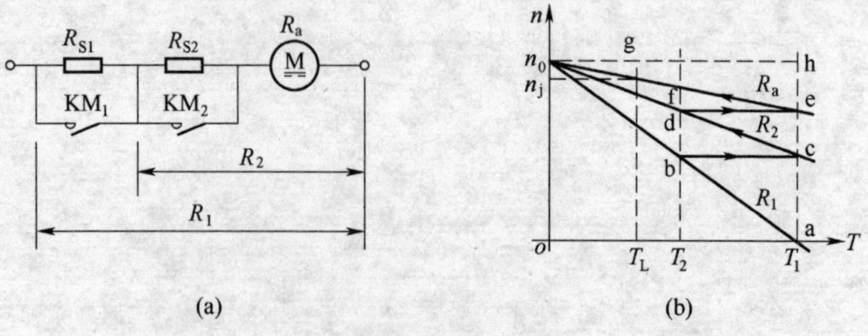

图 8-1　直流他励电动机二级起动电路和特性

(a)电路图　(b)机械特性

因额定转速 n_N 可从电动机的产品样本或电动机的铭牌上找到,故只要求出 n_0 和 T_N,就可画出固有机械特性。

求 n_0 的方法如下:

$$n_0=\frac{U_N}{C_e\Phi_N} \tag{8-1}$$

式中　U_N——额定电压(V)。

$$C_e\Phi_N=\frac{E_N}{n_N}=\frac{U_N-I_NR_a}{n_N} \tag{8-2}$$

式中　I_N——额定电流(A)。

U_N、I_N、n_N 均可从电动机的产品样本或电动机的铭牌上找到，只有电枢电阻 R_a 为未知，R_a 包括电枢绕组、换向极绕组和补偿绕组的电阻，它的数值在产品样本和铭牌上是找不到的。如果已有电动机，R_a 可用电桥测量，如果没有电动机，可用近似方法估算。

常用的 Z 系列和 ZZ 系列直流电动机，可从图 8-2 的 $R_a/R_N=f(P_N)$ 曲线中查得。其中额定功率 P_N 的单位是 kW，$R_N(\Omega)$是额定电阻。

$$R_N=\frac{U_N}{I_N} \tag{8-3}$$

已知 U_N、I_N，故可算出 R_N，由 P_N 查出 R_a/R_N 后，再乘以 R_N，就可得出需用的 R_a。

如果需要考虑电刷电阻和电刷与换向器的接触电阻 r_c 可近似地取

$$r_c\approx\frac{\Delta U_c}{I_N} \tag{8-4}$$

式中　ΔU_c——电刷及其与换向器接触电阻的电压降。通常可取如下数值：金属石墨电刷压降 $\Delta U_c\approx0.6$V(包括正负两个极性的电刷)；碳石墨、石墨及电化石墨电刷压降 $\Delta U_c\approx2$V(包括正负两个极性的电刷)。

如果身边没有图 8-2 所示的曲线，可以根据电动机在额定负载下的铜损近似地计算。由铭牌数据算出电动机在额定负载 P_N(kW)下的总损耗 ΔP_N

$$\Delta P_N=U_NI_N-P_N\times10^3 \tag{8-5}$$

通常电动机在额定负载下的铜损 $I_N^2R_a$ 约占总损耗的 1/2～2/3，于是有

$$I_N^2R_a=\left(\frac{1}{2}\sim\frac{2}{3}\right)(U_NI_N-P_N\times10^3) \tag{8-6}$$

由此得电枢电阻 R_a

$$R_a=\left(\frac{1}{2}\sim\frac{2}{3}\right)\left(\frac{U_N}{I_N}-\frac{P_N\times10^3}{I_N^2}\right) \tag{8-7}$$

算出 R_a，已知 U_N、I_N、n_N，即可计算 $C_e\Phi_N$ 和 n_0，因而可得理想空

载点。

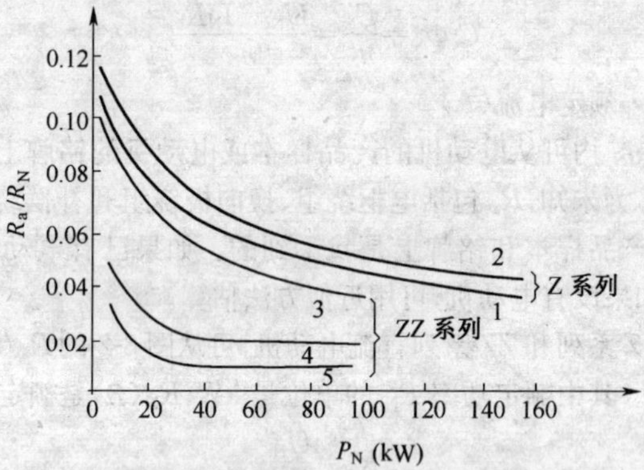

图 8-2　Z 系列和 ZZ 系列直流电动机绕组在 60℃下的电阻与额定功率的关系

1. Z 系列直流他励电动机电枢绕组电阻　2. Z 系列直流他励电动机包括稳定绕组的电枢电阻　3. ZZ 系列直流电动机电枢绕组电阻　4. ZZ 系列串励电动机绕组的电阻　5. ZZ 系列复励电动机串励绕组电阻

求 T_N 的方法如下：

$$T_N = C_t \Phi_N I_N \tag{8-8}$$

式中 I_N 为已知数据，因 $C_t\Phi_N = 9.55C_e\Phi_N$，$C_e\Phi_N$ 前已算出，则 T_N 即可算出，这时 T_N 的单位为 N·m，算出 T_N，即可得出额定运行点。

知道理想空载点和额定运行点，通过该两点的连线即为固有特性。

2. 选取起动过程中的最大电流 I_1 与电阻切除时的切换电流 I_2（或 T_1 与 T_2）。

$$I_1 = (1.5 \sim 2.0) I_N [\text{或 } T_1 = (1.5 \sim 2.0) T_N]$$

$$I_2 = (1.1 \sim 1.2) I_N [\text{或 } T_2 = (1.1 \sim 1.2) T_N]$$

I_2 之值（或 T_2 之值）也可选取为

$$I_2 \geqslant (1.2 \sim 1.5) I_L [\text{或 } T_2 \geqslant (1.2 \sim 1.5) T_L]$$

在图中横坐标轴上截取 I_1 及 I_2（或 T_1 及 T_2）两点，并分别向上作垂直线。

3. 画出分级起动特性图。作人为机械特性 n_0a（见图 8-1b），n_0a 交 I_2（或 T_2）的垂直线于 b 点，画水平线 bc 交 I_1（或 T_1）的垂直线于 c 点，

作人为机械特性 n_0c 交 I_2 的垂直线于 d 点，画水平线 de……最后，当切除末段电阻时所画的水平线与 I_1 的垂直线的交点应正好位于自然特性上（即水平线、I_1 的垂直线与自然特性三者交于一点，在图 8-1b 中为 e 点）。如果作图的结果不能保证这一点，必须对选取的 T_1 或 T_2 数值稍作变动（一般可变动 T_2 的数值），再按上述同样步骤绘制，直到满足 I_1（或 T_1）一致的条件为止。

分级起动特性图一经绘出，即可在图上截取相应的线段量出它们的数值，he、ec、ca 分别代表在转矩为 T_1 时的转速降 Δn_{he}、Δn_{ec}、Δn_{ca}，因 R_a 已经求出，利用下列公式即可求出起动电阻 R_{s1} 和 R_{s2}。

$$R_{s1}=R_a\frac{\Delta n_{ca}}{\Delta n_{he}} \tag{8-9}$$

$$R_{s2}=R_a\frac{\Delta n_{ec}}{\Delta n_{he}} \tag{8-10}$$

上述方法的依据是：

由机械特性方程式

$$n=n_0-\frac{R}{C_eC_t\Phi^2}T \tag{8-11}$$

得

$$\Delta n=n_0-n=\frac{T}{C_eC_t\Phi^2}R \tag{8-12}$$

当电枢串电阻分级起动时，磁通 Φ 一般不变，当取 T 为定值时（如 $T=T_1=$定值）机械特性上的转速降 Δn 与该特性所对应的电枢内总电阻 R 成正比，即

$$\begin{aligned}\Delta n&=KR\\ K&=\frac{T}{C_eC_t\Phi^2}\end{aligned} \tag{8-13}$$

式中　K——比例常数。

在图 8-1b 中，当 $T=T_1$ 时，可得下列关系

$$KR_a=\Delta n_{he} \tag{8-14}$$

$$KR_2=K(R_a+R_{s2})=\Delta n_{hc} \tag{8-15}$$

$$KR_1=K(R_a+R_{s2}+R_{s1})=\Delta n_{ha} \tag{8-16}$$

化成比例关系

$$\frac{R_2}{R_a}=\frac{R_a+R_{s2}}{R_a}=\frac{\Delta n_{hc}}{\Delta n_{he}}=\frac{\Delta n_{he}+\Delta n_{ec}}{\Delta n_{he}} \tag{8-17}$$

由此得
$$(R_a+R_{s2})\Delta n_{he}=R_a(\Delta n_{he}+\Delta n_{ec}) \tag{8-18}$$
即
$$R_{s2}\Delta n_{he}=R_a\Delta n_{ec} \tag{8-19}$$
$$R_{s2}=R_a\frac{\Delta n_{ec}}{\Delta n_{he}} \tag{8-20}$$
同理可得
$$R_{s1}=R_a\frac{\Delta n_{ca}}{\Delta n_{he}} \tag{8-21}$$

（二）解析法

用解析法，可以不必先绘制分级起动特性图而直接计算分级电阻的数值。根据如下：

在图 8-1b 中，当从特性 $n_0$ba 转换到特性 $n_0$dc 时，亦即从 b 点转换到 c 点时，由于切除电阻 R_{s1} 进行很快，如忽略电感的影响，可假定 $n_b=n_c$，即电动势 $E_b=E_c$，这样在 b 点
$$I_2=\frac{U-E_b}{R_1} \tag{8-22}$$
在 c 点
$$I_1=\frac{U-E_c}{R_2} \tag{8-23}$$
$E_b=E_c$，上两式相除得
$$\frac{I_1}{I_2}=\frac{R_1}{R_2} \tag{8-24}$$
同样，当从 d 点转换到 e 点时，得
$$\frac{I_1}{I_2}=\frac{R_2}{R_a} \tag{8-25}$$
令 $\frac{I_1}{I_2}=\lambda\left(或\frac{T_1}{T_2}=\lambda\right)$，$\lambda$ 称为起动电流比（或起动转矩比），则
$$\frac{I_1}{I_2}=\frac{R_1}{R_2}=\frac{R_2}{R_a}=\lambda \tag{8-26}$$
$$\frac{R_1}{R_a}=\lambda^2 \tag{8-27}$$
如属普遍情况，起动时为 m 级，则有
$$\frac{R_1}{R_a}=\lambda^m \tag{8-28}$$

$$\lambda=\sqrt[m]{\frac{R_1}{R_a}} \tag{8-29}$$

如给定 λ，需求 m，可将 $\lambda=\sqrt[m]{\frac{R_1}{R_a}}$ 取对数

$$\lg\lambda=\frac{1}{m}\lg\frac{R_1}{R_a} \tag{8-30}$$

$$m=\frac{\lg\frac{R_1}{R_a}}{\lg\lambda} \tag{8-31}$$

知道 λ，则

$$R_m=\lambda R_a \tag{8-32}$$

$$R_{m-1}=\lambda R_m$$

$$\cdots$$

$$R_2=\lambda R_3$$

$$R_1=\lambda R_2$$

每级的分段电阻值为

$$R_{sm}=R_m-R_a \tag{8-33}$$

$$\cdots$$

$$R_{s2}=R_2-R_3$$

$$R_{s1}=R_1-R_2$$

用解析法计算起动电阻的步骤：

1. 由电动机的铭牌数据，算出电枢电阻 R_a。

2. 依电动机容量和工艺要求选定起动电阻级数 m 和最大起动电流 I_1，算出最大起动电阻 R_1（$R_1=U_N/I_1$），由 R_1、R_a 算出起动电流比 λ $\left(\lambda=\sqrt[m]{\frac{R_1}{R_a}}\right)$，再由 $I_1/I_2=\lambda$ 确定切换电流 I_2（$I_2=I_1/\lambda$）。

或者选定最大电流 I_1 和切换电流 I_2，算出 λ（$\lambda=I_1/I_2$）和 R_1（$R_1=U_N/I_1$），再由 $m=\frac{\lg\frac{R_1}{R_s}}{\lg\lambda}$ 计算 m，如计算出的 m 不是整数，应选取邻近的较大整数，然后用此 m 代入 $\lambda=\sqrt[m]{\frac{R_1}{R_a}}$ 式中，修改 λ 和 I_2 值。

一般情况

$I_1=(1.5\sim2.0)I_N$[或 $T_1=(1.5\sim2.0)T_N$]

$I_2=(1.1\sim1.2)I_N$[或 $T_2=(1.1\sim1.2)T_N$]

也可选取

$I_2\geqslant(1.2\sim1.5)I_L$[或 $T_2\geqslant(1.2\sim1.5)T_L$]

3. 由计算出的 λ 值算出在各段起动特性上对应的电枢回路总电阻 R_1、R_2、R_3、…、R_m。

4. 由电枢回路总电阻 R_1、R_2、R_3、…、R_m 算出各段起动电阻 R_{s1}、R_{s2}、R_{s3}、…、R_{sm}。

二、直流串励电动机起动电阻计算

为了限制起动电流，串励电动机起动时同样要接入起动电阻。因为直流串励电动机的机械特性不是直线，所以不能用解析方法计算起动电阻，而要采用图解法。其计算步骤如下。

1. 绘制串励电动机的自然机械特性曲线。根据电动机的特性数据绘制 $I=f(n)$特性曲线。如果得不到电动机数据，可采用图 8-3 所示的通用特性曲线。

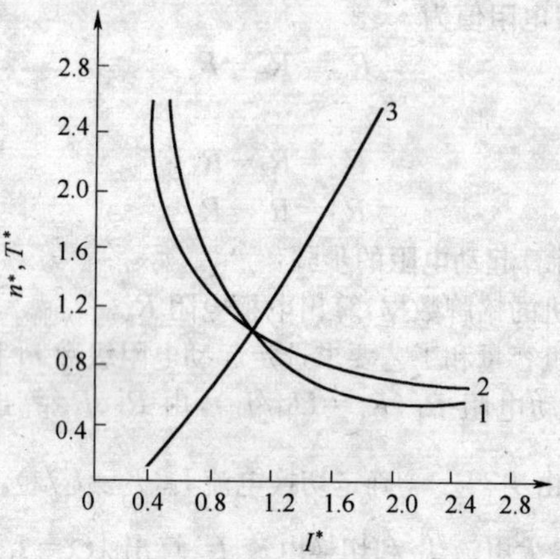

图 8-3 ZZ 系列串励电动机的通用特性曲线

1. $n^*=f(I^*)$，10kW 以下电动机

2. $n^*=f(I^*)$，10kW 以上电动机

3. $T^*=f(I^*)$

2. 确定电枢最大电流 I_1(A)和切换电流 I_2(A)。

$$I_1=2\sim2.5I_N \tag{8-34}$$

$$I_2 = 1.1 \sim 1.3 I_N \tag{8-35}$$

3. 确定电枢回路的总起动电阻 $R(\Omega)$。

$$R = \frac{U}{I_1} \tag{8-36}$$

式中　U——外加直流电压(V)。

4. 求转速 n_2(图 8-4b 中的 b 点)。根据已定的起动级数及假定的切换电流 I_2，求出电动机接入总起动电阻 R 时的转速 n_2(r/min)。

$$n_2 = n_1 \frac{U - I_2 R}{U - I_2 R_a} \tag{8-37}$$

式中　n_1——自然机械特性曲线上 f 点的转速(r/min)；

U——外加直流电压(V)；

R——电枢回路总起动电阻(Ω)；

R_a——电动机内电阻，它包括电枢及其串励绕组的电阻和电刷接触电阻(Ω)。

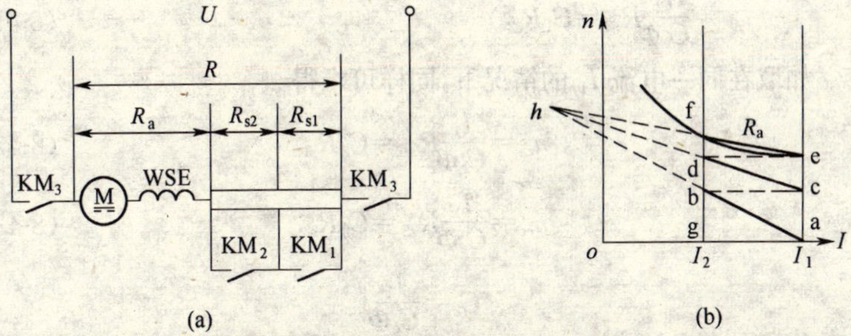

图 8-4　直流串励电动机起动特性

(a)起动电路主电路　(b)起动特性

5. 作图。

(1)根据已定的 I_1 和 I_2 值，在自然机械特性曲线上找出相应的 e 点和 f 点，在人为机械特性上找出相应的 a 点和 b 点。通过 e、f 与 a、b 点分别画两条直线交于 h 点。

(2)通过 b 点作水平线与 ea 垂线相交于 c 点，连接 ch 与 bf 相交于 d 点，cdh 为 $R_a + R_{s2}$ 人为特性曲线，过 d 点作水平线，如果与 ac 垂线交在固有机械特性曲线的 e 点上(设两级起动)，则所选电流合适。否则需重新选择 I_1 或 I_2 数值，并重新作图，直到适合为止。

用作图法计算起动电阻的基本理论：在同一负载电流下，任意相邻两点的转速差与电枢电路电阻之差成正比。例如在同一电流 I_2 的情况下，相邻 b、d 两点转速为

$$n_b=\frac{U-I_2R}{C_e\Phi} \tag{8-38}$$

$$n_d=\frac{U-I_2(R-R_{s1})}{C_e\Phi} \tag{8-39}$$

d、b 两点转速差为

$$n_{db}=n_d-n_b=\frac{U-I_2(R-R_{s1})}{C_e\Phi}-\frac{U-I_2R}{C_e\Phi}=\frac{I_2}{C_e\Phi}R_{s1}=C_1R_{s1} \tag{8-40}$$

$$C_1=\frac{I_2}{C_e\Phi}$$

同理可知 f、d 两点转速差为

$$n_{fd}=n_f-n_d=\frac{U-I_2(R-R_{s1}-R_{s2})}{C_e\Phi}-\frac{U-I_2(R-R_{s1})}{C_e\Phi}$$

$$=\frac{I_2}{C_e\Phi}R_{s2}=C_1R_{s2} \tag{8-41}$$

如取在同一电流 I_1 的情况下，同样可求得

$$n_{ca}=\frac{I_1}{C_e\Phi}R_{s1}=C_2R_{s1} \tag{8-42}$$

$$n_{ec}=\frac{I_1}{C_e\Phi}R_{s2}=C_2R_{s2} \tag{8-43}$$

$$C_2=\frac{I_1}{C_e\Phi}$$

由上式关系可得

$$\frac{\mathrm{ca}}{\mathrm{db}}=\frac{\mathrm{ec}}{\mathrm{fd}}=\frac{C_2}{C_1}=\text{常数} \tag{8-44}$$

故直线 ab、cd、ef 的延长线一定相交于 h 点。

6. 求各级起动电阻。利用上述关系可以从图上求得各级起动电阻。

整个起动附加电阻

$$R_{st}=R-R_a=R_{s1}+R_{s2} \tag{8-45}$$

∵
$$\mathrm{ea}=\mathrm{ca}+\mathrm{ec}=C_2(R_{s1}+R_{s2})=C_2R_{st} \tag{8-46}$$

∴
$$C_2=\frac{\mathrm{ea}}{R_{st}} \tag{8-47}$$

$\because$ $$ca=C_2R_{s1}$$

$\therefore$ $$R_{s1}=\frac{ca}{C_2}=\frac{ca}{ea}R_{st} \tag{8-48}$$

$\because$ $$ec=C_2R_{s2}$$

$\therefore$ $$R_{s2}=\frac{ec}{C_2}=\frac{ec}{ea}R_{st} \tag{8-49}$$

三、笼型异步电动机起动电阻计算

1. 定子三相外串对称起动电阻 R_S 计算。

$$R_S=\sqrt{(a^2-1)X^2+\alpha^2R^2}-R \tag{8-50}$$

或
$$R_S=\sqrt{(b-1)X^2+bR^2}-R \tag{8-51}$$

$$a=\frac{I_S}{I_S'} \tag{8-52}$$

$$b=\frac{T_S}{T_S'} \tag{8-53}$$

式中 I_S——全电压时起动电流(A)；

I_S'——定子串电阻后的起动电流(A)；

T_S——电动机额定电压时的起动转矩(N·m)；

T_S'——定子串电阻后的起动转矩(N·m)。

a、b 值由生产机械的要求决定，必须保证减压起动时，$T_S'>T_L$，T_L 是负载转矩。一般取 $\alpha=2$。

$$R=(0.25\sim0.4)|Z| \tag{8-54}$$

定子绕组星形联结

$$|Z|=\frac{U_N}{\sqrt{3}I_N} \tag{8-55}$$

定子绕组三角形联结

$$|Z|=\frac{\sqrt{3}U_N}{I_S} \tag{8-56}$$

$$X=\sqrt{|Z|^2-R^2} \tag{8-57}$$

$$=\sqrt{1-(0.25\sim0.4)^2}\,|Z|$$

$$=(0.968\sim0.917)|Z|$$

除上述计算方法外，R_S 也可用下述近似计算公式确定：

$$R_S=\frac{220}{I_S}\sqrt{\left(\frac{I_S}{I_S'}\right)^2-1} \tag{8-58}$$

2. 定子不对称串接的起动电阻R'_S计算。

$$R'_S=R_{dx}-2R+\sqrt{R_{dx}^2-R_{dx}R+R^2} \tag{8-59}$$

其中 $$R_{dx}=\sqrt{(a^2-1)X+a^2R^2}$$

或 $$R_{dx}=\sqrt{(b-1)X^2+bR^2}$$

也可近似计算，即

$$R'_S=1.5R_S \tag{8-60}$$

式中 R_S——外串对称起动电阻(Ω)。

3. 起动电阻的功率计算。

$$P=I_N^2R_S \tag{8-61}$$

一般选用起动电阻的功率为计算值的 1/2～1/3。

四、笼型异步电动机自耦减压起动计算

自耦变压器起动器，又叫做补偿起动器。用它起动电动机时，起动电流和起动转矩可以根据抽头位置进行调节。使用自耦变压器时，高压侧接到电网，低压侧接到电动机，一般有几个分接头，可以选择不同的电压比。设自耦变压器二次电压与一次电压之比为 K_U($K_U<1$)，那么在起动时加到电动机的电压，降低至电网电压的 K_U 倍。

$$U=K_UU_1 \tag{8-62}$$

式中 U——加到电动机上电压(V)；

U_1——电网电压(V)。

电动机的电流，即自耦变压器的二次电流 I_2 为

$$I_2=\frac{U}{Z}=\frac{K_UU_1}{Z}=K_U\frac{U_1}{Z}=K_UI_{sd} \tag{8-63}$$

式中 I_{sd}——直接起动时的电流(A)。

由于电动机接在自耦变压器的二次侧，自耦变压器的一次侧接电网，故电网供给电动机起动的电流 I_S，也就是自耦变压器的一次电流 I_1。

$$I_1=K_UI_2=K_U^2I_{sd} \tag{8-64}$$

由此可见，当用自耦变压器减压起动时，起动电流只有直接起动时的 K_U^2 倍($K_U<1$)。同样，由于转矩和电压的平方成正比，起动转矩也只有直接起动时的 K_U^2 倍，即

$$T_S=K_U^2T_{sd} \tag{8-65}$$

通常，自耦变压器的抽头比为 60%和 80%或 65%和 80%。

当抽头比为 60%，即 $K_U=0.6$ 时，$I_S=0.36I_{sd}$，$T_S=0.36T_{sd}$。

当抽头比为 65%，即 $K_U=0.65$ 时，$I_S=0.4225I_{sd}$，$T_S=0.4225T_{sd}$。

当抽头比为 80%，即 $K_U=0.8$ 时，$I_S=0.64I_{sd}$，$T_S=0.64T_{sd}$。

自耦减压起动器选用举例如下：设有一台三相笼型异步电动机，额定功率 $P_N=75$kW，额定电压为 380V，额定电流 $I_N=141$A，起动电流为额定电流的 6.5 倍，起动转矩为额定转矩的 1.6 倍。生产机械要求最小起动转矩为额定转矩的 0.6 倍，连续起动次数为 3 次，每次起动时间不大于 15s，电网要求起动电流不大于 400A，试选择自耦减压起动器。

解　选用自耦减压起动器如下：

1. 根据被控制电动机功率选用自耦减压起动器。一般选用自耦变压器的起动容量不低于电动机的额定功率，可选用 75kW 自耦减压起动器。

2. 验算自耦变压器电压比。电动机转矩与电压的平方成正比，故自耦变压器所需的电压比 K_U 为

$$K_U \geqslant \sqrt{\frac{K_{Tsmin}}{K_{Tsd}}}$$

式中　K_{Tsmin}——要求最小起动转矩为额定转矩的倍数；

K_{Tsd}——电动机直接起动的起动转矩为额定转矩的倍数。

已知

$$\frac{K_{Tsmin}}{K_{Tsd}}=\frac{0.6}{1.6}=0.375$$

故

$$K_U \geqslant \sqrt{0.375}=0.612$$

选 $K_U=0.65$，即抽头比为 65%。

3. 验算起动时间。自耦变压器为短时工作制时，通电时间应小于表 8-1 中的规定，如达到表中规定的时间后，使之冷却的时间应不小于 4h，才允许再起动。

表 8-1　自耦变压器短时工作制通电时间

起动器的额定功率(kW)	一次或数次起动的通电时间总和(s)
10～13	30
14～30	40
31～75	60
76～125	80
126～315	100

本例中3次起动时间的总和为3×15s=45s，小于表8-1中75kW自耦变压器允许通电的时间总和60s。

4. 验算最大起动电流。采用电压比为65%，电网电路中的最大起动电流为

$$I_1 = K_U^2 K_I I_N = 0.65^2 \times 6.5 \times 141\text{A} = 387.2\text{A}$$

故能满足电网对最大起动电流不大于400A的要求。

通过以上验算，说明选用75kW自耦减压起动器，抽头电压比选用65%即可满足要求。

五、笼型异步电动机星形-三角形减压起动计算

凡是在正常运行时，定子绕组接成三角形的笼型异步电动机，可以采用星形-三角形减压起动。我国生产的Y系列电动机，功率在4kW以上的都是三角形联结，额定电压为380V。如需采用星形-三角形减压起动，起动时可将电动机接成星形，运转时再将电动机接成三角形。

1. 起动电压。

$$U_{SS} = \frac{1}{\sqrt{3}} U_{sd} \tag{8-66}$$

式中　U_{SS}——定子绕组作星形联结时的起动电压(V)；

U_{Sd}——定子绕组采用三角形联结时直接起动电压(V)。

2. 起动电流。

(1) $I_{Ps} = \frac{1}{\sqrt{3}} I_{Pd}$　　(8-67)

式中　I_{Ps}——定子绕组星形联结时每相定子绕组的起动电流(A)；

I_{Pd}——定子绕组三角形联结直接起动时每相定子绕组起动电流(A)。

(2) $I_{ls} = \frac{1}{3} I_{ld}$　　(8-68)

式中　I_{ls}——星形联结起动时的线电流(A)；

I_{ld}——三角形联结起动时的线电流(A)。

3. 起动转矩。

$$T_{SS} = \frac{1}{3} T_{sd} \tag{8-69}$$

式中　T_{SS}——星形联结时起动转矩(N·m)；

T_{Sd}——三角形联结时起动转矩(N·m)。

星形-三角形减压起动选用举例如下：有一台Y225M—4型三相异

步电动机，$P_N=45kW$，$n_N=1480r/min$，$U_N=380V$，$I_N=84A$，用三角形联结，$I_{sd}/I_N=7$，$T_{sd}/T_N=1.9$。求：

1. 采用星形-三角形减压起动方法，起动电流和起动转矩为多少？

2. 当负载转矩为额定转矩的 80%和 50%两种情况时，电动机能否起动？

解 1.
$$I_{sd}=7I_N=7\times84A=588A$$
$$I_{SS}=\frac{1}{3}I_{sd}=\frac{1}{3}\times588A=196A$$
$$T_N=9550\frac{P_N}{n_N}=9550\times\frac{45}{1480}N\cdot m=290N\cdot m$$
$$T_{Sd}=1.9T_N=1.9\times290N\cdot m=551N\cdot m$$
$$T_{SS}=\frac{1}{3}T_{Sd}=\frac{1}{3}\times551N\cdot m=183.7N\cdot m$$

2. 负载转矩$=80\%T_N=0.8\times290N\cdot m=232N\cdot m>T_{SS}=183.7N\cdot m$
所以不能起动。

当负载转矩$=50\%T_N=0.5\times290N\cdot m=145N\cdot m<T_{SS}=183.7N\cdot m$
能起动。

六、绕线转子异步电动机转子串电阻计算

(一)转子回路中串入起动变阻器起动情况

分析绕线转子异步电动机，当电网电压及频率不变时，在转子回路中串入电阻后，可以改善电动机的起动转矩，它们的机械特性如图 8-5 所示。图中的曲线 1 为固有机械特性，串入的电阻 $R_1=0$。2、3、4 为人为机械特性，串入的电阻分别为 R_2、R_3、R_4，电阻值的大小为 $R_2<R_3<R_4$。从图中可看出，它们的最大转矩 T_{max} 和同步转速 n_1 都不变，但临界转差率的值，随着转子电阻 R 的增大而增加，起动转矩 T_s 也随着 R 的增大而增加。当然起

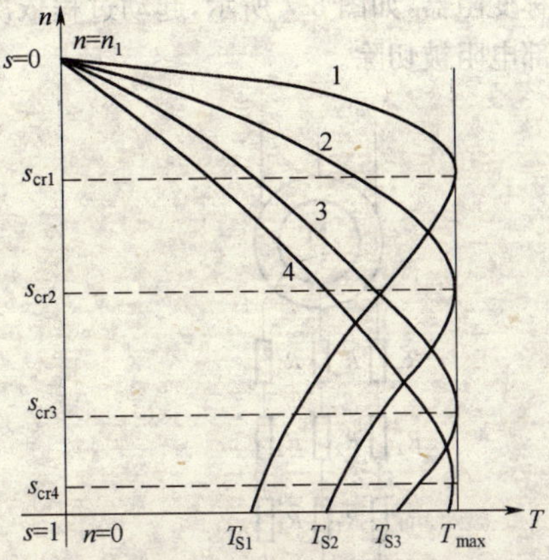

图 8-5 异步电动机转子回路串电阻后的机械特性

动转矩的增大也是有限的，当 $s_{cr}=1$ 时，$T_s=T_{max}$，转子电阻再增加，s_{cr} 大于 1，起动转矩又开始减小。

从上面分析异步电动机的机械特性可以看出，绕线转子异步电动机转子回路串电阻，一方面可以减少起动电流，另一方面又可以增加起动转矩。

通常，在转子回路中接入分级切换星形联结的三相起动变阻器。起动变阻器的级数切换应使起动转矩保持在最大值和最小值之间变动，起动转矩的最大值 T_{smax} 一般取额定值的 1.5～2 倍，或不超过临界转矩 T_{max} 的 0.7～0.85 倍，在个别情况下，也可以等于临界转矩，最小值 T_{smin} 应大于负载转矩。

电动机起动完毕后，转子绕组便被直接短路。为了在电动机运行时，减少电刷在集电环上的摩擦，起动次数不多的大容量绕线转子电动机，常常装有电刷提升装置，在起动过程完毕后，将电刷举起，同时把集电环直接短路。当电动机停止转动时，应把电刷重新放下，并将起动变阻器的全部电阻接入，以便下次起动。

电动机转子电路里串入的外加电阻在每段切除前和切除后，三相电阻始终是对称的，称为三相对称变阻器，如图 8-6 所示。起动过程依次切除 R_1、R_2、R_3，最后全部电阻被切除。而与上述相反，起动时串入的全部三相电阻是不对称的，而每段被切除后三相仍不对称的，称为三相不对称变阻器，如图 8-7 所示，起动过程依次切除 R_1、R_2、R_3、R_4、R_5，最后全部电阻被切除。

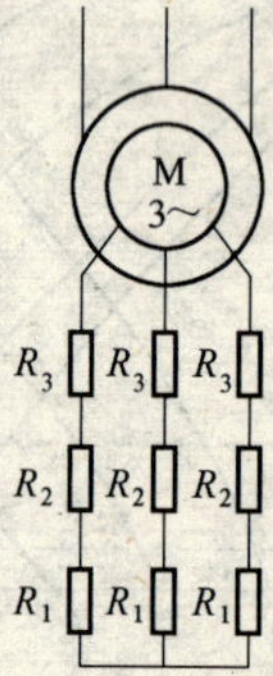

图 8-6　转子串三相对称电阻

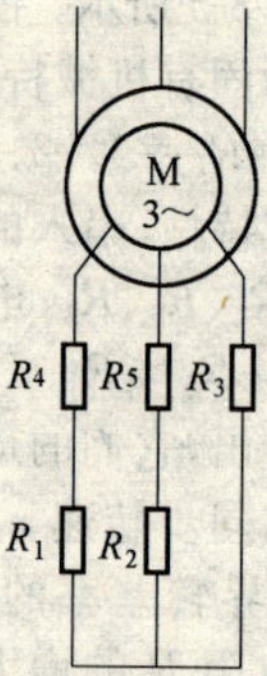

图 8-7　转子串三相不对称电阻

(二)转子串接三相对称电阻计算

1. 分析法。

(1)首先确定需要的起动级数 m。起动级数视电动机容量及负载性质而定。电动机容量愈大,以及要求平均起动转矩值大且切换时冲击小,则需要的起动级数愈大。一般数据可参见表 8-2。

表 8-2　绕线转子电动机起动级数 m

电动机容量(kW)	接触器继电器控制时起动级数 m		电动机容量(kW)	接触器继电器控制时起动级数 m	
	全负载	半负载		全负载	半负载
0.75～7.5	1	1	60～95	4～5	3
10～20	2	2	100～200	4～5	3
22～35	2～3	2	220～370	6	4
35～55	3	2～3	—	—	—

(2)确定起动级数 m 以后,求 λ 值。

$$\lambda=\sqrt[m]{\frac{1}{s_N T_1^*}} \tag{8-70}$$

式中　λ——最大起动转矩与切换转矩之比值,$\lambda=T_1/T_2$;

T_1——最大起动转矩,应小于电动机的临界转矩 T_{cr},一般取 $T_1\leqslant 0.8T_{cr}$,或 $T_1=1.8\sim2.0T_N$(N·m);

T_2——切换转矩,一般取 $T_2=1.0\sim1.2T_N$ 或 $T_2=1.1\sim1.2T_L$(最大负载转矩)(N·m);

T_1^*——最大起动转矩对电动机额定转矩的标幺值;

s_N——电动机额定转差率。

(3)求电动机的额定电阻 r_N 值。

$$r_N=s_N R_{2N} \tag{8-71}$$

$$R_{2N}=\frac{U_{2N}}{\sqrt{3}I_{2N}} \tag{8-72}$$

式中　R_{2N}——电动机转子额定电阻(Ω);

U_{2N}——当 $s=1$ 时电动机转子额定电压(V);

I_{2N}——电动机转子额定电流(A)。

(4)确定各级起动电阻值。

$$\left.\begin{aligned}R_1&=\lambda r_N\\R_2&=\lambda R_1=\lambda^2 r_N\\R_3&=\lambda R_2=\lambda^3 r_N\\&\cdots\\R_m&=\lambda R_{m-1}=\lambda^m r_N\end{aligned}\right\}\tag{8-73}$$

或

$$\left.\begin{aligned}RA_1&=r_N(\lambda-1)\\RA_2&=RA_1\lambda\\RA_3&=RA_2\lambda\\&\cdots\\RA_m&=RA_{m-1}\lambda\end{aligned}\right\}\tag{8-74}$$

各级起动电阻如图 8-8 所示。

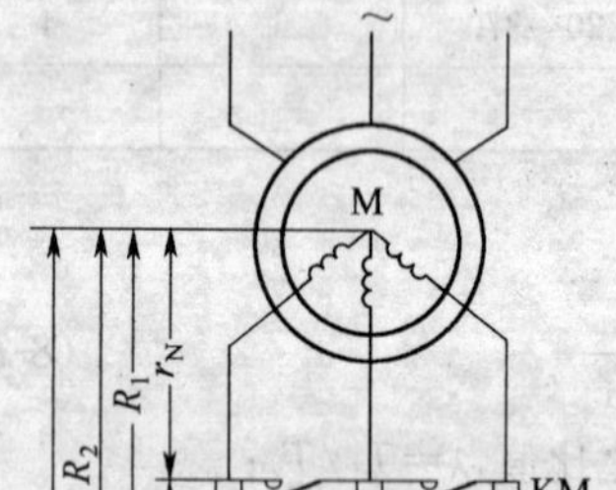

图 8-8 绕线转子电动机转子串接 3 级起动电阻线路图

(按 KM_1、KM_2、KM_3 动作次序依次短接电阻 RA_3、RA_2、RA_1)

2. 图解法。下面以图 8-8 所示的 3 级起动电路为例，说明如何用图解法确定各级起动电阻值。

(1)用百分值绘出电动机的自然机械特性，如图 8-9 上的 n_1Bg 线段。

(2)选定最大起动转矩 T_1 和切换转矩 T_2。图 8-9 中假定取 $T_1=2T_N$，从 n_1 点到 T_1 点画直线 n_1k，在 T_1 和 T_2 之间绘制起动曲线，如果绘出的曲线与所确定的起动级数相符，则所选定的 T_1、T_2 值是合适的，否则应调整 T_1 或 T_2 值并重新绘制。

(3)通过 T_N 点做直线与各级起动特性曲线分别交于 B、C、D、E 各点，则各级起动电阻值为

$$\left.\begin{aligned}RA_1&=\frac{BC}{AF}R_{2N}\\RA_2&=\frac{CD}{AF}R_{2N}\\RA_3&=\frac{DE}{AF}R_{2N}\end{aligned}\right\}\tag{8-75}$$

式中 R_{2N}——转子额定电阻(Ω)。

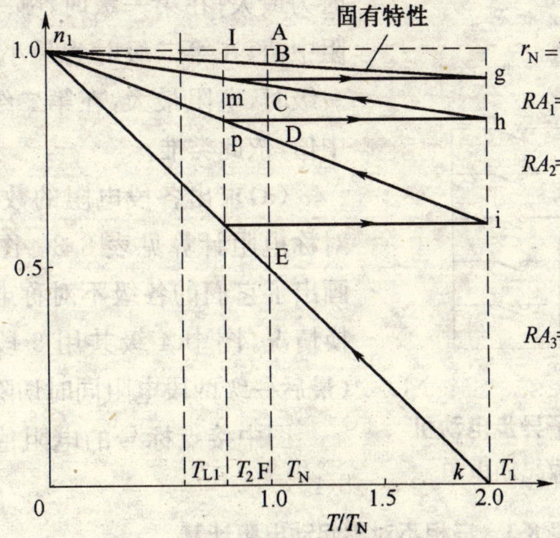

$r_N=\dfrac{AB}{AF}R_{2N}=S_N R_{2N}$

$RA_1=\dfrac{BC}{AF}R_{2N}=0.05R_{2N}$

$RA_2=\dfrac{CD}{AF}R_{2N}=0.12R_{2N}$

$RA_3=\dfrac{DE}{AF}R_{2N}=0.3R_{2N}$

图 8-9 用图解法求起动电阻

(三)转子串接不对称起动电阻计算

绕线转子异步电动机转子电路中串入不对称三相电阻起动，可以减少电阻段数和短接电阻触头数目，简化控制器的结构，或减少加速接触器的数目。三相不对称电阻起动方法，在中小型起重设备上广泛应用。

三相转子不对称电阻值，可以用对称的等效电阻计算，通常使三相转子不对称电阻的实际值 R_a、R_b、R_c 为等比级数，设等比级数为 λ，其等效对称电阻值相当于不对称的转子电路中每相电阻所构成等比级数中的中值 R_b，因此只要首先按照对称电阻来计算各级起动电阻值，即为不对称电阻中的中值，其余二相一个是等效电阻的 λ 倍，另一相是等效电阻的 1/λ 倍。

不对称起动电阻计算步骤：

(1)先按对称起动电阻计算，求出各级的电阻值，此值即为不对称电阻起动时各级的等效对称电阻。

(2)确定各级不对称电阻的数值，在任一级以对称电阻的数值为准，使一相电阻与它相等，其他两相电阻分别是它的 λ 倍和 1/λ 倍。在第一

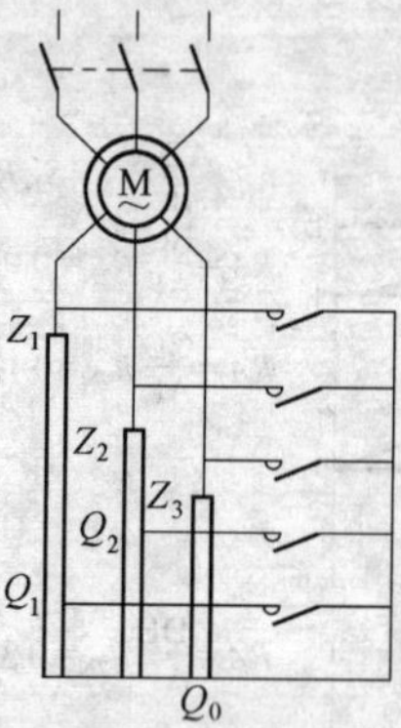

图 8-10　绕线转子异步电动机转子串接不对称起动电阻

级时，哪一相电阻最小，在第二级时为最大；在第一级时，哪一相电阻中值，在第二级时为最小；在第一级时，电阻最大，在第二级时为中值，依此类推。

(3)求出各段电阻的数值，不对称电阻计算见表 8-3。图 8-10 画出了它们的各级不对称电阻切换情况，图中 4 级共用 5 段电阻(最后一级两段电阻同时切除)。

图中接点标号的电阻值见表 8-4。

表 8-3　三相不对称起动电阻计算

控制器位置	等效对称电阻(Ω)	三相不对称电阻(Ω)			三相的分段电阻(Ω)		
		A	B	C	A	B	C
5	r_N	r_N	r_N	r_N	—	—	—
4	$R_1=\lambda r_N$	$R_2=\lambda^2 r_N$	$R_1=\lambda r_N$	r_N	$(\lambda^2-1)r_N$	$(\lambda-1)r_N$	—
3	$R_2=\lambda R_1$	$R_2=\lambda^2 r_N$	$R_1=\lambda r_N$	$R_3=\lambda^3 r_N$	—	—	$(\lambda^3-1)r_N$
2	$R_3=\lambda R_2$	$R_2=\lambda^2 r_N$	$R_4=\lambda^4 r_N$	$R_3=\lambda^3 r_N$	—	$(\lambda^4-\lambda)r_N$	—
1	$R_4=\lambda R_3$	$R_5=\lambda^5 r_N$	$R_4=\lambda^4 r_N$	$R_3=\lambda^3 r_N$	$(\lambda^5-\lambda^2)r_N$	—	—

表 8-4　相当于图 8-10 中接点标号的电阻值

电阻接点标号	电　阻　值	电阻接点标号	电　阻　值
Z_2-Q_2	$RA_1=(\lambda-1)r_N$	Q_2-Q_0	$RA_4=(\lambda^4-1)r_N$
Z_1-Q_1	$RA_2=(\lambda^2-1)r_N$	Q_1-Q_0	$RA_5=(\lambda^5-\lambda^2)r_N$
Z_3-Q_0	$RA_3=(\lambda^3-1)r_N$	—	—

七、异步电动机反接制动电阻计算

异步电动机反接制动时，制动电流很大，一般情况下，可达额定电流的 10 倍左右。为限制制动电流，必须接入制动电阻，制动电阻的数值应根据电动机的参数和制动电流的数值计算得出。

在工程上接入的电阻值，可参考下述经验计算公式进行计算。

假定电源电压为380V，电动机直接起动时的起动电流为 I_s，如果要求反接制动的最大电流等于 I_s，则在三相电源线路中各相串接电阻 $R(\Omega)$值可取

$$R \approx 0.13 \times 220/I_s \tag{8-76}$$

式中　$220/I_s$——电动机起动时的每相阻抗(Ω)。

如果反接制动最大电流取为 $I_s/2$，则每相串联电阻 $R'(\Omega)$可取

$$R' \approx 1.5 \times 220/I_s \tag{8-77}$$

如果反接制动时只在电源两相中串联电阻，则电阻值应加大，分别取上述电阻值的1.5倍。

如果是绕线转子异步电动机反接制动，为限制制动电流，可在转子回路中串入三相对称限流电阻，限流电阻的计算方法如下：

$$R_2 = r_2\left(\frac{s'_{cr}}{s_{cr}} - 1\right) \tag{8-78}$$

$$r_2 = \frac{s_N U_{2N}}{\sqrt{3} I_{2N}} \tag{8-79}$$

$$s_{cr} = s_N(\lambda_T + \sqrt{\lambda_T^2 - 1}) \tag{8-80}$$

$$s'_{cr} = s_b\left[\frac{T_{max}}{T_B} \pm \sqrt{\left(\frac{T_{max}}{T_B}\right)^2 - 1}\right] \tag{8-81}$$

$$s_N = \frac{n_1 - n_N}{n_1} \tag{8-82}$$

式中　R_2——每相应串入的转子电阻(Ω)；

r_2——转子额定电阻(Ω)；

s_{cr}——电动机自然机械特性曲线的临界转差率；

s'_{cr}——转子串入限流电阻以后的人为机械特性曲线上的临界转差率；

s_N——额定转差率；

λ_T——电动机的转矩过载系数；

s_b——反接制动开始时的转差率；

T_B——反接制动刚开始时的电磁制动转矩；

n_1——同步转速(r/min)；

n_N——额定转速(r/min)。

八、异步电动机能耗制动控制电路计算

(一)能耗制动直流电源的工程计算方法

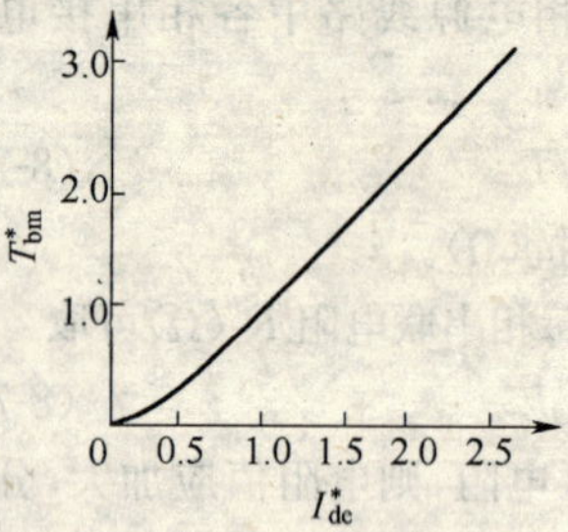

图 8-11　I_{de}与 T_{bm}关系曲线

能耗制动时,通入绕组的直流励磁电流,可根据电力拖动系统所要求的最大制动转矩来估算。图 8-11 中给出一条直流励磁电流与最大制动转矩的关系曲线,横坐标为直流励磁电流的标幺值 $I_{de}^{*}=I_{de}/I_{1N}$,I_{1N} 为电动机定子额定电流;纵坐标为最大制动转矩的标幺值 $T_{bm}^{*}=T_{bm}/T_N$,T_N 是电动机的额定转矩。利用此曲线估算直流励磁电流,可以满足实际工程的要求。

(二)能耗制动直流电流的估算方法

能耗制动时,通入绕组的直流电流,在制动结束时应该立即切断,否则通入的直流电流时间过长而使电动机损坏。因为制动时间不长,所以直流电流的数值可以选用较大的值。对绕线转子异步电动机来说,通常取 $I_{de}=(2\sim3)I_0$,I_0 为异步电动机空载电流。对于笼型异步电动机来说,可取 $I_{de}=(3.5\sim4)I_0$(传动装置转速高、惯性大,系数可取得大一些)。

(三)笼型异步电动机能耗制动接线方式及有关参数

笼型异步电动机能耗制动接线方式及有关参数见表 8-5。

表 8-5　笼型异步电动机能耗制动的接线方式及有关参数

序号	绕组接线图	相量图	直流磁通势 F_d	直流电阻	直流电压	直流功率
1	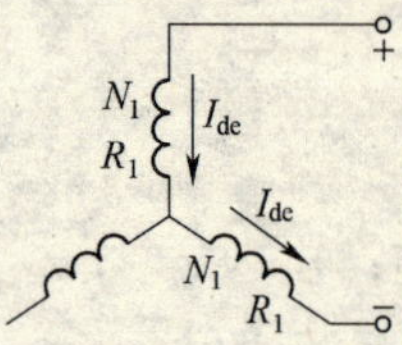	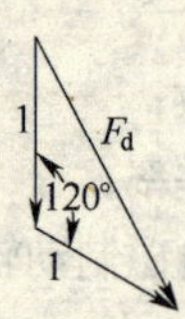	$\sqrt{3}I_{de}N_1$	$2R_1$	$2I_{de}R_1$	$2I_{de}^2R_1$

续表 8-5

序号	绕组接线图	相量图	直流磁通势 F_d	直流电阻	直流电压	直流功率
2	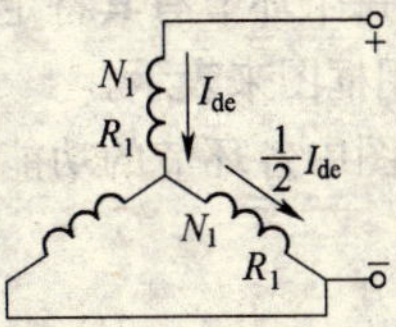	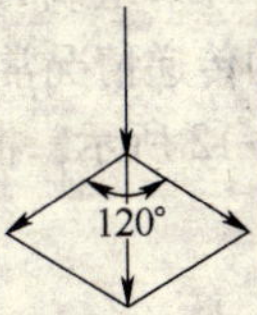	$3I_{de}N_1/2$（最弱）	$3R_1/2$	$3I_{de}R_1/2$	$3I_{de}^2R_1/2$
3	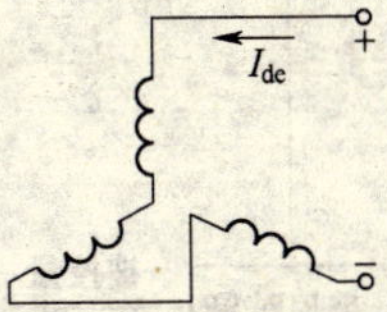	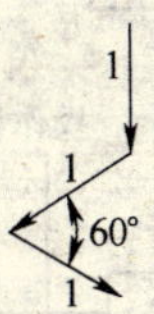	$2I_{de}N_1$（最强）	$3R_1$	$3I_{de}R_1$	$3I_{de}^2R_1$
4	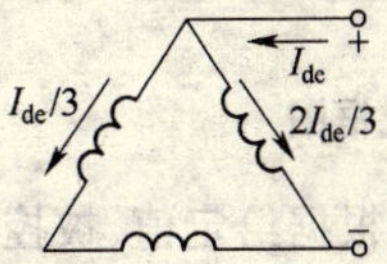	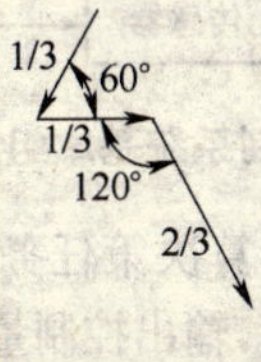	$I_{de}N_1$	$2R_1/3$	$2I_{de}R_1/3$	$2I_{de}^2R_1/3$
5	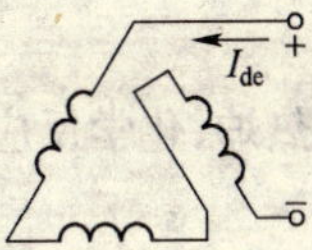	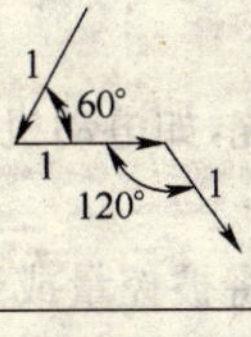	$2I_{de}N_1$	$3R_1$	$3I_{de}R_1$	$3I_{de}^2R_1$
6	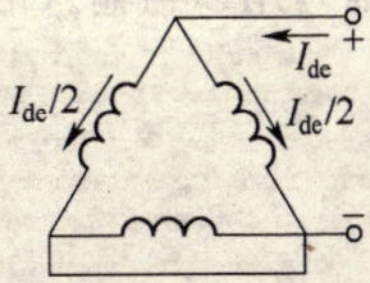	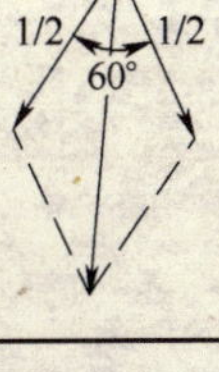	$3I_{de}N_1/2$	$R_1/2$	$I_{de}R_1/2$	$I_{de}^2R_1/2$

第二节　自动控制系统基础知识

一、自动控制系统基本组成

一个自动控制系统是由若干个环节组成的，每个环节有其特定的功能。自动控制系统的组成和信号的传递情况常用框图来表示。

自动控制系统基本框图如图 8-12 所示。框图中各环节的功能说明如下：

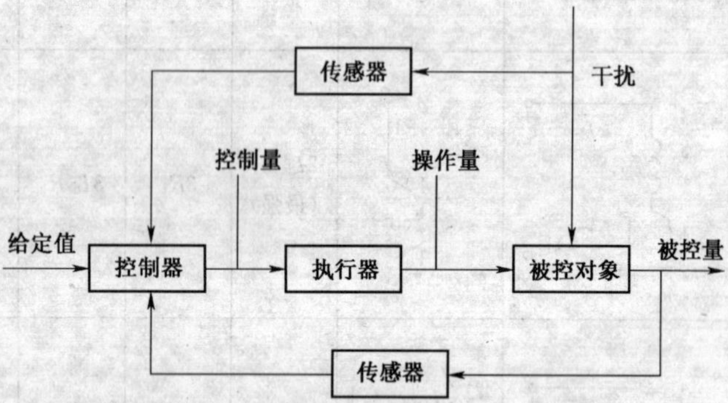

图 8-12　自动控制系统基本组成框图

1. 控制器。承担分析比较、计算决策任务，根据给定值、被控量实际值及干扰等信息，进行比较、计算，输出控制量。相当于人的大脑。

2. 执行器。接受控制信号(控制量)，输出操作量，使被控量等于或接近给定值。相当于人手和工具。

3. 被控对象。被控设备或系统，如电动机、加热炉、化学反应器、飞机、飞船等。

4. 检测装置。简称传感器。将被控量或干扰变换成与给定值(输入量)相同性质的物理量，并送回到输入端(控制器)，用以与输入信号相比较。相当于人的耳和目。

二、自动控制系统的类型

(一)按系统的结构特点分类

见表 8-6。

表 8-6　自动控制系统按结构特点分类表

名称	系统框图	特　征	优缺点
按给定值控制的开环控制系统	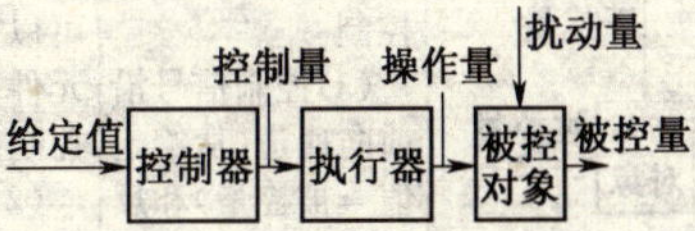	(1)只测量给定值,不测量被控量及干扰 (2)从给定值至被控量,控制信号单向传递,信号不闭合 (3)改变给定值,就改变被控量,被控量不影响控制量	(1)优点:简单、经济、可靠,不存在稳定性问题 (2)缺点:抗干扰能力差,控制精度差 (3)应用:可应用于无干扰、小干扰或要求低的场合。通常自动装配、包装等自动化流水线多采用这种控制方式。为保证控制精度,开环控制系统必须采用高精度元件
按干扰补偿控制的开环控制系统(前馈控制系统)	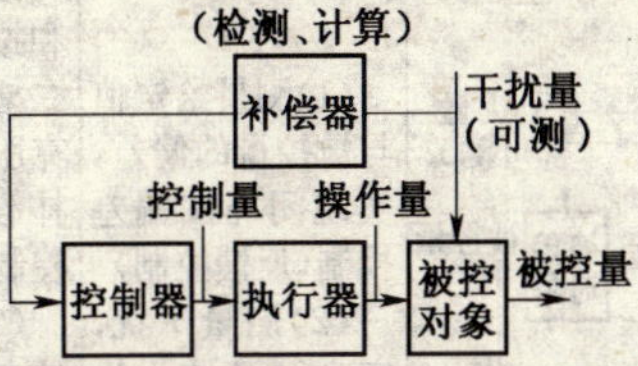	(1)只测量干扰量,不测量被控量 (2)利用干扰信号产生控制作用,以补偿干扰对被控量的影响,所以称为干扰补偿控制 (3)控制信号是单向性的,所以是开环控制,又称前馈控制	(1)略优于按给定值控制的开环控制系统,缺点是对系统内部结构参数变化产生的内扰是不能补偿的 (2)只适用于干扰可测且要求较高的场合

续表 8-6

名称	系统框图	特征	优缺点
闭环控制（反馈控制）	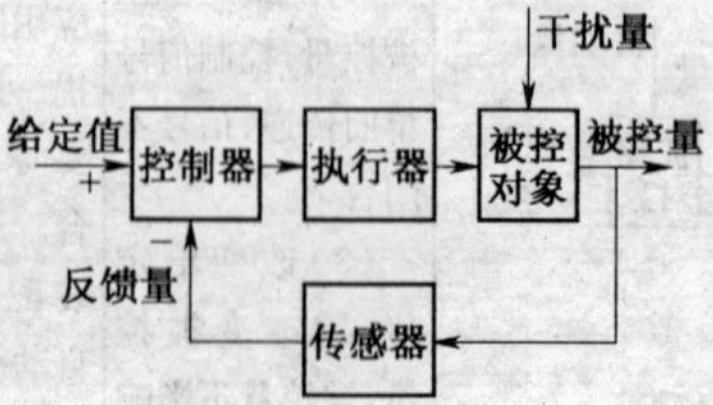	(1)测量被控量与给定值间的偏差(比较) (2)控制器按偏差控制，对系统中参数变化引起的扰动和系统外部的扰动造成的偏差，系统均能自动纠偏，故称按偏差控制 (3)控制信号沿前向通道(从给定值→被控量)和反馈通道(从被控量→反馈量)闭路传递，故称闭环控制或反馈控制 (4)闭环控制利用负反馈的自动调节作用，能实现复杂而准确的控制，因此闭环控制系统又常称为自动调节系统，系统中的控制器也常称为调节器	(1)优点：抗干扰能力强，无论是内扰还是外扰，只要受反馈包围即可抗干扰；对系统结构参数变化不灵敏，可以采用一般元件构成精确控制系统 (2)缺点：反馈元件的精度和速度直接影响控制质量，对反馈元件要求较高；系统闭环工作，可能产生不稳定现象，因此存在稳定性问题，必须加以预防
复合控制（开环闭环结合）	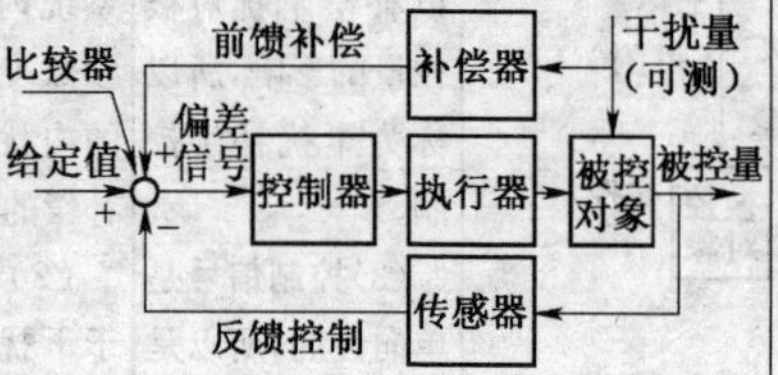	(1)测量给定值与被控量的偏差，实现闭环按偏差控制(反馈控制) (2)测量干扰，实现开环按干扰补偿(前馈补偿)	(1)优点：兼有按偏差控制和按扰动补偿二者的优点，克服了按扰动补偿的缺点，控制质量更高 (2)缺点：比较复杂，只能用于干扰可测的场合；存在稳定性问题，必须注意防范

(二)按输入量的特点分类

1. 恒值控制系统。这类系统的输入量是恒值,要求系统的输出量也保持相应恒值。属于此类控制系统的有电动机自动调速,恒温、恒压、恒流等自动控制系统。

2. 随动系统。这类系统的输入量是随意变化的,要求系统的输出量,能以一定精确度跟随输入量的变化作相应的变化,因此也称为自动跟踪系统。属于此类控制系统的有机床的仿形控制,雷达的自动跟踪等自动控制系统。

3. 程序控制系统。这类系统的特点是系统的控制作用是按预先制定的程序变化。属于此类控制系统的有按预先制定的程序控制加热炉炉温的温度控制系统,可编程序控制器(PLC)组成的开环和闭环控制系统等。

(三)其他分类方法

1. 按控制信号分为连续控制系统、断续控制系统、模拟控制系统和数字控制系统。

2. 按控制规律分为常规 PID 控制、最优控制、自适应控制、自组织控制和自学习控制等。

3. 按系统有无静差分为有静差系统和无静差系统等。

三、自动控制系统的基本要求

(一)自动控制系统的性能要求

对自动控制系统的性能要求可用稳、准、快、省 4 个字来概括。

1. 稳。即系统的稳定性。稳定性是决定一个自动控制系统能否实际应用的首要条件。稳定性是就动态过程的振荡倾向和系统重新恢复平衡工作状态的能力而言的。

通常,系统的工作过程,包括稳态和动态两种过程。系统在输入量和被控量均为固定值时的平衡状态,称为稳态,也称为静态。系统在受到外加信号(给定或干扰)作用后,被控量随时间 t 变化的全过程,称为系统的动态过程或过渡过程,动态过程常用 $c(t)$ 来表示。

在外加信号的作用下,任何系统都会偏离原来的平衡状态,产生初始偏差。所谓稳定性,就是指系统由初始偏差状态达到或恢复平衡状态的性能。

自动控制系统不能是不稳定的系统,不稳定系统,不但不能完成控制任务，而且会由于剧烈振荡，导致系统元器件的损坏，所以一定要预防。对于稳定系统，也要求系统动态过程的振荡要小。为此，对被控量的振幅和振荡次数应有所限制。

2. 准。即系统的准确性，指系统的动态精度和稳态精度。准确是控制系统的主要目标。稳态误差为零，称为无静差系统；稳态误差不为零，称为有静差系统。有静差系统的误差也是很小的。

3. 快。即快速性。快速性是对稳定系统过渡时间的长短而言的。过渡过程持续时间长，说明系统快速性差、响应迟钝，将使系统被控量长久地出现偏差。

4. 省。即经济性。

对于一个具体系统来说，稳、准、快、省 4 个方面常常是互相矛盾、互相制约的。如提高了系统的快速性，有可能引起系统强烈振荡；又如改善了系统的稳定性，而控制过程则又可能变得迟缓，甚至使最终精度也很差。因此，不能片面追求自动控制系统的某一方面性能，而应根据具体控制要求，进行综合考虑。

(二)电动机自动调速系统的性能指标

电动机速度调节性能的好坏，常用下列各项性能指标来衡量。

1. 静态(稳态)性能指标。

(1)调速范围。生产机械要求的调速范围 D，代表机械可能运行的最高转速 $n_{\max}$ 与最低转速 $n_{\min}$ 之比，或最大与最小线速度($v_{\max}$ 与 $v_{\min}$)之比，即

$$D=\frac{n_{\max}}{n_{\min}}=\frac{v_{\max}}{v_{\min}} \tag{8-83}$$

电气调速范围是：当电动机拖动额定负载时，所能达到的最高转速 $n_{\max}$ 与最低转速 $n_{\min}$ 之比，也称调速比，即

$$D=\frac{n_{\max}}{n_{\min}} \tag{8-84}$$

一些负载很轻的生产机械，如精密磨床等，可用实际负载时的最高转速与最低转速计算 D。

不同的生产机械，对调速范围的要求是不同的，必须选用相应的调速系统，不同类型的电动机以及采用不同调速方法所能达到的调速范围是不同的。在一般情况下，不同的生产机械要求的调速范围大致是：中

型和大型龙门刨床主传动 10～20，进给传动 30～50；中型和大型外圆磨床主传动 10～20；中型和重型立式车床主传动 50～1000 或更大，进给传动 1000 或更大；中型和重型镗铣床主传动 25～300，进给传动 30～800；大型或重型卧式车床电气调速范围主传动 20～30，进给传动 50～150；轧钢机 3～120；印染机 3～10；造纸机 3～20 等。

生产机械要求的调速范围可由机械、电气或机械电气配合的方法来实现，如用机械电气配合，调速范围应为两者的乘积。

(2)调速的稳定性。调速的稳定性是指负载转矩发生变化时，电动机转速随之变化的程度。为了衡量转速随负载变化的程度，采用静差率(又称静差度或相对稳定性)来表示，它是指电动机在某一机械特性上运行时，额定负载下的转速降落与该特性下的理想空载转速之比，即

$$\delta=\frac{\Delta n_N}{n_0}$$

或用百分数表示

$$\delta=\frac{\Delta n_N}{n_0}\times100\%=\frac{n_0-n_N}{n_0}\times100\% \tag{8-85}$$

式中 δ——静差率；

n_0——理想空载转速(转矩 $T=0$ 时的转速)(r/min)；

n_N——电动机实际转速(r/min)；

Δn_N——转速降(r/min)。

静差率和机械特性的硬度有关，电动机的机械特性越硬(越平直)，转速变化越小，静差率越小，稳定性越好。反之，机械特性越软(越倾斜)，转速变化越大，静差率越大，稳定性越差。图 8-13 中的特性 1 与特性 2 硬度不一样，较硬的特性 1 转速降为 Δn_{N1}，较软的特性 2 转速降为 Δn_{N2}，显然 $\Delta n_{N2}>\Delta n_{N1}$，因 n_0 相同，故较软的特性 2 静差率大，亦即转速稳定性差。

还有一点应该注意，两条互相平行的机械特性直线，硬度相同，但静差率不同。如图 8-14 中的特性 1 与特性 2 互相平行，有 $\Delta n_N=\Delta n_N'$，而 $n_0'<n_0$，故 $\delta_2>\delta_1$，即同样硬度的特性，转速越低，静差率越大，转速稳定性就越差。

生产机械调速时，为保持一定的稳定程度，要求静差率 δ 小于某一允许值。不同的生产机械在调速时，根据工艺要求，对电动机的静差率提出不同的要求，如普通车床 $\delta\leqslant30\%$，高精度的造纸机 $\delta\leqslant0.1\%$。

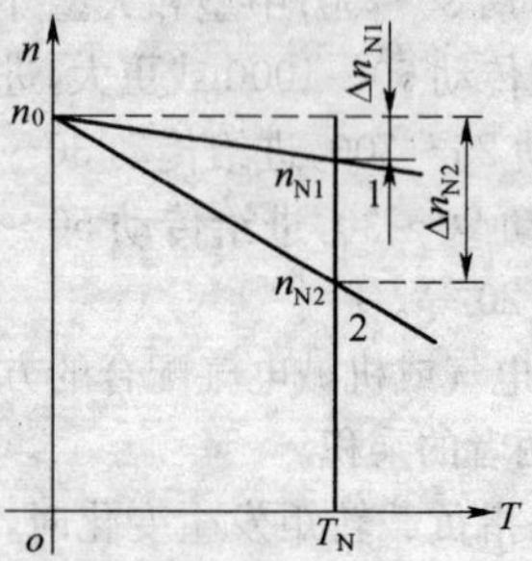

图 8-13　不同硬度机械特性的静差率比较

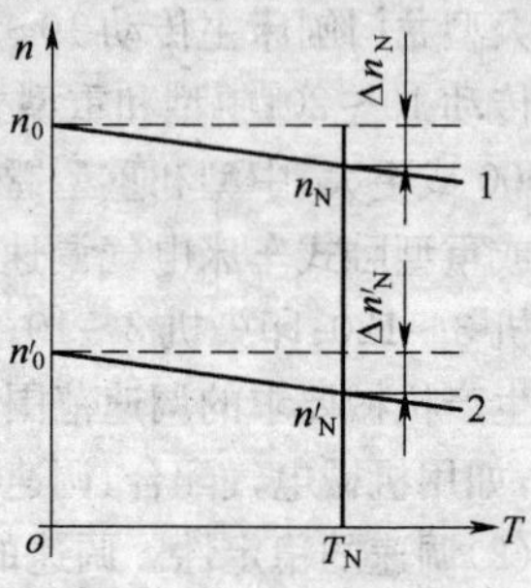

图 8-14　相同硬度机械特性的静差率比较

对于一个调速系统，其调速范围 D、额定转速降 Δn_N 和最大允许静差率之间有如下的关系：

$$D=\frac{n_N}{n_{min}}=\frac{n_N}{n_{0min}-\Delta n_N}=\frac{n_N}{n_{0min}\left(1-\frac{\Delta n_N}{n_{0min}}\right)}$$

$$=\frac{n_N}{\frac{\Delta n_N}{\delta}(1-\delta)}=\frac{n_N\delta}{\Delta n_N(1-\delta)} \tag{8-86}$$

式中　n_N——额定负载时电动机的最高转速(r/min)；

n_{min}——额定负载时电动机的最低转速(r/min)；

n_{0min}——最低速特性上电动机的理想空载转速(r/min)；

Δn_N——额定负载时最低速特性上电动机的转速降(r/min)；

δ——最低速特性上的静差率，即允许的最大静差率。

由上式可以看出，在一个调速系统中，如果它的机械特性硬度或 Δn_N 值是一定的，对静差率的要求越严，也就是说，要求 δ 越小时，系统能够允许的调速范围也越小。例如，某调速系统额定转速 $n_N=1450$ r/min，额定速降 $\Delta n_N=100$r/min，当要求静差率 $\delta\leqslant30\%$时，允许的调速范围是

$$D=\frac{1450\times0.3}{100\times(1-0.3)}=6.2$$

如果要求 $\delta\leqslant20\%$，则调速范围只有

$$D=\frac{1450\times0.2}{100\times(1-0.2)}=3.6$$

(3)调速的平滑性。在一定的调速范围内,调速的级数越多,平滑性越好。平滑的程度用平滑系数 φ 来衡量,它是相邻两级(如 i 与 $i+1$ 或 $i-1$ 级)转速或线速度之比,即

$$\varphi=\frac{n_i}{n_{i-1}}=\frac{v_i}{v_{i-1}} \tag{8-87}$$

φ 值越接近于1则平滑性越好。$\varphi=1$ 时称为无级调速,即转速连续可调,级数接近无穷多,此时调速的平滑性最好。

(4)调速的经济性。主要从以下三个方面进行考虑:

①初期投资。这是首先应考虑的问题。但是,过分地强调这一个方面,也是不可取的,应结合以下两个方面进行综合评估。

②调速时引起的能量损耗。这可用系统调速后的运行效率来说明:

$$\eta=\frac{P_2}{P_1}=\frac{P_2}{P_2+\Delta P} \tag{8-88}$$

式中　P_2——输出功率(kW);

P_1——输入功率(kW);

ΔP——转速调节时的能量损耗(kW)。

③调速系统的故障率。包括电动机本身的故障率。生产机械如因调速系统发生故障而停工修理,则每停工一次所造成的经济损失,可能超过调速装置本身价格的许多倍。在这方面,三相笼型异步电动机与直流电动机相比,具有显著的优越性,这也是为什么虽然变频调速器的价格较贵,但其普及应用依然十分迅速的原因。

2. 动态性能指标。指一个稳定的自动调速系统在动态过程时的指标。它通常以系统在阶跃信号作用下的响应特性来衡量,如图8-15所示。

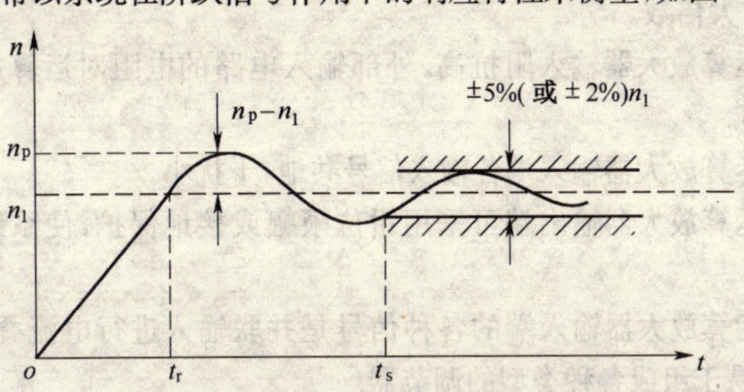

图8-15　自动调速系统的动态性能指标

(1)最大超调量 σ。调速系统转速超过其稳定值 n_1 的最大偏差 (n_p-n_1) 与稳定值 n_1 之比叫最大超调量 σ，即

$$\sigma=\frac{n_p-n_1}{n_1}\times100\% \tag{8-89}$$

式中 n_p——调速系统达到的最高转速(r/min)；

n_1——转速的稳定值(r/min)。

σ 值越大，系统过渡过程越不平稳，往往不能满足生产机械工艺要求；σ 值越小，说明系统过渡过程越平稳，但也反映过渡过程越缓慢。一般机械加工中，σ 值应限制在 10%～15%。

(2)上升时间 t_r。指系统在输入量作用下，系统的转速从零上升到第一次到达稳定值 n_1 所经过的时间。

(3)调节时间 t_s。指从系统受到输入量作用开始到系统的转速进入偏离稳定值 n_1 的±(2～5)%区域所需要的时间。它反映了自动调速系统的快速性，t_s 越短，系统快速性越好。

(4)振荡次数 N。指在调节时间内，输出量在稳定值上下摆动的次数。图 8-15 中 $N=1$。N 越小，系统的稳定性越好。不同的生产机械对振荡次数的要求不同，如龙门刨床和轧钢机允许有一次振荡，造纸机械不允许有振荡。

四、自动控制系统中的调节器

自动控制系统中常用集成运算放大器构成系统的调节器，其主要优点是：

1. 开环电压放大倍数高，加入电压深度负反馈后，可获得高稳定度的电压放大倍数。

2. 运算放大器输入阻抗高，外部输入电路的电阻对运算放大器工作影响小。

3. 运算放大器输入端各输入信号共地，干扰小。

4. 运算放大器输出端可采用钳位限幅或接地保护，使系统工作安全可靠。

5. 运算放大器输入端的各种信号是并联输入进行电流叠加的，调整方便，易于组成各种类型的调节器。

常用的调节器见表 8-7。

表 8-7　常用的调节器

名称	电路图	关系表达式	特点
比例(P)调节器	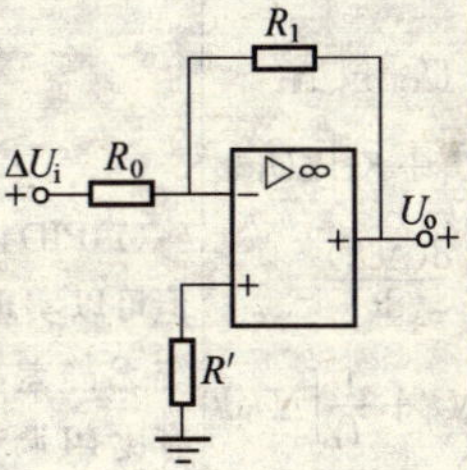	$U_o=K_P\Delta U_i$ $K_P=\frac{R_1}{R_0}$ 式中　K_P—P 调节器的比例系数	控制作用及时、快速，控制作用强。K_P 值越大，系统的静特性越好，静差越小。但 K_P 值过大，可能造成系统不稳定，比例控制存在静差
积分(I)调节器	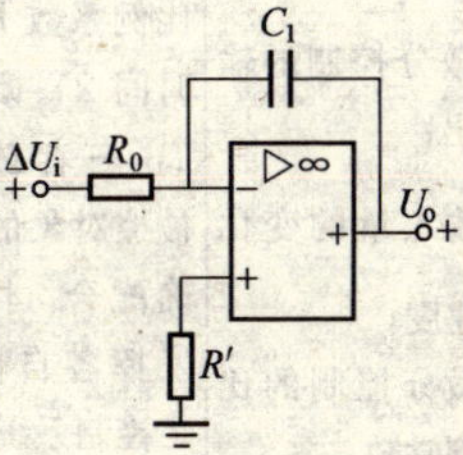	$U_o=K_I\int\Delta U_i\mathrm{d}t$ $=\frac{1}{T_I'}\int\Delta U_i\mathrm{d}t$ $T_I'=\frac{1}{K_I}=R_0C_1$ 式中　K_I—I 调节器的积分常数； T_I'—I 调节器的积分时间	(1)积分控制的最大优点是可以消除输出量的稳态误差，实现无静差控制 (2)积分控制的调节过程缓慢，在时间上积分作用总是落后于输入偏差信号的变化，故积分作用是不及时的 (3)I 调节器一般不单独使用，积分作用通常作为一种辅助的调节作用
比例积分(PI)调节器	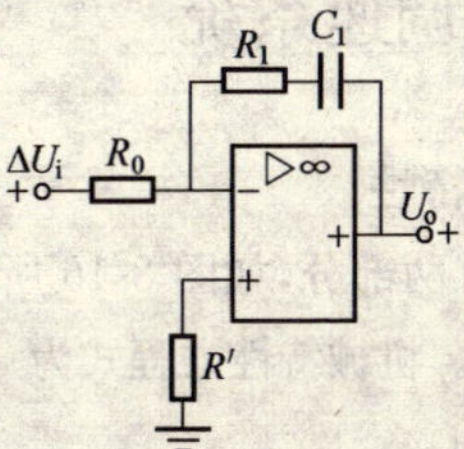	$U_o=U_{OP}+U_{OI}$ $=K_P\Delta U_i+K_I\int\Delta U_i\mathrm{d}t$ $=K_P(\Delta U_i+\frac{1}{T_I}\int\Delta U_i\mathrm{d}t)$ $T_I=\frac{K_P}{K_I}=R_1C_1$ 式中　U_{OP}—比例控制的输出； U_{OI}—积分控制的输出； T_I—PI 调节器的积分时间	(1)PI 调节器的比例作用，使系统动态响应速度快；积分作用，使系统基本上无静差 (2)减小 K_P 或增大 T_I，可减小超调量，有利于系统稳定，但使系统的动态响应速度降低

续表 8-7

名称	电 路 图	关系表达式	特　点
比例积分微分（PID）调节器	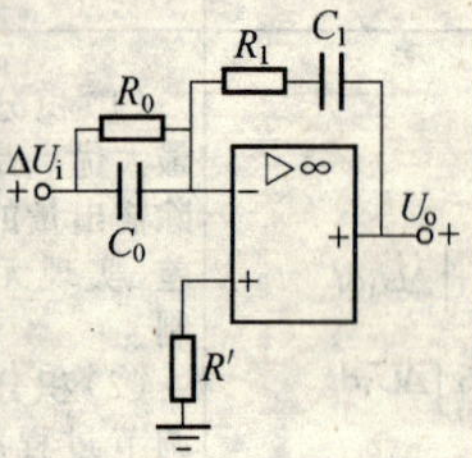	$U_o=U_{OP}+U_{OI}+U_{OD}$ $=K_P\Delta U_i+K_I\int\Delta U_i dt+K_D\frac{d(\Delta U_i)}{dt}$ $=K_p\left[\Delta U_i+\frac{1}{T_I}\int\Delta U_i dt+T_D\frac{d(\Delta U_i)}{dt}\right]$ $T_1=R_1C_1$ $T_D=\frac{K_D}{K_P}=R_0C_0$ 式中　U_{OD}—微分控制的输出； $\frac{d(\Delta U_i)}{dt}$—输入量的变化速度； K_D—微分控制的比例常数； T_D—微分控制的微分时间	(1)PID调节器不但可以实现控制系统无静差，而且具有比PI调节器更快的动态响应速度 (2)PID调节器是一种较为完善的调节器，主要参数有比例系数K_P、积分时间T_I、微分时间T_D，三者必须根据被控对象的特性正确配合，才能充分发挥各自优点，满足控制系统要求

第三节　电动机的调速系统

一、晶闸管-直流电动机系统的机械特性

晶闸管-直流电动机系统的机械特性有两部分，如图 8-16 所示。在工作电流连续时是一组平行的较硬的直线。机械特性方程式为

$$n=\frac{U_{d0}\cos\alpha}{C_e\Phi}-\frac{RI_d}{C_e\Phi}\tag{8-90}$$

式中　U_{d0}——控制角 $\alpha=0$ 时，空载直流输出电压平均值(V)；

α——晶闸管控制角；

I_d——负载电流平均值(A)；

R——电枢回路总电阻(Ω)。

当控制角 α 变化时，$U_{d0}\cos\alpha$ 也相应改变。在工作电流断续时机械特性是曲线，具有较高的理想空载转速，特性较软。

希望电动机工作在电流连续区，在电枢回路中串联平波电抗器(又名滤波电抗器)，可使负载电流的脉动减小，以及在负载电流小的情况下，电流仍能保持连续。除此之外，平波电抗器还能限制直流侧短路电流上升率，在有环流可逆系统中限制环流。由此可知平波电抗器在晶闸管供电系统中起着重要作用。

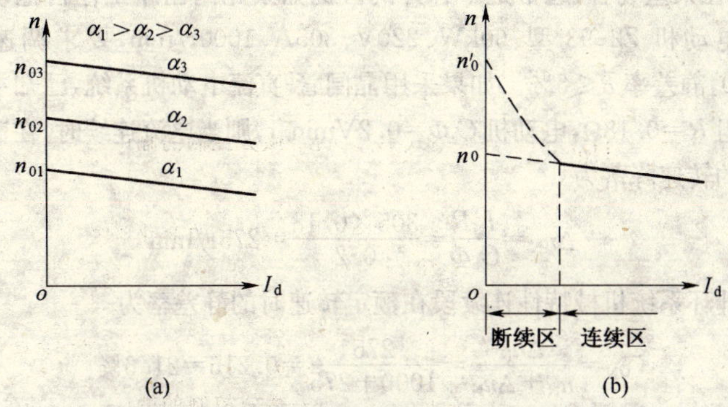

图 8-16　晶闸管-直流电动机系统的机械特性

(a)电流连续时　(b)电流断续与连续时的机械特性

二、晶闸管-直流电动机开环调速系统

图 8-17 所示是晶闸管-直流电动机开环调速系统。控制电压 U_C 使触发器 AT 产生触发脉冲，晶闸管变流装置输出直流电压 U_d，电动机就以一定的转速旋转。改变控制电压就能改变触发器控制角 α 及整流电压 U_d，相应改变电动机的转速，达到调速的目的。

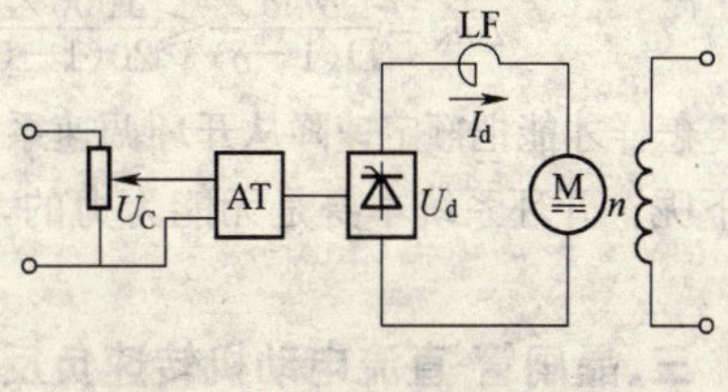

图 8-17　晶闸管-直流电动机开环调速系统

开环调速系统，电动机的机械特性可表示为

$$n=\frac{U_C K_{tr}-I_d R}{C_e \Phi}=U_C\frac{K_{tr}}{C_e\Phi}-I_d\frac{R}{C_e\Phi}=n_0-\Delta n_0 \tag{8-91}$$

式中 U_C——触发器输入控制电压(V)；

K_{tr}——触发器及整流器电压放大系数；

R——电枢回路总电阻(Ω)；

n_0——开环系统理想空载转速(r/min)；

Δn_0——开环系统稳态速降(r/min)。

由式(8-91)可见，由于 R 阻值较大，系统静差率也相对较大，对一般生产机械来说，由于负载变化，常导致速度出现较大波动，影响加工精度，这在某些场合，通常是不容许的。例如某龙门刨床工作台拖动采用直流电动机 Z2-93 型、60kW、220V、305A、1000r/min，要求调速范围 $D=20$，静差率 $\delta\leqslant 5\%$。如果采用晶闸管-直流电动机系统，已知主回路总电阻 $R=0.18\Omega$，电动机 $C_e\Phi=0.2$Vmin/r，则当电流连续时，在额定负载下的转速降落为

$$\Delta n_N=\frac{I_N R}{C_e\Phi}=\frac{305\times 0.18}{0.2}=275\text{r/min}$$

开环系统机械特性连续段在额定转速时的静差率为

$$\delta_N=\frac{\Delta n_N}{n_N+\Delta n_N}=\frac{275}{1000+275}=0.216=21.6\%$$

$\delta_N=21.6\%$，已经大大超过了 5%的要求，调到最低速时就更满足不了要求了。

如果要满足 $D=20$，$\delta\leqslant 5\%$的要求，Δn_N 应该是多少？由式(8-86)可知

$$\Delta n_N=\frac{n_N\delta}{D(1-\delta)}\leqslant\frac{1000\times 0.05}{20(1-0.05)}=2.63\text{r/min}$$

怎样才能把额定速降从开环调速系统的 275r/min 降低到 2.63r/min 以下呢？开环系统本身是无能为力的，必须采用闭环系统才能满足要求。

三、晶闸管-直流电动机转速负反馈闭环调速系统

图 8-18 所示为具有转速负反馈闭环调速系统。在电动机轴上安装一台测速发电机 TG，从而引出与被控量 n 成正比的负反馈电压 U_{fn}，与

给定电压 U_{gn} 相比较后，得到偏差电压 ΔU_n，经过比例放大器 A，产生触发装置 AT 的控制电压 U_{ct}，用以控制电动机的转速。因为只有转速反馈环，所以称为单闭环调速系统。

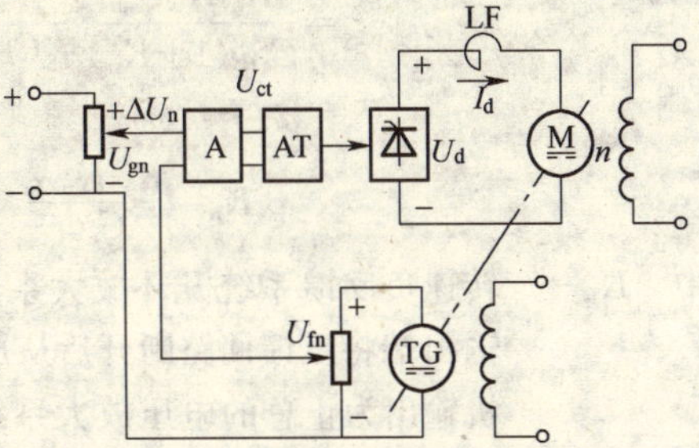

图 8-18　转速负反馈闭环调速系统

下面分析转速负反馈闭环调速系统的稳态特性。为了突出主要矛盾，先作如下的假定：

1. 忽略各种非线性因素，假定各环节的输入输出关系都是线性的。
2. 假定只工作在晶闸管-电动机系统开环机械特性的连续段。
3. 忽略直流电源和电位器的内阻。

这样，调速系统中各环节的稳态关系如下：

$$\Delta U_n = U_{gn} - U_{fn} \tag{8-92}$$

$$U_{ct} = K_{av}\Delta U_n \tag{8-93}$$

$$U_d = K_{tv}U_{ct} \tag{8-94}$$

$$n = \frac{U_d - I_d R}{C_e \Phi} \tag{8-95}$$

$$U_{fn} = \alpha_n n \tag{8-96}$$

以上各式中

K_{av}——放大器的电压放大系数；

K_{tv}——晶闸管整流器与触发装置的电压放大系数；

U_d——晶闸管整流器直流输出电压平均值(V)；

α_n——转速反馈系数(Vmin/r)；

R——电枢回路总电阻(Ω)。

从上述 5 个关系式中消去中间变量，整理后，可得转速负反馈闭环调速系统的静特性方程式：

$$n = \frac{K_{av}K_{tv}U_{gn} - I_d R}{C_e\Phi(1 + K_{av}K_{tv}\alpha_n / C_e\Phi)} \tag{8-97}$$

$$=\frac{K_{av}K_{tv}U_{gn}}{C_e\Phi(1+K_n)}-\frac{RI_d}{C_e\Phi(1+K_n)}$$

$$=n_{OCL}-\Delta n_{CL}$$

$$K_n=\frac{K_{av}K_{tv}\alpha_n}{C_e\Phi}$$

式中 K_n——转速负反馈系统开环放大系数，它相当于在测速发电机输出端将反馈回路断开后从放大器输入起直到测速发电机输出为止总的电压放大系统，是各个环节单独的放大系数的乘积。需注意，这里是以 $1/C_e\Phi=n/E$ 作为电动机环节的放大系数的。

如果转速负反馈闭环调速系统断开反馈回路，其开环机械特性为

$$n=\frac{U_d-I_dR}{C_e\Phi}=\frac{K_{av}K_{tv}U_{gn}}{C_e\Phi}-\frac{RI_d}{C_e\Phi}=n_{0op}-\Delta n_{op} \tag{8-98}$$

将式(8-97)和式(8-98)进行比较后，可以得出以下论断：

(1)闭环系统静特性比开环系统机械特性硬得多，在同样的负载扰动下，两者的转速降落分别为

$$\Delta n_{op}=\frac{RI_d}{C_e\Phi}$$

$$\Delta n_{CL}=\frac{RI_d}{C_e\Phi(1+K_n)}$$

它们的关系是

$$\Delta n_{CL}=\frac{\Delta n_{op}}{1+K_n} \tag{8-99}$$

显然，当 K_n 值较大时，Δn_{CL} 比 Δn_{op} 要小得多，也就是说，闭环系统的特性要硬得多。

(2)如果比较同一 n_0 的开环和闭环系统，则闭环系统的静差率要小得多。

开环系统的静差率为

$$\delta_{op}=\frac{\Delta n_{op}}{n_{0op}} \tag{8-100}$$

闭环系统的静差率为

$$\delta_{CL}=\frac{\Delta n_{CL}}{n_{0CL}} \tag{8-101}$$

当 $n_{0op}=n_{0CL}$ 时，有下列关系

$$\frac{\delta_{op}}{\delta_{CL}}=\frac{\Delta n_{op}}{\Delta n_{CL}}=1+K_n$$

即

$$\delta_{CL}=\frac{\delta_{op}}{1+K_n} \tag{8-102}$$

(3)当要求的静差率一定时，闭环系统可以大大提高调速范围。如果电动机的最高转速都是 n_{Nm}，而对最低速静差率的要求相同，那么，由式(8-86)可得：

开环调速系统时

$$D_{op}=\frac{n_{Nm}\delta}{\Delta n_{op}(1-\delta)}$$

闭环调速系统时

$$D_{CL}=\frac{n_{Nm}\delta}{\Delta n_{CL}(1-\delta)}$$

故

$$\frac{D_{CL}}{D_{op}}=\frac{\Delta n_{op}}{\Delta n_{CL}} \tag{8-103}$$

根据式(8-99)可得

$$\frac{D_{CL}}{D_{op}}=1+K_n$$

即

$$D_{CL}=(1+K_n)D_{op} \tag{8-104}$$

需要注意的是，式(8-103)的条件是开环和闭环系统的 n_{Nm} 相同，而式(8-102)的条件是 n_0 相同，两式在数量上略有差别。

(4)要实现上述 3 项优点，闭环系统必须设置放大器。根据上述分析，对前面引用的龙门刨床的例子进行计算。

已知 $\Delta n_{op}=275$ r/min，要满足 $D=20$，$\delta\leqslant5\%$ 的要求，需有 $\Delta n_{CL}\leqslant2.63$r/min，由式(8-99)可得

$$K_n=\frac{\Delta n_{op}}{\Delta n_{CL}}-1\geqslant\frac{275}{2.63}-1=103.6$$

若已知晶闸管-电动机系统的参数为　$C_e\Phi=0.2$Vmin/r，$K_{tv}=30$，$\alpha_n=0.015$Vmin/r，则

$$K_{av}=\frac{K_nC_e\Phi}{K_{tv}\alpha_n}\geqslant\frac{103.6\times0.2}{30\times0.015}=46$$

上述计算说明，只要放大器的放大系数大于或等于 46，闭环系统即能满足所需的稳态性能指标。

四、带电流截止负反馈环节的转速负反馈直流调速系统

(一)电流截止负反馈的作用

直流电动机全电压起动时，如果没有限流措施，会产生很大的冲击电流，这不仅对电动机换向不利，对晶闸管来说，更是不允许的。在转速负反馈的控制系统中，为了提高调速系统的稳态精度，运算放大器的放大系数 K_{av} 值较大，因此稳态运行时的稳态误差电压 $\Delta U=U_{gn}-U_{fn}$ 很小。在突然加上给定电压时，转速不可能立即建立起来，$n=0$，相应地，反馈电压 $U_{fn}=0$，给定电压全部加于运算放大器的输入端，这就必然造成放大器输出最大电压即限幅电压，从而整流装置也输出最大电压。对电动机来说，相当于全压起动，这当然是不允许的。

还有一种情况应该注意，有些生产机械的电动机可能会遇到堵转的情况，例如，由于故障，机械轴被卡住，或挖土机运行时碰到坚硬的石块等。由于闭环系统的静特性很硬，若无限流环节，电流将远远超过允许值。如果只依靠过流继电器或熔断器保护，一过载就跳闸，也会给正常工作带来不便。

为了解决单闭环调速系统的起动和堵转时电流过大问题，系统中必须有限制电枢电流过大的环节。引入电流负反馈，应该能够保持电流基本不变，使它不超过允许值。但是，这种作用只应在起动和堵转时存在，在正常运行时又得取消，让电流自由地随着负载增减。这种当电流大到一定程度时才出现的电流负反馈叫做电流截止负反馈，简称截流反馈。

(二)电流截止负反馈环节

图 8-19 所示为电流截止负反馈环节。电流反馈信号取自串入电动机电枢回路的小电阻值电阻 R_S，R_S 上的电压大小反映电枢电流 I_d 的大小。在图 8-19a 中，U_{C0} 为比较电压，是由独立直流电源供给的，其大小可用电位器调节。忽略二极管 VD 压降，当 $I_dR_S>U_{C0}$ 时，二极管导通，电流负反馈信号 U_{fi} 即可加到放大器输入端，此时电枢电流称为截止电流 I_C(也称为转折电流)。当 $I_dR_S\leqslant U_{C0}$ 时，二极管截止，电流负反馈被

切断。

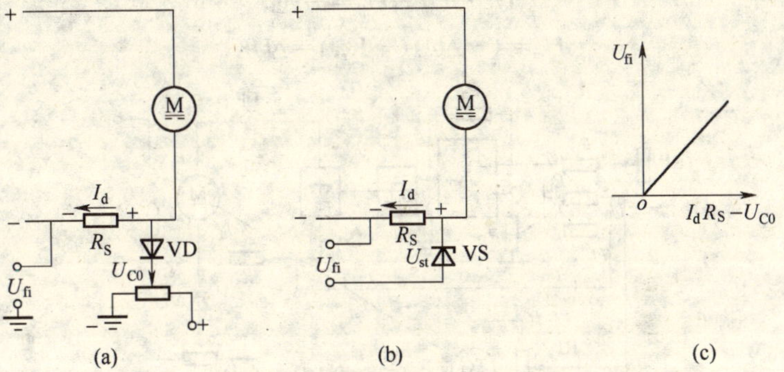

图 8-19 电流截止负反馈环节

(a)利用独立直流电源作比较电压

(b)利用稳压管产生比较电压 (c)输入输出特性

在这一电路中，截止电流 I_C 为

$$I_C=\frac{U_{C0}}{R_S} \tag{8-105}$$

从式(8-105)可知，调节比较电压 U_{C0}，即可调节截止电流 I_C。

图 8-19b 中利用稳压管 VS 的稳定电压 U_{st} 作比较电压，此电压不可调，因此对每一个稳压管，只有一个相应的截止电流，即

$$I_C=\frac{U_{st}}{R_S} \tag{8-106}$$

当 $I_dR_S>U_{st}$ 时，有电压 U_{fi} 加到放大器输入端，当 $I_dR_S\leqslant U_{st}$ 时，就没有电压 U_{fi}。

电流截止负反馈的输入输出特性如图 8-19c 所示。经表明：当输入信号 $I_dR_S-U_{C0}$ 为正值时，输出与输入相等；当 $I_dR_S-U_{C0}$ 为负值时，输出为零。

(三)带电流截止负反馈环节的转速负反馈调速系统分析

图 8-20 所示为带电流截止负反馈环节的转速负反馈调速系统原理，图 8-21 所示为该调速系统稳态结构。图中 U_{fi} 表示电流负反馈信号电压，U_{fn} 表示转速负反馈信号电压。运算放大器输入电压 ΔU 为

$$\Delta U=-U_{gn}+U_{fn}+U_{fi}=-(U_{gn}-U_{fn}-U_{fi})$$

$$U_{gn}-U_{fn}-U_{fi}=-\Delta U$$

$$U_{ct}=(-\Delta U)(-K_{av})=\Delta UK_{av}$$

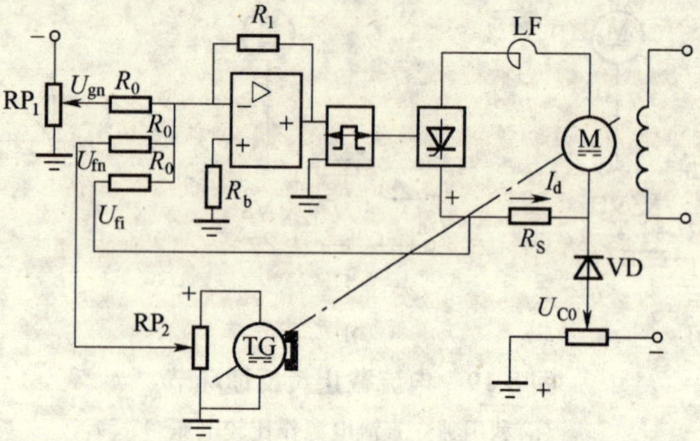

图 8-20 带电流截止负反馈环节的转速负反馈调速系统原理

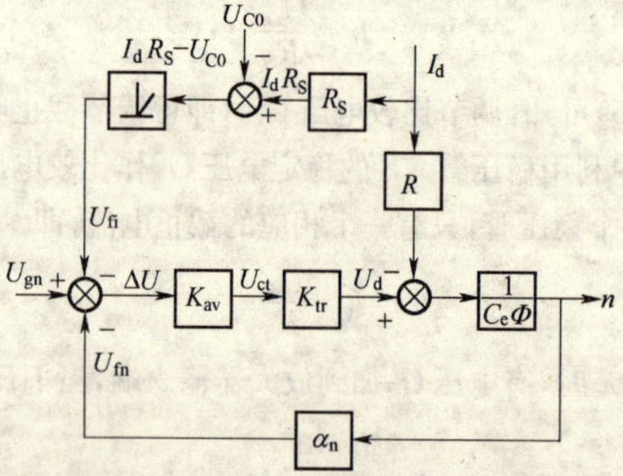

图 8-21 带电流截止负反馈的转速负反馈调速系统稳态结构

由稳态结构图可导出该系统两段静特性方程式：

当 $I_d \leqslant I_{cr}$，电流负反馈被截止，系统静特性方程式为

$$n=\frac{K_{av}K_{tv}U_{gn}}{C_e\Phi(1+K_n)}-\frac{RI_d}{C_e\Phi(1+K_n)} \tag{8-107}$$

式(8-107)和式(8-97)一样。

当 $I_d > I_{cr}$时，电流负反馈起作用，此时系统静特性方程式为

$$n=\frac{K_{av}K_{tv}U_{gn}}{C_e\Phi(1+K_n)}-\frac{K_{av}K_{tv}}{C_e\Phi(1+K_n)}(R_SI_d-U_{C0})-\frac{RI_d}{C_e\Phi(1+K_n)}$$

$$=\frac{K_{av}K_{tv}(U_{gn}+U_{C0})}{C_e\Phi(1+K_n)}-\frac{(R+K_{av}K_{tv}R_S)I_d}{C_e\Phi(1+K_n)} \tag{8-108}$$

将式(8-107)、式(8-108)画成静特性，如图8-22所示。图中AB段为电流负反馈起作用时的静特性。由式(8-108)画出的静特性如图中的n_0AB段，用虚线表示的n_0'A段直线实际上是不起作用的。实线表示的静特性通常被称为下垂特性或挖土机特性，A点称为转折点，B点称为堵转点。

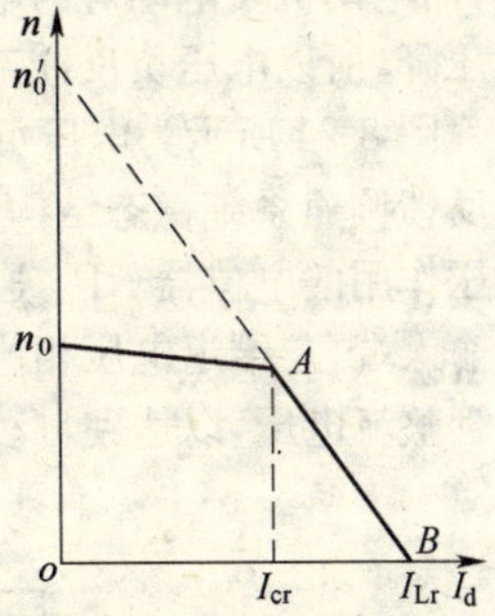

图8-22　带电流截止反馈闭环调速系统的静特性

在式(8-108)中，令$n=0$，可得

$$\frac{K_{av}K_{tv}(U_{gn}+U_{C0})}{C_e\Phi(1+K_n)}=\frac{(R+K_{av}K_{tv}R_S)I_{Lr}}{C_e\Phi(1+K_n)}$$

故
$$I_{Lr}=\frac{K_{av}K_{tv}(U_{gn}+U_{C0})}{R+K_{av}K_{tv}R_S} \tag{8-109}$$

因
$$K_{av}K_{tv}R_S\gg R$$

所以
$$I_{Lr}\approx\frac{U_{gn}+U_{C0}}{R_S} \tag{8-110}$$

在一般情况下，I_{Lr}应小于电动机的允许最大电流，即

$$I_{Lr}\leqslant(1.5\sim2)I_N \tag{8-111}$$

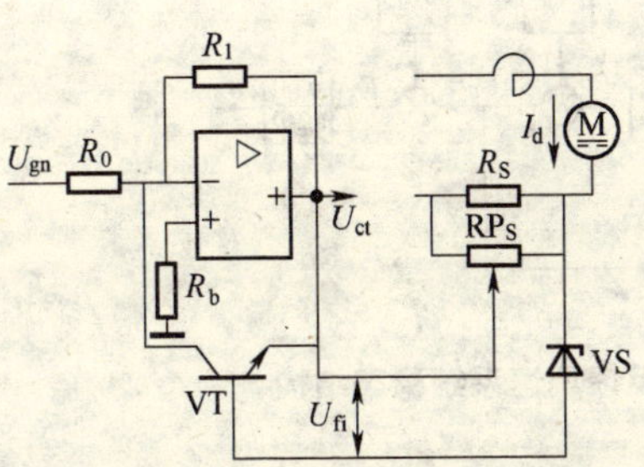

图8-23　封锁运算放大器的电流截止

另一种实现电流截止的方法是用U_{fi}信号去封锁运算放大器，如图8-23所示。在运算放大器的输入输出端跨接开关管VT。U_{fi}一旦产生后，使VT导通，短接了反馈电阻R_1，放大器放大系数接近零，输出电压$U_{ct}\approx0$。当I_d减小时，从电位器RP_s上引出的正比于I_d的电压不足以击穿稳压管VS，U_{fi}消失，VT截止，运算放大器恢复正常工作。RP_s是用来调节截止电流的。

五、电压负反馈和电流正反馈直流调速系统

(一)电压负反馈直流调速系统

在恒定励磁的条件下,转速负反馈实际上就是电动机反电动势负反馈,而电动机反电动势与电动机端电压之间只差一个数值很小的电枢电阻压降,所以电压负反馈基本上能够代替转速负反馈的作用。

图 8-24 所示为电压负反馈直流调速系统原理,图 8-25 所示为电压负反馈调速系统稳态结构。从图中可知,作为反馈检测元件的只是一起分压作用的电位器 RP_2,通过电位器分压的负反馈电压 U_{fv} 反馈至放大器输入端,与给定电压相比较,以调节放大器输出电压大小,从而控制晶闸管整流电压,以达到自动调节电动机电枢电压的目的。

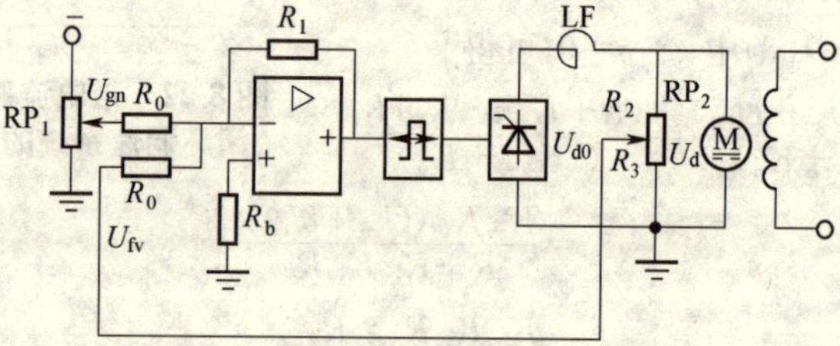

图 8-24 电压负反馈调速系统原理

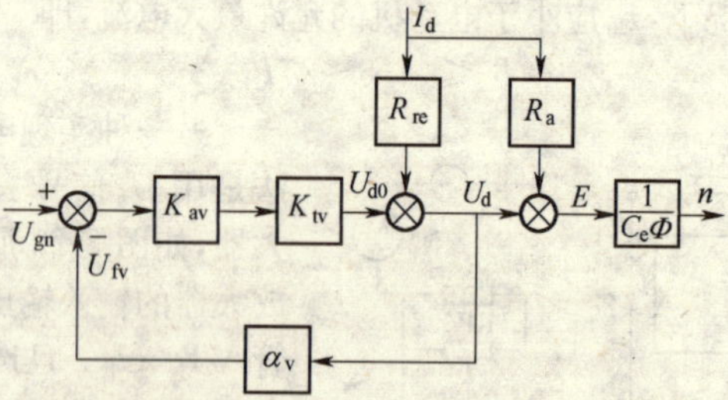

图 8-25 电压负反馈调速系统稳态结构

从图 8-24 和图 8-25 中可得

$$U_d = U_{d0} - I_d R_{re} \tag{8-112}$$

$$n = \frac{E}{C_e \Phi} = \frac{U_d - I_d R_a}{C_e \Phi} \tag{8-113}$$

$$U_{fv}=\frac{R_3}{R_2+R_3}U_d=\alpha_v U_d \tag{8-114}$$

上 3 式中　R_{re}——晶闸管整流装置内阻(含平波电抗器电阻);

R_a——电动机电枢电阻;

α_v——电压反馈系数;

U_{d0}——理想空载整流电压平均值。

根据稳态结构图可直接写出电压负反馈直流调速系统静特性方程式

$$\begin{aligned} n &= U_{gn}\frac{K_{av}K_{tv}}{C_e\Phi(1+K_{av}K_{tv}\alpha_v)}-\frac{R_{re}I_d}{C_e\Phi(1+K_{av}K_{tv}\alpha_v)}-\frac{R_aI_d}{C_e\Phi} \\ &= U_{gn}\frac{K_{av}K_{tv}}{C_e\Phi(1+K_v)}-\frac{R_{re}I_d}{C_e\Phi(1+K_v)}-\frac{R_aI_d}{C_e\Phi} \end{aligned} \tag{8-115}$$

$$K_v=K_{av}K_{tv}\alpha_v$$

式中　K_v——电压负反馈调速系统的开环放大系数。

从式(8-115)可以看出,电压负反馈把被反馈环包围的整流装置的内阻等引起的静态速降减小到 $1/C_e\Phi(1+K_v)$,由电枢电阻引起的速降 $R_aI_d/C_e\Phi$ 仍和开环系统一个样。由结构图可以明显地看出,扰动量 I_dR_a 不包围电压负反馈环内,它不能被反馈作用抑制。同理,该系统对电动机励磁电流的扰动也无能为力。因此,电压负反馈调速系统的静态速降比同等放大系数的转速负反馈系统要大一些,稳态性能要差一些。在实际系统中,为了尽可能减小静态速降,电压反馈的两根引出线,应该尽量靠近电动机电枢两端。

采用电压负反馈的调速系统,还应注意以下两点。

1. 晶闸管整流器的输出电压中,除了有直流分量外,还含有交流分量。交流分量引到运算放大器输入端,不仅起不了正常的调节作用,还会产生干扰,严重时会造成放大器局部饱和,从而破坏了它的正常工作。因此,电压反馈信号,一般都经过滤波输出。

2. 当电压较高、电动机容量较大的系统中,应在电压反馈回路中,加入电压隔离变压器,使主电路和控制电路之间没有直接电的联系。

(二)电压负反馈加电流正反馈直流调速系统

电压负反馈加电流正反馈调速系统,可以使调速性能接近转速负反馈系统。所谓电流正反馈就是指该反馈信号能反应主电路电流大小,并且反馈到放大器的输入端时,其电压极性与给定信号极性一致,如图

8-26 所示。为了取得电流正反馈信号 U_{fi}，人为地在主电路中串入一个附加电阻 R_S，当电动机容量较大时，在这附加电阻上的能耗是相当可观的。为了节约电能，当电动机容量超过 10kW 时，电流反馈信号可从电动机换向极绕组两端取出，但该信号必须进行滤波后，方可送到放大器的输入端，否则换向极绕组中的谐波电动势将影响系统工作。

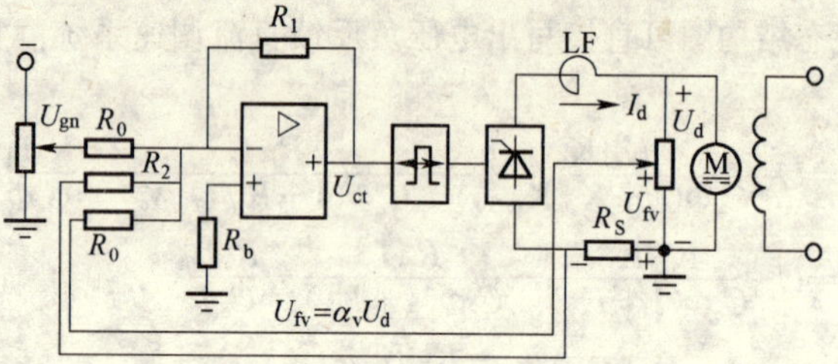

图 8-26　带电流正反馈的电压负反馈调速系统原理

图 8-27 所示为带电流正反馈的电压负反馈调速系统稳态结构。

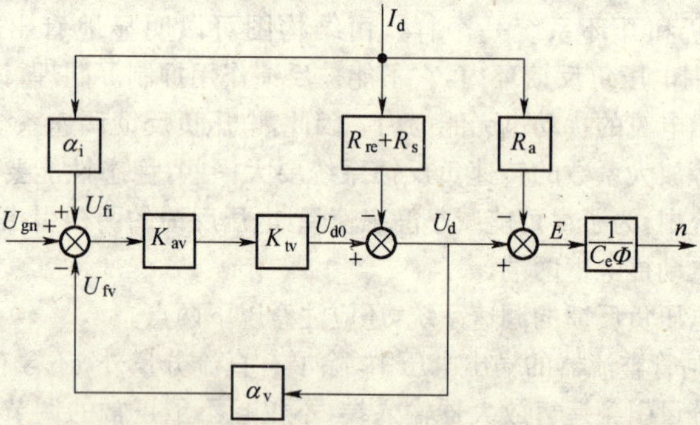

图 8-27　带电流正反馈的电压负反馈调速系统稳态结构

这里应该注意的是，在运算放大器的输入端，转速给定和电压负反馈的输入回路电阻都是 R_0，电流正反馈输入回路的电阻是 R_2，以便获得适当的电流反馈系数 α_i，其定义为

$$\alpha_i=\frac{R_0}{R_2}R_S \tag{8-116}$$

由稳态结构图可直接写出系统的静特性方程式

$$n=\frac{K_{av}K_{tv}U_{gn}}{C_e\Phi(1+K)}-\frac{(R_{re}+R_S)I_d}{C_e\Phi(1+K)}+\frac{K_{ar}K_{tv}\alpha_i I_d}{C_e\Phi(1+K)}-\frac{R_a I_d}{C_e\Phi} \quad (8\text{-}117)$$

$$K=\alpha_v K_{av}K_{tv}$$

由式(8-117)可以看出，表示电流正反馈的一项 $K_{av}K_{tv}\alpha_i I_d/C_e\Phi(1+K)$ 能够补偿另两项静态速降，因此，电流正反馈的作用，又称为电流补偿控制。

补偿控制的参数选择适当，可使静差为零，叫做全补偿。由式(8-117)的静特性方程式，可以求出全补偿的条件。令

$$n_0=\frac{K_{av}K_{tv}U_{gn}}{C_e\Phi(1+K)} \quad (8\text{-}118)$$

$$R=R_{re}+R_S+R_a \quad (8\text{-}119)$$

将式(8-118)、式(8-119)代入式(8-117)，并整理后可得

$$n=n_0-[R+KR_a-K_{av}K_{tv}\alpha_i]\frac{I_d}{C_e\Phi(1+K)} \quad (8\text{-}120)$$

因此全补偿的条件是

$$R+KR_a-K_{av}K_{tv}\alpha_i=0 \quad (8\text{-}121)$$

或
$$\alpha_i=\frac{R+KR_a}{K_{av}K_{tv}}=\alpha_{icr}$$

式中　α_{icr}——全补偿的临界电流反馈系数。

如果 $\alpha_i<\alpha_{icr}$，仍有一些静差，叫做欠补偿；如果 $\alpha_i>\alpha_{icr}$，静特性上翘，叫做过补偿。不同补偿条件下的静特性如图8-28所示。图中还绘出电压负反馈系统的静特性和开环系统的机械特性，以资比较。所有特性都是以同样的理想空载转速 n_0 为基点的。

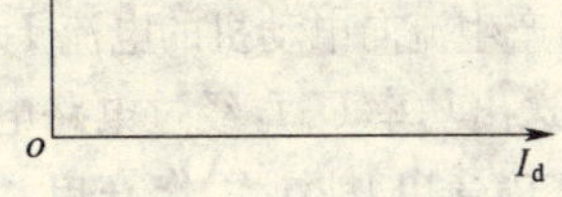

图8-28　补偿控制和反馈控制的静特性

1. 电压负反馈加电流正反馈，全补偿
2. 电压负反馈加电流正反馈，欠补偿
3. 电压负反馈加电流正反馈，过补偿
4. 只有电压负反馈　5. 开环系统

有一种特殊的欠补偿状态，当参数选择适当，使电流正反馈作用正好抵消掉电枢电阻产生的一部分速降，即

$$K_{av}K_{tv}\alpha_i=KR_a \quad (8\text{-}122)$$

这时，式(8-120)变成

$$n=\frac{K_{av}K_{tv}U_{gn}}{C_e\Phi(1+K)}-\frac{RI_d}{C_e\Phi(1+K)} \tag{8-123}$$

式(8-123)和转速负反馈系统的静特性方程式(8-97)一样，这时的电压负反馈加电流正反馈与转速负反馈完全相当。一般把这样的电压负反馈加电流正反馈，叫做电动势负反馈。但是，这只是参数的一种巧妙的配合，系统的本质并未改变。虽然可以认为电动势是正比于转速的，但是这种电动势负反馈调速系统决不是真正的转速负反馈调速系统。

电压负反馈加电流正反馈调速系统，一般用于调速范围 $D\leqslant 20$，静差率 δ 在 10%左右的拖动系统中。

为了限制起动电流和进行过载保护，还需对电压负反馈加电流正反馈调速系统，接入电流截止负反馈环节。

六、晶闸管可逆直流调速系统原理

(一)概述

用晶闸管变流电路供电组成的可逆调速系统比用直流发电机供电组成的系统要复杂得多，其根本原因是晶闸管电路只能流过单一方向的电流。

为了满足调速和快速制动的要求，晶闸管变流装置应能相应地工作于可控整流和有源逆变状态。在逆变过程中必须有一个供给能量的直流电源，如果同时有一个用来吸收电能的交流电源，则该逆变电路是有源逆变。整流和有源逆变是一个可控整流电路的两种工作状态，它们在一定条件下互相转化。图 8-29a 所示为整流工作状态，整流工作时触发延迟角 $\alpha<90°$，整流平均电压 U_d 为正值，它比电动机电动势 E 大，$U_d>E$，产生流向电动机的电流 $I=(U_d-E)/R$，功率传送的方向是由整流电路送出功率 U_dI，经过电路电阻消耗 I^2R 后，再将剩余功率送给电动机，它接受电功率，工作在电动状态。交流电源送出功率为 $U_dI=I^2R+EI=(IR+E)I$。

图 8-29b 所示为逆变工作状态，这时把电动机电动势 E 当作送出功率的能源，为使电流仍可按晶闸管所接方向流通，E 的极性必须改接成下正上负。整流电路的整流电压 U_d 的极性也必须改变，这可用加大触发角 α 的方法，使 $\alpha>90°$即可。为使电流能按所规定的方向流通，还应具备 $U_d<E$ 的条件，产生电流 $I=(E-U_d)/R$。功率传送的方向是由电

动机(在回馈制动状态下运行)送出功率 EI,经过电路电阻消耗 I^2R 后,剩余的功率送进整流电路,再送到交流电源,回送的功率大小为 $U_dI=EI-I^2R=(E-IR)I$。

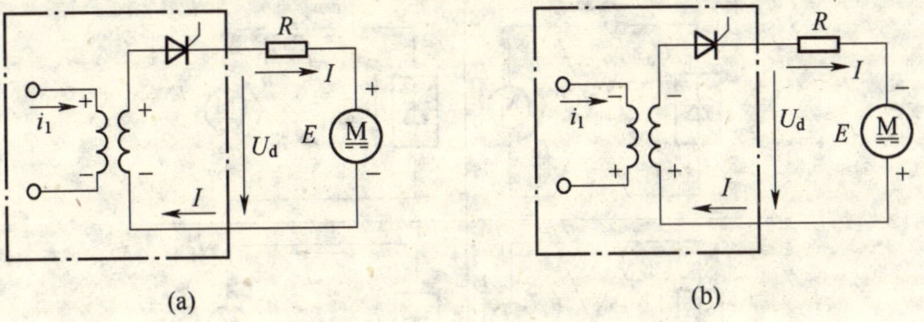

图 8-29　可控整流电路的两种工作状态

(a)整流工作状态($\alpha<90°$,$U_d>E$)　(b)逆变工作状态($\alpha>90°$,$U_d<E$)

(二)电枢可逆电路

1. 接触器切换电枢可逆回路。晶闸管变流电路的电流只能单方向流通,在只采用一组晶闸管装置供电时,如需要电动机实现制动和反转,可采用正向与反向接触器来切换电动机电枢电流的方向(电动机励磁方向不改变),这种电路常称为接触器切换电枢可逆电路。

图 8-30 所示为用接触器切换的电枢可逆电路,当正向接触器 KMF 通电,它的常开触头闭合时,电动机电枢得到一个 A 正 B 负的电压 U_d,电动机正转。当触头 KMF 断开,反向接触器 KMR 的常开触头闭合时,电动机电枢得到一个 A 负 B 正的电压 U_d,电动机反转。

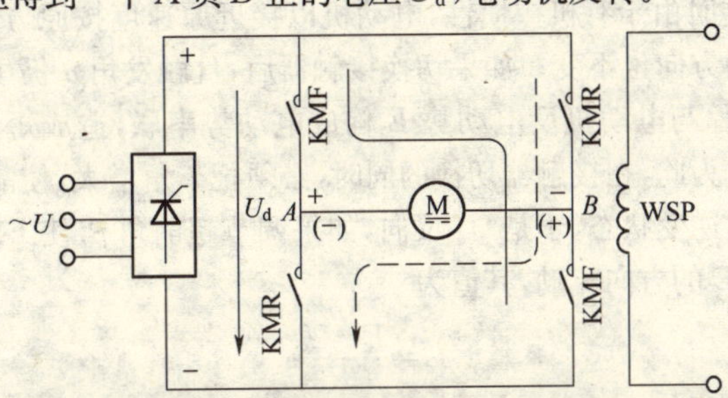

图 8-30　接触器切换电枢可逆电路

下面分析接触器切换电枢可逆电路 4 象限运行情况,如图 8-31

所示。

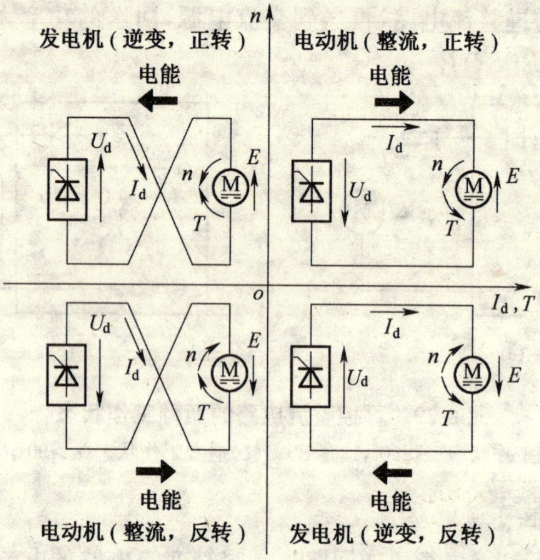

图 8-31 接触器切换电枢可逆电路 4 象限运行

当变流器工作在整流状态即触发角 $\alpha<90°$时，输出电压 U_d 上正下负。若正转接触器 KMF 常开触头闭合，电动机正转，其电枢电流 I_d、反电动势 E、转矩 T 和转速 n 等的方向如图 8-31 第 1 象限所示。I_d 与 E 反向，故电动机吸收能量，为电动状态。今要使电动机制动就要使电流改变方向，为此打开正转接触器常开触头 KMF，闭合反转接触器常开触头 KMR，这时由于有机械惯性，电动机以接近原速度按原方向转动，所以电动势的方向也不变。如果切换接触器后，且触发角 α 仍小于 90°，则整流电压 U_d 与电动机反电动势 E 构成电动势串联，造成短路，产生很大的电流。为此，在接触器切换的同时，必须把 α 角增大，使晶闸管由整流状态进入逆变状态，于是 U_d 反向，如果调节超前角 β，使 $E>U_d$，于是电流 I_d 按 E 的方向流动，其值为

$$I_d=\frac{E-U_d}{R} \tag{8-124}$$

因而避免了主回路的短路。由于 I_d 改变了方向，转矩 T 也改变了方向，与转速 n 相反，故为制动转矩，使电动机迅速减速，并将电枢旋转的机械能量逆变为交流电能量返送到电网。此时电动机运行在发电制

动状态，如图 8-31 第 2 象限所示。

图 8-31 第 3 象限为反转电动状态，电动机工作在反转电动状态，晶闸管工作在整流状态。第 4 象限为反转发电状态，电动机工作在反转发电制动状态，晶闸管工作在逆变状态。

利用接触器来切换电枢电流的方向，接触器的工作通常用一套切换逻辑电路来指挥，这样，就可以实现切换过程的自动化。当然，对于偶尔进行切换的系统，切换过程也可以手工控制。这种方案的优点是系统结构简单、经济，但由于接触器的切换速度低，由正向接触器断开到反向接触器闭合，需要 0.2～0.5s，这段时间内电动机脱离电源，电动机转矩为零，称为"死区"，它使反转过程延缓。由于接触器触头接于电动机的电枢电路，需要较大的容量。这种电路只适用于不需频繁和快速变向的生产机械上。

2. 晶闸管开关切换电枢的可逆电路。图 8-32 所示为用晶闸管开关切换的电路，晶闸管开关代替接触器触头，当 VT_1 和 VT_2 接通时，电动机正转，当关断 VT_1 和 VT_2，而接通 VT_3 和 VT_4 时，电动机反转。这种电路工作可靠性高，调整维护方便，适用于几十千瓦以下的中小功率可逆传动，也适用于串励电动机的可逆调速。

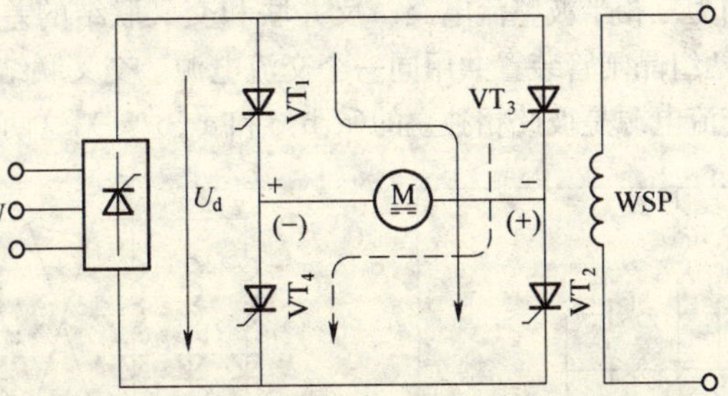

图 8-32 晶闸管开关切换电枢的可逆电路

3. 两组晶闸管变流装置组成的电枢可逆电路。图 8-33 所示为两组晶闸管装置可逆电路原理性接线图，系统中有两套晶闸管装置，通过控制系统作用使正向组和反向组变流装置 URF 和 URR 交替工作。正组晶闸管变流装置 URF 提供正向电枢电流，反组晶闸管变流装置 URR 提供反向电枢电流，使直流电动机能正、反向可逆运转。这种电路正、反向转换十分迅速，所以在要求频繁快速正、反转的生产机械拖动上，广泛采用这种方案。

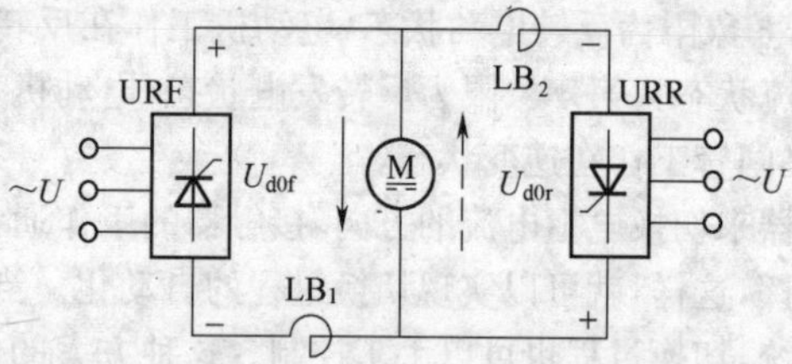

图 8-33　两组晶闸管装置可逆电路原理性接线图

在该系统中，如果正转时需要制动，只要使 URF 不工作，URR 工作于有源逆变状态，就可把电动机的动能转变为电能回送电网。同样，反转需要制动时，只要使 URR 不工作，URF 工作于逆变。两组晶闸管装置工作于什么状态决定于触发装置的触发角和电动机的运行状况。改变两套晶闸管装置的工作状况就可以很方便地实现电动机快速正、反转和快速停车。

两组晶闸管装置组成可逆供电电路有两种接线方式，一种是反并联联结，如图 8-34 所示；另一种是交叉联结或称十字形联结，如图 8-35 所示。图中均为三相半波整流电路。反并联和交叉联结的差别在于：反并联联结时，两组晶闸管装置共用同一个交流电源。交叉联结时，两组晶闸管装置的交流电源是彼此相独立的(a、b、c 和 a′、b′、c′)，这两个独立电源，

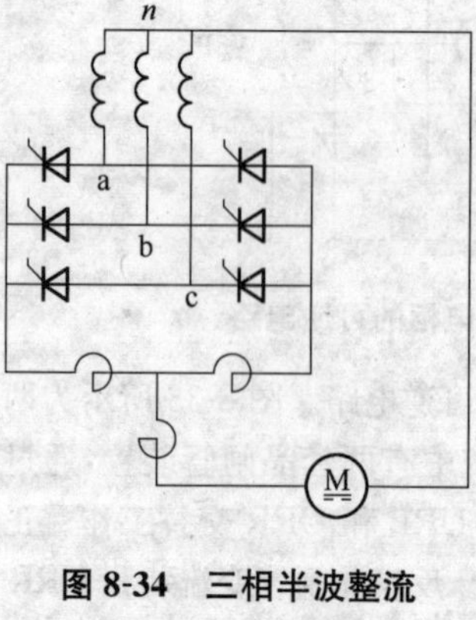

图 8-34　三相半波整流电路的反并联联结

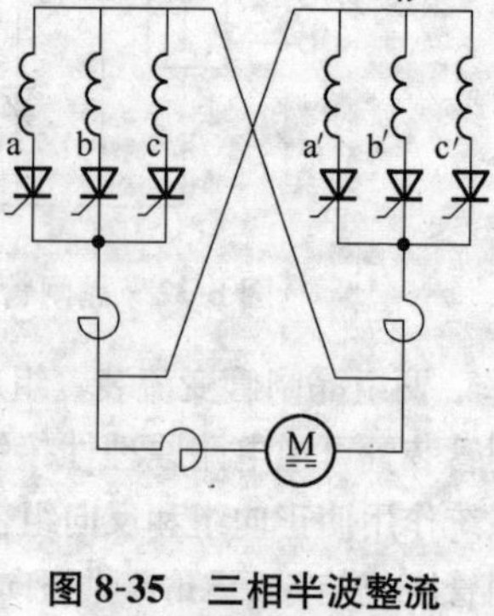

图 8-35　三相半波整流电路的交叉联结

可以分别是两台变流变压器的二次绕组，也可以是同一台变流变压器的两套二次绕组，交叉联结需要两个独立电源，变流变压器结构复杂，这是它的缺点，但是它具有可减少电抗器容量、限制环流（在有环流控制系统中）和正、反向电流互相隔离等优点，因而在大容量可逆传动中有所采用。在一般情况下，往往采用结构简单的反并联联结。在三相桥式可逆电路和单相可逆电路，同样有这样两种联结方式。

（三）磁场可逆电路

在磁场可逆电路中，电动机电枢只要用一组晶闸管变流装置供电。而电动机励磁绕组可用一组晶闸管变流装置供电，采用正反向接触器或晶闸管无触点开关来改变励磁电流的方向。另外亦可采用正反两组变流装置交替工作来改变励磁电流的方向，从而使磁通方向改变来达到改变电动机转向的目的。这两组整流装置的联结可以采用反并联方式，也可采用交叉联结方式。

电枢可逆电路欲改变电枢电路中的电流方向，需要两套容量较大的晶闸管变流装置，投资往往较大，在大容量系统中尤甚。但由于电枢电路电感小，时间常数小（约几十毫秒），因而切换的快速性好。所以特别适用于中小容量的频繁起动、制动、要求建立过程尽量短的生产机械。

磁场可逆电路中电枢电路只需一套变流装置。励磁电路虽然要用两套变流装置，但是由于电动机励磁功率小（一般为1%～5%电动机的额定功率），因而变流装置容量较小，投资费用可节省。但是励磁电路电感大，时间常数大（约为零点几秒至几秒），因而励磁反向的过程要比电枢反向慢得多。为了尽可能快地反向，常采用强迫励磁的方法，即在励磁反向过程中加3～4倍的反向励磁电压，迫使励磁电流迅速变化，达到所需数值时立即将励磁电压降到正常值。即使这样，励磁反向的快速性仍很差，其建立时间约为几十毫秒至几百毫秒之间。此外，在反向过程中，当励磁电流由额定值降低到零这段时间里，如果电枢电流仍然存在，电动机将出现弱磁升速现象。为了避免出现这种情况，应在磁通减弱时保证电枢电流为零，以防止电动机产生原方向的转矩阻碍反向。上述这些现象和要求都增加了励磁反向控制系统的复杂性。因此，励磁可逆电路只适用于正、反转不太频繁、对快速性要求不高的大容量可逆系统。

（四）两组晶闸管可逆电路中的环流

1. 环流及其种类。环流是指不流过电动机或其他负载，而直接在两组晶闸管之间流通的短路电流。环流会加重变压器和晶闸管的负担，消耗无用的功率，环流太大时还会使晶闸管损坏，因此必须予以抑制。但环流只要控制得好，保证晶闸管安全工作，可以利用环流作为流过晶闸管的基本负载电流，即使在电动机空载或轻载时，也可使晶闸管装置工作在电流连续区，避免了电流断续引起的非线性现象对系统静、动态性能的影响。而且在可逆系统中存在少量环流，可以保证电流的无间断反向，加快反向时的过渡过程。因此，在实际系统中要充分利用环流的有利方面，而避免它的不利方面。

环流可以分为两大类：

（1）静态环流。当可逆电路在一定的触发角下稳定工作时，所出现的环流叫做静态环流。它又可分为直流平均环流和瞬时脉动环流两种。

（2）动态环流。稳态运行时并不存在，只在系统处于过渡过程中出现的环流，叫做动态环流。

2. 直流平均环流。由图 8-33 的反并联可逆电路可以看出，如让正反两组晶闸管都处于整流状态，正组整流电压 U_{d0f} 和反组整流电压 U_{d0r} 正负相连，将造成电源短路，此短路电流即为直流平均环流。

为了防止产生直流平均环流，最好的解决办法是当正组晶闸管 URF 处于整流状态时，其整流电压 U_{d0f} 为正，这时应该让反组晶闸管 URR 处于逆变状态，输出一个逆变电压，即让 U_{d0r} 为负，而且幅值与 U_{d0f} 相等，即

$$U_{d0f}=-U_{d0r}$$

晶闸管变流装置，在电流连续的情况下，无论是整流还是逆变状态，平均理想空载输出电压 U_{d0} 与触发角 α 之间存在着下列关系：

$$U_{d0}=U_{d0max}\cos\alpha \tag{8-125}$$

整流状态时，$0<\alpha<90°$，U_{d0} 为正值；逆变状态时，$90°<\alpha<180°$，U_{d0} 为负值。为了避免 α 的角度值过大，定义了逆变角 β，令

$$\alpha+\beta=180° \tag{8-126}$$

故逆变工作时，输出电压平均值公式可改写为

$$U_{d0}=-U_{d0max}\cos\beta \tag{8-127}$$

由上分析可得

$$U_{d0f}=U_{d0max}\cos\alpha_f \tag{8-128}$$

$$U_{d0r}=U_{d0max}\cos\alpha_r \tag{8-129}$$

式中 α_f——正组晶闸管 URF 的触发角；

α_r——反组晶闸管 URR 的触发角。

由于两组装置完全相同，故

$$U_{d0fmax}=U_{d0rmax}=U_{d0max}$$

由此可知，在上述要求下

$$\cos\alpha_f=-\cos\alpha_r$$

或再根据逆变角的定义可得

$$\alpha_f+\alpha_r=180° \tag{8-130}$$

$$\alpha_f=\beta_r \tag{8-131}$$

按照这样的条件来控制两组晶闸管，就可以消除直流平均环流。这叫做 $\alpha=\beta$ 工作制配合控制。当然，如果使 $\alpha_f>\beta_r$，则 $\cos\alpha_f<\cos\beta_r$，这样更能消除直流平均环流，因此消除直流平均环流的条件应该是

$$\alpha_f=\beta_r \tag{8-132}$$

实现 $\alpha=\beta$ 工作制配合是比较容易的。只要将两组晶闸管装置触发脉冲的零位都定在 90°，即当控制电压 $U_{ct}=0$ 时，使 $\alpha_{f0}=\alpha_{r0}=\beta_{r0}=90°$，则 $U_{d0f}=U_{d0r}=0$，电动机处于停止状态。增大控制电压 U_{ct} 移相时，只要使两组触发装置的控制电压大小相等、符号相反就可以了。这样的触发装置如图 8-36 所示，它用同一个控制电压 U_{ct} 去控制两组触发装置，正组触发装置 ATF 由 U_{ct} 直接控制，反组触发装置 ATR 由 $\overline{U}_{ct}$ 控制，$\overline{U}_{ct}=-U_{ct}$，是经过放大系数为 1 的反相器 DN 后得到的。若采用锯齿波触发器，它们的移相特性是线性的，如图 8-37 所示。当控制电压

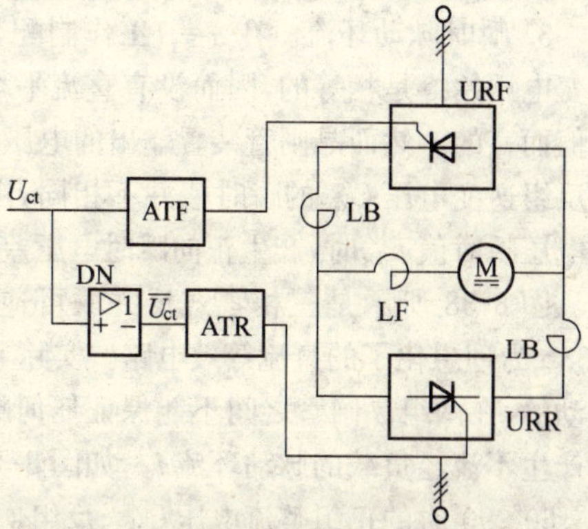

图 8-36 $\alpha=\beta$ 工作制配合控制的可逆电路

ATF. 正组触发器 ATR. 反相触发器

DN. 反相器

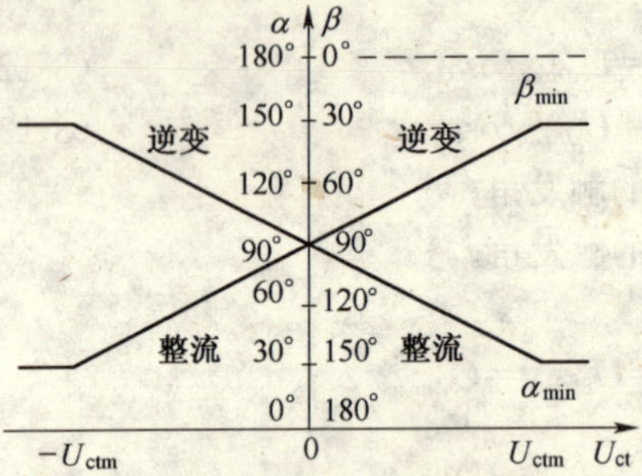

图 8-37　触发装置的移相控制特性

$U_{ct}=0$ 时，正组触发器触发角 $\alpha_f=90°$，$U_{d0f}=0$。U_{ct} 增大时，α_f 减小，U_{d0f} 增大，晶闸管装置处于整流状态。而 $U_{ct}<0$ 时，$\alpha_f>90°$（即 $\beta_r<90°$）晶闸管装置进入逆变状态。反组触发器 ATR 在输入端加有反相器，如图 8-36 所示，因而 U_{ct} 为正时，$\overline{U}_{ct}$ 为负，晶闸管装置为逆变状态。U_{ct} 为负时，$\overline{U}_{ct}$ 为正，晶闸管装置为整流状态。整定时，当 $U_{ct}=0$ 时，$\alpha_f=\beta_r=90°$，两组晶闸管的整流电压均为零，电动机处于停车状态。显然，对于任意 U_{ct} 值而言，一组晶闸管装置的整流触发角 α 永远等于另一组的逆变角 β。

为了防止晶闸管在逆变状态工作时，因逆变角 β 太小，发生换流失败，出现“逆变颠覆”现象，必须在控制电路中设有限制最小逆变角 β_{min} 的保护环节。如果只限制 β_{min}，而对 α_{min} 不加限制，当 β 处于 β_{min} 的时候，系统将会发生 $\alpha<\beta$ 的情况，从而出现 $|U_{d0f}|>U_{d0r}$，又将产生直流平均环流。为了严格保持配合控制，对 α_{min} 也要加以限制，并应使 $\alpha_{min}=\beta_{min}$。通常取 $\alpha_{min}=\beta_{min}=30°$，可视晶闸管元件的阻断时间等因素决定。

3. 瞬时脉动环流。在 $\alpha=\beta$ 工作制配合控制的条件下，整流电压与逆变电压始终是相等的，因而没有直流平均环流，但这只是就电压的平均值而言的。然而晶闸管装置输出的电压是脉动的，正组整流电压 U_{d0f} 和反组逆变电压 U_{d0r} 的瞬时值并不相同，当整流电压瞬时值 u_{d0f} 大于逆变电压瞬时值 u_{d0r} 时，产生正向瞬时电压差 Δu_{d0}，从而产生瞬时环流。

图 8-38 所示是三相零式反并联可逆电路，图 8-38a 为原理图，图 8-38b 为理想化了的直流等效电路。实际上晶闸管整流器输出的电压是脉动的，在两组晶闸管之间不能保证任何瞬间正向电压差为零，因此就会产生不流经负载的脉动环流 i_{cp}，如图 8-39 所示。图中绘出了 $\alpha_f=\beta_r=30°$、$60°$、$90°$ 时的正组整流电压 U_{d0f}、反组逆变电压 U_{d0r}、正向电压差 Δu_{d0} 的波形。正向电压差也称为环流电压，由于这个瞬时电压差的存在，便在两组晶闸管之间产生了瞬时脉动环流 i_{cp}。由于晶闸管装置的内阻很小，环流电路的阻抗主要是电感，所以 i_{cp} 不能突变，并且落后于 Δu_{d0}；又

由于晶闸管的单向导电性，环流只能在一个方向脉动，所以称为瞬时脉动环流，它存在直流分量。从图 8-39 中可以看出，脉动环流不一定连续，连续与否及幅值大小都和触发角有关，对于三相半波和桥式反并联电路，$\alpha_f=\beta_r=60°$时，脉动环流直流分量最大。

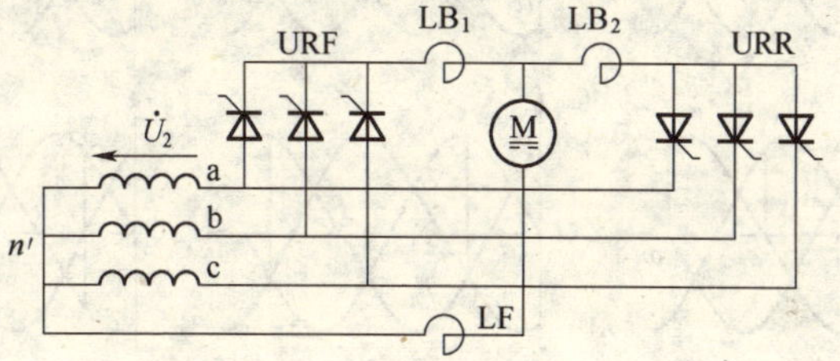

(a)

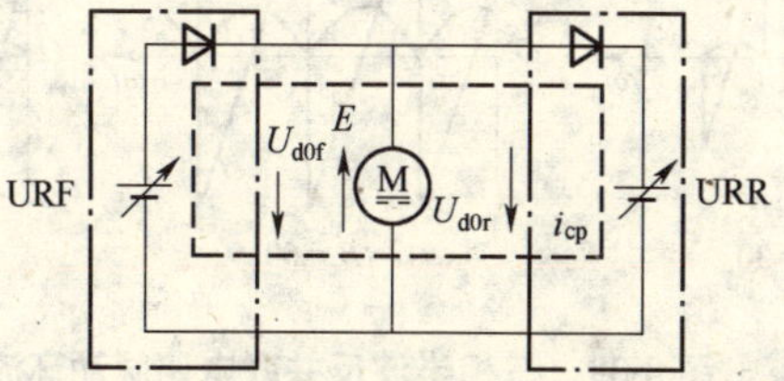

(b)

图 8-38 三相零式反并联可逆电路

(a)原理图 (b)理想化了的直流等效电路

为限制脉动环流，常在可逆电路中串入电抗器，叫做环流电抗器，或称均衡(平衡)电抗器，环流电抗器电感量是按脉动环流平均值限制在额定直流电流的 5%～10%来计算，且与整流电路形式有关。从图 8-38a 可以看到三相半波电路中，为限制脉动环流而设两个环流电抗器 LB_1 和 LB_2。当正组工作时，LB_1 中通过负载电流 I_d 和脉动环流 i_{cp}，因而铁心饱和失去限制环流的作用，此时只能依靠无负载电流流过的 LB_2 来限制环流。同理，当反组工作时，则依靠 LB_1 限制环流。环流电抗器可以单独设置，此时在电枢支路中还要保证电流连续的平波电抗器 LF，也可以和平波电抗器合并使用。后者电抗器总数较少，但每一个电抗器的体积较大；前者电抗器总数较多，但每一个电抗器的体积却减小了。因此，从经济上考虑采用前者比较有利，实际应用中前者也较多。

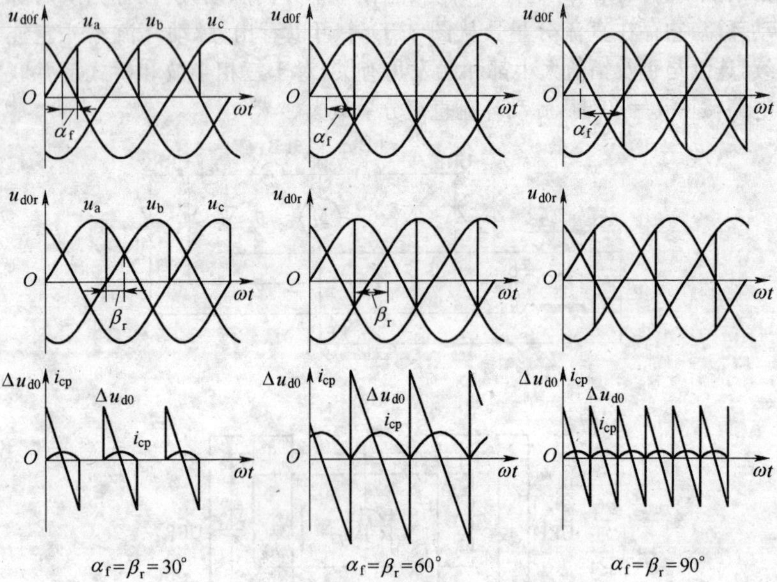

图 8-39　三相半波反并联电路脉动环流

在三相桥式电路中，因为有两条并联的环流电路，所以用了 4 只环流电抗器，如图 8-40 所示。

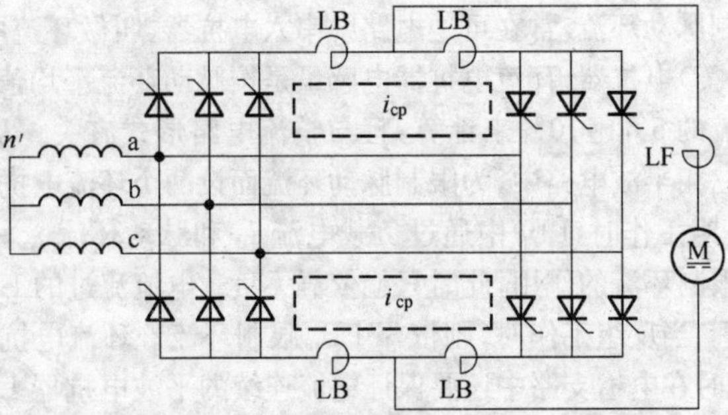

图 8-40　三相桥式反并联电路中环流

4. 交叉联结电路中的环流。图 8-41 所示为三相桥式交叉联结电路。两组晶闸管装置分别连接在两个独立交流电源上。其中只有一条脉动环流电路(i_{cp})，如图中虚线所示。此时环流电压 $\Delta u_{d0}=u_{d0f}+u_{d0r}$，$\alpha_f=\beta_r=60°$时，三相桥式交叉联结电路的波形 u_{d0f}，u_{d0r}，Δu_{d0}，i_{cp} 如图 8-41b 所示。

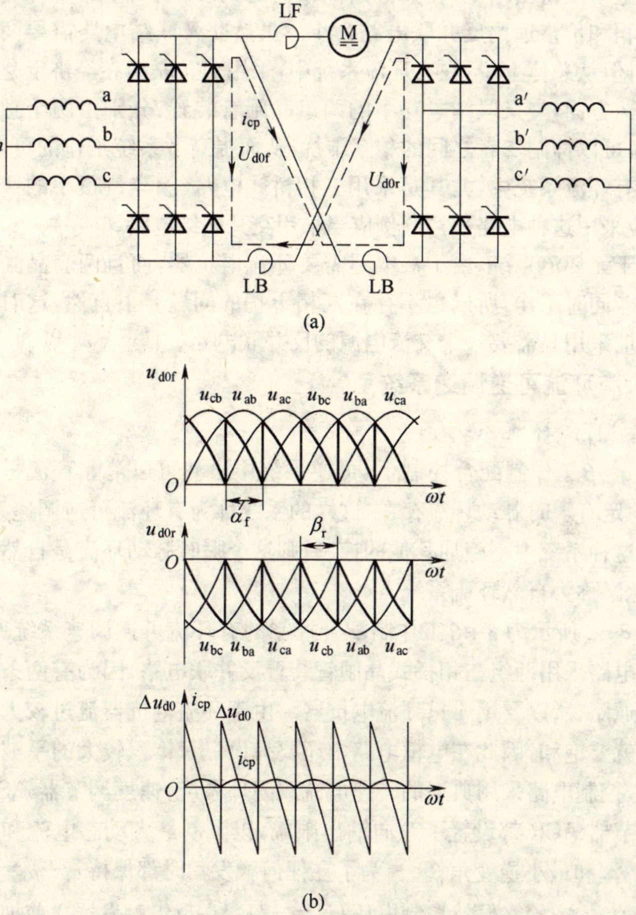

图 8-41　三相桥式交叉联结电路中的环流

(a)原理图　(b)波形图

三相桥式反并联电路只需要一个交流电源，但是它具有两个环流电路，当 $\alpha_f=\beta_r=60°$时，环流电压的频率为电源电压频率的 3 倍。

三相桥式交叉电路需要两个独立电源，但却只有一条环流电路，而且更重要的是环流电压的频率较高，在图 8-41a 接线方式下，$\alpha_f=\beta_r=60°$时，环流电压的频率等于电源频率的 6 倍。

由上可以得出结论，在其他条件相同时，交叉联结电路中环流电抗器的体积和价格远比反并联电路为小。虽然交叉联结电路需要两个独立电源，但从总体上说，在有环流系统中，采用交叉联结在经济上是合理的。另一方面，交叉联结电路中的两组晶闸管装置，分别由两个独立电源供电，可以抑制二者之间的相互干扰，从而提高了系统工作的可靠性。因而在有环流系统中，尤其是采用三相桥式电路（除容量很小的情况之外，都应采用这种电路）时，照例应当采用交叉联结电路。

至于无环流系统，由于根本不需要环流电抗器，而且两套晶闸管装置不可能同时工作，所以也不存在互相干扰的问题。很自然，这时应毫不例外地采用只需要一个交流电源的反并联电路。

七、有环流可逆调速系统

（一）自然环流系统

在 $\alpha=\beta$ 工作制配合控制下，可逆系统中虽然可以消除直流平均环流，但一定有瞬时脉动环流存在，这样的系统称为有环流可逆调速系统。如果在这种系统中不施加其他的控制，则这个瞬时脉动环流是自然存在的，因此又称为自然环流系统。

图 8-42 所示为 $\alpha=\beta$ 工作制配合控制的有环流可逆调速系统原理。图中主电路采用两组三相桥式晶闸管装置反并联电路，因为有两条并联的环流通路，所以要用 4 只环流电抗器。由于环流电抗器流过较大的负载电流就要饱和，因此在电枢电路中还要另设一只体积较大的平波电抗器 LF。控制电路采用典型的转速电流双闭环系统，速度调节器 ASR 和电流调节器 ACR 都设置了双向输出限幅，以限制最大动态电流和最小控制角 α_{min} 和最小逆变角 β_{min}。为了在任何触发角时都保持 $\alpha_f+\alpha_r=180°$ 的配合关系，应始终保持控制电压 $U_{ct}=-\overline{U}_{ct}$，在反组触发器之前加放大系数为 1 的反相器 DN 可以满足这一要求。根据可逆系统正反运行的需要，给定电压 U_{gn} 应有正负极性，可由控制继电器 KF 和 KR 来切换，调节器输出电压对此能做出相应的极性变化。

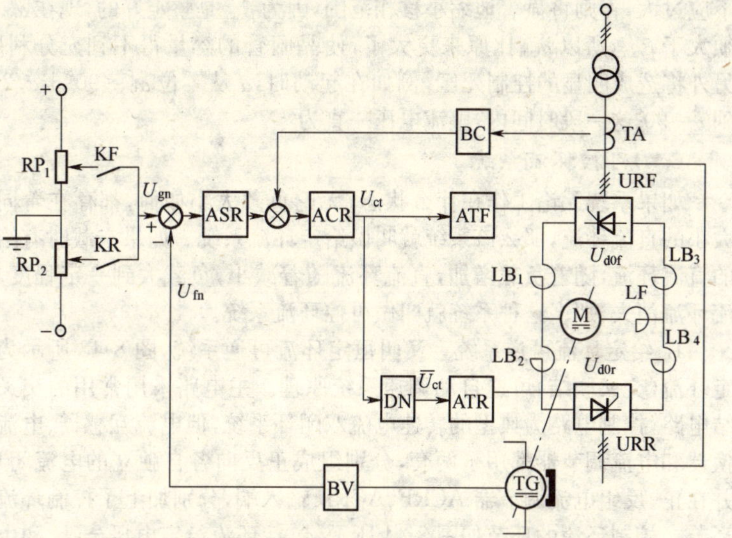

图 8-42 $\alpha=\beta$ 工作制配合控制的有环流可逆调速系统原理

ASR. 速度调节器 ACR. 电流调节器 BC. 电流变换器 ATF. 正组触发器 ATR. 反组触发器 DN. 反相器 BV. 速度变换器 URF. 正组整流器 URR. 反组整流器 LF. 平波电抗器 $LB_1 \sim LB_4$. 环流电抗器 TA. 电流互感器 TG. 测速发电机

$\alpha=\beta$ 工作制配合控制系统的触发移相特性如图 8-37 所示。在进行触发移相时，当一组晶闸管装置处于整流状态时，另一组处于逆变状态，这是指触发角的工作状态而言的。

在实际系统中，由于元件老化，参数变化或其他干扰作用，触发角可能偏离 $\alpha=\beta$ 的关系。一旦变成 $\alpha<\beta$，此时整流电压大于逆变电压，即使这个电压差别很小，由于环流电抗器对直流不起作用，仍将产生较大的直流平均环流，如果没有有效的控制作用，将是危险的。因此，在整定零位时应留出一定的裕度，使 α 略大于 β，例如 $\alpha=\beta+\varphi$，零位应整定为

$$\alpha_{f0}=\alpha_{r0}=90°+\frac{\varphi}{2} \tag{8-133}$$

则

$$\beta_{f0}=\beta_{r0}=90°-\frac{\varphi}{2} \tag{8-134}$$

这样，在任何时候整流电压均小于逆变电压，可以保证不产生直流平均环流，当然由瞬时电压差产生的瞬时脉动环流也降低了，只是 φ 值

不应过大，否则将显著地缩小移相范围，因为β_{min}是整定好的，现在α_{min}必须大于β_{min}，所以α_{min}比原来更大了，使晶闸管的容量得不到充分利用。另外将造成明显的控制死区，例如在起动时，α从零位$\alpha_0=90°+\varphi/2$移到$\alpha=90°$这一段时间内，整流电压一直为零。

(二)可控环流系统

如果系统无论工作在什么状态，无论负载大小如何，都存在着同样大小的直流环流，那么该系统就叫做给定环流系统。如果空载时有给定的直流环流，随着负载增加，直流环流随着减小，负载大到一定程度，直流环流消失，那么这种系统就叫做可控环流系统。

1. 给定环流可逆系统。又叫恒定环流可逆系统，图 8-43 所示为给定环流(交叉联结)可逆自动调速系统原理。主电路采用常用的交叉联结电路，控制电路为典型的转速电流双闭环系统，但电流互感器、电流变换器和电流调节器都用了两套，分别组成正反向各自独立的电流闭环，并在正、反组电流调节器 ACRF、ACRR 输入端，分别加上了控制环流的环节。控制环流的环节如图 8-44 所示，包括环流给定电压$-U_C$和由二极管 VD、电容 C、电阻 R 组成的环流抑制电路。为了使 ACRF 和 ACRR 的给定信号极性相反，U_i经过放大系数为 1 的反相器 DN 输出$\overline{U}_i$，作为 ACRR 的电流给定。这样，当一组整流时，另一组就可作为控制环流来用。

2. 可控小环流可逆系统。图 8-45 所示为可控小环流可逆系统原理。电流调节器 ACR 的反馈信号取自两组整流器的电流之差，即等于负载电流。电流调节器的输出通过两组作为环流控制的反相器 DNF 和 DNR 再送到正反两组触发装置。采用两组电流交叉反馈的方式，即将正向组电流信号接至反向组环流控制器 DNR 的输入端，将反向组的电流信号接至正向组环流控制的反相器 DNF 的输入端。当正向组工作在整流状态时，随着负载电流的增大，将反向组的脉冲后移(向β方向)；当反向组工作时，随着其电流增大，将正向组的触发脉冲后移。两组触发脉冲可以定相在$\alpha_1=\beta_2=90°$。当负载电流为零时，可以调节$+U_{c1}$和$-U_{c2}$，使系统产生一个连续的环流，以免工作在电流断续区。当负载电流增大时，借助于电流的交叉反馈，可以使工作在逆变组的触发脉冲随负载电流成比例地后移，减小环流甚至到零。一般系统可以按照在电流过零时使环流连续，在负载电流为 20%额定电流时，使环流下降到最小值(即待逆变组工作在β_{min})来整定。

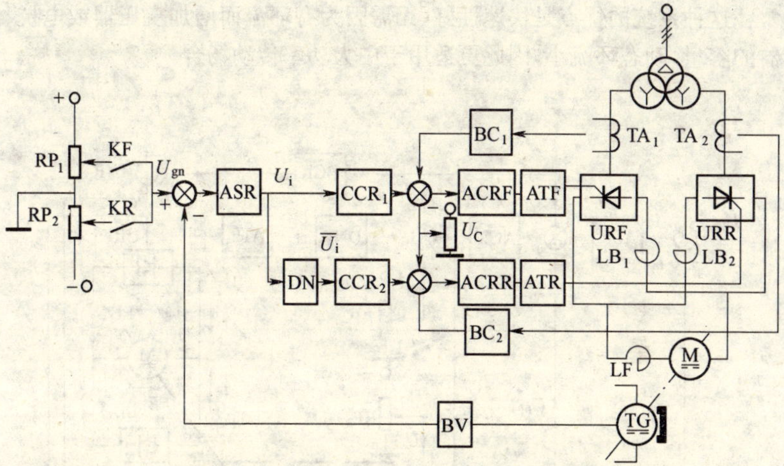

图 8-43　给定环流可逆自动调整系统原理

ASR. 速度调节器　DN. 反相器　ACRF. 正组电流调节器　ACRR. 反组电流调节器　ATF. 正组触发器　ATR. 反组触发器　CCR_1、CCR_2. 环流控制环节　BV. 速度变换器　LF. 平波电抗器　BC_1、BC_2. 电流变换器　TA_1、TA_2. 电流互感器　TG. 测速发电机　LB_1、LB_2. 环流电抗器　URF. 正组整流器　URR. 反组整流器

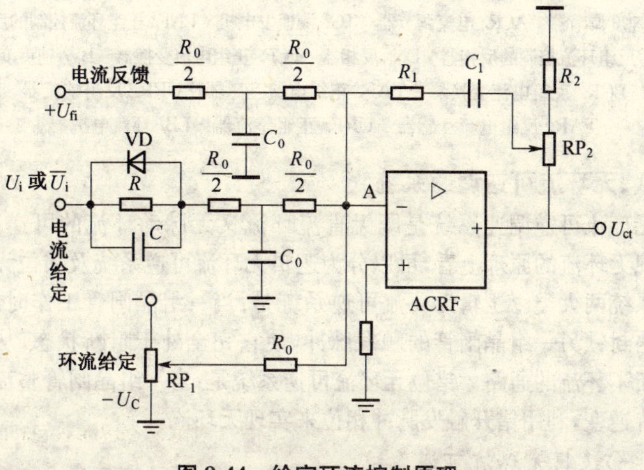

图 8-44　给定环流控制原理

VD. 二极管，在 CCR_1 中为 VD_1，CCR_2 中为 VD_2

这种系统的优点是快速性好，无需因为有环流而增加变压器或电抗器的容量，动态环流小，因此更适用于中大功率传动场合。

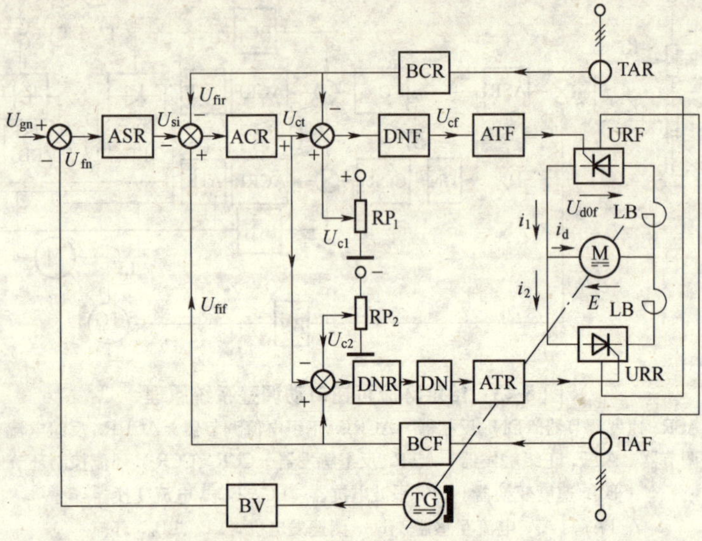

图 8-45　可控小环流可逆系统原理

ASR. 速度调节器　ACR. 电流调节器　TG. 测速发电机　DNF. 正组环流控制的反相器
DNR. 反组环流控制的反相器　DN. 反相器　BCF. 正组电流变换器　BV. 速度变换器
BCR. 反组电流变换器　TAF. 正组电流互感器　URR. 反组整流器
TAR. 反组电流互感器　URF. 正组整流器　LB. 环流电抗器

八、无环流可逆调速系统

无环流可逆调速系统是既无直流环流又无脉动环流的可逆系统。从实现无环流的原理上看，可以分为逻辑无环流可逆系统及错位无环流可逆系统两大类。逻辑无环流可逆系统是：当一组晶闸管工作时，用逻辑电路封锁另一组晶闸管的触发脉冲，使它完全处于阻断状态，从根本上切断了环流的通路。错位无环流可逆系统是：当一组晶闸管整流时另一组待逆变，利用错开触发脉冲相位来实现无环流。

（一）逻辑无环流可逆系统

图 8-46 所示是带模拟开关的逻辑无环流系统原理。系统正向工作

时，U_{gn}为负，速度调节器ASR输出为正，其中一路送到逻辑装置的转矩极性鉴别器，切换逻辑装置DLC电路，使模拟开关触头K_{11}和K_{12}闭合；另一路经触头K_{11}输入到电流调节器ACR，使电流调节器输出为负，正向组脉冲前移小于90°，电动机正转。

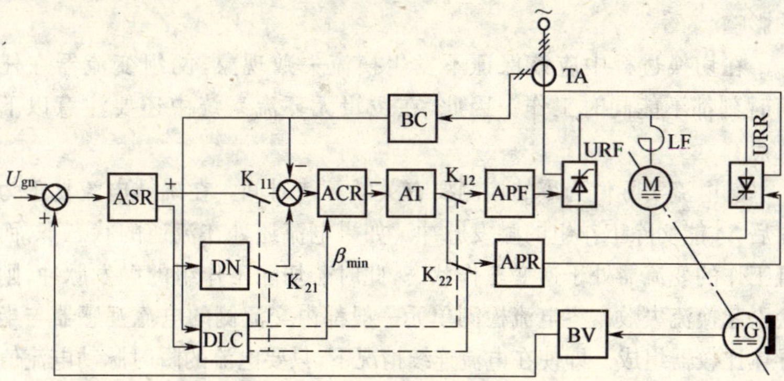

图8-46　带模拟开关的逻辑无环流系统原理

ASR. 速度调节器　ACR. 电流调节器　DN. 反相器　DLC. 逻辑装置
BC. 电流变换器　TA. 电流互感器　BV. 速度变换器　AT. 触发器
APF. 正组脉冲输出　APR. 反组脉冲输出　URF. 正组整流器
URR. 反组整流器　LF. 平波电抗器　K_{11}、K_{12}、K_{21}、K_{22}. 模拟开关

变流器的切换是在电动机转矩的极性需要反向时进行的，其切换顺序如下：

1. 改变给定电压U_{gn}使其极性为正，或由于负载转矩变化引起电动机转矩变化，使ASR输出变负，并通过电流调节器使工作组工作在逆变状态。

2. 逻辑装置DLC接受转矩变化的指令。

3. 工作组电流下降到零，逻辑装置零电流检测器确认电流实际值为零。断开K_{11}、K_{12}触头。

4. 正向触发脉冲被封锁。

5. 经一段延时，K_{21}、K_{22}触头接通，反相组有触发脉冲，同时速度调节器输出通过反相器送到电流调节器，使反向组变流器工作在逆变状态，电动机进行再生制动。

为了保证系统的正常工作，应尽量缩短切换时间。在切换时间中，电流换向死区占主要成分。一般死区时间在10ms以下，不会对调节系统的品质起影响；在20～30ms时，对调节系统的动态品质稍有影响；当反向死区超出30ms的数值很多时，将会对调节系统的动态品质有较大的影响。

在切换过程中应该保证不发生换流失败现象，两组变流器在任何时刻都不能同时工作。因此，在逻辑无环流系统中还要注意以下几点：

①电流实际值为零的检测要有关断等待时间。在确认电流真正为零后，才能切除工作组的触发脉冲。如果电流还处在流通的状态下，而且工作的变流器处于逆变工作状态，此时若切除工作组的触发脉冲，则会引起换流失败。零电流检测单元一般都由交流侧的电流互感器与半导体比较器组成。即使在电流连续情况下，只要电流的瞬时脉动电流值低于检测电平，零电流检测器就会按照脉动周期而动作。如果这一动作导致立即切除触发脉冲，则往往由于晶闸管的固有关断时间或换向电抗等影响，使其滞后关断而引起换流失败，如图8-47a所示。因此，在零电流检测器动作后，必须经过一段延时才能关断导通的晶闸管，如图8-47b所示。这段时间称为关断等待时间，它由电源频率、电压、电路电感、触发角等因素决定，但主要随触发角的变化而变化，如图8-47c所示。在最大触发角时，关断等待时间最长。因此，为了可靠地关断，最好对应最大触发角来整定等待时间(一般可取1～3ms)。此外，在给出转矩反向指令时，应将触发脉冲移到最大触发角 α_{max}（即 β_{min}），以能迅速实现关断。若只将电流给定值保持为零，即在 $\alpha=90°$ 附近切换时(图8-47d)，则将继续流过断续电流，使开始切换到关断所需的时间延长，这是不利的。

②要有触发等待时间。即使工作组的触发脉冲被封锁后，由于原来导通的晶闸管不能马上关断，因此待工作的变流器组仍不能马上投入工作，否则将会产生因两组变流器同时导通而造成电源短路的故障，如图8-48a所示。为此，逻辑装置从向工作组发出封锁脉冲信号，直到向待工作组给出解除脉冲封锁的信号之间要有一段延时，称为触发等待时间，如图8-48c所示，一般可取5～6ms。

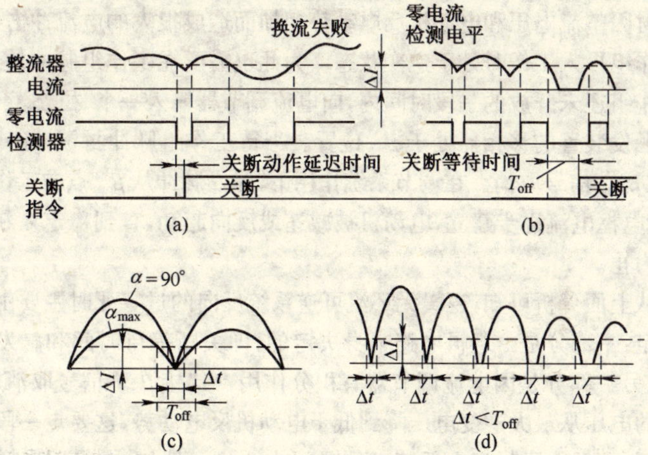

图 8-47　关断时的电流波形

(a)关断失败　(b)正常关断

(c)极限断续电流波形　(d)断续电流的断续现象

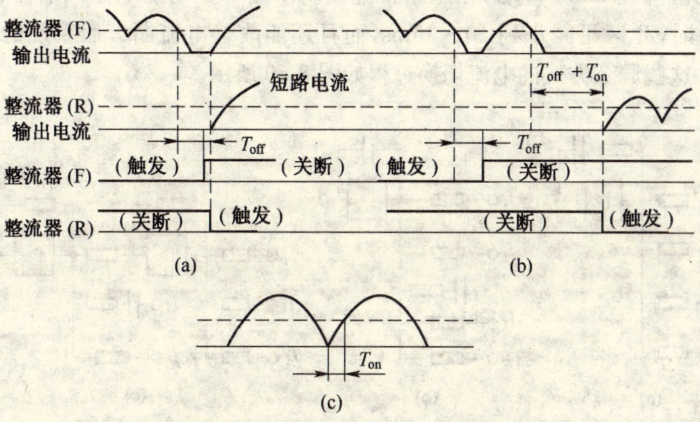

图 8-48　整流器切换时的电流波形

(a)因触发而短路　(b)正常触发　(c)断续电流界限

T_{on}. 触发等待时间　T_{off}. 关断等待时间

③要有对电流调节器“拉 β_{min}”的信号。在待工作组刚开放时，为避免此时因整流电压和电动机反电动势相加而造成很大的电流冲击，应使待工作组投入工作时处于逆变状态。为此也需要在工作组脉冲被封锁、待工作组还未开放的一段时间内，向电流调节器输入一个“拉 β_{min}”信号，即将触发装置的移相器处于 β_{min} 位置。当待工作组脉冲封锁被解除后，将“拉 β_{min}”信号取消。在调节系统作用下，触发脉冲从 β_{min} 点向工作点位移，使电枢电流逐步建立，电动机被减速或反向起动，直到稳定在新的工作点为止。

从上面分析可知，逻辑无环流可逆系统反向的过零死时主要由两部分决定：一部分是由逻辑电路本身决定的，即关断等待时间和触发等待时间；另一部分是因电流调节器有积分作用，当“接 β_{min}”信号取消后，变流器的电压从最大逆变电压降到低于电动机反电动势，这要走一段较长的时间，而后一段时间在低速工作时更为明显。例如，在采用串联式的 PI 调节器（图 8-49a）系统中，可能达到 100～200ms。此时，不仅会引起转速和电流超调，而且会使转速环振荡。改变电流调节器的方式可以减小死时。例如，将电流调节器改用并联式 PI 调节器（图 8-49b），可将平均死区降到 35ms 左右；当采用带电流斜率内环控制的电流调节器（8-49c）时，死区可减小到 10～15ms，而且还能改善电流断续后系统的性能。这些调节方式的电流切换过程如图 8-50 所示。

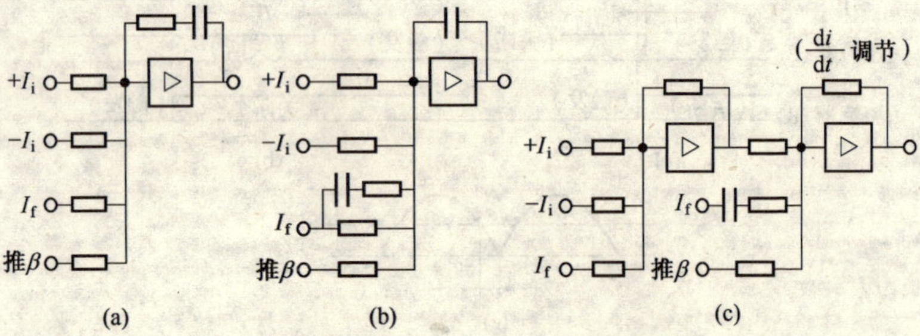

图 8-49 几种不同的电流调节器

(a)串联式 PI 调节器 (b)并联式 PI 调节器 (c)带 di/dt 控制的 PI 调节器

I_i. 电流给定 I_f. 电流反馈 β. 切换时将触发脉冲推至 β_{min} 处的信号

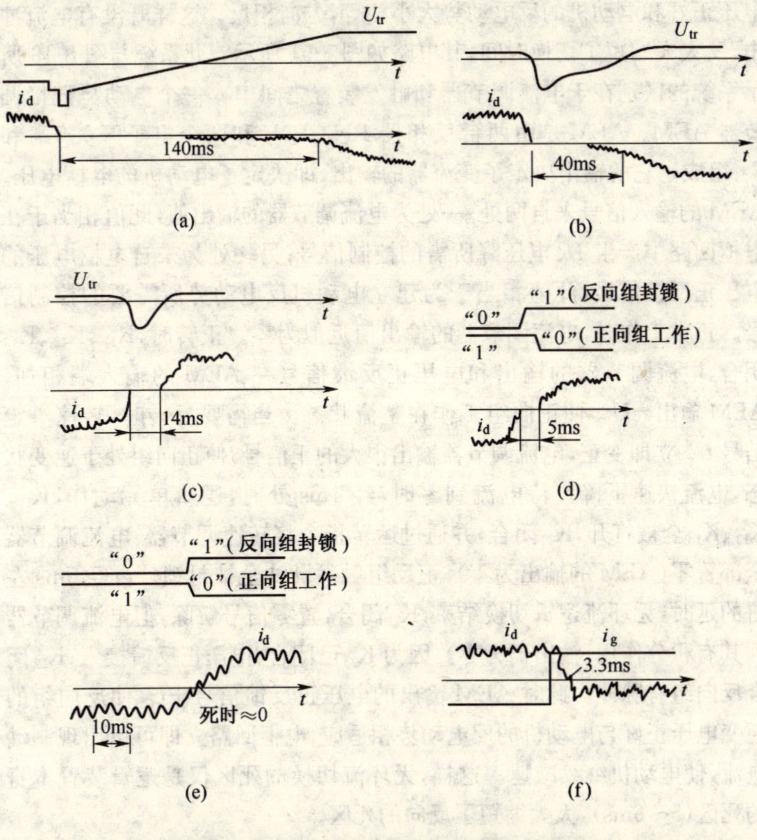

图 8-50 各种系统小电流时无环流切换过程

(a)无切换准备串联式 PI 调节器 (b)无切换准备并联式 PI 调节器
(c)无切换准备带 di/dt 内环控制调节器 (d)一般的有切换准备系统
(e)改进的有切换准备系统 (f)错位选触系统(带 di/dt 内环控制)
U_{tr}. 触发器移相控制信号 i_d. 电动机电枢电流
"0"、"1". 无环流转换逻辑单元输出信号

(二)有准备逻辑无环流可逆系统

所谓有准备的逻辑无环流系统，就是在切换时，待工作组的触发脉冲不是被移到 β_{min} 处，而是处于一个使变流装置的电压与电动机的反电动势值相适应的点。在完成换向逻辑切换时，使待工作组变流器的输出

电压正好和电动机的反电动势大小相等，方向相反。这样既没有电流冲击，又大大缩短了切换时间，其电路如图 8-51 所示。此系统与图 8-46 所示系统的区别在于电流调节器和触发装置之间串入一个电动势记忆调节器 AEM。AEM 是由两台反相器 RN_2、RN_3 和两个电子开关 K_{13} 和 K_{23} 组成。它的输出决定了变流器的输出，即决定了电动机的电枢电压。AEM 的输入信号来自两处，一处为电流调节器的输出值，此值相当于在电枢回路中产生 IR 电压降所需的控制信号；另一处为来自电枢电压的电压正反馈信号，此值相当于为建立电动机反电动势所需要的控制信号。正常工作时，电流调节器的输出值近似为零。正转时，K_{11}、K_{12}、K_{13} 闭合，电流调节器的输出和电压正反馈信号在 AEM 的输入端相加，AEM 输出 $-U_{tr}$，使正向组工作在整流状态。当需要反转时，转速给定信号 U_{gn} 立即变正，电流调节器输出很大的正信号，使正向组处于逆变状态，电流快速下降。待电流到零时，经 1ms 处时，逻辑单元动作，K_{11}、K_{12}、K_{13} 全被打开，K_{23} 闭合，并通过运转指令将转速调节器、电流调节器全部置零（AEM 的输出为零），正反组触发脉冲全被封锁。再经 5ms 左右的延时，无环流逻辑切换结束，K_{21} 闭合，置零信号解除，但电流调节器因其有积分作用，输出仍为零。因为 K_{23} 已闭合，电压正反馈接入；K_{22} 闭合反向组有脉冲。此时 AEM 输出的电压正反馈信号 $+U_{tr}$ 使反向组的逆变电压正好与电动机的反电动势相适应，电枢回路立即可以出现制动电流，使电动机继续减速。这样，无环流切换的死区仅是逻辑装置本身的死区（5～6ms），大大缩短了反向的死区。

如果要再缩短死区，就必须从减小换向逻辑的延时着手。为此，首先要提高零电流检测的灵敏度。如采用光电隔离零电流检测电路后，可以将关断等待延时缩短到 0.3ms。

（三）错位无环流可逆系统

用逻辑装置控制的无环流可逆系统对逻辑装置要求较高，检测装置也要求比较精确，此外电流断续引起变流器输出特性的非线性，使系统的机械特性恶化，所以又出现了错位无环流可逆系统。

错位无环流可逆系统是利用错开脉冲位置，将两组变流装置的脉冲零位均定在大于 150°和选择触发的原理来实现无环流控制的。一般有环流可逆系统，其两组变流器的初始触发角定在 $\alpha_{10}=\alpha_{20}=90°$ 的位置，

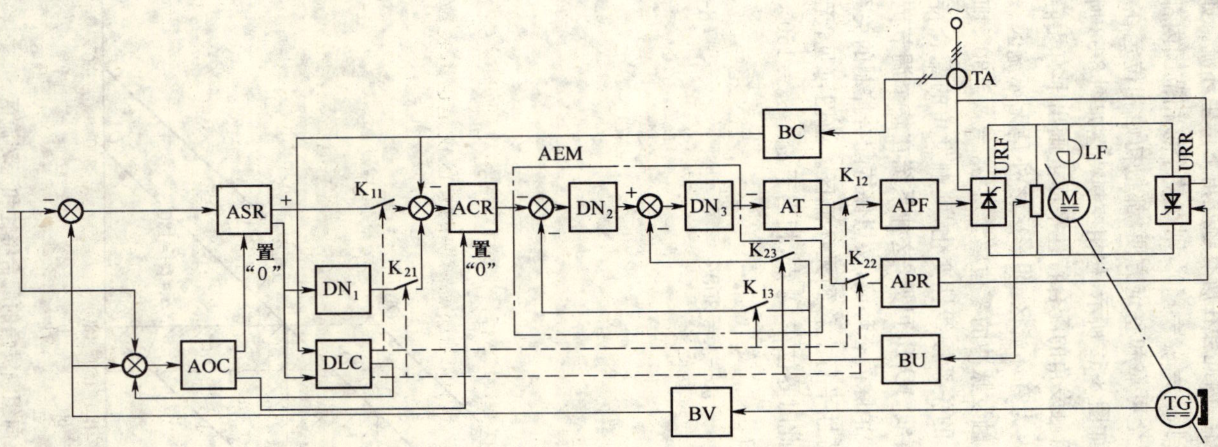

图 8-51 有准备无环流逻辑可逆系统原理

DN_1、DN_2、DN_3. 反相器　AEM. 电动势记忆调节器　AOC. 运转指令器　ASR. 速度调节器　DLC. 逻辑装置　BC. 电流变换器　BV. 速度变换器　ACR. 电流调节器　BU. 电压变换器　TG. 测速发电机　AT. 触发器　APF. 正组脉冲输出　APR. 反组脉冲输出　TA. 电流互感器　K_{11}、K_{12}、K_{13}、K_{21}、K_{22}、K_{23}. 电子开关　LF. 平波电抗器　URF. 正组整流器　URR. 反组整流器

调速时因 α_1、α_2 按线性变化，因此会在所有触发角下产生环流。如果将触发脉冲的初始相位定到 $\alpha_{10}=\alpha_{20}=150°$，则在整个移相范围内都没有环流产生。实际上，为安全可靠和整定方便，都把初始相位定在 $\alpha_{10}=\alpha_{20}=180°$处，其配合特性如图 8-52 所示，移相控制特性如图 8-53 所示。

在图 8-52 中，在两组触发角的配合特性平面上画出了有无静态环流的分界线。阴影区以内为有环流区，阴影区之外是无环流区。对于配合控制的有环流系统，触发脉冲的零位整定在 $\alpha_{f0}=\alpha_{r0}=90°$，即图中的 O_1 点，调速时 α_f 和 α_r 的关系按线性变化，则触发角的配合特性为 $\alpha_f+\alpha_r=180°$，即图中的直线 AO_1B，可见，这种系统在整个调节范围内都是有环流的。如果既要消除静态环流，又想保持配合控制的关系，即 $\alpha_f+\alpha_r=$常值，应将配合特性平行上移到无环流区。由图可见，无环流的临界状况是 CO_2D 线，此时零位在 O_2 点，相当于 $\alpha_{f0}=\alpha_{r0}=150°$，配合特性 CO_2D 线的方程式为

$$\alpha_f+\alpha_r=300° \tag{8-135}$$

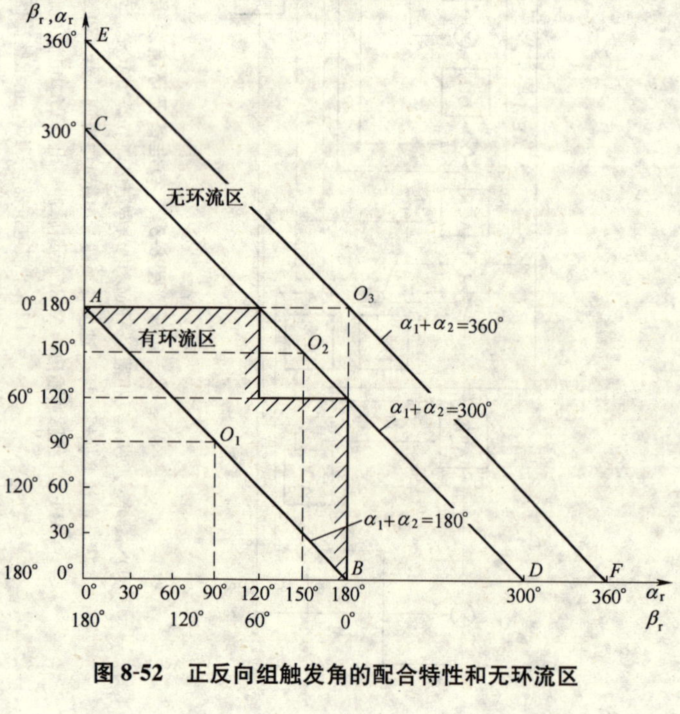

图 8-52　正反向组触发角的配合特性和无环流区

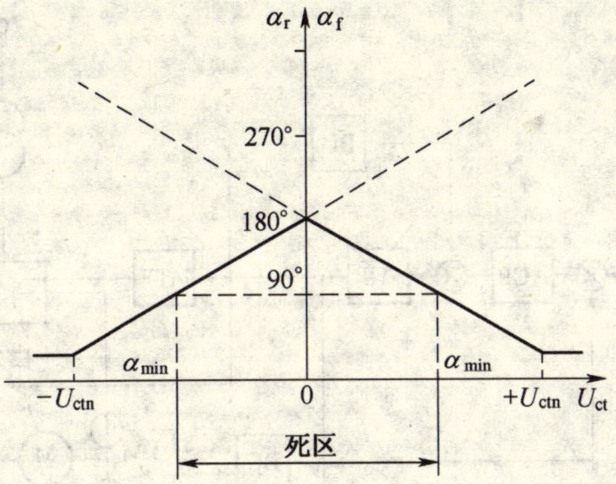

图 8-53　错位无环流系统 $\alpha_{f0}=\alpha_{r0}=180°$时的移相控制特性

可是这种临界状态并不可靠，如果参数变化，使触发角减小，就会在某些范围内又出现环流。为了确保不产生环流，实际系统常将零位定在 $\alpha_{f0}=\alpha_{r0}=180°$，即图中的 O_3 点，其配合特性为图中的直线 EO_3F，方程式为

$$\alpha_f+\alpha_r=360° \tag{8-136}$$

这种整定方法，不仅安全可靠，而且调整也比较方便。

从图 8-53 所示的移相控制特性可以看出，如果一组脉冲触发角小于 180°，另一组脉冲触发角一定大于 180°。而大于 180°的脉冲对系统是无用的，因此常常只让它停留在 180°处，或使大于 180°后停发脉冲。图中触发角超过 180°的部分用虚线表示。

错位无环流可逆系统有 3 种形式，即不加选触的错位无环流（图 8-54）系统，U_0 和 U 选触的错位无环流（U_0 为电压调节器的输出）和 U_0 选触的错位无环流系统。不加选触的错位无环流可逆系统适用于中小型传动设备，两种错位选触无环流可逆系统是错位无环流的发展。错位无环流控制系统的关键是设置了一个电压内环。电压内环的主要功能是：

1. 缩小电压死区，提高切换的快速性。从图 8-52 看出，如果最小控制角 $\alpha_{min}=30°$，则移相范围总共只有 150°，其中死区就占了 90°，高达整个移相范围的 60%。有了电压内环以后，在电流调节器和触发装置之间引入具有足够放大倍数的电压调节器 AUR。如 AUR 的放大倍数为 100 时，死区就可以从 60%压缩到 0.6%（图 8-55），基本上可以忽略不计了。

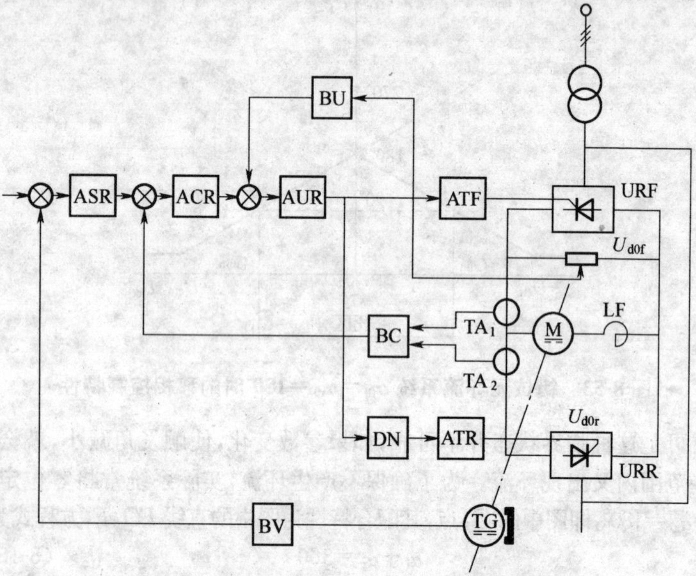

图 8-54 带有电压内环的错位无环流可逆系统

ASR. 速度调节器 ACR. 电流调节器 AUR. 电压调节器 DN. 反相器
BU. 电压变换器 BC. 电流变换器 BV. 速度变换器 ATF. 正组触发器
ATR. 反组触发器 URF. 正组整流器 URR. 反组整流器 LF. 平波电抗器
TA_1、TA_2. 电流互感器 TG. 测速发电机

2. 抑制动态环流。保证电流安全换向把两组晶闸管的触发脉冲零位都定在 180°,实际上就保证了在任何情况下只有一组晶闸管有触发脉冲,另一组晶闸管没有触发脉冲,从而可靠地抑制了静态环流。如果在电压内环的电压调节器上加些惯性,就可以保证在工作的一组晶闸管先断流,另一组晶闸管再建流,从而抑制了动态环流。例如正组晶闸管工作在 $\alpha_1=30°$,这时反组晶闸管没有触发脉冲。当要求系统反转时,α_1 由 30°向 180°的方向变化,当 α_1 稍大于 30°时,正组的输出电压 U_{d0f} 小于电动机的反电动势 E,从而使正组的整流电流很快变为零,而反组晶闸管必须在 $\alpha_2<180°$ 后才能建立逆变电流。由于电压调节器的惯性,触发角 α_1 和 α_2 的移动要有一段时间的滞后,这样就保证了 α_1 稍一移动就先切断整流电流,而 α_2 则经过一段时间才建立逆变电流,从而抑制了动态环流。换流时间的长短,可以调整电压调节器的惯性时间常数来改变,一

般可取 0.4s 左右。

3. 抑制电流断续引起的不稳定。采用电压闭环后，只要给定电压不变，即使晶闸管在电流断续下工作，其整流电压（即反馈电压）也不可能高于给定值，因此能抑制电流断续引起的非线性影响，缩小了电流断续所引起的参数变化，使系统能稳定工作。

4. 增加了系统的抗干扰能力。因为电压调节器是一个惯性环节，有滤波作用，可以增加调节系统的抗干扰能力。

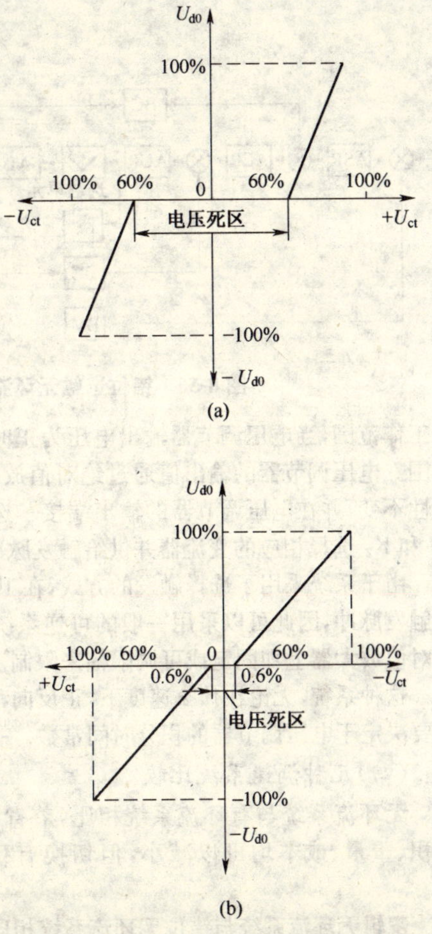

图 8-55　错位无环流系统的电压死区

(a)没有电压环　(b)有电压环(K_{av}=100)

图 8-56 所示为错位选触无环流可逆系统。下面简述其工作原理。

根据错位无环流的原理，当一组变流器工作时，另一组的触发脉冲必须移到 180°处才能没有环流。因此不能按一般可逆系统那样在双侧都设置最小逆变角的限制，而只能在单侧设置，即正向有电流时，在正向设置逆变角限制；在反向有电流时，在反向设置逆变角限制；正反都没有电流时，就没有逆变角限制；在整个工作过程中，允许触发脉冲不受限制地后移或消失，以满足错位无环流的要求。为此，还要增设一个选触单元，由绝对值放大器和两个电子开关组成错位选触无环流可逆系统，如图 8-56 所示。图中采用一组触发装置。当电压调节器的输出电压为负时，全为正向组变流器

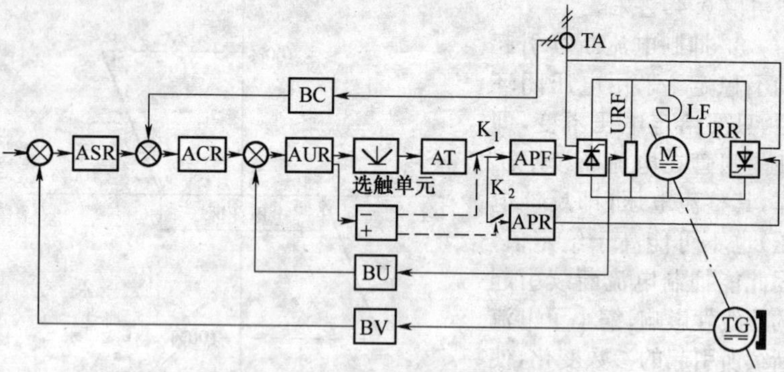

图 8-56 错位选触无环流可逆系统

的工作范围，当电压调节器输出电压为正时，全为反向组变流器的工作范围。电压调节器的输出值通过绝对值放大器使触发装置的控制电压极性不变，并在电压调节器的输出端接一选触单元，通过模拟电子开关 K_1 和 K_2 选择相应的变流器并供给触发脉冲。

由于系统采用了选择触发的方式，在工作中只有一组变流器装置获得触发脉冲，因此可以采用一般的可逆系统设置逆变限制的方法，即在绝对值放大器上加固定或可调限幅来限制。

这种系统，无论在什么速度下，正反向都有一个固定的零电流死区，主要决定于电压调节器的积分时间常数。一般死区可调到 4～6ms。

(四)几种调速系统比较

无环流系统与有环流系统相比，节省了环流电抗器，所以装置的体积、重量、成本均可以减小，但切换有死区，快速性不如有环流系统。

逻辑无环流系统与错位无环流系统相比，逻辑无环流系统各个环节可以不受限制地完成各自的工作，因而换向过程准确、可靠，快速性好。错位无环流系统简化了系统的结构，减少了故障发生率，增强了可靠性，同时也使维护方便，调整容易。但由于电压调节器同时兼顾几方面的任务，对每项任务就不可能都完成得最好。就目前达到的快速性而言，错位无环流系统(死区约 6ms)比无准备的逻辑无环流系统快(死区约 10ms)，比有准备的逻辑无环流系统慢。

无环流可逆系统虽然在电流反向过零时有个死区，但这个死区很小，可以满足一般可逆拖动的要求，目前已得到广泛的应用。

九、绕线转子异步电动机串级调速系统

(一)串级调速基本原理

绕线转子异步电动机串级调速原理如图 8-57 所示。这种调速方法是在绕线转子异步电动机的转子绕组电路中串入附加电动势，并使 3 个附加电动势的极性与转子绕组的感应电动势极性相反。在反极性的附加电动势作用下，转子电动势必然减小，以致带不动负载而使电动机转速减慢。当电动机转速降低到一定值时，转子绕组的感应电动势加大，并补偿了附加电动势的削弱作用，从而使电动机的转子电流保持在带动负载所必需的值。此时，电动机已被调节到低速运行了。很明显，转子电路中串入的外部附加电动势越大，电动机的转速将越低。

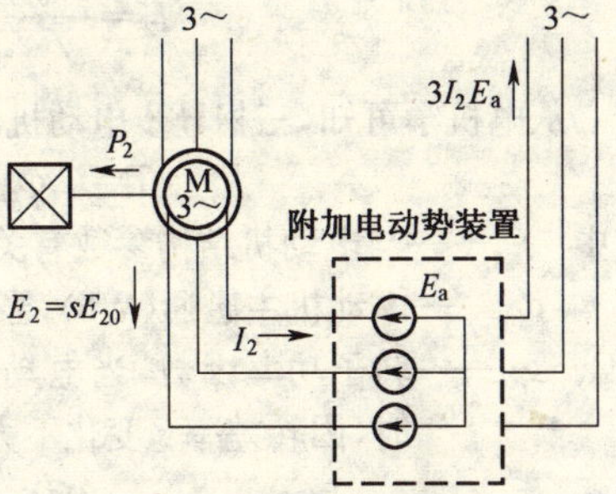

图 8-57　绕线转子异步电动机串级调速原理

在电动机转子电路中串入附加电动势的调速方法，能量消耗小。当电动机转速较低时，由电动机定子电流输入的电能，只有一小部分变为转子轴上的机械能，用来带动负载，而大部分能量被送到转子电路。这部分能量可以通过电动机转子电路端连接的逆变器，回馈到交流电网中。这种在绕线转子异步电动机转子回路中串入附加电动势 E_a 的高效率调速方法，一般称为串级调速。

下面简要定性分析转子附加电动势时的工作情况。异步电动机运行时其转子感应电动势为

$$E_2=sE_{20} \tag{8-137}$$

式(8-137)说明，转子感应电动势 E_2 与转差率 s 成正比。当转子在正常接线时，转子电流的方程式为

$$I_2=\frac{sE_{20}}{\sqrt{r_2^2+(sx_{20})^2}} \tag{8-138}$$

式中　r_2——转子绕组每相电阻(Ω)；

x_{20}——转子静止时转子绕组每相漏电抗(Ω)。

现在设想在转子回路中引入一个可控的交流附加电动势 E_a，并与转子感应电动势 E_2 串联，E_a 应与 E_2 有相同的频率，但可与 E_2 同相或

反相。当 E_a 与 E_2 的相位相反时，转子电流为

$$I_2=\frac{sE_{20}-E_a}{\sqrt{r_2^2+(sx_{20})^2}} \tag{8-139}$$

从电机学可知，三相异步电动机的电磁转矩 T 为

$$T=C_t\Phi_m I_2\cos\varphi_2 \tag{8-140}$$

式中 C_t——与电动机结构参数有关的常数；

Φ_m——电动机主磁通(Wb)，当电源电压恒定时，$\Phi_m\approx$常数；

$\cos\varphi_2$——转子功率因数，当电动机在机械特性稳定工作区域工作时，因转差率 s 变化不大，$\cos\varphi_2$ 也基本不变。

故

$$T\propto I_2 \tag{8-141}$$

由于 E_a 与 E_2 反相位，电动机可自额定值向下调速。因为串入了 E_a，立即引起 I_2 值的减小，电动机电磁转矩 T 也相应减小。假定电动机拖动的负载转矩 T_L 不变，由于 $T<T_L$，稳定运转条件被破坏，电动机转速必然下降，转差率增大，使转子电流增大，电磁转矩 T 也随之增大。直到电动机转速降低至某值，I_2 增大到使电磁转矩 T 重新与负载转矩 T_L 相等时，减速过程结束，电动机就在此转速下稳定运转。这就是电动机向低于同步速方向调速的原理。E_a 的幅值越大，电动机的稳定转速就越低。

串级调速还可以向高于电动机同步速方向调速，只要使 E_a 的相位与 E_2 相同即可。此时转子电流为

$$I_2=\frac{sE_{20}+E_a}{\sqrt{r_2^2+(sx_{20})^2}} \tag{8-142}$$

串入了同相位的 E_a，立即使 I_2 值增大，电动机转矩也相应增大，电动机转矩值大于负载阻转矩值时，迫使电动机加速，转差率减小，I_2 随之减小。当 E_a 值足够大时，电动机必然要加速超过同步速，使 $s<0$，$E_2=sE_{20}<0$，E_2 反相，上式中的分子项变成 $E_a-|sE_{20}|$，才能使 I_2 减小，恢复到使电动机转矩重新与负载转矩相等时，加速过程结束，电动机处在高于同步速的某值下稳定运转。此时虽然 $n>n_1$，电动机仍在电动状态下运行。这就是异步电动机向高于同步速方向调速的超同步串级调速原理。E_a 的幅值越大，电动机稳定转速就越高。

(二)串级调速基本类型

串级调速系统有两种主要类型，现简介如下：

1. 机械串级调速系统。这种系统又称克莱墨(Kramer)系统，原理如图 8-58 所示。图中绕线转子异步电动机与一直流电动机同轴刚性连

接，共同作为负载的拖动电动机。异步电动机的转差功率经整流器 UI 整流后输给直流电动机，直流电动机把这部分电功率转变为机械功率回馈到负载轴上，这样就相当于在负载上增加了一个拖动转矩，从而很好地利用了转差功率。只要改变直流电动机的励磁电流 I_e 就可调节交流电动机的转速。在稳定运行时，直流电动机的电动势 E_a 与转子整流电压 U_d 相平衡。如增大 I_e，则 E_a 相应增大，使直流回路电流 I_d 降低，电动机减速，直到新的平衡状态，在较大的转差率下稳定运行。如减小 I_e，则可使电动机在较高转速下运行。

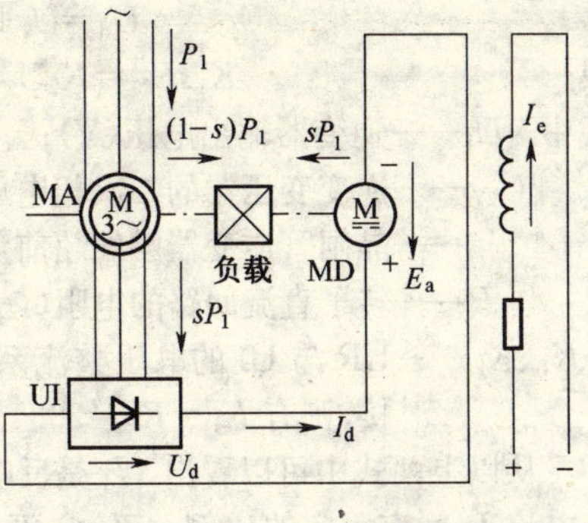

图 8-58　机械串级调速系统原理

对于机械串级调速系统，从功率传递的角度看，如果忽略系统中的各种损耗，异步电动机的转差功率可全部为直流电动机所接受，并以机械功率 sP_1 形式从轴上输出给负载，而异步电动机在轴上输出的机械功率为 $(1-s)P_1$，负载得到的功率 P_L 应是这两者之和，如下所示：

P_1→异步电动机 MA {
$(1-s)P_1$ → 机械负载 P_L ←
sP_1 → MA 本身 转子 → 直流电动机 MD ┘

$$P_L=(1-s)P_1+sP_1=P_1=\text{const} \tag{8-143}$$

所以这种机械串级调速系统，负载上得到的功率恒为 P_1，与电动机的转速无关，属于恒功率调速系统。适用于低速时要求重负载转矩的生产机械，但调速范围不大，通常在 2 以内。该系统需要增设一台直流电动机，且其功率随调速范围的扩大也相应增大，所以应用受到限制。

2. 晶闸管串级调速系统。这种系统又称静止谢尔比乌斯(Scherbius)系统，原理如图 8-59 所示。图中绕线转子异步电动机 MA 以转差率 s 运行，其转子电动势 sE_{20} 经三相不可控整流器 UR 整流，输出直流电压 U_d。工作在逆变状态的三相可控整流装置 UI，除提供一可调的直流输出电压 U_i 作为调速所需的附加电动势外，还可将 UR 整流后输出的电动机转差功率回馈到交流电网。U_d、U_1 的极性及电流 I_d 的方向如图8-59 所示。在整流的转子直流回路中，如忽略转子绕组与逆变变压器漏抗，可以写出以下的电动势平衡方程式：

$$U_d = U_i + I_d R \tag{8-144}$$

或

$$K_1 s E_{20} = K_2 U_{2T} \cos\beta + I_d R \tag{8-145}$$

式中 U_i——逆变器输出电压(V)；

U_{2T}——逆变变压器的二次相电压(V)；

β——晶闸管逆变器触发超前角；

R——转子直流回路的电阻(Ω)；

K_1、K_2——UR 与 UI 的电压整流系数，如果它们都采用三相桥式连接，则有 $K_1 = K_2 = 2.34$。

从以上两式中可以看出，U_d 是反映电动机转差率的量；I_d 与转子交流电流 I_2 间有固定的比例关系，它可以近似地反映电动机电磁转矩的大小。控制触发超前角 β 可以调节逆变电压 U_i。

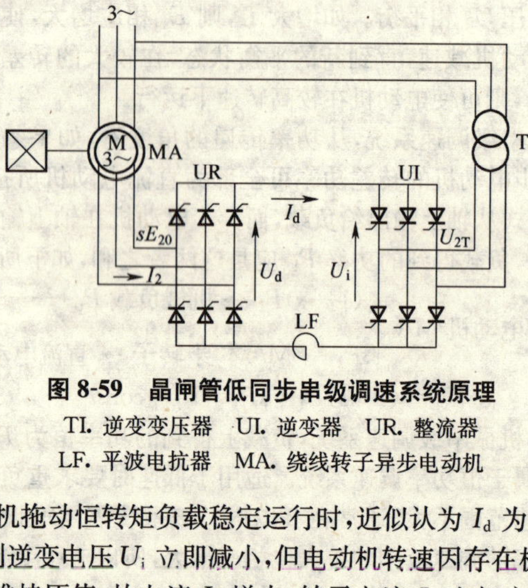

图 8-59 晶闸管低同步串级调速系统原理

TI. 逆变变压器 UI. 逆变器 UR. 整流器

LF. 平波电抗器 MA. 绕线转子异步电动机

当电动机拖动恒转矩负载稳定运行时，近似认为 I_d 为恒值。控制 β 使它增大，则逆变电压 U_i 立即减小，但电动机转速因存在机械惯性尚未变化，U_d 仍维持原值，故电流 I_d 增大，转子电流 I_2 也相应增大，电动机加速。在加速过程中转子整流电压随之减小，又使电流 I_d 减小，直至 U_d 与 U_i 取得新的平衡，电动机进入新的稳定状态，以较高的转速运行。同理，减小 β 值可以使电动机在较低的转速下运行。

图中的转子整流器是不可控的，转差功率只能从转子输出，这种系统只能在同步转速以下调速，称为低同步串级调速系统，也称次同步串级调速系统。

另外还有一种串级调速系统，它不但可以控制转差功率的传递方向，还可以得到串级调速系统的不同工作状态以及电动机的不同运转状态，称为超同步串级调速系统。换句话说，凡是可以向电动机转子侧输入功率的串级调速系统，称为超同步串级调速系统。应该指出的是：不是以电动机是否工作在同步转速以上或以下来区分超同步与低同步串级调速，而是以转子功率的传递方向来区分。

图 8-60 所示为超同步串级调速系统原理。从图中可以看出，电动机转子侧的整流器 UR_1 必须是可控的，且工作在逆变状态；变压器侧的可控整流器 UR_2 工作在整流状态。当转子可控整流器向电动机转子输入功率，且电动机定子从电网也吸收功率时，电动机处于定、转子双馈状态，所以也称双馈调速。电动机在超过同步转速下运行，但电动机仍是电动工作状态，由定、转子吸收的电能转换成机械能从轴上输出。

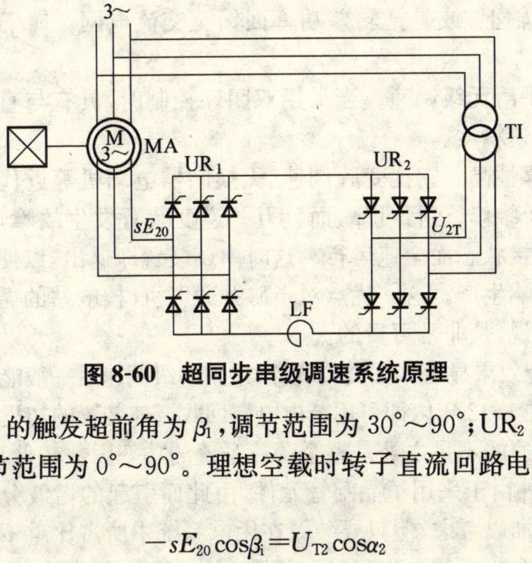

图 8-60　超同步串级调速系统原理

设 UR_1 的触发超前角为 β_1，调节范围为 30°～90°；UR_2 的触发延迟角为 α_2，调节范围为 0°～90°。理想空载时转子直流回路电压平衡方程式为

$$-sE_{20}\cos\beta_1 = U_{T2}\cos\alpha_2 \tag{8-146}$$

可得到

$$s = -\frac{U_{T2}\cos\alpha_2}{E_{20}\cos\beta_1} \tag{8-147}$$

因此，调节 β_1 或 α_2 都可以改变电动机的转速。当可控整流器 UR_2 的触发延迟角 α_2 一定时，增大 UR_1 的触发超前角 β_1，可使转差率的数值增大，电动机转速升高。或者当可控整流器 UR_1 的触发超前角 β_1 一定时，减小触发延迟角 α_2 可使电动机转速升高。这两种方法中，一般是控制 β_1 来调节电动机的转速，这是因为要兼顾到逆变变压器二次电压 U_{T2} 与电动机转子额定电压 E_{20} 的匹配，并且能充分利用 β_1 的调节宽度以获

得较宽的调速范围。另外，由于 UR_2 是一个可控整流器，选用较小的 α_2 可以提高串级调速装置的功率因数。

图 8-60 所示串级调速系统，也可以运行在低同步状态，只要使 UR_1 工作在整流状态，UR_2 工作在逆变状态即可。当电动机运行在某一转差率 $s_1(1>s_1>0)$ 的电动状态时，如果此时突然改变 UR_1 与 UR_2 的工况，使它们分别处于逆变与整流状态，且满足 $U_{T2}\cos\alpha_2>s_1E_{20}\cos\beta_1$（注意这两个电压的极性都已反向）。电动机就从转子侧送入功率，系统处于低于同步转速下的“超同步串级调速”工作。

（三）串级调速的特点

1. 串级调速的优点主要有：

(1)效率高。它利用了转差功率，可以把转差功率变为机械功率回馈到电动机轴上；或是把转差功率回馈至交流电网。属于高效调速系统。

(2)可平滑无级调速。当采用双闭环控制时，具有与直流调压调速相当的高调速精度。

(3)可靠性高。它比变频调速、无换向器电动机等近代交流调速系统简单、易于维修、运行可靠，而且万一逆变装置发生故障，可使转子回路转换到短接状态而全速运行。这时串调装置即退出，以便进行检修处理而不致影响生产。这一优点对于矿井通风机、核电站的循环泵之类的生产机械来说，是非常可贵的。

(4)节能效果显著。据资料统计，采用串级调速后一般能节电 20%～30%，而且在 1～2 年内即可用节电电费回收调速装置的初投资。

串级调速的不足之处是整个调速系统的功率因数较低，在高速时约为 0.6。另外由于采用了晶闸管元件，由此而引起的谐波分量对电源的影响不能不加以考虑，但只要装置在用电系统中所占比重不大还是允许的。如果采取相应的措施(如通过改变晶闸管触发方式，改变可控桥的接线和选用理想的补偿装置等)则更好。还有一点是调速范围有限，一般都需要专门的起动设备，限制了它的应用范围。

基于上述特点，串级调速适用于要求调速范围不大的中、大功率的绕线转子异步电动机的调速，如对泵类机械(泵、风机、压缩机等)的调速，目前采用此法调速的拖动系统的容量最大已达 20000kW 左右(大型离心泵)。

低同步串级调速系统变流装置容量大约与调速范围成正比。当调速范围在2以下时，变流装置的容量不会超过电动机额定容量的一半，所以低同步串级调速系统较为合适的调速范围在2～1.5，这时的装置容量较小，比较经济。

低同步串级调速系统的主要缺点是功率因数低，一般只能达到0.6左右。必须采取适当的措施以提高其功率因数。

2. 超同步串级调速系统和低同步串级调速系统相比，有如下几个优点：

(1)可以四象限运行，既可以低同步转速运行，也可以超同步转速运行；既可以工作在电动运行状态，又可以工作在制动运行状态。

(2)在变流装置容量相等的条件下超同步串级调速系统的调速范围要比低同步串级调速系统扩大一倍。

(3)超同步串级调速系统，在超同步状态下运行时，其效率及功率因数都比低同步运行时高。

(4)在相同的调速范围和额定负载功率下，超同步串级调速装置的容量比低同步串级调速装置的容量小一半。

超同步串级调速系统的不足之处是，在主电路的结构和控制系统方面，都比低同步串级调速系统要复杂得多，在技术上不如低同步系统成熟。

(四)串级调速的应用范围

1. 低同步串级调速系统主要应用范围。

(1)风机、泵类的变速驱动。

(2)调速范围不超过生产机械的变速驱动。

(3)在有爆炸性或腐蚀性环境中工作的生产机械的变速驱动。

(4)某些实验装置的变速驱动。

(5)取代转子串电阻调速。

2. 超同步串级调速系统主要应用范围。

(1)动态特性要求高而调速范围有限的场合。

(2)大功率生产机械的变速驱动，并且要求效率高，功率因数高，而且对电网的无功冲击有所限制的场合。

(3)要求调速的精度同电网频率波动无关的场合(电动机-发电机组)。

(4)为了提高生产率，要求将异步电动机的转速提高到同步转速以上的场合。

(5)需要对电网电压的幅值、频率进行补偿的场合。

(五)串级调速主电路

1. 低同步串级调速主电路型式。低同步串级调速主电路型式如图 8-61 所示。

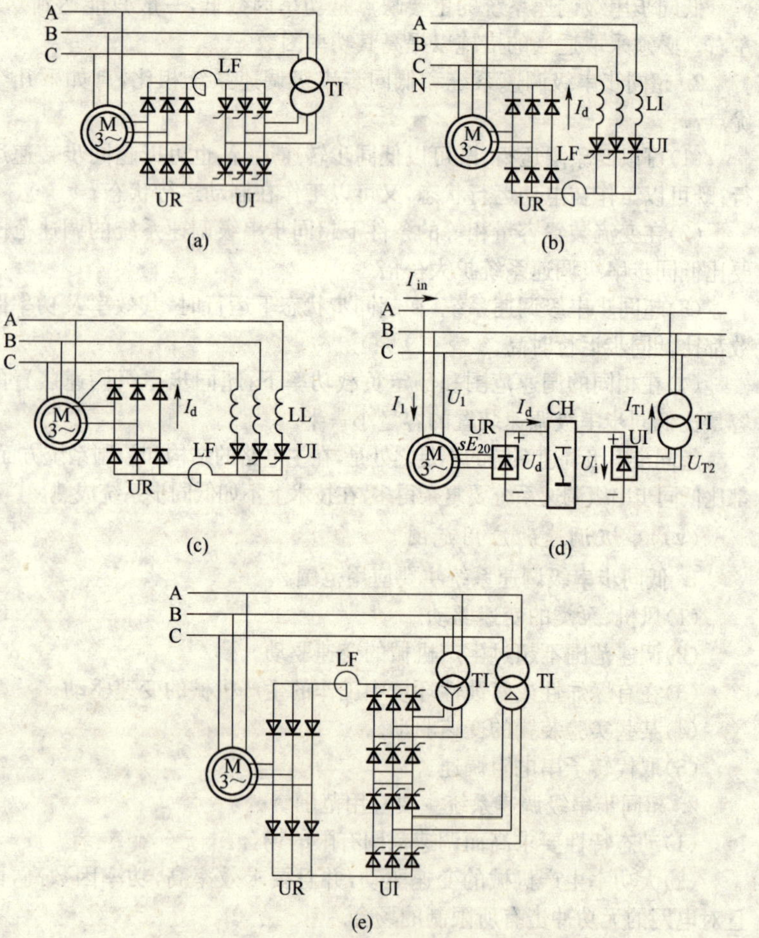

图 8-61 常用的低同步串级调速主电路

(a)三相桥式有逆变变压器电路 (b)普通三相零式电路

(c)无零线三相零式电路 (d)带斩波器的三相桥式电路 (e)十二相桥式电路

(1)图 8-61a 所示为常用三相桥式带逆变变压器串级调速电路。

(2)图 8-61b 所示为普通三相零式电路，线路简单，串调系统工作时，电动机转子调低转速后产生的转差功率经过整流桥 UR 后，成为反馈回电网的直流电流 I_d，从电网零线流经电力变压器后，再经逆变器 UI 流回。这样，电网及电力变压器上便流过直流脉动电流。零线上电流很大，往往还需要敷设专用零线。仅适用于小容量电动机。

(3)图 8-61c 所示为无零线三相零式电路，转差功率不送回电网，电流 I_d 从电动机定子星形联结中点送入，再经逆变器 UI 流回。该电流通过电动机定子形成了附加牵引旋转磁场，从而减少了电动机从电网吸取的有功功率，即节约了电能。电网输入电流 I_{iA}（指 A 相）同转差功率反馈电流 I_{fA}叠加成电动机定子电流 I_A，各电流的波形如图 8-62 所示。电动机定子电流可以分解成两个部分：交流分量产生牵引旋转磁场；直流分量则因电动机定子三个绕组的机械位置互成 120°，产生的磁场合成相量和等于零。无零线式的电路避免了转差功率经较长的线路送到电网、电力变压器再回来，减少了线路压降损失，效率有所提高，功率因数稍好，但电动机定子绕组必需为星形联结。

(4)图 8-61d 所示为带斩波器的三相桥式电路，在转子直流回路中加入了直流斩波器 CH，转子整流后通过斩波器与逆变器相连接。斩波器可以用普通晶闸管或可关断电力电子器件组成，后者可大大简化斩波器电路。图中斩波器 CH 工作在开关状态。当它接通时，转子整流电路被短接，电动机相当于在转子短路状态下工作；当它断开时，电动机在串级调速接线下工作。为了提高系统的功率因数，减少逆变器从电网吸收的无功功率，总是把逆变器固定在最小逆变角下工作，且不随转速变化。图 8-63 所示表示在忽略了电磁时间常数后的转子整流器输出电流 I_d 的波形。设斩波器的开关周期为 T，接通的时间为 τ，可通过改变斩波器的导通率 τ/T 进行调速，此时转差率 s 为

$$s=\frac{U_{T2}}{E_{20}}\cos\beta_{min}\left(1-\frac{\tau}{T}\right) \tag{8-148}$$

当 $\beta=\beta_{min}$固定不变时，只要改变 τ/T，即可调节异步电动机的转速。由于 β_{min}最小，逆变器从电网吸收的无功功率减少，整个装置的总功率因数提高了，高速运行时可提高 0.2～0.3。适用于中小容量电动机。

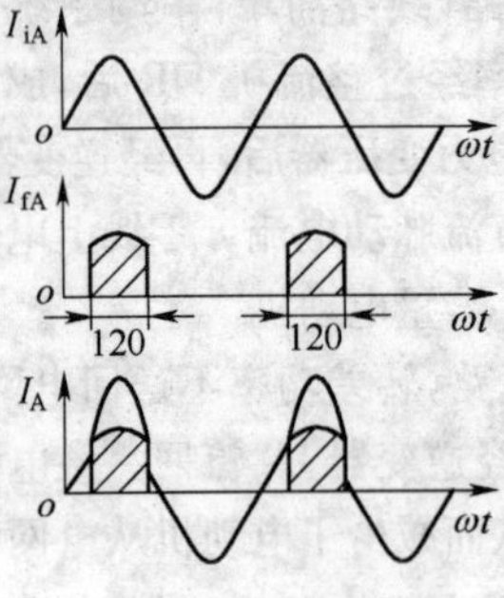

图 8-62 电流波形图

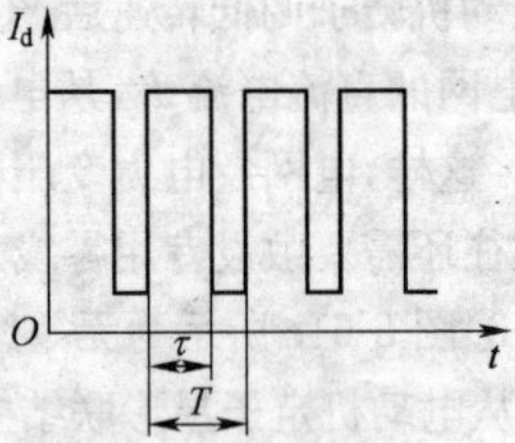

图 8-63 转子斩波串级调速时 $I_d=f(t)$

(5)图 8-61e 所示为十二相桥式电路，线路复杂，但功率因数较高，谐波分量小，适用于中、大容量电动机。

2. 超同步串级调速主电路型式。超同步串级调速主电路型式如图 8-64～图 8-68 所示。

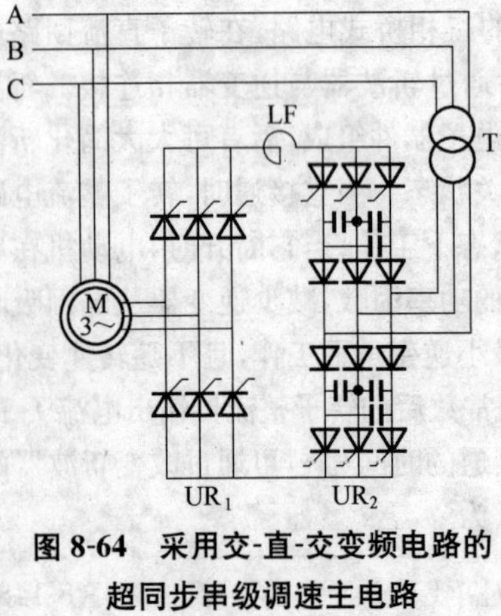

图 8-64 采用交-直-交变频电路的超同步串级调速主电路

(1)图 8-64 所示的系统实际上是一交流电动机转子交-直-交变频系统，是一无源逆变器，它的负载是电动机绕组，且不能依靠电网电压实现自然换流。所以，若采用普通晶闸管组成 UR_1 时，必须加入强迫换流装置，以输出电动机转子所需的不同频率的电压。当然，也可采用具有自关断能力的功率器件。适用于中、小容量电动机。

(2)图 8-65 所示为采用交-交变频电路的超同步串级调速主电路。交-交变频电路采用晶闸管自然换流方式，结构简单，可靠性高；交-交变频电路可直接进行能量转换，效率高于交-直-交变频电路。交-交变频电路的最高频率是电网输入频率的 1/3～1/2。虽然这种输出频率范围限制了调速范围，但是对于采用超同步串级调速的绕线转子异步电动机来说，过高地超过同步转速，将使转子绕组的机械强度受到损害，所以在超同步串级调速系统中，采用交-交变频电路，使其扬长避短，因而是最为适宜的。

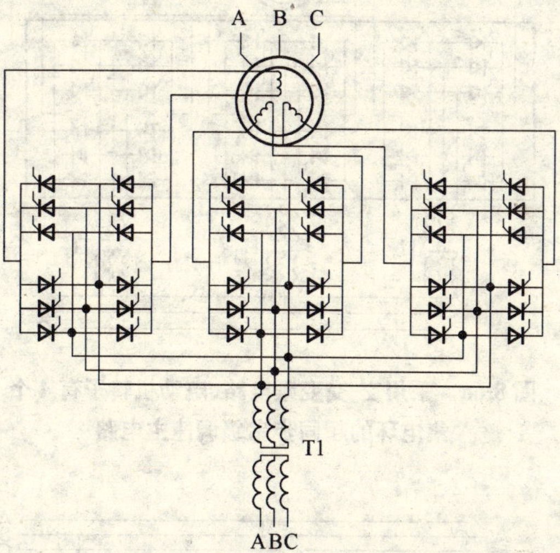

图 8-65　采用交-交变频电路、电动机转子有 6 个集电环的超同步串级调速主电路

为了简化超同步串级调速主电路的接线，专门设计的绕线转子异步电动机可以安装 4 个或 6 个集电环。6 个集电环的绕线转子异步电动机中，转子各相绕组互不连接，所以可用一台逆变变压器向交-交变频电源供电，这时的主电路如图 8-65 所示。4 个集电环的绕线转子异步电动机的转子绕组采用星形联结，第 4 个集电环是转子绕组的中点，这时需要用 3 台逆变器向变频电路供电，主电路如图 8-66 所示。这种接线方式的好处是可以降低对变频电路和控制系统对称性的要求。

如果转子只有 3 个集电环，应该用附加电阻构成人工零点。附加电阻的功率应是电动机功率的 0.5%～1%。图 8-67 所示是带有人工零点的超同步串级调速主电路。图 8-68 所示是采用三相零式交-交变频电路的超同步串级调速主电路。

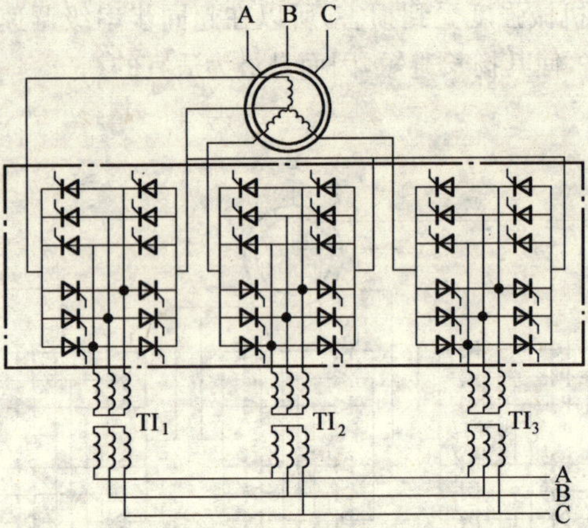

图 8-66 采用交-交变频电路、电动机转子有 4 个集电环的超同步串级调速主电路

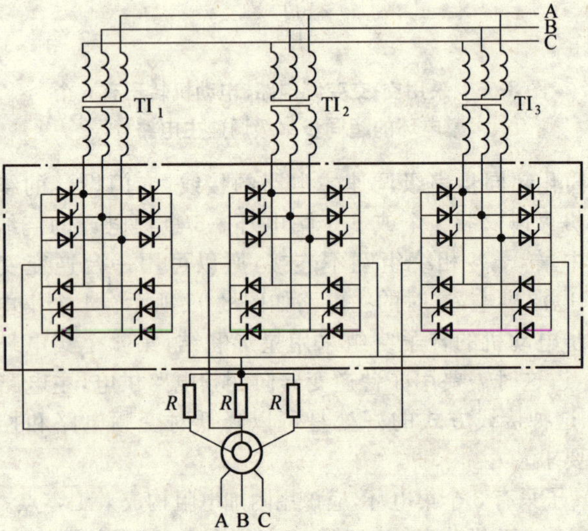

图 8-67 采用交-交变频电路、带有人工零点的超同步串级调速主电路

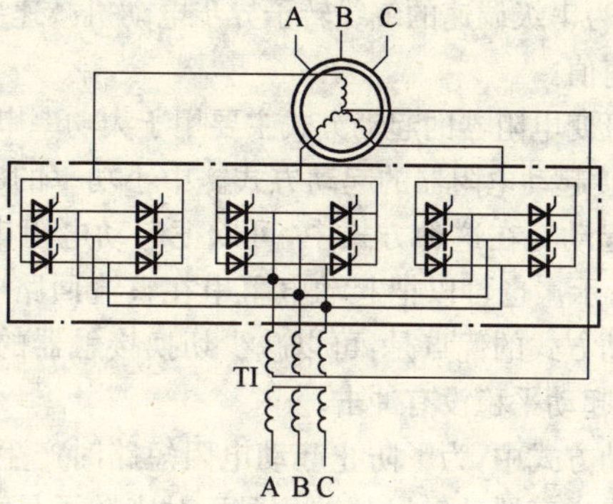

图 8-68　采用三相零式交-交变频电路的超同步串级调速主电路

(六)串级调速装置的起动

常用的起动方式有两种,简述如下:

1. 采用并联的附加起动设备的切换起动方式。图 8-69 所示为采用并联可变电阻器起动的电气原理。电动机采用接触器 KM_1 接入附加起动器 R(或频敏变阻器)起动加速,与加速到设计考虑的调速范围最低速时,才将接触器 KM_2 接通,这时投入串调装置的触发超前角 β 应为最小值 β_{min}。然后把接触器 KM_1 断开,将 β 角逐渐增大,电动机继续加速到所需值。采用这种起动方式,虽然增加了一套附加起动设备,但对于调速范围较小的串级调速系统,其主要设备的容量和耐压可显著降低,从设备总投资来看,仍然是经济的。

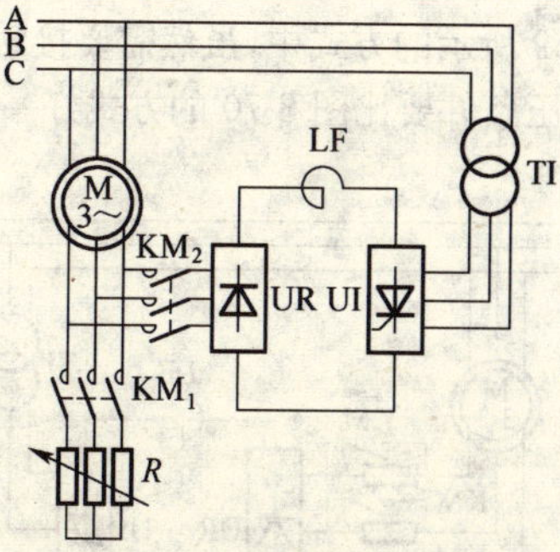

图 8-69　串级调速采用并联可变电阻器起动原理

在起动过程中,为保证起动平稳,进行切换时必须保证如下两个条件:

(1)在断开起动电阻前应将转子绕组接入串级调速工作回路。

(2)起动时应使电动机的转速略高于给定值后再切换到串级调速工

作电路，这是因为串级调速的绕线转子异步电动机减速要比加速更容易接近给定的转速值。

这种并联可变电阻器的起动方式主要用于大功率串级调速装置。

2. 采用串接起动电阻器的起动方式。中小功率的串级调速装置可以采用串电阻起动。在这种方式中，可以把起动电阻串在转子绕组回路，如图 8-70 所示。也可以把起动电阻串在整流回路中，如图 8-71 所示。串电阻起动方式的优点是：可以减少切换接触器的数量；电阻的容量和体积较小；起动平稳没有冲击。

在这种起动方式中，为了防止起动电阻短路时产生电流冲击，可以在短路电阻前将逆变器的触发超前角置于对应转子最大反电动势的角度 β_{min}，或者使用快速截止的电流负反馈。

串接起动电阻器起动的缺点：

(1)一旦串级调速装置发生故障，电动机将失去起动能力，而并联可变电阻器的起动方式仍可以利用电阻起动电动机。

(2)转子回路中主要设备的元件耐压等级要按 $s_{max}=1$ 来考虑。图 8-69 所示的方式中，虽然需要接触器的触头较多，但整流元件所承受的电压条件要比图 8-70 的方式好一些。

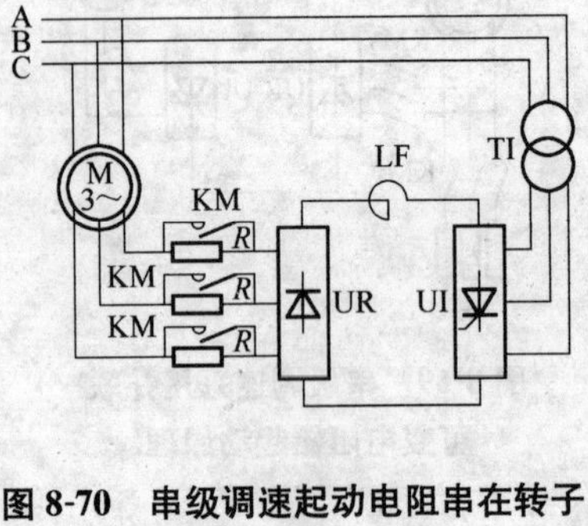

图 8-70　串级调速起动电阻串在转子绕组回路起动原理

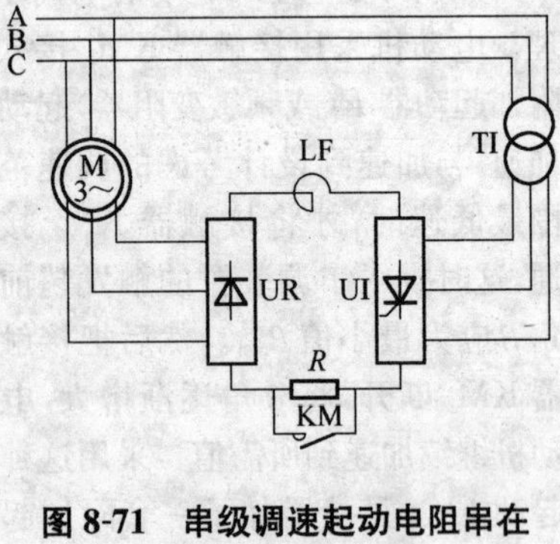

图 8-71　串级调速起动电阻串在整流回路起动原理

第九章　变频器和软起动器

第一节　变频调速控制方式和基本原理

一、U/f控制

对异步电动机进行调速控制时，希望电动机的主磁通保持额定值不变。磁通太弱，铁心利用不充分，同样的转子电流下，电磁转矩小，电动机的负载能力下降；磁通太强，则处于过励磁状态，使励磁电流过大，这就限制了定子电流的负载分量，为使电动机不过热，负载能力也要下降。异步电动机的气隙磁通（主磁通）是定、转子合成磁通势产生的，下面说明使气隙磁通保持恒定的原理。

由电机学理论知道，三相异步电动机定子每相电动势的有效值为

$$E_1 = 4.44 f_1 N_1 K_{W1} \Phi_m \tag{9-1}$$

式中　E_1——气隙磁通在定子每相中感应电动势有效值（V）；

f_1——定子电源频率（Hz）；

N_1——定子每相绕组匝数；

Φ_m——每极气隙磁通量（Wb）；

K_{W1}——定子绕组因数。

由式(9-1)可见，因 $4.44N_1$、K_{W1} 是常数，故 Φ_m 的值是由 E_1 和 f_1 共同决定的，对 E_1 和 f_1 进行适当的控制，就可以使气隙磁通 Φ_m 保持额定值不变。

1. 基频以下的恒磁通变频调速。这是考虑从基频（电动机额定频率 f_{1N}）向下调速的情况。为了保持电动机的负载能力，应保持气隙主磁通 Φ_m 不变，这就要求降低供电频率的同时也降低感应电动势，保持 E_1/f_1＝常数，即保持电动势与频率之比为常数进行控制。这种控制又称为恒磁通变频调速，属于恒转矩调速方式。

然而，绕组中的感应电动势 E_1 是难以直接检测和控制的。当 E_1 值较高时，定子绕组的漏磁阻抗压降相对比较小，如忽略不计，可以认为定

子相电压$U_1 \approx E_1$，即

$$\frac{U_1}{f_2}=\text{常数} \tag{9-2}$$

这就是恒压频比控制方式，是近似的恒磁通控制。

当频率较低时，U_1 和 E_1 都较小，定子阻抗压降所占的分量就比较显著，不能再忽略。这种情况下，可以人为地适当提高定子电压以补偿定子阻抗压降的影响，使气隙磁通基本保持不变，如图 9-1 所示。其中 1 为 U_1/f_1 = 常数时的电压、频率关系；2 为有电压补偿时（近似的 E_1/f_1 = 常数）的电压、频率关系。实际装置中 U_1 与 f_1 的函数关系并不是简单的如曲线 2 所示。

2. 基频以上的弱磁变频调速。这是考虑由基频开始向上调速的情况。频率由额定值 f_{1N} 向上增大，但电压 U_1 受额定电压 U_{1N} 的限制不能再升高，只能保持 $U_1 = U_{1N}$ 不变，必然会使主磁通随着 f_1 的上升而减小，相当于直流电动机弱磁调速的情况，属于近似的恒功率调速方式。

上述两种情况综合起来，异步电动机变频调速的基本控制方式如图 9-2 所示。

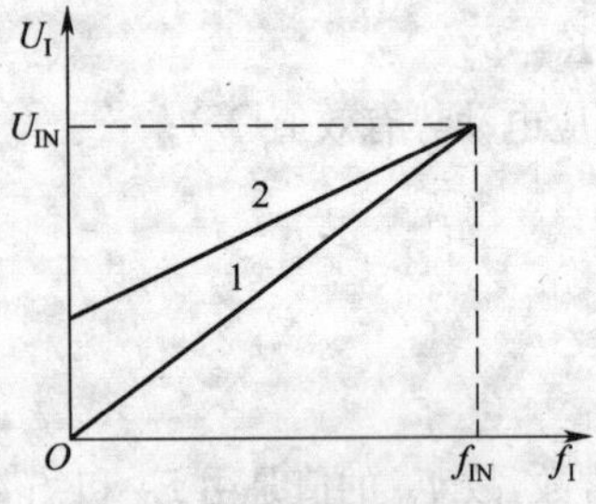

图 9-1　恒压频比控制特性

1. U_1/f_1 = 常数

2. E_1/f_1 = 常数（近似）

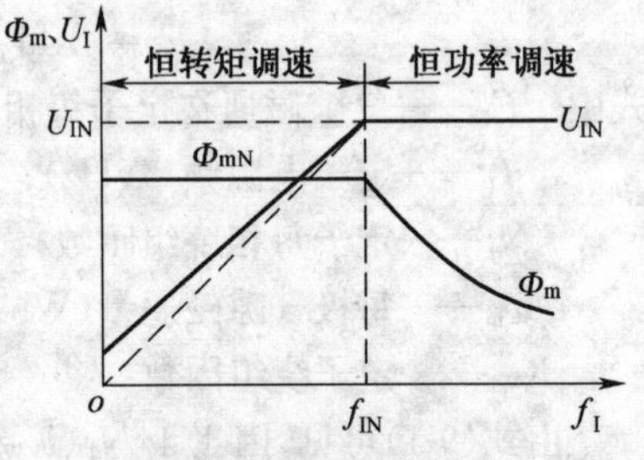

图 9-2　异步电动机变频调速时的控制特性

由上面的讨论可知，异步电动机的变频调速必须按照一定的规律同时改变其定子电压和频率，即必须通过变频装置获得电压频率均可调节的供电电源，实现所谓的 VVVF（Variable Voltage Variable Freqency）调速控制。通用变频器可适应这种异步电动机变频调速的基本要求。

用 VVVF 变频器对异步电动机进行变频控制时的机械特性如图 9-3 所示。图 9-3a 表示在 U_1/f_1 = 常数的条件下得到的机械特性，在低速

区由于定子阻抗压降的影响使机械特性向左移动，这是由于主磁通减小的缘故。图 9-3b 表示采用了定子电压补偿时的机械特性。图 9-3c 则示出了端电压补偿的 U_1 与 f_1 之间的函数关系。很明显，E_1/f_1 控制变频器的特性要优于 U_1/f_1 控制变频器。

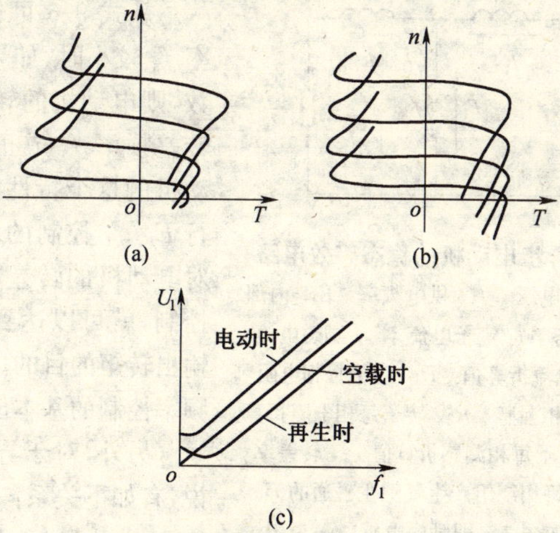

图 9-3　异步电动机变频调速的机械特性

(a)U_1/f_1=常数　(b)E_1/f_1=常数

(c)U_1 与 f_1 之间的函数关系

二、转差频率控制

转差频率控制是一种直接控制转矩的方法。从图 9-4 所示异步电动机的稳态等效电路可以求得

$$I_2'=\frac{E_1}{\sqrt{\left(\frac{R_2'}{s}\right)^2+(2\pi f_1 L_2')^2}} \tag{9-3}$$

定义转差频率

$$f_s=sf_1 \tag{9-4}$$

转子电流折算值

$$I_2'=\frac{E_1}{f_1}\frac{1}{\sqrt{\left(\frac{R_2'}{f_s}\right)^2+(2\pi L_2')^2}} \tag{9-5}$$

转矩则可由下式给出：

$$T=\frac{mp(I'_2)^2\frac{R'_2}{s}}{2\pi f_1}=\frac{mp}{2\pi}\left(\frac{E_1}{f_1}\right)^2\frac{f_sR'_2}{(R'_2)^2+(2\pi f_sL'_2)^2} \quad (9\text{-}6)$$

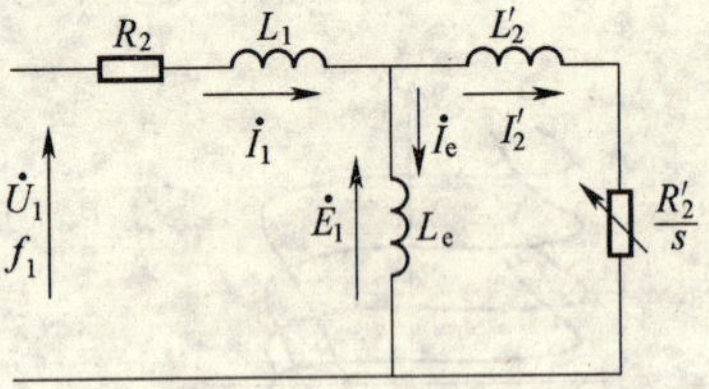

图 9-4 异步电动机的稳态等效电路

$\dot{U}_1$. 定子相电压 f_1. 供电频率 $\dot{E}_1$. 内部感应电动势 $\dot{I}_1$ 定子电流 $\dot{I}_e$. 励磁电流 $\dot{I}'_2$. 转子电流折算值 R_1. 定子每相电阻 L_1. 定子每相漏感 R'_2. 转子每相电阻折算值 L'_2. 转子每相漏感折算值 s. 转差率 L_e. 定子每相绕组产生气隙主磁通的等效电感，即励磁电感

从式 9-6 可知，当转差频率 f_s 较小时，如果 E_1/f_1 = 常数，则电动机的转矩基本上与转差频率 f_s 成正比。异步电动机的这个特性意味着，在进行 E_1/f_1 控制的基础上，只要对电动机的转差频率 f_s 进行控制，就可以达到控制电动机输出转矩的目的。这就是转差频率控制的基本出发点。

另外，对于异步电动机来说，有如下关系：

$$f=f_n+f_s \quad (9\text{-}7)$$

式中 f——定子电源频率；

f_n——电动机的实际转速 n 对应的电源频率；

f_s——转差频率。

所以，在进行 E_1/f_1 控制的基础上，只要知道了 f_n，并根据希望得到的转矩（对应于某一转差频率 f_{s0}），按照上式调节变频器的输出频率 f_n，就可使电动机具有某一所需的转差频率 f_{s0}，即使电动机给出所需的输出转矩。

此外，当 E_1/f_1 一定时，控制电动机的转差频率，还可以达到控制电动机转子电流的目的。在采用了转差频率控制方式的变频器中，上述特性被用于对电动机进行保护。这是因为只要能够控制电动机的转差频率，使之不超过电动机最大过载能力时的转差频率，就可以限制电动机转子的最大电流，从而起到保护电动机的作用。

因为在采用转差频率控制方式时，需要检测电动机的实际转速，所以需要在电动机轴上安装速度传感器。电动机的转速检测由速度传感器和运算电路完成，控制电路还要通过适当的运算，根据检测到的速度产生转差频率和其他的控制信号。此外，在采用了转差频率控制方式的变频器中，往往还加有电流负反馈，对频率和电流进行控制。所以这种变频器具有良好的稳定性，并对急速的加减速和负载变动，有良好的动态响应特性。

三、矢量控制

矢量控制是一种高性能的控制方式，其基本思想是在异步电动机中，设法模拟直流电动机转矩控制的规律，在磁场定向坐标上，将电流矢量分解成产生磁通的励磁电流分量和产生转矩的转矩电流分量，并使两分量互相垂直，彼此独立，然后分别进行调节。这样异步电动机的转矩控制，从原理和特性上就和直流电动机相似了。因此矢量控制的关键是对电流矢量的幅值和空间位置（频率和相位）的控制。

（一）产生旋转磁场的几种方法

1. 三相旋转磁场。如图 9-5 所示，三相绕组的特点是：三个绕组（A－X、B－Y、C－Z）在空间位置上互隔 $2\pi/3$rad 电角度（在 $2p=2$ 的情况下，电角度和机械角度是相等的），其中，A、B、C 是首端，X、Y、Z 是尾端。

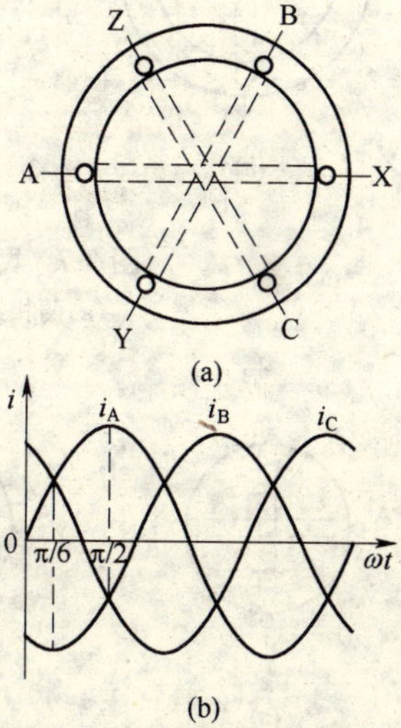

图 9-5　三相绕组与三相电流

(a)三相绕组　(b)三相电流

三相交流电流的特点是，三个电流在时间（相位）上互差 $2\pi/3$rad 电角度。将三相交变电流通入三相绕组后的合成磁场，如图 9-6 所示，其特点是：

(1)随着时间的推移，合成磁场的轴线在旋转，并且容易看出，电流交变一个周期，磁场也将旋转一周。

(2)在旋转过程中，合成磁感应强度不变，故称为圆形旋转磁场。

2. 两相旋转磁场。如图 9-7 所示，两相绕组的特点是，两个绕组在空间位置上互相垂直（互差 $\pi/2$rad 电角度）。两相交变电流在时间（相位）上互差 $\pi/2$rad 电角度。将两相电流通入两相绕组后的合成磁场如图 9-8 所示。

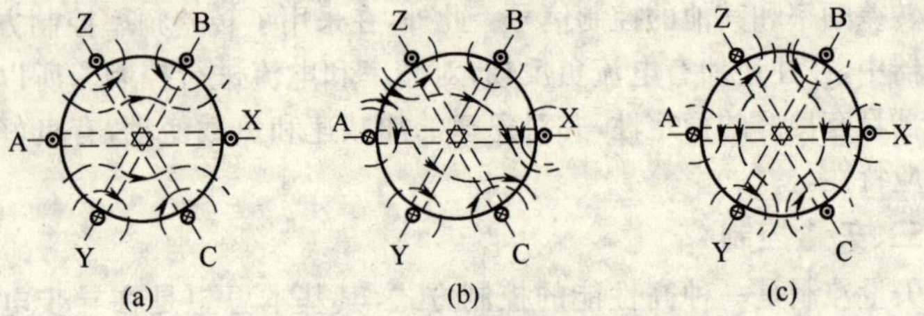

图 9-6　三相磁场的合成

(a)$\omega t=0$　(b)$\omega t=\pi/6$rad　(c)$\omega t=\pi/2$rad

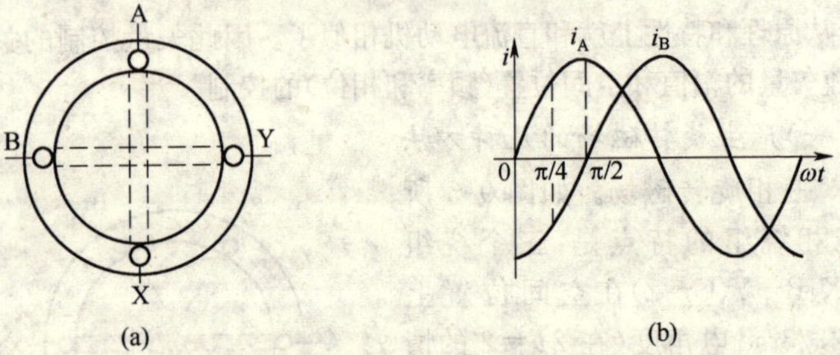

图 9-7　两相绕组与两相电流

(a)两相绕组　(b)两相电流

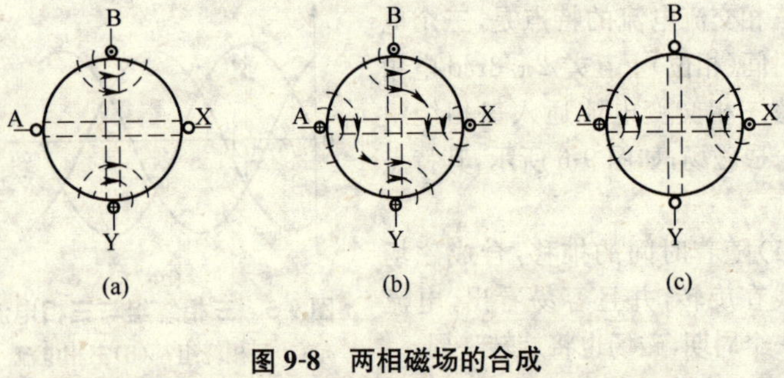

图 9-8　两相磁场的合成

(a)$\omega t=0$　(b)$\omega t=\pi/4$rad　(c)$\omega t=\pi/2$rad

可以看出，其合成磁场具有和三相旋转磁场完全相同的特点。

3. 旋转体的旋转磁场。如图 9-9 所示，在旋转体 R 上放置一个直流绕组 A，A 内通入直流电流，产生一个恒定磁场。当旋转体 R 旋转时，恒定磁场也随之旋转，在空间形成了一个旋转磁场。由于是借助于机械运动而得到的，故也称为机械旋转磁场。

如果在旋转体 R 上放置两个互相垂直的直流绕组 M 和 T，则当两个绕组内分别通入电流 i_M 和 i_T 时，它们的合成磁场仍然是恒定磁场，如图 9-10 所示。

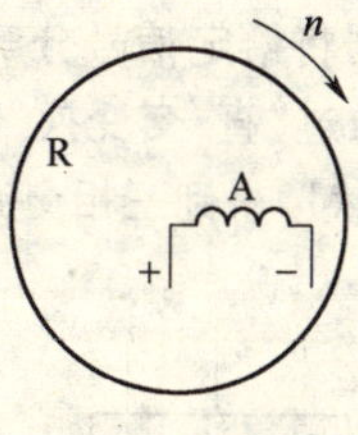

图 9-9　旋转体的旋转磁场

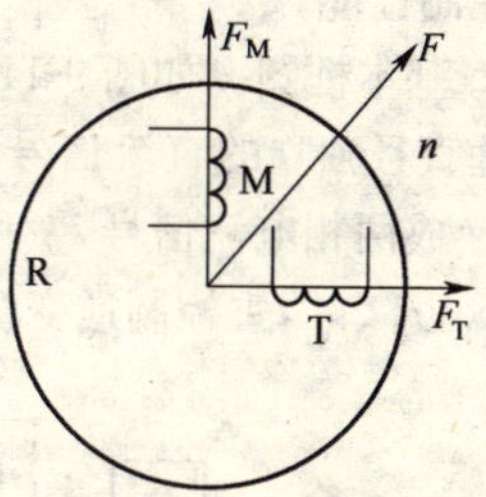

图 9-10　两个直流绕组产生的磁场

如果调节任何一个直流电流（i_M 和 i_T），则合成磁场的磁感应强度也得到了调整。当 R 旋转时，此恒定磁场将在空间形成一个机械旋转磁场。

4. 磁场的等效变换。如果上述 3 种方法产生的旋转磁场完全相同（磁极对数相同，磁感应强度相等，转速一样）的话，则认为这时的三相磁场系统、两相磁场系统和旋转直流磁场系统是等效的。因此，这 3 种旋转磁场之间，就可以互相进行等效变换。

通常，把三相系统和两相系统之间的互相变换称为 3/2 变换和 2/3 变换；把两相系统和旋转直流系统之间的互相变换称为交/直变换和直/交变换。

（二）矢量控制的基本构思

1. 基本设想。如上所述，一个三相交流的磁场系统和一个旋转体上的直流磁场系统，以两相磁场系统作过渡，可互相进行等效变换，所以如果将变频器的给定信号变换成类似于直流电动机磁场系统的控制信号，就是说，假想有两个互相垂直的直流绕组同处于一个旋转体上，两个绕组中分别独立地通入由给定信号分解而得的励磁电流信号 i_M^* 和转矩电流信号 i_T^*（带“ * ”号者表示控制信号），并且把 i_M^* 和 i_T^* 作为基本控制信号，则通过等效变换，可以得到与基本控制信号 i_M^* 和 i_T^* 等效的三相

交流控制信号 i_A^*、i_B^*、i_C^*，去控制逆变电路。对于电动机在运行过程中的三相交流系统的数据，又可以等效变换成两个互相垂直的直流信号，反馈到给定控制部分，用以修正基本控制信号 i_M^* 和 i_T^*。

进行控制时，可以和直流电动机一样，使其中一个磁场电流信号(i_M^*)不变，而控制另一个磁场电流信号(i_T^*)，从而获得和直流电动机类似的控制性能。

2. 基本框图。如图 9-11 所示，给定控制器将给定信号分解成两个互相垂直且独立的直流信号 i_M^* 和 i_T^*。然后通过"直/交变换"将 i_M^* 和 i_T^* 变换成两相电流信号 i_α^* 和 i_β^*，又经"2/3 变换"，得到三相交流的控制信号 i_A^*、i_B^*、i_C^*，去控制逆变桥。

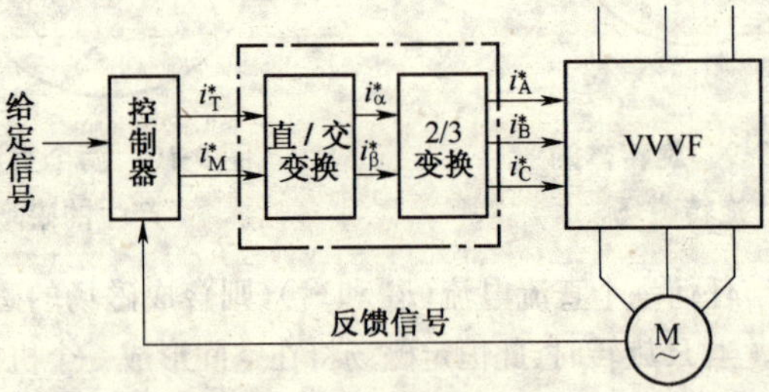

图 9-11 矢量控制构想图

电流反馈用于反映负载的状况，使直流信号中的转矩分量 i_T^* 能随负载而变，从而模拟出类似于直流电动机的工作状况。

转速反馈用于反映拖动系统的实际转速和给定值之间的差异，并使之以最快的速度进行校正，从而提高了系统的动态性能。

(三)矢量控制的应用

1. 不宜使用在影响计算精度的场合。因为矢量控制方式需要根据电动机参数进行一系列的变换运算，故凡是有可能影响计算精度的场合，都不宜使用。主要包括以下几种情况：

(1)由于配用电动机容量不匹配影响计算精度。

(2)由于磁极对数超过变频器设计范围，影响计算精度。

(3)控制电动机台数必须是一台对一台。

(4)变频器与电动机之间不宜接输出接触器。

2. 应选用无反馈矢量控制的场合。这里所说的"无反馈"，是指不需要用户在变频器外部另行设置反馈环节。无反馈矢量控制在改善异步电动机低频时的机械特性方面已取得令人满意的效果，对于一些机械特性要求较高（负载变化时转速比较稳定），调速范围又并不很宽的场合，以选用无反馈矢量控制方式为宜。例如，带式输送机、大部分纺织机械和塑料加工机械等。

3. 应选用有反馈矢量控制方式的场合。

（1）对机械特性的硬度和动态响应能力都要求较高，调速范围又很宽的场合，应选用有反馈矢量控制方式。例如，龙门刨床等。

（2）对运行安全有较高要求，并要求在零速状态下也有足够转矩的场合。例如，起重机械等。

四、各种控制方式变频器的应用范围和基本特性

当从控制理论的角度对变频器进行分类时，变频器的控制方式可以分为开环控制和闭环控制两种方式。其中 U/f 控制属于开环控制，而转差频率控制和矢量控制则属于闭环控制。二者的区别主要在于在 U/f 控制方式中没有采用反馈控制，而在转差频率控制方式和矢量控制方式中则采用反馈控制。

虽然 U/f 控制变频器采用的是开环控制方式，在转速控制方面不能给出满意的控制性能，但是，由于这种变频器有着很高的性能价格比，在以节能为目的和对转速精度要求不太高的各种用途中得到了广泛的应用。

与采用了开环控制方式的 U/f 控制相比，转差频率控制采用的是一种进行转速反馈控制的闭环控制方式，其动、静态性能都优于 U/f 控制。因此，可以应用于对转速和精度有较高要求的各种调速系统。但是，由于采用这种控制方式的变频器的控制性能不如矢量控制变频器，而且二者在硬件电路的复杂程度上相差不大，目前采用转差频率控制方式的变频器已基本上被矢量控制变频器所取代。

矢量控制是异步电动机的一种理想的控制方式。它具有许多优点，例如，可以从零转速进行速度控制，调速范围宽；可以对转矩进行精确控制；系统响应速度快；加减速特性好等。

在矢量控制方式中，有速度传感器的矢量控制变频器的性能优于无速度传感器的矢量控制变频器。但是，由于采用这种控制方式时需要在异步电动机上安装速度传感器，严格来讲，这种变频器难以充分发挥异步电动机本身具有的结构简单、坚固耐用等特长。此外，在某些情况下，由于电动机本身或所在环境的原因无法在电动机上安装速度传感器。

表 9-1 给出了各种控制方式变频器的应用范围和基本特性对比。

表 9-1　各种控制方式变频器的应用范围和基本特性对比

比较项目		控制方式			
		U/f 控制	转差频率控制	矢量控制（无速度传感器）	矢量控制（有速度传感器）
变频器形式	电压型变频器	适合	适合	不适合①	不适合①
	电流型变频器	适合	适合	适合	适合
	电压型 PWM 变频器	适合	适合	适合	适合
速度传感器		不要	要	不要	要
速度控制	零速运行	不可	不可	不可	可
	极低速运行	不可	可	不可	可
	速度控制范围	1：10～1：20	1：20～1：50	1：20～1：50	1：1000
	响应速度	慢	快于 U/f 控制	快	快（30～1000rad/s）
	定常精度②	转差随负载转矩变化	模拟控制 0.1% 数字控制 0.01%	0.5%	模拟控制 0.1% 数字控制 0.01%
转矩控制	是否适合	不可	通常不用	适合	适合
	响应速度	—	慢	快	快
电路结构		最简单	简单	较复杂	复杂
特征	优点	(1)结构简单 (2)容易调整 (3)可以用于普通电动机	加减速和定常特性优于 U/f 控制	(1)可以进行转矩控制 (2)不需要速度传感器 (3)转矩响应速度快	(1)转矩控制性能好 (2)转矩响应速度快 (3)速度控制范围宽
	缺点	(1)低速时难以保证转矩 (2)不能进行转矩控制 (3)急加速和负载突增时将发生失速	(1)需要设定转差频率 (2)需要高精度的速度传感器	需要正确设定电动机参数	(1)需要正确设定电动机参数 (2)需要高精度的速度传感器

注：①因为采用的是电压源，所以无法在逆变电路部分对瞬时电流进行控制。

②定常精度，通常作为表示精度的数值，是以额定频率或额定速度为基准，将误差用百分比表示出来。对于开环控制为频率精度，闭环控制为转速精度。

第二节　变频器的类型、构成和特点

一、变频器的类型

变频器的品种很多，分类方法也不相同，一般按下列两种方法分类：

1. 按变频器变换频率的方式划分。分为交-交变频器和交-直-交变频器两种。交-交变频器直接将电网交流电变为可调频调压的交流电输出，没有中间直流环节，故又称为直接变频器；交-直-交变频器需先将电网交流电经过整流器变成直流电，再经逆变器将直流变换为可调压调频的交流电，故又称为间接变频器。

从变频电源的性质上看，无论是交-交变频器还是交-直-交变频器，又都可分为电压型变频器和电流型变频器。

2. 按变频器的控制方式划分。分为开环控制和闭环控制。开环控制与闭环控制的主要区别在于，在变频器的输入、输出控制中，是否有反馈信号（电压、频率、转速等）参与其中。通过反馈信号进行控制的，称为闭环控制；不通过反馈信号控制的，称为开环控制。例如：恒压频比（即 U/f=常数）控制属于开环控制，而转差频率控制和矢量控制则属于闭环控制。

此外，还可以根据变频器中调制信号的类型，将变频器分为脉幅调制（PAM）、脉宽调制（PWM）和高载波频率的 PWM 控制 3 类。

变频器的大致分类情况，如图 9-12 所示。

二、变频器的构成

变频器的构成如图 9-13 所示。

1. 主电路。给异步电动机提供调压调频电源的电力变换部分，称为主电路。主电路一般由三部分构成：将工频电源变换为直流功率的整流器，吸收在整流器和逆变器中产生的脉动电压的平波电路，以及将直流功率变换为交流功率的逆变器。另外，异步电动机需要制动时，有时要附加制动电路。

低压中、小容量变频器采用的交-直-交型变频器的主电路如图 9-14 所示。

- 变频器
  - 交-直-交变频器
    - 主电路工作方式
      - 电压型
      - 电流型
    - 输出电压调节方式
      - 脉幅调制(PAM)
      - 脉宽调制(PWM)
      - 高载波 PWM 控制
    - 控制方式
      - 开环控制－U/f 控制(VVVF 控制)
      - 闭环控制
        - 转差频率控制
        - 矢量控制
    - 用途
      - 通用变频器
      - 高性能专用变频器
      - 高频变频器
  - 交-交变频器
    - 主电路工作方式
      - 电压型
      - 电流型
    - 相数
      - 单相
      - 三相
    - 主电路结构
      - 无环流反并联
      - 有环流交叉连接
    - 输出电压波形
      - 方波型
      - 正弦波型

图 9-12　变频器分类

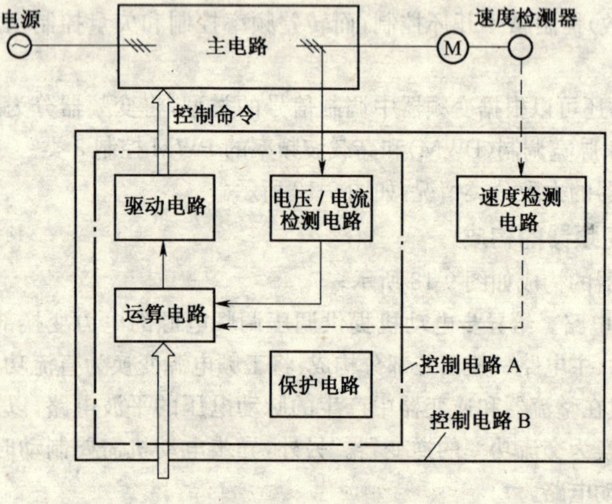

图 9-13　变频器的构成

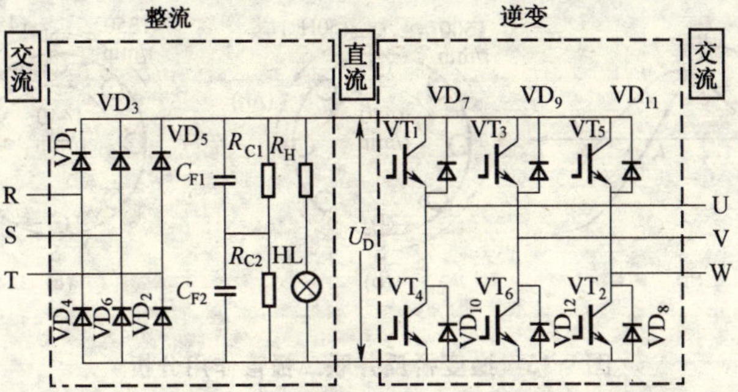

图 9-14　交-直-交型变频器的主电路

(1)图中逆变桥中，每个逆变管旁都反并联一个二极管 VD_7～VD_{12}，它们有以下几个作用：

①为绕组电感反馈能量提供回路。异步电动机的定子电路是感性电路，其电流的变化将滞后于电压，如图 9-15a 所示。

0～t_1 段：电流 i 与电压 u 的方向相反，是绕组的自感电动势（即反电动势）克服电源电压在作功（磁场做功）。这时的电流将通过反并联二极管流向直流回路。

t_1～t_2：电流 i 与电压 u 的方向相同，是电源电压克服绕组的自感电动势在做功（电源做功）。这时的电流是通过逆变管流向电动机的。

如果没有反并联二极管，则因为逆变管只能单方向导通，绕组的磁场无法与电源交换能量，电动机的电流波形将发生畸变。

②降速时为拖动系统释放机械能提供回路。变频调速系统是通过降低频率来减速的。

例如，当电动机的工作频率为 50Hz 时，其同步转速为 1500r/min，转子转速为 1440r/min，低于同步转速，转子绕组反方向切割磁力线，所产生的电磁转矩使转子旋转，如图 9-15b 所示。

当把频率降至 45Hz 时，同步转速立即降为 1350r/min，但在频率刚下降的瞬间，由于转子具有惯性，故转子转速仍为 1440r/min，超过了同步转速，使转子绕组正方向切割磁力线，所产生的感应电动势和电流的方向都和原来相反了，电动机变成了发电机（即再生制动状态），如图 9-15c 所示。转子多余的机械能转换成了电能，由 6 个反并联二极管全波整流后反馈给直流回路。

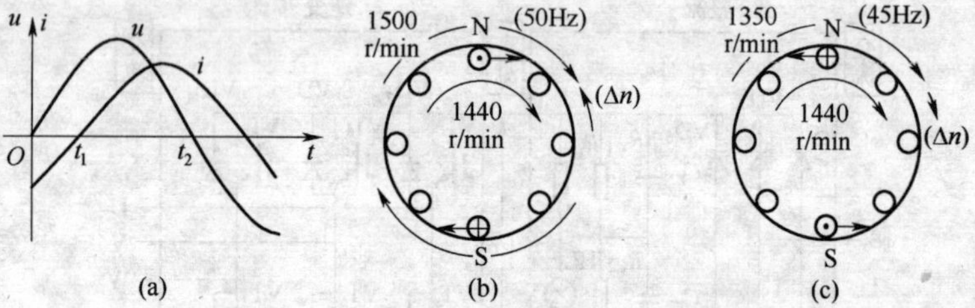

图 9-15　逆变桥反并联二极管作用分析

(a)电压与电流波形　(b)频率为 50Hz 时的情形　(c)频率为 45Hz 时的情形

③为线路中分布电感反馈能量提供回路。因为变频器的输出电压是高频矩形波。所以，由线路分布电感产生的电动势和电流不能忽视，也应该有反馈能量的回路。

(2)图中整流输出滤波电路中与电容器并联电阻的作用是：因为目前电解电容器的耐压只能做到 450V。而三相 380V 的电源电压经全波整流后，输出直流电压平均值为 $2.34\times380/\sqrt{3}=514$V，器件所受反向电压峰值为 $1.05\times514=540$V。因此，滤波电容器只能由 2 个(或 2 组)电解电容器串联而成。为了增大电容量，改善滤波效果，变频器内总是先将若干个电解电容器并联成一组，然后再将 2 组电容器(C_{F1} 和 C_{F2})串联起来。

由于每个电容器的电容量不可能绝对相同，尤其是电解电容器，其电容量的离散性较大，若干个并联以后，2 组电容器的电容量之间的差异是比较明显的。串联以后，2 个电容器组上的电压分配将是不均衡的，这将导致 2 组电容器使用寿命的不一致。

解决电压不均衡的方法，便是在两个电容器组的两端分别并联电阻值相等的均压电阻 R_{C1} 和 R_{C2}。原理如下：

假设　　　　　　　　$C_{F1}<C_{F2}$

则 $U_{D1}>U_{D2}$，这将导致 $I_{C2}>I_{C1}$

式中　C_{F1}、C_{F2}——分别是两个电容器组的电容量(μF)；

U_{D1}、U_{D2}——分别是两个电容器组两端的电压(V)；

I_{C1}、I_{C2}——分别是两个电容器组的充电电流(A)。

就是说，C_{F2} 上的充电电流较大，从而使 U_{D2} 有所提高，使 U_{D1} 和 U_{D2}

趋于均衡。

由于电阻的电阻值容易做得比较准确，从而保证了均压的效果。

2. 控制电路。给主电路提供控制信号的电路，称为控制电路。

控制电路一般由以下电路组成：频率、电压的运算电路；主电路的电压、电流检测电路；电动机的速度检测电路；将运算电路的控制信号进行放大的驱动电路；逆变器和电动机的保护电路等。

在图 9-13 内，当仅以 A 部分构成控制电路时，由于没有速度检测电路，故为开环控制；由于 B 部分增加了速度检测电路，即增加了速度指令，可以对异步电动机的速度进行控制，故为闭环控制。

三、变频器的特点

(一)变频器的使用特点

1. 操作简便，只需转动面板上的旋钮就能调频调速。

2. 体积小，重量轻，小功率的可用悬挂式，挂墙安装，不占地面积。

3. 频率数字显示，直观，所需频率(转速)可精确调节。

4. 可以遥控，远距离、隔墙操纵，简便可靠。

5. 保护功能齐全，通常有多种保护功能，并能显示故障所在部位。

6. 具有多种内设功能，可根据需要组合选用。

7. 具有多种用途的外部接口端子，方便用户使用。

8. 能自动平滑加减速，可省去电动机的起动装置及减速装置。

9. 维护工作很少，变频器能在恶劣环境下可靠工作。

10. 能实现无级调速，既节能，又安全。

(二)各类变频器的主要特点比较

交-交变频器与交-直-交变频器主要特点比较见表 9-2；电流型与电压型交-直-交变频器主要特点比较见表 9-3；通用变频器中最常采用的电压型主回路方式的比较见表 9-4。

表 9-2　交-交变频器与交-直-交变频器主要特点比较

比较内容	交-交变频器	交-直-交变频器
换能方式	一次换能，效率较高	二次换能，效率略低
换流方式	电网电压换流	强迫换流或负载换流
元件数量	较多	较少
元件利用率	较低	较高

续表 9-2

比较内容	交-交变频器	交-直-交变频器
调频范围	输出最高频率为电网频率的1/3～1/2①	频率调节范围宽
电网功率因数	较低	如用可控整流桥调压，则低频低压时功率因数较低，如用斩波器或 PWM 方式调压，则功率因数高
适用场合	低速大功率拖动	可用于各种拖动装置，稳频稳压电源和不停电电源

①交-交变频器如采用强迫换流，则调频范围可以扩大，最高输出频率可以超过电网频率，同时还可提高电网侧的功率因数，但换流电路复杂，目前还很少采用。

表 9-3 电流型与电压型交-直-交变频器主要特点比较

比较内容	电流型	电压型
直流回路滤波环节	电抗器	电容器
输出电压波形①	决定于负载，当负载为异步电动机时，近似正弦形	矩形
输出电流波形①	矩形	决定于逆变器电压与负载电动机的电动势，有较大的谐波分量
输出动态阻抗	大	小
再生制动	方便，主回路不需附加设备	需要在电源侧设置反并联逆变器
过流及短路保护	容易	困难
动态特性	快	较慢，如用 PWM 则快
对晶闸管要求	耐压高，对关断时间无严格要求	耐压一般可较低，关断时间要求短
线路结构	较简单	较复杂
适用范围	单机、多机拖动	多机拖动，稳频稳压电源或不停电电源

①均指简单的三相桥式逆变器，既不用脉宽调制也不进行多重叠加。

表 9-4　电压型变频器主回路方式的比较

比较内容		IGBT 变频器	BJT 变频器	GTO 变频器	VTH 变频器
最大适用容量	三相桥式，400V 输出	160kV·A	900kV·A	1500kV·A	400kV·A
	三相桥式，高压(600V 以上)	直接输出高压时高压元件尚不能制造	直接输出高压时高压元件尚不能制造	3000kV·A	2000kV·A
	多重化逆变器	—	1000kV·A	4200kV·A	8500kV·A
最大开关频率		10～20kHz	1～3kHz	600Hz～1kHz	400kHz
作为通用逆变器使用(逆变器容量以下负载)		◎	◎	○ 与 BJT 相比，开关频率低，输出电流高次谐波稍大	△ 利用多重化可以使用
高速旋转能力		◎	◎	○	△
电动机的群控		◎	◎	◎	◎
再生制动能力		◎ 需要可逆变流器	○ 需要可逆变流器	○ 需要可逆变流器	○ 需要可逆变流器
直流配电方式的适用		◎	◎	◎	× 原理上可以，但不经济
快速响应(矢量控制的适用)		◎ 响应最快	◎ 响应最快	○ 与 BJT 相比，响应性低	× 由于平滑滤波器的滞后，矢量控制不行
效率		◎ 同 BJT 变频器	◎ 与 VTH 变频器相比，提高 2%～3%	◎ 与 VTH 变频器相比，提高 2%～3%	○
功率因数		◎ 整流器输出电压一定，高低速功率因数总是高的	◎ 整流器输出电压一定，高低速功率因数总是高的	◎ 如果采用整流器输出电压一定的 PWM 运转，则功率因数总是高的	○ 由于采用整流器的相位控制，低速时功率因数低
应用(总容量)		△ 开发较迟	◎	○ 与其他方式相比，应用晚，应用少	◎

注：◎>○>△>×

第三节 变频器的控制特性、质量指标和可靠性

一、变频器的控制特性

变频器的控制特性通常包括以下内容：

1. 逆变电路控制方式。是指针对电动机的自身特性、负载特性及运转速度的要求，控制变频器的输出电压（电流）和频率的方式。一般可分为U/f（电压/频率）、转差频率、矢量运算3种控制方式。

2. 输出频率范围。最低的起动频率一般为0.1Hz，最高频率则因变频器性能指标而异。

3. 输出频率分辨率。输出频率分辨率为输出频率变化的最小量。在数字型变频器中，软起动电路（频率指令变换电路）的运算分辨率决定了输出频率的分辨率，如图9-16所示。若运算分辨率能达到1/10000～1/30000，对于一般的应用没有问题；若在1/1000左右，则电动机进行加速减速时，可能发生速度不平稳的情况。

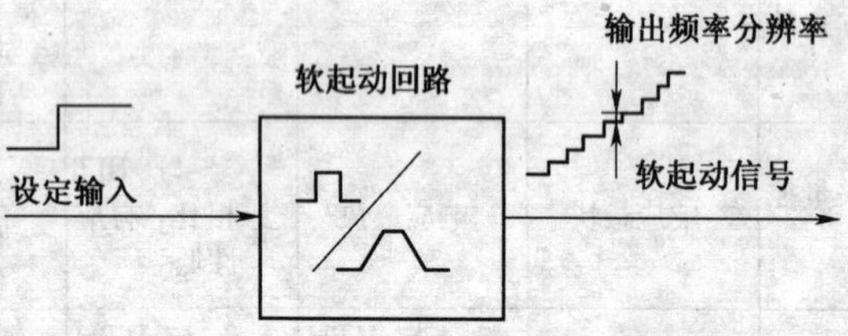

图9-16 输出频率分辨率

若最高输出频率为300Hz，分辨率为1/10000，则输出频率最小的变化幅度为0.03Hz。

4. 频率设定分辨率。频率设定分辨率为可设定的最小频率值。数字式变频器中，若通过外部模拟信号（0～10V，4～20mA）对频率进行设定，其分辨率由内部A/D转换器决定。例如，10位A/D的分辨率为1/1024，当最高频率为60Hz时，频率设定分辨率则为0.06Hz（0.1%），若以数字信号进行设定，其分辨率由输入信号的数字位数来决定。

5. 输出频率精度。输出频率精度为输出频率根据环境条件改变而变化的程度。

频率精度＝频率变动大小×100％最高频率

通常这种变动都是由温度变化或漂移引起的。

6. 频率设定方式。一般采用变频器自身的参数设定方式设定频率，或者通过设定电位器及其他规格 0～10V(0～5V)，4～20mA 的外部输入信号设定频率。同时，变频器还具有对外部信号进行偏置调整、增盈调整、上下限调整等功能。在需要较高控制精度的场合备有容易实现上述功能的附选件。

高性能变频器还可选用数字(BCD码、二进制码)输入以及上位机通过通信接口 RS-232C 和 RS-422 等发送的串行信号设定频率。

7. 电压/频率特性。电压/频率特性为在频率可变化范围内，变频器输出电压与频率的比。一般的变频器都备有已确定好的多种 U/f 特性(如转矩增强特性、二次降负载用节能特性等)，以适应不同负载的需要。图 9-17 所示为普通异步电动机电压/频率特性曲线。

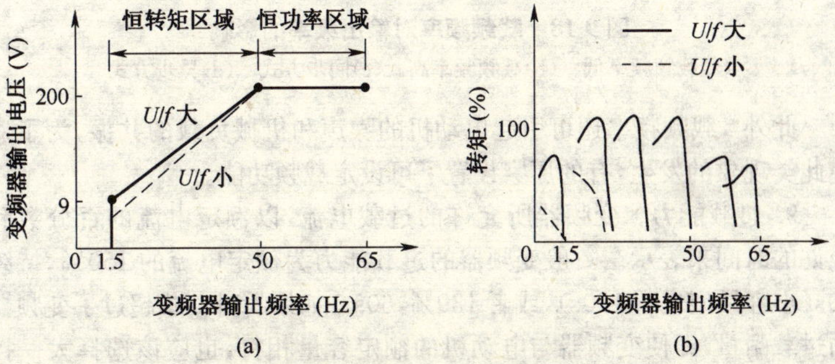

图 9-17　普通异步电动机电压/频率特性曲线

(a)U/f 特性曲线　(b)转矩特性曲线

8. 载频频率。载频频率的高低决定了变频器输出电压(电流)PWM 脉冲数的多少，即标志着输出波形的质量，载频频率越高，输出电压(电流)波形越好。其频率的上限受到功率元件开关速度的限制。早期双极性功率晶体管的载频频率为 1～3kHz。目前由于变频器采用 IGBT 元件，载频频率可达 10～15kHz。

若变频器输出频率与载频频率同步，则称为同步 PWM，否则称为异步 PWM。同步 PWM 在载频频率切换点会产生冲击，不适合精密运转，而异步 PWM 可实现全程平滑运转，如图 9-18 所示。

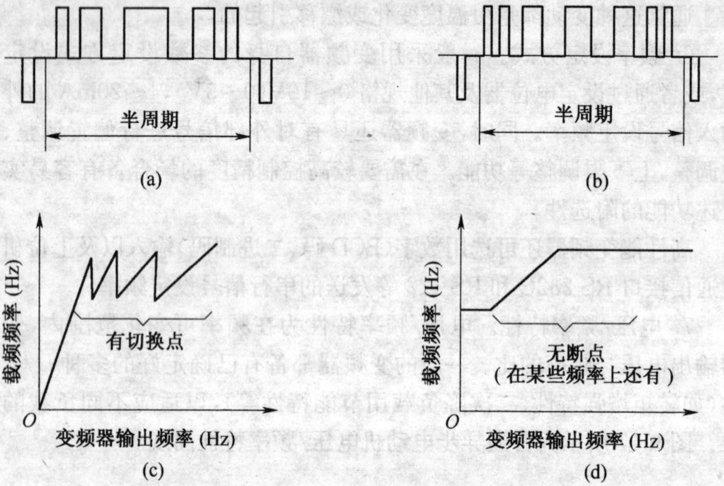

图 9-18　载频频率对输出频率的影响

(a)载频频率低　(b)载频频率高　(c)同步方式　(d)异步方式

此外，载频频率还可引起电动机的噪声和机械负载的共振，为了避免此类现象的发生，有的厂家设置了可设定载频功能。

9. 过载能力。变频器所允许的过载电流，以额定电流的百分数和允许的时间来表示。一般变频器的过载能力为额定电流的 150%，持续 60s(小容量型也有 120s)，或者 130%，60s。如果瞬时负载超过了变频器的过载耐量，即使变频器与电动机的额定容量相符，也应该选择大一挡的变频器。

10. 加减速时间设定。加速、减速时间作为基本功能可分别设定，以使调试工作更加简单易行。高性能变频器还具有曲线型加速和多挡加减速时间设定，以及外部控制加减速功能。例如，用一台变频器控制两台电动机时，可用两挡加减速时间分别设定不同的加减速度，以适应两台不同负载的电动机。

11. 制动方式。除了采用电动机的机械制动以外，变频器还可进行电气制动。变频器的电气制动一般分为能耗制动、电源回馈制动、直流制动 3 种。前两类都是电动机把能量反馈到变频器，其中能耗制动将能量消耗在制动电阻上，转换成热能；电源回馈制动则将能量通过回馈电路反馈到供电电网上。直流制动则是运用变频器输出的直流电压，在电动机绕组中产生直流电流，将转子的能量以热能的形式消耗掉。因此，直流制动不需另加设备或元件而非常实用易行。

直流制动通常用于数赫以下的低频区域，即电动机即将停止之前，而其他制动不能产生有效制动力的场合。在停止频率很低的情况下，也可实行全程直流制动。为避免电动机过热，制动力不能太大，时间也不能太长。一般直流制动的制动力为电动机额定转矩的 40%～60%，工作持续率希望在 3%～5% 以内。直流制动电路及工作原理如图 9-19 所示。

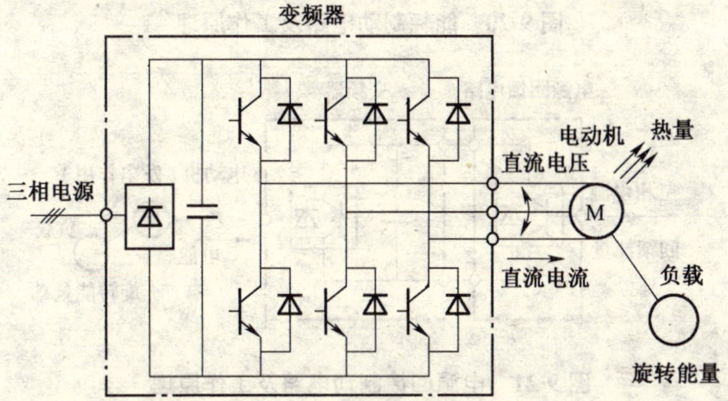

图 9-19　直流制动电路及工作原理

能耗制动时，若不加外接制动电阻，制动力约为电动机额定转矩的 20%；加外接制动电阻，制动力可达电动机额定转矩的 100%。由于制动电阻需要散热的时间，所以能耗制动一般用于制动频率不高的场合，工作持续率在 10%～15%。能耗制动电路及工作原理如图 9-20 所示。

从节能的角度来看，电源回馈制动是最好的一种方式。电源回馈制动电路及工作原理如图 9-21 所示。因为电源反馈电路很昂贵，所以一般用于高频率制动运转。

12. 运行控制方式。作为变频器必备的功能，应具有标准的、由触头控制的起动、停止、正转、反转输入，同时还可对停止的方式进行设定，如减速停止、自由停止、直流制动停止等。此外，变频器通常都还具有多级调速运转和点动运转功能。

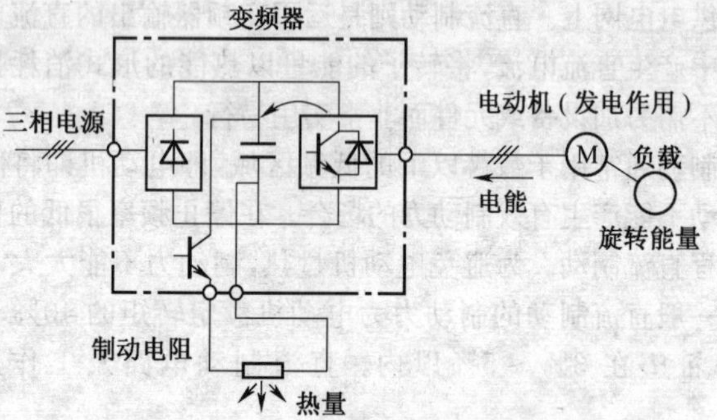

图 9-20　能耗制动电路及工作原理

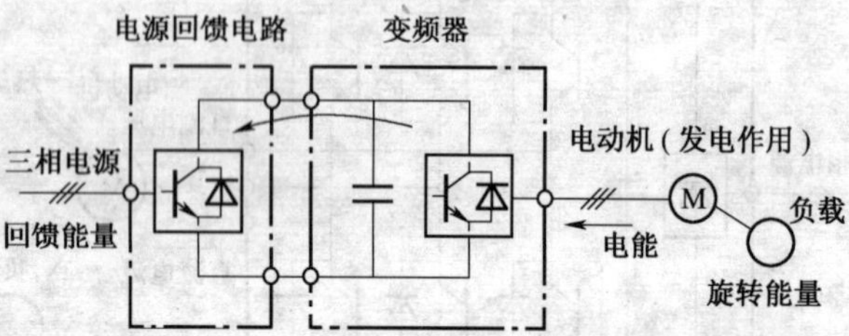

图 9-21　电源回馈制动电路及工作原理

多级调速运转是指通过参数设定,设定多级速度频率,并可通过外部信号选择使用某一级速度。高性能变频器可设定 3～8 级速度频率。

点动运转是一种与所设置的加减速时间无关的、单步的、以点动频率运转的驱动功能。点动频率可为固定的,亦可任意设定。该功能主要用于对机械设备进行微调的场合。

二、变频器的保护功能

变频器的保护功能很多,通常反映在产品样本上的主要有以下内容:

1. 欠压保护(包括瞬间断电)。欠压指的是变频器的电源电压在规定值(通常为额定电压的 10%)以下的状态。此时,会导致电动机的转矩不足而发生过热现象,为防止控制电路的误动作和主电路元件工作异常,在直流中间电路电压持续 15ms 以上、低于电源电压规定值时,变频器将停止输出。

对于具有应付瞬间断电能力的变频器，备有两种复电后的运转方式供用户选择，即5ms以上欠压后自由运转方式和2s以内欠压、断电时复电后的连续运转方式。瞬间断电后的自动连续运转方式相关参数变化曲线如图9-22所示。

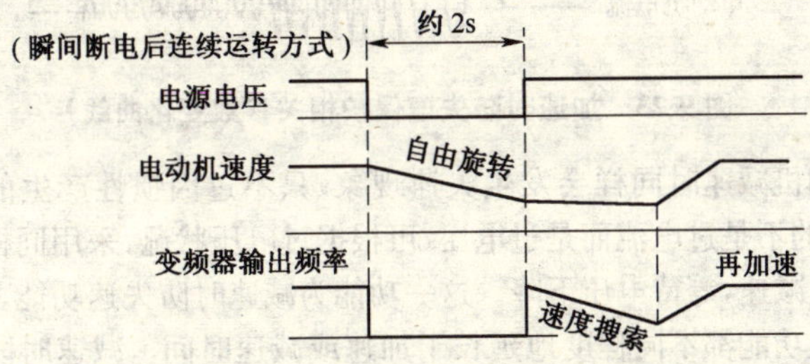

图9-22 瞬间断电后自动连续运转方式相关参数变化曲线

2. 过压保护。电源电压过高或电动机急剧减速以及负载为起重机、电梯的场合，当直流电路的电压超过规定值时，为防止主电路元件因过压而损坏，变频器将停止输出。

3. 过流保护。由于电动机直接起动或变频器输出侧发生相间短路或接地等事故时，变频器的输出电流会瞬间急剧增大，当超过主电路元件的允许值时，为保护其不被击穿，将关闭主电路元件(基极阻断)停止输出。变频器的瞬间过流保护通常设定在额定输出电流的200%左右。

4. 防失速功能。加速时失速的概念是指U/f控制的变频器，在无转速反馈的情况下，电动机(负载)瞬间急剧提高转速，使得变频器输出的频率与电动机实际的运转频率之差(即转差频率)很大，而与此同时，变频器的输出电流又受到限制，使得电动机得不到足够的转矩进行加速而维持原状的现象。失速发生时，由于转差过大，一般都伴随着过电流现象的发生而导致变频器跳闸。在加速过程中为避免陷入此种状态，通常采取在过电流现象发生时暂时停止增加(保持)频率的方法，等待电流减小以达到防失速、无跳闸的效果。加速时防失速保护相关参数变化曲线如图9-23所示。

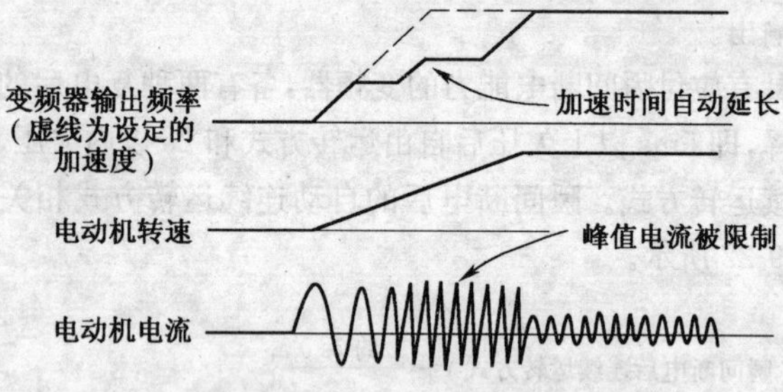

图 9-23 加速时防失速保护相关参数变化曲线

电动机减速时同样会发生失速现象，只不过因惯性产生的能量回馈，导致的不是过电流而是过电压，可根据过电压状况，采用同样的控制方法停止减速，等待电压下降。这一功能为减速时防失速功能。以上两种防失速功能都不同程度地延长了加速或减速时间。减速时防失速保护相关参数变化曲线如图 9-24 所示。

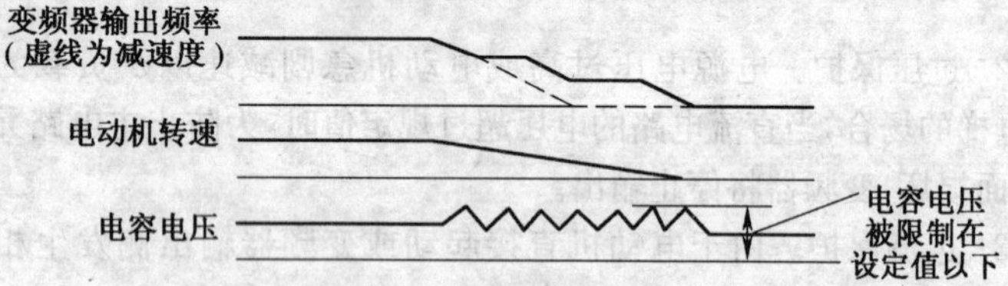

图 9-24 减速时防失速保护相关参数变化曲线

在泵和风机运转时，转矩以速度的平方变化。由于某种干扰，电动机电流有可能超出变频器额定电流而导致过流保护电路动作，引起变频器跳闸。为避免上述情况发生，运用防失速功能降低变频器的输出频率以减小电动机电流，当干扰消失后再恢复到原来的速度上运行。这一功能为运转中防失速功能。运转中防失速时相关参数变化曲线如图 9-25 所示。

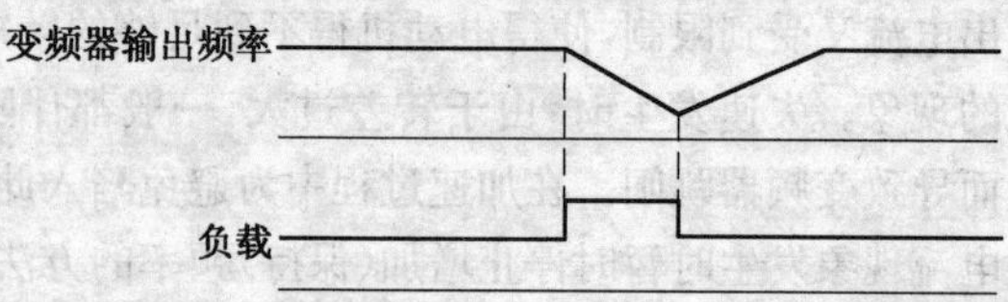

图 9-25 运转中防失速时相关参数变化曲线

5. 电子热继电器。电子热继电器是一个虚拟元件，模拟不同频率下电动机或其他元件的热特性，对电动机和元件进行保护。

将恒转矩(变频器用)电动机或普通异步电动机的类别以及必要的参数输入变频器，根据相应的反时限特性，电子热继电器可对电动机进行过载保护。电子热继电器保护作用如图 9-26 所示。在一台变频器驱动多台电动机的场合，电子热继电器无效，必须采用各自电动机的热继电器进行保护。

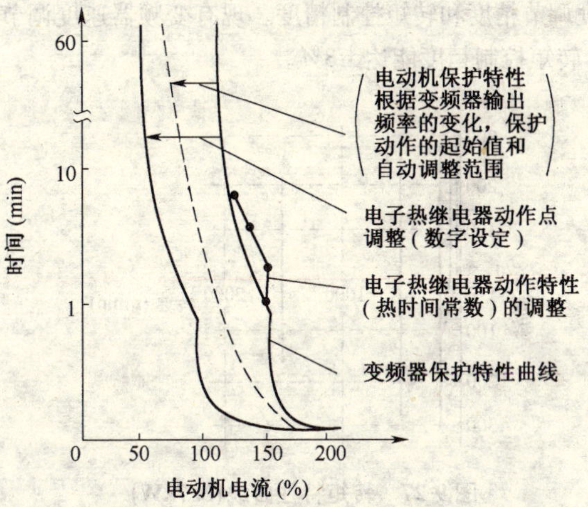

图 9-26 电子热继电器保护作用

此外，有的电子热继电器还可对变频器进行过载保护。当变频器的输出电流在额定值的 110%～115%时，电子热继电器电路根据反时限特性，对其进行保护。

6. 再起动功能。具有再起动功能的变频器在保护功能起作用后变频器将停止输出，自动检查主电路，若无异常则重新起动。再起动的次数可设定，一般最多可达 10 次，但发生瞬间断电、过流、过压、过载以外的事故时，再起动功能无效。

7. 监测信号的显示和输出。变频器的输出信号通常包括故障检测信号、速度检测信号、电流计端子和频率计端子输出信号等。这些信号和各种其他设备构成控制系统，对变频器的工作状态进行监测。

三、变频器的质量指标

(一)关键性指标

变频器关键性质量指标主要有以下几项：

1. 在0.5Hz时输出的起动转矩。比较优良的变频器在0.5Hz时能输出180%～200%的额定起动转矩，如图9-27所示。有此种特性时，根据负载要求可实现短时间平稳地加减速。

2. 速度调节精度和转矩控制精度。现有变频器速度调节精度能达±0.005%，转矩控制精度能达±3%。

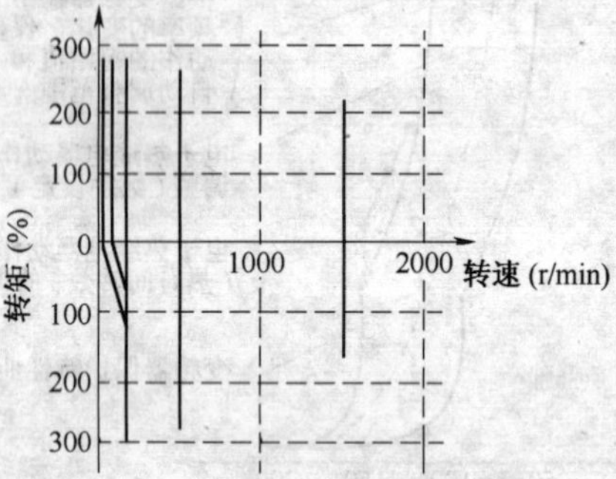

图 9-27　转矩特性曲线(3.7kW)

3. 在低转速脉动情况。低转速脉动情况是检验变频器好坏的一个重要标准。有的高质量变频器在1Hz时转速脉动只有1.5r/min。图9-28示出3.7kW变频器在1Hz时转速脉动分别为1.5r/min、2.5r/min、5r/min和14r/min的波形。

4. 噪声及谐波干扰。噪声及谐波干扰是衡量变频器质量的一个重要标准。它与变频器使用的器件及调制频率和控制方式有关。一般地说，使用GTO、GTR等器件，调制频率低，人的耳朵能听见，噪声就大；而采用IGBT、IPM等器件，调制频率高，人的耳朵听不见，噪声就小。但高次谐波始终存在。如果采用控制方式较好，也可减少一些谐波量。图9-29示出噪声比较图。

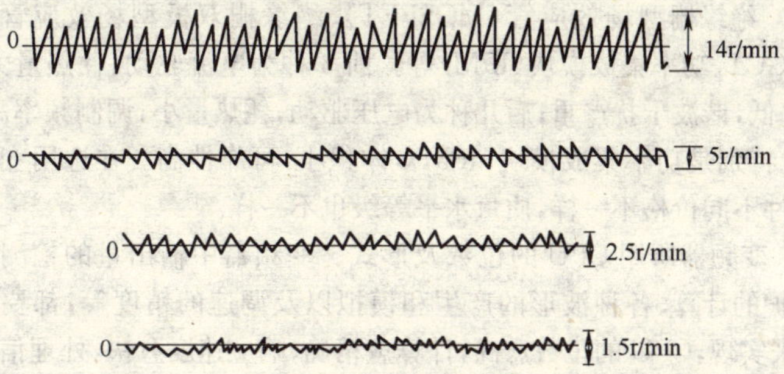

图 9-28　在 1Hz 时转速脉动情况的波形

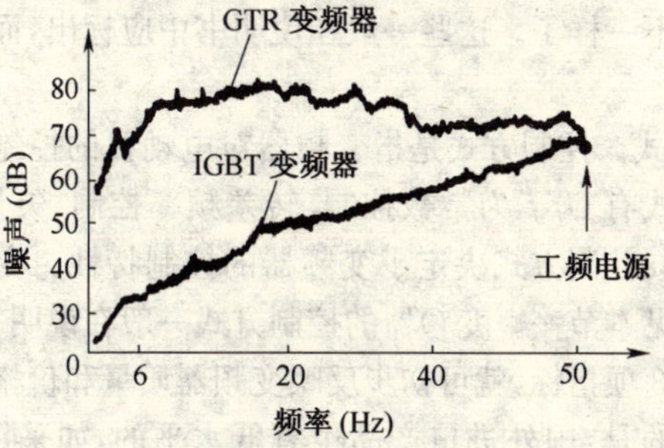

图 9-29　噪声比较

5. 发热量。一台变频器发热量大，证明功耗大，效率低，通风散热系统不好，也影响变频器的寿命。

6. 功能齐全，智能化水平高。在实际应用中，可根据负载情况选择不同功能变频器，但一台高质量的变频器一般都具有较多功能，并且智能化水平较高。

(二)简易评定变频器质量和性能的指标

变频器的质量和性能要通过仪器测定，只有说明书说明是不够的，但可通过 3 项指标对变频器的质量和性能做出初步的评价。

1. 变频器主电路形式及所采用的逆变器件。一个变频器是否先进及质量好坏，与变频器内部所采用的逆变器件有关。逆变器中使用的逆变器件有普通晶闸管(SCR)、门极关断晶闸管(GTO)、大功率晶闸管

(GTR)、绝缘栅型场效应管(MOSFET)、绝缘栅双极型场效应管(IG-BT)、IGCT、功率集成模块(IPM)等。前3种为电流驱动、耗热量大,调制频率低,谐波干扰严重;后几种为电压驱动,耗热量小,调制频率高,噪声小。特别是功率集成模块(IPM),体积小,可靠性高。在选用变频器时,器件不同价格不一样,质量水平等级也不一样。

2. 变频器所用CPU的位数及形式。变频器中输出量的检测与控制、保护的计算、各种波形的产生和模拟以及调速的精度等,都要通过CPU来实现,CPU的位数愈高,计算愈精确,响应速度愈快,处理信息的速度也就愈快,精度愈高,质量愈好。目前,变频器上安装的CPU位数有8位、16位、32位,有些采用双CPU、64位,还有些采用三CPU等。高位数、速度快,相应的硬件数模转换模块也要求较高,当然价格和质量水平等级也就不一样了。这些一般在说明书中应标出,而且在硬件上应能看出。

3. 控制方式。控制方式是指变频器对电动机的控制方式。变频器常用的控制方式有U/f为常数控制、转差频率控制、矢量控制、直接转矩控制等。不同控制方式决定了变频器的控制特性。变频器控制特性所包含的内容见本节一。变频器的控制方式一般在说明书上都要标出。

通过以上3项指标,就可初步反映变频器质量和价格在哪一个等级上。应该指出的是:国外进口产品也有低水平的,如采用GTR器件,8位CPU,SPWM控制的;国内产品也有高水平的,如采用IPM器件、双CUP、32位,矢量控制或直接转矩控制的。后者的配置完全能满足低速无谐振,0.5Hz时起动转矩较大,噪声低、干扰小、发热量小、功能齐全等要求。

四、变频器的可靠性

变频器的可靠性常用平均寿命的大小来恒量。平均寿命,就是平常所说的平均无故障时间,表示为$MTBF$。其计算公式为

$$MTBF=\frac{1}{N}\sum_{i=1}^{N}t_{\mathrm{i}} \tag{9-8}$$

式中 $MTBF$——平均无故障时间(h);

t_{i}——每台变频器无故障时间(h);

N——变频器的数量,一般在10台以上。

国际电工技术委员会(IEC)标准和各国的国家标准均没有对变频器

的 *MTBF* 标准做出规定，一般来说，整机的 *MTBF* 只要达到 5000h 就可称为长寿命。5000h 的概念是每天使用 8h，在 2 年之内无故障产生。在一般情况下，为了更加可靠起见，可将变频器的可靠性指标 *MTBF* 选择为 10000h。

第四节　变频器的电磁兼容措施

一、变频器的电磁兼容

变频器是电力电子设备，其电子元器件、计算机芯片易受外界的一些电气干扰；同时，变频器自身的元器件、振荡电路、数字电路、触头、开关等在工作中也会产生连续的干扰频谱。因此，变频器运行中既要防止外界干扰，又要防止干扰外界，即通常所说的电磁兼容(Electromagnetic Compatibility)。要做到这一点，就得采取相应措施和配套设备，以保证变频器安全、高效地工作。

二、变频器输出侧谐波产生的机理和危害

(一)谐波产生的机理

采用 PWM 调制方式的变频器，输出电压和输出电流均有谐波，这是由于变频器中的逆变部分是通过高速半导体开关产生 PWM 调制信号的，这种具有陡变沿的脉冲信号会产生很强的电磁干扰。尤其是输出电流，它们将以各种方式把自己的能量传播出去，形成对其他设备的干扰。

谐波频率的高低与变频器调制频率有关。调制频率低(1～2kHz)，在人耳的感觉范围内；高次谐波频率产生的电磁噪声(尖叫声)人耳能听见；调制频率高(20kHz)，人耳感觉不到，但高频信号是客观存在的。

(二)谐波的危害

变频器(主要是逆变器)产生的谐波向外界传播的途径有辐射和传导两大类，如图 9-30 所示。具体划分，可以分为以下 4 种方式：一是通过电磁波的方式向空中辐射；二是通过线间电感向周围线路产生电磁感应；三是通过线间电容向周围线路及器件产生静电感应；四是通过电源网络向电网传播。当变频调速系统的容量足够大时，所产生的高频信号将足以对周围各种电子设备的工作形成干扰，其主要后果有：

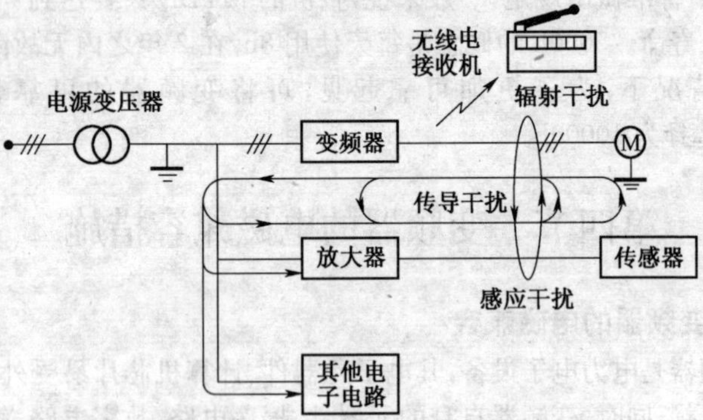

图 9-30 变频器输出侧谐波干扰途径

1. 对变压器。电流谐波将增加铜损,电压谐波将增加铁损,综合结果是使变压器温度上升,影响其绝缘能力,并造成容量裕度减小。谐波也可能引起变压器绕组及线间电容之间的共振,及引起铁心磁通饱和或歪斜,而产生噪声。损耗随频率增大而增加,故谐波的高频成分比低频成分对增加变压器的温升,是比较重要的因素。

2. 对电动机。引起电动机附加发热,导致电动机额外温升,电动机往往要降容使用。由于输出波形失真,增加电动机的峰值电压,影响电动机的绝缘性能,谐波还会引起电动机转矩脉动以及噪声增加。

3. 对电力电容器组。一般规定电容器电流只允许 35%的过载,但在实际运转时,由于谐波的影响,常发生严重过载。由于电容器的阻抗伴随频率的增加而减小,故当谐波产生时,电容器即成为一陷流点,流入大量的电流而导致过热,甚至损坏电容器。当电容器与线路阻抗达到共振条件时,会发生振动短路、过电流及产生噪声。

4. 对开关设备。由于谐波电流的存在,开关设备在起动瞬间产生很高的电流变化率,致使增加暂态电压的峰值,破坏绝缘。所以当谐波过大时,常会引起一些无熔体开关产生误动作,也很容易使一些开关里的熔体熔断。

5. 对保护电器。电流中含有谐波,必会产生额外的转矩,改变电器的动作特性,引起误动作。

6. 对计量仪表。电能表等计量仪表,会因谐波而造成感应转盘产生额外的电磁转矩，引起误差，降低精确度。

7. 对电力电子设备。在许多场合，电子设备常会产生谐波的电流源，且很容易感受谐波失真而误动作。

8. 对通信设备。输电线中若含有谐波，则将产生磁场及电场，以致干扰通信线路。

9. 对照明设备。谐波会影响白炽灯的寿命，当谐波增加时，将缩短灯泡寿命。荧光灯或水银灯的启辉器，有时装有电容，此电容器与启辉器及线路的电抗，可能对某一频率的谐波形成共振电路，这将产生额外的热损，甚至会使该灯具损坏。

10. 对电脑设备。会因电源电压波形的失真而引起误动作。

三、防止变频器输出侧谐波干扰的对策

为了防止变频器输出侧谐波的干扰，可采用以下对策(见图 9-31)：

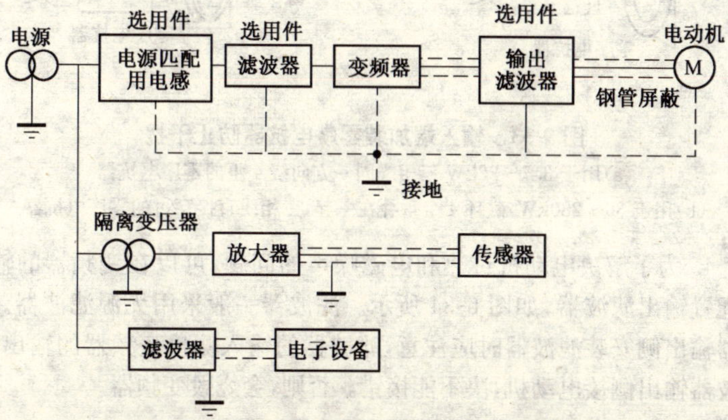

图 9-31 防止谐波干扰对策框图

1. 用铁壳屏蔽变频器。变频器安装于铁壳内，既能屏蔽交流调速系统向外辐射能量，又能防止外界电磁波进入本系统。

2. 变频器的输出线用钢管屏蔽，并与其他弱电信号分别配线。附近的其他灵敏电子设备线路也要屏蔽好。

3. 电源线要采用隔离变压器、电源滤波器以避免传导干扰，如图 9-32 所示；在要求不高的场合加装零序电抗器，如图 9-33 所示。

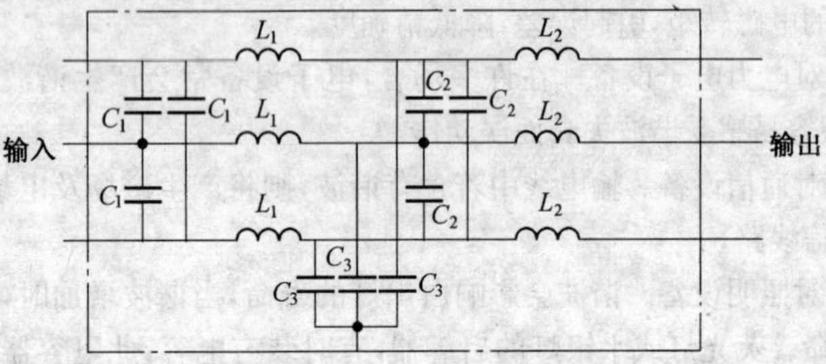

图 9-32　输入侧电源滤波器

C_1:0.47μF×3　C_2:0.47μF×3　C_3:1000pF×3

L_1:3mH×3　L_2:100μH×3

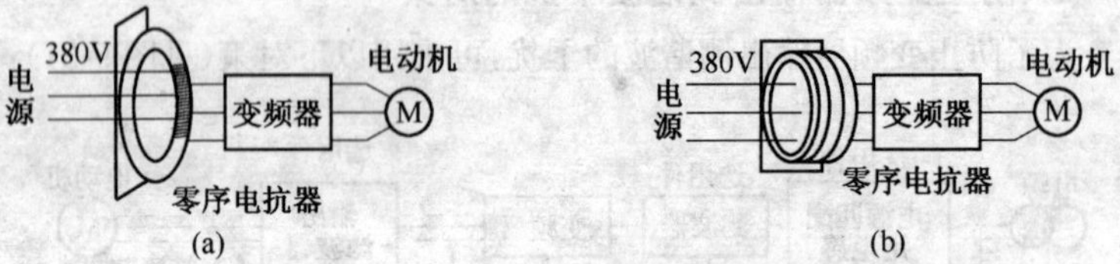

图 9-33　输入端加装零序电抗器防止干扰

(a)用于 3.7～22kW 三相线同一方向绕 4 匝的零序电抗器

(b)用于 30～280kW,磁环 4 个重叠在一起,三相线直接穿过的零序电抗器

4. 为了解决电动机过热和电磁噪声的问题,可以在变频器的输出侧配置输出滤波器,如图 6-34 所示。滤波器一般采用无源滤波器。变频器输出侧安装滤波器时应注意,滤波器的输入侧接变频器的输出侧,滤波器输出侧接电动机,决不能接错。否则,会烧毁变频器。

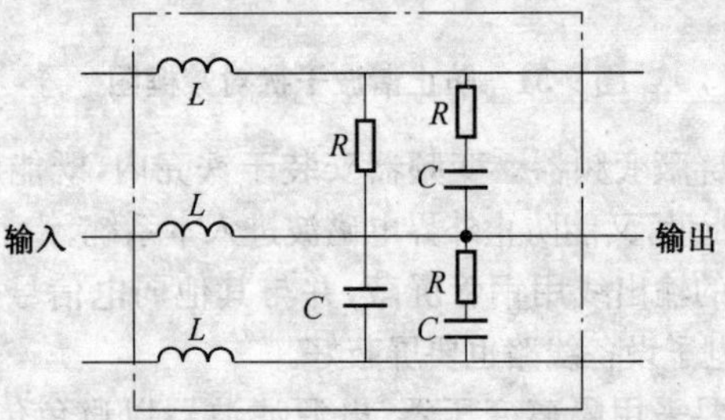

图 9-34　变频器输出侧配置输出滤波器

5. 当电源变压器容量大于 10 倍变频器容量，或电源电压不平衡率超过 3%，或与晶闸管整流装置、功率因数补偿器并联使用时需安装电源匹配用电感器，其参数见表 9-5。采用电感器后对电源改善效果见表 9-6。从表可看出，小容量变频器安装匹配电感器后使功率因数有提高；大容量变频器安装匹配电感器后功率因数无提高，但可改善变频器运行，同时还可起到滤波作用。

表 9-5　电源匹配电感器特性

电网电压（V）	适用电动机（kW）	变频器容量（kW）	匹配用电感器参数				备　注
			额定电流（A）	50Hz 时电抗（Ω/相）	线圈电阻（Ω/相）	损耗（W）	
380	30	30	100	0.0417	0.00273	38.9	（1）电源变压器容量＞10 倍变频器容量 （2）电源电压不平衡率超过 3% （3）接有功率因数自动补偿器及晶闸管装置 上述 3 条中任一条满足时，都需装电源匹配电感器
	37	37	100	0.0417	0.00273	55.7	
	55	55	135	0.0308	0.00161	50.2	
	75	75	160	0.0308	0.00161	65.3	
	90	90	250	0.0167	0.000523	42.2	
	110	110	250	0.0167	0.000523	60.3	
	132	132	270	0.0208	0.000741	119	
	160	160	561	0.0100	0.000236	56.4	

表 9-6　采用匹配电感器后电源改善效果

电网电压（V）	适用电动机（kW）	变频器容量（kW）	无电感器电源情况		加电感器后电源情况	
			输入电流（A）	输入功率因数	输入电流（A）	输入功率因数
380	30	30	80.4	0.66	68.9	0.77
	37	37	96.2	0.68	82.5	0.79
	55	55	114	0.70	102	0.78
	75	75	138	0.71	121	0.80
	90	90	138	0.95	137	0.95
	110	110	166	0.95	164	0.95
	132	132	202	0.95	196	0.95
	160	160	240	0.95	232	0.95
			290	0.95	282	0.95

四、防止外界因素对变频器的电磁干扰

防止的方法主要有：

1. 当配电变压器容量大于 50kV·A，且变压器容量大于变频器容量 10 倍以上时，要在变频器输入侧加装交流电抗器。交流电抗器的大小见表 9-7。如果变压器与变频器之间的连接阻抗大于表 9-7 中所示之值，可不装交流电抗器，其选用情况如图 9-35 所示。

表 9-7　交流电抗器数据

电源电压及容量	适用电动机容量(kW)	变频器容量(kW)	选配电抗器 额定电流(A)	电抗(Ω/相)	线圈电感(mH)	功耗(W)
电源380V容量500kV·A以上或大于变频器容量10倍	0.75	0.75	2.5	1.196	6.1	10
	1.5	1.5	3.7	1.159	3.69	11
	2.2	2.2	5.5	0.851	2.71	14
	4.0	4.0	9.0	0.512	1.63	17
	5.5	5.5	13	0.349	1.11	22
	7.5	7.5	18	0.256	0.814	27
	11	11	24	0.1825	0.581	40
	15	15	30	0.1392	0.443	46
	18.5	18.5	39	0.1140	0.363	57
	22	22	45	0.0958	0.305	62
	30	30	100	0.0417	0.0273	38.9
	37	37	100	0.0417	0.0273	55.7
	45	45	135	0.0308	0.00161	50.2
	55	55	135	0.0308	0.00161	70.7
	75	75	160	0.0258	0.00161	65.3
	90	90	250	0.0167	0.00161	65.3
	100	100	250	0.0167	0.000523	42.2
	132	132	270	0.0208	0.000741	60.3
	160	160	561	0.0100	0.000236	119
	200	200	561	0.0100	0.000236	90.4
	220	220	561	0.0100	0.000236	107
	280	280	825	0.000667	0.000144	108

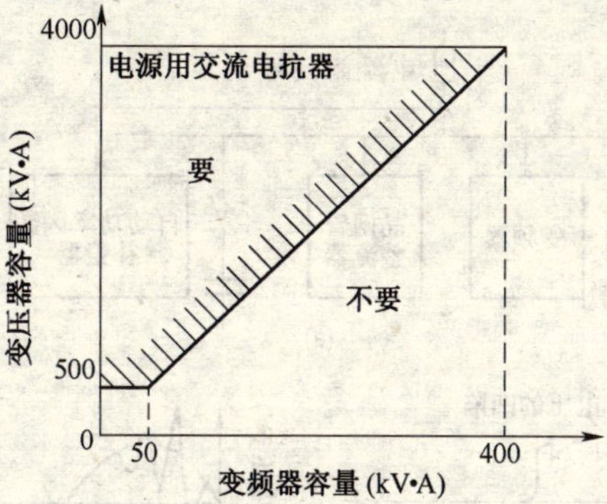

图 9-35　配电变压器容量及变频器容量与选用交流电抗器的关系

2. 当配电变压器输出电压三相不平衡，且其不平衡率大于 3% 时，变频器输入电流的峰值就很大，造成连接变频器的电线过热，或变频器过电压或过电流，或损坏二极管及电解电容器等。此时，需加装交流电抗器。特别是当变压器采用 V 形联结时问题更为严重。此时，除在变频器交流侧加装电抗器外，还需在直流侧加装直流电抗器。

3. 当配电网络接有功率因数补偿电容或晶闸管整流装置时（见图 9-36a），变频器输入电流峰值变大，加重了变频器中整流二极管负担（见图 9-36b），若在变频器交流侧连接有交流电抗器，变频器产生的谐波电流输入给补偿电容及配电系统，当配电系统的电感与补偿电容发生谐振呈现最小阻抗时，其补偿电容和配电系统将呈现最大电压（见图 9-36c），使变频器及补偿电容都会受损伤。为了防止谐振现象发生，在补偿电容器前串接电抗，就可以使 5 次以上高次谐波的电流成为感性，避免谐振现象的产生。与变频器配套使用的交、直流电抗器数据分别见表 9-7 和表 9-8。

同时需要指出，变频器的输入侧接有电动机时，此时不要为了补偿电动机功率因数而接入补偿电容，因变频器的逆变部分处于高速开关状态，瞬态输出电压有急剧的变化，会给电容很大的电流，使变频器和电容器都会受到损害。

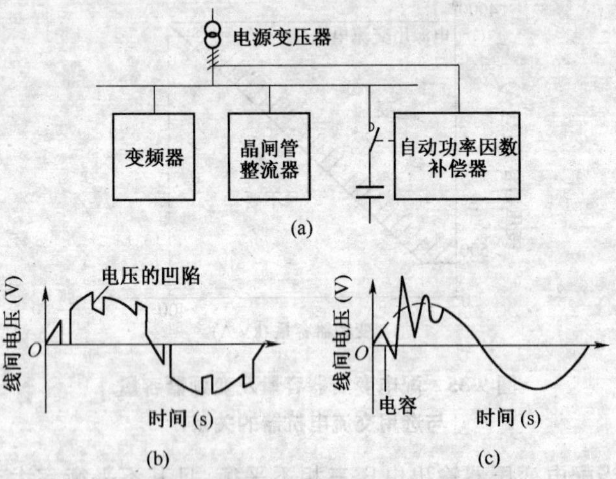

图 9-36　配电网络接有电容及整流装置

(a)装置框图　(b)晶闸管整流器电压的凹陷　(c)电容投入时的异常电压

表 9-8　直流电抗器数据

电源电压(V)	电动机功率(kW)	变频器容量(kW)	直流电抗器				
			额定电流(A)	电感(mH)	电阻(mΩ)	过电流速率	损耗(W)
380	30	30	80	0.86	9.84	150% 1min	16.2
	37	37	100	0.70	5.60	150% 1min	37.7
	45	45	120	0.58	4.03	150% 1min	42.8
	55	55	146	0.47	3.10	150% 1min	48.4
	75	75	200	0.35	2.38	150% 1min	58.0
	90	90	238	0.29	1.55	150% 1min	68.0
	110	110	291	0.24	1.36	150% 1min	83.0
	132	132	326	0.215	0.941	150% 1min	81.3
	160	160	395	0.177	0.737	150% 1min	92.9
	200	200	494	0.142	0.574	150% 1min	112
	220	220	557	0.126	0.516	150% 1min	118
	280	280	700	0.1	0.347	150% 1min	134

五、防止电磁辐射引起的干扰

防止电磁辐射的主要方法有：

1. 加强屏蔽。

(1)加强变频器的屏蔽。变频器的外壳本身也具有屏蔽作用。此外，如有条件，最好把变频器放在控制柜内，可以加强屏蔽。

(2)加强主电路的屏蔽。因为高次谐波电流要通过主电路，所以，主电路也是辐射源。应该把主电路的导线穿在金属管内进行屏蔽。

(3)加强受干扰设备的屏蔽。尽量把干扰的设备放置在金属箱(或金属柜)内，以削弱进入受干扰设备的电磁波强度。

2. 降低载波频率。由于变频器的输出电流中高次谐波的频率与载波频率相同，频率高，辐射能力强。故变频器的辐射干扰多数是由输出电流引起的。适当降低载波频率，可以降低变频器输出电流的辐射强度。

3. 屏蔽层良好接地。所有的金属外壳，主电路的金属管等，都必须良好接地。

4. 接滤波器。滤波器主要用于抑制具有辐射能力的频率很高的谐波电流，串联在变频器的输入和输出电路中。

滤波器主要由线圈和电容器组成，必须注意的是：变频器输出侧的滤波器中，其电容器只能接在电动机侧，且应串入电阻，以防止逆变器因电容器的充、放电而受到冲击。

六、防止因感应引起的干扰

防止的方法主要有：

1. 正确布线。

(1)远离。所有的控制线都应该远离变频器的主电路，使它们不受主电路电磁场的影响。

(2)不平行。控制线不要和主电路平行。

2. 滤波和隔离。模拟量控制信号大多是直流信号，故可以通过滤波和隔离的方法把由感应引起的附加高频信号削弱或消除。

由于滤波电路很难完全消除高频信号，加以电感线圈的电阻压降有可能削弱原来的信号，故必要时可用线性光电耦合管进行隔离和放大。

3. 信号线相绞。

4. 采用屏蔽线。屏蔽线内的金属屏蔽层，可以阻隔电磁信号的进入。一般情况下，金属屏蔽层只应一端接地。

七、防止变频器相互间干扰

多台变频器之间可能互相干扰，一般有以下两种情况：

1. 多台变频器在同一控制柜中。它们相互干扰的结果，往往是使各台变频器都不能正常工作，大多属于感应干扰。解决的方法有：

(1)从控制线布线入手。使各变频器控制线远离其他变频器的主电路，防止与其他变频器的主电路平行布线。

(2)从主电路入手。控制柜内使用金属配电板，所有变频器的主电路都从板后走线，如图 9-37 所示。

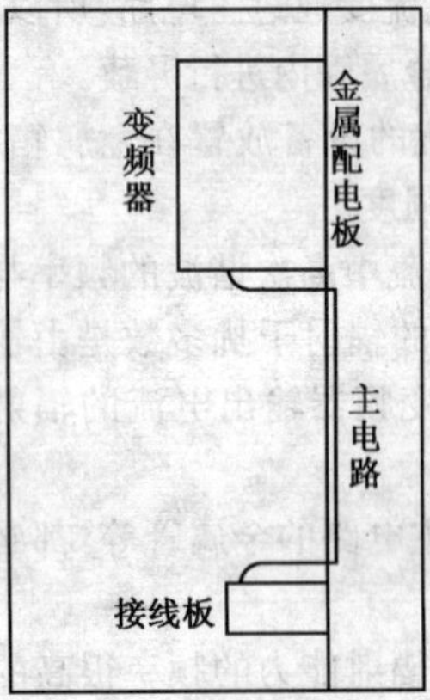

图 9-37　变频器主电路隔离

2. 多台变频器在同一电路中。容易使线路电压的波形发生畸变，导致变频器因过压或欠压而误动作。具体情况也有两种：

(1)变频器容量大台数少。大容量变频器在运行时，线路电压有可能发生严重畸变。在这种情况下，所有变频器都应配置交流电抗器。

(2)变频器容量小台数多。当电路中有很多小容量变频器同时运行时，线路电压的波形虽不一定发生严重畸变，但有许多维持时间很短(微秒级)的毛刺，导致各变频器不规则跳闸。

解决的方法是，在每个变频器的输入侧都接滤波器。也可以通过预置变频器的重合闸功能来防止变频器停机。

第五节　变频器的选择及安装

一、变频器容量的选择

1. 容量的表示方法。在变频器的使用说明书中，一般都标出适用电动机功率(kW)、输出容量(kV·A)、额定输出电流(A)等技术参数。其中，额定输出电流为变频器可以连续输出的最大交流电流的有效值。不管在什么场合使用，变频器的连续输出电流都不应超过此值。

额定输出容量，指变频器在额定输出电流与额定输出电压下的三相输出视在功率。当电源电压降低时，多数机种不能保证输出额定电压，所以额定输出容量也就难以达到。对于通用变频器，输出容量可以作为选择变频器容量的参考数据使用。

适用电动机功率，是指以2极或4极电动机为对象，在变频器额定输出电流以内适宜配套使用的电动机功率。在同等条件下，6极以上电动机和变极电动机的额定电流比标准电动机大，所以，需要选用比按适用电动机功率选择的变频器容量更大的变频器。在这种情况下，需要按变频器的额定输出电流选择变频器。

2. 根据电动机电流选择变频器的容量。使用6极以上的电动机，或在多台电动机并联运转等场合，仅用电动机功率不能准确地选择变频器，可按下式决定变频器的容量：

$$I_N \geqslant \sum_n K I_{MN} \tag{9-9}$$

式中　I_N——变频器的额定输出电流(A)；

K——裕度系数。小容量电动机：用于50Hz时为1.0，用于60Hz时为1.1；大容量电动机为1.1；

I_{MN}——电动机的额定电流(A)；

n——并联运转电动机的台数。

电动机用变频器传动与用工频电源传动相比，产生同一功率时电动机的电流有些增加，所以需要采用裕度系数K加以调整。

3. 选择变频器容量时的注意事项。

(1)并联追加投入其他电动机。用1台变频器使多台电动机并联运转，如果所有电动机同时起动加速，可如前所述选择变频器容量。如果一小部分电动机起动后再追加投入其他电动机，此时变频器的电压、频率已经上升，追加投入的电动机将产生大的起动电流。因此，变频器容量与电动机同时起动相比要大些，变频器的额定输出电流可按下式计算：

$$I_N \geqslant \sum_{n_1} K I_{MN} + \sum_{n_2} I_{MS} \tag{9-10}$$

式中　I_N、I_{MN}、K——同前式；

n_1——先起动的电动机台数；

n_2——追加投入的电动机台数；

I_{MS}——追加投入的电动机的起动电流(A)。

(2)大过载容量。根据负载过载程度的不同选择不同容量的变频器。通用变频器过载容量通常为125%、60s或150%、60s,当需要超过此过载容量时,必须增大变频器的容量。例如,对于过载容量为150%、60s的变频器,若要求200%的过载容量时,必须按公式 $I_N \geqslant \sum_n KI_{MN}$ 算出额定电流 I_N,再按 I_N 的1.33倍选择变频器容量(200/150=1.33)。

(3)轻载容量。当电动机的实际负载比电动机的额定输出功率小时,多认为可选择与实际负载相称的变频器容量。但是,对于通用变频器,即使实际负载小,选择比电动机额定功率小的变频器并不理想。其理由如下:

①电动机在空载时也流过额定电流的30%~50%的励磁电流。

②电动机的起动电流与电动机施加的电压、频率相对应,而与负载转矩无关。如果变频器容量小,当起动电流超过变频器的过载容量时则往往不能起动。

③电动机的电抗随电动机容量的不同而不同,即使电动机电流相同,电动机容量越大其脉动电流值也越大,可能会超过变频器的过电流耐量。表9-9是7.5kW4极电动机不同负载率的电流值与相应容量变频器额定电流值对照表。根据表中数据,电动机在2.2kW时的电流值,采用3.7kW的变频器就足够了。但是,对比3.7kW4极电动机在100%负载(电动机电流17A)下运转时的电流波形(如图9-38a所示)和7.5kW 4极电动机在轻载(电动机电流17A)下运转时的电流波形(如图9-38b所示)后,不难看出,即使电动机电流相同,7.5kW的脉动电流比3.7kW电动机大很多。

表9-9 7.5kW 4极电动机不同负载率的电流值与相应容量变频器额定电流值对照

标准电动机	功率(kW)	7.5	5.5	3.7	2.2
	负载率(%)	100	73	50	30
	电流(A)	28.6	22.6	17.9	14.5
变频器	容量(kW)	7.5	5.5	3.7	2.2
	额定电流(A)	33	24	17	11

3.7kW的变频器是按图9-38那样的脉动电流来确定过电流大小的,若用它来传动7.5kW的电动机,则必然会引起过电流保护频繁动作而不能工作。因此,本例还应选用5.5kW的变频器。

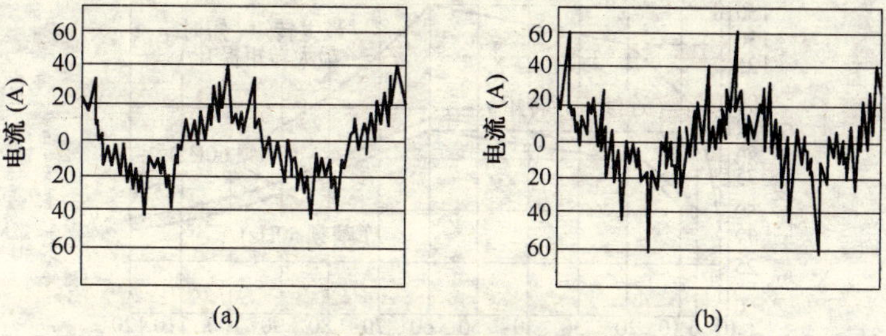

图 9-38　电动机电流波形

(a)3.7kW,4 极,全负载　(b)7.5kW,4 极,轻负载

电动机电流:17A　脉动电流:40A　电动机电流:17A　脉动电流:60A

(4)起动转矩和低速时转矩。电动机用通用变频器起动时,其起动转矩同用工频电源起动相比多数变小,根据负载的起动转矩特性有时不能起动。另外,在低速运转区的转矩有比额定转矩减小的倾向。国产BBP-F、BBP-K 系列变频器的输出转矩特性如图 9-39 所示;日立 L300P 系列变频器输出转矩特性如图 9-40 所示。

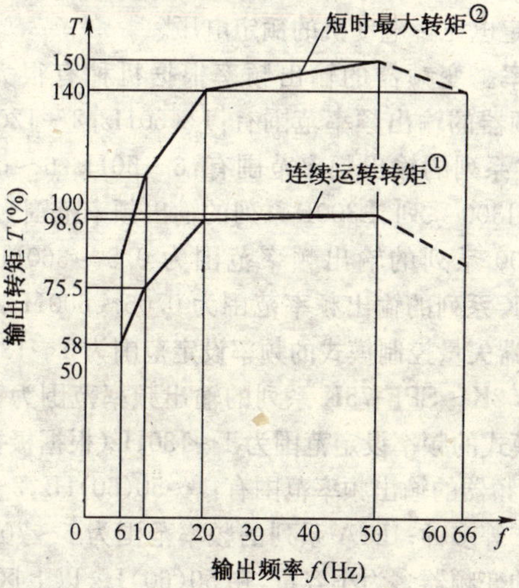

图 9-39　BBP-K/F 型变频器的输出转矩特性

①连续运转转矩指电动机连续运转时,其温升不超过允许温升时的转矩。

②短时最大转矩指用变频器驱动电动机时能得到的最大转矩,不能在此值下连续运转,只能短时间运转。

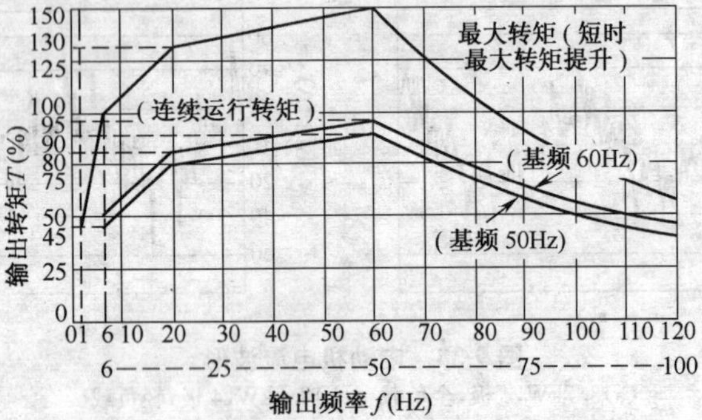

图 9-40　L300P 系列变频器的输出转矩特性

如选定的变频器和电动机不能满足负载所要求的起动转矩和低速区转矩时，变频器的容量和电动机功率还需要再加大。

二、变频器输出电压和频率的选择

1. 输出电压。变频器输出电压可按电动机额定电压选择，一般情况下，变频器额定电压≥电动机的额定电压。

2. 输出频率。变频器的输出频率根据机种有很大不同。例如，BBP-K 系列变频器的输出频率范围有：1～60Hz；2～120Hz；4～240Hz 等多种。BBP-F 系列的输出频率范围有：6～50Hz；6～60Hz；6～66Hz 等多种。日立 SJ300 系列、L300P 系列的输出频率范围为 0.1～400Hz；SJ100 系列、L100 系列的输出频率范围为 0.5～360Hz。三星 SHF-1.5K～SHF-55K 系列的输出频率范围为 0.05～600Hz，在 4 极电动机中，无速度传感器矢量控制模式的频率设定范围为 1～130Hz(根据极数而不同)；SPF-2.2K～SPF-75K 系列的输出频率范围为 0.05～200Hz，无速度传感器模式的频率设定范围为 1～130Hz(根据极数而不同)。国产 JP1C 通用变频器的输出频率范围有：1～50(60)Hz，2～100(120)Hz，4～200(240)Hz 等多种；JP1A 系列的频率范围为 5～70Hz。最高输出频率超过工频的变频器多为小容量，在 50(60)Hz 以上区域由于输出电压不变而表现为恒功率特性，要注意在高速区转矩的减小。对于车床等机床，需根据工件的直径和材料改变速度，在恒功率的范围内使用，轻载时采用高速可以提高生产率，但应注意不要超过电动机和负载容许的最高速度。

3. 变频器的起动频率。

(1)恒转矩负载。一般情况下，以起动时电动机的转差不超过额定转差为宜。例如，Y132M-4 型电动机(7.5kW)的额定转速为 $n_{MN}=1440r/min$，则额定转差为

$$\Delta n=1500r/min-1440r/min=60r/min$$

和额定转差对应的频率是：

$$\Delta f=\frac{p\Delta n}{60}=\frac{2\times 60}{60}Hz=2Hz$$

则起动频率的预置范围应该是：

$$f_s\leqslant 2Hz \tag{9-11}$$

个别情况下，如需要进一步加大起动转矩，起动频率的上限值 f_{SH} 也以不超过 5Hz 为宜。

$$f_{SH}\leqslant 5Hz \tag{9-12}$$

(2)二次方律负载。由于二次方律负载在低速时的阻转矩很小，故起动频率可以适当升高，但一般也不宜超过 10Hz。

$$f_{SH}\leqslant 10Hz \tag{9-13}$$

三、变频调速系统电动机的选用原则

变频调速系统选用电动机时应注意：

1. 电流。对于同一负载，用通用变频器运转与用工频电源运转相比，电动机的额定电流约增加 10%。增加的电流将会引起绕组和其他器件的温度上升，要求绕组和其他器件有较高的绝缘强度和耐热等级。

2. 速度控制。

(1)速度控制的上限。对已有的交流调速系统进行改造时，采用变频器驱动调速，在驱动普通异步电动机超过额定频率运转的场合，一定要检查转子的动平衡和轴承耐磨性。

(2)中间速度。风扇、风机等大惯性负载的固有振动频率通常都在这段可调速范围内，电动机所产生的脉动转矩的频率一旦与固有振动频率一致，则发生共振，严重的会引起轴断裂，而无法运转。

即使是一般的工业机械，在速度控制范围宽的场合，也有可能出现机械的固有振动频率与运转频率相同的情况。

为避免出现上述现象可采取如下对策：

①在变频器上加装频率跳变选用件，当机械系统工作在谐振频率时，

频率跳变选件使变频器的输出频率向上或向下跳变，避开共振点运转。

②对于采用 PAM 调制方式控制的变频器，低频时可采用 PWM 调制方式控制（电流型变频器）及多重化连接，以降低脉动转矩。

③采用具有弹性的联轴器。

④改变机构的共振频率，将其排除在运转范围之外。

另外，需要对旋转部分的离心力进行核算。例如，叶轮、轴、联轴器、电动机转子等，由于转速变化的幅度和频率使旋转部分受交变应力的作用，必须核算旋转部分的动平衡、疲劳强度、机械强度等，以确认是否安全。

(3)速度控制的下限。普通异步电动机中使用滚动轴承，虽然对最低速度没有限制，但对大容量电动机及机械侧使用滑动轴承的场合，低速时由于润滑不良会导致油膜过热，需要了解机械设备轴承的工作方式，确定最低的运转速度。

另外，在用变频器对泵的流量进行控制时，因有净扬程的要求，所以需要控制速度的下限值。同样，在用变频器对风速和风量进行控制时，也需根据喘振界限风量确定最低转速。

如此，考虑到电动机自身由于低速时冷却能力下降而确定的最低转速，与机械系统所允许的下限速度一起，决定电动机转速的下限。

3. 容许最高频率范围。通用变频器中有的可以输出工频以上的频率，这就意味着电动机将在高于额定转速的条件下运行。但普通异步电动机是以在工频下运转为前提而制造的，因此，为了保证电动机及负载的运行安全，在工频以上频率使用时，必须确认电动机的最高允许频率。通常，电动机最高允许频率受下列因素的限制：

(1)电动机的最高转速，不能超过轴承的极限转速。

(2)风扇、端环等的机械强度和疲劳强度。

(3)转子的机械强度。

(4)其他特殊零件的强度。

4. 防止冲击（浪涌）电压引起电动机绝缘性能恶化。用变频器驱动异步电动机时，变频器换向会产生冲击电压，开关元件瞬间开闭也会产生冲击电压，必须采取措施以防止电动机绝缘性能恶化。

四、变频器的安装

1. 变频器对安装场所的要求。主要有以下几方面：

(1)湿气少，粉尘少，无水侵入。

(2)无爆炸性、燃烧性、腐蚀性气体或液体。

(3)安装空间有一定裕量,便于安装、维护和检修。

(4)备有通风口或换气装置,以排出变频器产生的热能。

(5)同易受变频器产生的高次谐波和无线电干扰影响的装置分离。

(6)如安装在室外,必须按户外配电装置的要求安装。

2. 变频器对使用环境的要求。变频器长期稳定运行的环境条件是:

(1)周围温度。变频器运行中周围温度的容许值多为0℃～40℃或－10℃～50℃等,在一般的电气室内使用无问题。

①上限温度。对于单元型装入配电柜内或控制盘内等使用时,考虑柜内预测温升10℃,则上限温度多定为50℃。

变频器为全封闭结构,上限温度为40℃的壁挂用单元型装入配电柜内使用时,为了减少温升,可以装设选用件通风管或者取掉单元外罩等。

②下限温度。周围温度的下限值多为0℃或－10℃,以不特别冻结为前提条件。

(2)周围湿度。变频器周围相对湿度为40%以上,90%以下。周围湿度过高,会使电气绝缘性能降低和金属部分腐蚀。周围湿度过低,则容易产生空间绝缘破坏。

(3)周围气体。作为室内设施,其周围不可有腐蚀性、爆炸性或易燃性气体。还要选择粉尘和油雾少的设置场所。

(4)振动。设置场所的振动加速多被限制在0.3～0.5g(g=9.8m/s^2)以下。振动超过容许值,将使变频器结构件的紧固部分产生松动,接线材料因机械疲劳引起折损,继电器、接触器等有可动部分的器件误动作。对于机床、船舶等事先能预测振动的场合,必须选择有减振措施的机种。

(5)海拔。变频器设置场所的海拔规定在1000m以下。海拔高则气压下降,容易产生绝缘破坏。对在海拔1000m以上使用的变频器的绝缘性能没有直接规定。一般认为,在海拔1500m条件下,耐压降低5%;在海拔3000m条件下,耐压降低20%。

另外海拔高冷却效果也下降,必须注意温升。海拔在1000m以上的额定电流值将减小,1500m减小为99%,3000m减小为96%。从1000m开始,每超过100m容许温升下降1%。

3. 变频器与电动机之间最长距离的规定。当变频器和电动机之间的连接线很长时,导线的分布电容和电动机的漏磁电感有可能因接近于谐振点而导致电动机的输入电压偏高，从而使电动机容易损坏，或运行时发生振动。因此，从总体上说，变频器和电动机之间的线应尽量短。

具体地说，变频器内部的处理方法不同，两者之间规定的距离也不相同。几种常用变频器与电动机之间的规定距离见表 9-10。

表 9-10　不同变频器对电动机距离的规定

变频器型号		相关条件	规定距离(m)
森兰 SB40		$f_C \leqslant 3$kHz	≤100
		$f_C \leqslant 7$kHz	<100
		$f_C \leqslant 9$kHz	<50
康沃 CVF-G2		—	≤30
英威腾 INVT-G9		$f_C \leqslant 5$kHz	≤100
		$f_C \leqslant 10$kHz	<100
		$f_C \leqslant 15$kHz	<50
惠丰 HF-G		—	≤200
艾默生 TD300		—	≤100
富士 G11S		$P_N \leqslant 3.7$kW	<50
		$P_N > 3.7$kW	<100
日立 SJ300		—	≤20
三菱 FR-A540		$P_N \leqslant 0.4$kW	≤300
		$P_N \geqslant 0.75$kW	≤500
安川 CIMR-G7		$f_C \leqslant 5$kHz	≤100
		$f_C \leqslant 10$kHz	<100
		$f_C \leqslant 15$kHz	<50
ABB ACS800	直接转矩控制	R_2、R_3 外壳	≤100
		R_4、R_6 外壳	≤300
	标量控制	R_2 外壳	≤150
		R_3、R_6 外壳	≤300
瓦萨 CX		$P_N \leqslant 1.1$kW	≤50
		$P_N = 1.5$kW	≤100
		$P_N \geqslant 2.2$kW	≤200

注：表中数据来自各变频器的说明书。

4. 安装注意事项。主要有以下几方面：

(1)变频器应由电气专业人员接线。

(2)主电路电缆的载流量应满足变频器的额定电流，并且电缆的端头必须压接铜线鼻子。

(3)变频器控制电路的接线需用屏蔽线或绞合线，绞合线的绞合间距应尽可能地小。

(4)变频器需要单独接地，尽量不与电动机共接一点，以防干扰。

(5)变频器的输出端子(U、V、W)决不能接到三相电源上，否则，将损坏变频器。

(6)变频器接地时，务必使用接地端子。当数台变频器同时接地时，勿使接地线呈环状分布，如图 9-41 所示。

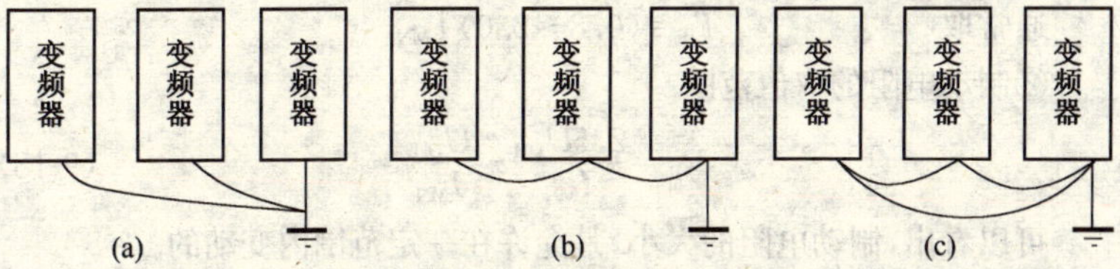

图 9-41 变频器接地方法

(a)正确 (b)正确 (c)不正确

五、安装变频器外部控制元件的说明

1. 变频器直流制动电路中制动电阻的电阻值的计算。准确计算制动电阻值的方法是比较麻烦的，必要性也不大。这里介绍的是根据各说明书提供的数据统计而得的粗略算法。

(1)粗略算法。当通过制动电阻的电流等于电动机额定电流的50%时，所得到的制动转矩约等于电动机的额定转矩，用公式表达如下：

$$I_B=\frac{U_{DH}}{R_B}=0.5I_{MN} \tag{9-14}$$

$$T_B\approx T_{MN} \tag{9-15}$$

式中 I_B——通过制动电阻的电流(A)；

U_{DH}——直流电压的上限值(V)；

R_B——制动电阻的电阻值(Ω)；

I_{MN}——电动机的额定电流(A)；

T_B——制动转矩(N·m)；

T_{MN}——电动机的额定转矩(N·m)。

在满足 $T_B \approx T_{MN}$ 的情况下，制动电阻值可计算如下：

$$R_B = \frac{2U_{DH}}{I_{MN}} \tag{9-16}$$

(2)制动电阻的取值范围。各变频器生产厂家为了减少制动电阻的电阻值挡次，常常对若干种不同容量的电动机提供电阻值相同的制动电阻。因此，在制动过程中所得到的制动转矩的差异是较大的，统计结果表明：

①制动转矩的估算及取值范围。如上述，制动转矩可估算如下：

$$T_B \approx \frac{2I_B}{I_{MN}} T_{MN} \tag{9-17}$$

通常取 $T_B = (0.8 \sim 2.0) T_{MN}$

②制动电阻的取值范围

$$R_B = \frac{2.5U_{DH}}{I_{MN}} \sim \frac{U_{DH}}{I_{MN}} \tag{9-18}$$

可以看出，制动电阻的大小，是允许在一定范围内变动的。

2. 变频器外接主电路中空气断路器的作用和选择。

(1)空气断路器的作用。

①隔离作用。当变频器长时间不用，或需要进行维修时，可断开空气断路器，使变频器与电源隔离。

②保护作用。空气断路器具有过电流和欠电压等保护功能，可以对变频器的主电路起一定的保护作用。

(2)选择时必须考虑的因素。因为空气断路器具有过电流保护功能，为了避免变频器接通电源时引起空气断路器的误动作，在进行选择时，必须考虑以下因素(如图 9-42 所示)。

①变频器在刚接通电源的瞬间，对电容器的充电电流高达额定电流的 2～3 倍(在有限流电阻的情况下)。

②变频器的进线电流是脉冲电流，高次谐波成分极多，当基波电流达到额定值时，实际电流的有效值要比额定电流大。

③变频器本身具有一定的过载能力，通常为 150%，1min。

(3)选择方法。为了避免误动作，空气断路器应选

$$I_{QN} \geqslant (1.3 \sim 1.4) I_N \tag{9-19}$$

式中　I_{QN}——空气断路器的额定电流(A)；

I_N——变频器的额定电流。

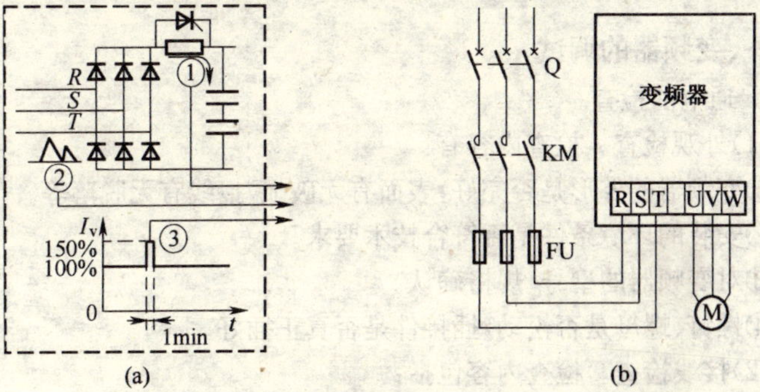

图 9-42　接通电源时使断路器误动作的因素

(a)各种因素示意图　(b)变频器的外接主电路

3. 变频器外接主电路中接触器的作用和选择。一般说来，在空气断路器和变频器之间，应该接入接触器，如图 9-43 所示。其主要作用：

(1)控制方便。可通过按钮开关方便地控制变频器的通电与断电。

(2)发生故障时可自动切断变频器电源。这包括以下两个方面：

①变频器自身发生故障，报警输出端子动作(图 9-43 中 B-C 端之间断开)，可迅速切断电源。

②当控制系统中有其他故障信号(图 9-43 中之 AL 触头断开)时，也可迅速切断变频器的电源。

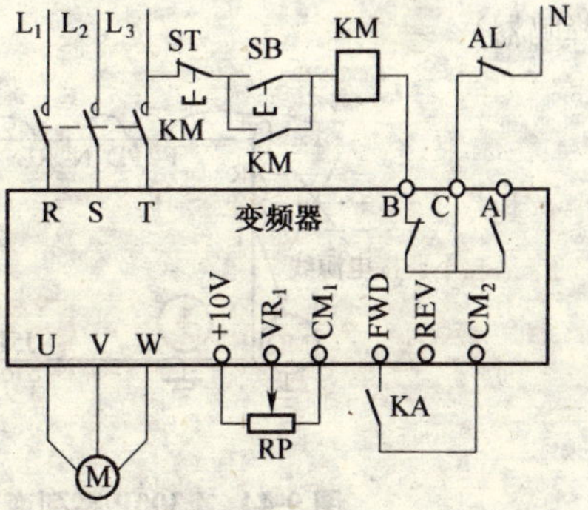

图 9-43　变频器外接主电路接入接触器

选择接触器的要点：因为接触器很少误动作，选择时，只需其主触头的额定电流 I_{KM} 不小于变频器的额定电流 I_N 就可以了。即

$$I_{KM} \geqslant I_N \tag{9-20}$$

第六节 变频器的调试与维修

一、变频器的调试

1. 通电前检查。

(1)外观检查。检查内容有:

①变频器的外形是否完好,表面有无破损,接线有无脱落等。

②安装的环境条件是否符合技术要求。

③对变频器的型号、规格确认。

④螺钉、螺母是否松动,插接件是否真正插好。

(2)接线检查。检查内容包括:

①根据接线图,检查导线直径、颜色、种类、走线途径、长度等,有无错误,连接有无松动,接触是否良好,特别应检查有无错误接线。

②接地是否正确和可靠。

(3)测量绝缘电阻。用500V绝缘电阻表测量变频器的绝缘电阻。只能按图9-44所示方法对主电路进行测量,切勿对控制电路进行绝缘电阻测试。对控制电路的导通性能测试,需使用万用表来进行(不能使用蜂鸣器)。

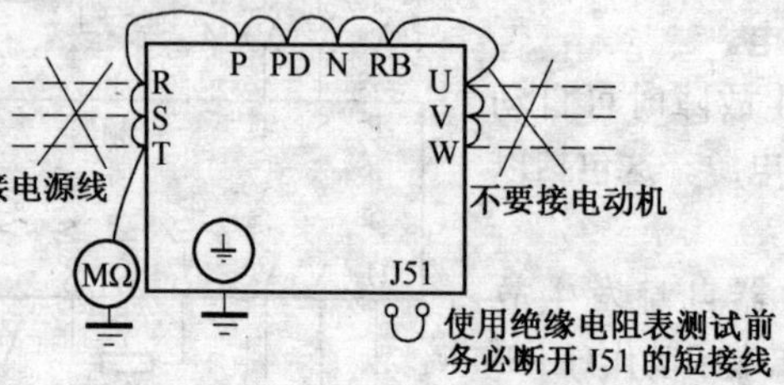

图9-44 L300P系列变频器端子连接

(日立L300P系列变频器原图,图形符号未做改动)

(4)检查电源电压。主电路电源电压是否在容许电源电压值以内。

2. 试运行。各类变频器的使用说明书上均有操作和试运行方法,一定要按说明书上的要求进行。

二、变频器的维修

变频器是以半导体元件为中心构成的静止装置，由于温度、湿度、尘埃、振动等使用环境的影响，以及其零部件自身质量及老化等原因，变频器的工作状态在不断变化。为了预防变频器故障，保持变频器良好可靠地运行，必须进行日常检查和定期检查。

1. 维护与检查前的注意事项。

(1)作业者要检查和操作，确认电源已处于断开状态。

(2)作业者要检查确认主电路中电容器等充电部分已放电完毕。对于有充电指示灯的变频器可以用观察指示灯状态确认；对于无指示灯的变频器用万用表等测量确认。

2. 日常检查与定期检查。一般情况下，各类变频器的使用说明书中均给出日常检查与定期检查项目表，如表 9-11 所列。

(1)日常检查。基本上是检查运行中有无异常现象，主要包括：

①电动机是否过热，有无异常声音和异常振动。

②变频器所在地的温度、湿度是否适当。

表 9-11　变频器的检查清单

检查部位	检查项目	检查事项	检查周期		检查方法	判定标准
			日常	定期(0.5～1 年)		
全盘	盘内设置	异常振动和响声	○		眼看、耳听	无异常
	电源电压	主电路电压、控制电压是否正常	○		测量电源输入端 R、S、T 相间电压	400V 系列：400～420，380～400/400～460V，50/60Hz
主电路	全盘	(1)紧固部件是否松动 (2)每个部件是否过热 (3)清扫		○ ○ ○	(1)使其紧固 (2)眼看 (3)必须用吸尘器清吸	(1)和(2)无异常
	母排电缆	(1)是否变形 (2)电缆及外皮有无变质，如破裂、变色等		○ ○	用眼睛观察	无异常

续表 9-11

检查部位	检查项目		检查事项	检查周期		检查方法	判定标准
				日常	定期(0.5～1年)		
主电路	变压器电抗器		有无异味和异常响声	○		眼看、耳听、鼻闻	无异常
	端子排		有无松动		○	眼看	无异常
	滤波电容器		(1)有无漏液 (2)安全阀是否喷出或膨裂 (3)测量电容量	○ ○	 ○	(1)和(2)用眼观察 (3)使用电容表测量	(1)和(2)无异常 (3)应在额定容量的85%以上
	继电器接触器		(1)在运行中是否振荡 (2)触头是否烧毁		○ ○	(1)耳听 (2)眼看	(1)和(2)无异常
	电阻器		(1)绝缘是否破损 (2)有无断线		○ ○	(1)眼看 (2)断开一端后,用万用表测量	(1)无异常 (2)电阻值应在±10%的误差范围内
控制电路	操作检查		(1)单独操作时各相输出电压是否平衡 (2)在程序保护操作试验后保护与显示有无异常		○ ○	(1)测量输出端U、V、W相间电压 (2)模拟保护动作	(1)端子间电压的差值在输出电压的2%以下 (2)保护动作时无异常
保护电路	部件检查	全部	(1)有无异味或变色 (2)有无明显锈斑		○ ○	(1)和(2)眼看	(1)和(2)无异常
		电容	有无漏液、变形	○		眼看	无异常

续表 9-11

检查部位	检查项目	检查事项	检查周期		检查方法	判定标准
			日常	定期（0.5～1年）		
冷却系统	冷却电扇	(1)有无异常振动及异常响声	○		(1)眼看、耳听，关断电源、用手转动	(1)转动平滑，无异常响声
		(2)接线是否松动		○	(2)拧紧	(2)无异常
显示	指示灯	(1)灯是否烧坏	○		(1)运行时盘面上的灯是否亮	(1)确认灯亮
		(2)清扫		○	(2)用棉纱擦净	(2)无积尘
	仪表	指示值是否正常	○		记录盘面仪表值	应满足规定值

③变频器外观散热状态是否正常。

④变频器冷却系统是否正常。

⑤变频器是否有异常振动声音。

⑥不必取下外盖，根据检查清单从外面查看变频器有无异常声音、异味及损伤。

⑦如有不良征兆，立即确认它的位置和程序。

⑧首先，确认异常的内容。例如，是各类保护（指面板显示或符号）异常，还是输出频率、输出电流、设定频率等异常。然后，判断是否可以继续运行。如果可以继续运行，应该详细记录异常内容及表现，以便定期检查时参考。

(2)定期检查。不停止运转就无法检查的地方或日常检查发现问题的地方的检查，以及电气特性的检查、调整等，都属于定期检查的范围。检查周期根据变频器的重要性、经济性及使用环境等综合判断来决定，通常为半年到一年。检查项目可参考检查清单。主要包括以下几项：

①盘内及空气过滤器的清扫。用真空吸尘器吸取尘埃，吸不掉的东西用布擦拭。为防止有灰尘、金属物的落下，清扫应自上而下进行。主电路元件的引线、绝缘子以及电容器的端部应该用软布小心地擦拭。空气过滤器的清扫一定要按期进行。

②紧固检查。变频器各连接部位由于温度上升、振动等原因常常引起松动，要定期进行紧固检查。

③检查钎焊部分、压接端子处有无断线，有无腐蚀。

④操作机构的检查。对操作机构可动部分、易磨损部分要进行检查、更换或修理。

⑤检查接触器、继电器的触头，损坏的要更换。

⑥浪涌吸收电路的检查。检查主电路元件浪涌吸收电路的电容、电阻有无异常，二极管限幅器、非线性电阻等有无变色、变形。

⑦保护电路运作检查。保护电路应该经常处于完好状态，这是很重要的。检查时应确认保护电路能按保护顺序动作和在给定值时动作。

通常应当检查的保护电路如下：

a. 非常停止或普通停止。普通按钮应检查触头有无损伤、接触不良等现象，自保持机构是否可靠；非常按钮重点检查动作是否灵活，有无锈蚀、松动等现象。

b. 过流检测。一般地说，变频器发生过流现象是比较多的，所以过流保护电路是日常使用最多的电路，也是保护电路中最重要的电路，应是日常检查的重点。检查时要确认主电路元件最终驱动信号在检测出规定的电流值后被切断。

c. 缺相、欠压检测。电源缺相或电压很低时，将会引起晶闸管换流失败，必须瞬时检测出来，切断控制极（门极）信号进行保护。检测电路的输入端通过调压器由另外电源供电，确认动作值。

d. 热式过流继电器。由另外电源流过实际的电流，检查其动作点和触头闭合情况。

e. 风压、温度继电器。风扇的风量减小则变频器温度上升，导致主电路元件性能劣化。所以，要检测风压或散热片的温度，用以保护元件。要把风压继电器放在风的入口或出口，温度继电器对着温风来确认继电器的动作。

f. 快速熔断器。要检查其紧固情况，有无变色和腐蚀。

⑧断路器。要检查跳闸电路动作是否正常，检修触头或更换。

⑨绝缘电阻的测量。印制电路板类用万用表测量，其他主电路等用500V绝缘电阻表测量，其值应在1MΩ以上。

⑩运转特性及各部波形的检查。将起动停止、加减速、稳定运转时的各部分波形，以及稳定度、响应等实测值，同试运转时数据相比较，分析是否存在性能变劣等问题。

⑪振动实验。变频器内的接线端子部分和接触部分，由于长时间的运转常发生腐蚀、接触不良、断线等故障，用小锤轻轻地叩击给以振动，检查接触部位有无不良，相关电路和元器件有无异常动作产生。

⑫温度实验。虽不是定期检查项目，但对于日常运转中很少发生的暂时异常现象，在定期检查中温度实验发现问题所在是有效的办法。特别是对半导体器件、电容器等的劣化问题，通过温度实验能够很快发现问题。但需充分注意不要太过热了。

⑬备用品的动作确认。备用品应放入导电袋密封起来，置于尘埃少、无有害气体、温度低的地方。印制电路板、电源单元等在定期检查时应装配起来，确认其动作正常，这样，发生故障时可以在短时间内修复。

三、变频器的故障处理

(一)各种保护功能的说明

各类变频器均有较完善的保护功能，当电路中发生某种异常情况时，相应的保护功能会动作，并显示相关的内容，使用者根据屏幕上显示的内容可以非常方便地进行处理。

BBP-F系列变频器保护功能动作时的显示方式及处理方法见表9-12；日立L100系列变频器保护功能动作时的显示内容及说明见表9-13；三垦SHF、SPF系列变频器警告一览表见表9-14，三垦SHF、SPF系列变频器报警状态时键的功能见表9-15；三垦SHF、SPF系列变频器报警一览表见表9-16；三垦SHF、SPF系列变频器保护功能动作时的显示内容及对策见表9-17。

表 9-12 BBP-F 系列变频器保护功能动作时的显示方式及处理方法

序号	保护功能名称	显示方式	处理方法
1	防止过电流失速	OL 指示灯闪烁	自动处理
2	防止再生过电压失速	OL 指示灯闪烁	自动处理
3	过电流关断	OCT 指示灯亮	检查过电流原因，排除后重新起动
4	再生过电压关断	OVT 指示灯亮	检查过电压原因，排除后重新起动
5	瞬时停电保护	IPF 指示灯亮	等电动机停稳后，排除电网故障再重新起动
6	电源电压欠压保护	IPF 指示灯亮	检查电网，排除故障后重新起动
7	过载切断	OCT、OVT 同时亮	减轻负载，如不可能则换大功率电动机和变频器
8	过载报警	OL 指示灯闪烁	调整加减速时间，必要时换大功率
9	散热片过热保护	OCT、OVT 同时亮，变频器停止输出，过一段时间后 OVT 灯灭掉	检查风扇及通风道，排除冷却故障后重新起动
10	负载侧接地短路过电流保护	GF 指示灯亮	检查接地点，排除故障后重新起动

表 9-13 日立 L100P 系列变频器保护功能动作时的显示内容及说明

保护功能	说明	显示
过流保护	当变频器的输出被短路或电动机堵转时，将会有大电流流过变频器，变频器的输出被切断	…常速 E 01 …减速 E 02 …加速 E 03 …停止 E 04

续表 9-13

保护功能	说　　明	显　示
过载保护	当通过热继电器检测到电动机过载时,变频器的输出被切断	E 05
过压保护	当来自电动机的再生能量使变频器的直流侧过电压时,变频器的输出被切断	E 07
EEPROM 错误①	当噪声或温度过高引起内置存储器出现问题时,变频器的输出被关断	E 08
欠电压	变频器输入电压的降低会导致控制电路的工作不正常,且会使电动机升温和输出转矩降低。当输入电压低于一定值时,输出被关断	E 09
CPU 错误	内置 CPU 工作呈异常时,输出被关断	E 11 E 22
外部跳闸	来自外部设备的异常信号关断变频器的输出,有必要将外部跳闸信号接入智能端子	E 12
USP 错误	指出已得电且变频器运行的错误(当选择 USP 功能时)	E 13
接地错误保护	通过检测得电时变频器和电动机之间的接地错误来保护变频器,该故障有可能损坏功率模块。该功能用于保护变频器,而不是人员	E 14
输入过电压保护	当得电 100s 内检测到输入电压高于允许值时,输出被关断	E 15
热继电器保护	当热敏传感器检测到功率芯片的异常高温时,输出被关断	E 21
PTC 错误	当热敏电阻的电阻值过大或检测到热敏电阻的异常情况时,输出被关断	E 35

注:1. 当发生 EEPROM 错误时,应重新确认设定值;当失电时 RS 保持 ON;当重新得电时会发生 EEPROM 错误报警。

表 9-14　三垦 SHF、SPF 系列变频器警告一览表

显　示	警告内容	说　明
Su	过电压功能动作	减速时间过短
SC	加减速电流限制功能动作	加速时间(减速时间)过短

续表 9-14

显　示	警 告 内 容	说　　明
SCn	恒速运转中电流限制功能动作	负载过大 输出频率过高
oL	过载警告	负载过大 如果继续运转，则变频器停机
EH	散热片过热警告	散热片温度上升，应检查周围温度和风扇工作状况 在低于散热片温度异常（oH）报警的设定温度（根据输出频率及输出电流等的不同而有差异）10℃以下时运转
dboH	制动电阻过热警告	制动电阻值过小（%ED小） 为防止制动电阻烧坏而暂停放电
oPEEr	选购件错误	安装的两块任选件基板发生冲突
FbEr	PID压力反馈断线警告	PID压力反馈信号异常，应确认反馈值及反馈信号

注：1. 警告状态是指保护功能起作用发出警告的状态。此时，变频器仍在继续运转。但是，如果在这种状态下继续运转，则在某些情况下，有可能发展为报警状态而停机。

2. 在警告状态期间，若是状态显示模式，警告内容和状态显示会交叉出现，以告知处于警告状态。若不是状态显示模式，当返回到状态显示模式时如果仍处于警告状态，则会交叉显示该警告内容。

3. 由于在警告状态中变频器仍在继续运转，因此所有的键均可操作。

表 9-15　三垦 SHF、SPF 系列变频器报警状态时键的功能

操　作	功 能 概 要
STOP	报警解除键。当解决导致报警状态的原因后，可作为恢复键使用（AL1，AL2，AL3，AL4，AL9，AL10 不能用 STOP 键解除）
PROG	即使在报警状态中，也能够转移到功能代码显示模式。通过cd098，可读取过去5项报警内容。这时对于调查导致报警状态的原因非常有效

续表 9-15

操　作	功　能　概　要
ENTER　CLEAR/DISP ▲　▼	在功能代码显示模式中有效
DRIVE	操作无效

注：1. 报警状态是指保护功能发生动作，变频器处于停机的状态（报警一览表见表9-16）。

2. 在报警状态期间，所有的监视模式显示（Hz，A，r/min，%，V，MPa）均闪烁，通知处于报警状态。

3. 若是状态显示模式，7 段监视器上显示报警内容。

4. 若不是状态显示模式，当返回到状态显示模式时如果仍处于报警状态，则会显示该报警内容，报警的内容是不能消除的。

表 9-16　三垦 SHF、SPF 系列变频器报警一览表

报警显示	报警内容	检查事项	措　施
AL1 ②	存储器异常	断开电源，待充电灯 CHARGE 熄灭以后，再接通电源，对报警进行确认	可向销售商咨询
AL2 ①	系统异常	外部噪声是否过大 信号线距离动力线是否过近	安装电涌吸收装置和静噪滤波器 将信号线与动力线分开
AL3 ①	系统异常		
AL4 ②	系统异常	是否发生电容的急剧放电 断开电源，待充电灯 CHARGE 熄灭以后，再接通电源，对报警进行确认	重新检查变更过的代码数据。如果几次开关电源后依然不能解除报警，可设定 Cd099＝1，将功能代码初始化，再重新接通电源，但是这种情况下所有功能数据都会回到出厂时的设定状态
AL5 ②	系统异常	外部电磁干扰是否过大	安装电涌吸收装置和静噪滤波器
AL9 ②	系统异常	信号线距离动力线是否过近	将信号线与动力线分开

续表 9-16

报警显示	报警内容	检查事项	措　施
AL 10	系统异常	断开电源，待充电灯CHARGE熄灭以后，再接通电源，对报警进行确认	可向销售商咨询
ACEr	加速中防止过载报警	电流限制值 Cd043是否太小	加大设定值，延长加减速时间
EGEr	恒速中防止过载报警		
dGEr	减速中防止过载报警		
ES	外部热敏电阻器报警	电机是否过热	减小负载
oH	散热片温度异常	风扇是否停止 周围温度是否过高	检查风扇工作状态 增加换气量
LuA	加速中欠压	电源电压条件是否良好 电压是否过低 输入是否缺相	调查并改善电源条件
Lun	恒速中欠压		
Lud	减速中欠压		
oCH	主开关器件温度异常	风扇是否停止 周围温度是否过高	检查风扇工作情况 增加换气量
oCA ③	加速中的过电流	是否在急剧加减速中运转	延长加减速时间
oCn ③	恒速中的过电流	是否输出短路或接地故障	除去短路与接地故障
oCd ③	减速中的过电流	主开关元件自身是否出现异常	向销售商咨询
oCPA	加速中短时间过载	是否急剧加速 电流限制值 Cd043是否过大	延长加速时间 减小设定值

续表 9-16

报警显示	报警内容	检查事项	措　施
oCPn	恒速中短时间过载	负载是否急剧变化(增加) 电流限制值 Cd043 是否过大	消除急剧变化(增加) 减小设定值
oCPd	减速中短时间过载	是否以大飞轮惯量急剧减速 电流限制值 Cd043 是否过大	延长减速时间 减小设定值
oLA	加速中过载	电机是否过载使用 热敏传感器的设定是否正确 负载的飞轮惯量是否过大	减轻负载 检查热敏传感器设定值 增加变频器或电动机的容量
oLn	恒速中过载		
oLd	减速中过载		
ouA	加速中的过电压	是否在空转中起动	改为转速跟踪起动
oun	恒速中的过电压	电动机是否被其他外力拖动	改为不受外力影响的系统或设置大容量制动电阻
oud	减速中的过电压	是否在急剧减速中运转	延长减速时间(设定与负载的飞轮惯量相适应的减速时间)
oud	制动电阻保护功能动作的过电压	制动频率是否变化剧烈	减少制动频率或增加制动电阻容量
oPEn	输出缺相(在几赫超低频下不能检测)	变频器的输出电缆是否缺相	切实连接好输出电缆
GALi	检测到 Cd071 = 3 的 PID 控制动作时的反馈信号电缆断线	反馈信号电缆是否断线 反馈信号是否正常 增益频率 Cd055 设定是否正确	确实连接反馈信号电缆 检查反馈信号 正确设定增益频率 Cd055

续表 9-16

报警显示	报警内容	检查事项	措施
PonG ②	电源异常	控制线路端子的＋24V输出电源是否过载或者短路	确认＋24V输出电源的负载状态

注：①由于所有的功能数据都会返回到出厂时的设定数据，因此需重新设定后再使用。

②若重新连接电源后，报警显示仍反复出现，可向销售商咨询。

③主开关元件配有短路保护功能，随着元件的老化反复短路有可能会损坏装置，故应停机检查，确认安全的情况下才能再度开机运转。

当由于某种原因导致操作面板的显示灯熄灭时，关闭变频器的电源并检查线路，等充电灯 CHARGE 熄灭后，再次连接电源（当弄错 24V 电源而产生短路时）。

表 9-17 三垦 SHF、SPF 变频器保护功能动作时的显示内容及对策

名称	对策	显示
过电流限制（防止失速）	当电流超过由 Cd043 设定的电流值时，可改变频率的变化率来限制电流的增加 加速中：输出电流达到设定值，应暂时降低频率的上升或降低频率变化率，防止失速，以限制电流值来加速 恒速中：若电动机过载，输出电流值达到设定值，应降低频率，当过载状态解除以后再返回到设定的频率	SC SCn
防止过电压	当电动机减速中的再生能量过大、超过制动电阻的消耗能力时，导致变频器直流电压上升，应停止频率的下降而让频率上升，以防止过电压跳闸。再生能量开始减少时，频率变化率则开始变缓，并再次开始减速	Su
过电流切断	当电流超过变频器的容许值范围时，保护电路即动作，使变频器停机	oGA oGn oGd
过电压切断	因电动机反馈的再生能量过大而使变频器的直流回路电压超过规定值时，保护电路动作，使变频器停机	ouB oun oud

续表 9-17

名　称	对　　　策	显　示
欠压保护(瞬间停电保护)	当电源电压异常而使直流电压低于规定值时,变频器停机	LuA Lun Lud
过载切断(电动机热继电器)	当热继电器检测出电动机过载及在低速运转时电动机有过热现象,即会使变频器停机。热继电器的规定值可根据电动机的种类和电流额定值而进行改变	oLA oLn oLd
过载切断(变频器电子热敏保护)	瞬间过电流持续约 1s,变频器停机	oCPA oCPn oCPd
散热片过热保护	由于周围温度的异常上升或风扇停止,在温度低于散热片温度异常(oH)报警的设定温度 10℃时,即发出散热片过热保护(EH)显示 若温度进一步上升,并达到设定温度以上时,变频器停机。设定温度随输出频率及输出电流的不同而不同 另外在主开关器件(功率模块)过热时,变频器也将停机 当温度降至设定温度以下 10℃时,即被解除	EH oH oCH
制动电阻过热保护	如果电动机的再生能量增加至超过制动电阻的使用容许值(%ED),则过热保护继电器动作,暂时停止制动电阻的使用 当制动电阻冷却后,才可以再次使用	dboH
防止过载报警	电动机的负载非常大或电流限制值(Cd043)过低而不能加速或减速时,变频器停机	ACEr dCEr CnEr
外部热继电器动作	将电动机过热保护热继电器设于外部,并向控制信号端子 ES 输出其信号,当热继电器动作时,变频器即停机	ES
CPU 异常	由于外部噪声过大而导致 CPU 误动作,内部存储器异常或内部数据异常时,使变频器停机	AL 1 ~ AL 10

(二)故障调查

发生故障时,正确地掌握故障时的现象最为重要。电气、机械方面的状况,操作人员的操作情况、表现等,都要记录下来保存。特别是对于常常发生而又马上恢复正常运行的事故,要从事故现象找出共同点,推测原因,进行调查,这是早日解决问题的途径。故障时调查记录项目列举如下:

1. 故障现象。故障时的现象,还有故障后设备在性能、操作等方面发生的变化。

2. 事故发生前的操作、状态。事故前的操作,有时能看到事故的前兆,所以要记录事故前操作的步骤、方法及设备状态的变化。

3. 故障显示。盘面或盘内故障显示灯的状态。

4. 事故前盘上仪表的状态。如电流表的异常振荡等。

5. 负载状态。相对于负载状态电流表、速度表等的现象。

6. 电源电压的变动。电压降低时发生异常现象等。

7. 事故发生的时间、天气、温度、湿度等。

(三)注意事项

1. 不论出现何种故障,应保护好现场,并查明原因及时处理。

2. 如遇危及设备安全运行时,应及时断开电源。

3. 检查电动机绝缘时,必须使电动机与变频器脱开进行。

4. 设备出现保护动作,必须由熟悉设备技术性能的技术人员或专业电工处理,运行人员不得自行改变现场状态。

(四)故障排除

在变频器的使用说明书中,一般都给出故障排除表,可按表中提供的情况,对故障进行分析处理。

第七节 变频器的技术数据

一、部分国产变频器的技术数据

BBP-K 系列变频器和 BBP-F 系列变频器技术数据和性能参数分别见表 9-18～表 9-21;JP1P、JP1A、JP3P 系列变频器技术数据分别见表 9-22～表 9-24;JBP-1 系列变频器技术数据见表 9-25;PI89 系列变频器技术数据分别见表 9-26 和表 9-27;开拓(KT)变频器技术规范见表 9-28～表 9-37。

表 9-18　BBP-K 系列变频器技术数据

型号		BBP-K-3.7K(M)	BBP-K-7.5K(M)	BBP-K-15K	BBP-K-22K	BBP-K-37K	BBP-K-55K
输出参数	输出容量(kV·A)	5.9	11.2	20.4	28	47	72
	适用电动机功率(kW)	3.7	7.5	15	22	37	55
	额定输出电流(A)	9	17	31	43	71	110
	最大输出电压①	三相 AC 380V					
电源	电压、频率	三相 AC 380V,50Hz					
	允许电压变动	342～418V,50Hz					
	允许频率变动	±5%以内					
	电源设备容量②(kV·A)	9.0	17	28	41	66	100
外形形式		封闭式	开放式				
外形尺寸	宽度(mm)	250	280	340	340	480	480
	长度(mm)	400	530	595	595	745	885
	高度(mm)	190	195	195	195	250	250
质量(kg)		11	21	25	29	47	71

注:①输入电压降低时,输出电压不高于输入电压。

②电源设备容量指变频器输入容量,依变频器输入侧电抗不同而异。

表 9-19　BBP-K 系列变频器性能参数

项　目			参　数
控制参数	控制方式		近似正弦波,PWM 控制,并可选择 PWM 模式
	输出频率范围		1～60Hz,2～120Hz,4～240Hz 选择①
	起动频率		0.5/60Hz,1/120Hz,2/240Hz 及 3Hz 选择
	频率分辨能力		0.015(60Hz),0.03(120Hz),0.06(240Hz)
	频率精度		最高频率的±0.5%(25℃±10℃)
	反馈控制		可能
	输出电压/输出频率		12 种选择
	转矩补偿		可手动及自动控制
	制动转矩	再生	100%以上(15kW 以上规格为 20%)
		直流	DC 动力制动器(3Hz 以下动作)可不设置
	过流能力		150%　1min;200%　0.5s

续表 9-19

项目		参数
运行参数	频率设置信号	DC 0～5V 辅助输入 0～±10V
	三速设定	高速、中速：从起动频率至最高频率，低速：从起动频率至最高频率的 1/2
	上限频率设置	可自行设置起动频率至最高频率的范围
	运行控制	正反转运行分别控制
	加减速时间	有 0.2～3s(每挡 0.2s)，1～15s(每挡 1s)，10～150s(每挡 10s)三种选择，且可以选择直线型加减速或曲线型加减速
	第二加减速时间	0.2～15s 选择
	复位、变频器输出停止	设有保护的复位端子和变频器输出停止端子
	故障输出端子	IC 触头(AC230V，0.3A)
保护性能		过流失速保护，再生过电压失速保护，再生过电压断路，过流切断，过载切断(电子热保护)，过载报警，欠压及瞬时停电保护，内设制动器阻抗保护③，自诊断跳闸及散热片过热保护
环境	环境温度	－10℃～＋50℃不冻结
	保存温度②	－20℃～＋60℃
	环境湿度	90%以下不结露
	海拔高度、振动	1000m 以下、0.6g 以下
	环境气氛	室内，无腐蚀性气体，无尘埃

注：①BBP-K-22K 以上的规格装有最高频率 240Hz 选择安全开关。

②运输时的短时保管温度。

③BBP-K 7.5kW 以下规格装备。

表 9-20 BBP-F 系列变频器技术数据

型号		BBP-F3.7k(M)	BBP-F7.5(M)	BBP-F15	BBP-F22	BBP-F37	BBP-F55
输出参数	适用电动机功率(kW)	3.7	7.5	15	22	37	55
	输出容量(kV·A)	5.9	11.2	20.4	28	47	72
	额定输出电流(A)	9	17	31	43	71	110
	最大输出电压①	三相 AC 380V 50Hz					

续表 9-20

型号		BBP-F3.7k(M)	BBP-F7.5(M)	BBP-F15	BBP-F22	BBP-F37	BBP-F55
电源	电压、频率	三相 AC 380V 50Hz					
	允许电压变动	342～418V③					
	允许频率变动	额定频率±5%以内					
	电源设备容量②(kV·A)	9.0	17	28	41	66	100
外形形式		封闭式		开放式			
外形尺寸(mm)	宽度	250		340		480	480
	长度	400		600		750	990
	高度	190		195		250	300
质量(kg)		12	13	31	34	52	73

注：①输入电压降低时，输出电压不高于输入电压。

②电源设备容量指变频器输入容量，依变频器输入侧电抗(含输入电抗器)而异。

③最低电压含有电动机起动等的压降在内。

表 9-21 BBP-F 系列变频器性能参数

项目		参数
控制参数	控制方式	近似正弦波，PWM 控制，电压控制
	输出频率范围	6～50Hz、6～60Hz、6～66Hz(可选 3Hz 起始)
	频率分辨率	0.25Hz(加减速时为 0.125Hz)
	频率精度	最高频率的±0.5%(25℃±10℃)
	输出电压/输出频率	恒转矩、减转矩可选
	制动转矩	再生制动，约 20%①
	过流能力	150%I_N③，1min
运行参数	频率设置信号	DC 0～5V、0～10V、4～20mA 可选，上限可调 40～66Hz
	加减速时间	1～15s(每步 1s)，10～150s(每步 10s)转换
	运行控制	正转、反转分别控制
	复位信号	设有复位端子
	异常输出信号	带有常开、常闭触头(AC 230V 0.3A)
	保护功能	过流失速保护(可调)，再生过电压失速保护，过流切断，过载报警，过载切断(电子热保护)，欠压及瞬时停电保护，接地短路保护，散热片过热保护，再生过电压切断

续表 9-21

项目		参数
环境	环境温度	−10℃～+50℃，无冻结
	保存温度	−20℃～+65℃②
	环境相对湿度	90%以下不结露
	环境气氛	室内，无腐蚀性气体，无尘埃
	海拔高度、振动	1000m 以下，0.6g 以下

注：①依电机及变频器的损失不同而异。

②运输中的短时保管温度。

③I_N 为额定输出电流。

表 9-22 JP1P 系列交流变频器技术数据

型号	JP1P-5.5	JP1P-11	JP1P-22	JP1P-30	JP1P-40	JP1P-50	JP1P-72
三相额定输入电压 (V)	380(1±10%)						
额定输入频率 (Hz)	50(1±2%)						
额定输出容量 (kV·A)	5.5	11	22	30	40	47	72
三相额定输出电压 (V)	380(最大)						
输出频率 (Hz)	4～50(最大 400)						
频率精度 (%)	±0.5(最高频率)						
额定输出电流 (A)	8.5	17	33	45	60	71	100
允许过载电流 (A)	1.5 倍额定输出电流(1min)						
频率调节方式	本机、外控均为无级						
冷却方式	强迫风冷						

表 9-23 JP1A 系列交流变频器技术数据

型号	JP1A-100	JP1A-250	JP1A-500	JP1A-1000	JP1A-1250	JP1A-1500
三相额定输入电压 (V)	380	380	415	460	500	660
额定输入频率 (Hz)	50(1±2%)					
额定输出容量 (kV·A)	125	250	500	1000	1250	1500

续表 9-23

型号	JP1A-100	JP1A-250	JP1A-500	JP1A-1000	JP1A-1250	JP1A-1500
三相额定输出电压 (V)	380	380	415	460	500	660
输出频率 (Hz)	5～70					
频率精度 (%)	±0.5(最高频率),20℃					
额定输出电流 (A)	150	300	540	950	1100	1100
1min内允许过载电流 (A)	1.5倍额定输出电流					
频率调节方式	本机、外控均为无级					
冷却方式	强迫风冷					

表 9-24 JP3P 系列交流变频器技术数据

型号	JP3P-50	JP3P-100	JP3P-150	JP3P-200
三相额定输入电压 (V)	380(1±10%)			
额定输入频率 (Hz)	50(1±2%)			
额定输出容量 (kV·A)	50	100	150	200
三相额定输出电压 (V)	360(最大)			
输出频率 (Hz)	0～70			
频率精度 (%)	±0.5(最高频率)			
额定输出电流 (A)	80	160	240	320
允许过载电流 (A)	1.5倍额定输出电流(1min)			
频率调节方式	本机、外控均为无级			
冷却方式	强迫风冷			

表 9-25 JBP-1 系列变频器技术数据

型号		JBP-1□								
		0.75k	1.1k	1.5k	2.2k	3.7k	5.5k	7.5k	11k	15k
适用电动机容量(kW)		0.75	1.1	1.5	2.2	3.7	5.5	7.5	11	15
输入	交流电压和频率	三相、380V、50Hz(60Hz)								
	允许电压变化	380(1±10%)、50Hz(60Hz)								
	允许频率变化	±5%								

续表 9-25

型号		JBP-1□								
		0.75k	1.1k	1.5k	2.2k	3.7k	5.5k	7.5k	11k	15k
输出	额定容量(kV·A)	1.6	2.0	2.9	4.2	6.2	8.6	11.2	15.1	20.4
	输出电流(A)	2.5	3	4.5	6.5	9.5	13	18	25	33
	最大输出电压	三相,380V,50Hz(60Hz)								
控制参数	控制方式	SPWM								
	频率范围	3～127Hz								
	频率精度	±0.5%最大输出频率								
	频率分辨能力	0.5Hz(50Hz);1Hz(120Hz)								
	输出电压/输出频率	*U*/*f* 控制 8 种方式可选								
	加速(减速)时间	0.2～150s,加减速时间独立可调								
	过电流能力	150% I_N,1min								
操作性能	运行方式	正反转;寸动;自然停止;二段速度								
	频率信号设定	电位器设定,JOG 端子远程设定:0～5V(Rin100kΩ),0～10V(Rin16kΩ),4～20mA(Rin250Ω)								
使用环境	温度	−10℃～40℃(不结冰)								
	相对湿度	相对湿度在 90%以下(不结露)								
	环境条件	无腐蚀性气体,无易燃易爆物品,通风良好								
	振动	0.5*g* 以下								
保护性能	防止失速	加速时电流超过 140%额定值或降速时电压高于 120%额定值暂停加减速								
	过电流	瞬时电流达到额定输出电流的 150%								
	过电压	工作电压超过额定电压的 15%								
	欠电压	工作电压低于额定电压的 15%								
	过热	散热板温度高于 75℃								
	瞬时断电	瞬时断电时间超过 15ms								
	过负载	输出电流超过额定电流 110%以上以反时限特性保护								
	其他原因故障	干扰强烈或接线等错误时保护								
冷却方式		自冷	自冷	自冷	自冷	风冷	风冷	风冷	风冷	风冷

注:故障保护显示

过电流	过电压	欠电压、瞬时停电	正反转信号未设定 输入电压过高或过低
O.C	O.E	P.O.	O.
过负载	过热	R.S.T 电源不足	其他原因:CPU 出错
O.L	O.H	O.F.F	8.8

表 9-26　西普 PI89 系列变频器技术数据(一)

项　目		内　　容
输入电源	额定电压	三相,380(1±10%)V 或单相 220V
	额定频率	50～65Hz
	功率因数	≥95%
输出功能	输出电压	100%输入电压
	输出频率	0～2～60～120Hz
	频率分辨能力	0.5Hz(60Hz)、1Hz(120Hz)
	可调速范围	20∶1
	起动转矩	*U*/*f* 方式可调,共 256 种图形任意选择
	过载能力	150%额定输出电流,1min
控制功能	控制方式	微机 SPWM 方式
	加减速时间	0.2～150s(60Hz),0.6～150s(120Hz)
	上限调整	30～120Hz
	滑差补偿	依频率设定
	DC 制动	1.5Hz 以下输出,1s
操作功能		无触头正反转,面板开关或外部信号起停控制
		多段速度设定,微机控制,同步转速或频率显示
		分接输入指令可为:0～5V.0～10V,0～20mA,0～60Hz
保护功能		短路、过流、欠压,过压、过载、缺相、接线、充电回路、干扰、接地、瞬间停电等
外形结构		半密闭式防滴型、垂直安装
使用环境	温度	－10℃～40℃(通风良好)
	相对湿度	90%以下,不结露
	海拔高度	1000m 以下
	振动	0.5*g* 以下
机种额定值		额定容量 1～200kV·A,适配电动机功率为 0.75～150kW

表 9-27　西普 PI89 系列变频器技术数据(二)

变频器型号	电压(V)	电流(A)	适配电动机(kW)	外形尺寸(mm)		
				宽	高	长
9201	220	4	0.75	160	230	160
9202	220	7	1.5	160	230	160
9303	220	11	2.2	210	255	180
9205	220	15	3.7	222	305	166
9301	380	2.5	0.75	160	230	160
9302	380	4	1.5	160	230	160
9303	380	6	2.2	210	255	180
9305	380	9.5	3.7	222	305	166
9308	380	13	5.5	222	305	166
9310	380	18	7.5	202	380	250
9315	380	25	11	202	380	250
9320	380	32	15	220	380	250
9325	380	38	18.7	310	490	285
9330	380	45	22	310	490	285
9340	380	60	30	310	490	285
9350	380	80	37	355	680	300
9360	380	95	45	355	680	300
9375	380	115	55	355	680	300
9380	380	125	60	355	680	300
931A	380	150	75	520	1000	310
932A	380	180	93	520	1000	310
933A	380	220	110	520	1000	310
934A	380	280	130	600	1200	400
935A	380	300	150	600	1200	400

表 9-28　KT-A6 系列变频器技术规范(200V 系列)

型号 KT-A6-2		3.7	5.5	7.5	11	15	18.5	22.2	30	37	45	55	75
最大适用电动机功率(kW)		3.7	5.5	7.5	11	15	18.5	22	30	37	45	55	75
额定输出	变频器容量(kV·A)	6.7	9.5	13	19	24	30	37	50	61	70	85	110
	额定输出电流 A	17.5	25	33	49	64	80	96	130	160	183	224	300
	最大输出电压	三相 200/208/220/230V(对应输入电压)											
	额定输出频率	有参数设定最高 400Hz 可对应											
电源	额定输入电压/频率	三相 200/208/220V 50Hz　200/208/220/230V 60Hz											
	允许电压波动	+10%,-15%											
	允许频率波动	±5%											

续表 9-28

型号 KT-A6-2		3.7	5.5	7.5	11	15	18.5	22.2	30	37	45	55	75
控制特性	控制方式	正弦波 PWM 方式											
	U/f 模式种类	15 个预置 U/f，和能任意编程 U/f 模式											
	频率控制范围	0.1～400Hz											
	频率精度（温度波动）	数字式指令±0.01%（−10℃～+40℃）											
		模拟量指令±0.1%（25℃±10℃）											
	频率设定分辨率	数字式指令 0.1Hz											
		模拟量指令 0.1Hz											
	输出频率分辨率（演算分辨率）	0.1Hz											
	过负载能力	G 系列 150%额定输出电流 1min；P 系列 120%额定输出电流 1min											
	频率设定信号	0～+10V(20kΩ)，4～20ms(250Ω)											
	加减速时间	0.0～3600s（独立设定加速减时间）											
	制动转矩	约 20%（有制动电阻时约 125%）											
保护功能	电机保护	电子热过载继电器保护											
	瞬时过电流	G 系列约为变频器额定电流 200%；P 系列约为变频器额定电流 180%											
	过负载	G 系列 150%额定输出电流 1min 后电动机滑行停止；P 系列 120%额定输出电流 1min 后电动机滑行停止											
	过电压	整流器输出电压 410V 以上时电动机滑行停止											
	不足电压	整流器输出电压 190V 以下时电动机滑行停止											
	瞬时停电补偿	15ms 以上时停止（出厂设定）由运行方式选择，约 2s 内的停电恢复时，继续运行											
	散热片过热	由热敏电阻保护											
	失速保护	加减速中运行中失速保护											
	接地保护	由电子回路保护（过电流级别）											
	电源通电指示	母线电压降到 50V 以下前通电发光二极管保持亮											
环境	周围温度	−10℃～+40℃（封闭壁挂型）−10℃～+45℃（敞开机架型）											
	湿度	90%RH 以下											
	保存温度	−20℃～+60℃											
	使用场所	室内（无腐蚀性气体，尘埃的地方）											
	海拔高度	1000m 或以下											
	振动	小于 20Hz 时为 $9.8m/s^2$ $(1g)$，20～50Hz 时最大为 $2m/s^2$ $(0.2g)$											

表 9-29 KT-A6 系列变频器技术规范(400V 系列)

形式 KT-A6		3.7	5.5	7.5	11	15	18.5	22	30	37	45	55	75	110	132	160	185	200	220	280	315	355	400
最大适用电动机功率(kW)		3.7	5.5	7.5	11	15	18.5	22	30	37	45	55	75	110	132	160	185	200	220	280	315	355	400
额定输出	变频器容量(kV·A)	6.1	11	14	21	26	31	40	50	61	73	98	130	170	192	230	260	287	316	396	445	495	563
	额定输出电流(A)	8	14	18	27	34	41	52	65	80	96	128	165	224	253	302	340	377	415	520	585	650	740
	最大输出电压	三相 380/400/415/440/460V(正比于输入电压)																					
	额定输出频率	有参数设定最高 400Hz 可对应																					
电源	额定输入电压、频率	三相 380/400/415/440/460V 50/60Hz																					
	允许电压波动	+10%,-15%																					
	允许频率波动	±5%																					
控制特性	控制方式	正弦波 PWM 方式																					
	频率控制范围	0.1～400Hz																					
	频率精度(温度波动)	数字式指令±0.01%(-10℃～+40℃)																					
		模拟量指令±0.1%(25℃±10℃)																					
	频率设定分辨率	数字式指令 0.1Hz																					
		模拟量指令 0.1Hz																					
	输出频率分辨率(演算分辨率)	0.1Hz																					
	过负载能力	G 系列 150%额定输出电流 1min;P 系列 120%额定输出电流 1min																					
	频率设定信号	0～+10V(20kΩ),4～20mA(250Ω)																					
	加减速时间	0.0～3600s(独立设定加速减速时间)																					
	制动转矩	约 20%(有制动电阻时约 125%)								约 20%(有制动单元,制动电阻约 100%)													
	U/f 模式种类	15 个预置 U/f,和能任意编程 U/f 模式																					

续表 9-29

形式 KT-A6		3.7	5.5	7.5	11	15	18.5	22	30	37	45	55	75	110	132	160	185	200	220	280	315	355	400
保护功能	电机保护	电子热过载继电器保护																					
	瞬时过电流	约为变频器额定电流 200%时电动机滑行停止																					
	过负载	G 系列 150%额定输出电流 1min 后电动机滑行停止；P 系列 120%额定输出电流 1min 后电动机滑行停止																					
	过电压	整流器输出电压 820V 以上时停止																					
	不足电压	整流器输出电压 380V 以下时停止																					
	瞬时停电补偿	15ms 或以上时停止（出厂设定）由运行方式选择，约 2s 内的停电恢复时，继续运行																					
	散热片过热	由热敏电阻保护																					
	失速保护	加速/减速和恒速运转期间的失速保护																					
	接地保护	由电子回路保护（过电流级别）																					
	电源通电指示	母线电压降到 50V 以下前通电发光二极管保持亮																					
环境	周围温度	−10℃～+40℃（封闭壁挂型） −10℃～+45℃（敞开机架型）																					
	湿度	90%RH 以下																					
	保存温度	−20℃～+60℃																					
	使用场所	室内（无腐蚀性气体，尘埃的地方）																					
	海拔高度	1000m 或以下，大于 1000m 时降额使用，请咨询公司																					
	振动	小于 20Hz 时为 $9.8m/s^2(1g)$，20～50Hz 时最大为 $2m/s^2(0.2g)$																					

表 9-30 KT-A8/P8-400 系列变频器标准技术规范(一)

	标准适配电动机功率(kW)	2.2	3.7	5.5	7.5	11	15	18.5	22
A8通用系列	变频器型号 KT□□A8-4	2.2	3.7	5.5	7.5	11	15	18.5	22
	变频器容量(kV·A)	4.1	6.8	9.9	13	18	22	29	34
	额定输出电流(A)	5.5	9	13	18	24	30	39	45
	过载容量	150%额定输出电流 1min,200%0.5s							
	起动转矩	200%以上(无感矢量控制时)							
	制动转矩(%)	100%以上					20%以上		
	制动时间(s)	5					没有限制		
	制动任务率(%ED)	3	2	没有限制					
	质量(kg)	6.5	6.5	10	10	10.5	10.5		
P8风机水泵系列	型号 KT□□P8—4	—	7.5	11	15	18.5	22		
	额定容量(kV·A)	—	12.5	17.5	22.8	28.1	33.5		
	额定输出电流(A)	—	16.5	23	30	37	44		
	过载容量	110%额定输出电流,1min							
	起动转矩	50%以上							
	制动转矩(%)	约 20%							
	制动时间(s)	没有限制							
	制动任务率(%ED)	没有限制							
	质量(kg)	—	6.1	6.1	10	10	10.5		
输出	额定输出电压(V)	3 相:380V,400V,415V(440)/50Hz,380V,400V,440V,460V/60Hz							
	额定输出频率(Hz)	50,60Hz							
电源	相数、电压、频率	电压:+10%~-15%(3 相不平衡率小于 2%),频率:+5%~-5%							
	瞬时低电压耐量	310V 以上时继续运行。由额定电压降低至 310V 以下时,能继续运行 15ms。如选择“继续运行”,则输出频率稍微下降,等待电源恢复,进行再起动控制							
	所需电源容量(kV·A)	7.2	9.7	15	20	24	29		

表 9-31 KT-A8/P8-400 系列变频器标准技术规范(二)

标准适配电动机功率(kW)		30	37	45	55	75	90	110	132	160	200	220	280	315	355	400	450	500
A8通用系列	KT□□A8-4	30	37	45	55	75	90	110	132	160	200	220	280	315	355	400	450	500
	变频器容量(kV·A)	45	57	69	85	114	134	160	192	231	287	316	396	445	495	563	—	—
	额定输出电流(A)	60	75	91	112	150	176	210	253	304	377	415	520	585	650	740	—	—
	过载容量	150%额定输出电流 1min,180%0.5s																
	起动转矩	180%以上(无感矢量控制时)																
	制动时间(s)	没有限制																
	制动任务率(%ED)	没有限制																
	质量(kg)	29	34	39	40	48	70	70	100	100	140	140	250	250	360	360	—	—
P8风机水泵系列	KT□□P8-4	30	37	45	55	75	90	110	132	160	200	220	280	315	355	400	450	500
	额定容量(kV·A)	45	57	69	85	114	134	160	192	231	287	316	396	445	495	563	640	731
	额定输出电流(A)	60	75	91	112	150	176	210	253	304	377	415	520	585	650	740	840	960
	过载容量	110%额定输出电流,1min																
	起动转矩	50%以上																
	制动转矩(%)	10%~15%																
	制动时间(s)	没有限制																
	制动任务率(%ED)	没有限制																
	质量(kg)	29	29	34	39	40	48	70	70	100	100	140	140	250	250	250	360	360
输出	额定输出电压(V)	3 相:380V,400V,415V(440V)/50Hz,380V,400V,440V,460V/60Hz																
	额定输出频率(Hz)	50,60Hz																
电源	相数、电压、频率	3 相,380~440V/50Hz 3 相,380~480V/60Hz																
	电压、频率容许波动	电压:+10%~-15%(3 相不平衡率小于 2%),频率:+5%~-5%																
	瞬时低电压耐量	310V 以上时继续运行。由额定电压降低至 310V 以下时,能继续运行 15ms。如选择"继续运行",则输出频率稍微下降,等待电源恢复进行再起动控制																
	所需电源容量(kV·A)	38	47	57	70	93	111	136	161	196	244	267	341	383	433	488	549	610

表 9-32 KT-A8/P8 系列变频器公共技术规范

项目		详细技术规范
控制特性	控制方式	无感矢量控制，闭环矢量控制，U/f 三合一
	运行状态信号	晶体管开路集电极输出：RUN、FAR、FDT、OL、LU…（可选择 14 种输出） 模拟输出：输出频率、输出电流、输出转矩、负载率
	加速/减速时间	0.01～3600s（加速和减速分别独立可调，可选 4 种） 模式选择：线性、S-曲线和非线性加速/减速
	频率限制	上限限制：0～400(120)Hz、下限限制：0～400(120)Hz
	偏置频率	0～400(120)Hz 可调整
	频率设定信号增益	0.0～200.0%可调整
	频率跳越控制	可预设跳越频率（点）和跳越频率宽度（1 种）
	旋转电动机的引入	可将正在旋转的电动机接至变频器，不要停止电动机
	瞬时停电自动再起动	瞬时停电可以实现自动再起动
	从商用电到变频器运行切换	提供控制端子使能从商用电运行平稳地切换到到变频器控制
	转差补偿	按照负载转矩，控制变频器的输出频率，保持电动机转速恒定，如转差补偿设定负值，则可增大电动机速度的变化
	转矩限制控制	当电动机的转矩达到预设的限制值时，此功能自动降低输出频率，以防止变频器由于过电流而跳闸
	再生能量限制控制	当制动转矩限制值设定为 0 时，能自动延长减速时间，实现不跳闸运行
	第 2U/f 设定	此功能配合两台电动机切换运行，能预先设定第 2 台电动机的基本频率和额定电压
	节能运行	此功能减少电动机轻载时的损耗

续表 9-32

项目		详细技术规范
指示	运行和停止模式	输出频率、输出电流、输出电压、输出转矩、电动机同步转速、线速度测试功能(指示逻辑 I/O 信号的有无以及模拟 I/O 信号的电压值)
	设定模式	功能代码和功能名称、数据或数据代码
	跳闸模式	用代码指示跳闸原因(例如:OC1、OC2、OC3、OU1、OU2、OU3、OH1、OH2、OL、Er1、Er5……)
保护功能	过载	电子热过载继电器和散热板过载热检测
	过电压	直流主电路过电压检测(400V 系列:800V)
	电涌输入	变频器能对电涌电压输入实行保护
	欠电压	主直流电路低压检测(400V 系列:400V)
	过热	变频器过热保护(内部温度检测)
	短路保护	变频器输出电路相间短路保护
	对地短路保护	变频器输出电路对地短路故障保护
	电动机过热	电子热过载继电器能适用于通用电动机或开拓变频器专用电动机的过载保护
	DB 电阻过热保护	对≤7.5kW 变频器的内装或外接 DB 电阻的过热保护 对≥11kW 变频器,由装于制动电阻内的过热检测继电器保护
环境	安装场所	室内,海拔不高于 1000m,没有腐蚀性气体、可燃性气体、油溅、灰尘和不受阳光直射
	环境温度	-10℃~+40℃
	环境湿度	20%~90%RH(不结露)
	振动	≤5.9m/s²(0.6g)
	存放温度	-20℃~+65℃(运输过程短期温度)
	防护等级	IP40
	冷却方式	风扇冷却

表 9-33 KT-G11/P11 系列变频器标准技术规范(200V 系列)

标准适配电动机功率(kW)		0.75	1.5	2.2	3.7	5.5	7.5	11	15	18.5	22	30	37	45	55	75	90	110
G11通用系列	KT□□G11-2	0.75	1.5	2.2	3.7	5.5	7.5	11	15	18.5	22	30	37	45	55	75	90	—
	逆变器容量(kV·A)	1.9	3.0	4.2	6.4	9.5	12	17	22	28	33	43	55	68	81	107	131	—
	额定输出电流(A)	5.0	8.0	11	17	25	33	46	59	74	87	115	145	180	215	283	346	—
	过载容量	150%额定输出电流 1min,200%0.5s										150%额定输出电流 1min,180%0.5s						
	起动转矩	200%以上(无感矢量控制时)										180%以上(无感矢量控制时)						
	制动时间(s)	5						没有限制										
	制动任务率(%ED)	3	5	3	2	3	2	没有限制										
	质量(kg)	2.5	3.8	3.8	3.8	6.1	6.1	10	10	10.5	10.5	29	36	44	46	70	115	—
P11风机水泵系列	KT□□P11—2	—	—	—	—	5.5	7.5	11	15	18.5	22	30	37	45	55	75	90	110
	额定容量(kV·A)	—	—	—	—	8.3	11	16	20	25	29	43	55	68	81	107	131	158
	额定输出电流(A)	—	—	—	—	22	29	42	55	67	78	115	145	180	215	283	346	415
	过载容量	110%额定输出电流,1min																
	起动转矩	50%以上																
	制动转矩(%)	约 20%										10%~15%						
	制动时间(s)	没有限制																
	制动任务率(%ED)	没有限制																
	质量(kg)	—	—	—	—	5.7	5.7	5.7	10	10	10.5	29	29	36	44	46	70	115
相	额定输出电压(V)	3 相,200V/50Hz,200V,220V,230V/60Hz																
	额定输出频率(Hz)	50,60Hz																
电源	相数、电压、频率	3 相:200~230V,50/60Hz										3 相:200~220V,220~230V/50Hz 3 相:200~230V/60Hz						
	电压、频率容许波动	电压:+10%~−15%(3 相不平衡率小于 2%),频率:+5%~−5%																
	瞬时低电压耐量	165V 以上时继续运行。由额定电压降低至 165V 以下时,能继续运行 15ms。如选择“继续运行”,则输出频率稍微下降,等待电源恢复,进行再起动控制																
	所需电源容量(kV·A)	1.3	2.2	3.1	5.0	7.2	9.7	15	20	24	29	38	47	56	69	93	111	134

表 9-34　KT-G11/P11 系列变频器标准技术规范(400V 系列)(一)

标准适配电动机功率		2.2	3.7	5.5	7.5	11	15	18.5	22
G11通用系列	变频器型号 KT□□G11-4	2.2	3.7	5.5	7.5	11	15	18.5	22
	变频器容量(kV·A)	4.1	6.8	9.9	13	18	22	29	34
	额定输出电流(A)	5.5	9	13	18	24	30	39	45
	过载容量	150%额定输出电流 1min,200%0.5s							
	起动转矩	200%以上(无感矢量控制时)							
	制动转矩(%)	100%以上					20%以上		
	制动时间(s)	5					没有限制		
	制动任务率(%ED)	3	2	没有限制					
	质量(kg)	6.5	6.5	10	10	10.5	10.5		
P11风机水泵系列	型号 KT□□P11-4	—	7.5	11	15	18.5	22		
	额定容量(kV·A)	—	12.5	17.5	22.8	28.1	33.5		
	额定输出电流(A)	—	16.5	23	30	37	44		
	过载容量	110%额定输出电流,1min							
	起动转矩	50%以上							
	制动转矩(%)	约 20%							
	制动时间(s)	没有限制							
	制动任务率(%ED)	没有限制							
	质量(kg)	—	6.1	6.1	10	10	10.5		
输出	额定输出电压(V)	3 相:380V,400V,415V(440)/50Hz,380V,400V,440V,460V/60Hz							
	额定输出频率(Hz)	50,60Hz							
电源	相数、电压、频率	3 相,380～480V,50/60Hz							
	电压、频率容许波动	电压:+10%～−15%(3 相不平衡率小于 2%),频率:+5%～−5%							
	瞬时低电压耐量	310V 以上时继续运行。由额定电压降低至 310V 以下时,能继续运行 15ms。如选择"继续运行",则输出频率稍微下降,等待电源恢复,进行再起动控制							
	所需电源容量(kV·A)	7.2	9.7	15	20	24	29		

表 9-35 KT-G11/P11 系列变频器标准技术规范(400V 系列)(二)

标准适配电动机功率(kW)		30	37	45	55	75	90	110	132	160	200	220	280	315	355	400	450	500	560	630	—
G 11 通用系列	KT□□G11-4	30	37	45	55	75	90	110	132	160	200	220	280	315	355	400	450	500	560	630	—
	变频器容量(kV·A)	45	57	69	85	114	134	160	192	231	287	316	396	445	495	563	640	731	788	887	—
	额定输出电流(A)	60	75	91	112	150	176	210	253	304	377	415	520	585	650	740	840	960	1036	1166	—
	过载容量	150%额定输出电流 1min,180%0.5s																			
	起动转矩	180%以上(无感矢量控制时)																			
	制动时间(s)	没有限制																			
	制动任务率(%ED)	没有限制																			
	质量(kg)	29	34	39	40	48	70	70	100	100	140	140	250	250	360	360	360	360	360	360	—
P 11 风机水泵系列	KT□□P11-4	30	37	45	55	75	90	110	132	160	200	220	280	315	355	400	450	500	560	630	710
	额定容量(kV·A)	45	57	69	85	114	134	160	192	231	287	316	396	445	495	563	640	731	788	887	1038
	额定输出电流(A)	60	75	91	112	150	176	210	253	304	377	415	520	585	650	740	840	960	1036	1166	1363
	过载容量	110%额定输出电流,1min																			
	起动转矩	50%以上																			
	制动转矩(%)	10%~15%																			
	制动时间(s)	没有限制																			
	制动任务率(%ED)	没有限制																			
	质量(kg)	29	29	34	39	40	48	70	70	100	100	140	140	250	250	250	360	360	360	360	

续表 9-35

标准适配电动机功率(kW)		30	37	45	55	75	90	110	132	160	200	220	280	315	355	400	450	500	560	630	—
输出	额定输出电压(V)	3 相:380V,400V,415V(440V)/50Hz,380V,400V,440V,460V/60Hz																			
输出	额定输出频率(Hz)	50,60Hz																			
电源	相数、电压、频率	3 相,380～440V/50Hz 3 相,380～480V/60Hz																			
电源	电压、频率容许波动	电压:＋10%～－15%(3 相不平衡率小于 2%),频率:＋5%～－5%																			
电源	瞬时低电压耐量	310V 以上时继续运行。由额定电压降低至 310V 以下时,能继续运行 15ms。如选择“继续运行”,则输出频率稍微下降,等待电源恢复,进行再起动控制																			
电源	所需电源容量(kV·A)	38	47	57	70	93	111	136	160	196	244	267	341	383	433	488	549	610	683	769	866

表 9-36 KT-G11/P11 系列变频器标准技术规范(660～690V 系列)

标准适配电动机功率(kW)		55	75	90	110	132	160	200	220	280	315	355	400	450	500	560	630	800	1000	1200
G11 通用系列	KT□□G11-4	55	75	90	110	132	160	200	220	280	315	355	400	450	500	560	630	800	1000	1200
G11 通用系列	变频器容量(kV·A)	85	114	134	160	192	231	287	316	396	445	495	563	640	731	792	890	1126	1462	1689
G11 通用系列	额定输出电流(A)	65	87	101	121	146	175	218	240	300	338	376	427	484	554	600	675	857	1108	1329
G11 通用系列	过载容量	150%额定输出电流 1min,180%0.5s																		
G11 通用系列	起动转矩	180%以上(无感矢量控制时)																		
G11 通用系列	制动时间(s)	没有限制																		
G11 通用系列	制动任务率(%ED)	没有限制																		

续表 9-36

	标准适配电动机功率(kW)	55	75	90	110	132	160	200	220	280	315	355	400	450	500	560	630	800	1000	1200
P11风机水泵系列	KT□□P11-4	55	75	90	110	132	160	200	220	280	315	355	400	450	500	560	630	800	1000	1200
	额定容量(kV·A)	85	114	134	160	192	231	287	316	396	445	495	563	640	731	792	890	1126	1462	1689
	额定输出电流(A)	65	87	101	121	146	175	218	240	300	338	376	427	484	554	600	675	857	1108	1329
	过载容量	110%额定输出电流,1min																		
	起动转矩	50%以上																		
	制动转矩(%)	10%～15%																		
	制动时间(s)	没有限制																		
	制动任务率(%ED)	没有限制																		
输出	额定输出电压	3 相:660V,690V/50Hz,660V,690V/60Hz																		
	额定输出频率	50,60Hz																		
电源	相数、电压、频率	3 相,660～690V/50Hz 3 相,660～690V/60Hz																		
	电压、频率容许波动	电压:+10%～−15%(3 相不平衡率小于 2%),频率:+5%～−5%																		
	瞬时低电压耐量	534V 以上时继续运行。由额定电压降低至 534V 以下时,能继续运行 15ms。如选择“继续运行”,则输出频率稍微下降,等待电源恢复,进行再起动控制																		
	所需电源容量(kV·A)	70	93	111	136	160	196	244	267	341	383	433	488	549	610	682	766	976	1220	1464

表 9-37　KT-G11/P11 系列变频器公共技术规范

项　目		详 细 技 术 规 范
控制	控制方式	正弦波 PWM 控制,(无感矢量控制)
	操作方式	键盘操作:RUN或STOP键 输入信号:正转/反转命令、滑行停止命令、外部故障跳闸命令、报警复位、3 线控制、多步速度选择、加速/减速时间选择、第 2U/f 选择
	频率设定	键盘操作:∧或∨键 电位计:1～5kΩ(0.5W) 模拟输入:0～5V DC,0～10V DC,4～20mA DC(0～5V DC 输入时,要设定 F14/200.0)信号极性可控制逆向运行 上升/下降控制:X1 为 ON,输出频率上升;X2 为 ON,输出频率下降 多步速度:由端子 X1、X2、X3 能选择 8 种不同频率
	运行状态信号	晶体管开路集电极输出:RUN、FAR、FDT、OL、LU…(可选择 14 种输出) 模拟输出:输出频率、输出电流、输出转矩、负载率
	加速/减速时间	0.01～3600s(加速和减速分别独立可调,可选 4 种) 模式选择:线性、S-曲线和非线性加速/减速
	频率限制	上限限制:0～400(120)Hz;下限限制:0～400(120)Hz
	偏置频率	0～400(120)Hz 可调整
	频率设定信号增益	0.0～200.0%可调整
	频率跳越控制	可预设跳越频率(3 点)和跳越频率宽度(1 种)
	旋转电动机的引入	可将正在旋转的电动机接至变频器,不要停止电动机
	瞬时停电自动再起动	瞬时停电可以实现自动再起动
	从商用电到变频器运行切换	提供控制端子使能从商用电运行平稳地切换到变频器控制
	转差补偿	按照负载转矩,控制变频器的输出频率,保持电动机转速恒定,如转差补偿设定负值,则可增大电动机速度的变化
	转矩限制控制	当电动机的转矩达到预设的限制值时,此功能自动降低输出频率,以防止变频器由于过电流而跳闸
	再生能量限制控制	当制动转矩限制值设定为 0 时,能自动延长减速时间,实现不跳闸运行
	第 2U/f 设定	此功能配合两台电动机切换运行,能预先设定第 2 台电动机的基本频率和额定电压
	节能运行	此功能减少电动机轻载时的损耗

续表 9-37

项目		详细技术规范
指示	运行和停止模式	输出频率、输出电流、输出电压、输出转矩、电动机同步转速、线速度测试功能(指示逻辑 I/O 信号的有无以及模拟 I/O 信号的电压值)
	设定模式	功能代码和功能名称、数据或数据代码
	跳闸模式	用代码指示跳闸原因(例如:OC1、OC2、OC3、OU1、OU2、OU3、OH1、OH2、LO、Er1、Er5……)
保护	过载	电子热过载继电器和散热板过载热检测
	过电压	直流主电路过电压检测(400V 系列:800V)
	电涌输入	变频器能对电涌电压输入实行保护
	欠电压	主直流电路低压检测(400V 系列:400V)
	过热	变频器过热保护(内部温度检测)
	短路保护	变频器输出电路相间短路保护
	对地短路保护	变频器输出电路对地短路故障保护
	电动机过热	电子热过载继电器能适用于通用电动机或开拓变频器专用电动机的过载保护
	DB 电阻过热保护	对≤7.5kW 变频器的内装或外接 DB 电阻的过热保护 对≥11kW 变频器,由装于制动电阻内的过热检测继电器保护
环境	安装场所	室内,海拔不高于 1000m,没有腐蚀性气体、可燃性气体、油溅、灰尘和不受阳光直射
	环境温度	－10℃～＋40℃
	环境湿度	20%～90%RH(不结露)
	振动	≤5.9m/s^2(0.6g)
	存放温度	－20℃～＋65℃(运输过程短期温度)
	防护等级	IP40
	冷却方式	风扇冷却

二、部分国外生产的变频器的技术数据

(一)日本日立变频器

日立 SJ100、SJ300、L100、L300P 系列变频器特性见表 9-38;L300P

系列变频器技术数据见表 9-39。

表 9-38　日立 SJ100、SJ300、L100、L300P 系列变频器特性

系列		SJ100	SJ300	L100	L300P
输入电压(V)	单　相	180～252	—	(200～240)×(1±10%) (100～115)×(1±10%)	—
	三相 200V	(200～230)×(1±10%)	(200～240)×(1±10%)	(200～230)×(1±10%)	(200～240)×(1±10%)
	三相 400V	(380～460)×(1±10%)	(380～480)×(1±10%)	(380～460)×(1±10%)	(380～480)×(1±10%)
输入电源频率(Hz)		50×(1±5%),60×(1±5%)			
适配电动机(kW)		0.2～7.5	0.4～150	0.2～7.5	11～150
输出频率范围(Hz)		0.5～360	0.1～400	0.5～360	0.1～400
起动转矩		200%以上 3.7kW, 180%以上	200%以上 (0.5Hz), 150%以上(0Hz)	约 100% (转矩提升方式)	100%以上 (转矩提升方式)
持续转矩速度范围		6～60Hz(1∶10)	3.7kW 以下 6～60Hz(1∶10), 5.5kW 以上 20～60Hz(1∶3)	—	—
制动转矩	动态制动(电容反馈)	20%～100%	10%～20%	20%～100%	—
	直流制动	可调频率,时间,制动力	可调频率,时间,制动力	可调频率,时间,制动力	可调频率,时间,制动力
过载		150%I_N,60s	150%I_N,60s; 200%I_N,0.5s	150%I_N,60s	120%I_N,30s; 150%I_N,0.5s
加减速时间(s)		0.1～3000	0.01～3600	0.1～3000	0.01～3600
多步操作		最大 16 步	最大 16 步 (可用位控)	最大 16 步	最大 16 步 (可用位控)

续表 9-38

系列	SJ100	SJ300	L100	L300P
保护功能	过流,过压,欠压,过载,超温,CPU故障,EEPROM故障,接地故障,外部跳闸,PTC故障,USP故障,输入过压,CT故障	过流,过载,制动电阻过载,EEPROM故障,欠压,CT故障,CPU故障,外部跳闸,USP故障,接地故障,输入过压,瞬时失电,变频器过热跳闸,缺相故障,IGBT故障,热敏元件故障	过流,过压,欠压,过载,温度不宜,CPU故障,EEPROM故障,接线故障,外部跳闸,输入过压,USP故障,PTC错误	过流,过载,制动电阻过载,过压,EEPROM故障,欠压,故障,CT故障,外部跳闸,USP故障,接地故障,变频器过热跳闸,缺相故障,IGBT故障,热敏元件故障
其他功能	AVR功能,分段加/减速,频率上下限设置,起动频率调整,载波频率调整,跳频,增益及偏差设定,寸动运行,电子热保护调节,重起动,跳闸历史,第2台电动机参数设定,冷却风扇开/关选择	U/f自由设定(多达5点设置),频率上下限设置,跳频,加减速曲线选择,手动转矩提升值和频率调节,模拟输出调节,起动频率设定,运行频率设定,电子热保护自由设定,频率输出初值/范围设定,外部频率输入偏置初值/终值设定,模拟输入选择,跳闸后重试,跳闸后重起动,瞬时失电后重起动,各种信号输出,减压软起动,过载限制,缺省值设定,断电后减速停车,AVR功能,模糊加减速,电动机参数自整定(在线/离线)高转矩多电动机操作	AVR功能,频率上下限设置,PID控制,载波频率调整,跳频,电子热保护,起动频率调整,增益及偏差设定,重起动设置,自动转矩提升	U/f自由设定(多达5点设置),频率上下限设置,跳频,加减速曲线选择,手动转矩提升值和频率调节,模拟输出调节,起动频率设定,运行频率设定,电子热保护自由设定,频率输出初值/范围设定,外部频率输入偏置初值/终值设定,模拟输入选择,跳闸后重试,减压软起动,过载限制,自动节能

续表 9-38

系列		SJ100	SJ300	L100	L300P
环境条件	储存温度	−10℃～50℃	−10℃～50℃	−10℃～50℃	−10℃～50℃
	相对湿度	20%～90%（无凝露）	25%～90%（无凝露）	20%～90%（无凝露）	25%～90%（无凝露）
	高度	海拔 1000m 以下，室内无尘、无腐蚀性气体	海拔 1000m 以下，室内无尘、无腐蚀性气体	海拔 1000m 以下，室内无尘、无腐蚀性气体	海拔 1000m 以下，室内无尘、无腐蚀性气体

注：①当环境温度达到 40℃以上时，降容参数见产品说明书。

②I_N 表示额定输出电流。

③本表英语缩略语中文释义：EEPROM. 内置存储器，USP. 自起动保护，IGBT. 绝缘栅极晶体管，PID. 比例、积分、微分，AVR. 自动电压调整，PTC. 热敏电阻元件。

表 9-39 日立 L300P 系列变频器技术数据

400 等级													
变频器型号		L300 P-110 HFE	L300 P-150 HFE	L300 P-185 HFE	L300 P-220 HFE	L300 P-300 HFE	L300 P-370 HFE	L300 P-450 HFE	L300 P-550 HFE	L300 P-750 HFE	L300 P-900 HFE	L300 P-1100 HFE	L300 P-1320 HFE
保护结构		IP 20(NEMA1)											
最大应用电动机 4 极(kW)①		11	15	18.5	52	30	37	45	55	75	90	110	132
最大容量(kV·A)	200/400V	15.2	20.0	25.6	29.7	39.4	48.4	58.8	72.7	93.5	110.8	135.0	159.3
	240/480V	18.2	24.1	30.7	35.7	47.3	58.1	70.1	87.2	112.2	133.0	162.1	191.2
额定输入替代电压		三相 380V(1±10%)、480V(1±10%)，50/60Hz											
额定输出电压②		三相 200V、240V(根据供电电压)											
额定输出电流(A)		22	29	37	43	57	70	85	105	135	160	195	230
控制系统		正弦波调制 PWM 方式											

续表 9-39

400 等级												
变频器型号	L300 P-110 HFE	L300 P-150 HFE	L300 P-185 HFE	L300 P-220 HFE	L300 P-300 HFE	L300 P-370 HFE	L300 P-450 HFE	L300 P-550 HFE	L300 P-750 HFE	L300 P-900 HFE	L300 P-1100 HFE	L300 P-1320 HFE
输出频率范围③	0.1～400Hz											
频率精度	数字：最大频率的 0.01%，模拟：最大频率的 0.2%(25℃±10℃)											
频率分辨率	数字设定：0.01Hz，模拟设定：最大频率/4,000											
U/f 特性	U/f 自由设定，U/f 控制（恒转矩或降转矩）											
过载电流比率	120%，60s；150%，0.5s											
加减速时间	0.01～3600s(加速或减速时分别选择线性或 S-曲线)，可以进行 2 次调整设置											
制动 再生制动（短期）④	BRD 电路内置（需要有放电电阻）				再生单元另配							
制动 直流制动	在起动时，根据停止指令减速至动作频率以下时，或由外部输入命令动作（制动力，时间，频率可以设置）											
输入信号 频率设定 操作器	由 1 键/2 键设定											
输入信号 频率设定 旋钮	在数字操作器上有电位器设置（标准内置）（模拟设置）											
输入信号 频率设定 外部信号	DC 0～5V，－5～＋5V，0～10V，－10～＋10V（输入阻抗 10kΩ）；4～20mA（输入阻抗 100Ω）											
输入信号 频率设定 外部端口	由 RS485 通信设定											
输入信号 运行停止 操作器	运行/停止（由代码切换）											
输入信号 运行停止 外部信号	正转/停止（1a 接点），反向指令在分配在端子上（1a，1b 可选），3 线输入可能											
输入信号 运行停止 外部端口	由 RS485 通信设定											
输入信号 智能输入端子	通过选择端子使用： RV（反转），CF1-CF4（多段速指令），JG（点动），DB（外部直流制动），SET（第二台电动机运行切换），2CH（2 段加速/减速），FRS（自由滑行停止） EXT（外部跳闸），USP（禁止再起动保护），CS（工频电源切换），SFT（软件锁定），AT（模拟输入选择），RS（复位），STA（3 线起动） STP（3 线保持），F/R（3 线正/反），PID 选择使能/无效（PID），PIDC（PID 积分清除），UP/DOWN（远程控制加/减速），UDC（远程控制数据清除），SF1-SF7（多段速位指令 1-7），OLR（过载限制变化），NO（不选择）											

续表 9-39

400 等级

变频器型号		L300 P-110 HFE	L300 P-150 HFE	L300 P-185 HFE	L300 P-220 HFE	L300 P-300 HFE	L300 P-370 HFE	L300 P-450 HFE	L300 P-550 HFE	L300 P-750 HFE	L300 P-900 HFE	L300 P-1100 HFE	L300 P-1320 HFE
输入信号	热敏电阻输入	一个端子											
输出	智能输出端子	2 个继电器触点(1a 触点,1c 触点)。输出信号选择如下：运行中、恒速到达、超过设置频率、PID 偏差过大、报警信号等											
输出	智能监视输出端子	模拟电压、模拟电流、脉冲串输出											
显示监视		输出频率、输出电流、输出频率变换值、跳闸记录、I/O 端子状态、输入功率、输出电压											
其他功能		U/f 自由设定(5 点),频率上下限,频率跨跳,曲线加减速,手动转矩提升/提升转折点,模拟仪表调节 起动频率设定,载波频率设定,电子热保护自由设定,外部起点/终点(频率/比率),模拟输入选择 跳闸后重起动,降压起动,过载限制											
载波频率范围		0.5～12kHz											
保护功能		过流保护,过压保护,欠压保护,电子热保护,温度异常,起动时接地故障,瞬时停电,USP 错误,缺相错误,制动电阻过载保护,CT 错误,外部跳闸,通信错误											
使用环境	使用温度/保存温度⑤/相对湿度	－10℃～40℃/－20℃～65℃/25%～90%(安装处无露水)											
使用环境	振动	5.9m/s²(0.6g),10～55Hz					2.94m/s²(0.3g),10～55Hz						
使用环境	使用地点	海拔 1000m 以下,室内(远离腐蚀性气体、尘埃)⑥											
油漆颜色		蓝色											
选项		远程操作器,复制单元,操作器电缆,制动电阻,再生控制单元,交流电抗器,DC 反应器,EMC 主滤波器,高次谐波控制单元,LCR 滤波器,应用控制装置											

续表 9-39

400 等级												
变频器型号	L300 P-110 HFE	L300 P-150 HFE	L300 P-185 HFE	L300 P-220 HFE	L300 P-300 HFE	L300 P-370 HFE	L300 P-450 HFE	L300 P-550 HFE	L300 P-750 HFE	L300 P-900 HFE	L300 P-1100 HFE	L300 P-1320 HFE
远程操作器	OPE-SR,远程操作电缆 ICS-1(1m),ICS-3(3m)⑦											
质量(kg)	5	5	12	12	12	20	30	30	30	60	60	80

注:①通用电动机指日立三相电动机。若使用其他电动机,应使电动机的电流不要超过变频器电流。

②当电源电压下降时,输出电压也要下降(除非选定 AVR 功能)。

③若电动机运行时频率超过 50/60Hz,应向电动机制造商咨询电动机最高容许转速。

④变频器内没有安装制动电阻。当变频器需要较高再生转矩时,应另配制动电阻和再生制动单元。

⑤保存温度为运输期间的温度。

⑥若变频器安装的地方有尘土,推荐使用清漆外壳。

⑦使用远程操作器用的电缆时,可将接头取下。

(二)日本三垦变频器

日本三垦 SHF 恒转矩负载用变频器技术数据见表 9-40、表 9-41;SPF 风机水泵用变频器技术数据见表 9-42、表 9-43;IHF、IPF 变频器技术数据见表 9-44、表 9-45。

表 9-40 日本三垦 SHF 系列变频器技术数据(一)

型号		SHF-1.5K	SHF-2.2K	SHF-4.0K	SHF-5.5K	SHF-7.5K	SHF-11K	SHF-15K
标准适用电动机(kW)		1.5	2.2	4.0	5.5	7.5	11	15
输出	额定容量①(kV·A)	2.8	4.2	6.2	8.7	11.8	17.3	22.2
	额定电流②(A)	4	6	9	12.6	17	25	32
	过载电流	150%额定输出电流,1min						
	额定输出电压/频率	三相 380V/50Hz,400V/50Hz,460V/60Hz						
输入	额定电压、频率	三相 380~460V,50/60Hz						
	变动容许值	电压:-15%~+10%;频率:±5%;电压不平衡率:3%以内						
	电源阻抗	1%以上(未满 1%时,使用选购电抗器)						

续表 9-40

型号			SHF-1.5K	SHF-2.2K	SHF-4.0K	SHF-5.5K	SHF-7.5K	SHF-11K	SHF-15K
保护结构			封闭型(IP20)						
冷却方式			强制风冷						
质量(kg)			4		4.5	6.5		7	10
控制功能	控制方式		*U*/*f* 控制或无速度传感器控制						
控制功能	高频载波频率		正弦波 PWM(载波频率 1～14kHz)③						
控制功能	输出频率范围		0.05～600Hz(起动频率 0.05～20Hz 可变)④						
控制功能	频率设定分辨率	数字设定	0.01Hz(0.05～600Hz)						
控制功能	频率设定分辨率	模拟设定	对于最大输出频率:0.1%(10bit 0～10V,4～20mA),0.2%(9bit 0～5V)						
控制功能	频率精度	数字设定	输出频率的±0.01%(－10℃～40℃)						
控制功能	频率精度	模拟设定	最大输出频率的±0.2%(25℃±10℃)⑤						
控制功能	直流制动		开始频率 0.2～20Hz,动作时间 0.1～10s,制动力 1～10 级						
控制功能	附属功能		瞬停再起动、转速跟踪起动、多挡速运转、频率跳跃、报警自动恢复、PID 控制、图形运转、节能运转、转矩限制(仅限无速度传感器控制模式时)						
运转功能	运转/停止设定		操作面板、串行通信(RS485,RS232C)、控制回路端子						
运转功能	频率指令设定	数字设定	操作面板、串行通信(RS485、RS233C)、端子台频率升降信号						
运转功能	频率指令设定	模拟设定	2 通道,0～5V、0～10V、4～20mA(电位器 5kΩ、0.3W 以上)						
运转功能	输入信号		频率指令、正转指令、反转指令、加减速时间设定、空转、停止/警报解除、紧急停止、寸动选择、步进频率设定、运转信号保持、转矩限制(仅限无速度传感器控制) 数字输入:8 通道,可任意设定分配;模拟输入:电压 1 通道,电流、电压兼用 1 通道						

续表 9-40

型号			SHF-1.5K	SHF-2.2K	SHF-4.0K	SHF-5.5K	SHF-7.5K	SHF-11K	SHF-15K
运转功能	输出信号	接点输出	各种报警信号以及多功能接点输出(IC 接点、AC 250V、0.3A)						
		状态信号输出	运转中、频率一致、过载预报、欠压、频率到达设定值 (集电极开路输出 3 通道,可任意设定分配、模拟输出 2 通道)						
	LED 显示		频率、输出电流、同步转速、负载率、输出电压、压力、线速度(无单位)、运转中、报警						
串行通信 I/F			RS485、RS232C						
功能扩展			通过 RS232C 的串行通信口进行软件版本升级(专用型变频器才具备)						
外部电源输出			DC 24V、150mA(控制端子台)						
保护功能			电流限制、过电流、电动机过负载、外部热敏元件故障、欠电压、过电压、瞬时停电、散热片过热、输入输出缺相						
警告功能			过电压动作、加减速中电流限制功能动作、制动电阻过热、电动机过载、散热片过热						
使用环境	使用温度		−10℃～+50℃(+40℃以上时,拆掉上部通风盖)						
	保存温度		−20℃～+65℃⑥						
	相对湿度		90%以下(无水珠凝结现象)						
	使用地点		海拔 1000m 以下,屋内(避免阳光直射,无腐蚀性气体,无易燃性气体,无油雾及尘埃)						

注:①额定容量是输出电压 400V 时的容量。

②输入电压在 AC400V 以上时,根据输出功率,减小额定电流。

③载波频率最大值会根据变频器容量以及运转状态而变化。

④无速度传感器模式的频率设定范围是,用 4 极电动机时为 1～130Hz(根据极数不同而不同)。

⑤最大输出频率是在 5V,10V,20mA 时的频率。

⑥可以适用运输等短期间的温度。

表 9-41 日本三垦 SHF 系列变频器技术数据(二)

型号			SHF-18.5K	SHF-22K	SHF-30K	SHF-37K	SHF-45K	SHF-55K
标准适用电动机(kW)			18.5	22	30	37	45	55
输出	额定容量①(kV·A)		26.3	31.9	42.3	51.3	62.4	76.2
输出	额定电流②(A)		38	46	61	74	90	110
输出	额定过载电流		150%额定输出电流,1min					
输出	额定输出电压		三相 380V/50Hz,400V/50Hz,460V/60Hz					
输入	额定电压、频率		三相 380~460V,50/60Hz					
输入	容许变动范围		电压:-15%~+10%,频率:±5%,电压不平衡率:3%以内					
输入	电源阻抗		1%以上(未满 1%时,使用电抗器)					
保护结构			封闭型(IP20)					
冷却方式			强制风冷					
质量(kg)			12	15	20	25	32	33
控制功能	控制方式		*U*/*f* 控制或无速度传感器控制					
控制功能	高频载波频率		正弦波 PWM(载波频率 1~14kHz)③					
控制功能	输出频率范围		0.05~600Hz(起动频率 0.05~20Hz 可变)④					
控制功能	频率设定分辨率	数字设定	0.1Hz(0.05~600Hz)					
控制功能	频率设定分辨率	模拟设定	对于最大输出频率:0.1%(10bit 0~10V,4~20mA),0.2%(9bit 0~5V)					
控制功能	频率精度	数字设定	输出频率的±0.01%(-10℃~40℃)					
控制功能	频率精度	模拟设定	最大输出频率的±0.2%(25℃±10℃)⑤					
控制功能	直流制动		开始频率 0.2~20Hz,动作时间 0.1~10s,制动力 1~10 级					
控制功能	附属功能		瞬停再起动、转速跟踪起动、多挡速运转、频率跳跃、报警自动恢复、PID 控制、图形运转、节能运转、转矩限制(仅限无速度传感器控制模式时)					
运转功能	运转/停止设定		操作面板、串行通信(RS485,RS232C)、控制回路端子					
运转功能	频率指令设定	数字设定	操作面板、串行通信(RS485,RS233C)、端子台频率升降信号					
运转功能	频率指令设定	模拟设定	2 通道,0~5V、0~10V、4~20mA(电位器 5kΩ、0.3W 以上)					

续表 9-41

<table>
<tr><td colspan="3">型号</td><td>SHF-18.5K</td><td>SHF-22K</td><td>SHF-30K</td><td>SHF-37K</td><td>SHF-45K</td><td>SHF-55K</td></tr>
<tr><td rowspan="4">运转功能</td><td colspan="2">输入信号</td><td colspan="6">频率指令、正转指令、反转指令、加速、减速时间设定、空转停止/警报解除、紧急停止、寸动选择、步进频率设定、运转信号保持、转矩限制(仅限无速度传感器控制)
数字输入:8 通道可任意设定分配;模拟输入;电压 1 通道,电流、电压兼用 1 通道</td></tr>
<tr><td rowspan="2">输出信号</td><td>接点输出</td><td colspan="6">各种报警信号以及多功能接点输出(IC 接点、AC 250V、0.3A)</td></tr>
<tr><td>状态信号输出</td><td colspan="6">运转中、频率一致、过载预报、欠压、频率到达设定值
(集电极开路输出 3 通道可任意设定,分配、模拟输出 2 通道)</td></tr>
<tr><td colspan="2">LED 显示</td><td colspan="6">频率、输出电流、同步转速、负载率、输出电压、压力、线速度(无单位)、运转中、报警</td></tr>
<tr><td colspan="3">串行通信 I/F</td><td colspan="6">RS485、RS232C</td></tr>
<tr><td colspan="3">功能扩张</td><td colspan="6">通过 RS232C 的串行通信口进行软件版本升级(专用型变频器才具备)</td></tr>
<tr><td colspan="3">外部电源输出</td><td colspan="6">DC24V、150mA(控制端子台)</td></tr>
<tr><td colspan="3">保护功能</td><td colspan="6">电流限制、过电流切断、电动机过负载、外部热敏元件故障、欠电压、过电压、瞬时停电、散热片过热、输入输出缺相</td></tr>
<tr><td colspan="3">警告功能</td><td colspan="6">过电压动作、加减速中电流限制功能动作、制动电阻过热、电动机过载、散热片过热</td></tr>
<tr><td rowspan="4">使用环境</td><td colspan="2">使用温度</td><td colspan="6">−10℃～+50℃(+40℃以上时,拆掉上部通风盖)</td></tr>
<tr><td colspan="2">保存温度</td><td colspan="6">−20℃～+65℃⑥</td></tr>
<tr><td colspan="2">相对湿度</td><td colspan="6">90%以下(无水珠凝结现象)</td></tr>
<tr><td colspan="2">使用地点</td><td colspan="6">海拔 1000m 以下室内(避免阳光直射,无腐蚀性气体,无易燃性气体,无油雾及尘埃)</td></tr>
</table>

注:①额定容量是输出电压 400V 时的容量。

②输入电压在 AC400V 以上时,根据输出功率,减小额定电流。

③载波频率最大值会随变频器容量以及运转状态而变化。

④无速度传感器模式的频率设定范围是,用 4 极电动机时为 1～130Hz(随极数而不同)。

⑤最大输出频率是在 5V,10V,20mA 时的频率。

⑥可以适用运输等短期间的温度。

表 9-42　日本三垦 SPF 变频器技术数据(三)

<table>
<tr><td colspan="3">型号</td><td>SPF-2.2K</td><td>SPF-4.0K</td><td>SPF-5.5K</td><td>SPF-7.5K</td><td>SPF-11K</td><td>SPF-15K</td><td>SPF-18.5K</td></tr>
<tr><td colspan="3">标准适用电动机(kW)</td><td>2.2</td><td>4.0</td><td>5.5</td><td>7.5</td><td>11</td><td>15</td><td>18.5</td></tr>
<tr><td rowspan="4">输出</td><td colspan="2">额定容量[1](kV·A)</td><td>3.8</td><td>6.2</td><td>8.7</td><td>11.4</td><td>16.6</td><td>22.2</td><td>26.3</td></tr>
<tr><td colspan="2">额定电流[2](A)</td><td>5.5</td><td>8.9</td><td>12.6</td><td>16.4</td><td>24</td><td>32</td><td>38</td></tr>
<tr><td colspan="2">额定过载电流</td><td colspan="7">120%,1min</td></tr>
<tr><td colspan="2">额定输出电压</td><td colspan="7">三相 380V/50Hz,400V/50Hz,460V/60Hz</td></tr>
<tr><td rowspan="3">输入</td><td colspan="2">额定电压、频率</td><td colspan="7">三相 380～460V,50/60Hz</td></tr>
<tr><td colspan="2">容许变动范围</td><td colspan="7">电压:－15%～＋10%,频率:±5%,电压不平衡率:3%以内</td></tr>
<tr><td colspan="2">电源阻抗</td><td colspan="7">1%以上(未满 1%时,使用电抗器)</td></tr>
<tr><td colspan="3">保护结构</td><td colspan="7">封闭型(IP20)</td></tr>
<tr><td colspan="3">冷却方式</td><td colspan="7">强制风冷</td></tr>
<tr><td colspan="3">质量(kg)</td><td colspan="2">4</td><td>4.5</td><td colspan="2">6.5</td><td>7</td><td>10</td></tr>
<tr><td rowspan="9">控制功能</td><td colspan="2">控制方式</td><td colspan="7">U/f 控制或无速度传感器控制</td></tr>
<tr><td colspan="2">高频载波频率</td><td colspan="7">正弦波 PWM(载波频率 1～14kHz)[3]</td></tr>
<tr><td colspan="2">输出频率范围</td><td colspan="7">0.05～200Hz(起动频率 0.05～20Hz 可变)[4]</td></tr>
<tr><td rowspan="2">频率设定分辨率</td><td>数字设定</td><td colspan="7">0.01Hz(0.05～200Hz)</td></tr>
<tr><td>模拟设定</td><td colspan="7">对于最大输出频率:0.1%(10bit、0～10V、4～20mA),0.2%(9bit、0～5V)</td></tr>
<tr><td rowspan="2">频率精度</td><td>数字设定</td><td colspan="7">输出频率的±0.01%(－10℃～40℃)</td></tr>
<tr><td>模拟设定</td><td colspan="7">最大输出频率的±0.2%(25℃±10℃)[5]</td></tr>
<tr><td colspan="2">直流制动</td><td colspan="7">开始频率(0.2～20Hz),动作时间(0.1～10s),制动力(1～10 级)</td></tr>
<tr><td colspan="2">附属功能</td><td colspan="7">瞬停再起动、转速跟踪起动、多挡速运转、频率跳跃、报警自动恢复、PID 控制、图形运转、节能运转、转矩限制(仅限无速度传感器控制模式时)</td></tr>
<tr><td rowspan="3">运转功能</td><td colspan="2">运转/停止设定</td><td colspan="7">操作面板、串行通信(RS485,RS232C)、控制回路端子</td></tr>
<tr><td rowspan="2">频率指令设定</td><td>数字设定</td><td colspan="7">操作面板、串行通信(RS485,RS232C)、端子台步进</td></tr>
<tr><td>模拟设定</td><td colspan="7">2 通道、0～5V、0～10V、4～20mA、电位器(5kΩ、0.3W 以上)</td></tr>
</table>

续表 9-42

<table>
<tr><td colspan="3">型号</td><td>SPF-2.2K</td><td>SPF-4.0K</td><td>SPF-5.5K</td><td>SPF-7.5K</td><td>SPF-11K</td><td>SPF-15K</td><td>SPF-18.5K</td></tr>
<tr><td rowspan="4">运转功能</td><td colspan="2">输入信号</td><td colspan="7">频率指令、正转指令、反转指令、加速减速时间设定、空转停止/警报解除、紧急停止、寸动选择、步进频率设定、运转信号保持、转矩限制(仅限无速度传感器控制)、[数字输入:8 通道可任意设定分配][模拟输入:电压 1 通道、电流、电压兼用 1 通道]</td></tr>
<tr><td rowspan="2">输出信号</td><td>接点输出</td><td colspan="7">各种报警信号以及多功能接点输出(IC 接点、AC 250V、0.3A)</td></tr>
<tr><td>状态信号输出</td><td colspan="7">运转中、频率一致、过载预报、欠电压、频率到达
(集电极开路输出 3 通道,可任意设定分配;模拟输出 2 通道)</td></tr>
<tr><td colspan="2">LED 显示</td><td colspan="7">频率、输出电流、同步转速、负载率、输出电压、压力、线速度(无单位)、运转中、报警</td></tr>
<tr><td colspan="3">串行通信 I/F</td><td colspan="7">RS485、RS232C</td></tr>
<tr><td colspan="3">功能扩展</td><td colspan="7">通过 RS232C 的串行通信口进行软件版本升级(专用型变频器才具备)</td></tr>
<tr><td colspan="3">外部电源输出</td><td colspan="7">DC24V、150mA(控制端子台)</td></tr>
<tr><td colspan="3">保护功能</td><td colspan="7">电流限制、过电流切断、电动机过负载、外部热敏器、欠电压、过电压、瞬时停电、散热片过热、输入输出缺相</td></tr>
<tr><td colspan="3">警告功能</td><td colspan="7">过电压动作、加减速时电流限制动作、制动电阻过热、电动机过载、散热片过热</td></tr>
<tr><td rowspan="4">使用环境</td><td colspan="2">使用温度</td><td colspan="7">−10℃~+40℃(SPF-5.5K 以下、+30℃以上时,拆掉上部通风盖)</td></tr>
<tr><td colspan="2">保存温度</td><td colspan="7">−20℃~+65℃⑥</td></tr>
<tr><td colspan="2">相对湿度</td><td colspan="7">90%以下(无水珠凝结现象)</td></tr>
<tr><td colspan="2">使用地点</td><td colspan="7">海拔 1000m 以下室内(避免阳光直射,无腐蚀性气体,无易燃性气体,无油雾及尘埃)</td></tr>
</table>

注:①额定容量是输出电压 400V 时的容量。

②输入电压在 AC 400V 以上时,根据输出功率,减小额定电流。

③载波频率最大值会随变频器容量以及运转状态而变化。

④无速度传感器模式的频率设定范围是,用 4 极电动机时为 1~130Hz(随极数而不同)。

⑤最大输出频率是在 5V,10V,20mA 时的频率。

⑥可以适用运输等短期间的温度。

表 9-43 日本三垦 SPF 变频器技术数据(四)

型号			SPF-22K	SPF-30K	SPF-37K	SPF-45K	SPF-55K	SPF-75K
标准适用电动机(kW)			22	30	37	45	55	75
输出	额定容量①(kV·A)		31.2	40.9	51.3	62.4	76.2	98.4
输出	额定电流②(A)		45	59	74	90	110	142
输出	额定过载电流		120%,1min					
输出	额定输出电压		三相 380V/50Hz,400V/50Hz,460V/60Hz					
输入	额定电压、频率		三相 380～460V,50/60Hz					
输入	容许变动范围		电压:－15%～＋10%,频率:±5%,电压不平衡率:3%以内					
输入	电源阻抗		1%以上(未满 1%时,使用电抗器)					
保护结构			封闭型(IP20)					
冷却方式			强制风冷					
质量(kg)			12	15	20	25	32	33
控制功能	控制方式		*U*/*f* 控制或无速度传感器控制					
控制功能	高频载波频率		正弦波 PWM(载波频率 1～14kHz)③					
控制功能	输出频率范围		0.05～200Hz(起动频率 0.05～20Hz 可变)④					
控制功能	频率设定分辨率	数字设定	0.01Hz(0.05～200Hz)					
控制功能	频率设定分辨率	模拟设定	0.1%(10bit、0～10V、4～20mA),0.2%(9bit、0～5V),对于最大输出频率					
控制功能	频率精度	数字设定	输出频率的±0.01%(－10℃～40℃)					
控制功能	频率精度	模拟设定	最大输出频率的±0.2%(25℃±10℃)⑤					
控制功能	直流制动		开始频率 0.2～20Hz,动作时间 0.1～10s,制动力 1～10 级					
控制功能	附属功能		瞬停再起动、转速跟踪起动、多挡速运转、频率跳跃、报警自动恢复、PID 控制、图形运转、节能运转、转矩限制(仅限无速度传感器控制模式时)					
运转功能	运转/停止设定		操作面板、串行通信(RS485,RS232C)、控制回路端子					
运转功能	频率指令设定	数字设定	操作面板、串行通信(RS485,RS232C)、端子台步进					
运转功能	频率指令设定	模拟设定	2 通道、0～5V、0～10V、40～20mA、电位器(5kΩ、0.3W 以上)					

续表 9-43

型号			SPF-22K	SPF-30K	SPF-37K	SPF-45K	SPF-55K	SPF-75K
运转功能	输入信号		频率指令、正转指令、反转指令、加速、减速时间设定、空转停止/警报解除，紧急停止、寸动选择、步进频率设定、运转信号保持、转矩限制（仅限无速度传感器控制） 数字输入：8 通道可任意设定分配；模拟输入：电压 1 通道，电流、电压兼用 1 通道					
	输出信号	接点输出	各种报警信号以及多功能接点输出（IC 接点、AC 250V、0.3A）					
		状态信号输出	运转中、频率一致、过载预报、欠压、频率到达 （集电极开路输出 3 通道，可任意设定分配；模拟输出 2 通道）					
	LED 显示		频率、输出电流、同步转速、负载率、输出电压、压力、线速度（无单位）、运转中、报警					
串行通信 I/F			RS485、RS232C					
功能扩展			通过 RS232C 的串行通信口进行软件版本升级（专用型变频器才具备）					
外部电源输出			DC 24V、150mA（控制端子台）					
保护功能			电流限制、过电流切断、电动机过负载、外部热敏元件故障、欠电压、过电压、瞬时停电、散热片过热、输入输出缺相					
警告功能			过电压动作、加减速时电流限制动作、制动电阻过热、电动机过载、散热片过热					
使用环境	使用温度		−10℃～+40℃（SPF-5.5K 以下、+30℃以上时，拆掉上部通风盖）					
	保存温度		−20℃～+65℃⑥					
	相对湿度		90%以下（无水珠凝结现象）					
	使用地点		海拔 1000m 以下室内（避免阳光直射，无腐蚀性气体，无易燃性气体，无油雾及尘埃）					

注：①额定容量是输出电压 400V 时的容量。

②输入电压在 AC 400V 以上时，根据输出功率减小额定电流。

③载波频率最大值会随变频器容量以及运转状态而变化。

④无速度传感器模式的频率设定范围是，用 4 极电动机时为 1～130Hz（随极数而不同）。

⑤最大输出频率是在 5V，10V，20mA 时的频率。

⑥可以适用运输等短期间的温度。

表 9-44　日本三垦 IHF 通用变频器技术数据

型号			IHF-75K	IHF-90K	IHF-110K	IHF-132K	IHF-160K	IHF-250K
标准适用电动机(kW)			75	90	110	132	160	250
输出	额定容量①(kV·A)		102	120	146	175	211	327
输出	额定电流(A)		147	173	211	253	304	472
输出	过负载承受能力		150%　1min					
输出	额定电压/频率		三相 380V/50Hz,400V/50Hz,460V/60Hz					
输入	额定电压/频率		三相 380～460V,50/60Hz					
输入	电压/频率容许范围		电压:－15%、＋10%,频率:±5%					
输入	瞬时欠压承受能力		320V 以上可维持运转(短时间额定值),320V 以下时可持续运转 15ms					
外形结构			封闭型(IP20)					
冷却方式			强制风冷					
质量(kg)			75	110		155	160	280
控制功能	控制方式		可选 U/f 控制或无速度传感器控制					
控制功能	调制方式		正弦波 PWM					
控制功能	设定频率范围		0.05～120Hz(起动频率 0.05～20Hz 可变)②					
控制功能	频率设定分辨率	数字	0.01Hz(0.05～120Hz)					
控制功能	频率设定分辨率	模拟	对于最高输出频率③:0.1%(10bit、0～10V、4～20mA),0.2%(9bit、0～5V)					
控制功能	频率精度	数字	输出频率的±0.1%(－10℃～50℃)					
控制功能	频率精度	模拟	最高输出频率的±0.2%(25℃±10℃)					
控制功能	电压/频率(U/f)		可于基准频率 30～120Hz 之间任意设定(可选择恒转矩、降转矩)					
控制功能	转矩补偿		0～10%					
控制功能	加减速特性④		0～6500s(加速、减速可独立设定)、可选直线和 S 型⑤					
控制功能	直流制动		开始频率 0.5～20Hz,动作时间 0.1～10s,制动力 1～10 级					
控制功能	附属功能		转速跟踪、防止加减速失速、瞬时欠电压补偿、多挡速度运转、回避频率、瞬时停电再起动、警报自动解除、节能运转、图形运转、PID 控制运转、转矩限制(仅在无速度传感器模式下)等					

续表 9-44

型号			IHF-75K	IHF-90K	IHF-110K	IHF-132K	IHF-160K	IHF-250K
运转功能	频率设定	数字	操作面板					
		模拟	0～5V、0～10V、4～20mA、电位器(5kΩ)					
	输入信号		频率指令、正转指令、反转指令、频率设定方式、加减速时间、空转停止/报警解除、紧急停止、多挡速度、寸动、频率步进设定、运转信号保持、转矩限制(仅限于无速度传感器模式下)等					
	输出信号	继电器接点	报警信号(IC 接点,AC 250V,0.3A)					
		集电极开路	运转中、频率一致、过载警告、欠电压、频率到达等					
LED 显示			频率、输出电流、同步转速、线速度(无单位)、报警、电容器充电状态					
保护功能			电流限制、过电流、电动机过载、外部热敏元件故障、欠电压、瞬间停电、散热片过热、输出缺相					
使用环境	使用温度		－10℃～＋50℃(在＋40℃以上时取下上部通风外罩)					
	相对湿度		90%以下(无水珠凝结现象)					
	使用地点		海拔 1000m 以下,室内(无阳光直射,无腐蚀性气体,无易燃性气体,无油雾,无灰尘)					

注:①额定容量指输出电压 400V 时的容量。

②无速度传感器控制模式下的设定频率范围:1～120Hz。

③最高输出频率是指在 5V、10V、20mA 下的频率。

④加减速特性是指从 0 到加减速到基准频率所需的时间。

⑤U/f 控制模式从 0.1s 开始。

表 9-45 日本三垦 IPF 系列通用变频器技术数据

型号		IPF-75K	IPF-90K	IPF-110K	IPF-132K	IPF-160K	IPF-200K	IPF-220K	IPF-315K
标准适用电动机(kW)		75	90	110	132	160	200	220	315
输出	额定容量①(kV·A)	102	120	146	175	211	267	295	409
	额定电流(A)	147	173	211	253	304	385	426	590
	过负载承受能力	120% 1min							
	额定电压/频率	三相 380V/50Hz,400V/50Hz,460V/60Hz							

续表 9-45

型号			IPF-75K	IPF-90K	IPF-110K	IPF-132K	IPF-160K	IPF-200K	IPF-220K	IPF-315K
输入	额定电压/频率		三相 380～460V,50/60Hz							
输入	电压频率允许范围		电压:−15%、+10%,频率:±5%							
输入	瞬时欠压承受能力		320V 以上可维持运转(短时间额定值),320V 以下时可持续运转 15ms							
外形结构			封闭型(IP20)							
冷却方式			强制风冷							
质量(kg)			65	75	110		155	160	160	280
控制功能	控制方式		可选 U/f 控制或无速度传感器控制							
控制功能	调制方式		正弦波 PWM							
控制功能	设定频率范围		0.05～120Hz(起动频率 0.05～20Hz 可变)②							
控制功能	频率设定分辨率	数字	0.01Hz(0.05～120Hz)							
控制功能	频率设定分辨率	模拟	对于最高输出频率③:0.1%(10bit、0～10V、4～20mA),0.2%(9bit、0～5V)							
控制功能	频率精度	数字	输出频率的±0.01%(−10℃～+50℃)							
控制功能	频率精度	模拟	最高输出频率的±0.2%(25℃±10℃)							
控制功能	电压/频率(U/f)		可于基准频率 30～120Hz 之间任意设定(可选择恒转矩、降低转矩特性曲线)							
控制功能	转矩补偿		0～10%							
控制功能	加减速特性④		0～6500s(加速、减速可独立设定)、可选直线和 S 形⑤							
控制功能	直流制动		开始频率(0.5Hz、20Hz),动作时间(0.1～10s),制动力(1～10 级)							
控制功能	附属功能		转速跟踪、防止加减速失速、瞬时欠压补偿、多挡速度运转、回避频率、瞬时停电再起动、警报自动解除、节能运转、图形运转、PID 控制运转、转矩限制(仅在无速度传感器模式下)等							

续表 9-45

<table>
<tr><td colspan="3">型号</td><td>IPF-75K</td><td>IPF-90K</td><td>IPF-110K</td><td>IPF-132K</td><td>IPF-160K</td><td>IPF-200K</td><td>IPF-220K</td><td>IPF-315K</td></tr>
<tr><td rowspan="5">运转功能</td><td rowspan="2">频率设定</td><td>数字</td><td colspan="8">操作面板</td></tr>
<tr><td>模拟</td><td colspan="8">0～5V、0～10V、4～20mA、电位器(5kΩ)</td></tr>
<tr><td colspan="2">输入信号</td><td colspan="8">频率指令、正转指令、反转指令、频率设定方式、加减速时间、空转停止/报警解除、紧急停止、多挡速度、寸动、频率步进设定、运转信号保持、转矩限制(仅限于无速度传感器模式下)等</td></tr>
<tr><td rowspan="2">输出信号</td><td>继电器接点</td><td colspan="8">报警信号(IC接点，AC 250V 0.3A)</td></tr>
<tr><td>开路集电极</td><td colspan="8">运转中、频率一致、过载警告、欠压、频率到达等</td></tr>
<tr><td colspan="3">LED显示</td><td colspan="8">频率、输出电流、同步转速、线速度(无单位)、警报、电容器充电状态</td></tr>
<tr><td colspan="3">保护功能</td><td colspan="8">电源限制、过电流断开、电动机过载、外部热敏器、欠压、频率到达等</td></tr>
<tr><td rowspan="3">使用环境</td><td colspan="2">使用温度</td><td colspan="8">－10℃～＋50℃(在＋40℃以上时取下上部通风外罩)</td></tr>
<tr><td colspan="2">相对湿度</td><td colspan="8">90%以下(无水珠凝结现象)</td></tr>
<tr><td colspan="2">使用地点</td><td colspan="8">海拔1000m以下，室内(无阳光直射、无腐蚀性气体、无易燃性气体、无油雾、无灰尘)</td></tr>
</table>

注:①额定容量指输出电压400V时的容量。

②无速度传感器控制模式下的设定频率范围:5～120Hz。

③最高输出频率是指在5V,10V,20mA下的频率。

④加减速特性是指从0到加减速到基准频率所需的时间。

⑤U/f 控制模式从0.1s开始。

(三)日本富士变频器

富士变频器主要分为G型和P型两大类,G型适合于恒转矩和恒功率负载;P型适合于可变转矩负载。富士变频器的技术数据见表9-46～表9-49。

表 9-46　FVR-G5-4 系列富士变频器技术数据

<table>
<tr><td colspan="2">项　目</td><td colspan="8">技　术　数　据</td></tr>
<tr><td colspan="2">变频器型号</td><td>FVR022 G5-4</td><td>FVR037 G5-4</td><td>FVR055 G5-4</td><td>FVR075 G5-4</td><td>FVR110 G5-4</td><td>FVR150 G5-4</td><td>FVR185 G5-4</td><td>FVR220 G5-4</td></tr>
<tr><td colspan="2">适用电动机(kW)</td><td>0.4～2.2</td><td>3.7</td><td>5.5</td><td>7.5</td><td>11</td><td>15</td><td>18.5</td><td>22</td></tr>
<tr><td rowspan="5">输出</td><td>额定容量(kV·A)</td><td>4</td><td>6</td><td>9</td><td>13</td><td>17</td><td>22</td><td>28</td><td>33</td></tr>
<tr><td>额定电流(A)</td><td>5</td><td>8.5</td><td>12</td><td>18</td><td>23</td><td>29</td><td>37</td><td>43</td></tr>
<tr><td>额定电压</td><td colspan="8">三相三线制 400V,440V,460V(与输入电压对应)</td></tr>
<tr><td>额定频率(Hz)</td><td colspan="4">50,60,100,120,150,180,200,240,300,360</td><td colspan="4">50,60,100,120,150,180,200,240</td></tr>
<tr><td>过负载电流</td><td colspan="8">150%额定输出电流,1min,反时限特性</td></tr>
<tr><td rowspan="2">输入</td><td>额定电压及频率</td><td colspan="8">三相三线制 400～460V,50/60Hz</td></tr>
<tr><td>容许波动</td><td colspan="8">电压 360～506V,电压不对称度在 3%以内,频率±5%</td></tr>
</table>

注:当电源电压不对称度超过 3%时,应使用交流电抗器。

表 9-47　FVR-P5-4 系列富士变频器技术数据

<table>
<tr><td colspan="2">项　目</td><td colspan="5">技　术　数　据</td></tr>
<tr><td colspan="2">变频器型号</td><td>FVR075 P5-4</td><td>FVR110 P5-4</td><td>FVR150 P5-4</td><td>FVR185 P5-4</td><td>FVR220 P5-4</td></tr>
<tr><td colspan="2">适用电动机(kW)</td><td>7.5</td><td>11</td><td>15</td><td>18.5</td><td>22</td></tr>
<tr><td rowspan="5">输出</td><td>额定容量(kV·A)</td><td>13</td><td>17</td><td>22</td><td>28</td><td>33</td></tr>
<tr><td>额定电流(A)</td><td>18</td><td>23</td><td>29</td><td>37</td><td>43</td></tr>
<tr><td>额定电压</td><td colspan="5">三相三线制 400V,440V,460V(与输入电压对应)</td></tr>
<tr><td>额定频率</td><td colspan="5">50Hz,60Hz,100Hz,120Hz</td></tr>
<tr><td>过负载电流</td><td colspan="5">120%额定输出电流,1min,反时限特性</td></tr>
</table>

续表 9-47

项目		技术数据
输入	额定电压及频率	三相三线制 400～460V,50/60Hz
	允许波动范围	电压 360～506V,电压不对称度在 3%以内,频率±5%

表 9-48 FVR-G5/P5 系列富士变频器性能参数

项目		性能参数
控制	控制方式	正弦波 PWM 控制
	调频范围	0.5～360Hz(P 型为 2～120Hz)
	频率精度	数字设定±0.02%,模拟设定±0.5%
	频率分辨率	0.01Hz(6.0Hz 时,0.02Hz)
	电压/频率	U/f 模式切换 15 种,U/f 强弱切换 16 种(转矩 2 次方递减)
	软起动,软停止	加减速时间:0.1～1800s
	制动转矩	再生制动超过 20%
		直流制动在 2Hz 以下采用,动作时间 100ms
	附属功能	50～99Hz 内任意设定 U/f,U/f 模式自动调整,转矩升高自动调整,频率跳跃,频率上限、下限限幅器,偏置,电流控制,多级频率选择
保护功能		失速、过电流、过电压、欠电压、电动机过载、瞬停再运行、逆变器过热、外部故障、CPU 异常
运行	外部输出信号	保护电路动作,逆变器停止,频率一致,过载报警
	设定频率信号	电位器设定:电压设定:DC 0～+10V,DC0～－10V(阻抗 22kΩ);电流设定:4～20mA(阻抗 250Ω)
	运行输入信号	触摸面板操作,正反转运行,空转停止,多级频率切换,微动运行,加减速时间,电压、电流输入设定

续表 9-48

项目			性能参数
显示	频率表输出		电压:DC 0～+10V
	LED显示	运行中	输入频率,输出电流
		设定时	功能码,设定数据
		故障时	OU:过电压,LU:欠电压,OH1:逆变器过热,OC1:加速时过电流,OC2:减速时过电流,OC3:运行时过电流,OL1:外部故障,OL2:电子热继电器动作,Err3:CPU误动作
	仪表显示		以0～100%(每刻度10%)显示运行频率
使用环境	使用地点		室内,海拔不超过1000m,不能阳光直射,无腐蚀性气体,无尘土
	使用温度		−10℃～+40℃(盘内可达−10℃～+50℃)
	湿度		相对湿度在90%以下(不结露)
	结构方式		带封闭外壳单元形式
冷却方式			强制风冷

表 9-49 FRENIC5000G7/P7 系列富士变频器性能参数

项目		性能参数
控制	控制方式	磁通控制式PWM控制
	调频范围	0.5～400Hz(起动频率0.5～5Hz可调)
	频率精度	模拟设定±0.2%,数字设定±0.01%
	频率分辨率	模拟量:±0.1%(0.05Hz/50Hz),数字量:±0.002%
	电压/频率	电压:320～460V,频率:50～400Hz(独立可调)
	软起动,软停止	加减速时间:0.2～3600s,直线加减速,曲线加减速
	制动转矩	再生制动:10%～15%
		直流制动:动作频率0～60Hz,动作时间0～10s,电压0～10%
	附属功能	转矩限定控制,自动加速,减速运转,转差补偿控制,再生回馈控制,电流限制,多级频率选择,UP-DOWN控制,瞬停再运行,频率跳跃,频率上限、下限限幅器,偏置,设定频率极性选择

续表 9-49

项　目			性 能 参 数
保护功能			防止失速、过电流、过电压、欠电压、电动机过载、瞬时停电、逆变器过载、逆变器过热、外部故障、CPU 异常、输出短路
运行	外部输出信号		逆变器运转输出，报警，运行中，频率等效检测，频率水平检测，过载早期报警，欠压报警
	设定频率信号		电位器设定：电压设定：DC 0～±10V；电流设定：DC 4～20mA
	运行输入信号		正反转运行，自保持选择，多级频率切换，UP-DOWN 控制，加减速时间切换，电流输入选择，空转停止，输出开关联锁选择，逆变器准备转换操作，外部报警输入，故障复位及接地错误
显示	频率表输出		模拟量：DC 0～＋10V；数字脉冲频率：(6～100)×输出频率
	LED 显示	运行中	输出频率，设定频率，同步转速，负载转速，输出电流，输出电压，输入、输出状态检测
		设定时	功能码和数据码
		故障时	OU：过电压，LU：欠电压，OH1：逆变器过热，OH2：外部故障，OC1：加速时过电流，OC2：减速时过电流，OC3：恒速时过电流，OL1：逆变器过载，OL2：电动机过载，Err：CPU 异常，故障时运行状态，故障存储
使用环境	使用地点		室内，海拔不超过 1000m，不能阳光直射，无腐蚀性气体、无尘
	使用温度		－10℃～＋50℃
	相对湿度		20%～90%(不结露)
	结构方式		室内安装式与外部冷却式
冷却方式			强制风冷

(四)日本三菱变频器

日本三菱变频器技术数据见表 9-50～表 9-54。

表 9-50　日本三菱变频器技术数据(一)

系列		FR-F2 系列		FR-F320 系列											FR-F340 系列					
				200V 系列											400V 系列					
型号		FR-F2-750B	FR-F2-1500B	FR-F320-2.2K	FR-F320-3.7K	FR-F320-5.5K	FR-F320-7.5K	FR-F320-11K	FR-F320-15K	FR-F320-22K	FR-F320-30K	FR-F320-37K	FR-F320-45K	FR-F320-55K	FR-F340-3.7K	FR-F340-7.5K	FR-F340-15K	FR-F340-22K	FR-F340-37K	FR-F340-55K
输出定额	适用电动机功率(kW)	0.4 0.75	1.5	2.2	3.7	5.5	7.5	11	15	22	30	37	45	55	2.2 3.7	5.5 7.5	11 15	22	30 37	45 55
	容量(kV·A)	1.9	3.1	4.2	6.5	9.2	12.6	17.6	23.3	34	44	55	67	82	6.9	13	23.6	32.8	54	84
	额定输出电流(A)	5	7	11	17	24	33	46	61	90	115	145	175	215	9	17	31	43	71	110
	最大输出电压①	三相 AC200V/50Hz，220V/60Hz 切换						三相 AC200V/50Hz，200V/60Hz 切换			三相 AC200V/50Hz，200V/60Hz 切换				三相 AC400V/50Hz，440V/60Hz 切换					
电源设备容量(kV·A)		1.5 2.5	4.5	5.5	9	12	17	20	28	41	52	66	80	100	5.5 9.0	12 17	20 28	41	52 66	80 100
质量(kg)		3.3	3.5	6	6	8.5	9	20	25	30	40	60	70	80	8.5	12	27	32	65	85
防护型式		封闭式(IP20)						敞开式(IP00)							封闭式(IP20)	敞开式(IP00)				
电源控制规格	电压、频率	三相 AC200V/50Hz，200V/60Hz，220V/60Hz													三相 AC400V/50Hz，400V/60Hz，440V/60Hz					
	容许电压变动	180～220V 50Hz，180～242V 60Hz													360～440V 50Hz，360～484V 60Hz					
	容许频率变动	±5%以内													±5%以内					
	控制方式	正弦波 PWM 控制　电压控制方式(从 3Hz 起动，带上限频率限制)													正弦波 PWM 控制，电压控制方式					
	频率范围	6～50Hz，6～60Hz，6～66Hz 选择②(从 3Hz 起动，带上限频率限制)													6～50Hz，6～60Hz，6～66Hz 选择(从 3Hz 起动，带上限频率限制)					
	频率分辨率	0.25Hz，FR-F320-5.5K 以上加减速时为 0.125Hz													0.25Hz(加减速时为 0.125Hz)					
	频率精度	±0.5%(25℃±10℃)													±0.5%(25℃±10℃)					
	电压/频率	4 种切换(恒转矩、递减转矩、50Hz 及 60Hz 组合)													4 种切换(恒转矩、递减转矩、50Hz 及 60Hz 组合)					

续表 9-50

系列		FR-F2 系列		FR-F320 系列											FR-F340 系列					
		200V 系列													400V 系列					
型号		FR-F2-750B	FR-F2-1500B	FR-F320-2.2K	FR-F320-3.7K	FR-F320-5.5K	FR-F320-7.5K	FR-F320-11K	FR-F320-15K	FR-F320-22K	FR-F320-30K	FR-F320-37K	FR-F320-45K	FR-F320-55K	FR-F340-3.7K	FR-F340-7.5K	FR-F340-15K	FR-F340-22K	FR-F340-37K	FR-F340-55K
电源控制规格	过负载电流	150%额定输出电流,1min													150%额定输出电流,1min					
	频率给定信号	DC 0～5V,0～10V,4～20mA 切换													DC 0～5V,0～10V,4～20mA 切换					
	加减速时间	1～150s(1～15s 为 1s 间隔,10～150s 为 10s 间隔切换),加减速时间共同给定													加减速时间共同给定					
	运转信号	正转、反转(F2 系列为单方向)													正转、反转					
	再生制动转矩	20%以上													20%以上					
	保护功能	防止过电流失速,防止再生过电压失速,过载切断(电子热保护),过电流切断,再生过电压切断,接地短路切断,散热片过热保护③,瞬时停电保护,过载报警													过电流切换,再生过电压切断,瞬时停电保护,过载报警					
使用环境	使用温度	−10℃～+50℃(不冻结)													不冻结					
	相对湿度	90%以下(不结露)													不结露					
	周围气体	无腐蚀性气体、无灰尘													无腐蚀气体、无灰尘					
	标高	海拔 1000m 以下													海拔 1000m 以下					
	振动	0.6g 以下(日本标准 JISC 0911《小型电气设备的振动试验法》)													0.6g 以下(JISC 0911 标准)					

注:①电源电压下降时,输出电压不能保证在电源电压以上。

②F2 系列为 6～50Hz、6～60Hz 选择。

③FR-F320-2.2K 以上及 FR-F340-3.7K 以上带有散热片过热保护。

表 9-51 日本三菱变频器技术数据(二)

系列		FR-K420 系列									FR-K3 系列				
型号		FR-K420-0.4K	FR-K420-0.75K	FR-K420-1.5K	FR-K420-2.2K	FR-K420-3.7K	FR-K420-5.5K	FR-K420-7.5K	FR-K420-11K	FR-K420-15K	FR-K3-22K	FR-K3-30K	FR-K3-37K	FR-K3-45K	FR-K3-55K
输出定额	适用电动机功率(kW)	0.4	0.75	1.5	2.2	3.7	5.5	7.5	11	15	22	30	37	45	55
	容量(kV·A)	1.1	1.9	3.1	4.2	6.5	9.2	12.6	17.6	23.3	34	44	55	67	82
	额定输出电流(A)	3	5	8	11	17	24	33	46	61	90	115	145	175	215
	最大输出电压①	AC200V/50Hz,或 220V/60Hz,230V/60Hz													
电源	电压、频率②	三相 AC200V/50Hz,200～230V/60Hz													
	电压容许变动范围	180～220V/50Hz,180～250V 60Hz													
	频率容许变动范围	±5%以内													
	设备容量(kV·A)③	1.5	2.5	4.5	5.5	9	12	17	20	28	41	52	66	80	100
控制规格	控制方式	正弦波近似 PWM 控制,电压控制方式													
	频率范围	1～60Hz,2～120Hz,4～240Hz 选择(22kW 以上,240Hz 带安全开关)													
	起动频率/最高频率(Hz)	0.5/60,1/120,2/240													
	频率分辨率/最高频率(Hz)	0.015/60,0.03/120,0.06/240													
	频率精度	最高频率的±0.5%(25℃±10℃)													
	PG(速度检出器)反馈控制	可追加内藏选用件													
	电压/频率	9 种切换(U/f 一定,50、60、120Hz 以上可选择 V 一定)													

续表 9-51

系列		FR-K420 系列									FR-K3 系列				
型号		FR-K420-0.4K	FR-K420-0.75K	FR-K420-1.5K	FR-K420-2.2K	FR-K420-3.7K	FR-K420-5.5K	FR-K420-7.5K	FR-K420-11K	FR-K420-15K	FR-K3-22K	FR-K3-30K	FR-K3-37K	FR-K3-45K	FR-K3-55K
控制规格	转矩增大	有手动及自动转矩增强													
控制规格	制动转矩	再生制动 150%以上(短时)			再生制动 100%(短时)				电容反馈再生制动 20%以上						
控制规格	制动转矩	带直流制动选择(3Hz 以下)									带直流制动选择(3Hz 以下)				
控制规格	过负载电流	150%额定输出电流,1min;200%额定输出电流,0.5s							150%额定输出电流,1min						
运转规格	频率给定信号	DC 0～5V,辅助输入 0～±10V(输入电阻 11kΩ)													
运转规格	加减速时间	0.2～3s(0.2s 间隔),1～15s(1s 间隔)10～150s(10s 间隔)切换,加减速时间分别给定													
运转规格	运转信号	正转、反转,带 JOG 状态(5Hz 固定)													
运转规格	复位、逆变器输出停止	带保护功能复位端子和逆变器输出停止端子													
运转规格	输出信号	逆变器运转中,给定频率一致(集电极输出)													
运转规格	异常输出信号	1 常闭触头(正常时闭合,保护回路动作时断开),AC230V 0.3A													
保护功能		过电流失速防止,再生过电压失速防止,过电流切断,再生过电压切断,过负载切断(电子热保护),过负载报警,内藏制动电阻保护,欠电压、瞬时停电保护,自诊断故障,散热片过热保护④							过电流失速防止,再生过电压失速防止,过电流切断,再生过电压切断,过负载切断(电子热保护),过负载报警,欠电压、瞬时停电保护,散热片过热保护,自诊断故障						
环境	使用温度	−10℃～+40℃(不冻结)							−10℃～+50℃(不冻结)						
环境	周围相对湿度	90%以下(不结露)													

续表 9-51

系列		FR-K420 系列									FR-K3 系列				
型号		FR-K420-0.4K	FR-K420-0.75K	FR-K420-1.5K	FR-K420-2.2K	FR-K420-3.7K	FR-K420-5.5K	FR-K420-7.5K	FR-K420-11K	FR-K420-15K	FR-K3-22K	FR-K3-30K	FR-K3-37K	FR-K3-45K	FR-K3-55K
环境	周围气体	室内,无腐蚀性气体							室内,无腐蚀性气体、无灰尘						
环境	标高、振动	海拔 1000m 以下,0.6g 以下(JISC 0911 标准)													
防护型式 JEM1030		封闭式(IP20)								敞开式(IP00)					
质量(kg)		2.9	3.3	3.5	6.1	6.5	9.1	9.5	14	20	28	33	50	65	70

注:①电源电压下降时,输出电压不能保证在电源电压以上。

②在单相电源 200V 50Hz,220V 60Hz 下也可以使用。

③电源设备容量以逆变器输入功率 kV·A 表示,根据电源侧阻抗(含输入电抗器)值有时发生变化。

④FR-K420-0.4K、0.75K 没有装备散热片过热保护。FR-K420-1.5K 以下带有冷却风扇。

表 9-52 日本三菱变频器技术数据(三)

系列		FR-E 系列													
		E50,E100 200V 系列										E200 200V 系列			
型号		FR-E-750		FR-E-5500	FR-E-2200	FR-E-3700	FR-E-7.5		FR-E-11K	6FR-E-15K	FR-E-22K	FR-E-37K		FR-E-55K	
输出定额	适用电动机功率(kW)	0.4	0.75	1.5	2.2	3.7	5.5	7.5	11	15	22	30	37	45	55
输出定额	容量(kV·A)	1.5		2.5	3.8	5.5	11		16	22	31	50		70	
输出定额	额定输出电流(A)	4.5		7.5	11	16	34		48	66	90	144		202	
输出定额	最大输出电压①	三相 AC 200V(50Hz),220V(60Hz)切换										三相 AC 200V 50Hz,200/220V 60Hz 切换			

续表 9-52

系列		FR-E 系列													
		E50,E100 200V 系列										E200 200V 系列			
型号		FR-E-750		FR-E-5500	FR-E-2200	FR-E-3700	FR-E-7.5		FR-E-11K	6FR-E-15K	FR-E-22K	FR-E-37K		FR-E-55K	
电源设备容量	PAM②	1.5	2.5	5.0	7.5	12.5	20	25	40	50	75	60	74	90	110
	PWM	0.9	1.5	3.0	4.5	7.5	10	15	20	30	45				
质量(kg)		12		12.5	12.5	13.5	22		30	35	47	70		100	
保护构造		封闭式					敞开式					敞开式			
电源	电压、频率	三相 AC 200V 50Hz,200/220V 60Hz										三相 AC 200V 50Hz,200/220V 60Hz			
	电压容许变动范围	180～220V 50Hz,180～253V 60Hz										180～220V 50Hz,180～253V 60Hz			
	频率容许变动范围	±5%以内										±5%以内			
控制规格	控制方式	PAM-PWM 方式切换或并用,电压控制方式										PAM-PWM 方式切换或并用,电压控制方式			
	频率范围	1∶10(6～60Hz)或 1∶20(6～120Hz)(从 3Hz 起动)										1∶10(6～60Hz)(从 3Hz 起动)			
	频率分辨率	最高频率 60Hz 时为 0.5Hz,最高频率 120Hz 时为 1Hz										0.5Hz			
	频率精度	最高频率±0.5%以内(－10℃～＋50℃时)										最高频率±0.5%以内(－10℃～＋50℃)			
	电压/频率	16 种切换										16 种切换			
	过负载电流	150%额定输入电流 1min										130%额定输入电流 1min			
	频率给定信号	DC 0～10V(输入电阻 11±1kΩ)										DC 0～10V(输入电阻 11±1kΩ)			

续表 9-52

系列		FR-E 系列									
		E50,E100 200V 系列								E200 200V 系列	
型号		FR-E--750	FR-E--5500	FR-E--2200	FR-E--3700	FR-E-7.5	FR-E-11K	6FR-E-15K	FR-E-22K	FR-E-37K	FR-E-55K
控制规格	加减速时间	0～15s(1s 间隔),0～150s(10s 间隔)切换,加减速时间分别给定								0～15s(1s 间隔),1～150s(10s 间隔)切换,加减速时间分别给定	
	再生制动转矩	20%以上								20%以上	
	保护功能	过电流失速防止,再生过电压失速防止,过电流切断,再生过电压切断,瞬时停电保护,过负载报警								过电流失速防止,再生过电压失速防止,过电流切断,再生过电压切断,瞬时停电保护,过负载报警,负载侧接地短路保护	
使用环境	周围气体	无腐蚀性气体、无灰尘								无腐蚀性气体、无灰尘	
	使用温度	−10℃～+50℃(不冻结)								−10℃～+50℃(不冻结)	
	周围相对湿度	90%以下(不结露)								90%以下(不结露)	
	标高	海拔 1000m 以下								海拔 1000m 以下	
	振动	0.5g 以下								0.5g 以下	

注:①电源电压下降时,输出电压不保证在电源电压以上。

②对于减负载,PAM 运转时的电源设备容量与 PWM 相同。

表 9-53 日本三菱变频器技术数据(四)

系列		FR-E 系列										
		E50,E100 400V 系列							E200 400V 系列			
型号		FR-E-H3700		FR-E-H7.5K		FR-E-H15K		FR-E-H22K	FR-E-H37K		FR-E-H55K	
输出定额	适用电动机功率(kW)	2.2	3.7	5.5	7.5	11	15	22	30	37	45	55
	容量(kV·A)	6.2		11		22		31	50		70	
	额定输出电流(A)	9		17		33		45	72		101	
	最大输出电压①	三相 AC 400V(50Hz),440V(60Hz)切换							三相 AC 400V/50Hz,440/60Hz 切换			
电源设备容量(kV·A)	PAM②	7.5	12.5	20	25	40	50	75	60	74	90	110
	PWM	4.5	7.5	10	15	20	30	45				
质量(kg)		15		20		33		45	70		95	
防护型式		封闭式		敞开式					敞开式			
电源	电压、频率	三相 AC 400V 50Hz,400/440V 60Hz							三相 AC 400V 50Hz,400/440V 60Hz			
	电压容许变动范围	342～440V 50Hz,342～506V 60Hz							342～440V 50Hz,342～506V 50Hz			
	频率容许变动范围	±5%以内							±5%以内			
控制规格	控制方式	PAM-PWM 方式切换或并用电压控制方式							电压控制方式			
	频率范围	1∶10(6～60Hz)或 1∶20(60～120Hz)(从 3Hz 起动)							1∶10(6～60Hz)(从 3Hz 起动)			
	频率分辨率	最高频率 60Hz 时为 0.5Hz,最高频率 120Hz 时为 1Hz							0.5Hz			
	频率精度	最高频率±0.5%以内(－10℃～＋50℃时)							最高频率±0.5%以内(－10℃～＋50℃时)			

续表 9-53

系列		FR-E 系列					
		E50，E100 400V 系列				E200 400V 系列	
型号		FR-E-H3700	FR-E-H7.5K	FR-E-H15K	FR-E-H22K	FR-E-H37K	FR-E-H55K
控制规格	电压/频率	16 种切换				16 种切换	
	过负载电流	150%额定输入电流，1min				130%额定输入电流，1min	
	频率给定信号	DC 0～10V(输入电阻 11±1kΩ)				DC 0～10V(输入电阻 11±1kΩ)	
	加减速时间	0～15s(1s 间隔)0～150s(10s 间隔)切换				0～15s(1s 间隔)，0～150s(10s 间隔)切换	
	再生制动转矩	20%以上				20%以上	
	保护功能	防止过电流失速，防止再生过电压失速，过电流切断，再生过电压切断，瞬时停电保护，过载报警				防止过电流失速，防止再生电压失速，过电流切断，再生过电压切断，瞬时停电保护，过负载报警，负载侧接地短路保护	
使用环境	周围气体	无腐蚀性气体、无灰尘				无腐蚀性气体、无灰尘	
	使用温度	－10℃～＋50℃(不冻结)				－10℃～＋50℃(不冻结)	
	周围相对湿度	90%以下(不结露)				90%以下(不结露)	
	标高	海拔 1000m 以下				海拔 1000m 以下	
	振动	0.5g 以下				0.5g 以下	

注：①电源电压下降时，输出电压可保证在电源电压以上。

②对于减负载，PAM 运转时的电源设备容量与 PWM 相同。

表 9-54　日本三菱变频器技术数据(五)

系列		MPLTRAC200F 系列			
型号		T200F-U-75K	T200F-U-110K	T200F-U-150K	T200F-U-220K
输出定额	适用电动机功率(kW)	75	110	155	220
	容量(kV·A)	100	150	200	300
	额定输出电流(A)	144	217	288	433
	最大输出电压①	三相 AC 400V/50Hz,400V/60Hz			
电源设备容量(kV·A)		100	150	200	300
单元质量/另置DCL(电抗器)质量(kg)		78/22	82/30	175/36	195/42
防护型式		敞开式			
电源	主回路/控制回路	三相 AC 400/440V,50/60Hz;单相 AC 100V,50/60Hz			
	电压容许变动范围	±10%			
	频率容许变动范围	±5%			
控制规格	控制方式	正弦波 PWM 控制			
	频率范围	5～50Hz,6～60Hz(从 2.5、3.0Hz 起动,最低频率可调)			
	频率分辨率	约 0.2Hz(加减速时约 0.06Hz)			
	频率精度	±0.5%(25℃±10℃)			
	电压/频率	4 种切换(U/f 一定,U/f 递减,50Hz、60Hz 组合)			
	过电流耐量	125%,1min			
	频率给定信号	DC 0～5V,0～10V,4～20mA 切换			
	加减速时间	1～30s(约 0.12s 间隔),10～300s(约 1.2s 间隔)切换,加减速时间分别给定			
	再生制动转矩	15%(参考值)			
	保护功能	防止过电流失速,防止再生过电压失速,过电流切断,再生过电压切断,过载切断(电子热保护),电源熔断器切断,瞬时停电保护,散热片过热切断,任意外部故障切断(2 点)			
使用环境	使用温度	0℃～+50℃(不结冻)			
	周围湿度	95%以下(不结露)			
	周围气体	无腐蚀性气体、无盐分、无灰尘			
	标高	海拔 1000m 以下			
	振动	0.3g 以下			

注:①电源电压下降时,输出电压不能保证在电源电压以上。

第八节　软起动器及应用

一、软起动原理

软起动从其原理看属于减压起动的范畴，一般用于功率较大的笼型异步电动机，电动机的最大功率可达1200kW，用于软起动的装置称电动机电子软起动器，简称"软起动器"。它的主电路是晶闸管无触点电路，控制系统的硬件部分一般采用单片机。这种设计的优点是既能保证电动机在负载要求的起动特性下平滑起动，又能降低对电网的冲击，还能直接与计算机实现网络通信控制。下面以保定整流器厂生产的 KTR 型晶闸管软起动器为例，介绍软起动器的工作原理。该型号软起动器电路如图 9-45 所示。

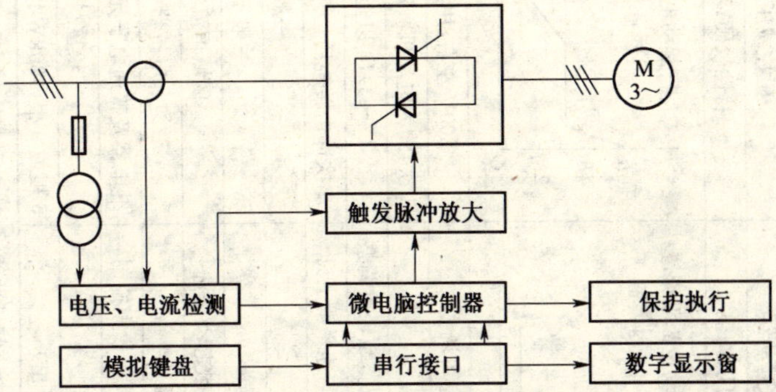

图 9-45　KTR 型晶闸管软起动器电路

二、软起动器性能特点

电动机软起动器是采用电力电子技术、微处理器技术及现代控制理论设计生产的具有先进水平的高技术产品，它从根本上改变了传统的（自耦式、磁控式及星-三角等）减压起动器在起动时产生的电压、电流突变带来的不良后果，如电网电压跌落、波动，引起机械应力的突变，造成设备损坏或降低机械寿命等，是传统的减压起动方式的理想换代产品。

现以西普电力电子有限公司生产的数字式交流电动机软起动器为例，与传统减压起动器性能比较，见表 9-55。

表 9-55 软起动器与传统减压起动器性能比较

主 要 性 能	STR 数字式软起动器	磁控减压起动器	自耦减压起动器
起动特性	软特性;用户可以调整	特性较硬;不能调整	硬特性;不能调整
起动电流特性曲线	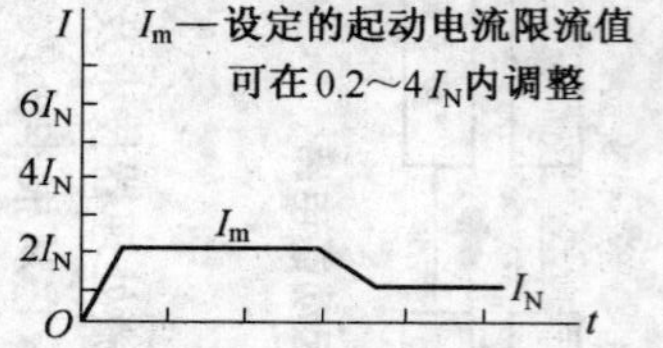	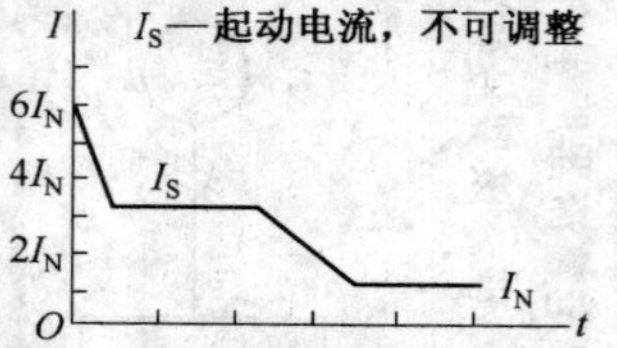	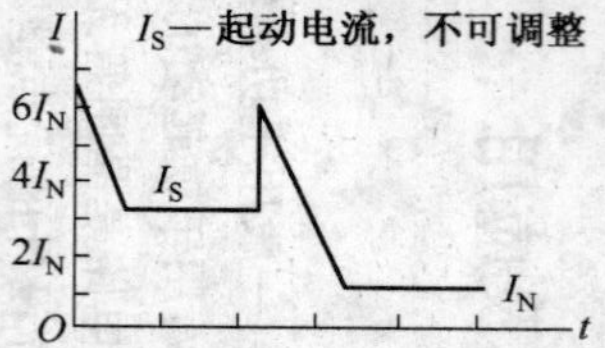
起始电压	0～380V 任意可调	200V 左右;用户不能调整	250V 左右;用户不能调整
起动冲击电流	无	1 次,约为电动机额定电流 I_N 的 6 倍	2 次,约为电动机额定电流 I_N 的 7 倍
起动电流	(0.2～4)I_N,用户可视负载轻重调整	(2～3)I_N 以上,不能调整	(3～5)I_N 以上,不能调整
电机转矩特性	没有冲击转矩,力矩匀速平滑上升	1 次冲击转矩后,力矩匀速平滑上升	力矩跳跃上升,有 2 次冲击转矩
负载适应能力	强	一般	较差
能否频繁起动	可以	一般不能	一般不能
起动方式	限流软起动或电压斜坡起动任选①	区域恒流软起动	分段式恒压起动
执行元件	电力电子器件	磁饱和电抗器(磁放大器)	自耦变压器
控制元件和控制方式	16 倍高性能单片计算机模糊控制	继电器及普通电子元件继电电子控制	继电器继电控制
整机质量/体积	轻/小	较重/较大	重/大
外接电缆数量	6 根(3 进、3 出)	6 根或 9 根(130kW 以上为 3 进、6 出)	6 根(3 进、3 出)

注:①表中 STR 数字式软起动器的起动电流特性曲线,是选择限流软起动方式下的电流特性曲线;电压斜坡起动方式下的电流特性曲线与限流软起动方式下的电流特性曲线有一定的差异。

目前国内生产使用的部分电动机软起动器型号和特点见表 9-56。西普电力电子有限公司生产的 STR 软起动器特点单独介绍。

表 9-56 部分电动机软起动器型号和特点

名称	型号说明	特点	生产厂
集电JLC电动机软起动器	JLC – □ – □ J—节能型 Q—起动，具有旁路接触器接口 电动机功率 (kW) 交流电动机软起动控制装置 电动机功率：11～315kW	(1)控制电路采用美国ENERPRC公司原装主板，可靠性高 (2)起动电流可控制在3倍额定电流以下，电动机起动平稳 (3)转矩随转速增加而增大，最大转矩大，加速圆滑，加速时间在7～55s之间可调 (4)电动机初始起动电压可调 (5)组件设置有节能功能，可使电动机轻载时减小磁化电流和磁化损耗，改善功率因数，提高效率 (6)具有瞬时停机和软停机功能，软停机时间设定在2s (7)设有断相、过载、晶闸管超温等全电子保护 (8)相序自动识别及纠正，电路工作与相序无关 (9)电动机全电压运行时自动接通旁路接触器，将晶闸管旁路，延长了晶闸管寿命。停机时先断开接触器再关断晶闸管，使接触器不带电流通断，确保接触器的寿命	上海集电电力电子技术发展有限公司
电力WJR电动机软起动器	WJR □ A D 设计序号 功能：A软起、节能 电动机功率 (kW) 微机、节能、软起 电动机功率：22～315kW WJR □ BP A 设计序号 功能：旁路型软起动器 电动机功率 (kW) 软起动器 电动机功率：22～315kW 其输出继电器触头容量均为 250V、5A	(1)限流起动，最大起动电流为电动机额定电流的4倍，起动电流调整范围为额定电流的1.5～4倍。如有旁路接触器，在电动机投入全电压运行后投入运行 (2)具有相序识别功能 (3)具有断相、过电流、电动机过载、三相不平衡、晶闸管过热、晶闸管故障、外部故障点输入等保护功能，并在面板上通过LED以相应的代码显示 (4)其他功能：故障状态输出(ERROR)、运行状态输出(RUN)	齐齐哈尔电力半导体器件厂

续表 9-56

名称	型号说明	特点	生产厂
KTR系列晶闸管软起动器	KTR□□-□/3×380-□B 成套型式代号B表示带记录控制仪表 主电路接线方式：1、2、3 电压(V) 相数 输出功率(kW) 设计序号：5、6 冷却方式：A-自冷　B-风冷 晶闸管交流电力软起动控制器 设计序号5表示起动电流限制为2.5I_N(I_N为电动机额定电流)，过电流保护动作值为3I_N；6表示起动电流限制为3.6I_N，过电流保护动作值为4I_N 主电路接线方式：1表示三相四线电路，双向控制；2表示三相三角形联结电路，双向控制；3表示三相三线电路，双向控制 电动机输出功率：22～320kW	(1)工作电流指标：工作电流I_L可在1.25～1.5I_N(电动机额定电流)时连续工作；I_L在2.5～3.6I_N时恒电流软起动，整定值连续可调。$I_L>1.5I_N$时，过电流反时限动作；$I_L\geqslant$3.0～4.0I_N时，过电流速断保护动作 (2)工作电压指标：三相输入电压中最低相$U_{1min}<20\%U_N$时，系统保护动作($U_N=220V$)；三相输入电压中最高相与最低相差值$U_{1max}-U_{1min}>20\%U_N$时，系统保护动作 (3)软起动：不带电流限制时线性软起动上升时间0.6～150s连续可调；软停止；线性软停止下降时间0.6～150s连续可调(可投入也可切除) (4)带有进线电源逆序、缺相、三相不平衡、某相快熔熔体断、起动过程电流限制、过电流速断、过电流反时限等保护功能以及晶闸管过热保护功能，当出现故障时有相应数码显示，并跳闸、报警	保定整流器厂

续表 9-56

名称	型号说明	特点	生产厂
奥托QB4电动机软起动器	QB 4□-□□ C：数字通信 无：无数字通信 功率规格 8　7.5kW 15　15kW 22　22kW 30　30kW ……　…… 400　400kW 500　500kW 功率元件形式 1 晶闸管模块 2 普通晶闸管 设计序列号 软起动半导体电动机控制器（简称软起动器） 电动机功率：8～500kW 共 17 个规格	(1)主电路采用晶闸管模块或普通晶闸管功率器件，器件电压≥1400V，主电路功耗＜每相每安培 2W (2)控制电路电压＋12V，功耗 5W，控制指令，无源触点，键盘，计算机指令 (3)起动参数，起动方式为斜坡起动，突跳起动①；起始电压 100～380V；起动时间 0～120s；突跳时间 0～3s (4)故障显示和保护；具有断相、晶闸管短路、过电流、晶闸管过热、起动超时、存储器故障等保护功能，并以代码显示 (5)数字通信(选配)：通信速率 187.5kbit/s；通信距离 1200m(无中继)、13200m(有中继)；通信站点 99 个(软起动器)，31 个(计算机)	长沙奥托自动化技术有限公司和国防科技大学自动化研究所

注：①对于高转矩负载，软起动器在初始起动阶段提供一个时间为 t_J 的全导通阶段，输出额定电压，使电动机能迅速克服负载的静摩擦力矩和惯量开始转动，称为突跳起动。突跳时间 t_J 由键盘设置。

三、STR系列软起动器

STR系列软起动器系西安西普电力电子有限公司产品，广泛应用于国内外各个领域，其主要产品有：

(一)STR 数字式交流电动机软起动器

1. 产品型号。产品型号各部分含义如下：

STR □□□ □-□

- 适用电压等级：3-380V；6-660V；10-1140V
- 产品设计序号：A-A型，B-B型，L-L型，G-G型
- 适配电动机功率，如：075表示75kW
- 产品命名编号

2. 产品特点。

(1)起动方式。根据负载特点选择不同的起动方式及参数设置,可最大程度地使电动机实现最佳的起动效果。

(2)高技术性能。由于采用了高性能微处理器及强大的软件支持功能,使控制电路得以简化。无需对电路参数进行调整,即可获得一致准确及快速的执行速度。

(3)高可靠性。STR软起动器所有电器元件均经过严格的筛选,其主控板经过72小时高温循环试验振动试验,从而保证了出厂产品的高可靠性。

(4)优化的结构。独特紧凑的模块化结构及上进线、下出线的连接方式,非常方便用户的集成、成套。

(5)多重保护功能。STR软起动器对电动机的起动和运行有多种保护功能(如过流、过载、缺相、过热等),单台控制无需另加电机保护电路,可降低集成或成套成本。

(6)键盘设置功能。便捷直观的操作显示键盘,可方便地对起、停参数根据不同负载进行设置修改。

(7)模拟信号输出。可提供4~20mA模拟输出信号。

(8)实际功率设置。软起动器的实际输出功率可根据负载进行设定。

3. 主要技术数据。见表9-57。

4. 功能及代码。见表9-58。

5. 保护功能及状态显示。见表9-59。

(二)STR(C型)(汉显/英文)智能式交流电动机软起动器

1. 产品特点。主要有:

(1)采用高性能微处理器,抗干扰能力强,性能稳定。

(2)6种起动方式。电压斜坡、电流限流、电压斜坡+限流、点动、电流斜坡、电压斜坡+突跳。适用各种负载类型,达到最佳起动效果。

(3)3种停车方式。自由停车、软停车、制动停车。

(4)2种运行方式。运行中允许晶闸管开通和禁止晶闸管开通,可设置选择。

(5)电源适应范围宽。AC150V~AC500V,可在进线电压过低或过高的工况下正常工作。

(6)多种保护功能。电动机过流、三相电流不平衡(不平衡度可设置)、过热、缺相、过压、欠压、过载(6种过载级别,可设置)等。

表 9-57　STR 数字式交流电动机软起动器主要技术数据

名称	STR 系列 A 型产品	STR 系列 B 型产品	STR 系列 G 型产品	STR 系列 L 型产品
结构	壁挂式	壁挂式	立柜式	壁挂式
冷却方式	自然冷却	强迫风冷	强迫风冷	75kW 以下—自然冷却 90kW 以上—强迫风冷
内部配置	内置旁路接触器	预留有旁路接触器接口	配有进线断路器 配有旁路接触器	旁路接触器需外接
功率范围	7.5～75kW	7.5～500kW	7.5～500kW	7.5～320kW
主电路接线端子	R. S. T—接三相交流电源 U. V. W—接三相电动机	R. S. T—接三相交流电源 U. V. W—接三相电动机 U_1. V_1. W_1—旁路接触器接口	L_1. L_2. L_3—接三相交流电源 U. V. W—接三相电动机	R. S. T—接三相交流电源 U. V. W—接三相电动机 注：旁路接触器跨接在 R. S. T 和 U. V. W 之间
控制电路接线端子	RUN　起动端子：RUN 和 COM 短接即可外控起动 STOP　停止端子：STOP 和 COM 短接即可外控停止 JOG　点动端子：JOG 和 COM 短接即可实现点动 COM　公共端			
控制电路接线端子	RESET 故障复位端子：RESET 和 COM 短接即实现故障复位			RET 故障复位：RET 和 COM 短接即实现故障复位
控制电路接线端子	+12V　内部电源端子：内部输出电源，DC12V/100mA OC　起动完成端子：起动完成后 OC 门导通（DC30V/100mA）			
控制电路接线端子	K14　常开 K11　常闭 K12　公共 （K14、K11、K12）故障输出端子：故障时　K14-K12 闭合，K11-K12 断开；触点容量　AC250V/10A　DC30V/10A			

续表 9-57

名称	STR 系列 A 型产品	STR 系列 B 型产品	STR 系列 G 型产品	STR 系列 L 型产品
控制电路接线端子	K24 常开 K21 常闭 } 旁路接触器控制端子： K22 公共	起动完成后 K24-K22 闭合，K21-K22 断开 触点容量 AC250V/10A DC30V/10A		K24 常开 } 旁路接触器 K22 公共 } 控制端子
	lo 运行电流输出信号端： COM1 运行电流输出地端：	0～21e 对应于 4～20mA(选件)		
操作键盘	控制软起动器起停 设置软起动器起停及运行参数 显示各种参数：运行、保护、故障代码值			
保护功能	起动过程及运行均有过流、过载、缺相、过热等保护，不用另加电动机保护元件			起动过程有过流、缺相、起动时间超限等保护，运行后由外加热继元件保护
应用	可直接使用或成套后使用 (适用于配套商或直接用户)	需成套后使用 (适用于配套商)	直接接线使用 (适用于直接用户)	需成套后使用 (适用于配套商)

表 9-58 STR 数字式交流电动机软起动器功能及代码

可编程代码	功能	说明及数据	出厂设定值
P1----	斜坡初始电压设定	0～380V	40
P2----	斜坡上升时间设定	0～200s	30

续表 9-58

可编程代码	功能	说明及数据	出厂设定值
P3----	起动电流限幅值设定	显示值为电动机额定电流百分比(20～400)	300
P4----	软停车时间设定	1～100s	1
P5----	运行过流值设定	显示值为电动机额定电流百分比(20～400)	200
P6----	起动过流值设定	显示值为电动机额定电流百分比(400～600)	400
P7----	软起动器额定电流标称值	此项只可查看,不可修改	软起动器额定电流标称值
P8----	电动机额定电流设定	10A～软起动器额定电流标称值	软起动器额定电流标称值
P9----	SCR 触发方式设定	1. 旁路后关闭 SCR 触发 2. 旁路不关闭 SCR 触发	2
PA----	电流值校准设定	5～2500	出厂校准值
Pb----	操作方式设定	1. 键盘操作方式 2. 外控端子操作方式 3. 键盘及外控端子均可	1
Pc----	起动模式设定	1. 电压斜坡起动模式 2. 电流限流起动模式 3. 点动控制模式	2
Pd----	停车模式设定	1. 自由停车 2. 软停车	1

注:代码中-表示可修改数据码的有效位。

表 9-59 STR 数字式交流电动机软起动器保护功能及状态显示

状态显示代码	状态说明	参考原因	对策
PdY --	起动等待状态，最后两位为起停方式	—	—
PU----	运行状态，后四位显示运行电流	—	—
PhO	输入电源缺相保护	—	检查三相电源是否可靠接入
Pr 01	起动过流保护	起动电流超过保护电流设定值？	负载过重？调整电压、电流设定值或起动模式
Pr 02	I^2t 保护	限流参数过小？起动时间过长？	适当加大限流值或减少起动时间
Pr 03	运行过流保护	负载突然加重？负载波动太大？	减小限流值或改变起动模式
Pr 04	电动机热过载保护	负荷超载？	减小负载
Pr 05	违反规程起动保护	违反操作程序？	重新确认控制模式
Pr 06	缺相保护	在起动或运行过程中缺相？	检查三相电压
Pr 07	干扰保护	外部干扰？进线电源是否可靠接入？	查找并消除干扰源
Pr 08	参数故障保护	设定参数丢失？	检查各参数并重新设定
OH	过热保护	起动器内散热器过热？	检查运行电流、温度继电器或散热风扇

(7)多种检测功能。进线电压检测，A、B、C 三相电流检测。

(8)故障记忆功能。可记录最后 3 次故障以及故障发生信息，便于分析故障原因。

(9)RS232(RS485)通信接口，采用 MODBUS RTU 标准协议，可通过上位机进行参数设置、操作及监测。

(10)可通过键盘对软起动器参数进行设置，键盘可在通电状态下热插拔，并具有键盘参数下载、软起动器参数上载功能。

(11)大屏幕中/英文液晶显示界面：七色背光可显示软起动器的不同工作状态。

(12)多种输出功能。旁路、故障、可编程继电器(可设置动作阶段)、并具有 4～20mA 模拟输出功能。

2. 起动波形图。如图 9-46 所示。

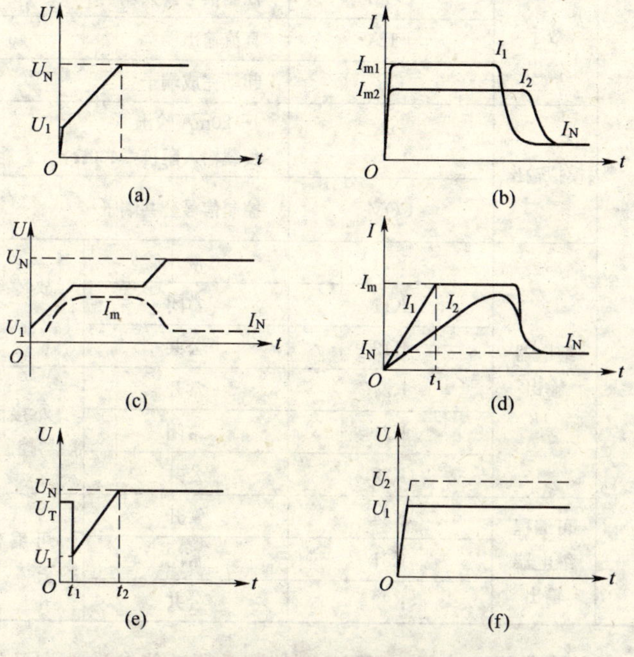

图 9-46　STR 智能式交流电动机软起动器起动波形

(a)电压斜坡　(b)电流限流　(c)电压斜坡＋限流

(d)电流斜坡　(e)脉冲突跳＋电压斜坡　(f)点动

3. 端子说明。见表 9-60。

表 9-60　STR 智能式交流电动机软起动器端子说明

端子说明		端子	端子名称	
主电路		R. S. T	交流电源输入端子	
主电路		U. V. W	软起动器输出端子	
主电路		U1. V1. W1	外接旁路接触器专用端子	
控制电路	数字输入	RUN	外控起动端子	
控制电路	数字输入	STOP	外控停止端子	
控制电路	数字输入	JOG	外控点动端子	
控制电路	数字输入	RET	外控复位端子	
控制电路	数字输出	COM	控制信号公共端子	
控制电路	数字输出	+12V	直流输出	
控制电路	数字输出	OC	起动完成端子	
控制电路	模拟输出	I	4～20mA 输出 负载输入阻抗≤400Ω	
控制电路	模拟输出	COM	控制信号公共端子	
控制电路	继电器输出	K14	常开	故障输出端子
控制电路	继电器输出	K11	常闭	故障输出端子
控制电路	继电器输出	K12	公共	故障输出端子
控制电路	继电器输出	K24	常开	外接旁路接触器控制端子
控制电路	继电器输出	K21	常闭	外接旁路接触器控制端子
控制电路	继电器输出	K22	公共	外接旁路接触器控制端子
控制电路	可编程继电器输出	K34	常开	可编程输出端子
控制电路	可编程继电器输出	K31	常闭	可编程输出端子
控制电路	可编程继电器输出	K32	公共	可编程输出端子

4. 功能参数设置流程。STRC 型软起动器功能参数查询及设置采用汉显菜单滚动方式，分为 1 个主菜单和 4 个子菜单，包含了所有可设置及可查询的参数，其全部菜单功能展开流程如图 9-47 所示。

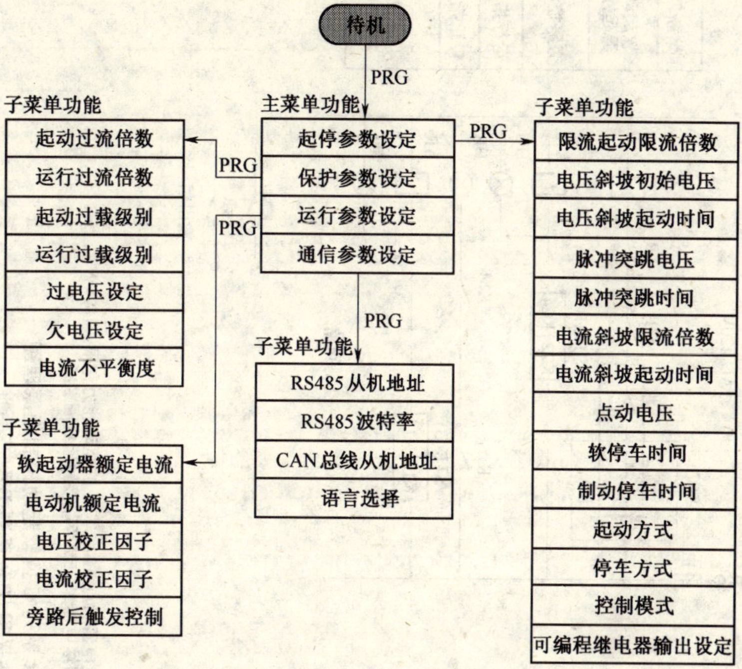

图 9-47　STRC 型软起动器功能参数设置流程

四、应用图集

下面介绍西普电力电子有限公司提供的成套系列产品应用原理图，它详细实用，供读者选用软起动器时参考。具体原理图如图 9-48～图 9-70 所示。

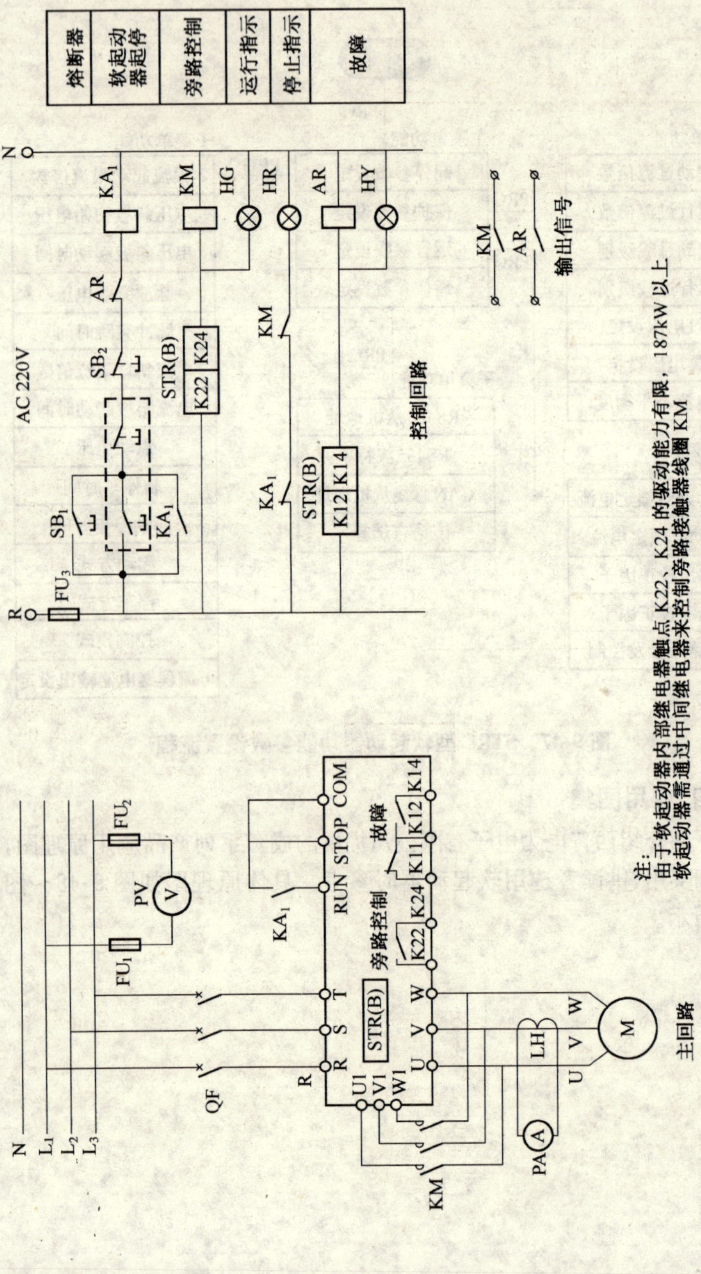

注：由于软起动器内部继电器触点 K22、K24 的驱动能力有限，187kW 以上软起动器需通过中间继电器来控制旁路接触器线圈 KM

图 9-48 STR 系列 G 型软起动控制柜原理图

（主元件采用 STR 系列 B 型产品）

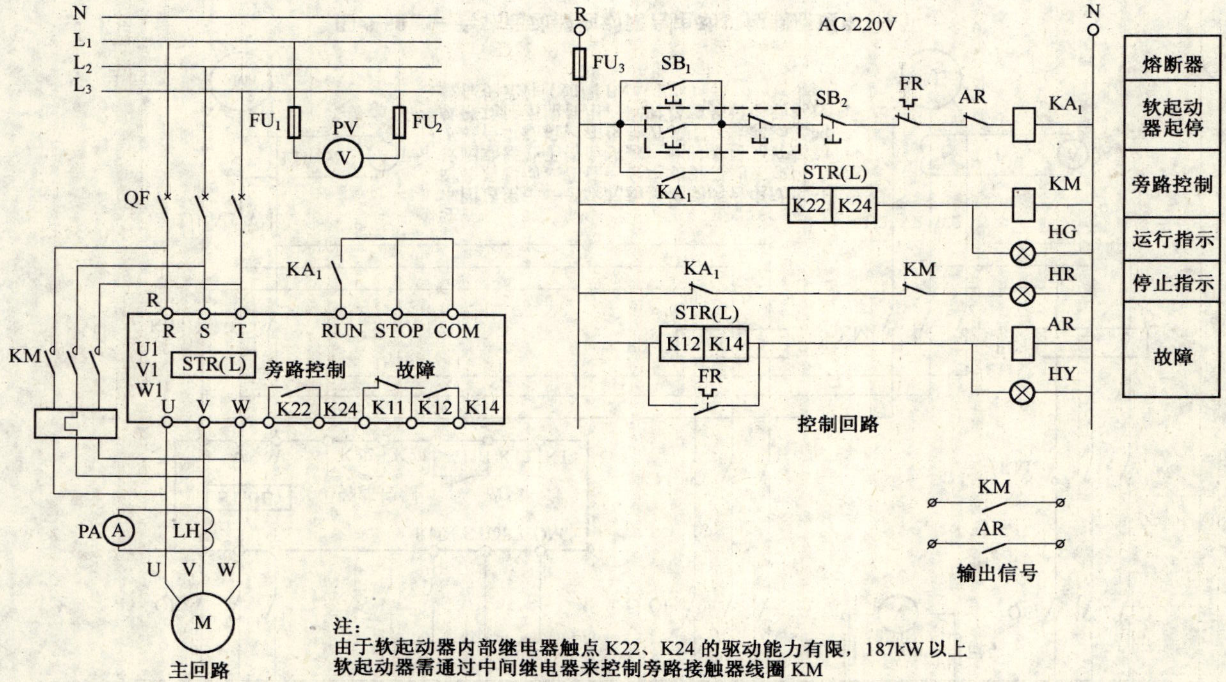

注：
由于软起动器内部继电器触点 K22、K24 的驱动能力有限，187kW 以上软起动器需通过中间继电器来控制旁路接触器线圈 KM

图 9-49　STR 系列 G 型软起动控制柜原理图
（主元件采用 STR 系列 L 型产品）

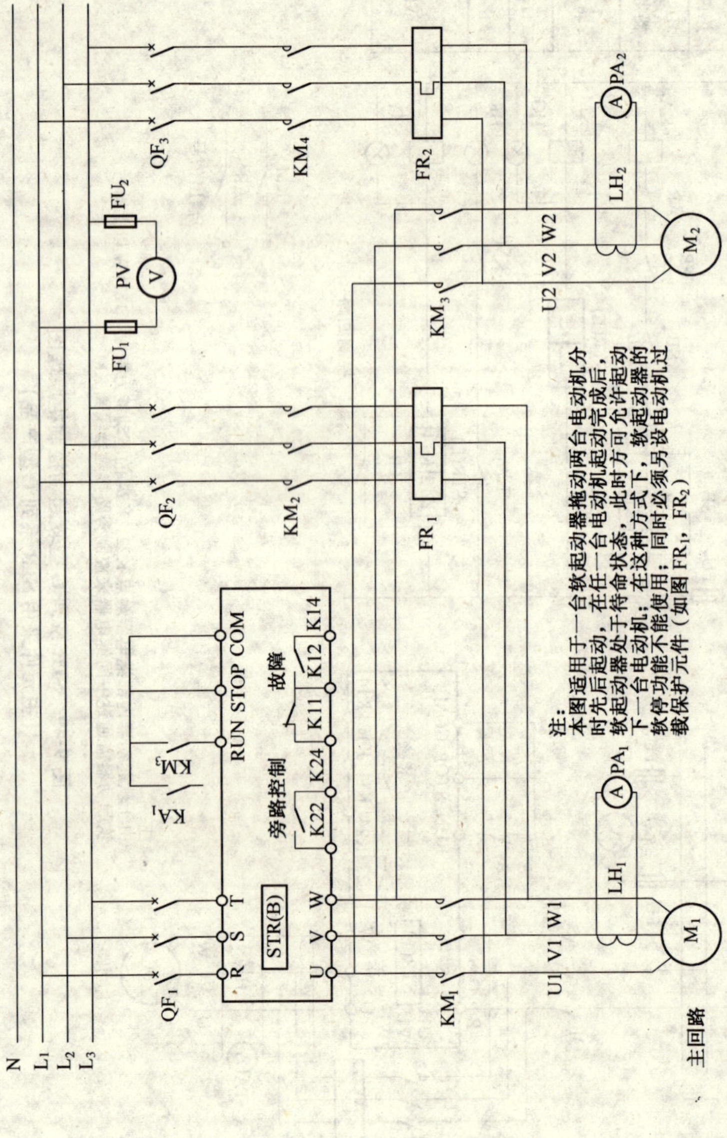

图 9-50　一台软起动器拖动两台电动机控制原理图（一）

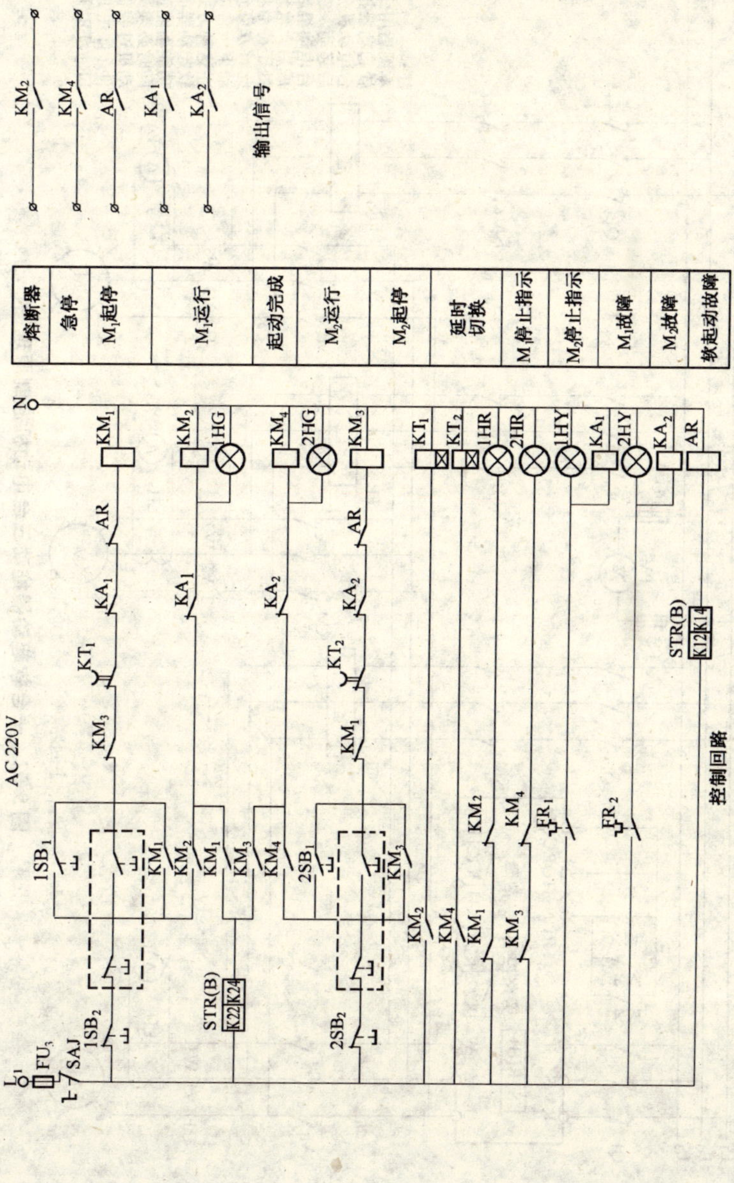

图 9-51　一台软起动器拖动两台电动机控制原理图(二)

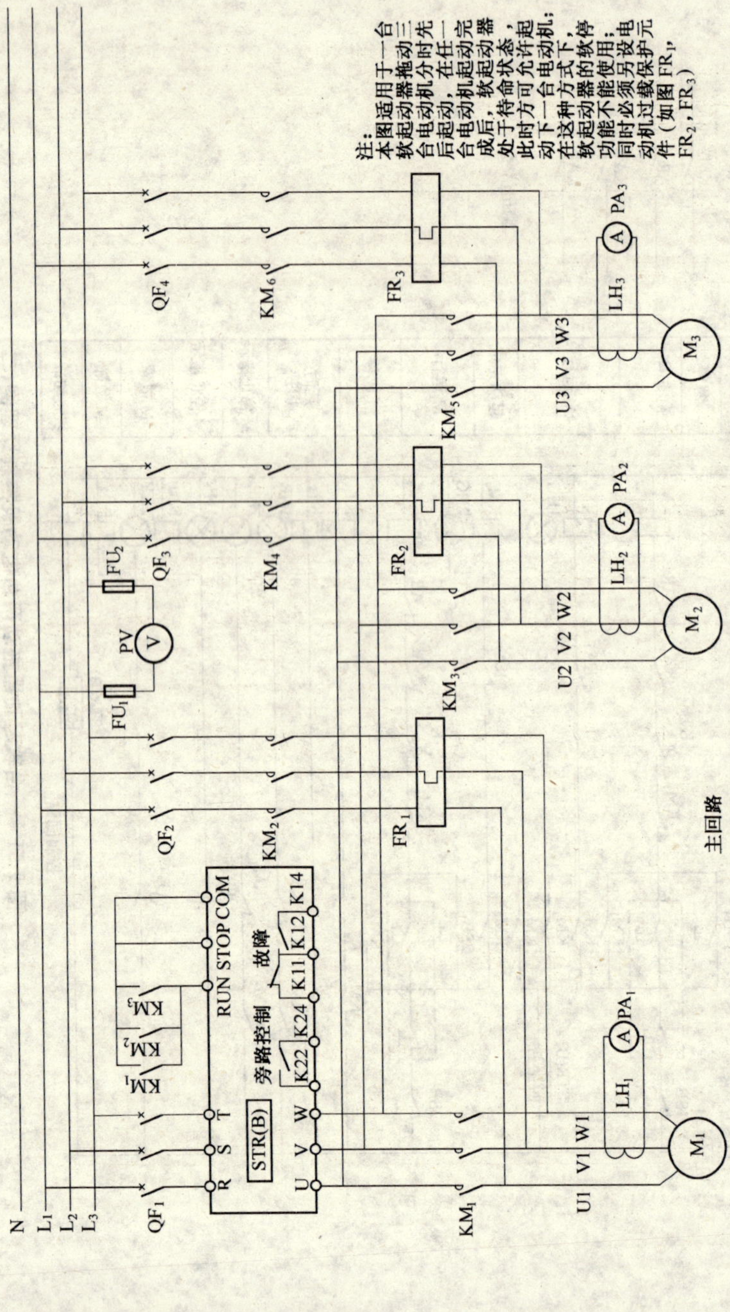

图 9-52 一台软起动器拖动三台电动机控制原理图(一)

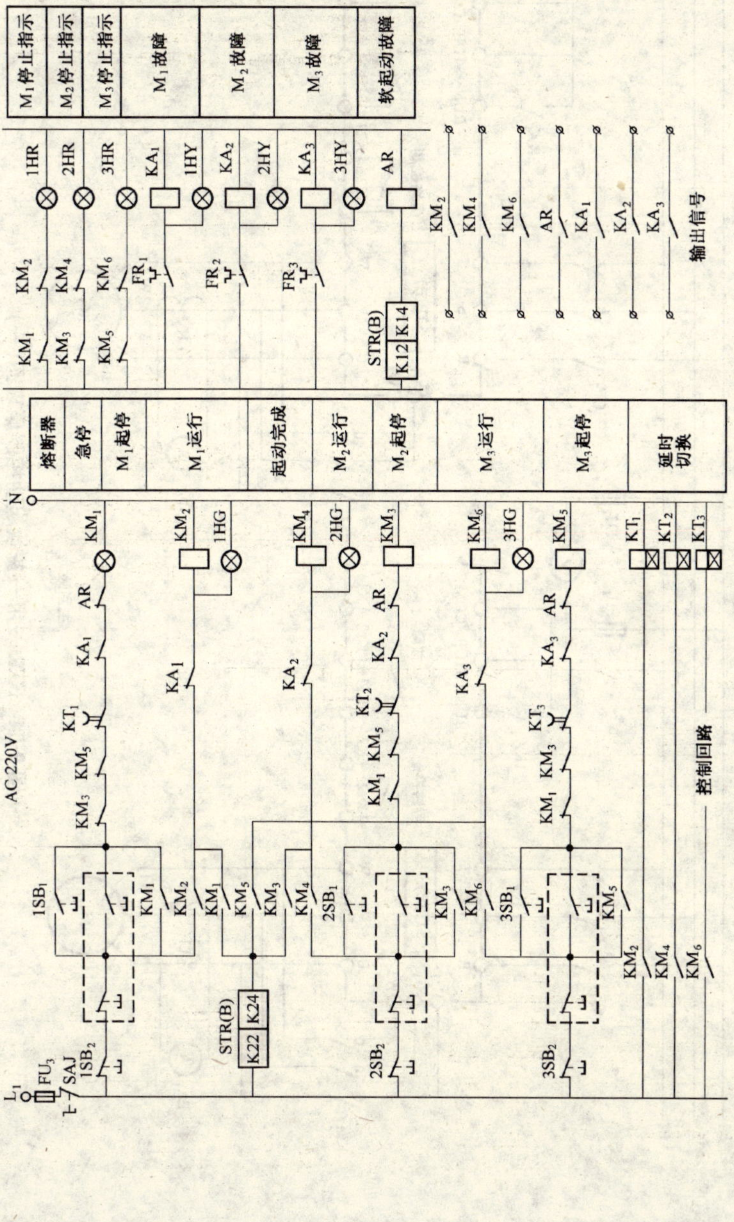

图 9-53 一台软起动器拖动三台电动机控制原理图(二)

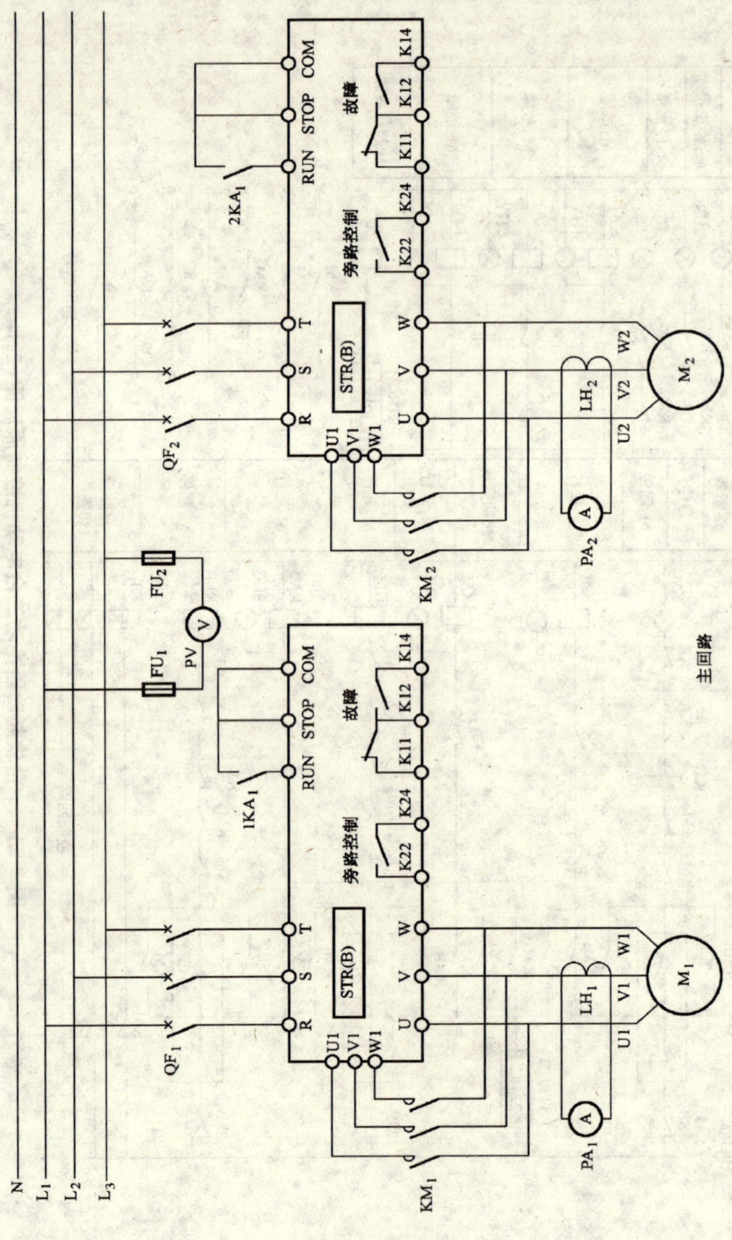

图 9-54 STR 一用一备软起动控制原理图(一)

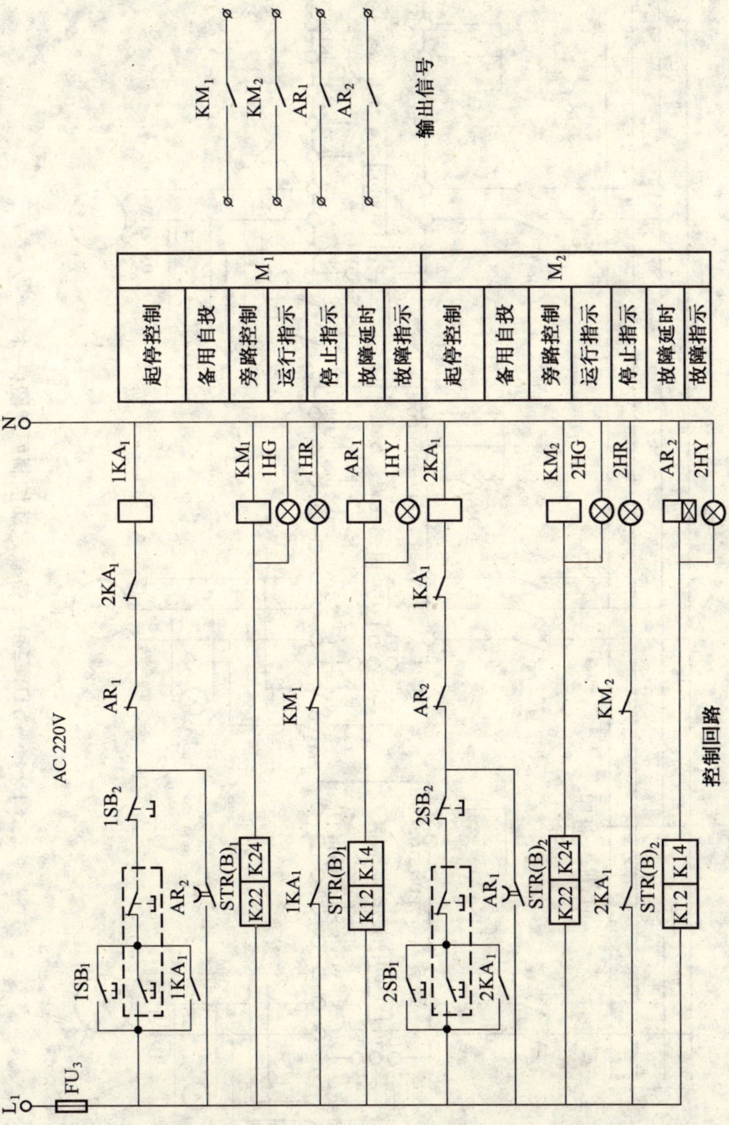

图 9-55 STR 一用一备软起动控制原理图(二)

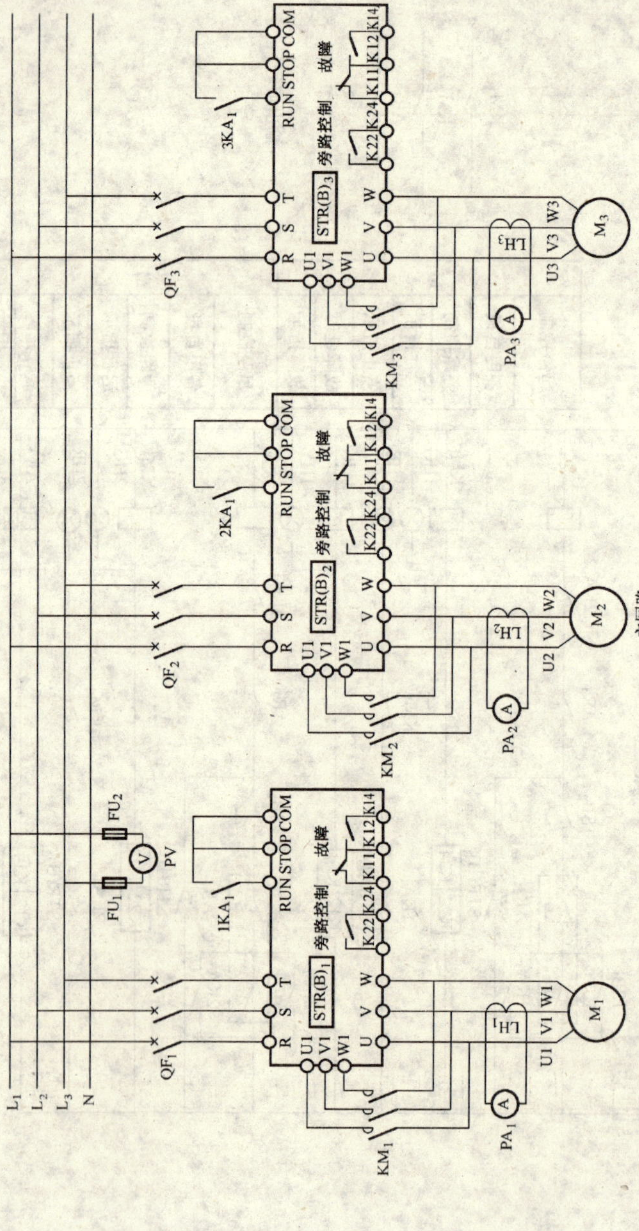

主回路

图 9-56　STR 二用一备软起动控制原理图(一)

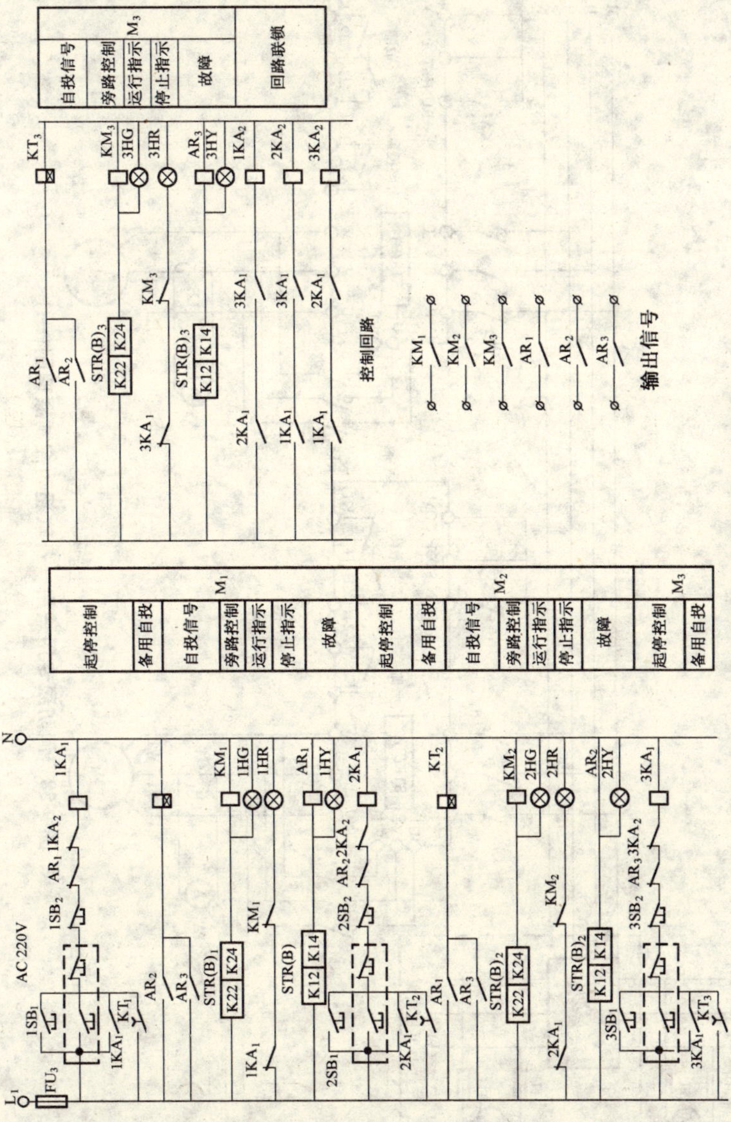

图 9-57　STR 二用一备软起动控制原理图(二)

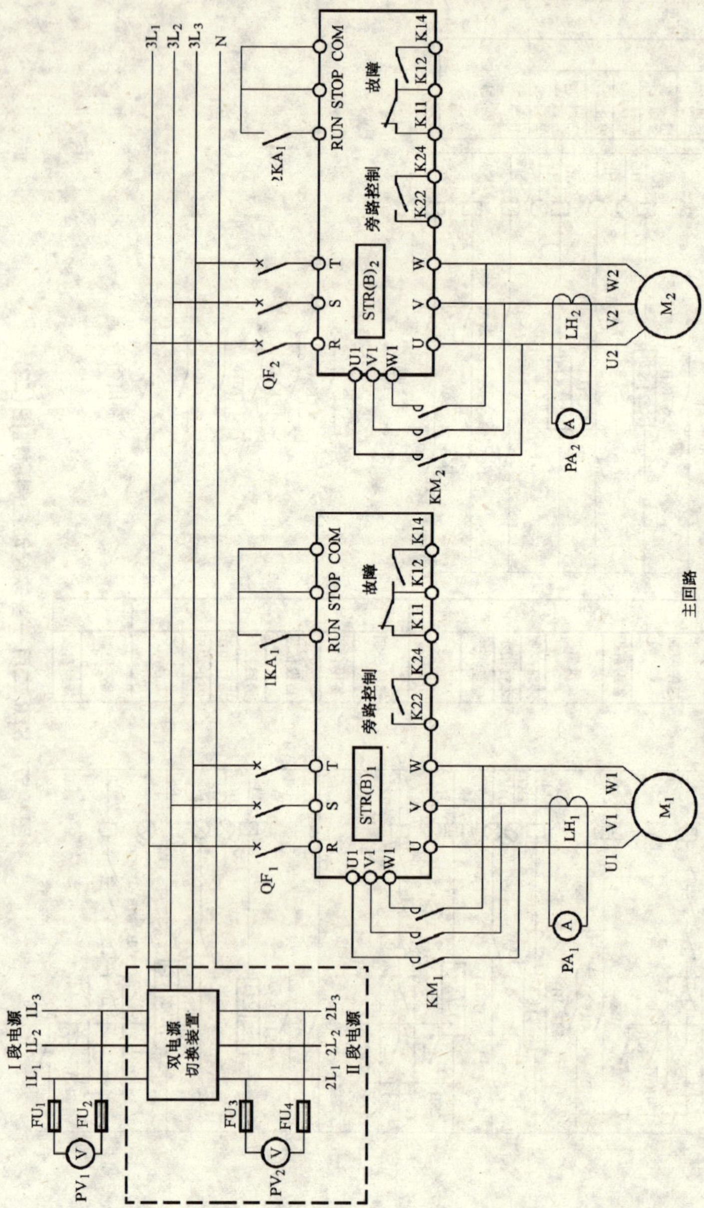

图 9-58　消防泵专用一用一备软起动控制原理图(一)

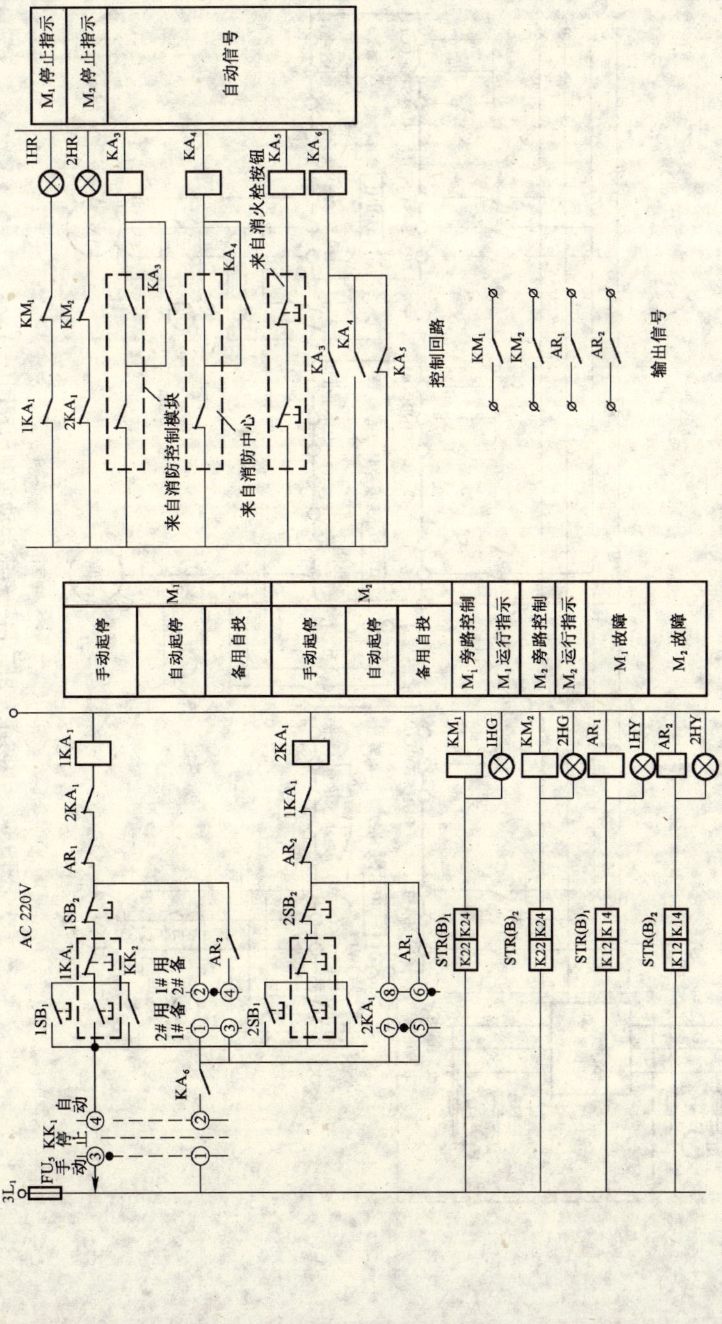

图 9-59　消防泵专用一用一备软起动控制原理图(二)

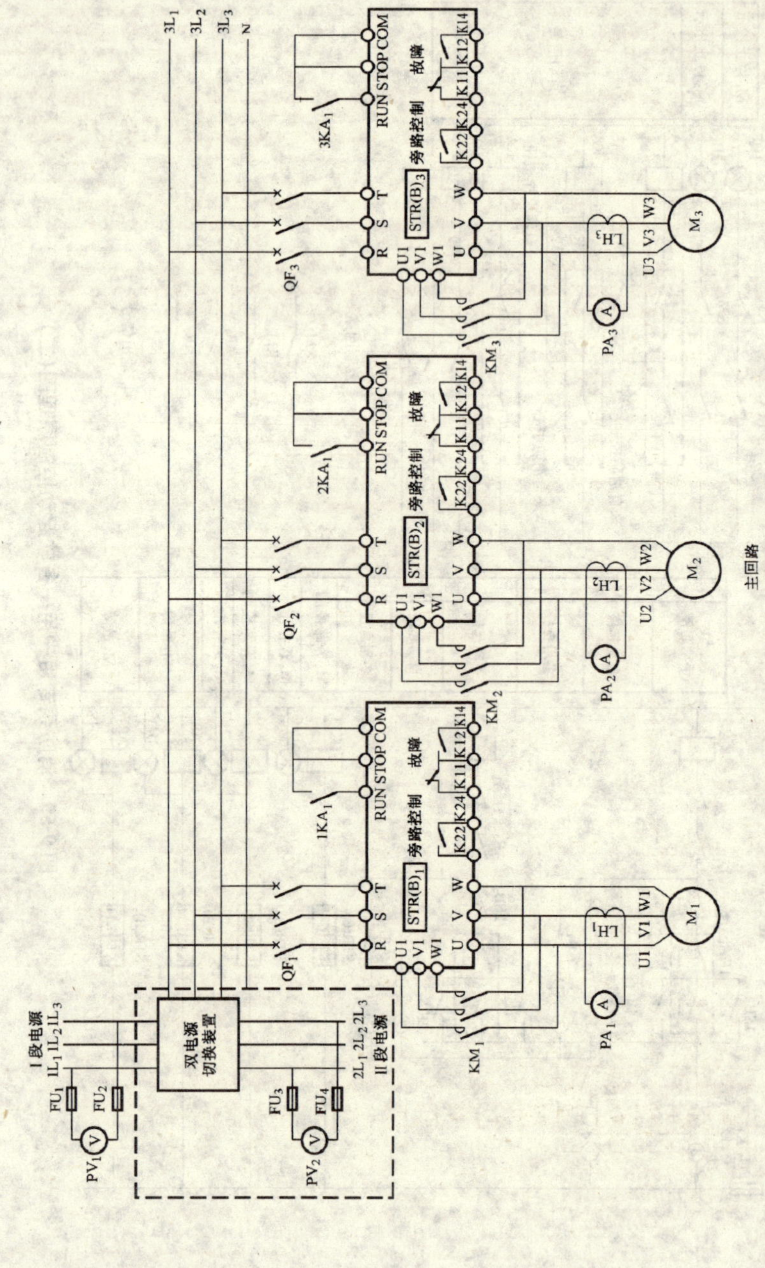

图 9-60 消防泵专用二用一备软起动控制原理图(一)

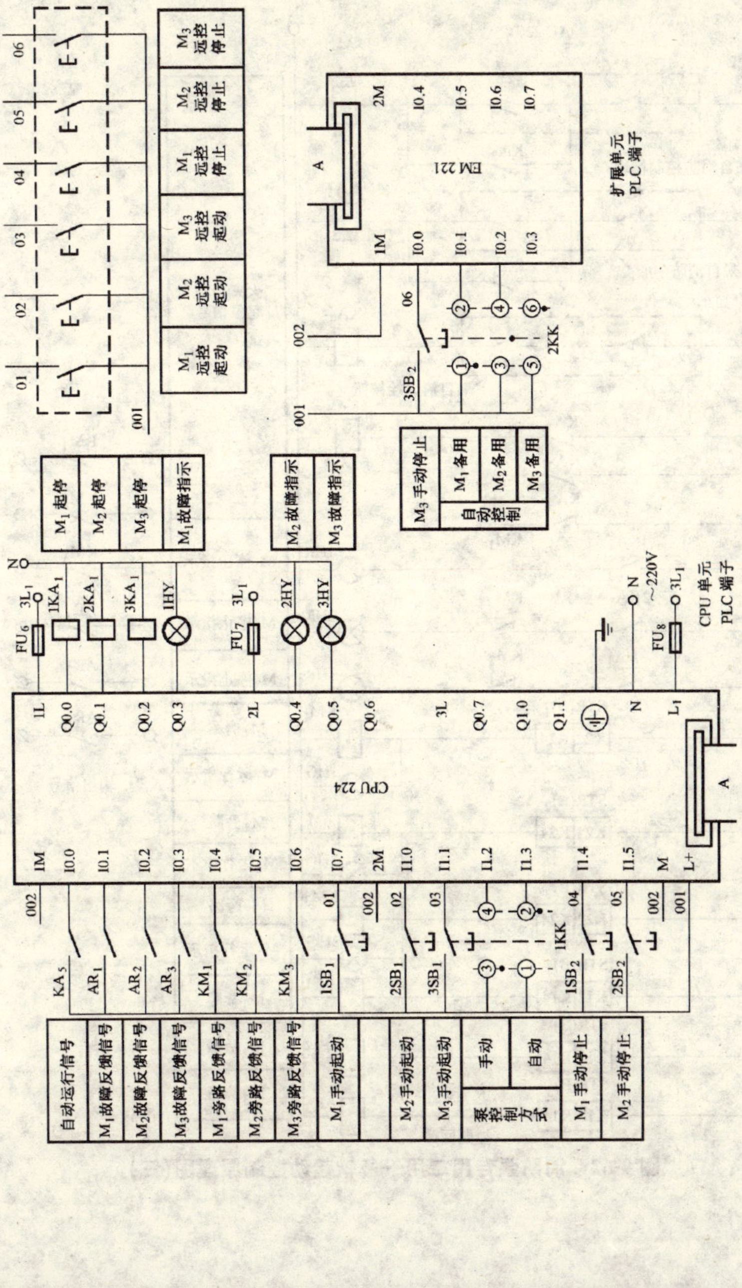

图 9-61　消防泵专用一用一备软起动控制原理图(二)

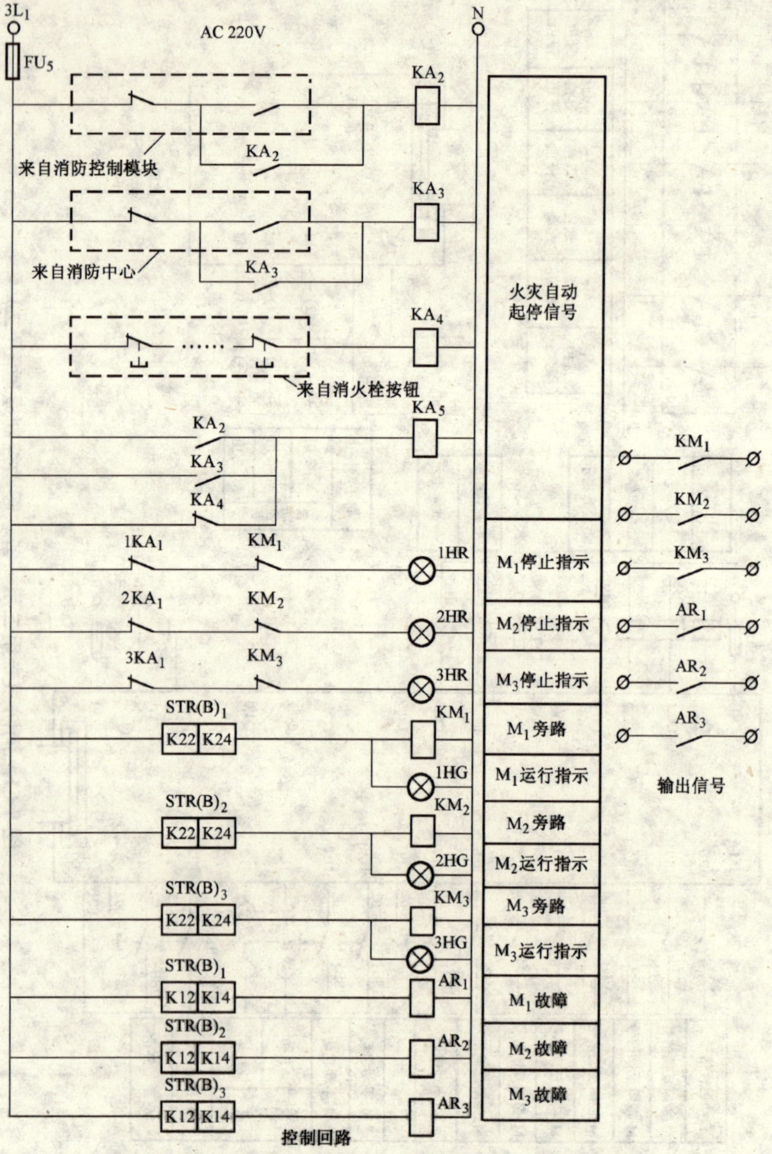

图 9-62　消防泵专用二用一备软起动控制原理图(三)

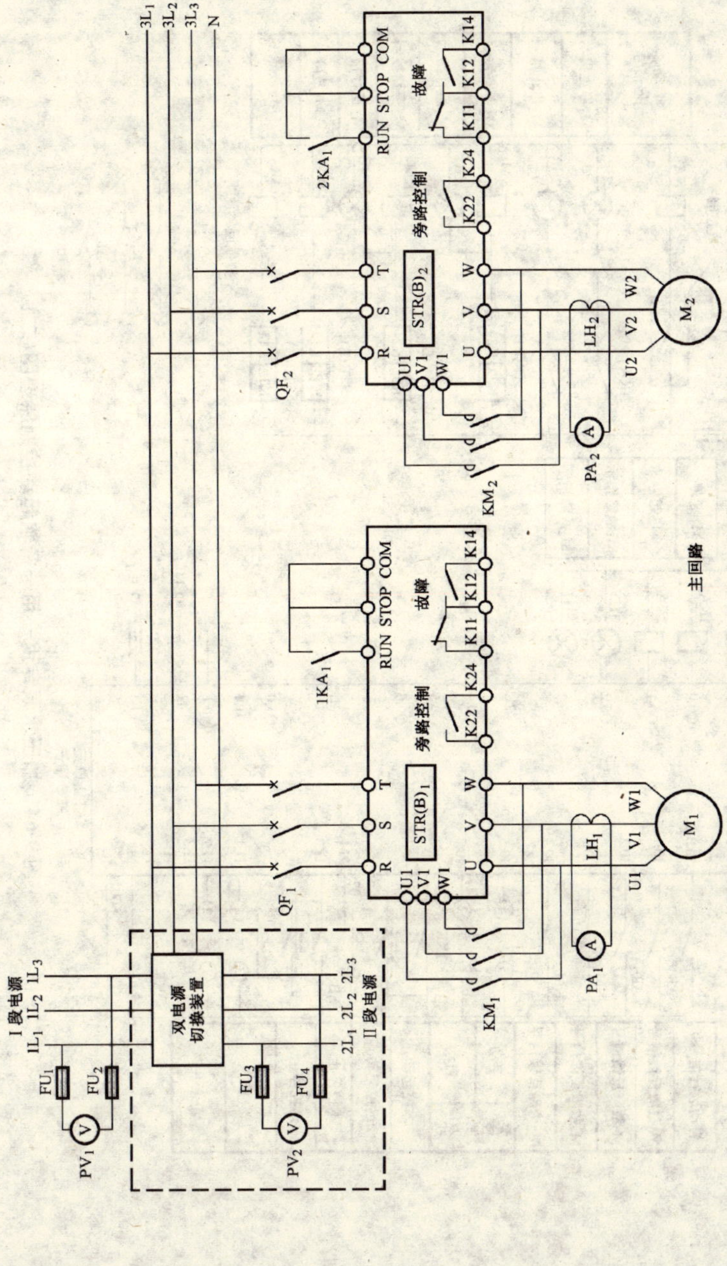

图 9-63　加压水泵专用一用一备软起动控制原理图(一)

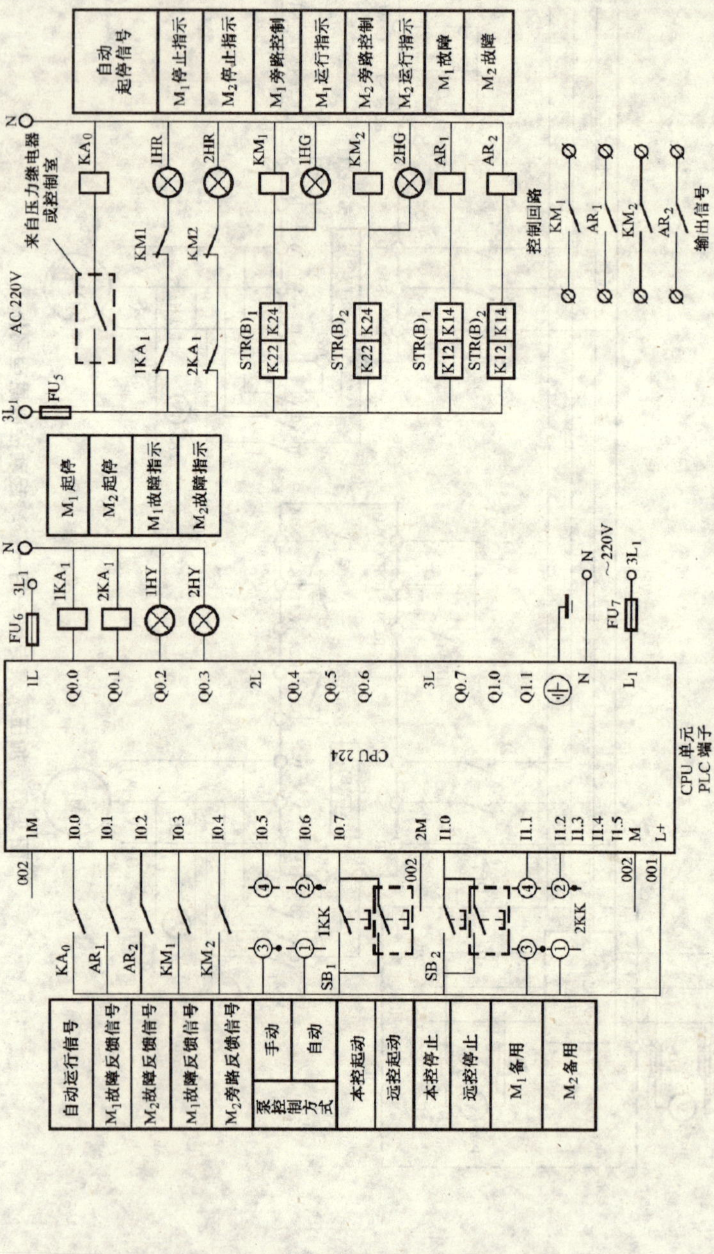

图 9-64　加压水泵专用一用一备软起动控制原理图(二)

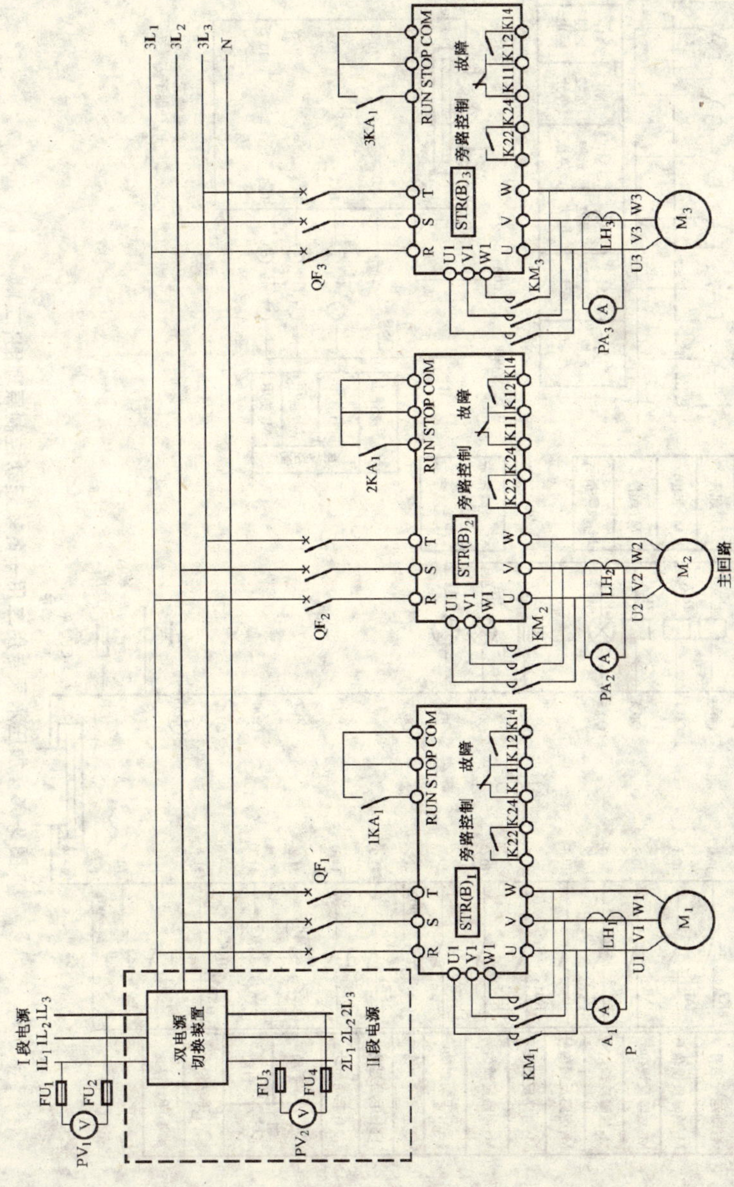

图 9-65　加压水泵专用二用一备软起动控制原理图(一)

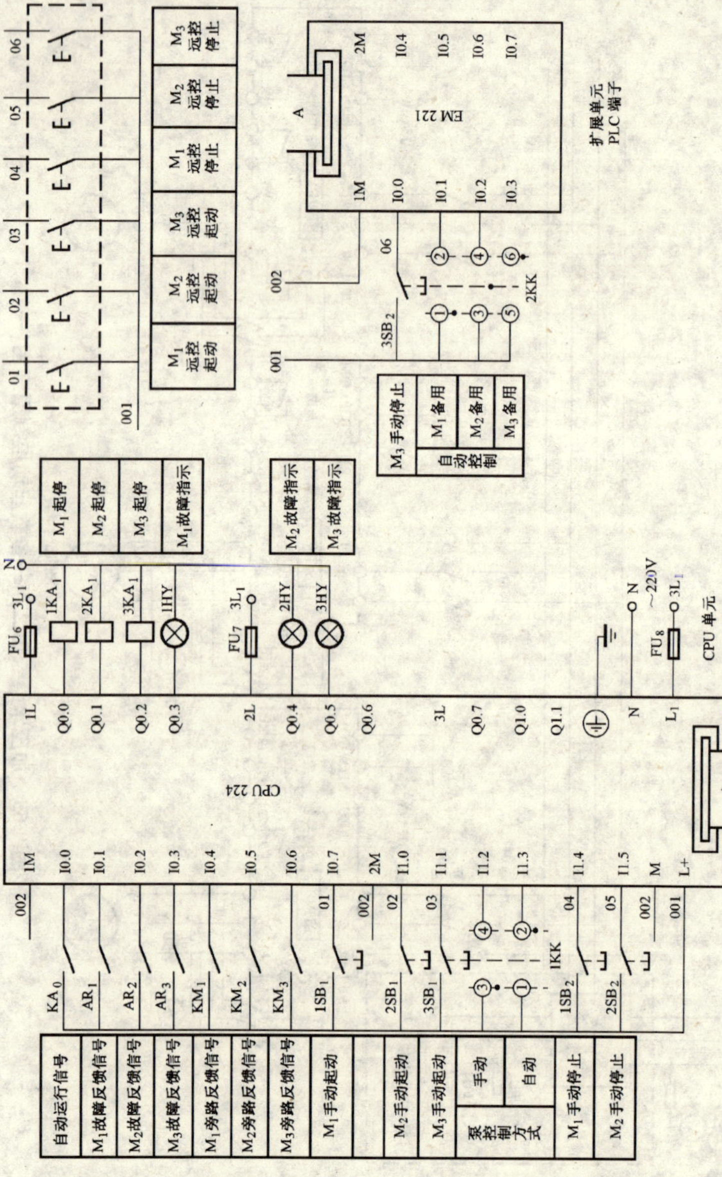

图 9-66 加压水泵专用一用一备软起动控制原理图(二)

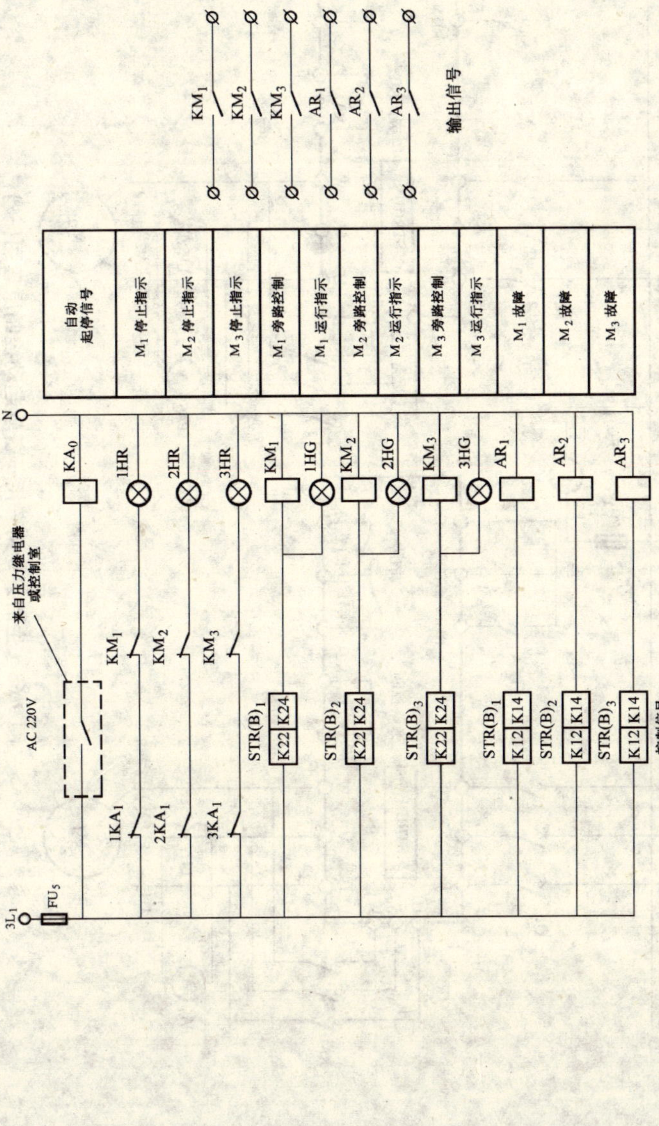

图 9-67　加压水泵专用二用一备软起动控制原理图(三)

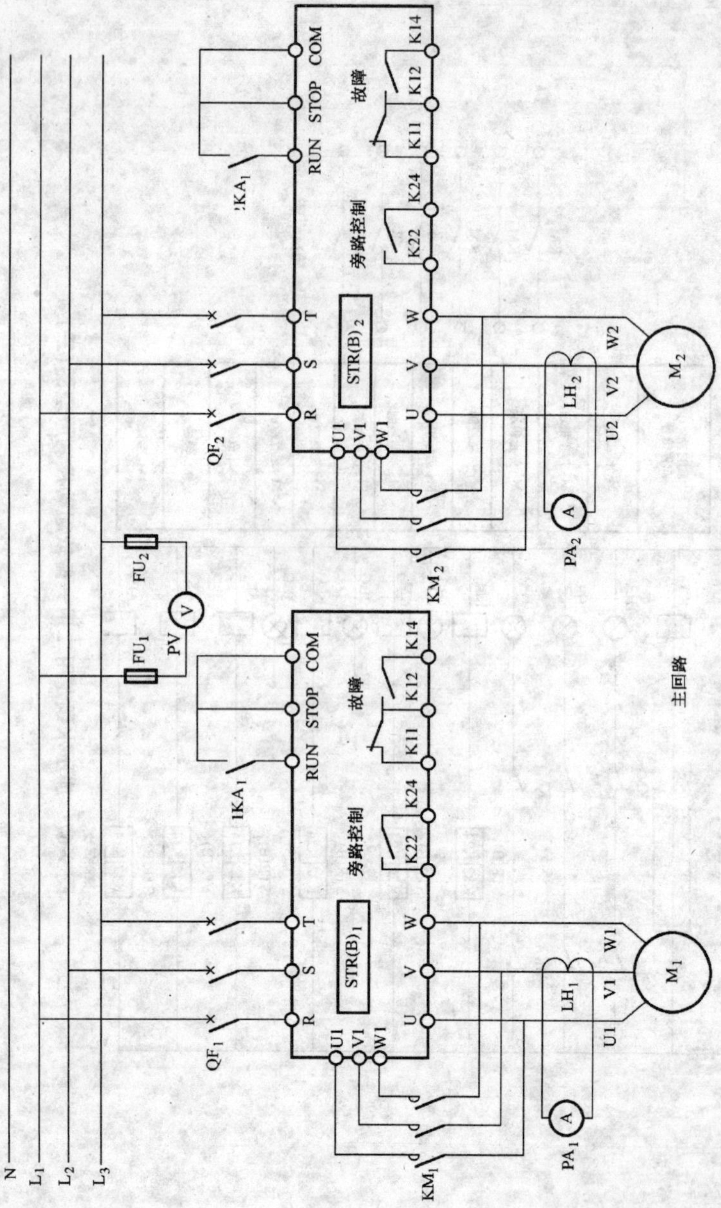

图 9-68 生活泵专用一用一备软起动控制原理图(一)

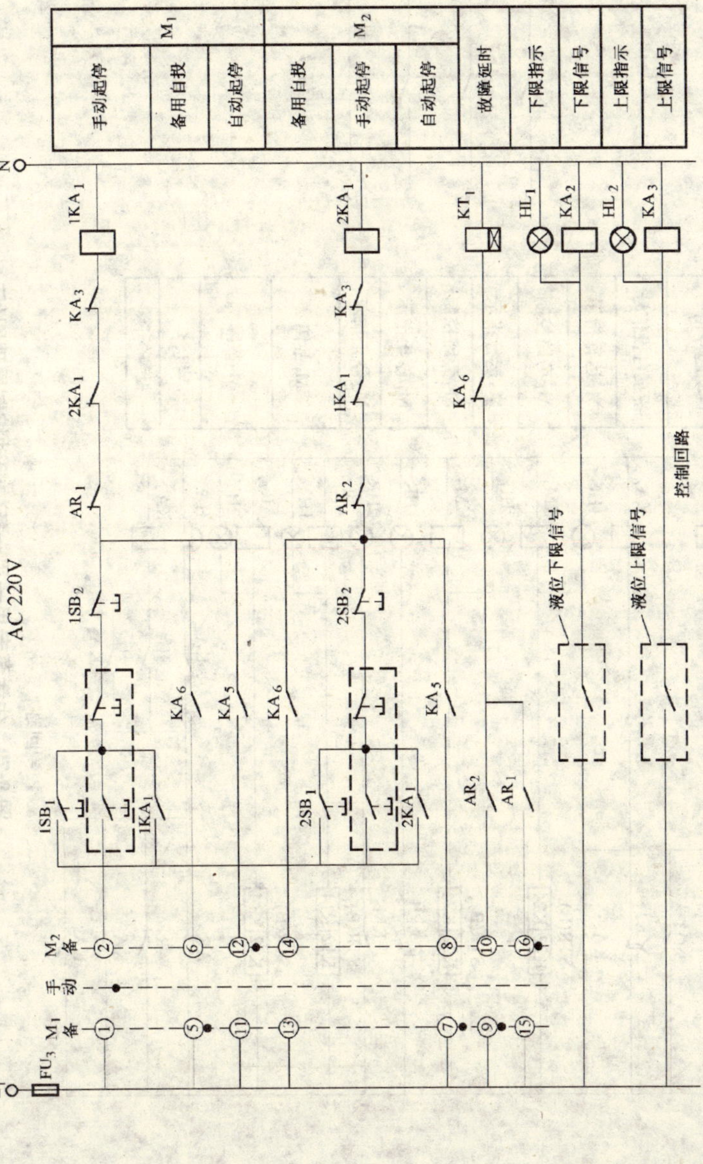

图 9-69 生活泵专用一用一备软起动控制原理图(二)

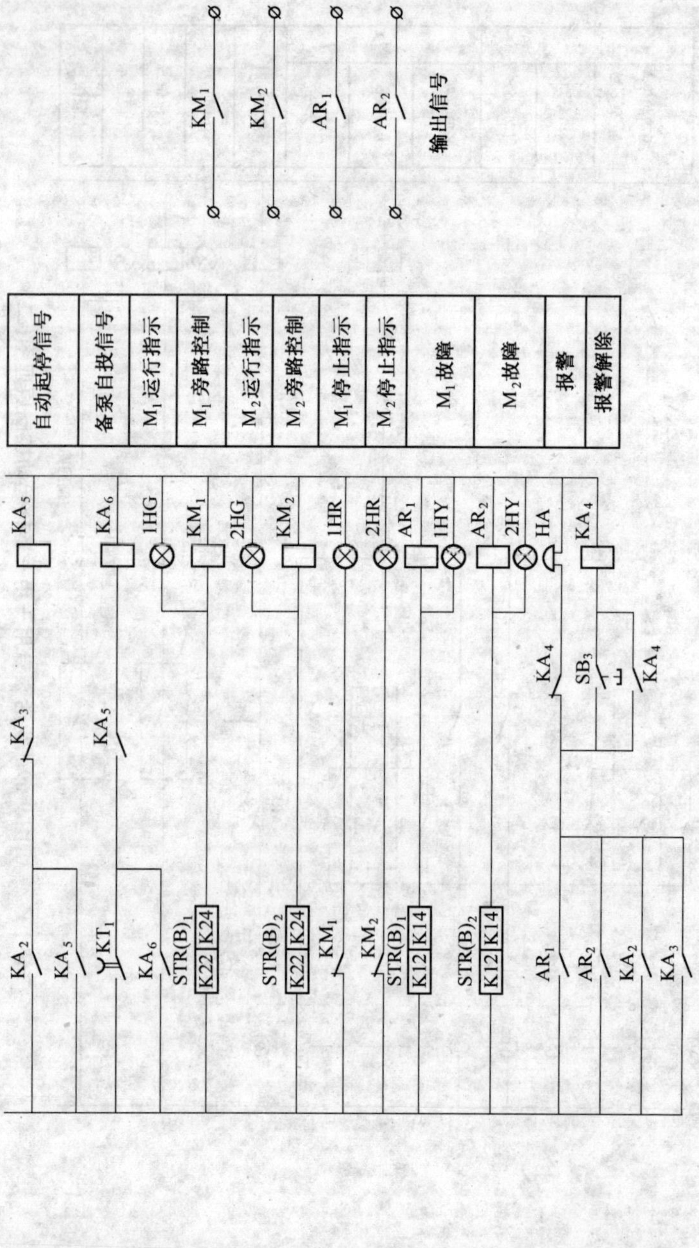

图 9-70 生活泵专用一用一备软起动控制原理图(三)

第十章　可编程序控制器及应用

第一节　可编程序控制器的定义和特点

一、可编程序控制器的定义

可编程序控制器是一种数字运算操作的电子系统，专为在工业环境下应用而设计的。它采用可编程序的存储器，用来在其内部存储执行逻辑运算、顺序控制、定时、计数和算术运算等操作的指令，并通过数字式、模拟式的输入和输出，控制各种类型的机械或生产过程。可编程序控制器及其有关的外围设备，都应按易于与工业控制系统连成一个整体，易于扩充其功能的原则设计。

从上述定义可以看出，可编程序控制器是专为在工业环境下应用而设计的一种数字运算操作的电子系统。

为避免在使用中与个人计算机(Personal Computer)(简称 PC)相混淆，人们通常习惯地把可编程序控制器(Programmable Controller)或可编程序逻辑控制器(Programmable Logic Controller)简称为 PLC。

本书中可编程序控制器与 PLC 两种称谓并用。

二、可编程序控制器的特点

可编程序控制器有如下特点：

1. 抗干扰能力强，工作稳定可靠。PLC 采用了集成度很高的微电子器件，大量的开关动作由无触头的半导体电路来完成，其可靠程度是使用机械触头的继电器所无法比拟的。为了使 PLC 能在恶劣的工业环境下可靠工作，主要采取了以下措施：

(1)硬件方面。

①隔离。输入、输出接口电路采用光电隔离，有效地抑制了外部干扰源对 PLC 的影响，还可防止外部强电窜入内部 CPU。

②滤波。输入、输出电路中设置多种滤波电路，可有效抑制高频干扰信号。

③在 PLC 内部对 CPU 供电电源采取屏蔽、稳压、保护等措施，防止干扰信号通过供电电源进入 PLC 内部。另外，各个输入/输出（I/O）接口电路的电源彼此独立，以避免电源之间的互相干扰。

④内部设置连锁、环境检测与诊断等电路，一旦发生故障，立即报警。

⑤外壳采用密封、防尘、防振的封装结构，以适应恶劣的工作环境。

（2）软件方面。

①设置故障检测与诊断程序，每次扫描都对系统状态、用户程序、工作环境和故障进行检测与诊断，发现出错后，立即自动做出相应的处理，如报警、保护数据和封锁输出等。

②对用户程序及动态数据采取电池后备的措施，以保证停电后有关状态及信息不会丢失。

采用以上抗干扰措施后，一般 PLC 的抗电平干扰强度可达峰值 1kV、脉宽 10μs，其平均无故障时间可高达 30 万～50 万 h 以上。

2. 功能完善、适应性强。目前 PLC 产品已经标准化、系列化和模块化，不仅具有逻辑运算、计时、计数、顺序控制等功能，还具有 A/D、D/A 转换、算术运算、数据处理、通信联网和生产过程监控等功能。它能根据实际需要，方便灵活地组成大小各异、功能不一的控制系统，既可以用于现场控制，又可以用于远程控制。

3. 编程简单易学。PLC 采用与继电器控制电路图非常接近的梯形图作为编程语言，它既有继电器电路清晰直观的特点，又充分考虑到电气工人和技术人员的读图习惯。对使用者来说，不需要专门的计算机知识，易学易懂，程序改变时也容易修改。

4. 使用和维修方便。

（1）硬件配置方便。PLC 的硬件都是生产厂家按一定标准和规格生产的，硬件可按实际需要配置。

（2）安装方便。PLC 用程序来实现控制，与继电器-接触器控制系统相比较，大大减少了电器的安装和接线工作。

（3）使用方便。PLC 提供许多内部软继电器供编程使用，且其触头数量和使用次数不受限制，给用户带来很大方便。

PLC 的用户程序可在实验室模拟调试，输入信号用开关来模拟，输出信号可以观察 PLC 的发光二极管。调试后再将 PLC 在现场安装通调，调试工作量要比继电器-接触器控制系统少得多。

(4)维护方便。PLC 配备有许多监控提示信号，能检查自身的故障，并随时显示给操作者，平时能动态地监视控制程序的执行情况，出现故障后能直观地反映故障部位，为现场的调试和维护提供了方便。

5. 体积小、质量小、功耗低。由于采用半导体大规模集成电路，使产品结构紧凑、体积小、质量小、功耗低，很容易装入机械设备内部，是实现机电一体化的理想的控制设备。

三、可编程序控制与继电器-接触器控制的区别

二者的主要区别是：

1. 继电器-接触器系统的控制功能是用硬件继电器（或称物理继电器）和硬件接线实现的；PLC 的控制功能主要是用软件（即程序）实现的。

2. PLC 采用了计算机技术，具有顺序控制、定时、计数、运动控制、数据处理、闭环控制和通信联网等功能，比继电器-接触器控制系统的功能多。

3. 继电器-接触器控制系统的触头多，易于产生接触不良和误动作，可靠性差，诊断与排除故障非常困难；PLC 梯形图程序中的输出继电器是一种“软继电器”，它们的功能是用软件实现的，PLC 的可靠性高，故障率极低，并且很容易诊断和排除故障。

4. 继电器-接触器的控制功能通过物理连接被固定在线路中，其功能单一，不易修改，灵活性差；PLC 的控制方式灵活，有很强的柔性，仅需修改梯形图就可以改变控制功能。

5. 至今还没有一套通用的容易掌握的继电器-接触器电路设计方法，设计复杂的继电器-接触器电路既困难又费时，设计出的电路也很难阅读和理解；PLC 有大量用软件实现的辅助继电器、定时器和计数器等编程元件供梯形图的设计者使用。

用先进的顺序控制设计法来设计梯形图，比设计相同功能的继电器-接触器电路图花费的时间要少得多。

6. 继电器-接触器系统要在硬件安装、接线全部完成后才能进行调试，发现问题后修改电路花的时间也很多；PLC 控制系统的开关柜制作、现场施工和梯形图设计可以同时进行，梯形图可以在实验室模拟调试，发现问题后修改起来非常方便。

7. 工作方式不同。PLC 是以周期性循环扫描的方式执行用户程序的，即在无跳转指令的情况下，CPU 从第一条指令开始，按顺序逐条地

执行用户程序，直到用户程序结束，便完成了一次程序扫描，然后再返回第一条指令，开始新的一轮扫描，如此周而复始地进行。PLC 每进行一次扫描循环所用的时间称为扫描周期。

PLC 的扫描工作方式同继电器控制系统明显不同。继电器控制装置采用硬逻辑并行运行的方式。在执行过程中，如果一个继电器的线圈通电，那么该继电器的所有常开和常闭触头，无论处在控制电路的什么位置，都会立即动作，其常开触头闭合，常闭触头断开。而 PLC 在工作过程中，如果某个软继电器的线圈接通，该线圈的所有常开和常闭触头并不一定都立即动作，只有在 CPU 扫描到某个触头时该触头才会动作，其常开触头闭合，常闭触头断开。

第二节 可编程序控制器分类、组成和性能指标

一、可编程序控制器分类

可编程序控制器有以下几种分类方法：

1. 按结构形式分。按照结构形式的不同，可编程序控制器可分为整体式和模块式两种。

(1)整体式。将可编程序控制器中的微处理器(CPU)、存储器、输入/输出(I/O)部件等，集中安装在一块或少数几块印制电路板上，并连同电源一起装在一个金属或塑料的机壳内，形成一个整体，通常称为主机或基本单元。输入、输出接线端子及电源进线分别在机箱的两侧，并有相应的发光二极管显示输入、输出状态。这种结构的可编程序控制器具有结构紧凑、体积小、质量小、价格低的优点，易于装置在工业设备的内部，通常适合于单机控制。一般小型 PLC 多采用这种结构，如三菱公司 FX 系列 PLC。

(2)模块式。将可编程序控制器中各个组成部分做成独立的模块(如 CPU 模块、输入模块、输出模块、电源模块等)，各模块做成插件式，然后以搭积木的方式将它们组装在一个具有标准尺寸并带有若干插槽的机架内。这种结构的 PLC，优点是配置灵活，装配和维修方便，易于扩展功能；缺点是结构较复杂，造价也较高。一般大中型 PLC 都采用这种结构，如三菱公司的 A_1N、A_2N、A_3N 系列；立石(欧姆龙)公司 C 系列的 C500、C1000H 及 C2000H 系列；通用电气公司的 90TM-70、90TM-30 系

列等。

2. 按功能、点数分。可编程序控制器按功能、输入输出点数和存储器容量不同，可分为小型、中型和大型三类。

(1)小型 PLC。又称为低挡 PLC。它的输入输出点数一般在 20～128 点，其中输入输出点数小于 64 点的又称为超小型机。小型 PLC 一般具有逻辑运算、定时、计数、移位及自诊断、监控等基本功能，有些还有少量的模拟量输入输出、算术运算、数据传送、远程输入输出和通信等功能。可用于开关量控制、定时/计数控制、顺序控制及少数模拟量控制等场合，通常用来代替继电器-接触器控制，在单机或小规模生产过程中使用。常见的小型 PLC 产品有三菱公司的 F_1、F_2 和 FX_0 系列；立石公司(欧姆龙)的 SP20 系列和西门子公司的 S5-95、S5-100U、S7-200 等。

(2)中型 PLC。它输入输出点数通常在 120～512 点。除具有小型机的功能外，还具有较强的模拟量(输入输出)、数字计算、过程参数(如比例、积分、微分)调节、数据传送与比较、数据转换、中断控制、远程输入输出及通信联网功能。适用于既有开关量又有模拟量的较为复杂的控制系统，如大型注塑机控制、配料和称量等中小型连续生产过程控制。常见的机型有三菱公司的 A_{1s} 系列，立石公司的(欧姆龙)C200H、C500 系列和西门子公司的 S5-115U 系列等。

(3)大型 PLC。又称为高挡 PLC。它的输入输出点数在 512 点以上，其中输入输出点数大于 8192 点的又称为超大型机。除具有中型机的功能外，还具有较强的数据处理、模拟调节、特殊功能函数运算、监视、记录、打印等功能，以及强大的通信联网、中断控制、智能控制和远程控制等功能。一般用于大规模过程控制系统、分布式控制系统和工厂自动化网络等。常见的机型有三菱公司的 A_3M、A_3N 系列；立石公司的 C100H、C2000H 系列；AB 公司的 PL-5 系列以及西门子公司的 S5-135U、S5-155U、S7-400 等。

二、可编程序控制器的组成

可编程序控制器是一种以微处理器为核心的工业通用自动控制装置。它的组成与一般的微型计算机基本相同，也是由硬件系统和软件系统两大部分组成。

1. 硬件系统。可编程序控制器的硬件系统由基本单元、I/O 扩展单元及外部设备(电源部件、编程器、写入器等)组成。PLC 的硬件系统结构如图 10-1 所示。

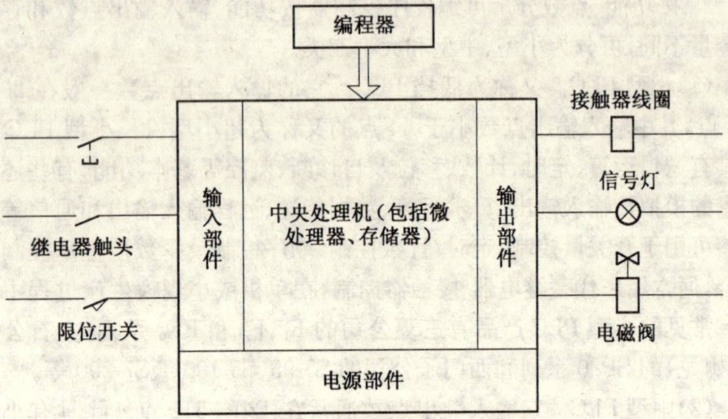

图 10-1　PLC 硬件系统结构

(1)基本单元。主要是指中央处理机。它是可编程序控制器的核心,包括微处理器、系统程序存储器和用户程序存储器。

①微处理器(CPU)。它在 PLC 控制系统中的作用类似于人体的神经中枢,整个 PLC 的工作过程都是在 CPU 的统一指挥和协调下进行的。主要作用如下:

a. 接收从编程器输入的用户程序和数据,送入存储器存储。

b. 用扫描方式接收输入设备的状态信号,并存入相应的数据区。

c. 监测和诊断电源、PLC 内部电路工作状态和用户程序编程过程中的语法错误。

d. 执行用户程序,完成各种数据的运算、传递和存储器等。

e. 根据数据处理的结果,刷新有关标志位的状态和输出状态在寄存器表中的内容,以实现输出控制、制表打印及数据通信等。

小型 PLC 大多采用 8 位微处理器或单片机;中型 PLC 大多采用 16 位微处理器或单片机;大型 PLC 大多采用高速位片式处理器。PLC 的档次越高,所用的 CPU 的位数也越多,运算速度也越快,功能越强。

②系统程序存储器。用来存放系统管理和监控程序及对用户程序做编译处理的程序。系统程序由生产厂家根据 PLC 的不同功能编制,并在出厂前将程序固化在存储器内,用户不能改变。

③用户程序存储器。用来存放用户根据生产过程和工艺要求编制

的程序，可通过编程器改变。

可编程序控制器产品样本或说明书中所列的存储器类型及其容量，系指用户程序存储器而言。普通中小型 PLC 的用户存储器容量在 8k 步（1 步占用 1 个地址单元，一个地址单元为两个字节）以下；大型 PLC 的存储器容量可达到 256k 步。

(2)输入/输出(I/O)部件。输入部件（也称输入模块）用来接收现场设备的控制信号（如按钮、开关、传感器等操作信号），并将这些信号转换成中央处理机能够接收和处理的数字信号。其电路结构如图 10-2a 所示。输出部件（也称输出模块）则相反，它是接收经过中央处理机处理过的输出数字信号，并把它转换成能被控制设备或显示设备接收的电压或电流信号，以驱动电磁阀、接触器等电器设备。其电路结构如图 10-2b 所示。

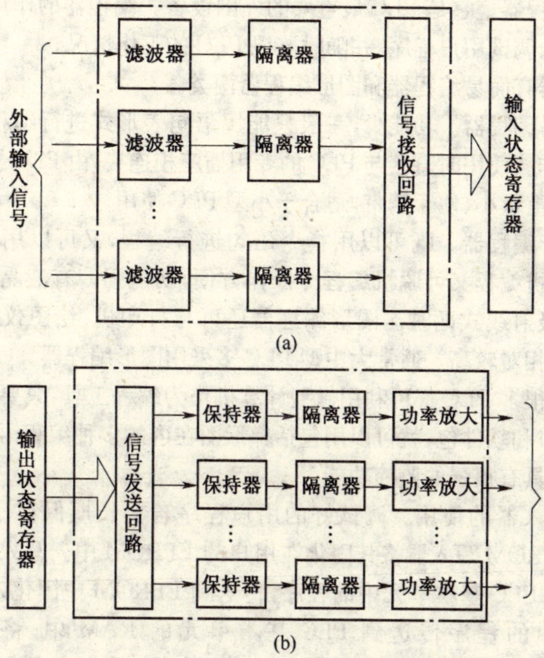

图 10-2　输入/输出部件电路结构

(a)输入部件　(b)输出部件

为提高抗干扰能力，一般的输入/输出模块都有光电隔离装置。在数字量输入/输出模块中广泛采用由发光二极管和光电晶体管组成的光电耦合器；在模拟量输入/输出模块中通常采用隔离放大器。

(3)电源部件。PLC 配有开关式稳压电源，用来将外部供电电源转换成供 PLC 内部各部件工作的直流电源。PLC 的电源部件有很好的稳压措施，因此对外部电源的稳定性要求不高，一般允许外部电源电压可以在额定值的 85％～110％范围内波动。小型 PLC 的电源部件往往和 CPU 单元合为一体，大、中型 PLC 都有专用电源部件。

有些 PLC 的电源部件还能向外提供直流 24V 稳压电源，用于对外部传感器供电，避免由于外部不合格电源导致传感器误动作或失灵。为防止在外部电源发生故障的情况下 PLC 内部程序和数据等重要信息丢失，PLC 还带有锂电池作为后备电源。

(4)编程器。它是 PLC 最重要的外围设备。编程器的作用是输入、检查、修改、调试用户程序，并随时监视 PLC 的工作情况。

编程器有简易编程器和图形编程器两类。

①简易编程器。功能少，一般只能用语句表形式进行编程，通常需要连机工作。使用时直接与 PLC 的专用插座相连接，由 PLC 提供电源。它体积小、重量小、便于携带，适合于小型 PLC 使用。

②图形编程器。既可以用指令语句进行编程，又可以用梯形图编程；既可连机编程又可脱机编程。操作方便，功能强。有液晶显示的便携式和阴极射线式两种。图形编程器还可与打印机、绘图仪等设备连接，但价格相对较高。通常大中型 PLC 多采用图形编程器。

目前，很多 PLC 都可利用微型计算机作为编程工具，只要配上相应的硬件接口和软件包，就可以用包括梯形图在内的多种编程语言进行编程，同时还具有很强的监控功能。

(5)写入器的使用。调试好的用户程序若要长期保存，必须使用 PLC 的 EPROM 写入器将其固化在用户的 EPROM 中。写入器的主要功能是：将 PLC 基本单元中的程序，传送到 EPROM 中固化，将固化在 EPROM 中的程序传送到 PLC 基本单元的 RAM 中；将 RAM 和 EPROM 中的程序进行比较，检查 EPROM 中是否有程序存在等。

2. 软件系统。可编程序控制器的软件系统是指 PLC 所使用的各种程序的集合，通常可分为系统程序和用户程序两大部分。

(1)系统程序。它是每一个 PLC 成品必须包括的部分，由 PLC 厂家提供，用于控制 PLC 本身的运行。系统程序固化在 EPROM 中，用户只能调用，不能修改。

系统程序分为：

①管理程序。它是系统程序中最重要的部分。PLC 的运行都由它控制，主要功能是：对 PLC 的输入、输出、运算等操作运行进行先后顺序的管理；规定各种数据、程序的存放地址；生成用户环境以及系统诊断等。

②编译程序。是用来把梯形图程序、语句表程序等编程语言翻译成 PLC 能够识别的机器语言。

③标准程序模块和系统调用程序模块。它是由许多独立的程序模块组成的，每个程序模块完成一种独立的功能，如输入、输出及特殊运算等。

(2)用户程序。由用户根据控制要求，用 PLC 的程序语言编制的应用程序，以实现所需的控制目的。用户程序存储在系统程序指定的存储区内，它的最大容量也是由系统程序限定的。

三、可编程序控制器的性能指标

PLC 的主要性能指标有：

1. 用户程序存储容量。通常以字节为单位表示。每 16 位相邻的二进制数为一个字节，1024 个字节为 1k 字节。对于一般的逻辑操作指令，每条指令占一个字节；定时/计数、移位指令每条占 2 个字节；数据操作指令每条占 2～4 个字节。有些 PLC 是以编程的步数来表示用户程序存储容量的，一条指令包含若干步，一步占用一个地址单元，一个地址单元为两个字节。

2. 输入输出总点数。表示可编程序控制器可以接收输入信号和输出信号的数量。PLC 的输入量和输出量有开关量和模拟量两种。对于开关量，其输入输出总点数用最大输入输出点数表示；对于模拟量，输入输出总点数用最大输入输出通道数表示。

3. 扫描速度。是指 PLC 扫描 1k 字节用户程序所需的时间，通常以 ms/k 字节为单位表示。有些 PLC 也以 μs/步来表示扫描速度。

4. 指令种类。是衡量 PLC 软件功能强弱的重要指标，指令种类越多，说明其软件功能越强。

5. 内部寄存器的配置及容量。PLC 内部有许多寄存器用以存放变量状态、中间结果、定时/计数等数据。其数量的多少、容量的大小，直接关系到用户编程时的方便灵活与否。

6. 特殊功能。主要有：自诊断功能、通信联网功能、监控功能、高速计数功能、远程输入/输出功能等。特殊功能越多，PLC 系统配置、软件开发就越灵活、越方便，适应性越强。因此特殊功能也是衡量 PLC 技术水平高低的一个重要指标。

第三节 可编程序控制器的工作原理

一、可编程序控制器的等效电路

PLC 的控制系统由输入、PC 内部控制（逻辑控制）电路和输出 3 个基本部分组成。其等效电路如图 10-3 所示。

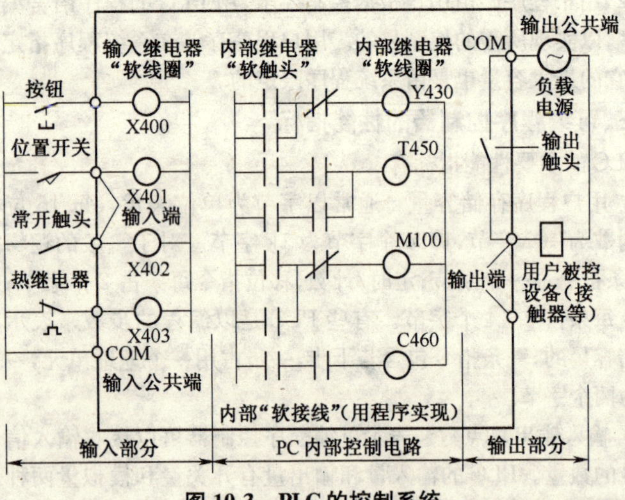

图 10-3 PLC 的控制系统

在继电器控制系统中，其逻辑控制电路是由各种继电器（包括接触器、时间继电器等）及其触头，按一定的逻辑关系用导线连接而成的。在 PLC 等效电路中，用各种可编程继电器（如输入继电器、输出继电器、辅助电器、定时器、计数器等）来模拟实际的继电器和接触器。它们的真实"身份"是存储器中的每一位触发器。该触发器为"1"态，则相当于继电器接通；该触发器为"0"态，则相当于继电器断开。PLC 内部的这些可编程元件，由于在使用上与真实元件有很大的差异，因此，称之为软继电器。

PLC 控制系统利用 CPU、存储器及存储器中的用户程序，通过各种软继电器及其软触头和软接线，来实现逻辑控制。改变用户程序，就可以改变其逻辑控制功能。因此，PLC 控制的适应性很强。

二、可编程序控制器的扫描技术

(一)扫描工作方式

PLC 是以周期性循环扫描的方式执行用户程序的，即在无跳转指令的情况下，CPU 从第一条指令开始，按顺序逐条地执行用户程序，直到用户程序结束，便完成了一次程序扫描，然后再返回第一条指令，开始新的一轮扫描，如此周而复始地进行。PLC 每进行一次扫描循环所用的时间称为扫描周期。

PLC 的扫描工作方式同继电器控制系统明显不同。继电器控制装置采用硬逻辑并行运行的方式。在执行过程中，如果一个继电器的线圈通电，那么该继电器的所有常开和常闭触头，无论处在控制电路的什么位置，都会立即动作，其常开触头闭合，常闭触头断开。而 PLC 在工作过程中，如果某个软继电器的线圈接通，该线圈的所有常开和常闭触头并不一定都立即动作，只有在 CPU 扫描到某个触头时该触头才会动作，其常开触头闭合，常闭触头断开。

扫描工作方式的优点是：

1. 整个程序执行阶段各输入继电器的状态是固定的，程序执行完后再用输出映像寄存器的值更新所有的输出点，使系统运行稳定。

2. 用户程序读写 I/O 映像寄存器比读写 I/O 点快得多，这样可以提高程序的执行速度。

3. 由于扫描工作方式在一个扫描周期中，输入处理仅占极少部分时间，在大部分时间内，干扰信号不会被采集进 PLC，因此扫描工作方式具有较好的抗干扰能力。

(二)扫描工作过程

PLC 用户程序的执行过程有输入采样、程序执行和输出处理 3 个主要阶段，如图 10-4 所示。

1. 输入采样阶段(输入刷新阶段)。CPU 按顺序读取全部输入点的通/断状态，并将其写入相应的输入状态寄存器(输入映像寄存器)内。

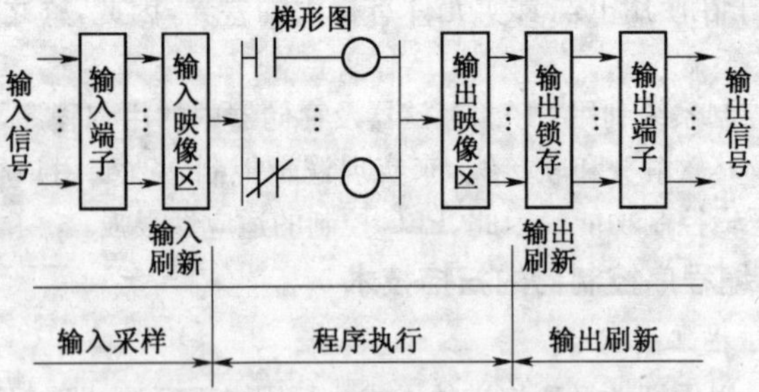

图 10-4　PLC 的工作过程

在一个扫描周期内，输入状态寄存器中的内容在采样阶段结束后将保持不变。

2. 程序执行阶段。CPU 扫描用户程序，即按用户程序中指令的顺序逐条执行每条指令。CPU 根据输入状态寄存器、输出状态寄存器的内容和有关数据进行逻辑运算，并将运算的结果写入相应的输出状态寄存器(输出映像寄存器)。

3. 输出处理阶段(输出刷新阶段)。CPU 在执行完所有指令后，把输出状态寄存器中所有输出继电器的通/断状态转存到输出锁存器中，并以一定的方式将此状态信息输出，来驱动 PLC 的外部负载，从而控制设备的相应动作，形成 PLC 的实际输出。

实际上，在每个扫描周期内，PLC 除了要执行用户程序外，还要进行系统自诊断、处理与编程器的通信请求等工作，以提高 PLC 工作的可靠性，并及时接收外来的控制命令。

(三)扫描周期

PLC 在循环扫描工作方式执行一次包括输入采样、程序执行、输出刷新、自诊断、外部通信 5 个阶段的操作所需的时间，称为扫描周期，其典型值为 1～100ms。扫描周期的长短与 CPU 执行指令的扫描速度、用户程序长短、I/O 点数、刷新速度及连接外设的多少等因素有很大的关系。

(四)扫描周期的计算

准确地计算扫描周期的大小是比较困难的。为方便用户，新型 PLC 采取了一些方便用户的措施。如日本三菱公司生产的 FX_2 系列 PLC，当 PLC 投入运行后，CPU 自动将最大扫描周期、最小扫描周期和当前扫描周期的值分别存入 D8012、D8011、D8010 三个特殊数据寄存器中(计时单位:0.1ms),用户可以通过编程器查阅、监控扫描周期的大小及变化。如发现 D8012、D8011、D8010 中存放的数值为 120、100、105 则表示最大扫描周期为 120×0.1ms=12ms;最小扫描周期为 100×0.1ms=10ms;当前扫描周期为 105×0.1ms=10.5ms。在 FX_2 系列 PLC 中,还提供一种以恒定的扫描周期扫描用户程序的运行方式。用户可将通过计算或实际测定的最大扫描周期再留一些裕量,作为恒定扫描周期的值存放在特殊数据寄存器 D8039 中(计时单位:1ms)。当特殊辅助继电器 M8039 线圈被接通时,PLC 按照 D8039 中存放的数据以恒定周期扫描用户程序。若实际的扫描周期小于恒定扫描周期,则 CPU 在完成本次循环后处于等待状态,直到恒定扫描周期的时间到才开始下个扫描周期。如果实际扫描周期大于恒定扫描周期,PLC 将照常运行,但不再工作在恒定扫描周期方式。这说明恒定扫描周期的值并非任意设定,它必须大于 PLC 正常运行时可能出现的最大扫描周期值(即 D8012 中存放的数值)。PLC 设有扫描周期警戒计时器,监视每次扫描是否超过规定时间。如果主机出现故障,扫描周期变长,就会发出报警信号。因此,用户必须使警戒计时器的设定值大于恒定扫描周期的值。否则,CPU 发出警戒计时报警信号。

三、可编程序控制器的系统响应时间

1. PLC 的系统响应时间的概念。系统响应时间又称输入/输出滞后时间,是指从 PLC 的外部输入信号发生变化始至它控制的外部输出信号发生变化止的时间间隔。它由输入电路滤波时间、输出电路的滞后时间和因扫描工作方式产生的滞后时间组成。

2. PLC 产生系统响应时间的原因。

(1)PLC 的扫描方式是产生系统响应时间的主要原因。PLC 在执行用户程序时,使用的是在输入处理阶段读入并存放在输入映像寄存器中的数据,而不是当时可能已经发生变化的外部电路的最新状态对应的数据,因此,造成了信息的滞后。经分析,由扫描工作方式引起的滞后时间最长可达 2～3 个扫描周期。

(2)输入滤波器的滞后作用。为了提高 PLC 的抗干扰能力,在每个开关量的输入端都采用光电隔离和 *RC* 滤波电路等技术,其中,*RC* 滤波电路的滤波时间常数一般为 10～20ms。

(3)若 PLC 采用继电器输出方式,输出电路中继电器触头的机械滞后作用,也是引起输入输出响应滞后现象的一个因素。

3. 减小 PLC 系统响应时间的方法。

(1)改变信息刷新方式。在程序中插入一条或多条 I/O 立即刷新指令,使 CPU 在扫描用户程序的过程中也可进行 I/O 刷新,使 PLC 可以读取脉冲宽度小于一个扫描周期的脉冲信号。

(2)采用中断技术。可以更有效地处理窄脉冲输入信号。PLC 的中断源分外设中断源与内部定时中断源两类。外设中断输入端的 ON/OFF 脉冲宽度保持 100μs 以上,便会产生有效的中断请求信号。在允许中断的状态下,CPU 会按照中断优先级顺序依次响应各中断源的中断请求,执行相应的中断服务子程序。若在某内部定时中断服务子程序中加入 I/O 立即刷新指令,则可使 CPU 在扫描用户程序过程中,每隔一段时间进行 I/O 刷新。

(3)选用扫描速度快的 PLC。新型 PLC 提供了带有可调数字滤波器的高速输入端,通过指令调整可以得到很小的滤波时间常数,从而减少读入输入信号所需要的时间,减小 PLC 系统响应时间。

第四节　可编程序控制器的编程

一、可编程序控制器的编程语言

可编程序控制器常用的编程语言有梯形图语言、助记符语言、流程图语言等。

(一)梯形图语言

1. 梯形图与继电控制电原理图的区别。梯形图沿用继电器控制原理图的形式,采用了常开触头、常闭触头、线圈和功能块等结构的图形语言。对于同一控制电路,继电控制电原理图和梯形图的输入、输出信号基本相同,控制过程等效。二者的区别在于:继电控制电原理图所反映的是,由继电器和定时器等硬件组成的控制电路的控制过程;而可编程序控制器梯形图所反映的是,内部继电器、定时器和计数器,靠软件实现的控制过程。

继电控制电原理图及与其等效的 PLC 梯形图分别如图 10-5a、b 所示。

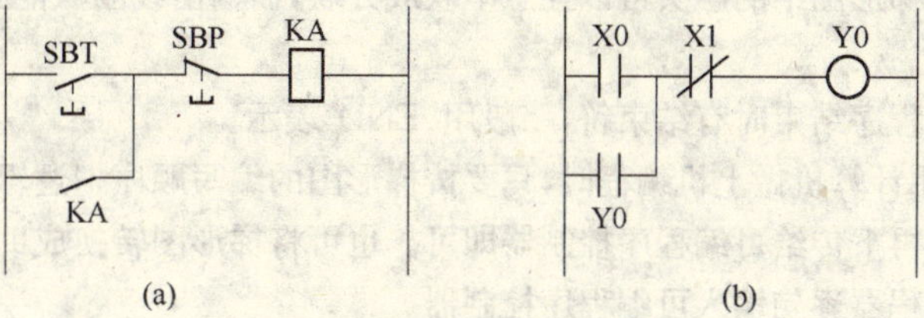

图 10-5　继电控制电原理图及与其等效的 PLC 梯形图

(a)继电控制电原理图　(b)PLC 梯形图

图 10-5a 中 SBT 为常开按钮，SBP 为常闭按钮，KA 为继电器线圈。其电路控制原理如下：按下起动按钮 SBT，继电器 KA 的线圈通电，其常开触头闭合自锁，使 KA 线圈在松开起动按钮 SBT 后仍能保持通电。按下停止按钮 SBP，继电器 KA 线圈失电停止。

图 10-5b 中 X0 为常开输入触头，X1 为常闭输入触头，Y0 表示输出，其输出 Y0 的工作状态受 X0、X1 控制。梯形图在逻辑上与继电控制电原理图相同。所不同的是，SBT、SBP 均为物理实体，而 X0、X1 等既可表示外部开关(或硬开关)，也可表示内部软开关或触头(内部软继电器触头)。

2. 梯形图的格式。

(1)梯形图按行从上至下顺序编写，每一行从左至右顺序编写。可编程序控制器程序执行顺序与梯形图的编写顺序一致。

(2)梯形图中左右两边的垂直线，分别称为起始母线和终止母线。每一逻辑行必须从起始母线开始画起。终止母线可以省略。

(3)梯形图中的触头有两种，即常开触头和常闭触头，其图形符号分别为 ┤├ 和 ┤/├ 。这些触头可以是可编程序控制器的输入触头或内部继电器触头，也可以是内部继电器、定时器/计数器的状态。与传统的继电器控制图一样，每一触头都有自己的编号，以示区别。在程序中，同一编号的触头可以反复使用，次数不限。这是因为每一触头的状态存入可编程序控制器内的存储单元中，可以反复读写。传统继电器控制中的每个开关均对应一个物体实体，故使用次数有限。

(4)梯形图的最右侧必须连接输出元素，可编程序控制器的输出元素用圆圈表示，如“–○┤”（圆圈上方标××），“××”是指输出变量的代号。机型不同，输出元素表示有所区别。同一输出变量只使用一次。

(5)梯形图中的触头可以任意串联或并联，而输出线圈只能并联，不能串联。

(6)程序结束时有结束符，一般用“END”表示。

利用计算机做上机编程时，只要按梯形图的编写顺序把逻辑行输入计算机，再下传给可编程序控制器即可。也可将梯形图转换成助记符语言，经编程器逐句输入可编程序控制器。

(二)助记符语言

助记符语言是可编程序控制器的命令语句表达式。不同型号的可编程序控制器，其助记符语言也不同，但是基本原理是相近的。编程时，一般先根据要求编制梯形图，然后再将梯形图转换成助记符语言。

助记符语言作为梯形图的派生语言，既保持了梯形图的简单、直观、易懂的特点，又能用便携式编程器编制用户程序。

助记符语言通常由指令语和器件编号两部分组成，它类似于计算机的汇编语言，但又比一般的汇编语言简单。

下面以F系列的可编程序控制器为例，介绍其器件编号和基本逻辑指令。

1. F系列器件和编号。

(1)输入继电器(X)。用来接受外部传感器或开关的输入信号，并把它输入PLC。它等效地与PLC输入接线端相连。一旦某一输入端子上的外部信号与公共端(COM)、输入电源形成通路，则相应地输入继电器动作。它提供许多对常开触头、常闭触头供内部电路编程使用。输入继电器只能由外部输入信号来驱动，编程指令不能控制它。

输入继电器采用八进制编号，号码值根据基本单元和扩展单元的型号而定，见表10-1。

表10-1　F系列可编程序控制器输入继电器编号

	型号	F-12M	F-20M	F-40M
基本单元	号码值	X00～X05 (6点)	X00～X07 X10～X13 (共12点)	X400～X407 X500～X507 X410～X413 X510～X513 (共24点)

续表 10-1

	型号	F-10E	F-20E	F-40E
扩展单元	号码值	X14～X17 (4点)	X14～X17 X20～X27 (共12点)	X414～X417 X420～X427 X514～X517 X520～X527 (共24点)

(2)输出继电器(Y)。将PLC的输出信号,通过一对硬件常开触头和PLC输出接线端子与被控电器相连,并根据被控电器的额定电流和额定电压外接负载电源,负载电源的公共端为COM。

输出继电器还为编程提供若干对内部使用的常开触头和常闭触头。

输出继电器也可采用八进制编号,号码值根据基本单元和扩展单元的型号而定,见表10-2。

表 10-2　F系列可编程序控制器输出继电器编号

	型号	F-12M	F-20M	F-40M
基本单元	号码值	Y30～Y35 (6点)	Y30～Y37 (8点)	Y430～Y437 Y530～Y537 (共16点)
扩展单元	型号	F-10E	F-20E	F-40E
	号码值	Y40～Y45 (6点)	Y40～Y47 (8点)	Y440～Y447 Y540～Y547 (共16点)

(3)辅助继电器(M)。实质是一些存储器单元,起中间继电器的作用。它的触头不能直接驱动外部负载,必须通过输出继电器才能驱动外部负载。

辅助继电器又可分为通用继电器和保持继电器两类。

①通用辅助继电器。用3位八进制编号,号码值根据基本单元的型号而定。

F-12M、F-20M:M100～M157(48个);

F-40M、F-60M:M100～M227(128个)。

②保持辅助继电器。能够在电源中断时,保持它们原来的状态,可在PLC恢复工作时再现断电时的工作状态。保持辅助继电器也是用3位八进制编号,号码值根据基本单元的型号而定。

F-12M、F-20M：M160～M177(16 个)；

F-40M、F-60M：M300～M377(64 个)。

(4)移位寄存器。由 8 个或 16 个辅助继电器组成一组。移位寄存器的编号用构成移位寄存器的第一个辅助继电器表示。当辅助继电器已用作移位寄存器时，这一组辅助继电器不可另做他用。用保持辅助继电器构成的移位寄存器，同样具有数据保持功能。

移位寄存器的编号，见表 10-3。

表 10-3　F 系列可编程序控制器中移位寄存器的编号

	F-12M　F-20M		F-40M　F-60M	
	编　号	对应的辅助继电器	编　号	对应的辅助继电器
移位寄存器构成	M100	M100～M107	M100	M100～M117
	M110	M110～M117	M120	M120～M137
	M120	M120～M127	M140	M140～M157
	M130	M130～M137	M160	M160～M177
	M140	M140～M147	M200	M200～M217
	M150	M150～M157	M220	M220～M237
	M160	M160～M167	M240	M240～M257
	M170	M170～M177	M260	M260～M277
			M300	M300～M317
			M320	M320～M337
			M340	M340～M357
			M360	M360～M377

(5)定时器(T)。F 系列 PLC 中使用的定时器均为延迟接通型定时器，其工作时间由编程器设定。定时器的编号见表 10-4。

表 10-4　F 系列可编程序控制器中定时器的编号

	F-12M　F-20M	F-40M　F-60M
定时器编号	T50～T57 (8 点)	T450～T457 T550～T557 (共 16 点)
工作时间设定范围	0.1～99s (两位数字设定，最小设定单位 0.1s)	0.1～999s (三位数字设定，最小设定单位 0.1s)

(6)计数器(C)。F 系列 PLC 中使用的计数器是一个减 1 计数器。计数器的计数值由编程器设定后，当计数器的输入每出现一次由断开到接通(计数器的常开触头接通，常闭触头断开)时，计数器的计数值减 1。

每个计数器在电源中断时，均将当前计数值保存下来。计数器的编号见表 10-5。

表 10-5 F 系列可编程序控制器中计数器的编号

	F-12M F-20M	F-40M F-60M
计数器编号	C60～C67 (8 点)	C460～C467 C560～C567 (共 16 点)
计数值范围(s)	1～99	1～999

(7)特殊辅助继电器。F 系列 PLC 中还有 M70、M71、M72、M76、M77 等特殊用途的辅助继电器，它们的功能分别是：

①M70：运行监视。当 PLC 程序运行时，M70 一直接通，利用此触头经输出继电器(Y)，可以在外部显示程序运行状态。

②M71：复位。在 M70 接通后的第一个扫描周期中，M71 接通一个扫描周期。该扫描脉冲主要用于计数器、移位寄存器等状态的初始化(即复位)。

③M72：0.1s 的时钟脉冲。可用于驱动计数器或移位寄存器，以完成(执行)监视定时器功能。它可和计数器联用，起到定时器的作用。

④M76：电池电压下降监视。当电池电压下降到一定值时，M76 接通，它可以把电池电压信号输给外部指示单元，显示电池电压的实际值，驱动输出继电器(Y)，并用其触头接通指示灯 LED。

⑤M77：禁止全部输出。当 M77 接通，全部输出继电器(Y)的输出自动断开，但其他继电器、定时器、计数器仍工作。若发生异常状态，可用 M77 紧急停机，切断全部输出。

2. 基本逻辑指令。

(1)LD、LDI、OUT 指令。指令的意义如下：

LD：常开触头与母线连接指令。

LDI：常闭触头与母线连接指令。

OUT：线圈驱动指令。

使用 LD、LDI、OUT 指令的梯形如图 10-6 所示。

图 10-6 所示梯形图用助记符语言表示如下：

步序	指令语	器件号	说明
0	LD	X400	与母线相连

1	OUT	Y430	驱动指令
2	LDI	X401	与母线相连
3	OUT	M100	驱动指令
4	OUT	T450	定时器驱动指令
5	K	9	常数设定
6	LD	T450	与母线相连
7	OUT	Y431	驱动指令

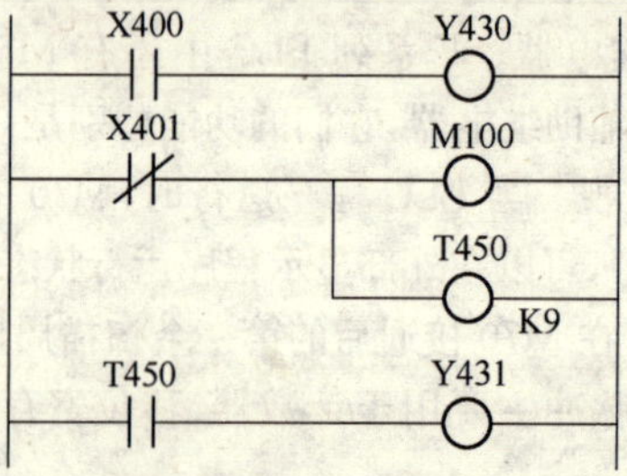

图 10-6 使用 LD、LDI、OUT 指令梯形图

需要指出的是:

①LD 与 LDI 指令不仅可以用于与母线相接的触头,还可以与 ANB、ORB 等指令配合,用于分支电路的起点。

②OUT 指令是驱动线圈的指令,用于驱动 Y(输出继电器)、M(辅助继电器)、T(定时器)、C(计数器)元件,但不能用于驱动 X(输入继电器)。OUT 指令可以连续使用若干次。当 OUT 指令连续使用时,相当于线圈的并联。如图 10-6 中,OUT M100,OUT T450,后面还可以并联多个 OUT。定时器和计数器的 OUT 指令之后应设定常数 K,常数 K 分别表示定时器的延时时间或计数器的计数次数,常数的设定也占一个步序。

(2)AND、ANI 指令。指令的意义如下:

AND:用于常开触头的串联。

ANI:用于常闭触头的串联。

使用 AND、ANI 指令的梯形图如图 10-7 所示。

触头与左边的电路串联时,用 AND、ANI 指令。串联触头的个数没有限制。在图 10-7 中,OUT M100 指令之后,通过触头 T450 驱动 Y434,称为连续输出。只要按正确的次序设计电路,可以连续多次使用连续输出。但在 M100 和 Y434 线圈所在的并联支路中，其上下位置不可颠倒，图 10-8 所示的梯形图是错误的。

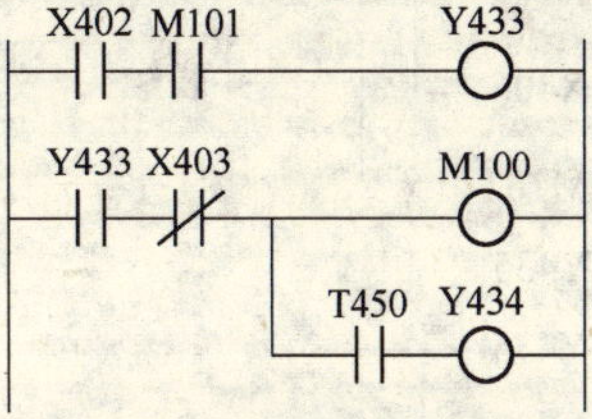

图 10-7 使用 AND、ANI 指令的梯形图

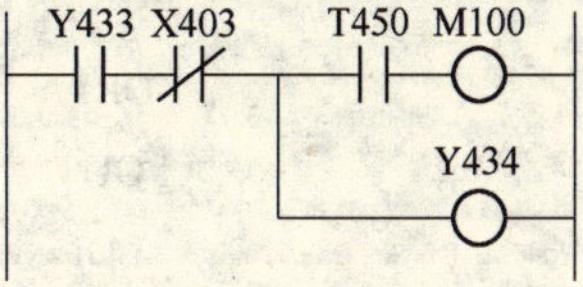

图 10-8 错误的梯形图

图 10-7 所示梯形图用助记语言表示如下：

步序	指令语	器件号	说明
0	LD	X402	
1	AND	M101	串联触头
2	OUT	Y433	
3	LD	Y433	
4	ANI	X403	串联触头
5	OUT	M100	
6	AND	T405	串联触头
7	OUT	Y434	连续输出

(3)OR、ORI 指令。指令的意义如下：

OR:用于常开触头的并联。

ORI:用于常闭触头的并联。

OR 和 ORI 用于单个触头与前面电路的并联。并联触头的左端接到 LD 与 LDI 的起点上，右端与前一条指令对应的触头的右端相连，并联的数量不受限制。它不能用于 2 个以上触头串联电路的并联连接。

使用 OR、ORI 指令的梯形图如图 10-9 所示。

图 10-9 所示梯形图用助记符语言表示如下：

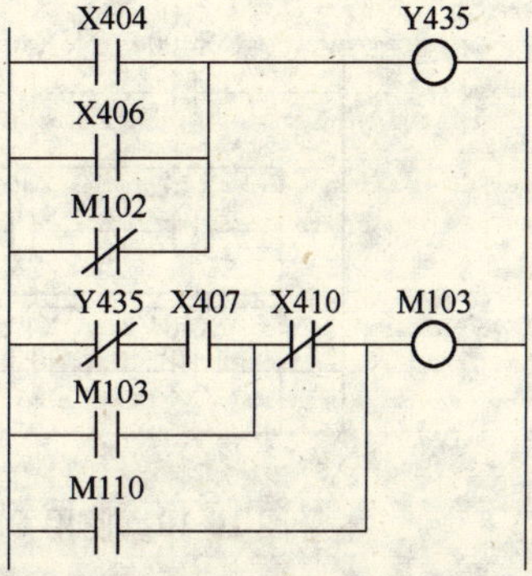

图 10-9 使用 OR、ORI 指令的梯形图

步序	指令语	器件号	说明
0	LD	X404	
1	OR	X406	并联触头
2	ORI	M102	
3	OUT	Y435	
4	LDI	Y435	
5	AND	X407	
6	OR	M103	并联触头
7	ANI	X410	
8	OR	M110	
9	OUT	M103	

(4)ORB 指令。指令意义如下：

ORB:电路块并联连接指令。

两个及两个以上的触头串联连接的电路称为“串联电路块”。将串联电路块并联连接时用 ORB 指令。ORB 指令是一条独立的指令，它不带器件号。每个串联电路块的起点都使用 LD 或 LDI 指令。电路块的后面用 ORB 指令。

如有多个并联电路连接，用 ORB 指令将每个电路块并联连接，并联电路的个数没有限制。

使用 ORB 指令的梯形图如图 10-10 所示。

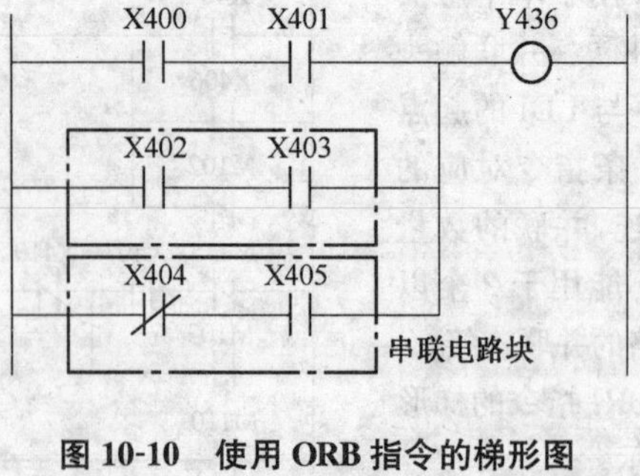

图 10-10　使用 ORB 指令的梯形图

图 10-10 所示的梯形图理想的程序用助记符语言表示如下：

步序	指令语	器件号
0	LD	X400
1	AND	X401
2	LD	X402
3	AND	X403
4	ORB	
5	LDI	X404
6	AND	X405
7	ORB	
8	OUT	Y436

ORB 的使用方法有两种，可以在要并联的每个串联电路块后加 ORB 指令；也可以将 ORB 指令集中起来使用，但将 ORB 集中使用时，电路块的并联个数不能超过 8 个，一般不希望用这种编程方法。

图 10-10 所示梯形图不理想的程序用助记符语言表示如下：

步序	指令语	器件号
0	LD	X400
1	AND	X401
2	LD	X402
3	AND	X403
4	LDI	X404
5	AND	X405
6	ORB	
7	ORB	
8	OUT	Y436

(5)ANB 指令。指令的意义如下：

ANB：电路块串联连接指令。

两个及两个以上触头并联连接的电路称为“并联电路块”。将并联电路块与前面电路串联连接时用 ANB 指令。在使用 ANB 指令之前，应先完成并联电路块的内部连接。并联电路块中各支路的起始触头用 LD 或 LDI 指令。ANB 指令也是一条独立的指令，它不带器件号。ANB 指令相当于两个电路块之间的串联连接。该点也可以

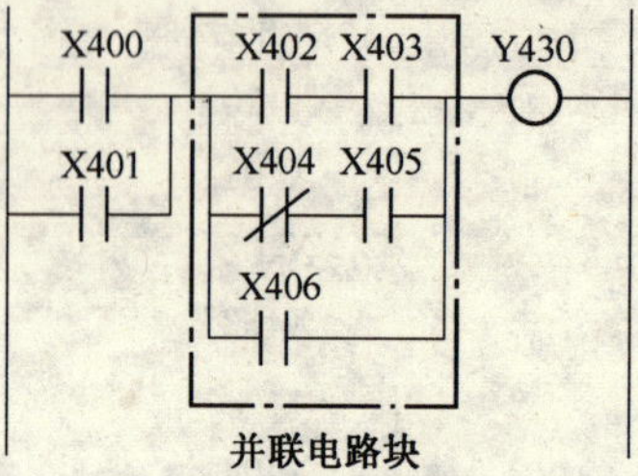

图 10-11 使用 ANB 指令的梯形图

视为它右边的并联电路块的 LD 点。ANB 的使用次数可以不受限制，但如将 ANB 集中起来使用，与 ORB 指令一样，电路块的串联个数不能超过 8 个。

使用 ANB 指令的梯形图如图10-11所示。

图 10-11 所示梯形图用助记符语言表示如下：

步序	指令语	器件号	说明
0	LD	X400	
1	OR	X401	
2	LD	X402	←分支起点
3	AND	X403	
4	LDI	X404	←分支起点
5	AND	X405	
6	ORB		←完成并联块
7	OR	X406	←
8	ANB		←与前面电路串联连接
9	OUT	Y430	

(6)S、R 指令。指令的意义如下：

S：置位指令，使操作保持的指令。

R：复位指令，使操作保持复位的指令。

这两条指令均是有记忆力的指令，用于保持和复位输出继电器 Y 和辅助继电器 M200～M377 线圈的操作。

使用 S、R 指令的梯形图如图 10-12 所示。

图 10-12 中，当用 S 指令时，X401 一旦接通，即使 X401 再断开，M205 仍保持接通。当用 R 指令时，X402 一旦接通，即使 X402 再断开，M205 仍保持断开。这两条指令之间可以插入别的程序。如果它们之间没有别的程序，则当图 10-12 中 X401、X402 同时接通时，R 指令将优先执行。

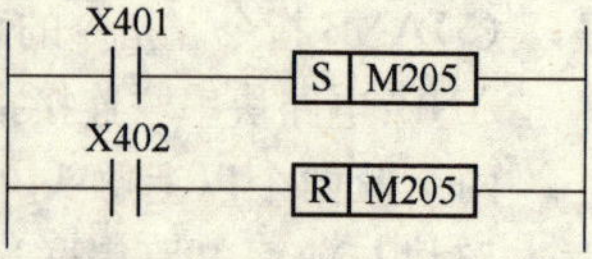

图 10-12 使用 S、R 指令的梯形图

图 10-12 用助记符语言表示如下：

步序	指令语	器件号	说明
0	LD	X401	
1	S	M205	
…	…		←可以有其他程序
2	LD	X402	
3	R	M205	

⑦RST 指令。复位指令，用于将计数器的当前值回复到设定值或清除移位寄存器的内容。图 10-13a 所示是计数器电路，图 10-13b 所示是使用 RST 指令的梯形图。

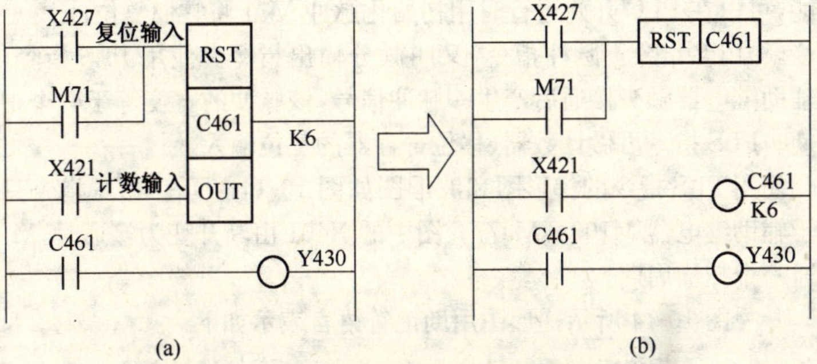

图 10-13 计数器电路和使用 RST 指令的梯形图

(a)计数器电路 (b)使用 RST 指令的梯形图

图 10-13 所示梯形图用助记符语言表示如下：

步序	指令语	器件号	说明
0	LD	X427	
1	OR	M71	
2	RST	C461	
⋮	⋮		←中间可以插入其他程序
3	LD	X421	
4	OUT	C461	
5	K6		
⋮	⋮		←中间可以插入其他程序
6	LD	C461	
7	OUT	Y430	

计数器有两个输入端，当计数器的计数输入端触头 X421 每次由断

开到接通时，计数器的值减 1。若设定值为 6，当 X421 通断 6 次时，计数器的值为 0。此时，计数器的线圈 C461 接通，C461 的常开触头闭合。Y430 接通。此后 C461 的状态是连续保持的。当复位输入端的触头 X427 接通，计数器复位，计数器的值回到设定值。C461 的线圈断开，C461 的常开触头断开。

在任何情况下，RST 指令都优先执行。计数器和移位寄存器处于复位状态时，它们不接受输入数据。

复位电路与计数器的计数电路、移位寄存器的移位电路是相互独立的，它们的先后次序是任意的，所以可以在它们中间插入其他程序。

如果不希望计数器由 M300～M377 组成的移位寄存器有断电保持功能，可以在 PLC 开始运行时用初始化脉冲 M71 将它们复位。

(8)PLS 指令。脉冲指令，又叫微分输出指令。使用 PLS 指令，可在辅助继电器触头接通后产生一脉冲信号，该脉冲的宽度等于一个扫描周期。PLS 指令可做计数器、移位寄存器的复位输入。

使用 PLS 指令的梯形图和波形图如图 10-14 所示。PLS 指令只能用于辅助继电器 M100～M377。图中的 X401 由断开变为接通时，M100 接通一个扫描周期。

图 10-14 所示梯形图用助记符语言表示如下：

指令语	器件号
LD	X401
PLS	M100

(9)SFT 指令。移位指令，将移位寄存器的内容移位的指令。移位寄存器有 3 个输入端，各自功能如下：

①数据输入。第一个辅助继电器的通/断状态由数据输入端的 X400 的通/断状态所决定。使用 SFT 指令的移位寄存器梯形图如图 10-15 所示。

图 10-15 所示梯形图用助记符语言表示如下：

步序	指令语	器件号
0	LD	X400
1	OUT	M300
2	LD	X401
3	SFT	M300
4	LD	X402
5	RST	M300

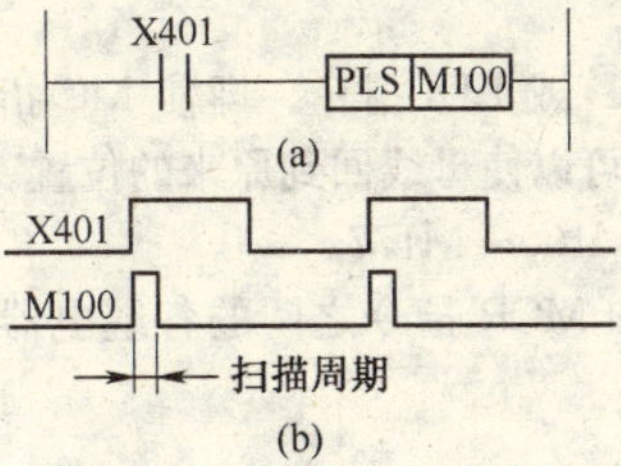

图 10-14 使用 PLS 指令的梯形图和波形图
(a)梯形图 (b)波形图

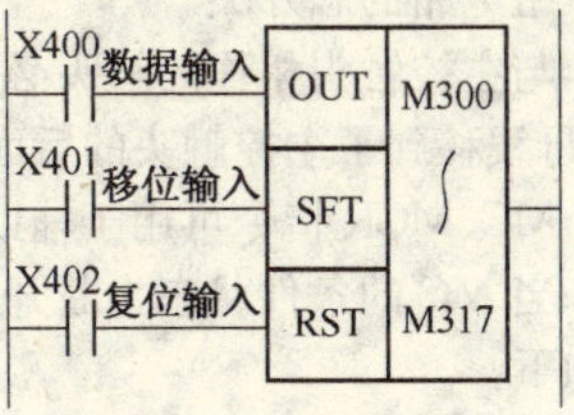

图 10-15 移位寄存器电路和使用 SFT 指令的梯形图

②移位输入。移位输入 X401 由断变通时，每个辅助继电器的通断状态前移一位。即将 X401 的数据送入 M300，M300 的数据送入 M301，依次前移，一直到 M317 的数据溢出为止。

③复位输入。当复位输入 X402 接通时，M300～M317 全部断开，即 16 个辅助继电器全部复位。

(10)NOP 指令。空操作指令，使该步序空操作或不起作用。可预先在程序中插入 NOP 指令，当遇修改或增加指令时，可使步序更改减到最少。此外，可以用 NOP 指令来取代已写入的指令。

(11)MC、MCR 指令。指令的意义如下：梯形图如图 10-16 所示。

MC：主控指令，用于公共触头串联连接。

MCR：主控复位指令，用于主控触头的复位。

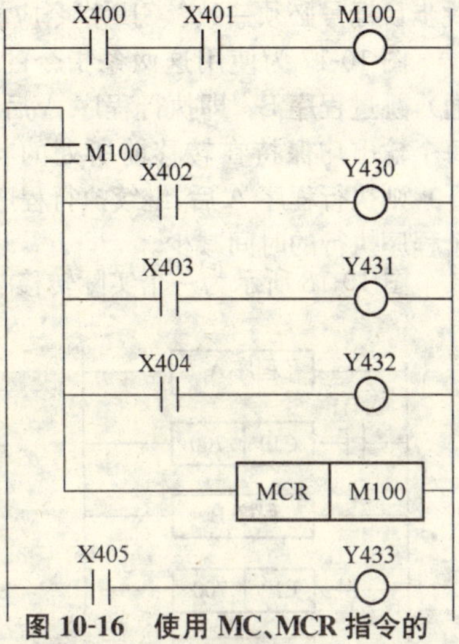

图 10-16 使用 MC、MCR 指令的梯形图

在编程过程中，经常会遇到许多线圈同时受一个或一组触头控制的情况。如果在每个线圈的控制电路中都串入同样的触头，将占用很多存储单元和使扫描周期加长。主控指令可以解决这一问题。使用主控指令的触头称为主控触头。它在梯形图中与一般的触头垂直。它们是与母线相连的常开触头，是控

制一组电路的总开关。

与主控触头相连的触头必须使用 LD 或 LDI 指令。即使 MC 指令后，母线移到了主控触头的后面。MCR 可以使母线回到原来的位置。

MC、MCR 指令可用于辅助继电器 M100～M177。

当 MC 的条件状态为断开时，MC 和 MCR 指令之间的各继电器状态如下：

输出继电器、通用辅助继电器：断开；

定时器：复位；

计数器、保持辅助继电器：保持现有状态。

当 MC 的条件状态为接通时，每一个继电器的状态与没有 MC、MCR 指令一样被执行。

(12)CJP、EJP 指令。指令的意义如下：

CJP：条件跳步指令，用于跳步开始。

EJP：跳步结束指令，用于指示跳步终点。

跳步指令是用来跳过部分程序，使其不执行的指令。该指令的目标器件号为 700～777，共 64 点。CJP 和 EJP 指令必须成对使用。它们的跳步目标号必须一致。CJP 指令应放在 EJP 指令前面。

图 10-17 为使用这两条指令的梯形图，当转移条件成立（X411 接通），跳过程序 B。即执行程序 A 后，直接执行程序 C。这时，程序 B 的每个输出均保持在转移前所处的状态。如转移条件不成立（X411 断开），则执行程序 A 后，继续执行程序 B 和程序 C。执行转移指令可使整个程序执行的时间减少。

图 10-18 所示为一个实际转移电路的梯形图。

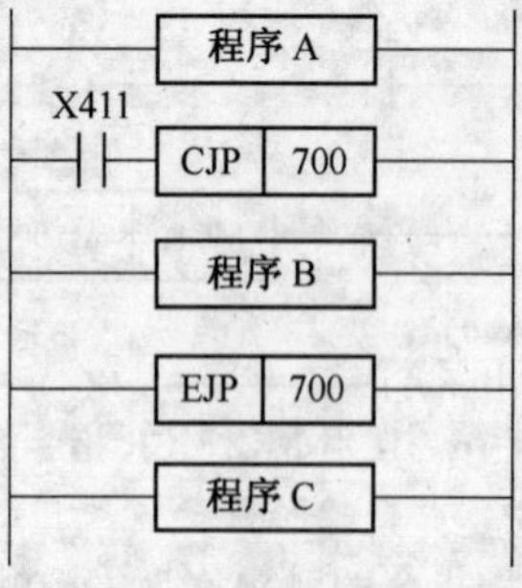

图 10-17　CJP、EJP 的电路功能

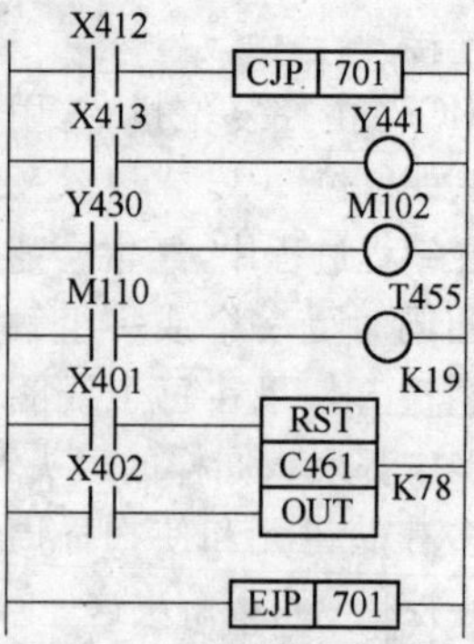

图 10-18　转移电路梯形图

图 10-18 所示梯形图用助记符语言表示如下：

步号	指令语	器件号	说明
0	LD	X412	
1	CJP	701	X412 接通时，转移开始
2	LD	X413	
3	OUT	Y441	保持转移前接通/断开
4	LD	Y430	
5	OUT	M102	
6	LD	M110	状态在转移后，即使 M110 接通，定时器也不工作
7	OUT	T455	
8	K	19	
9	LD	X401	在转移期间中断计数操作，保留现行值
10	RST	C461	
11	LD	X402	
12	OUT	C461	
13	K	78	
14	EJP	701	

(13)END 指令。结束指令，表示程序结束。

PLC 为循环扫描方式，若无 END 指令，PLC 将从用户程序存储器的第一步执行到最后一步。如将 END 指令放在程序结束处，则 PLC 只执行第一步至 END 这一段的程序。使用 END 指令可以缩短扫描周期。

在程序调试时，可把程序分为若干段，将 END 指令插入各段程序之后，逐段调试程序；上一段程序调试完毕，删去 END，再进行下段程序的调试，直到程序调试完为止。

综上所述，F 系列可编程序控制器共有 20 条基本指令，列于表 10-6 中。

表 10-6　F 系列可编程序控制器基本指令

指　令	功　能	目标元素	备　注
LD	逻辑运算开始	X、T、M、C	常开触头
LDI	逻辑运算开始	X、T、M、C	常闭触头
AND	逻辑“与”	X、T、M、C	常开触头
ANI	逻辑“与反”	X、T、M、C	常闭触头
OR	逻辑“或”	X、T、M、C	常开触头
ORI	逻辑“或反”	X、T、M、C	常闭触头

续表 10-6

指　令	功　能	目标元素	备　注
ANB	块串联	无	—
ORB	块并联	无	—
RST	计数器、移位寄存器复位	C、M	用于计数器和移位寄存器
OUT	逻辑输出	Y、T、M、C	驱动线圈
PLS	脉冲微分	M100～M377	—
SFT	移位	M	—
S	置位	M200～M377、Y	—
R	复位	M200～M377、Y	—
MC	主控	M100～M177	用于公共串联触头
MCR	主控复位	M100～M177	—
CJP	条件跳转	700～777	—
EJP	跳转结束	700～777	—
NOP	空操作	无	—
END	程序结束	无	—

（三）流程图（SFC）语言

流程图描述用约定的几何图形、有向线段和简单的文字说明，来描述 PLC 的处理过程和程序的执行步骤。它主要由“步”、“转移”及“有向线段”等元素组成。根据系统的控制顺序，将这些元素适当组合，就可建立控制系统的静态逻辑关系。再根据转移触发规则进行模拟系统的运行，就可得到控制系统的动态过程，并可以从运行中发现潜在的故障。

1. 流程图的“步”。“步”控制系统中对应于一个相对稳定的状态。“步”的符号如图 10-19 所示。

(1)初始式。对应于控制系统的初始状态，是其运行的起点。一个控制系统至少要有一个初始步。初始步的符号如图 10-20 所示。

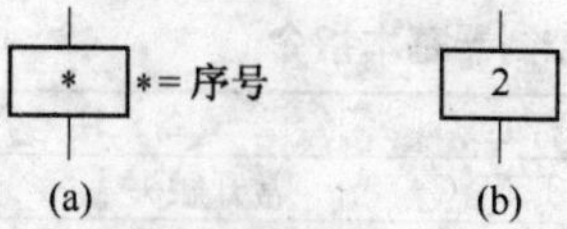

图 10-19　“步”的符号表示方法

(a)“步”的符号　(b)举例

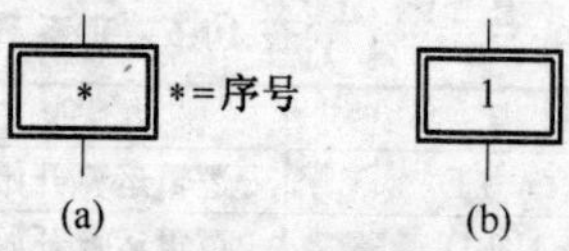

图 10-20　初始步的符号表示方法

(a)初始步的符号　(b)举例

(2)工作步。指控制系统正常运行时的状态。根据系统是否运行,"步"可有两种状态:动步和静步,动步是指当前正在运行的步,静步是没有运行的步。

(3)与步对应的动作。步是指一个稳定的状态,当步只有一个动作(即只有一个稳定状态)时,用该步右边的一个矩形框来表示,如图10-21a所示;当步有多个动作时,其表示方法如图10-21b所示。

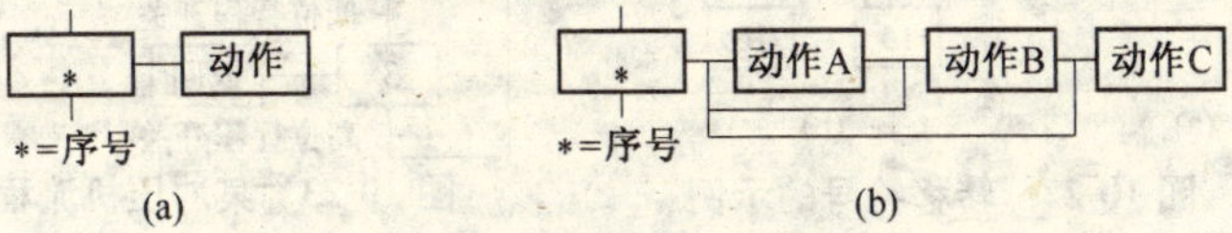

图10-21　与步对应的动作符号表示方法

(a)符号表示方法　(b)举例

2. 转移。从一个步到另一个步叫转移。用一个有向线段(箭头根据规则省略)来表示转移的方向。两个步之间的有向线段上再用一段横线表示这一转移。转移的符号如图10-22a所示。

(1)转移的使能和触发。转移需要条件,当条件满足时,称为转移使能。如果该转移能够实现,则称为触发。

(2)转移条件。一个转移能够触发,必须满足转移条件。转移条件可以采用文字语句也可以采用逻辑表达式等方式表示在转移符号旁,如图10-22b所示。只有当步处于活动状态,而且与它相关的转移条件成立时,才能实现步的转移。转移结果使紧接它的后续步处于活动状态,而使与其相连的前级步处于非活动状态。

3. SFC流程图构成规则。系统的流程图必须符合以下规则:

(1)步与步的变化必须用转移分开。

(2)转移与转移之间必须用步分开。

(3)步与转移、转移与步之间的链接采用有向线段。当有向线段从上向下画时可以省略箭头;当有向线段从下向上画时,必须画上箭头,以表示方向。

(4)一个流程图至少要有一个初始步。图10-23所示是某冲压机的流程图。其动作的物理过程是:初始位置时冲头抬起,处于高位;当操作者按下起动按钮时,冲头向工件冲击;当冲头到低位置时,触动低位行程开关;冲头抬起,回到高位时,触动高位行程开关;整个过程结束,停止运行。该流程图将冲压机的工作顺序分为3步：等待、下冲和返回。从1步到2步的转移，必须在起动信号“与”高位行程开关信号都出现时才能发生；从2步到3步，则只需满足出现高位行程开关信号的条件。

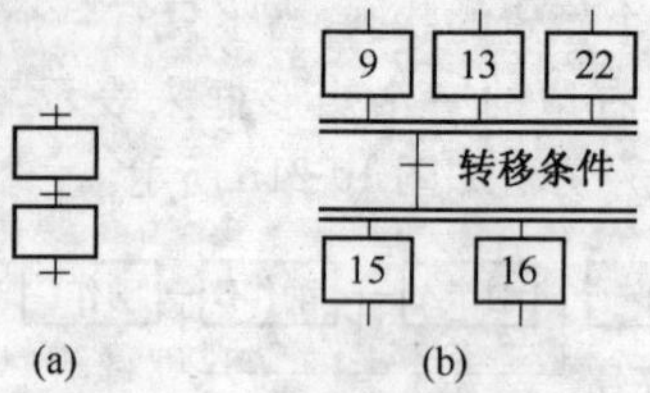

图 10-22　转移符号的示例

(a)转移符号　(b)转移条件示例

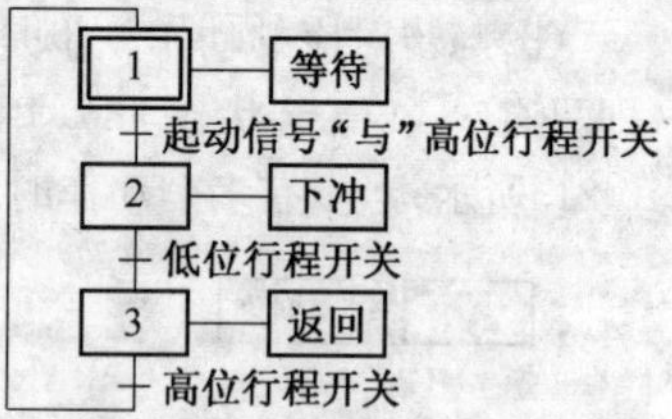

图 10-23　某冲压机流程图

4. 流程图的基本形式。

(1)单一顺序的流程图如图10-24a所示。所谓单一顺序，是指动作一个接着一个地完成，每步仅连接一个转移，每个转移也仅连接着一个步。

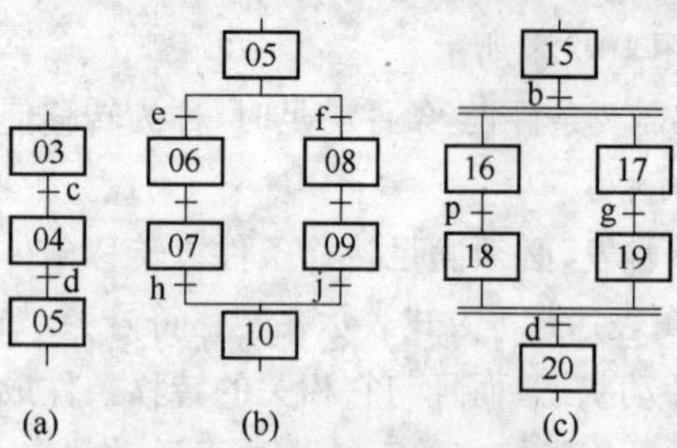

图 10-24　流程图的基本形式

(a)单一顺序　(b)选择顺序　(c)并行顺序

(2)选择顺序的流程图如图10-24b所示。所谓选择顺序，是指在某一步后有若干个单一顺序等待选择，一次只能选择进入一个顺序。为了保证一次选择一个顺序及选择的优先权，还必须对各个转移条件加以约束。其表示方法是在某一步后连接一条水平线，水平线下连接各个单一顺序的第一转移。转移图结束时，用一条水平线表示，水平线以下不允许再有转移直接跟着。

(3)并行顺序的流程图如图10-24c所示。所谓并行顺序，是指在某一转移条件下，同时起动若干个顺序。并行顺序用双水平线表示，同时结束若干个顺序，也用双水平线表示。

二、可编程序控制器的编程方法

(一)编程的基本规则

1. 梯形图的设计规则。

(1)输入/输出、辅助继电器、计数器、定时器的触头的使用次数是无限制的。

(2)梯形图中的阶梯都是从左母线开始,终于右母线。线圈只能接在右边的母线上,不能直接接在左母线上,所有的触头不能放在线圈的右边,如图10-25所示。

(3)多个回路串联时,应将触头最多的回路放在梯形图的最上面。多个并联回路串联时,应将触头最多的并联回路安排在梯形图的最左面,如图10-26所示。

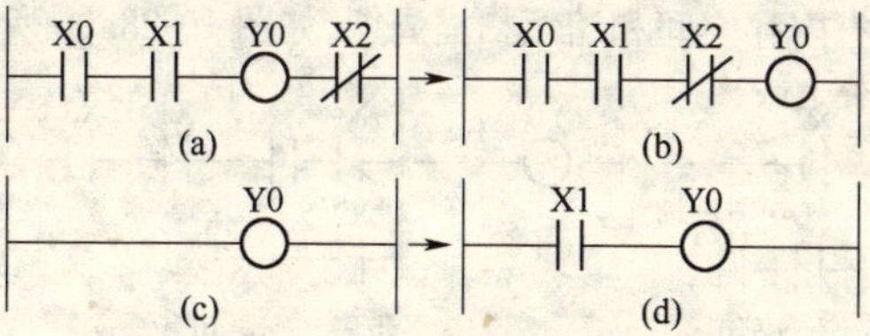

图10-25 规则(2)说明

(a)错误 (b)正确 (c)错误 (d)正确

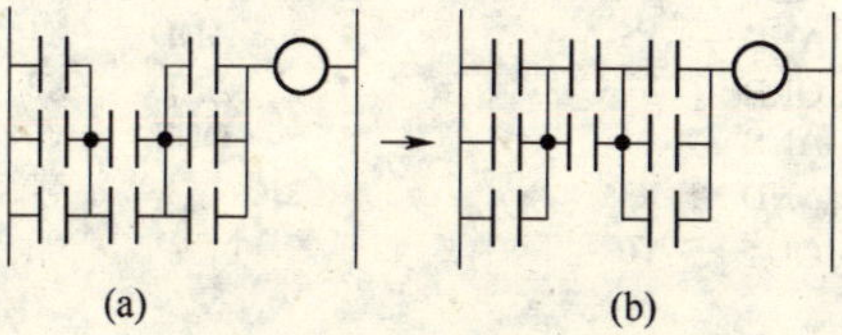

图10-26 规则(3)说明

(a)错误 (b)正确

(4)在梯形图中没有实际的电流流动,所谓"流动",只能从左到右、从上到下单向"流动"。因此,如图10-27a所示的桥式电路的梯形图是无法编程的,必须按逻辑功能等效转移成如图10-27b所示梯形图。

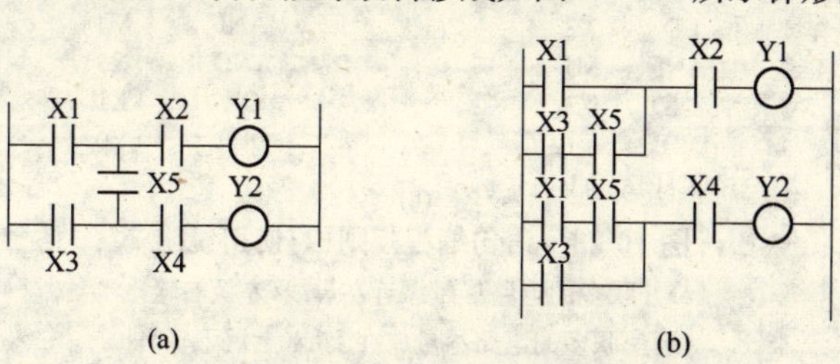

图10-27 规则(4)说明

(a)不可编程的桥式电路梯形图 (b)变换后的可编程电路梯形图

2. 语句编程规则。用语句编程一般是根据梯形图来进行的，编程时应遵守以下规则：

(1)对梯形图进行语句编程时，应遵循从左到右，自下而上的原则进行。对于复杂的梯形图，可将其分成若干块，逐块编程，然后再将各块顺序连接起来。

(2)编程前，应根据梯形图的设计规则和语言编程规则，按电路的逻辑功能对梯形图进行等效变换，同时采用合理的编程顺序，尽量减少程序步数，以节省内存空间和缩短扫描周期，如图 10-28a、b 所示。

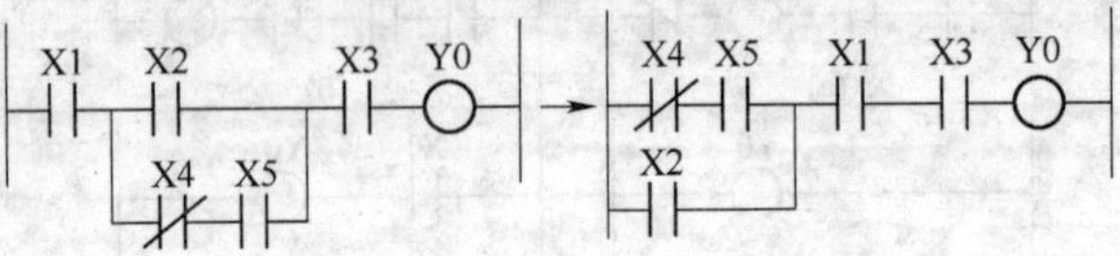

步序	语句	
0	LD	X1
1	LD	X2
2	LDI	X4
3	AND	X5
4	ORB	
5	ANB	
6	AND	X3
7	OUT	Y0

步序	语句	
0	LDI	X4
1	AND	X5
2	OR	X2
3	AND	X1
4	AND	X3
5	OUT	Y0

(a)

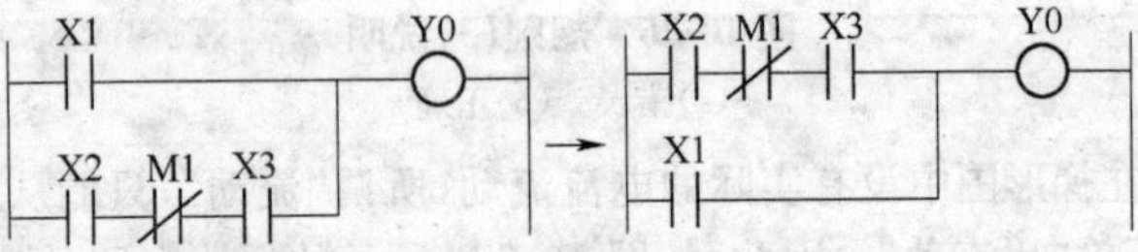

步序	语句	
0	LD	X1
1	LD	X2
2	ANI	M1
3	AND	X3
4	ORB	
5	OUT	Y0

步序	语句	
0	LD	X2
1	ANI	M1
2	AND	X3
3	OR	X1
4	OUT	Y0

(b)

图 10-28 语句编程规则(2)使用说明

(a)并联多的电路尽量靠近左母线(左沉右轻)

(b)串联多的电路尽量放在上部(上沉下轻)

(二)编程技巧

1. 用电路变换来化简程序。图 10-29 所示的两个梯形图所实现的功能一样，但编制程序的繁简却不同。这种变换正符合前面介绍的语句编程规则(2)。图 10-29a 助记符程序清单及注释见表 10-7；图 10-29b 助记符程序清单及注释见表 10-8。

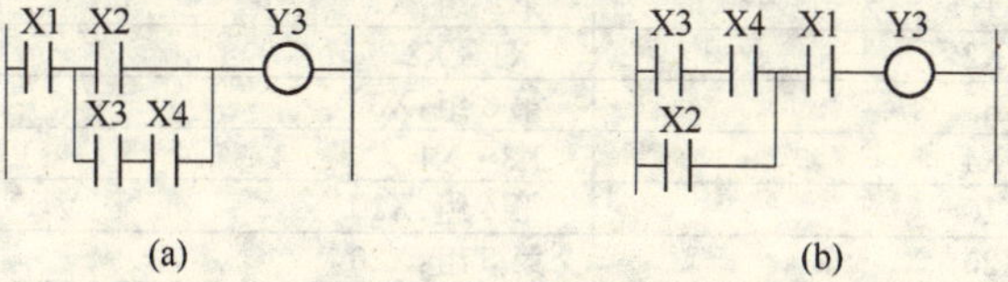

图 10-29　梯形图

(a)编制程序繁琐的梯形图　(b)编制程序简单的梯形图

表 10-7　图 10-29a 助记符程序清单及注释

助记符程序	注　　释
(1)LD X1	第 1 组：输入 X1
(2)LD X2	第 2 组：输入 X2
(3)LD X3	第 3 组：输入 X3
(4)AND X4	“与”X4 即：X3・X4
(5)ORB	第 2、第 3 两组“组或”，即：X2＋(X3・X4)
(6)ANB	上式结果与第 1 组进行“组与”，即：X1・[X2＋(X3・X4)]
(7)OUT Y3	输出 Y3

表 10-8　图 10-29b 助记符程序清单及注释

助记符程序	注　　释
(1)LD X3	输入 X3
(2)AND X4	“与”X4，即：X3・X4
(3)OR X2	“或”X2，即：(X3・X4)＋X2
(4)AND X1	“与”X1，即：[(X3・X4)＋X2]・X1
(5)OUT Y3	输出 Y3

2. 梯形图的逻辑关系应尽量清楚，便于阅读检查和输入程序。图 10-30 所示中的逻辑关系不够清楚，给编程带来不方便。图 10-30 助记符程序清单及注释见表 10-9。

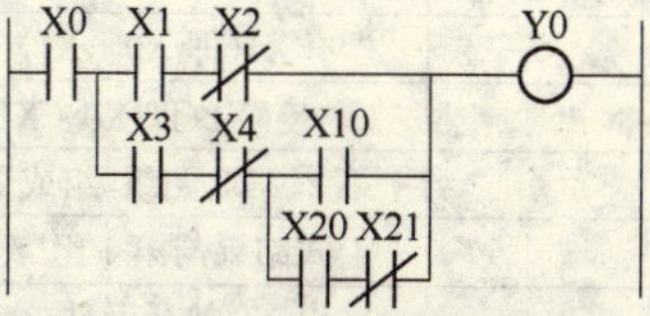

图 10-30　逻辑关系不清的梯形图

表 10-9 图 10-30 助记符程序清单及注释

助记符程序	注 释
(1)LD X0	第 1 组:X0
(2)LD X1	第 2 组:X1
(3)ANI X2	$X1 \cdot \overline{X}2$
(4)LD X3	第 3 组:X3
(5)ANI X4	$X3 \cdot \overline{X}4$
(6)LD X10	第 4 组:X10
(7)LD X20	第 5 组:X20
(8)ANI X21	$X20 \cdot \overline{X}21$
(9)ORB	第 4、第 5 组“组或”表示:(4+5)
(10)ANB	(4+5)·3
(11)ORB	[(4+5)·3]+2
(12)ANB	[(4+5)·3+2]·1

根据逻辑运算法,可把上面电路的结果分解为:1·3·4+1·3·5+1·2,并根据左沉右轻、上沉下轻的原则改画成图 10-31 所示的梯形图。图 10-31 助记符程序清单及注释见表 10-10。

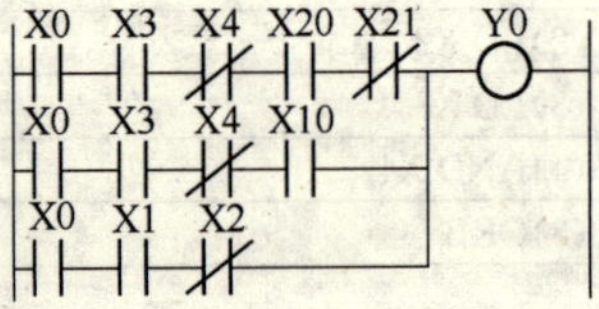

图 10-31 改画后的梯形图

表 10-10 图 10-31 助记符程序清单及注释

助记符程序	注 释
(1)LD X0	输入第 1 组 X0
(2)AND X3	“与”X3(即 X0·X3)
(3)ANI X4	“与反”X4(即 $X0 \cdot X3 \cdot \overline{X}4$)
(4)AND X20	“与”X20(即 $X0 \cdot X3 \cdot \overline{X}4 \cdot X20$)
(5)ANI X21	“与反”X21(即 $X0 \cdot X3 \cdot \overline{X}4 \cdot X20 \cdot \overline{X}21$)
(6)LD X0	输入第 2 组 X0
(7)AND X3	“与”X3(即 X0·X3)
(8)ANI X4	“与反”X4(即 $X0 \cdot X3 \cdot \overline{X}4$)
(9)AND X10	“与”X10(即 $X0 \cdot X3 \cdot \overline{X}4 \cdot X10$)
(10)LD X0	输入第 3 组 X0
(11)AND X1	“与”X1(即 X0·X1)
(12)ANI X2	“与反”X2(即 $X0 \cdot X1 \cdot \overline{X}2$)
(13)ORB	第 2、第 3 两组“组或”,表示(2+3)
(14)ORB	上式结果与第 1 组“组或”,表示(1+2+3)
(15)OUT Y0	输出 Y0 执行元件

改画后的程序虽然指令条数增多,但逻辑关系清楚,便于编程和阅读。

3. 取代组合逻辑电路。用可编程序控制器代替组合逻辑电路是非常简单而直观的。组合逻辑电路的全部工作由编制描述逻辑器件的短程序来实现。各种组合逻辑电路功能和相应的程序见表 10-11。

表 10-11　各种组合逻辑电路功能和相应的程序

电路功能及符号	助记符程序
"与" 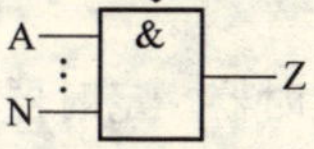	LD　A AND　N　逐项相"与" OUT　Z
"与反" 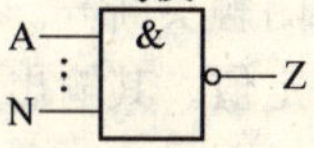	LD　A AND　N　逐项相"与" ANI　结果取"与" OUT　Z
"或" 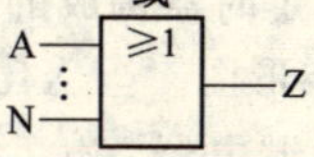	LD　A OR　逐项相"或" OUT
"或反" 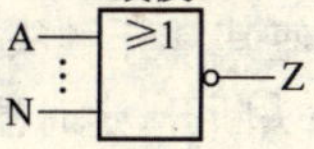	LD　A OR　N　逐项相"或" ORI　结果取"反" OUT　Z
"异或" 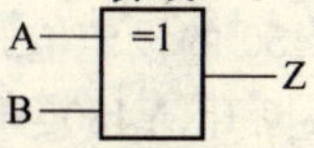 逻辑表达式 $Z=A\oplus B=A\cdot\overline{B}+\overline{A}\cdot B$	LD　A ANI　B LDI　A AND　B ORB OUT　Z
"异或反" 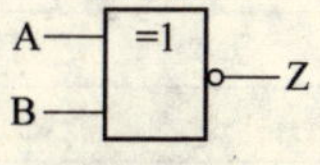 逻辑表达式 $Z=A\odot B=\overline{A\oplus B}+\overline{A}\cdot\overline{B}+A\cdot B$	LDI　A ANI　B LD　A AND　B ORB OUT　Z

续表 10-11

电路功能及符号	助记符程序
“反” （反相器） 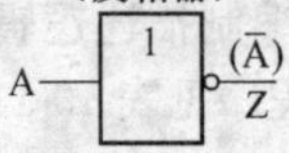 	LD　A LDI OUT　Z

三、编程举例

(一)瞬时输入延时断开电路的编程

F 系列 PLC 中使用的定时器是通电延时定时器。定时器输入信号一经闭合，定时器的设定值即开始做减法运算。当设定值减到零，定时器才有输出。此时，定时器的常开触头闭合，常闭触头断开。当定时器输入断开时，定时器复位，即由当前值恢复到设定值。其输出的常开触头断开，常闭触头闭合。

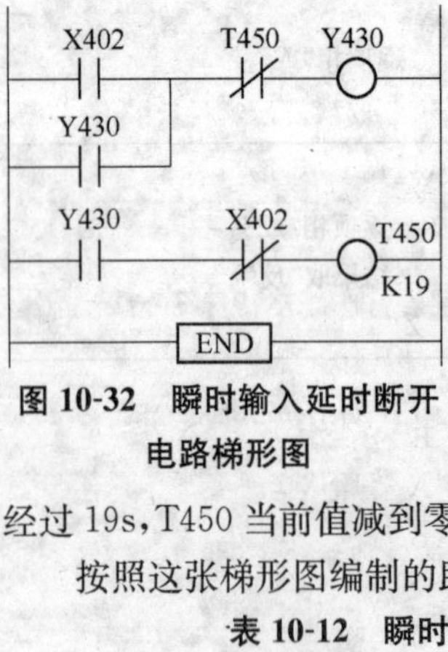

图 10-32　瞬时输入延时断开电路梯形图

图 10-32 是由定时器构成的瞬时输入延时断开电路的梯形图。当 X402 端输入信号接通时，输入继电器 X402 线圈接通(图中未画出)，X402 的常开触头闭合，Y430 线圈接通并使其常开触头自锁。同时，X402 的常闭触头断开，定时器 T450 线圈无法接通。当 X402 输入信号断开时，X402 线圈断开，X402 的常闭触头闭合，T450 线圈接通，T450 的设定值开始递减。经过 19s，T450 当前值减到零，T450 的常闭触头断开，Y430 线圈断开。

按照这张梯形图编制的助记符程序见表 10-12。

表 10-12　瞬时输入延时断开电路助记符程序

助记符程序		助记符程序	
(0)LD	X402	(5)ANI	X402
(1)OR	Y430	(6)OUT	T450
(2)ANI	T450	(7)K	19
(3)OUT	Y430	(8)END	
(4)LD	Y430		

(二)异步电动机的正反转控制

图 10-33 所示是继电器-接触器控制的异步电动机的正反转电路图。图中各控制部件功能如下：KM_1 为电动机正转接触器，KM_2 为电动机反转接触器，SBP 为总停车按钮，SBT_1 为电动机正转起动按钮，SBT_2 为电动机反转起动按钮。图中由 KM_1、KM_2 的常开触头、常闭触头分别实现自锁、互锁。

将正反转控制电路转变为梯形图的步骤如下：

1. 确定输入/输出点数。输入点：SBP、SBT_1、SBT_2 3 个按钮开关均作为输入变量接到 PLC 的输入端子上，分别为 X1、X2、X3。

输出点：KM_1、KM_2 两个接触器线圈要占用两个输出点，分别为 Y1、Y2。

I/O 分配表：

输入	输出
SBP：X1	KM_1：Y1
SBT_1：X2	KM_2：Y2
SBT_2：X3	

2. 画梯形图。如图 10-34 所示。助记符程序见表 10-13。

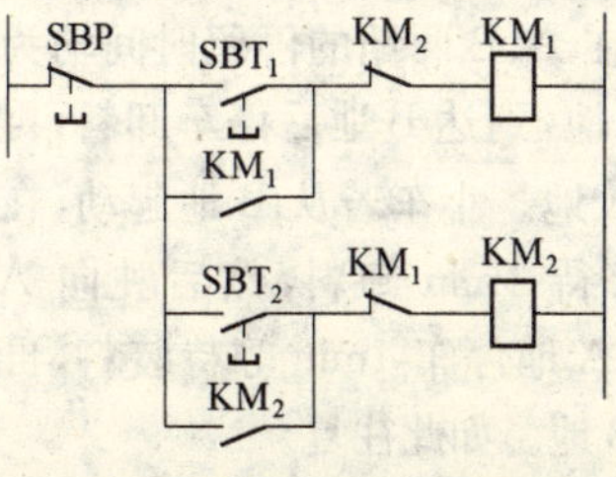

图 10-33　异步电动机正反转控制电路图

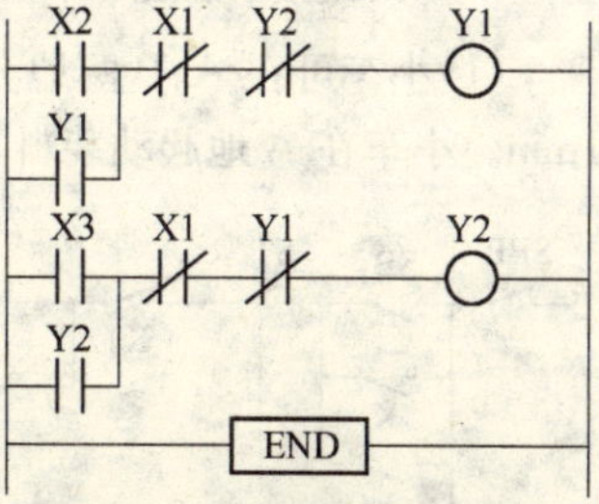

图 10-34　电动机正反转控制梯形图

3. PLC 的外部接线。图 10-35 所示是 PLC 与外部元件的连接示意图。

PLC 面板上标有 COM 的端子即为公共端。图中，COM1 为输入公共端，COM2 为输出公共端。PLC 的输入一般由 PLC 本身供给电源，无需外部设置，而输出负载的电源由外部供给。

表 10-13　图 10-34 助记符程序

助记符程序		助记符程序	
(1)LD	X2	(7)ORB	Y2
(2)ORB	Y1	(8)ANI	X1
(3)ANI	X1	(9)ANI	Y1
(4)ANI	Y2	(10)OUT	Y2
(5)OUT	Y1	(11)END	
(6)LD	X3		

(三)运料小车控制

1. 动作要求。如图 10-36 所示。

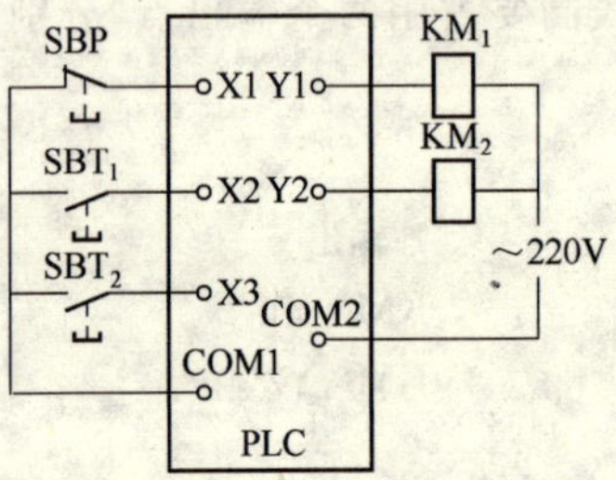

图 10-35　PLC 与外部元件的连接示意图

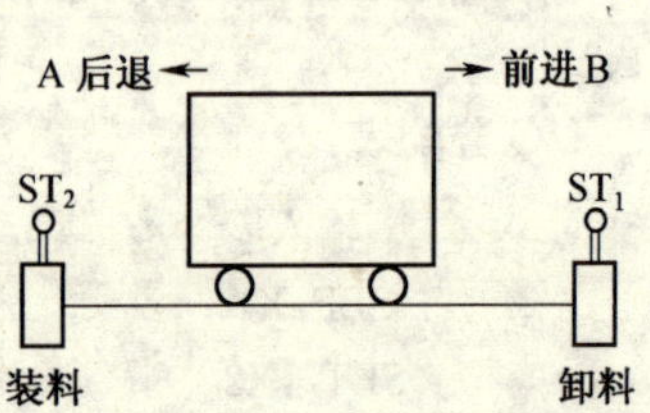

图 10-36　运料小车示意图

(1)小车可在 A、B 两地分别起动，且在 A、B 两地的停留时间均为 1min。小车在 A 地起动装料，然后驶向 B 地，到达 B 地后停车卸料，再返回 A 地。小车若从 B 地起动，在 B 地等待 1min 卸料，然后驶向 A 地，在 A 地停车 1min 等待装料，再驶向 B 地。如此往复。

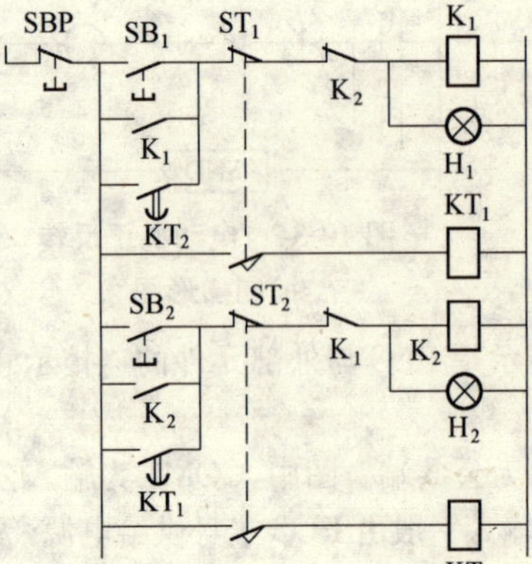

图 10-37　运料小车控制电路图

(2)小车运行到达任意位置，均可用手动停车。再次起动后，小车重复(1)中的内容。

(3)在小车前进、后退过程中，分别有指示灯指示其行进方向。

据此可以设计运料小车控制电路如图 10-37 所示。

图中 K_1 为控制小车电动机前

进的接触器，K_2 为控制小车电动机后退的接触器；ST_1 和 ST_2 为卸料，装料处控制小车停止的行程开关；KT_1 和 KT_2 为时间继电器，带有闭合延时的常开触头，延时时间为 1min；SB_1、SB_2 为起动按钮，SBP 为停止按钮；H_1 为小车前进指示灯，H_2 为小车后退指示灯。

2. 设计步骤。根据控制任务，可以算出 I/O（输入/输出）点数。根据输入输出点数及功能要求，选用合适的可编程序控制器。

（1）I/O 分配表。

输入		输出	
SBP	X0	K_1	Y1
SB_1	X1	K_2	Y2
SB_2	X2	H_1	Y3
ST_1	X3	H_2	Y4
ST_2	X4		

（2）画梯形图。如图 10-38 所示。助记符程序见表 10-14。

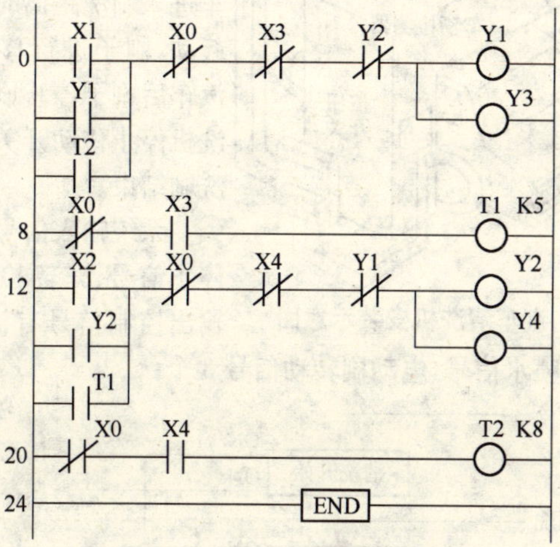

图 10-38　运料小车控制梯形图

（四）汽车自动清洗

图 10-39 是一台汽车自动清洗机的安装示意图。清洗机的控制由按钮开关、车辆检测器、喷淋阀门、电动刷子组成。

1. 动作要求。汽车清洗过程可分为四步，如图 10-40 所示。

表 10-14　助记符程序

助记符程序		助记符程序	
(0)LD	X1	(13)OR	Y2
(1)OR	Y1	(14)OR	T1
(2)OR	T2	(15)ANI	X0
(3)ANI	X0	(16)ANI	X4
(4)ANI	X3	(17)ANI	Y1
(5)ANI	Y2	(18)OUT	Y2
(6)OUT	Y1	(19)OUT	Y4
(7)OUT	Y3	(20)LDI	X0
(8)LDI	X0	(21)AND	X4
(9)AND	X3	(22)OUT	T2
(10)OUT	T1	(23)K	8
(11)K	5	(24)END	
(12)LD	X2		

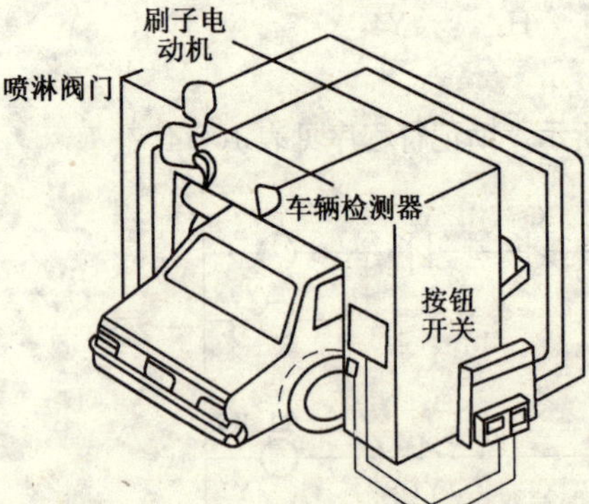

图 10-39　汽车清洗机安装示意图

(1)按下起动铵钮，清洗机开始移动，同时打开喷淋阀门。

(2)当车辆检测器检测到汽车进入刷洗距离时，刷子电动机起动，刷子进行移动刷洗，离开汽车后刷子停止刷洗。同时，清洗机停止移动开关闭喷淋阀门，洗刷结束。

系统输入信号有起动信号、停止信号、车辆检测信号 3 个。输出控制信号有清洗机移动信号、喷淋阀门喷水信号，电动刷转动信号 3 个。

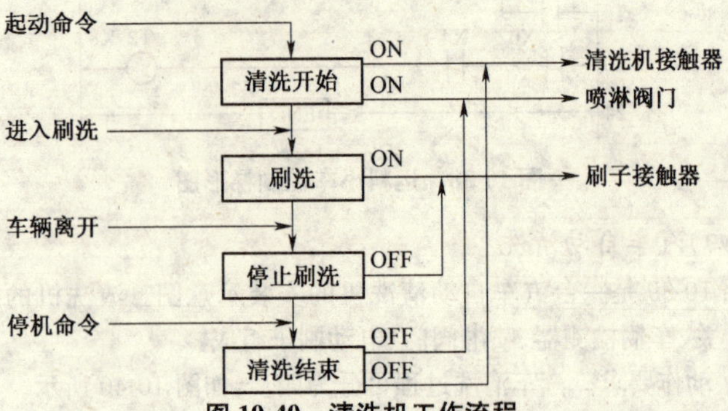

图 10-40　清洗机工作流程

2. 设计步骤。根据控制任务要求，可以算出输入输出点数，根据输入输出点数及功能要求，选用合适的可编程序控制器。

(1)I/O分配表。

输入		输出	
起动按钮	X0	喷淋阀门	Y0
车辆检测器	X1	刷子接触器	Y1
停止条件	X2	清洗机接触器	Y2

(2)画梯形图。如图 10-41 所示。助记符程序见表 10-15。因为工步不多，只能辅助继电器 M0 记忆起动命令，M1 记忆停止洗刷命令，工步不再用辅助继电器记忆。

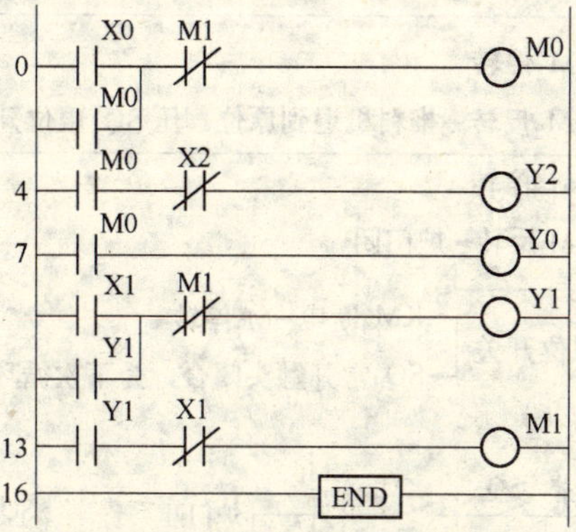

图 10-41 汽车自动清洗的梯形图

表 10-15 助记符程序

助记符程序		助记符程序	
(0)LD	X0	(9)LD	X1
(1)OR	M0	(10)OR	Y1
(2)ANI	M1	(11)ANI	M1
(3)OUT	M0	(12)OUT	Y1
(4)LD	M0	(13)LD	Y1
(5)ANI	X2	(14)ANI	X1
(6)OUT	Y2	(15)OUT	M1
(7)LD	M0	(16)END	
(8)OUT	Y0	—	

按下起动按钮，X0 接通。只要不停止刷洗，M0 接通并自锁。通过 M0 控制清洗机移动(4 开始的行)和打开喷淋门(7 开始的行)。当进入

刷洗范围，M1 接通，接触器通电控制刷子运转，使清洗机沿着车身清洗一遍。刷子移出刷洗距离。X1 断开，洗刷结束。

（五）加热炉自动上料控制

1. 控制要求及继电控制原理图。加热炉自动上料电气控制原理如图 10-42 所示。其动作过程如下：

按下 SBT→KM_1通电→炉门电动机 M_1 正转→炉门开，炉门开到位，压SQ_a位置开关→KM_1断电→M_1停转；→KM_2得电→M_2推进机电动机正转→推料机进，送料进炉到料位→压下SQ_b限位开关→KM_2断电→M_2停转；→KM_3得电→M_2反转→推料机退到原位。压 SQ_c 限位开关→KM_3断电→M_2停转；→KM_4得电→M_1反转→炉门闭→压 SQ_d限位开关→KM_4断电→M_1停转；→SQ_d常开触头闭合，为下次循环做准备

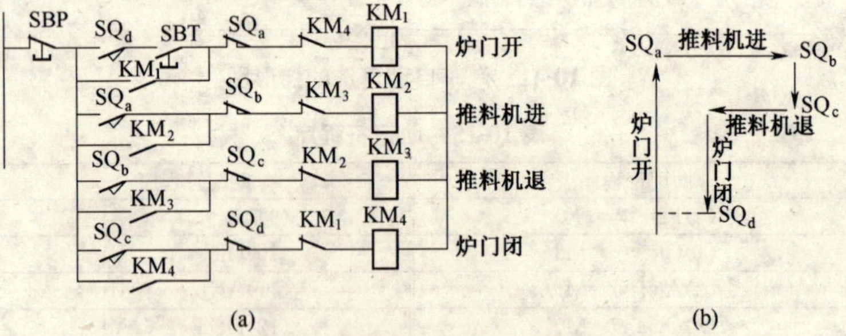

图 10-42　加热炉自动上料电气控制原理

(a)控制电路　(b)工艺流程

图中 SBP 为停止按钮。常闭触头 KM_4 和 KM_1、KM_3 和 KM_2 分别是电动机 M_1、M_2 正反转控制的联锁触头。

2. 编制 PLC 程序。

(1)确定 I/O 点数。

输入点：SBP、SBT、SQ_a、SQ_b、SQ_c、SQ_d，共 6 个，分别为 X2～X7。
输出点：KM_1、KM_2、KM_4、KM_3，共 4 个，分别为 Y0、Y1、Y2、Y3。

I/O 分配表：

输 入 点

SBP：X2	总停止按钮
SBT：X3	起动按钮
SQ_a：X4	炉门开到位限位开关
SQ_b：X5	推料机前进送料到位限位开关
SQ_c：X6	推料机后退回到原位限位开关
SQ_d：X7	炉门关到位限位开关

输 出 点

KM_1：Y0	M_1 电动机正转接触器线圈
KM_2：Y1	M_2 电动机正转接触器线圈
KM_4：Y2	M_1 电动机反转接触器线圈
KM_3：Y3	M_2 电动机反转接触器线圈

（2）画梯形图。如图 10-43 所示。助记符程序见表 10-16。

表 10-16 助记符程序

助记符程序		助记符程序	
(0)LDI	X2	(17)LDI	X2
(1)AND	X7	(18)AND	X5
(2)AND	X3	(19)LDI	X2
(3)LDI	X2	(20)AND	Y3
(4)AND	Y0	(21)ORB	前两组的"或"
(5)ORB	前两组的"或"	(22)ANI	X6
(6)ANI	X4	(23)ANI	Y1
(7)ANI	Y2	(24)OUT	Y3
(8)OUT	Y0	(25)LDI	X2
(9)LDI	X2	(26)AND	X6
(10)AND	X4	(27)LDI	X2
(11)LDI	X2	(28)AND	Y2
(12)AND	Y1	(28)ORB	前两组的"或"
(13)ORB	前两组的"或"	(30)ANI	X7
(14)ANI	X5	(31)ANI	Y0
(15)ANI	Y3	(32)OUT	Y2
(16)OUT	Y1	(33)END	

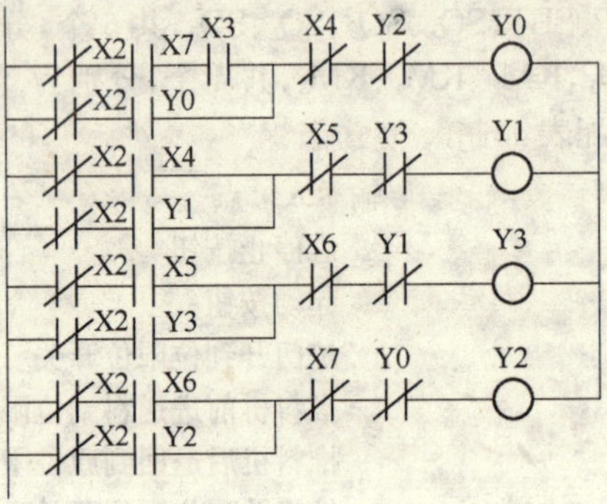

图 10-43 加热炉自动上料控制电路梯形图

第五节 可编程序控制的应用

一、可编程序控制器的选择

(一)PLC 控制系统的设计原则

1. 最大限度地满足生产过程的控制要求。

2. 在满足控制要求的前提下,尽量使控制系统简单、经济。

3. 保证控制系统安全可靠。

4. 在选择 PLC 容量时,应考虑到生产的发展和工艺的改进,必须留有余地。

(二)PLC 控制系统的设计步骤

1. 熟悉控制对象的工艺条件,确定控制范围。

2. 选择合适的 PLC 类型,具体考虑以下 5 点:

(1)满足控制系统的功能需要,同时兼顾维修和备件的通用性。

(2)准确统计被控对象的输入信号和输出信号的总点数,并考虑今后调整和扩充,在实际统计 I/O 点数基础上,一般应加上 10%～20%的备用量。

(3)估算用户存储器容量。

(4)PLC 的处理速度应满足实时控制的要求。

(5)合理选择编程器与外围设备。

3. 选择输入输出设备及分配输入输出点数。

4. 根据设计框图编写程序，这是整个设计工作的核心部分。

5. 程序测试。包括模拟调试和现场运行调试两部分。

6. 设计外部电路并画电气接线图。

（三）用户存储器容量的估算

用户应用程序占用多少内存与许多因素有关，如 I/O 点数、控制要求、运算处理量、程序结构等。因此，在程序设计之前只能粗略地估算。根据经验，每个 I/O 点及有关功能器件占用的内存大致如下：

开关量输入：所需存储器字数＝输入点数×10；

开关量输出：所需存储器字数＝输出点数×8；

定时器/计数器：所需存储器字数＝(定时器/计数器数量)×2；

模拟量：所需存储器字数＝模拟量通道数×100；

通信接口：所需存储器字数＝接口个数×300；

根据每个 I/O 点及功能器占用存储器的空间，再加上备用量，即为存储器容量的估算值。

（四）减少 I/O 点数的方法

减少 I/O 点数的实质是减少 PLC 的输入点数和输出点数。

1. 减少所需 PLC 输入点数。具体方法有：

(1)分组输入。自动程序和手动程序不会同时执行，因此输入时可以先把自动和手动信号分别归类，再按不同控制状态要求分组输入 PLC，如图 10-44 所示。

X0 用来输入自动/手动程序，供自动和手动切换用。SB_1 和 SB_3 按钮虽然都使用 X1 输入端，但实际代表的逻辑意义不同。图中所示的二极管是为防止寄生电路使 PLC 接收到错误的输入信号而设置的。显然，一个输入端就可分别反映两个输入信号的状态，节省了输入端。

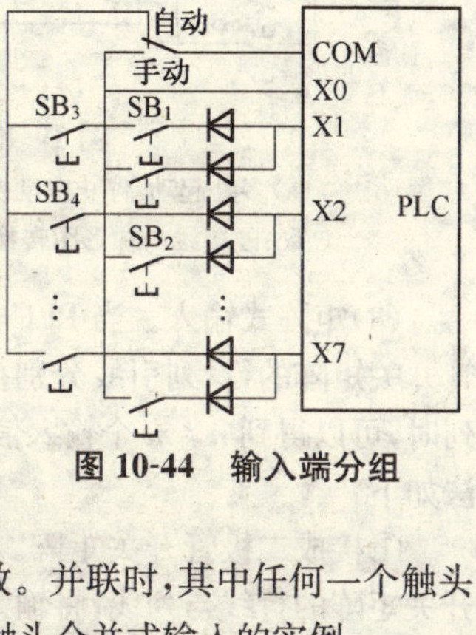

图 10-44　输入端分组

(2)触头合并式输入。修改外部电路，将某些具有相同功能的输入触头串联或并联后再输入 PLC，这些信号就只占用一个输入点了。串联时，几个开关同时闭合有效。并联时，其中任何一个触头闭合都有效。图 10-45a～d 所示是一个将触头合并式输入的实例。

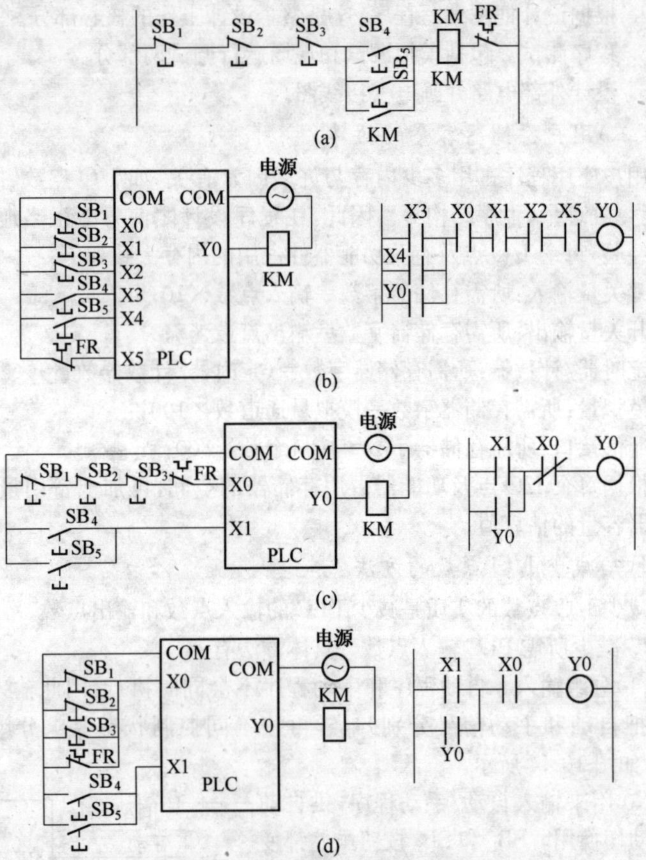

图 10-45　触头合并式输入

(a)多处起动/停止电动机电路　(b)硬接线与梯形图转换之一
(c)硬接线与梯形图转换之二　(d)硬接线与梯形图转换之三

(3)矩阵式输入。当 PLC 有两个以上多余的输出端点时，可将二极管开关矩阵的行、列引线分别接到 I/O 端点上。这样，当矩阵为 n 行 m 列时，可以得到 $n \times m$ 个输入信号供 PLC 组成的控制系统使用。具体做法如下：

①接成二极管开关矩阵。选择 PLC 输入点与输出点，作为二极管开关矩阵的行线与列线；将输入信号开关、二极管串联后两端分别接在

某行线某列线上。

②设计移位寄存器循环扫描输出程序，使移位寄存器位数与选定的输出点相等，并使各位与输出点一一对应。当移位寄存器循环移位时，各输出点在相对应的移位寄存器各位状态输出驱动下会依次循环导通。

③用 n 个输入点与 m 个输出点的状态两两相“与”来指定一组 $n\times m$ 个内部继电器，以这 $n\times m$ 个内部继电器的编号分别代替对应的 $n\times m$ 个输入信号开关的编号，即可得到 $n\times m$ 个输入信号。编制应用程序时即以 $n\times m$ 内部继电器的编号作为相应的 $n\times m$ 个输入信号开关的地址号编入程序。

(4)利用 PLC 内部功能。常用做法有：

①利用转移指令。在一个输入端上接一开关，作为自动、手动工作方式转换开关，运用转移指令，可将自动和手动操作加以区别。

②利用计数器实现单按钮起动和停止。

③利用移位寄存器移位实现单按钮起动和停止。

2. 减少所需 PLC 输出点数。具体方法有：

(1)通断状态完全相同的负载并联后，可以公用 PLC 的一个输出点，即一个输出点带多个负载。

(2)在采用信号灯做负载(例如指示不同的工步或电梯中的指示灯)时，采用数码管做指示灯可以少用输出点。一个七段数码管可以显示0～9这 10 种不同的状态，但它只是 4 个输出点。如果用单灯指示 10 种状态，需要 10 个指示灯，要占用 10 个输出点。

二、可编程序控制器的防噪分析

(一)影响 PLC 正常工作的噪声源

1. 反电动势噪声。继电器、接触器、电磁阀等感性负载断电时，在其电磁线圈上会产生很高的反电动势，电感 L 越大，瞬间电流 i 越大，切断时间越短，所产生的反电动势就越大，噪声就越大。该噪声是发生在与线圈相连的线路上，它通过电源线和 PLC 的信号线侵入 PLC 内部引发系统故障。

2. 电源噪声。电源电压的波动、瞬停、波形畸变或者雷击，均会产生过渡性噪声，引发 PLC 异常。

3. 电波噪声。在 PLC 附近安装有产生电波的设备(如无线电设备，高频加热器等)，电波就会经空中侵入 PLC 的 CPU 内部或 I/O 接口部位，从而使 PLC 系统发生故障。

4. 电弧噪声。各种电器触头切断负载瞬间，触头之间都会产生电弧，从而引发谐波噪声，经空中传播或高阻抗输入输出信号侵入 PLC 内部。

（二）防止噪声故障的措施

防止噪声故障主要有以下 3 个措施：

1. 不让噪声发生。即消除或减弱噪声源，消除或减弱噪声源的常用方法有：在电源电路输入侧安装 LC 滤波器，既可防止外来噪声入侵，又能防止本身噪声对其他设备的影响；在继电器两侧接入噪声限制器，可以吸收反电动势；内部逻辑电路在电源与地线之间连接电容，可以吸收高频噪声；内部总线采用阻抗匹配，可防止反射噪声。

2. 防止噪声侵入。即使内部电路与外部电路相隔离，具体方法有：施加屏蔽，在电源线路上接入滤波器；电源线、信号线均使用双绞线，使其兼有不使自身成为噪声源的作用。

3. 使噪声旁路。常用的方法有：在 PLC 输入端子上接入泄漏电阻，可降低输入阻抗，使输入信号线上的感应噪声或漏电流旁路。

（三）PLC 输入侧的抗噪方法

1. PLC 的输入信号线要远离动力线。避免与低压动力线布置在同一个线槽内，不得已时必须用良好接地的金属板隔离。

2. 低电平信号线需用屏蔽线。以减少静电耦合噪声。

3. 当直接以工频交流电源为 PLC 的输入电源时，可从两方面考虑：

（1）经隔离变压器供电，可使噪声衰减 80%。如果只装简单的 *RC* 浪涌吸收器，则只能衰减 50%。

（2）PLC 负载与其他用电设备构成一个公共电源系统时，这些负载产生的噪声会经电源线侵入 PLC 的输入端。这时可在输入边线上装隔离变压器，在感性负载噪声源上并接浪涌限制器；采用继电器中间驱动，并单独另设负载电源系统。

4. 当直流电源用作 PLC 的输入电源时，可从 3 方面考虑：

（1）数字输入信号对直流电源的质量要求不高，只要能满足 PLC 输入的要求即可。为了防止外部噪声干扰，可使用隔离电源。

（2）当直流电源还兼有驱动其他感性负载的作用时，其负载上必须并接续流二极管防止噪声。

（3）当低压直流输入信号线可能与交流线混布时，信号线必须采用绞线或屏蔽线。

5. 装浪涌限制器。当输入信号设备除了向 PLC 输入信号，同时还要驱动其他感性负载时，在此负载上一定要装浪涌限制器。

6. 并接泄漏电阻。输入信号设备的输出侧接有 RC 保护电路或发光二极管时，必须在 PLC 输入端子上并接泄漏电阻，使漏电流旁路。

7. 交流输入信号线路过长时(30m 以上)消除感应噪声的方法有：

(1)在 PLC 输入端子上并接泄漏电阻。

(2)将输入信号经继电器中继。

(3)用继电器或行程开关触头输入时，在无信号输入的时间内，可用其常闭触头将 PLC 输入侧短路，以消除线路感应电压的影响。

(四)PLC 输出侧的抗噪方法

1. PLC 的交流和直流输出信号线要分开布线，或用屏蔽线，但屏蔽层应单端接地。

2. 继电器输出触头驱动的感性负载上，要并联浪涌限制器。

3. 晶体管输出直流信号线长度超过 5m 时，在感性负载上也应并接续流二极管，但对大容量感性负载会产生响应滞后问题，可用压敏电阻。

4. 双向晶闸管输出侧设有手动操作电路时，应在感性负载上并接浪涌吸收器。否则会损坏晶闸管。

5. 晶体管或晶闸管输出有较大冲击电流负载时，应串接限流电阻或输出端并接分流电阻。

6. 输出配线较长，应选择截面面积较大的导线，以减小线路压降；或用继电器中继，防止外部感应电压的干扰。

(五)利用光电耦合器抑制干扰信号

PLC 的输入模块和输出模块常用光电耦合器来抑制外部干扰信号。这是因为：

1. 对于 PLC 输入模块而言，光电耦合器的输入阻抗(100～1000Ω)与一般干扰源的阻抗(10^5～10^6Ω)相比较小，因此，分压在光电耦合器的输入端的干扰电压较小。此外，光电耦合器是一种电流输入元件，当 PLC 的输入电流小于 1.5mA 时，输入信号均被视为 0 状态。因此，光电耦合器的抗干扰能力很强。

2. 光电耦合器输入、输出电路的绝缘电阻很大(约 10^6MΩ)，可以避免公共地线环流可能引起的干扰。

3. PLC 内部及其模拟量 I/O 模块一般也用光电耦合器来实现隔离，除了光电耦合器能减少或消除外部干扰对系统的影响外，还可以保护 CPU 模块，使之免受从外部窜入 PLC 的高电压的危害。

目前，大多数光电耦合器的隔离电压都在 2.5kV 以上，有些达到了 8kV。从光电耦合器的品种看，既有高压大电流大功率的光电耦合器件，又有高速高频的光电耦合器件，频率高达 10MHz。常用的光电耦合器有 4N25 型、6N137 型等。4N25 型的隔离电压为 5.3kV；6N137 型的隔离电压为 3kV。它们的频率都在 10MHz 以上。

三、可编程序控制器与变频器控制

1. 控制功能。PLC 和变频器都是以计算机技术为基础的现代工业控制产品，将二者有机地结合起来，用 PLC 来控制变频器，是当代工业控制中经常遇到的问题。常见的控制功能有：

(1)用 PLC 控制变频电动机的转向、转速和加速、减速时间。

(2)实现变频器与多台电动机之间的切换控制。

(3)实现电动机的工频电源和变频电源之间的切换。

(4)用单台变频器实现泵站的恒压供水控制。

(5)通过通信实现 PLC 对变频器的控制，将变频器纳入工厂自动化通信网络。

2. 控制方法。

(1)用模拟量输出模块提供变频器的频率给定信号。PLC 的模拟量输出模块输出的直流电压或电流送给变频器的模拟电压/电流、转速给定输入端，用模拟量输出控制变频器的输出频率。这种控制方式的硬件接线简单，但是 PLC 的模拟量输出模块价格较高。

(2)用高速脉冲输出信号作为频率给定信号。某些变频器有高速脉冲输入功能，可以用 PLC 输出的高速脉冲的频率作为变频器的频率给定信号。

(3)用开关量输入/输出信号有级调节变频器的输出频率。PLC 的开关量输出/输入点一般可以与变频器的开关量输入/输出点直接相连，这种控制方式的接线简单，抗干扰能力强。用 PLC 的开关量输出模块可以控制变频器的正反转，有级调节转速和加减速时间。虽然只能有级调节，但是对于大多数系统，这也足够了。

(4)如果 PLC 和变频器都自带串行通信接口，并且使用相同的通信协议，PLC 和变频器之间除了用串行通信提供频率给定信号外，还可以传送大量的参数设置信息和状态信息。

下面通过一个例子介绍用 PLC 控制变频器的方法，如图 10-46 所示。

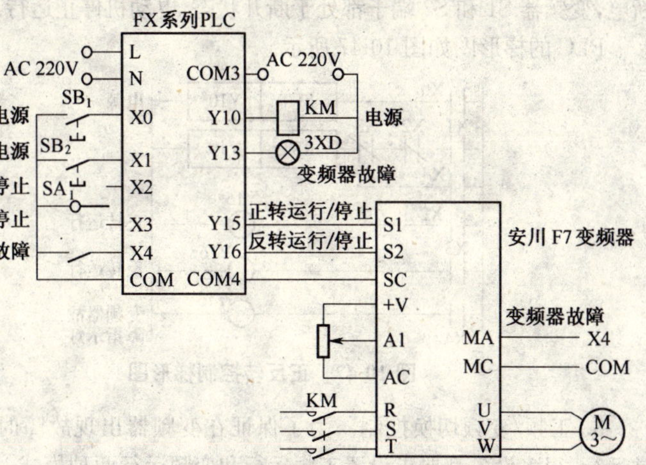

图 10-46　用 PLC 控制变频器和电动机的电路

PLC 的输入继电器 X0 和 X1 用来接收按钮 SB_1 和 SB_2 的指令信号，通过 PLC 的输出点 Y10 控制变频器电源的接通和断开。

按下按钮 SB_1，输入继电器 X0 变为 1 状态，使输出继电器 Y10 的线圈通电并保持，接触器 KM 线圈得电，其主触头闭合，接通变频器的电源。

按下按钮 SB_2，X1 变为 1 状态，如果 X2、X3 均为 0 状态（SA_1 在中间位置），变频器未运行，则 Y10 被复位，使接触器 KM 线圈断电，其主触头断开，变频器电源被切断。变频器出现故障时，X4 的常开触头接通，亦使 Y10 复位，通过 Y10 使变频器的电源断电。

当电动机正转或反转时，X2 或 X3 的常闭触头断开，使 SB_2 和 X1 不起作用，以防止在电动机运行时切断变频器的电源。

三位置旋钮开关 SA_1 通过 X2 和 X3 控制电动机的正转、反转或停止。变频器的输出频率由接在模拟量输入端 A1 的电位器控制。

将 SA_1 旋至“正转运行”位置，X2 变为 1 状态，使 Y15 动作，变频器的 S1 端子被接通，电动机正转运行。

将 SA_1 旋至“反转运行”位置，X3 变为 1 状态，使 Y16 动作，变频器的 S2 端子被接通，电动机反转运行。

将 SA_1 旋至中间位置，X2 和 X3 均为 0 状态，使 Y15 和 Y16 的线圈断电，变频器 S1 和 S2 端子都处于断开状态，电动机停止运行。

PLC 的梯形图如图 10-47 所示。

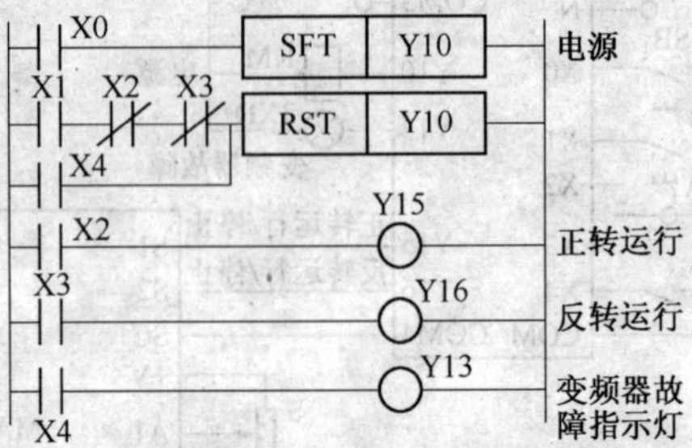

图 10-47 正反转控制梯形图

3. 工频/变频切换控制。为了保证在变频器出现故障时设备的正常运行，很多设备都要求设置工频运行和变频运行两种模式。有的还要求变频器因故障跳闸时，可以自动切换为工频运行方式，同时发出报警信号。

工频/变频切换控制的主电路如图 10-48 所示。接触器 KM_1 和 KM_2 动作时电动机为变频运行，KM_3 动作时工频电源直接接到电动机。

工频电源如果接到变频器的输出端，将会损坏变频器，所以 KM_2 和 KM_3 绝对不能同时动作，相互之间必须设置可靠的互锁。为此在 PLC 的输出电路中用它们的常闭触头组成硬件互锁电路。

在工频运行时，变频器不能对电动机进行过载保护，所以设置了热继电器 FR，用它提供工频运行时的过载保护。

旋钮开关 SA_1 用于切换 PLC 的工频运行模式或变频运行模式，按钮 SB_5 用于变频器出现故障后对故障信号复位。

(1)工频运行。将选择开关 SA_1 扳到“工频模式”位置，输入继电器 X4 为 1 状态，为工频运行做好准备。

按下“电源接通”按钮 SB_1，X0 变为 1 状态，使 Y12 的线圈通电并保

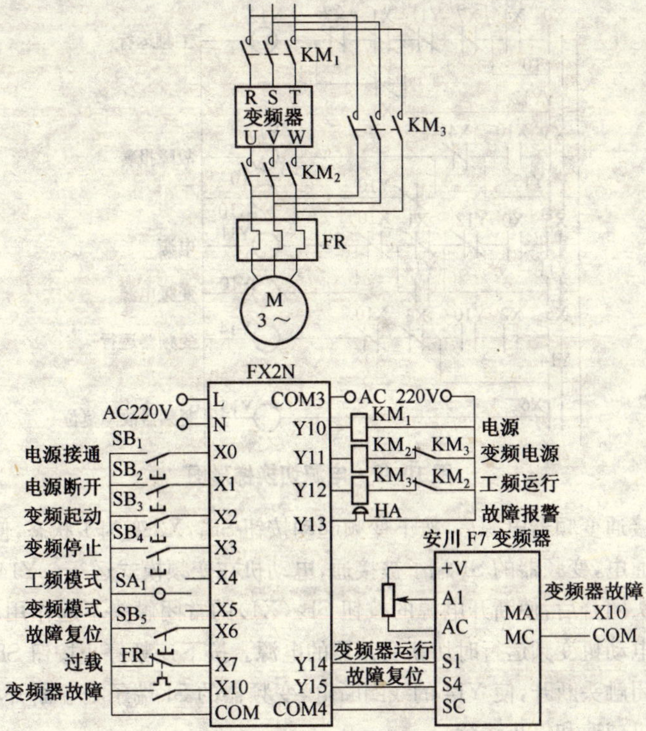

图 10-48　工频/变频电源切换控制电路

持，如图 10-49 所示。接触器 KM_3 动作，电动机在工频电压下起动并运行。

工频运行时 X4 的常闭触头断开，按下“电源断开”按钮 SB_2，X1 的常闭触头断开，使 Y12 的线圈断电，接触器 KM_3 失电，电动机停止运行。如果电动机过载，热继电器 FR 的常闭触头断开，X7 变为 0 状态，Y12 的线圈也会断电，使接触器 KM_3 失电，电动机停止运行。

(2)变频运行。将选择开关 SA_1 旋至“变频模式”位置，X5 为 1 状态，为变频运行做好准备。按下“电源接通”按钮 SB_1，X0 变为 1 状态，使 Y10 和 Y11 的线圈通电，接触器 KM_1 和 KM_2 动作，接通变频器的电源，并将电动机接至变频器的输出端。

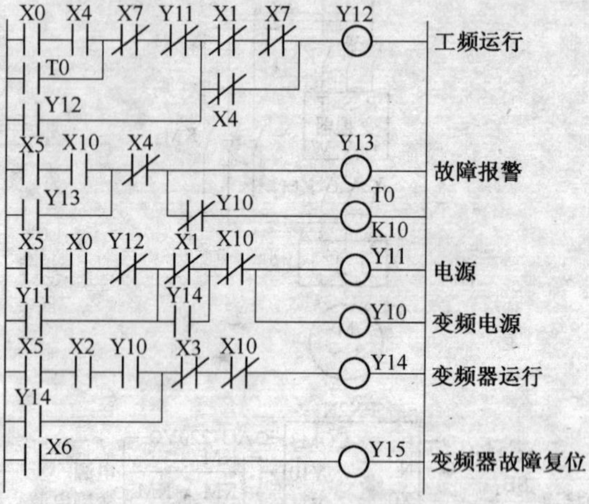

图 10-49 电源切换梯形图

接通变频器电源后，按下变频起动按钮 SB_3，X2 变为 1 状态，使 Y14 线圈通电，变频器的 S1 端子被接通，电动机在变频模式运行。Y14 的常开触头闭合后，使断开电源的按钮 SB_2(X1)的常闭触头不起作用，以防止在电动机变频运行时切断变频器的电源。按下变频停止按钮 SB_4，X3 的常闭触头断开，使 Y14 的线圈断电，变频器的 S1 端子处于断开状态，电动机减速和停止运行。

(3)故障时的电源切换。如果变频器出现故障，变频器的 MA 与 MC 端子之间的常开触头闭合，PLC 的输入继电器 X10 变为 1 状态，Y11、10 和 Y14 的线圈断电，使接触器 KM_1 和 KM_2 线圈断电，变频器的电源被断开。一方面，Y14 使变频器的输入端子 S1 断开，变频器停止工作；另一方面，Y13 线圈通电并保持，声光报警器 HA 动作报警。同时，T0 开始定时，到达定时时间，Y12 线圈通电并保持，电动机自动进入工频运行状态。

操作人员接到报警信号后，应立即将 SA_1 扳到“工频模式”位置，输入断电器 X4 动作，使控制系统正式进入工频运行模式。同时，Y13 线圈断电，停止声光报警。

处理完变频器的故障，重新通电后，应按下故障复位按钮 SB_5，X6 变为 1 状态，使 Y15 线圈通电，接通变频器的故障复位输入端 S4，使变频器的故障状态复位。

四、可编程序控制器的通信

(一)通信系统的组成

PLC通信指的是PLC与PLC、PLC与计算机、PLC与外部设备之间的信息交换。PLC通信属于数据通信,任务是把地理位置不同的PLC、计算机、各种外围设备用通信介质连接起来,按照规定的通信协议(通信规则),以某种特定的通信方式,高效率地完成数据的传送、交换和处理。

一个数据通信系统一般由传送设备、传送控制设备、通信介质、通信协议和通信软件等部分组成。各部分之间的关系如图10-50所示。

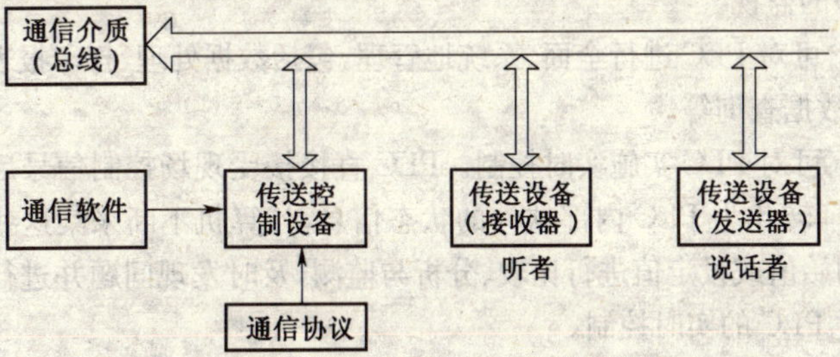

图10-50　通信系统的基本组成示意图

(二)并行数据通信和串行数据通信

1. 并行数据通信。并行数据通信是以字节或字为单位的数据传输方式,除了8根或16根数据线、1根公共线外,还需要通信双方联络用的控制线。并行数据通信的传输速度快,但是传输线的根数多,成本高,一般用于近距离的数据传输,例如打印机与计算机之间的数据传输。

2. 串行数据通信。串行数据通信是以二进制的位(bit)为单位的数据传输方式,每次只传送一位,最少只需要两根线(双绞线)或3根线,适用于距离较远的场合。这些线既作为数据线,又作为通信联络控制线,数据信号和联络信号在这些线上按位进行传送,同时只能传动二进制数的1位。计算机和PLC都有通用的串行通信接口,例如RS-232C和RS-485。工业控制中一般使用串行通信。串行通信虽然速度慢一点儿,但它适合于多数位、长距离通信。近年来串行通信技术飞速地发展,传送速率可达每秒兆字节的数量级。串行通信广泛应用于PLC控制和分布式控制(DCS系统)。

(三)PLC与计算机通信的基本功能

PLC与计算机通信是PLC通信中最简单、最直接的一种通信形式，几乎所有种类的PLC都具有与计算机通信的功能。PLC与计算机通信后，在计算机上可以实现以下八个基本功能：

1. 可以直接在计算机上编写、调试应用程序。通常情况下，PLC的控制程序是由专门编程器编写的。当PLC与计算机通信后，便可利用辅助编程软件，直接在计算机上编写梯形图程序，还可以将梯形图程序自动转换为指令表，并可以自动查错、自动监控、自动传送，非常方便。

2. 可用图形、图像、图表的形式在计算机上对整个生产过程进行运行状态的监视。

3. 可对PLC进行全面、系统地管理，包括数据处理、打印报表、参数修改、数据查询等。

4. 可对PLC实施实时控制。PLC直接接受现场控制信号后，经分析、处理转化为PLC内部软件的状态信息，计算机不断采集这些数据，并与初始值或设定值进行比较、分析与监测，及时发现问题并进行调整，实现对PLC的实时控制。

5. 可以实现对生产过程的模拟仿真。

6. 可以打印用户程序和各种管理信息资料。

7. 可以利用各种可视化编程语言在计算机上编制多种组态软件。

8. 通过计算机可以随时获得网上有用的信息，实现控制系统的资源共享。

PLC与计算机通信主要是通过串行通信接口RS-232C或RS-422A进行的。一般不需要专用的通信模块。

(四)同位通信

PLC与PLC之间的通信，常称为同位通信。它们必须通过专用的通信模块来实现，根据通信模块的连接方式，同位通信可分为单级系统和多级系统。

1. 单级系统。一台PLC只连接一个通信模块，再通过连接适配器将两台或两台以上PLC相连以实现通信的系统。最简单的单级系统只需两台PLC。当两台PLC相距较近时，用一根RS-485标准电缆直接将两台 PLC 单元的通信模块相连即可；当两台 PLC 相距较远时，通信模块之间要用一根光缆和两个光电转换适配器来连接。如果 PLC 的数量超过两个，同样可以实现同位通信，不过需要增加连接光缆和适配器的个数而已。

2. 多级系统。是指一台 PLC 连接两个或两个以上的通信模块，通过通信模块将多台 PLC 连在一起所组成的通信系统。多级通信系统最多可以形成 4 级，各自可独立工作，互不受限制，各级之间不存在上、下级关系。

第六节　可编程序控制器的安装与维护

一、可编程序控制器的安装

(一)安装基本要求

安装可编程序控制器时要做到安全、规范、美观、经济。

1. 安全。安装牢固，接线正确，可靠；导线无破损，无毛刺，线头无裸露；有接地、短路、过载、过压、欠压等安全保护措施；有紧急停机装置。

2. 规范。安装、布线符合电气安装标准和使用说明书的要求。

3. 美观。布线整齐，走线尽可能使用汇线槽；不同类型的导线使用不同的颜色；为区分导线，必须在每根导线上标上线号；多根导线汇合时要用扎带扎紧。

4. 经济。以能满足控制要求为准，尽可能少用电器元件，布线尽可能简短。

(二)在控制柜中安装要求

可编程序控制器在控制柜中安装时应注意以下几点：

1. 为了提供足够的通风空间，保证 PLC 正常的工作温度，基本单元与扩展单元之间要留 30mm 以上间隙；各 PLC 单元与其他电器元件之间要留 100mm 以上间隙，以防电磁干扰。

2. 远离高压电源线和高压设备，PLC 单元与高压设备之间要留 200mm 以上间隙。

3. 远离加热器、变压器、大功率电阻等发热源，必要时安装风扇强迫散热。

4. 远离产生电弧的开关、继电器等电器元件。

5. 不应与产生较大振动、冲击的接触器放在同一面板上。

6. PLC附近的高频设备应有良好的接地措施。

7. 输入输出模板应放在易于更换的位置。

(三)安装步骤

PLC安装步骤如下:

1. 安装前的准备。

(1)详细阅读PLC的使用说明书,了解其性能指标,熟悉安装环境。

(2)了解控制过程,明确控制要求,搞清软硬件的对应关系。

(3)根据PLC型号,所用外围电器元件的多少及布线特点,综合设计控制柜的大小和形状,并根据PLC及外围电器元件位置预留安装孔和通风孔。

2. 初步安装相关的外围电器设备。

3. 机体固定。不管是基本单元、扩展单元,还是其他接口模块,PLC各单元外壳的四角上都有标准安装孔。可采用螺钉直接固定法或DIN轨道固定法(固定PLC的专用轨道)进行安装。安装螺钉不宜拧得太紧或太松,太紧会造成PLC的安装孔胀裂或“滑丝”;太松则PLC工作时会产生振动或噪声。

4. 硬件接线。包括控制柜与现场设备之间的接线和控制柜内部PLC与周围电器元件之间的接线。

(1)在连接控制柜与现场设备时应注意:动力线与信号线应各自分开,分别用电缆敷设;各种电缆连接处最好使用插接件,如航空接头等;电缆的屏蔽要良好,在电缆两端的接线处,屏蔽层应尽量多地覆盖电缆芯线,电缆屏蔽层应单端接地,控制柜的外壳也应妥善接地;电缆应分类编号,要求排放整齐、美观。

(2)为了安全,交流电源一般需经断路器或刀开关、熔断器再送入PLC;如果电源干扰特别严重,还应安装隔离变压器;PLC若有扩展单元,其电源必须与基本单元的电源共用一个开关,以保证它们同时通电和断电。

PLC的电源、地线、运行总线接线图如图10-51所示。

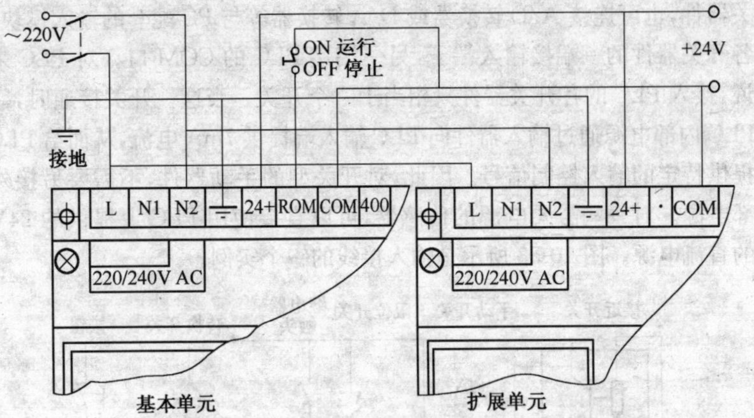

图 10-51　PLC 的电源、地线、运行总线接线图

如果电源发生故障，中断时间在 10ms 以下时，PLC 的工作一般不受影响；中断时间超过 10ms 或电源电压下降超过允许值时，PLC 停止工作，所有输出点同时断开；电源断电时间大于 10ms，但原来的运行开关还处于接通状态，则 PLC 会自动重新执行程序，但可能会发生一些意想不到的后果。因此，应为 PLC 设置掉电保护装置。

(3)地线接线。一般情况下，可以不接地线。但良好的接地可以保证 PLC 更可靠地工作。在 PLC 的面板上有一个接地端子，应把它可靠接地，接地电阻应小于 4Ω。若有扩展单元，其接地线应与基本单元的接地线接在一起，并接入同一接地点，如图 10-51 所示。

值得注意的是，PLC 最好使用专用接地线。如果难以做到，PLC 和其他设备也可使用公共接地线，但绝不允许和其他设备串联接地。否则，效果将会更差，如图 10-52 所示。

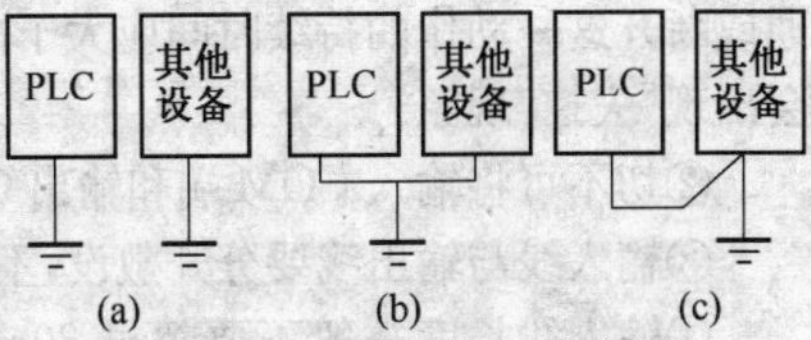

图 10-52　PLC 接地示意图

(a)各自接地　(b)公共接地　(c)串联接地

(4)输入接线。面板上的输入端子是 PLC 控制信号的输入口。其数目的多少是 PLC 重要的性能参数。输入端子只能连接按键开关、行程开关、限位开关、接触器以及继电器的辅助触头、光电开关、接近开关、集电极开路的 NPN 型三极管等开关器件，也可连接 A/D 转换器或 D/A 转换器等与 PC 配套的输入模块。各开关器件的一端接输入端子，另一端接 PLC 的 COM 口。对 PLC 来说，接入 PLC 的各开关器件只相当于一个开关。当这一开关接通时，靠 PLC 内部电源通过输入器件向 PLC 输入端提供 7mA 电流，从而给 PLC 提供特定的输入控制信号。因此，对开关型的手动器件，不需要另接外部电源。对一些需要电源的传感器，可以直接使用 PLC 上提供的 24V 的直流电源。图 10-53 所示是输入接线的一个实例。

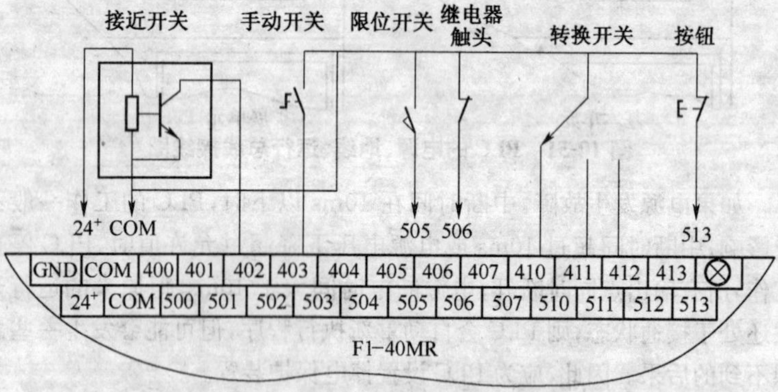

图 10-53 一个输入接线的实例

输入接线时要注意以下几点：

①PLC 对输入器件通断变化的响应有约几十毫秒的滞后时间，而接通与断开的脉冲信号宽度应大于 PLC 的扫描周期。也就是说，开关接通或断开这一动作的持续时间应大于滞后时间与扫描周期的总和，否则会出现“失控”现象。

②切不可将输入 COM 端和输出 COM 端连接在一起。

③输入线与输出线要分开敷设，不可用同一根电缆。

④输入线长度一般不要超过 30m。如果环境干扰少、电压降不太大，可适当长一些。

(5)输出接线。PLC 的输出端子连接 PLC 内部的继电器、晶闸管或晶体管组成的输出电路，相当于一个开关，由程序决定其通断状态；外部直接连接交直流电源和由灯泡、电炉、电铃、小型电动机、电磁阀、接触器线圈、继电器线圈、线圈驱动电路等负载组成的闭合回路。其中，电源的类型和电压等级由所接负载类型决定。图 10-54 所示是输出接线的一个实例。在输出接线时应特别注意以下 6 点：

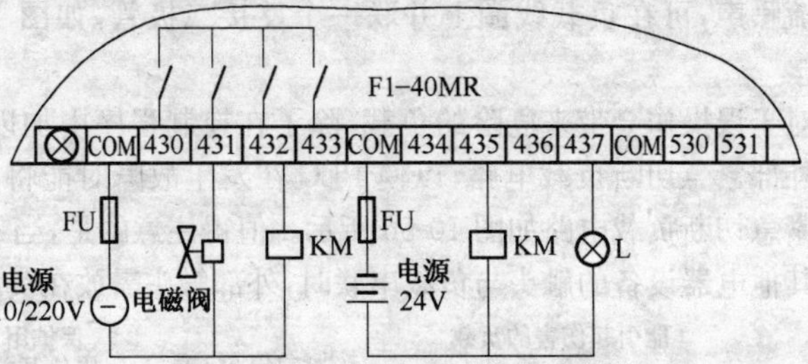

图 10-54　一个输出接线的实例

①PLC 的输出接线端除少数 20 点以下的小型 PLC 采用独立输出形式外，一般采用公共输出形式。即几个输出端子构成一组（通常 4 个为一组），共用一个 COM 端。不同组的 COM 端，内部并联在一起。不同组可以采用不同的电源，同一组中的输出端子必须采用同一电源。不管在什么情况下，输出端的最大电流不应超过 PLC 允许电流的极限值（如 F1-40MR-UL 电阻性负载的极限电流为 2A），否则，必须外接接触器或继电器，PLC 才能正常工作。

②由于 PLC 的输出元件被封装在 PLC 内的印制电路板上，若负载短路，将烧坏印制电路板，因此，要在 PLC 的输出回路中用熔断器保护 PLC 的输出元件。

③由于电感性负载短路时有很大的自感电动势，所以必须在电感线圈上并联一个泄放二极管，如图 10-55a 所示。

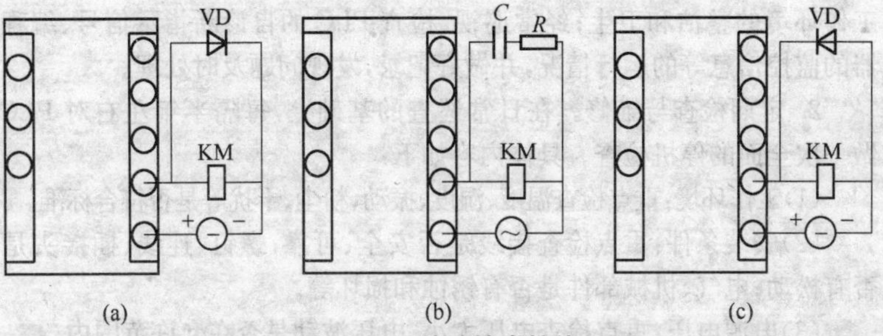

图 10-55　特殊输出接线

（a）电感性负载泄放电路　（b）交流噪声吸收电路　（c）直流噪声吸收电路

④PLC 的负载可能产生噪声干扰，需要采取适当的抑制措施。对于

交流噪声，可在负载线圈上并联一个浪涌吸收电路，如图 10-55b 所示；对于直流噪声，可在负载线圈上并联一个反接二极管，如图 10-55c 所示。

⑤对于误操作会带来危险的负载，除了在控制程序中加以考虑外，应设计外部紧急切断负载电路，以使 PLC 在发生故障时能将负载迅速切断。紧急切断负载电路如图 10-56 所示。值得注意的是，当 PLC 触头以外的其他电器设备的触头与负载串联时，外部触头需放在负载侧。

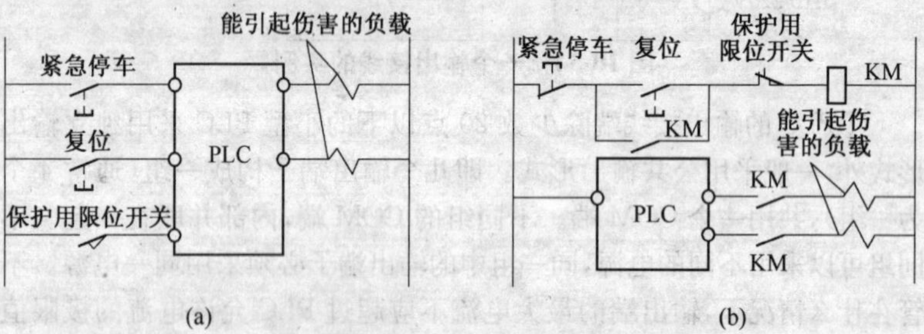

图 10-56 紧急切断负载电路

(a)错误的接线 (b)正确的接线

⑥交流输出线与直流输出线不要用同一根电缆，输出线应远离高压线和动力线，并避免与高压线和动力线并行。

二、可编程序控制器的日常维护

(一)硬件的日常维护

1. 清洁与巡查。经常清除 PLC 表面及导线间的尘污，以保护 PLC 工作环境的整洁和卫生；经常巡视、检查 PLC 的自诊断指示信号、编程器的监控信息等的运行情况，并做好记录，发现问题及时处理。

2. 定期检查与维修。在日常巡查的基础上，每隔半年左右对 PLC 做一次全面的停机检查。具体内容如下：

(1)工作环境：重点检查温度、湿度、振动、粉尘、干扰等是否符合标准。

(2)安装条件：重点检查接线是否安全、可靠；螺钉、连线、插接头是否有松动；电气、机械部件是否有锈蚀和损坏等。

(3)电源电压：重点检查电压大小、电压波动是否在允许范围内。

(4)使用寿命：重点检查导线及元件是否老化，锂电池寿命是否到期，继电器输出型触头开合次数是否已经超过规定值(如 35V·A 以下为 300 万次)，金属部件是否锈蚀等。

(5)控制性能:重点检查 PLC 控制系统是否正常工作,能否完成预期的控制要求。

在检查过程中,发现不符合要求的情况,应及时调整、更换、修复。

(二)软件的日常维护

软件是 PLC 日常维护的重要内容。软件日常维护的内容包括:根据实际需要对程序进行修改;监控 PLC 的器件与程序的运行;改变定时器、计数器的设定值,强迫定时器、计数器或辅助寄存器的通断与复位。

(三)锂电池的更换

PLC 除了锂电池及继电器输入型触头外,几乎没有消耗性的易损元器件。由于存放用户程序的随机存储器、计数器和具有保持功能的辅助继电器等用锂电池作后备电源,而锂电池的有效寿命约为 5 年,故当锂电池电压逐渐降低到规定值时,相应的指示灯就会闪亮。这时,由它支持的程序内容仍可保留大约一个星期。在这一个星期内,必须更换锂电池,否则用户程序就会丢失。更换锂电池的步骤如下:

1. 准备好一个新的锂电池。

2. 先将 PLC 通电一段时间(约 10s),让存储器备用电源的电容充电,以保证电源断电后该电容对 RAM 暂时供电。

3. 断开 PLC 的交流电源。

4. 打开基本单元的电池盖板。

5. 从支架上取下旧电池,快速换上新电池,整个更换时间最好不要超过 3min。

6. 盖上电池盖板。

第十一章　架空电力线路

第一节　架空线路的构成、分类及要求

一、架空线路的主要部件

1. 导线。导线是线路的主要组成部分，用以传输电流。由于架设在电杆上面，要承受自重、风、冰、雨、空气温度变化等的作用，同时还受空气所含化学物质的侵蚀。因此要求导线有良好的电气性能、足够的机械强度、较强的抗腐蚀性能，尽可能地质轻和价格低廉等。

2. 杆塔。杆塔的作用是支承导线、避雷线、绝缘子和线路金具，并使导线、避雷线、杆塔三者之间保持一定的安全距离（10kV 及以下采用电杆）。

3. 绝缘子。绝缘子俗称瓷瓶，它用来支承或悬吊导线并使导线与杆塔绝缘，应保证有足够的电气绝缘强度和机械强度。

4. 横担与金具。横担主要为安装绝缘子使用，并使导线之间能保持一定的距离，所以，横担应有一定的长度和强度。金具则是固定导线、横担、绝缘子、拉线等所用到的金属连接件。

5. 拉线和杆塔基础。拉线的作用是用来加强电杆的强度和稳定性，平衡电杆各方向受到的作用力。杆塔基础是将杆塔固定在地下，以保证杆塔不发生倾斜或倒塌的设施。

二、架空线路导线的种类及适用场合

1. 裸铜线。导线性好，机械强度高，抗腐蚀性也比较强，但成本较高。常用于人口稠密的城市配电网、军事设施及沿海易受海水潮气腐蚀的地区电网。

2. 裸铝线。导电性次于铜，质轻价廉。但铝线的机械强度小，一般用于 35kV 以下的配电线路上，挡距不宜超过 100～150m，且多数作为线路分支线使用。

3. 钢芯铝线。用钢线和铝线多股绞成，内部几股是钢线，外部几股

是铝线。导线上所受的力主要由钢线承受，导线中的电流几乎全部由铝线承担。由于两种导线的结合，容易满足对导线导电能力与机械强度的要求，因此在高压线路上得到了广泛的应用。据其不同的截面大小，钢芯可分别为1股、7股或19股，铝线则分别为6股、7股、12股、18股、24股、26股、30股、42股、45股、48股或54股组成；轻型或加强型的钢芯多为7股或19股。轻型钢芯铝绞线一般应用在平原地区且气象条件较好的高压电网中；加强型钢芯铝绞线则多使用在输电中的大跨越地段或对机械强度要求高的场合。

4. 镀锌钢绞线。硬度和机械强度大且价格便宜，但其电阻大，导电性能比铜或铝差，在潮气与热的作用下极易氧化生锈，因而钢线必须镀锌。它多数用作架空地线、线路杆塔及配电变压器的接地引下线、少数农村电网中的配电线路以及个别大跨越(如跨山谷或江河)等处。

5. 铝合金绞线。比重与铝线相近，电阻率仅增大10%左右，但机械强度却增高一倍多。故它有良好的力学性能与导电性能，常用在110kV及以上的输电线路上。

6. 绝缘架空导线。采用绝缘架空导线可解决常规裸导线在运行中遇到的一些难题。其主要优点有：

(1)绝缘性能好。可减少线路相间短路及接地故障。

(2)防腐蚀性能好。可延长线路的使用寿命。

(3)可减少线路相间距离，降低对线路支持件的绝缘要求，提高同杆架设线路的回路数。

(4)对外力破坏有一定的防护作用，能减少树木、台风、灰尘等外界因素的影响。

(5)强度达到要求。绝缘导线在坚韧、机械强度等方面，能达到应力设计的要求。

(6)能提高供电的可靠性、稳定性和安全性。节约维护管理费用。

绝缘架空导线与裸导线相比，造价高出40%左右，但比地埋电力电缆造价低很多，大约只有地埋电力电缆费用的1/2。在农村及域网改造中，在多树木、多尘及污染较严重区域，盐雾地区及台风、雷击多发地区等选用绝缘架空导线是很有益处的。

三、杆塔的种类和使用特点

1. 按杆塔的材质种类分。

(1)木杆。木杆的优点是绝缘性能好、重量较轻、运输及安装方便、投资省;缺点是易腐朽、耐久性能差(通常使用年限为5～15年),使用5～8年后便增加了维护工作量,特别是埋入地中和削过的部分更易腐朽(但经过防腐处理后可使用10～30年)。由于木材紧张,目前已很少采用,几乎被混凝土电杆所代替。

(2)混凝土电杆。混凝土电杆也称水泥杆,它是由钢筋和混凝土在离心滚杆机内浇制而成。其型式可分为锥形杆(锥度常为1∶75)与等径杆两种。10m及以下的锥形杆,梢径为150mm;10m以上者,梢径为190mm。等径杆的直径一般为300mm。常用水泥电杆的规格及重量,见表11-1。

表11-1 水泥杆的规格及重量表

杆型	杆高(m)	梢径(m)	底径(m)	钢筋含量(kg)	重量(kg)
锥形杆	8	0.15	0.26	31～45	425
	9	0.15	0.27	39～50	494
	10	0.15	0.28	44～69	597
	12	0.19	0.35	78	1024
	13	0.19	0.38	99	1280
	15	0.19	0.40	145	1560
等径杆	4.5	0.3	0.3	50～90	475～515
	6	0.3	0.3	80～120	655～695
	9	0.3	0.3	110～180	950～1010

水泥杆的优点是结实耐用、使用年限也长(常为40～50年),用它代替木杆或铁塔,可节省大量木材与钢材,它既不会腐朽,也不会生锈,故维护运行费用低。在220kV及以下线路上已广泛采用。其缺点主要是笨重、运输与组装较费事,且也增大了一些施工费用。

(3)铁塔。一般由角钢用螺栓连接或焊接与铆接而成。形状与种类较多,结构也较复杂。通常有酒杯形、门形、上字形、猫头形、棕树形及克里姆形等。其优点是机械强度大、搬运组装较方便,使用寿命也长,现多数用在220kV及以上线路,或需要大跨越的线路上。钢塔的不足之处,是需用钢材多、造价高、维修中除锈及刷漆等工作量大。

2. 按在线路中的作用分。

(1)直线杆。这种电杆用在线路的直线部分，主要承受导线重量和侧面风力，杆顶结构较简单，一般不装拉线。但是在台风区和多雨地区，每隔两三挡应在线路两侧装一拉线，防止向两侧倒杆。

(2)耐张杆。这种电杆也叫承力杆。为了限制倒杆或断线等事故波及范围，需要把线路的直线部分划成若干个耐张段，在耐张段的两端安装耐张杆。耐张杆除承受导线重量和侧面风力外，还要承受邻挡导线拉力差所引起的顺线路方向的拉力。通常在耐张杆的前后方各装一根拉线，用来平衡这种拉力。

(3)终端杆。它是设立在线路起点和终点的耐张杆。终端杆要经常承受线路一侧导线的全部拉力，因而应在导线的对面装设拉线。

(4)转角杆。它用在线路方向改变的地方，在一般情况下，它承受导线的拉力和线路侧面的风力。在事故情况下，承受断线时的拉力。因此，它也起将线路分段和缩小事故范围的作用。转角杆的构造应根据转角的大小决定。当线路偏转的角度小于15°时，可以按直线杆组装，用一根横担。线路拐角在15°～30°时，可用两根横担，并设单拉线。线路转角在30°～45°时，除用双横担外，两侧导线应用跳线连接，即做耐张处理，设双拉线。线路转角为45°～90°时，除设两条拉线外，必要时可在线路内侧再增加一条，应采用双层(两副)耐张横担，并做耐张处理。

(5)分支杆。它通常设立在分支线与主杆线相连接的地方。承受分支线方向导线的全部拉力，因而在分支杆上应装拉线，以平衡分支线路导线的拉力。

(6)跨越杆(塔)。跨越河流、铁路、公路、电力线等的杆(塔)。

(7)换位杆(塔)。在耐张杆和直线杆上使导线更换相位的杆(塔)。

3. 按杆塔上架设的回路分。

(1)单回路杆塔。每基杆塔上只架设一回路的三相导线。

(2)双回路杆塔。每基杆塔上架有两回路的三相导线，即共有六根导线。

(3)多回路杆塔。每基杆塔上架有三回路(九根导线)及以上的导线。

此外，还可以按导线直杆塔上的排列方式进行划分。具体方式一般有如下几种，如图11-1所示。

在单回线路上有水平排列、三角排列(包括正三角形及斜三角形)、三角与水平混合排列，以及垂直排列等多种。

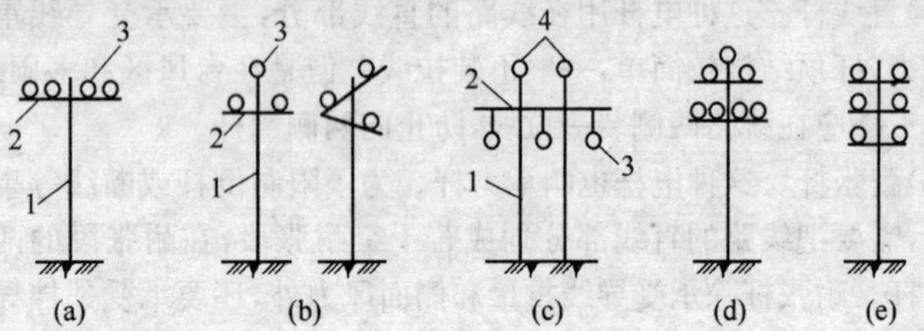

图 11-1 导线在电杆上的排列方式

(a)水平排列 (b)三角排列 (c)Ⅱ型桥水平排列

(d)三角、水平混合排列 (e)垂直排列

1. 电杆 2. 横担 3. 导线 4. 避雷线

对三相四线制线路的导线排列，大都采用水平排列方式。相线和零线的习惯排列顺序是：面向负载从左侧起，分别为 U、N、V、W；三相三线制线路的导线，可以采用三角排列，也可采用水平排列。

在双回线路及多回线路上，可以采用三角、水平混合排列，也可以垂直排列。

四、杆塔拉线的种类及适用场合

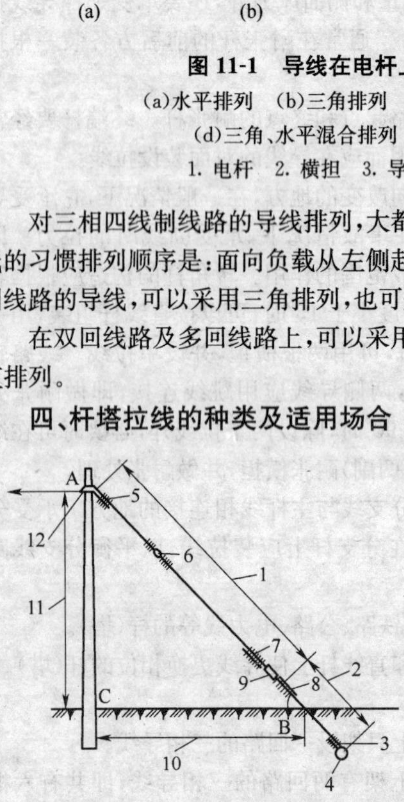

图 11-2 拉线结构示意

1. 上部拉线 2. 下部拉线 3. 地锚把 4. 地锚 5. 上把 6. 拉线瓷瓶 7. 中把 8. 下把 9. 花篮螺栓 10. 拉线距 11. 拉线高 12. 拉线抱箍

电杆或铁塔的拉线，其作用是为了在架设导线后能平衡杆塔所受到的各个方向的作用力以及抵抗风压等外力影响，以防止杆塔倾倒、影响正常供电。

拉线的结构如图 11-2 所示。它可分为上部与下部两部分，上部通过拉线抱箍与杆塔相连，其内包括上把、拉线瓷瓶（也可不用）、中把及花篮螺栓；下部包括下把、地锚把及地锚。

根据其具体作用与不同

的适用场合，拉线可以分为下列多种：

1. 普通拉线。用在线路的转角杆（称转角拉线）、终端杆（称终端拉线）、耐张杆等处，主要起平衡拉力的作用，如图 11-3a、b 所示。

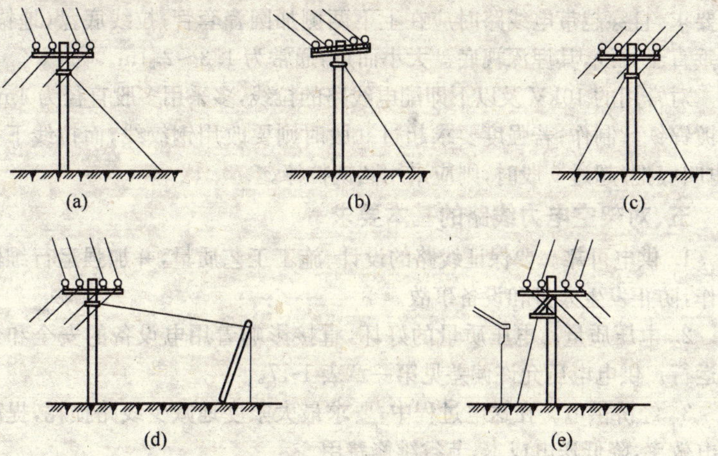

图 11-3　拉线的种类

(a)转角拉线　(b)终端拉线　(c)人字拉线

(d)水平拉线　(e)自身拉线

2. 两侧拉线。横线路方向安装，装于直线杆两侧（也称人字拉线），用以增强电杆抗风能力，如图 11-3c 所示。

3. 四方拉线。横线路方向和顺线路方向电杆四面都装拉线，用以增强耐张杆的稳定性。

4. 过道拉线。由于电杆距离道路太近，不能就地安装拉线时，即在道路另一侧立一根拉线杆，在此杆上做一条过道拉线。过道拉线应保持一定高度，故也称水平拉线，以免妨碍交通，如图 11-3d 所示。

5. 共同拉线。因地形限制不能安装拉线时，可将拉线固定在相邻电杆上，用以平衡拉力，这种拉线叫共同拉线。

6. V 形拉线。主要用在电杆较高、横担较多、架设导线条数较多时，在拉力的合力点上、下两处各安装一条拉线，其下部则合为一条，这样就构成了一个“V”形，称为 V 形拉线。

7. 弓形拉线。为防止电杆弯曲，在因地形限制不能安装拉线时，可以采用弓形拉线。即在电杆中部加以支柱，在其上下加装拉线，它又称为自身拉线，如图 11-3e 所示。

拉线与地面的夹角(α)一般为 45°左右，若受环境限制时可适当增减，但不得超出 30°～60°；拉线距杆上导线即带电部分的距离应符合规程要求，且穿越带电线路时应在上下两侧加圆瓷套管；拉线底盘(地锚)应垂直于拉线，其埋深视底盘大小而定，通常为 1.3～2.1m。

对常用的 10kV 及以下即配电线路的拉线，多采用多股直径为 4mm 的镀锌铁丝制作；若强度要求超过 9 股时则要改用钢绞线，而拉线下把(也叫底把)超过 9 股时，则应采用圆铁拉棒。

五、对架空电力线路的基本要求

1. 供电可靠。要保证线路的设计、施工工艺质量，并加强运行维修工作，防止发生人身和设备事故。

2. 电压质量。电压质量的好坏，直接影响着用电设备的安全和经济运行。供电电压允许偏差见第一章表 1-17。

3. 经济供电。在送电过程中，要求最大限度地减少线路损耗，提高输电效率，降低送电成本，节省维修费用。

4. 选用合格的设备和材料。导线截面损伤 5%～10%时，应予绑扎；损伤 10%～20%时，应辅以相同规格的导线之后再行绑扎；损伤 20%以上者，应断开重接。在一个挡距内，导线接头只允许一个。对水泥电杆，要求表面平整光滑，无脱落露筋现象；不允许有纵向裂纹；出现横向裂纹时，长度不得大于周长的 1/2，宽度不得超过 0.2mm。电杆不能满足上述要求时，应根据不同情况，采取加固措施或者更换。

六、对架空电力线路的安全技术要求

1. 挡距。架空线路的挡距，又称跨距，如图 11-4 所示。它是同一线路上相邻两根电杆之间的水平距离。

架空线路的挡距大小是根据导线最低点对地面或建筑物垂直距离的要求(即限距)、导线允许应力与弧垂、杆塔高度和地形特点等因素确定的。一般 35kV 及以上送电线路的挡距，通常都在 100m、200m 甚至 300m 以上，具体由设计计算确定；而对 10kV 及以下高低压架空线路的挡距，一般规定如下：

高压线路。城市为 40～50m，农村 60～100m；

低压线路。城市为 40～50m，农村 40～60m。

高低压同杆时，挡距应满足低压线路的要求。

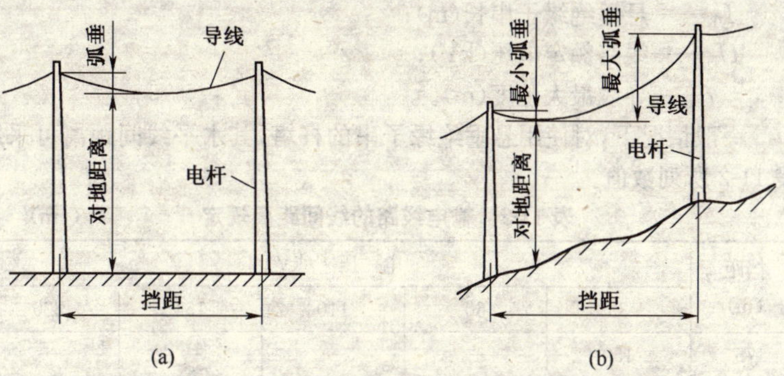

图 11-4　架空线路的挡距和弧垂

(a)平地　(b)坡地

2. 弧垂。导线的弧垂，又称弛垂，如图 11-4 所示，是架空线路一个挡距内导线最低点与两端电杆上导线悬挂点间的垂直距离。导线弧垂过大则在导线摆动时容易引起相间短路，而且可造成导线对地或对其他物体的安全距离不够；过小则使导线内应力增大，在天冷时可能收缩绷断。

在选定了导线的型号、规格，选定了挡距，确定了导线受力大小及周围气温条件后，查有关手册上的弧垂设计图表，就可准确地确定弧垂的大小。

3. 导线间距。

(1)导线间距与线路的电压等级和挡距大小有关。同样的挡距，电压越高导线间距也要求越大，而随着挡距的增大，则导线间距也应适当加大。

在一般挡距范围内，对导线间距的规定如下：10kV 架空线路的线间距离应不小于 0.6m；400V 低压架空线路应不小于 0.3m，但邻近电杆的导线间距应不小于 0.5m，以保证导线对电杆有足够的安全距离。

(2)架空输送(送电)线路的线间距离。导线的线间距离应符合下列要求，再结合运行经验加以确定；架空送电线路凡挡距在 1000m 以下时，其水平线间距离可按下述经验公式计算：

$$d=0.4L_K+\frac{U_N}{110}+0.65\sqrt{f} \tag{11-1}$$

式中　d——水平线间距离(m)；

L_K——悬垂绝缘子串长(m)；

U_N——线路额定电压(kV)；

f——导线最大弛度(m)。

一般情况下，对使用悬垂绝缘子串的杆塔，其水平线间距离可采用表 11-2 所列数值。

表 11-2　输电线路的线间距离规定　　(cm)

挡距(m)	电压(kV)				
	35	60	110	154	220
75	150	—	—	—	—
100	175	—	—	—	—
125	200	250	300	—	—
150	200	275	325	—	—
175	225	275	325	—	—
200	250	300	350	400	—
250	275	325	350	400	—
300	300	350	400	450	500
350	325	375	400	450	500
400	400	400	450	500	550
450	450	500	500	500	550
500	500	550	550	600	650
600	550	600	600	650	700
700	600	650	650	700	750
800	700	750	750	800	850
900	800	850	850	900	950
1000	900	950	950	1000	1050

导线垂直排列的线路，其线间距离除了考虑过电压绝缘距离外，还应考虑导线覆冰和积雪使导线下垂以及覆冰脱落时导线跳跃的问题。一般在导线垂直排列的垂直距离可采用上述公式计算结果的 3/4 数值；使用悬垂绝缘子串的送电线路，其垂直线间距离不得小于表 11-3 规定的数值。

表 11-3　输电线路导线垂直距离

电压(kV)	35	60	110	154	220
距离(cm)	200	225	350	450	550

在覆冰地区导线垂直排列时，上、下层导线间或导线与避雷线间应有水平偏移，其大小按不同覆冰条件应保持表 11-4 中所列的数值。

表 11-4　导线间或导线与避雷线间的水平偏移　(cm)

电压(kV)	35	60	110	154	220
设计覆冰厚度 10mm	20	35	50	70	100
设计覆冰厚度 15mm	35	50	70	110	150

多回路同塔并架线路，不同回路的不同相导线间的水平或垂直距离应不小于表 11-5 所规定的数值。

表 11-5　多回路线间距离

电压(kV)	35	60	110	154	220
距离(cm)	300	350	400	500	600

4. 其他距离。架空导线的安全净距，架空导线在弛度最大时与地面和水面的距离应不小于表 11-6 所列数值；架空导线与树木的最小距离见表 11-7；架空导线与建筑物的最小距离见表 11-8；架空线路与工业设施的最小距离见表 11-9。

表 11-6　导线与地面或水面的最小距离　(m)

线路经过地区	线路电压(kV)		
	1 以下	1～10	35
居民区	6	6.5	7
非居民区	5	5.5	6
不能通航或浮运的河湖(冬季水面)	5	5	—
不能通航或浮运的河湖(50 年一遇的洪水水面)	3	3	—
交通困难地区	4	4.5	5
步行可以达到的山坡	3	4.5	5
步行不能达到的山坡、峭壁或岩石	1	1.5	3

表 11-7 导线与树木的最小距离 (m)

线路电压(kV)	≤1	10	35
垂直距离	1.0	1.5	4.0
水平距离	1.0	2.0	—

表 11-8 导线与建筑物的最小距离 (m)

线路电压(kV)	≤1	10	35
垂直距离	2.5	3.0	4.0
水平距离	1.0	1.5	3.0

表 11-9 架空线路与工业设施的最小距离 (m)

<table>
<tr><th colspan="5" rowspan="2">项目</th><th colspan="3">线路电压(kV)</th></tr>
<tr><th>≤1</th><th>10</th><th>35</th></tr>
<tr><td rowspan="8">铁路</td><td rowspan="4">标准轨距</td><td rowspan="2">垂直距离</td><td colspan="2">至轨顶面</td><td>7.5</td><td>7.5</td><td>7.5</td></tr>
<tr><td colspan="2">至承力索或接触线</td><td>3.0</td><td>3.0</td><td>3.0</td></tr>
<tr><td rowspan="2">水平距离</td><td rowspan="2">电杆外缘至轨道中心</td><td>交叉</td><td colspan="3">5.0</td></tr>
<tr><td>平行</td><td colspan="3">杆高加 3.0</td></tr>
<tr><td rowspan="4">窄轨</td><td rowspan="2">垂直距离</td><td colspan="2">至轨顶面</td><td>6.0</td><td>6.0</td><td>7.5</td></tr>
<tr><td colspan="2">至承力索或接触面</td><td>3.0</td><td>3.0</td><td>3.0</td></tr>
<tr><td rowspan="2">水平距离</td><td rowspan="2">电杆外缘至轨道中心</td><td>交叉</td><td colspan="3">5.0</td></tr>
<tr><td>平行</td><td colspan="3">杆高加 3.0</td></tr>
<tr><td rowspan="2">道路</td><td colspan="4">垂直距离</td><td>6.0</td><td>7.0</td><td>7.0</td></tr>
<tr><td colspan="4">水平距离(电杆至道路边缘)</td><td>0.5</td><td>0.5</td><td>0.5</td></tr>
<tr><td rowspan="3">通航河流</td><td colspan="2" rowspan="2">垂直距离</td><td colspan="2">至 50 年一遇洪水位</td><td>6.0</td><td>6.0</td><td>6.0</td></tr>
<tr><td colspan="2">至最高航行水位的最高桅顶</td><td>1.0</td><td>1.5</td><td>2.0</td></tr>
<tr><td colspan="2">水平距离</td><td colspan="2">边导线至河岸上缘</td><td colspan="3">最高杆(塔)高</td></tr>
<tr><td rowspan="2">弱电线路</td><td colspan="4">垂直距离</td><td>1.0</td><td>2.0</td><td>3.0</td></tr>
<tr><td colspan="4">水平距离(两线路边导线间)</td><td>1.0</td><td>2.0</td><td>4.0</td></tr>
<tr><td rowspan="2">电力线路</td><td colspan="2" rowspan="2">1kV 及以下</td><td colspan="2">垂直距离</td><td>1</td><td>2</td><td>3</td></tr>
<tr><td colspan="2">水平距离(两线路边导线间)</td><td>2.5</td><td>2.5</td><td>5.0</td></tr>
</table>

续表 11-9

<table>
<tr><th colspan="3" rowspan="2">项　　目</th><th colspan="3">线路电压(kV)</th></tr>
<tr><th>≤1</th><th>10</th><th>35</th></tr>
<tr><td rowspan="4">电力线路</td><td rowspan="2">10kV</td><td>垂直距离</td><td>2</td><td>2</td><td>3</td></tr>
<tr><td>水平距离(两线路边导线间)</td><td>2.5</td><td>2.5</td><td>5.0</td></tr>
<tr><td rowspan="2">35kV</td><td>垂直距离</td><td>3</td><td>3</td><td>3</td></tr>
<tr><td>水平距离(两线路边导线间)</td><td>5.0</td><td>5.0</td><td>5.0</td></tr>
<tr><td rowspan="3">特殊管道</td><td rowspan="2">垂直距离</td><td>电力线在上方</td><td>1.5</td><td>3.0</td><td>3.0</td></tr>
<tr><td>电力线在下方</td><td>1.5</td><td>—</td><td>—</td></tr>
<tr><td colspan="2">水平距离(边导线至管道)</td><td>1.5</td><td>2.0</td><td>4.0</td></tr>
<tr><td rowspan="3">索道</td><td rowspan="2">垂直距离</td><td>电力线在上方</td><td>1.5</td><td>2.0</td><td>3.0</td></tr>
<tr><td>电力线在下方</td><td>1.5</td><td>2.0</td><td>3.0</td></tr>
<tr><td colspan="2">水平距离(边导线至管道)</td><td>1.5</td><td>2.0</td><td>4.0</td></tr>
</table>

第二节　架空线路的计算和有关数据

一、电杆埋设深度及电杆高度计算

1. 电杆埋设深度。电杆埋设深度，应根据电杆长度、承受力的大小和土质情况来确定。一般 15m 及以下的电杆，埋设深度约为电杆长度的 1/6，但最浅应不小于 1.5m；变台杆应不小于 2m；在土质松软、流沙、地下水位较高的地带，电杆基础还应做加固处理。

一般电杆埋设深度可参照表 11-10 的数值。

表 11-10　电杆埋设深度　(m)

杆长	8.0	9.0	10.0	11.0	12.0	13.0	15.0
埋设深度	1.5	1.6	1.7	1.8	1.9	2.0	2.3

2. 电杆高度计算。电杆高度是由导线对地面的允许距离、导线弧垂、埋设深度、横担层数、绝缘子导线安装方式等因素决定。现以中间杆针式绝缘子三角排列为例(见图 11-5)来说明其计算方法。

$$H=a+f+h+b \tag{11-2}$$

式中 H——电杆高度(m)；

a——由导线支持点到杆顶距离(根据实际情况决定)(m)；

f——导线最大弧垂，不需要繁琐计算，可参考表 11-11 数值(m)；

h——导线最大弧垂的最低点至地面距离(m)。10kV 及以下架空线路，一般取 6.5m；

b——电杆埋设深度(m)。

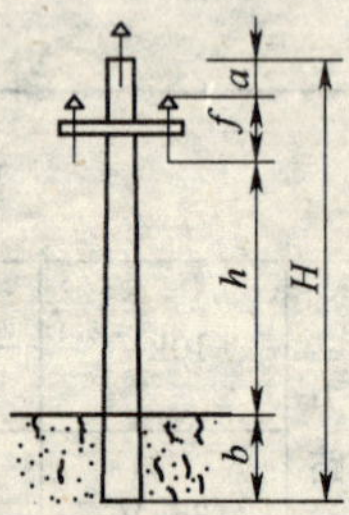

图 11-5 装设针式绝缘子电杆高度

表 11-11 温度为 10℃ 时裸铝架空线路的适宜弧垂 (mm)

挡距(m)	导线截面面积(mm^2)							下列温度时增减的数值	
	10	16	25	35	50	70	95	+25℃	−10℃
30	360	360	360	500	620	780	900	+80	−160
40	480	480	480	620	720	800	1040	+100	−200
50	720	720	720	750	870	1040	1170	+130	−250

二、电压损失计算

为保证向用户提供电能的电压质量，厂区线路允许的电压损失见表 11-12。

表 11-12 厂区线路允许的电压损失

线路种类及其运行状态	允许的电压损失(%)
在正常状态下运行的厂区高压供电线路(从电力网到厂区)	5～8
同上，但在故障状态下运行	10～12
正常状态下，室外低压配电线路	3.5～5
厂区照明及事故照明	6～10
厂区投光灯照明	6

三相架空线路电压损失百分数按下式计算：

$$\Delta U\% = \frac{R_0 \times X_0 \operatorname{tg}\varphi}{10U^2} PL = \Delta u\% PL = \Delta u\% M \qquad (11\text{-}3)$$

式中 R_0、X_0——线路单位长度的电阻及感抗，Ω/km，35kV 输电线路 X_0 取平均值 0.4Ω/km；高压配电线路 X_0 取平均值 0.38Ω/km；低压配电线路 X_0 取线间几何均距为 0.6m 之值；

φ——负载功率因数角；

U——线路线电压(kV)；

P——负载(kW)；

L——线路长度(km)；

M——负载矩(kW·km)；

$\Delta u\%$——线路每 1kW·km 负载矩时的电压损失百分数。

各种电压三相架空线路单位负载矩时的电压损失百分数见表 11-13～表 11-16。

6～35kV 架空线路的允许负载矩见表 11-17～11-19。

表 11-13 380V 三相架空线路单位负载矩时电压损失百分数

[%/(kW·km)]

导线型号	功率因数						
	0.7	0.75	0.8	0.85	0.9	0.95	1.0
LJ-16	1.624	1.59	1.56	1.523	1.49	1.45	1.37
LJ-25	1.13	1.097	1.064	1.034	1.0	0.965	0.887
LJ-35	0.875	0.833	0.812	0.781	0.75	0.713	0.637
LJ-50	0.671	0.64	0.611	0.582	0.551	0.517	0.443
LJ-70	0.539	0.509	0.48	0.452	0.424	0.39	0.318
LJ-95	0.45	0.42	0.392	0.365	0.337	0.304	0.235
LJ-120	0.396	0.367	0.34	0.314	0.286	0.254	0.187
LJ-150	0.349	0.321	0.295	0.269	0.242	0.211	0.145
LJ-185	0.316	0.289	0.264	0.238	0.212	0.182	0.118

注：当需计算的实际低压网络不是三相 380V 时，则其电压损失率应再乘以下列校正系数 K：

网络种类	三相四线制	二相三线制	单相二线制
额定电压(V)	380/220	380/220	220
校正系数 K	1.0	2.25	6.0

表 11-14　6kV 三相架空线路单位负载矩时电压损失百分数　[%/(MW·km)]

导线型号	功率因数					
	0.8	0.85	0.9	0.95	0.98	1.0
LJ-16	6.3	6.16	6.01	5.85	5.7	5.5
LJ-25	4.35	4.21	4.07	3.9	3.77	3.56
LJ-35	3.35	3.21	3.07	2.9	2.77	2.56
LJ-50	2.57	2.43	2.29	2.13	1.99	1.78
LJ-70	2.07	1.93	1.79	1.63	1.49	1.26
LJ-95	1.74	1.6	1.46	1.291	1.16	0.945
LJ-120	1.54	1.41	1.26	1.1	0.965	0.75
LJ-150	1.375	1.24	1.1	0.93	0.797	0.584
LJ-185	1.264	1.13	0.98	0.82	0.686	0.472
LJ-240	1.158	1.02	0.88	0.715	0.58	0.367

表 11-15　10kV 三相架空线路单位负载矩时电压损失百分数　[%/(MW·km)]

导线型号	功率因数					
	0.8	0.85	0.9	0.95	0.98	1.0
LJ-16	2.265	2.216	2.164	2.105	2.057	1.98
LJ-25	1.565	1.516	1.464	1.405	1.357	1.28
LJ-35	1.205	1.156	1.104	1.045	0.997	0.92
LJ-50	0.925	0.876	0.824	0.765	0.717	0.64
LJ-70	0.745	0.696	0.644	0.585	0.537	0.46
LJ-95	0.625	0.576	0.524	0.465	0.417	0.34
LJ-120	0.555	0.506	0.454	0.395	0.347	0.27
LJ-150	0.495	0.446	0.394	0.335	0.287	0.21
LJ-185	0.455	0.406	0.354	0.295	0.247	0.17
LJ-240	0.417	0.368	0.316	0.257	0.209	0.132

表 11-16 35kV 三相架空线路单位负载矩时电压损失百分数 [%/(MW·km)]

导线型号	功率因数							
	0.8	0.85	0.9	0.95	0.98	1.0	−0.98	−0.95
LGJ-35	0.094	0.0896	0.0852	0.0801	0.0761	0.0694	0.0628	0.0586
LGJ-50	0.0776	0.0734	0.0689	0.0639	0.0597	0.0531	0.0464	0.042
LGJ-70	0.062	0.0578	0.0532	0.0484	0.0442	0.0376	0.0309	0.0264
LGJ-95	0.0514	0.0472	0.0427	0.0378	0.0336	0.027	0.0203	0.0158
LGJ-120	0.0465	0.0424	0.0378	0.0328	0.0286	0.022	0.0154	0.0109
LGJ-150	0.0416	0.0374	0.033	0.0278	0.0238	0.0172	0.0105	0.006
LGJ-185	0.0383	0.0342	0.0297	0.0246	0.0205	0.0139	0.0073	0.0028
LGJ-240	0.0353	0.031	0.0266	0.0215	0.0174	0.0108	0.0042	0.0004
LGJ-300	0.0332	0.029	0.0246	0.0195	0.0154	0.0087	0.0021	−0.002
LGJ-400	0.0312	0.0269	0.0224	0.0175	0.0132	0.0067	0.0002	−0.0041

表 11-17 6kV 架空线路允许负载矩

导线型号	当电压损失($\Delta U\%$)为下列数值时的负载矩(kW·km)									
	1	2	3	4	5	6	7	8	9	10
LJ-16	166	333	499	668	832	998	1165	1331	1498	1664
LJ-25	246	491	737	983	1229	1474	1720	1966	2211	2457
LJ-35	326	651	977	1303	1629	1954	2280	2606	2931	3257
LJ-50	437	873	1310	1747	2184	2620	3057	3494	3930	4367
LJ-70	559	1117	1676	2235	2794	3352	3911	4470	5028	5587
LJ-95	685	1370	2655	2740	3425	4190	4790	5479	6164	8849
LJ-120	794	1587	2381	3175	3969	4762	5556	6350	7143	7937
LJ-150	909	1818	2727	3636	4546	5455	6364	7273	8182	9091
LJ-185	1020	2040	3060	4080	5100	6120	7140	8160	9180	10200

表 11-18 10kV 架空线路允许负载矩

导线型号	当电压损失($\Delta U\%$)为下列数值时的负载矩(kW·km)									
	1	2	3	4	5	6	7	8	9	10
LJ-16	462	924	1386	1848	2311	2773	3235	3697	4159	4621
LJ-25	683	1366	2049	2732	3416	4099	4782	5465	6143	6831

续表 11-18

导线型号	当电压损失(ΔU%)为下列数值时的负载矩(kW·km)									
	1	2	3	4	5	6	7	8	9	10
LJ-35	906	1812	2717	3623	4529	5435	6341	7246	8152	9058
LJ-50	1214	2428	3642	4856	6070	7284	8498	9712	10926	12140
LJ-70	1553	3106	4659	6212	7765	9318	10871	12424	13977	15530
LJ-95	1908	3816	5724	7632	9540	11448	13356	15264	17172	19080
LJ-120	2203	4406	6609	8812	11015	13218	15421	17624	19827	22030
LJ-150	2538	5076	7614	10152	12690	15228	17766	20304	22842	25380
LJ-185	2825	5650	8475	11300	14125	16950	19775	22600	25425	28250

表 11-19 35kV 架空线路允许负载矩

导线型号	当电压损失(ΔU%)为下列数值时的负载矩(MW·km)									
	1	2	3	4	5	6	7	8	9	10
LGJ-35	11.8	23.5	35.3	47.0	58.8	70.6	82.3	94.1	105.8	117.6
LGJ-50	14.5	29.0	43.5	58.0	72.5	86.9	101.4	115.9	130.4	144.9
LGJ-70	18.9	37.7	56.6	75.5	94.4	113.2	132.1	151.0	169.8	138.7
LGJ-95	23.3	46.5	69.8	93.0	116.3	139.6	162.8	186.1	209.3	232.6
LGJ-120	26.3	52.6	79.0	105.3	131.6	157.9	184.2	210.6	236.9	263.2
LGJ-150	30.3	60.6	90.9	121.2	151.5	181.8	212.1	242.4	272.7	303.0
LGJ-185	33.3	66.7	100.0	133.3	166.7	200.0	233.3	266.7	300.0	333.3

三、经验公式

1. 耐张杆跳线长度的估算。经验公式如下：

$$L=2L_1+L_2+h \qquad (11\text{-}4)$$

式中 L——耐张杆跳线长度(mm)；

L_1——组装好的绝缘子串(包括球头、垂直挂板、碗头)的长度(mm)；

L_2——连板的长度(mm)；

h——跳线的弧垂,一般为 300～650mm。

在施工现场只要量出组装好的绝缘子串的长度 L_1，连板的长度 L_2，再加上跳线的弧垂 h 即可，既快速简捷又能满足工程要求。

2. 拉线长度的估算。高低压架空线路施工过程中，经常会遇到确定电杆拉线长度的问题。如图 11-6 所示，电杆拉线的长度可由勾股定理精确地计算出来，$L=\sqrt{a^2+h^2}$。长期实践和理论推算，得出一个现场求算电杆拉线长度的经验公式：

$$L\approx 0.72\times(a+h) \qquad (11\text{-}5)$$

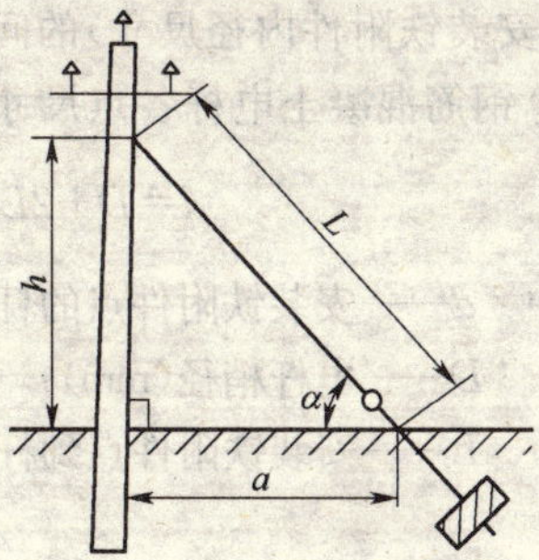

图 11-6　电杆拉线组装示意

式中　L——电杆拉线长度(m)；

a——地锚与电杆水平距离(m)；

h——电杆上拉线抱箍距地面垂直高度(m)。

3. 水泥电杆上铁附件内径尺寸的计算。高低压架空线路的架设和改造过程中，往往要碰到拔梢水泥杆上铁附件内径尺寸选择问题。因为拔梢水泥电杆是按一定斜率生产的，上小下大，各种金具、抱箍安装在水泥电杆的不同高度上。为了选择合适的抱箍内径尺寸，需进行一些简单的计算。对于不等径的水泥电杆，如图 11-7 所示，可用下述公式进行计算：

$$\frac{D-d}{H}=\frac{y}{x} \qquad (11\text{-}6)$$

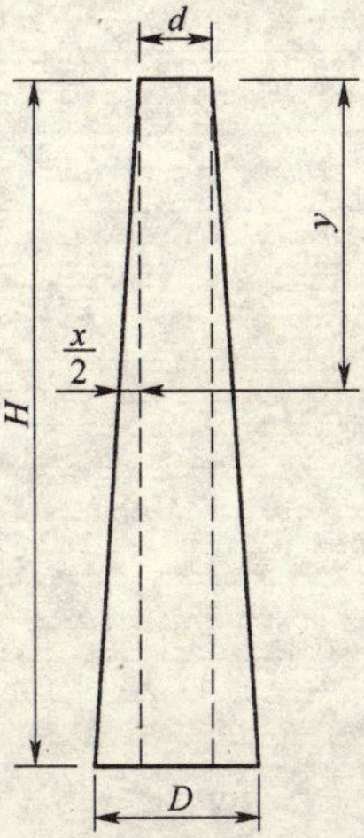

图 11-7　水泥电杆示意

式中　D——水泥电杆底径(mm)；

d——水泥电杆梢径(mm)；

H——水泥电杆长度(mm)；

y——铁附件安装在水泥杆上的位置与杆梢之间的距离(mm)；

x——y 处两端水泥杆径的差值(mm)。

4. 常用标准钢筋混凝土电杆各点尺寸的速算。高低压架空线路的架设和改造过程中，经常要碰到确定钢筋混凝土电杆上的各点尺寸（安装铁附件内径尺寸）的问题，经长期实践总结出一个简单、近似计算钢筋混凝土电杆各点尺寸的经验公式：

$$d=D+2L/150=D+\frac{4}{3}\times\frac{L}{100} \quad (11\text{-}7)$$

式中 d——安装铁附件点的杆径(mm)；

D——电杆梢径(mm)；

L——安装铁附件点到杆梢距离(mm)。

第十二章　电力电缆与地理电力线路

第一节　常用电力电缆的分类、结构和参数

一、电力电缆的分类

1. 按绝缘材料分为油浸纸绝缘、塑料绝缘、橡胶绝缘、气体绝缘。

2. 按结构特征分为。

(1)统包型。即缆心外面包有统包绝缘层，并置于同一内护套中。三芯统包电缆结构如图 12-1 所示。

(2)分相型。指分相屏蔽。分相铅包电缆结构如图 12-2 所示。

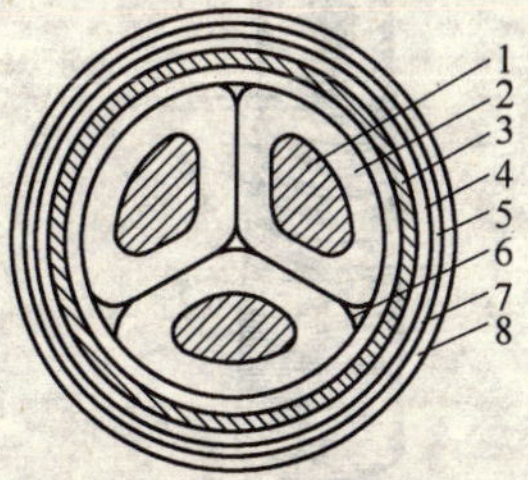

图 12-1　三芯统包电缆结构

1. 导线　2. 相绝缘层　3. 带绝缘层　4. 金属护套　5. 内衬垫　6. 填料　7. 铠装层　8. 外被层

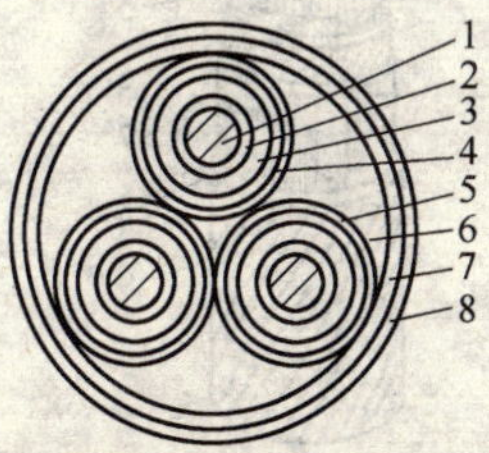

图 12-2　分相铅包电缆结构

1. 导线　2. 导线屏蔽层　3. 绝缘层　4. 绝缘屏蔽层　5. 铅护套　6. 内衬垫及填料　7. 铠装层　8. 外被层

(3)钢管型。指电缆绝缘外有钢管护套。

(4)扁平型。指三芯电缆的外形呈扁平状，一般用于大长度海底电缆。

(5)自容型。指护套内部有压力的电缆。

3. 按敷设环境条件分为地下直埋、地下管道、高落差、多移动、水平

等类型。

4. 按电压等级分为高压电缆和低压电缆。对于低压系统用电缆，导体之间的额定工频电压为 1kV，导体与屏蔽或金属套之间额定工频电压为 0.6V。

5. 按缆芯数量分为单芯、双芯、三芯、四芯 4 种。

6. 按缆芯导电体形状分为圆形、扁形、椭圆形 3 种。

7. 按电缆导体的填充系数大小分为紧压和非紧压两种。

二、电力电缆的结构

图 12-3 和图 12-4 所示分别是油浸纸绝缘电力电缆和交联聚乙烯绝缘电力电缆的结构图。聚氯乙烯绝缘电力电缆和交联聚乙烯绝缘电力电缆结构是类似的。

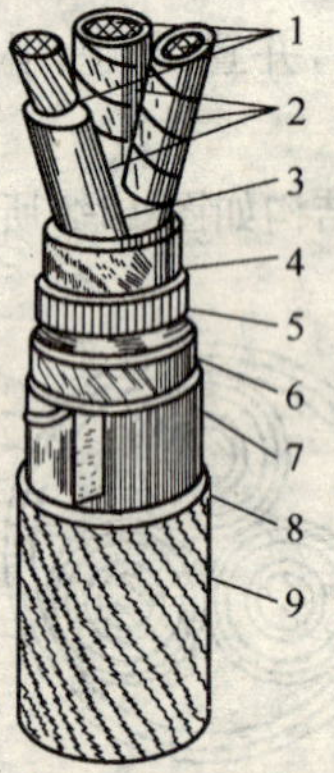

图 12-3　油浸纸绝缘电力电缆

1. 缆芯(铜芯或铝芯)　2. 油浸纸绝缘层　3. 麻筋(填料)　4. 油浸纸(统包绝缘)　5. 铅包　6. 涂沥青的纸带(内护层)　7. 浸沥青的麻被(内护层)　8. 钢铠(外护层)　9. 麻被(外护层)

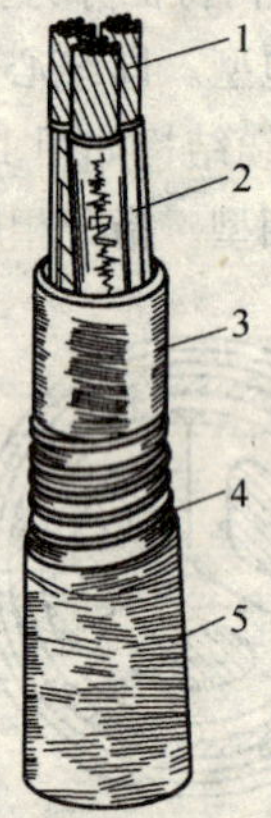

图 12-4　交联聚乙烯绝缘电力电缆

1. 缆芯(铜芯或铝芯)　2. 交联聚乙烯绝缘层　3. 聚氯乙烯护套(内护层)　4. 钢铠或铝铠(外护层)　5. 聚氯乙烯外套(外护层)

电力电缆主要由缆芯导体、绝缘层和保护层三部分组成。高压配电用的电缆一般做成 3 芯的，常用的标称截面面积为 16mm²、25mm²、35mm²、50mm²、70mm²、95mm²、120mm²、150mm²、185mm²、240mm²、300mm² 等。绝缘层用作相间及统包绝缘，上述电缆就是以其绝缘层材料来称呼的。保护层的作用是为了防止电缆受到光线、空气、水分和机械外力的损伤及防止腐蚀。油浸纸绝缘电力电缆外护层黄麻是为防腐而缠绕的。保护层分为内护层和外护层两部分，它们都具有一定的机械强度，用来保护绝缘层，防止外力损伤电缆和水分浸入电缆内部。电缆外护层具有“三耐”和“五防”的功能：“三耐”即耐寒、耐热、耐油；“五防”即防潮、防雷、防蚁、防鼠、防腐蚀。

在多芯电缆中，为了区别各线芯，在线芯绝缘层的外层纸带上打印了数字号码或分色表示。标志的方法是在纸上印以“1”、“2”、“3”数字分别表示各线芯，间隔不超过300mm。分色表示时，一般是本色纸表示一芯，以红色纸或红色条纹纸表示另外一芯，第三芯则用任何其他颜色的纸或带有其他颜色条纹的纸表示。在四芯电缆中，中性线芯外层纸带则多是采用本色纸。

三、电力电缆的主要品种

1. 油浸纸绝缘电力电缆。这种电缆耐压强度高，介质损耗低，耐热能力强，允许过载能力强，机械强度较高，使用寿命长。不足之处是绝缘材料柔性差，电缆的弯曲半径要求大，不宜在低温时敷设；绝缘层内的绝缘油易流淌，因而使得电缆终端头及电缆连接的中间头截油较困难，制作工艺复杂；由于绝缘油的流动性，这种电缆不宜做高位差敷设（对6～10kV电力电缆沿敷设路径的最高点与最低点的位差不得大于15m）。为克服这一弱点，也有设计制造了不滴流及干绝缘电缆。

2. 聚氯乙烯绝缘电力电缆。这种电缆不含绝缘油，因而终端头及中间头制作工艺简单，且能适应高位差敷设；此外，还有重量轻、弯曲性能好、耐油、耐腐蚀等优点。它的不足之处是介质损耗大、过载能力差，其力学性能受温度影响大，耐压强度较低。

3. 交联聚乙烯绝缘电力电缆。这种电缆耐压强度较高，允许温升较高，因此允许载流量较大；绝缘层不含油，终端头及中间头制作工艺简单；能适应高位及垂直敷设；外径较小，重量轻。它的不足之处是价格贵。

根据上述几种电力电缆的特点，选用时应从使用环境、敷设方式、用电负载的特殊要求等因素进行综合考虑。油浸纸绝缘电力电缆有铠装并有防腐保护层的才能敷设于土壤中，并要求土壤是中性的。上述三种电缆中只有铠装电缆才能经受一定的敷设牵引力，在铠装电缆中，又只有钢丝铠装的才能承受敷设牵引力以及其他机械外力的作用。

在考虑电缆线芯材质时，铜芯电缆与铝芯电缆有以下差别：

(1)在相同截面面积条件下，铜芯电缆比铝芯电缆的允许载流量增加 30%左右。

(2)铜芯电缆的价格是铝芯电缆的 1.4～2.2 倍。

(3)铜芯电缆比铝芯电缆的连接可靠，安全性较高。铝—铜导体连接的接触电阻是铜—铜连接接触电阻的 10～30 倍。

一般情况下，应优先选用铝芯电缆，以节约铜材，降低费用。但在下列情况下应选用铜芯电缆：

(1)重要电源或安全性要求较高的重要公共设施使用的电缆。

(2)在振动剧烈、有爆炸危险或对铝有腐蚀的恶劣工作环境下使用的电缆。

(3)耐火电缆。这种电缆应具有在 750℃～1000℃条件下维持通电的能力。铝的熔融温度仅为 660℃，而铜的熔融温度可达 1080℃。

(4)水下敷设。当工作电流较大需装多根电缆时，采用铜芯电缆可减少根数，从经济性和工期考虑均较为有利。

四、电力电缆的主要技术参数

常用电力电缆的品种及型号见表 12-1；三芯电力电缆长期允许载流量见表 12-2；环境温度变化时电缆载流量的校正系数见表 12-3；土壤热阻系数不同时载流量的校正系数见表 12-4；电缆直埋土壤中多根并列敷设时载流量的校正系数见表 12-5。

表 12-1　常用电力电缆的品种及型号

绝缘类型	电缆名称	代表产品型号	电压等级(kV)	最高长期工作温度(℃)
油浸纸绝缘电缆	普通粘性浸渍电缆 统包型 分相铅(铝)包型	ZLL、ZL、ZLQ、ZQ ZLLF、ZLQF、ZQF	1～35	1～3kV　80 6kV　65 10kV　60 20～35kV　50
	不滴流电缆 统包型 分相铅(铝)包型	ZLQD、ZQD、ZLLD、ZLD ZLLFD、ZLFD、ZLQFD、ZQFD	1～35	1～6kV　80 10kV　70 20～35kV　65

续表 12-1

绝缘类型	电缆名称	代表产品型号	电压等级(kV)	最高长期工作温度(℃)
塑料绝缘电缆	聚氯乙烯电缆	VLV,VV	1~10	70
	聚乙烯电缆	YLV,YV	6~220	70
	交联聚乙烯电缆	YJLV,YJV	6~220	90
橡胶绝缘电缆	天然丁苯橡胶电缆	XLQ,XQ,XLV,XV,XLHF,XLF	0.5~6	60
	乙丙橡胶电缆	CEF,CEY,CEYH,CEFR	1~138	80~85
	丁基橡胶电缆	CDF,CDY,CDYH,CDFR	1~135	80

表 12-2 三芯电力电缆长期允许载流量 (A)

导线截面面积(mm^2)	6kV 聚氯乙烯绝缘聚氯乙烯护套电缆(VV、VLV 型)		10kV 油浸纸绝缘铅包电力电缆(ZQ3,ZLQ3,ZQ20,ZLQ30 等型)		10kV 交联聚乙烯绝缘电缆(YJV、YJLV 等型)	
	在空气中敷设	直埋敷设	在空气中敷设	直埋敷设	在空气中敷设	直埋敷设
10	55(42)	58(44)	7	—	—	—
16	73(56)	76(58)	75(60)	75(60)	121(94)	118(92)
25	96(74)	98(75)	100(80)	100(75)	158(123)	151(117)
35	118(90)	121(93)	125(95)	120(95)	190(147)	180(140)
50	146(112)	148(114)	155(120)	150(115)	231(180)	217(169)
70	177(136)	177(136)	190(145)	180(140)	280(218)	260(202)
95	218(167)	213(164)	230(180)	215(165)	335(261)	307(240)
120	251(194)	243(187)	265(205)	245(185)	388(303)	348(272)
150	292(224)	278(213)	305(235)	280(215)	445(347)	394(308)
185	333(257)	312(241)	355(270)	315(240)	504(394)	441(344)
240	392(301)	359(278)	420(320)	365(280)	587(461)	504(396)

注:①导线工作温度为 80℃,环境温度为 25℃。

②土壤热阻系数为 120℃·cm/W。

③括号中的载流量系指铝芯线。

表 12-3 环境温度变化时电缆载流量的校正系数

导体工作温度 ℃	环境温度（℃）								
	5	10	15	20	25	30	35	40	45
80	1.17	1.13	1.09	1.04	1.0	0.954	0.905	0.853	0.798
65	1.22	1.17	1.12	1.06	1.0	0.935	0.865	0.791	0.707
60	1.25	1.20	1.13	1.07	1.0	0.926	0.845	0.756	0.655
50	1.31	1.26	1.18	1.09	1.0	0.895	0.775	0.633	0.447

注：当环境温度变化时，载流量的校正系数也可按下式计算：

$$校正系数 k=\left(\frac{\Delta\theta_2}{\Delta\theta_1}\right)^{\frac{1}{2}}$$

式中 $\Delta\theta_1$——导体工作温度与载流量表中规定的环境温度之间的温差(℃)；

$\Delta\theta_2$——导体工作温度与实际环境温度之间的温差(℃)。

表 12-4 土壤热阻系数不同时载流量的校正系数

导体截面面积 (mm²)	土壤热阻系数(℃·cm/W)				
	60	80	120	160	200
2.5～16	1.06	1.0	0.9	0.83	0.77
25～95	1.08	1.0	0.88	0.80	0.73
120～240	1.09	1.0	0.86	0.78	0.71

注：土壤热阻系数划分为潮湿地区（指沿海、湖、河畔地区、雨量多地区，如华东、华南地区等），取 60～80；普通土壤（指一般平原地区，如东北、华北等），取 120；干燥土壤（指高原地区、雨量少的山区、丘陵等干燥地带），取 160～200。

表 12-5 电缆直埋土壤中多根并列敷设时载流量的校正系数

电缆间净距 (mm)	并列根数											
	1	2	3	4	5	6	7	8	9	10	11	12
100	1.00	0.90	0.85	0.80	0.78	0.75	0.73	0.72	0.71	0.70	0.70	0.69
200	1.00	0.92	0.87	0.84	0.82	0.81	0.80	0.79	0.79	0.78	0.78	0.77
300	1.00	0.93	0.90	0.87	0.86	0.85	0.85	0.84	0.84	0.83	0.83	0.83

第二节 电力电缆的选择与施工要求

一、电力电缆截面的选择

选择电力电缆的截面时，应遵照以下几条规定：

1. 电缆的额定电压应等于或大于供电系统的额定电压，即

$$U_W \geqslant U_N \tag{12-1}$$

式中　U_W——电缆的额定电压(V)；

U_N——供电系统的额定电压(V)。

2. 电缆的持续容许电流应等于或大于供电负载的最大持续电流，即

$$I_W K \geqslant I_{LM} \tag{12-2}$$

式中　I_W——电缆允许安全载流量(A)，见表 12-2；

K——不同敷设条件的修正系数，见表 12-3～表 12-5；

I_{LM}——供电负载的最大持续电流(A)。

3. 按经济电流密度选用电缆截面。电力电缆选定截面后，应按经济电流密度来校核所选截面是否符合要求。

$$A = \frac{I_{LM}}{J} \tag{12-3}$$

式中　A——电缆芯线导体截面(mm^2)；

I_{LM}——负载最大持续电流(A)；

J——电缆经济电流密度(A/mm^2)，见表 12-6 和表 12-7。

表 12-6　导线经济电流密度　(A/mm^2)

导线种类	年最大负载利用小时数(h)		
	<3000	3000～5000	>5000
裸铜线和母线	3.0	2.25	1.75
裸铝线及钢芯铝线和母线	1.65	1.15	0.9
铜芯电缆	2.5	2.25	2.0
铝芯电缆	1.92	1.73	1.54

表 12-7　国外超高压送电线路电流密度　(A/mm^2)

电　压　(kV)	长　线　路	短　线　路
275～300	0.6～0.9	1.0～1.4
330～345	0.5～0.8	0.8～1.05
380～400	0.55～0.8	0.8～1.0
500	0.7～0.75	0.8～1.0
750	0.7～1.0	—

4. 按电缆线路允许电压降选截面。低压配电线路对各类电路允许电压降：

电力线路≤5%

室内照明≤2.5%

室外照明≤4%

按线路长度及允许电压降计算电缆线芯截面。

三相交流电

$$A>\frac{\sqrt{3}I_{LM}\rho L\times 100}{U_N\times \Delta U\%} \tag{12-4}$$

单相交流电

$$A>\frac{2I_{LM}\rho L\times 100}{U_N\times \Delta U\%} \tag{12-5}$$

式中 A——电缆线芯截面(mm^2)；

I_{LM}——负载最大持续电流(A)；

ρ——电缆线芯材料电阻率

铜芯：0.0206Ω·mm^2/m

铝芯：0.035Ω·mm^2/m；

U_N——额定工作电压(V)；

L——电缆实际长度(m)；

$\Delta U\%$——电路允许电压降。

二、电缆线路路径的选择

敷设电缆线路路径的选择应满足经济、便于施工和安全运行3个方面的要求。具体要求如下：

1. 投资少、路径短、转弯少。

2. 尽量减少穿越各种管道、公路、铁路、房屋建筑和电缆沟道。

3. 远离有机械振动和化学腐蚀(如酸碱溶液、氯化物、矿渣、石灰等)的场所，以及各种气体管道和水管路等。

4. 选择户外电缆线路时，还需考虑土壤过分干燥，以及含有大量砂砾、石子等因素。此外户内电缆的敷设路径，还应考虑便于防火和通风良好等因素。

5. 便于开挖、检查和维修。

三、电缆敷设方式

工厂中常见的电缆敷设方式主要有直接埋地敷设(如图 12-5 所示)、利用电缆沟(如图 12-6 所示)和电缆桥架(如图 12-7 所示)等几种。

工厂企业常用的电缆敷设方式见表 12-8。

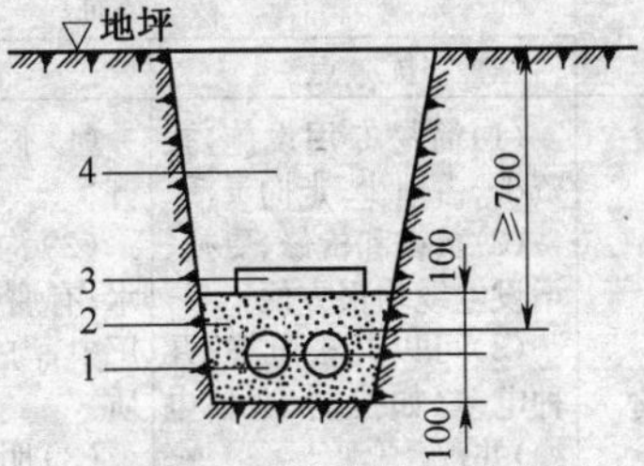

图 12-5　电缆直接埋地敷设

1. 电力电缆　2. 砂　3. 保护盖板　4. 填土

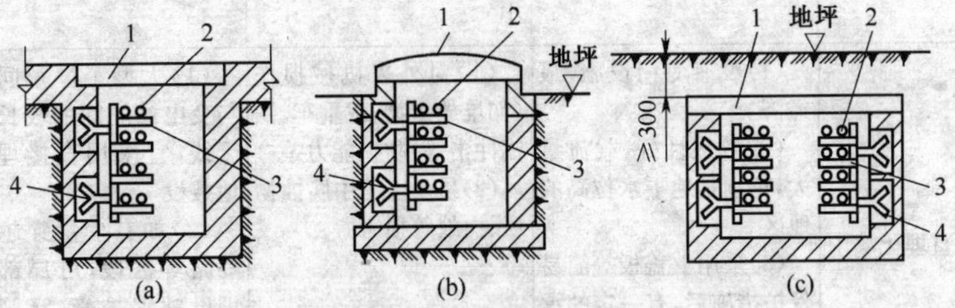

图 12-6　电缆在电缆沟内敷设

(a)户内电缆沟　(b)户外电缆沟　(c)厂区电缆沟

1. 盖板　2. 电缆　3. 电缆支架　4. 预埋铁件

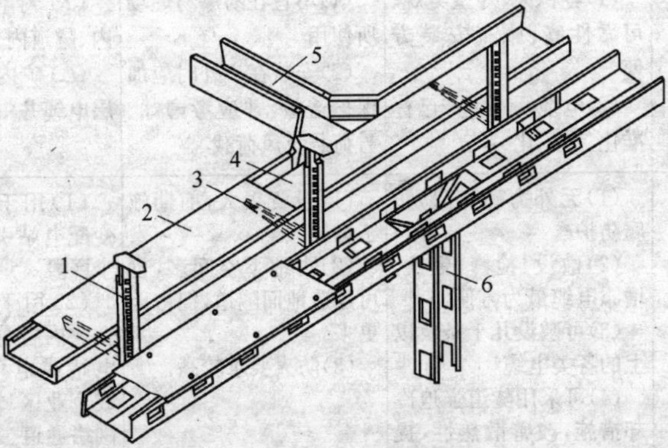

图 12-7　电缆桥架

1. 支架　2. 盖板　3. 支臂　4. 线槽　5. 水平分支线槽　6. 垂直分支线槽

表 12-8　工厂企业常用的电缆敷设方式

敷设方式	特征		适用性
	优点	缺点	
电缆沟	(1)简易专用设施,投资少,占地少,走向灵活 (2)敷设和检修、更换、增设电缆均很方便 (3)可以几根电缆、几种电缆(如控制、通信电缆)并敷	(1)不易将电缆放置整齐 (2)沟中容易积灰积水;有腐蚀气、液体的工厂中,沟中会积聚腐蚀物质 (3)明沟易受日光照射,暗沟盖板要有足够强度 (4)载流量比直埋敷设小	(1)厂区内部和车间内部均宜采用 (2)电缆条数不宜过多,一般在 2～10 条范围内 (3)大、中型工厂中常采用 (4)电缆沟中可以灌沙,改为沙埋敷设
直埋土壤中	(1)没有专门设施,最经济 (2)散热性好,载流量大,特别是地下水位高的地区 (3)采用上盖板等简易保护措施后,有一定的承压能力 (4)敷设方便,准备期短	(1)对外来机械损伤(如堆放重物、载重车、铁镐冲击等)防护能力差 (2)易受土壤中腐蚀物质、白蚁等损害	(1)大型工厂车间与变电站之间的较长干线,宜采用直接埋地敷设 (2)如有少量穿越马路等区段,可局部埋设铁保护管,穿管敷设
电缆桥架	(1)容积大、外型美观、可靠性高、施工安装方便 (2)电缆桥架生产已标准化、工厂化	(1)不宜在易爆易燃场所使用 (2)安装在户外时应加保护盖板,并应考虑冰、雪荷载及风荷载	(1)大量用于车间内、隧道内、电缆沟内 (2)矿内竖井或高层电缆井中
电缆隧道	(1)无外力破坏,易防腐防护 (2)敷设、检修、更换、增添电缆最为方便 (3)可敷设几十条及以上的各类电缆 (4)可采用隧道强迫冷却措施,改善散热性,提高传输能力	(1)投资很大,前期施工量最大 (2)占地下空间多,也可建造地面隧道,但占地更多 (3)防火要求较高	(1)用于大型工厂变配电站引出部位一个区段 (2)用于大型联合企业内各分厂及总变电站或电厂之间,构成企业区域内的电缆网络通道 (3)发电厂、变电所的电缆引出段一般均用隧道

第三节　地埋电力线路

一、地埋线的结构、型号和主要技术参数

1. 地埋线的结构。地埋线的结构分为 3 部分。

(1)铝芯。即铝质导线，$6mm^2$ 及以下规格的为单股铝线；$10mm^2$ 及以上规格的为多股铝绞线。

(2)绝缘层。由纯洁干净的绝缘性能高的电缆塑料制成。聚乙烯塑料绝缘性能优于聚氯乙烯塑料。

(3)护套层。除 NLV 型地埋线外，其他型地埋线均有护套层(0.7～1.2mm)。它是地埋线的最外层，采用聚氯乙烯或聚乙烯塑料制成。由于塑料与水、酸、碱、盐等不发生明显化学反应，故在土壤中性能稳定。

2. 地埋线的型号。地埋线的型号有 4 种，其代表符号及含义是：

NLV——农用铝芯聚氯乙烯塑料绝缘地下直埋绝缘电线。

NLYY——农用铝芯聚乙烯塑料绝缘聚乙烯塑料护套地下直埋绝缘电线。

NLYV——农用铝芯聚乙烯塑料绝缘聚氯乙烯塑料护套地下直埋绝缘电线。

NLVV——农用铝芯聚氯乙烯塑料绝缘聚氯乙烯塑料护套地下直埋绝缘电线。

NLYV-H——农用铝芯聚乙烯塑料绝缘耐寒聚氯乙烯塑料护套地下直埋绝缘电线。

NLYV-Y——农用铝芯聚乙烯塑料绝缘防蚁聚氯乙烯塑料护套地下直埋绝缘电线。

N——代表农用地下直埋；

L——代表铝芯；

Y——代表聚乙烯塑料；

Y——代表防蚁型(一字线后 Y)；

V——代表聚氯乙烯塑料；

H——代表耐寒型。

排列在第 3 位的字母表示绝缘层所用的塑料；排列在第 4 位的字母表示护套所用的塑料。

3. 主要技术参数。地埋线的规格与性能见表 12-9，除表中规格外，

尚有三芯（3×10mm²，3×16mm²、3×25mm²）和四芯（3×10mm²＋1×6mm²、3×16mm²＋1×6mm²、3×25mm²＋1×10mm²）地埋线；地埋线与裸铝线架空线路长期载流量比较见表12-10。

表12-9　地埋线的规格与性能

截面面积（mm²）	线芯结构［根/mm(直径)］	绝缘厚度(mm) NLV	绝缘厚度(mm) NLVV NLYV	护套厚度（mm）	直流电阻（Ω/km）	绝缘电阻（MΩ/km）
2.5	1/1.76	1	0.6	0.7	12.3	18
4	1/2.24	1	0.6	0.7	7.59	16
6	1/2.73	1	0.8	0.8	5.13	13
(10)	1/3.55	1.2	0.8	1.0	3.04	13
10	7/1.33	1.2	0.8	1.0	3.05	13
16	7/1.7	1.2	1	1.0	1.87	11
25	7/2.12	1.4	1.2	1.0	1.20	10
35	7/2.5	1.4	1.2	1.2	0.86	10
50	19/1.83	1.6	1.4	1.2	0.59	10

注：括号内的截面，根据用户需要可以采用。

表12-10　地埋线与裸铝线架空线路长期允许载流量比较表

截面面积（mm²）	地埋线长期连续负载允许载流量(A) 地埋敷设 ρ_T=80℃·cm/W NLV	地埋敷设 ρ_T=80℃·cm/W NLVV NLYV	地埋敷设 ρ_T=120℃·cm/W NLV	地埋敷设 ρ_T=120℃·cm/W NLVV NLYV	室内敷设 NLV	室内敷设 NLVV NLYV	裸铝线架空线路长期连续负载允许载流量（A）
2.5	40.9	38.7	36.5	35.3	25	25	—
4	50	50	46.5	45.1	32	31	—
6	65	60	60	55	40	40	—
10	90	85	80	65	55	55	75
16	120	110	105	100	80	80	105
25	150	140	130	125	105	105	135
35	185	170	160	150	130	135	170
50	230	210	195	175	165	165	215

注：ρ_T为土壤热阻系数。一般情况下，长江以北取ρ_T＝120℃·cm/W；长江以南取ρ_T＝80℃·cm/W为宜。土壤温度取25℃，这一般是偏高的。

二、地埋线的计算

1. 地埋线长度的计算。

(1)三相动力线路用线长度的计算。计算公式如下：

$$L_1=3\times[L_1'(1+5\%)+5h_1] \tag{12-6}$$

式中　L_1——需要地埋线总长度(m)；

L_1'——地面电源到用电负载处直线路径长度(m)；

5%——导线曲折率；

h_1——埋设深度，$5h_1$ 是两端引线长度(m)。

(2)照明线路用线长度计算。

①分支地埋线长度为

$$L_2=2L_2'(1+5\%)+4N(h_2+0.5)+4ln \tag{12-7}$$

式中　L_2——分支地埋线长度(m)；

L_2'——分支线路地面路径长度(m)；

N——分支线路上总户数；

h_2——室外沟最大深度(m)；

l——拐弯长度(m)；

n——拐弯户数。

②照明主干线长度为

$$L_3=(L_U+L_V+L_W+L_N)(1+5\%)+4Jh_3 \tag{12-8}$$

式中　L_3——主干线需用地埋线总长度(m)；

L_U、L_V、L_W、L_N——U、V、W 相和 N 线三相四线地面路径长度(m)；

J——接线箱总数；

h_3——主干线箱最大深度(m)。

③引线长度。每根 2.5m。

2. 地埋线截面的计算。

(1)按允许电压损失选择。选择截面的计算公式如下：

$$A=\frac{M}{C\Delta U\%}=\frac{PL}{C\Delta U\%} \tag{12-9}$$

式中　A——地埋线芯线截面面积(mm^2)；

M——负载矩(kW·m)，$M=PL$；

P——线路传输功率(kW)；

L——地埋线长度(m)；

$\Delta U\%$——线路电压降百分数；

C——计算系数，380/220V 三相四线制和 380V 三相三线制，当各相负载均匀分配时取 $C=50$；220V 单相制取 $C=8.3$。

(2)按发热条件选择。计算公式如下：

$$I_{\theta}=kI_{N}\geqslant I_{C} \tag{12-10}$$

式中 I_{θ}——实际环境温度下地埋线允许载流量(A)；

I_{N}——地埋线的额定工作电流(即在规定土壤温度 25℃下的允许载流量，见表 12-10)；

k——温度校正系数，见表 12-3，取 65℃时的数值；

I_{C}——通过相线的计算电流(A)。I_{C} 可由表 12-11 查得。

表 12-11 用电设备不同功率因数时输送每 kW 有功功率线路计算电流值 (A)

电压	功率因数								
(V)	1.00	0.95	0.90	0.85	0.80	0.75	0.70	0.65	0.60
220	4.55	4.79	5.05	5.35	5.68	6.06	6.49	7.00	7.58
380	1.52	1.60	1.69	1.79	1.90	2.03	2.17	2.34	2.53

第十三章　电力电容器与无功补偿

第一节　电力电容器

一、电容器的型号与技术数据

1. 电容器的型号。电力电容器全型号的表示和含义如下：

□□□□-□-□-□□

B 为并联电容器（新型号）
Y 为移相电容器（旧型号）
C 为串联电容器

液体介质
（Y 为矿物油，W 为十二烷基苯，F 为二芳基乙烷，B 为异丙基联苯，G 为苯甲基硅油，C 为蓖麻油，K 为干式）

固体介质
（F 为纸、薄膜复合，MJ 为金属化膜，M 为全聚乙烯薄膜，无标记为全电容器纸）

额定电压（kV）

标称容量（kvar）

相数（1 为单相，3 为三相）

W 为户外型（无标记为户内型）

R 为内有熔丝
TH 为湿热性

2. 电力电容器主要技术数据。并联电容器主要技术数据见表 13-1，串联电容器主要技术数据见表 13-2。

表 13-1　并联电容器主要技术数据

型　号	额定电压(kV)	标称容量(kvar)	标称电容(μF)	相数	外形尺寸(mm)			质量(kg)
					长 *L*	宽 *B*	高 *H*	
BCMJ0.23-2.5-1/3	0.23	2.5	151	1/3	220	80	253	2
BCMJ0.23-5-3	0.23	5	302	3	220	80	253	2.3
BCMJ0.23-10-3	0.23	10	602	3	140	405	184	8.8
BCMJ0.23-15-3	0.23	15	903	3	140	405	276	13.2

续表 13-1

型　号	额定电压(kV)	标称容量(kvar)	标称电容(μF)	相数	外形尺寸(mm)			质量(kg)
					长 L	宽 B	高 H	
BCMJ0.23-20-3	0.23	20	1204	3	140	405	318	17.6
BCMJ0.23-25-3	0.23	25	1505	3	140	405	460	22
BCMJ0.4-4-3	0.4	4	80	3	140	45	405	2.2
BCMJ0.4-5-1	0.4	5	100	1	220	80	253	2.0
BCMJ0.4-5-3	0.4	5	99.5	3	173	70	220	2.3
BCMJ0.4-8-3	0.4	8	160	3	140	92	405	4.5
BCMJ0.4-10-1	0.4	10	200	1	175	64	306	—
BCMJ0.4-10-3	0.4	10	200	3	140	92	405	4.5
BCMJ0.4-12-1/3	0.4	12	238.8	1/3	220	80	253	2.3
BCMJ0.4-14-3	0.4	14	278.6	3	220	80	253	2.3
BCMJ0.4-15-1/3	0.4	15	298.5	1/3	138	140	405	6.6
BCMJ0.4-15-3	0.4	15	298.5	3	—	—	—	—
BCMJ0.4-16-3	0.4	16	318.5	3	173	70	340	4.0
BCMJ0.4-20-3	0.4	20	398	3	345	70	255	11.0
BCMJ0.4-25-3	0.4	25	498	3	140	230	405	11.2
BCMJ0.4-30-3	0.4	30	597	3	140	230	405	14.2
BCMJ0.4-40-3	0.4	40	796	3	140	368	405	18.0
BCMJ0.4-45-3	0.4	45	895.5	3	110	380	410	20.5
BCMJ0.4-50-3	0.4	50	996	3	140	460	410	23
$BCMJ_3$0.4-14-1	0.4	14	278.7	1	105	233	231	—
$BCMJ_3$0.4-14-3	0.4	14	279	3	105	233	231	—
$BCMJ_3$0.4-15-3	0.4	15	298.5	3	—	—	—	—
$BCMJ_3$0.4-50-3	0.4	50	995.2	3	110	380	410	—
$BCMJ_6$0.4-10-1/3	0.4	10	200	1/3	175	64	306	—
$BCMJ_6$0.4-12-1/3	0.4	12	239	1/3	175	64	306	—

续表 13-1

型　号	额定电压(kV)	标称容量(kvar)	标称电容(μF)	相数	外形尺寸(mm)			质量(kg)
					长 L	宽 B	高 H	
$BCMJ_6$0.4-14-1/3	0.4	14	279	1/3	175	64	306	—
$BCMJ_6$0.4-15-1/3	0.4	15	299	1/3	175	64	306	—
BKMJ0.23-15-1/3	0.23	15	300	1/3	346	152	310	12
BKMJ0.23-20-1/3	0.23	20	400	1/3	346	152	310	17
BKMJ0.4-6-1/3	0.4	6	120	1/3	156	96	245	2.2
BKMJ0.4-7.5-1/3	0.4	7.5	149.5	1/3	176	64	300	4.0
BKMJ0.4-9-1/3	0.4	9	180	1/3	176	64	300	4.0
BKMJ0.4-12-1/3	0.4	12	240	1/3	152	96	245	2.6
BKMJ0.4-15-1/3	0.4	15	300	1/3	152	96	345	2.75
BKMJ0.4-20-1/3	0.4	20	400	1/3	350	64	300	—
BKMJ0.4-25-1/3	0.4	25	500	1/3	346	152	310	11
BKMJ0.4-30-1/3	0.4	30	600	1/3	346	152	310	12
BKMJ0.4-40-1/3	0.4	40	800	1/3	350	64	300	17
BKMJ0.525-10-1/3	0.525	10	200	1/3	152	96	246	2.5
BKMJ0.525-20-1/3	0.525	20	400	1/3	176	152	275	6.5
BKMJ0.525-25-3	0.525	25	288.8	3	220	80	253	2.3
BKMJ0.525-30-1/3	0.525	30	600	1/3	346	152	310	12
BKMJ0.525-40-1/3	0.525	40	800	1/3	346	152	310	17
BKMJ0.525-50-1/3	0.525	50	1000	1/3	346	152	485	18
BKMJ0.525-60-1/3	0.525	60	1200	1/3	346	152	485	19
BKMJ0.525-70-1/3	0.525	70	1400	1/3	346	152	485	20
BKMJ0.525-80-1/3	0.525	80	1600	1/3	346	152	485	23
BKMJ0.525-100-1/3	0.525	100	2000	1/3	346	152	690	26
BKMJ0.525-120-1/3	0.525	120	2400	1/3	346	152	690	28
BKMJ0.525-4-3	0.525	4	—	3	46	140	405	2.2

续表 13-1

型号	额定电压(kV)	标称容量(kvar)	标称电容(μF)	相数	外形尺寸(mm)			质量(kg)
					长 L	宽 B	高 H	
BCMJ0.525-5-3	0.525	5	57.8	3	46	140	405	2.2
BCMJ0.525-8-3	0.525	8	92.4	3	92	140	405	4.5
BCMJ0.525-10-3	0.525	10	115.6	3	92	140	405	4.5
BCMJ0.525-12-3	0.525	12	138.6	3	138	140	405	6.6
BCMJ0.525-15-3	0.525	15	173.4	3	138	140	405	6.6
BCMJ0.525-16-3	0.525	16	184.8	3	184	140	405	9.0
BCMJ0.525-20-3	0.525	20	231.2	3	184	140	405	9.0
BCMJ0.525-25-3	0.525	25	288.8	3	230	140	405	11.5
BCMJ0.525-30-3	0.525	30	346.5	3	276	140	405	14
BCMJ0.525-35-3	0.525	35	404.3	3	368	140	405	15.6
BCMJ0.525-40-3	0.525	40	452	3	368	140	405	18
BCMJ0.525-45-3	0.525	45	519.8	3	414	140	405	21.5
BCMJ0.525-50-3	0.525	50	577.5	3	460	140	405	23
BGMJ0.4-2.5-3	0.4	2.5	55	3	ϕ60×215			—
BGMJ0.4-3.3-3	0.4	3.3	66	3	ϕ60×215			—
BGMJ0.4-5-3	0.4	5	99	3	ϕ60×290			—
BGMJ0.4-10-3	0.4	10	198	3	232	65	265	—
BGMJ0.4-12-3	0.4	12	239	3	232	65	295	—
BGMJ0.4-15-3	0.4	15	298	3	232	65	325	—
BGMJ0.4-20-3	0.4	20	398	3	232	130	265	—
BGMJ0.4-25-3	0.4	25	498	3	232	130	295	—
BGMJ0.4-30-3	0.4	30	598	3	232	130	325	—
BWF0.4-14-1/3	0.4	14	279	1/3	340	115	420	18
BWF0.4-16-1/3(TH)	0.4	16	318	1/3	450	115	420	25
BWF0.4-20-1/3	0.4	20	398	1/3	375	122	360	26

续表 13-1

型号	额定电压(kV)	标称容量(kvar)	标称电容(μF)	相数	外形尺寸(mm)			质量(kg)
					长 L	宽 B	高 H	
BWF0.4-25-1/3	0.4	25	497.6	1/3	380	115	420	25
BWF0.4-75-1/3	0.4	75	1500	1/3	422	163	722	60
BWF10.5-16-1	10.5	16	0.462	1	440	115	595	25
BWF10.5-25-1	10.5	25	0.722	1	440	115	595	25
BWF10.5-30-1	10.5	30	0.866	1	440	115	595	25
BWF10.5-40-1	10.5	40	1.155	1	440	115	595	25
BWF10.5-50-1	10.5	50	1.44	1	440	165	595	34
BWF10.5-100-1	10.5	100	2.89	1	440	165	880	60
BWF11/$\sqrt{3}$-16-1	11/$\sqrt{3}$	16	1.26	1	440	115	595	25
BWF11/$\sqrt{3}$-25-1	11/$\sqrt{3}$	25	1.97	1	440	115	595	25
BWF11/$\sqrt{3}$-30-1	11/$\sqrt{3}$	30	2.37	1	440	115	595	25
BWF11/$\sqrt{3}$-40-1	11/$\sqrt{3}$	40	3.16	1	440	115	595	25
BWF11/$\sqrt{3}$-50-1	11/$\sqrt{3}$	50	3.95	1	440	165	595	34
BWF11/$\sqrt{3}$-100-1	11/$\sqrt{3}$	100	7.89	1	440	165	880	60
BFF10.5-50-1W	10.5	50	1.44	1	372	122	570	24
BFF10.5-100-1W	10.5	100	2.89	1	443	163	680	45
BFF10.5-200-1W	10.5	200	5.78	1	443	163	1030	78
BFF10.5-334-1W	10.5	334	9.65	1	699	174	1030	130
BFF11/$\sqrt{3}$-50-1W	11/$\sqrt{3}$	50	3.95	1	372	122	570	24
BFF11/$\sqrt{3}$-100-1W	11/$\sqrt{3}$	100	7.9	1	443	163	680	45
BFF11/$\sqrt{3}$-200-1W	11/$\sqrt{3}$	200	15.79	1	443	163	1030	78
BFF11/$\sqrt{3}$-334-1W	11/$\sqrt{3}$	334	26.37	1	699	174	1030	128
BGF11/$\sqrt{3}$-50-1W	11/$\sqrt{3}$	50	3.95	1	450	110	603	25
BGF11/$\sqrt{3}$-100-1W	11/$\sqrt{3}$	100	7.89	1	450	110	903	44
BGF11/$\sqrt{3}$-200-1W	11/$\sqrt{3}$	200	15.3	1	646	140	903	80

续表 13-1

型　　号	额定电压(kV)	标称容量(kvar)	标称电容(μF)	相数	外形尺寸(mm)			质量(kg)
					长 L	宽 B	高 H	
BGF10.5-50-1W	10.5	50	1.44	1	443	123	603	25
BGF10.5-100-1W	10.5	100	2.89	1	450	110	903	44
BBM11/$\sqrt{3}$-100-1W	11/$\sqrt{3}$	100	7.89	1	380	130	618	29.2
BBM11/$\sqrt{3}$-200-1W	11/$\sqrt{3}$	200	15.8	1	343	130	778	37.8
$BBM_2$11/$\sqrt{3}$-100-1W	11/$\sqrt{3}$	100	7.89	1	380	122	618	29.2
$BBM_2$11/$\sqrt{3}$-200-1W	11/$\sqrt{3}$	200	15.8	1	380	122	848	37.8
$BBM_2$11/$\sqrt{3}$-334-1W	11/$\sqrt{3}$	334	26.36	1	510	178	848	63

注：表中各厂家的电容器外形尺寸可能不一致。

表 13-2　串联电容器技术数据

型　　号	额定电压(kV)	标称容量(kvar)	标称电容(μF)	相数	外形尺寸(mm)			质量(kg)
					长	宽	高	
CW0.6-20-1	0.6	20	176.928	1	373	136	925	50
CWF1-45-1	1	45	143.312	1	373	136	925	47

二、电容器配套设备的选择与计算

1. 开关或断路器的选择。低压并联电容器组的投入和切断，可由手动控制刀开关和熔断器的组合装置或采用交流接触器、空气断路器等设备来完成。为了限制在开、断电容器组时的电弧重燃，对于容量较大的电容器组，例如，容量大于 100kvar 时应采用带有过电流自动脱扣的自动空气断路器控制，并作为短路保护装置，或者采用带切合电阻(限流电阻)的交流接触器控制，另配短路保护装置。

断路器的额定电流按电容器额定电流的 1.3～1.5 倍选取，同时需考虑承受接通时涌流的能力。

低压并联电容器接线及配套设备如图 13-1 所示。图中，QS 为带熔断器的刀开关；KM_1、KM_2 为接触器触头；C 为电容器组；R 为切合电阻；EL 为放电装置；TA 为电流互感器。

接触器动作顺序：

关合：先合 KM_1，延时 0.2～0.5s，后合 KM_2。

断开：先断开 KM_2，延时后再断开 KM_1。

该线路的特点：可降低涌流，降低操作过电压，减轻接触器触头烧损。

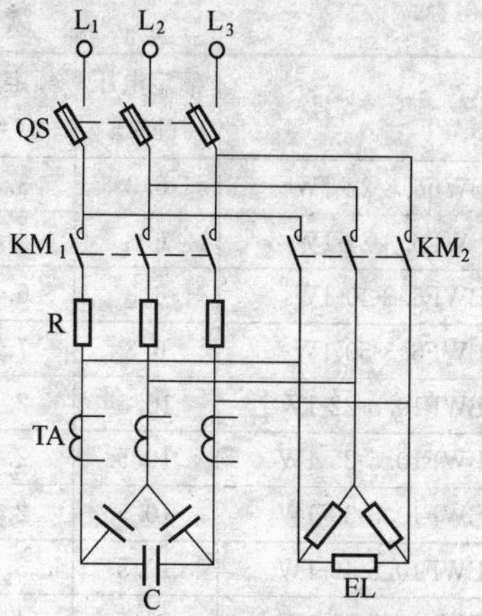

图 13-1　补偿电容器接线及配套设备示意

2. 熔断器的选择。熔断器的额定电压应不低于被保护电容器的电压，断流量不低于电容器的短路故障电流，熔断器的额定电流一般为电容器额定电流的 1.5～2.5 倍。对于新型 BRV 系列熔断器，可在 1.5～2 倍选取，一般以 1.6～1.7 倍为好。这主要考虑国产熔丝安秒特性曲线大多有 10%左右的偏差，这个系数偏低时会发生熔丝误动作。熔断器作单台保护时，可考虑能切断内部串联部分击穿的电容器。

电容器的额定电流可由下式计算：

$$I_C = 2\pi f C U_N \times 10^{-6} \qquad (13\text{-}1)$$

式中　I_C——电容器额定电流(A)；

C——电容器电容量(μF)；

U_N——电容器额定电压(V)。

部分高压电容器熔丝选择见表 13-3。

表 13-3　部分高压电容器熔丝选择

型　　号	额定电压 (kV)	额定电流 (A)	相数	熔丝额定电流 (A)	熔丝直径 (mm)
BW6.3-12-1W	6.3	1.90	1	3	1 根 0.15
BW6.3-16-1W	6.3	2.53	1	4	2 根 0.1
BW10.5-12-1W	10.5	1.15	1	2	1 根 0.1
BW10.5-16-1W	10.5	1.52	1	3	1 根 0.15

续表 13-3

型　号	额定电压 (kV)	额定电流 (A)	相数	熔丝额定电流 (A)	熔丝直径 (mm)
BWF6. 3-22-1W	6. 3	3. 48	1	7. 5	2 根 0. 2
BWF6. 3-25-1W	6. 3	3. 96	1	7. 5	2 根 0. 2
BWF6. 3-40-1W	6. 3	6. 33	1	10	2 根 0. 2
BWF6. 3-50-1W	6. 3	7. 93	1	15	3 根 0. 25
BWF10. 5-22-1W	10. 5	2. 11	1	4	2 根 0. 1
BWF10. 5-25-1W	10. 5	2. 37	1	4	2 根 0. 1
BWF10. 5-30-1W	10. 5	2. 87	1	5	2 根 0. 15
BWF10. 5-40-1W	10. 5	3. 79	1	7. 5	2 根 0. 2
BWF10. 5-50-1W	10. 5	4. 75	1	7. 5	2 根 0. 2

3. 切合电阻(限流电阻)的选择。

对于低压移相电容器组，切合电阻为

$$R=(0.2\sim0.3)X_C \tag{13-2}$$

高压开关上的切合电阻或并联电阻为

$$R=(0.4\sim0.8)X_C \tag{13-3}$$

式中　R——切合电阻(Ω)；

X_C——电容器组的容抗(Ω)。

电阻上的温度以不超过 150℃为宜。

4. 接触器的选择。见第六章第三节中有关内容。

5. 电容器放电电阻的计算。电容器放电时间为

$$t=2.3RC\lg\frac{\sqrt{2}U}{u_C} \tag{13-4}$$

式中　t——电容器放电时间(s)；

R——放电电阻(Ω)；

C——每相的电容量(F)；

U——电网线电压(V)；

u_C——电容器上的电压(V)。

当电容器组为三角形联结时，每相电容量为

$$C=\frac{Q_C\times10^{-9}}{3\omega U^2} \tag{13-5}$$

当电容器组为星形联结时，每相电容量为

$$C=\frac{Q_C\times10^{-9}}{\omega U^2} \tag{13-6}$$

式中　Q_C——并联补偿电容器总容量(kvar)。

当$U=380V$，要求$u_C=65V$，且放电时间不大于$t=30s$时，根据以上各式可得

(1)放电电阻采用三角形联结时，每相放电电阻$R_\Delta(\Omega)$为

$$R_\Delta\leqslant\frac{193\times10^4}{Q} \tag{13-7}$$

电阻上消耗功率P_Δ(W)为

$$P_\Delta=\frac{U^2}{R_\Delta} \tag{13-8}$$

(2)放电电阻采用星形联结时，计算时必须将放电电阻换算为相应的三角形联结时对称电路的电阻值，这时每相放电电阻$R_Y(\Omega)$为

$$R_Y=\frac{R_\Delta}{3}\leqslant\frac{64.3\times10^4}{Q_C} \tag{13-9}$$

电阻上消耗功率P_Y(W)为

$$P_Y=\frac{U_P^2}{R_Y} \tag{13-10}$$

式中　U_P——相电压(V)。

第二节　无功补偿

一、无功补偿的作用

无功补偿的作用是

1. 减少线路功率损耗，提高电网输电效率。供配电线路中的功率损耗为

$$\Delta P_X=3(I_P^2+I_Q^2)R\times10^{-3} \tag{13-11}$$

式中　ΔP_X——线路中功率损耗(kW)；

I_P——线路中有功电流分量(A)；

I_Q——线路中无功电流分量(A)。

当线路输送的有功功率一定时，功率损耗与线路负载的功率因数成反比，即

$$\Delta P_X = 3\frac{P^2R}{U^2}\times\frac{1}{\cos^2\varphi}\times 10^{-3} \qquad (13\text{-}12)$$

从式中可以看出，当线路功率因数较低即线路中无功电流分量较大时，则线路损耗（在有功功率 P 一定的情况下）也较大。提高功率因数与降低线路损耗的关系可从表 13-4 中看出。

表 13-4　功率因数与线路损耗关系

功率因数由右列数值提高到 0.95	0.6	0.65	0.7	0.75	0.8	0.85	0.9	—
损耗减少（%）	60	53	46	38	29	20	10	—
功率因数由右列数值提高到 1.0	0.6	0.65	0.7	0.75	0.8	0.85	0.9	0.95
损耗减少（%）	64	58	51	44	36	28	19	10

2. 减少变压器铜损。由于变压器的铜损与负载电流的平方成正比，当功率因数提高后，在负载不变时，负载电流减小，铜损也下降。

3. 充分发挥和利用发电机容量。功率因数提高后，可以减少发电机的无功负载，提高发电机的有功出力，使发电机容量得到充分的发挥和利用。

4. 改善电压质量。配电线路电压损失的计算公式是

$$\Delta U = \frac{PR+QX}{U_N}\times 10^{-3} \qquad (13\text{-}13)$$

式中　ΔU——线路电压损失（kV）；

R——线路的电阻（Ω）；

X——线路的电抗（Ω）；

U_N——线路的电压（kV）。

电压损失率的计算公式是

$$\Delta U\% = \frac{PR+QX}{10U_N^2} \qquad (13\text{-}14)$$

当线路加装补偿电容器后，则其电压损失减小值为

$$\Delta U\% = \Delta U_1\% - \Delta U_2\% = \frac{PR+QX}{10U_N^2} - \frac{PR+(Q-Q_C)X}{10U_N^2}$$

$$= \frac{Q_C}{S_N}\frac{U_X}{1000}\% \qquad (13\text{-}15)$$

其中
$$U_X\%=\frac{\sqrt{3}I_N X}{U_N}\%$$

可见，当加装补偿电容器后，可使电压损失下降，其下降值为 $\Delta U\%$。

5. 提高企业用电设备的利用率，充分发挥企业的设备潜力。改善功率因数后可提高设备出力的百分值见表 13-5。

表 13-5　改善功率因数后可提高设备出力的百分值　（%）

改善前的功率因数 $\cos\varphi_1$	改善后的功率因数 $\cos\varphi_2$															
	0.70	0.72	0.74	0.76	0.78	0.80	0.82	0.84	0.86	0.88	0.90	0.92	0.94	0.96	0.98	1.00
0.62	11.5	14.0	16.4	18.7	20.9	23.1	25.2	27.3	29.3	31.3	33.4	35.5	37.7	40.1	43.0	48.9
0.64	8.6	12.0	13.6	16.0	18.2	20.4	22.6	24.7	26.7	28.8	30.8	32.9	35.1	37.5	40.3	46.1
0.66	5.7	8.4	10.9	13.3	15.6	17.8	20.0	22.1	24.2	26.2	28.3	30.4	32.6	34.9	37.7	43.3
0.68	2.9	5.6	8.1	10.6	12.9	15.2	17.4	19.5	21.6	23.7	25.8	27.9	30.0	32.4	33.5	40.4
0.70	0	2.8	5.4	7.9	10.3	12.6	14.9	17.0	19.1	21.2	23.3	25.4	27.5	29.8	32.5	37.6
0.72		0	2.7	5.3	7.7	10.0	12.3	14.5	16.7	18.7	20.8	22.9	25.0	27.3	29.9	34.8
0.74			0	2.6	5.1	7.5	9.8	12.0	14.2	16.3	18.4	20.5	22.6	24.8	27.4	32.0
0.76				0	2.6	5.0	7.4	9.6	11.8	13.9	16.0	18.1	20.2	22.4	24.8	29.2
0.78					0	2.5	4.9	7.2	9.4	11.5	13.6	15.7	17.8	20.0	22.4	26.4
0.80						0	2.4	4.8	7.0	9.2	11.3	13.4	15.5	17.6	19.9	23.7
0.82							0	2.4	4.7	6.9	9.0	11.1	13.2	15.3	17.5	21.1
0.84								0	2.3	4.6	6.7	8.8	10.9	13.0	15.2	18.5
0.86									0	2.3	4.5	6.6	8.6	10.7	12.9	15.9
0.88										0	2.2	4.4	6.4	8.5	10.6	13.4
0.90											0	2.2	4.3	6.3	8.4	11.0
0.92												0	2.1	4.2	6.2	8.6
0.94													0	2.1	4.1	6.4
0.96														0	2.9	4.2
0.98															0	2.0

例如某厂有功负载为 200kW，采用无功补偿措施后，功率因数由原来的 $\cos\varphi_1=0.62$ 提高到 $\cos\varphi_2=0.96$。则可以提高设备出力的百分数

由表查得为 40.1%。

故该厂可提高设备的出力为 200×40.1%=80.2kW，也即全厂实际设备出力可达到 280.2kW。

6. 减少企业电费开支。提高功率因数可节约电能，降低生产成本，按照供电部门制定的电价政策，必然会减少电费开支。

二、无功补偿的方式

在电力系统中，为了向系统补充无功功率，要装设各种无功功率补偿设备，即所谓特种补偿装置，对供用电设备所需的无功功率进行人工补偿，以提高功率因数。这种无功补偿方式，称为提高功率因数的人工补偿法。

这种补偿装置有并联电容器、调相机等。

不论工厂企业高压与低压电力用户还是电力系统内部，都普遍采用电容器进行无功补偿。电容器补偿的最大优点是有功损耗小，一般为其无功容量的 0.3%～0.5%。若采用调相机补偿，则有功损耗：满载时占额定功率的 1.8%～5.5%；半载时为 2.9%～9%；带 1/4 负载时高达 5%～15%。此外，采用电容器投资省，效益高。如采用调相机时，其补偿单位无功功率的投资一般为电容器投资的 1.5～2 倍。但电容器不足之处是寿命较短（一般使用期限 10～15 年），切除后剩有残余电荷，且不允许在 1.1 倍额定电压下长时期运行。

1. 补偿电容器容量的计算方法。

(1)计算法。所需补偿电容量的容量可按下式确定：

$$Q_C = P_P\left(\sqrt{\frac{1}{\cos^2\varphi_1}-1}-\sqrt{\frac{1}{\cos^2\varphi_2}-1}\right) \tag{13-16}$$

式中　Q_C——需要补偿的无功容量(kvar)；

P_P——年内最大负载月份的平均有功负载(kW)；

$\cos\varphi_1$——补偿前的功率因数；

$\cos\varphi_2$——补偿后的功率因数。

(2)查表法。按照本单位的自然功率因数，实际平均有功负载(或计算负载)和预计要达到的功率因数目标值查表。该表中已列出每千瓦有功功率所需要补偿电容器的容量值，对照本单位的实际负载就可计算出需要的补偿容量。

每千瓦有功功率所需无功容量速见表见表 13-6。

表 13-6 每千瓦有功功率所需无功容量速见表

(kvar/kW)

补偿前功率因数 $\cos\varphi_1$	补偿后功率因数 $\cos\varphi_2$											
	0.8	0.82	0.84	0.85	0.86	0.88	0.90	0.92	0.94	0.96	0.98	1.00
0.40	1.54	1.60	1.65	1.67	1.70	1.75	1.87	1.87	1.93	2.00	2.09	2.29
0.42	1.41	1.47	1.52	1.54	1.57	1.62	1.68	1.74	1.80	1.87	1.96	2.16
0.44	1.29	1.34	1.39	1.41	1.44	1.50	1.55	1.61	1.68	1.75	1.84	2.04
0.46	1.18	1.23	1.28	1.31	1.34	1.39	1.44	1.50	1.57	1.64	1.73	1.93
0.48	1.08	1.12	1.18	1.21	1.23	1.29	1.34	1.40	1.46	1.54	1.62	1.83
0.50	0.98	1.04	1.09	1.11	1.14	1.19	1.25	1.31	1.37	1.44	1.52	1.73
0.52	0.89	0.94	1.00	1.02	1.05	1.10	1.16	1.21	1.28	1.35	1.44	1.64
0.54	0.81	0.86	0.91	0.94	0.97	1.02	1.07	1.13	1.20	1.27	1.36	1.56
0.56	0.73	0.78	0.83	0.86	0.89	0.94	0.99	1.05	1.12	1.19	1.23	1.48
0.58	0.66	0.71	0.76	0.79	0.81	0.87	0.92	0.98	1.04	1.12	1.20	1.41
0.60	0.58	0.64	0.69	0.71	0.74	0.79	0.85	0.91	0.97	1.04	1.13	1.33
0.62	0.52	0.57	0.62	0.65	0.67	0.73	0.78	0.84	0.90	0.98	1.06	1.27
0.64	0.45	0.50	0.56	0.58	0.61	0.66	0.72	0.77	0.84	0.91	1.00	1.20
0.66	0.39	0.44	0.49	0.52	0.55	0.60	0.65	0.71	0.78	0.85	0.94	1.14
0.68	0.33	0.38	0.43	0.46	0.48	0.54	0.59	0.65	0.71	0.79	0.88	1.08
0.70	0.27	0.32	0.38	0.40	0.43	0.48	0.54	0.59	0.66	0.73	0.82	1.02
0.72	0.21	0.27	0.32	0.34	0.37	0.42	0.48	0.54	0.60	0.67	0.76	0.96
0.74	0.16	0.21	0.26	0.29	0.31	0.37	0.42	0.48	0.54	0.62	0.71	0.91
0.76	0.10	0.16	0.21	0.23	0.26	0.31	0.37	0.43	0.49	0.56	0.65	0.85
0.78	0.05	0.11	0.16	0.18	0.21	0.26	0.32	0.38	0.44	0.51	0.60	0.80
0.80	—	0.05	0.10	0.13	0.16	0.21	0.27	0.32	0.39	0.46	0.55	0.73
0.82	—	—	0.05	0.08	0.10	0.16	0.21	0.27	0.34	0.41	0.49	0.70
0.84	—	—	—	0.03	0.05	0.11	0.16	0.22	0.28	0.35	0.44	0.65
0.85	—	—	—	—	0.03	0.08	0.14	0.19	0.26	0.33	0.42	0.62
0.86	—	—	—	—	—	0.05	0.11	0.17	0.23	0.30	0.39	0.59
0.88	—	—	—	—	—	—	0.06	0.11	0.18	0.25	0.34	0.54
0.90	—	—	—	—	—	—	—	0.06	0.12	0.19	0.28	0.49

2. 装接电容器的补偿方式。通常补偿方式可分为 3 种,如图 13-2 所示。

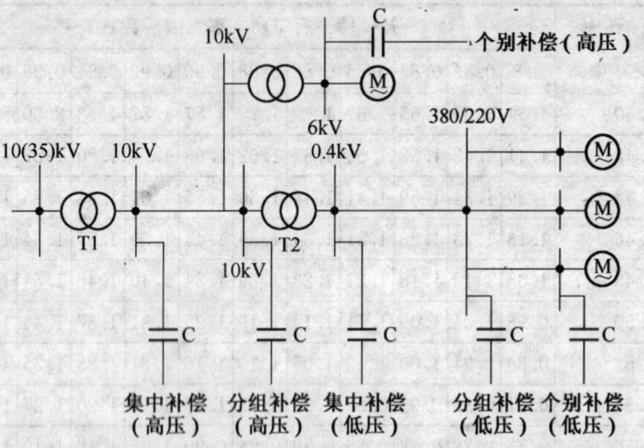

图 13-2 电容器补偿方式

(1)个别补偿。广泛用于低压网络,将电容器直接接在用电设备附近,一般和用电设备合用一套开关,与用电设备同时投入运行或断开。其优点是补偿效果好,缺点是电容器利用率低。对于连续运行的用电设备且容量较大时,所需补偿的无功负载较大,这时采用个别补偿是合适的。

(2)分组补偿。将电容器组分别安装在各车间配电盘的母线上。这样受电变压器以及变电所至车间的线路,由于无功负载的减少都可以收到补偿效果。分组补偿的电容器组利用率比个别补偿时为高,所需容量也比个别补偿为少。

(3)集中补偿。将电容器组接在变电所(或配电所)的高压或低压母线上,电容器组的容量需按变配电所的总无功负载来选择。这种补偿方式的电容器组,利用率较高,能够减少电网和用户变压器及供电线路的无功负载,但不能减少用户内部配电网络的无功负载。

可见,各种补偿方式各有其优缺点。电容器有高压与低压之分,补偿电容器可安装在高压侧,也可安装在低压侧;可以集中安装,也可分散安装。从补偿的角度看:低压补偿比高压补偿好,分散补偿比集中补偿好;从节省投资和便于管理的角度看,高压补偿比低压补偿好,集中补偿比分散补偿好。

实践中，在确定补偿方案后，还可以根据需要分别选用 GR-1 型高压电容器柜（属成套装置），或 BJ-3、BJF-3 型成套低压电容器柜。

三、补偿电容器组的实用连接方式

1. 连接方式的分类与特点。电容器的输出容量与施加到电容器的端电压的平方和频率成正比，电网电压如果高于电容器的额定电压，电容器将会过负载运行，若施加到电容器的端电压低于电容器额定电压，电容器的输出容量将降低。所以装接电容器时，应使它的端电压尽可能接近它的额定电压。

电容器组的连接方式通常可分为三角形联结和星形联结两类（此外还有双三角形和双星形联结），而星形联结又有中性点接地和不接地两种。我国电容器组连接方式，大多采用三角形联结。电容器的额定电压等于电网的线间电压时，在配电系统可以直接接成三角形使用。

三角形联结的电容器，直接承受线间电压，当任何一台电容器因故障被击穿时，就形成两相短路，故障电流很大，如果不能迅速切除故障，故障电流和电弧将使绝缘介质产生气体，会引起电容器油箱爆炸。所以，三角形联结多用于短路容量较小的厂矿企业用户变电所。

2. 几种简单的接线方式。并联电容器的几种简单接线方式如图 13-3～图 13-7 所示。

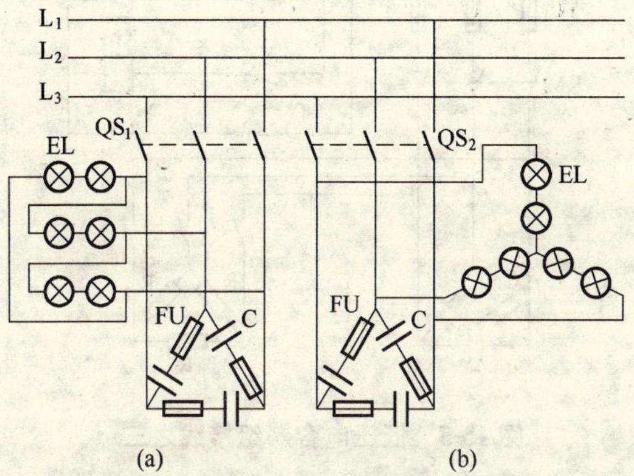

图 13-3 低压电容器组接线之一

(a)白炽灯作三角形联结 (b)白炽灯作星形联结

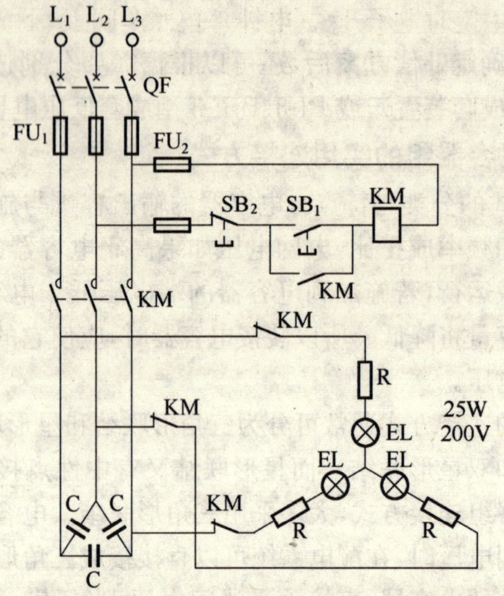

图 13-4 低压电容器组接线之二

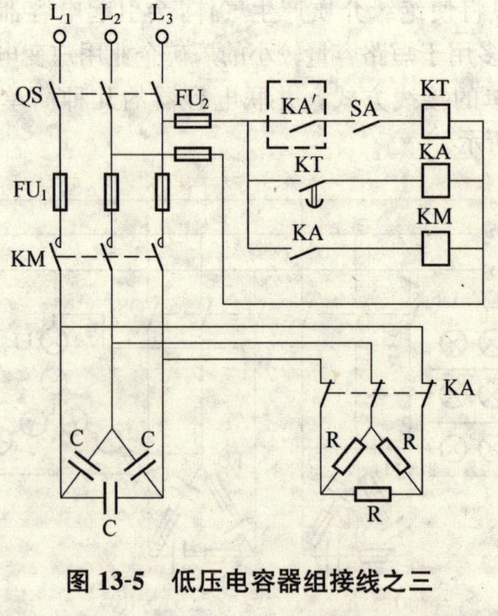

图 13-5 低压电容器组接线之三

图 13-3～图 13-5 线路适用于输电线路较长、输送功率较大而自然功率因数又较低的个别车间或设备，能提高用电端的电压，减少线损。

图 13-5 线路，用定时电子开关(电钟)，按照车间上、下班时间，自动将并联电容器投入与切除。功率因数一般补偿到 0.90～0.95。

图 13-6 线路适用于变电所低压集中补偿，功率因数一般补偿到 0.95～1。

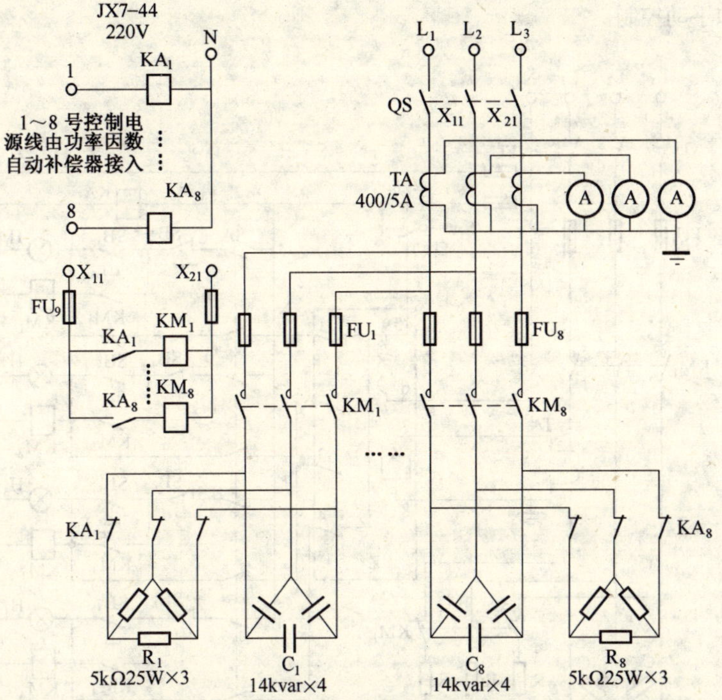

图 13-6　低压电容器组接线之四

图 13-4 中的放电电阻采用电阻与白炽灯串联的方法。这种接线的灯泡起监视和放电双重作用；电阻 R 起放电和限流作用，能延长灯泡寿命，比单独使用放电电阻或单独使用灯泡(两只串联)为好。

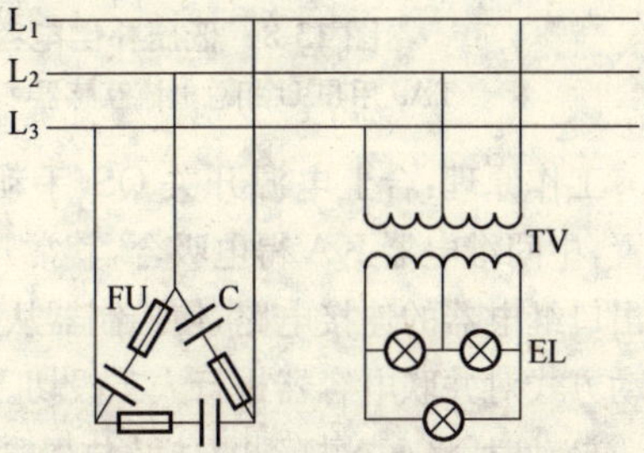

图 13-7　高压电容器组接线

图 13-7 线路适用于变电所

高压集中补偿。它采用电压互感器 TV 作为放电回路,用两个单相电压互感器接成开口三角形,或采用三相电压互感器。

3. 几种简单的自动投切线路。

(1)线路之一。图 13-8 是低压电容器自动投切线路。它可以自动和手动控制。

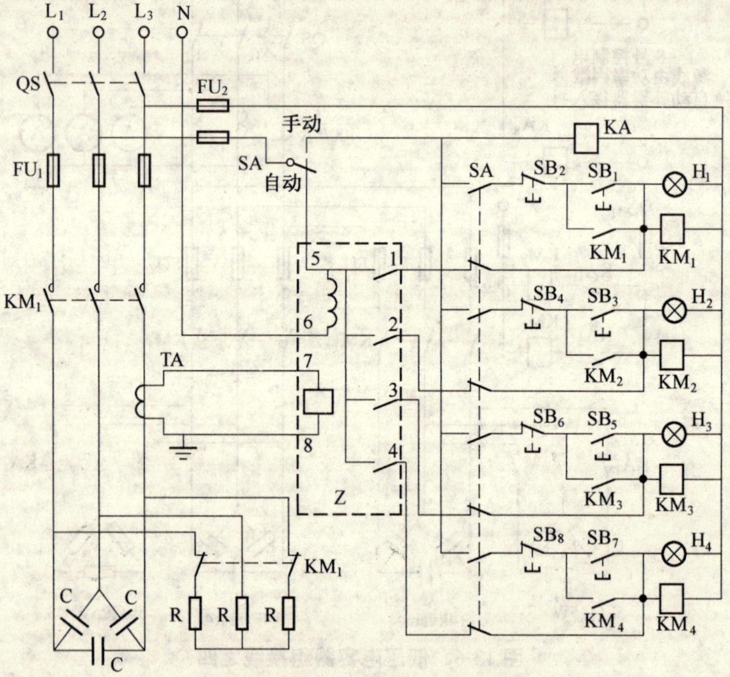

图 13-8　低压补偿电容器自动投切线路

TA. 用户 U 相总电流互感器　Z. 功率因数自动补偿器

工作原理:合上电源开关 QS,手动时,将转换开关 SA 打到“手动”位置,中间继电器 KA 得电吸合,其常开触头闭合,常闭触头断开与控制器出口继电器的连接电路,使控制器从控制电路中自动分离。此时可用手动方式对并联电容器进行人工投切。

自动时,将 KA 打到“自动”位置。中间继电器 KA 失电释放,其常闭触头闭合,接通控制器出口继电器的电路,同时 KA 的常开触头断开。

此时通过控制器 Z 来实现并联电容器的自动投切。

(2)线路之二。图 13-9 是高压电容自动投切线路。它可以自动和手动控制。

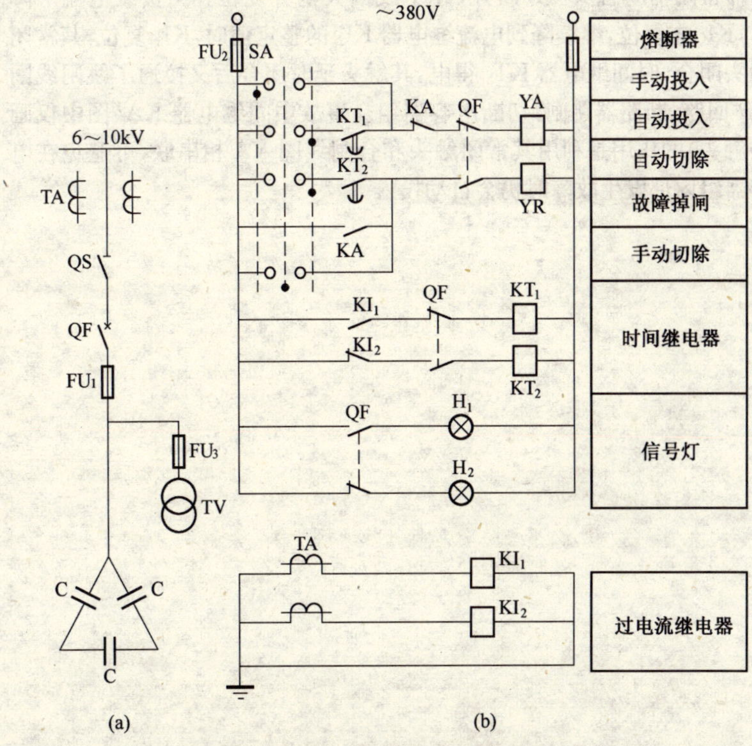

图 13-9　高压补偿电容器自动投切线路

(a)一次接线图　(b)自动投切回路和过电流继电器线圈回路

TA. 电流互感器　QS. 隔离开关　FU. 熔断器　YA. 断路器的辅助合闸线圈　C. 电容器组　QF. 断路器及辅助触头　TV. 放电用的电压互感器　YR. 断路器的跳闸线圈　KI_1、KI_2. 电流继电器　KT_1、KT_2. 时间继电器　KA. 故障跳闸的中间继电器触头　SA. 手动(投、切)和自动选择开关(共有 3 个挡位)　H_1、H_2 信号灯工作原理:将转换开关 SA 打到"自动"位置。由于电流继电器 KI_2 的起动电流整定值较 KI_1 的整定值为小,当负载增大时,KI_2 先动作,而后 KI_1 动作,接通时间继电器 KT_1,其触头延时闭合,断路器辅助合闸线圈 YA 得电,断路器 QF 合闸,电容器组自动投入运行。投入后由于断路器常闭辅助触头 QF 断开,KT_1 线圈失电并复位。当负载电流下降时,KI_1 先复位,继续降到电流继电器 KI_2 的整定值时,KI_2 复位,其常闭触头闭合,时间继电器 KT_2 得电,其触头延时闭合后又接通了跳闸线圈 YR 回路,断路器跳闸,切断电容器组。事故中间继电器 KA(图中仅画出触头)的作用是利用其常闭触头和合闸线圈 YA 相串联,可避免在电容器组内部发生故障时仍会自动投入。

第十四章　照明计算

第一节　照明线路计算

一、照明负载计算

1. 需要系数法。用电设备组的需要系数，是用电设备组在最大负载时需要的有功功率与其设备容量的比值。由此可得按需要系数法确定三相用电设备组有功计算负载的基本公式为

$$P_{C}=K_{n}P_{e} \tag{14-1}$$

式中 P_{C}——线路的有功计算负载(kW)；

K_{n}——需要系数，照明负载的需要系数见表 14-1；

P_{e}——线路接用的设备容量(kW)。当灯具接有镇流器时，灯具容量可按其光源功率增加 20%计(荧光灯、高压汞灯、高压钠灯、金属卤化物灯等的计算功率和计算电流，当其采用电感式镇流器时，宜取为按其额定功率或电流计算所得值的 1.2 倍，以计入电感式镇流器功耗的影响。如采用电子镇流器则可不予考虑)；接有插座时，可按每一插座增加 1～2kW 计。插座与灯座同一回路时，插座数不宜超过 5 个。插座为单独回路时，插座不宜超过 10 个。

表 14-1　照明负载的需要系数 K_{n}

建筑类别	需要系数	建筑类别	需要系数
生产厂房(有天然采光)	0.8～0.9	锅炉房	0.9
生产厂房(无天然采光)	0.9～1	影剧院	0.7～0.8
办公室	0.7～0.8	宿舍区、生活区	0.6～0.8
设计室	0.9～0.95	病房楼	0.5～0.6
实验室、阅览室	0.8～1	食堂、礼堂	0.9～0.95
教学楼	0.8～0.9	商店	0.85～0.95
变配电所、仓库	0.5～0.7	学校	0.6～0.7

续表 14-1

建筑类别	需要系数	建筑类别	需要系数
展览馆	0.7～0.8	托儿所、幼儿园	0.55～0.65
旅馆	0.6～0.7	室外照明	0.85～1
体育馆	0.65～0.75	事故照明	1

三相线路的计算电流按下式计算：

$$I_{3C}=\frac{10^3 P_{3C}}{\sqrt{3}U_N\cos\varphi} \tag{14-2}$$

式中 I_{3C}——三相线路的计算电流(A)；

P_{3C}——线路的有功计算负载(kW)；

U_N——线路的额定电压(V)；

$\cos\varphi$——线路负载(光源)的功率因数值，见表 14-2。

表 14-2 各种照明器的功率因数(参考值)

照明器		功率因数
荧光灯	无补偿	0.57
	有补偿	0.9
白炽灯、卤钨灯		1
高压汞灯		0.45～0.65
金属卤化物灯(钠铊铟灯、镝灯)		0.4～0.61
高压钠灯		0.45
低压钠灯		0.6
管形氙灯		0.9
镝灯		0.52

单相线路的计算电流按下式计算：

$$I_{1C}=\frac{10^3 P_{1C}}{U_{NP}\cos\varphi} \tag{14-3}$$

式中 I_{1C}——单相线路的计算电流(A)；

P_{1C}——单相有功计算负载(kW)；

U_{NP}——线路额定相电压(V)；

$\cos\varphi$——负载功率因数，同式(14-2)说明。

2. 单位容量(比功率、负载密度)法。有功计算负载按下式计算：

$$P_C = \frac{P_0 A}{1000} \tag{14-4}$$

式中 P_C——有功计算负载(kW)；

P_0——单位面积安装容量(W/m^2)，见表14-3；

A——建筑面积(m^2)。

表14-3 照明装置单位面积安装容量参考值 (单位：W/m^2)

建筑物名称	单位面积安装容量	建筑物名称	单位面积安装容量
机械加工车间	7～10	空压站、水泵房	6～9
机修、电机车间	7.5～9	锅炉房	7～9
木工车间	10～12	材料库	4～7
铸工车间	8～10	变、配电所	8～12
锻工车间	7～9	工厂办公室	10～15
热处理车间	10～13	家属宿舍(不含电炊用电)	10～15
表面处理车间	9～11	单身宿舍	8～10
焊接车间	7～10	设计室、绘图室	12～18
装配车间	8～11	资料室	10～15
元件、仪表、装配试验厂房	10～13	食堂、餐厅	10～13
生产准备厂房	8～11	医院	9～12
工厂中央试验室	9～12	学校	12～15
计量室	10～13	托儿所、幼儿园	9～12
冷冻站	8～10	俱乐部	10～13
乙炔站	8～11	商店	12～15
氧气站、煤气站	8～10	浴室、更衣室、厕所	6～8

计算电流可按式(14-2)或式(14-3)计算，照明装置的功率因数可按

$\cos\varphi=1$ 计算。

3. 单位指标法。有功计算负载按下式计算

$$P_C = P_u N \tag{14-5}$$

式中 P_C——有功计算负载(kW);

P_u——单位用电指标(kW/户或 1W/床位),一般城市住宅用电单位指标参考值见表 14-4;

N——单位(住户或床位)数量。

表 14-4 一般城市住宅用电单位指标参考值(单位:kW/户)

<table>
<tr><th>住宅类别</th><th>用电指标</th><th>备 注</th></tr>
<tr><td>40～60m² 住宅</td><td>1.5～2.5</td><td rowspan="3">(1)电炊用户每户另加 2～6kW
(2)用户超过 10 户时应乘以同时系数 K_{sim}
10～50 户,K_{sim}=0.7～0.8
50～100 户,K_{sim}=0.6～0.7
100 户以上,K_{sim}=0.4～0.6</td></tr>
<tr><td>60～90m² 住宅</td><td>2.0～3.5</td></tr>
<tr><td>90m² 以上住宅</td><td>3.0～5.5</td></tr>
</table>

计算电流亦可按式(14-2)或式(14-3)计算,其功率因数可近似取为 $\cos\varphi=0.8\sim0.9$。

二、导线截面面积选择计算

1. 全线均一的照明线路导线截面的选择计算。

(1)相线截面的选择。

①按允许电压降进行选择。照明线路可近似地视为"无感"(即 $\cos\varphi=1$)线路,可按下式选择相线截面:

$$A \geqslant \frac{\sum M}{C\Delta U_{1d}\%} = \frac{\sum PL}{C\Delta U_{1d}\%} \tag{14-6}$$

式中 A——计算的相线截面(mm^2);

$\sum M$——线路的总负载矩(kW·m);

P——各负载的有功功率(kW);

L——线路各负载点至线路首端的距离(m);

C——计算系数,根据电压和导线材料而定,见表 14-5;

$\Delta U_{id}\%$——允许的线路电压降的百分数,见表 14-6。

②校验发热条件。导线应满足的发热条件为

$$I_{al} \geqslant I_C \tag{14-7}$$

式中 I_{al}——导线的允许载流量(A),BLX 和 BLV 型铝芯绝缘线明敷、穿钢管和穿硬塑料管时的允许载流量见表 14-7～14-9,其他导线和电缆的允许载流量可参阅其他设计手册。

I_C——导线的计算电流(A)。

表 14-5 计算系数 C 值($\cos\varphi=1$)

额定电压(V)	线路系统	计算公式	导线 C 值(θ=50℃)		母线 C 值(θ=65℃)	
			铝	铜	铝	铜
380/220	三相四线	$10\gamma U_N^2$	45.70	75.00	43.40	71.10
380/220	两相三线	$\frac{10\gamma U_N^2}{2.25}$	20.30	33.30	19.30	31.60
220	单相及直流	$5\gamma U_{NP}^2$	7.66	12.56	7.27	11.92
110			1.92	3.14	1.82	2.98
36			0.21	0.34	0.20	0.32
24			0.091	0.15	0.087	0.14
12			0.023	0.037	0.022	0.036
6			0.0057	0.0093	0.0054	0.0089

注:1. 20℃时电阻率 ρ 值($\Omega\cdot\mu m$):铝母线、铝导线为 0.0282;铜母线、铜导线为 0.0172。

2. 计算 C 值时,导线工作温度为 50℃,铝导线电导率 γ 值($S/\mu m$)为 31.66,铜导线为 51.91;母线工作温度为 65℃,铝母线 γ 值($S/\mu m$)为 30.05,铜母线为 49.27。

3. U_N 为额定电压(kV);U_{NP}为额定相电压(kV)。

表 14-6 照明线路的允许电压降

线路种类	允许电压降
对视觉作业要求高的场所,白炽灯、卤钨灯及钠灯的线路	2.5%
一般作业场所的室内照明,气体放电灯的线路	5%
露天照明、道路照明、应急照明,36V 及以下的线路	10%

应该指出的是:导线的允许载流量 I_{al} 与环境温度有关。环境温度的规定见表 14-10。如果导线敷设地点的环境温度与导线允许载流量所采用的

环境温度不同，则导线的允许载流量应乘以下式所示温度校正系数。

$$K_\theta=\sqrt{\frac{\theta_{al}-\theta_{er}}{\theta_{al}-\theta_e}} \tag{14-8}$$

式中 K_θ——温度校正系数；

θ_{al}——导线正常工作时的最高允许温度(℃)；

θ_{er}——导线敷设地点实际的环境温度(℃)；

θ_e——导线允许载流量所采用的环境温度(℃)。

表 14-7 BLX 和 BLV 型铝芯绝缘线明敷时的允许载流量（A）

芯线截面面积(mm²)	BLX 型铝芯橡胶线				BLV 型铝芯聚氯乙烯线			
	环境温度(℃)							
	25	30	35	40	25	30	35	40
2.5	27	25	23	21	25	23	21	19
4	35	32	30	27	32	29	27	25
6	45	42	38	35	42	39	36	33
10	65	60	56	51	59	55	51	46
16	85	79	73	67	80	74	69	63
25	110	102	95	87	105	98	90	83
35	138	129	119	109	130	121	112	102
50	175	163	151	138	165	154	142	130
70	220	206	190	174	245	191	177	162
95	265	247	229	209	250	233	216	197
120	310	280	268	245	283	266	246	225
150	360	336	311	284	325	303	281	257
185	420	392	363	332	380	355	328	300

注：1. 导线正常最高允许温度为 65℃。

2. BX 和 BV 型铜芯绝缘线的允许载流量可分别采用同截面的 BLX 和 BLV 型铝芯绝缘线的允许载流量乘 1.29。

表 14-8 BLX 和 BLV 型铝芯绝缘线穿钢管时的允许载流量 （A）

导线型号	芯线截面面积 (mm^2)	2 根单芯线 环境温度(℃)				2 根穿管 管径(mm)		3 根单芯线 环境温度(℃)				3 根穿管 管径(mm)		4～5 根单芯线 环境温度(℃)				4 根穿管 管径(mm)		5 根穿管 管径(mm)	
		25	30	35	40	G	DG	25	30	35	40	G	DG	25	30	35	40	G	DG	G	DG
BLX	2.5	21	19	18	16	15	20	19	17	16	15	15	20	16	14	13	12	20	25	20	25
	4	28	26	24	22	20	25	25	23	21	19	20	25	23	21	19	18	20	25	20	25
	6	37	34	32	29	20	25	34	31	29	26	20	25	30	28	25	23	25	25	25	32
	10	52	48	44	41	25	32	46	43	39	36	25	32	40	37	34	31	25	32	32	40
	16	66	61	57	52	25	32	59	55	51	46	32	32	52	48	44	41	32	40	40	50
	25	86	80	74	68	32	40	76	71	65	60	32	40	68	63	58	53	40	50	40	50
	35	106	99	91	83	32	40	94	87	81	74	40	50	83	77	71	65	50	—	50	—
	50	133	124	115	105	40	50	118	110	102	93	50	—	105	98	90	83	50	—	70	—
	70	164	154	142	130	50	—	150	140	129	118	50	—	133	124	115	105	70	—	70	—
	95	200	187	173	158	70	—	180	168	155	142	70	—	160	149	138	126	70	—	80	—
	120	230	215	198	181	70	—	210	196	181	166	70	—	190	177	164	150	70	—	80	—
	150	260	243	224	205	70	—	240	224	207	189	70	—	220	205	190	174	80	—	100	—
	185	295	275	255	235	80	—	270	252	233	213	80	—	250	233	216	197	80	—	100	—
BLV	2.5	20	18	17	15	15	15	18	16	15	14	15	15	15	14	12	11	15	15	15	20
	4	27	25	23	21	15	15	24	22	20	18	15	15	22	20	19	17	15	20	20	20
	6	35	32	30	27	15	20	32	29	27	25	15	20	28	26	24	22	20	25	25	25
	10	49	45	42	38	20	25	44	41	38	34	20	25	38	35	32	30	25	25	25	32

续表 14-8

导线型号	芯线截面面积(mm^2)	2根单芯线				2根穿管		3根单芯线				3根穿管		4～5根单芯线				4根穿管		5根穿管	
		环境温度(℃)				管径(mm)		环境温度(℃)				管径(mm)		环境温度(℃)				管径(mm)		管径(mm)	
		25	30	35	40	G	DG	25	30	35	40	G	DG	25	30	35	40	G	DG	G	DG
BLV	16	63	58	54	49	25	25	56	52	48	44	25	32	50	46	43	39	25	32	32	40
	25	80	74	69	63	25	32	70	65	60	55	32	32	65	60	56	51	32	40	32	50
	35	100	93	86	79	32	40	90	84	77	71	32	40	80	74	69	63	40	50	40	50
	50	125	116	108	98	40	50	110	102	95	87	40	50	100	93	86	79	50	—	50	—
	70	155	144	134	122	50	50	143	133	123	113	40	—	127	118	109	100	50	—	70	—
	95	190	177	164	150	50	—	170	158	147	134	50	—	152	142	131	120	70	—	70	—
	120	220	205	190	174	50	—	195	182	168	154	50	—	172	160	148	136	70	—	80	—
	150	250	233	216	197	70	—	225	210	194	177	70	—	200	187	173	158	70	—	80	—
	185	285	266	246	225	70	—	255	238	220	201	70	—	230	215	198	181	80	—	100	—

注：1. 导线正常最高允许温度为65℃。

2. BX和BV型铜芯绝缘线的允许载流量可分别采用同截面的BLX和BLV型铝芯绝缘线的允许载流量乘以1.29。

3. 表中4～5根单芯线穿管的载流量，是指其中三相导线的载流量，其他的N线或PEN线中可有不平衡电流通过。如果三相线路负载是平衡的，另一根为PE线，则虽有4根线穿管，但其载流量仍应按3根线穿管考虑，而管径则仍按4根线穿管确定。

4. 管径的国际单位制(SI制)与英制的近似对照如下表：

SI制 ϕ(mm)	15	20	25	32	40	50	65	70	80	90	100
英制 ϕ(in)	$\frac{1}{2}$	$\frac{3}{4}$	1	$1\frac{1}{4}$	$1\frac{1}{2}$	2	$2\frac{1}{2}$	$2\frac{3}{4}$	3	$3\frac{1}{2}$	4

表 14-9　BLX 和 BLV 型铝芯绝缘线穿硬塑料管时的允许载流量　(A)

导线型号	芯线截面面积 (mm²)	2 根单芯线 环境温度(℃)				2 根穿管管径 (mm)	3 根单芯线 环境温度(℃)				3 根穿管管径 (mm)	4~5 根单芯线 环境温度(℃)				4 根穿管管径 (mm)	5 根穿管管径 (mm)
		25	30	35	40		25	30	35	40		25	30	35	40		
BLX	2.5	19	17	16	15	15	17	15	14	13	15	15	14	12	11	20	25
	4	25	23	21	19	20	23	21	19	18	20	20	18	17	15	20	25
	6	33	30	28	26	20	29	27	25	22	20	25	24	22	20	25	32
	10	44	41	38	34	25	40	37	34	31	25	35	32	30	27	32	32
	16	58	54	50	45	32	52	48	44	41	32	46	43	39	36	32	40
	25	77	71	66	60	32	68	63	58	53	32	60	56	51	47	40	40
	35	95	88	82	75	40	84	78	72	66	40	74	69	64	58	40	50
	50	120	112	103	94	40	108	100	93	85	50	95	88	82	75	50	50
	70	153	143	132	121	50	135	126	115	106	50	120	112	103	94	50	65
	95	184	172	159	145	50	165	154	142	130	65	150	140	129	118	65	80
	120	210	196	181	166	65	190	177	164	150	65	170	158	147	134	80	80
	150	250	233	216	197	65	227	212	196	179	75	205	191	177	162	80	90
	185	282	263	243	223	80	255	238	220	201	80	232	216	200	183	100	100

续表 14-9

导线型号	芯线截面面积 (mm^2)	2 根单芯线 环境温度(℃)				2 根穿管管径 (mm)	3 根单芯线 环境温度(℃)				3 根穿管管径 (mm)	4～5 根单芯线 环境温度(℃)				4 根穿管管径 (mm)	5 根穿管管径 (mm)
		25	30	35	40		25	30	35	40		25	30	35	40		
BLV	2.5	18	16	15	14	15	16	14	13	12	15	14	13	12	11	20	25
	4	24	22	20	18	20	22	20	19	17	20	19	17	16	15	20	25
	6	31	28	26	24	20	27	25	23	21	20	25	23	21	19	25	32
	10	42	39	36	33	25	38	35	32	30	25	33	30	28	26	32	32
	16	55	51	47	43	32	49	45	42	38	32	44	41	38	34	32	40
	25	73	68	63	57	32	65	60	56	51	40	57	53	49	45	40	50
	35	90	84	77	71	40	80	74	69	63	40	70	65	60	55	50	65
	50	114	106	98	90	50	102	95	88	80	50	90	84	77	71	65	65
	70	145	135	125	114	50	130	121	112	102	50	115	107	99	90	65	75
	95	175	163	151	138	65	158	147	136	124	65	140	130	121	110	75	75
	120	206	187	179	158	65	180	168	155	142	65	160	149	138	126	75	80
	150	230	215	198	181	75	207	193	179	163	75	185	172	160	146	80	90
	185	265	247	229	209	75	235	219	203	185	75	212	198	183	167	90	100

注：同表 14-8，此略。

表 14-10 导线敷设地点的环境温度

敷设地点	环境温度的选取
室外	当地最热月平均最高气温
室内、沟内	当地最热月平均最高气温加 5℃
埋地	当地最热月地下 0.8m 平均地温或最热月平均气温(近似值)

③校验机械强度。导线的机械强度应满足下式所示条件。

$$A \geqslant A_{\min} \tag{14-9}$$

式中 A——所选导线的芯线截面面积(mm^2);

$A_{\min}$——导线的最小芯线截面面积(mm^2),见表 14-11。

表 14-11 导线的最小芯线截面面积(据 JBJ6—1996)

<table>
<tr><th colspan="4" rowspan="2">用途</th><th colspan="3">最小芯线截面面积(mm²)</th></tr>
<tr><th>铜芯软线</th><th>铜线</th><th>铝线</th></tr>
<tr><td colspan="4">裸导线敷设于绝缘子上</td><td>—</td><td>10</td><td>10</td></tr>
<tr><td rowspan="3">照明用灯头引下线</td><td colspan="3">民用建筑,室内</td><td>0.4</td><td>0.5</td><td>1.5</td></tr>
<tr><td colspan="3">工业建筑,室内</td><td>0.5</td><td>0.8</td><td>2.5</td></tr>
<tr><td colspan="3">室外</td><td>1.0</td><td>1.0</td><td>2.5</td></tr>
<tr><td rowspan="5">绝缘导线敷设于绝缘子上</td><td rowspan="5">绝缘子支持点间距 L</td><td rowspan="2">L≤2m</td><td>室内</td><td>—</td><td>1.0</td><td>2.5</td></tr>
<tr><td>室外</td><td>—</td><td>1.5</td><td>2.5</td></tr>
<tr><td colspan="2">2m<L≤6m</td><td>—</td><td>2.5</td><td>4</td></tr>
<tr><td colspan="2">6m≤L≤16m</td><td>—</td><td>4</td><td>6</td></tr>
<tr><td colspan="2">16m≤L≤25m</td><td>—</td><td>6</td><td>10</td></tr>
<tr><td colspan="4">绝缘导线穿管敷设</td><td>1.0</td><td>1.0</td><td>2.5</td></tr>
<tr><td colspan="4">绝缘导线槽板敷设</td><td rowspan="3">—</td><td>1.0</td><td>2.5</td></tr>
<tr><td colspan="4">绝缘导线线槽敷设</td><td>0.75</td><td>2.5</td></tr>
<tr><td colspan="4">塑料绝缘护套线扎头直敷</td><td>1.0</td><td>2.5</td></tr>
</table>

注:室内照明灯具,用链吊或管吊,其灯头引下线为铜芯软线时,可适当减小截面。

④绝缘导线截面与保护装置相配合。绝缘导线截面还应与线路的过电流保护相配合,以免导线过负载达到不允许的程度,甚至使导线绝缘过热起燃而保护装置不动作,结果引起火灾等严重事故。因此必须满足下列条件:

$$I_{fN} \leqslant K_{ol} I_{al} \tag{14-10}$$

或

$$I_{bact} \leqslant K_{ol} I_{al} \tag{14-11}$$

式中 I_{fN}——线路首端低压熔断器熔体额定电流(A);

K_{ol}——绝缘导线的允许短时过负载系数;

I_{al}——绝缘导线的允许载流量(A);

I_{bact}——线路首端低压断路器过电流脱扣器的动作电流(脱扣电流)(A)。

采用熔断器保护的 K_{ol}：如熔断器只作短路保护时，对电缆和穿管绝缘导线，取 $K_{ol}=2.5$；对明敷绝缘导线，取 $K_{ol}=1.5$。如熔断器除作短路保护外，尚作过负载保护时(例如居民住宅、职工宿舍、重要仓库和公共建筑中的照明线路)，则应取 $K_{ol}=1$；当 $I_{fN}\leqslant 25A$ 时，应取 $K_{ol}=0.85$。

采用低压断路器保护的 K_{ol}：如为瞬时或短延时过电流脱扣器保护，取 $K_{ol}=4.5$；如为长延时过电流脱扣器，应取 $K_{ol}=1\sim1.1$(只作过负载保护时取 $K_{ol}=1$)。

如果满足不了式(14-10)或式(14-11)的要求，则应适当增大导线的芯线截面。

(2)中性线(N线)截面的选择。

①对以白炽灯为主的三相四线制照明线路。

若由Yyn0联结的变压器配线时，N线截面按下式选择：

$$A_N=(0.5\sim0.6)A_P \tag{14-12}$$

式中　A_N——N线截面面积(mm^2)；

A_P——相线截面面积(mm^2)。

若由Dyn11联结的变压器配线时，N线截面按下式选择：

$$A_N=(0.7\sim0.8)A_P \tag{14-13}$$

符号意义与式(14-12)相同。

②对以气体放电灯为主的三相四线制照明线路中的N线截面，以及由三相四线制线路分出的两相三线线路和单相线路中的N线截面，均应与相线截面相同，即

$$A_N=A_P \tag{14-14}$$

(3)保护线(PE线)截面的选择。PE线应满足单相短路热稳定度的要求。按GB 50054—1995低压配电设计规范的规定，当PE线所用材质与相线相同时，PE线的最小截面应符合表14-12的规定。

表14-12　保护线(PE线)的最小截面面积(据GB 50054—1995)

相线截面	PE线最小截面	备　注
$A\leqslant 16mm^2$ 时	A	当按 $A/2$ 求出的 A_{PE} 为非标准截面时，应选用与之最接近的标准截面
$16mm^2<A\leqslant 35mm^2$ 时	$16mm^2$	
$A>35mm^2$ 时	$A/2$	

当 PE 线采用单芯绝缘导线时，GB 50054—1995 规定按机械强度要求，其截面面积不应小于下列数值。

①有机械性保护时，$A_{PE} \geqslant 2.5mm^2$。

②无机械性保护时，$A_{PE} \geqslant 4mm^2$。

(4)保护中性线(PEN 线)截面的选择。PEN 线应同时满足以上所述 N 线和 PE 线的要求，而且按 GB 50054—1995 规定。

①采用单芯导线作 PEN 线干线时，铜芯导线应不小于 $10mm^2$，铝芯导线应不小于 $16mm^2$。

②采用多芯导线或电缆作 PEN 线干线时，其截面面积应不小于 $4mm^2$。

2. 有分支线的照明线路导线截面的选择计算。相线截面按满足允许电压降要求并考虑导体材料消耗量最小条件选择；而发热条件和机械强度的校验，与前面所述导线截面的选择校验完全相同。

按允许电压损耗并考虑导体材料消耗量最小条件选择有分支照明线路干线截面的近似公式为

$$A=\frac{\sum M+\sum \alpha M'}{C\Delta U_{al}\%} \tag{14-15}$$

式中　$\sum M$——计算线段及其后面各段(指具有与计算线段相同导线根数的线段)的负载矩($M=PL$)之和；

$\sum \alpha M'$——由计算线段供电而导线根数与计算线段不同的所有分支线的负载矩($M'=P'L'$)之和，这些负载矩在相加前，应分别乘以负载矩换算系数 α，α 值见表 14-13；

C——计算系数，见前面表 14-5；

$\Delta U_{al}\%$——从计算线段的首端起，至整个线路末端止的允许电压降，对线路额定电压的百分值。

表 14-13　负载矩换算系数 α 值

干　线	分 支 线	负载矩换算系数 α	
		代号	数值
三相四线	单相	α_{4-1}	1.83
三相四线	两相三线	α_{4-2}	1.37
两相三线	单相	α_{3-1}	1.33
三相三线	两相三线	α_{3-2}	1.15

根据式(14-15)的计算结果，选取偏大1～2级的标准导线截面，并按式(14-7)和式(14-9)分别校验发热条件和机械强度。

干线截面选定后，再按前述方法选定N线，PE线或PEN线的截面面积，并按下式计算该段线路实际的电压降

$$\Delta U\% = \frac{\sum M}{CA} \tag{14-16}$$

接着按下式计算下一段线路的相线截面面积

$$A = \frac{\sum M + \sum \alpha M'}{C(\Delta U_{al}\% - \Delta U\%)} \tag{14-17}$$

式中　$\sum M$——本段及后面相同导线根数线段的负载矩之和(kW·m)；

$\sum \alpha M'$——由本段供电而导线根数不同于本段的所有分支线的负载矩换算值之和(kW·m)；

$\Delta U_{al}\%$——前一段首端起至整个线路末端上的允许电压降百分值；

$\Delta U\%$——前一段干线的实际电压降百分值，即式(14-16)的计算结果；

C——本段线路的计算系数，见前表14-5。

根据式(14-17)的计算结果，选取偏大的导线截面，并校验发热条件和机械强度，同时选定N线、PE线或PEN线截面面积。

接着依次按式(14-17)选择后面各段线路的相线截面，同时选定N线、PE线或PEN线截面。如此类推，直至选定所有分支线路的导线截面面积。

三、计算示例

例14-1　如图14-1所示照明供电系统，线路额定电压为380/220V，允许电压降为2.5%，选用BLV型铝芯塑料绝缘电线，环境温度为+25℃。线路长度、负载功率均标注在图中，试计算线路各段导线截面面积。

解　(1)计算各段线路的负载矩。

AB段　$M_{AB}=8.0\times50\text{kW}\cdot\text{m}=400\text{kW}\cdot\text{m}$

BC段　$M'_{BC}=1.8\times40\text{kW}\cdot\text{m}=72\text{kW}\cdot\text{m}$

BD段　$M'_{BD}=1.5\times30\text{kW}\cdot\text{m}=45\text{kW}\cdot\text{m}$

BE段　$M_{BE}=4.7\times60\text{kW}\cdot\text{m}=282\text{kW}\cdot\text{m}$

EF段　$M_{EF}=1.5\times30\text{kW}\cdot\text{m}=45\text{kW}\cdot\text{m}$

EG段　$M'_{EG}=1.2\times20\text{kW}\cdot\text{m}=24\text{kW}\cdot\text{m}$

EH段　$M'_{EH}=2.0\times20\text{kW}\cdot\text{m}=40\text{kW}\cdot\text{m}$

(2)选择AB段的导线截面面积。

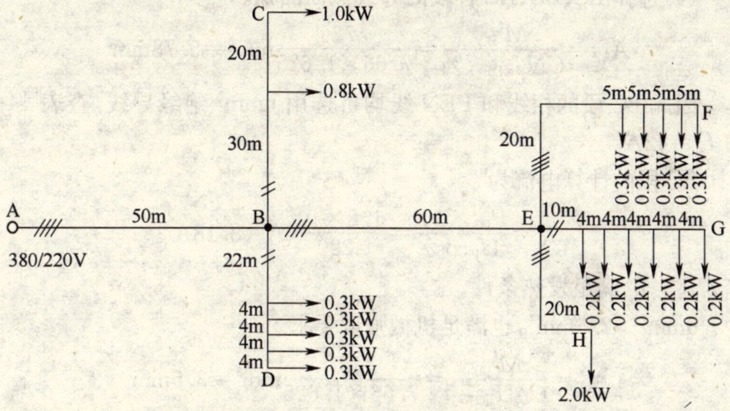

图 14-1 某照明供电系统

$$A_{AB}=\frac{\sum M+\sum \alpha M'}{C\Delta U_{al}\%}$$

$$=\frac{M_{AB}+M_{BE}+M_{EF}+\alpha_{4-2}M'_{EH}+\alpha_{4-1}(M'_{BC}+M'_{BD}+M'_{EG})}{C\Delta U_{al}\%}$$

$$=\frac{400+282+45+1.37\times 40+1.83(72+45+24)}{45.7\times 2.5}\text{mm}^2$$

$$=9.1\text{mm}^2$$

因此 AB 段的相线可选用 10mm^2 绝缘导线，查表 14-7 知 $I_{al}=59\text{A}$。

AB 段的计算电流为

$$I_C=\frac{P_{AB}\times 10^3}{\sqrt{3}U_N\cos\varphi}=\frac{8\times 10^3}{\sqrt{3}\times 380\times 1}\text{A}=12.17\text{A}$$

故 $I_{al}>I_C$ 满足发热条件。

按机械强度，查表 14-11 知最小截面为 2.5mm^2，也满足要求。

按表 14-12 中规定，$A\leqslant 16\text{mm}^2$ 时，$A_{PEN}=A$，故选 PEN 线截面 $A_{PEN}=10\text{mm}^2$。

(3)计算 AB 线段的电压降及 B 点以后（式中表示为“B→”）的允许电压降。

$$\Delta U_{AB}\%=\frac{M_{AB}}{CA_{AB}}=\frac{400}{45.7\times 10}\%=0.875\%$$

故 $\Delta U_{al(B\to)}\%=\Delta U_{al}\%-\Delta U_{AB}\%=2.5\%-0.875\%=1.625\%$

(4)选择 BC、BD、BE 各段的导线截面面积。

$$A_{AB}=\frac{M'_{BC}}{C\Delta U_{al(B\to)}\%}=\frac{72}{7.66\times1.625}\text{mm}^2=5.78\text{mm}^2$$

因此 BC 段的相线和 PEN 线均可选用 6mm² 绝缘导线，查表 14-7 知 $I_{al}=42\text{A}$。

BC 段的计算电流为

$$I_C=\frac{P_{BC}\times10^3}{U_P\cos\varphi}=\frac{1.8\times10^3}{220}\text{A}=8.18\text{A}$$

$I_{al}>I_C$ 满足发热条件。

$6\text{mm}^2>2.5\text{mm}^2$，也满足机械强度要求。

$$A_{BD}=\frac{M'_{BD}}{C\Delta U_{al(B\to)}}=\frac{45}{7.66\times1.625}\text{mm}^2=3.6\text{mm}^2$$

因此 BD 段的相线和 PEN 线均可选用 4mm² 绝缘导线，查表 14-7 知 $I_{al}=32\text{A}$。

BD 段的计算电流为

$$I_C=\frac{P_{BD}\times10^3}{U_P\cos\varphi}=\frac{1.5\times10^3}{220}\text{A}=6.82\text{A}$$

$I_{al}>I_C$ 满足发热条件。

$4\text{mm}^2>2.5\text{mm}^2$，也满足机械强度要求。

$$A_{BE}=\frac{M_{BE}+M_{EF}+1.37M'_{EH}+1.83M'_{EG}}{C\Delta U_{al(B\to)}\%}$$
$$=\frac{282+45+1.37\times40+1.83\times24}{45.7\times1.625}\text{mm}^2$$
$$=5.7\text{mm}^2$$

因此 BE 段的相线和 PEN 线均可选用 6mm² 绝缘导线，$I_{al}=42\text{A}$。

BE 段的计算电流为

$$I_C=\frac{P_{BE}\times10^3}{\sqrt{3}U_N\cos\varphi}=\frac{4.7\times10^3}{\sqrt{3}\times380}\text{A}=7.15\text{A}$$

$I_{al}>I_C$ 满足发热条件。

$6\text{mm}^2>2.5\text{mm}^2$，也满足机械强度要求。

(5)计算 BE 线段的电压降及 E 点以后(式中表示为“E→”)的允许电压降。

$$\Delta U_{BE}\%=\frac{M_{BE}}{CA_{BE}}=\frac{282}{45.7\times6}\%=1.028\%$$

故
$$\Delta U_{al(E\to)}\%=\Delta U_{al(B\to)}\%-\Delta U_{BE}\%$$
$$=1.625\%-1.028\%=0.597\%$$

(6)选择 EF、EG 和 EH 各段的导线截面。

$$A_{EF}=\frac{M_{EF}}{C\Delta U_{al(E\to)}\%}=\frac{45}{45.7\times0.597}mm^2$$
$$=1.65mm^2$$

因此 EF 段的相线和 PEN 线均可选用 $2.5mm^2$ 绝缘导线，查表 14-7 知 $I_{al}=25A$。

EF 段的计算电流为

$$I_C=\frac{P_{EF}\times10^3}{\sqrt{3}U_N\cos\varphi}=\frac{1.5\times10^3}{\sqrt{3}\times380}A=2.28A$$

$I_{al}>I_C$ 满足发热条件。

选用 $2.5mm^2$ 绝缘导线，也满足机械强度要求。

$$A_{EG}=\frac{M'_{EG}}{C\Delta U_{al(E\to)}\%}=\frac{24}{7.66\times0.597}mm^2$$
$$=5.25mm^2$$

因此 EG 段的相线和 PEN 线均可选用 $6mm^2$ 绝缘导线，$I_{al}=42A$。

EG 段的计算电流为

$$I_C=\frac{P_{EG}\times10^3}{U_P\cos\varphi}=\frac{1.2\times10^3}{220}A=5.45A$$

$I_{al}>I_C$ 满足发热条件。

选用 $6mm^2$ 绝缘导线，也满足机械强度要求。

$$A_{EH}=\frac{M'_{EH}}{C\Delta U_{al(E\to)}\%}=\frac{40}{20.3\times0.597}mm^2$$
$$=3.3mm^2$$

因此 EH 段的相线和 PEN 线均可选用 $4mm^2$ 绝缘导线，$I_{al}=32A$。

EH 段的计算电流为

$$I_C=\frac{P_{EH}\times10^3}{2U_P}=\frac{2\times10^3}{2\times220}A=4.5A$$

$I_{al}>I_C$ 满足发热条件。

选用 $4mm^2$ 绝缘导线，也满足机械强度要求。

(7)将所选各段导线截面标于照明系统图上，如图 14-2 所示。导线的选择计算结果见表 14-14。

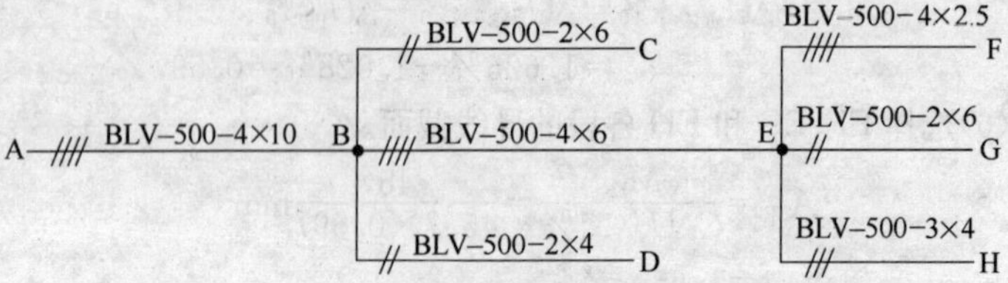

图 14-2 图 14-1 所示照明供电系统选定的导线型号规格

表 14-14 图 14-1 所示照明供电系统的选择计算表

序号	计算线段	M(kW·m)	C(表12-5)	ΔU_{al}(%)	计算的相线截面面积(mm²)	选定的相线截面面积(mm²)	I_{al}(A)	I_C(A)	PEN线截面面积(mm²)
1	AB	400	45.7	2.5	9.1	10	59	12.17	10
2	BC	72	7.66	2.5－0.875＝1.625	5.78	6	42	8.18	6
3	BD	45	7.66	2.5－0.875＝1.625	3.6	4	32	6.82	4
4	BE	282	45.7	2.5－0.875＝1.625	5.7	6	42	7.15	6
5	BF	45	45.7	1.625－1.028＝0.597	1.65	2.5	25	2.28	2.5
6	BG	24	7.66	1.625－1.028＝0.597	5.25	6	42	5.45	6
7	BH	40	20.3	1.625－1.028＝0.597	3.3	4	32	4.5	4

第二节 照度计算

一、用利用系数法计算平均照度

1. 利用系数法的概念。利用系数法是按光通流明计算照度，故又称流明计算法（流明法）。它是根据房间的几何形状、灯具的数量和类型确定工作面平均照度的计算法。流明法既考虑直射光通量，也考虑反射光通量。

照明灯具的利用系数U是指直接照射和经各种表面相互反射后照射到某平面上的光通量与光源额定总光通量之比，即

$$U=\frac{\Phi_e}{\Phi_N} \tag{14-18}$$

式中 U——利用系数；

Φ_e——由灯具发出的最后落到某平面上的光通量(lm)；

Φ_N——光源额定总光通量(lm)。

2. 与利用系数有关的术语。

(1)空间系数(空腔系数、空间比)。如图 14-3 所示,将一矩形房间分成 3 部分,灯具开口平面到顶棚之间的空间称为顶棚空间;灯具开口平面到工作平面之间的空间称为室空间;工作平面到地面之间的空间称为地板空间。对于三个空间,定义相应的空间系数如下:

室空间系数

$$\mathrm{RCR}=\frac{5h_{\mathrm{rc}}(l+b)}{lb} \quad (14\text{-}19)$$

顶棚空间系数

$$\mathrm{CCR}=\frac{5h_{\mathrm{cc}}(l+b)}{lb} \quad (14\text{-}20)$$

地板空间系数

$$\mathrm{FCR}=\frac{5h_{\mathrm{fc}}(l+b)}{lb} \quad (14\text{-}21)$$

式中 l——室长(m);

b——室宽(m);

h_{rc}——室空间高(m);

h_{cc}——顶棚空间高(m);

h_{fc}——地板空间高(m)。

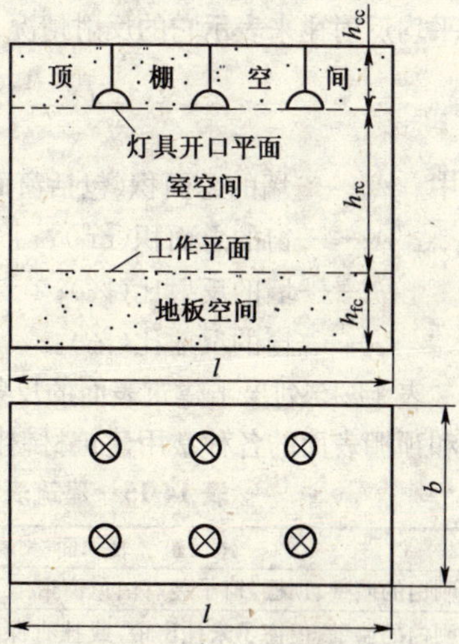

图 14-3 室空间示意

上述室空间的划分适合于装有吊挂式灯具的房间。对于装有吸顶式或嵌入式灯具的房间,则无顶棚空间。

(2)有效空间反射比。光源发射的光投射到顶棚空间和地板空间后,在空间内经多次反射,部分被吸收,部分又被反射回空间。为简化计算,把灯具开口平面看做假想平面,它具有的反射比称为有效空间反射比。这样,光在假想平面上的反射情况与实际光从顶棚空间反射出来的情况等效。同样,地板空间也用具有有效空间反射比的假想平面来代替。有效空间反射比 ρ_{e} 可按下式计算:

$$\rho_{\mathrm{e}}=\frac{\rho A_0}{A_{\mathrm{s}}-\rho A_{\mathrm{s}}+\rho A_0} \quad (14\text{-}22)$$

式中 A_0——顶棚(或地板)平面面积(m^2);

A_{s}——顶棚(或地板)空间内所有表面的总面积(m^2);

ρ——顶棚(或地板)空间各表面的平均反射比。

假设空间由 i 个表面组成，以 A_i 表示第 i 个表面面积，以 ρ_i 表示第 i 个表面的反射比，则平均反射比可按下式计算：

$$\rho=\frac{\sum\rho_i A_i}{\sum A_i} \tag{14-23}$$

(3)墙面的平均反射比。通常情况下，将墙面看做均匀的漫射表面，用平均反射比来表示它的反射情况。平均反射比(ρ_{wa})的计算式为

$$\rho_{wa}=\frac{\rho_w(A_w-A_g)+\rho_g A_g}{A_w} \tag{14-24}$$

式中 A_w——墙的总面积(包括窗面积)(m^2)；

A_g——窗的总面积(m^2)；

ρ_w——墙的反射比(%)；

ρ_g——窗的反射比(%)。

表 14-15 列出了建筑表面的反射比近似值，表 14-16 列出了墙面、地面和顶棚表面的各种常用建筑材料的反射比，供计算时选用。

表 14-15 建筑表面的反射比近似值

建筑表面情况	反射比(%)
刷白的墙壁、顶棚，窗子装有白色窗帘	70
刷白的墙壁，但窗子未挂窗帘，或挂有深色窗帘；刷白的顶棚，但房间潮湿；虽未刷白，但墙壁和顶棚干净光亮	50
有窗子的水泥墙壁、水泥顶棚；或木墙壁、木顶棚；糊有浅色纸的墙壁、顶棚；水泥地面	30
有大量深色灰尘的墙壁、顶棚；无窗帘遮蔽的玻璃窗；未粉刷的砖墙；糊有深色纸的墙壁、顶棚；较脏污的水泥地面、广漆、沥青等地面	10

表 14-16 常用建筑材料表面的反射比

名称		反射比(%)
抹灰并用大白粉刷		70～80
砖墙或混凝土屋面板喷白(石灰、大白)		50～60
墙或顶棚用水泥砂浆抹面		30
混凝土屋面板		30
红砖墙		30
灰砖墙		20
瓷釉面砖	白色	75～80
	粉色	60～70
	乳黄	83

续表 14-16

名称		反射比(%)
瓷釉面砖	浅黄	80
	中黄色	72
	天蓝色	55
水磨石	白色	69
	白间黑	65
	白间绿	50～57
	白间赭	38
	白间蓝	45～49
大理石	艾叶青	32～35
	墨玉	8
	紫豆瓣	13
	灰白螺丝转	21～27
	桃红	31～33
	雪花	60～62
淡黄粉刷		35～67
混凝土地面		20
菱苦土(紫红色)		14～15
菱苦土(黄色)		10～20
沥青地面		11～12
钢板地面		10～30
铸铁地面		16
调合漆	白色	70
	乳黄色	71
	米黄色	70
	中黄色	57
	深绿色	8
	中灰色	20
	红色	8
塑料贴面板	浅黄色木纹	0.36
	中黄色木纹	0.30
	深棕色木纹	0.12

续表 14-16

名称		反射比(%)
塑料墙纸	黄白色	0.72
	蓝白色	0.61
	浅粉白色	0.65
普通玻璃		0.09
胶合板		0.58
广漆地板		0.10
马赛克地砖	白色	0.59
	浅蓝色	0.42
	浅咖啡色	0.31
	绿色	0.25
	深咖啡色	0.20
无釉陶土地砖	土黄色	0.53
	朱砂	0.19

3. 确定利用系数的步骤

(1)确定房间的各特征量。按式(14-19)、式(14-20)、式(14-21)分别求出其室空间系数 RCR、顶棚空间系数 CCR、地板空间系数 FCR。

(2)确定顶棚有效空间反射比。按式(14-22)求出顶棚有效空间反射比 ρ_{cc}。当顶棚空间各面反射比不等时,应求出各面的平均反射比 ρ,然后代入式(14-22)求出 ρ_{cc}。

(3)确定墙面平均反射比 ρ_{wa}。可利用式(14-24)求得。

(4)确定地板有效空间反射比。地板空间与顶棚空间一样,可利用同样的方法求出有效反射比 ρ_{fc}。利用系数表中的数值是按 $\rho_{fc}=20\%$ 情况下算出来的,当 ρ_{fc} 不是该值时,若要求较精确的结果,则利用系数应加以修正,其修正系数见表 14-17,如计算精度要求不高时可不做修正。

(5)确定利用系数。求出室空间比 RCR、顶棚有效反射比 ρ_{cc}、墙壁平均反射比 ρ_{wa}、顶棚有效空间反射比 ρ_{fc} 以后,按所选用的灯具从利用系数表(各种灯具的利用系数见参考文献 5 或照明技术手册)中即可查得其利用系数 U。当 RCR、ρ_{cc}、ρ_{wa} 不是表中的注明值时,可用内插法求其对应值。

4. 平均照度计算。有了利用系数的概念,则室内平均照度即可由下式计算：

$$E_{av}=\frac{N\Phi_N UK}{A} \tag{14-25}$$

式中　E_{av}——工作面平均照度(lx)；

N——灯具数；

Φ_N——每个灯具中光源的额定总光通量(lm)；

U——照明灯具的利用系数；

K——维护系数，见表 14-18；

A——受照房间的面积，矩形房间面积为 lb(长 l，宽 b)。

5. 按利用系数法确定灯数。已知工作面上的平均照度标准值时，可按下式确定灯数，即

$$N=\frac{E_{av}A}{\Phi_N UK} \tag{14-26}$$

表 14-17　灯具利用系数在 $\rho_{fc}\neq 20\%$ 时的修正系数

ρ_{cc}(%)	70			50			30		
ρ_{wa}(%)	50	30	10	50	30	10	50	30	10
RCR	ρ_{fc}=30%时的修正系数								
1	1.070	1.064	1.059	1.049	1.044	1.040	1.028	1.026	1.023
2	1.057	1.048	1.039	1.041	1.033	1.027	1.026	1.021	1.017
3	1.048	1.037	1.028	1.034	1.027	1.020	1.024	1.017	1.012
4	1.040	1.029	1.021	1.030	1.022	1.015	1.022	1.015	1.010
5	1.034	1.024	1.015	1.027	1.018	1.012	1.020	1.013	1.008
6	1.030	1.020	1.012	1.024	1.015	1.009	1.019	1.012	1.006
7	1.026	1.017	1.009	1.022	1.013	1.007	1.018	1.010	1.005
8	1.024	1.015	1.007	1.020	1.012	1.006	1.017	1.009	1.004
9	1.022	1.014	1.006	1.019	1.011	1.005	1.016	1.009	1.004
10	1.020	1.012	1.005	1.017	1.010	1.004	1.015	1.008	1.003
RCR	ρ_{fc}=10%时的修正系数								
1	0.939	0.943	0.948	0.956	0.960	0.963	0.973	0.976	0.979
2	0.949	0.957	0.963	0.962	0.968	0.974	0.976	0.980	0.985
3	0.957	0.966	0.973	0.967	0.975	0.981	0.978	0.983	0.988
4	0.963	0.973	0.980	0.972	0.980	0.986	0.980	0.986	0.991
5	0.968	0.978	0.985	0.975	0.983	0.989	0.981	0.988	0.993

续表 14-17

ρ_{cc}(%)	70			50			30		
ρ_{wa}(%)	50	30	10	50	30	10	50	30	10
RCR	ρ_{fc}=10%时的修正系数								
6	0.972	0.982	0.989	0.977	0.985	0.992	0.982	0.989	0.995
7	0.975	0.985	0.991	0.979	0.987	0.994	0.983	0.990	0.996
8	0.977	0.987	0.993	0.981	0.988	0.995	0.984	0.991	0.997
9	0.979	0.989	0.994	0.983	0.990	0.996	0.985	0.992	0.998
10	0.980	0.990	0.995	0.984	0.991	0.997	0.986	0.993	0.998

表 14-18 维护系数(减光系数)值(据 GB 50034—2004)

环境污染特征		房间或场所举例	灯具最少擦拭次数(次/年)	维护系数值
室内	清洁	卧室、办公室、餐厅、阅览室、教室、病房、仪器仪表装配间、电子元器件装配间、检验室等	2	0.80
	一般	商店营业厅、候车室、影剧院、机械加工车间、机械装配车间、体育馆等	2	0.70
	污染严重	厨房、锻工车间、铸工车间、水泥车间等	3	0.60
室外		雨篷、站台	2	0.65

二、概算曲线法

为简化计算，把利用系数法计算的结果绘成曲线，假设被照射水平工作面的平均照度为100lx，给定的维护系数为0.7，求出房间面积与所用灯具数量的关系曲线，称为概算曲线。利用概算曲线计算照度的方法称为概算曲线法。

应用概算曲线法时，首先要已知下列条件：

1. 灯具类型及光源的种类和容量(不同的灯具有不同的概算曲线，见参考文献5或照明技术手册)。
2. 计算高度(即灯具离工作面的高度)。
3. 受照射房间的面积 A。
4. 房间的顶棚、墙壁、地面的反射比。

根据以上条件，就可从概算曲线上查得所需灯具的数量 N。但是，由于概算曲线是假设被照射面上的平均照度为 100lx 和假设维护系数为 0.7 条件下所绘制的，如果实际需要的平均照度为 E_{av}，且实际使用场所采用的维护系数为 K，则实际应该采用的灯具数量 n 可按下式换算：

$$n=\frac{0.7E_{av}N}{100K} \tag{14-27}$$

式中　n——实际应采用的灯具数量；

E_{av}——实际所要求的平均照度(lx)；

N——由概算曲线上查得的灯具数量；

K——实际采用的维护系数。

三、单位容量(比功率、负载密度)法

单位容量法计算公式如下：

$$P_0=\frac{P}{A} \tag{14-28}$$

式中　P_0——在某最低照度值下的单位容量值(W/m²)；

P——房间内照明总安装容量(包括镇流器功耗在内)(W)；

A——房间面积(m²)。

已知房间面积 A，计算高度 h 和房间的照度标准 E(最低照度值)，便可由表 14-20～表 14-25 查得所采用灯具的单位容量值 P_0，再由式(14-28)求出房间的总照明安装容量 P。

若房间的照度标准为平均照度值 E_{av} 时，则应由表 14-19 查得最小照度 Z 值，再按下式求得房间的照明总安装容量 P。

$$P=\frac{P_0}{Z}A \tag{14-29}$$

于是由下式算出需要安装的灯具数：

$$n=\frac{P}{N} \tag{14-30}$$

式中　n——在规定的照度下所需的灯具数；

N——每盏灯具的灯泡数×灯泡功率(包括镇流器功耗在内)(W)。

各种形式灯具的一般均匀照明单位容量值及一般小房间安装灯泡的容量，见表 14-20～表 14-26。其中照度标准均为最低照度值。查表时若碰到房间长度 $L>2.5b$(b 为宽度)时，按 2.5m² 的房间面积来查取单位容量值 P_0。计算时仍以房间实际面积 A 进行计算。

工厂车间单位建筑面积照明用电量，可按表 14-3 估算。

表 14-19 部分灯具的最小照度系数 Z 值

灯具名称	灯具型号	光源种类及容量(W)	距高比 $L:h$ 0.6	0.8	1.0	1.2	$L:h/Z$ 的最大允许值
			Z 值				
配照型灯具	GC1-$\frac{A}{B}$-1	B150	1.30	1.32	1.33		1.25/1.33
		G125		1.34	1.33	1.32	1.41/1.29
广照型灯具	GC3-$\frac{A}{B}$-2	G125	1.28	1.30			0.98/1.32
		B200 150	1.30	1.33			1.02/1.33
深照型灯具	GC5-$\frac{A}{B}$-3	B300		1.34	1.33	1.30	1.40/1.29
		G250		1.35	1.34	1.32	1.45/1.32
	GC5-$\frac{A}{B}$-4	B300 500		1.33	1.34	1.32	1.40/1.31
		G400	1.29	1.34	1.35		1.23/1.32
简式荧光灯具	YG1-1	1×40	1.34	1.34	1.31		1.22/1.29
	YG2-1			1.35	1.33	1.28	1.28/1.28
	YG2-2	2×40		1.35	1.33	1.29	1.28/1.29
吸顶荧光灯具	YG6-2	2×40	1.34	1.36	1.33		1.22/1.29
	YG6-3	3×40		1.35	1.32	1.30	1.26/1.33
嵌入式荧光灯具	YG15-2	2×40	1.34	1.34			
	YG15-3	3×40	1.37	1.33			1.05/1.30
房间较矮，反射条件较好		灯排数≤3	1.15～1.20				
		灯排数>3	1.10				
其他白炽灯(B)的灯布置合理时			1.10～1.20				

表 14-20 日光色荧光灯均匀照明近似单位容量值 (W/m²)

计算高度 h(m)	E(lx) / A(m²)	30W、40W 带灯罩 30	50	75	100	150	200	30W、40W 不带灯罩 30	50	75	100	150	200
2～3	10～15	2.5	4.2	6.2	8.3	12.5	16.7	2.8	4.7	7.1	9.5	14.3	19
	15～25	2.1	3.6	5.4	7.2	10.9	14.5	2.5	4.2	6.3	8.3	12.5	16.7
	25～50	1.8	3.1	4.8	6.4	9.5	12.7	2.1	3.5	5.4	7.2	10.9	14.7
	50～150	1.7	2.8	4.3	5.7	8.6	11.5	1.9	3.1	4.7	6.3	9.5	12.7
	150～300	1.6	2.6	3.9	5.2	7.8	10.4	1.7	2.9	4.3	5.7	8.6	11.5
	大于 300	1.5	2.4	3.2	4.9	7.3	9.7	1.6	2.8	4.2	5.6	8.4	11.2

续表 14-20

计算高度 h(m)	E(lx) / A(m²)	30W、40W 带灯罩						30W、40W 不带灯罩					
		30	50	75	100	150	200	30	50	75	100	150	200
3～4	10～15	3.7	6.2	9.3	12.3	18.5	24.7	4.3	7.1	10.6	14.2	21.2	28.2
	15～20	3	5	7.5	10	15	20	3.4	5.7	8.6	11.5	17.1	22.9
	20～30	2.5	4.2	6.2	8.3	12.5	16.7	2.8	4.7	7.1	9.5	14.3	19
	30～50	2.1	3.6	5.4	7.2	10.9	14.5	2.5	4.2	6.3	8.3	12.5	16.7
	50～120	1.8	3.1	4.8	6.4	9.5	12.7	2.1	3.5	5.4	7.2	10.9	14.5
	120～300	1.7	2.8	4.3	5.7	8.6	11.5	1.9	3.1	3.1	6.3	9.5	12.7
	大于 300	1.6	2.7	3.9	5.3	7.8	10.5	1.7	2.9	2.9	5.7	8.6	11.5
4～6	10～17	5.5	9.2	13.4	18.3	27.5	36.6	6.3	10.5	15.7	20.9	31.4	41.9
	17～25	4.0	6.7	9.9	13.3	19.9	26.5	4.6	7.6	11.4	15.2	22.9	30.4
	25～35	3.3	5.5	8.2	11	16.5	22	3.8	6.4	9.5	12.7	19	25.4
	35～50	2.6	4.4	6.6	8.8	13.3	17.7	3.1	5.1	7.6	10.1	15.2	20.2
	50～80	2.3	3.9	5.7	7.7	11.5	15.5	2.6	4.4	6.6	8.8	13.3	7.7
	80～150	2.0	3.4	5.1	6.9	10.1	13.5	2.3	3.9	5.7	7.7	11.5	15.5
	150～400	1.8	3	4.4	6	9	11.9	2.0	3.4	5.1	6.9	10.1	13.5
	大于 400	1.6	2.7	4.0	5.4	8.0	11	1.8	3.0	4.5	6	9	12

表 14-21　广照型灯一般均匀照明单位容量值　(W/m²)

计算高度 h(m)	E(lx) / A(m²)	白　炽　灯			白炽灯/荧光高压汞灯		
		5	10	20	30	50	75
2～3	10～15	3.3	6.2	11	15/5	22/7.3	30/10
	15～25	2.7	5	9	12/4	18/6	25/8.3
	25～50	2.3	4.3	7.5	10/3.3	15/5	21/7
	50～150	2	3.8	6.7	9/3	13/4.3	18/6
	150～300	1.8	3.4	6	8/2.7	12/4	17/5.7
	大于 300	1.7	3.2	5.8	7.5/2.5	11/3.7	16/5.3
3～4	10～15	4.3	7.5	12.7	17/5.7	26/8.7	36/12
	15～20	3.7	6.4	11	14/4.7	22/7.3	31/10.3
	20～30	3.1	5.5	9.3	13/4.3	19/6.3	27/9
	30～50	2.5	4.5	7.5	10.5/3.5	15/5	22/7.3
	50～120	2.1	3.8	6.3	8.5/2.8	13/4.3	18/6

续表 14-21

计算高度 h(m)	E(lx) / A(m²)	白炽灯 5	白炽灯 10	白炽灯 30	白炽灯/荧光高压汞灯 30	白炽灯/荧光高压汞灯 50	白炽灯/荧光高压汞灯 75
3～4	120～300	1.8	3.3	5.5	7.5/2.5	12/4	16/5.3
	大于 300	1.7	2.9	5	7/2.3	11/3.7	15/5
4～6	10～17	5.2	8.9	15	21/7	33/11	48/16
	17～25	4.1	7	12	16/5.3	27/9	37/12.3
	25～35	3.4	5.8	10	14/4.7	22/7.3	32/10.7
	35～50	3	5	8.5	12/4	19/6.3	27/9
	50～80	2.4	4.1	7	10/3.3	15/5	22/7.3
	80～150	2	3.3	5.8	8.5/2.8	12/4	17/5.7
	150～400	1.7	2.8	5	7/2.3	11/3.7	15/5
	大于 400	1.5	2.5	4.5	6.3/2.1	10/3.3	14/4.7

表 14-22 配照型灯一般均匀照明单位容量值 (W/m²)

计算高度 h(m)	E(lx) / A(m²)	白炽灯 5	白炽灯 10	白炽灯 20	白炽灯/荧光高压汞灯 30	白炽灯/荧光高压汞灯 50	白炽灯/荧光高压汞灯 75
3～4	10～15	4.3	7.3	21.1	16.2/5.4	25.2/8.4	25.2/11.7
	15～25	3.7	6.4	10.5	13.8/4.6	21.8/7.3	30.8/10.3
	25～30	3.1	5.5	8.9	12.4/4.1	18.4/6.1	26.4/8.8
	30～50	2.5	4.5	7.3	10/3.3	14.5/4.8	21.5/7.2
	50～120	2.1	3.8	6.3	8.3/2.8	12.8/4.3	17.8/5.9
	120～300	1.7	3.3	5.5	7.3/2.4	11.8/3.9	15.8/5.3
	大于 300	1.3	2.9	5.0	6.8/2.3	10.8/3.6	14.8/14.9
4～6	10～17	5.2	8.6	14.3	20/6.7	32/10.7	47/15.7
	17～25	4.1	6.8	11.4	15.7/5.2	26.7/8.9	36.7/12.3
	25～35	3.4	5.8	9.5	13.3/4.4	21.3/7.1	31.3/10.4
	35～50	3.0	5.0	8.3	11.4/3.8	18.4/6.1	26.4/8.8
	50～80	2.4	4.1	6.8	9.5/3.2	14.5/4.8	21.5/7.2
	80～150	2.0	3.3	5.8	8.3/2.8	11.8/3.9	16.8/5.6
	150～400	1.7	2.8	5.0	6.8/2.3	10.8/3.6	14.8/4.9
	大于 400	1.5	2.5	4.5	6.3/2.1	10/3.3	14/4.6

续表 14-22

计算高度 h(m)	E(lx) / A(m²)	白炽灯 5	白炽灯 10	白炽灯 20	白炽灯/荧光高压汞灯 30	50	75
6～8	25～35	4.2	6.7	11.7	16.6/5.5	27.6/9.2	37.6/12.5
	35～50	3.4	5.7	10.0	14.7/4.9	22.7/7.6	31.7/10.5
	50～65	2.9	4.9	8.7	12.4/4.1	18.4/6.1	26.4/8.8
	65～90	2.5	4.3	7.8	10.9/3.6	15.4/5.1	22.4/7.5
	90～135	2.2	3.7	6.5	8.6/2.9	21.1/4	17.1/5.7
	135～250	1.8	3.0	5.4	7.2/2.4	11.8/3.9	15.8/15.3
	250～500	1.5	2.6	4.6	6.5/2.2	10.2/3.4	14.2/4.7
	大于 500	1.4	2.4	4.0	5.5/1.8	9.8/3.1	13.8/4.5

表 14-23　搪瓷深照型灯一般均匀照明单位容量值　(W/m²)

计算高度 h(m)	E(lx) / A(m²)	白炽灯 5	白炽灯 10	白炽灯 20	白炽灯/荧光高压汞灯 30	50	75
6～8	25～35	4.2	7.2	12.8	18/6	28/9.3	44/13.3
	35～50	3.5	6	10.8	15/5	23/7.7	34/11.3
	50～65	3	5	9.1	13/4.3	20/6.7	29/9.7
	65～90	2.6	4.4	8	11.5/3.8	18/6	25/8.3
	90～135	2.2	3.8	6.8	10/3.3	15/5	21/7
	135～250	1.9	3.3	5.8	8.2/2.7	12.5/4.2	17/5.7
	250～500	1.7	2.8	5.1	7.2/2.4	11/3.7	15/5
	大于 500	1.4	2.5	4.1	6.2/2.1	9.5/3.2	13/4.3
8～12	50～70	3.7	6.3	11.5	17/5.7	27/9	40/13.3
	70～100	3	5.3	9.7	15/5	23/7.7	34/11.1
	100～130	2.5	4.4	8	12/4	19/6.3	28/9.3
	130～200	2.1	3.8	6.9	10/3.3	16/5.3	23/7.7
	200～300	1.8	3.2	5.8	8.2/2.7	13/4.3	19/6.3
	300～600	1.6	2.8	5	7/2.3	11/3.7	17/5.7
	600～1500	1.4	2.4	4.3	6/2	9.5/3.2	15/5
	大于 1500	1.2	2.2	3.8	5.2/1.7	8.5/2.8	12.5/4.2

表 14-24　乳白玻璃明月罩吊灯一般照明单位容量值　(W/m^2)

计算高度 h(m)	E(lx) / A(m^2)	白炽灯				
		10	20	30	50	75
2～3	10～15	6.3	11.2	15.4	24.8	35.3
	15～25	5.3	9.8	13.3	21.0	30.0
	25～50	4.4	8.3	11.2	17.3	24.8
	50～150	3.6	6.7	9.1	13.5	19.5
	150～300	3.6	5.6	7.7	11.3	16.5
	大于 300	2.6	4.9	7.0	10.1	15.0
3～4	10～15	7.2	12.6	18.2	31.5	45.0
	15～20	6.1	10.5	15.4	27.0	37.5
	20～30	5.2	9.5	16.3	21.0	32.2
	30～50	4.4	8.1	11.2	18.0	26.3
	50～120	3.6	6.7	9.1	14.3	21.0
	120～300	2.9	5.6	7.6	11.3	17.3
	大于 300	2.4	4.6	6.3	9.4	14.3

表 14-25　乳白玻璃罩天棚灯一般照明单位容量值　(W/m^2)

计算高度 h(m)	E(lx) / A(m^2)	白炽灯 $\rho_{cc}=70\%$，$\rho_{wa}=50\%$			
		5	10	20	30
2～3	10～15	4.9	8.8	16	22
	15～25	4.1	7.5	13.6	18
	25～50	3.6	6.4	11.3	15.6
	50～150	2.9	5.1	8.8	12.4
	150～300	2.4	4.3	6.9	10.2
	大于 300	2.2	3.9	6.2	9.2
3～4	10～15	6.2	10.7	18	26
	15～20	5.1	8.7	15	22
	20～30	4.3	7.2	13	19
	30～50	3.7	6.2	11.2	16
	50～120	3	5.3	9.3	13
	120～300	2.3	4.1	7.3	10
	大于 300	2	3.5	5.9	8.5

表 14-26　一般小房间安装灯泡的容量　(W)

E(lx) / A(m²)	白炽灯					荧光灯	
	5	10	20	30	50	75	100
2	15	15	25	40	60	—	—
4	15	15	25	60	75	—	—
6	25	25	40	60	100	30	40
8	25	40	60	100	100	2×30	2×40
3×4	40	60	100	2×60	2×75	2×30	2×40
3×6	40	60	2×40	2×75	2×100	2(2×30)	2(2×40)
4×6	60	2×40	2×60	2×75	2×100	2(2×30)	2(2×40)
6×6	60	2×60	4×60	4×60	4×75	4(2×30)	4(2×40)
6×8	2×40	2×60	4×60	4×75	4×100	4(2×30)	4(2×40)

注：白炽灯用碗形灯罩、搪瓷平盘罩或裸灯泡等。荧光灯为裸灯管。

四、道路照度计算

1. 平均照度计算。路面平均照度可按下式计算：

$$E_{av}=\frac{\Phi NU}{kbd} \tag{14-31}$$

式中　E_{av}——路面平均照度(lx)；

Φ——光源总光通量(lm)；

N——灯具的列数，单侧排列及交错排列时 $N=1$，对称排列时 $N=2$；

U——利用系数，即从光源总光通量中投射到整个宽度路面上的光通量比例，见表 14-27；

k——照度补偿系数，通常为 1.3～2.0，对于混凝土路面取小值，沥青路面取大值；

b——路面宽度(m)；

d——电杆间距(m)。

表 14-27　室外照明的照明利用系数 U

$\frac{b}{h}$	灯具配光				
	反射罩 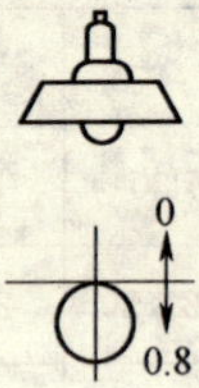	球状灯泡 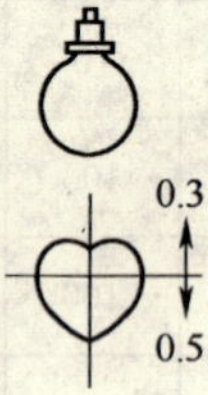	柱头式灯泡 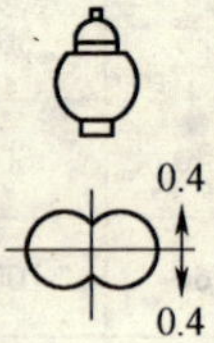	悬挂式灯泡 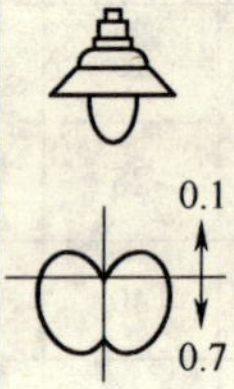	三棱形灯泡(非对称) 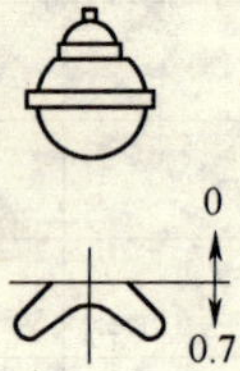
0.5	0.09	0.05	0.04	0.09	0.18
1.0	0.20	0.11	0.07	0.16	0.31
1.5	0.25	0.15	0.10	0.20	0.38
2.0	0.30	0.20	0.12	0.22	0.43
2.5	0.31	0.20	0.13	0.24	0.47
3.0	0.35	0.25	0.14	0.25	0.48
4.0	0.35	0.25	0.16	0.26	0.51
5.0	0.35	0.25	0.16	0.27	0.52
10.0	0.39	0.27	0.18	0.28	0.53
20.0	0.39	0.27	0.19	0.30	0.53

注:b—道路宽度(m)。

h—灯具安装高度(m)。

2. 逐点计算法。这种方法主要用于直射型灯具照明,且反射光对照度影响较小的场所,也适用于道路照度计算。

点光源水平照度计算公式如下:

$$E_s = \frac{\Phi}{1000k}\sum_{i=1}^{n} E_i \tag{14-32}$$

式中　E_s——工作面上某计算点的水平最低的任一点上的总水平照度(lm)；

Φ——每个灯具的光通量(lm)；

k——照度补偿系数；

$\sum_{i=1}^{n} E_i$——各个灯具对该计算点所产生的照度的总和(lx)。

由于空间等照度曲线是以假设光源的光通量为1000lm制作的，所以式中要除以1000。

E_i 的求法如下(见图14-4)：

$$E_i = \frac{I_a \cos\alpha}{r^2} = \frac{I_a \cos^3\alpha}{h^2}$$

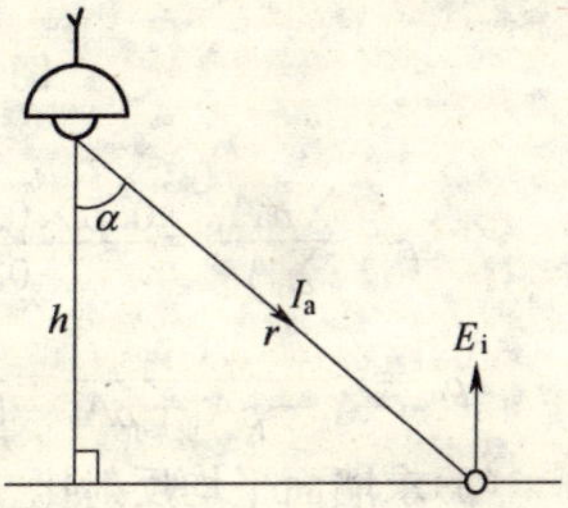

图14-4　照明示意

式中　E_i——受照面上某点的水平照度(lx)；

I_a——灯具的垂直面光强分布曲线中与 α 角对应方向的光强值cd，其值可查有关灯具设计计算图表；

r——光源与受照面上某点的距离(m)；

h——光源与受照水平面的垂直距离(m)。

五、计算示例

例14-2　有一教室长7m，宽6m，高3.6m，玻璃窗面积为10m²，在离顶棚0.4m的高度内安装有8只YG2-1型40W荧光灯，课桌高度为0.8m，教室内各表面的反射比如图14-5所示。试计算课桌上的平均照度(40W荧光灯光通量取2400lm)。

解　(1)求室空间系数

$$RCR = \frac{5h_{rc}(l+b)}{lb} = \frac{5\times2.4(7+6)}{7\times6} = 3.71$$

(2)求顶棚有效空间反射比

$$A_0 = 6\times7\text{m}^2 = 42\text{m}^2$$

$$A_s = 6\times7\text{m}^2 + 2\times0.4\times(6+7)\text{m}^2 = 52.4\text{m}^2$$

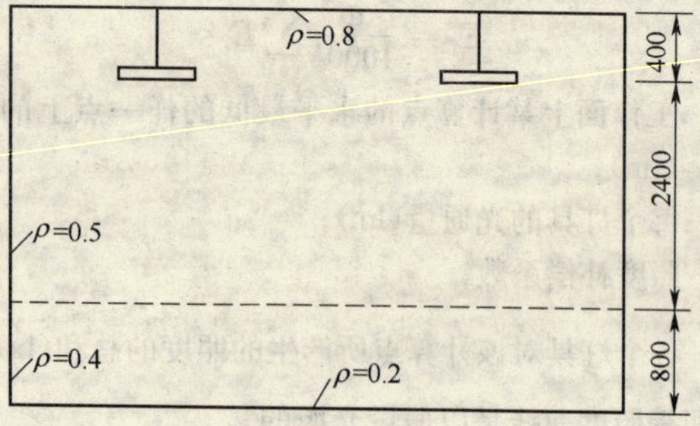

图 14-5　例 14-2 示意

$$\rho=\frac{\sum\rho_i A_i}{\sum A_i}=\frac{0.5\times0.4\times2(6+7)+0.8\times(6\times7)}{0.4\times(6+7)\times2+6\times7}=0.74$$

$$\rho_{cc}=\frac{\rho A_0}{A_s-\rho A_s+\rho A_0}=\frac{0.74\times42}{52.4-0.74\times52.4+0.74\times42}=0.70$$

(3)求墙面平均反射比　查表 14-16 得 $\rho_g=0.09$

$$\rho_{wa}=\frac{\rho_w(A_w-A_g)+\rho_g A_g}{A_w}$$

$$=\frac{0.5[(6+7)\times(2.4+0.4)\times2-10]+0.09\times10}{(6+7)\times(2.4+0.4)\times2}=0.44$$

(4)求地板有效空间反射比

$$A_0=6\times7\mathrm{m}^2=42\mathrm{m}^2$$

$$A_s=6\times7\mathrm{m}^2+2\times0.8(6+7)\mathrm{m}^2=62.8\mathrm{m}^2$$

$$\rho=\frac{\sum\rho_i A_i}{\sum A_i}=\frac{0.4\times0.8(6+7)\times2+0.2(6\times7)}{0.8(6+7)\times2+6\times7}=0.27$$

$$\rho_{fc}=\frac{\rho A_0}{A_s-\rho A_s+\rho A_0}$$

$$=\frac{0.27\times42}{62.8-0.27\times62.8+0.27\times42}=0.20$$

(5)根据上述计算，得

$$\mathrm{RCR}=3.71,\rho_{cc}=0.70,\rho_{wa}=0.44,\rho_{fc}=0.20$$

(6)查 YG2-1 型筒式荧光灯的利用系数表（表 14-28），并用内插法计算利用系数 U，见表 14-29。

表 14-28 YG2-$\frac{1}{2}$型简式荧光灯的利用系数

灯具型号、外形特性和光源型号功率	ρ_{cc}(%)	70			50			30			0
	ρ_{wa}(%)	50	30	10	50	30	10	50	30	10	0
	RCR	利用系数 $U(\rho_{fc}=20\%)$									
YG2-1 型 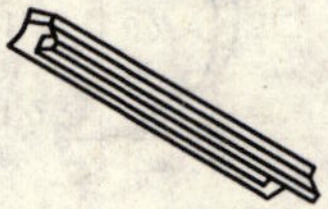	1	0.89	0.86	0.83	0.85	0.83	0.80	0.82	0.80	0.78	0.73
	2	0.79	0.73	0.69	0.75	0.71	0.67	0.73	0.69	0.65	0.62
遮光角 46° 	3	0.70	0.63	0.58	0.67	0.61	0.57	0.65	0.60	0.56	0.53
//:$L/H\leqslant1.28$	4	0.61	0.54	0.49	0.59	0.53	0.48	0.57	0.52	0.47	0.45
⊥:$L/H\leqslant1.6$	5	0.55	0.47	0.42	0.53	0.46	0.41	0.51	0.45	0.41	0.39
$\eta=88\%$	6	0.49	0.42	0.36	0.48	0.41	0.36	0.46	0.40	0.36	0.34
荧光灯单管 1×40W	7	0.44	0.37	0.32	0.43	0.36	0.31	0.42	0.36	0.31	0.29
	8	0.40	0.33	0.27	0.39	0.32	0.27	0.37	0.32	0.27	0.25
	9	0.36	0.29	0.24	0.35	0.29	0.24	0.34	0.28	0.24	0.22
	10	0.32	0.25	0.20	0.31	0.24	0.20	0.30	0.24	0.20	0.18

续表 14-28

灯具型号、外形特性和光源型号功率：

YG2-2 型

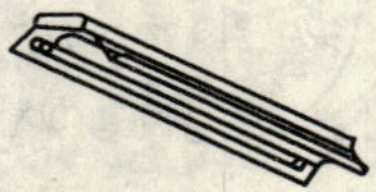

遮光角1.25°

//：$L/H \leqslant 1.28$

⊥：$L/H \leqslant 1.33$

$\eta = 87\%$

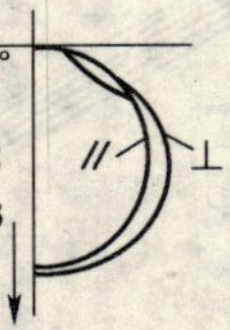

荧光灯双管 2×40W

ρ_{cc}(%)	70			50			30			0
ρ_{wa}(%)	50	30	10	50	30	10	50	30	10	0
RCR	利用系数 $U(\rho_{fc}=20\%)$									
1	1.00	0.96	0.93	0.96	0.93	0.90	0.92	0.89	0.87	0.83
2	0.88	0.83	0.78	0.85	0.80	0.75	0.82	0.78	0.74	0.71
3	0.79	0.72	0.67	0.76	0.70	0.65	0.73	0.68	0.64	0.61
4	0.70	0.62	0.57	0.67	0.61	0.56	0.65	0.60	0.55	0.52
5	0.63	0.55	0.49	0.60	0.54	0.48	0.59	0.52	0.48	0.45
6	0.56	0.48	0.43	0.55	0.48	0.42	0.53	0.47	0.42	0.40
7	0.51	0.43	0.37	0.49	0.42	0.37	0.48	0.41	0.37	0.34
8	0.46	0.38	0.32	0.44	0.37	0.32	0.43	0.37	0.32	0.30
9	0.42	0.34	0.29	0.40	0.33	0.29	0.39	0.33	0.28	0.26
10	0.36	0.29	0.24	0.35	0.28	0.24	0.34	0.28	0.23	0.22

表 14-29 用内插法计算利用系数 U

RCR	ρ_{cc}	ρ_{wa}	ρ_{fc}	U	备 注
4	0.70	0.50	0.20	0.61	表 14-29 中值
3	0.70	0.50	0.20	0.70	表 14-29 中值
3.71	0.70	0.50	0.20	0.67	计算值
4	0.70	0.30	0.20	0.54	表 14-29 中值
3	0.70	0.30	0.20	0.63	表 14-29 中值
3.71	0.70	0.30	0.20	0.60	计算值
3.71	0.70	0.44	0.20	0.65	计算值

(7)求平均照度　查表 14-18,可知维护系数 $K=0.8$。

$$E_{av}=\frac{N\Phi_N UK}{A}=\frac{8\times2400\times0.65\times0.8}{6\times7}\text{lx}$$

$$=237.7\text{lx}$$

例 14-3　某机械加工车间,厂房跨度为 21m,屋架下弦高度为 11m,柱距 6m,厂房长 48m。已知该车间顶棚的反射比 $\rho_{cc}=50\%$,墙壁的反射比 $\rho_{wa}=30\%$,地板的反射比 $\rho_{fc}=20\%$。整个车间采用 CXGC204-GN360 型混光灯具,其光源类型为 GGY-250+NG-110,最大允许距高比为 0.98(⊥)、1.23(∥),平均照度不低于 100lx,灯具直接装在桁架的梁上,桁架高 0.75m。试选择灯具数,并合理布置该灯具。

解　(1)计算室空间比 RCR。灯具的计算高度 $h_{rc}=11\text{m}-0.75\text{m}=10.25\text{m}$。

$$\text{RCR}=\frac{5h_{rc}(l+b)}{lb}=\frac{5\times10.25\times(48+21)}{48\times21}=3.51$$

(2)确定灯具的利用系数 U 和维护系数 K。查 CXGC204 型混光灯具的利用系数表(表 14-30),当 RCR=3,$\rho_{cc}=50\%$,$\rho_{wa}=30\%$,$\rho_{fc}=20\%$ 时,$U=0.60$;当 RCR=4,$\rho_{cc}=50\%$,$\rho_{wa}=30\%$,$\rho_{fc}=20\%$时,$U=0.54$。

利用内插法,当 RCR=3.51,$\rho_{cc}=50\%$,$\rho_{wa}=30\%$,$\rho_{fc}=20\%$时,$U=0.57$。

查表 14-18,得 $K=0.70$。

(3)计算灯数,并进行灯具布置。根据 $E_{av}=100\text{lx}$,可得

$$N=\frac{E_{av}A}{\Phi_N UK}=\frac{100\times48\times21}{19000\times0.57\times0.70}=13.29$$

表 14-30 CXGC204 型混光灯具的利用系数

灯具型号、外形特性和光源型号功率：

CXGC204-GN360 型

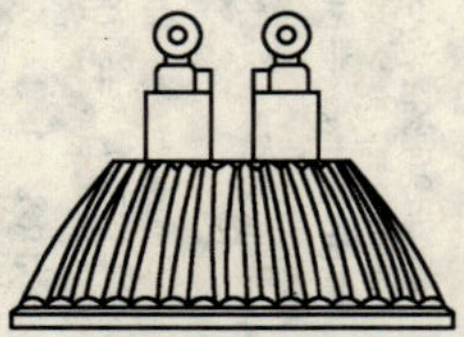

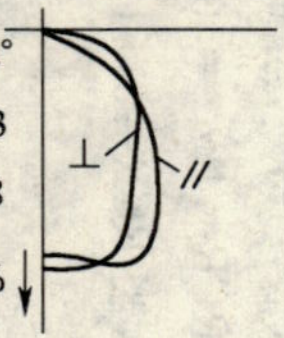

遮光角 32°

//：$L/H \leqslant 1.23$

⊥：$L/H \leqslant 0.98$

$\eta=76\%$

光源 GGY-250+NG-110

ρ_{cc}(%)	70			50			30			0
ρ_{wa}(%)	50	30	10	50	30	10	50	30	10	0
RCR	利用系数 $U(\rho_{fc}=20\%)$									
1	0.80	0.78	0.76	0.77	0.76	0.74	0.74	0.73	0.72	0.68
2	0.73	0.70	0.67	0.71	0.68	0.65	0.68	0.66	0.64	0.61
3	0.66	0.62	0.58	0.64	0.60	0.57	0.62	0.59	0.56	0.54
4	0.60	0.55	0.52	0.59	0.54	0.51	0.57	0.53	0.50	0.48
5	0.55	0.50	0.46	0.53	0.49	0.45	0.52	0.48	0.45	0.38
6	0.50	0.44	0.40	0.48	0.44	0.40	0.47	0.43	0.40	0.34
7	0.45	0.39	0.35	0.44	0.39	0.35	0.43	0.39	0.35	0.33
8	0.41	0.35	0.31	0.40	0.35	0.31	0.39	0.34	0.31	0.30
9	0.37	0.32	0.28	0.36	0.31	0.28	0.36	0.31	0.28	0.25
10	0.34	0.28	0.25	0.33	0.28	0.25	0.32	0.28	0.25	0.23

续表 14-30

灯具型号、外形特性和光源型号功率	ρ_{cc}(%)	70			50			30			0
	ρ_{wa}(%)	50	30	10	50	30	10	50	30	10	0
	RCR	利用系数 $U(\rho_{fc}=20\%)$									
	1	0.82	0.80	0.78	0.79	0.77	0.75	0.76	0.74	0.73	0.70
CXGC204-CN650 型	2	0.75	0.72	0.69	0.72	0.70	0.67	0.70	0.68	0.66	0.63
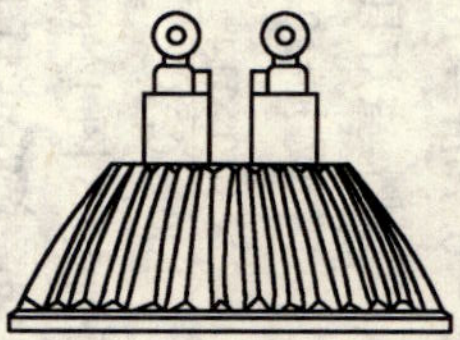	3	0.68	0.64	0.61	0.66	0.63	0.60	0.64	0.61	0.59	0.56
	4	0.63	0.58	0.54	0.61	0.57	0.53	0.59	0.56	0.53	0.51
	5	0.57	0.52	0.48	0.56	0.51	0.48	0.54	0.50	0.47	0.46
遮光角 30°	6	0.52	0.47	0.43	0.51	0.46	0.43	0.50	0.46	0.42	0.41
//：$L/H\leqslant1.55$	7	0.47	0.42	0.38	0.46	0.41	0.38	0.45	0.41	0.38	0.36
⊥：$L/H\leqslant1.37$ 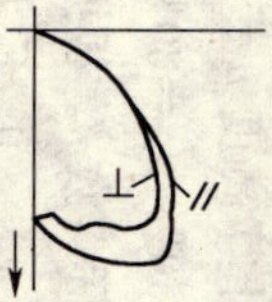 $\eta=76.9\%$	8	0.43	0.38	0.34	0.42	0.37	0.34	0.42	0.37	0.34	0.33
光源 GGY-400+NG-250	9	0.40	0.34	0.30	0.39	0.34	0.30	0.38	0.33	0.30	0.29
	10	0.36	0.31	0.27	0.35	0.31	0.27	0.35	0.30	0.27	0.26

取 $N=14$，灯具布置如图 14-6 所示。

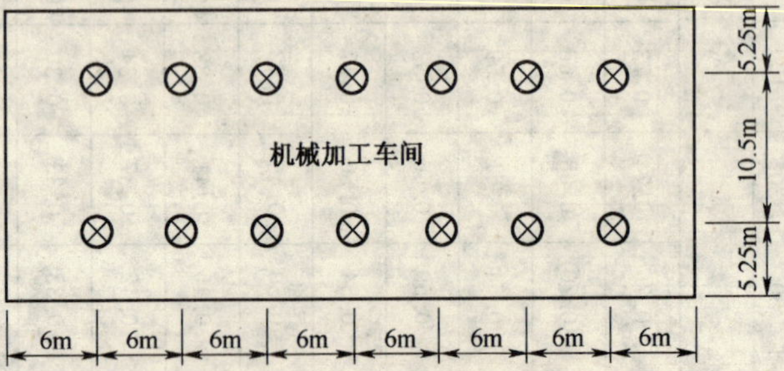

图 14-6 例 14-3 的灯具布置示意

(4)校验最大允许距高比。

垂直(⊥)方向为 6/10.25=0.59<0.98(允许值)

水平(∥)方向为 10.5/10.25=1.02<1.23(允许值)

由此可见，灯具布置满足照明均匀度的要求。

(5)计算实际照度值。

$$E_{av}=\frac{N\Phi_N UK}{A}=\frac{14\times 19000\times 0.57\times 0.7}{48\times 21}\text{lx}=105.3\text{lx}$$

满足规定照度 100lx 的要求。

例 14-4 试用概算曲线法选择例 14-3 中机械加工车间 CXGC204-GN360 型混光灯具数，并进行合理布置。

解 (1)计算车间面积。

$$A=48\text{m}\times 21\text{m}=1008\text{m}^2$$

(2)利用概算曲线查灯具数 N。CXGC204-GN360 型混光灯具的概算曲线如图 14-7 所示。

根据灯具计算高度 $h=11\text{m}-0.75\text{m}=10.25\text{m}$、车间面积 $A=1008\text{m}^2$ 及 $\rho_{cc}=50\%$，$\rho_{wa}=30\%$，$\rho_{fc}=20\%$，查灯具概算曲线得 $N\approx 14$。

(3)确定实际灯数 n。根据表 14-18，取 $K=0.7$，因此，实际灯数为

$$n=\frac{0.7E_{av}N}{100K}=\frac{0.7\times 100\times 14}{100\times 0.7}=14$$

取 $n=14$ 来布置灯具，与前面例 14-3 图 14-6 完全相同。

例 14-5 已知一教室，长 12m，宽 6m，灯具离桌面计算高度为 2.5m，课桌的平均照度 E_{av} 为 150lx，灯具的距高比为 1.0，试用单位容量

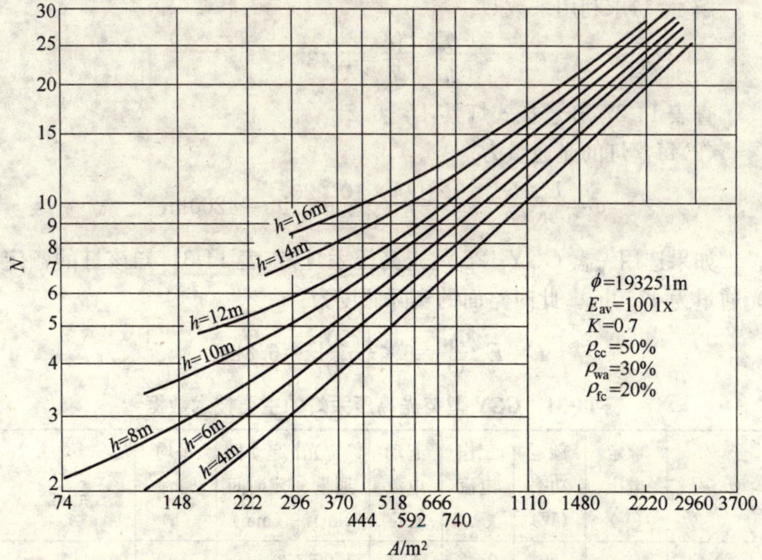

图 14-7　CXGC204-GN360 型混光灯具(深照型)
(GGY-250＋NG-110)的概算曲线

法确定安装灯具数。

解　由灯具距高比 $L:h=1.0$，查表 14-19 得 YG2-1 型荧光灯的最小照度系数 $Z=1.33$。

由 $A=12\text{m}\times6\text{m}=72\text{m}^2$，计算高度 $h=2.5\text{m}$，$E_{av}=150\text{lx}$，查表 14-20，得单位容量 $P_0=8.6\text{W/m}^2$。因此，房间照明总安装容量为

$$P=\frac{P_0}{Z}A=\frac{8.6}{1.33}\times72\text{W}=465.6\text{W}$$

40W 荧光灯的有功功耗为 $N=48\text{W}$(包括镇流器)，故安装灯具数为

$$n=\frac{P}{N}=\frac{465.6}{48}=9.7\approx10$$

取 10 只 40W 日光色 YG2-1 型荧光灯。

例 14-6　某城市的一般道路照明要求路面的平均照度为 6lx。采用悬挂式灯具，倾角为 15°，灯具悬高度 h 为 7m，灯沿马路两侧交错排列，灯间距离 d 为 20m，道路宽度 b 为 10m，试求每一盏路灯的光通量多大？设照度补偿系数 k 为 1.4(混凝土路面)。

解　(1)求利用系数 U

$$\frac{b}{h}=\frac{10}{7}=1.43$$

查表 14-27，知悬挂式灯具，$U\approx0.2$。

(2)每盏灯的光通量为

$$\Phi=\frac{E_{av}kbd}{NU}=\frac{6\times1.4\times10\times20}{2\times0.2}\text{lm}=4200\text{lm}$$

如果选用一盏 GGY-125 荧光高压汞灯，查表 14-31，知该灯的额定光通量为 4750lm。此时路面的实际照度为

$$E=E_{av}\frac{\Phi_N}{\Phi}=6\times\frac{4750}{4200}\text{lx}=6.8\text{lx}$$

表 14-31　GGY 型荧光高压汞灯的主要技术数据

<table>
<tr><th>型　号</th><th>额定电压(V)</th><th>额定功率(W)</th><th>工作电流(A)</th><th>起动电流(A)</th><th>额定光通量(lm)</th><th>起动稳定时间(min)</th><th>平均寿命(h)</th><th>灯头型号</th></tr>
<tr><td>GGY-50</td><td rowspan="8">220</td><td>50</td><td>0.62</td><td>1.0</td><td>1500</td><td rowspan="8">4～8</td><td rowspan="4">2500</td><td rowspan="2">E27/27</td></tr>
<tr><td>GGY-80</td><td>80</td><td>0.85</td><td>1.3</td><td>2800</td></tr>
<tr><td>GGY-125</td><td>125</td><td>1.25</td><td>1.8</td><td>4750</td><td>E27/35×30</td></tr>
<tr><td>GGY-175</td><td>175</td><td>1.50</td><td>2.3</td><td>7000</td><td rowspan="2">E40/45</td></tr>
<tr><td>GGY-250</td><td>250</td><td>2.15</td><td>3.7</td><td>10500</td><td rowspan="4">5000</td></tr>
<tr><td>GGY-400</td><td>400</td><td>3.25</td><td>5.7</td><td>20000</td><td rowspan="3">E40/55×47
或
E40/75×54</td></tr>
<tr><td>GGY-700</td><td>700</td><td>5.45</td><td>10.0</td><td>35000</td></tr>
<tr><td>GGY-1000</td><td>1000</td><td>7.50</td><td>13.7</td><td>50000</td></tr>
</table>

第十五章　电工其他常用计算

第一节　电阻的热计算

一、单支合金电热元件的计算

根据电热电器的工作温度及其他一些因素，按如图 15-1 和图 15-2 所示的合金电热元件的表面负载曲线图，或合金电热元件负载数据(表 15-1)，选定合适的电热合金材料及其表面负载，依据电热元件的额定功率 P 和工作电压 U，采用计算法或图解法求出所需的电热材料尺寸，也可以由给定的材料尺寸来核算表面负载的选取是否恰当。

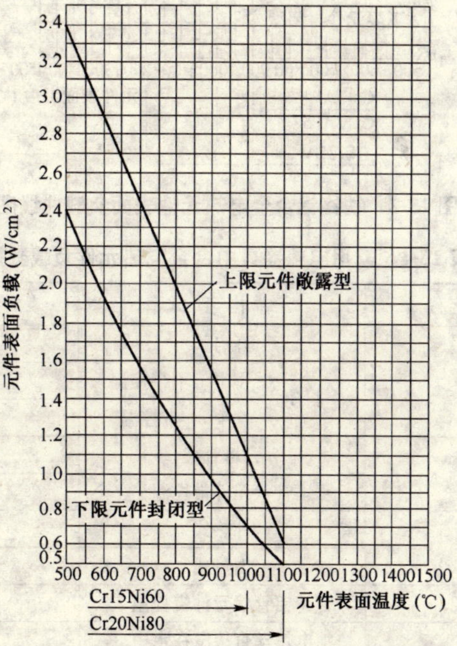

图 15-1　镍铬合金电热元件表面负载曲线图

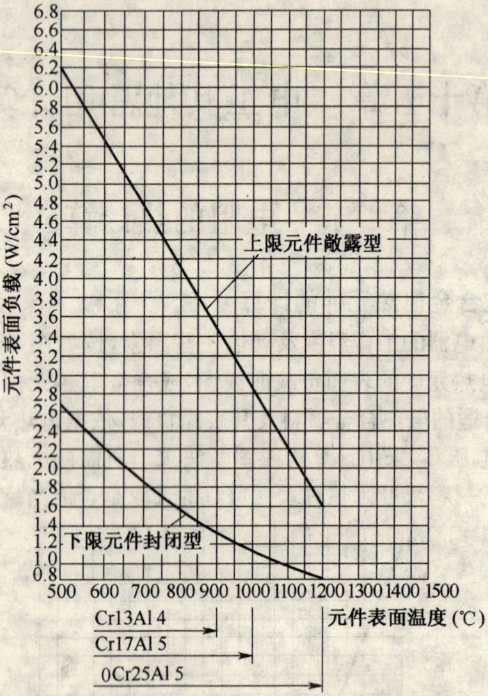

图 15-2 铁铬铝合金电热元件表面负载曲线图

表 15-1 家用电热器具中合金电热元件负载数据

<table>
<tr><th>电热器具名称</th><th colspan="2">结 构 型 式</th><th>表面负载（W/cm²）</th></tr>
<tr><td rowspan="3">日用电炉</td><td colspan="2">开启式</td><td>4～8</td></tr>
<tr><td rowspan="2">封闭式</td><td>不带控温</td><td>8～15</td></tr>
<tr><td>带控温</td><td>15～25</td></tr>
<tr><td rowspan="2">电熨斗</td><td colspan="2">云母骨架</td><td>5～8</td></tr>
<tr><td colspan="2">管状元件带控温</td><td>20～30</td></tr>
<tr><td rowspan="2">电烙铁</td><td colspan="2">外热式</td><td>4～8</td></tr>
<tr><td colspan="2">内热式</td><td>6～10</td></tr>
<tr><td>电饭锅</td><td colspan="2">铸铝管状元件带控温</td><td>10～20</td></tr>
<tr><td rowspan="2">电热水器</td><td colspan="2">电热丝直接浸在水中</td><td>30～40</td></tr>
<tr><td colspan="2">管状元件</td><td>10～20</td></tr>
</table>

1. 计算法。单支元件功率

$$P=\frac{U^2}{R_t} \tag{15-1}$$

单支元件工作温度下的电阻值

$$R_t=\rho_t\frac{l}{A}=\rho_{20}c_t\frac{l}{A} \tag{15-2}$$

表面负载

$$\omega=\frac{P}{A_t} \tag{15-3}$$

式中 P——单支元件功率(W)；

U——单支元件工作电压(V)；

R_t——单支元件工作温度下的电阻值(Ω)；

ρ_t——元件工作温度下的电阻率($\Omega\cdot mm^2/m$)；

l——元件的展开长度(m)；

A——元件的截面面积(mm^2)；

ρ_{20}——元件20℃时的电阻率($\Omega\cdot mm^2/m$)，常用合金电热元件的ρ_{20}见表15-2；

c_t——元件电阻率温度修正系数，常用合金电热元件电阻率温度修正系数见图15-3、图15-4和表15-3；

ω——表面负载(W/cm^2)；

A_t——元件发热表面积(cm^2)。

表15-2 常用合金电热元件物理参数表

合金牌号	20℃时电阻率ρ_{20} $\times10^{-6}$ ($\Omega\cdot mm^2/m$)	密度 $\rho\times10^{-3}$ (kg/m^3)	比热c (J/kg·K)	导热系数λ (W/m·K)	熔点(℃)	抗张强度(MPa)	伸长率(不小于%)
Cr20Ni80	1.09±0.05	8.4	0.4396	1005	1400	637～784	20
Cr15Ni60	1.12±0.05	8.2	0.4605	753.6	1390	637～784	20
1Cr13Al4	1.26±0.08	7.4	0.4899	879.2	1450	588～735	12
0Cr13Al6Mo2	1.4±0.10	7.2	0.4940	816.4	1500	686～833	12
0Cr25Al5	1.4±0.10	7.1	0.4940	766.2	1500	637～784	12
0Cr27Al7Mo2	1.5±0.10	7.1	0.4940	753.6	1520	686～784	10

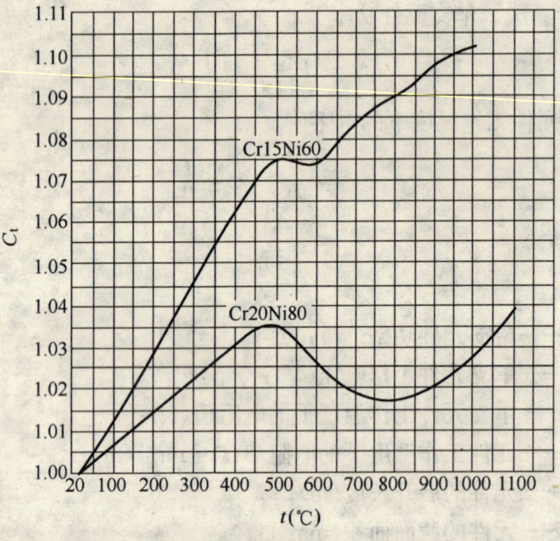

图 15-3 镍铬合金电热元件电阻率温度修正系数 c_t 与温度的关系曲线

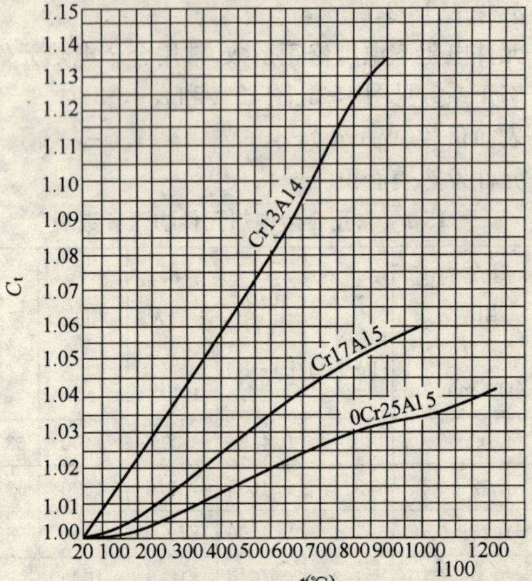

图 15-4 铁铬铝合金电热元件电阻率温度修正系数 c_t 与温度的关系曲线

表 15-3　合金电热元件在不同温度下电阻率温度修正系数 c_t

牌　号	温　度(℃)						
	20	100	200	300	400	500	600
Cr20Ni80	1.00	1.006	1.016	1.024	1.031	1.035	1.026
Cr15Ni60	1.000	1.013	1.029	1.046	1.062	1.074	1.073
1Cr13Al4	1.000	1.015	1.029	1.044	1.059	1.074	1.089
0Cr13Al6Mo2	1.000	1.001	1.003	1.007	1.014	1.028	1.048
0Cr25Al5	1.000	1.002	1.005	1.008	1.013	1.017	1.022
0Cr27Al7Mo2	1.000	0.997	0.994	0.992	0.992	0.992	0.992

牌　号	温　度(℃)					
	700	800	900	1000	1100	1200
Cr20Ni80	1.019	1.017	1.021	1.028	1.038	—
Cr15Ni60	1.083	1.089	1.097	1.105	—	—
1Cr13Al4	1.104	1.120	1.134	—	—	—
0Cr13Al6Mo2	1.053	1.057	1.060	1.063	1.066	1.069
0Cr25Al5	1.026	1.029	1.031	1.034	1.036	1.040
0Cr27Al7Mo2	0.992	0.992	0.992	0.992	0.992	0.992

将前面两式合并得

$$l=\frac{U^2 A}{\rho_{20} c_t P} \tag{15-4}$$

对圆丝来讲

$$A=\frac{\pi d^2}{4}$$

$$A_t=10\pi dl$$

式中　d——圆丝直径(mm)。

故

$$l=\frac{P}{10\pi d\omega}=\frac{U^2\pi d^2}{4\rho_{20} c_t P}$$

$$d^3=\frac{4\rho_{20} c_t P^2}{10\pi^2\omega U^2}$$

$$d=\sqrt[3]{\frac{4\rho_{20} c_t P^2}{10\pi^2\omega U^2}}$$

$$=0.3435\sqrt[3]{\frac{\rho_{20} c_t P^2}{\omega U^2}} \tag{15-5}$$

$$l=0.0927\sqrt[3]{\frac{U^2P}{\rho_{20}c_t\omega^2}} \tag{15-6}$$

对扁丝来讲，假定扁丝截面边长之比 $b/a=m$，则有

$$A_t=ab=ma^2$$

$$A=2(a+b)l\times10=20la(m+1)$$

$$l=\frac{U^2ma^2}{\rho_{20}c_tP}=\frac{P}{20\omega a(m+1)} \tag{15-7}$$

$$a^3=\frac{\rho_{20}c_tP^2}{20\omega U^2m(m+1)}$$

$$a=\sqrt[3]{\frac{\rho_{20}c_tP^2}{20\omega U^2m(m+1)}} \tag{15-8}$$

式中 a——扁丝厚度(mm)；

b——扁丝宽度(mm)。

m 值一般取 5～12，令

$$K_a=\sqrt[3]{\frac{1}{20m(m+1)}}$$

$$K_b=ma$$

由上式可写成

$$a=K_a\sqrt[3]{\frac{P^2\rho_{20}c_t}{U^2\omega}} \tag{15-9}$$

$$b=ma=K_b\sqrt[3]{\frac{P^2\rho_{20}c_t}{U^2\omega}} \tag{15-10}$$

系数 K_a、K_b 值见表 15-4。

表 15-4 K_a 与 K_b 值

m	5	6	7	8	9	10	11	12
K_a	0.1186	0.106	0.0963	0.0886	0.0822	0.0769	0.0724	0.0684
K_b	0.5928	0.636	0.6741	0.7088	0.7399	0.769	0.7959	0.821

2. 计算查表法。为简化计算，通常采用下式先计算出单位电阻的散热面积 A_r，然后查表 15-5 电热合金材料规格表，从表中找到相应的 A_r（取较大值），这样便可得到丝径规格 d，确定 d 值后就可算出电热丝材料长度 l。

$$A_r=\frac{P^2}{U^2\omega} \tag{15-11}$$

式中 A_r——单位电阻散热面积(cm^2/Ω)。

$$l=\frac{R_{20}}{R_1}=\frac{U^2}{Pc_tR_1} \quad (15\text{-}12)$$

$$R_{20}=\frac{U}{Pc_t} \quad (15\text{-}13)$$

式中 R_{20}——20℃时电热丝电阻(Ω);

R_1——单位长度的电阻(Ω)。

3. 图解法。图 15-5、图 15-6 分别为 Cr15Ni60 镍铬合金和 0Cr25Al5 铁铬铝合金电热元件计算图。由图根据元件的功率或电流,再结合表面负载值,可直接查得所需合金材料的线径和长度。

表 15-5 电热合金材料规格表

d (mm)	R_1(Ω/m)		G(g/m)		A_r(cm^2/Ω)	
	镍铬 Cr20Ni80	铁铬 0Cr25Al5	镍铬 Cr20Ni80	铁铬 0Cr25Al5	镍铬 Cr20Ni80	铁铬 0Cr25Al5
2.0	0.3470	0.446	26.1	22	181.1	141
1.8	0.4283	0.551	21.1	18	132	102
1.6	0.542	0.697	16.69	14	92.72	72.2
1.4	0.7081	0.910	12.78	11	62.12	48.3
1.3	0.823	1.058	11.026	9.4	49.82	38.5
1.2	0.9657	1.238	9.4	8	39.196	33
1.0	1.388	1.783	6.52	5.6	22.64	17.6
0.9	1.713	2.200	5.28	4.5	16.5	12.7
0.8	2.168	2.790	4.172	3.6	11.59	9
0.7	2.75	3.640	3.29	2.7	8.1	6.03
0.6	3.855	4.953	2.35	2	4.89	3.8
0.5	5.551	7.135	1.63	1.4	2.83	2.2
0.45	6.853	8.820	1.32	1.13	2.063	1.605
0.40	8.674	11.13	1.05	0.9	1.449	1.13
0.35	11.01	14.1	0.82	0.7	1.013	0.78
0.30	15.42	19.8	0.59	0.505	0.6112	0.475
0.25	22.21	28.6	0.41	0.35	0.3537	0.274
0.20	34.7	44.5	0.26	0.222	0.1811	0.14

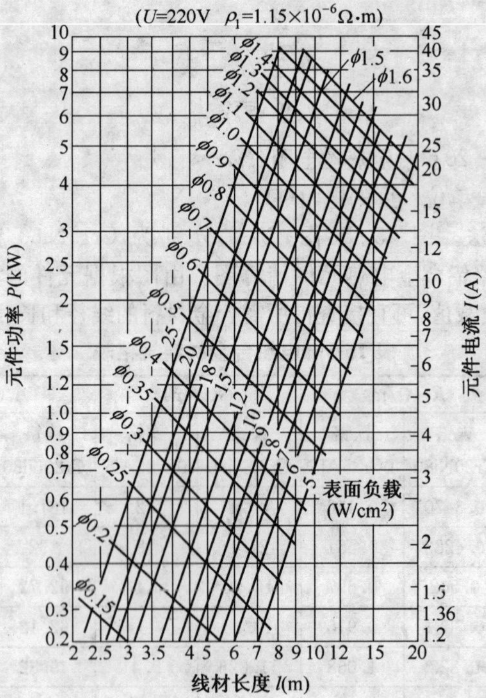

图 15-5　镍铬合金电热元件计算图

二、电阻炉功率的确定

1. 合金电阻炉按炉膛容积估算电炉功率。经验表明，对于普通箱式电阻炉和井氏电阻炉，其炉膛容积 V 和电炉功率 P 之间的关系见表 15-6。

2. 硅碳棒电阻炉功率的确定。对箱式、井氏电阻炉，可按表 15-7 中的公式估算。在炉膛较大时，表中系数取较大值。

对隧道式电阻炉，当工作温度为 1350℃时，其功率按下式估算：

$$P=(4\sim5)K_tA \tag{15-14}$$

式是　P——电阻炉功率(kW)；

K_t——调压安全系数，取 1.2～1.3；

A——炉膛表面积(m^2)。

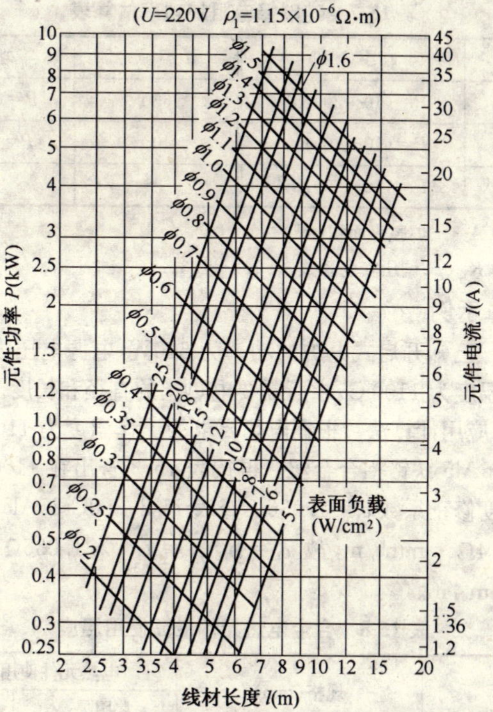

图 15-6　铁铬铝合金电热元件计算图

表 15-6　炉膛容积 V 和电炉功率 P 的关系

炉温(℃)	功率(kW)	单位炉墙面积功率(kW/m²)
1200	$P=(100\sim150)\sqrt[3]{V^2}$	15～20
950	$P=(75\sim100)\sqrt[3]{V^2}$	10～15
650	$P=(50\sim75)\sqrt[3]{V^2}$	6～10
400	$P=(30\sim50)\sqrt[3]{V^2}$	5～7

注：1. V 表示炉膛按名义尺寸计算的容积(m³)。

2. 电炉功率的计算公式中的系数，对大型电炉取较小值；对小型电炉取较大值；对箱式电炉取较小值；对井氏电炉取较大值。

当工作温度为 1400℃时，其功率按下式估算：

$$P=10K_tA \tag{15-15}$$

表 15-7　硅碳棒电阻炉功率估算表

炉温(℃)	功率(kW)	炉温(℃)	功率(kW)
1350	$P=(10\sim20)K_tA$	650	$P=(6\sim10)K_tA$
1200	$P=(10\sim20)K_tA$	400	$P=(4\sim7)K_tA$
950	$P=(10\sim20)K_tA$		

注：1. 表中 A——炉膛表面积(m^2)。

2. 表中 K_t——调压安全系数，取 1.2～1.3。

三、计算示例

例 15-1　已知开启式电炉的功率为 500W，电源电压为 220V，电炉要求的工作温度为 1100℃，求所需要电热丝的直径和长度。

解　(1)应用计算法。根据电炉要求的工作温度为 1100℃，按表 15-8 选用 0Cr25Al5 铁铬铝合金丝。再按表 15-3 查出在 1100℃时该材料的电阻率温度修正系数 $c_t=1.036$。查表 15-2 知 0Cr25Al5 在 20℃时的电阻率为 $1.4\Omega\cdot mm^2/m$，故 $\rho_t=\rho_{20}c_t=1.4\times1.036\Omega\cdot mm^2/m=1.4504\Omega\cdot mm^2/m$。

表 15-8　合金电热元件最高使用温度

合金牌号	规格(mm)	电热元件使用温度(℃)	
		常用最高	极限
Cr20Ni80	ϕ0.15～0.40	900～950	1000
	ϕ0.41～0.95	950～1000	1050
	ϕ1.0～3.0	1000～1050	1100
	$\phi>3;a>1.5$	1050～1100	1150
Cr15Ni60	ϕ0.15～0.40	900～925	950
	ϕ0.41～0.95	925～950	975
	ϕ1.0～3.0	950～975	1000
	$\phi>3;a>1.5$	975～1000	1050
1Cr13Al4	ϕ0.15～0.40	750～775	900
	ϕ0.41～0.95	775～800	900
	ϕ1.0～3.0	800～825	1050
	$\phi>3;a>1.5$	825～850	1100
0Cr13Al6Mo2	ϕ0.15～0.40	1000～1050	1150
	ϕ0.41～0.95	1050～1100	1200
	ϕ1.0～3.0	1100～1150	1250
	$\phi>3;a>1.5$	1150～1200	1300

续表 15-8

合金牌号	规格(mm)	电热元件使用温度(℃)	
		常用最高	极限
0Cr25Al5	ϕ0.15～0.40	925～1000	1100
	ϕ0.41～0.95	1000～1075	1150
	ϕ1.0～3.0	1075～1150	1250
	ϕ>3;a>1.5	1150～1200	1300
0Cr27Al7Mo2	ϕ0.15～0.40	1100～1150	1250
	ϕ0.41～0.95	1150～1200	1300
	ϕ1.0～3.0	1200～1250	1350
	ϕ>3;a>1.5	1250～1300	1400

注:表中 ϕ 为圆丝直径;a 为扁丝厚度。

参考表 15-1,开启式电炉的表面负载 ω 选 5W/cm²,故

$$d = 0.3435\sqrt[3]{\frac{\rho_{20} c_t P^2}{\omega U^2}}$$

$$= 0.3435\sqrt[3]{\frac{1.4504 \times 500^2}{5 \times 220^2}}\text{mm}$$

$$= 0.393\text{mm}$$

取 d=0.4mm

$$l = \frac{U^2 \pi d^2}{4\rho_{20} c_t P}$$

$$= \frac{220^2 \pi \times 0.4^2}{4 \times 1.4504 \times 500}\text{m}$$

$$= 8.387\text{m}$$

(2)应用计算查表法。算出 A_r,查表 15-5,就可得到 d 值。

$$A_r = \frac{P^2}{U^2 \omega} = \frac{500^2}{220^2 \times 5}\text{cm}^2/\Omega$$

$$= 1.033\text{cm}^2/\Omega$$

查表 15-5,可知 $d \approx 0.40$mm

同时查得 R_1=11.13Ω,故

$$l = \frac{U^2}{P c_t R_1}$$

$$= \frac{220^2}{500 \times 1.036 \times 11.13}\text{m}$$

$$=8.395\text{m}$$

(3)应用图解法。由图 15-6 查得 500W 处的水平线与表面负载 5W/cm^2 的交点，从而可求出线径 $d=0.4\text{mm}$ 和线长 $l=8\text{m}$。

以上 3 种计算方法得出的结果基本相同。

例 15-2 有一箱式电阻炉，炉膛尺寸为 950mm×450mm×450mm，炉温为 950℃，问电炉功率是多少？

解 $V=950\times10^{-3}\times450\times10^{-3}\times450\times10^{-3}\text{m}^3$

$=0.1924\text{m}^3$

根据炉温 950℃，查表 15-6 得

$$P=(75\sim100)\sqrt[3]{0.1924}\text{kW}=25\sim33.33\text{kW}$$

选取 30kW。

例 15-3 有一井式电阻炉，炉膛直径 d 为 600mm，高 h 为 2500mm，炉温为 950℃，问电炉功率是多少？

解 (1)根据炉膛容积计算。

$$V=\frac{\pi}{4}d^2h$$

$$=\frac{\pi}{4}\times0.6^2\times2.5\text{m}^3$$

$$=0.7069\text{m}^3$$

查表 15-6 得

$$P=(75\sim100)\sqrt[3]{0.7069^2}\text{kW}$$

$$=59.51\sim79.35\text{kW}$$

(2)根据单位炉墙面积功率计算。

$$A=\pi dh+\frac{\pi}{4}d^2\times2$$

$$=\left(\pi\times0.6\times2.5+\frac{\pi}{4}\times0.6^2\times2\right)\text{m}^2$$

$$=5.278\text{m}^2$$

查表 15-6 得

$$P=(10\sim15)\times5.278\text{kW}$$

$$=52.78\sim79.17\text{kW}$$

由上计算可以看出两种方法结果是相近的。取 $P=70\text{kW}$。

第二节　接地和防雷计算

一、人工接地体工频接地电阻计算

1. 简易计算公式。工频接地电阻简易计算公式见表 15-9。

表 15-9　工频接地电阻简易计算公式

接地体型式	适应条件	计算公式
垂直式	长约 3m	$R_g \approx 0.3\rho$
单根水平式	长约 60m	$R_g \approx 0.03\rho$
n 根水平放射式	$n \leqslant 12$,每根长约 60m	$R_g \approx \frac{0.062\rho}{n+1.2}$
钢筋混凝土杆	1 个拉线盘	$R_g \approx 0.28\rho$
做自然接地体	单杆	$R_g \approx 0.3\rho$
	双杆	$R_g \approx 0.2\rho$
	拉线单双杆	$R_g \approx 0.1\rho$
复合式(接地网)	公式适合于面积大于 $100m^2$ 的闭合接地网	$R_g \approx 0.5\rho/\sqrt{A}$ $R_g \approx 0.28\rho/r$

注:ρ —土壤电阻率($\Omega \cdot m$),见表 15-10;

n —水平放射式接地体根数;

A—接地网面积(m^2);

r —与接地网面积 A 等值的圆形接地网半径(m)。

表 15-10　土壤电阻率参考值

土壤名称	电阻率近似值($\Omega \cdot m$)	土壤名称	电阻率近似值($\Omega \cdot m$)
陶黏土	10	砂质黏土、可耕地	100
泥炭、泥炭岩、沼泽地	20	黄土	200
捣碎的木炭	40	含砂黏土、砂土	300
黑土、田园土、陶土	50	多石土壤	400
黏土	60	砂、砂砾	1000

2. 具体计算步骤。

(1)按单相接地电容电流及有关规定计算出接地电阻值 R_g。

(2)在装设接地体的区域内初步安排接地体的布置型式,初步确定接地体和连接导线的尺寸。其中,装设区域土壤电阻率见表 15-10。

(3)计算单根接地体的接地电阻 R_{g1}。

(4)用逐步渐近法,计算接地体的数量 n,即

$$n=\frac{R_{g1}}{\eta R_g} \tag{15-16}$$

式中 η——利用系数,见表 15-11~表 15-13。

表 15-11 当管子成排敷设时扁钢的利用系数 η

管子间的距离与管子长度之比 s/l	每排管子根数									
	2	3	4	5	8	10	20	30	50	65
1	0.87	0.80	0.77	0.74	0.67	0.62	0.42	0.31	0.21	0.20
2	0.92	0.88	0.89	0.86	0.79	0.75	0.56	0.46	0.36	0.34
3	0.95	0.97	0.92	0.90	0.85	0.82	0.68	0.58	0.49	0.47

表 15-12 敷设成环形时(未列入连接扁钢的影响)的垂直管形接地体利用系数 η

管子间的距离与管子长度之比 s/l	管子根数 n	利用系数 η
1	4	0.66~0.72
2	4	0.72~0.80
3	4	0.80~0.84
1	6	0.58~0.65
2	6	0.71~0.75
3	6	0.78~0.82
1	10	0.52~0.58
2	10	0.66~0.71
3	10	0.74~0.78
1	20	0.44~0.50
2	20	0.61~0.66
3	20	0.68~0.73
1	30	0.41~0.47
2	30	0.58~0.63
3	30	0.66~0.71
1	40	0.38~0.44
2	40	0.56~0.61
3	40	0.64~0.69

表 15-13　敷设成一排时(未列入连接扁钢的影响)的垂直管形接地体利用系数 η

管子间的距离与管子长度之比 s/l	管子根数 n	利用系数 η
1	2	0.84～0.87
2	2	0.90～0.92
3	2	0.93～0.95
1	3	0.76～0.80
2	3	0.85～0.88
3	3	0.90～0.92
1	5	0.67～0.72
2	5	0.79～0.83
3	5	0.85～0.88
1	10	0.56～0.62
2	10	0.72～0.77
3	10	0.79～0.83
1	15	0.51～0.56
2	15	0.66～0.73
3	15	0.76～0.80
1	20	0.47～0.50
2	20	0.60～0.70
3	20	0.74～0.79

二、防雷设备计算

1. 避雷针。

(1)单支避雷针的保护范围计算。单支避雷针的保护范围如图 15-7 所示,可视为折线圆锥形。设避雷针的高度为 h,以避雷针顶点为轴,向下成 45°斜线构成 $h/2$ 高的圆锥形上半部。从 $h/2$ 处作大于 45°斜线与距针脚 $1.5h$ 地面处相交,构成圆锥形下半部。因此,其整体呈折线圆锥形。地面上的保护半径 r 按下式确定:

$$r=1.5h \tag{15-17}$$

式中　r——保护半径;

h——避雷针高度。

避雷针在保护物高度 h_x 水平面上的保护半径为

$$h_x \geqslant \frac{h}{2}\text{时},r_x=(h-h_x)p=h_a p \tag{15-18}$$

$h_x < \frac{h}{2}$时，$r_x = (1.5h - 2h_x)p$ (15-19)

式中 h_x——被保护物高度(m)；

r_x——在 h_x 水平面上的保护半径(m)；

h_a——避雷针有效高度(m)；

p——高度影响系数，当 $h \leqslant 30$m时，$p=1$；$h>30$m 时，$p=5.5/\sqrt{h}$。

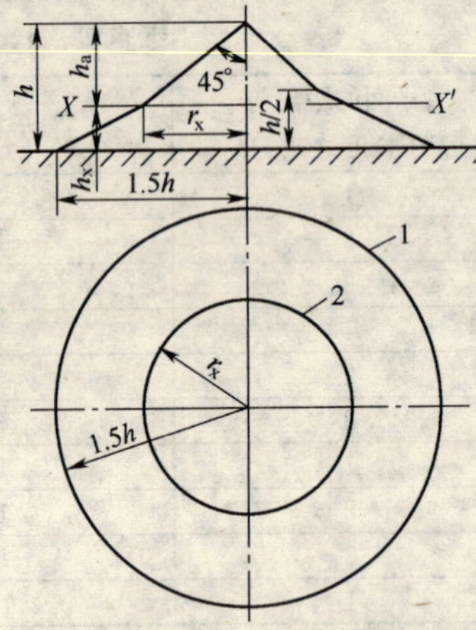

图 15-7 单支避雷针的保护范围

h. 避雷针的高度 h_x. 被保护物的高度

h_a. 避雷针的有效高度 $h_a = h - h_x$

r_x. 避雷针在 h_x 高度的水平面上的保护半径

1. 在地面上的保护范围

2. 在 XX' 平面上的保护范围

(2)两支等高避雷针的保护范围计算。

①两针外侧保护范围。可按单支避雷针的保护范围确定。

②两针之间的保护范围。按连接两针的顶点 1、2 及中点 o 的圆弧确定(图 15-8)，并按下式计算：

$$h_o = h - \frac{a}{7p} \qquad (15\text{-}20)$$

式中 h_o——两针间保护范围上部边缘最低点的高度(m)；

a——两避雷针间的距离(m)。

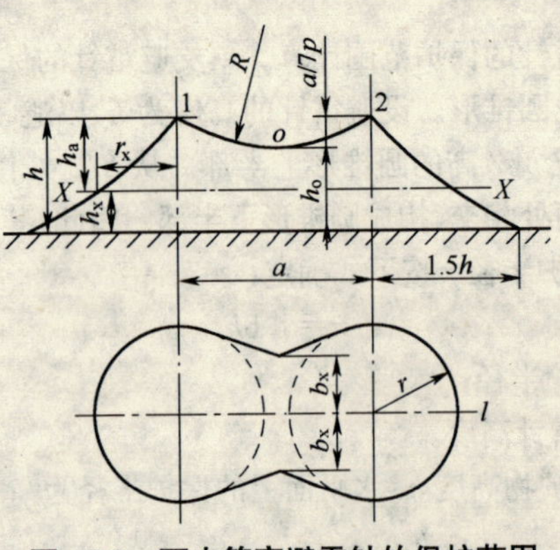

图 15-8 两支等高避雷针的保护范围

两针之间 h_x 水平面上保护范围的一侧最小宽度为

$$b_x=1.5(h_o-h_x) \tag{15-21}$$

当 $a=7hp$ 时，$h_o=0$，即两针之间不能构成联合保护网。两针之间距离与针高之比 a/h 宜不大于 5。

2. 避雷线。保护范围与避雷线的数量、高度、相互位置等因素有关。

(1)单根避雷线的保护范围如图 15-9 所示。图中，h 为避雷线最大弧垂点的高度(m)；h_x 为被保护物(建筑、设备)的高度(m)。

(2)两根等高平行避雷线的保护范围如图 15-10 所示。

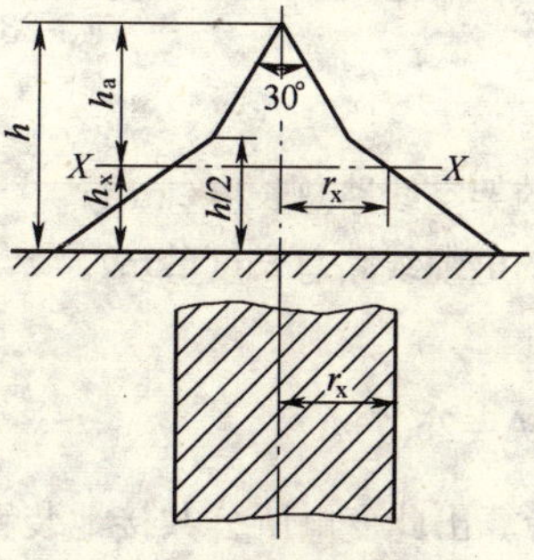

图 15-9　单根避雷线的保护范围

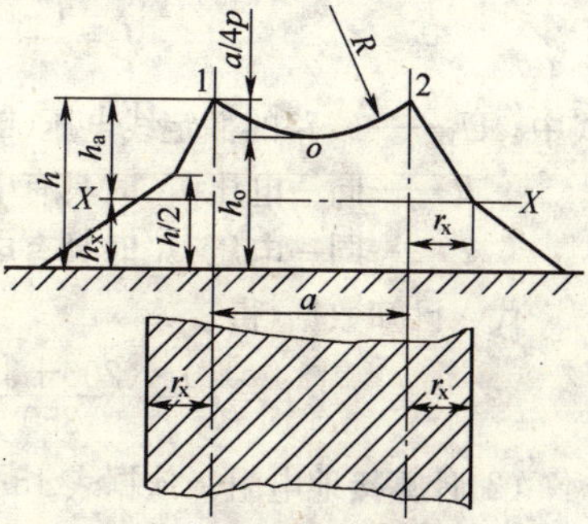

图 15-10　两根平行避雷线的保护范围

①两根避雷线外侧保护范围，可按单根避雷线保护范围计算确定。

②两根避雷线内侧保护范围可由通过避雷线顶点及中点的圆弧确定。零点在避雷线中间，且高度为

$$h_o=h-\frac{a}{5p} \tag{15-22}$$

式中　h_o——两根避雷线间保护范围边缘最低点的高度；

h——避雷线高度；

a——两根避雷线间的距离。

③两根避雷线端部保护范围可按两支等效避雷针确定。等效避雷针的高度，可近似取避雷线悬点高度的 80%。

应用避雷线保护架空线路，通常仅用于 35kV 以上的输电线路，由于 3～10kV 的配电线路本身耐雷水平很低，一般不装设架空避雷线。对于郊区农村矿野变、配电所的室外配电装置、建筑物和储存可燃、易燃

危险品的仓库，除可采用避雷针保护外，必要时也可采用避雷线组成保护网来进行直击雷的防护。3～10kV 的一般变、配电室，由于大多位于建筑群内，因此，不设置避雷针(线)保护。

三、计算示例

例 15-4　某车间变电所接地体装设地点的土质为黄土，主变压器的容量为 400kV · A，电压为 10/0.4kV，联结组标号为 Yyn0。试确定此变电所公共接地装置垂直接地钢管的尺寸和数量。已知与 10kV 侧有电联系的电缆线路长度为 20km，架空线路长 200km。

解　(1)按下列经验公式计算单相接地电容电流 I_g 为

$$I_g=\frac{U_1(l_b+35l_c)}{350} \tag{15-23}$$

式中　U_1——线路的额定线电压(kV)；

l_b——同一电压 U_1 时具有电联系的架空线路总长度(km)；

l_c——同一电压 U_1 时具有电联系的电缆线路总长度(km)。

代入已知数据，得

$$I_g=\frac{10\times(200+35\times20)}{350}\text{A}=25.71\text{A}$$

(2)计算接地电阻。依据表 15-14 可计算出此变电所公共接地装置的接地电阻为

$$R_g\leqslant\frac{120}{I_g}=\frac{120}{25.71}\Omega=4.667\Omega$$

同时 $R_g\leqslant4\Omega$，因此总的接地电阻应满足 $R_g\leqslant4\Omega$。

表 15-14　部分电气装置要求的接地电阻值

序号	电气装置名称	接地的电气装置特点	接地电阻(Ω)
1	1kV 以上大接地电流系统	仅用于该系统的接地装置	$R_g\leqslant\frac{2000}{I_{sc}}$ 当 $I_{sc}>4000$A 时 $R_g\leqslant0.5$
2	1kV 以上小接地电流系统	仅用于该系统的接地装置	$R_g\leqslant\frac{250}{I_g}$ 且 $R_g\leqslant10$
3		与 1kV 以下系统共用的接地装置	$R_g\leqslant\frac{250}{I_g}$ 且 $R_g\leqslant10$

续表 15-14

序号	电气装置名称	接地的电气装置特点	接地电阻(Ω)
4	1kV 以下中性点直接接地系统	与总容量在 100kV·A 以上的发电机或变压器相连的接地装置	$R_g \leqslant 4$
5		上述(序号 4)装置的重复接地	$R_g \leqslant 10$
6		与总容量在 100kV·A 及以下的发电机或变压器相连的接地装置	$R_g \leqslant 10$
7		上述(序号 6)装置的重复接地	$R_g \leqslant 30$
8	引入线上装有 25A 以下的熔断器的小容量线路	任何供电系统	$R_g \leqslant 10$
9	电气设备	高低压电气设备联合接地	$R_g \leqslant 4$
10		电流互感器、电压互感器二次侧接地	$R_g \leqslant 10$
11		电弧炉的接地	$R_g \leqslant 4$
12		工业电子设备的接地	$R_g \leqslant 10$
13	建筑物	第 1 类防雷建筑物(防直击雷)	$R_{lg} \leqslant 10$
14		第 1 类防雷建筑物(防感应雷)	$R_{lg} \leqslant 10$
15		第 2 类防雷建筑物(防直击雷、感应雷共用)	$R_{lg} \leqslant 10$
16		第 3 类防雷建筑物(防直击雷)	$R_{lg} \leqslant 30$
17		其他建筑物防雷电波沿低压架空线侵入	$R_{lg} \leqslant 30$
18	防雷设备	保护变电所的独立避雷针	$R_g \leqslant 10$

续表 15-14

序号	电气装置名称	接地的电气装置特点	接地电阻(Ω)
19	防雷设备	杆上避雷器或保护间隙(在电气上与旋转电机无联系者)	$R_g \leqslant 10$
20		杆上避雷器或保护间隙(在电气上与旋转电机有联系者)	$R_g \leqslant 5$

注：R_g——工频接地电阻；

R_{lg}——冲击接地电阻；

I_{sc}——流经接地装置的单相短路电流；

I_g——单相接地电容电流。

(3)确定钢管尺寸和数量。现初步考虑围绕变电所建筑物四周，距离变电所墙面 2～3m，打入一组 ϕ50mm、长 2.5m 的钢管接地体，每隔 5m 打入一根钢管，钢管间用 40mm×4mm 的扁钢焊接起来。

按表 15-9，可知单根钢管的接地电阻为

$$R_{g1} \approx 0.3\rho$$

从表 15-10 查出土壤电阻率 $\rho = 200\Omega \cdot m$

故

$$R_{g1} = 0.3 \times 200\Omega = 60\Omega$$

又根据 $R_{g1}/R_g = 60/4$ 根 $=15$ 根

初选 20 根 ϕ50mm、长 2.5m 的钢管作接地体。

以 $n=20$ 和管子间距与管子长度之比，即 $s/l=5/2.5=2$，查表 15-12，得利用系数 $\eta=0.61 \sim 0.66$，取 $\eta=0.63$ 代入下式得接地体的数量为

$$n = \frac{R_{g1}}{\eta R_g} = \frac{60}{0.63 \times 4}\text{根} = 23.8\text{根} \approx 24\text{根}$$

例 15-5　某厂一座 40m 高的水塔旁边，建有一个车间变电所，尺寸如图 15-11 所示。水塔上面装有一支高 3m 的避雷针来防护直击雷。试问水塔上的避雷针能否保护这一变电所。

解　已知被保护物车间变电所高度 $h_x=8$m，避雷针高度 $h=40\text{m}+3\text{m}=43\text{m}$，$h/2=21.5$m，故有 $h_x<h/2$，采用公式 $r_x=(1.5h-2h_x)p$ 计算保护半径 r_x。

因

$$h > 30\text{m}$$

故

$$p = 5.5/\sqrt{h}$$

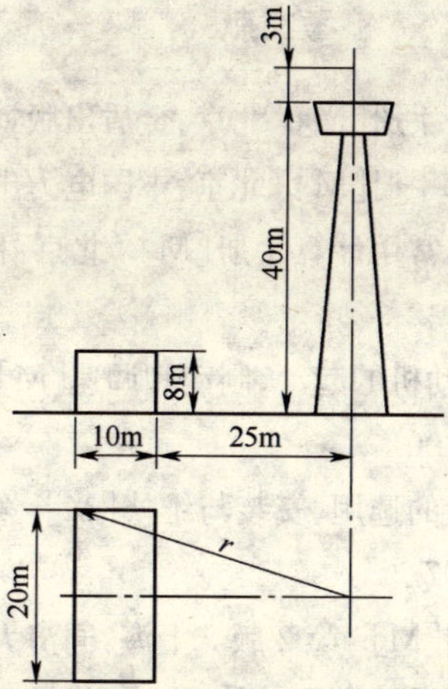

图 15-11　水塔避雷针示意

$$r_x = \frac{(1.5h - 2h_x) \times 5.5}{\sqrt{h}}$$

$$= \frac{(1.5 \times 43 - 2 \times 8) \times 5.5}{\sqrt{43}} \text{m}$$

$$= 40.7\text{m}$$

现变电所一角离避雷针中心点的最远水平距离为

$$r = \sqrt{(25+10)^2 + 10^2}\,\text{m} = 36.4\text{m} < 40.7\text{m}$$

由此可见，避雷针能保护这个变电所。

参考文献

1 周希章．实用电工手册[M]．北京:金盾出版社,2005

2 周希章．电工技术手册[M]．北京:中国电力出版社,2004

3 周希章．新编电工常用计算手册[M]．北京:机械工业出版社,2006

4 周希章,周全．电动机的起动、制动和调速[M]．第2版．北京:机械工业出版社,2001

5 周希章．照明装置的选用、安装与维修[M]．第2版．北京:机械工业出版社,2007

6 俞丽华．电气照明[M]．第2版．上海:同济大学出版社,2001

7 刘介才．电气照明设计指导[M]．北京:机械工业出版社,1999

8 周希章,周全．如何正确选用电动机[M]．北京:机械工业出版社,2004

9 才家刚．电机试验技术及设备手册[M]．北京:机械工业出版社,2004

10 商福恭．电工实用计算技巧[M]．北京:中国电力出版社,2005

11 姚樵耕,俞文根．电气自动控制[M]．北京:机械工业出版社,2005

12 闫和平．常用低压电器与电气控制技术问答[M]．北京:机械工业出版社,2006

13 机械工业技师考评培训教材编审委员会．维修电工技师培训教材[M]．北京:机械工业出版社,2005

14 周希章．电工新技术问答[M]．北京:金盾出版社,2006

15 王华．PLC控制系统的抗噪设计[M]．电气时代,2005/1:68～69

16 张庆双．电子元器件的选用与检测[M]．北京:机械工业出版社,2003

17 任致程．电动机电子保护器与软起动器应用指南[M]．北京:

机械工业出版社,2004
18 张燕宾．变频调速460问[M]. 北京:机械工业出版,2006
19 王也仿．可编程序控制器应用技术[M]. 北京:机械工业出版社,2001
20 廖常初．PLC应用技术问答[M]. 北京:机械工业出版社,2006
21 吴立新．实用电子技术手册[M]. 北京:机械工业出版社,2002